AF667087

Peter A. M. Weiss

Diabetes und Schwangerschaft

SpringerWienNewYork

Univ.-Prof. Dr. Peter A. M. Weiss

Geburtshilflich-Gynäkologische Universitätsklinik,
Universitätsklinikum Graz, Österreich

Gedruckt mit Unterstützung folgender Institutionen:

Karl-Franzens-Universität Graz,
Bundesministerium für Bildung, Wissenschaft und Kultur,
Geburtshilflich-Gynäkologische Universitätsklinik Graz,
Das Land Steiermark

Satz: Grafik Rödl, A-2486 Pottendorf

Gedruckt auf säurefreiem, chlorfrei gebleichtem Papier – TCF
SPIN: 10799245

Umschlagbild: Getty Images/Gandee Vasan

Mit zahlreichen Abbildungen

Die Deutsche Bibliothek – CIP Einheitsaufnahme
Ein Titeldatensatz für diese Publikation ist bei
Der Deutschen Bibliothek erhältlich

ISBN-13: 978-3-7091-7395-4 e-ISBN-13: 978-3-7091-6735-9
DOI: 10.1007/978-3-7091-6735-9

Vorwort

Die vorliegende Monographie ist das erste umfassende deutschsprachige Handbuch über Diabetes und Schwangerschaft und deren physiologischen und pathophysiologischen Besonderheiten des Stoffwechsels. Das Buch stützt sich auf langjährige Erfahrungen, da Diabetes und Schwangerschaft an der Grazer Frauenklinik seit nunmehr über 25 Jahren ein permanenter Forschungsschwerpunkt ist. Unsere klinischen Erfahrungen beruhen auf rund 1400 insulinbehandelten und rund 1200 diätbehandelten Diabetikerinnen, die in diesem Zeitraum betreut wurden. Eine Reihe von Ärzten (Prof. R. Winter, Prof. W. Lichtenegger, UD H. Hofmann, Prof. F. Kainer, Dr. H. Scholz) und Biochemikern (Prof. M. Binder, HR P. Pürstner, Prof. G. Desoye) haben dabei wissenschaftliche Pionierarbeit geleistet, und zahlreiche Ärztinnen und Ärzte (Drs. B. Edlinger, H. Hirschmann, M. Häusler, U. Hüttner, D. König, K. Tamussino, K. Tscherne u.v.a.m.) haben die Forschungen ein Stück des Weges begleitet. Mein Dank gilt ihnen und den anonymen Mitarbeitern, ohne deren tägliche Arbeit die Erweiterung der praktischen und theoretischen Kenntnisse nicht möglich gewesen wäre. Neben den Forschungsergebnissen unserer Klinik haben über 4200 Publikationen der internationalen Fachliteratur in die verschiedenen Kapitel Eingang gefunden. Das Buch behandelt gleichermaßen die klinische Routine, klinische Probleme und Forschungsbereiche. Es ist als Nachschlagewerk für alle jene (Geburtshelfer, Internisten, praktischen Ärzte, Pädiater, Basiswissenschafter, Forensiker etc.) gedacht, die in der Praxis, am Krankenbett oder in der Forschung mit Diabetes und Schwangerschaft befaßt sind und damit auch gelegentlich mit ausgefallenen Fragen konfrontiert werden.

Graz, Mai 2002

Peter A. M. Weiss

Inhaltsverzeichnis

1. Vorbemerkungen und Geschichtliches

Der Diabetes mellitus in der Schwangerschaft ist durch die komplizierte Verstrickung pathophysiologischer Vorgänge bei Mutter und Kind gekennzeichnet. Durch die Wechselwirkung der kybernetischen Systeme der Schwangeren und des Foetus bedürfen beide beteiligte einer steten Überwachung, da aus mütterlichem Wohlergehen nicht zwangsläufig ein foetales Wohlergehen abzuleiten ist. Der Diabetes mellitus ist somit eine faszinierende Herausforderung an die betreuenden Ärzte. Erste Berichte über Diabetes und Schwangerschaft liegen rund 170 Jahre zurück (GABBE 1992). Eine ausführliche Darstellung geschichtlicher Daten ist in einer Übersicht von HEISIG (1975) angeführt. Demnach stammt die erste Mitteilung über eine Schwangerschaft bei Diabetes mellitus aus dem Jahr 1824, die einer Dissertation von BENNEWITZ an der Berliner medizinischen Fakultät entnommen werden kann. In dieser Dissertation wird auch die Kasuistik einer 22jährigen Berlinerin mitgeteilt, bei der im Rahmen ihrer 5. Gravidität die typischen Symptome eines manifesten Diabetes auftraten, nachdem sie in zwei vorangegangenen Schwangerschaften bereits ungewöhnlich große Kinder geboren hatte. Nach Auftreten von Zeichen einer Spätgestose gebar sie ein Kind *„als wäre Herkules sein Vater gewesen: robust, gesund und von hohem Gewicht, mit Schultern die so einen Umfang hatten, daß man sie mit den Händen nicht umfassen konnte"*. Das Kind starb bald nach der Geburt. Der Mutter ging es zunächst schlecht, sie erholte sich jedoch unter Diätbehandlung allmählich, während die Zuckerausscheidung im Harn und der Durst verschwanden und sie schließlich als *„durch natürliche und medizinische Heilmittel geheilt"* entlassen werden konnte.

Eine weitere frühe Mitteilung über eine Schwangerschaft bei Diabetes stammt von LEVER aus dem Jahr 1847.

Eine Schwangerschaft einer Diabetikerin in der Vorinsulinära wurde jedoch als Rarität betrachtet. BOUCHARDAT (1875), ein renommierter Diabetologe, der damals von einer beträchtlichen Anzahl von Diabetikerinnen konsultiert wurde, konnte sich an keinen Fall von Schwangerschaft erinnern.

Bei den im auslaufenden 19. Jahrhundert noch durchwegs amenorrhoischen und unfruchtbaren Diabetikerinnen war allein die Tatsache einer Konzeption ein Ereignis, über welches in wissenschaftlichen Publikationen berichtet wurde (DUNCAN 1883, LECORCHÉ 1886, LOB 1899, PARTRIDGE 1895). Der deutsche Diabetologe NAUNYN (1906) kannte bis zum Beginn des 20. Jahrhunderts aus eigener Erfahrung nur einen Fall von Schwangerschaft bei Diabetes.

Eine erste kasuistische Übersicht über 63 bis zum damaligen Zeitpunkt publizierte Fälle stammt von OFFERGELD (1908). 22 (35 %) endeten mit dem mütterlichen Tod und weitere 10 Diabetikerinnen (16 %) starben innerhalb der nächsten zwei Jahre nach der Entbindung. Der Tod erfolgte überwiegend am diabetischen Koma, jedoch auch an damals diabetesassoziierten Erkrankungen, wie etwa einer Lungentuberkulose. Die perinatale Mortalität betrug 50 %, sodaß OFFERGELD zum damaligen Zeitpunkt empfahl, eine Schwangerschaft mit allen Mitteln zu verhindern.

Vor Beginn der Insulinära ist noch ein Bericht von JOSLIN (1924) über 108 Schwangerschaften diabetischer Frauen zwischen 1898 und 1922, mit einer perinatalen Mortalität von 44 % zu erwähnen. Weitere geschichtliche Daten können einer Zusammenstellung von BURKART (1989) entnommen werden (Tabelle 1).

Im Jahr 1922 wurde Insulin entdeckt (BANTING et al. 1922). LEONARD THOMPSON war der erste Patient, der im Alter von 12 Jahren mit Insulin behandelt wurde. Ohne Insulinbehandlung hätte er keine Überlebenschance gehabt. Durch die Insulinbehandlung wurde er immerhin 27 Jahre alt und starb im Jahr 1935 an einer Pneumonie im Rahmen einer Ketoazidose (BURROW et al. 1982).

Nach der Entdeckung und therapeutischen Anwendung von Insulin bei Frauen, stieg zunächst die Fertilität der ehedem meist infertilen Diabetikerinnen von rund 2 % sprunghaft an und betrug 1948 bereits 28,6 %.

1927 berichtete VON NOORDEN bereits über 43 Frauen, die unter einer speziellen Diät und Insulinbehandlung ihre Schwangerschaft bis zum Ende austrugen.

Die ersten deutschen (BIX) und amerikanischen (SKIPPER) Übersichtsarbeiten über die Beziehungen zwischen mütterlichem Diabetes und der Geburt von Riesenkindern erschienen 1933. Die Müttersterblichkeit die 1922 noch bis zu 60 % betrug war stark zurückgegangen. Sie betrug zwischen 1941 und 1974 nur mehr rund 0,5 % (0–1,1 %), was jedoch immer noch dem 20fachem der generellen Schwangerschaften entsprach. Die Todesursachen im 1. Trimester und im Wochenbett waren vorwiegend Hypoglykämien, im 2. und 3. Trimester Ketoazidosen bzw. Sepsis und Blutungen bei Schnittentbindungen, während vaskuläre Ursachen eher selten waren (GABBE et al. 1976).

Die perinatale Mortalität blieb demgegenüber zunächst weiterhin hoch. In den späten 30er Jahren (LAWRENCE und OAKLEY 1942) und am Ende des zweiten Weltkrieges (HEISIG 1975) betrug sie noch immer 40–50 %, in erster Linie durch das Auftreten einer mütterlichen Ketoazidose, eines intrauterinen Fruchttodes oder einer Frühgeburt. Zum damaligen Zeitpunkt waren Fehlbildungen als Todesursache noch unbedeutend, da sie zahlenmäßig in den Hintergrund traten (OAKLEY und PEEL 1968). Im Jahre 1970 wurde in einem Referat von DAWEKE und HÜTER nach Auswertung von 36 Publikationen eine mittlere PNM von *nur mehr* 16,9 % erhoben. DRURY et al. (1977) gaben bei einem Krankengut von 600 diabetischen Schwangeren eine PNM von insgesamt 9,5 % an (Tabelle 2) und bezeichneten damals eine Mortalität von etwa 5 % für das bestmöglich erreichbare Resultat.

Tabelle 1. Chronologie der kindlichen und mütterlichen Mortalität bei Diabetikerinnen nach einer Zusammenstellung von Burkart (1989)

Jahr	Mort. % Kinder	Quelle	Jahr	Mort. % Mütter	Quelle
1908	50,0	Joslin 1915			
1915	60,0	White 1978	1915	30,0	Joslin 1915
1938	46,0	TenBerge und Assen 1957	1933	9,3	Dittmar und Penning 1964
<1949	40,0	Hagbard 1961			
1951	44,6	Hagbard 1961	1951	3,2	Worm 1957
>1949	24,0	TenBerge und Assen 1957			
1954	26,2	Hagbard 1961	1954	0,4	Hagbard 1961
1957	20,0	O'Sullivan et al. 1973			
1958	14,0	White 1978			
1960	9,4–17,2	Dittmar und Penning 1964			
1962	6,4	O'Sullivan et al. 1973[a]			
1966	24,3	Olofsson et al. 1984			
1968	6,0–29	Hüter 1968	1968	1,0–3,0	Hüter 1968
1973	5,0	Olofsson et al. 1984	1973	0,43	Olofsson et al. 1984
1974	9,7	Drury 1986			
1975	17,2	Emmrich et al. 1975[b]			
1977	6,5	Bibergeil 1978			
1978	5,2	Drury 1986			
1978	10–18 %	Wheeler et al. 1982			
1980	1,1	Olofsson et al. 1984			
1980	10,8	Connel et al. 1985			
1982	3,5	Klebe et al. 1986			
1984	4,5	Drury 1986			
1985	2,0	Mølsted-Pedersen und Kühl 1986			
1985	2,9	Burkart et al. 1986			

[a] Gestationsdiabetes, [b] White D und F Fälle

In den 70er und 80er Jahren ist die PNM in spezialisierten Zentren unter 5 % gesunken (Tabelle 2), außerhalb derselben war sie jedoch, je nach Dauer und zusätzlichen Komplikationen des Diabetes, nach wie vor wesentlich höher. So konnte Auinger (1978) eine PNM von 65 % (!) in der geburtshilflichen Anamnese seines Krankengutes erheben. Ein deutlicher Zusammenhang bestand zwischen der Klassifikation des Diabetes nach White und der Prognose des Kindes (Tabelle 3).

Dieser Zusammenhang ist nur bei sehr niedrigen Mortalitätsziffern insgesamt und bei niedrigen Fallzahlen nicht erkennbar. Bei PBSP-Fällen (s. S. 21) und bei mütterlichen Komplikationen wie Präeklampsie oder Polyhydramnion betrug die PNM 10 % bis 25 % (Auinger 1978, Drury et al.

Tabelle 2. Mütterliche und kindliche Komplikationen bei Diabetes mellitus (Angaben in %)

	Fallzahl	mittlere Gestations-zeit (Wo.)	Hydram-nion	EPH-Gestose. Hyper-tonie (Harn-wegs-infekt)	Sectio-rate	PNM ungereinigt (gereinigt)	Mißbildungs-rate	SGA/LGA	>4000g (Foeto-pathie)	RDS	Hypogly-kämie	Hypokalz-ämie	Hyper-bilirubin-ämie
ARTNER et al.	143	37,3			45,0	15,3	9,8						
Wien 1981	316[a]		10,1[a]	25,9[a]	27,0[a]	7,5[a]	4,4[a]	–/47,1[a]	(44,9[a])	52,3[a]	65,5[a]	10,7[a]	18,8[a]
				(4,4)									
AUINGER	74	37				12,2	5,4						
Wien 1978	90[a]		3,3[a]	14,4[a]	52,0[a]	13,3[a]							
				(5,5[a])		(11,3)		12,0[a]	19,0[a]				
AYROMLOOI	75		15,0	36,0	45,3	16,0	9,3	8,0/20,0		23,0	58,0	44,0	59,0
et al.	132[a]		10,0[a]	35,0[a]	38,6[a]	12,9[a]	8,3[a]	5,3/19,7[a]		12,6[a]	39,5[a]	26,9[a]	42,0[a]
New York				(15,0)		(10,6[a])							
1977				(11,0[a])									
CORWIN	147				79,6	14,8							
Portland	200[a]		16,0[a]	16,5[a]	69,0[a]	12,4[a]				25,0[a]			
1979													
DRURY et al.	482					10,5							
Dublin 1977	558[a]		10,3[a]	10,3[a]	23,0[a]	9,5[a]	6,4[a]						
						(7,7[a])							
FUHRMANN	36	37	29,0	21,0	61,0	(2,7[a])	13,8		(46,0)				
et al.	73[a]	38[a]	18,3[a]	20,0[a]	41,2[a]		8,2[a]		(32,3[a])				
Berlin 1977				(39,0)									
				(30,4[a])									

Fortsetzung S. 5

Tabelle 2. Fortsetzung

	Fallzahl	mittlere Gestationszeit (Wo.)	Hydramnion	EPH-Gestose. Hypertonie (Harnwegsinfekt)	Sectiorate	PNM ungereinigt (gereinigt)	Mißbildungsrate	SGA/LGA	>4000g (Foetopathie)	RDS	Hypoglykämie	Hypokalzämie	Hyperbilirubinämie
FUHRMANN, Karlsburg 1981	350		9,0	3,0 (20,0)		2,3	5,3		(5,0)	10,0	10,0		5,0
GABBE et al. Los Angeles 1977	260	37,9		24,0	55,0	4,6	7,0	8,0/	22,0	6,0			
GOLDSTEIN et al. Irvine 1978	29	37–38			82,7	3,3	16,6	6,6/26,6		10,0	36,0	23,3	20,0
GUILLEN et al.	71	37,5			52,0	1,4				10,0	49,0	15,0	
Havanna 1978	88[a]					3,4[a]							
GYVES et al.	28					14,3							
Cleveland 1977	96[a]				38,0[a]	4,2[a]		/17,7[a]	10,4[a]	11,5[a]	14,6[a]		
HAUKKAMAA et al.	45	~37,2		24,0	66,6	2,2			20,0	8,9			
Helsinki 1980	94[a]	~38,0[a]		33,0[a] (17,0[a])	53,3[a]	1,1[a]	4,4[a]		22,0[a]	5,3[a]	10,6[a]	5,3[a]	8,5[a]

Fortsetzung S. 6

Tabelle 2. Fortsetzung

	Fallzahl	mittlere Gestationszeit (Wo.)	Hydramnion	EPH-Gestose. Hypertonie (Harnwegsinfekt)	Sectiorate	PNM ungereinigt (gereinigt)	Mißbildungsrate	SGA/LGA	>4000g (Foetopathie)	RDS	Hypoglykämie	Hypokalzämie	Hyperbilirubinämie
Jeffery et al. Melbourne 1977	154 207[a]	36–37 37–38[a]			33,0[a]	10,4 7,8[a]	7,5[a]						
Kitzmiller et al. Boston 1978	134 147[a]	~36,5	35,0	14,0	72,7	3,7	9,7	3,7/36,6	11,2	7,6	48,5	23,9	20,9
Kraus und Konrad München 1981	110[a]	35–38[a]			62,0[a]	9,0[a]	9,0[a]						
Lange et al. Karl Marx-Stadt 1979	87				39,0	6,6				13,3			
Leveno et al. Dallas 1979	120	~37,0			75,0	4,1		/37,0		8,0	28,0	14,0	18,0
Matin et al. Halifax 1979	45		9,0	13,0	54,0	4,4 (2,2)	12,0	2,0/7,0		28,0	42,0	9,0	
Schneider et al. Wisconsin 1980	108	~36		13,8	64,0	2,7	11,9	/40,0					

Fortsetzung S. 7

Tabelle 2. Fortsetzung

	Fallzahl	mittlere Gestations-zeit (Wo.)	Hydamnion	EPH-Gestose. Hypertonie Harnwegsinfekt)	Sectio-rate	PNM ungereinigt (gereinigt)	Mißbildungsrate	SGA/LGA	>4000g (Foetopathie	RDS	Hypoglykämie	Hypokalzämie	Hyperbilirubinämie
Mittelwerte	2388	~37,0	16,3	15,0 (20,7)	62,6	7,6 (7,9)	8,2	6,4/31,8	18,5	10,3	29,3	21,8	16,5
	2111[a]	~37,7[a]	11,0[a]	18,9[a] (10,2[a])	37,5[a]	8,7[a] (5,0[a])	6,3[a]	8,0/35,3[a]	17,0[a] (42,5[a])	29,6[a]	44,4[a]	13,7[a]	22,7[a]
Graz 1978–1983	123	38,6	4,9	17,9	43,9	0,8 (0,8)	1,6	6,5/11,4	2,4 (2,4)	7,3	6,5	7,3	28,5
	325[a]	39,6[a]	13,5[a]	13,5[a]	22,0[a]	3,4[a] (0,9)[a]	3,1[a]	2,5/11,1[a]	7,1[a] (0,9)[a]	2,8[a]	3,1[a]	2,8[a]	15,7[a]

Alle Angaben in %; [a] inklusive White A-Fälle; *SGA* small for gestational age, *LGA* large for gestational age, *RDS* respiratory distress syndrome

Tabelle 3. Die Abhängigkeit der perinatalen Mortalität vom White-Stadium

	Perinatale Mortalität (%) in den White-Klassen							
	Fall-zahl	A[a]	B	C	D	F–R	A–R	B–R
Gabbe et al. 1977	260	–	4,20	5,30	6,30	6,30	–	4,60
Artner et al. 1981	316	1,16	4,54	15,80	27,78	–	7,59	15,38
Drury et al. 1977	600	3,00	10,00	11,00	8,00	20,00	9,50	10,50
Corwin 1979	200	5,50	8,70	14,70	23,80	–	12,40	14,80
Jeffery et al. 1977	207	0,00	7,00	14,50	3,70	23,00	7,80	10,40
Connell et al. 1985	260	7,20	8,90	9,90	14,50	20,00	10,80	12,00
Diamond et al. 1987	199	2,90	11,10	14,90	21,10	–	11,00	15,70
Mittelwerte unter Berücksichtigung der Fallzahlen	2.132	3,90	8,00	12,10	13,5	19,79	9,73	11,58 12,71[b]

[a] Gestationsdiabetes; [b] Mortalität ohne der Berücksichtigung der Fälle von Gabbe et al., da in dieser Publikation keine White-A-Fälle ausgewertet wurden. Diese Zahl zeigt, daß die PNM etwa um ein Viertel höher ist, wenn nur insulinpflichtige Fälle ausgewertet werden

1977, Diamond et al. 1987, Desmedt et al. 1990). Auch eine perinatale Mortalität von 0 % wurde in einzelnen Publikationen angegeben (Adashi et al. 1979, Jovanovic et al. 1981). Dabei handelt es sich jedoch entweder um kontrollierte Studien die nur Patienten enthielten, die vom Anfang der Schwangerschaft an betreut wurden oder um einen statistischen Zufall, der nur bei kleinen Fallzahlen möglich ist, da 40 % der PNM durch lebensunfähige Fehlbildungen bedingt ist. Bei der überwiegenden Anzahl der Diabetikerinnen hat die White Klasse jedoch auch heute noch eine hohe prognostische Bedeutung, da hohe White Klassen mit mehr Komplikationen assoziiert sind. Eine höhere PNM ist außerdem darin begründet, daß die Mehrzahl der diabetischen Schwangeren nicht in spezialisierten Zentren betreut wird, oder sich erst zu einem relativ spätem Zeitpunkt in die Behandlung spezialisierter Zentren begibt.

Analysen von Karlson und Kjelmer (1972), Jovanovic et al. (1980) sowie von Roversi (1985) konnten zeigen, daß ein enger Zusammenhang zwischen der mittleren Blutglukose (MBG) während der Schwangerschaft und der PNM besteht.

Während bei einer MBG von 200–250 mg/dl (11,1–13,8 mmol/L) die PNM rund 50 % betrug, waren die perinatalen Verluste bei einer MBG von 100 mg/dl (5,5 mmol/L) etwa bei 5 % gelegen (Abb. 1). Bei diabetischer Ketoazidose muß mit einer PNM von nahezu 100 % gerechnet werden. Die Auswirkungen einer zunehmend strafferen Stoffwechselführung auf die perinatale Mortalität durch den Wandel der therapeutischen Ziele können auch bei fortlaufenden Analysen an ein und derselben Klinik deutlich gemacht werden. So konnte die perinatale Mortalität an einer Neuseeländischen Klinik zwischen 1968 und 1987 bei IDDM von 15,2 % auf 2,0 % und

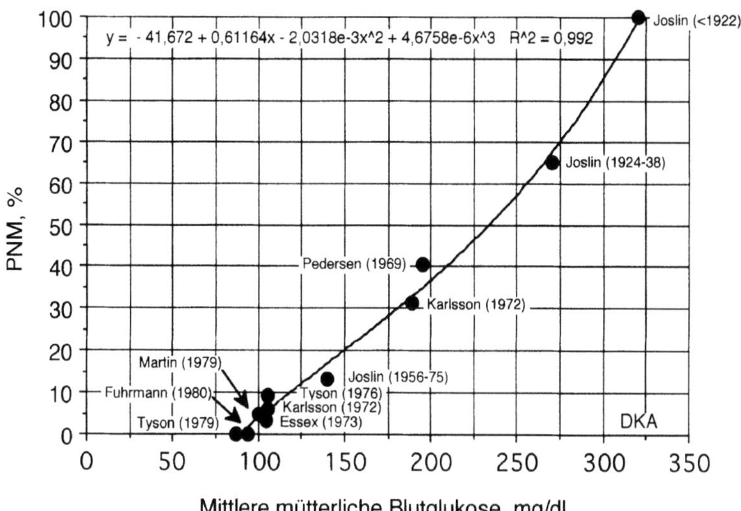

Abb. 1. Korrelation der mittleren mütterlichen Blutglukose und der perinatalen Mortalität *PNM*. Polynomische Kurve; *DKA* diabetische Ketoazidose (modifiziert nach Jovanovic und Peterson 1980, 1982)

bei GDM von 6,7 % auf 0,5 % gesenkt werden (Roberts und Pattison 1990). Eine chronologische Darstellung der Meilensteine der Insulintherapie bei Schwangeren und den Wandel der Ansichten über die glykämische Kontrolle (wie gut ist gut genug?) im Zeitraum zwischen dem 2. Weltkrieg und den 80er Jahren kann einer Übersichtsarbeit von Kitzmiller (1993) entnommen werden.

Ein gefürchtetes Ereignis bei diabetischen Schwangeren ist der intrauterine Fruchttod (IFT), der meist unvermutet auftritt. Kinder mit foetalem Hyperinsulinismus scheinen das höchste relative Risiko eines IFT zu tragen. North et al. (1977) beobachtete bei 5471 Neugeborenen diabetischer Mütter ein Überwiegen von überschweren Kindern bei lebend- und totgeborenen Kindern. Eine Überzahl an untergewichtigen Kindern wurde hingegen nur bei lebend-, nicht jedoch bei totgeborenen Kindern gefunden. Diese Befunde decken sich jedoch nicht mit eigenen Beobachtungen (s. S. 203 und Abb. 33). Jedenfalls gilt es heute als erwiesen, daß einer nahe normoglykämischen Stoffwechselführung (mittlere mütterliche Blutglukose [MBG] < 100 mg/dl, < 5,5 mmol/L) während der Schwangerschaft eine maßgebliche Bedeutung zur Senkung der perinatalen Mortalität (PNM) zukommt.

Da in den letzten Jahren die PNM durch diese Erkenntnisse minimiert werden konnte, steht heute die foetale und neonatale Morbidität zur Beurteilung des Behandlungserfolges im Vordergrund. Diese Morbidität wurde in den meisten frühen Veröffentlichungen nicht oder nur unvollständig angeführt. Gabbe et al. (1977) konnten bei 260 Neugeborenen insulinpflichtiger Diabetikerinnen in 65 % eine durch den Diabetes der Mutter bedingte Erkrankung verschiedenen Ausmaßes feststellen. Schneider et al.

(1980) sahen bei 108 Neugeborenen in 75,2 % eine diabetogen bedingte Erkrankung und ARTNER et al. (1981) beschrieben bei 32–50 % der Neugeborenen einen „cushingoiden" Aspekt. Eine hohe Morbidität ist auch bei unerkanntem Gestationsdiabetes zu erwarten (COUSINS 1987, JOVANOVIC und PETERSON 1987, WEISS 1988, COUSTAN 1988, HILLEBRAND et al. 1990, HOPP und LEIS 1990).

Die diabetesspezifische Erkrankung des Neonaten ist der Hyperinsulinismus, der bei nicht ausreichend straffer Stoffwechselführung auftritt (KITZMILLER et al. 1978, WEISS 1996, WILLMAN et al. 1986, DE VECIANA et al. 1995). Dieser ist häufig mit Zottenreifungsstörungen der Plazenta assoziiert (SCHÄFER et al. 1997) und verursacht die typische diabetogene Foetopathie mit cushingoidem Aussehen, Übergewicht, Stoffwechselveränderungen, Adaptationsschwäche etc. (Kap.: Die Risiken des GDM). Untergewichtige Kinder (small for dates, SFD) sind hingegen bei Diabetikerinnen mit Gefäßkomplikationen zu finden. Die Ursache ist in einer pränatalen Dystrophie aufgrund einer Plazentainsuffizienz gelegen. Aber auch diese ist weitestgehend durch eine Entwicklungsstörung der Plazenta bei schlechter metabolischer Kontrolle bedingt (SEMMLER et al. 1982, BJÖRK und PERSSON 1982, ASMUSSEN 1982).

Einen beträchtlichen Einfluß auf die Rate und das Ausmaß der neonatalen Morbidität haben der Zeitpunkt und die Art der Entbindung – die ihrerseits wieder von der Qualität der Stoffwechselführung abhängen. Je näher eine Schwangerschaft aufgrund einer guten foetalen Kondition an den errechneten Geburtstermin herangebracht werden kann, desto geringer wird die Rate der neonatalen Morbidität und der operativen Entbindung. So konnte etwa die mittlere Gestationszeit im Rikshospitalet, Oslo, zwischen 1970 und 1977 von 256 Tagen auf 262 Tage verlängert werden was mit einer Senkung der Sektiorate von ~90 % auf ~40 % assoziiert war (JERVELL et al. 1979). Zur Zeit werden immer noch rund 70 % der Geburten bei Diabetikerinnen vorzeitig eingeleitet. Die hohe Versagerquote bei der Geburtseinleitung verursacht eine hohe Sectiofrequenz (Tabelle 2), insbesondere bei schlechter Kondition des Ungeborenen. Operative Eingriffe bei Diabetikerinnen sind im Vergleich zu Stoffwechselgesunden mit höheren Risiken und vermehrten Komplikationen belastet. So tritt z. B. eine Infektionsmorbidität nach Kaiserschnitten bei Diabetikerinnen etwa sechsmal häufiger auf als bei Stoffwechselgesunden (DIAMOND et al. 1983). Für das Kind bringt die Schnittentbindung erst recht keine Vorteile (ROBERT et al. 1975, DRURY et al. 1977, PLOTZ et al. 1978, NIESEN 1978). Vermutlich wird durch die Sektio per se das Risiko des Atemnotsyndroms und damit der PNM bei Neonaten angehoben (USHER et al. 1971).

Der spontane Wehenbeginn und die vaginale Geburt können allerdings nur dann angestrebt werden, wenn das Ungeborene gesund ist. Eine nahe normoglykämische Stoffwechselführung sowie eine engmaschige Überwachung der vitalen Funktionen, aber auch der Stoffwechselsituation des Foetus sind dazu Vorraussetzung.

Eine straffe, der Schwangerschaft angepaßte Stoffwechselführung hat nicht nur eine positive Auswirkung auf das Kind. Auch mütterliche Komplikationen der Schwangerschaft wie Pyelonephritis, Bakteriurie, Präeklampsie und Polyhydramnion, die bei Diabetes mellitus gehäuft auftreten, können weitestgehend vermieden werden.

Durch das zunehmende Verständnis der pathophysiologischen Zusammenhänge in der materno-foeto-plazentaren Einheit, durch eine Zentralisierung oder Regionalisierung der Behandlung und durch die Akzeptanz der Notwendigkeit einer sehr straffen Stoffwechselführung haben sich die geburtshilflichen Ergebnisse in den späten 80er und frühen 90er Jahren insgesamt weiterhin verbessert. Die Ergebnisse sind jedoch auch heute noch stark unterschiedlich (Tabelle 4A und B).

Eine Europäische Umfrage in 11 Ländern ergab eine PNM zwischen 0 und 11,5 % und eine Fehlbildungsrate zwischen 0 und 24 % (Kerényi et al. 1993, Kerényi und Tamás 1993). Die Hessischen Perinatalerhebungen (1982–1986) ergaben bei Diabetikerinnen eine perinatale Mortalität von 4,9 % gegenüber einer generellen PNM von 0,63 % ($p < 0{,}00001$) und eine erhöhte neonatale Morbidität (Tabelle 5) (Lang 1989).

Aus dieser einleitenden Übersicht ist abzuleiten, daß heute Zahlen über die perinatale Mortalität bei Diabetes mellitus nur mehr bedingt als Maß für die Qualität der Betreuung von diabetischen Schwangeren gelten kön-

Tabelle 4A. Mütterliche Komplikationen bei Diabetes mellitus in den späten 80er und 90er Jahren

Quelle (Fallzahl)	Hypertension Präeklampsie	Sektiorate	GD Woche	Hydramnion	HWI	Komplikationen
Hanson und Persson, Sweden 1993 (N = 491)	20,5	45,2	38,0			
Miranda et al. Spain 1994 (N = 62)	8,1	48,3	37,4	14,5	6,5	
Mølsted-Pedersen und Kühl, Denmark 1986 (N = 223)	11,0	54,0	36,7	24,0		
Gestation and Diabetes in France Study Group 1991 (N = 232)	14,0	61,0	36,9		25,0	
Willhoite et al. Maine Diabetes in Pregnancy Program, Atlanta, USA 1993 (N = 185)						
Präkonzeptionelle Einstellung		81,0	37,5			28[a]
Postkonzeptionelle Einstellung		66,0	37,9			23[a]
Aucott et al. Cleveland, USA 1994 (N = 78)						
Rigorose Stoffwechselführung	15,0	55,0				

Angaben in Prozent; *GD* Gestationsdauer, *HWI* Harnwegsinfekt; [a] kardiovaskuläre, renale oder retinale Komplikationen

Tabelle 4B. Komplikationen beim Neugeborenen bei Diabetes mellitus in den späten 80er und 90er Jahren

Quelle (Fallzahl)	PNM	LFD (>4000 g)	Symptomat. Hypoglyk.	RDS	Malformation	FG
HANSON und PERSSON Sweden 1993 (N=491)	3,1	20,0	8,0	4,9		
MIRANDA et al., Spain 1994 (N=62)	4,8	(17,7)			11,1	
MØLSTED-PEDERSEN und Kühl, Denmark 1986(N=223)	2,0	24,0			9,0	20,0
Gestation and Diabetes in France Study Group 1991 (N=232)	2,0	32,0	47,0[a]	16,0	4,0	42,0
WILLHOITE et al., Maine Diabetes in Pregnancy Program, Atlanta, USA 1993 (N=185)						
Präkonzeptionelle Einstellung	6,1				1,6	
Postkonzeptionelle Einstellung	21,1				6,5	
AUCOTT et al. Cleveland, USA 1994 (N=78) Rigorose Stoffwechselführung		41,0	14,0	12,0	7,7	31,0

Angaben in Prozent; *PNM* perinatale Mortalität, *LFD* large for dates, *RDS* respiratory distress syndrome, *FG* Frühgeburt; [a] < 3 mM

Tabelle 5. Perinatale Mortalität und neonatale Morbidität bei den Hessischen Perinatalerhebungen 1982–1986. Vergleich von 436 Kindern diabetischer Mütter mit 112.241 Kindern nicht-diabetischer Mütter (nach einer Übersicht von LANG 1989)

Erkrankung	Kontrolle		Diabetes		RR	p <
	n	%	n	%		
Frühgeburt	5591	5,0	63	14,4	2,9	0,0001
Protrahierte Hypoxie, Zyanose, Schock	1150	1,0	16	3,7	3,7	0,0001
Atemstörungen, kardiopulmonale Störungen	2459	2,2	37	8,5	3,9	0,0001
Atemstörungen mit Beatmungsbedarf	1323	1,2	22	5,0	4,2	0,0001
Stoffwechselstörungen	192	0,17	86	19,7	115,9	0,0001
Krämpfe	172	0,15	3	0,7	4,7	0,01
Multiple Fehlbildungen	87	0,07	4	0,9	12,9	0,0001
Fehlbildg. Herz, Gefäße	413	0,4	5	1,1	2,7	0,01
Fehlbildg. Darm, Leber, Pankreas	97	0,09	3	0,7	7,8	0,0001
Perinatale Mortalität		0,63		4,9	7,8	0,00001

RR Relatives Risiko

nen. Als Qualitätskriterium muß vielmehr eine niedrige Rate an neonataler Morbidität bei einer hohen Rate von Spontangeburten reifer Kinder nach weitestgehend unkomplizierter Schwangerschaft angesehen werden.

Da bei der diabetischen Schwangerschaft aufwendige und hochspezialisierte Behandlungs- und Überwachungsmethoden notwendig sind, sind bestmögliche Resultate nur in spezialisierten Zentren und durch spezialisierte Arbeitsgruppen zu erwarten (Mølsted-Pedersen 1980, Bellmann et al. 1982, Kohlhoff 1982, Mølsted-Pedersen und Kühl 1986, Deutsche Mutterschaftsrichtlinien 1986, Traub et al. 1987, Lang und Künzel 1989, Joner et al. 1992, WHO Europe 1992, Jervell et al. 1994, Deutsche Diabetesgesellschaft 1997, Hadden 1999). Dies gilt auch für den Gestationsdiabetes (GDM) bei dem in fachkundigen Zentren bei gleichen Kosten bessere Ergebnisse erzielt werden (Bienstock et al. 1997). Dennoch wird auch heute noch zumindest ein Drittel der Diabetikerinnen vom Hausarzt ohne spezielle Diabetesausbildung betreut (von Kries et al. 1997). Statistische Erhebungen haben gezeigt, daß sich die diagnostischen und therapeutischen Strategien sowohl von praktischen Ärzten als auch von praktizierenden Gynäkologen erheblich von jenen spezialisierter Zentren unterscheiden (Marrero et al. 1992). Ein optimaler Betreuungsgrad ist erst erreichbar, wenn mindestens 50 diabetische Schwangere pro Jahr in einem Zentrum behandelt werden (Pederson 1977). Eine Amerikanische Studie, bei der 154 Diabetikerinnen (83 %) von 51 privaten Ärzten betreut wurden, ergab ~16 % pränatale und ~4 % neonatale Verluste (Willhoite et al. 1993, siehe oben, Tabelle 4). Eine irische Studie konnte zeigen, daß perinatale Verluste bei dezentraler Versorgung von Diabetikerinnen rund 3 mal höher sind, als bei zentraler Betreuung (Hadden 1999). Es ist daher dringend anzuraten, daß sich die geburtshilflichen Abteilungen eines Einzugsgebietes von etwa 15 000 Geburten im Interesse der Patientinnen auf ein Zentrum einigen, an dem diabetische Schwangere betreut werden. Dieses Zentrum muß so ausgestattet sein, daß eine interdisziplinäre Zusammenarbeit zwischen Geburtshelfern und Diabetologen, Nephrologen, Ophthalmologen, Neonatologen sowie biochemischem Labor und Isotopenlabor gewährleistet ist. Eine neonatologische Intensivstation ist für die geburtshilflichen Ergebnisse von ausschlaggebender Bedeutung (Cowett und Schwartz 1982).

Da das Ungeborene wesentlich höhere Ansprüche an die Qualität der Stoffwechselführung stellt als die Schwangere selbst, muß die Behandlung vornehmlich an den foetalen Bedürfnissen ausgerichtet sein. Diesen Gesichtspunkt kann am ehesten der Geburtshelfer vertreten; ihm steht auch das notwendige diagnostische Rüstzeug (Sonographie, Kardiotokographie, Amniozentese etc.) für die Beurteilung der foetalen Situation zur Verfügung. Für den Internisten kann nur die Schwangere im Vordergrund stehen, das Ungeborene ist seiner Routinediagnostik nicht zugänglich. Um Kommunikationsschwierigkeiten sowie divergierende therapeutische Konzepte zu vermeiden, muß der Diabetologe in der Schwangerenbetreuung über ein hohes Maß an geburtshilflichem Wissen verfügen, während der Geburtshelfer, der Diabetikerinnen betreut, mit der Stoffwechselführung von diabetischen Schwangeren vertraut sein muß. Nicht zuletzt aus organisatorischen und psychologischen Gründen sollte die Diagnostik und Therapie möglichst vorwiegend in einer Hand sein. Die schwangere Diabetikerin braucht erfahrungsgemäß eine Bezugsperson. Da bei der diabetischen Schwangeren das Ungeborene das höhere Risiko trägt, sollte der spezialisierte Geburtshelfer auch die Stoffwechselführung übernehmen und sie gleichermaßen nach mütterlichen und kindlichen Bedürfnissen ausrichten. Der Internist soll bei außergewöhnlichen Problemen beigezogen werden. Dieses Konzept wurde bereits vor längerer Zeit von Fuhrmann und seinen Mitarbeitern im Zentralinstitut für Diabetes „Gerhard Katsch" in Karlsburg verwirklicht und hat sich auch an unserer Klinik gut bewährt. Einer Umfrage zufolge betreuen auch in den USA 82 % der Perinatologen ihre Diabetikerinnen weitestgehend selbstständig (Landon et al. 1990).

Wo die Zuweisung in ein Diabeteszentrum aus äußeren Gründen nur schwer möglich ist, etwa in ländlichen Gebieten mit weiten Anfahrtswegen, müssen für die Betreuung von GDM die lokalen Möglichkeiten genutzt werden. Die betreuenden Hebammen und Ärzte sollten jedoch vom Zentrum geschult werden und ein abgespecktes Protokoll hinsichtlich diagnostischer Maßnahmen, der Diät, des medizinischen Managements, der Patientenschulung und der Überwachung zur Verfügung haben. Zusätzlich sollte eine Indikationsliste für eine Einweisung ins Zentrum aufliegen. Mit diesem Vorgehen können Ergebnisse erzielt werden, die sich von jenen in den Zentren nur unwesentlich unterscheiden (Weiderman und Marcuz 1996).

2. Diagnose, Nomenklatur und Stadieneinteilung

Der Diabetes mellitus ist eine der häufigsten Stoffwechselerkrankungen, von der etwa 2 bis 5 % der Weltbevölkerung betroffen sein dürften (SCHERNTHANER 1980). Nach Richtlinien der National Diabetes Data Group (1979) sowie des WHO Expert Committee on Diabetes Mellitus (1980) erfolgte eine Klassifizierung des „heterogenen Syndroms" Diabetes mellitus nach seiner Ätiopathogenese, wie in Tabelle 6 angegeben.

In den späten 90er Jahren wurde eine neue Klassifikation des Diabetes mellitus eingeführt, bei der die Ätiologie stärker berücksichtigt wird (KUZUYA und MATSUDA 1997) (Tabelle 7).

Die Terminologie IDDM und NIDDM wurde fallen gelassen und die Gestörte Glukosetoleranz (IGT) wird nicht mehr als Diabetestyp sondern als wichtiger Risikofaktor angesehen. Zusätzlich wurde die Kategorie des gestörten Nüchternblutzuckers (Impaired Fasting Glycaemia, IFG) eingeführt. Die Diabetesstadien der neuen Klassifikation gelten für alle Diabetestypen und sind in der Tabelle 8 aufgeschlüsselt.

Die neuen Grenzwerte für die Diagnose eines Diabetes mellitus und anderer Kategorien der Hyperglykämie wurden ebenfalls modifiziert (Tabelle 9). Der Grenzwert für die Nüchtern-Plasmaglukose wurde von 7,8 mmol/l (140 mg/dl) auf 7,0 mmol/l (126 mg/dl) herabgesetzt.

Wahrscheinlich ist die Grenze für den Nüchternwert mit 126 mg/dl im Verhältnis zum 2 h-Wert nach Glukosebelastung noch immer zu hoch. Der Nüchternwert, der eine Plasmaglukose von 200 mg/dl (11,1 mmol/l) mit optimaler Sensitivität und Spezifität vorhersagt beträgt bei Frauen

Tabelle 6. Kategorien des Diabetes mellitus

Diabetes mellitus	
Typ-1	insulinabhängiger Diabetes (IDDM)
Typ-2	nicht insulinabhängiger Diabetes (NIDDM)
	ohne Übergewicht mit Übergewicht
Sekundärer Diabetes	Pankreatopriver Diabetes Diabetes bei Endokrinopathien etc.
Verminderte Glukosetoleranz	ohne Übergewicht mit Übergewicht
Schwangerschaftsdiabetes	

Tabelle 7. Typen bzw. Kategorien des Diabetes mellitus

Diabetes mellitus	
Typ 1	a. Autoimmun b. Idiopathisch
Typ-2	a. Vorwiegend Insulinresistenz b. Vorwiegend Defekte der Insulinsekretion
Andere spezifische Typen	1. Genetische Defekte der Betazellfunktion (z. B. MODY 1–4) 2. Genetische Defekte der Insulinwirkung (z. B. Typ A Insulinresistenz) 3. Erkrankungen des exokrinen Pnlreas 4. Endokrinopathien (z. B. Akromegalie) 5. Medikamentös oder chemisch induziert (z. B. Glukokortikoide) 6. Infektiös bedingt (z. B. angeborene Röteln) 7. Ungewöhnliche immunolog. bedingte Formen (z. B. Stiff Man Syndrom) 8. Andere genetische Syndrome
Gestationsdiabetes	

Tabelle 8. Diabetesstadien

1. Normale Glukosetoleranz
2. IGT und/oder IFG
3. Diabetes mellitus
   a) ohne Insulinbedarf
   b) Insulinbedarf zur Stoffwechselkontrolle
   c) Insulinbedarf zum Überleben

104 mg/dl (5,8 mmol/l) (The DECODE Study Group 1999). Wird auf einen oGTT verzichtet und nur der Nüchternwert bestimmt, entgehen bei einem Grenzwert von 126 mg/dl eine große Anzahl von Patienten der Diagnose, die einen 2 h-Wert > 200 mg/dl hätten.

Neben der WHO und ADA Nomenklatur scheinen besonders im älteren Schrifttum eine Reihe weiterer Synonyma auf.

Der *Typ-1 Diabetes* wird auch als „Jugendlicher Diabetes", IDDM (insulin-dependent-diabetes mellitus) oder JOD (juvenile-onset-diabetes) bezeichnet. Der Gipfel des Manifestationsalters liegt bei 9 Jahren (Schernthaner 1980). Bei Untersuchungen von Staines et al. (1993) ergab sich eine zweigipfelige Alterskurve mit einem Manifestationsmaximum im Alter von 5 Jahren und einem zweiten Gipfel bei zwölf Jahren. Insgesamt scheint jedoch das Manifestationsalter allmählich zu sinken, wodurch vermehrt Fälle mit Diabetes vor dem 1. Lebensjahr beobachtet werden (Tuomilehto et al. 1995). Ein IDDM kann jedoch auch nach dem 30. Lebensjahr auftreten (adult-onset IDDM) (Melton et al. 1983, Laakso und Pyorala 1985,

Tabelle 9. Grenzwerte für die Diagnose eines Diabetes mellitus und anderer Kategorien der Hyperglykämie nach Glukosebelastung mit 75 g

	Glukosekonzentration, mmol/l (mg/dl)			
	Vollblut		Plasma	
	venös	kapillär	venös	kapillär
Diabetes mellitus				
Nüchtern	> 6,1 (> 110)	> 6,1 (> 110)	> 7,0 (> 126)	> 7,0 (> 126)
2 h	> 10,0 (> 180)	> 11,1 (> 200)	11,1 (> 200)	> 12,2 (> 220)
Gestörte Glukose-toleranz (IGT)				
Nüchtern	< 6,1 (< 110)	< 6,1 (< 110)	< 7,0 (< 126)	< 7,0 (< 126)
2 h	> 6,7 (> 120) und < 10,0 (< 180)	> 7,8 (> 140) und < 11,1 (< 200)	> 7,8 (> 140) und < 11,1 (< 200)	> 8,9 (> 160) und < 12,2 (< 220)
Gestörter Nüchtern-blutzucker (IFG)				
Nüchtern	> 5,6 (> 100) und < 6,1 (< 110)	> 5,6 (> 100) und < 6,1 (< 110)	> 6,1 (> 110) und < 7,0 (< 126)	> 6,1 (> 110) und < 7,0 (< 126)
2 h (wenn gemessen)	< 6,7 (< 120)	< 7,8 (< 140)	< 7,8 (< 140)	< 8,9 (< 160)

Libman et al. 1993, Harris und Robbins 1994). Dieser unterscheidet sich wahrscheinlich biologisch vom JOD (Svejgaard et al. 1986, Karjalainen et al. 1989). Ein langsam eintretender Typ 1 Diabetes zeigt auch andere Muster von Autoimmunantikörpern (AIA) als der typisch akut auftretende Typ-1 Diabetes (Seissler et al. 1998).

Eine besondere sehr seltene (1/400.000) Form des Typ-1 Diabetes ist der transient auftretende Neugeborenendiabetes (Transient Neonatal Diabetes, TND) (Temple et al. 2000). Es handelt sich um einen Insulinmangeldiabetes, der besonders bei Kindern mit niedrigem Geburtsgewicht bereits in den ersten Lebenstagen auftritt, im Mittel 3 Monate dauert und bis zum 18. Monat in der Regel wieder verschwindet. Bei rund 46 % ist der Diabetes jedoch bleibend, bei 54 % transient und bei 23 % tritt der Diabetes nach einem transienten Stadium im Alter von 7–20 Jahren neuerlich auf (von Mühlendahl und Herkenhoff 1995). Im Nabelschnurblut von TND ist der Spiegel an Insulin und IGF-1 subnormal, an IGF-2 hingegen normal. Nach 2,5 Monaten Therapie beginnt der zunächst fehlende C-Peptidspiegel im Harn wieder anzusteigen (Blethen et al. 1981). Spezielle HLA Haplotypen oder Autoimmunantikörper sind nicht nachweisbar (Gottschalk et al. 1992). Die Kinder zeigen jedoch eine väterlich vermittelte Duplikation des langen Armes von Chromosom 6. Auch wenn der TND nur vorübergehend besteht, muß bei diesen Kindern mit dem Auftreten eines Typ-2 Diabets im frühen Erwachsenenalter gerechnet werden.

Der *Typ-2-Diabetes* wird auch „Alters-(Erwachsenen-)Diabetes", NIDDM (non-insulin-dependent-diabetes mellitus) oder MOD (maturity-onset-diabetes) genannt. Die Inzidenz ist zur Zeit weltweit steigend (McCarthy et al. 1994, Cook et al. 1994). Der Typ-2-Diabetes hat eine Untergruppe, die MODY (maturity-onset-diabetes of young people), NIDDY (NIDDM in the young) (Keen 1982) oder auch Typ-III-Diabetes genannt wird (Fajans et al. 1965, 1976; Tattersall 1974; Tattersall und Fajans 1975; Übersicht bei Fajans 1990). Der Anteil des MODY am gesamten Diabetes mellitus beträgt 0,14 %–1,8 %(Panzram und Adolph 1981, Ledermann 1995). Während der MODY vor dem 25. Lebensjahr auftritt, nimmt die Häufigkeit der Manifestation des Typ-2-Diabetes mit dem Alter zu. Hollingsworth (1983) konnte jedoch bereits bei einer 12jährigen Schwangeren einen Typ-2-Diabetes beobachten. Bei Schwangeren beträgt der Anteil des NIDDM am manifesten Diabetes 15–20 % (Beischer et al. 1996).

Die beiden Haupttypen des Diabetes mellitus haben verschiedene Charakteristika, deren Kenntnis für die Behandlung in der Schwangerschaft von Bedeutung sein kann (Tabelle 10).

Tabelle 10. Charakteristische Merkmale der beiden Haupttypen des Diabetes mellitus (DM) (nach Schernthaner und Ludwig 1982)

Prototyp	Typ-1	Typ-2
Synonyme	Insulinabhängiger DM vom „juvenilen Typ"	„Altersdiabetes"-Typ (nicht insulinbedürftig)
Bevorzugtes Manifestationsalter	Kindes- bis Jugendalter (meist < 35. Lj.)	Mittleres bzw. höheres Alter (meist > 60. Lj.)
Krankheitsbeginn	Akut bis subakut	Schleichend
Körpergewicht	Initial meist Untergewicht	Meist Übergewicht
Stoffwechselverhalten	Instabil	Stabil
Ketoseneigung	Ausgeprägt	Meist fehlend (nur temporär)
Insulin (C-Peptid im Pankreas und Serum	Vermindert bis fehlend	Subnormal bis erhöht
Insulinempfindlichkeit	Ausgeprägt	Gering
Ansprechen auf β-zytotrope Substanzen	Gering bis fehlend	Ausgeprägt
Vorherrschende Angiopathie	Mikroangiopathie nach 5–10 Jahren	Makroangiopathie (bei Beginn in ca. 25 %)
Familiäre Häufung	Relativ gering	Ausgeprägt
Assoziation mit Histokompatibilitäts-Antigen	Vorhanden (B8, B15, Cw3, Dw3, Dw4, DR3, DR4)	Fehlend
Autoimmunphänomene	Häufig nachweisbar	Meist fehlend

Auch für die verminderte Glukosetoleranz werden Synonyma wie subklinischer, chemischer oder latenter Diabetes verwendet.

Der Schwangerschaftsdiabetes (Gestationsdiabetes, White-A-Diabetes) ist eine Stoffwechselstörung, die im Verlauf der Schwangerschaft beginnt (oder diagnostiziert wird) und zumeist mit ihr endet. Da der Schwangerschaftsdiabetes in der Regel durch einen Glukosetoleranztest aufgedeckt wird, werden auf ihn auch häufig die Synonyma für die verminderte Glukosetoleranz angewandt. Die verminderte Glukosetoleranz in der Schwangerschaft kann auf verschiedenen pathophysiologischen Grundlagen beruhen (KAHN 1982). Während bei schlanken Frauen ein relativer Insulinmangel im Vordergrund steht, haben adipöse Schwangere häufig eine Hyperinsulinämie (HORNNES et al. 1981; DAMM et al. 1995, 1996). Im Vordergrund steht hier die Insulinresistenz und eine Verarmung der (Fett-) Zellen an Glukosetransportern (GLUT4), die in den Zellen auch fehlverteilt sind (GARVEY et al. 1993). Beiden gemeinsam ist jedoch eine erhöhte Blutglukose (sowohl nüchtern als auch postprandial), eine verspätete Insulinantwort auf Nahrungsreize und eine herabgesetzte Insulinbindung an Erythrozytenrezeptoren (CHENEY et al. 1985, FREINKEL et al. 1985, KÜHL und ANDERSEN 1986).

Beim sogenannten „potentiellen Diabetes" handelt es sich um klinische und/oder anamnestische Merkmale, die erfahrungsgemäß auf eine Diabetesneigung hinweisen. Diese Gruppe sollte in jährlichen Abständen, besonders jedoch, wenn eine Schwangerschaft eintritt, einer Kontrolle des KH-Stoffwechsels unterzogen werden, um eine verminderte Glukosetoleranz oder eine Diabetesmanifestation möglichst frühzeitig zu erkennen.

Das Manifestationsalter, diabetogene Gefäßerkrankungen sowie zusätzliche Schwangerschaftskomplikationen bestimmen neben der Qualität der Stoffwechselführung das Ausmaß der perinatalen Mortalität, kindlichen Morbidität und das Fehlbildungsrisiko. Zur Erstellung der kindlichen Prognose, für den klinischen Sprachgebrauch, jedoch auch, um geburtshilfliche Erfolge vergleichen zu können, ist eine Klassifikation des Diabetes in der Schwangerschaft zweckdienlich.

Vor nunmehr einem halben Jahrhundert hat PRISCILLA WHITE an der Joslin-Klinik eine Klassifikation entwickelt, die weltweit Anerkennung gefunden hat. Ihre Einteilung, die sich vorwiegend auf den Typ-1 Diabetes bezieht beruht auf der Beobachtung, daß die geburtshilflichen Ergebnisse mit zunehmender Diabetesdauer und zunehmender Gefäßerkrankung schlechter wurden. Die Klassifikation beruht daher in erster Linie auf dem Alter zum Zeitpunkt der Diabetesmanifestation oder der Dauer des Diabetes unter Berücksichtigung von diabetesassoziierten Erkrankungen des Gefäßsystems. Der Gestationsdiabetes wurde erst 1980 als eigene Klasse in die White-Klassifikation aufgenommen (HARE und WHITE 1980). Davor wurde die Klasse A nach White häufig als Synonym für den Gestationsdiabetes verwendet. Das war insoferne unkorrekt, als die White Klassifikation in erster Linie auf Befunden vor Eintritt einer Schwangerschaft beruht und da die Klasse A eine Insulinbehandlung ausschließt (Tabelle 11).

Tabelle 11. Klassifikation des Diabetes mellitus in der Schwangerschaft

Klassifikation nach White (1974)		Modifiziertes Schema der Grazer Klinik	
	Diätbehandlung		
A	Glukosetoleranztest abnormal. Keine Symptome. Eine Euglykämie wird aufrechterhalten durch eine entsprechende Diät aber ohne Insulin	A	Gleiche Definition
	Insulinbehandlung	AB	Gleiche Definition, jedoch erhöhter Fruchtwasserinsulinspiegel. Insulinbehandlung ausschließlich aus foetaler Indikation
	Insulinpflichtiger Diabetes	Bo	Erstmanifestation eines insulinpflichtigen Diabetes in der Schwangerschaft. Pathologischer Nüchternblutzucker, Pathologische Tagesprofile
B	Beginn nach dem 20. Lebensjahr oder Dauer weniger als 10 Jahre	B	Gleiche Definition
C	Beginn zwischen dem 10. und 19. Lebensjahr oder Dauer von 10–19 Jahren	C	Gleiche Definition
D	Beginn vor dem 10. Lebensjahr oder Dauer von mehr als 20 Jahren oder benigne Retinopathie	D	Gleiche Definition
E	Kalzifikation von Beckenarterien		
F	Glomerulosklerose		
R	Proliferative Retinopathie	R	Gleiche Definition
RF	Glomerulosklerose und proliferative Retinopathie		
G	Mehrfache geburtshilfliche Mißerfolge (habituelle Aborte und/oder Totgeburten)		
H	Koronarsklerose		
T	Zustand nach Nierentransplantation		
		PBSP	Pyelonephritis. Präkoma, schwere Azidose, Präeklampsie, Neglektoren

Neben der klassischen Einteilung nach White (1959) und der erweiterten Einteilung nach White (1974, 1978) werden Klassifikationen nach Pedersen und Mølsted Pedersen (1965), Tyson und Hock (1976) sowie nach Pyke (Essex et al. 1973) angewandt.

Pedersen und Mølsted Pedersen (1965) beziehen ihre Einteilung auf mütterliche Komplikationen, die während der Schwangerschaft auftreten und die als „prognostically bad signs in Pregnancy" (PBSP) bezeichnet werden. Zu den prognostisch ungünstigen Fällen werden

- Fälle mit klinischer Pyelonephritis (positive Harnkultur und Fieber),
- mit Präkoma oder schwerer Azidose (venöser Bikarbonatgehalt < 10 mEqu/l bzw. 10–17 mEqu/l),
- schwangerschaftsbedingtem Hochdruck (Gestose, Toxämie) und
- „Neglectors" gerechnet.

Zur Gruppe der Neglektoren gehören Schwangere, deren präpartale Betreuung vorwiegend aus eigenem Verschulden inadäquat war (Verweigerung der Behandlung, Erstaufnahme während der Geburt oder im letzten Trimenon, Psychopathie, niedriger IQ).

Bei der Einteilung nach Pyke werden 3 Gruppen differenziert:

- Der *Gestationsdiabetes* (die Stoffwechselstörung beginnt im Verlauf der Schwangerschaft und endet mit der Schwangerschaft).
- Der *Prägestationsdiabetes* (die Stoffwechselstörung begann vor der Konzeption und besteht nach der Schwangerschaft weiter)
  - ohne Komplikationen,
  - mit Komplikationen (Retinopathie, Nephropathie, Makroangiopathie).

Diese Gruppen nach Pyke können wiederum jeweils in Untergruppen

- mit guter Stoffwechselkontrolle und
- mit nicht optimaler Stoffwechselkontrolle unterteilt werden (Jovanovic und Peterson 1982).

Eine ähnliche Einteilung wird von Hare und Greene (1991) wie im folgenden vorgeschlagen:

- Gestationsdiabetes
  - GD (*Diätbehandlung*)
  - GDI (*Diät und Insulin*)
- Prägestationsdiabetes
  - Unkompliziert (*entsprechend White B, C*)
  - Kompliziert durch Gefäßschäden
    - mikrovaskuläre Schäden (*entsprechend White R, F, FR, T*)
    - makrovaskuläre Schäden (*entsprechend White D mit HTN, H*)

Ein Prägestationsdiabetes ist bei Kaukasierinnen zumeist ein Typ-1 Diabetes. Es kann sich dabei jedoch auch um einen Typ-2 Diabetes handeln. Der Anteil des Typ-2 Diabetes wird unterschiedlich angegeben. Während der Anteil des Typ-2 Diabetes im eigenen Krankengut rund 15 % betrug, wurde er von Beischer et al. (1996) mit 15–20 % und von Willhoite et al. (1993) mit 35 % angegeben. Es gibt jedoch auch Länder wie etwa Japan, Saudi Arabien, Kuwait oder Polynesien, in denen der Anteil des NIDDM am manifesten Diabetes in der Schwangerschaft bis zu 75 % beträgt (Johnstone et al. 1990, Nasrat et al. 1990, Omori et al. 1994, Simmons et al. 1996). Bei einer umfangreichen Untersuchung in den USA an ~154.000 schwangeren Diabetikerinnen hatten 88 % einen GDM, 8 % einen NIDDM und 4 % einen IDDM (ENGELGAU et al. 1995). Bei NIDDM sind die geburtshilflichen Ergebnisse zumeist schlechter als bei IDDM, da sich die Patienten der Ernsthaftigkeit ihrer Erkrankung weniger bewußt sind (NASRAT et al. 1990).

FREINKEL et al. (1985) unterteilen den Gestationsdiabetes durch die Bewertung des Nüchternblutzuckers der Patienten. Sie bezeichnen Schwangere mit einem abnormalen oGTT jedoch einen Nüchternblutzucker unter 105 mg/dl (5,8 mmol/L) als Klasse A_1, Schwangere mit Nüchternwerten zwischen 105 und 130 mg/dl (7,2 mmol/L) als Klasse A_2 und jene mit einem Nüchternwert über 130 mg/dl als Klasse B_1.

Wir verwenden eine modifizierte Klassifikation, der die White-Einteilung zugrundeliegt. Die Klassen A–R nach White werden durch eine Klasse AB und Bo erweitert, darüber hinaus wird die PBSP-Klassifikation in die Beurteilung mit einbezogen (Tabelle 11).

Bei der Gruppe AB handelt es sich um GDM, die aufgrund ihrer eigenen Stoffwechsellage diätetisch behandelt werden könnten, die jedoch durch einen erhöhten Fruchtwasserinsulingehalt einen foetalen Hyperinsulinismus ausweisen. Da eine Insulinbehandlung nur im Hinblick auf die Bedürfnisse des Ungeborenen erfolgt, handelt es sich nicht um echte „insulinpflichtige" und somit White-B-Diabetikerinnen, sondern um eine „insulinbedürftige" Gruppe, die zwischen A und B gelegen ist.

Die Gruppe Bo der Grazer Klassifikation entspricht einer Sonderform der Klasse B nach White und umfaßt Schwangere mit Erstmanifestation eines Diabetes in der Schwangerschaft, mit oder ohne postpartaler Remission. Ein präexistenter Diabetes ist jedoch dabei nicht auszuschließen. Zumeist handelt es sich um einen Typ-2 Diabetes (~80 %). Ein Typ-2 Diabetes ist besonders bei Übergewichtigen Schwangeren wahrscheinlich. In diese Gruppe fallen jedoch auch Typ-1 Diabetikerinnen mit adult-onset IDDM (~20 %) (MELTON et al. 1983, LAAKSO und PYORALA 1985, BUSCHARD et al. 1987, QUATTRO et al. 1989, WEITZMAN et al. 1990, BUSCHARD et al. 1990, DAMM et al. 1992, LIBMAN et al. 1993, HARRIS und ROBBINS 1994, SILLS und RAPAPORT 1994). Bei adult-onset IDDM ist die Latenzzeit zwischen dem Einsetzen erster Symptome und der Diagnose in der Regel verlängert, die Destruktion der Inselzellen ist meist nicht vollständig. Nach Aufnahme von Kohlenhydraten ist noch C-Peptid nachweisbar (KATZEFF et al. 1985, LAASKO et al. 1987, GJESSING et al. 1989, MADSBAD 1990, LANDIN-OLSON et al. 1990), jedoch durch i. v. Glukagongabe kaum stimulierbar (MADSBAD et al. 1981). In diesen Fällen kann es Monate dauern, bevor eine Ketoseneigung auftritt (MADSBAD et al. 1981; MELTON et al. 1983; WILSON et al. 1985; GROOP et al. 1986, 1988; KARJALAINEN et al. 1989). Der Verdacht auf einen Typ-1 Diabetes ergibt sich besonders bei schlanken und/oder jungen Schwangeren mit ausgesprochener Insulinsensitivität.

Bei der Erstmanifestation eines Typ-1 Diabetes in der Schwangerschaft kommt es in 80 % der Fälle zu einer postpartalen Remission von durchschnittlich 256 Tagen. Bei jungen, schlanken Frauen, Erstgebärenden und extrem hohen Blutzuckerwerten bei der Diagnose dauert die Remission meist nur kurz oder kann überhaupt fehlen (BUSCHARD et al. 1990).

Die Gruppen AB und Bo werden in der Grazer Klassifikation besonders hervorgehoben, da sich heute aus ihnen die schwersten diabetogenen Foetalerkrankungen rekrutieren. Dies ist darin begründet, daß gerade bei diesen Fällen die Diagnose der Stoffwechselstörung häufig überhaupt nicht oder erst zu einem sehr späten Zeitpunkt der Schwangerschaft erfolgt.

Zur Definition von Gefäßschäden verwenden wir ausschließlich die Klassifikation R nach White, da die Retinopathie des juvenilen Diabetikers anderen Gefäßerkrankungen (Nephropathie, Koronarsklerose) vorausgeht, und vor allem einer exakten Diagnose ohne besonderen Aufwand zugänglich ist. Alle Diabetikerinnen mit einer proliferierenden Retinopathie werden als R-Fälle klassifiziert. Liegt eine background Retinopathie vor, fügen wir als Hinweis auf das Vorliegen eines beginnenden Gefäßschadens an die White-Klassen B-D ein R an (z. B. Klasse D/R). Darüber hinaus werden die prognostischen Belastungen (PBS) nach Pedersen berücksichtigt.

Eine Einteilung nach rein klinischen Parametern, also etwa nach der Qualität der Stoffwechselführung (Jovanovic und Peterson 1982) kann natürlich eine Aussage hinsichtlich der kindlichen Prognose geben. Sie sagt jedoch nichts über die Qualität der Betreuung und Führung der Schwangeren aus, da etwa eine White-B-Diabetikerin leichter normoglykämisch zu führen ist als eine Diabetikerin der Klasse D. Aus der vorgeschlagenen Klassifikation kann sowohl das Risiko des Kindes als auch nach Vorliegen der geburtshilflichen Ergebnisse die Qualität der medizinischen Betreuung abgeleitet werden.

3. Physiologie und Pathophysiologie

Die Therapie des Diabetes mellitus in der Schwangerschaft hat die Korrektur pathologischer Stoffwechselveränderungen und die Imitation physiologischer Vorgänge durch Maßnahmen der Restriktion (Diät) und Substitution (Insulinzufuhr) zum Ziel. Kenntnisse über (patho-)physiologische Grundlagen sind somit Voraussetzung jeglicher Diagnostik und Therapie. Die zahlreichen Stoffwechselveränderungen in der Schwangerschaft, die im Zusammenhang mit dem Kohlenhydrat-Stoffwechsel stehen (Buchanan und Kitzmiller 1994), werden zum Teil in Verbindung mit klinischen Fragestellungen in den einzelnen Kapiteln beschrieben. Zur besseren Übersicht erfolgt eine tabellarische Zusammenfassung wichtiger physiologischer und pathophysiologischer Veränderungen des Kohlenhydratstoffwechsels durch die Schwangerschaft, wobei Literaturangaben in Tabellen vorwiegend auf Übersichtsreferate beschränkt sind (Tabelle 12a–c).

Tabelle 12a. Abweichungen des Stoffwechsels bei normaler Schwangerschaft (NSS), Gestationsdiabetes (GDM) und insulinpflichtigem Diabetes (IDDM)

Stoffwechsel-parameter	Verhalten in der Schwangerschaft	Vermutliche Ursache für das abweichende Verhalten in der Schwangerschaft	Bemerkungen
Nüchternblutzucker			
NSS 60–70 mg/dl	⇓	Periphere Glukose-utilisation ⇑ Abschöpfung durch die foetoplazentare Einheit	Abfall 10–20 % (~15 mg/dl, ~0,83 mmol/l) Glukoseabschöpfung durch den Foetus im letzten Trimester 30–50 g/Tag
GDM (NIDDM) 70–110 mg/dl	⇑	Periphere Insulin-resistenz	Meist bei Adipositas
IDDM >110 mg/dl	⇑ je nach Stoffwechselführung	Insulinmangel	
Blutzucker 1 h postprandial			
NSS 130–140 mg/dl	⇑	Antiinsulinäre Hormone	MAGE (mean amplitude of glycemic excursions) ~45 mg/dl

Fortsetzung S. 26

Tabelle 12a. Fortsetzung

Stoffwechsel-parameter	Verhalten in der Schwan-gerschaft	Vermutliche Ursache für das abweichende Verhalten in der Schwangerschaft	Bemerkungen
GDM (NIDDM) 150–160 mg/dl	⇑	Periphere Insulin-resistenz, verzögerte Insulinsekretion	MAGE ~60 mg/dl
IDDM > 160	⇑ je nach Stoff-wechselführung	Insulinmangel	MAGE: stabiler Diabetes ~75 mg/dl, labiler Diabetes > 125 mg/dl
Mittlere Blutglukose			
NSS 90–100 mg/dl			Nüchternwerte ⇓ Postprandiale Werte ⇑
GDM (NIDDM) ≥ 100 mg/dl	⇑	Periphere Insulin-resistenz, verzögerte Insulinsekretion	Unterscheidet sich oft nur diskret von Werten der NSS
IDDM	⇑ je nach Stoff-wechselführung		
Betamimetika (Tokolyse)	⇑	Glykogenolyse ⇑ Lipolyse ⇑	Anstieg bei NSS um ~30 mg/dl, bei IDDM um ~70 mg/dl. Wirkungsbeginn nach 30 Minuten. Die Stoffwechsel-wirkung nimmt bei Dauertokolyse ab
Glukosetoleranz	(↑) ⇓	hCG siehe Tabelle 24 Antiinsulinäre Hormone Siehe auch: foetaler Glukosediebstahl	i. v. GTT: Glukose-toleranz i. d. Frühschwanger-schaft ⇓ i.d. Spätschwanger-schaft ⇑ oGTT: mit fortschrei-tender Schwanger-schaft ⇓ Glukosemaximum nach Belastung später (~1 h)

Quellen: Bellmann 1978, Fuhrmann 1982, Service und Nelson 1980, Persson und Lunell 1975, Hollingsworth 1983, Fredholm et al. 1978, Rathgen 1980, Lipshitz und Vinik 1978, Van Lierde et al. 1982

Tabelle 12b. Abweichungen des Stoffwechsels bei normaler Schwangerschaft (NSS), Gestationsdiabetes (GDM) und insulinpflichtigem Diabetes (IDDM)

Stoffwechsel-parameter	Verhalten in der Schwangerschaft	Vermutliche Ursache für das abweichende Verhalten in der Schwangerschaft	Bemerkungen
Sekretion von Insulin (+Proinsulin)			
NSS	⇑	Betazell-hyperplasie	Maximum in den Morgenstunden. Nüchtern- und stimulierte Spiegel mit der Gestationszeit zunehmend. 60 Minuten nach Betamimetikagabe Insulinsekretion 3fach erhöht
GDM (NIDDM)	⇑ (↑)	Circulus vitiosus Rezeptormangel Hyperglykämie Hyperinsulinismus, Niederregulation, Rezeptoren	Erhöhte Nüchternwerte, verzögerte Sekretion nach Glukosereizen, in Einzelfällen kein Zusammenhang der Insulinsekretion mit der Glukosetoleranz
IDDM	(↑)	Betazellhyperplasie	Residualfunktion ⇑ falls noch vorhanden
Betamimetika	⇑	Direkte Wirkung auf Betazellen	3fache Erhöhung des Insulinspiegels
Insulinwirkung			
<20. Woche	⇑	hCG (?) (siehe Tabelle 24)	Bei NSS, GDM und IDDM verminderte periphere Insulinwirkung
>20. Woche	⇓	Anitiinsulinäre Hormone (Postrezeptordefekt)	
Insulinabbau in der Plazenta	??	Zwei abbauende Enzymsysteme i. d. Plazenta nachweisbar	Bedeutung für Mehrbedarf an Insulin i. d. Schwangerschaft unwahrscheinlich da 1. Seruminsulinspiegel ↑ 2. Insulinkinetik und Halbwertszeit unverändert 3. Arteriovenöse Differenz im Nabelschnurblut Null
Insulinrezeptoren			
NSS			Zirkadiane Schwankungen. Hohe Bindungswerte um Mitternacht und i. d. frühen Morgenstunden. Nadir am Nachmittag

Fortsetzung S. 28

Tabelle 12b. Fortsetzung

Stoffwechsel-parameter	Verhalten in der Schwangerschaft	Vermutliche Ursache für das abweichende Verhalten in der Schwangerschaft	Bemerkungen
GDM (NIDDM)	⇓	down regulation	Rezeptorzahl bei Übergewicht ⇓, nach einigen Tagen Diät ansteigend
IDDM	⇑	Wegen Insulinmangels	Insulinbedarf >80 E/24h Insulinrezeptorantikörper?
Insulinantikörper	– (↓)	Östrogene?	~90 % aller Diabetikerinnen. Konventionelles Insulin ⇑ Protamin Zink, Insulin ⇑⇑ MC-Insulin ↓, Bei hohem AK-Spiegel Insulinbedarf 20–25 % ⇑, Plazentagängig!

Quellen: Bellmann 1978, Burt und Davidson 1974, Daweke und Hüter 1970, Persson und Lunell 1975, Hollingsworth 1983, Fredholm et al. 1978, Rathgen 1980, Lipshitz und Vinik 1978, Turner et al. 1977, Steel et al. 1979, Bellmann und Hartmann 1975, Pedersen et al. 1982, Kahn 1982, Omori et al. 1982, Toyoda 1982, Exon und Dixon 1974, Mylvaganam et al. 1983, Schernthaner 1980, Muck und Hommel 1977, Weber et al. 1978

3.1 Veränderungen des Kohlenhydratstoffwechsels bei gesunden und diabetischen Schwangeren

Wichtige Veränderungen des Stoffwechsels bei gesunden und diabetischen Schwangeren sind in den Tabelle 12a–c angeführt. Sie geben einen groben Überblick über die Glukose-Insulinhomöostase und den damit assoziierten Fettstoffwechsel.

3.1.1 Glukosespiegel

Bei Stoffwechselgesunden Schwangeren beträgt der Nüchternblutzucker 60–90 mg/dl, der postprandialen Spiegel < 120–140 mg/dl und die mittlere Blutglukose < 100 mg/dl (Gillmer et al. 1975, Lewis et al. 1976, Cousins et al. 1980, Phelps et al. 1981). Der Tageszeitliche Verlauf des Glukosespiegels im dritten Trimester ist in der Abb. 2 dargestellt.

Der Nüchternblutzuckerspiegel hat im Verlauf der Schwangerschaft fallende Tendenz. Bei 1700 Schwangeren unseres Geburtengutes betrug der mittlere Nüchternblutzucker im Kapillarblut in der 14. Woche 85 mg/dl (4,7 mmol/L) und in der 42. Woche 75 mg/dl (4,2 mmol/L) (Grazer Diabetesanalysen). Ähnliche Ergebnisse (88 vs. 77 mg/dl) wurden von Feige et al. (1984) erhoben. Während der Nüchternblutzucker und die präprandialen

Tabelle 12c. Abweichungen des Stoffwechsels bei normaler Schwangerschaft (NSS), Gestationsdiabetes (GDM) und insulinpflichtigem Diabetes (IDDM)

Stoffwechsel-parameter	Verhalten in der Schwan-gerschaft	Vermutliche Ursache für das abweichende Verhalten in der Schwangerschaft	Bemerkungen
Freie Fettsäuren und Glyzerol			
bei NSS			
<20. Woche	⇓	Vermehrte Mobilisation und Utilisation von Fett	Bei GDM (NIDDM) signifikant höher. Bei IDDM ⇓ in den Nachmittags-stunden. Nach Betami-metika signifikant ⇑
>20. Woche	⇑		
Ketonkörper	(↑)	accelerated starvation	Bei IDDM und GDM (NIDDM) deutlich erhöht
Glykosiliertes Hämoglobin			
bis 24. Woche	⇓	Gegenläufig zur Insulinempfind-lichkeit in der Schwangerschaft	Korrelation mit der Glykämie der letzten 8–16 Wochen. Bei GDM (NIDDM) und IDDM je nach Stoffwechselqualität erhöht
nach 24. Woche	⇑		

Quellen: Persson und Lunell 1975, Hollingsworth 1983, Fredholm et al. 1978, Lipshitz 1978, Fuhrmann 1982, Phelps et al. 1983, Widness et al. 1980, O'Shaugnessy et al. 1979, Kjaergaard und Ditzel 1979

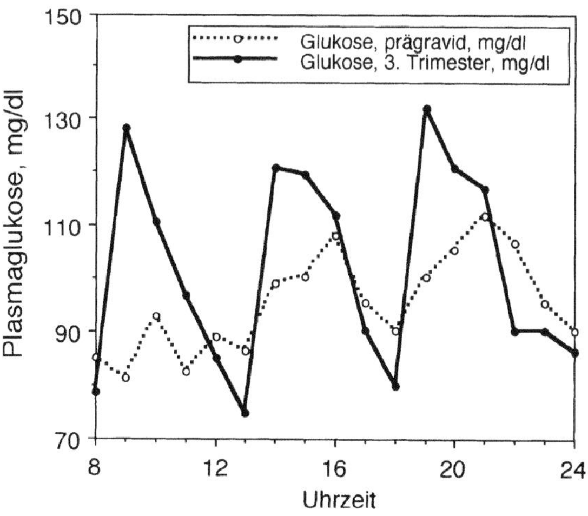

Abb. 2. Typischer tageszeitlicher Verlauf der Plasmaglukose im 3. Trimester der Schwangerschaft im Vergleich zum prägraviden Verlauf (·······). Nahrungsaufnahme 8, 13, 18 Uhr (nach Phelps et al. 1981)

Spiegel im Verlauf der Schwangerschaft absinken, steigen die postprandialen Zuckerwerte als Ausdruck einer abnehmenden mütterlichen Insulinsensitivität mit zunehmender Gestationszeit an (Phelps et al. 1981, Ryan et al. 1985, Buchanan et al. 1990, Catalano et al. 1991). Diese Dynamik ist auch bei oraler oder intravenöser Glukosebelastung nachweisbar (Lind et al. 1973, Fisher et al. 1974, Gillmer et al. 1975, Kühl 1975). Sie ist jedoch offensichtlich von den Untersuchungsbedingungen abhängig. Bei Untersuchungen von Campbell et al. (1994) mit einer Standardmahlzeit von 453 kcal. nahm nur der Nüchternblutzucker im Verlauf der Schwangerschaft ab, während die postprandialen Glukosewerte während der Schwangerschaft praktisch unverändert blieben (siehe Tabelle 73, S. 206). Die Glukoseverfügbarkeit für den Foetus während und nach dem nächtlichen Fasten ist von der endogenen, in erster Linie hepatischen Glukoseproduktion abhängig (Kalhan et al. 1979, Cowett et al. 1983). Der Nüchternblutzucker spiegelt daher nicht unbedingt die Glukosetoleranz wider. Bei nichtschwangeren Frauen wird bei steigendem Insulinspiegel die basale endogene Glukoseproduktion nahezu vollständig unterdrückt (Bogardus et al. 1984). Im Gegensatz dazu steigt in der Normalen Schwangerschaft die basale Glukoseproduktion besonders in der 34.–36. Woche um etwa 30 % an und dies trotz des physiologisch zunehmenden Nüchterninsulinspiegels. Die endogene Glukoseproduktion bleibt jedoch in einem gewissen Ausmaß auch in der Schwangerschaft gegenüber Insulin sensitiv und kann daher durch eine Insulininfusion unterdrückt werden (Catalano et al. 1992, Nolan und Proietto 1996). Durch die erhöhte endogene Glukoseproduktion in der Schwangerschaft wird der steigende foetale und plazentare Glukosebedarf gesichert. Darüber hinaus wird durch die lipolytische Wirkung des allmählich ansteigenden hPL ein zunehmender Teil des mütterlichen Energiebedarfes aus dem Fettstoffwechsel bestritten, so daß Glukose für den steigenden foetalen Bedarf eingespart wird (Feige et al. 1984).

Der *Glukosetransfer*, also die Glukosemenge, die pro Zeiteinheit in den mütterlichen Glukosepool eintritt oder ihn wieder verläßt, ist in der Schwangerschaft in allen Trimestern höher (0,44–0,47 g/kg/h) als im Wochenbett (0,35 g/kg/h) oder außerhalb der Schwangerschaft (0,25 g/kg/h) (Feige et al. 1984).

Der *Glukose-Assimilations-Koeffizient* (K_G) ist in der normalen Schwangerschaft höher (~2,3 %/min) als im Wochenbett (~1,8 %/min) oder außerhalb der Schwangerschaft (1,2 %/min). Der K_G-Wert bleibt jedoch im Verlauf der Schwangerschaft unverändert (Feige et al. 1984).

Bei *GDM* sind die Glukosespiegel signifikant erhöht. Die Basale Glukoseproduktion steigt mit fortschreitender Schwangerschaft an. Die Unterdrückung der basalen Glukoseproduktion durch Insulinzufuhr ist zwar auch bei GDM nachzuweisen, jedoch in geringerem Ausmaß als bei Stoffwechselgesunden (Catalano et al. 1999). Bei GDM sind die basalen und maximalen Insulin-stimulierten Glukosetransportraten in Fettzellen im Vergleich zu Kontrollen auf 38 % und 60 % reduziert. Der zelluläre Gehalt von *GLUT4* ist bei GDM um 44 % reduziert. Darüber hinaus besteht eine abnorme subzelluläre Verteilung der GLUT4 Glukosetransporter (Garvey et al. 1993). Während der Nüchternblutzuckerspiegel bei Stoffwechselgesunden nach dem Ende der Schwangerschaft wieder ansteigt, sinkt er bei GDM (Damm et al. 1995).

Der *Glukosespiegel bei IDDM* ist ausschließlich von der Insulinzufuhr abhängig. Während eine unzureichende Insulinzufuhr zur Hyperglykämie und schließlich zur Ketoazidose führt werden bei einem Insulinüberschuß physiologische Gegenregulationsmechanismen ausgelöst.

Die *Gegenregulationsmechanismen* bei Hypoglykämie sind bei Männern und Frauen unterschiedlich. Bei Frauen ist die Ansprechbarkeit des Sympathikus, die Ausschüttung von Wachstumshormon (hGH) und die endogene Glukoseproduktion gegenüber Männern herabgesetzt (Davis et al. 2000). Eine normale Schwangerschaft per se unterdrückt die Gegenregulation (Rossi et al. 1993), besonders jedoch bei IDDM, wodurch das *Hypoglykämierisiko* bei Diabetikerinnen in der Schwangerschaft höher ist als außerhalb der Schwangerschaft. Bei diabetischen Schwangeren werden bei Hypoglykämien sowohl Epinephrin als auch Kortisol, Glukagon und GH unzureichend ausgeschüttet (Gerich et al. 1973; Bolli et al. 1983; Rosenn et al. 1996, 1997). Eine fehlende Residualfunktion der Betazellen wirkt sich besonders auf die Glukagonausschüttung aus (Fokuda et al. 1988). Eine Blutzuckersenkung auf 44 mg/dl (2,4 mmol/L) etwa bewirkt noch keinen Anstieg von Glukagon oder Epinephrin (Diamond et al. 1992). Frauen spüren jedoch Hypoglykämien eher als Männer.

Der *Energiebedarf des Foetus* wird nahezu ausschließlich durch Glukose gedeckt (Battaglia und Meschia 1978). Die Höhe des foetalen Glukosespiegels wird vorwiegend von der Höhe des mütterlichen Glukosespiegels und nicht durch foetales Insulin oder den Blutfluß in der Nabelschnur bestimmt (Economides et al. 1989, Hay et al. 1989). Ein mütterlicher Glukosepeak überträgt sich auf den Foetus mit einer Latenzzeit von ~10 Minuten (Cordero et al. 1970) und auf das Fruchtwasser mit 100–250 Minuten (Feige et al. 1979, Weiss et al. 1985).

Die *basale endogene Glukoseproduktionsrate* beträgt *beim Foetus* ~5 mg/kg/min (Bougneres 1987) und beim gesunden Neugeborenen 4,2 mg/kg/min (Kalhan et al. 1977). Während die Glukoseproduktion bei Neugeborenen von Diabetikerinnen in der Regel wegen des foetalen Hyperinsulinismus die Norm unterschreitet (2,5 mg/kg/min), ist sie bei Neugeborenen von Diabetikerinnen mit guter Stoffwechselführung vor und unter der Geburt normal (Cowett et al. 1983).

3.1.2 Insulinspiegel

Die normale Schwangerschaft ist mit einer Hyperplasie der Inseln und einer Hypertrophie und erhöhten Aktivität der Betazellen assoziiert (Van Assche und Aerts 1975, Aerts und Van Assche 1975). Zudem scheint plazentares Laktogen (hPL) die B-Zellen des Pankreas auf Glukosestimuli zu sensibilisieren, wodurch mehr Insulin sezerniert wird (Feige et al. 1984, Ryan et al. 1985, Brelje et al. 1993). Plazentares Laktogen regt auch die

Replikation der Betazellen an (Brelje et al. 1993). Durch die Dynamik der hPL-Produktin in der Schwangerschaft ist daher der *mütterliche Hyperinsulinismus* in der frühen Schwangerschaft noch wenig im 2. Trimester bereits stärker und erst im 3. Trimester voll ausgeprägt (Spellacy und Goetz 1963, Spellacy et al. 1965). Eine isoglykämische Stimulation durch i.v. Verabreichung von Glukose bewirkt in der Spätschwangerschaft eine 3,8 mal höhere Insulinantwort als im Wochenbett (Hornnes und Kühl 1980). Insgesamt besteht in der normalen Schwangerschaft ein physiologischer Hyperinsulinismus (Kühl 1991) und gleichzeitig eine erhöhte Insulinresistenz (Ryan et al. 1985, Buchanan et al. 1990, Cousins 1991, Catalano et al. 1993, Kautzky-Willer et al. 1997).

Der basale Insulinspiegel steigt im Verlauf der Schwangerschaft um 65 % an (Catalano et al. 1998). Aber auch die Nahrungsaufnahme ist mit einer erhöhten Insulinausschüttung assoziiert. Der Tageszeitliche Verlauf des Insulinspiegels im 3. Trimester ist in der Abb. 3 dargestellt.

Die metabolische *Clearance Rate* von Insulin ist in der Schwangerschaft erhöht und steigt mit fortschreitender Gestationszeit. Sie beträgt vor der Schwangerschaft 422 ml/m²/min, in der Frühschwangerschaft 514 ml/m²/min und in der Spätschwangerschaft 526 ml/m²/min (Catalano et al. 1998).

Ursprünglich wurde angenommen, daß in der Schwangerschaft eine signifikante Degradation von Insulin durch Plazentaenzyme stattfindet (Freinkel 1965, Postner 1975). Dagegen sprechen jedoch Untersuchungen, die nachweisen, daß sich bei gesunden Schwangeren und Nichtschwangeren weder die Kinetik (Bellmann und Hartmann 1975) noch die Halbwertszeit (Burt und Davidson 1974) von zugeführtem Insulin wesentlich unterscheiden. Auch foetales Insulin unterliegt keiner plazentaren Degradation. Anderenfalls müßte ein arteriovenöser Unterschied im Nabelschnurblut

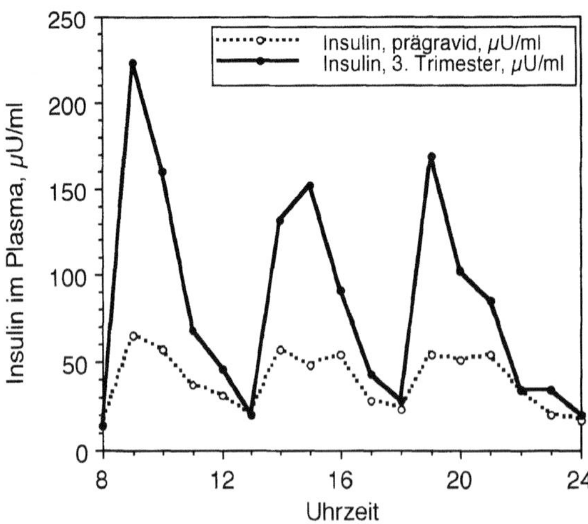

Abb. 3. Tageszeitlicher Verlauf des Plasmainsulinspiegels im 3. Trimester bei stoffwechselgesunden Schwangeren. Nahrungsaufnahme 8, 13, 18 Uhr (nach Angaben von Phelps et al. 1981)

nachweisbar sein. Der arteriovenöse Unterschied des Insulinspiegels im Nabelschnurblut ist jedoch praktisch Null. Bei Typ-1 Diabetikerinnen ist die Clearance von Insulin im 3. Trimester um > 20 % herabgesetzt, wodurch das Hypoglykämierisiko erhöht ist. Die verminderte Insulin-Clearance bei Diabetes beruht wahrscheinlich auf der veränderten Verteilung des Blutflusses und einem relativen Anstieg der Fettmasse in der Schwangerschaft, sowie einer herabgesetzten Extraktion von Insulin durch die Leber bei Schwangeren (Bjorklund et al. 1998).

NIDDM haben Defekte der Insulinsekretion und der Insulinwirkung, wobei nicht ganz klar ist welcher von beiden der primäre Defekt ist (Saad et al. 1991, DeFronzo et al. 1992, Effendic und Östenseon 1993, Davies et al. 1993). Ethnische Gruppen mit hohem Diabetesrisiko (Zimmet 1982, Scragg et al. 1991) haben ebenfalls bereits im jugendlichen Alter höhere mittlere Insulin- und Glukosespiegel im Blut (Aronoff et al. 1977, White et al. 1990, Simmons und Powell 1993). Das gleiche gilt für Jugendliche, die durch einen mütterlichen Diabetes schon in der Foetalperiode einen intrauterinen Hyperinsulinismus hatten (Weiss et al. 2000).

Ähnliche Defekte wie bei NIDDM sind auch bei Frauen mit GDM oder anamnestischem GDM nachweisbar (Ward et al. 1985; Catalano et al. 1986, 1999; Efendic et al. 1987; Zimmer et al. 1996). Auch leichte Formen einer Glukosetoleranzstörung können eine gestörte Insulinsekretion haben. So wurde bei Schwangeren mit positivem 50-g GCT und negativem oGTT eine höhere Insulinausschüttung (149 vs. 82 pmol/l) und ein höherer Insulin/Glucose Index (0,96 vs. 0,72) als bei Schwangeren mit negativem GCT beschrieben (Berkus et al. 1990). Zusätzlich scheint die Pulsatilität der Insulinausschüttung bei GDM gegenüber Kontrollen verlängert zu sein (15, 5 Minuten vs. 11,6 Minuten) (Kramer et al. 1996).

Schlanke Gestationsdiabetikerinnen haben unter Glukosebelastung eine ähnliche Dynamik der Insulinsekretion wie stoffwechselgesunde Kontrollen. Bei übergewichtigen GDM hingegen ist in der Regel die Insulinausschüttung sowohl der ersten als auch der 2. Phase erhöht (Catalano et al. 1999). Daher ist sowohl der Nüchternspiegel als auch die gesamte Verlaufskurve nach Ingestion innerhalb von 2 Stunden signifikant erhöht (Hornnes et al. 1981, Damm et al. 1995). Es besteht jedoch eine inverse Korrelation des Nüchtern- und postprandialen Insulinspiegels zur Dauer der Fettsucht (Everhardt et al. 1992). Mit zunehmender Dauer der Fettsucht sinkt der Insulinspiegel als Hinweis einer allmählichen Dekompensation der Betazellen. Der Plasmainsulinspiegel im dritten Trimester wird bei nüchternen Kontrollen mit 13,7–22,5 μE/ml (82–135 pmol/l), bei schlanken GDM mit 13,8–24,8 μE/ml (83–149 pmol/l) und bei übergewichtigen GDM mit 18,7–38,0 μE/ml (112–228 pmol/l) angegeben (Damm et al. 1995).

Bei eigenen Untersuchungen lagen erhöhte Mütterliche Insulinspiegel besonders bei GDM mit foetalem Hyperinsulinismus vor. Der mittlere Seruminsulinspiegel (± SD) betrug bei stoffwechselgesunden Schwangeren 20 μE/ml (120 pmol/L) bei einer mittleren Blutglukose von 79 mg/dl (4,4 mmol/L) zum Zeitpunkt der Blutabnahme und bei GDM mit nachweislich hyperinsulinämischem Foetus 49 μE/ml (293 pmol/L) bei einer mittleren Serumglukose von 113 mg/dl (6,3 mmol/L) (Tabelle 13). Beim Vergleich von C-Peptid, das simultan gemessen wurde, waren die Unterschiede ähnlich (3,1 vs. 4,8 ng/ml) (Tabelle 13).

Eine Diättherapie hat keine Auswirkungen auf die mütterliche Insulinhomöostase. Unter Insulintherapie hingegen bleibt der mütterliche Insulinspiegel nahezu unverändert, während der C-Peptidspiegel signifikant von 4,8 ng/ml auf 2,8 ng/ml abfällt (Tabelle 14). Die exogene Insulinzufuhr unterdrückt somit die endogene Insulinproduktion um rund 42 %.

Tabelle 13. Grazer Diabetesanalysen. Glukose, Insulin und C-Peptidspiegel von Diät- und Insulin-bedürftigen Gestationsdiabetikerinnen vor Therapiebeginn. Mittelwerte (± Standardabweichung)

N	Kontrollen 56	GDM Diät 67	GDM Insulin 72	p vs. Kontrollen t-Test
Woche	29 (± 3,4)	30 (± 3,6)	29 (± 5,1)	ns
FWI, µE/ml	3,8 (± 1,9)	4,7 (± 2,2)[b]	25,5 (± 23,1)[a]	< 0,0001[a] 0,0211[b]
MBG, mg/dl	79 (± 20)	85 (± 21)[b]	113 (± 44)[a]	< 0,0001[a] 0,0529[b]
Insulin, µE/ml	20 (± 17)	22 (± 16)	49 (± 48)[a]	< 0,0001[a]
C-Peptid, ng/ml	3,1 (± 1,7)	3,4 (± 2,1)	4,8 (± 3,3)[a]	0,0003[a]

GDM Gestationsdiabetes, *FWI* Fruchtwasserinsulin, *MBG* Mütterliche Blutglukose (Kapillarblut); [a] GDM Insulin vs. Kontrollen, [b] GDM Diät vs. Kontrollen

Tabelle 14. Grazer Diabetesanalysen. Insulin und C-Peptid bei GDM vor Therapiebeginn (1. Messung) und unter Insulintherapie (2. Messung)

	1. Messung 29–30 Woche		2. Messung 34–37 Woche		p paired t-test
Kontrollen (N = 56)					
MBG	79	(20)	78	(18)	ns
Insulin	20	(17)	20	(17)	ns
C-Peptide	3,1	(1,7)	3,4	(2,0)	ns
GDM-Diät (N = 67)					
MBG	85	(21)	83	(25)	ns
Insulin	22	(16)	21	(20)	ns
C-Peptide	3,4	(2,1)	3,2	(2,0)	ns
GDM-Insulin (N = 72)					
MBG	113	(44)	89	(32)	0,0002
Insulin	49	(48)	37	(37)	ns
C-Peptide	4,8	(3,3)	2,8	(2,1)	< 0,0001
FWI	25,5	(23,1)	7,3	(5,9)	< 0,0001

ns Nicht signifikant

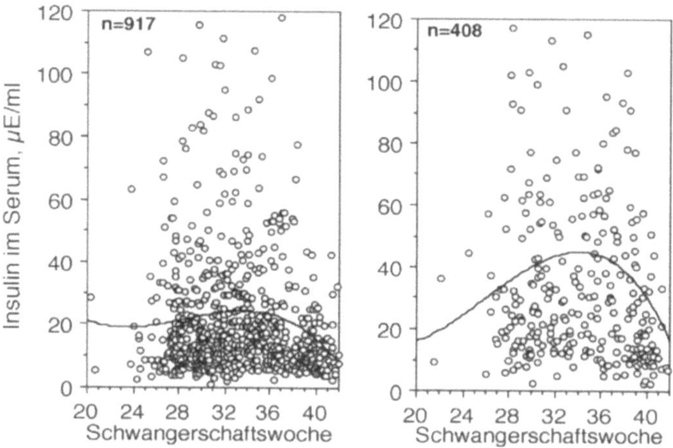

Abb. 4. Grazer Diabetesanalysen. Seruminsulinwerte bei Stoffwechselgesunden (linke Bildhälfte) und bei *GDM* mit erhöhtem Fruchtwasserinsulinspiegel (rechte Bildhälfte). Der Verlauf ist mit polynomischen Kurven dargestellt

Die Dynamik des Seruminsulines im Verlauf der Schwangerschaft kann der Abb. 4 entnommen werden.

Bei Stoffwechselgesunden Schwangeren ist der Insulinspiegel im Verlauf der Schwangerschaft einigermaßen stabil, während der Insulinspiegel bei GDM mit hyperinsulinämischen Foeten (Fruchtwasserinsulinspiegel >7 μE/ml) bis zur 34. Woche ansteigt um danach wieder abzufallen (Abb. 4). Das Absinken des Insulinspiegels nach der 34. Woche fällt mit dem Zenith des hPL-Spiegels zusammen und könnte darauf zurückzuführen sein, daß die Ansprechbarkeit der mütterlichen Betazellen auf einen Glukosestimulus unter zunehmendem hPL-Einfluß wieder abnimmt (Feige et al. 1984).

Die Dynamik der Insulinsekretion bei Glukosebelastung zeigt bei Glukosestoffwechselstöungen ebenfalls Abweichungen von der Norm. Während bei Stoffwechselgesunden das Maximum des Insulinspiegels unter Glukosebelastung nach 60 Minuten erreicht wird haben GDM einen verzögerten Insulin Response mit Maximalwerten nach 90 Minuten (Persson und Lunell 1975, Kühl et al. 1985, Cheney et al. 1985, Damm et al. 1995). Ähnliche Ergebnisse konnten bei eigenen Untersuchungen festgestellt werden (Tabelle 15).

Bei unausgewählten Fällen von GDM (mit und ohne foetalem Hyperinsulinismus) war der 2 h-Wert von Insulin und C-Peptid höher als der 1 h-Wert als Hinweis auf eine verzögerte Insulinsekretion. Die fehlende Signifikanz ist auf die geringe Fallzahl zurückzuführen.

Zum Unterschied auf die absolute Höhe des Insulin und C-Peptidspiegels sind jedoch beim Quotienten Insulin/Glukose und C-Peptid/Glukose signifikante Unterschiede zwischen Stoffwechselgesunden und GDM nachweisbar, als Hinweis auf die verminderte Insulinsensitivität bei GDM (Tabelle 15).

Tabelle 15. Grazer Diabetesanalysen. Insulinhomöostase beim oGTT bei 30 Schwangeren mit 1 h-Werten < 160 mg/dl (normale Glukosetoleranz) und 30 Schwangeren mit 1 h-Werten ≥ 160 mg/dl (GDM nach den Grazer Kriterien). Mittelwerte (± SD) (WEISS et al. 1998)

	Kontrollen 1h-Wert < 160 mg/dl		GDM 1h-Wert ≥ 160 mg/dl		p[a]
N	30		30		
Alter (SD), Jahre	26,5	(± 5,2)	32,3	(± 6,1)	0,01
BMI (SD)	25,7	(± 3,1)	29,1	(± 6,3)	0,01
SSW (SD)	27,5	(± 2,2)	27,1	(± 3,0)	ns
Glukose, mg/dl					
nüchtern	78,4	(± 6,5)	83,6	(± 10,2)	0,03
1 h	126,5	(± 16,3)	178,9	(± 20,1)	< 0,01
2 h	111,5	(± 18,6)	142,3	(± 26,7)	< 0,01
Insulin, µE/ml					
nüchtern	9,5	(± 6,3)	9,3	(± 3,5)	ns
1 h	60,6	(± 44,8)	60,8	(± 31,7)	ns
2 h	50,6	(± 35,4)	64,0	(± 38,5)	ns
C-Peptid, ng/ml					
nüchtern	2,2	(± 1,0)	2,2	(± 0,7)	ns
1 h	8,0	(± 2,7)	8,7	(± 2,9)	ns
2 h	8,0	(± 3,3)	9,2	(± 2,9)	ns
Quotient Insulin (µE/ml)/ Glukose (mg/dl)					
nüchtern	0,118	(± 0,07)	0,108	(± 0,04)	ns
1 h	0,516	(± 0,34)	0,361	(± 0,20)	0,05
2 h	0,460	(± 0,26)	0,464	(± 0,26)	ns
Quotient C-Peptid (ng/ml)/ Glukose (mg/dl)					
nüchtern	0,027	(± 0,011)	0,026	(± 0,008)	ns
1 h	0,072	(± 0,031)	0,051	(± 0,019)	0,006
2 h	0,076	(± 0,024)	0,068	(± 0,023)	ns

SI-Einheiten: Insulin: 1 pM = 0,167 µE/ml; C-Peptid: 1 nM = 3,02 ng/ml; [a] t-test; *ns* nicht signifikant, *BMI* Body Mass Index, *SSW* Schwangerschaftswoche

Trotz der normalen oder erhöhten Insulinspiegel haben Gestationsdiabetikerinnen im Verhältnis zum erhöhten Glukosespiegel einen *relativen Insulinmangel* (BUCHANAN et al. 1990, KÜHL 1991, CATALANO et al. 1993, DAMM et al. 1996, CATALANO et al. 1999). Dieser läßt sich unter anderem durch die zelluläre Verarmung und Fehlverteilung von GLUT4 (GARVEY et al. 1993) und die erhöhte Insulinresistenz bei GDM erklären, die über die physiologische Insulinresistenz der normalen Schwangerschaft hinausgeht. Die *Insulinsensitivität* nimmt bei GDM im Verlauf der Schwangerschaft stärker ab als bei Stoffwechselgesunden (CATALANO et al. 1999). Daher ist die Glukoseausschüttung der Leber und die Proteolyse bei nüchternen unbehandelten (Zimmer et al. 1996) und behandelten GDM (Kalhan et al. 1979, 1991; Cowett et al. 1983, Catalano et al. 1993), trotz erhöhter Insulinspiegel nicht höher als bei stoffwechselgesunden Schwangeren.

Die Insulinresistenz bei Adipösen könnte zusätzlich durch eine erhöhte Produktion von Tumor Nekrose Faktor α (TNF-α) durch das vermehrte Fettgewebe beeinflußt sein, da TNF-α die Tyrosinkinaseaktivität des Insulinrezeptors hemmt (Hotamisligil und Spiegelman 1994).

GDM können jedoch auch einen subnormalen Insulinspiegel haben (Effendic et al. 1987, Page et al. 1993). Es sind dies besonders jene Fälle die bereits in relativ jungen Jahren einen Typ-2 Diabetes manifestieren (Skarfos et al. 1991, Charles et al. 1991, Saad et al. 1991, Metzger et al. 1993, Damm et al. 1995).

Bei IDDM (Typ-1 diabetes) sinkt die frühe Ausschüttung von Insulin bei i. v. Glukosebelastung in der prädiabetischen Phase („Prä-Typ-1 Diabetikerinnen) um 20–40 µE/ml/Jahr. Störungen der Glukosetoleranz treten jedoch erst relativ kurz vor der Diabetesmanifestation auf (Srikanta et al. 1984). Bei manifestem insulinbehandeltem Diabetes ist der periphere Insulinspiegel wegen der Zufuhr exogenen Insulins besonders hoch, da Insulin bei s. c. Verabreichung nicht primär die Leber passiert (Tabelle 16). Während der mittlere Insulinspiegel bei randomisierter Blutabnahme anläßlich von Amniozentesen bei Stoffwechselgesunden rund 19 µE/ml betrug, war dieser bei GDM auf 24–38 µE/ml und bei IDDM auf rund 49 µE/ml erhöht (Tabelle 16).

Beim C-Peptidspiegel sind keine Unterschiede zwischen Stoffwechselgesunden Schwangeren und GDM erkennbar. Dies weist darauf hin, daß bei GDM bei ähnlicher Insulinproduktion im Vergleich zu Stoffwechselgesunden mehr freies Insulin und weniger rezeptorgebundenes Insulin vorliegt.

Der C-Peptidspiegel gibt Auskunft über die endogene Insulinproduktion. Bei IDDM weist der niedrige C-Peptidspiegel (0,6 ng/ml) auf das

Tabelle 16. Grazer Diabetesanalysen. Insulinspiegel bei Stoffwechselgesunden, GDM und IDDM (Typ-1 Diabetes) in der 28.–32. Gestationswoche

	N	Mittelwert ± SD	Bereich
Insulinspiegel, µE/ml			
Stoffwechselgesund	412	19,1 ± 17,2	0,9–140,4
GDM Diätbehandlung	368	24,3 ± 21,5	2,5–191,1
GDM Insulinbehandlung	304	38,4 ± 43,0	2,2–443,8
IDDM (Typ-1)	564	48,8 ± 60,6	1,1–859
C-Peptidspiegel, ng/ml			
Stoffwechselgesund	379	3,2 ± 2,1	0,6–19
GDM Diät	331	3,5 ± 2,4	0,2–15,1
GDM Insulin	271	3,3 ± 2,7	0,2–17,4
IDDM (Typ-1)	515	0,6 ± 1,0	0,1–9,5

Ausmaß der Zerstörung der Betazellen und den Mangel der endogenen Insulinproduktion hin.

Insulin entsteht aus Proinsulin durch die Abspaltung von C-Peptid mittels membrangebundener Proteasen. *C-Peptid* ist ein 31-Aminosäure Peptid und ist in den pankreatischen Betazellen mit Insulinmolekülen äquimolar assoziiert (Steiner 1978). Die vermehrte Insulinproduktion in der Schwangerschaft spiegelt sich u. A. in einer erhöhten C-Peptidausscheidung im Harn von Schwangeren wider. Bereits in der 12 Schwangerschaftswoche ist der C-Peptidspiegel im Harn von Schwangeren vierfach höher als bei Nichtschwangeren (Nordlander et al. 1987). C-Peptid wurde lange als biologisch inaktives Peptid angesehen (Kitabchi 1970, 1977). Es scheint jedoch nicht nur ein Abfallprodukt der Insulinsynthese zu sein, sondern ebenfalls Stoffwechselwirkungen zu entfalten. Ein hoher C-Peptidspiegel verlängert und verstärkt die Insulinwirkung (Wojcikowski et al. 1983), offenbar durch die Stimulation des Glukosetransportes in Muskelzellen (Zierath et al. 1991). Dieser läuft unabhängig von Insulinrezeptoren und der Aktivierung von Tyrosinkinase ab (Zierath et al. 1996).

In *Nabelschnurblut* ist der C-Peptidspiegel generell niedrig, während der Proinsulinspiegel hoch ist (Heding et al. 1980, Knip und Akerblom 1981, Lindgren et al. 1993). Dementsprechend ist die Ratio Proinsulin/C-Peptid (pmol/L/pmol/L) im mütterlichen Blut ~1,8 und im Nabelschnurblut ~5. Die niedrigere C-Peptid/Insulin Ratio weist auf eine unterschiedliche Clearance-Rate von Insulin und/oder C-Peptid beim Foetus/Neugeborenen im Vergleich zum Erwachsenen hin (Lindgren et al. 1993). Eine verminderte hepatische Extraktion durch die foetale Leber wäre eine mögliche Erklärung (Knip und Akerblom 1981).

Tabelle 17. Grazer Diabetesanalysen. Glukose, Insulin und C-Peptid im Nabelschnurblut bei Diabetes mellitus und Kontrollen

	Kontrollen		GDM generell		GDM Insulinbedarf		IDDM	
Anzahl	80		177		96		173	
Glukose, mg/dl (SD)	60	(± 25)	64	(± 26)	60	(± 27)	80	(± 46)
Insulin, µE/ml (SD)	7,0	(± 2,8)	18,4	(± 25,3)	23,3	(± 31,5)	46,6	(± 79,2)
C-Peptid, ng/ml (SD)	1,1	(± 0,5)	1,3	(± 0,8)	1,3	(± 0,8)	2,1	(± 2,7)
Qotienten								
Glucose, mg/dl / Insulin, µE/ml	8,6		3,5		2,6		1,7	
Glukose, mg/dl / C-Peptid, ng/ml	54,5		49,2		46,2		38,1	
Insulin, µE/ml / C-Peptid, ng/ml	6,4		14,1		17,9		22,2	

GDM Gestationsdiabetes, *IDDM* insulinpflichtiger Diabetes

Bei eigenen Untersuchungen betrug die Insulin/C-Peptidratio (μE/ml/ng/ml) 6,4 bei Stoffwechselgesunden, 14,1 bei GDM und 17,9 bei GDM mit Insulinbedarf (hyperindsulinämischer Foetus) (Tabelle 17).

Der C-Peptidspiegel in Nabelschnurblut korreliert signifikant mit dem Insulinspiegel im Nabelschnurblut. Die Regressionsgeraden sind jedoch bei Stoffwechselgesunden deutlich flacher als bei Diabetikerinnen (Abb. 5).

Der C-Peptidspiegel im Fruchtwasser korreliert mit der foetalen Insulinproduktion und mit dem Fruchtwasserinsulinspiegel (Tchobroutsky et al. 1980; Lin et al. 1981, 1986; Stangenberg et al. 1982; Persson et al. 1982, 1989; Burkart et al. 1984; Krew et al. 1994) Die Mittelwerte des C-Peptid Spiegels im Fruchtwasser betragen zwischen 0,1 und 1,4 ng/ml (Burkart et al. 1984, Crombach et al. 1989, Krew et al. 1994) (Tabelle 18).

Tabelle 18. C-Peptid Spiegel im Fruchtwasser. Referenzbereiche nach Burkart et al. (1984) und Crombach et al. (1989)

Woche	Median ng/ml Burkart et al. 1984	Woche	Median ng/ml Crombach et al. 1989	97. %ile ng/ml Crombach et al. 1989
13–16	0,3	15–20	0,1	0,5
17–20	0,3	21–26	0,4	1,2
21–24	0,3	27–32	0,9	1,5
25–28	1,0	33–37	1,3	2,3
29–32	1,1	38–42	1,0	2,4
33–36	1,2			
37–40	1,1			

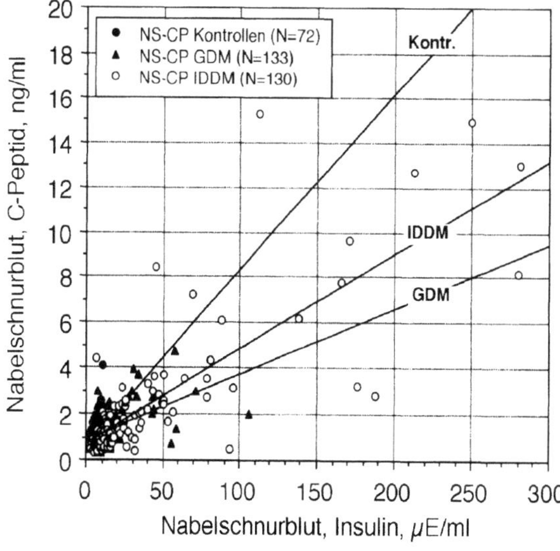

Abb. 5. Grazer Diabetesanalysen. Korrelation von Insulin und C-Peptid im Nabelschnurblut (*NS-CP*) bei Kontrollen, Typ-1 Diabetikerinnen (*IDDM*) und Gestationsdiabetikerinnen (*GDM*)

Nach eigenen Erfahrungen und Literaturangaben (Weiss et al. 2000, Falluca et al. 1985) korreliert der Insulinspiegel im Fruchtwasser besser mit dem klinischen Ausmaß einer diabetogenen Foetopathie als der C-Peptidspiegel. Für diagnostisch oder prognostische Aussagen oder zur Qualitätsbestimmung der Behandlung ist unseres Erachtens eine Insulinbestimmung einer C-Peptidbestimmung im Fruchtwasser oder Nabelschnurblut vorzuziehen.

Die Insulinwirkung und Glukoseverwertung auf zellulärer Basis wird in erster Linie durch *Insulinrezeptoren* vermittelt. Bisher wurden Insulinrezeptoren vorwiegend von peripheren Blutzellen (Beck-Nielsen et al. 1979; Puavilai et al. 1982; Toyoda 1982; Andersen und Kühl 1986, 1987), von Adipozyten (Pagano et al. 1980, Hjøllund et al. 1986, Andersen und Kühl 1988, Bruce et al. 1992) und von Skelettmuskelzellen (Damm et al. 1993) untersucht. Insulinrezeptoren sind Glykoproteine an der Oberflächenmembran nahezu jeder Zelle mit einem Molekulargewicht von 300.000–1,000.000 (Kahn 1982). In der Schwangerschaft ist die Glukosetoleranz trotz erhöhter Plasmainsulinspiegel herabgesetzt (Kühl 1991). Es besteht somit eine periphere Insulinresistenz (Catalano et al. 1991). Diese ist jedoch nicht durch einen Rezeptordefekt sondern eher durch einen Post-Rezeptordefekt verursacht (Kahn 1982, Kühl 1991, Damm et al. 1993). Sowohl normale Schwangere als auch GDM haben eine erhöhte Zellmembran-Glykoprotein-1 (PC-1) Konzentrationen im Muskelgewebe. Der Postrezeptordefekt könnte somit durch eine herabgesetzte Aktivität der Insulinrezeptor Tyrosin-Kinase (IRTK) durch exzessive Phosphorylierung von Serin-Threonin in Insulin-Rezeptoren der Muskulatur bedingt sein (Shao et al. 2000). Die Tyrosin Phosphorilierung der β-Kette des Insulinrezeptors wird auch durch die erhöhte Expression von Tumor-Nekrosefaktor α (TNF-α) im Fettgewebe Adipöser inhibiert (Hotamisligil und Spiegelman 1994).

Bei GDM ist nach wie vor umstritten ob die Insulinresistenz im Vergleich zu normalen Schwangerschaften erhöht ist (Ryan et al. 1985, Buchanan et al. 1990). Unterschiedliche Ergebnisse bei GDM können auch durch ein unterschiedliches Patientengut bedingt sein. So kann etwa eine Diättherapie oder körperliche Aktivität die Insulinbindung modulieren oder normalisieren (Beck-Nielsen et al. 1980, Kahn 1982, Andersen und Kühl 1987, Friedenburg et al. 1988) wodurch unterschiedliche Ergebnisse vor Therapiebeginn oder unter der Therapie zu erwarten sind (Damm et al. 1993). Die Insulinresistenz bei GDM ist jedoch stärker ausgeprägt als bei normaler Schwangerschaft (Ryan et al. 1985). Nach Untersuchungen von Damm et al. (1993) an Muskelzellen unbehandelter GDM ist dies auf eine herabgesetzte Insulinbindung wegen einer verminderten Anzahl von Insulinrezeptoren zurückzuführen. Bei Erythrozyten wiederum wurde bei GDM eine herabgesetzte Insulinbindung und Affinität bei normaler Rezeptorzahl beschrieben (Ramachandran et al. 1989). Im Tierversuch können Katecholamine die Insulinbindung niederregulieren (Kirsch et al. 1983).

Insulinrezeptoren an Erythrozyten und Monozyten unterliegen *zirkadianen Schwankungen* (Pedersen et al. 1982). Die Bindungskapazität ist hoch in den frühen Morgenstunden und niedrig am Tag mit einem Nadir am späten Nachmittag und einem Peak etwa um Mitternacht. Die zirkadianen Unterschiede beruhen eher auf einer Variation der Anzahl von Rezeptoren als auf einer Variation der Rezeptorkapazität. Dieser Rhythmus gilt sowohl für Stoffwechselgesunde als auch für Diabetikerinnen, selbst wenn diese schlecht eingestellt sind. Dementsprechend wurde auch eine zirkadiane Rhythmik der Glukosetoleranz nachgewiesen (GRABNER et al. 1975). Die Gründe dafür und die klinischen Konsequenzen sind unklar.

Bei Diabetikern können in seltenen Fällen *Autoantikörper gegen Insulinrezeptoren* vorliegen (KAHN 1982, OMORI et al. 1982). Der Verdacht auf Insulin-Rezeptor-Antikörper ergibt sich bei einer diabetischen Stoffwechsellage trotz hoher Werte von immunreaktivem Insulin (IRI) im Plasma, bei spontanen Hypoglykämien und bei einem Insulinbedarf >80 E/24 h. Insulinrezeptor-Autoantikörper sind zwar häufig, aber nicht zwingend mit einer Insulinresistenz assoziiert.

Die *Foetoplazentare Einheit* ist reichlich mit *Insulinrezeptoren* ausgestattet. Bei Rattenembryonen sind Insulinrezeptoren bereits in der fühen Postimplantationsphase nachweisbar (UNTERMAN et al. 1986). In der Foetalperiode ist Insulin das wichtigste Wachstumshormon (NAEYE 1965, COWETT und SCHWARZ 1982, KAPLAN 1984, FOWDEN 1989), während der hGH-Spiegel bei schweren Foeten eher niedrig ist (POONAI et al. 1975).

Insulin beeinflußt nicht nur den Glukosestoffwechsel sondern auch den foetalen Aminosäurestoffwechsel und die Proteinsynthese (PHILIPPS et al. 1981, KIM et al. 1981, JOHNSON et al. 1990). Im Tierversuch führt eine foetale Hyperinsulinämie zu erhöhter Proteinsynthese (JOHNSON et al. 1990).

Bei Diabetikerinnen mit schlechter Stoffwechselkontrolle ist die spezifische Bindung der Plazenta für Insulin (und IGF-1) erhöht. Dies beruht auf einer doppelten Rezeptoranzahl ohne Veränderung der Rezeptoraffinität (BHAUMICK et al. 1988). Es besteht auch eine Korrelation zwischen der Anzahl der Insulinrezeptoren in der Plazenta und der foetalen Größe (POTAU et al. 1981). Foetale Monozyten im Nabelschnurblut haben im Vergleich zu Erwachsenenmonozyten eine mehr als sechsfache Rezeptoranzahl sowie eine doppelte Rezeptoraffinität (THORSSON und HINTZ 1977). Bei Foeten diabetischer Mütter ist die Anzahl der Insulinrezeptoren an Erythrozyten im Vergleich zu Foeten Stoffwechselgesunder 4fach erhöht, während die Affinität herabgesetzt ist (RIGG und BECKER 1991). Dadurch bleibt die Insulinsensitivität trotz Hyperinsulinismus erhalten. Dieser veränderte aber ausgewogene Mechanismus könnte eine wichtige Rolle in der foetalen intrauterinen Glukosehomöostase und bei der neonatalen Hypoglykämie spielen (RIGG und BECKER 1991). Die maximale Anzahl der Insulinrezeptoren in der foetalen Leber wird bereits in der 19.–25.Woche erreicht, während eine erhöhte Rezeptoraffinität erst in der Spätschwangerschaft auftritt (ADAM et al. 1969, NEUFELD et al. 1980). Die erhöhte Anzahl und Affinität von Insulinrezeptoren beim Foetus trägt zur gesteigerten Empfindlichkeit insulinabhängiger foetaler Organe auf Wachstumsstimuli bei, wodurch etwa die Makrosomie und Kardiomegalie hyperinsulinämischer Foeten erklärbar wird (THORSSON und HINTZ 1977, LAUTALA et al. 1988). Die Insulinbindung an Erythrozyten des Nabelschnurblutes ist bei Neugeborenen von gesunden und diabetischen Müttern ähnlich. In beiden Gruppen nimmt die Insulinbindung in den ersten postnatalen Wochen ab, bei Neugeborenen von IDDM jedoch signifikant stärker als bei Neugeborenen von Stoffwechselgesunden. Die Abnahme der Insulinbindung resultiert bei Neugeborenen von IDDM aus einer verminderten Rezeptoraffinität und Rezeptorkonzentration, während bei Neugeborenen Stoffwechselgesunder die Abnahme der Rezeptorkonzentration im Vordergrund steht (LAUTALA et al. 1988).

Insulinantikörper können spontan auftreten oder durch Insulinzufuhr provoziert werden. Sie können sowohl die mütterliche als auch die foetale Glukose-Insulinhomöostase beeinflussen. Eigene Basisdaten über Insulinantikörper wurden bei 630 Schwangeren der Grazer Klinik erhoben. Dabei wurden 1274 Insulin-Antikörperspiegel (Insulin autoimmune antibodies, IAA) bei 255 stoffwechselgesunden Schwangeren und bei 375 Schwangeren mit GDM oder IDDM bestimmt (WEISS et al. 1998).

Tabelle 19. Grazer Diabetesanalysen. Mütterliche Insulin Autoimmun-Antikörper (IAA) und IAA im Nabelschnurblut bei 255 stoffwechselgesunden Kontrollen und 375 insulinbehandelten Diabetikerinnen

	Dauer	Mütterliche IAA, E/ml Mittelwert ± SD	Mütterliches Maximum E/ml	Mütterliche IAA ≥ 97 %ile, = ≥ 6 E/ml	
				n	(%)
Kontrollen		1,8 ± 2,2[a]	33,0	19	(3,5 %)
GDMI		2,8 ± 2,6[b]	13,8	10	(12,0 %)
IDDM		4,9 ± 9,3	89,2	76	(17,5 %)
	< 10 Jahre	6,8 ± 13,1	89,2	46	(25,3 %)
	10–20 Jahre	3,7 ± 3,4	23,4	22	(15,5 %)
	> 20 Jahre	2,5 ± 1,9	8,0	2	(3,6 %)
	unbekannt	4,2 ± 8,3	52,9	6	(11,1 %)

[a] Kontrollen vs. GDMI: p = 0,0236; Kontrollen vs. IDDM: p = 0,0001; [b] GDMI vs. IDDM p = 0,0002

	Dauer	Nabelschnur IAA, E/ml Mittelwert (± SD)	Nabelschnur Maximum E/ml	Nabelschnur IAA ≥ 97 %ile, = ≥ 5 E/ml	
				n	(%)
Kontrollen		1,7 (± 1,8)[c]	16,2	5	(3,2 %)
GDMI		3,0 (± 2,3)	8,4	3	(20,0 %)
IDDM		6,2 (± 17,8)	120,0	10	(22,7 %)
	< 10 Jahre	9,5 (± 27,0)	120,0	5	(26,3 %)
	10–20 Jahre	4,0 (± 2,6)	9,8	4	(25,0 %)
	> 20 Jahre	3,7 (± 2,0)	6,0	1	(20,0 %)
	unbekannt	2,2 (± 1,2)	3,4	0	

GDMI Insulinbehandelte Gestationsdiabetikerinnen, *IDDM* insulinpflichtige Diabetikerinnen; [c] Kontrollen vs. GDMI oder IDDM: kein signifikanter Unterschied

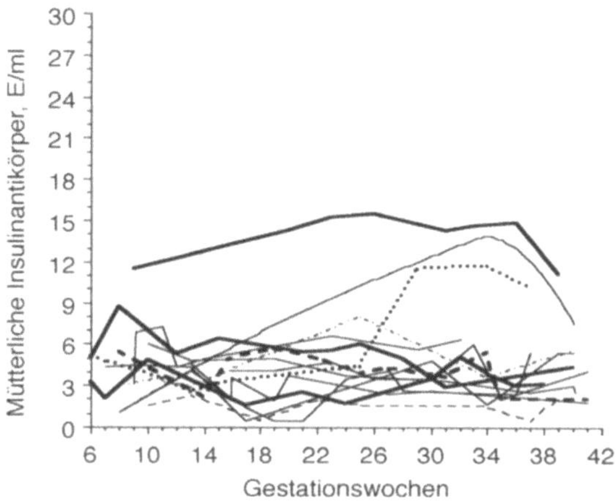

Abb. 6. Grazer Diabetesanalysen. Anti-insulin Antikörpertiter im Verlauf der Schwangerschaft bei 14 Typ-1 Diabetikerinnen mit ≥7 (7–10) Titerkontrollen

IAA wurden mit einem Enzym Immuno Assay (SynElisa® Medizintechnik GmbH, Freiburg, Germany) gemessen. Als cut-off Wert wurde bei mütterlichem Blut 6 E/ml und bei Nabelschnurblut 5 E/ml (97. Perzentile bei Stoffwechselgesunden) angenommen. Die Sensitivität des Tests lag bei 0,8 E/ml.

Der mittlere Antikörperspiegel und die Rate über dem cut-off Wert war bei insulinbedürftigem GDM und bei IDDM signifikant erhöht (Tabelle 19).

Die Rate erhöhter mütterlicher IAA und IAA im Nabelschnurblut war bei GDM und IDDM praktisch gleich und es war keine Abhängigkeit der Titer von der Dauer des Diabetes nachweisbar (Tabelle 19).

Die IAA-Titer bei insulinbebedürftigen GDM waren bereits vor der Insulinbehandlung nachweisbar und blieben während der Insulinbehandlung unverändert. Insulinbedürftige GDM und IDDM (n = 173) wurden daher gemeinsam ausgewertet.

Kontrollen hatten im Verlauf der Schwangerschaft einen leichten Abfall des mittleren IAA-Spiegels ($y = 72{,}091 + 3{,}1262x$; $R^2 = 0{,}085$; $p = 0{,}0423$) während IDDM bei fortlaufenden Messungen eine individuell unterschiedliche Fluktuation jedoch insgesamt im Verlauf der Schwangerschaft keinen Anstieg oder Abfall von Antikörpern hatten (Abb. 6).

Die Spiegel der IAA im Nabelschnurblut waren ähnlich wie im mütterlichen Serum aber im Vergleich zu den mütterlichen Spiegeln etwas niedriger bei Kontrollen und etwas höher bei insulinbehandelten Schwangeren (Tabelle 20).

Die mittleren IAA-Titer im Nabelschnurblut waren bei Diabetikerinnen höher als bei Kontrollen, jedoch nicht signifikant ($p = 0{,}08$, Tabelle 20B). Der höchste Spiegel im Nabelschnurblut wurde bei einer White-B-Diabetikerin gemessen und betrug 120 E/ml.

Es bestand eine hochsignifikante Korrelation der IAA-Titer im mütterlichen Serum und im zugehörigen Nabelschnurblut (Abb. 7).

Tabelle 20A. Grazer Diabetesanalysen. Insulin-Antikörper (IAA) und foetomaternale Stoffwechselparameter bei stoffwechselgesunden Kontrollen

	n	Mittelwert ± SD	50. Perzentile	Maximum	Normaler Grenzwert[a]	Rate über Grenzwert
Fallzahl	457					
Mütterliche IAA, E/ml	544	1,8 ± 2,2	1,1	33,0	6	3,5 %
Mütterliche Blutglukose, mg/dl	297	78 ± 24	74	177	127	5,0 %
Mütterliches Fruktosamin, μM	521	223 ± 30	222	327	298	1,1 %
NS- Blut IAA, E/ml	155	1,7 ± 1,8	1,0	16,2	5	3,2 %
NS-Blut Insulin, μE/ml	253	10,4 ± 9,2	7,2	68,6	17,5	14,6 %
NS-Blut C-Peptid, ng/ml	64	1,6 ± 1,3	1,2	8,2	2,0	18,7 %
NS-Blut Fruktosamin, μM	243	199 (± 37)	199	335	284	2,5 %
Fruchtwasser Insulin, μE/ml	249	3,8 (± 2,1)	3,5	9,9	8,2	5,2 %

[a] 97. Perzentile stoffwechselgesunder Schwangerer (Hofmann et al. 1990; Weiss 1988, 1996; Weiss et al. 1998)

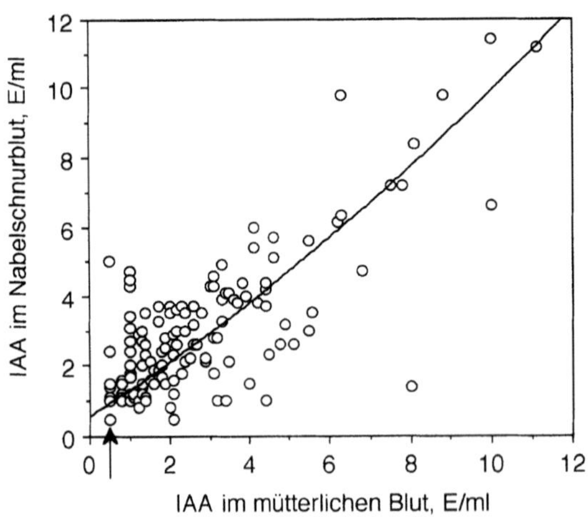

Abb. 7. Grazer Diabetesanalysen. Korrelation von 214 Paaren von anti-insulin Antikörpern (IAA) im mütterlichem Serum und Nabelschnurblut. Polynomische Kurve (R = 0,99, p = < 0,0001). Der Pfeil zeigt auf ein Symbol in welchem die Werte von 74 Paaren mit IAA-Werten < 1 E/ml subsummiert wurden

Tabelle 20B. Grazer Diabetesanalysen. Insulin-Antikörper (IAA) und foetomaternale Stoffwechselparameter bei insulinbehandelten Diabetikerinnen

	n	Mittelwert ± SD	50. Perzentile	Maximum	Normaler Grenzwert*	Rate über Grenzwert
Fallzahl	172					
Mütterliche IAA, E/ml	516	4,6 ± 8,7[a]	2,6	89,2	6	16,6 %
Mütterliche Blutglukose, mg/dl	204	98 ± 51[a]	87	342	127	22,0 %
Mütterliches Fruktosamin, µM	509	262 ± 64[a]	249	633	298	20,8 %
NS-Blut IAA, E/ml	59	5,4 ± 15,4[b]	2,6	120,0	5	22,0 %
NS-Blut Insulin, µE/ml	77	28,2 ± 43,3[a]	12,8	300,0	17,5	36,4 %
NS-Blut C-Peptid, ng/ml	54	2,3 ± 2,6[c]	1,5	13,2	2,0	29,6
NS-Blut Fruktosamin, µM	72	185 ± 36[d]	188	255	284	0
Fruchtwasser-Insulin, µE/ml	158	8,3 ± 10,2[a]	5,3	84,9	8,2	30,4

* 97. Perzentile bei Stoffwechselgesunden (Hofmann et al. 1990; Weiss 1988, 1996). *IAA* Insulin Antikörper. Unterschied versus Kontrollen: [a] p = < 0,0001; [b] p = 0,0841; [c] p = 0,0524; [d] p = 0,25

Eine multiple Regressionsanalyse ergab keine Korrelation der mütterlichen IAA oder IAA im Nabelschnurblut mit metabolischen Parametern im mütterlichen Blut, Nabelschnurblut oder Fruchtwasser wie Insulin, C-Peptid oder Fruktosamin.

Eine schwache Korrelation bestand hingegen zwischen dem mütterlichen Glukosespiegel zum Zeitpunkt der Blutabnahme und IAA im Nabelschnurblut bei Kontrollen ($y = 72{,}091 + 3{,}1262x$; $R^2 = 0{,}085$; $p = 0{,}0423$).

IAA scheinen Insulinbestimmungen im Nabelschnurblut wenig zu stören. Zwischen dem Insulinspiegel und C-Peptidspiegel im Nabelschnurblut bestand in allen Gruppen erwartungsgemäß eine hochsignifikante Korrelation ($p = 0{,}0001$). Bei IDDM ($y = 6{,}6370 + 10{,}538x$, $R^2 = 0{,}323$) hatten nur 2 Fälle hohe Nabelschnurinsulinspiegel (49,4 µE/ml und 93,1 µE/ml) und niedrige C-Peptidspiegel (0,2 ng/ml und 0,5 ng/ml). Dies war jedoch nicht auf Fehlbestimmungen des Insulins durch mütterliche Antikörper zurückzuführen, da beide Fälle IAA-Spiegel unter dem cut-off Wert hatten (3,5 E/ml und 2,7 E/ml).

Bei Stoffwechselgesunden korrelierte das Geburtsgewicht mit dem mütterlichen Fruktosamin ($p = 0{,}0001$), Fruchtwasserinsulin ($p = 0{,}0063$), Nabelschnurfruktosamin ($p = 0{,}0001$) und Nabelschnurinsulin ($p = 0{,}0043$)

und bei Diabetikerinnen mit dem mütterlichen Fruktosamin, nicht jedoch mit IAA. Weder Bei Kontrollen noch bei Diabetikerinnen bestand eine Korrelation zwischen IAA und dem Geburtsgewicht (siehe: Plazentarer Insulintransfer, S. 93).

Bis zu 50 % der IDDM haben bereits vor Beginn einer Insulinbehandlung IAA (Übersicht bei VAN HAEFTEN 1989). Diese sind offenbar ein Teil der genetisch bedingten Autoimmunabnormitäten, die der Pathogenese des Typ-1 Diabetes zugrundeliegen (WILKIN et al. 1985). Bei Vorliegen von HLA-DR7 Allelen werden eher IAA produziert als bei HLA-DR3 (REEVES et al. 1984, SCHERNTHANER et al. 1983). Unter Insulinbehandlung haben die meisten Typ-1 diabetischen Schwangeren IAA (MARTICAINEN et al. 1996, BALSELLS et al. 1997). Nach Untersuchungen von EXON et al. (1974) haben IAA im Verlauf der Schwangerschaft eine fallende Tendenz und steigen nach der Schwangerschaft wieder an. Unsere eigenen Untersuchungen konnten diese Beobachtung jedoch nicht bestätigen. Die Titer hängen von der Dauer der Erkrankung und von der Art des verabreichten Insulins ab (WEBER et al. 1978, MYLVAGANAM et al. 1983). Die höchsten Titer treten nach Behandlung mit tierischem Insulin auf. IAA können jedoch auch nach Behandlung mit Humaninsulin (VELCOVSKY und FEDERLIN 1982, BALSELLS et al. 1997), besonders nach der Gabe von Depotpräparationen auftreten (LUNETTA et al. 1986). Wir fanden den höchsten Spiegel (89,2 E/ml) bei einer White B Diabetikerin, die vom Beginn ihrer Erkrankung an mit Humaninsulin behandelt wurde (WEISS et al. 1998).

JOVANOVIC und PETERSON (1982) fanden bei IDDM IAA von durchschnittlich 1 E/ml während der ersten 6 Jahre der Erkrankung und >6 E/ml nach einer Dauer von 20 Jahren. Wir konnten diesen zeitassoziierten Anstieg nicht beobachten. Möglicherweise war die Anzahl von White D-Diabetikerinnen in der Studiengruppe zu klein oder es wirkte sich die Tatsache aus, daß die Diabetikerinnen unserer Studie generell mit Humaninsulin behandelt wurden.

Analog zu eigenen Ergebnissen (WEISS et al. 1998) wurde von DIMARIO et al. (1984) ein stabiler Antikörperspiegel im Verlauf der Schwangerschaft beobachtet und stets eine enge Korrelation zwischen IAA-Spiegeln im mütterlichen Blut und Nabelschnurblut beschrieben (MYLVAGANAM et al. 1983, HEDING et al. 1980, DIMARIO et al. 1984, LEIPER et al. 1984, MENON et al. 1990, ZIEGLER et al. 1993, MARTIKAINEN et al. 1996, BALSELLS et al. 1997, WEISS et al. 1998). Die Auswirkungen von mütterlichen IAA auf den Foetus werden kontroversiell diskutiert (siehe auch plazentarer Insulintransfer). Neben der Möglichkeit des Transportes von Insulin zum Foetus mit Antikörpern als Vehikel (MENON et al. 1990) ist eine Bindung foetalen Insulins nach Plazentapassage freier Antikörper denkbar. Eine resultierende foetale Hyperglykämie könnte zu vermehrter foetaler Insulinproduktion führen. Tatsächlich wurde in einer Studie eine Korrelation des C-Peptidspiegels im Nabelschnurblut und dem mütterlichen IAA-Spiegel gefunden (HEDING et al. 1980). Dieser Befund konnte jedoch in anderen Studien nicht bestätigt werden (MYLVAGANAM et al. 1983, BALSELLS et al. 1997). Zusätzliche negative Auswirkungen von IAA auf spontane Fehlgeburten, perinatale Todesfälle,

Fehlbildungen und Hypoglykämie des Neugeborenen wurden nicht gefunden (Dozio et al. 1996) oder sind umstritten (Van Haeften 1989).

Bei Diabetikerinnen stammen Anti-Insulin-Antikörper (IAA) im Nabelschnurblut von der Mutter. Die Konzentration der IAA im mütterlichen Blut und im Nabelschnurblut ist praktisch ident. IAA können als Vehikel für mütterliches Insulin zur Plazentapassage dienen. Da dieses Insulin jedoch an die Antikörper gebunden ist, kann es keine signifikante Stoffwechselwirkung auf den Foetus haben (Weiss et al. 1998).

Bei > 90 % der Neugeborenen stoffwechselgesunder Mütter sind im Nabelschnurblut *unspezifische Anti-Insulin-Aktivitäten* nachweisbar (Bilbao et al. 1997). Diese sind jedoch nicht durch IgG Antikörper bedingt, sondern dürften auf einer Kreuzreaktion mit irgendwelchen Proteinen beruhen, die dem Insulinbindenden Protein ähnlich sind. Auswirkungen auf die foetale Insulin/Glukosehomöostase sind keine bekannt.

3.1.3 Fettstoffwechsel

In der Schwangerschaft kommt es zu einem Anstieg von *Cholesterin* (1,6fach) und allen Lipoproteinfraktionen (de Alvarez et al. 1959, Warth et al. 1975, Feige et al. 1984, Knopp et al. 1986). Gesamtcholesterin steigt von 168 mg/dl auf 235 mg/dl und freies Cholesterin von 48 mg/dl auf 67 mg/dl (Feige et al. 1984). LDL Cholesterin erreicht sein Maximum in der 36. Schwangerschaftswoche, während HDL Cholesterin ein Maximum in der 25 Woche erreicht, bis zur 32. Woche wieder abfällt und bis zum Termin gleichförmig verläuft (Desoye et al. 1987).

Apolipoproteine AI, AII und B steigen bis zur 25., 28. und 32. Woche an, um dann bis zum Ende der Schwangerschaft stabil zu bleiben. Cholesterine und Apolipoproteine korrelieren mit dem mütterlichen Plasmaspiegel von Östradiol (E2), Progesteron (P) und plazentarem Laktogen (hPL) (Desoye et al. 1987).

Der *Triglyzeridspiegel* beginnt bereits in der 10. Schwangerschaftswoche anzusteigen und ist am Geburtstermin auf das zwei- bis dreifache erhöht (Kalkhoff et al. 1978, Potter und Nestel 1979, Humphrey et al. 1980, Phelps et al. 1981, Feige et al. 1984, Desoye et al. 1987, Roy et al. 1994). Dies ist wahrscheinlich auf die hepatische Wirkung von Östrogenen zurückzuführen (Kim und Kalkhoff 1975, Glueck et al. 1975). Später in der Schwangerschaft kommt es zusätzlich durch antiinsulinäre Plazentahormone zu einer geringeren Aufnahme von Triglyzeriden im peripheren Gewebe (Herrera et al. 1988). Die *freien Fettsäuren (FFA)* haben im 3. Trimester einen normalen basalen Spiegel, jedoch im Vergleich zu Nicht-Schwangeren einen 1,5- bis 2fachen postprandialen Anstieg (Phelps et al. 1981). Insulin unterdrückt die Lipolyse. Durch die zunehmende Insulinresistenz in der Schwangerschaft wird die Lipolyse im 3. Trimester jedoch weniger inhibiert als im 2. Trimester (Sivan et al. 1999).

Hohe mütterliche Triglyzeridspiegel kombiniert mit hohen Nüchterninsulinspiegeln während der Schwangerschaft beeinflussen die Fettsäurekomposition der Muskelmembranen der Foeten (herabgesetzter Gehalt an mehrfach ungesättigten Fettsäuren), was zur erhöhten Insulinresistenz im Kindesalter beiträgt (Baur et al. 1999).

Nach Angaben in der Literatur ist die physiologische Hyperlipidämie und Hypertriglyzeridämie der Schwangerschaft bei *NIDDM* und *GDM* stärker ausgeprägt als bei Stoffwechselgesunden (Skryten et al. 1976, Metzger et al. 1980, Knopp et al. 1980, Hollingsworth et al. 1982, Peterson et al. 1992, Montelongo et al. 1992, Shelley-Jones et al. 1993, Reece et al. 1994, Dornhorst 1994). Bei Typ-1 diabetischen Schwangeren ist eine Hyperlipidämie besonders mit Nephropathie und Albuminurie assoziiert (Biesenbach et al. 1994).

FFA sind besonders bei Adipösen Diabetikerinnen bei gesteigerter Lipidoxydation und defekter Glukoseoxydation erhöht (Felber et al. 1983, 1987). Der *HDL* Spiegel hingegen ist bei GDM (Typ-2 Diabetes) subnormal (Taylor et al. 1981). Im Gegensatz dazu wurden bei diabetischen Schwangeren unter intensivierter Insulintherapie signifikant erniedrigte Konzentrationen von *Cholesterin* und Triglyzerid beschrieben (Briese et al. 1995, Peterson et al. 1992). Da die basalen Werte bei Diabetikerinnen annähernd normal, die postprandialen Werte hingegen zumeist erhöht, jedoch durch die Qualität der Stoffwechselführung beeinflußt sein können, kommt es zu unterschiedlichen Literaturangaben. Die Tabellen 21–23 enthalten die Spiegel verschiedener Lipide und Lipoproteine im Verlauf der Schwanger-

Tabelle 21. Plasmalipide bei normalen und diabetischen Frauen während der Schwangerschaft, nach der Geburt und nach der Laktation. Mittelwerte ± SE (nach Montelongo et al. 1992)

	FFA (μM)	β-OH-Butyrat (μM)	TG (mM)	Cholesterol (mM)
Normale Kontrollen				
I. Trimester	353 ± 49	75 ± 37	0,68 ± 0,10	4,48 ± 0,18
II. Trimester	328 ± 35	76 ± 11	1,17 ± 0,10	6,02 ± 0,21
III. Trimester	314 ± 34	111 ± 44	2,03 ± 0,26	6,69 ± 0,36
Postpartal	355 ± 44	84 ± 34	0,95 ± 0,18	5,86 ± 0,33
Post lactationem	319 ± 36	78 ± 22	0,62 ± 0,06	4,81 ± 0,35
Manifester Diabetes				
I. Trimester	600 ± 83[a]	455 ± 115[a]	0,58 ± 0,05	4,18 ± 0,16
II. Trimester	484 ± 62[a]	378 ± 115[a]	1,22 ± 0,10	5,81 ± 0,36
III. Trimester	545 ± 55[a]	367 ± 95[a]	1,92 ± 0,20	6,21 ± 0,45
Postpartal	555 ± 120	313 ± 127	0,85 ± 0,08	6,09 ± 0,40
Post lactationem	457 ± 107	567 ± 205	0,68 ± 0,09	4,82 ± 0,20
Gestationsdiabetes				
I. Trimester	642 ± 64[a]	445 ± 98[a]	0,87 ± 0,10	4,67 ± 0,37
II. Trimester	475 ± 39[a]	370 ± 117[a]	1,54 ± 0,22	5,90 ± 0,35
III. Trimester	500 ± 36[a]	348 ± 101[a]	2,06 ± 0,23	6,30 ± 0,33
Postpartal	320 ± 31	50 ± 7	1,05 ± 0,15	6,07 ± 0,35
Post lactationem	372 ± 24	50 ± 12	0,99 ± 0,23	5,46 ± 1,39

[a] Unterschied versus Kontrollen $< 0{,}05$

schaft, postpartal und nach der Laktationsperiode nach Untersuchungen von MONTELONGO et al. (1992).

Bei GDM ist der *Triglyzeridspiegel* im Vergleich zu Stoffwechselgesunden erhöht (KOUKKOU et al. 1996). Die Erhöhung betrifft besonders die VLDL und HDL Fraktionen (COUCH et al. 1998). Hohe Triglyzeridspiegel können mit erhöhtem Geburtsgewicht sowie mit einer höheren Rate an schwangerschaftsinduzierter Hypertension (SIH) und Präeklampsie assoziiert sein (SKRYTEN et al. 1976, POTTER und NESTEL 1979, KNOPP et al. 1992, NOLAN et al. 1995). Da eine Reihe von Schwangeren, die einen Gestationsdiabetes entwickeln, bereits in der frühen Schwangerschaft eine kompensierte Insulinresistenz haben, können hohe Triglyzeridspiegel in der 6.–18. Schwangerschaftswoche auf das Risiko eines Gestationsdiabetes hinweisen (NOLAN et al. 1995). Selbst bei mildem Gestationsdiabetes resultieren aus dem akuten Insulinmangel nach Mahlzeiten neben dem erhöhten Glukosepeak auch höhere mütterliche Lipid und Aminosäurespiegel, die nach Plazentapassage zur foetalen Makrosomie beitragen könnten (MCCLAIN et al. 1978, FREINKEL und METZGER 1979, METZGER et al. 1980, KNOPP et al. 1985, GOLDSTEIN et al. 1985, KALKHOFF et al. 1988, BUTTE et al. 1999). Wird ein GDM jedoch ausreichend behandelt, sind nach Verabreichung eines i. v. Lipidbolus keine Unterschiede des Lipidstoffwechsels gegenüber normalen Schwangeren erkennbar (COWETT et al. 1993).

Tabelle 22. Lipoproteine im Plasma bei normalen und diabetischen Frauen während der Schwangerschaft, nach der Geburt und nach der Laktation. Mittelwerte ± SE (nach MONTELONGO et al. 1992)

	VLDL TG (mM)	VLDL Cholesterol (mM)	LDL TG (mM)	LDL Cholesterol (mM)
Normale Kontrollen				
I. Trimester	0,25 ± 0,09	0,10 ± 0,03	0,21 ± 0,02	2,82 ± 0,18
II. Trimester	0,36 ± 0,06	0,15 ± 0,03	0,43 ± 0,05	4,11 ± 0,15
III. Trimster	0,80 ± 0,20	0,36 ± 0,09	0,74 ± 0,09	4,57 ± 0,33
Postpartal	0,43 ± 0,14	0,17 ± 0,06	0,32 ± 0,02	4,20 ± 0,31
Post lactationem	0,26 ± 0,06	0,14 ± 0,02	0,19 ± 0,02	3,17 ± 0,28
Manifester Diabetes				
I. Trimester	0,18 ± 0,03	0,08 ± 0,01	0,19 ± 0,02	2,53 ± 0,16
II. Trimester	0,40 ± 0,05	0,14 ± 0,02	0,48 ± 0,03	3,74 ± 0,29
III. Trimester	0,91 ± 0,14	0,46 ± 0,08	0,62 ± 0,06	4,01 ± 0,36
Pospartal	0,33 ± 0,06	0,13 ± 0,02	0,34 ± 0,03	4,50 ± 0,36
Post lactationem	0,33 ± 0,10	0,13 ± 0,04	0,22 ± 0,04	3,29 ± 0,22
Gestationsdiabetes				
I. Trimester	0,44 ± 0,05	0,14 ± 0,03	0,31 ± 0,04	3,07 ± 0,26
II. Trimester	0,65 ± 0,14	0,28 ± 0,08	0,51 ± 0,04	4,07 ± 0,28
III. Trimster	0,84 ± 0,17	0,48 + 0,10	0,64 ± 0,08	4,29 ± 0,33
Postpartal	0,59 ± 0,13	0,21 ± 0,05	0,27 ± 0,03	4,37 ± 0,35
Post lactationem	0,56 ± 0,18	0,21 ± 0,07	0,26 ± 0,06	4,04 ± 1,27

Tabelle 23. Lipoproteine im Plasma bei normalen und diabetischen Frauen während der Schwangerschaft, nach der Geburt und nach der Laktation. Mittelwerte ± SE (nach MONTELONGO et al. 1992)

	LDL Phospholopid (mM)	HDL TG (mM)	HDL Cholesterol (mM)	HDL Phospholipid (mM)
Normale Kontrollen				
I. Trimester	0,71 ± 0,06	0,16 ± 0,01	1,55 ± 0,13	1,49 ± 0,10
II. Trimester	1,09 ± 0,09	0,27 ± 0,03	2,00 ± 0,20	1,87 ± 0,14
III. Trimster	1,35 ± 0,09	0,34 ± 0,02	1,76 ± 0,13	1,72 ± 0,10
Postpartal	1,27 ± 0,06	0,14 ± 0,01	1,48 ± 0,08	1,55 ± 0,07
Post lactationem	0,82 ± 0,10	0,12 ± 0,01	1,28 ± 0,07	1,31 ± 0,06
Manifester Diabetes				
I. Trimester	0,67 ± 0,05	0,15 ± 0,01	1,57 ± 0,09	1,48 ± 0,09
II. Trimester	1,12 ± 0,10	0,29 ± 0,03	1,93 ± 0,12	1,84 ± 0,10
III. Trimester	1,23 ± 0,12	0,32 ± 0,03	0,77 ± 0,12	1,70 ± 0,10
Pospartal	1,26 ± 0,10	0,14 ± 0,02	1,46 ± 0,12	1,50 ± 0,09
Post lactationem	0,87 ± 0,09	0,09 ± 0,02	1,40 ± 0,11	2,58 ± 0,08
Gestationsdiabetes				
I. Trimester	0,89 ± 0,09	0,17 ± 0,04	1,46 ± 0,21	1,43 ± 0,20
II. Trimester	1,15 ± 0,08	0,28 ± 0,04	1,55 ± 0,13	1,55 ± 0,11
III. Trimster	1,15 ± 0,10	0,36 ± 0,04	1,52 ± 0,16	1,51 ± 0,12
Postpartal	1,18 ± 0,12	0,12 ± 0,01	1,48 ± 0,16	1,47 ± 0,12
Post lactationem	1,27 ± 0,06	0,12 ± 0,02	1,20 ± 0,05	1,27 ± 0,12

Bei Nachuntersuchungen 5–6 Jahre *nach GDM* sind die Gesamtcholesterinspiegel, Triglyzeridspiegel und LDL-Spiegel ebenfalls signifikant erhöht, wobei der Triglyzeridspiegel mit dem BMI, dem Insulinspiegel und dem systolischen und diastolischen Blutdruck der Frauen korreliert. HDL zeigt eine inverse Korrelation mit dem Insulinspiegel (KOUKKOU et al. 1996, MEYERS-SEIFER und VOHR 1996).

Bei den Lipoproteinen gibt es Hinweise darauf, daß deren biologische Aktivität durch unterschiedliche Glykosilierung verändert werden kann (WITZTUM et al. 1982, DUELL et al. 1991).

Im *Nabelschnurblut* wurden bei Typ-1 Diabetes erhöhte Spiegel an nicht veresterten Fettsäuren (NEFA), totalem, freiem und verestertem Cholesterin, Triglyceriden, Phospholipiden und Apolipoproteinen nachgewiesen (KILBY et al. 1998). Insbesondere bei schlechter Stoffwechselführung sind die LDL-Spiegel im foetalen Plasma signifikant erhöht (CHAN et al. 1985).

Erhöhte Triglyceridspiegel im Nabelschnurblut wurden auch bei retardierten hypoinsulinämischen und hypoxämischen Foeten nachgewiesen (ECONOMIDES et al. 1990).

3.2 Die hormonelle Beeinflussung des Kohlenhydratstoffwechsels in der Schwangerschaft

Neben sonstigen Veränderungen im mütterlichen Endokrinium wird durch die Plazenta als hochpotentem endokrinen Organ in den mütterlichen Stoffwechsel stark eingegriffen (Tabelle 24).

Die erste Hälfte der Schwangerschaft ist eine Periode der mütterlichen *Energiespeicherung* („facilitated anabolism") (Kalkhoff et al. 1978, Freinkel 1980). Für diesen Prozeß sind Östrogene (Houssay et al. 1954, Costrini und Kalkhoff 1971, Aerts et al. 1980), Progesteron (Costrini und Kalkhoff 1971, Aerts et al. 1980) und plazentares Laktogen (hPL) (Beck und Daughaday 1967, Malaisse et al. 1969, Selenkow et al. 1971) von Bedeutung, welche die Sensitivität der Betazellen und den Insulinspiegel erhöhen. Im Gegensatz dazu ist der Stoffwechsel der späten Schwangerschaft durch einen Prozeß der „accelerated starvation" charakterisiert (Metzger et al. 1982), in welchem die erhöhten mütterlichen Energielager in postabsorptiven Phasen rasch mobilisiert werden können. Plazentares Laktogen (Kalkhoff et al. 1969), Prolaktin (Landgraf et al. 1977), Progesteron (Sutter-Dub et al. 1981) und Kortisol (Kalkhoff et al. 1978) erzeugen eine physiologische Insulinresistenz, welche diese Vorgänge unterstützt. Der Foetus ist vor diesen Hormonen durch verschiedene plazentare Mechanismen geschützt. So exprimiert etwa der Synzytiotrophoblast große Mengen von 11 β-Hydroxysteroid Dehydrogenase (11 β-HSD-2), welche das mütterliche Kortisol in inerte 11-Ketoderivate (z. B. Kortison) umwandelt (Brown et al. 1996). Neben der hormonellen Wirkung scheint jedoch am Ende der Schwangerschaft der Glukosediebstahl des Foetus („feto-placental glucose steal phenomenon") (Nolan und Proietto 1992, 1994) eine maßgebliche Rolle bei der mütterlichen Stoffwechseladaptation zu spielen.

Insgesamt wirkt die Schwangerschaft durch die plazentare Synthese von Steroid- und Proteohormonen diabetogen. Sie ist daher der günstigste Zeitraum, eine bereits latent vorhandene diabetische Stoffwechsellage aufzudecken.

Tabelle 24. Hormonelle Beeinflussung des Kohlenhydratstoffwechsels in der Schwangerschaft

Hormon	Verhalten in der Schwangerschaft	Herkunft	Wirkung	Angriffspunkt	Bemerkungen
Insulin	Anstieg mit Maximum im II. und III. Trimester. Wirkung bis zur 17. Woche zunehmend, bis zur 36. Woche abnehmend, danach zunehmend	Pankreas, Inselorgan, Beta-Zellen	Blutzuckersenkung	periphere Glukoseverwertung ⇑, Glykogensynthese ⇑, Lipolyse ⇓	Proinsulin zu Insulin in konstantem Verhältnis. Auf Glukosereiz Insulingipfel früher. Insulin-Glukoseindex ⇑
Glukagon	Anstieg II.–III. Trimester 36. Woche + 30 %	Pankreas, Inselorgan, Alpha-Zelle	Diabetogen	Glukoneogenese ⇑, Glykogenolyse ⇑, Glukoseoutput i. d. Leber ⇑, Lipolyse ⇑	Steiler Abfall unter Glukosebelastung. NIDDM Normbereich. IDDM signifikant ⇓. Hexoprenalin ⇑
Thyroxin	kontinuierlicher Anstieg	Thyroidea	Diabetogen	Enterale Glukoseresorption ⇑, Glukoseabbau im Fettgewebe ⇑, Lipolyse ⇑	Thyroxinbindendes Globulin ⇑, freies Thyroxin geichbleibend
Kortisol	kontinuierlicher Anstieg	Nebennierenrinde, (Plazenta?)	Insulinantagonistisch	periphere Glukoseutilisation ⇓, Glukoneogenese ⇑	III. Trimester Serumspiegel auf das dreifache ⇑. Kortisol im Fruchtwasser: steiler Anstieg i. d. 36. Woche, geringer Anstieg bei IDDM: Signum malum
Adrenalin Noradrenalin	Anstieg während der Geburt	Nebenniere	Diabetogen	Glykogenolyse ⇑, Milchsäure ⇑, Glukoneogenese aus Milchsäure Lipolyse ⇑, Freie Fetsäuren und Glyzerin ⇑	Keine systematischen Untersuchungen in der Schwangerschaft verfügbar

Fortsetzung S. 53

Tabelle 24. Fortsetzung

Hormon	Verhalten in der Schwangerschaft	Herkunft	Wirkung	Angriffspunkt	Bemerkungen
Wachstums-hormon (STH, hGH)	Abnehmend (?)	Hypophysen-vorderlappen	Insulinanta-gonistisch	Glukoseutilisation ⇓, Insulinsekretion ⇑, Lipolyse ⇓	STH gehemmt durch hPL, Progesteron, Kortisol, freie Fettsäuren.
Prolaktin	kontinuierlicher Anstieg	Hypophysen-vorderlappen	Verminde-rung der Glukoseto-leranz	Lipolyse ↑, Freie Fettsäuren ⇑ Glyzerin ⇑	Anstieg auf das 10-fache am Ende der Schwanger-schaft. Bei NIDDM und IDDM ⇓
Choriongo-nadotropin (hCG)	1. Gipfel: I. Trimenon, 2. (niedrigerer) Gipfel: III. Trimenon	Trophoblast	Blutzucker-senkend	Insulinotrop, B-Zell-stimulierung, Hemmung des Insulin-abbaues	Zweiter Gipfel bei weiblichen Foeten, Gewichtszunahme des Inselapparatrates und Relation Beta- zu Alphazellen zunehmend (Tierversuch)
Plazentares Laktogen (hPL, hCS)	Ab der 6. Woche anstei-gend bis zur 36. oder 38. Woche danach Plateau oder Abfall	Trophoblast	Insulinanta-gonistisch	Glukoseutilisation ⇓, Insulinwirkung ⇓, Freie Fettsäuren ⇑, Lipolyse ⇑	Glukosetoleranz ⇓ trotz Insulinsekretion ⇑ Direkter sekretionsfördern-der Effekt auf Betazellen
Östrogene	kontinuierlicher Anstieg	Trophoblast	Insulinsyn-ergistisch	Sensibilität für Insulin in Fettgewebe und Muskeln ⇑, Glukoseresor-ption im Dünndarm ⇑	Weibliche Foeten Ö anstei-gend bis zur Geburt, männ-liche Foeten Ö ansteigend bis 35. oder 36. Woche
Progesteron	kontinuierlicher Anstieg	Trophoblast	Kortisolanta-gonsistisch	Glykogenspeicherung ⇑, Periphere Gluko-seutilisation ⇑, Insulinsynthese ⇑	

Quellen: Bellmann 1978, Brazy et al. 1978, Daweke und Hüter 1970, Fuhrmann 1982, Hinckers 1978, Hollingsworth 1983, Kivinen et al. 1979, Lipshitz und Vinik 1978, Persson und Lunell 1975, Rathgen 1980, Turner et al. 1977, Lenzen und Bailey 1984

3.3 Verschiedene biochemische Befunde bei Diabetes mellitus

In diesem Abschnitt wird auf biochemische und hormonelle Besonderheiten in der Schwangerschaft und deren Variationen bei Diabetes eingegangen, die tabellarisch nicht darstellbar sind oder auf jene Veränderungen, die zwar für die diabetische Schwangerschaft typisch sind, jedoch nicht in direktem Zusammenhang mit dem Kohlenhydratstoffwechsel stehen. Die einzelnen Punkte werden auch zum Teil im Zusammenhang mit zugehörigen Kapiteln genauer besprochen. Widersprüchliche Aussagen reflektieren unterschiedliche Literaturangaben. Die Anordnung erfolgte in alphabetischer Reihenfolge um das Auffinden von Stichworten zu erleichtern.

3.3.1 Alpha-Foetoprotein (α-foetoprotein, AFP)

Bei insulinpflichtigen Diabetikerinnen ist *AFP im mütterlichen Serum* um ~20 % niedriger als bei Stoffwechselgesunden (Wald et al. 1979, Milunsky et al. 1982, Szabo et al. 1986, Reece et al. 1987, Greene et al. 1988, Cuckle und Wald 1990, Wald et al. 1992, Henriques et al. 1993). In der 4.–12. Gestationswoche besteht eine inverse Korrelation der AFP-Werte mit dem Glykohämoglobinspiegel und mit einer frühen foetalen Wachstumsverzögerung (Martin et al. 1990). Bei der Interpretation von Serum-AFP-Werten bei Diabetikerinnen im Rahmen der Fehlbildungsdiagnostik muß dies in Betracht gezogen werden (Crombach et al. 1998). Die Korrelation des Serum AFP zum Glykohämoglobin wird jedoch unterschiedlich angegeben. Während Baumgarten und Robinson (1988) eine negative Korrelation beschreiben wurde von Henriques et al. (1993) eine positive Korrelation gefunden.

Der AFP-Gehalt im *Fruchtwasser* wird bei IDDM ebenfalls als subnormal angegeben (Henriques et al. 1993). Bei eigenen Untersuchungen hingegen fanden sich die Spiegel eher im oberen Normbereich (Weiss et al. 1978). Bei intrauterinem Fruchttod sowie dorsalen und ventralen Spaltbildungen sind die AFP-Werte im Fruchtwasser jedoch signifikant erhöht.

3.3.2 Aminosäuren

Der mütterliche Aminosäurespiegel wird durch die Schwangerschaft beeinflußt. Die Analyse von 10 Aminosäuren (Isoleucin, Valin, Tyrosin, Phenylalanin, Serin, Threonin, Glycin, Prolin, Alanin, Leucin) im 3. Trimester ergab mit Ausnahme von Threonin signifikant niedrigere Profile als außerhalb der Schwangerschaft. Die subnormalen Werte waren besonders postprandial ausgeprägt (Phelps et al. 1981).

Bei GDM sind Aminosäuren im *mütterlichen Plasma* auch bei zufriedenstellender Stoffwechselkontrolle erhöht. Der mütterliche Eiweißumsatz ist jedoch unter Insulintherapie normal (Butte et al. 1999).

Im Tierversuch ist die *foetale* Aufname von Aminosäuren von der endogenen foetalen Insulinproduktion abhängig. Bei geringer foetaler Insulinantwort nach Tolbutamidstimulation ist die foetale Alaninaufnahme gedrosselt und bei hohem Insulinresponse gesteigert (PHILIPPS et al. 1981). Hyperinsulinämische Foeten haben eine erhöhte Proteinsynthese (JOHNSON et al. 1990) und makrosome Foeten haben einen erhöhten Gewebsspiegel an DNA-Polymerase (KIM et al. 1981). Bei Hyperinsulinämischen Neugeborenen ist daher der Plasmaspiegel an Aminosäuren erniedrigt (VEJTORP et al. 1977). Bei foetaler Wachstumsrestriktion wurde mittels Kordozentese ein Mangel an essentiellen Aminosäuren wie Leuzin, Valin und Isoleuzin im foetalen Blut nachgewiesen (CETIN et al. 1988).

Im *Fruchtwasser* von diabetischen Schwangeren ist die Konzentration einer Reihe von freien Aminosäuren (Lysin, Histidin, Cysteinsäure, Taurin, Serin, Glutaminsäure, Glyzin, Alanin und Phenylalanin) signifikant höher als bei Stoffwechselgesunden (HORSKÁ et al. 1980). Es wurden jedoch differenzierte Beobachtungen mitgeteilt. Im Vergleich mit Kontrollen ist die Summe von Leucin, Isoleucin und Valin im Fruchtwasser bei Typ-1 Diabetes signifikant höher und bei GDM signifikant niedriger (PERSSON et al. 1986).

3.3.3 Amylin

Amylin ist ein 37-Aminosäuren Polypeptid, welches von den β-Zellen des Pankreas sezerniert wird (WESTERMARK et al. 1986, CLARK et al. 1987). Amylin wird gemeinsam mit Insulin aus den Betazellen ausgeschieden (OGAWA et al. 1989, INOUE et al. 1991) und greift gemeinsam mit Insulin in den Kohlenhydrat- und Fettstoffwechsel ein. In vitro wirkt Amylin an spezifischen Skelettmuskel Rezeptoren und fördert den Glykogenabbau und die Freisetzung von Laktat, einer Schlüsselsubstanz für die Glukoseproduktion und Glykogensynthese in der Leber. In vivo führt Amylin zu einem Anstieg von Laktat und Glukose im Plasma, was auf eine erhöhte hepatische Glukoneogenese hinweist. Da Amylin gemeinsam mit Insulin ausgeschieden wird, ist der Amylinspiegel bei Typ-1 Diabetes erniedrigt und bei Typ-2 Diabetes eher erhöht. Bei Typ-2 Diabetes führt die verstärkte Amylinbiosynthese und Amyloideinlagerung in die Betazellen zur Verschlechterung der β-Zellfunktion (PORTE und KAHN 1989, LUSKEY 1992). Bei Insulinresistenz unterschiedlicher Ursache kann der Nüchterspiegel von Amylin erhöht sein (CASTILLO et al. 1995). In der normalen Schwangerschaft ist der Amylinspiegel ebenfalls erhöht (KAUTSKY-WILLER et al. 1997). Werden Kontrollen und GDM nach ihrem BMI und Gestationsalter angepaßt, so haben GDM höhere Spiegel an totalem Amylin als gesunde Schwangere (WAREHAM et al. 1998).

3.3.4 Androgene

Da in der diabetischen Schwangerschaft Sexualhormonbindendes Globulin vermehrt vorliegt, wird der Testosteronabbau verzögert (DEHERTOG et al. 1976). Im Serum von Diabetikerinnen ist jedoch auch ohne Schwangerschaft ein erhöhter Androgenspiegel nachweisbar (SZPUNAR et al. 1977,

Gibson et al. 1980), da der periphere Hyperinsulinismus durch die exogene Insulinzufuhr die ovarielle Androgenproduktion anregt (Barbieri et al. 1983).

Bei diabetischen Schwangeren ist der *Fruchtwasserspiegel* von hCGβ, Testosteron und Dehydrotestosteron gegenüber Stoffwechselgesunden erhöht, während sich der Androstendionspiegel nicht unterscheidet.

Die Erhöhung beträgt für hCGβ 600–700 vs. 100–200 mE/ml, und für Testosteron bei männlichen Foeten 175 vs 80 pg/ml und bei weiblichen Foeten 75 vs 50 pg/ml (Barbieri et al. 1986). Dementsprechend ist eine Leydigzellhyperplasie bei männlichen und eine Hyperplasie der ovariellen Thekaluteinzellen bei weiblichen Foeten ein gewöhnlicher Befund bei diabetischen Schwangeren. Da Androgene die Reifung der Lunge verzögern, ist es verständlich, daß Neugeborene von Diabetikerinnen und männliche Neugeborene gehäuft ein Atemnotsyndrom entwickeln (Gellis und Hsia 1959, Robert et al. 1976, Nielsen et al. 1982, Khoury et al. 1985).

3.3.5 Beta$_2$ Mikroglobulin (B2M)

Bei stoffwechselgesunden Schwangeren sinkt der Spiegel im *Fruchtwasser* von 3,13 μg/ml vor der 36. Woche auf 1,59 μg/ml nach der 36. Woche. Bei Diabetikerinnen betragen die korrespondierenden Werte 3,06 μg/ml und 3,24 μg/ml. Das Persistieren des Spiegels weist auf eine verzögerte funktionelle Reife der renalen Tubuli bei Foeten diabetischer Schwangerer hin (Sokol und Hall 1977).

3.3.6 Choriongonadotropin (hCG)

Der *mütterliche Serum hCG-Spiegel* fällt zwischen der 12. und 16. Woche steil von rund 60 iE/ml auf rund 10 iE/ml ab, flacht sich ab und steigt ab der 27 Woche wieder leicht an (Desoye et al. 1987). Am Geburtstermin sind die hCG-Spiegel bei Schwangeren mit weiblichen Früchten höher als bei männlichen Früchten (Boroditsky et al. 1975). Angaben über hCG-Spiegel bei Diabetikerinnen sind jedoch unterschiedlich. Im ersten und zweiten Trimester ist der Spiegel bei Diabetikerinnen in der Regel mäßig subnormal (Canick et al. 1990, Wald et al. 1992). Ein niedriger hCG-Spiegel wurde insbesondere bei schlechter Stoffwechselführung beobachtet (Jovanovic et al. 1980). Bei bereits präkonzeptionell straffer Stoffwechseleinstellung scheint der hCG Spiegel von Anfang an normal zu sein (Castracane et al. 1985). Er wurde jedoch auch als a priori normal (Aubry und Nesbit 1970), als insgesamt erhöht (Selenkow et al. 1979, Stewart et al. 1989) oder als nur bei schlechter Stoffwechselführung erhöht beschrieben (Crosignani et al. 1974). HCGα wird im Zytotrophoblast synthetisiert, während hPL, SP$_1$, hCG und hCGβ im Synzytiotrophoblast gebildet wird (Friedmann et al. 1984). Von Braunstein et al. (1989) wurde bei normalem hCG-Spiegel ein signifikant niedrigerer hCGα Anteil beschrieben. Der niedrige Spiegel reflektiert die gestörte Funktion des Zytotrophoblasen bei IDDM. Die Glykämie und der HbA$_1$ Spiegel hatten auf die hCGα Fraktion keinen

Einfluß. Während der hCGα Spiegel bei Stoffwechselgesunden Schwangeren ab der 32. Woche stabil bleibt, steigt er bei Diabetikerinnen bis zur Geburt fortlaufend an, wodurch er schließlich bei der Geburt um 30–40 % höher ist, als bei Stoffwechselgesunden, besonders bei präexistenter Hypertension und Mikroangiopathie (CAMUS-BABLON et al. 1990).

3.3.7 Fibroblasten Wachstumsfaktor (Fibroblast growth factor 2, FGF-2)

In der normalen Schwangerschaft beträgt der FGF-2 Spiegel in Terminnähe im *mütterlichen Serum* 104 ± 24 pmol/l, im *Nabelschnurblut* 119 ± 28 pmol/l und im *Fruchtwasser* 91 ± 35 pmol/l. Bei diabetischen Schwangeren sind die Spiegel um das 2- bis 4fache erhöht und korrelieren mit der Größe der Foetoplazentaren Einheit (HILL et al. 1995).

3.3.8 Glukagon

Glukagon wird in den α-Zellen der Langerhans'schen Zellen produziert. Der Glukagonspiegel ist während der Schwangerschaft signifikant erhöht (METZGER et al. 1977, DAMM et al. 1995). Bei IDDM ist jedoch die Glukagonausschüttung bei Hypoglykämie herabgesetzt, wodurch die Gegenregulation bei Hypoglykämie gestört ist (UNGER et al. 1970, 1992, GERICH et al. 1973, BOLLI et al. 1983, MITRAKOU et al. 1992). Die Störung betrifft vor allem IDDM mit fehlender Restfunktion der Betazellen (FOKUDA et al. 1988). Während der mittlere basale Glukagonspiegel bei IDDM in der 34. Woche ~31 pg/ml beträgt wurden bei Kontrollen ~41 pg/ml gemessen (KITZMILLER et al. 1980). In erster Linie ist dadurch die Gegenregulation bei Hypoglykämie betroffen, da bei Senkung der Blutglukose bis auf 44 mg/dl (2,4 mmol/L) keine vermehrte Ausschüttung von Glukagon erfolgt (GERICH et al. 1973, BOLLI et al. 1983, DIAMOND et al. 1992). Bei GDM scheinen keine groben Störungen vorzuliegen (HORNNES und KÜHL 1983, KÜHL et al. 1985, CARPENTER 1993). Die Nüchternwerte bei GDM unterscheiden sich nicht von jenen gesunder Kontrollen. Die physiologische Unterdrückung der Glukagonsekretion nach Glukosebelastung ist bei GDM jedoch signifikant reduziert (DAMM et al. 1995). Auch scheint bei gestörter Glukosetoleranz (IGT) die Glukoseschwelle für die Gegenregulation vereinzelt erhöht zu sein, wodurch subjektive Hypoglykämiezeichen bereits bei physiologischen Glukosespiegeln auftreten können (CHALEW et al. 1990).

Mütterliches Glukagon kann die Plazenta nicht passieren (SPELLACY und BUHI 1976). Der *Glukagonspiegel beim Foetus* und Neugeborenen spiegelt daher die eigene Produktion wider. Bei gesunden Neugeborenen sinkt der Blutzuckerspiegel innerhalb der ersten zwei Lebensstunden um rund 43 mg/dl, während der Glukagonspiegel im Mittel um rund 44 pg/ml ansteigt. Bei Kindern diabetischer Mütter hingegen kommt es trotz eines stärkeren Blutzuckersturzes zu keinem signifikanten spontanen oder alaninstimulierten Glukagonanstieg. Als Ursache wird eine Glukagonsuppression durch die simultane foetale Hyperglykämie und Hyperinsulinämie angenommen (WILLIAMS et al. 1979, SUSA et al. 1984).

3.3.9 IGF (Insulin-like growth factor), Somatomedin

Somatomedine (IGF-1, IGF-2) sind dem Insulin strukturell ähnlich und sind beim Foetus (Guevara-Aguirre 1996), jedoch auch postnatal (Woods et al. 1996) an der Regulation des kindlichen Körperwachstums beteiligt. Von IGF wird angenommen, daß es das foetale Wachstum und die foetale Zelldifferenzierung anregt (Schmid et al. 1983; Zapf und Froesch 1981, 1986; Reece et al. 1994; Bang et al. 1994). Die mitogene Wirkung auf verschiedene Zellen wird durch spezielle Rezeptoren an der Zelloberfläche vermittelt (D'Ercole 1991, Nissley und Lopaczynski 1991, Funk et al. 1992). Der *Serumspiegel* von IGF-1 und -2 bei Schwangeren steigt mit zunehmender Gestationszeit an, wobei der mütterliche IGF-1 Spiegel bei Foeten mit Wachstumsretardierung niedriger ist als bei Foeten mit normalem Wachstum und mit dem Geburtsgewicht korreliert (Hall et al. 1986, Verhaeghe et al. 1993, Bernstein et al. 1997). Bei übergewichtigen Neugeborenen von GDM ist der Somatomedin C Spiegel (IGF-1) jedoch nicht erhöht (Samaan et al. 1985).

Diabetikerinnen haben einen niedrigeren IGF-1 Spiegel als stoffwechselgesunde Schwangere. Der Spiegel fällt zwischen der 6. und 12. Woche, steigt zwischen der 24. und 32. Woche und fällt wiederum ab der 36. Woche bis 12 Wochen nach der Geburt. Der IGF-1 Spiegel zwischen der 24. und 32. Woche korreliert bei Diabetikerinnen mit dem HbA1c Spielgel, dem hPL Spiegel und dem foetalen Gewicht (Susa et al. 1984, Whittaker et al. 1990). Im Tierversuch bewirkt eine genetische Störung der IGF-1 oder IGF-2 Synthese eine foetale Wachstumsretardierung um 40 % (De Chiara et al. 1990, Liu et al. 1993).

Im foetalen Pankreas ist IGF-1 bereits in der 14.–17. Gestationswoche nachweisbar. Es ist in den Betazellen lokalisiert. Bei kultivierten Betazellen wird IGF-1 in Abhängigkeit von der Glukosekonzentration in das Kulturmedium ausgeschieden. Möglicherweise trägt IGF-1 zum Wachstum und zur Entwicklung der foetalen Insulin-produzierenden β-Zellen bei (Hill et al. 1987). Bei Stoffwechselgesunden besteht ein signifikanter Zusammenhang zwischen dem IGF-1 Spiegel im Nabelschnurblut und der Größe und dem ponderal Index des Neugeborenen (Bernstein et al. 1997). Die Bedeutung von Somatomedin für das foetale Wachstum ist jedoch kontroversiell. Bei einer Studie an Kindern diabetischer Mütter wurde kein Unterschied des IGF-1 Spiegels im Nabelschnurblut bei makrosomen und normosomen Kindern sowie gegenüber Kindern von Stoffwechselgesunden gefunden (Fenichel et al. 1989).

IGF wird in speziellen Zellen produziert und anschließend zum Wirkungsort transportiert (Han et al. 1987, 1988; Hill et al. 1989, 1990, 1992). Der Transport von IGF zum Wirkungsort erfolgt durch eine Reihe von IGF-Bindungsproteinen (IGFBP-1 bis IGFBP-6), die einerseits die Halbwertszeit von IGF verlängern und andererseits die verschiedenen IGF zu deren Zielorganen transportieren (Shimasaki und Ling 1991, Pannier et al. 1994).

3.3.10 IGFBP (Insulin-Like Growth Factor Binding Protein)

Die mitogene und metabolische Wirkung von IGF-1 und -2 wird von zumindest 6 spezifischen Bindungsproteinen moduliert. IGFBP-1 gilt als jenes Bindungsprotein, welches die unmittelbare Stoffwechselwirkung der IGFs beeinflußt (HOLLY 1991, SCHARLA et al. 1994), da es als einziges der bisher beschriebenen IGFBPs durch glucoregulatorische Hormone reguliert wird. Dabei bewirkt Insulin eine Inhibition und Kortisol und Glukagon eine Stimulation der IGFBPs (SUIKKARI et al. 1989, CONOVER et al. 1993, WESTWOOD et al. 1995). Bei Typ-1 Diabetes ist der normale Kontrollmechanismus der IGFBP-1 Produktion unterbrochen: Da IGFBP hauptsächlich in der Leber produziert wird (LEE et al. 1993), bewirkt die Reduktion des portalen Insulinspiegels, insbesondere bei schlechter Stoffwechselführung, eine reduzierte Inhibition und folglich einen erhöhten Spiegel des zirkulierenden IGFBP-1 (SUIKKARI et al. 1988, HOLLY et al. 1988).

In der Schwangerschaft haben IGFs und IGFBPs eine wichtige Funktion beim Wachstum und der Differenzierung von mütterlichem und foetalem Gewebe. Bei mütterlichem IGFBP-1 wurde entweder keine (WHITTAKER et al. 1990) oder eine negative Korrelation (HOWELL et al. 1985) mit dem foetalen Gewicht gefunden.

IGFBP-1 ist eine der Hauptfraktionen im foetalen Plasma (DROP et al. 1984, WANG und CHARD 1992) und das dominierende Bindungsprotein im Fruchtwasser (DROP et al. 1984). Die Sekretion der *foetalen IGFBPs* ist gewebsspezifisch (RUTANEN et al. 1984, HOSSENLOP et al. 1987, LEWITT und BAXTER 1989, HILL und CLEMMONS 1992, FUNK et al. 1992, PANNIER et al. 1994). Die foetale Leber und Niere produziert IGFBP-1 bis -4, in der foetalen Leber wird jedoch hauptsächlich IGFBP-1 gebildet. Die foetale Lunge bildet vorwiegend IGFBP-2 und -4 und geringe Mengen IGFBP-3. Hirnexplantate bilden ausschließlich IGFBP-2 und -4 (PANNIER et al. 1994).

Während der Schwangerschaft sind die mütterlichen IGFBP-1 Spiegel erhöht (HOWELL et al. 1985), und am Termin haben foetale IGFBP-1 Spiegel eine negative Korrelation zum Geburtsgewicht. Das weist darauf hin, daß IGFBP-1 ein Wachstumsinhibitor ist, indem es die IGF-Interaktion am IGF-Rezeptor moduliert. Während der Schwangerschaft ist das Ausmaß der Phosphorylierung der mütterlichen IGFBP-1 verändert. Neben den hoch phospohrylierten Fraktionen (hpIGFBP-1), die üblicherweise vorkommen, werden in der Schwangerschaft weniger oder nicht-phosphorylierte Fraktionen (lpIGFBP-1) gefunden (WESTWOOD et al. 1994). Diese weniger phosphorylierten Fraktionen stammen wahrscheinlich von der Dezidua (FROST und TSENG 1991) oder von foetalen Geweben (WESTWOOD et al. 1994) und haben eine signifikant herabgesetzte Affinität zu IGFs. Dies ist wahrscheinlich ein wichtiger Mechanismus zur Modulation der Bioverfügbarkeit der Gewebs-IGFs und damit der foetalen und mütterlichen Nährstoffauswertung (JONES et al. 1991). Diabetiker mit langer Diabetesdauer und Retinopathie haben höhere totale IGFBP-1 Spiegel als jene mit kurzer Krankheitsdauer. Folglich ist hpIGFBP-1 bei diabetischen Schwangeren positiv zur Diabetesdauer und negativ zum foetalen Wachstum korreliert, während lpIGFBP-1 vom mütterlichen Gewicht und BMI abhängt (Gibson et al. 1999). Die Ratio hpIGFBP-1 zu lpIGFBP-1 ist wahrscheinlich ein stärkerer Indikator für das fetal outcome, da sie bei Diabetikerinnen und Stoffwechselgesunden normalerweise übereinstimmt. Die Bestimmung der verschiedenen Isoformen von IGFBP-1 ermöglicht daher eine exaktere Vorhersage des foetalen Wachstums als eine Gesamtbestimmung (Gibson et al. 1999).

Beim Erwachsenen dominiert IGFBP-3. Die Serumkonzentration wird durch die Aktivität des Wachstumshormones bestimmt. Auch kleinwüchsige Kinder mit Wachstumshormonmangel haben subnormale IGFBP-3-Spiegel (Scharla et al. 1994).

3.3.11 Immunglobuline

Im Vergleich zu gesunden Schwangeren sind die IgG- und IgM-Werte bei Diabetikerinnen signifikant (~15 %) niedriger. IgA-Spiegel werden durch IDDM nicht beeinflußt (Farid und Anderson 1973, Bruno et al. 1976, Hoddinott et al. 1982, Fischer 1984). Die Antikörperbildung ist von der Qualität der Stoffwechselführung abhängig. Bei kompensiertem Stoffwechsel wird die humorale Antikörperbildung als nicht defizitär angesehen (Casey 1981, Rabinowitz 1981).

Bei *Neugeborenen* von Diabetikerinnen besteht eine Serum-IgG-Leihimmunität mütterlichen Ursprunges (Rasche et al. 1978, Karitzky 1979, Kreth 1981, Liappis et al. 1981) und eine Serum-IgA- und IgM-Eigenproduktion (Fischer 1984). Mütterliches Serum IgG wird ab der 22.–28. Woche durch einen plazentaren Mechanismus gegen ein Konzentrationsgefälle zum Kind transportiert (Geiger und Hoffmann 1970, Lemtis 1970, Yang et al. 1971, Karitzky 1979, Liappis et al. 1981). Mit zunehmendem Gestationsalter steigt der Gehalt von IgG im Nabelschnurblut und ist bei Neugeborenen von Diabetikerinnen um rund 11 % höher als im mütterlichen Blut (Fischer 1984).

3.3.12 Inselzellantikörper (ICA)

Im Anschluß an einen Gestationsdiabetes wurden in 1,6 %–30 % der Fälle ICA im Serum nachgewiesen (Stowers et al. 1985, Catalano et al. 1990, Mauricio et al. 1992, Lapolla et al. 1996, Dozio et al. 1997, Fallucca et al. 1995, Mauricio et al. 1996). Die Prävalenz unterliegt epidemiologischen Unterschieden. In Süddeutschland haben 8,5 % der GDM ICA (Füchtenbusch et al. 1997). Frauen mit ICA haben in der Regel eine gestörte Glukosetoleranz (IGT) und eine gestörte Insulinausschüttung der ersten Phase (Catalano et al. 1990). 35 % werden innerhalb von 3 Jahren insulinpflichtig (Seissler et al. 1998).

Im *Nabelschnurblut* sind ICA besonders bei IDDM (20 %), aber auch bei GDM (11 %) nachweisbar und verschwinden in der Norm nach der Geburt (Ziegler et al. 1993). Bei Kindern von Diabetikerinnen können ICA zwischen dem 3. und 29. Lebensjahr in rund 7 % nachgewiesen werden, die

Sensitivität und Spezifität für die Vorhersage eines später auftretenden Typ-1 Diabetes beträgt 60 % bzw. 96 % (Robert et al. 1991).

3.3.13 Leptin

Leptin ist ein 16 kDa Hormon des „Obesity" Genes (Zhang et al. 1994) und trägt zur Regulation des Körpergewichtes bei. Der Wirkungsmechanismus wurde im Tierversuch untersucht. Demnach wird Leptin von großen Fettzellen produziert (Hamilton et al. 1995), passiert die Blut-Hirnschranke und bindet sich an hypothalamischen Rezeptoren, wodurch die Expression von Neuropeptid Y (NPY) niederreguliert wird (Stephens et al. 1995). Dies führt zu Sättigungsgefühl, verminderter Nahrungsaufnahme und erhöhtem Energieverbrauch und damit zu einer Abnahme von Körpergewicht durch Verbrauch von Fettgewebe (Pelleymounter et al. 1995, Halaas et al. 1995).

Beim Menschen hat Leptin eine wichtige Rolle zur Regulation des Körpergewichtes. Eine Adipositas ist mit erhöhten Leptinspiegeln im Serum assoziiert (Considine et al. 1996, Hassink et al. 1996, Geary et al. 1999). Hohe Konzentrationen senken die Insulinsensitivität (Widdowson 1997). Leptin beeinflußt jedoch auch die Pubertät, den weiblichen Zyklus und die Fertilität (Bodner et al. 1998). Die Leptinsekretion unterliegt einem zirkadianen Rhythmus mit höheren Spiegeln in den Nachtstunden (Sinha et al. 1996) und wird durch den metabolischen Zustand beeinflußt (Hardie et al. 1997). In der Schwangerschaft finden sich die höchsten Leptinspiegel im 2. Trimester. Sie fallen jedoch mit dem Anstieg des hPL-Spiegels steil ab (Desoye et al. 1987).

In der *Foetoplazentaren Einheit* wird Leptin in Trophoblast und Amnionzellen eigenständig produziert (Masuzaki et al. 1997) und kann im foetalen Serum nachgewiesen werden (Sivan et al. 1997, Schubring et al. 1997, Hassink et al. 1997). Der Leptinspiegel im *Nabelschnurblut* ist niedriger als der mütterliche Leptinspiegel (8,0 ± 7,4 vs. 20,8 ± 11,8 ng/ml) und bei Knaben niedriger als bei Mädchen (5,5 ± 5,8 vs. 10,8 ± 8,1 ng/ml) (Matsuda et al. 1997, Wolf et al. 2000).

Das Geburtsgewicht bei LGA Neugeborenen korreliert mit dem foetalen, nicht jedoch mit dem mütterlichen Leptinspiegel. Bei LGA Neugeborenen ist der Leptinspiegel um ~80 % höher als bei AGA und SGA Neugeborenen (Wolf et al. 2000) und kann bis zu 55,7 ng/ml betragen (Sivan et al. 1997). Der foetale Leptinspiegel wiederum korreliert mit dem foetalen Insulinspiegel. Die Bedeutung von Leptin für das foetale Wachstum ist unklar. Möglicherweise stimuliert foetales Insulin die foetale Leptinproduktion in den Adipozyten und bewirkt dadurch eine indirekte leptinvermittelte Insulinwirkung. Es ist auch möglich, daß hohe foetale Leptinspiegel den transplazentaren Nährstofftransport drosseln (Wolf et al. 2000).

3.3.14 Östrogene

Östriol (freies) im *mütterlichen Serum* wird durch eine Reihe von Faktoren beeinflußt. In der 15.–22. Woche ist der Spiegel bei IDDM im Mittel um

8–13 % niedriger als bei Kontrollen (Canick et al. 1990, Wald et al. 1992). Im dritten Trimester wurden bei diabetischen Schwangeren sowohl normale (Nachtigall et al. 1968, Taylor 1970), erhöhte (Levitz und Selinger 1970, Miodovnik et al. 1988) als auch subnormale Spiegel beschrieben (Masson und Sutherland 1973). Erhöhte Spiegel liegen vor allem bei makrosomen Kindern vor (Miodovnik et al. 1988). Eigenen Beobachtungen zufolge sind die Serumspiegel in erster Linie dann erhöht, wenn im Rahmen einer Präeklampsie die Ausscheidungsfunktion der Nieren herabgesetzt ist.

Im *Nabelschnurblut* wurden keine signifikanten Unterschiede der Östrogene bei Diabetikern und Stoffwechselgesunden nachgewiesen (Saltzman et al. 1986). Nach Untersuchungen von Barbieri et al. (1986) sind die *Fruchtwasserspiegel* von Östradiol und Östron bei Diabetes ebenfalls unverändert.

3.3.15 Pankreostatin (PST), Pankreastatin-Like Hormone

PST ist ein Peptid aus 49 Aminosäuren. Durch Inhibiton der Insulinsekretion (Tatemoto et al. 1986) und eine glykogenolytische Wirkung (Sanchez et al. 1990, 1992) ist PST an der Gegenregulation der Insulinwirkung beteiligt. Der Plasmaspiegel steigt im Verlauf der Schwangerschaft. PST ist auch in der Plazenta und im Fruchtwasser nachweisbar (Syversen et al. 1996). Bei GDM ist Pankreostatin gegenüber Kontrollen erhöht (46 ± 2 vs. 30 ± 2 pmol/l) und korreliert mit dem Katecholaminspiegel (Epinephrin und Norepinephrin). Es ist daher wahrscheinlich, daß Pankreostatin auch an der Insulinresistenz des GDM beteiligt ist (Sanchez-Margalet et al. 1998).

3.3.16 Parathormon

Bei normaler Schwangerschaft kommt es zu einem progressiven Anstieg des mütterlichen Parathormonspiegels. Bei Diabetikerinnen bleibt dieser Anstieg ab der Mitte der Schwangerschaft aus. Die niedrigen Spiegel sind meist mit niedrigen mütterlichen Magnesiumspiegeln assoziiert, während die Kalzium-, Phosphor und Kalzitoninspiegel bei Mutter und Kind unverändert sind (Pitkin et al. 1979; Cruikshank et al. 1980, 1983).

Im Vergleich zu Stoffwechselgesunden ist der Parathormonspiegel bei *Neugeborenen* von Diabetikerinnen erniedrigt (100 ± 18 vs. 42 ± 5 ~l Eq/ml) (Tsang et al. 1975, Pitkin et al. 1979, Cruikshank et al. 1983). Die niedrigen Parathormonspiegel werden möglicherweise durch einen Magnesiummangel ausgelöst (Anast et al. 1976).

3.3.17 Placenta-Specific Tissue Protein 12 (PP_{12})

PP_{12} ist ein Gewebsantigen der Plazenta und findet sich im Synzytiotrophoblast, Chorion, Amnion und in der Dezidua (Inaba et al. 1980). *Fruchtwasser* hat einen hohen PP_{12} Spiegel und die mütterlichen Serumspiegel steigen im Verlauf der normalen Schwangerschaft beträchtlich an (Bohn und KRAUS 1980; BOGNAR et al. 1981; RUTANEN et al. 1982; THAN et al. 1983, 1984). Der Gipfel des Serumspiegels findet sich in der 18. Gestationswoche (~140 ± 40 µg/L), während der Spiegel im dritten Trimester zwischen ~100–120 µg/L liegt (THAN et al. 1983, BRIESE et al. 1989). Bei mütterlichem Diabetes mellitus wurden mittlere Serumspiegel von >200 µg/L nachgewiesen (THAN et al. 1984). Hohe Spiegel sind besonders bei Vorliegen einer Retinopathie nachweisbar. Die hohen Werte bei Retinopathie sind wahrscheinlich durch eine deziduale Degeneration bedingt (BRIESE et al. 1989), da eine Retinopathie in der Regel mit anderen Vaskulopathien assoziiert ist.

3.3.18 Placenta-Specific Tissue Protein 10 (PP_{10})

PP_{10} ist ein Glykoprotein und Gewebsantigen der Plazenta. Der mütterliche Serumspiegel steigt im Verlauf der Schwangerschaft bis zur 35.–36. Woche und fällt danach wieder ab. Bei gesunden Kontrollen beträgt der Serumspiegel zwischen der 32. und 39. Woche 22 ± 10 µg/l. Bei diabetogener Retinopathie, insbesondere bei der proliferativen Form ist der Spiegel auf 69 ± 24 bzw. 77 ± 26 µg/l erhöht (BRIESE et al. 1990). Der Grund ist wahrscheinlich eine erhöhte plazentare und amniotische Durchlässigkeit.

3.3.19 Plazentalaktogen (hPL, hCS)

Plazentares Laktogen wird im Synzytiotrophoblast synthetisiert (tägliche Produktion ~300 mg, Halbwertszeit ~20 Minuten). Der Serumspiegel des hPL ist bei Diabetikerinnen besonders in der 9.–10., meist bis zur 20. Gestationswoche subnormal (BRAUNSTEIN et al. 1989). Die Glykämie und der HbA_1 Spiegel haben keinen Einfluß auf die hPL Spiegel. Bei makrosomen Kindern ist der mütterliche hPL Spiegel im 3. Trimester erhöht (SMALL et al. 1987). HPL (und Prolaktin) führt in vitro bei foetalen Betazellen von Ratten zu einem 2fachen Anstieg der Insulinsekretion und zu einer 4fach gesteigerten Zellreplikation. Bei kultivierten menschlichen Inseln ist die Wirkung ähnlich (BRELJE et al. 1993).

3.3.20 Proinsulin

Der Proinsulinspiegel ist bei NIDDM erhöht (PORTE und KAHN 1989), insbesondere bei schlechter Stoffwechselkontrolle (DUCKWORTH et al. 1972, MAKO et al. 1977, WARD et al. 1987, GLASER et al. 1988, SAAD et al. 1990). Auch bei GDM ist der Spiegel von Proinsulin signifikant erhöht (SWINN et al. 1995). Eine erhöhte PI/I-Ratio ist jedoch kein Marker für eine zukünftige Diabetesmanifestation (HANSON et al. 1996).

Bei *Neugeborenen* und Säuglingen von IDDM ist der Proinsulinspiegel auf mehr als das Doppelte erhöht. Es ist dies möglicherweise ein Hinweis auf vulnerable Betazellen durch einen vorangegangenen Betazellschaden (HARTLING et al. 1989). Auch bei 30–40jährigen Nachkommen diabetischer Mütter (nicht jedoch Väter) sind erhöhte Proinsulinspiegel nachweisbar (KASPERSKA-CZYZYK et al. 1996). Die Ratio Proinsulin/Insulin (pmol/L/pmol/

L) beträgt bei gesunden Schwangeren 13, bei Neugeborenen von Diabetikerinnen 46 und bei gesunden Neugeborenen 79. Die Ratio Proinsulin/C-Peptid beträgt 1,8, 5,5 und 4,9 (LINDGREN et al. 1993).

3.3.21 Prolaktin

Nach Untersuchungen von FEIGE et al. (1984) beträgt der mittlere Prolaktinspiegel vor der Schwangerschaft 12 ng/ml, steigt im Verlauf einer normalen Schwangerschaft von 23 ng/ml auf 159 ng/ml und beträgt im Wochenbett 94 ng/ml. Nach eigenen Untersuchungen beträgt der mittlere Prolaktinspiegel in der 27 (± 2,6) Woche 185 ng/ml. Er steigt von der 24. bis zur 34. Woche von rund 130 ng/ml auf 230 ng/ml um dann am Termin wieder auf rund 150 ng/ml abzufallen. Wir konnten eine signifikante positive Korrelation mit der Gestationszeit und eine negative Korrelation mit dem Lebensalter der Schwangeren beobachten. Schwangere mit 26 Jahren hatten einen mittleren Prolaktinspiegel von rund 215 ng/ml und mit 38 Jahren von rund 120 ng/ml (Grazer Diabetesanalysen). Prolaktin führt in vitro (wie hPL) zu einem 2fachen Anstieg der Insulinsekretion und einem 4fachen Anstieg der Replikation von Betazellen bei Ratten. Bei menschlichen Betazellen ist dieser Effekt ebenfalls, jedoch etwas schwächer nachweisbar (BRELJE et al. 1993). Im Vergleich zu stoffwechselgesunden

Tabelle 25. Östradiol, Progesteron und Prolaktin im Plasma im Verlauf der Schwangerschaft, postpartal und nach der Laktation bei gesunden und diabetischen Frauen (nach MONTELONGO et al. 1992)

	β-Östradiol (nM)	Progesteron (nM)	Prolaktin (µg/L)
Normale Kontrollen			
I. Trimester	9,23 ± 1,79	100,17 ± 15,42	43,80 ± 8,35
II. Trimester	38,45 ± 5,14	185,55 ± 21,15	118,00 ± 7,69
III. Trimster	66,60 ± 8,26	453,56 ± 26,20	141,33 ± 4,55
Postpartal	0,13 ± 0,02	0,83 ± 0,16	62,54 ± 13,16
Post lactationem	0,18 ± 0,07	6,36 ± 5,72	6,12 ± 0,83
Manifester Diabetes			
I. Trimester	3,60 ± 0,71[a]	78,00 ± 5,72	24,25 ± 3,60[a]
II. Trimester	25,46 ± 3,17[a]	194,84 ± 19,27	87,67 ± 8,66[a]
III. Trimester	52,65 ± 6,14	445,01 ± 74,89	103,00 ± 9,52[a]
Pospartal	0,30 ± 0,09	1,49 ± 0,44	37,40 ± 11,45
Post lactationem	0,23 ± 0,07	2,77 ± 1,30	6,00 ± 0,70
Gestationsdiabetes			
I. Trimester	5,22 ± 1,46	93,94 ± 14,18	34,20 ± 9,99
II. Trimester	29,40 ± 6,42	145,36 ± 21,65	99,55 ± 18,03
III. Trimster	50,05 ± 5,75	348,91 ± 35,68[a]	132,44 ± 11,37
Postpartal	0,19 ± 0,05	1,75 ± 0,79	41,22 ± 10,71
Post lactationem	0,22 ± 0,05	1,94 ± 1,11	7,33 ± 1,85

[a] $p < 0,05$ vs. Kontrollen

Schwangeren ist der Prolaktinspiegel bei Diabetikerinnen mit schlechter Stoffwechselkontrolle subnormal (KIVINEN et al. 1979, JOVANOVIC et al. 1980, MONTELONGO et al. 1992, OSTROM und FERRIS 1993) (Tabelle 25). Bei GDM scheint er jedoch nicht wesentlich verändert zu sein (SKOUBY et al. 1986).

Die Prolaktinspiegel sind bei bereits präkonzeptionell straffer Stoffwechseleinstellung vom Anfang der Schwangerschaft an normal oder normalisieren sich nach Stoffwechselstraffung zu einem späteren Zeitpunkt, was auf einen Zusammenhang der Hormonproduktion mit der Stoffwechselqualität hinweist (CASTRACANE et al. 1985). Dementsprechend wurden auch bei diabetischen Schwangeren mit niedrigem Prolaktinspiegel gehäuft perinatale Verluste beschrieben, insbesondere dann, wenn der Prolaktinspiegel durch Thyreotropin-Releasing-Hormon (TRH) nicht beeinflußbar war (KIVINEN et al. 1979).

Methoclopramid stimuliert die Prolaktinproduktion sowohl im Tierversuch (FANG et al. 1977) als auch beim Menschen (DELITALA et al. 1976) und kann sich daher bei Diabetikerinnen indirekt auf den Glukosehaushalt auswirken.

Bei Neugeborenen von Diabetikerinnen ist der Prolaktinspiegel im *Nabelschnurblut* signifikant niedriger als bei Kontrollen (SALTZMAN et al. 1986). Im *Fruchtwasser* ist der Prolaktinspiegel im 3. Trimester höher als im mütterlichem Serum (825 vs. 168 ng/ml) und fällt bei Diabetikerinnen zwischen der 32. und 40. Woche signifikant ab (BYBEE et al. 1990).

Bei IDDM und schlechter Stoffwechselführung sinkt der Prolaktinspiegel im *Wochenbett* und in der *Muttermilch* stärker als bei Stoffwechselgesunden, was sich negativ auf die Milchproduktion und damit die Stilleistung auswirken kann (OSTROM und FERRIS 1993).

3.3.22 Relaxin

Relaxin ist ein Insulinhomolog, welches vom Corpus luteum und der foetoplazentaren Einheit produziert wird. Die Konzentration im mütterlichen Serum fällt im Verlauf der Schwangerschaft ab. Relaxin beeinflußt den Kohlenhydratstoffwechsel im Uterus. Bei IDDM ist der mütterliche Relaxinspiegel während der gesamten Schwangerschaft unabhängig von der Stoffwechselqualität signifikant erhöht (STEINETZ et al. 1992). Die physiologische Bedeutung von Relaxin, insbesondere der Einfluß von Relaxin auf die Genese von Fehlbildungen ist ungeklärt.

3.3.23 Sexhormonbindendes Globulin (SHBG)

SHBG ist in der diabetischen Schwangerschaft gegenüber Stoffwechselgesunden erhöht (DEHERTOG et al. 1976). Im *Nabelschnurblut* ist ebenfalls SHBG nachzuweisen (~44 ± 6,5 pmol/l) und es besteht sowohl bei Stoffwechselgesunden als auch bei Diabetikerinnen eine negative Korrelation zwischen dem Insulin und SHBG-Spiegel. Daher besteht auch eine negative Korrelation von SHBG zum Geburtsgewicht und zu anderen Maßen des Neugeborenen (SIMMONS 1995).

3.3.24 SP_1 (Schwangerschaftsspezifisches β-1-Glykoprotein)

SP_1 wird im Synzytiotrophoblast synthetisiert. Der Serumspiegel wird durch einen mütterlichen Diabetes in der Regel nicht beeinflußt (Braunstein et al. 1989). Allerdings wurden bei Diabetikerinnen mit Retinopathie niedrigere SP_1 Spiegel gefunden (Briese und Glockner 1991).

3.3.25 Wachstumshormon (hGH, GH)

HGH beeinflußt die Insulinbiosynthese und bewirkt in vitro bei kultivierten Inseln von Neugeborenen einen Anstieg der Insulinproduktion um rund 30 % (Brelje et al. 1993). Neugeborene mit hohem Geburtsgewicht haben niedrigere HGH-Spiegel im Nabelschnurblut (Poonai et al. 1975). Bei Neugeborenen diabetischer Mütter kommt es in 17 % zu einer paradoxen HGH-Reaktion unter Glukosebelastung mit einer maximalen Ausschüttung nach 30 Minuten (Amendt et al. 1976).

3.3.26 Wachstumshormonbindendes Protein (GHBP)

Bei stoffwechselgesunden Schwangeren sinkt der mittlere (± SE) GHBP Spiegel von 0,90 ± 0,08 nmol/l in der 18.–20. Woche auf 0,62 ± 0,06 nmol/l in der 36.–38. Woche. GHBP korreliert im ersten Trimester mit dem mütterlichen Körpergewicht. Bei Schwangeren mit Typ-2 Diabetes (NIDDM) sind die Spiegel unabhängig von der Gestationszeit signifikant erhöht (im Mittel 2,29 nmol/l). Im Gegensatz dazu haben Typ-1 Diabetikerinnen (IDDM) in der 36.–38. Woche erniedrigte Werte. In der 36. Woche waren die GHBP-Spiegel bei jenen Schwangeren signifikant erhöht, deren Neugeborene ein Geburtsgewicht < 10. Perzentile hatten (Barnard et al. 1997).

3.4 Medikamente mit Einfluß auf den Kohlenhydratstoffwechsel

Diabetesassoziierte Erkrankungen, schwangerschaftsassoziierte Erkrankungen oder beides können eine medikamentöse Therapie erfordern. Bei einer Reihe von Medikamenten ist bekannt, daß sie in verschiedene Mechanismen des Kohlenhydratstoffwechsels eingreifen und dadurch den Blutzuckerspiegel oder eine euglykämische Therapie beeinflussen können (Campbell 1988, Jackson und Bressler 1981) (Tabellen 26 und 27). Dabei ist die individuelle Reaktion einzelner Patienten auf Medikamente sehr unterschiedlich.

Medikamente können erwünschte oder unerwünschte Nebenwirkungen haben. Bei ACE-Hemmern (Captopril) etwa ist bekannt, daß sie neben der antihypertensiven und kardialen Wirkung die Insulinwirksamkeit bei Gesunden und Diabetikern über eine Erhöhung des Kininspiegels günstig beeinflussen (Ferriere et al. 1985, McMurray und Fraser 1986, Dietze et al. 1990).

Tabelle 26. Medikamente mit hyperglykämischer Wirkung und interaktive Wirkung bei der Kombination mit oralen Antidiabetika

Thiazide	⇓ Insulinsekretion
Thyroid Hormon	⇓ Insulinsekretion
Phenytoin	⇓ Insulinsekretion
Epinephrin-ähnliche	⇑ Glukoseproduktion
Lithium	
Östrogene	
Kortikosteroide	⇑ Glukoseproduktion
Glukagon	⇑ Glukoseproduktion
Acetacolamide[a]	
Coffein[a]	
Cyclophosphamide[a]	
Ethacrynic acid[a]	
Nikotin[a]	
Kalzium-Kanal Blocker[a]	⇓ Insulinsekretion
Nichtsteroidale Antiphlog[a]	⇓ Insulinsekretion
Phenobarbital[a]	⇑ Leberstoffwechsel
Chloramphenicol[a]	⇓ Clearance

[a] Fakultative Wirkung

Tabelle 27. Medikamente mit hypoglykämischer Wirkung und interaktive Wirkung bei der Kombination mit oralen Antidiabetika

Insulin	
Sulfonamide	⇓ Proteinbindung
Salicylate	⇓ Glukoseproduktion
Reserpin	⇑ Gegenregulation
Clonidin	⇑ Gegenregulation
Phenylbutazon	⇓ Renale Ausscheidung
Probenecid	⇓ Renale Ausscheidung
Allopurinol	⇓ Renale Ausscheidung (?)
Pentamidin	
Chloroquin	⇓ Proteinbindung
Cimetidin	
Dicumarol	⇓ Leberstoffwechsel
Betablocker	⇑ Gegenregulation
Clofibrat	⇓ Proteinbindung
MAO-Hemmer	⇑ Insulinsekretion
Alkohol	⇓ Glukoseproduktion
Anabolica	⇑ Insulinsensitivität

Da diabetische Schwangere insbesondere bei schlechter Einstellung zur Frühgeburt neigen (Mimouni et al. 1988, Weiss 1996, Weiss et al. 1999), steht die Problematik von Tokolytika (Fenoterol, Hexoprenalin, Ritodrine, Salbutamin, Terbutalin etc.) und von Glukokortikoiden zur Induktion der Lungenreife im Vordergrund. Dexamethasongaben erhöhen die mütterliche

Insulinresistenz und bewirken eine Hypersekretion von Proinsulin (WARD et al. 1987, KITABCHI et al. 1973). Eine Ketoazidose als Folge einer tokolytischen Therapie ist selbst bei GDM möglich (HALPREN et al. 1988, BEDALOV und BALASUBRAMANYAM 1997).

Beim Foetus können längere Glukokortikoidgaben zur Wachstumsrestriktion und vorzeitiger Alterung der Plazenta führen. In der Norm exprimiert der Synzytiotrophoblast große Mengen von 11 β-Hydroxysteroid Dehydrogenase (11 β-HSD-2) (BROWN et al. 1996), welche das mütterliche Kortisol in inerte 11-Ketoderivate (z. B. Kortison) umwandelt, und damit den Foetus vor einem Hyperkortizismus schützt. Wird dieser Schutzmechanismus überfordert oder besteht ein 11 β-HSD-2 Mangel, kann dies zur foetalen Wachstumsrestriktion führen (LINDSAY et al. 1996).

Betamimetische Substanzen (Tokolytika) bewirken bei i. v. oder s. c. Verabreichung Glukosetoleranzstörungen (REGENSTEIN et al. 1993), einen transienten mütterlichen Hyperinsulinismus und eine transiente mütterliche Hyperglykämie (SPELLACY et al. 1978), aber auch einen Anstieg des Glukagons, der freien Fettsäuren, der Laktat- und pH-Werte sowie einen Abfall des Kalium und Kalziumspiegels (SMITH und THOMPSON 1977, THOMAS et al. 1977, LIPSHITZ und VINIK 1978, KAUPPILA et al. 1978, LENZ et al. 1979, COTTON et al. 1981, SMYTHE und SAKAKINI 1981, BREMME et al. 1982). Die Veränderungen des mütterlichen Blutzuckerspiegels werden durch den Anstieg von Glukagon, eine herabgesetzte Insulinsensitivität sowie eine gesteigerte Glukoneogenese und Glykogenolyse hervorgerufen (LIPSHITZ und VINIK 1978, FOLEY et al. 1993). Glukagon hat neben seiner Stoffwechselwirkung einen relaxierenden Effekt auf die gastrointestinale Muskulatur (TAYLOR et al. 1975, FERRUCCI et al. 1976). Ein dämpfender Einfluß auf uterine Kontraktionen als erwünschter Nebeneffekt scheint jedoch nicht vorzuliegen (SHIN et al. 1996).

Die Stoffwechselwirkung einzelner Tokolytika ist unterschiedlich und etwa bei Terbutalin stärker ausgeprägt als bei Ritodrine (RICHTER und WIEST 1978, CARITIS et al. 1984). Die Pharmakodynamik ist im Einzelnen ebenfalls unterschiedlich. Hexoprenalin bewirkt bei intravenöser Verabreichung einen Insulinanstieg innerhalb von 10 Minuten, einen Anstieg von Glukagon innerhalb von 20 Minuten und einen Anstieg von Glukose und freien Fettsäuren innerhalb von 30 Minuten (LIPSHITZ und VINIK 1978, BREMME et al. 1982). Bei der intravenösen Gabe eines Terbutalinbolus und kontinuierlicher Blutzuckermessung zeigt sich ein Blutzuckeranstieg innerhalb von 15 Minuten, mit der Dauer von zumindest einer Stunde (WESTGREN et al. 1982). Bei oraler Terbutalingabe (4 x 5 mg/24 h) wurde in erster Linie eine verminderte periphere Insulinsensitivität und eine mäßig erhöhte endogene Glukoseproduktion nachgewiesen. Die basale Insulinsekretion war ebenfalls erhöht, während die Glukagonkonzentration, anders als bei früheren Untersuchungen (FOLEY et al. 1993), signifikant erniedrigt war (SMIGAJ et al. 1998). Bei intravenöser Infusion von Ritodrine steigt der Blutzuckerspiegel nach Beginn der Infusion drei Stunden lang an und normalisiert sich nach Absetzen der Infusion in kurzer Zeit (YOUNG et al. 1983). Analog steigt der Nüchternblutzucker bei Fenoterolgabe um durchschnittlich 30 mg/dl (1,7 mmol/l) (RICHTER und WIEST 1978). Neben der Störung des Glukosestoffwechsels bewirkt eine Terbutalininfusion auch ein signifikantes Absinken des Prolaktin- und Aldosteronspiegels (BREMME et al. 1982).

Oral verabreichte Tokolytika haben bei niedriger Dosierung nur eine geringe unmittelbare Wirkung auf den Glukosestoffwechsel (BLOUIN et al. 1976, SCHREYER et al. 1981, MAIN et al. 1985). Wird jedoch eine Glukosebelastung durchgeführt, zeigt sich eine verminderte Glukosetoleranz (MAIN et al. 1987, ANGEL et al. 1988, REGENSTEIN et al. 1993). Bei längerer oraler Medikation von Terbutalin in höherer Dosierung (30 mg/24 h) ist der Insulinspiegel, die Insulin/Glukose Ratio, Glukagon, Pancreatic Polypeptide und C-Peptid analog zur parenteralen Medikation erhöht (FOLEY et al. 1993). Der metabolische Effekt chronischer Gaben ist auch noch einige Tage nach Absetzen der Therapie prolongiert.

Während es bei Stoffwechselgesunden unter Langzeitbehandlung mit Betamimetika zu einer Glukoseintoleranz kommen kann (MAIN et al. 1987, ANGEL et al. 1988) kommt es bei Gestationsdiabetes zur Verschlechterung der Stoffwechselsituation bis zur Diabetesmanifestation. Bei einer Studie von LINDENBAUM et al. (1992) benötigten im Mittel 8 % der Gestationsdiabetikerinnen neben der Diät eine zusätzliche Insulintherapie, während unter subkutaner Terbutalininfusion (niedrige Dosierung + Bolusgaben) alle Gestationsdiabetikerinnen insulinpflichtig wurden. Bei IDDM und tokolytischer Therapie kann der Insulinbedarf drastisch steigen. Es sind daher zusätzliche Insulingaben erforderlich (GOONEWARDENE und TOGHILL 1977) (siehe Tokolyse, S. 530).

Tokolytika unterliegen einer prompten Plazentapassage. Bei Terbutalininfusion beträgt der foetale Spiegel bis zu 55 % des mütterlichen Spiegels (INGEMARSSON et al. 1981). Im Tierversuch erfolgt während der ersten 6–8 Stunden ein Anstieg des foetalen Glukose-, Laktat- und Insulinspiegels und ein Abfall von Glukagon und Aminosäuren. Innerhalb von 72–96 Stunden normalisieren sich die foetalen Werte wieder, nur Laktat bleibt erhöht (WESTGREN et al. 1982, BASSETT et al. 1985).

Eigene Untersuchungen konnten zeigen, daß der Insulinspiegel sowohl im Fruchtwasser als auch im Nabelschnurblut unter tokolytischer Therapie signifikant erhöht war (siehe Abb. 16) (ROSANELLI et al. 1982, WEISS 1988). Bei einer Behandlung mit Hexoprenalin lag der mittlere Insulinspiegel zwischen der 27. und 37. Woche an der 97. Perzentile der Norm, während der Insulinspiegel bei Ritodrine um rund 6 μE/ml höher war. Auch das mittlere Geburtsgewicht von Zwillingen war nach oraler Langzeittherapie im Rahmen einer prophylaktischen Tokolyse signifikant erhöht (WINTER et al. 1977). Der Insulingehalt im Nabelschnurblut (Kontrollen 9,2 μE/ml) betrug nach Tokolyse mit Ritodrine im Mittel 14,4 μE/ml (N = 46) und nach Hexoprenalingaben 13,2 μE/ml (N = 37). Neugeborene zeigten nach vorangegangener Tokolyse eine Neigung zur Hypoglykamie. Eine Tokolyse mit Betamimetika verursacht somit einen „iatrogenen Gestationsdiabetes" und die Neugeborenen haben eine milde „iatrogenen Foetopathie".

Als Alternative bietet sich bei Diabetikerinnen eine Tokolyse mit Magnesiumsulfat an, die den KH-Stoffwechsel kaum beeinflußt (siehe S. 531).

Tabelle 28. Parenterale Magnesiumtherapie. Mögliche Wechselwirkung mit anderen Medikamenten

Gleichzeitige Anwendung von	Mögliche Reaktionen
Kalziumsalzen i. v.	verminderte Mg-Wirkung
ZNS-Depressiva (Barbiturate Hypnotika Narkotika)	Atemdepression
Neuromuskulären Relaxantien, Aminoglykosiden	Relaxation
Digitalisglykosiden	AV-Block
Kalzium-, phosphathaltigen und alkoholischen Lösungen	Inkompatibilität (Ausfällung)

Tabelle 29. Nebenwirkungen von Medikamenten im Rahmen der AIDS-Therapie (nach Marks 1994)

Medikament	Wirkung	Nebenwirkung	Mechanismus
Pentamidine	Antibiotikum	Hypoglykämie Hyperglykämie	Lyse der Betazellen Zerstörung der Betazellen
Megestrol	Gestagen	Hyperglykämie	Insulinresistenz
Ketokonazol	Antimykotikum	Hypoglykämie	Inhibition der Steroidgenese in der NNR, NNR-Insuffizienz
Rifampizin	Antibiotikum	Hypoglykämie	Gesteigerter Kortisolmetabolismus
Suramin	Virostatikum	Hypoglykämie	Inhibition der Steroidgenese in der NNR, NNR-Insuffizienz

Bei der Anwendung von parenteralem Magnesium müssen jedoch wiederum mögliche Wechselwirkungen mit anderen Medikamenten berücksichtigt werden (Tabelle 28).

Bei AIDS können durch HIV-stimulierte Zytokine, Infektionen, Tumorinvasion oder Medikamente endokrine Störungen und assoziierte Störungen des Kohlenhydratstoffwechsels auftreten (Dobs et al. 1988, Marks 1991, Strauss 1991, Grenspoon und Bilezikian 1992). Die häufigsten Medikamente bei der Behandlung von AIDS mit Auswirkungen auf die Glykämie können der Tabelle 29 entnommen werden.

3.5 Die Insulinhomöostase in der Foetoplazentaren Einheit

Durch die Verstrickung der kybernetischen Systeme von Mutter und Kind kann der zunächst gesunde Foetus der Diabetikerin aufgrund der Stoffwechselimbalance der Mutter eine Endokrinopathie entwickeln, insbesondere durch den Umstand, daß zwar die Glukose die Plazenta passieren kann, nicht jedoch mütterliches oder kindliches Insulin. Die Erkrankung des Ungeborenen kann durch den Nachweis einer vermehrten foetalen Insulinproduktion frühzeitig erkannt und damit gezielt behandelt werden.

3.5.1 Bei stoffwechselgesunden Schwangeren

Grundlegende Untersuchungen über die morphologische und histomorphologische Entwicklung des foetalen Pankreas wurden bereits in den 50er und 60er Jahren durchgeführt (Übersicht bei MacNaughton 1969). Demnach kann das foetale Pankreas bereits in menschlichen Embryonen von 3 mm Länge erkannt werden. Bei Embryonen von 15 mm Länge ist das Pankreas eine abgegrenzte Struktur aus sich verzweigenden Gängen, die in lockeres Bindegewebe eingebettet ist. Diese Acini, die die sezernierenden Anteile des Pankreas darstellen, erscheinen im Verlauf des dritten Monats und kurz davor können bereits einige Langerhansschen Inseln gefunden werden. Es handelt sich dabei um primäre Inseln, die sich während des dritten Monats vergrößern, bei denen jedoch der Anteil der Betazellen nur ein Drittel bis ein Viertel des Volumens ausmacht. Die meisten primären Inseln unterliegen im Verlauf des 6. Schwangerschaftsmonat einer Degeneration. Inseln der zweiten Generation beginnen sich ab dem vierten Monat auszubilden. Die Langerhansschen Inseln der meisten Säuger enthalten A-, B- und D-Zellen. Die ersten histochemisch differenzierbaren A- und B-Zellen treten zwischen der 8. und 19. Schwangerschaftswoche auf. Die B- oder β-Zellen produzieren bekanntlich Insulin, während die A-Zellen Glukagon produzieren. Es scheint daher, daß Insulin und Glukagon bereits im frühen foetalen Leben sezerniert werden. Die Anzahl der primären Inseln ist relativ gering. Während ihres Wachstums nimmt die Anzahl der drei Zelltypen zu. Die primären Inseln erlangen ihre volle Entwicklung im 5. Schwangerschaftsmonat, um danach zu degenerieren. Die Degeneration scheint vorübergehend alle A-Zellen zu betreffen und läßt physiologische Veränderungen vermuten, die den Bedarf an A-Zellen herabsetzen. Ferner und Stoechenius (1950) stellten beim Foetus eine Dominanz von A-Zellen gegenüber β-Zellen fest. Im weiteren findet bis zum Ende des Wachstums ein deutlicher relativer Anstieg der β-Zellen statt, wodurch beim Neugeborenen die zwei Zelltypen bereits ausgewogen sind.

Die A-Zellen erreichen ihr Maximum bereits am Ende des zweiten Schwangerschaftstrimesters, während die B-Zellen ihr Maximum erst etwa zwei Monate nach der Geburt erreichen. Das Verhältnis von B : A Zellen steigt im Verlauf der Schwangerschaft von <1 auf etwa 1 am Geburtstermin bis auf 5 beim Erwachsenen an (Baxter-Grillo et al. 1981, Ktorza et al. 1985, Grillo und Shima 1966, Rastogi et al. 1970, Wirdnam und Milner 1981, Stefan et al. 1983). Die relative Abnahme von A-Zellen könnte durch das abnehmende foetale Wachstum mit folglich abnehmendem Glukagonbedarf erklärbar sein (Hsiang Mei Liu und Potter 1962). Umfangreiche Untersuchungen des foetalen Pankreas wurden von Van Assche und Mitarbeitern durchgeführt. Das foetale endokrine Pankreas umfaßt demnach etwa 5 % des gesamten Pankreasvolumens. Typische Inseln, mit einem zentralen Anteil von B-Zellen, umgeben von anderen Zelltypen, treten jedoch erst um die 16 Schwangerschaftswoche auf. Diese Zelltypen können elektronenoptisch und immunologisch differenziert werden. B-Zellen beinhalten grobe Granula, welche Insulin (vereinzelt sogar in kristalliner Form) enthalten. A-Zellen hingegen haben kleinere Granula welche Glukagon enthalten. D-Zellen haben Granula unterschiedlicher Größe; diese enthalten Somatostatin. P.P.-Zellen haben ebenfalls kleine Granula, enthalten jedoch Pankreas-Polypeptid. Ein fünfter Zelltyp (D_1-Zellen) beinhaltet sehr kleine Granula und hat eine enge Beziehung zu Nervenfasern (Van Assche et al. 1982). Der Hormongehalt dieser Zellen ist noch nicht aufgeklärt.

Während das foetale Endokrine Pankreas beim Menschen zwischen der 12. und 40. Woche wächst, ist eine namhafte Proliferation von hormonpositiven Zellen nur bis zur 20. Gestationswoche nachweisbar. Nach dieser Zeit findet die Vermehrung endokriner Zellen eher aus hormonnegativen Zellvorstufen und pankreatischen Stammzellen als durch Autoreplikation von hormonaktiven Zellen statt (Bouwens et al. 1997).

Neben der morphologischen ist jedoch die funktionelle Entwicklung des endokrinen Pankreas von besonderem Interesse. Bei der Ratte beginnt die foetale Inselzellfunktion am 17. oder 18. Gestationstag (Fryre 1957, Kim et al. 1960), wobei auch β-Granula nachgewiesen werden können. In den Inselzellen der Maus sind β-Granula elektronenoptisch ab dem 14. oder 15. Entwicklungstag nachzuweisen (Munger 1958). In tierischem foetalen Pankreasgewebe wurde sowohl Insulin als auch Glukagon nachgewiesen, und in den frühen Schaffensperioden von Banting und Best (1922) wurde Insulin aus den Pankreata foetaler Kälber vor dem fünften Entwicklungsmonat extrahiert. Banting und Best fanden darin Insulin in höherer Konzentration als bei erwachsenen Tieren, und Dixit et al. (1964) fanden vom 18. Tag bis zur Geburt einen progressiven Anstieg des Insulingehaltes in den Langerhansschen Inseln. Es erwies sich daher als wahrscheinlich, daß die Insulinproduktion bereits früh in der Schwangerschaft beginnt. Die Gestationszeit, in der Insulin gefunden wurde, korrespondiert mit der Entwicklung der β-Zellen. Beim Menschen wurde Insulin mit Fluoreszenz Antikörpern und immunologischen Methoden in Pankreasextrakten von Foeten mit einer Scheitel-Steißlänge von über 80 mm, nicht jedoch bei einer Länge von 35 mm nachgewiesen (Grillo und Shima 1966). Da eine β-Granulation erst bei einer Scheitel-Steißlänge von 90–110 mm auftrat, wurde daraus geschlossen, daß die Insulinbildung bereits vor der β-Granulation beginnt. Darüber hinaus konnte gezeigt werden, daß nach der Transplantation von foetalem Pankreasgewebe von Hamstern oder Ratten in aloxan-diabetische pankreatektomierte Empfänger kein Diabetes mellitus mehr nachweisbar war (House et al. 1958, Gonet 1961).

Bei Foeten diabetischer Ratten wurde eine verminderte Anzahl von β-Granula in den Pankreasinseln gefunden (Fryre 1957, Kim et al. 1960). Darüber hinaus war im Pankreas der Foeten aloxan-diabetischer Ratten im Vergleich zu normalen Kontrollen ein herabgesetzter Insulingehalt nachweisbar (Dixit et al. 1964). Der Schluß lag nahe, daß der erniedrigte Insulingehalt Folge einer gesteigerten Insulinfreisetzung durch die mütterliche oder foetale Hyperglykämie sein könnte.

Die Insulinbiosynthese beim Menschen wird besonders durch D-Glukose (Dextrose) unter Vermittlung des Zyklo-AMP-Systems stimuliert (CERASI und GRILL 1977, SCHATZ 1977). Glukagon und Wachstumshormon verstärken den Glukose-Effekt auf die Beta-Zellen des Inselorganes. Ein hoher Blutinsulinspiegel hingegen bewirkt keine unmittelbare „feedback"-Hemmung der Insulinproduktion (ZILKER et al. 1977). Dem stehen jedoch eigene Beobachtungen gegenüber, wonach exogene Insulingaben bei GDM die endogene Insulinproduktion, ohne wesentliche Änderung der mütterlichen Glykämie, um nahezu 50 % unterdrücken.

Beim menschlichen Embryo/Foetus kann bereits ab der 11. Woche eine Insulinproduktion nachgewiesen werden. Eine Stimulierbarkeit foetaler Inselzellen durch Glukose in vitro ist in dieser Zeit jedoch nur eingeschränkt oder überhaupt nicht möglich (ESPINOSA DE LOS MONTEROS et al. 1970; OBENSHAIN et al. 1970; MILNER et al. 1971, 1972; FUJIMOTO et al. 1972; MILNER et al. 1972; SCHAEFFER et al. 1973; KAWAZU et al. 1980; ÅGREN et al. 1980; MAITLAND et al. 1980, 1985; HOFFMAN et al. 1982; REIHER et al. 1983; TUCH et al. 1987). Die Stimulation der Insulinsekretion von Inselzellen des ersten Trimesters gelingt erst bei unphysiologisch hohen Glukosekonzentrationen im Nährmedium (720 mg/dl, 40 mmol/l) (REIHER et al. 1981, 1982) oder nach einer Vorbehandlung mit Glukose (GRASSO et al. 1975, CSER und MILNER 1975, REIHER et al. 1981). Bei einer Glukosekonzentration von 20 mmol/l (360 mg/dl) im Medium beginnt die Stimulierbarkeit vereinzelt in der 12.–15. Woche. In der 17.–20. Woche wird die Insulinproduktion dadurch auf das 1,6fache und ab der 26. Woche bereits auf das 3,3fache angeregt (OTONKOSKI et al. 1988). Eine biphasische Insulinfreisetzung konnte jedoch erst bei Kulturen von Foeten der postnatalen Phase ausgelöst werden. Im Tierversuch läßt sich eine Insulinausschüttung der ersten Phase wenige Tage vor der Geburt stimulieren, während die Ausschüttung der zweiten Phase erst postnatal heranreift (ASPLUND 1973, RHOTEN 1980, KERVRAN und RADON 1980, GRILL et al. 1981, HILL und RHOTEN 1983, FREINKEL et al. 1984).

Bei Glukosekonzentrationen, die in vivo möglich sind, wird die Insulinproduktion bei Foeten stoffwechselgesunder Schwangerer selbst am Ende der Tragzeit kaum stimuliert (BAIRD und FARQUHAR 1962, JORGENSEN et al. 1966, PATERSON et al. 1968, GRASSO et al. 1968, ISLES et al. 1968, ADAM et al. 1969, ASPLUND et al. 1969, MINTZ et al. 1969, THORELL 1970, ASPLUND 1970, OBENSHAIN et al. 1970, AMENDT et al. 1974, FEIGE et al. 1977, WELLMANN und VOLK 1977, BELLMANN 1978, BAXTER-GRILLO et al. 1981, KTORZA et al. 1985, KAWAZU et al. 1980). In der 15.–20. Woche führen selbst Glukoseinfusionen in die Nabelvene beim menschlichen Foetus trotz beträchtlicher Hyperglykämie zu keiner Insulinstimulation (ADAM et al. 1969). Es besteht noch eine „unreife" Insulinsekretionsdynamik, die möglicherweise durch einen Mangel an zyklischem AMP in foetalen Betazellen bedingt ist (LAMBERT et al. 1969). Eine unreife Insulinsekretionsdynamik ist auch bei Neugeborenen von Stoffwechselgesunden noch nachweisbar (HAWDON et al. 1993). Während bei intermittierender foetaler Stimulation mit Glukose besonders in Kombination mit Aminosäuren noch eine mäßige foetale Insulinproduktion angeregt werden kann, ist diese bei kontinuierlicher Stimulation mit

Glukose kaum erzielbar (Grasso et al. 1975, Sodoyez-Goffaux und Sodoyez 1976). Dies führt dazu, daß sich ein permanent erhöhter basaler Glukosespiegel (Nüchternblutzucker, präprandialer Spiegel), etwa bei Gestationsdiabetes, kaum auf die foetale Insulinproduktion auswirkt während episodische postprandiale Spitzen das foetale Inselorgan zunehmend stimulieren und eine Foetopathie auslösen. Die zunehmende Reifung des foetalen Inselorganes ist am exponentiellen Anstieg der Insulin/Glukose Ratio im foetalen Blut zwischen der 17. und 38. Woche erkennbar (Economides et al. 1989, Salvesen et al. 1993). Die Insulin/Glukose Ratio zeigt einen Anstieg von 0,82 in der 18. Woche auf 3,49 in der 40. Woche (Salvesen et al. 1993). Bei Foeten mit Wachstumsrestriktion besteht im Vergleich zu Kontrollen eine Hypoinsulinämie (1,90 µE/ml vs. 4,47 µE/ml) und gleichzeitig eine Hypoglykämie (49 vs. 80 mg/dl [2,7 vs. 3,8 mmol/l]). Die Insulin/Glukose Ratio bei retardierten Foeten ist im Vergleich zu normalgewichtigen Foeten signifikant niedriger (0,75 vs. 1,20), als Hinweis einer Dysfunktion des Inselorganes (Economides et al. 1989). Andererseits ist bei makrosomen Foeten von Diabetikerinnen die Insulin/Glukose Ratio deutlich höher, als Hinweis auf die Betazellhyperplasie (Salvesen et al. 1993, Weiss 1996).

Fruchtwasserinsulin ist foetalen Ursprungs (Greco et al. 1980) und gelangt ab der 12. Schwangerschaftswoche mit dem foetalen Harn in das Fruchtwasser (Weiss et al. 1984). Zwischen der 12. und der 16. Schwangerschaftswoche ist Fruchtwasserinsulin nur in Spuren nachzuweisen (0,4 bis 2,5 µE/ml) (Weiss et al. 1984) Die 95. Perzentile beträgt in der 14.–20. Woche 1,33 µE/ml (Carpenter et al. 1996) und der Bereich 0,24–7,41 µE/ml (Carpenter et al. 1999). Der C-Peptidspiegel im Fruchtwasser beträgt in der 15.–22. Woche rund 35 pmol/l (Fallucca et al. 1996).

Referenzbereiche werden maßgeblich von der Spezifität der Labormethoden beeinflußt. Untersuchungen in den 70er und frühen 80er Jahren an 458 stoffwechselgesunden Frauen ergaben in der 16. Woche einen stufenförmigen Anstieg des Insulingehaltes im Fruchtwasser auf rund 4,3 µE/ml. Zwischen der 16. und der 42. Schwangerschaftswoche stieg der mittlere Insulingehalt im Fruchtwasser von 4,3 µE/ml auf 9,1 µE/ml an (Weiss et al. 1984). Nahezu übereinstimmende Spiegel wurden auch von Burkart (1984) publiziert. In der Zwischenzeit wurden die RIAs weiterentwickelt. Durch die Erhöhung der Spezifität und die Verminderung von Kreuzreaktionen und unspezifischen Bindungen hat sich der Normbereich parallel nach unten verschoben (Weiss et al. 1998) (Abb. 8).

Nach jüngsten Untersuchungen mit ausgereiften Bestimmungsmethoden steigt der Insulingehalt im Fruchtwasser von der 14. bis zur 20. Woche von rund 0,6 µE/ml auf rund 2,0 µE/ml (Carpenter et al. 1999). Im weiteren Schwangerschaftsverlauf befinden sich die Fruchtwasserinsulinwerte bei Schwangeren mit unauffälligem oGTT und ohne Erkrankungen mit Auswirkung auf die foetale Insulinhomöostase stets unter 10 µE/ml (Abb. 9).

Die Dynamik des Fruchtwasserinsulinspiegels im Verlauf der Schwangerschaft kann der Abb. 8 und der Tabelle 30 entnommen werden. Es besteht eine gute Übereinstimmung der Werte mit anderen Literaturangaben (Tabelle 31) (Crombach et al. 1989).

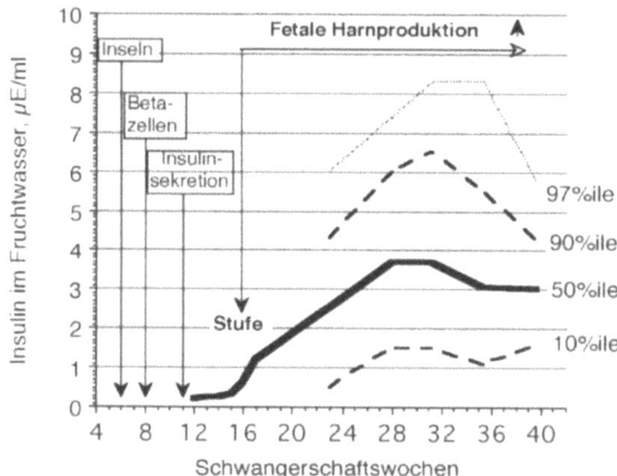

Abb. 8. Grazer Diabetesanalysen. Entwicklung des foetalen Inselorganes und Insulinkonzentration im Fruchtwasser im Verlauf der Schwangerschaft als Spiegel der foetalen Insulinbiosynthese

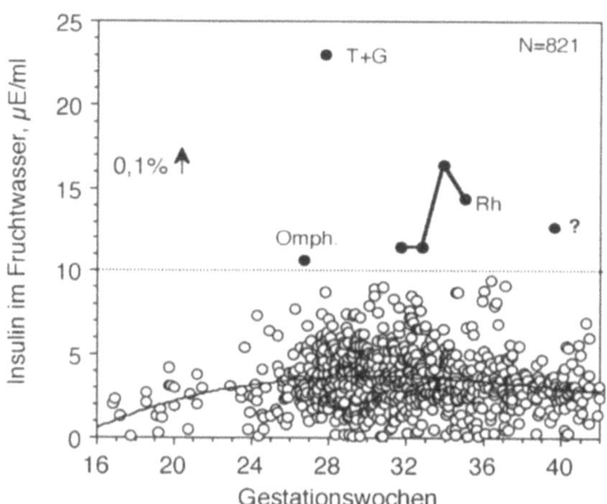

Abb. 9. Grazer Diabetesanalysen. Fruchtwasserinsulinwerte bei 821 stoffwechselgesunden Schwangeren im Verlauf der Schwangerschaft. *T + G* Tokolyse und Glukokortikoidgabe; *Omph.* Omphalozele; *Rh* foetale Rhesuserkrankung; *?* erhöhter Wert (~0,1 %) ohne erkennbare Ursache (Laborfehler?)

Bei der diagnostischen Beurteilung der Insulinspiegel im Fruchtwasser stellt sich die Frage, ob aus Fruchtwasserinsulinwerten auf die foetale Insulinämie geschlossen werden kann. Insulinbestimmungen anhand von Kordozentesen zeigen einen linearen Anstieg des foetalen Insulinspiegels zwischen der 18. und 36. Gestationswoche (Salvesen et al. 1993), während die Insulinkonzentration im Fruchtwasser bis zur 30. Woche ansteigt und danach ein Plateau bildet bzw. wieder leicht abfällt (Grazer Diabetesanalysen) (Abb. 8, 10).

Tabelle 30. Grazer Diabetesanalysen. Verlauf des Fruchtwasserinsulinspiegels bei stoffwechselgesunden Schwangeren (Referenzbereich) (unpublizierte Daten 2001)

Woche ± SD	Fallzahl	Fruchtwasserinsulin, µE/ml[a]					
		Mittelwert (± SD)	Perzentilen				
			3 %	10 %	50 %	90 %	97 %
19 ± 1,8	20	1,8 (± 1,1)	0,1	0,2	2,0	3,1	4,1
23 ± 2,2	37	2,6 (± 1,7)	0,2	0,5	2,4	5,2	6,8
24 ± 0,6	24	2,8 (± 1,9)	0,2	0,5	2,5	6,1	7,1
26 ± 0,7	59	3,1 (± 1,4)	0,9	1,2	3,0	4,9	6,3
28 ± 0,7	154	3,6 (± 1,6)	0,8	1,5	3,6	5,7	6,6
30 ± 0,8	181	3,5 (± 1,7)	0,2	1,3	3,7	5,7	6,6
32 ± 0,8	161	3,6 (± 1,7)	0,4	1,5	3,5	5,9	6,8
34 ± 0,8	140	3,4 (± 1,6)	0,5	1,5	3,1	5,4	6,6
36 ± 0,8	109	3,1 (± 1,6)	0,3	1,0	3,0	5,0	6,6
38 ± 0,8	77	3,0 (± 1,2)	0,5	1,4	3,0	4,6	5,5
40 ± 1,0	84	2,9 (± 1,3)	0,3	1,4	2,8	4,4	6,0
Total							
32 ± 4,9	1046	3,3 (± 1,6)	0,3	1,3	3,1	5,5	6,5
			99. Perzentile: 7,3				

[a] Umrechnungsfaktor auf SI Einheiten: 0,167 µE/ml = 1pM

Tabelle 31. Verlauf des Fruchtwasserinsulinspiegels. Referenzbereich nach Crombach et al. (1989)

Woche	Fallzahl	Fruchtwasserinsulin, µE/ml[a]		
		Bereich	50. Perzentile	97. Perzentile
15–20	37	0,3–4,9	2,1	3,7
21–26	8	1,1–4,2	3,2	4,1
27–32	22	1,1–5,6	3,1	5,6
33–37	21	1,2–9,3	2,7	7,6
38–42	109	0,5–5,9	2,6	5,2

[a] Umrechnungsfaktor auf SI Einheiten: 0,167 µE/ml = 1pM

Demnach beträgt der Fruchtwasserinsulinspiegel zwischen der 25. und der 30. Gestationswoche rund 55 % (58–48 %) und zwischen der 31. und 36. Woche nur mehr rund 37 % (44–30 %) des Insulinspiegels im foetalen Serum. Wahrscheinlich beruhen diese Unterschiede auf einer zunehmenden Harnschwelle für Insulin bei zunehmender Reife der foetalen Nieren.

Obwohl die Daten der Insulinbestimmungen in Fruchtwasser und Nabelschnurblut der Abb. 10 in verschiedenen Labors erfolgten, dürfte der Fehler mit den heutigen RIA Methoden und Qualitätskontrollen nicht sehr gravierend sein. Die Ergebnisse decken sich auch mit den Grazer Diabe-

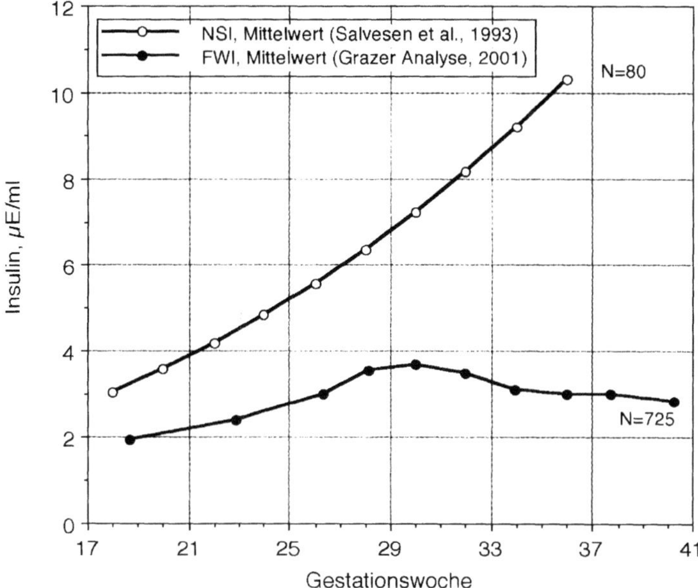

Abb. 10. Konzentration von Insulin im Nabelschnurblut (obere Kurve) und im Fruchtwasser (untere Kurve) im Verlauf der Schwangerschaft. Die Mittelwerte des Insulinspiegels im Nabelschnurblut wurden einer Tabelle von SALVESEN et al. (1993) entnommen. Die Mittelwerte des Fruchtwasserinsulinspiegels stammen von 725 Fruchtwasserproben gesunder Schwangerer und sind ident mit dem Median als Hinweis auf eine Normalverteilung der Einzelwerte. *NSI* Nabelschnurinsulin; *FWI* Fruchtwasserinsulin

tesanalysen, wonach der Insulinspiegel im Fruchtwasser bei der Spontangeburt stoffwechselgesunder Schwangerer im Mittel 32 % des Insulinspiegels im Nabelschnurblut beträgt.

Wird bei elektivem Kaiserschnitt nach der 35. Woche Fruchtwasser und, Nabelschnurblut entnommen und die erste foetale Harnportion mit einem adhäsiven Harnsäckchen aufgefangen, so verhält sich die Insulinkonzentration im Foetus, im foetalem Harn und im Fruchtwasser zum Zeitpunkt der Geburt wie 100 % : 92 % : 77 %. Dieses Verhältnis ist bei Spontangeburten anders und beträgt bei stoffwechselgesunden Schwangeren rund 100 % : 78 % : 32 %.

Bei diabetischen und stoffwechselgesunden Schwangeren differiert der Gradient von Insulin im Nabelschnurblut und Fruchtwasser bei der Geburt. Der Fruchtwasserinsulinspiegel ist bei GDM mit 45 % des foetalen Spiegels relativ höher und bei IDDM mit 19 % relativ niedriger als bei Stoffwechselgesunden (32 %) (Tabelle 32).

Im Verlauf der Spontangeburt kommt es zu einem allmählichen Absinken des Fruchtwasserinsulinspiegels (Abb. 11). Dies gilt besonders für hyperinsulinämische Foeten bei Diabetikerinnen, da sich die Insulinhomöostase bei gesunden Foeten a priori auf einem niedrigen Level abspielt. Die Ursache für das Absinken des Insulinspiegels ist unklar. Die mütterliche Nahrungskarenz und der erhöhte mütterliche Energieverbrauch

Tabelle 32. Gradient des Insulinspiegels in Nabelschnurblut, foetalem Harn und Fruchtwasser bei Stoffwechselgesunden und Diabetikerinnen

	N	Insulinspiegel, µE/ml (%)		
		Nabelschnurblut	foetaler Harn	Fruchtwasser
Stoffwechselgesund				
Vaginalgeburt	17	12,9 (100 %)	10,0 (78 %)	4,1 (32 %)
Sektiogeburt	12	6,2 (100 %)	5,7 (92 %)	4,8 (77 %)
Diabetes				
GDM, vaginal	53	24,8 (100 %)	22,5 (91 %)	11,1 (45 %)
IDDM, vaginal	90	49,4 (100 %)	17,0 (34 %)	9,5 (19 %)

während der Geburt ist keine hinlängliche Erklärung, da der Fruchtwasserinsulinspiegel unabhängig vom foetalen Glukosespiegel absinkt (Abb. 11). Wahrscheinlich drosselt der Geburtsstreß die foetale Insulinproduktion, da sowohl eine relative foetale Hypoxie als auch ein streßbedingter Anstieg der foetalen Katecholamine die Insulinausschüttung hemmt (Young et al. 1979, Sperling et al. 1980, Jones et al. 1983, Cohn et al. 1992, Jackson et al. 1993). Darüber hinaus ist die foetale Harnproduktion unter der Geburt reduziert. Für den Anstieg der foetalen Katecholamine unter dem Geburtsstreß spricht auch der Anstieg der foetalen Blutglukose, der unabhängig vom Verlauf der mütterlichen Blutglukose erfolgt (Abb. 11).

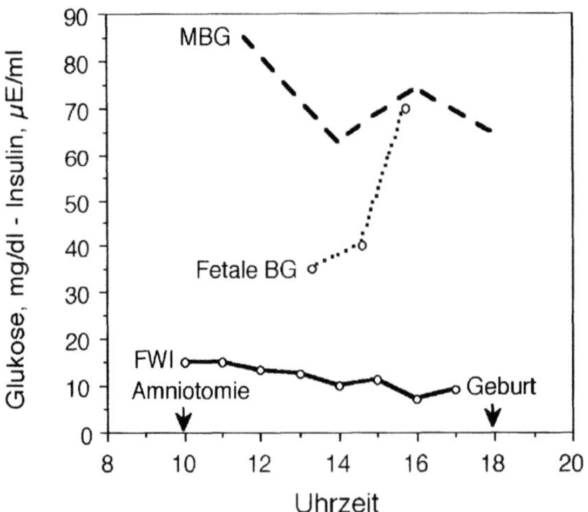

Abb. 11. Grazer Diabetesanalysen. Verlauf des Fruchtwasserinsulinspiegels (*FWI*) unter der Geburt bei einer insulinbedürftigen Gestationsdiabetikerin in der 41. Schwangerschaftswoche. Geburtseinleitung durch Amniotomie und Oxytozingabe. Die Fruchtwasserproben wurden durch einen internen Tokometriekatheter entnommen. Der Insulinspiegel sinkt von 14,2 µE/ml um 10 Uhr auf 7,3 µE/ml um 16 Uhr. Die foetale Blutglukose (*BG*) wurde anläßlich von Blutgasanalysen aus Kapillarblut des foetalen Skalps bestimmt. *MBG* mütterliche Blutglukose

Jedenfalls ist der Insulinspiegel im Fruchtwasser unter Geburtswehen je nach Geburtsdauer niedriger als vor Wehenbeginn und damit nicht mehr in allen Fällen repräsentativ für die präpartale foetale Stoffwechselsituation. Daraus folgt, daß bei IGT und GDM relativ selten hohe Fruchtwasserinsulinwerte bei der Probenentnahme unter der Geburt nachweisbar sind (Schäfer et al. 1996), insbesondere wenn der GDM erkannt und folglich adäquat behandelt wurde.

Bei Verlaufskontrollen im Abstand von Wochen oder Monaten ist der Fruchtwasserinsulinspiegel bei stoffwechselgesunden wehenlosen Schwangeren stabil. Wiederholt bestimmte Insulinwerte bei derselben Schwangeren sind entweder stets im oberen oder aber stets im unteren Perzentilenbereich der Norm gelegen (Weiss 1979). Bei Verlaufskontrollen über einen Zeitraum von Stunden bei wehenlosen Schwangeren sind keine nennenswerten tageszeitlichen Schwankungen nachzuweisen. Nicht diabetogen bedingte Abweichungen von der Norm können durch verschiedene Faktoren bedingt sein.

Niedrige Fruchtwasserinsulinspiegel sind bei groben kindlichen Fehlbildungen (Wisniewski et al. 1983, Weiss 1984), bei intrauterinem Fruchttod (Casper und Benjamin 1970, Weiss 1979, Weiss et al. 1984), sowie bei Präeklampsie, Plazentainsuffizienz und pränataler Dystrophie nachzuweisen (Weiss 1979).

Bei foetaler Erythroblastose hingegen, sowie bei der Behandlung mit Glukokortikoiden und Betamimetika sind die Insulinspiegel im Fruchtwasser erhöht (Weiss et al. 1984) (Abb. 12).

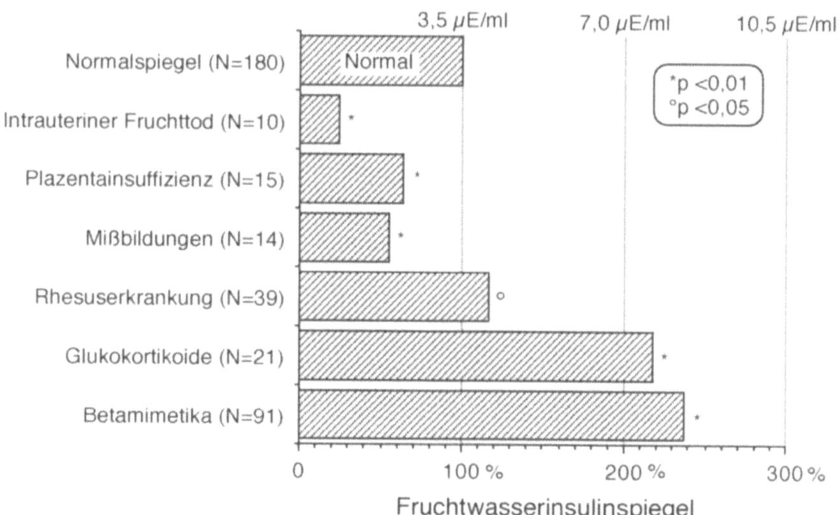

Abb. 12. Grazer Diabetesanalysen. Mittlerer Fruchtwasserinsulingehalt (in % der Norm) von 180 Frauen mit „nicht diabetischen" Komplikationen in der Schwangerschaft oder nach der Verabreichung von Medikamenten mit Auswirkungen auf den Glukosestoffwechsel (Weiss et al. 1985). Die Unterschiede sind statistisch signifikant (* $P<0{,}01$, ° $P<0{,}05$)

Ritodrine hat einen stärkeren diabetogenen Effekt als Hexoprenalin. Während der mittlere Fruchtwasserinsulingehalt bei Kontrollen 6,5 μE/ml betrug hatten 77 Schwangere unter Ritodrinebehandlung einen mittleren Spiegel von 15,8 μE/ml und 67 Schwangere unter Hexoprenalinbehandlung einen mittleren Spiegel von 12,7 μE/ml (Grazer Diabetesanalysen).

Bei isoimmunisierten Foeten im Rahmen einer Rhesuserkrankung kommt es zur Hyperplasie der Langerhansschen Inseln (Potter et al. 1941, Brähler et al. 1963, Driscoll und Steinke 1967, Van Assche et al. 1970) und einer erhöhten Volumsdichte des endokrinen Gewebes der Langerhansschen Inseln. Dabei ist jedoch keine erhöhte Proportion von B-Zellen zu finden (Van Assche et al. 1982) (s. S. 82 und Tabelle 35). Es besteht ein foetaler Hyperinsulinismus mit einer Überreaktion der Insulinproduktion (Hazeltine 1967, Barrett und Oliver 1968, Raivio und Österlund 1969, From et al. 1969, Falorni et al. 1972, Weiss 1996). Darüber hinaus beträgt der foetomaternale Glukosegradient 100 % (Nicolini et al. 1989) (Norm ~80 %), was auf eine erhöhte Durchgängigkeit der Plazenta für Glukose hinweist. Die genaue Ursache ist nicht geklärt, möglicherweise handelt es sich um die Reaktion auf eine reduzierte Insulinwirkung durch Glutathion, welches bei der Hämolyse freigesetzt wird (Driscoll und Steinke 1967, Steinke et al. 1967). Dafür sprechen Beobachtungen, daß nach intrauterinen Transfusionen ein foetaler Glutathionsturz eintritt und gleichzeitig der foetale Hyperinsulinismus sistiert (Socol et al. 1991). Ein Einfluß der Hämolyse wird jedoch auch bezweifelt, da die Hyperplasie des Inselorganes auch bei nicht immunologisch bedingtem Hydrops foetalis beobachtet wurde (Van Assche et al. 1994).

Im eigenen Untersuchungsgut fanden sich in Abhängigkeit vom Ausmaß der Foetalen Rhesuserkrankung Unterschiede im Fruchtwasserinsulingehalt (Abb. 13).

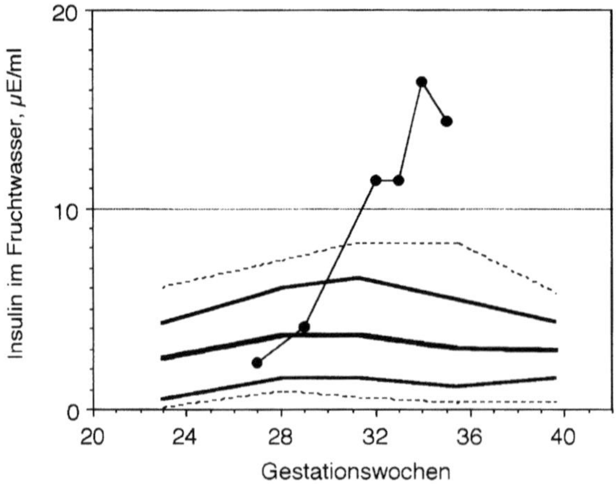

Abb. 13. Grazer Diabetesanalysen. Normbereich (3., 10., 50., 90., und 97. Perzentile) und typischer Verlauf des Fruchtwasserinsulinspiegels bei zunehmender foetaler Rhesuserkrankung

Tabelle 33. Grazer Diabetesanalysen. Insulin- und Glukosespiegel im Nabelschnurblut (Referenzbereich) bei reifen Neugeborenen stoffwechselgesunder Mütter (normaler oGTT) (WEISS 1988)

	Mädchen + Knaben	Knaben	Mädchen
Fallzahl	764	433	331
Mittleres Geburtsgewicht (SD)	3334 (± 503)	3406 (± 526)	3239 (± 456)
Mittlere Gestationszeit, Wochen (SD)	40,0 (± 1,2)	39,8 (± 1,5)	40,2 (± 0,9)
Mittlerer Glukosespiegel,			
mg/dl (SD)	65 (± 29)	66 (± 32)	64 (± 25)
mmol/L (SD)	3,6 (± 1,6)	3,7 (± 1,8)	3,6 (± 1,4)
Mittlerer Insulinspiegel μE/ml (SD)	6,9 (± 5,0)	6,7 (± 4,7)	7,1 (± 5,4)
Insulinspiegel, Perzentilen			
3. %ile	2,0	1,9	2,0
10. %ile	2,8	2,8	3,0
50. %ile	5,7	5,7	5,8
90. %ile	12,1	11,4	12,5
97. %ile	17,4	17,5	16,1

Während der mittlere Insulinspiegel im Fruchtwasser bei leichter foetaler Rhesusschädigung unverändert war, war er bei mittelstarker Rhesuserkrankung (Zone C, D nach ROBERTSON [1969]) im Mittel auf 117 % der Norm erhöht, und bei schwerer foetaler Rhesuserkrankung (Zone E, FG, X, nach Robertson) mit 87 % subnormal (WEISS et al. 1984).

Der Insulinspiegel im Nabelschnurblut ist bei Stoffwechselgesunden deutlich niedriger als im mütterliche Plasma (SANTOS et al. 1955, BAIRD und FARQUHAR 1962). Bei Stoffwechselgesunden Schwangeren beträgt der Mittelwert im Nabelschnurblut nach eigenen Untersuchungen 6,9 μE/ml, die 50. Perzentile 5,7 μE/ml und die 97. Perzentile 17,4 μE/ml (WEISS 1988) (Tabelle 33). Ähnliche Werte wurden von STANLEY et al. (1992) (97. Perzentile 16,5 μE/ml) und etwas höhere Werte von HOEGSBERG et al. (1993) (Mittelwert 8,67 μE/ml, 95. Perzentile 21,95 μE/ml) angegeben.

Der Insulin und Glukosegehalt im Nabelschnurblut von Mädchen und Knaben ist ähnlich.

Da bestimmte ethnische Gruppen ein signifikant höheres Diabetesrisiko haben wurden in Neuseeland, einem Land, in welchem viele ethnische Gruppen zusammenleben, Insulin- und Triglyzeridbestimmungen im Nabelschnurblut stoffwechselgesunder Europäerinnen, Polynesierinnen und Inderinnen durchgeführt (SIMMONS 1994) (Tabelle 34).

Aus der Tabelle 34 ist ersichtlich, daß der Insulinspiegel im Nabelschnurblut bei Polynesierinnen am höchsten, bei Inderinnen hingegen am niedrigsten war.

Tabelle 34. Biochemische Besonderheiten im Nabelschnurblut bei verschiedenen ethnischen Gruppen (nach Daten von Simmons 1994)

	Europäer	Polynesier	Inder	p
Insulin (μE/ml)	8,6	9,2	7,1	0,05
C-Peptid (nmol/L)	0,27	0,24	0,23	NS
Insulin/Glukose (μE/mmol)	2,2	2,4	1,8	0,06
Triglyzeride (mmol/L)	0,4	0,4	0,6	0,01

3.5.2 Bei Schwangeren mit Diabetes mellitus

Die mütterliche diabetische Stoffwechselsituation bewirkt je nach Qualität der Stoffwechselführung einen erhöhten Glukose- (Pettitt et al. 1980, Langer et al. 1989, Kalkhoff 1991), Aminosäure- (Kalkhoff 1991, Metzger 1991) und Triglyzeridtransfer (Knopp et al. 1992) zum Foetus. Die chronisch episodischen Stimuli bewirken eine allmählich zunehmende Überfunktion des foetalen Inselorganes, da die Masse an Inselzellen zunimmt (Dubreuil und Anderodias 1920, Miller 1946, Cardell 1953, Pedersen 1954, Jackson und Woolf 1958, Smith 1959, Osler 1960, Baird und Farquhar 1962, D'Agostino und Bahn 1963, Naeye 1965, Jorgensen et al. 1966, Van Assche 1968, Luyckx et al. 1972, Gabbe und Quilligan 1977, Ogata et al. 1980, Jahr et al. 1981, Van Assche et al. 1982). Bei Foeten von Diabetikerinnen können die Langerhansschen Inseln bereits ab der 19. Gestationswoche vermehrt und vergrößert sein (Van Assche et al. 1976). Ab der 32. Woche besteht eine signifikante Korrelation der Betazellmasse zum mütterlichen Blutzucker und Körpergewicht (Hultquist und Olding 1975). Darüber hinaus treten bei überstimulierten Foeten eine Unzahl kleiner Inseln auf, welche nur aus einigen Zellen bestehen. Die Kapillaren der Inseln sind Blutüberladen. Die B-Zellen haben einen vergrößerten und hyperchromatischen Kern und können degranuliert sein (Van Assche et al. 1982, 1985, 1988). In etwa 30 % der Fälle besteht in den Inseln und um diese herum eine eosinophile Infiltration. Bei Foeten von Diabetikerinnen ist außerdem eine erhöhte Menge und Volumsdichte von endokrinem Gewebe im Vergleich zu Kontrollen nachzuweisen. Eine erhöhte Volumsdichte des endokrinen Gewebes ist auch bei foetaler Erythroblastose und bei anenzephalen Foeten diabetischer Mütter mit funktionierender hypothalamo-hypophysäre (HH) Achse nachweisbar. Eine erhöhte Proportion von B-Zellen ist jedoch nur in Inseln von Foeten diabetischer Mütter, nicht jedoch in Inseln von Foeten mit Erythroblastose oder Anenzephalen ohne HH-Achse zu finden (Tabelle 35).

Die Ursache für die vermehrte Menge an endokrinem Gewebe mit normaler Proportion der B-Zellen bei foetaler Erythroblastose ist nicht genau bekannt, die dafür verantwortlichen Faktoren bewirken jedenfalls ein „ausgeglichenes" Wachstum der Inseln (Tabelle 35).

Daß der foetale Hyperinsulinismus und nicht ein Nährstoffüberangebot für die Makrosomie verantwortlich ist geht unter anderem aus der Tatsache

Tabelle 35. Morphometrische Daten vom endokrinen Pankreas menschlicher Foeten (nach VAN ASSCHE et al. 1982)

	Volumsdichte des endokrinen Gewebes		Prozentsatz der B-Zellen	
Normale Kontrollen (N=40)	5,1	(1,6)	40,0	(7,5)
Diabetes der Mutter (N=10)	12,9	(4,2)	63,8	(8,9)
Foetale Erythroblastose (N=10)	9,0	(4,5)	40,0	(8,0)
Anenzephalus ohne funktionierendes H.H.-System bei diabetischer Mutter (N=8)	5,0	(1,6)	38,0	(9,7)
Anenzephalus mit funktionierendem H.H.-System bei diabetischer Mutter (N=7)	11,6	(4,9)	59,2	(6,9)

hervor, daß anenzephale Foeten diabetischer Mütter ohne funktionierendes hypothalmo-hypophysäres (HH) System trotz des erhöhten Substratangebotes keinen Hyperinsulinismus und folglich auch keine Makrosomie entwickeln. Demgegenüber haben HUBINONT et al. (1989) bei einigen anenzephalen Foeten stoffwechselgesunder Schwangerer in der 16 bis 24. Woche einen Hyperinsulinismus nachgewiesen. Dieser wurde auf erhöhte foetale Glukosespiegel wegen der subnormalen Glukoseutilisation bei fehlendem Gehirn zurückgeführt (HUBINONT et al. 1989).

Neben der erhöhten Volumsdichte der B-Zellen ist bei Foeten diabetischer Mütter auch die Volumsdichte der PP-Zellen erhöht. Es wird angenommen, daß der erhöhte Glukosegehalt des verschluckten Fruchtwassers die Entwicklung von PP-Zellen über den foetalen Gastrointestinaltrakt stimuliert (MILNER und HILL 1984). Während das relative foetale Inselzellvolumen bei Diabetikerinnen in der 11. bis 15. Schwangerschaftswoche mit rund 10 % noch der Norm entspricht, erreicht dieses bei Foeten schlecht geführter Diabetikerinnen in der 21. bis 26. Woche mit rund 27 % etwa das Doppelte der Norm (REIHER et al. 1983). Inselzellen von Foeten diabetischer Mütter können in vitro mehr Insulin produzieren als Inselzellen von Foeten Stoffwechselgesunder (JAHR et al. 1981, REIHER et al. 1982). Da foetale Beta-Zellen kaum auf eine kontinuierliche Stimulation reagieren während ein intermittierender Reiz eine Stimulation bewirkt (GRASSO et al. 1975, SODOYES-GOFFAUX und SODOYES 1976, SODOYES-GOFFAUX et al. 1979), sind es besonders die mütterlichen postprandialen Blutzuckerspitzen bei Diabetes, die das foetale Inselorgan aufschaukeln. Dabei kommt es mit zunehmender Gestationszeit durch die chronische Fehlkonditionierung zur zunehmend rascheren und stärkeren Insulinantwort auf gleiche Glukosereize. In der 14.–22. Woche ist die Insulinantwort jedoch noch relativ gering (CARPENTER et al. 1996, STAR et al. 1997). Der Median des

Fruchtwasserinsulinspiegels beträgt bei GDM 0,6 μE/ml und Stoffwechselgesunden 0,4 μE/ml (Carpenter et al. 1996). Der C-Peptidspiegel beträgt bei Typ-1 Diabetes 102 ± 53 pmol/lWoche und bei Stoffwechselgesunden 38 ± 2 pmol/l (Fallucca et al. 1996). Die Unterschiede sind zwar statistisch signifikant jedoch klinisch irrelevant.

Ab der 24.–26. Woche hingegen kann das foetale Inselorgan, als Folge der intrauterinen Stoffwechselerfahrung bei Diabetes, zu einer klinisch relevanten Hypersekretion von Insulin angeregt werden, die die Entwicklung, Konditionierung und das Wachstum des Foetus negativ beeinflußt. Klinische Auswirkungen sind ab einem Fruchtwasserinsulinspiegel von ≥ 7 μE/ml zu erwarten (Weiss et al. 1998, 2000, 2001). Ist das foetale Inselorgan durch episodische Hyperglykämien in seiner Funktion einmal aufgeschaukelt, bewirken Glukoseimpulse, bei denen ein gesunder Foetus noch nicht reagiert eine signifikant erhöhte Insulinausschüttung (Obenshain et al. 1970, Feige et al. 1977, Fraser 1995, Weiss 1996, Star et al. 1992). Die Reaktivität des foetalen Inselorganes nimmt mit dem Gestationsalter zu. So konnten Feige et al. (1977) bei Glukosebelastung der Mutter unter der Geburt einen nahezu 9fachen Anstieg des foetalen Insulinspiegels gegenüber dem Ausgangswert und gegenüber Stoffwechselgesunden beobachten („reife" Insulinsekretionsdynamik). Durch die reife Insulinsekretionsdynamik ist ein hyperinsulinämischer Fetus einer Diabetikerin gegenüber Exkursionen der mütterlichen Glykämie wesentlich intoleranter als ein normoinsulinämischer Fetus einer Diabetikerin oder der Fetus einer stoffwechselgesunden Mutter.

Da der Insulinüberschuß die foetoplazentare Einheit wegen der Plazentaschranke nicht verlassen kann (Spellacy et al. 1964, 1967), wird ein überproportionierter Anteil des gemeinsamen foetomaternalen Glukosepools im foetalen Stoffwechsel umgesetzt. Dies kann mit einer Wachstumsakzeleration und einem erhöhten peripheren Sauerstoffverbrauch des Foeten verbunden sein. Der erhöhte Sauerstoffverbrauch zieht jedoch keine kompensatorische Mehrdurchblutung der Plazenta nach sich (Carson et al. 1980), woraus eine chronische relative Hypoxie des Foeten resultiert.

Der Insulingehalt im Fruchtwasser ist foetalen Ursprungs. Bei > 1500 Proben von insulinbehandelten Diabetikerinnen konnten wir keine Korrelation der mütterlichen Insulinspiegel mit dem Fruchtwasserinsulinspiegel beobachten. Insulin und C-Peptid gelangen über den foetalen Harn in das Fruchtwasser (Weiss et al. 1984) und spiegeln die foetale Stoffwechselsituation wieder (Casper und Benjamin 1970; Spellacy et al. 1973; Draisy et al. 1977; Weiss 1996; Weiss et al. 1975, 1984, 1988, 1999; Newman und Tutera 1976; Hall et al. 1978; Weiss et al. 1978, 1979, 1984; Stangenberg et al. 1982; Persson et al. 1982, 1989; Burkart et al. 1984; Kitschke et al. 1984; Fallucca et al. 1985, 1996; Tzingounis et al. 1985; Lin et al. 1981, 1986; Weerasiri et al. 1993; Krew et al. 1994).

Die Insulinproduktion des Foetus kann beträchtlich sein. Der höchste Fruchtwasserinsulinspiegel wurde mit 625 μE/ml bei einer Schwangeren mit Gestationsdiabetes in der 37. Woche gemessen. Das ist nahezu das 100fache dessen, was ein gesunder Foetus produziert!!! Bezogen auf ein foetales Gewicht von 4000 g kann eine foetale Insulinproduktion hochgerechnet werden, die die mütterliche weit übersteigt. Der mittlere Insulingehalt im Nabelschnurblut von GDM ist rund doppelt so hoch als bei Kontrollen (Jang et al. 1997). Die Höhe des Insulinspiegels ist jedoch im Einzelfall von der Qualität der Behandlung, besonders im 3. Trimester, abhängig. An unserer Klinik wurde der höchste Insulingehalt im Nabelschnurblut mit 667 µE/ml bei einer White-D Diabetikerin gemessen. Ganz allgemein muß bei überstimulierten Foeten mit einer Insulinproduktion gerechnet werden, die nicht ohne Einfluß auf den mütterlichen Glukosespiegel sein kann, insbesondere da der Foetus 2–3mal so rasch Glukose umsetzt als Erwachsene (Bellmann 1978, Felig und Coustan 1982). Durch den exzessiven foetalen Glukosediebstahl nimmt die mütterliche Glukosetoleranz scheinbar zu (Weiss et al. 2001). Dieses Phänomen kann nicht nur bei einem pathologisch erhöhten foetalen Glukoseumsatz, sondern auch bei einer erhöhten „Foetalen Masse" auftreten. Bei Zwillingsschwangerschaften können im Verhältnis zur mütterliche Insulinbiosynthese signifikant niedrigere Blutglukosespiegel gemessen werden (Spellacy et al. 1980). Darüber hinaus neigen Zwillingsmütter in der Spätschwangerschaft im Vergleich zu Einlingsschwangeren verstärkt zur accelerated starvation was an signifikant erhöhten β-Hydroxybutyratspiegeln (0,76 vs. 0,46 µmol/ml) bei Zwillingsschwangeren erkennbar ist (Casele et al. 1996).

Während in der Regel die mütterliche Glukosetoleranz im Verlauf der Spätschwangerschaft abnimmt, konnte bei Schwangeren mit foetalem Hyperinsulinismus nach der 35. Woche eine scheinbare Zunahme der Glukosetoleranz um durchschnittlich 20 mg/dl (1,1 mmol/L) beobachtet werden (Weiss et al. 1984, 2001). Dies weist darauf hin, daß der Foetus mütterliche Blutglukosespitzen abzuschöpfen und damit Glukoseprofile zu glätten vermag (siehe Kapitel: Der foetale Glukosediebstahl). Der Hyperinsulinämische Foetus entfaltet zunehmend eine Sogwirkung auf die mütterliche Glukose, wodurch sich die Stoffwechselsituation der Schwangeren scheinbar verbessert, die Situation des Ungeborenen hingegen durch eine Insulinmast verschlechtert. Der „Glukosediebstahl" (glucose steal phenomenon) durch den Foetus ist daher auch einer der Hauptgründe für die kompensatorische Zunahme der Insulinresistenz in der Schwangerschaft (Nolan und Proietto 1992).

Die „biochemische" Foetopathie läuft im Verborgenen ab und kann nur durch die Insulinbestimmung im Fruchtwasser objektiv beurteilt werden. Sie kann bei Fortbestand eine zunehmende „somatische" Foetopathie mit Übergewicht, verstärktem Fettansatz, Viszeromegalie und dem typisch cushingoiden Aspekt zur Folge haben (Weiss 1996, Weiss et al. 1998, Ogata et al. 1980). Das foetale Wachstum kann jedoch auch wegen des gleichzeitigen Einflusses von Faktoren mit entgegengesetzter Wirkung (Plazentainsuffizienz) trotz foetalem Hyperinsulinismus normal oder sogar subnormal sein. Diese paradoxe Situation ist besonders beim IDDM zu beobachten, bei welchem häufig keine Korrelation zwischen dem Insulinspiegel im Fruchtwasser oder Nabelschnurblut und dem Geburtsgewicht besteht (Weerasiri et al. 1993, Weiss 1998) (siehe Abb. 72).

Schwartz und Susa (1980) sowie Susa et al. (1984) konnten zeigen, daß durch permanente Insulinzufuhr an Foeten von Rhesusaffen eine Makrosomie auftritt. Wurde der foetale Insulinspiegel 3 Wochen lang auf rund 340 µE/ml angehoben (Normwert 28 µE/ml) wurde das normale Körpergewicht um 23 % überschritten. Bei einer Anhebung des foetalen Insulinspiegels auf 3625 µE/ml wurde das normale Körpergewicht um 27 % überschritten. Trotz 10facher Steigerung des foetalen Insulinspiegels war der Unterschied hinsichtlich der Makrosomie nur unbedeutend. Dies läßt den Schluß zu, daß ab einem gewissen kritischen foetalen Insulinspiegel die Entwicklung einer diabetogenen Foetopathie nach dem Alles-oder-Nichts-Prinzip erwartet werden muß, während eine weitere Steigerung der foetalen Insulinproduktion nur mehr graduelle Unterschiede bewirkt. Nach eigenen Untersuchungen ist ab einem mittleren Fruchtwasserinsulingehalt von 7–8 µE/ml mit einer „biochemischen" Foetopathie (foetaler Hyperinsulinismus, Hypoglykämieneigung, biochemische Dysregulationen) und ab einem mittleren Insulingehalt von 10 µE/ml mit einer „somatischen" Foetopathie (zusätzlich foetales Übergewicht) zu rechnen. Da die absolute Höhe von Fruchtwasserinsulinwerten von der Bestimmungsmethode abhängt und daher jedes Laboratorium einen eigenen Normbereich erstellen sollte, sind relative Angaben hilfreich. Im gegenständlichen Fall entspricht dies etwa dem 2,4- bzw. 2,9fachen des normalen Mittelwertes.

Neben dem mittleren Insulintiter im Fruchtwasser ist dessen Verlauf in der Schwangerschaft von Bedeutung. Erhöhte Fruchtwasserinsulinwerte in der 28. bis 30. Schwangerschaftswoche, die vor der 36. Schwangerschaftswoche in den Normbereich absinken, haben mit hoher Wahrscheinlichkeit keine diabetogene Foetalerkrankung im Gefolge. Erhöhte Fruchtwasserinsulinwerte ohne fallende Tendenz sind je nach Titerhöhe mit einer „biochemischen" oder „somatischen" Foetopathie assoziiert (Abb. 14).

Dies gilt besonders für Fruchtwasserinsulinwerte, die im Verlauf der Schwangerschaft ansteigen. Die kritischen Grenzwerte der foetalen Insulinämie bei Diabetikerinnen sind mutmaßlich niedriger anzusetzen als im Tierversuch, da der Foetale Hyperinsulinismus in der Schwangerschaft von Diabetikerinnen bis zu 25 Wochen lang andauern kann, wobei das mütterliche Substratangebot an den Foetus gleichzeitig erhöht ist, während das mütterliche Substratangebot im Tierversuch bei exogener Insulinzufuhr zum Foetus durch den erhöhten foetalen Substratverbrauch eher absinkt (Susa et al. 1984).

Eine chronische Hyperinsulinämie wirkt sich jedoch nicht nur auf den foetalen Glukosestoffwechsel aus, sondern beeinflußt mit hoher Wahrscheinlichkeit auch andere foetale Hormone und Substrate. Hyperinsulinämische Neugeborene von Diabetikerinnen haben eine verminderte vaskuläre Prostacyclinproduktion (Kaapa et al. 1985). Bei hyperinsulinämischen Foeten von Rhesusaffen ist der Aminosäurespiegel und der Plasmaglukagonspiegel erniedrigt und der Erythropoetinspiegel erhöht. Außerdem ist die Aktivität der hepatischen glukoneogenetischen Enzyme reduziert, während die Fettsäuresynthetasen erhöht sind (Susa et al. 1984).

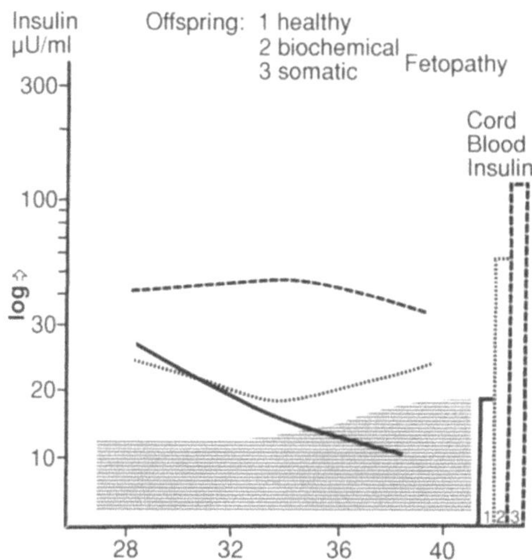

Abb. 14. Der Verlauf der mittleren Fruchtwasserinsulinspiegel in der Schwangerschaft (45 Diabetikerinnen, 183 Bestimmungen). *1* gesunde Neugeborene; *2* Neugeborene mit biochemischer Foetopathie; *3* Neugeborene mit somatischer Foetopathie. Die Säulen am rechten Bildrand entsprechen den korrespondierenden Insulinspiegeln im Nabelschnurblut bei der Geburt (aus: WEISS PAM, COUSTAN DR, Gestational Diabetes, Springer 1988)

Bis zur 24. Schwangerschaftswoche ist das foetale Inselorgan mit Glukosekonzentrationen, die in vivo möglich sind, nur mäßig stimulierbar (Abb. 16). Erst ab der 26. Woche sind bei Diabetikerinnen mit unzureichender Stoffwechselführung Fruchtwasserinsulinwerte nachzuweisen, die deutlich über dem 2-Sigmabereich der Norm gelegen sind. Dies deckt sich mit Untersuchungen von REIHER et al. (1983), die bei Foeten von Diabetikerinnen zunächst nur eine Volumszunahme der Inselzellen beobachteten. Eine deutlicher Anstieg des Insulingehaltes der Zellen war erst in der 21. bis 26. Woche nachweisbar. Die maximale Anzahl der Insulinrezeptoren in der foetalen Leber wird analog erst in der 19.–25.Woche erreicht, während eine erhöhte Rezeptoraffinität erst in der Spätschwangerschaft auftritt (ADAM et al. 1969, NEUFELD et al. 1980).

Ein voll ausgeprägter Hyperinsulinismus und damit der Beginn der „somatischen" Foetopathie (Wachstumsakzeleration) ist somit erst um die 28. Schwangerschaftswoche zu erwarten.

Die nutritive Plazentafunktion hat einen wesentlichen Einfluß auf die Glukoseversorgung des Foetus und damit auch auf die Stimulation seines Inselorganens. So ist bekannt, daß das Ungeborenen bei Plazentainsuffizienz trotz Hyperglykämie der Schwangeren an einem Glukosemangel leiden kann (SCHEIBENREITER et al. 1968, ABELL et al. 1976, SARLES und ADAMSONS 1978). Beim Foetus entwickelt sich in der Folge eine Hypoinsulinämie und Wachstumsretardierung. Die Wachstumsretardierung ist in vielen Fällen mit einer foetalen Hypoxie assoziiert, die sich ebenfalls negativ auf die

Insulinbiosynthese auswirkt. Bei foetaler Hypoxie kann es zum Anstieg foetaler Katecholamine und im Gefolge zur Hemmung der Insulinausschüttung bei Hyperglykämie kommen (Young et al. 1979, Sperling et al. 1980, Jones et al. 1983, Cohn et al. 1992, Jackson et al. 1993).

Ein weiterer wichtiger Faktor bei der Genese des foetalen Hyperinsulinismus und damit der diabetogenen Foetalerkrankung ist die individuelle Ansprechbarkeit der foetalen Betazellen auf Glukosereize (Dooley et al. 1991, Jovanovic-Peterson et al. 1991), die auch bei Schwangeren mit GDM nachweisbar ist (Notelovitz und James 1976). Selbst bei heterozygoten Zwillingen kann ein Kind eine Foetopathie haben, während das andere gesund ist (Burke et al. 1979). Im eigenen Krankengut betrug die Differenz des Insulingehaltes im Nabelschnurblut von Zwillingen diabetischer Schwangerer bis zu 27 µE/ml (Abb. 15).

Möglicherweise wirken sich auch ethnische Einflüsse auf die Ansprechbarkeit der foetalen Betazellen aus. Bei einer mittleren Blutglukose von 97 mg/dl (5,4 mmol/L) entwickeln zum Beispiel rund 50 % von Latinoamerikanerinnen, jedoch nur 19 % von Afroamerikanerinnen ein makrosomes Kind (Homko et al. 1995).

Von Hinckers (1978) wurde auch eine Geschlechtsspezifische Disposition weiblicher Früchte zur diabetogenen Foetopathie angegeben, welche durch erhöhte hCG-Spiegel weiblicher Foeten bedingt sein könnte (Boroditsky et al. 1975).

In der Literatur wird ein mütterlicher Glukosegrenzwert von 130 mg/dl (7,2 mmol/L) genannt, ab welchem die foetale Insulinhomöostase und damit die somatische Entwicklung zunehmend beeinflußt wird (Willman et al. 1986, Combs et al. 1992). Bei mittleren Glukosewerten ≥ 130 mg/dl ist

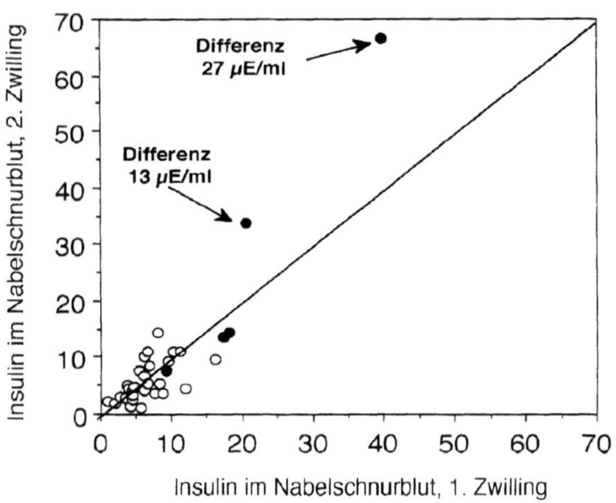

Abb. 15. Grazer Diabetesanalysen. Insulingehalt im Nabelschnurblut von Zwillingen. Die unterschiedliche Insulinämie kann auf eine Differenz der Plazentafunktion und des Glukosetransfers oder auf eine unterschiedliche Sensitivität der Foeten gegenüber Glukosestimuli hinweisen. Zwillinge von stoffwechselgesunden Schwangeren; • Zwillinge von IDDM

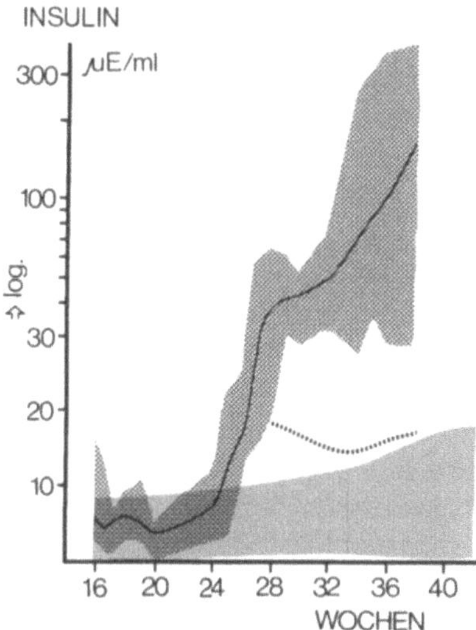

Abb. 16. Grazer Diabetesanalysen. Der Fruchtwasserinsulingehalt bei insulinpflichtigen Diabetikerinnen unter konventioneller Stoffwechselführung (durchgezogene Linie: Mittelwert; punktierte Fläche: Streubereich). Die Verlaufskurve wurde aus Fruchtwasserwerten von 84 Diabetikerinnen erstellt. 45 Proben stammen aus der 16. bis 27. Schwangerschaftswoche. Die Abflachung der Kurve in der 28. Woche ist nur vorgetäuscht, da die Skala für den Fruchtwasserinsulingehalt ab 30 µE/ml logarithmisch ist. Schraffiert Normbereich des Fruchtwasserinsulingehaltes zwischen der 3. und der 97. Perzentile (Weiss et al. 1984); Unterbrochene Linie mittlerer Fruchtwasserinsulingehalt bei 91 Schwangeren unter tokolytischer Therapie mit Ritodrine (aus: Burghardt E, Spezielle Gynäkologie und Geburtshilfe, Springer 1985)

mit einer Makrosomierate von 65 % zu rechnen, bei Werten darunter hingegen mit 27 % (Willman et al. 1986).

Nach den Grazer Diabetesanalysen ist bei konventionell geführten Diabetikerinnen (ein bis zwei tägliche Insulingaben, mittlere Blutglukose > 120 mg/dl [> 6,6 mmol/L]) ein foetaler Hyperinsulinismus nahezu mit Sicherheit zu erwarten (Abb. 16).

Die Abb. 16 zeigt Fruchtwasserinsulinwerte insulinpflichtiger Diabetikerinnen aus den 70er und frühen 80er Jahren, zu welchem Zeitpunkt noch eine liberalere Insulintherapie erfolgte.

Aber auch bei moderner intensivierter Diabetestherapie, bei welcher durch die Verabreichung von zumindest 3–4 täglichen Insulingaben eine mittlere Blutglukose von < 100 mg/dl [< 6,6 mM]) angestrebt wird, tritt ein foetaler Hyperinsulinismus in etwa 35 % der Fälle von IDDM und 17 % der GDM auf (Abb. 17A und B).

Der Hyperinsulinismus ist jedoch nicht regelmäßig mit einer Makrosomie assoziiert (Weiss 1998). Es kann für den Einzelfall kein Grenzwert der mütterlichen Glykämie angegeben werden, der einen foetalen Hyperinsulinismus und folglich eine diabetogene Foetopathie nach sich zieht oder ausschließt (Weiss et al. 2000; Fraser 1994, 1995). Ein foetaler Hyper-

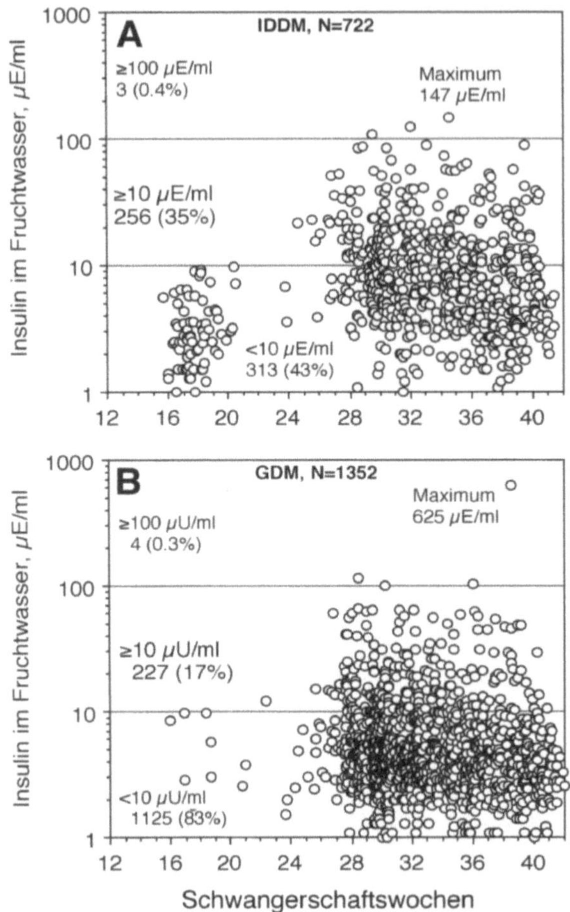

Abb. 17. Grazer Diabetesanalysen. Fruchtwasserinsulinwerte bei *IDDM* und *GDM*

insulinismus kann sowohl bei scheinbar guter Stoffwechselkontrolle (Martin 1976, Weiss et al. 1978, Weiss 1979, Persson et al. 1982) als auch bei normalen Werten des mütterlichen Glykohämoglobins auftreten (Burkart et al. 1985). Er kann aber auch bei Diabetikerinnen oder GDM mit scheinbar schlechter Stoffwechselführung fehlen.

Im Tierversuch kann ein Hyperinsulinismus auch noch in der frühen postnatalen Periode durch Überfütterung ausgelöst werden. Die Folgen für das weitere Leben sind Freßsucht, Adipositas und Diabetesneigung (Plagemann et al. 1992).

Störungen der Insulinhomöostase und der assoziierten Stoffwechselmechanismen im Rahmen eines Diabetes sind nicht auf das Foetalleben beschränkt, sondern können je nach Dauer und Intensität der intrauterinen Fehlkonditionierung permanent bestehen bleiben.

Analog zum Foetus können Neugeborene diabetischer Mütter, in Abhängigkeit von der Stoffwechselführung während der Schwangerschaft, eine erhöhte Insulinausschüttung haben. Diese tritt spontan, als Ausdruck einer erhöhten basalen Insulinproduktion, oder nach Glukosereizen (Fütterung, Glukoseinfusion) auf (Mølsted-Pedersen 1972, Gillmer et al. 1975, Beard et al. 1980). Der initiale Peak ist in der Regel hoch und die zweite Phase abgeflacht (Isles et al. 1968, Phelps et al. 1978). Eigene Untersuchungen konnten zeigen, daß Neugeborene von Diabetikerinnen auf eine intravenöse Glukosebelastung (1,5 g Glukose/kg Körpergewicht) signifikant mehr Insulin produzieren als normoinsulinämische Kinder. Der Insulinresponse ist jedoch differenziert und von der intrauterinen foetalen Stoffwechselerfahrung abhängig.

Ein und derselbe Glukosereiz bewirkt bei Neugeborenen von Diabetikerinnen mit einem normalen Nabelschnurinsulinspiegel einen Insulinanstieg von 38 µE/ml, bei leichter foetaler Hyperinsulinämie bereits einen Anstieg von 78 µE/ml und bei schwerem foetalen Hyperinsulinismus einen Anstieg von 245 µE/ml (Abb. 18).

Während der absolute Insulinanstieg mit der Höhe des Insulingehaltes im Nabelschnurblut zunimmt (+38, +78, und +245 µE/ml), nimmt der relative Insulinanstieg bei hohen Initialwerten ab. Bei normalem NSI-Gehalt ist der Anstieg im Vergleich zum Ausgangswert 4,1fach, bei leichter Hyperinsulinämie 3,1fach und bei schwerem Hyperinsulinismus nur mehr 2,8fach (Weiss und Müller 1979, unpublizierte Daten). Der Abb. 18 kann weiters entnommen werden, daß die Dynamik der Insulinausschüttung und Insulinproduktion je nach foetaler Ausgangssituation unterschiedlich ist. Die Ausschüttung gespeicherten Insulins (1. Peak) hat bei normaler Ausgangssituation ihr Maximum nach 10 Minuten, das Sekretionsmaxi-

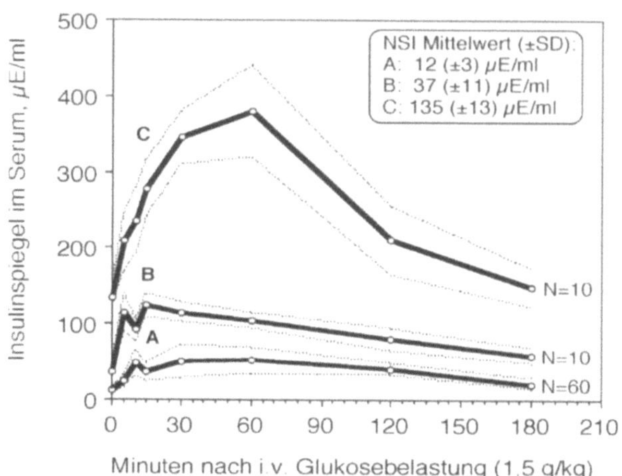

Abb. 18. Grazer Diabetesanalysen: Insulinantwort (µE/ml) auf eine intravenöse Glukosebelastung (1,5 g/kg) bei Neugeborenen diabetischer Mütter **A** mit normalem Insulingehalt im Nabelschnurblut (12 µE/ml, SD : 3, N = 60), **B** leicht erhöhtem Insulinspiegel (37 µE/ml, SD : 11, N = 10) und **C** schwerem Hyperinsulinismus (135 µE/ml, SD : 13, N = 10). —— Mittelwerte; ······ Standardabweichung

mum (2. Peak) ist nach 1 Stunde erreicht. Bei milder Hyperinsulinämie sind die Reaktionen des Inselorganes prompter, offenbar durch die bereits länger bestehende Boosterung der B-Zellen. Der 1. Peak kann bereits nach 5 Minuten, das Sekretionsmaximum schon nach 20 Minuten beobachtet werden. Bei ausgeprägtem foetalen Hyperinsulinismus hingegen entfällt der erste Peak (degranulierte B-Zellen?). Dies deckt sich mit Beobachtungen von FALORNI et al. (1972). Obwohl das Sekretionsmaximum analog jenem normaler Neugeborener nach ~60 Minuten auftritt hat man in der Gruppe C dennoch den Eindruck einer verzögerten Insulinsekretion, da bis zum Zeitpunkt des Gipfels ein deutlicher Anstieg des Insulinspiegels sichtbar ist, während der maximale Spiegel in der Kontrollgruppe annähernd nach ~30 Minuten erreicht wird (Abb. 18).

Entsprechend der gestörten Insulinsekretion ist auch die Glukoseutilisation der Neugeborenen diabetischer Mütter unterschiedlich. Es zeigte sich, daß die Glukoseutilisation bei diabetogener Foetalkrankheit zwischen dem 4. und 8. Lebenstag rascher und höher ansteigt als bei normalen Neugeborenen, während sie bei Kindern mit pränataler Dystrophie sehr niedrig bleibt und erst sehr spät ansteigt (SCHEIBENREITER et al. 1968).

Die Fehlkonditionierung der Insulinhomöostase beim Foetus und beim Neugeborenen setzt sich auch beim Säugling, Kleinkind und Adoleszenten fort. Dies haben unter anderem eigene Untersuchungen an 5–15-jährigen Nachkommen von Typ-1 Diabetikerinnen gezeigt (WEISS et al. 2000) (siehe Kapitel: Die prospektiven kindlichen Risiken).

Mit Störungen der Insulinhomöostase sind auch andere Abweichungen des Stoffwechsels assoziiert. Bei Nachkommen von Typ-2 Diabetikerinnen finden sich erhöhte Glukagonspiegel sowie Veränderungen des molaren Verhältnis von Insulin und C-Peptid und der Umsatzraten von Glukose nach Standardmahlzeiten und intravenöser Verabreichung von Glukagon (LESLIE et al. 1986, OSEI und HOLLAND 1987). Kinder und Adoleszente diabetischer Mütter haben einen erhöhten basalen Insulinspiegel bei normalem Nüchternblutzuckerspiegel, was für eine herabgesetzte Insulinsensitivität spricht (OSEI et al. 1991, WEISS et al. 2000). Nach Mahlzeiten tritt nach 30–40 Minuten ein Insulinmaximum auf. Dieses ist zwar zeitlich ident, ist jedoch signifikant höher als bei Kontrollen. Trotz der höheren basalen und stimulierten Insulinspiegel sind die korrespondierenden C-Peptidspiegel normal oder nur leicht erhöht. Der Blutzuckerspiegel dieser Kinder ist erst 2 und 3 Stunden nach Mahlzeiten signifikant höher als jener von Kontrollen, wobei die Clearance- und turn over-Raten der Glukose erhöht sind.

Eine Verschiebung des Verhältnisses von Insulin und C-Peptid bei Kindern diabetischer Eltern wurde auch von SNEHALATA et al. (1984) beschrieben und spricht für einen herabgesetzten hepatischen Insulinmetabolismus der Nachkommen.

Bei Neugeborenen und Säuglingen von IDDM kann unabhängig von ihrer HLA-Identität auch ein erhöhter Proinsulinspiegel nachgewiesen werden. Erhöhte Proinsulinspiegel sind wahrscheinlich ein Familienmerkmal, welches auf vulnerable Betazellen oder einen vorangegangenen Schaden von Betazellen hinweist (HARTLING et al. 1989).

3.6 Plazentarer Insulintransfer

Erste einschlägige Experimente ließen vermuten, daß foetales Insulin auf die Mutter übertritt, da ein Diabetes bei pankreatektomierten Hunden in der Spätschwangerschaft weniger ausgeprägt war (CARLSON und DRENNAN 1911). Diese Ansicht wurde jedoch anhand von Daten weiterer Untersuchungen aufgegeben (HARTMANN 1957).

Der Insulintransfer durch die Plazenta bei Säugern scheint jedoch artenabhängig zu sein (Übersicht bei MACNAUGHTON 1969). Frühe Untersuchungen ergaben eine Plazentagängigkeit von Insulin bei Ratten und Rhesusaffen (KNOBIL und JOSIMOVICH 1959, JOSIMOVICH und KNOBIL 1961), nicht jedoch bei Kaninchen (DAVIS und LACY 1957). Andere Untersuchungen (GOODNER und FREINKEL 1961, SELLER 1964) ergaben aber auch bei Ratten keinen Hinweis auf einen plazentaren Insulintransfer. Die Wirkung der foetalen Insulinsekretion auf den foetalen Kohlenhydratstoffwechsel muß bei verschiedenen Säugetierarten beträchtlich variieren, da einerseits der mütterliche Beitrag an Insulin so unterschiedlich zu sein scheint und da andererseits Foeten verschiedener Arten (Schaf, Hund, Ziege) gegenüber einer Insulinwirkung selbst bei hohen Dosen außergewöhnlich resistent sind (SCHLOSSMAN 1938, PASSMORE und SCHLOSSMAN 1938).

SCHLOSSMAN (1933) injizierte Insulin in einen Foetus, was zur Senkung der mütterlichen Blutglukose führte. Schlossman führte dies jedoch nicht auf den Übertritt von Insulin auf die Mutter, sondern auf einen Transfer mütterlicher Glukose zum Foetus zur Kompensation des abfallenden foetalen Glukosespiegels zurück.

Beim Menschen gibt es keine Hinweise dafür, daß freies Insulin die Plazenta in Richtung Foetus passieren kann (BUSE et al. 1962, MILNER und HALES 1965, KALHAN et al. 1975). Nach einem Anstieg der mütterlichen Blutglukose steigt auch die foetale Blutglukose an und bewirkt einen Anstieg des foetalen Insulinspiegels (MILNER und HALES 1965, FEIGE et al. 1977, WEISS 1996). Es besteht jedoch selbst bei hohen Insulinspiegeln im Nabelschnurblut keine arteriovenöse Differenz der Insulinkonzentration, was gegen einen Insulintransfer vom Foetus zur Mutter oder von der Mutter zum Foetus spricht (WEISS 1979).

Im Gegensatz zu freiem Insulin, können Insulin-Antikörperkomplexe die Plazenta passieren und theoretisch den Foetus beeinflussen (BAUMAN und YALOW 1981, DI MARIO et al. 1984, FALLUCCA et al. 1989). Dabei hat der Insulintyp (tierisches vs. menschliches) keine unterschiedlichen Mechanismen (ROSENN et al. 1991). MENON et al. (1990) konnten nachweisen, daß bei manchen insulinpflichtigen Diabetikerinnen bis zu 27 % des immunreaktiven Insulins im Nabelschnurblut von der Mutter stammen. Die Menge des transferierten Insulins korrelierte mit der Konzentration der mütterlichen anti-insulin Antikörper (IAA).

Die Autoren vermuteten daher über diesen Mechanismus einen Einfluß des mütterlichen IAA-Spiegels auf das foetale Wachstum, da im Nabelschnurblut der Neugeborenen Antikörper-assoziiertes tierisches Insulin, welches der Mutter verabreicht wurde, nachweisbar war. Die Anwesenheit von tierischem Insulin im Nabelschnurblut war unabhängig von der mütterlichen Glykämie in 43 % mit foetaler Makrosomie assoziiert.

Ein ursächlicher Zusammenhang der foetalen Makrosomie mit mütterlichen Insulin-Antikörperkomplexen wird jedoch bezweifelt (Kimmerle 1991, Ben-Shlomo 1991, Jovanovic-Peterson et al. 1992), und ein endgültiger Beweis dafür blieb bisher aus (Schwartz 1990, Menon und Sperling 1991). Dies umso mehr, als bei der Studie von Menon in jener Gruppe von Schwangeren, in welcher kein tierisches Insulin im Nabelschnurblut nachweisbar war, eine höhere Makrosomierate (53 %) gefunden wurde als in der Gruppe mit nachgewiesenem tierischem Insulin (43 %). Auch müßte exogenes (also mütterliches) Insulin die foetale Blutglukose und damit die endogene Insulinproduktion kompensatorisch senken (Kimmerle 1991), wodurch die Stoffwechselwirkung beim Foetus wieder aufgehoben wäre. Das Gegenteil ist jedoch der Fall (Fallucca et al. 1989). Auch können mütterliche Antikörper Insulin nur entsprechend ihrer Bindungskapazität transportieren. Da die mütterlichen Antikörper jedoch ihre Bindungskapazität im foetalen Kompartiment nicht ändern, können sie auch den Spiegel des freien, biologisch aktiven Insulins beim Foetus nicht ändern.

Weitere Zweifel über Auswirkungen von mütterlichen Insulin-Antikörperkomplexen auf das Geburtsgewicht leiten sich von der klinischen Erfahrung ab: Während höhere White-Klassen zu höheren Antikörperspiegeln neigen (Jovanovic und Peterson 1982), tendieren sie zu einem niedrigen Geburtsgewicht (Sarles und Adamson 1978). Wir haben die höchsten Raten makrosomer Kinder stets bei GDM beobachtet. Diese Patienten haben jedoch selten Antikörper, da sie nur zum Teil oder nur kurz mit Insulin behandelt werden.

Bei IDDM besteht zwischen mütterlichen Stoffwechselparametern und der foetalen Insulinproduktion, unabhängig von mütterlichen Insulinantikörpern, ein enger Zusammenhang (Weiss et al. 1998). Ein foetaler Hyperinsulinismus führt jedoch vorwiegend bei „mildem" Diabetes zur Makrosomie. Ein „schwerer" Diabetes (besonders bei hohen White Klassen und Hyperglykämie) ist in der Regel mit Plazentaentwicklungsstörungen assoziiert (Caluwaerts et al. 2000). Die daraus resultierende Plazentainsuffizienz wirkt einer Makrosomie entgegen (Aantaa und Forss 1980, Reece et al. 1990, Weiss 1998). Bei schwerem Diabetes besteht zwar eine signifikante Korrelation zwischen dem Insulinspiegel im Nabelschnurblut und neonatalen Komplikationen (Frühgeburt, Hypoglykämie, RDS, etc.) (Weiss et al. 1998), nicht jedoch zwischen dem Insulinspiegel und dem Geburtsgewicht. Dementsprechend waren bei verschiedenen Untersuchungen auch keine Assoziationen des Geburtsgewichtes oder anderer neonataler Komplikationen mit mütterlichen IAA nachweisbar (Dozio et al. 1996, Balsells et al. 1997).

Wegen der widersprüchlichen Aussagen und Befunde haben wir bei Stoffwechselgesunden und Diabetikerinnen im Verlauf der Schwangerschaft wiederholt IAA bestimmt und untersucht, ob Korrelationen zwischen IAA im mütterlichen Blut oder Nabelschnurblut und Stoffwechselparametern oder dem Geburtsgewicht bestehen (siehe Insulinantikörper, S. 42) (Weiss et al. 1998).

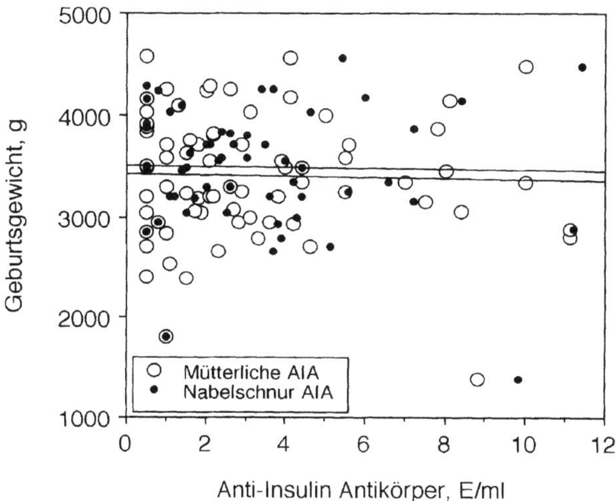

Abb. 19. Grazer Diabetesanalysen. Korrelation zwischen dem Geburtsgewicht bei Termingeborenen und mütterlichen *AIA* ( ) bzw. dem Geburtsgewicht und *AIA* im Nabelschnurblut (•) bei insulinbehandelten Diabetikerinnen. Obere Gerade: Regression der mütterlichen *AIA* zum Geburtsgewicht (y = 8,1912 − 1,1770e − 3x, $R^2 = 0{,}07$, p = 0,3075). Untere Gerade: Regression der *AIA* im Nabelschnurblut zum Geburtsgewicht (y = 14,977 − 2,7455e − 3x, $R^2 = 0{,}011$, p = 0,4424)

Eine multiple Regressionsanalyse ergab keine Korrelation von IAA mit metabolischen Parametern (Insulin, C-Peptid oder Fruktosamin) im mütterlichen Blut, Nabelschnurblut oder Fruchtwasser.

IAA im mütterlichen Blut oder Nabelschnurblut hatten keine Auswirkungen auf geburtshilfliche Ergebnisse. Sie korrelierten weder mit mütterlichen oder foetalen Komplikationen noch mit dem Geburtsgewicht (Abb. 19).

Diabetikerinnen mit IAA-Spiegel >99. Perzentile (>9,2 E/ml) hatten einen mittleren Antikörperspiegel (± SD) von 23,6 (± 29) E/ml in der 39,2 (± 1,3) Woche und ein mittleres Geburtsgewicht von 3320 (± 687) g. Das entspricht der 50. Perzentile der deutschen Gewichtsstandards (Hohenauer 1980). Es ist daher aus unserer Sicht sehr unwahrscheinlich, daß IAA einen signifikanten Einfluß auf das Geburtsgewicht haben.

3.7 Plazentarer Glukosetransfer

Die Glukose ist das Hauptsubstrat des oxydativen foetalen Stoffwechsels. Dabei ist die mütterlichen Glukose die einzige Bezugsquelle des Foetus (Kalhan et al. 1979, Jones und Ralph 1985). Der Foetus ist somit von einem intakten plazentaren Glukosetransport abhängig. Die foetale Glykämie ist jedoch kein Spiegelbild der mütterlichen Glykämie, die Plazenta reguliert vielmehr aktiv den Glukosetransport von der Mutter zum Foetus und umgekehrt (Hay und Meznarich 1990), und schöpft bei dieser Gelegenheit zur

Ausübung ihrer Funktionen einen unterschiedlich hohen Anteil an Glukose ab (MESCHIA et al. 1980).

Obwohl die plazentare Aufnahme, Utilisation und der Transfer von Glukose bereits seit vielen Jahren untersucht wird (CHINARD et al. 1956), sind die Daten noch immer spärlich und zum Teil widersprüchlich. In erster Linie ist dies darauf zurückzuführen, daß Untersuchungen beim Menschen aus verständlichen Gründen nicht in vivo sondern in vitro entweder an Plazentagewebe (HOLZMAN et al. 1979, VILLEE 1953), isolierten Plazentazotten (SMITH et al. 1977, JOHNSON und SMITH 1985) oder an perfundierten Plazenten (NESBITT et al. 1973, SCHNEIDER et al. 1981, HAUGUEL et al. 1986) durchgeführt wurden. Bei diesen Versuchen fehlt der variable Glukosediebstahl des Foetus, der in vivo den Glukosetransfer modifiziert. In vivo Untersuchungen erfolgten in erster Linie an Schafen (MESCHIA et al. 1980, MORRISS 1981, HAY et al. 1983, GIRARD 1988) oder Ratten (HERRERA et al. 1985, THOMAS et al. 1990). Bei der Interpretation ist zu bedenken, daß Ergebnisse aus Tierversuchen, besonders bei Pflanzenfressern, nicht ohne weiteres auf den Menschen übertragbar sind. Die niedrigen und stabilen Blutzuckerspiegel von Pflanzenfressern stellen andere Ansprüche an die Glukoseutilisation der foetoplazentaren Einheit und damit auch an die funktionelle Evolution der Plazenta. Beim Schaf ist ein Ansteigen der mütterlichen Blutglukose die Hauptursache des Anstieges der foetalen Blutglukose (HAY et al. 1984, SPARKS et al. 1983). Da die foetale Insulinhomöostase beim Schaf durch den mütterlichen Glukosespiegel kaum beeinflußt wird (LIPS et al. 1988), entfällt ein Arm der maternofoetalen Glucose-Insulin Homöostase. Darüber hinaus ist die Plazentation, der Plazentatyp und damit die Plazentafunktion bei verschiedenen Species unterschiedlich. Diese Unterschiede betreffen die Gestalt (Placenta diffusa, -cotyledonaria, -zonaria, -bidiscoidalis, -discoidalis), die Einbettung (gefältelt, lamellär, trabekulär, villös, labyrinthisch) und die materno-foetale Barriere (epithelio-, syndesmo-, endothelio-, hämotri-, hämodi-, hämomonochorial) (RAMSEY und DONNER 1980, KAUFMANN 1981, DANTZER et al. 1988, BENIRSCHKE und KAUFMANN 1990). Demnach liegt etwa beim Schaf eine kotyledonäre villöse epitheliochoriale Plazenta vor, während nur der Mensch und Primaten über eine diskoidale villöse hämomonochoriale Plazenta verfügen.

Der foetale Glukosegradient beim Menschen wird durch viele Parameter beeinflußt. Er ist das Nettoergebnis aus (a) dem mütterlichen Glukosespiegel, aus (b) der Eigenschaft der Plazentamembran und der Anzahl und Aktivität von Glukosekarriern, aus (c) plazentaren Charakteristika wie Perfusion, Größe, Funktion, Eigenbedarf, Utilisation und Speicherung von Glukose und aus (d) der foetalen Glukose-Insulin Homöostase einschließlich Glucoseutilisation, Glykogenspeicherung und Glukoneogenese (SIMMONS et al. 1979, OSMOND et al. 2000). Ein erhöhter foetaler Glukoseverbrauch bei foetalem Streß und Hyperinsulinismus oder eine Imbalance zwischen Bedarf und Versorgung wirkt sich ebenfalls auf den foetalen Glukosegradienten aus (HAY 1984, LASUNCION et al. 1987).

Diese Vielzahl an möglichen Einflüssen führt im individuellen Fall zu idiosynkratischen Variationen des Glukosetransfers bei Mutter-Foetus

Paaren mit vergleichbarer mütterlicher Glykämie (Fraser 1995). In zahlreichen Publikationen wurden jedoch verschiedene Gesetzmäßigkeiten beschrieben, die sich im Einzelfall mehr oder weniger stark auswirken:

Der *mütterliche Glukosespiegel* korreliert ab der Mitte der Schwangerschaft mit dem foetalen Glukosespiegel (Paterson et al. 1967, 1968; Bozzetti et al. 1988; Economides und Nicolaides 1989; Hay 1991), der im Mittel 70–90 % des mütterlichen Glukosespiegels beträgt (Paterson et al. 1967, Feige et al. 1979, Nicolini et al. 1989). Die mütterliche Glykämie spiegelt jedoch nicht unveränderlich die foetale Glykämie wieder. Bei niedriger mütterlicher Blutglukose (< 60–80 mg/dl; < 3,3–4,4 mmol/L) kann der foetale Glukosespiegel höher sein als der mütterliche Glukosespiegel (Paterson et al. 1968, Bozzetti et al. 1988, Weiss et al. 2000). Auch ein Glukoseflux vom Foetus zur Mutter oder zur Plazenta ist möglich (Thomas et al. 1990, Hay und Meznarich 1990). Ab einem mütterlichen Spiegel von 290 mg/dl (16 mmol/l) hingegen kommt es zur Absättigung der transplazentaren Passage, und der foetale Glukosespiegel ist auf < 200 mg/dl limitiert (Oakley et al. 1972, Rice et al. 1976, Carstensen et al. 1977, Hauguel et al. 1986).

Der transplazentare Transfer von Glukose verläuft nach Phosphorylierung durch Hexokinase (Thomas et al. 1990, Smith und Wilson 1991) mit Unterstützung von *Carriern* nach dem Prinzip der erleichterten Diffusion (Widdas 1952, Cordero et al. 1970, Zhou und Bondy 1993). Von 6 Trägerproteinen ist GLUT1 der dominierende Glukosetransporter der Plazenta, während GLUT3 und GLUT4 nur in Spuren nachzuweisen sind (Takata et al. 1992, Bell et al. 1993, Jansson et al. 1993, Hauguel-De Mouzon et al. 1994, Barros et al. 1995, Takata und Hirano 1997). Die zelluläre Konzentration von GLUT1 bestimmt daher in erster Linie den Umfang des Glukosetransportes durch die Plazenta (Elsas und Longo 1992, Jansson et al. 1993).

In der Vergangenheit wurde angenommen, daß die plazentare Glukoseaufnahme, trotz der hohen Konzentration der Insulinrezeptoren der Plazenta, weitestgehend insulinunabhängig abläuft. Während Demers et al. (1972) zwar zeigen konnten, daß Insulin bei Plazentazellkulturen die Glukoseutilisation verbessert, haben spätere Untersucher (Challier et al. 1986, Schmon et al. 1991) keinen diesbezüglichen Insulineffekt gefunden. In letzter Zeit mehren sich jedoch wieder Hinweise, daß sowohl Insulin als auch Somatomedine die Glukoseaufnahme von Trophoblastzellen durch Hochregulation des GLUT1 Systems steigern (Devaskar und Mueckler 1992, Klip et al. 1994, Kniss et al. 1994, Gordon et al. 1995). Dieser Mechanismus ist gestationszeitabhängig und nimmt mit zunehmender Reife der Plazenta ab (Leturque et al. 1987).

Eine mütterliche Hyperinsulinämie (oder Hypoglykämie) stimuliert demnach in Abhängigkeit von der Dauer die GLUT1 mRNA Expression in der Plazenta und erhöht damit den plazentaren Glukosetransport, wodurch eine foetale Hypoglykämie verhindert wird (Gordon et al. 1995).

Andererseits bewirkt eine anhaltende Hyperglykämie eine down-regulation von GLUT1 in der Plazenta (Gordon et al. 1995, Illsley et al. 1998, Hahn et al. 1998), wodurch der plazentare Glukosetransport gedrosselt wird.

Die Plazenta hat zur Ausübung ihrer Funktionen einen unterschiedlich hohen *Eigenbedarf* an Glukose (Meschia et al. 1980). Dieser kann bis zu 50 % der aufgenommenen Glukose betragen (Hauguel et al. 1986). Eine mütterliche Hyperglykämie verändert nicht nur die maternofoetale Kinetik des Glukosetransfers (Thomas et al. 1990), sondern auch den plazentaren Glukose-Glykogen Stoffwechsel (Barash et al. 1983, Gewolb et al. 1983). Dadurch hat die Plazenta in der Form eines *Glukosespeichervermögens* einen Kompensationsmechanismus, der den Glukosetransfer zum Foetus bei mütterlicher Hyperglykämie ebenfalls abpuffern kann (Barash et al. 1983, Gewolb et al. 1983, Hauguel et al. 1986).

Die *foetale Glukoseutilisation* beträgt bei einer mütterlichen Blutglukose von 100 mg/dl (5,5 mM) 38–43 µmol/min/kg (Kalhan et al. 1979, Hauguel et al. 1986). Bei foetalem Hyperinsulinismus ist sie entsprechend höher. Da der plazentare Glukosetransfer unter anderem direkt proportional vom foetomaternalen Glukosegradienten abhängig ist (Lienhard et al. 1992), muß ein foetaler Hyperinsulinismus an sich durch die Absenkung des foetalen Glukosespiegels zu einem erhöhten plazentarem Glukosetransfer führen, damit die foetale Euglykämie erhalten bleibt (Sutherland et al. 1978). Dafür spricht auch, daß der foetale Glukosespiegel vom foetalen Insulinspiegel scheinbar weitestgehend unabhängig ist (Paterson et al. 1968, eigene Beobachtung).

Bei Diabetes mellitus kann es zu additiven oder subtraktiven Veränderungen des Glukosetransfers kommen, wodurch das foetale Glukosemilieu schwer einschätzbar wird. Perfusionsversuche an menschlichen Plazentalappen konnten zeigen, daß bei mütterlichem *Gestationsdiabetes* mit Diätbehandlung im Bereich einer Glukosekonzentration von 144 mg/dl (8 mmol/l) sowohl die plazentare Glukoseaufnahme (0,492 vs. 0,248 µmol/Min/g) und Glukoseutilisation (0,255 vs. 0,129 µmol/Min/g) als auch der Glukosetransfer in den foetalen Kreislauf (direkt 0,979 vs. 0,402; Nettotransfer 0,269 vs. 0,118 µmol/Min/g) gegenüber Stoffwechselgesunden signifikant herabgesetzt ist (Osmond et al. 2000). Auch konnte nachgewiesen werden, daß eine Hyperglykämie GLUT1 der Plazenta niederreguliert (Hahn et al. 2000). Dementsprechend und möglicherweise wegen des foetalen Hyperinsulinismus (Oakley et al. 1972) wurde bei nüchternen GDM ein niedrigerer foetaler Glukosespiegel als bei Kontrollen gemessen.

Biguanide (Metformin) scheinen bei isolierten Kotyletonen keinen Einfluß auf die plazentare Glukoseaufnahme oder den Glukosetransfer zu haben (Elliott et al. 1997). Da jedoch der foetale Glukosediebstahl den Glukosetransfer maßgeblich beeinflußt, könnten Biguanide durch Boosterung des foetalen Glukosestoffwechsels den Transfer via Foetus ankurbeln.

Bei Plazenten von IDDM ist im Gegensatz zum GDM die Rate der transportierten Glukose in vitro, selbst bei pathologischen morphologischen Befunden höher als bei Kontrollen (Thomas et al. 1990, Kuhn et al. 1990, Diamant 1992). Auch in vivo Versuche ergaben einen erhöhten plazentaren Transport von Glukose bei manifest diabetischen Ratten (Hadawi et al. 1986). Es wurde daher vermutet, daß der kompensatorische Anstieg der totalen Zottenmasse bei Diabetes, der morphometrisch nachweisbar ist (Singer et al. 1981; Teasdale 1981, 1983, 1985; Boyd et al. 1986), zum erhöhten Glukosetransport bei IDDM beiträgt. Rein physikalische Vorgänge sind jedoch unwahrscheinlich. Es dürften vielmehr funktionelle biochemische Mechanismen im Vordergrund stehen. So ist etwa bei IDDM die Expression von GLUT1 um 40 % und der Glukosetransport um 59 % erhöht, was darauf hinweist, daß nicht nur die Menge sondern auch die Aktivität von GLUT1 erhöht ist (Jansson et al. 1999).

Insgesamt scheint die Plazentabarriere bei GDM und IDDM konträr unterschiedlich zu sein, da der Glukosegradient im Vergleich zu Kontrollen bei GDM eher erniedrigt und bei IDDM eher erhöht ist. Analog dazu korreliert der HbF1 Spiegel mit dem C-Peptidspiegel im Nabelschnurblut, während dies bei GDM nicht der Fall ist (MacFarlane et al. 1985). Auch verschiedene Aminosäuren (Leucin, Isoleucin, Valin) im Fruchtwasser sind bei GDM signifikant niedriger und bei IDDM signifikant höher als bei Kontrollen (Persson et al. 1986).

Die einzelnen bisher beschriebenen plazentaren Mechanismen können entweder synergistisch oder antagonistisch zusammenwirken und auf diese Weise eher die Transportfunktion oder die Barrierefunktion der Plazenta in den Vordergrund rücken.

3.8 Eigene Untersuchungen

Beim Menschen sind, anders als beim Tierversuch, keine umfangreichen Longitudinalstudien möglich. Wir haben daher die Gesetzmäßigkeiten des maternofoetalen Glukosetransfers und seine Beziehungen zu anderen Stoffwechselparametern durch Querschnittsuntersuchungen an einer repräsentativen Anzahl von Frauen zum Zeitpunkt der Geburt analysiert, um bei Stoffwechselgesunden und Diabetikerinnen gemeinsame und unterschiedliche Charakteristika des Glukosetransfers aufzudecken. Zu diesem Zweck wurde bei 108 vaginal entbundenen insulinpflichtigen Diabetikerinnen (IDDM) und 217 Kontrollen mit ähnlichem Alter, Parität und Body Mass Index mütterliches venöses Blut und Nabelschnurmischblut gewonnen. Das Nabelschnurblut wurde bei 168 Knaben und 157 Mädchen unmittelbar nach Durchtrennung der Nabelschnur und gleichzeitig mit mütterlichem venösen Blut abgenommen. Im mütterlichen Plasma und Nabelschnurplasma wurde Glukose und Insulin bestimmt und im Nabelschnurplasma zusätzlich C-Peptid. Bei 80 (74 %) IDDM und 136 (63 %) Kontrollen konnte unter der Geburt klares Fruchtwasser aus dem hinteren Fornix oder durch Punktieren der Fruchtblase gewonnen werden. Im Fruchtwasser wurden Glukose und Insulin bestimmt.

Bei Diabetikerinnen wurden bei Beginn regelmäßiger Wehen die Insulingaben halbiert. Die Geburt erfolgte unter Nahrungskarenz. Blutzuckerkontrollen wurden stündlich durchgeführt. Die Stoffwechselkontrolle erfolgte mittels getrennter Glukose und Insulininfusionen mit dem Ziel einer Glykämie zwischen 70 und 130 mg/dl (3,9 und 7,2 mmol/l).

Die Geburt der Kontrollen erfolgte ebenfalls unter Nahrungskarenz jedoch ohne Glukoseinfusionen. Blutzuckerstichproben ergaben, daß die mütterlichen Blutzuckerspiegel bis zu einer Stunde vor der Probenabnahme weitestgehend stabil waren. Die Apgar- und pH-Werte im arteriellen Nabelschnurblut waren bei Neugeborenen von Kontrollen und Diabetikerinnen ähnlich.

Für die Querschnittsuntersuchungen der maternofoetalen Glukoseverteilung bei unterschiedlichen mütterlichen Glukosespiegeln, wurden die Probanden entsprechend dem Spiegel der mütterlichen Plasmaglukose (MPG) in Intervallen von 30 mg/dl (1,7 mmol/l) stratifiziert. Dadurch entstanden 6 Gruppen mit MPG-Spiegeln von <40, 40–69, 70–99, 100–129, 130–159 und ≥ 160 mg/dl ($<2{,}2$; 2,2–3,8; 3,9–5,5; 5,6–7,2; 7,2–8,8; $\geq 8{,}9$ mmol/l).

3.8.1 Generelle Charakteristika

Bei gemeinsamer Auswertung des gesamten Untersuchungsgutes betrug die mittlere Gestationszeit (SEM) 38,9 (0,13) Wochen, das mittlere Geburtsgewicht 3233 (38) g. Knaben hatten ein höheres mittleres Geburtsgewicht (± SD) als Mädchen (3353 ± 574 g vs. 3122 ± 642 g, $p = 0{,}0029$; t-test) jedoch ähnliche metabolische Daten.

Die Mittelwerte (SEM) aller metabolischen Daten wie Glukose und Insulin im mütterlichen Plasma, Nabelschnurplasma und Fruchtwasser sowie C-peptid im Nabelschnurplasma zeigt die Tabelle 36.

Der mittlere foetale Glucosegradient beträgt rund 84 % des mütterlichen Glukosespiegels.

Nach Stratifikation des Kollektives nach der mütterlichen Glukose zeigt sich mit steigender MPG ein signifikanter Anstieg der Glukose im Nabel-

Tabelle 36. Grazer Diabetesanalysen. Mütterliche und foetale Stoffwechseldaten: Glukose: mg/dl; Insulin: µE/ml; C-Peptid: ng/ml; Foetaler Glukosegradient: %. Die Daten wurden als Mittelwerte (SEM) angegeben

	Total		Kontrollen		IDDM		p[a]
Fallzahl	325		217		108		
Gestationswoche	38,9	(0,13)	39,3	(0,14)	38,2	(0,22)	0,0001
Geburtsgewicht, g	3233	(38)	3300	(45)	3073	(69)	0,0063
Glukose, Mutter	90	(2,5)	79	(2,2)	113	(5,3)	0,0001
Glukose, Nabelschnurblut	69	(1,8)	63	(1,6)	81	(4,1)	0,0001
Foetaler Glukosegradient, %	83,8	(2,1)	85,6	(2,4)	80,3	(4,3)	0,0001
Glukose, Fruchtwasser	22	(1,3)	19	(1,2)	28	(2,7)	0,0098
Insulinspiegel, Mutter	18,9	(1,0)	13,9	(0,69)	28,8	(2,5)	0,0001
Insulin, Nabelschnurblut	18,3	(2,0)	8,7	(0,4)	38,4	(5,4)	0,0001
C-Peptid, Nabelschnurblut	1,35	(0,09)	1,05	(0,04)	1,98	(0,27)	0,0107
Insulin, Fruchtwasser	6,4	(0,8)	4,0	(0,4)	10,7	(2,1)	0,0004

[a] Kontrollen vs. IDDM: Wilcoxon Test; t-test

Tabelle 37. Grazer Diabetesanalysen. Foetaler Glukosegradient, mütterliche Plasmaglukose (MPG) und Glukose im Nabelschnurblut (NSG) bei niedrigem (≤60 mg/dl) und hohem (>60 mg/dl) mütterlichem Plasmaglukosespiegel. Mittelwerte (± SD)

	N	Foetaler Glucosegradient %	MPG mg/dl	NSG mg/dl	p paired t-test[a]
Alle Fälle	325	84 % (39 %)	90 (44)	69 (33)	0,0001
MPG ≤60 mg/dl	79	115 % (52 %)	47 (9,6)	53 (21)	0,0349
MPG >60 mg/dl	246	74 % (27 %)	104 (42)	74 (34)	0,0001

[a] MPG vs. NSG

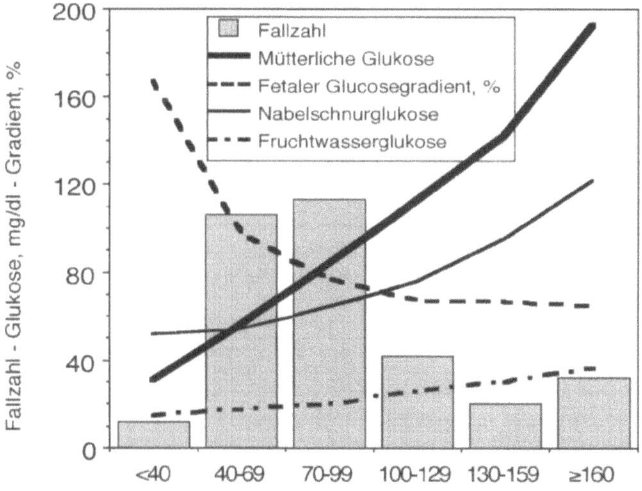

Abb. 20. Grazer Diabetesanalysen. Korrelation der mütterlichen Plasmaglukose mit der Glukose im Nabelschnurblut und Fruchtwasser und foetomaternaler Glukosegradient

schnurblut (NSG) (p = 0,0001) und im Fruchtwasser (FWG) (p = 0,0003) sowie ein signifikanter Abfall des foetalen Glukosegradienten (p = 0,0001) (ANOVA) (Abb. 20).

Die NSG ist bei MPG Werten ≤60 mg/dl (≤3,3 mmol/l) signifikant höher und bei MPG Werten >60 mg/dl signifikant niedriger als die MPG, der foetale Glucose Gradient beträgt demnach bei niedrigen MPG Werten im Mittel 115 % und bei höheren MPG Werten 74 % (Tabelle 37).

Der Glukosegradient zeigt bei vergleichbarer MPG idiosynkratische Variationen, die an der hohen Standardabweichung von den Mittelwerten erkennbar sind. Bei mütterlicher Normoglykämie (80–120 mg/dl; 4,4–6,7 mmol/l) beträgt der Foetale Glukosegradient bei Kontrollen 69 ± 21 % und bei Diabetikerinnen 75 ± 31 %.

Der Verlauf der NSG und des foetalen Glukosegradienten in Relation zur MPG ist aus der Abb. 20 erkennbar. Die NSG ist bei mütterlicher Hypoglykämie (< 40 mg/dl; < 2.2 mmol/l) um 20 mg/dl (1,1 mmol/l) höher als die MPG. Die NSG Kurve kreuzt die MPG Kurve bei ~60 mg/dl und verläuft bis zu einem MPG Spiegel von ~120 mg/dl (6,7 mmol/l) flacher als die mütterliche Kurve. Einem mütterlichen Glukoseanstieg von 60 mg/dl (4,6 mmol/l) steht ein kindlicher Glukoseanstieg von 25 mg/dl (1,3 mmol/l) gegenüber. Erst ab einer MPG von ~130 mg/dl (7,2 mmol/l) steigt die NSG nahezu parallel zur MPG, jedoch mit einem Abstand von ~40 mg/dl (2,2 mmol/l) an (Abb. 20). Dementsprechend fällt der foetale Glukosegradient von 167 % bei mütterlicher Hypoglykämie steil ab um ab einer MPG von > 100 mg/dl (5,5 mmol/l) relativ stabil zwischen 67 % und 64 % zu bleiben (Abb. 20). Diese gegenläufigen Mechanismen bewirken bei einer MPG zwischen 30 mg/dl und 130 mg/dl (1,7 und 7,2 mmol/l) eine relativ stabile foetale Glykämie und schützen den Foetus vor Auswirkungen einer mütterlichen Hypoglykämie oder postprandialen Glukosespitzen.

Insgesamt steigt mit zunehmender MPG der Fruchtwasserinsulinspiegel ($p = 0{,}0169$), der Insulin- und C-Peptidspiegel im Nabelschnurblut ($p = 0{,}0001$) und der mütterliche Plasmainsulinspiegel ($p = 0{,}0001$; ANOVA). Der Anstieg der Insulinspiegel ist jedoch bei Diabetes und Kontrollen unterschiedlich.

3.8.2 Unterschiede Diabetes vs. Kontrollen

Diabetikerinnen hatten, wie erwartet, eine kürzere mittlere Gestationszeit und ein dementsprechend niedrigeres Geburtsgewicht als Kontrollen (Tabelle 36). Mädchen und Knaben hatten bei Diabetikerinnen ein ähnliches Geburtsgewicht und ähnliche metabolische Parameter. Bei Kontrollen hingegen war das Geburtsgewicht (Mittelwert ± SD) (3426 ± 563 vs. 3180 ± 656 g), die NSG (67 ± 29 vs. 60 ± 20 mg/dl) und C-Peptid im Nabelschnurblut (1,2 ± 0,7 ng/ml vs 1,0 ± 0,5) bei Knaben signifikant höher als bei Mädchen.

Die mittleren Glukosespiegel und Insulinspiegel im mütterlichen Blut, Nabelschnurblut und Fruchtwasser und der C-Peptidspiegel im Nabelschnurblut waren bei Diabetikerinnen signifikant höher als bei Kontrollen (Tabelle 36).

Nach Stratifikation der mütterlichen Glukose werden Unterschiede des Verlaufes der NSG und des foetalen Glukosegradienten bei Diabetikerinnen und Kontrollen sichtbar. Bei einer MPG von 40–69 mg/dl (2,2–3,8 mmol/l) ist die NSG bei IDDM signifikant niedriger und bei einer MPG von 100–129 mg/dl (5,5–7,2 mmol/l) signifikant höher als bei Kontrollen (t-test) (Abb. 21A).

Insulin und C-Peptid im Nabelschnurplasma steigt bei IDDM wegen der reifen foetalen Insulinsekretionsdynamik (Feige et al. 1977, Fraser 1995, Weiss 1988) mit steigender MPG signifikant an ($p = 0{,}0015$ und $0{,}0371$; ANOVA), während bei Kontrollen, wegen der unreifen foetalen Insulinsekretionsdynamik (Paterson et al. 1968, Adam et al. 1969) bei

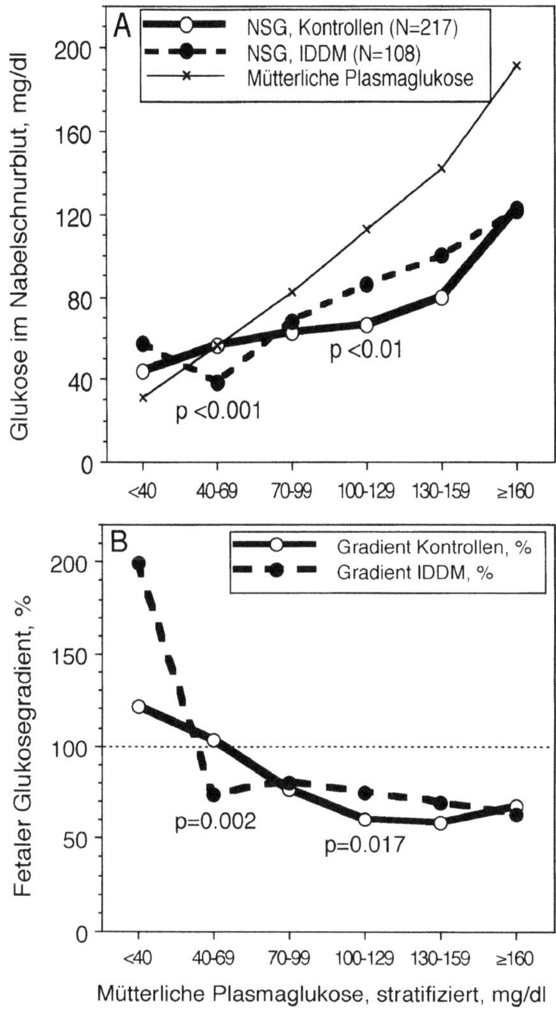

Abb. 21. Grazer Diabetesanalysen. **A** Nabelschnurglukose in Abhängigkeit vom mütterlichen Glukosespiegel bei Stoffwechselgesunden und Typ-1 Diabetikerinnen. **B** Foetomaternaler Glukosegradient bei Stoffwechselgesunden und Typ-1 Diabetikerinnen

hohen MPG-Spiegeln kein signifikanter Anstieg von Insulin und C-Peptid im Nabelschnurplasma nachweisbar ist (p = 0,6 und 0,9; ANOVA) (Abb. 22 A).

Das Verhalten von Insulin im Fruchtwasser und im mütterlichen Plasma bei zunehmender MPG ist in der Abb. 22 B dargestellt. Wegen des idiosynkratischen Glukosetransfers und dadurch, daß Fruchtwasserinsulin ein „memory like system" für die Stoffwechselsituation längerer Zeitabschnitte ist besteht keine besondere Korrelation des Fruchtwasserinsulinspiegels mit punktuellen MPG Spiegeln. Bei Kontrollen steigt der mütterliche Plasmainsulinspiegel bei steigender MPG. Bei Diabetikern ist das nicht der Fall, da Insulin exogen zugeführt wird.

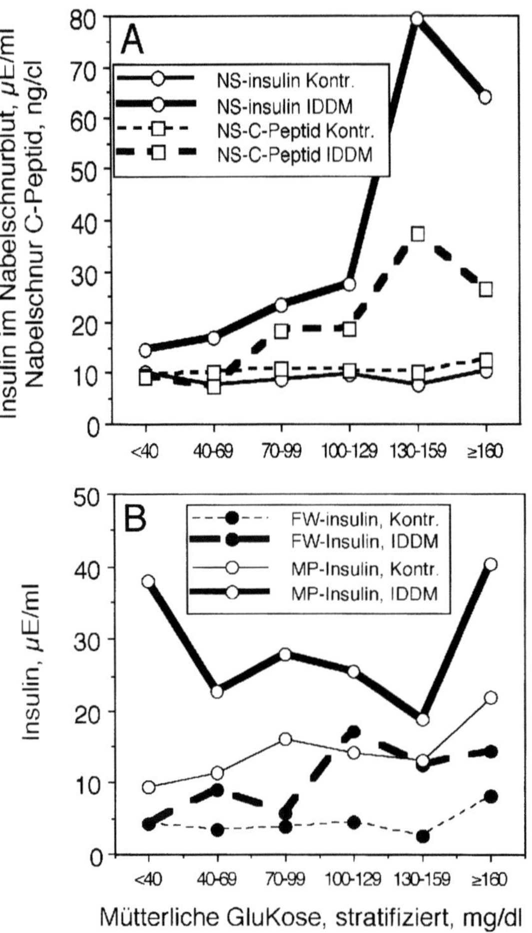

Abb. 22. Grazer Diabetesanalysen. **A** Insulin und C-Peptid im Nabelschnurblut, **B** Fruchtwasserinsulin (*FW-Insulin*) und mütterliches Plasmainsulin (*MP-Insulin*) in Abhängigkeit vom mütterlichen Glukosespiegel bei Stoffwechselgesunden und Typ-1 Diabetikerinnen

3.8.3 Korrelationen

Bei Kontrollen korreliert die Gestationswoche weder mit mütterlichen noch mit foetalen Stoffwechselparametern. Bei Diabetikerinnen hingegen besteht eine inverse Korrelation der Gestationszeit zur Glucose im Fruchtwasser ($r = 0{,}354$, $p = 0{,}0016$), Das war zu erwarten, da die Fruchtwasserglukose mit zunehmender Gestationszeit abnimmt (Weiss et al. 1985). Darüber hinaus besteht eine inverse Korrelation der Gestationswoche zum Insulinspiegel im Nabelschnurblut ($r = 0{,}338$, $p = 0{,}0006$) und Fruchtwasser ($r = 0{,}286$, $p = 0{,}0115$) und zum C-Peptidspiegel im Nabelschnurblut ($r = 0{,}231$, $p = 0{,}0258$), da hyperinsulinämische Foeten bekanntlich zur Frühgeburt neigen (Weiss 1996; Weiss et al. 1988, 1998).

Das Geburtsgewicht bei Kontrollen korreliert erwartungsgemäß mit dem Insulinspiegel im Nabelschnurblut ($r = 0{,}242$, $p = 0{,}0006$). Bei IDDM bestand wegen der erhöhten Frühgeburtenrate bei foetalem Hyperinsulinismus jedoch keine Korrelation zwischen dem Insulinspiegel im Nabelschnurblut und dem Geburtsgewicht.

Die Korrelationen der mütterlichen und foetalen Stoffwechselparameter zueinander zeigt die Tabelle 38.

Bei gemeinsamer Auswertung von IDDM und Kontrollen korreliert jeder mütterliche und foetale Stoffwechselparameter mit allen anderen. Nach Aufschlüsselung in Kontrollen und Diabetikerinnen ergeben sich jedoch Unterschiede (Tabelle 38).

Bei Kontrollen haben MPG oder NSG Werte keine Korrelation zu den foetalen Insulinspiegeln, da bei Stoffwechselgesunden eine unreife Insu-

Table 38. Grazer Diabetesanalysen. Korrelation mütterlicher und foetaler Stoffwechselparameter

	MPG	NSG	FWG	MPI	NSI	NSC	FWI
Gemeinsame Auswertung							
MPG	–	0,641^{3}	0,343^{3}	0,326^{3}	0,398^{3}	0,287^{3}	0,213^{2}
NSG	0,641^{3}	–	0,435^{3}	0,323^{3}	0,462^{3}	0,372^{3}	0,254^{3}
FWG	0,343^{3}	0,435^{3}	–	0,315^{3}	0,610^{3}	0,504^{3}	0,517^{3}
MPI	0,326^{3}	0,323^{3}	0,315^{3}	–	0,533^{3}	0,227^{3}	0,290^{3}
NSI	0,398^{3}	0,462^{3}	0,610^{3}	0,533^{3}	–	0,771^{3}	0,665^{3}
NSC	0,287^{3}	0,372^{3}	0,504^{3}	0,227^{3}	0,594^{3}	–	0,625^{3}
FWI	0,213^{2}	0,254^{3}	0,517^{3}	0,290^{3}	0,665^{3}	0,625^{3}	–
Kontrollen							
MPG	–	0,499^{3}	0,283^{3}	0,278^{3}	x	x	x
NSG	0,499^{3}	–	0,305^{3}	x	x	0,228^{2}	x
FWG	0,283^{3}	0,305^{3}	–	x	0,319^{3}	0,348^{3}	0,492^{3}
MPI	0,278^{3}	x	x	–	0,157^{1}	x	0,223^{1}
NSI	x	x	0,319^{3}	0,157^{1}	–	0,571^{3}	0,311^{3}
NSC	x	0,228^{2}	0,348^{3}	x	0,571^{3}	–	0,384^{3}
FWI	x	x	0,492^{3}	0,223^{1}	0,311^{3}	0,384^{3}	–
Diabetiker							
MPG	–	0,682^{3}	0309^{2}	x	0,396^{3}	0,288^{2}	x
NSG	0,682^{3}	–	0,454^{3}	0,324^{3}	0,523^{3}	0,379^{3}	0,232^{1}
FWG	0,309^{2}	0,454^{3}	–	0,286^{1}	0,698^{3}	0,534^{3}	0,516^{3}
MPI	x	0,324^{3}	0,286^{1}	–	0,502^{3}	x	x
NSI	0,396^{3}	0,523^{3}	0,698^{3}	0,502^{3}	–	0,772^{3}	0,659^{3}
NSC	0,288^{2}	0,379^{3}	0,534^{3}	x	0,772^{3}	–	0,617^{3}
FWI	x	0,232^{1}	0,516^{3}	x	0,659^{3}	0,617^{3}	–

$p = {}^{3} < 0{,}001$; ${}^{2} < 0{,}01$; ${}^{1} < 0{,}05$; *x* keine Korrelation; *R* Werte und Signifikanz; *MPG* mütterliche Plasmaglukose; *NSG* Glukose im Nabelschnurblut; *FWG* Fruchtwasserglukose; *MPI* mütterliches Plasmainsulin; *NSI* Nabelschnurinsulin; *NSC* Nabelschnur-C-Peptid; *FWI* Fruchtwasserinsulin

linsekretionsdynamik mit geringer Stimulierbarkeit der Betazellen durch Glukosereize die Norm ist (Spellacy et al. 1967, Paterson et al. 1968, Adam et al. 1969). Es besteht lediglich eine schwache Korrelation zwischen dem Glukosespiegel und C-Peptidspiegel im Nabelschnurblut (Tabelle 38).

Bei Diabetikerinnen hingegen besteht eine reife foetale Insulinsekretionsdynamik. Sowohl die MPG als auch die NSG korreliert mit dem Insulin- und C-Peptid Spiegel im Nabelschnurblut.

Der mütterliche Insulinspiegel korreliert bei Kontrollen, wie erwartet, mit dem mütterlichen Glukosespiegel. Bei Diabetikerinnen hingegen ist der mütterliche Insulinspiegel zwar höher als bei Kontrollen, es besteht jedoch keine Korrelation mit MPG Werten, da mütterliches Insulin bei Diabetes nicht endogen stimuliert, sondern exogen zugeführt wird.

Unsere in vivo Ergebnisse entsprechen weitestgehend den in vitro Ergebnissen der Literatur. Sie lassen bei niedrigen mütterlichen Glukosewerten eine Betonung der plazentaren Transportmechanismen und bei hohen mütterlichen Glukosewerten eine Betonung der plazentaren Barrieremechanismen erkennen. Wir konnten mit unserem Protokoll natürlich nicht jene Mechanismen aufdecken, die im Detail unseren Ergebnissen zugrundeliegen, aber das Nettoergebnis aller Vorgänge ist der foetale Glukosegradient (foetale Glukose in % der mütterlichen Glukose).

Bei einer MPG <60 mg/dl (3,3 mmol/l) betrug der foetale Glukosegradient >100 % und bei MPG Werten >60 mg/dl <100 %. Dabei fällt der Glukosegradient bei einer MPG zwischen 40 mg/dl und 110 mg/dl (2,2 und 6,1 mmol/l) steil von 120 % auf 60 % ab, um bei einer MPG >110 mg/dl stabil bei rund 60 % zu bleiben (Abb. 20, 21).

Bei mütterlicher Hypoglykämie steht demnach die plazentare Transportfunktion für Glukose im Vordergrund, der Foetale Glukosespiegel ist höher als der mütterliche Glukosespiegel. Bei mütterlicher Normoglykämie hingegen steht die Barrierefunktion des Glukosetransfers im Vordergrund, die in einem gewissen Bereich mütterliche Glukoseschwankungen abpuffert.

Dies schützt den Foetus vor einer Hypoglykämie und garantiert bei einer MPG zwischen 60 mg/dl und 120 mg/dl (3,3 und 6,7 mmol/l) einen stabilen NSG Spiegel von 60–75 mg/dl (3,3–4,1 mmol/l).

Erst ab einer MPG von 120 mg/dl wird die plazentare Barrierefunktion überwunden. Die NSG steigt wegen des nunmehr gleichbleibenden foetalen Glukosegradienten parallel zur mütterlichen Glukose an. Ab einer MPG (x) von 250 mg/dl (13,9 mmol/l) war die Transportkapazität der Plazenta gesättigt, und die Kurve der NSG (y) flacht sich bei ~150–170 mg/dl (8,3–9,4 mmol/l) ab (polynomische Regression: $y = 47{,}006 - 8{,}9281\,e{-}2x + 4{,}1543e - 3x^2 - 8{,}5828e - 6x^3$).

Bei IDDM war die Transportfunktion bei niedrigen MPG Spiegeln und die Barrierefunktion bei höheren MPG Spiegeln gestört.

Über die Gründe können anhand dieser Studie nur Vermutungen angestellt werden.

Eine milde mütterliche Hypoglykämie zwischen 40 mg/dl und 60 mg/dl scheint bei diabetogen geschädigter Plazenta die Transportsysteme nicht ausreichend prompt zu stimulieren, der foetale Glukosegradient ist signifikant niedriger als bei Kontrollen (74 % vs. 103 %, $p = 0{,}002$). Erst bei einer mütterlichen Hypoglykämie <40 mg/dl (2,2 mmol/l) scheint der Stimulus ausreichend zu sein, um den foetalen Glukosegradienten ähnlich, ja sogar stärker als bei Kontrollen anzuheben (200 % vs. 121 %, $p = 0{,}0875$) (Abb. 21 B).

Ein Hypoglykämiereiz ist wegen der Gegenregulationsmechanismen in der Norm kurz und erfordert daher zur Kompensation eine prompt funktionierende Plazenta. Die periphere Hyperinsulinämie bei Insulinbehandelten Diabetikerinnen hingegen ist anhaltend, wodurch eine nachhaltige Fehlkonditionierung der Plazenta erfolgen kann. Bei Stoffwechselgesunden verhält sich die portale zur peripheren Insulinkonzentration wie 2,3 : 1 (Kraegen 1981). Bei exogener Insulinzufuhr hingegen wird der physiologische portale Weg umgangen, was zu einem chronischen peripheren Hyperinsulinismus führt.

Dieser könnte das plazentare GLUT1 System hochregulieren, wodurch die plazentare Barrierefunktion bei Diabetes herabgesetzt wird. Dafür spricht, daß der mütterliche periphere Insulinspiegel bei Diabetikerinnen signifikant höher war als bei Kontrollen und mit dem Spiegel der Glukose im Nabelschnurblut korrelierte ($r = 0{,}324$; $p = 0{,}0009$). Bei normoinsulinämischen Kontrollen hingegen besteht diese Korrelation nicht ($r = 0{,}073$; $p = 0{,}3046$).

Beim Schaf sinkt die foetale Glukose nach Stimulation der endogenen foetalen Insulinproduktion mit Tolbutamin um 25 % ab (Philipps et al. 1981). Bei unseren Untersuchungen am Menschen hatte der Insulingehalt im Nabelschnurblut jedoch keine Auswirkung auf den Glukosegradienten ($r = 0{,}038$; $p = 0{,}7024$). Anderenfalls müßte eine inverse Korrelation des Insulinspiegels und des Glukosespiegels im Nabelschnurblut nachweisbar sein. Es ist jedoch eine direkte Korrelation des Insulinspiegels im Nabelschnurblut mit dem MPG Spiegel ($r = 0{,}396$; $p = 0{,}0001$) und dem NSG Spiegel ($r = 0{,}523$; $p = 0{,}0001$) nachweisbar. Demnach ist im Nabelschnurblut der Insulinspiegel vom Glukosespiegel und nicht der Glukosespiegel vom Insulinspiegel abhängig. Dies weist darauf hin, daß der foetale Glukosestoffwechsel bei Diabetes auf einem erhöhten Niveau abläuft.

Ein veränderter Glukosetransfer durch chronische mütterliche Hypo- oder Hyperglykämie kann im Tierexperiment sowohl eine foetale Retardierung als auch eine Makrosomie mit entsprechenden Veränderungen der Insulinhomöostase nach sich ziehen (Hultquist 1950, Angervall 1959, Solomon 1959, Lazarow et al. 1960, Love et al. 1960, Kim et al. 1960, Lawrence und Contopoulos 1960, Baranow und Sokoloverova 1968, Rishi et al. 1969, Golob et al. 1970, Pitkin et al. 1971, Sybulski und Maughan 1971, Fujimoto und Fujii 1974, Pitkin und Van Orden 1974, Aerts und Van Assche 1977, Kervran et al. 1978, Eriksson et al. 1980, Gruppuso et al. 1981, Knopp et al. 1981, Susa et al. 1984).

Beim Menschen hingegen ist der Beitrag der mütterlichen Glykämie an diesen Störungen weniger klar (Hauguel et al. 1986). Zwar sind bei Diabetes und GDM häufiger Makrosomien und bei „flachem" oGTT stoffwechselgesunder Schwangerer (Langer et al. 1986) sowie bei sehr straff geführten insulinbehandelten GDM häufiger foetale Wachstumsrestriktionen nachweisbar (Langer et al. 1989), im Einzelfall kann jedoch, von Extrembereichen abgesehen, anhand der mütterlichen Glykämie weder eine foetale Makrosomie noch eine Wachstumsrestriktion sicher vorausgesagt werden. Eine Wachstumsrestriktion bei GDM ist nach Analysen von Grasso und Roversi (1987) kaum auf eine straffe Stoffwechselführung sondern vielmehr auf eine GDM-assoziierte Plazentainsuffizienz und foetale Hypoxie durch den foetalen Hyperinsulinismus zurückzuführen. Eine foetale Wachstumsrestriktion basiert fast nie auf einer chronischen mütterlichen Hypoglykämie und ist dennoch mit einer niedrigen foetalen Blutglukose assoziiert (Soothill et al. 1987, Economides et al. 1989). Bei Kordozentesen betrugen die foetomaternalen Glukosegradienten bei normalen Schwangerschaften ~90 % und bei foetaler Wachstumsrestriktion ~70 % (Nicolini et al. 1989, Economides et al. 1989). Die niedrigsten foetalen Glukosewerte wurden bei Plazentainsuffizienz und foetaler Hypoxie gemessen (Paterson et al. 1967). Bei retardierten Foeten ist auch der Insulin/Glukosegradient gegenüber der Norm erniedrigt (0,74 vs. 1,20), was auf eine Dysfunktion des foetalen Inselorganes retardierter Foeten hinweist (Economides et al. 1989).

Wie die Erfahrung lehrt ist die Prognose einer Makrosomie und/oder Foetopathie besonders im Bereich der mütterlichen Glykämie zwischen 80 und 130 mg/dl (4,4 und 7,2 mmol/l) schwierig (Weiss et al. 1986, 1988; Weiss 1996). Dies ist jedoch gerade jener Bereich, in welchem sich die meisten intensiv behandelten Diabetikerinnen befinden. Der Grund für diese Unsicherheit liegt in idiosynkratischen Variationen des Glukosetransfers bei Mutter-Foetus Paaren mit vergleichbarem mütterlichen Glukosespiegel (Fraser 1995), da individuelle Unterschiede der plazentaren Transport- und Pufferkapazität nicht vorhersehbar sind.

Bei unserer Studie hatten Diabetikerinnen und Kontrollen große Variationen des foetalen Glukosegradienten die an der hohen Standardabweichung erkennbar sind. Das heißt, die foetale Glukose variierte bei Diabetikerinnen im normoglykämischen Bereich (80–120 mg/dl; 4,4–6,7 mmol/l) zwischen 44 und 106 mg/dl (2,4 und 5,9 mmol/l) und im hyperglykämischen Bereich (> 120 mg/dl; > 6,7 mmol/l) zwischen 73 mg/dl und 153 mg/dl (4,0 und 8,5 mmol/l). Ähnlich große Variationen hatten auch stoffwechselgesunde Kontrollen mit vergleichbarer MPG.

Wegen dieser idiosynkratischen Variationen des Glukosetransfers und da längerdauernden Extremsituationen der Glykämie bei Diabetikerinnen therapeutisch vermieden werden, ist eine individuelle Vorhersage von diabetogen bedingten foetalen Wachstumsabweichungen auf der Basis mütterlicher Glukosewerte kaum möglich. Die Einschätzung der foetalen Stoffwechselsituation ist daher vor der Geburt anhand von Insulinwerten im Fruchtwasser und nach der Geburt anhand von Insulinwerten im Nabelschnurblut zuverlässiger als anhand von mütterlichen Glukosewerten.

4. Plazenta

Die Plazentaforschung konnte in den letzten Jahren bedeutende Fortschritte erzielen (Desoye 1988, Semmler und Emmrich 1989, Diamant 1991, Shafrir und Barash 1991, Desoye und Shafrir 1996).

Die Plazenta ist jedoch ein komplexes und noch immer nicht ausreichend verstandenes Organ, das jedoch zweifellos eine zentrale Rolle in der Schwangerschaft spielt. Neben der Synthese einer Reihe von Hormonen, reguliert sie den Transport von mütterlichen Nähr- und Brennstoffen zum Foetus und erleichtert die mütterliche Stoffwechselanpassung an die verschiedenen Schwangerschaftsstadien (Munro et al. 1983). Die Plazenta von Diabetikerinnen erweckte immer besonderes Interesse, da vermutet wird, daß die unverhältnismäßig hohe foetale Komplikationsrate bei Diabetes mellitus auf plazentare Störungen zurückzuführen ist (Persson et al. 1978). Die größte Anzahl der Publikationen beschäftigt sich mit licht- und elektronenoptischen Strukturanalysen, die übersichtlich von Fox (1978) zusammengefaßt wurden. Biochemische Studien haben sich, aus verständlichen Gründen, besonders auf den plazentaren Kohlenhydratstoffwechsel, in erster Linie Glykogenstoffwechsel konzentriert.

In den letzten Jahren beschäftigt sich eine zunehmende Anzahl von Publikationen mit der diabetischen Plazenta unter den verschiedensten Gesichtspunkten, die hier kurz zusammengefaßt werden. Dabei wird jedoch auf die Unzahl von Veröffentlichungen über die Plazentahistologie und -morphologie bei Diabetes mellitus nicht näher eingegangen. Anstatt dessen werden ausgewählte Übersichtsarbeiten für den interessierten Leser angegeben. Bereits in den 50er Jahren wurden bei IDDM eine Reihe von qualitativen histopathologischen Plazentaveränderungen beschrieben (Übersicht bei Emmrich und Gödel 1972) (Tabelle 39), die eine Ähnlichkeit mit jenen Veränderungen haben, die bei Rhesusunverträglichkeit auftreten (Hörmann 1958, Fox 1966).

Eine Reihe von Literaturangaben sind kontroversiell. Die Diskrepanzen scheinen davon herzurühren, daß verschiedene Studien ein unterschiedliches Krankengut, wie etwa einen leichten, mittelschweren oder schweren Diabets mellitus, mit und ohne Gefäßerkrankungen oder Toxämie, sowie ohne Berücksichtigung der Qualität der Stoffwechselkontrolle einschließen. Da über den Gestationsdiabetes weniger einschlägige Literatur vorliegt ist die Übersicht in erster Linie auf den Gestationsdiabetes gerichtet. Es werden jedoch auch Veränderungen bei IDDM oder bei gemischten Fällen angegeben. Dies ist jedoch deshalb von untergeordneter Bedeutung, da plazentare Veränderungen bei Gestationsdiabetes und IDDM qualitativ ident sind. Die pathologischen Veränderungen bei Gestations-

Tabelle 39. Histopathologische Befunde an Plazenten von Diabetikerinnen (nach einer Übersicht von Emmrich und Gödel 1972)

Befunde	Quelle
– Gefäßveränderungen	Hörmann 1958, Kloos 1965, Knopp 1955
– Ödem des Zottenstromas	
– Vermehrung der Hofbauer-Zellen	Fox 1967, Horky 1964
– Schäden des Trophoblastepithels	
– Intensivierung pathologischer Prozesse normaler Schwangerschaften	Burstein et al. 1957, 1963
– Verschlüsse der großen Arterien (Endarteriitis)	
– Regeneratives Zottenwachstum	
– Ödemneigung mit Vergrößerung der Resorptionszotten	Thomsen und Lieschke 1958
– Epitheldegeneration mit Bildung synzytialer Knoten	
– Starke Kalkablagerungen	
– Verminderung der Zahl foetaler Gefäße	
– Entwicklungshemmung der Chorionzotten	Esbach 1961
– Zottenvergrößerung ohne Hydrops	
– Reste der Langerhansschicht	
– Großzelliges Zottenstroma mit primitiven Kapillarsprossen	
– Reichlich rote und weiße Infarkte	Daschkewitsch 1964
– Ödem und Sklerose des Zottenstromas und verengte Gefäße	
– Relative Unreife mit dicken zellreichen Zotten und Stromaödem	Driscoll 1965
– Zotten mit zweischichtigem Trophoblast	
– Verzögerte Reifung der Resorptionszotten	Horky 1965
– Überstürzte Reifung der Resorptionszotten	
– Ödem des Stromas und subsyncytialen Raumes	Aladjem 1967
– Gruppe 1: Embryonale Zottenstrukturen	Kloos und Vogel 1968
– Gruppe 2: diskordant entwickelte Zottenstrukturen	
– Gruppe 3: Reifungsstörungen mit interkalarem Raminifikationsdefekt und Raminifikationsarrest	
– Gruppe 4: Hämangiomartig kapillarisierte Plazenta	
– Unreife oder vorzeitig reife Plazenten	Fox 1966, 1967, 1968, 1969
– Thromben in großen eingeengten Arterien	
– Unreife der Plazenta bei mütterlicher Angiopathie weniger ausgeprägt	Benirschke und Driscoll 1967
– Verkleinerte Fläche (Planimetrie) des intervillösen Raumes und der Zottenoberfläche	Clavero-Nunez und Botella-Llusia 1963
– Basalmembran elektronenoptisch entweder mäßig verdickt	Lister 1965, Okudaira et al. 1966
streckenweise verdickt, oder	Widmaier 1970
stark verdickt und herdförmig zerstört	Hirota und Strauss 1964

diabetes sind lediglich geringer ausgeprägt und nicht so häufig als jene bei IDDM.

4.1 Morphologie

Die Plazenten diabetischer Schwangerer sind in der Mehrzahl der Fälle größer und schwerer als bei Stoffwechselgesunden (Daschkewitsch 1964, Hörmann und Lemtis 1965, Horky 1964, Thomsen und Lieschke 1958). Bei Diabetikerinnen mit schlechter Stoffwechselkontrolle kann das Plazentagewicht sehr hoch sein, während es bei guter Stoffwechselkontrolle im oberen Bereich der Norm gelegen ist (Winick und Noble 1967). In Relation zum Gewicht des Kindes sind die Plazenten hingegen zu klein. Der Gewichtsindex Plazenta/Foetus beträgt je nach Reifungsstörung zwischen 0,186 und 0,157 (Vogel 1967, 1968). Das hohe Plazentagewicht ist auf die histologischen Veränderungen, insbesondere auf die Unreife und auf kompensatorische Vorgänge zurückzuführen. Ein hohes Plazentagewicht ist jedoch in erster Linie bei unerkanntem GDM oder unterbehandeltem IDDM niedriger White Klasse zu erwarten. Mit fortschreitender White Klasse nimmt das Plazentagewicht wieder ab (Driscoll 1965). Die Plazenten können stark hämorrhagisch und anämisch infarziert sein (Burstein et al. 1957, Thomsen und Lieschke 1958, Daschkowitsch 1964), wobei jedoch zu bedenken ist, daß Diabetes und Schwangerschaft häufig mit Präeklampsie assoziiert ist.

4.2 Histopathologie

Im Gegensatz zur äußerst umfangreichen Literatur über morphologische und histologische Plazentaveränderungen bei IDDM (Emmrich und Gödel 1972, Fox 1978, Haust 1981, Singer 1984, Laurini et al. 1987) wurden Veränderungen beim Gestationsdiabetes wenig beachtet. Die grobe Beurteilung der Plazenten bei GDM ergab keine besonderen Auffälligkeiten hinsichtlich des Gewichtes, der Anzahl kleiner Infarkte oder verkalkter Zonen (Aladjem 1967). Neuere Untersuchungen konnten jedoch zeigen, daß selbst bei leichtem GDM (IGT) schwere Zottenreifungsstörungen 3mal häufiger nachweisbar sind als bei Kontrollen (Schäfer et al. 1997). Bei IDDM besteht weitestgehend Übereinstimmung, daß die Plazenta in den meisten Fällen vergrößert ist, und daß Infarkte etwa fünfmal häufiger angetroffen werden als bei Kontrollen (Fox 1978, Haust 1981, Singer 1984).

Im Phasenkontrastmikroskop sind drei Arten von Pathologie nachzuweisen (Aladjem 1967):

1. Pathologie des Syncytiums einschließlich Ablösung, Einrisse oder Auflösung; subsyncytiales Ödem und Hyperplasie des Syncytiums;
2. Pathologie des Stromas wie Ödem und intravillöse Blutungen;
3. kombinierte Pathologie des Syncytiums und des Stromas.

Versuche, die Plazentapathologie mit dem foetal outcome zu korrelieren, ergaben, daß alle neonatalen Komplikationen und perinatalen Verluste mit kombinierten Sycytium- und Stromaveränderungen oder Stromaveränderungen allein assoziiert waren, während ausschließlich syncytiale Veränderungen keine negativen Auswirkungen auf das Kind hatten. Syncytiale Veränderungen ähnelten Befunden der normalen Plazenta am Termin, waren jedoch übersteigert. Auch ein vorzeitiges Altern der Plazenta wurde beschrieben (Emmerich et al. 1978). Übereinstimmend wird ein vorzeitiges Altern oder eine persistierende Unreife besonders der Terminalzotten in verschiedenem Ausmaß als pathognomonisch beschrieben (Jones und Fox 1976).

Elektronenoptisch nachweisbare Veränderungen der Plazenta bei Gestationsdiabetes sind in der Tabelle 40 zusammengefaßt.

Diese abnormalen Befunde waren nicht in jeder Plazenta gemeinsam nachweisbar, es gab jedoch keine Plazenta in welcher nicht irgendeine dieser Veränderung zu finden waren. Jede dieser Veränderungen können auch bei normalen Schwangerschaften auftreten, jedoch in einem weit geringerem Ausmaß. Die Mehrzahl der Plazenten bei Gestationsdiabetes zeigten Veränderungen die auch bei IDDM zu finden sind, jedoch weniger ausgeprägt und weniger häufig. Interessanterweise wurden bei GDM mit Insulintherapie oder Diätbehandlung idente Plazentaveränderungen beschrieben (Jones und Fox 1976). Dies steht im Gegensatz zu unseren eigenen Untersuchungen über die Affinität und Anzahl der Insulinrezeptoren, die sich in Abhängigkeit von der Therapie signifikant unterscheiden (Desoye et al. 1986). Diese Diskrepanz könnte durch Unterschiede in der Intensität der Stoffwechselkontrolle bedingt sein. Während in den meisten Zentren die Insulindosis bei Gestationsdiabetes zwischen 10 und 30 E/24 h betrug (Kalkhoff 1985), betrug diese an unserer Klinik 60 bis 90 E/24 h.

Die Verteilung und Menge der plazentaren sauren Phosphatase, Arylsulfatase und alkalischen Phosphatase ist bei Diabetes nicht verändert, wie mit ultrahistochemischen Methoden nachgewiesen wurde (Jones und Fox 1976). Aus den Untersuchungen der Ultrastruktur wurde abgeleitet, daß

Tabelle 40. Veränderungen der Plazenta bei Gestationsdiabetes (nach Jones und Fox 1976)

Fleckige Nekrosen des Syncytiums
Erhöhte Anzahl syncytialer Sekrettröpfchen
Auflockerung des syncytialen endoplasmatischen Retikulums
Erhöhte Aktivität der syncytialen Lyosomen
Hyperplasie des Cytotrophoblasten
Erhöhte Anzahl aktiver Cytotrophoblastzellen
Degenerative Veränderungen in vereinzelten Cytotrophoblastzellen
Fokale Verdickungen der Basalmembran des Trophoblasten
Gefäßverengungen der bereits kleinen foetalen Gefäße durch vergrößerte Endothelzellen

die Vermeidung einer Hyperglykämie per se Plazentaveränderungen nicht verhindert. Es wurde daher vermutet, das bisher unbekannte Komponenten des Diabetes, die nur teilweise durch Diät oder Insulintherapie beeinflußt werden können, für die Veränderungen verantwortlich sind.

4.3 Histomorphometrie

In den vergangenen Jahren wurden Versuche unternommen, die morphologischen Veränderungen bei gestörtem Kohlenhydratstoffwechsel durch morphometrische Analysen zu quantifizieren, um eine Plazentaschädigung genau definieren zu können. Eine der Studien beschränkte sich auf Diabetikerinnen der White-Klasse A, wobei die Daten mit einer sorgfältig angepaßten Kontrollgruppe verglichen wurden (Teasdale 1981). Die Plazenten der Gestationsdiabetikerinnen waren etwas größer als die der Kontrollen, die Unterschiede waren jedoch nicht statistisch signifikant. Das höhere Plazentagewicht war in erster Linie auf eine signifikante Vermehrung des Parenchymgewebes zurückzuführen und war von einer Vergrößerung der Oberfläche und einem höheren Zellgehalt begleitet. Das Parenchymgewebe umfaßte die Trophoblastschicht, die Kapillaren der peripheren Zotten und der Stammzotten und den intervillösen Raum und enthielt somit alle Anteile, die dem metabolischen Austausch zwischen Mutter und Foetus dienen.

Der Befund einer Hyperplasie des Cytotrophoblasten (Jones und Fox 1976) bei Gestationsdiabetikerinnen wurde jedoch nicht durch einen Anstieg an Cytotrophoblastkernen untermauert. Der Anteil an hochspezialisierten syncytiovaskulären Membranen war in beiden Gruppen ähnlich, im Gegensatz zu anderen Untersuchungen, in denen in diabetischen Plazenten ein verminderter Anteil gefunden wurde (Liebhart 1971).

Die vergrößerte Austauschfläche in Form vergrößerter peripherer und villöser Kapillaroberflächen und Volumina des intervillösen Raumes lassen Kompensationsvorgänge vermuten, um dysfunktionelle Stoffwechselprozesse auszugleichen und eine entsprechende foetale Entwicklung zu gewährleisten.

4.4 Immunpathologie

Wegen der Häufigkeit des Diabetes und der offensichtlichen Beteiligung immunologischer Vorgänge bei dessen Genese wurden an Plazenten von Diabetikerinnen immunopathologische Untersuchungen durchgeführt. Diese Untersuchungen sind umso mehr berechtigt, als immunologische Mechanismen unter bestimmten Gesichtspunkten die Ergebnisse einer Schwangerschaft beeinflussen können (Übersicht bei Galbraith 1979). Bei Plazenten von IDDM wurde daher die Menge und Verteilung von Immunglobulinen, Komplementfaktoren sowie bestimmter Gerinnungsfaktoren und Protease-Inhibitoren untersucht. Dabei wurden im Vergleich zu normalen Plazenten generell große Unterschiede in der Menge jedoch nicht unbedingt in der Verteilung nachgewiesen. Insbesondere wurden in der Basalmembran des Trophoblasten große Mengen der Komplementkomponenten C3 und C9 gefunden, die stark auf immunpathololologische Vorgänge in Plazenten von Diabetikerinnen mit langer Diabetesdauer hinweisen (Galbraith und Faulk 1979).

Plazenten von Gestationsdiabetikerinnen wurden hinsichtlich des Gehaltes und der Verteilung verschiedener Immunglobuline (IgG und Komplementkomponenten C4, C3 und C9), Gerinnungsfaktoren (Plasminogen und Fibrinogen) und Proteaseinhibitoren (Alpha-1-Antitrypsin und Alpha-2-Makroglobulin) untersucht.

Die am häufigsten nachgewiesenen Unterschiede im Vergleich zu Plazenten Stoffwechselgesunder lagen beim Alpha-2-Makroglobulin, bei den Komplementfaktoren C4 und C3 im intervillösen Raum und bei Gerinnungsfaktoren im Bezug zu Arealen mit fibrinoider Nekrose. Weniger häufig wurden vermehrte Ablagerungen von Alpha-1-Antitrypsin, IgG im Stroma und C9 an den Basalmembranen des Trophoblasten gefunden (Galbraith et al. 1981).

Die Befunde bei GDM sind ident zu jenen bei IDDM jedoch weniger ausgeprägt. Sie weisen darauf hin, daß eine Störung des Kohlenhydratstoffwechsels in der Schwangerschaft, selbst bei nur geringer Ausprägung, mit immunpathologischen Vorgängen in der Plazenta assoziiert sein kann.

Die erhöhte Ablagerung von Komplementkomponenten an der Basalmembran ist jedoch unspezifisch, da sie auch unter anderen pathologischen Schwangerschaftsbedingungen wie etwa Präeklampsie (Sinha et al. 1984) oder Malaria (Galbraith 1980) gefunden wurde. Die getrennte Lokalisation von C4 in den intervillösen Räumen wurde dahingehend interpretiert, daß die Aktivierung von Komplement innerhalb der Zotten über den alternativen Weg erfolgt (Faulk et al. 1980).

Die erhöhte Menge an Fibrinogen, Plasminogen und Alpha-2-Makroglobulin korreliert mit der Anzahl an fibrinoiden Nekroseherden, die häufig in diabetischen Plazenten gefunden werden (Fox 1978). Es kann angenommen werden, daß diese Vorgänge Störungen des Gerinnungsmechanismus spiegeln, die möglicherweise auch den Foetus beeinträchtigen. Dafür spricht auch die Beobachtung einer verminderten Freisetzung von Prostacyklin PGI_2 durch erhöhte Glukosekonzentrationen in Trophoblastzellkulturen (Rakoczi et al. 1986), da PGI_2 ein potenter Antiaggregationsfaktor ist und die Throbozytenaggregation und Thrombusbildung hintanhält (Samuelson et al. 1978). Darüber hinaus gibt es bei Plazenten von Gestationsdiabetikerinnen Hinweise für eine herabgesetzte Freisetzung von endogenem Heparin oder heparinähnlichen Substanzen aus deren Komplexen mit Plazenta Protein 5 (PP 5) auf beifügen von Protamin. Dies weist auf einen niedrigeren Gehalt von heparinähnlichen Substanzen im plazentaren Kreislauf hin und darauf, daß PP 5 in das Gerinnungssystem involviert sein könnte (Salem et al. 1981).

Neben den oben erwähnten diabetesassoziierten Plazentabefunden, die sehr unspezifisch erscheinen, wurden auch Beobachtungen mitgeteilt, die eher in spezifischer Beziehung zum gestörten Kohlenhydratstoffwechsel stehen. Der plazentare Transport von mütterlichen Immunglobulinen ist bekannt und dient als Schutzmechanismus für den Foetus (Brambell 1970). Bei Diabetes ist in erster Linie der Transport von Insulin-, Inselzell- und Insulinrezeptorantikörpern von Interesse. Tatsächlich wurden bei Gestationsdiabetikerinnen mütterliche Inselzellantikörper im foetalen Kreislauf nachgewiesen (Gamlen et al. 1977, Ziegler et al. 1993). Darüber hinaus wurde bei der Mehrzahl der Diabetikerinnen im Gegensatz zu Stoffwechselgesunden die Bindung von fluoreszinmarkiertem Insulin an Plazentagewebe beobachtet, was als Hinweis für die Anwesenheit von Insulinantikörpern gedeutet wurde (Burstein et al. 1963). Auf der Basis des heutigen Wissens über die plazentaren Insulinrezeptoren erscheint diese Deutung jedoch zweifelhaft.

Zweifelsfrei ist die Plazenta von Diabetikerinnen immunologisch aktiver als bei Stoffwechselgesunden. Die vermehrte Ablagerung von Antikörpern und Immunkomplexen in der Plazenta könnte zu den Gewebsschädigungen führen, die sowohl bei GDM als auch IDM hinlänglich bekannt sind (Fox 1978). Nach dem derzeit verfügbaren Schrifttum, scheinen die bisher diskutierten Veränderungen nicht besonders eng mit dem Ausmaß der mütterlichen Stoffwechselstörung zu korrelieren. Daraus kann geschlossen werden, daß ein mütterlicher Diabetes auf eine an sich normale Schwangerschaft einen immunologischen Streß aufpfropft, der in der Folge zu einer Plazentaschädigung mit potentiell schweren foetalen Konsequenzen führen kann (Faulk et al. 1980).

4.5 Kohlenhydratstoffwechsel

Neben morphologischen und histologischen Veränderungen der Plazenta ist der plazentare Kohlenhydratstoffwechsel diabetischer Mütter von großem Interesse. Während sich frühe Untersuchungen in erster Linie auf die Produktion und den Abbau von Glykogen konzentrierten, wurden in letzter Zeit auch andere Aspekte, wie Enzymaktivitäten oder Insulinrezeptoren untersucht.

Die Konzentration der D-Glukose ist im mütterlichen Plasma höher als im foetalen Plasma (Morriss et al. 1975, Kalhan et al. 1979) und die Glukose im foetalen Kompartiment stammt zur Gänze von der Mutter (Kalhan et al. 1979). Darüber hinaus passiert die Glukose nicht nur die Plazenta von der Mutter zum Foetus, sondern dient auch als das wichtigste Substrat für den aeroben Stoffwechsel in der Plazenta selbst (Meschia et al. 1980). Rund 50–60 % der Glukose, die das mütterliche Kompartiment verläßt, wird von der Plazenta umgesetzt, und nur der Rest wird vom Foetus aufgenommen (Meschia et al. 1980, Schneider et al. 1981).

Das metabolische Schicksal der Glukose in der Plazenta wurde mit Hilfe von radioaktiv markierter Glukose untersucht. Die Aufspaltung der Glukose durch verschiedene Stoffwechselwege wurde aus der Verteilung der Markierung in verschiedenen Metaboliten verfolgt. In reifen Plazenten werden 90 % der Radioaktivität im Embden-Mayerhof pathway aufgefunden; die Pentose-Phosphat und die Non-Triose-Phosphat Pathways (einschließlich der Glykogensynthese) sind für je 5 % der abgebauten Glukose verantwortlich (SAKURAI et al. 1969). Der größte Anteil der Glukose wird als Energiespender für Transportaktivitäten und zur Proteinsynthese verbraucht, ein Vorgang der plazentaspezifisch ist (Abb. 23).

Etwa 30 % der aufgenommenen Glukose wird von der Plazenta in Laktat umgewandelt (MESCHIA et al. 1980, SCHNEIDER et al. 1981), welches dann primär an die mütterliche Seite abgegeben wird (SCHNEIDER et al. 1981), sehr wahrscheinlich ohne Transportmechanismen durch einfache Diffusion (ILLSLEY et al. 1986). Beim Schaf könnte eine kleine Menge an Laktat, die zum Foetus transportiert wird, als Substrat für den Sauerstoffverbrauch dienen. Ähnliche Hinweise fehlen jedoch beim Menschen (FABER und THORNBURG 1983).

Die Aufnahme und der Transport der Glukose zum Foetus über die Plazenta ist ein natriumunabhängiger Prozeß, der einer Sättigung der Transportkapazität unterliegt und durch Phloretin inhibiert wird. Dies weist auf einen Vorgang hin, der durch Trägermoleküle (Carrier) vermittelt wird. Die plazentaren Strukturen, die für die Glukoseaufnahme und den Glukosetransport verantwortlich sind, sind im Trophoblast und Syncytiotrophoblast gelegen und sind hinsichtlich ihrer Funktion auf getrennten

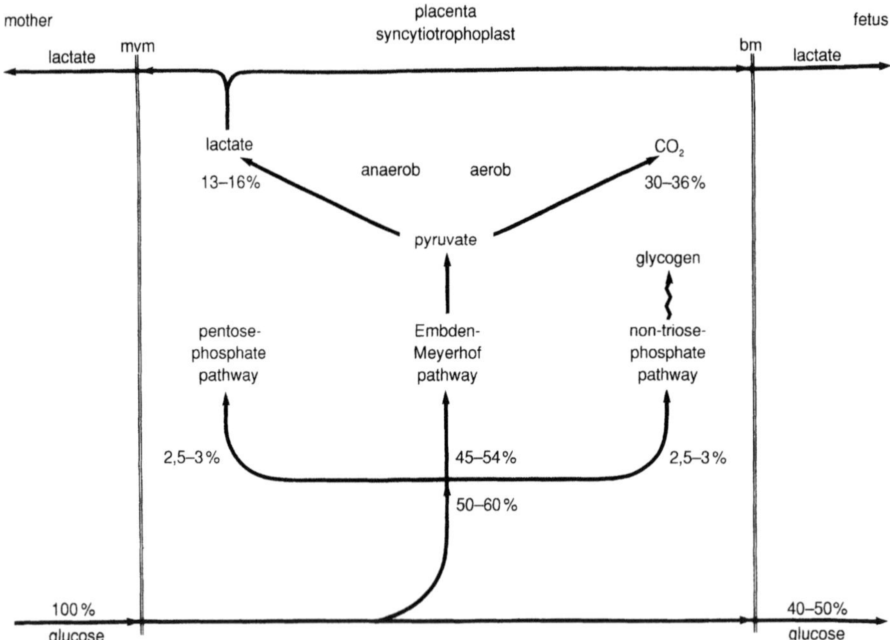

Abb. 23. Schicksal der mütterlichen Glukose in der Plazenta. Die Prozentzahlen beziehen sich auf 100 % mütterliche Glukose vor Eintritt in die Plazenta. *mvm* microvillous membrane, *bm* basal membrane (nach DESOYE 1988) (aus: WEISS PAM, COUSTAN DR, Gestational Diabetes, Springer 1988)

Plasmamembranen polarisiert (WHITSETT 1980, TRUMAN und FORD 1984). Grenzmembranen mit Bürstensaum sind reich an Insulinrezeptoren und alkalischer Phosphatase und enthalten Na^{+}-abhängige Aminosäuretransporter. Die Grenzmembranen ohne Bürstensaum sind reich an hormonabhängiger Aktivität der *Adenylat Cyclase*, an betaadrenergen Rezeptoren und einem ATP-abhängigen Ca^{++}-Transportsystem. Diese Polarisierung ermöglicht verschiedene Interaktionen an den mütterlichen- und foetalen plazentaren Grenzflächen. In beiden Grenzmembranen konnten Transportmoleküle für Glukose nachgewiesen werden (BISSONNETTE et al. 1981, JOHNSON und SMITH 1985), die ähnliche Eigenschaften und eine ähnliche Transportkapazität pro Flächeneinheit hatten. Die Oberfläche der Basalmembran beträgt jedoch in vivo nur ein Fünftel der Oberflächenmembran der Mikrovilli (LAGA et al. 1973). Somit hat die Basalmembran eine geringere totale Kapazität und könnte daher den limitierenden Faktor des plazentaren Glukosetransportes darstellen.

Hohe Konzentrationen von Östriol und Progesteron inhibieren die Glukosetransportsysteme sowohl in den Mikrovilli als auch in der Basalmembran (JOHNSON und SMITH 1985). Der Spiegel der Steroidhormone im mütterlichen Blut steigt während der gesamten Schwangerschaft kontinuierlich an (DESOYE et al. 1987). Dazu kommt, daß die lokalen Konzentrationen in der Plazenta hoch genug sind, um den Glukosetransport zu unterdrücken (SMITH und BRUSH 1978). Ob diese Art der Kontrolle über den Glukosefluß in vivo stattfindet, ist noch eine offene Frage, sie würde im Hinblick auf den Mechanismus einmalig sein.

Ein weiteres regulierendes Hormon für den Glukosetransport könnte Insulin sein, welches dafür bekannt ist, daß es das Recycling der Transportmoleküle in die Plasmamembran der Fettzellen stimuliert (KONO 1983). In Perfusionsstudien wurden jedoch weder die Aufnahme noch der Transfer der Glukose oder die Laktatfreisetzung durch Insulin signifikant beeinflußt (CHALLIER et al. 1986). Der plazentare Glukosetransport wird offensichtlich nicht durch einen maternalen Hyper- oder Hypoinulinismus reguliert und scheint auch durch die Sättigung der Glukosetransporter unbeeinflußt zu sein, was auf einen fehlenden feedback-Mechanismus hinweist (NESBITT et al. 1973). Somit scheinen Glukoseaufnahme und -transfer der menschlichen Plazenta autonom von Mutter und Foetus zu sein und nur durch die Transportkapazität der Basalmembran des Trophoblasten limitiert zu werden.

Bei der Ratte wird ein biphasischer Verlauf des Glykogengehaltes in der Plazenta mit einem Maximum am 16. Gestationstag und einem Minimum am 22. Gestationstag beschrieben (GEWOLB et al. 1983). Bei streptozotozindiabetischen Ratten läuft der plazentare Glykogengehalt ähnlich, jedoch auf dem doppelten Level ab. Dabei ist die totale Phosphorylaseaktivität von 16. bis zum 22. Tag deutlich höher als bei Kontrollen, die Phosphorylase-A-Aktivität hingegen niedriger, entsprechend der erhöhten Glykogenkonzentration dieser Zeit. Die diabetischen Plazenten hatten in den letzten drei Gestationstagen eine erhöhte totale Synthase-Aktivität, obwohl die Synthase-A-Aktivität erniedrigt war (GEWOLB et al. 1983).

Bei mütterlichem Diabetes mellitus oder Gestationsdiabetes wird die Plazenta mit großen Glukosemengen konfrontiert. Von einem Teil der Glukose wird vermutet, daß sie zur Synthese von Polysacchariden einschließlich Glykosaminoglycan verwendet wird, worauf eine Akkumulation dieser Substanzen im Plazentagewebe hinweist (Abramovici et al. 1978). Dies könnte einen Mechanismus lokaler Homöostase spiegeln, der eine erhöhte Glukoseutilisation zu höheren Polymeren wie Polysacchariden, Glycoproteinen oder Glykogen verursacht.

Die menschliche Plazenta enthält beträchtliche Mengen an Glykogen, die im ersten Trimester höher sind als am Ende der Schwangerschaft (Shafrir und Barash 1991). Glykogen ist in den Stammzotten, in den größeren foetalen Blutgefäßen (Robb und Hytten 1976), im Amnionepithel (Wang 1980) und in kleinen Haufen und individuellen Partikeln, wie auch im Zytoplasma, syncytialen Knospen und Syncytium lokalisiert (Boyd 1958, Fox 1978). Es wurde zuerst vermutet, daß plazentares Glykogen eine Energiequelle für den Foetus sein könnte. Die foetale Leber ist jedoch im Notfall wesentlich besser ausgerüstet, foetalen Bedürfnissen nachzukommen, da sie zehnmal mehr Glykogen speichert als die Plazenta. Daher ist es viel wahrscheinlicher daß Glykogen für den lokalen Bedarf gespeichert wird und wahrscheinlich für den Notfall als Energiereserve für die vasomotorischen Funktionen der Plazentargefäße zur Regulierung des Austausches essentieller Substanzen, wie etwa Sauerstoff und Kohlendioxyd, eine wichtige Rolle spielt. Diese Annahme wird durch einen verstärkten Abbau von Glykogen bei Hypoxie unterstützt (Demers et al. 1972, Gabbe et al. 1972). Darüber hinaus könnte Glykogen für den anaeroben Transport der Aminosäuren in die Plazenta gegen ein Konzentrationsgefälle die Energie liefern (Longo et al. 1973).

Ein verminderter Glykogengehalt in der Plazenta ist das Resultat einer herabgesetzten Produktion durch die Shift einer Glukose-6-Phosphatase-unabhängigen zu einer glykogen-Synthetayse- (Enzym Katalog Nr. EC 2.4.1.11) -abhängigen Synthese und eine begleitende Degradation durch Aktivation von Glykogen-Phosphorylase (EC 2.4.1.1) (Demers et al. 1972). Die Wahrscheinlichkeit der Rolle eines Energielieferanten von Glykogen ist jedoch limitiert durch Berichte von sehr niedrigen Glykogenkonzentrationen (Di Pietro et al. 1967) oder den Mangel von Glukose-6-Phosphatase (EC 3.1.3.9) zur Umwandlung von Glykogen in Glukose (Walker et al. 1967). Möglicherweise wird Glukose auch durch Vermittlung einer nicht spezifischen plazentaren alkalischen Phosphatase (EC 3.1.3.1) gebildet, welche Glukose-6-Phosphatase in vitro hydrolysiert (Hafez 1964). Dieses Enzym ist nur in Plazenten des dritten Trimesters vorhanden, in welchem der Glykogengehalt herabgesetzt ist (Jones und Fox 1976). Die Lokalisation im Syncytiotrophoblasten und die Apposition an Membranen des Cytotrophoblasten und Syncytiotrophoblasten (Hulstaert et al. 1973, Jones und Fox 1976) macht die Beteiligung solch einer Phosphatase topologisch möglich. Da sowohl die Glykogensynthetase als auch die Glykogenphosphorylase in der Leber (Bishop und Larner 1967) und im Muskel (Villar-Pallasi und Larner 1961) insulinabhängige Enzyme sind, ist es angemessen, auch in der Plazenta eine regulative Rolle von Insulin anzunehmen. Die Stimulation der plazentaren Glukoseaufnahme durch Insulin (Villes 1953) und eine Glykogenantwort in Plazentagewebskulturen nach Beifügen von Insulin zum Kulturmedium (Demers et al. 1972) gilt als erwiesen. Der letztere Effekt wird durch eine Shift von einer abhängigen zu einer unabhängigen Form der Glykogensynthetase hervorgerufen. Dies resultiert in einer erhöhten Glykogensynthese, die unabhängig von der Glukosekonzentration im Medium ist. Es gab jedoch auch eine andere Studie, in welcher kein Effekt des Diabetes oder des mütterlichen und foetalen Insulinspiegels auf den Glykogengehalt der Plazenta nachweisbar war (Robb und Hytten 1976). Von Szabo und Grimaldi (1970) konnte auch keine Insulinwirkung auf die Glukoseaufnahme oder -oxydation nachgewiesen werden.

Forschungsergebnisse der Grazer Gruppe um Desoye konnten zeigen, daß der Glykogengehalt von isolierten Syncytiotrophoblastzellen in vitro rund 18 µg/mg Protein beträgt und weder durch eine höhere Glukosekonzentration noch durch eine höhere Insulinkonzentration im Kulturmedium beeinflußt wird (Schmon et al. 1991). Das weist darauf hin, daß Glykogen in anderen Zellen der Plazenta gespeichert wird.

Basierend auf der Korrelation des plazentaren Glykogengehaltes mit der Konzentration der Insulinrezeptoren und auf den Insulin-Insulinrezeptor Komplexen in Plazenten von Gesunden und diätbehandelten Gestationsdiabetikerinnen, konnte an der Grazer Frauenklinik kürzlich gezeigt werden, daß Insulin den plazentaren Glykogengehalt über seinen Rezeptor reguliert (Desoye et al. 1986).

Nach unserem Wissen wurden bisher keine Versuche unternommen, denkbare autokrine Auswirkungen von plazentarem Laktogen (hPL) auf den Glykogengehalt der Plazenta zu enträtseln, obwohl die diabetogenen Eigenschaften des Hormones (Beck und Daughaday 1967) solche Untersuchungen anregen sollten.

Generell ist ein erhöhter Glykogengehalt in Plazenten von IDDM unwidersprochen (Heijkenskhold und Gemzell 1957, Fischer und Horky 1966, Gabbe et al. 1972, Diamant et al. 1982, Diamant und Kissilevitz 1983), wie auch eine gesteigerte Produktion von Laktat (Ginsburg und Jeacock 1966). Der Glykogengehalt der Plazenta kann sowohl bei IDDM als auch bei GDM das zwei- bis zehnfache der Norm betragen (Shafrir und Barash 1991).

Die Erhebung solcher Daten für Plazenten von Gestationsdiabetikerinnen verlangt ein subtileres Vorgehen, da gezeigt werden konnte, daß der Glykogengehalt, ausgedrückt als g Glykogen pro gesamter Plazenta, erhöht ist, während er in Relation zu mg DNA oder zu g Plazentagewebe unverändert ist (Gabbe et al. 1972, Diamant und Kissilevitz 1983). Ein noch komplizierteres Bild ergibt sich beim Vergleich eines diätbehandelten und insulinbehandelten Gestationsdiabetes. Während bei Diättherapie ein erniedrigter Glykogengehalt (80 %) pro g Plazentagewebe nachweisbar war, war dieser bei Insulinbehandlung unverändert und bei IDDM erhöht (Desoye et al. 1986, 1992). Diese Resultate können durch unterschiedliche plazentare Enzymaktivitäten bei GDM und IDDM erklärt werden (Tabelle 41).

Die Affinität und die Konzentration von Insulinrezeptoren sind zusätzliche Determinanten der Insulinwirkung in Zielgeweben. In der menschlichen Plazenta sind hohe Konzentrationen an Insulinrezeptoren nachzuweisen (POSNER 1973, HAOUR und BERTRAND 1974, MARSHALL et al. 1974, TAKANO et al. 1975, STEEL et al. 1979, ARMSTRONG et al. 1982), und die Plazenta ist jenes Gewebe, aus dem Insulinrezeptoren isoliert wurden (WILLIAMS und TURTLE 1979, HARRISON und ITIN 1980). Die Autoradiographie mit 125I-Insulin und Elektronenmikroskopie unter Verwendung von Insulin-Ferritin Konjugaten konnte nachweisen, daß die Insulin Bindungsstellen an der Membran der Mikrovilli des Syncytiotrophoblast lokalisiert sind

Tabelle 41. Unterschiede verschiedener Enzymaktivitäten mit Regelfunktion beim Kohlenhydratstoffwechsels bei Gestationsdiabetes (GDM) und insulinpflichtigem Diabetes (IDDM) im Vergleich mit Stoffwechselgesunden

	Enzym		GDM	IDDM	Quelle
1	Glycogensynthetase				GABBE et al. 1972
	EC 2.4.1.11				
	Gluc-6-P	unabhängig	=	–	
		abhängig	+	=	
2	Glycogenphosphorylase				GABBE et al. 1972
	EC 2.4.1.1				
	5′-AMP	unabhängig	=	+	
		abhängig	+	+	
3	Pyruvatkinase				DIAMANT et al. 1984
	EC 2.7.1.40		+	–	
4	Glucose-6-Phosphat-Dehydrogenase				DIAMANT et al. 1984
	EC 1.1.1.49		+	+	
5	6-Phospho-Gluconat-Dehydrogenase				DIAMANT et al. 1984
	EC 1.1.1.43		+	+	
6	PEP-Carboxylase				DIAMANT et al. 1984
	EC 4.1.1.31		=	=	
7	Aspartat-Amino-Transferase				DIAMANT et al. 1984
	EC 2.6.1.1		=	=	
8	NADP-Malat-Dehydrogenase				DIAMANT et al. 1984
	EC 1.1.1.40				
		pro g Protein, g DNA	=	+	
		pro Gesamtplazenta	+	=	

Die Enzyme sind dem Glykogenstoffwechsel (1, 2), der Glykolyse (3), dem Pentose Phosphat Weg (NADP Bildung) (4, 5) und der Glukoneogenese (6–8) zugeordnet. + Aktivität erhöht, – vermindert, = unverändert

(Nelson et al. 1978, Whitsett und Lessard 1978). Die physiologische Bedeutung des plazentaren Insulinrezeptors bedarf noch einer eindeutigen Klärung. Wie in anderen Zellen stimuliert Insulin die Tyrosinphosphorylierung seines Rezeptors (Avruch et al. 1982). Von diesem Vorgang wird angenommen, daß er eine Schlüsselfunktion der Signalwirkung der intrazellulären Insulinaktivität innehat. Ferner ist mit dem plazentaren Insulinrezeptor eine Proteinkinaseaktivität assoziiert, die in vitro Kaninchen-Muskelactin (Machicao et al. 1983) sowie endogenes (Membran) und exogenes Phosphatidylinositol (Machicao und Wieland 1984) phosphoryliert. Indirekte Hinweise lassen vermuten, daß der Insulinrezeptor seine Funktionen an Glykogen und N-Azetyl-Neuraminsäure – einem Kohlenhydratmolekül, das in jedem Membran-Glykoprotein vorhanden ist – entfaltet (Desoye et al. 1986).

Der Zustand der plazentaren Insulinrezeptoren bei Diabetes mellitus wird uneinheitlich diskutiert. In einer Untersuchung war die Insulinbindung am Rezeptor durch den mütterlichen Diabetes nicht beeinflußt, wobei auf die Schwere der Erkrankung jedoch nicht eingegangen wurde (Posner 1973). Andererseits wurde von Harrison et al. (1977) bei IDDM in der Membranfraktion der Plazenta eine signifikante Verminderung der Rezeptorkonzentration auf etwa die Hälfte der Norm beschrieben.

Bei GDM ist die Rezeptorzahl herabgesetzt (Duran-Garcia et al. 1979). Die Wichtigkeit, das Ausmaß der mütterlichen Erkrankung zu berücksichtigen, wird durch die Tatsache hervorgehoben, daß bei einer gemischten Gruppe von Frauen mit GDM und IDDM eine scheinbar unveränderte Rezeptoraffinität und -konzentration gefunden wurde (Desoye und Weiss 1987, Desoye et al. 1992). Gestationsdiabetikerinnen, die entweder mit Diät allein oder nach dem Grazer Schema (Weiss et al. 1986) mit Diät und exogenem Insulin behandelt wurden, zeigten hingegen unterschiedliche Muster. Die spezifische Bindung war bei Diätbehandlung (6,2 ± 2,2 %) um 30 % niedriger und bei Insulinbehandlung (16,4 ± 10,2 %) um 90 % höher als bei gesunden Kontrollen (8,7 ± 2,5). Im Vergleich mit Kontrollen hatten diätbehandelte Gestationsdiabetikerinnen nur 40 %, insulinbehandelte hingegen mehr als doppelt so viele Insulinrezeptoren, bezogen auf die gesamte Plazenta. Bei Patienten mit IDDM war die spezifische Bindung (18,5 ± 10,6 %) auf Grund einer höheren Rezeptorzahl signifikant höher als bei den Kontrollen, hingegen ähnlich wie bei insulinbehandeltem GDM. Die maximale spezifische Bindung und die Rezeptorkonzentration zeigte keine lineare Korrelation zum mütterlichen Insulinspiegel. Die Rezeptoraffinität ($1{,}8 \times 10^9$ l/mol) war in allen Gruppen praktisch ident (Desoye et al. 1992).

Mechanistisch ausgedrückt ist die Abnahme der Rezeptorkonzentration das Endresultat eines verminderten Rezeptorrecyclings in die Membranen und/oder einer verminderten Synthese und rascheren Degradation der Rezeptoren. Der Anstieg der Rezeptoraffinität kann durch eine veränderte Lipidzusammensetzung in den Membranen der Mikrovilli, was eine der Determinanten der Rezeptoraffinität darstellt, verursacht sein. Die Veränderungen des Lipidmilieus der Membranen kann somit eine Möglichkeit zur Regulation der Rezeptoraffinität darstellen (Desoye et al. 1986, Desoye und Weiss 1987) und damit indirekt die intrazelluläre Insulinwirkung regeln.

Das gegenwärtige Bild des plazentaren Kohlenhydratstoffwechsels bei GDM kann somit folgendermaßen zusammengefaßt werden:

- Ein herabgesetzter Glykogengehalt pro funktioneller Plazentaeinheit;
- die Glykogen-Synthetase wird als Folge der herabgesetzten intrazellulären Insulinwirkung wegen des Rezeptordefektes (verminderte Rezeptorkonzentration) durch Insulin weniger aktiviert (verminderte Fraktion der abhängigen Form);
- die Glukoneogenese ist pro funktioneller Plazentaeinheit unverändert;
- die Glykolyse ist erhöht, was möglicherweise zu einer erhöhten Laktatproduktion im Falle einer Hypoxie führt;
- die Bildung von NADP ist erhöht, möglicherweise um den Energiebedarf der Plazenta trotz vermindertem Glykogengehalt zu decken.

Leider sind unseres Wissens nach bisher wenige Daten über den Einfluß des GDM auf den plazentaren Transport von Glukose und Laktat verfügbar. Solche Studien könnten zur Entwirrung der komplexen Prozesse des plazentaren Kohlenhydratstoffwechsels beitragen.

4.6 Lipidstoffwechsel

Die Lipidmenge der Plazenta ist klein (Robertson und Sprecher 1968, Younoszai und Haworth 1969), was auf eine geringe Beteiligung der Plazenta am Lipidstoffwechsel hinweist. Freie Fettsäuren werden jedoch von der Mutter zum Foetus transportiert. Foetale Gewebe, einschließlich des Hirnes, können Fettsäuren und ihre Nebenprodukte (Ketone) zur Bildung von Lipiden und im gewissen Ausmaß zur Energiegewinnung nutzen (Hull 1975). Der Plazenta wird ein beträchtlicher Beitrag zum Tranport der mütterlichen freien Fettsäuren zum Foetus zugeordnet.

In Anbetracht der bedeutenden Veränderungen, welchen der mütterliche Lipid und Lipoproteinspiegel im Verlauf der Schwangerschaft unterliegt (Desoye et al. 1987) und welcher wiederum bei GDM anders verläuft als bei normaler Schwangerschaft, kann der plazentare Lipidstoffwechsel nur im Zusammenhang mit dem mütterlichen betrachtet werden.

Die Nüchternspiegel der Triglyceride im mütterlichen Plasma sind bei GDM im zweiten und dritten Trimester signifikant erhöht (Knopp et al. 1972, Warth et al. 1977, Knopp et al. 1980, Hollingsworth und Grundy 1982).

Die Cholesterolspiegel sind im Vergleich zu gesunden Schwangeren entweder unverändert (Warth et al. 1977, Knopp et al. 1980) oder sogar vermindert (Knopp et al. 1977, Hollingsworth und Grundy 1982). Die Verminderung von Cholesterol geht auf den herabgesetzten Cholesterolgehalt der high density lipoprotein (HDL)-Fraktion zurück und ist wahrscheinlich die Folge eines Austausches von Triglyceriden durch Cholesterolester in den Kernlipiden der HDL (Hollingsworth und Grundy 1982). Diese Abweichungen von der Norm werden von einem höheren plazentaren Triglycerid- und Phosphorlipid Phosphor-Gehalt begleitet (Diamant et al. 1982, Diamant und Kissilevitz 1983). Das Gesamtcholesterol ist wegen des unveränderten oder nur minimal erhöhten Anteils der cholesterolreichen low density lipoprotein (LDL)-Fraktion im Vergleich zur very low density lipoprotein (VLDL)-Fraktion unverändert (Knopp et al. 1978).

Die menschliche Plazenta ist in der Lage, Cholesterol in veresterter Form durch LDL-Rezeptoren der syncytialen mikrovillösen Membranen aus dem mütterlichen Kreislauf zu entnehmen (Winkel et al. 1981; Alsat et al. 1982, 1984; Malassine et al. 1984). Das von der Mutter abgezweigte Cholesterol dient als Grundstoff der plazentaren Progesteron Biosynthese, da das Trophoblastgewebe nur eine begrenzte Kapazität für die de novo Synthese von Cholesterol besitzt (Van Leusden und Villee 1965).

Triglyceride sind Teil von Chylomikronen und VLDL, beide zu groß, um die Plazentabarriere zu überwinden. Vielmehr scheinen sie in der Plazenta durch die Veresterung von Fettsäuren gebildet zu werden, die entweder aus dem mütterlichen Kreislauf (Yoshioko und Roux 1972, Szabo et al. 1973, Hull und Elphick 1979) oder einer de novo Synthese (Hosoya et al. 1960, Kleine 1967, Diamant et al. 1975) stammen. Da jedoch das Schlüsselenzym der Fettsäuresynthese – Acetyl-CoA-Carboxylase (EC 6.4.1.2) – sowohl in der frühen als auch in der reifen Plazenta nur in vernachlässigbaren Spuren vorhanden ist (Diamant et al. 1975), ist es unwahrscheinlich, daß eine de novo Synthese der Fettsäuren eine nennenswerte Quelle der Triglyceridsynthese in vivo sein kann.

Der GDM ist häufig mit höheren mütterlichen hPL-Spiegeln assoziiert (Samaan et al. 1985), welche wiederum zu höheren mütterlichen Spiegeln freier Fettsäuren führen (Turtle und Kipnis 1967, Mølsted-Pedersen et al. 1972). Das könnte auch die Ursache für den erhöhten Fettsäure- und damit Triglyceridgehalt der Plazenta sein. Abgesehen vom Fettsäuregehalt der Plazenta ist die Triglyceridsynthese von einer kontinuierlichen Verfügbarkeit von Glycerophosphat als Vorstufe abhängig, welche ihrerseits vom Glukoseabbau abhängig ist. Da die Glykoloyse bei GDM aktiviert zu sein scheint (siehe oben), kann angenommen werden, daß ausreichende Mengen an Vorstufen verfügbar sind.

Rund 75 % der plazentaren Lipide liegen als Phospholipide vor (Heijkenskjold 1958). Da intakte Phospholipide die Plazenta nicht passieren können (Popjack und Beeckmans 1950), resultiert dies eher aus einer plazentaren Synthese als aus der Aufnahme aus mütterlichem Blut. Die Plazenta enthält zudem alle notwendigen Enzyme für die Phospholipidsynthese (Karp et al. 1973), mit den höchsten Konzentrationen am Geburtstermin (Roux und Green 1968). Die höheren plazentaren Konzentrationen bei GDM (Diamant et al. 1982) sind der höheren Pentoseshunt Aktivität (siehe oben) mit vermutlich höheren NADPH-Spiegeln zuzuschreiben. Ob Insulin die Aktivitäten der Enzyme, die in der plazentaren Lipid Produktion involviert sind, oder deren Akkumulation wie im Fettgewebe reguliert, wurde bisher nicht untersucht. Die beschriebenen Unterschiede im plazentaren Lipid Pool könnten Unterschiede der metabolischen Brennstoffe bewirken, die dem Foetus zur Verfügung stehen. Das vermehrte foetale Fettgewebe, welches häufig bei GDM gefunden wird, könnte teilweise auf die erhöhten mütterlichen Fettsäurespiegel mit dem entsprechenden plazentaren Transfer, der Veresterung und Einschleusung in den foetalen Triglycerid Pool zurückzuführen sein.

4.7 Nukleinsäuren, Aminosäuren und Proteine

Die plazentaren Proteine sind von größter Bedeutung für die Entwicklung und den Erfolg einer Schwangerschaft, da das Plazentawachstum vom Proteinstoffwechsel abhängig ist. Auch der Schutz des Foetus hängt von jenen Proteinen und Enzymen des endoplasmatischen Retikulums ab, die von außen einwirkende Schadstoffe abbauen oder modifizieren. Darüber hinaus wird eine beträchtliche Anzahl und Menge von Proteinen erzeugt, die von der Plazenta ausgeschieden werden. Dazu gehören Peptid Hormone und eine Reihe von Proteinen, deren physiologische Bedeutung bisher unbekannt ist.

Die Proteinsynthese benötigt sowohl Nukleinsäuren als Schablone für die kodierten genetischen Informationen als auch Aminosäuren als Vorläufer der Proteine.

Nukleinsäuren und Nukleotide müssen jederzeit in ausreichenden Mengen vorhanden sein, da sie einem ständigen turn over unterliegen. Der Abbau von DNA und RNA mittels Exo- und Endo-Nukleasen soll einen permanenten Nukleotidspiegel im intrazellulären Nukleotidpool garantieren.

Während beim Menschen Untersuchungen über den plazentaren Transfer von Nukleinsäuren fehlen, scheinen beim Meerschweinchen nur Oxypurine und Guanine von der Mutter zum Foetus transportiert zu werden (Van Kreel et al. 1982). Die für die Proteinsynthese benötigten Aminosäuren stammen in erster Linie von der Mutter und werden in die Plazenta transportiert. Die Transportmechanismen durch die Trophoblastmembranen wurden identifiziert (Yudilevich und Sweiry 1985) und sind an einem inneren Natriumgradienten gekoppelt, der auf die Energieabhängigkeit des Durchtrittes durch ein elektrisches Potential hinweist. Die Energie für den Transfer und die Aufnahme von Aminosäuren wird durch aerobe Mechanismen zur Verfügung gestellt (Smith et al. 1973, Longo et al. 1973, Schneider und Dancis 1974, Enders et al. 1976, Ruzycki et al. 1977, Montgomery und Young 1982).

Bisher sind keine Daten über den Einfluß eines GDM auf den Transport und die Aufnahme von Aminosäuren verfügbar. Es wurde jedoch gezeigt, daß die Aufnahme von Aminosäuren durch das Gewebe von Plazentazotten insulinunabhängig ist (Steel et al. 1979). Weiters ist der Anstieg des Proteingehaltes, trotz eines erhöhten Gesamtgehaltes an Protein in Plazenten diabetischer Mütter, proportional zum DNA-Anstieg. Das weist darauf hin, daß der Proteingehalt der einzelnen Zellen nicht erhöht ist (Winick und

NOBLE 1967, GEWOLB et al. 1983) und daß ein Einfluß auf die Aufnahme plazentarer Aminosäuren unwahrscheinlich ist.

Der limitierende Faktor der Proteinsynthese ist wahrscheinlich die Verfügbarkeit von Pentose-Zucker zur Nukleinsäureproduktion, da pharmakologisch bedingte Veränderungen der Pentose Shunt Aktivität von Veränderungen der Nukleinsäure- und Proteinsynthese begleitet ist (BEACONSFIELD et al. 1965). Im Hinblick auf die erhöhte Aktivität des Pentose Shunt Weges bei GDM (siehe oben) kann angenommen werden, daß Pentose-Zucker für die Produktion der erhöhten DNA- (WINICK und NOBLE 1967), RNA- (MILLS et al. 1985) und Protein-Mengen (WINICK und NOBLE 1967) in ausreichender Menge verfügbar sind.

Die Regulation der plazentaren Proteinsynthese auf der Basis ausreichender Vorstufen wurde als bedeutender physiologischer und pathophysiologischer Faktor erkannt. Die Ribosomen von Explantaten reifer Plazenten diabetischer Mütter übersetzen die Messenger-RNA im Vergleich zu normalem Gewebe wesentlich schneller (ILAN et al. 1984). Zusätzlich zur erhöhten Halb-Transit-Zeit der Ribosomen war das mittlere Molekulargewicht der Polypeptide niedriger als jenes normaler Schwangerschaften (ILAN et al. 1984).

Die größte Proteinmenge, die von der Plazenta synthetisiert wird, besteht aus plazentarem Laktogen (hPL). Die Synthese von hPL repräsentiert rund 25 % der gesamten Proteinmenge der isolierten Messenger-RNA (SHERWOOD et al. 1979). Höhere Spiegel im Serum bei GDM (SAMAAN et al. 1985) weisen auf eine erhöhte plazentare Synthese hin (HUBERT et al. 1981). Versuche höhere Spiegel übersetzbarer Messenger-RNA Kodierungen für plazentares Laktogen (hPL-mRNA) nachzuweisen, zeigten bei Gesunden, bei GDM und bei IDDM ähnliche Anteile von hPL-mRNA am gesamten RNA der Plazenta. Der gesamt-RNA Gehalt pro g Plazentagewebe ist jedoch in Plazenten von GDM höher und dementsprechend auch die Produktion von Proteinen einschließlich dem hPL (MILLS et al. 1985). Bei einem „schweren" mütterlichen Diabetes (White R) war die übersetzbare hPL-mRNA im Verhältnis zur totalen mRNA vermindert. Leider wurden jedoch bei dieser Studie die mütterlichen hPL Spiegel nicht bestimmt (MILLS et al. 1985).

Insulin hat eine positive (PEAVY et al. 1978) und negative (CIMBALA et al. 1982, GRAUNER et al. 1983) Wirkung auf einige spezifische mRNA, was darauf hinweist, daß die Expression von plazentaren Proteinen durch Insulin reguliert wird. Dieser Einfluß könnte über eine veränderte Phosphorylierung des ribosomalen Protein S 6 nach Insulinbindung (SMITH et al. 1979, THOMAS et al. 1982) erfolgen, was zu einer veränderten mittleren Verweildauer der mRNA auf den Ribosomen führt. Solch ein Mechanismus wäre auch mit Beobachtungen des veränderten Spiegels einiger anderer plazentarer Hormone, wie Plazenta-Protein 5 (PP 5) (SALEM et al. 1981), Plazenta-Protein 10 (PP 10) (TIITINEN und YLINEN 1986) und schwangerschaftassoziiertem Plasma-Protein B (PAPP-B) (LIN et al. 1978) vereinbar. Die Konzentration von schwangerschaftsspezifischem Beta$_1$-Glykoprotein (SP$_1$) hingegen wird nicht beeinflußt (SINGH et al. 1979). Diese Regulation durch Insulin könnte ein Schutzmechanismus durch und möglicherweise für die Plazenta sein, um die hohen hPL-Spiegel zu kompensieren. Die genauen Mechanismen der plazentaren Proteinsynthese sind jedoch noch weitestgehend ungeklärt und bedürfen weiterer Untersuchungen. Ohne nähere Informationen ist es unmöglich zu differenzieren, ob ein mütterlicher GDM/IDDM die Proteinsynthese direkt beeinflußt oder ob erhöhte Proteinspiegel im mütterlichen Serum nur Ausdruck einer erhöhten Plazentamasse sind. Darüber hinaus werden weitere Untersuchungen nötig sein, um die Ausscheidung und den Metabolismus der Proteine aufzuklären.

4.8 Plazenta und foetales Wachstum

Die foetalen Bedürfnisse wurden lange als die dominierenden Ursachen des Plazentawachstums angenommen. Hauptsächlich deshalb, da die Größe der Plazenta im allgemeinen mit der Größe und Anzahl der Foeten korreliert. Ein kontinuierliches Wachstum der Plazenta nach Foetektomie und eine kontinuierliche Hormonproduktion selbst bei Abwesenheit eines Foetus (Petropoulos 1973) lassen jedoch vermuten, daß eher die Plazenta die foetale Größe beeinflußt. Neugeborene von GDM-Müttern neigen zu einem signifikant höherem Geburtsgewicht als jene von Kontrollen (Freinkel et al. 1985, Fraser 1995). Es kann daher eine veränderte Regulation des foetalen Wachstums durch die Plazenta angenommen werden. Dieses Konzept wird dadurch erhärtet, daß eine mütterliche Mangelernährung häufig eine foetale Wachstumsverzögerung nach sich zieht (Naeye et al. 1973, Lechting et al. 1975, Munro 1980, Rosso 1980), während erhöhte mütterliche Aminosäurespiegel das foetale Wachstum beschleunigen (Christensen und Streicher 1948). Grundsätzlich sind zwei Mechanismen einer plazentaren Wirkung auf die Foetalentwicklung denkbar:

- Entweder wirkt die Plazenta als Puffer, Transportmittel und selektive Barriere für mütterliche Nährstoffe und Vorstufen. Dabei würde die Plazenta eine mehr oder weniger passive Rolle spielen, wie in der Pedersen-Hypothese angenommen (Pedersen et al. 1977).
- Oder die Plazenta ist in der Lage, selbst spezielle Moleküle zu synthetisieren, die das foetale Wachstum kontrollieren und beeinflussen.

Wegen seiner vielfältigen anabolen Wirkungen in der postnatalen Periode und wegen seiner bekannten wachstumsfördernden Wirkung (Straus 1984) wird Insulin als dominierender Faktor bei der Beeinflussung des foetalen Wachstums angenommen (Milner und Hill 1984). Es gibt jedoch keine Hinweise auf eine nennenswerte Plazentagängigkeit von Insulin (Challier et al. 1986). Darüber hinaus sind die foetalen Inselzellen in der Regel bis zur 28. Woche kaum durch Glukoseschwankungen stimulierbar (Espinosa De Los Monteros et al. 1970, Shelly et al. 1975). Somit erscheint eine direkte trophische Wirkung auf den Foetus durch mütterliches Insulin unwahrscheinlich.

Einige Studien bei Säugetieren konnten zeigen, daß eine intrauterine Insulinapplikation beim Foetus erhöhte Spiegel von insulin-like growth factor-I (IGF-1, Somatomedin C) nach sich zieht. Dies könnte ein indirekter Mechanismus sein, über welchen Insulin das foetale Wachstum beeinflußt (Hill und Milner 1980, Spencer et al. 1983, Susa et al. 1984). Insulin-like growth factor-I und -II (IGF-1, IGF-2) sind strukturell und biologisch insulinähnliche Peptidhormone (Rinderknecht und Humbel 1976), und es gibt verschiedene Hinweise darauf, daß diese Peptide bei der Wachstumsstimulation des Foetus beteiligt sind (Underwood und D'Ercole 1984) (Tabelle 42).

Das Fehlen einer signifikanten Produktion von IGF-1 in Mäuseplazenten und die Beobachtung, daß bei Hunden, Schafen und Ratten kein Transfer in den foetalen Kreislauf erfolgt (D'Ercole et al. 1980), haben nach einem plazentaren Vermittler suchen lassen, der foetale IGF-Spiegel bewirkt. Plazentares Laktogen wurde zunächst als wichtigster Regulator der IGF-Produktion angesehen (Underwood und D'Ercole 1984). Es sprechen jedoch einige Tatsachen gegen dieses Konzept (Houghton et al. 1984), und es ist noch immer offen, wodurch foetale Wachstumsfaktoren reguliert werden und ob hPL involviert ist.

Es gibt jedoch auch Hinweise darauf, daß solche Mediatoren gar nicht erforderlich sind. Durch Hybridisiertechniken wurden in der menschlichen Plazenta Sequenzen nachgewiesen, die mit Insulin in Beziehung stehen. Diese wurden in verschiedenen plazentaren Entwicklungsstadien nachgewiesen und entsprechen 0,03–0,1 % des totalen Poly(A)$^+$RNA der Plazenta (Liu et al. 1985). Diese Proportion ist in der Lage wesentliche Mengen an Protein mit Wirkung auf die foetale Entwicklung hervorzubringen. Im Hinblick auf die plazentare Potenz zur Degradation von Insulin (Posner 1973) bleibt die Frage offen, ob diese Proteine unabbaubaren Modifikationen von Insulin entsprechen. Außerdem wurde bereits in Plazenten der 11. Gestationswoche mRNA für die Synthese von IGF-2 nachgewiesen (Shen et al. 1986). Dies könnte ebenfalls über autokrine und/oder parakrine Mechanismen in der Plazenta das Wachstum und die Entwicklung des Foetus beeinflussen. Bei GDM wurde ein relativer Überschuß der entsprechenden mRNA nachgewiesen. Es wurde vermutet, daß die höheren Spiegel von hPL-mRNA (Miles et al. 1985) höhere Spiegel von IGF-2 mRNA nach sich ziehen, die ihrerseits wiederum ein verstärktes und makrosomes foetales Wachstum bewirken könnten (Shen et al. 1986).

Tabelle 42. Hinweise auf den Einfluß von IGF-1 auf das foetale Wachstum (nach Underwood und D'Ercole 1984)

- Somatomedin stimuliert die Proliferation foetaler Zellen in vitro
- Viele foetale Gewebe besitzen Somatomedin-Rezeptoren
- Viele foetale Gewebe synthetisieren Somatomedin
- Somatomedin im Nabelschnurblut korreliert mit dem Geburtsgewicht

Unabhängig von den genauen Wirkungsmechanismen dieser Wachstumsfaktoren und deren Beteiligung in der foetalen Entwicklung scheint es, daß die Pedersen-Hypothese (PEDERSEN 1977) oder deren modifizierte Version (FREINKEL und METZGER 1979, FREINKEL 1980) nicht ausreicht, um alle Varianten der Foetalentwicklung zu erklären. Tatsächlich scheint es, daß speziell durch den Nachweis verschiedener wachstumsfördernder Faktoren neue Konzepte, unter Berücksichtigung des raschen Wissenszuwachses, benötigt werden. Es kann möglich sein, daß die oben erwähnten Konzepte in der Weise modifiziert werden müssen, daß der primäre Wachstumsstimulus von plazentaren Faktoren ausgeht und daß die Plazenta als Lieferant von Nähr- und Vorstufen zur Aufrechterhaltung des foetalen Wachstums dient. Damit würde die Pedersen-Hypothese (PEDERSEN 1954) nur den metabolischen Anteil eines erweiterten Konzeptes abdecken.

Die Plazenta als bestimmender Faktor des foetalen Wachstums und der Makrosomie bei Diabetes mellitus wird wahrscheinlich erst in Zukunft besser verstanden werden.

4.9 Verschiedenes

Daten, die nicht in die vorangegangenen Abschnitte passen, sollen hier zur Sprache kommen.

Um die Beteiligung von Membranen bei Transferprozessen besser zu verstehen, wurde die Glykosaminoglykan (GAG)-Zusammensetzung von Komponenten des Bindegewebes der Synzytiovaskulären Membran charakterisiert. Sowohl bei Plazenten von Diabetikerinnen (WASSERMAN et al. 1980) als auch von Ratten mit chemisch induziertem Diabetes (ABRAMOVICI et al. 1978) war der Gesamtgehalt an GAG erhöht. Weiters waren bei den GAG-Subfraktionen die Hyaluronsäure deutlich (LAURETTI et al. 1982, WASSERMAN et al. 1980) und Heparan Sulphat geringfügig (WASSERMAN et al. 1980) erhöht. Heparan Sulphat und Dermatan Sulphat, dessen Anteil wiederum beträchtlich vermindert war, sind in Blutgerinnungsvorgänge involviert.

Die Schwangerschaft im allgemeinen und die diabetische Schwangerschaft im besonderen wird von einer Hyperkoagulobilität begleitet, die ein erhöhtes Thromboserisiko nach sich zieht. Dieses spiegelt sich in diabetischen Plazenten durch histologisch nachweisbare Thromben und Fibrinablagerungen (FOX 1978). Studien an Rattenplazenten haben einen direkten Zusammenhang zwischen dem Ausmaß der mütterlichen Hyperglykämie und der Menge an GAG ergeben (ABRAMOVICI und SVEJCAR 1982). Dabei ist von Interesse, ob die GAG-Veränderungen eine ätiologische Bedeutung für histopathologische Abweichungen von diabetischen Plazenten haben oder ob diese nur ein Ausdruck gestörter physiologischer Bedingungen sind. Die Verdickung plazentarer Basalmembranen bei IDDM (OKUDAIRA et al. 1966) könnten durch größere Kollagenmengen bedingt sein, worauf eine 30 % höhere Konzentration an 4-Hydroxyprolin hinweist (LAURETI et al. 1982). Da in der Plazenta, besonders in der zweiten Schwangerschaftshälfte, große Mengen an Steroidhormonen synthetisiert werden, wurde auch der Einfluß des Diabetes mellitus auf die Synthese untersucht. Dazu wurde in Plazentagewebekulturen (SYBULSKI 1969) und in perfundierten Plazenten (PAJSZCZYK-KIESZKIEWICZ 1972) die aromatisierende Kapazität anhand der Östrogensynthese aus Androgen gemessen. Erniedrigte Spiegel an Gesamtöstrogenen diabetischer Plazenten beruhten in erster Linie auf einen subnormalen Östrongehalt, während Östradiol unbeeinflußt war. Auch war die Antwort auf exogenes NADPH, einem Cofaktor von Enzymen, die an der Synthese von Östron und 17-Beta-Östradiol beteiligt sind, bei Diabetikerinnen niedriger, was auf eine verminderte Aktivität aromatisierender Enzyme hinweist. Es soll nochmals daran erinnert werden, daß die erhöhte Bildung von NADP bei GDM (siehe oben) eine ausreichende Menge für synthetische Prozesse sichert. Außerdem wurde in kultivierten Trophoblastzellen eine direkte negative Korrelation der Östradiolsekretion zur intrazellulären Glukose und ein Absinken der Östradiolsekretion in Abhängigkeit von der Insulindosis nachgewiesen (HOCHBERG et al. 1982). Es wurde vermutet, daß Östradiol eine Insulinresistenz verursacht, die wiederum durch die Herabsetzung der intrazellulären Glukose-Konzentration und -Verwertung die Östradiolsekretion stimuliert. Obwohl Vorgänge in isolierten Zellen nicht notwendigerweise die Situation in vivo wiedergeben, sind die Ergebnisse interessant, da sie die niedrigen Plasma Östradiolwerte bei manchen schwangeren Diabetikerinnen erklären könnten (RATANOSOPA et al. 1967). Erhöhte Insulinspiegel bei Insulinbehandlung verursachen einen erhöhten Glukose-Transport und -Metabolismus und könnten daher eine verminderte Sekretion von Östradiol und mutmaßlich auch Östriol nach sich ziehen.

4.10 Das Plazentabett

Bei Diabetes mellitus ist häufig nicht nur der Blutfluß im foetalen plazentaren Gefäßsystem, sondern auch die Blutversorgung der Plazenta durch die mütterlichen uterinen Gefäße beeinträchtigt (OSTERTAG et al. 1975, EMMRICH et al. 1975, ROBERTSON 1979, WHITSETT und BROWNSCHEIDLE 1979, MOLL 1981, NYLUND et al. 1982, SEMMLER et al. 1985). Im Diabeteszentrum Karlsburg wurden anhand von Biopsien der Plazentahaftstelle anläßlich von Kaiserschnitten umfangreiche Untersuchungen über den Zusammenhang von morphologischen Befunden an den myometrialen und dezidualen Arterien und der uteroplazentaren Durchblutung bzw. dem fetal outcome bei Diabetes mellitus durchgeführt (SEMMLER et al. 1985). Die Bewertung erfolgte nach morphologischen Charkteristika der Gefäßabschnitte bei normalen Schwangerschaften (EMMRICH et al. 1975) (Tabelle 43).

Die Stratifikation der Gefäßveränderungen erfolgte in a) keine Veränderungen, b) geringe Intimaproliferation und Einengung und c) starke Einengung bis Verschluß. Insgesamt waren bei Myometrialen Arterien in rund 60 %, bei Spiralarterien in 36 % und bei Basalarterien in 32 % leichte bis schwere Veränderungen nachweisbar. Ab der Klasse D nach WHITE lagen in 40–45 % starke Einengungen und Verschlüsse der Gefäße vor. Jedoch

Tabelle 43. Morphologische Charakteristika der uterinen Arterien bei normaler Schwangerschaft nach Emmrich et al. (1975) (aus Semmler et al. 1985).

Befund	A. arcuata A. radialis	A. basalis	A. spiralis	
			myometrial	dezidual
Größe, Weite	unterschiedlich, abhängig von Lage	klein mit kleinem Lumen	große Arterie –500 μm	sehr weit, geschlängelt
Fibromuskulärer Teil	vorhanden	vorhanden	keine Reste enthalten	fehlt
Elastische Fasern	vorhanden	vorhanden	kann Reste enthalten	fehlen
Intimaproliferation	kann vorhanden sein	kann vorhanden sein	mäßig	stark
Fibrininsudation	vereinzelt in A. radialis	meist fehlend	meist vorhanden	immer sehr stark
Physiologische veränderungen infolge der Gravidität	vereinzelt distale Teile der A. radialis	fehlend	vorhanden	vorhanden

selbst bei GDM waren in 15 % schwere Gefäßveränderungen zu beobachten. Zwischen den Gefäßveränderungen und der uteroplazentaren Perfusion bestand ein statistisch nachweisbarer Zusammenhang. Die Untersuchungen der Karlsburger Gruppe zeigten,

- daß bei normaler uteroplazentarer Durchblutung keine Gefäßveränderungen vorliegen,
- daß bei 66 % der Fälle ein kongruentes Verhalten der Durchblutung und der morphologischen Veränderungen im uteroplazentaren Bereich vermutet werden kann und
- daß eine Verminderung der uteroplazentaren Durchblutung in erster Linie durch die Einengung und Obliteration von myometrialen und dezidualen Arterien erfolgt.

Da jedoch insgesamt 70 % der Diabetikerinnen eine pathologische Plazentaperfusion hatten, während pathologische Gefäßveränderungen nur in 40 % vorlagen (Semmler et al. 1985), muß angenommen werden, daß auch funktionelle Faktoren die uteroplazentare Durchblutung maßgeblich beeinflussen (Ostertag et al. 1975, Whitsett und Brownscheidle 1979, Semmler et al. 1985).

4.11 Klinische Erwägungen

Die diabetische Stoffwechsellage an sich führt unabhängig von der Qualität der Stoffwechselführung zu mehr oder weniger ausgeprägten Entwicklungsstörungen der Plazenta. Eine diabetogen bedingte Störung der dezidualen Stimulation der Trophoblastproliferation (Lea et al. 1993) kann Plazentaentwicklungsstörungen bereits „ab ovo" verursachen. In der Folge ist dann die weitere Plazentaentwicklung besonders bei unzureichender Stoffwechseleinstellung (HbA1C $\geq$ 8 %) ab der frühen Schwangerschaft gestört (Horky 1965, Gödel und Emmrich 1976, Semmler et al. 1982, Bjork und Persson 1982, Asmussen 1982, Ylinen et al. 1984, Miodovnik et al. 1985, Key et al. 1987, Burkart et al. 1988). Eine Plazentaentwicklungsstörung durch hohe Glukosekonzentrationen ist auch im Tierversuch nachweisbar (Caluwaerts et al. 2000). Eine signifikante Korrelation der Plazentaentwicklungsstörungen mit der Qualität der Stoffwechselführung ist vor allem zwischen der 12. und 32. Woche zu erwarten (Björk und Persson 1982). Die plazentaren Reifungsstörungen können bereits im 4. Schwangerschaftsmonat auffallen (Hörmann und Lemtis 1965). In diesen Fällen kann es im weiteren zu einem erhöhten Strömungswiderstand in den plazentaren Gefäßen (Guimaraes et al. 1991) und als Folge zu perinatalen Verlusten kommen. Zottenreifungsstörungen sind auch bei GDM nachweisbar. Bei IGT konnten in 24 % und bei GDM in 32 % Reifungsstörungen gefunden werden. Es besteht eine signifikante Korrelation zwischen dem Fruchtwasserinsulinspiegel und der Zottenreife (Schäfer et al. 1997).

Tabelle 44. Histologische Kriterien zur quantitativen Bewertung der diabetischen Reifungsstörung (angelehnt an Semmler et al. 1982)

Kriterium	Histologischer Schweregrad der diabetischen Reifungsstörung		
	Leicht	Mittelgradig	Schwer
Größe der Resorptionszotten	Klein bis mittelgroß, herdförmig unterschiedlich groß	Mittelgroß mit herdförmigen großen oder unterschiedlich großen Zotten	Sehr unterschiedlich groß oder sehr groß
Grad der vaskularisation der Resorptionszotten	Zahl der Gefäße normal bis leicht vermindert, unterschiedlicher Gefäßgehalt	Verminderte Zahl von Gefäßen, wenige Sinusoide	Wenige zentrale Gefäße, keine Sinusoide
Ödemneigung der Plazenta	Herdförmig gering oder fehlend	Mäßig diffus bis herdförmig stark	Diffus stark bis herdförmig ausgedehnt
Fibrosierung des Zottenstromas	Unterschiedlich stark in allen Schweregraden in Abhängigkeit von einer begleitenden Präeklampsie oder vom Grad und der Dauer des Stromaödems		
Proliferationstendenz der Stamm und Resorptionszotten	Fakultativ bei allen Schweregraden, gering bei Präeklampsie und bei starker Fibrose des Zottenstromas		
Angiomatose der Resorptions- und Stammzotten	Fakultativ vorhanden bis zur Angiomatose A und B	Vereinzelt herdförmig	Fehlend

Semmler et al. (1982) haben histologische Kriterien zur quantitativen Bewertung diabetischer Reifungsstörungen der Plazenta erstellt (Tabelle 44). Dazu wurde noch die Verteilung und Ausbreitung der pathologischen Befunde beurteilt.

Bei der quantitativen Auswertung der plazentaren Reifungsstörungen anhand eines Index ist eine signifikante Beziehung zwischen der Qualität der Stoffwechselführung und dem Plazentaindex nachweisbar. Bei guter Stoffwechselführung verliert auch ein vorgeschrittenes White Stadium seinen negativen Einfluß auf die Plazentahistologie (Werner und Schneiderhahn 1972, Semmler et al. 1982). In Korrelation zur Ausprägung von plazentaren Reifungsstörungen waren bei den Analysen von Semmler et al. (1982) auch Unterschiede bei der Rate an mütterlichen und kindlichen Komplikationen nachzuweisen. Beim Vergleich der Ergebnisse bei schweren und leichten Plazentaveränderungen betrugen die perinatale Mortalität 8 % versus 1 %, die Rate an diabetogenen Foetopathien 50 % versus 11 %, Präeklampsie 30 % versus 11 % und die Rate von Kindern über der 95. Gewichtsperzentile 21 % versus 14 %.

Messungen der uteroplazentaren Durchblutung mit ^{113}m Indium (Ostertag et al. 1975, Leodolter 1977, Moll 1981, Voigt et al. 1982, Semmler et al. 1985) ergaben besonders bei Diabetikerinnen höherer White Klassen (D, F und R) erhebliche Einschränkungen der uteroplazentaren Durchblutung, was auf eine Genese durch morphologische Veränderung der Gefäße hinweist. Die Halbwertszeit der Plazentaeinstromkurve verlängerte sich von rund 12 Sekunden bei gesunden Schwangeren auf rund 18 Sekunden bei Diabetikerinnen im Stadium R nach White. In Einzelfällen konnten jedoch auch bereits bei Gestationsdiabetes Durchblutungsstörungen nachgewiesen werden (Semmler, et al. 1985). Die dafür verantwortlichen Gefäßveränderungen sind eher präplazentar zu vermuten, da bei der morphologischen Untersuchung von 569 Plazenten diabetischer Schwangerer bei straffer Stoffwechselführung kein Zusammenhang zwischen plazentaren Veränderungen und der White Klasse zu finden war (Semmler und Emmrich 1989). Die Plazentaveränderungen selbst sind vielmehr von der Qualität des Stoffwechsels bzw. der Stoffwechselführung abhängig (Werner und Schneiderhahn 1972, Jacomo et al. 1976, Singer et al. 1981, Björk und Persson 1982, Semmler et al. 1982, Teasdale 1983, Semmler und Emmrich 1989) und können somit durch eine gute Stoffwechselführung weitestgehend vermieden werden.

Untersuchungen beim Schaf (Crandell et al. 1985) und an isolierten menschlichen Kotyledonen (Roth et al. 1990) konnten zeigen, daß die Perfusion mit hoher Glukosekonzentration (zwischen 160 und 320 mg/dl) einen deutlich erhöhten plazentaren Gefäßwiderstand nach sich zieht. Als lokale Ursache wird eine Hemmung der Prostazyklinsynthese bei normaler Thromboxanproduktion vermutet (Rakoczi et al. 1988, Walsh und Parisi 1989, Kuhn et al. 1990), ein Vorgang, der auch in Gefäßen juveniler Diabetiker außerhalb der Schwangerschaft nachweisbar ist (Johnson et al. 1979, Silberbauer et al. 1979). Thrombozyten von Schwangeren mit Gestationsdiabetes produzieren hingegen größere Thromboxanmengen als

Plättchen von gesunden Schwangeren (ZIBOH et al. 1979, HALUSHKA et al. 1981).

Beim Schaf bewirkt eine foetale Hyperglykämie durch Glukoseinfusion beim Muttertier einen höheren foetalen Sauerstoffverbrauch woraus eine foetale Hypoxie und Azidose resultiert, die bis zum Tod führen kann (PHILLIPS et al. 1984, CRANDELL et al. 1985). Aber auch beim Menschen wurde bei Glukosezufuhr unter der Geburt ein signifikantes Absinken des foetalen pH-Wertes beobachtet (PATERSON et al. 1967). Da die foetale Hypoxie eine Ausschüttung von Vasopressin, Renin, Epinephrin, Norepinephrin und Prostaglandin E_2 und $F_{2\alpha}$ in den Kreislauf bewirkt (FERRIS et al. 1972, RANKIN und PHERNETTON 1976, IWAMOTO et al. 1976, ROBILAND et al. 1981), könnten plazentare Gefäßverengungen in vivo auch über diesen Mechanismus ablaufen. In vitro führt auch Angiotensin-II zur Vasokonstriktion plazentarer Gefäße, welche durch brain natriuretic peptide abgeschwächt wird (HOLCBERG et al. 1995). Ein verminderter Flow der Umbilikalarterien, der bei Doppler Untersuchungen hyperglykämischer Diabetikerinnen zu beobachten ist (TRUDINGER et al. 1985), setzt daher nicht umbedingt morphologische Veränderungen der plazentaren Gefäße voraus, sondern kann auch Ausdruck einer momentanen Hyperglykämie sein. Bei nachgewiesener foetaler Azidose sollen daher Glukoseinfusionen auch bei Stoffwechselgesunden vermieden werden (etwa im Rahmen der PDA oder Allgemeinanästhesie), da dadurch eine foetale Azidose signifikant verstärkt wird. Der NApH reduziert sich unter Glukoseinfusion um 0,06–0,3 (PATERSON et al. 1967, PHILIPSON et al. 1987). Darüber hinaus senkt eine Hyperglykämie die Toleranz des foetalen Gehirns gegenüber einem Sauerstoffmangel (MYERS 1977).

Bei Gestationsdiabetes wurde auch eine Veränderung der Gefäßreaktion auf Veränderungen des Sauerstoffpartialdruckes beschrieben. Eine posthypoxische Reoxigenierung scheint über die Induktion einer Prostaglandinsynthese eine verlängerte und verstärkte Gefäßkontraktion auszulösen (FIGUEROA et al. 1993). Dieser erhöhte Tonus der plazentaren Gefäße könnte ebenfalls zum herabgesetzten plazentaren Blutfluß und der erhöhten Schwangerschaftsmorbidität bei Diabetikerinnen beitragen.

Die beschriebenen Mechanismen und die Verdickung der basalen Lamina des Trophoblasten und des kapillaren Endothels sowie die Zellproliferation innerhalb des Trophoblasten (HIROTA 1964; OKUDARA 1966; JONES und FOX 1964, 1976; BJÖRK und PERSSON 1984; WIDNESS et al. 1990) trägt zu einer chronischen Hypoxie des Foeten diabetischer Mütter bei. Im Tierversuch zeigt sich ein Zusammenhang zwischen einem foetalen Hyperinsulinismus, einer Hyperglykämie und der foetalen Hypoxie (CARSON et al. 1980; PHILIPPS et al. 1982, 1985; WIDNESS et al. 1990). Die diabetische Plazenta unterliegt lokalen Adaptationsvorgängen um die foetale Hypoxie durch die Verbesserung des Diffusions-Leitungsvermögens für Sauerstoff, vorwiegend im posttrophoblastischen Gewebe zu kompensieren. Das foetale Kapillarvolumen und die foetale Kapillaroberfläche sind vergrößert und die Diffusionsstrecke im Plasma ist verkürzt. Diese Kompensationen finden bei Diabetikerinnen aller White-Klassen statt. Stereologische Untersuchungen von 6 Gewebsschichten ergaben an den adaptierten Stellen eine Erleichterung des Sauerstoff-Leitungsvermögen um 7 %–25 % (Mayhew et al. 1993). Es besteht eine Ähnlichkeit mit jenen Anpassungen, die bei Schwangerschaften in großer Höhe über dem Meeresspiegel zu finden sind (Mayhew et al. 1990, 1992), bei diesen Schwangerschaften sind jedoch im Unterschied zum Diabetes weitere Adaptationen (foetale Retardierung, erhöhter mütterlicher Hämoglobinspiegel) nachzuweisen.

Bei einem Plazentagewicht ≥ 1000 g ist die perinatale Mortalität besonders hoch (Beischer et al. 1968). Bei der sonographischen Diagnose einer übergroßen Plazenta empfiehlt sich daher eine besonders sorgfältige Überwachung des Foetus.

5. Der Gestationsdiabetes

Der Gestationsdiabetes (GDM) ist eine heterogene klinische Entität mit wesentlichen phänotypischen und genotypischen mütterlichen Unterschieden, jedoch ähnlichen Auswirkungen auf den Foetus (FREINKEL et al. 1985). Der Gestationsdiabetes wird auch „die verborgene Epidemie" genannt (LORBER 1990), da er ohne generelles Screening zumeist nicht erkannt wird. Mutmaßlich werden heute in Europa weniger als 10 % der Fälle aufgedeckt (SEMMLER et al. 1990, OTTO 1992, KERÉNYI et al. 1993, HOPP et al. 1995). Die Folgen sind maskiert, da sie in Unkenntnis des GDM diesem auch nicht zugeordnet werden.

Der Gestationsdiabetes ist ein rein geburtshilfliches Problem, da die Schwangere selbst weder besondere Symptome hat noch einer besonderen Therapie bedürfte. Bedroht oder erkrankt sind vielmehr der Foetus und das Neugeborene. Eine Therapie ist somit in erster Linie im Interesse des Kindes erforderlich, und die Qualität der Diagnose und Therapie kann nur am fetal outcome und dem weiteren Schicksal der Nachkommen und nicht anhand mütterlicher Kriterien beurteilt werden. Der Geburtshelfer wird jedoch mit den Spätfolgen der foetalen Fehlkonditionierung (Adipositas, metabolisches Syndrom [Syndrom X], Typ-2 Diabetes) praktisch nie mehr konfrontiert. Die Auswirkungen des unbehandelten oder unterbehandelten Gestationsdiabetes bis in die nächsten Generationen werden daher auch heute noch weitestgehend unterschätzt, und deren pathophysiologischen Grundlagen sind nur wenig bekannt.

Während in den USA ein generelles Screening zumindest jenseits des 30. Lebensjahres empfohlen wurde (FREINKEL et al. 1985, American College of Obstetricians and Gynecologists 1986, KAUFMAN 1989, Position Statement 1989, LANDON et al. 1990, Summary and Recommendations of the Third international Workshop-Conference on Gestational Diabetes Mellitus 1991), ein unentdeckter Gestationsdiabetes gilt als Kunstfehler, erfolgt die Suche nach Gestationsdiabetes im deutschsprachigen Raum nur sehr sporadisch.

Da jedoch ein unentdeckter GDM ein Risiko für die Mutter (Schwangerschafts-Komplikationen, Diabetesrisiko im späteren Leben) und ein beträchtliches Risiko für das Kind (perinatale Morbidität, Mortalität, Diabetesdisposition) darstellt, ist ein generelles Screening nach GDM in der Schwangerschaft von großer volksgesundheitlicher Bedeutung (siehe auch: Zielgruppen für ein GDM-Screening, S. 225, und Consensus Statement des Second International Graz Symposium on GDM, S. 229). Ein generelles Screening wurde daher auch von der International Diabetes Federation und der WHO im Rahmen der St. Vincent Declaration gefordert (TAMÁS et al. 1992).

5.1 Definition

Der Gestationsdiabetes (GDM) ist als Glukoseintoleranz unterschiedlichen Ausmaßes definiert, die erstmals in der Schwangerschaft erkannt wird (METZGER 1991, Summary and Recommendations of the Third International Wokshop-Conference on Gestational Diabetes). Dabei ist es unerheblich, ob eine Insulin- oder Diättherapie erforderlich ist und ob die Störung bereits vor der Schwangerschaft bestand oder nach der Schwangerschaft bestehen bleibt. Es handelt sich dabei um heterologe Glukosestoffwechselstörungen, die häufig erst durch die Belastung der Schwangerschaft beginnen und zumeist mit der Schwangerschaft enden. In seltenen Fällen kann ein Diabetes jedoch auch nach der Schwangerschaft manifest bleiben. Dies ist besonders dann der Fall, wenn es sich um einen Diabetes oder eine Glukosetoleranzstörung handelt, welche bereits unerkannt vor der Schwangerschaft bestand (HARRIS 1988). Zumeist handelt es sich dabei um NIDDM (Typ-2 Diabetes). Dabei können auch genetische Besonderheiten eines Typ-2 Diabetes, wie z. B. ähnliche Sulfonylurea Rezeptor 1 Genvariationen vorliegen (RISSANEN et al. 2000).

In seltenen Fällen kommt es im Verlauf einer Schwangerschaft auch zur Manifestation eines IDDM (Typ-1 Diabetes) (DORNHORST et al. 1990, DORNHORST und GIRLING 1995). Auch der IDDM kann eine „langsame" Erkrankung sein (slow-onset type 1 diabetes, latent autoimmune diabetes in adults [LADA]), bei der bereits lange Zeit vor der Manifestation eine zunehmende Störung der Glukosetoleranz oder ein GDM erkennbar sein kann (SRIKANTA et al. 1984, ZIMMET et al. 1999). Häufig haben diese Frauen genetische und HLA-Auffälligkeiten (OWERBACH et al. 1987, OBER et al. 1987). Die Erstmanifestation eines Typ-1 Diabetes ist unserer Erfahrung nach dann zu vermuten, wenn eine „Gestationsdiabetikerin" nur wenig Insulin benötigt, normalgewichtig ist und/oder zur Hypoglykämie neigt. Eine intensive Insulintherapie bewirkt bei diesen präklinisch erkannten Fällen eine Entlastung der Betazellen, wodurch die endogene Insulinproduktion um ein Jahr länger erhalten bleiben kann (SHAH et al. 1989, BUSCHARD et al. 1990). Bei Erstmanifestation eines Typ-1 Diabetes, insbesondere wenn diese mit einer Ketose einhergeht, kann wegen intrazellulärer Defekte des Glukosestoffwechsels zunächst eine Insulinresistenz vorliegen. Dadurch wird ein Typ-2 Diabetes vorgetäuscht. Die Insulinresistenz ist jedoch nur vorübergehend und sistiert bei Insulintherapie und/oder bei neuerlicher Insulinsekretion bei Remission (YKI-JÄRVINEN und KOIVISTO 1984). Die Aufteilung der verschiedenen Diabetesformen wurde bei einer umfangreichen Untersuchung in den USA an ~154 000 schwangeren Diabetikerinnen untersucht. Dabei wurden 88 % als GDM, 8 % als NIDDM (Typ-2 Diabetes) und 4 % als IDDM (Typ-1 Diabetes) klassifiziert (ENGELGAU et al. 1995).

Im deutschen Sprachraum ist der GDM in erster Linie eine Erkrankung der Wohlstandsgesellschaft und war in den unmittelbaren Nachkriegsjahren nahezu unbekannt. In den Entwicklungsländern gibt es eine Reihe anderer Ursachen, wie weiter unten noch ausgeführt wird.

Der GDM zeigt eine Reihe pathologischer Abweichungen von der Norm und ist in der Regel die frühe Phase eines NIDDM (DORNHORST et al. 1990) oder zumindest einem Typ-2 Diabetes ähnlich (POLONSKY und RUBENSTEIN 1985, KÜHL 1991, PENDERGRASS et al. 1995, FRIEDMAN et al. 1999).

Während bei schlanken Frauen in der Regel ein relativer Insulinmangel im Vordergrund steht, haben adipöse Schwangere häufig eine Hyperinsulinämie. Im Vordergrund steht hier die Insulinresistenz. Beiden gemeinsam ist jedoch eine erhöhte Blutglukose (sowohl nüchtern als auch postprandial), eine verspätete Insulinantwort auf Nahrungsreize und eine herabgesetzte Insulinbindung an Erythrozytenrezeptoren (WARD et al. 1985, CHENEY et al. 1985, FREINKEL 1985).

Charakteristisch sind ein

- relativer Insulinmangel trotz häufig normaler oder sogar erhöhter Insulinproduktion (HOLLINGSWORTH 1983, FARMER et al. 1992, WEISS 1988, CATALANO et al. 1999). Ist die Insulinproduktion bei GDM erhöht, ist die Insulinausschüttung nach Nahrungsaufnahme sowohl in der ersten Phase (BUCHANAN et al. 1990, KÜHL 1991, KAUTZKY-WILLER et al. 1997), häufiger jedoch in der 2. Phase erhöht (CATALANO et al. 1999). Die Insulinausschüttung ist bei GDM jedoch sehr variabel (CARUSO et al. 1994). Sie kann auch, besonders innerhalb der ersten 20 Minuten nach Glukosebelastung herabgesetzt sein (BOWES et al. 1996). Weiters besteht eine
- herabgesetzte Insulinsensitivität (ARONOFF et al. 1977; RYAN et al. 1985; WARD et al. 1985; HAFFNER et al. 1988; ERIKSSON et al. 1989; HO et al. 1989; LAWS et al. 1989; JOHNSTON et al. 1990; OSEI 1990, 1991; CATALANO et al. 1991; PAGE et al. 1993; GARVEY et al. 1993; DAMM et al. 1996; KAUTZKY-WILLER et al. 1997). Die Insulinresistenz ist besonders bei schlanken GDM ausgeprägt (KAUTZKY-WILLER et al. 1997). Sie beruht auf einer
- reduzierten Glukoseoxydation (FELBER et al. 1983, DEFRONZO et al. 1983) sowie auf
- erhöhten Spiegeln von Katecholaminen,
- Pankreastatin-ähnlichen Hormonen (SANCHEZ-MARGALET et al. 1998) und einem
- Postrezeptordefekt (HORNNES 1985, RYAN et al. 1985) im Rahmen einer
- diabetischen Erbanlage (POLONSKY et al. 1996) und/oder einer
- Adipositas und einem
- gestörten Lipidstoffwechsel (erhöhte Raten an Lipidoxydation, erhöhte FFA und verminderter Glukoseoxydation) (FELBER et al. 1987), gestörtem Glukosetransport durch einen
- Mangel an Insulin Rezeptor Substrat (IRS-1) und/oder einer
- gestörten Tyrosin-Phosphorylierung in der Betafraktion des Rezeptors (FRIEDMAN et al. 1999, Shao et al. 2000). Ein
- Kaliummangel kann die Insulinsensitivität noch weiter herabsetzen (NORBIATO et al. 1984).

Der GDM tritt als Prä Typ-2 Diabetes gehäuft

- jenseits des 30. Lebensjahres auf. In der Schwangerschaft werden zudem in großer Menge

- antiinsuläre Plazentahormone (vorwiegend hPL, Cortisol und Prolactin) gebildet (BURKE und ROULT 1970, TYSON et al. 1972, TULCHINSKY et al. 1972, DEHERTOGH et al. 1975, RYAN und ENNS 1988), die einen bereits grenzwertigen Glukosestoffwechsel dekompensieren lassen. Treffen mehrere der beschriebenen Faktoren zusammen, entwickelt sich ein GDM.

Die Stoffwechselstörung tritt meist in der 28.–30. Schwangerschaftswoche auf und ist umso schwerer, je früher sie in der Schwangerschaft auftritt. Durch die Schwangerschaft werden subklinische Prodrome eines zukünftigen Typ-2 Diabetes aber auch eines Typ-1 Diabetes demaskiert (GORSUCH et al. 1981, BUSCHARD et al. 1987, DORNHORST et al. 1990, FRIEDMAN et al. 1999), indem der natürliche Verlauf vorübergehend beschleunigt wird. Der GDM ist jedoch in erster Linie ein unter der Schwangerschaftsbelastung „passager vorweggenommener Altersdiabetes (Typ-2 Diabetes)".

5.2 Diabetes mellitus und GDM

5.2.1 Die Häufigkeit des Diabetes mellitus

Die Häufigkeit des Diabetes mellitus, insbesondere des Typ-2 (Alters-) Diabetes, ist global im Ansteigen begriffen. 1995 wurde die Anzahl an Diabetikern weltweit mit 135 Millionen eingeschätzt. Bis zum Jahr 2010 wird mit 221 Millionen (AMOS et al. 1997) und bis 2025 mit 300 Millionen Diabetikern gerechnet. In den entwickelten Ländern wird im selben Zeitraum ein Anstieg um 42 % von 51 auf 72 Millionen erwartet (KING et al. 1998). Der höchste Anstieg der Prävalenz des Typ-2 Diabetes wird jedoch in Asien und Afrika erwartet, wo die Raten zwischen 1997 und 2010 mutmaßlich auf das zwei- bis dreifache ansteigen werden (AMOS et al. 1997).

Diese Zahlen veranschaulichen, daß der Diabetes mellitus nicht ein Problem der westlichen Welt, sondern ein globales Problem ist, wobei heute neben bestimmten ethnischen Gruppen die Bevölkerung von Entwick-

Abb. 24. Prävalenz des Diabetes mellitus (*DM*) und der gestörten Glukosetoleranz (*IGT*) in der weiblichen Bevölkerung in 42 Gruppen verschiedener ethnischer und geographischer Verteilung. Die Daten sind zwar nicht ganz homogen, in den meisten Fällen jedoch altersstandardisiert (ARMITAGE und BERRY 1987) und zumeist nach den WHO Kriterien (seltener nach den NDDG Kriterien) erhoben. Bei getrennter Auswertung nach ländlichem oder städtischem Wohnsitz wurden nur die urbanen Gruppen berücksichtigt, da die Prävalenz der Glukoseintoleranz in der städtischen Bevölkerung höher ist. Quellen: (1) ASFOUR et al. zit. n. KING et al. 1993, (2) BENNETT et al. 1971, KNOWLER et al. 1978, (4) BUNNAG et al. zit. n. KING et al. 1993, (5) CAMERON et al. 1986, (6) CHOU et al. 1992, (7) DOWSE et al. 1990, (8) DOWSE et al. 1991, ZIMMET et al. 1990, (9) FRANCO et al. 1988, (10) FRENCH et al. 1990, (11) HARRIS et al. 1987, (12) HARRIS 1989, (13) KHALIFA, zit. n. KING et al. 1993, (14) KING et al. 1984, (15) KING et al. 1989, (16) LARENAS et al. 1985, (17) MALERBI et al. 1992, OLIVEIRA et al. 1996, (18) MCLARTY et al. 1989, (19) OMAR et al. 1985, (20) RAMACHANDRAN et al. 1992, (21) SCHRANZ et al. 1989, (22) SUGARMAN et al. 1992, (23) SWAI et al. 1990, (24) SZYBINSKI et al. 1989, (25) THAI et al. 1987, (26) VERRILLO et al. 1983, (27) WOO et al. 1987, (28) XIAO REN PAN, zit. n. KING et al. 1993, (29) ZIMMET et al. 1981, (30) ZIMMET et al. 1982, (31) ZIMMET et al. 1983

lungsländern, Minoritätsgruppen und benachteiligten Gruppen in Industriestaaten das höchste Risiko tragen (King et al. 1993).

Der Gestationsdiabetes ist mit hoher Wahrscheinlichkeit ein passager vorweggenommener Altersdiabetes. Seine Häufigkeit korreliert daher mit der Prävalenz der gestörten Glukosetoleranz (IGT) und des Diabetes mellitus in der Gesamtbevölkerung, insbesondere jedoch mit der Prävalenz einer diabetischen Mutter (Martin et al. 1985).

Die Kenntnis über die ethnische und geographische Verteilung des Diabetes mellitus und der gestörten Glukosetoleranz ermöglicht somit Rückschlüsse auf die zu erwartende Häufigkeit des GDM in den jeweiligen Populationen (Abb. 24).

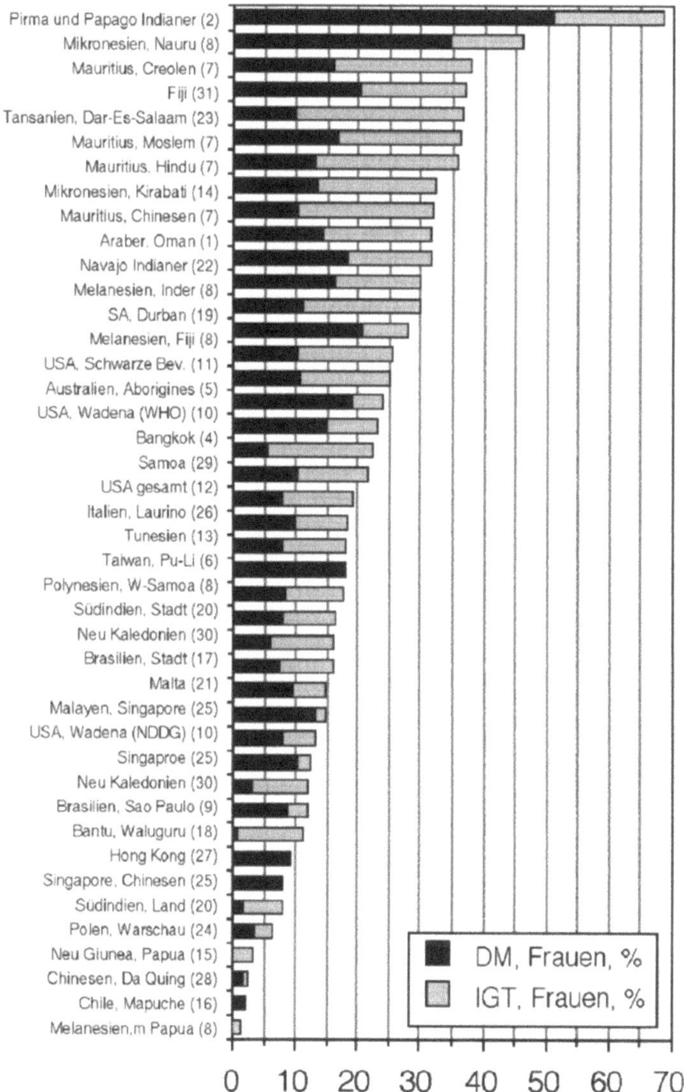

Genauere Angaben über die Verteilung der Prävalenz bei Männern und Frauen, in der städtischen oder ländlichen Bevölkerung sowie über die Häufigkeit in verschiedenen Altersgruppen finden sich in Übersichtsarbeiten (Harris et al. 1987, Dowse et al. 1991, King et al. 1993, von Ferber et al. 1993).

Eine ungefähre Übersicht ist bei Lev-Ran (1999) angeführt. Demnach ist eine Prävalenz <2 % nur bei den Papua in Neu Guinea die Regel. ~2 %–3 % Diabetes haben Fijis und Mapuches in Chile, Bantus (Tansania), Südinder und Bewohner von Sri Lanka. 3 %–10 % Diabetes findet sich bei Tunesiern, Draviden, Thais, US-Kaukasiern, Europäern und Melanesiern. 11–20 % Diabetes findet sich bei Arabern in Oman, in Madras, bei emigrierten Indern, Chinesen, Malayen, US-Hispanischen Gruppen und Navajo Indianern. ~20 % Diabetes haben Mexikaner, Hawaiianer und Australische Aborigines und schließlich 40 %–50 % Diabetes haben Pima und Papago Indianer und Mikronesische Naurus. Eine hohe Diabetesprävalenz findet sich auch in Saudiarabien und Ägypten (Nielsen 1999).

Die Diabetesprävalenz ist nicht nur rassischen und geographischen Einflüssen unterworfen, sondern ist auch alters- und geschlechtsabhängig, wobei Frauen häufiger betroffen sind als Männer.

In allen westlichen Industrieländern ist die Diabeteshäufigkeit ähnlich. Bei Untersuchungen von Harris et al. (1989) betrug die mittlere Prävalenz des Diabetes mellitus und der IGT in den USA 6,6 % und 11,2 %. Von den 6,6 % Diabetikern war die Erkrankung in 3,4 % bereits diagnostiziert, in weiteren 3,2 % hingegen bis zum Beginn der Studien unerkannt. Bei chronologischer Untersuchung (1976–80 und 1988–94) stieg die Diabetesprävalenz um 3,4 % (Harris et al. 1998).

Für den deutschen Sprachraum sind nur wenig epidemiologische Untersuchungen verfügbar. Die Prävalenzraten im Raum Dortmund, Ost-Berlin und der ehemaligen DDR betragen generell zwischen 4 % und 6 %, davon bei Männern zwischen 3 % und 4 % und bei Frauen zwischen 5 % und 7 % (von Ferber et al. 1993). Eine Behandlung mit Insulin erfolgte in 16–19 %, mit oralen Antidiabetika in 37–54 % und mit Diät in 28–44 %. Die Altersverteilung ist ähnlich wie bei den amerikanischen Studien. Bei 30–39jährigen betrug die Rate rund 1 %, bei 40–49jährigen rund 2,5 %, bei 50–59jährigen rund 7 %, bei 60–69jährigen rund 13 % und bei >60jährigen 20 % und darüber. Dabei kann der Anteil an Typ-1 Diabetikern vernachlässigt werden. Da das relative Risiko eines Diabetes bei der weiblichen Bevölkerung 1,7 beträgt, ist die Prävalenz bei Frauen entsprechend höher.

Alle diesbezügliche Untersuchungen zeigen, daß die Prävalenz der IGT und des Diabetes mellitus mit dem Alter zunimmt (Abb. 25).

Die Abb. 25 zeigt die altersbezogene Prävalenz des Diabetes und der IGT in der weißen weiblichen Bevölkerung der USA, wobei der Typ-2 Diabetes nahezu in allen entwickelten Ländern nur in etwa der Hälfte der Fälle bekannt ist, während der Rest nicht oder erst nach einer okkulten Phase von 10–15 Jahren diagnostiziert wird.

Bei Untersuchungen in den USA war die Gruppe des unerkannten NIDDM etwa gleich groß wie die Gruppe des erkannten NIDDM (Harris

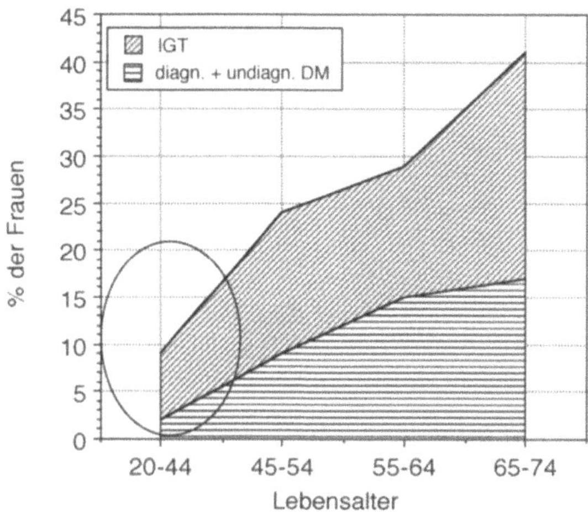

Abb. 25. Altersabhängige Prävalenz des Diabetes mellitus und der gestörten Glukosetoleranz (*IGT*) nach der WHO Definition bei weißen Amerikanerinnen. Mittelwerte der Gesamtbevölkerung: Diabetes mellitus 6,6 % (3,4 % diagnostiziert); *IGT*: 11,2 % Rund die Hälfte der Erkrankungen sind unerkannt. Reproduktionsalter eingekreist (nach Zahlen von Harris 1989)

et al. 1987, Harris 1989). In Europa sind 25–75 % der Diabetiker unerkannt (King et al. 1993). Insgesamt ist die Prävalenz des Diabetes mellitus und damit auch des GDM zunehmend (Beischer et al. 1996).

Aus der Abb. 25 geht hervor, daß Kaukasierinnen in den USA im reproduktionsfähigen Alter (20–45 Jahre) in rund 3 % einen (erkannten oder unerkannten) Typ-2 Diabetes und in rund 10 % eine gestörte Glukosetoleranz (IGT) entsprechend der WHO Definition haben (Harris 1988, 1989). Die Zahlen in Europa und im deutschen Sprachraum sind ähnlich (King et al. 1993).

Bei Männern und Frauen besteht eine Korrelation zwischen der Häufigkeit einer verminderten Glukosetoleranz (IGT) und dem Auftreten eines Typ-2 Diabetes (NIDDM). Diese Korrelation wird auch dann gefunden, wenn ethnische Gruppen mit stark unterschiedlicher Diabetesprävalenz untersucht werden (Dowse et al. 1991). Aus der IGT-Gruppe entwickelt sich pro Jahr in 1 %–5 % der Fälle ein NIDDM (O'Sullivan und Mahan 1968, Birmingham Diabetes Survey Working Party 1976, Sartor et al. 1980, Keen et al. 1982, Jarrett et al. 1984). Zusammenhänge sollten somit auch zwischen der Prävalenz des Gestationsdiabetes und eines NIDDM zu finden sein. Dementsprechend fanden sich auch bei Frauen im mittleren Alter mit manifestem NIDDM in 30 % Hinweise auf einen Gestationsdiabetes in den Aufzeichnungen der vorangegangenen Schwangerschaften (UK Prospective Diabetes Study 1988).

Diese Zusammenhänge des GDM mit dem Typ-2 Diabetes sind auch aus dem Manifestationsverhalten bei Nachuntersuchungen von Gestationsdiabetikerinnen zu erkennen (Abb. 27).

Frauen mit GDM haben nach 8 Jahren in ungefähr 30 %, nach 15 Jahren in etwa 50 % und nach 20 Jahren in etwa 75 % einen manifesten (Typ-2) Diabetes mellitus (siehe: Die prospektiven mütterlichen Risiken, S. 156). Zur Zeit sind keine längeren Untersuchungen verfügbar. Durch Extrapolieren kann jedoch mit hoher Wahrscheinlichkeit darauf geschlossen werden, daß nach 27–30 Jahren angenähert alle Gestationsdiabetikerinnen einen manifesten Diabetes haben (Abb. 27). Da das mittlere Lebensalter bei GDM 31 Jahre und die mittlere Manifestationszeit zu einem NIDDM 27 Jahre beträgt, sollte die Häufigkeit des GDM etwa der Inzidenz des Altersdiabetes 58jähriger Frauen (31 + 27) der betreffenden Population entsprechen. Das sind im Deutschen Sprachraum etwa 7–10 %, wobei die Dunkelziffer des unerkannte NIDDM hoch sein dürfte.

5.2.2 Die Häufigkeit des Gestationsdiabetes

Die Häufigkeit des GDM ist ähnlich jener des Diabetes mellitus ansteigend und hat sich unabhängig von der Ethnizität in den letzten 2 Dekaden mehr als verdoppelt (Beischer et al. 1991). Ein GDM ist bei Schwangeren bis zu 100mal häufiger zu erwarten als ein IDDM (Beard und Hoet 1982, Engelgau et al. 1995). Die Inzidenz des GDM in Westeuropa und Nordamerika beträgt nach einer Analyse von Coustan (1991) rund 3 %. Bei der Durchsicht von 25 Publikationen im internationalen Schrifttum wurde eine Häufigkeit des GDM von 1 %–16 % (im Mittel 3,5 %) angegeben (Tabelle 45).

Die Häufigkeit des GDM ist analog zum Typ-2 Diabetes ethnischen und geographischen Einflüssen unterworfen (Hadden 1985, Doery et al. 1989, Green et al. 1990, Beischer et al. 1991, Dooley et al. 1991). Sie korreliert mit der Häufigkeit der gestörten Glukosetoleranz und des Diabetes mellitus der betreffenden Bevölkerung (Dowse et al. 1991), wobei auch der örtliche Lebensstandard und die verschiedenen Ernährungsgewohnheiten eine Rolle spielen. Unterschiedliche ethnische Gruppen haben jedoch auch bei gleichen Lebensumständen eine unterschiedliche Diabetesprävalenz (Hamman et al. 1989, Dooley et al. 1991). Im Vergleich zu Europäern kann die Rate des GDM in verschiedenen ethnischen Gruppen drei- bis elffach höher sein (Dowse et al. 1992, Dornhorst et al. 1992, Livingston et al. 1993, Benjamin et al. 1993). Dies gilt in erster Linie für verschiedene *Indianerstämme* in Nordamerika, wie etwa die *Pima* Indianer in Südarizona, die *Zuni* Indianer im westlichen New Mexico (Savage et al. 1979, Pettitt et al. 1980, Livingston et al. 1993, Valvey et al. 1993, Benjamin et al. 1993), die *Ojibwa-Cree* Indianer in Canada (Harris et al. 1997) oder die *Yup'ik Eskimos* in Alaska (Murphy et al. 1993). Aber auch andere Volksgruppen wie etwa schwarze Amerikaner oder hispanische Amerikaner haben im Vergleich zu Weißen ein relatives GDM-Risiko von 1,8 und 2,5 (Dooley et al. 1991).

Grobe Veränderungen des Lebensstiles, die mit Urbanisation und Modernisierung verbunden sind, wirken sich ebenfalls auf die GDM Raten aus (Metzger und Cho 1995, Amos et al. 1997, King et al. 1998, King 1998). *Ureinwohner* und *Einwanderer* in verschiedenen Industrieländern wie

Tabelle 45. Häufigkeit des Gestationsdiabetes

Untersucher	Fallzahl	% Gestationsdiabetes
Lind 1983, Newcastle	KA	0,15
Csaba 1986, Pecs	6.604	0,96
Macafee und Beischer 1974, Melbourne	1.000	1,00
Mortensen et al. 1985, Kopenhagen	2.457	1,00
Chen et al. 1972, New York	1.269	1,10
Fuhrmann 1986, Karlsburg	2.510	1,10
Stangenberg 1984, Stockholm	KA	1,30
Beard et al. 1980, London	3.317	1,50
Lavin 1985, Ohio	2.077	1,50
Guttorm 1975, Kopenhagen	514	1,70
Hadden 1980, Belfast	30.300	2,20
Freinkel et al. 1985, Cicago	8.300	2,40
O'Sullivan 1975, Boston	725	2,50 (–7,50)
Merkaz et al. 1980, Cleveland	2.225	3,10 (–11,50)
Jovanovic 1986, New York	300	3,20
Carpenter und Coustan 1982, New Haven	381	3,40
Engelgau et al. 1995, Atlanta, U.S. Bevölk.	~154.000	3,80
Sutherland 1984, Aberdeen	KA	4,00
Forsbach et al. 1988, Mexico	693	4,30
Hung et al. 1991, Taipei	872	4,80
Sketelj 1986, Ljubljana	306	5,60 (–7,8)
Beischer et al. 1996, Melbourne	113.582	5,90
Weiss und Hofmann 1986, Graz	4.090	8,80
Irsigler et al. 1986, Wien	1.172	11,40
Mestman et al. 1971, Los Angeles	658	12,30
Benjamin et al. 1993, Zuni Indian, Albuquerque	760	15,30

KA Keine Angaben

Australien, USA und Großbritannien haben höhere GDM Raten als die durchschnittliche Bevölkerung (Samanta et al. 1989, Beischer et al. 1991, Dornhorst et al. 1992, Kiefer et al. 1999). Dies liegt an der Änderung der Lebensumstände und zum Teil auch daran, daß bei Einwanderern das mittlere *Gebäralter* häufig höher ist als bei der Durchschnittsbevölkerung. Untersuchungen in den USA haben gezeigt, daß neben der Ethnizität auch der *Geburtsort* eine Rolle spielt. Bei Frauen gleicher Ethnizität, die außerhalb der USA geboren wurden, war die GDM Rate häufig höher als bei jenen, die in den USA geboren wurden (Kiefer et al. 1999) (Tabelle 46).

Durch die Migration der letzten Jahre ist überall in Europa mit einer steigenden Anzahl von Schwangeren unterschiedlicher Ethnizität und mit plötzlich grob veränderten Lebensbedingungen zu rechnen. Dem muß bei der Einschätzung des GDM Risikos von Ausländern Rechnung getragen werden.

Tabelle 46. GDM (1994–96) bei Immigranten die innerhalb oder außerhalb der USA geboren wurden (nach einer Analyse von Kiefer et al. 1999). Es wurden nur Lebendgeburten unter Ausschluß von Mehrlingen ausgewertet

	N	GDM Relatives Risiko Alter ≥25	In den USA geboren % GDM	Außerhalb der USA geboren % GDM
Japaner	36.056	0,74	3,27	1,87
Hawaianer	17.076	0,76	2,94	2,59
Native Amerikaner	107.536	0,87	4,45	4,25
Koreaner	24.702	0,87	2,17	2,09
Mexikaner	1.377.291	0,91	2,3 0	2,28
Weiße, non Hispanic	6.877.668	1,00	2,51	2,69
Chinesen	79.941	1,00	3,87	4,04
Alle	10.854.224	1,03	2,46	2,79
Cubaner	35.821	1,03	2,11	2,50
Puerto Ricaner	158.097	1,07	2,94	3,68
Zentral- und Südamerikaner	277.224	1,09	1,71	2,65
Philipinos	89.766	1,11	2,67	4,24
Schwarze, non Hispanic	1.705.672	1,17	2,17	3,99
Vietnamesen	35.039	1,19	1,77	2,50
Samoaner	4.743	1,23	1,69	3,23
Inder	37.292	1,27	3,93	6,49

Im Vergleich zu Europäerinnen haben Schwangere des *Indischen* Subkontinents 11mal häufiger, Schwangere aus *Südostasien* 8mal häufiger und Frauen aus *Arabischen* Mittelmeerländern bzw. *Afro-Karibische* Schwangere 6mal bzw. 3mal häufiger einen GDM (Dornhorst et al. 1992, 1994).

Ethnisch bedingte Unterschiede der Glukosetoleranz sind auch anhand einer unterschiedlichen mittleren Blutglukose nach Glukosebelastung erkennbar. Nach Untersuchungen von Green et al. (1990) an Frauen mit ähnlichen Lebensbedingungen beträgt die Blutglukose eine Stunde nach Belastung mit 50 g Glukose bei *Chinesinnen* im Mittel 134,8 mg/dl, bei Frauen *spanischer* Herkunft 124,4 mg/dl, bei *Weißen* nicht spanischer Herkunft 121,4 mg/dl und bei *Schwarzen* 113,3 mg/dl. Dementsprechend hatten Chinesinnen in 7,3 %, hispanische Frauen in 4,2 %, schwarze Frauen in 1,7 % und Weiße nicht hispanischer Abstammung in 1,6 % einen Gestationsdiabetes. Samanta et al. (1989) fanden unter Anwendung der WHO-Kriterien bei 4561 Asiatinnen in 1,38 % und bei 7444 Kaukasierinnen in 0,87 % einen Gestationsdiabetes. Demgegenüber konnten Rouse et al. (1985) sowie Li et al. (1988) zwischen kaukasischen und asiatischen Schwangeren keine Unterschiede der Glykämie nachweisen. Rouse et al. fanden jedoch bei Asiatinnen signifikant erhöhte Insulinspiegel. Bei nigerianischen Frauen waren die Glukosespiegel nüchtern gleich wie bei Kaukasierinnen, während sie ein und zwei Stunden nach Belastung deutlich niedriger waren (OKONOFUA et al. 1988). Auch andere Studien an gesunden Afrikanerinnen ergaben nach Glukosebelastung gegenüber Kaukasierinnen niedrigere Glukosespiegel (POLITZER 1955, ADADEVOH 1970, WICKS und JONES 1973, FRASER 1981).

Ethnische Unterschiede gehen auch aus Australasischen Studien hervor, da in diesem Raum viele ethnische Gruppen mit ähnlichen Lebensbedingungen zusammenleben (BEISCHER et al. 1991, SCOTT 1992) (Tabelle 47).

Der GDM ist jedoch nicht nur eine Erkrankung in Ländern mit ausreichendem oder hohem Nahrungsmittelangebot. In unterentwickelten Ländern kommt ein GDM entgegen der verbreiteten Meinung besonders häufig vor. Neben extrauterinen Noxen kann bereits intrauterin eine Schädigung des Inselorganes der heranwachsenden Foeten durch Fehl- und Unterernährung der Schwangeren erfolgen, wodurch sich im späteren Leben ein Diabetes und im Falle einer Schwangerschaft ein Gestationsdiabetes entwickelt (HOET 1988, 1992).

Neugeborene mit niedrigem Geburtsgewicht insbesondere bei Schwangeren mit Hypertension haben demnach durch die intrauterine Mangelsituation ein erhöhtes Diabetes- und folglich auch GDM Risiko im späteren Leben (HALES et al. 1991, HALES und BARKER 1992, BARKER et al. 1993) (siehe auch: Die prospektiven kindlichen Risiken, S. 177). Frauen, deren Geburtsgewicht < 10. Perzentile gelegen war, haben gegenüber Frauen mit norma-

Tabelle 47. Ethnische Unterschiede der Häufigkeit des Gestationsdiabetes. Die Tabelle wurde beim 2nd International Graz Symposium on Gestational Diabetes 1992 von D. SCOTT, Auckland, New Zealand, präsentiert

Prevalence of Gestational Diabetes Mellitus		Percent	Population
Australia			
Aborigines (positive risk factors) 75 g glucose venous plasma,	(1) 2 hr ≥ 7,0	4,9	1.079
Europeans (northern stock) 50 g glucose capillary plasma	(2) 1 hr ≥ 9,0	4,3	23.257
Immigrants	2 hr ≥ 7,0		
– Africans		9,4	309
– Asians		10,9	1.216
– Arabs und Egyptians		7,2	836
– Chinese		13,9	653
– Indians		15,0	440
– Mediteraneans		7,3	3.725
– Pacific Islanders		5,7	407
– Vietnamese		7,3	1.300
New Zealand			
Europeans		1,8	
100 g polycose venous plasma	3 hr test AUC ≥ 50 Approx = 2 hr ≥ 8,0		1.485
Maori und Pacific Islanders		4,8	

lem Geburtsgewicht ein 3,6faches Risiko eines Schwangerschaftsdiabetes (Plante 1998).

Einen wesentlichen Einfluß auf die Rate des Gestationsdiabetes haben die diagnostischen Kriterien und die Screeningdichte. Durch eine mangelnde Screeningdichte wird die wahre Inzidenz zumindest halbiert (Moses und Colagiuri 1997).

Die meisten der etablierten diagnostischen Kriterien sind zu restriktiv (siehe S. 258ff), wodurch die Häufigkeit von Glukosetoleranzstörungen mit negativen Auswirkungen auf die Schwangerschaft unterschätzt wird. Je restriktiver die diagnostischen Kriterien sind, desto augenscheinlicher wird die negative Auswirkung des GDM auf die Schwangerschaft, da nur die schwersten Formen der Glukosetoleranzstörungen diagnostiziert werden (Metzger et al. 1985). Leichtere Fälle hingegen, bei denen sich ebenfalls ein foetaler Hyperinsulinismus entwickeln kann, entgehen bei restriktiven Kriterien der Diagnose und folglich auch der Therapie. Bei Studien sind dann diese Verlorenen Fälle in der „Kontrollgruppe" und verwischen die statistischen Unterschiede des fetal outcome.

Die Raten hängen auch von den Zielgruppen des Screenings ab. Dabei ist es von Bedeutung, ob ein Screening populationsbezogen, an einem speziellen Patientengut mit geburtshilflichen Risiken (Tabelle 48) oder aber nur an Schwangeren mit Diabeteshinweisen durchgeführt wird.

Die Prävalenz des GDM steigt mit steigendem mütterlichen Alter (O'Sullivan et al. 1973, Coustan et al. 1989) und ist bei jenen Schwangeren am höchsten, die wegen Komplikationen wie Präeklampsie oder vorzeitige Wehen stationär aufgenommen werden müssen (Weiss et al. 1988, van Assche und Spitz 1998) (Tabelle 48).

In den 70er und frühen 80er Jahren wurden an unserer Klinik nur Schwangere mit „potentiellem Diabetes" (klinischen oder anamnestischen Diabeteshinweisen) einem Screening unterzogen. In dieser Gruppe betrug die diagnostische Ausbeute 18,7 %. Ab 1983 wurde bei jeder ambulanten Schwangeren routinemäßig ein oGTT durchgeführt, wodurch die Rate positiver Tests auf 5,3 % abgesunken ist. Mit Errichtung einer Risikoambulanz stieg die Rate auf rund 10 %. Die höchste Rate an positiven Tests

Tabelle 48. Grazer Diabetesanalysen. Der Einfluß von Komplikationen der Schwangerschaft (vorzeitige Wehen, foetale Retardierung, Harnwegsinfekt, Präeklampsie) und des Alters auf die Rate des Gestationsdiabetes bei 500 oGTT einer Risikoambulanz

	oGTT, 1h-Wert > 160 mg/dl (8,9 mM)	
	ambulante Schwangere, Risikoambulanz	stationäre Schwangere, Schwangerschaftskomplikationen
< 30 Jahre	6,3 %	16,1 %
≥ 30 Jahre	18,2 %	31,2 %
≥ 35 Jahre	34,1 %	44,4 %
Alle	9,8 %	21,3 %

(21,3 %) hatten hingegen Schwangere, bei denen wegen verschiedener Komplikationen wie Präeklampsie, Harnwegsinfekten oder Frühgeburtsbestrebungen ein stationärer Aufenthalt geboten war (Tabelle 48).

Werden diese Ergebnisse auf das mittlere Gebäralter und die Dichte von Risikofaktoren in der Gesamtbevölkerung umgelegt, beträgt die kalkulierte populationsbezogene Rate des GDM rund 5 %, wobei in unserem Einzugsgebiet mit 3,5 % diätbedürftigem und 1,5 % insulinbedürftigem GDM zu rechnen ist.

Im übrigen deutschen Sprachraum muß ebenfalls mit zumindest 3–5 % GDM gerechnet werden, wovon rund 2/3 einen Diätbedarf und 1/3 einen Insulinbedarf haben.

Der GDM betrifft in erster Linie jene Frauen, die später einen Typ-2 Diabetes entwickeln (Effendic et al. 1987, Kjos et al. 1990, Metzger et al. 1985, Mølsted-Pedersen et al. 1989). Die perinatale Mortalität bei Frauen, die in ≤20 Jahren nach ihrer Schwangerschaft einen Diabetes entwickeln, ist 4fach höher als bei jenen Frauen, die erst nach > 20 Jahren einen Diabetes manifestieren (Wood et al. 2000). Man kann den GDM daher als einen unter der Belastung der Schwangerschaft passager vorweggenommenen „Alterdiabetes" betrachten, der im prädiabetischen Stadium vorübergehend manifest wird. In einigen Fällen handelt sich es um einen bereits manifesten, jedoch bisher unerkannten Typ-2 Diabetes, der durch das Schwangerschaftsscreenings aufgedeckt wird. Dementsprechend kann anhand epidemiologischer Daten des Diabetes mellitus eine „logische Häufigkeit" des GDM kalkuliert werden.

Da bei rund 1–3 % aller kaukasischen Frauen im reproduktionsfähigem Alter ein unerkannter Typ-2 Diabetes und bei rund 5 % eine gestörte Glukosetoleranz (IGT) vorliegt (Harris et al. 1987, 1988), ist eine Inzidenz des GDM unter 3 %–5 % unglaubwürdig. Dies umso mehr, als die Schwangerschaft per se diabetogen wirkt.

Liegt die Rate darunter, ist die Screeningdichte oder die Sensitivität des angewandten Tests zu hinterfragen.

In Risikoambulanzen oder bei ethnischer Belastung muß die Prävalenz des GDM durch die negative Auswahl der Schwangeren bedeutend höher sein.

Entsprechend der logischen Häufigkeit des GDM nach mütterlichen epidemiologischen Daten läßt sich auch eine logische Häufigkeit nach kindlichen Parametern ableiten.

Die Schwangerschaft ist ein biologisches Experiment mit dem Foetus als empfindlichen Sensor für die Ausgewogenheit der mütterlichen Glukosehomöostase. Bei einem Glukoseüberangebot entwickelt der Foetus durch die Überstimulation seines Inselorganes einen Hyperinsulinismus (siehe Seite 82 ff). Dieser ist anhand erhöhter Insulinspiegel im Fruchtwasser und/oder im Nabelschnurblut erkennbar.

Ab mütterlichen Blutzuckerspitzen von 160 mg/dl (8,9 mM) nach Glukosebelastung ist nach umfangreichen eigenen Untersuchungen ein foetaler Hyperinsulinismus möglich (Tabelle 97). Ein mütterlicher Glukosepeak von 160 mg/dl entspricht somit einem geburtshilflich relevanten Grenzwert, ab welchem nachweislich ein foetaler Hyperinsulinismus auftreten kann.

Bei rund 1000 Glukosebelastungstests der 70er und 80er Jahre entsprach ein Blutzuckergipfel von 160 mg/dl (8,9 mM) der 95. Perzentile (WEISS 1988). Demnach beträgt die logische Häufigkeit des GDM rund 5 %.

Die tatsächliche Inzidenz an der Grazer Klinik ist etwas höher, da sich unser Patientengut vorwiegend aus Risikoschwangeren rekrutiert. Insbesondere liegt das mittlere Alter unserer Patienten über dem Durchschnitt.

In großen deutschen Perinatalstudien scheinen hingegen nur 0,3 % GDM auf. Demnach werden weniger als 10 % der Fälle erkannt (HILLEBRAND et al. 1990, LANG und KÜNZEL 1990). Im englischen Sprachraum wird der GDM daher auch als „hidden epidemic" bezeichnet (LORBER 1990).

Ohne Screening oder bei diagnostischen Methoden mit unzureichender Testsensitivität, werden klinisch relevante Glukosetoleranzstörungen nicht erkannt und folglich nicht behandelt. Von diesen Fällen entwickeln rund 30 % der Foeten einen Hyperinsulinismus. Vom volksgesundheitlichen Standpunkt ist dies eine Katastrophe, da der foetale Hyperinsulinismus neben perinatalen Komplikationen ein vulnerables und fehlkonditioniertes Inselorgan nach sich zieht, welches zur weiteren Verbreiterung des Diabetes in der Bevölkerung beiträgt (siehe Kapitel: Die prospektiven kindlichen Risiken). Für die Gewichtung der Risiken des GDM und deren Kosten muß davon ausgegangen werden, daß ohne entsprechendes Screening pro 100 Schwangeren zumindest 1–2 Foeten einen unerkannten Hyperinsulinismus mit den daraus folgenden Komplikationen und Kosten entwickeln.

5.3 Die Weltbedeutung des Gestationsdiabetes

Durch ernährungsbedingte und umweltbedingte Einflüsse wird die vertikale Ausbreitung von Kohlenhydratstoffwechselstörungen protegiert (HOET 1988). So ist bekannt und wird in den einzelnen Kapiteln beschrieben, daß sowohl eine foetale Retardierung (Hypoplasie des foetalen Inselorganes) als auch eine diabetogene Makrosomie (Hyperplasie des foetalen Inselorganes) in einem hohen Prozentsatz mit einer Schädigung und Fehlkonditionierung des foetalen endokrinen Pankreas assoziiert ist, was wiederum im späteren Leben zu einem Gestationsdiabetes oder Diabetes mellitus führen kann. Es ergibt sich daraus ein circulus vitiosus, der jedoch durch eine entsprechende medizinische Intervention unterbrochen werden könnte (SCHEIBENREITER et al. 1968, HOET 1991).

Der Gestationsdiabetes ist daher nicht nur eine Erkrankung der Wohlstandsgesellschaft, sondern hat wahrscheinlich in den Entwicklungsländern eine noch größere Bedeutung als in der sogenannten westlichen Welt. Die mütterliche Überernährung als ätiologischer Faktor steht in den Entwicklungsländern allerdings im Hintergrund. Biologische und umweltbedingte Faktoren, die charakteristisch für Entwicklungsländer sind, ziehen in Kombination mit der Unterernährung Stoffwechselstörungen nach sich, die sich von jenen entwickelter Länder Unterscheiden. Dies gilt vor allem für tropische und subtropische Länder, in welchen heute 90 % aller Geburten der Welt stattfinden (Hoet 1988). Die Rate an Kindern mit niedrigem Geburtsgewicht betrug und beträgt dort bis zu 80 %, die perinatale Mortalität bis zu 70 % (Hoet 1988, Ebrahim 1979, Dunn 1979). Die Bedeutung des Gestationsdiabetes in Entwicklungsländern wird weitestgehend unterschätzt und wurde in einer Übersicht von Hoet (1988) komprimiert dargestellt.

Demnach führen eine Unterernährung in Kombination mit schwerer körperlicher Arbeit sowie der Eisen- und Proteinmangel gehäuft zu untergewichtigen Kindern. Bei gezielter Proteinzufuhr und Normalisierung des mütterlichen Gewichtes sind die Neugeborenen um 200–300 g schwerer. Kinder über 4000 g sind nur in 2–3 % der Geburten zu erwarten (Habicht et al. 1974). Während die Unterernährung, die häufig mit einer Anämie und Infektionskrankheiten assoziiert ist zu einer foetalen Retardierung führt, können mütterliche Stoffwechselstörungen durch die Erhöhung endogener Nährstoffe zu normalem oder übernormalem foetalen Wachstum führen. Das Gewicht der Kinder in Entwicklungsländern ist zwar bis zur 26. oder 28. Gestationswoche ungeachtet des Nahrungsmangels mit jenem in entwickelten Ländern vergleichbar, aber die Foeten unterscheiden sich qualitativ durch Proteinmangel, Eisendefizit und niedrige Vitamindepots (A, B_2, Folsäure). Der mütterliche Nahrungsmangel während der zweiten Hälfte der Schwangerschaft ist der Hauptgrund einer Wachstumsretardierung, der jedoch die Möglichkeit eines Aufholwachstums beinhaltet. Andere Faktoren, wie Anämie und Infektionen bereits früh in der Schwangerschaft, die häufig mit Unterernährung verbunden sind, beeinflussen ebenfalls das Wachstum, jedoch durch eine Reduktion der Anzahl von Zellen, wodurch ein Aufholwachstum unwahrscheinlich wird. Die wichtigsten Infektionen der Dritten Welt sind die Malaria, die Tuberkulose, die Syphilis, Rubella, Harnwegsinfektionen, Darminfektionen und Amnioninfektionen. Diese und Viruserkrankungen wie Hepatitis, Zytomegalie und slow virus Infektionen sind bestimmend für die Gesundheit der Mutter und des Neugeborenen. Infektionen beeinflussen die mütterliche Stoffwechselsituation und erhöhen die katabole und ketoazidotische Tendenz der Schwangerschaft (Ebrahim 1979).

In Plazenten von Diabetikerinnen und Malariakranken sind vergleichbare Immunkomplexe nachzuweisen (Faulk et al. 1980). Die angeborene Syphilis ist mit gröberen pathologischen Veränderungen im Pankreas, einschließlich dem endokrinen Anteil, verbunden (Naeye 1979). Zytomegalieviren können das foetale endokrine Pankreas befallen (Craighead 1985), und angeborene Rubella kann ebenfalls ein diabetisches Syndrom hervorrufen (Forrest et al. 1971).

Diabetes ist eine heterogene Erkrankung sowohl im Erscheinungsbild als auch in den Folgen. Der Typ-1 Diabetes (juvenile onset diabetes) wird überwiegend durch Immun- oder Autoimmunprozesse eingeleitet, die in einem insulinabhängigem Syndrom enden. Diese Genese ist ziemlich spezifisch bei Jugendlichen der kaukasischen Rasse mit bestimmten histokompatiblen Antigenen. Die Genese eines Typ-1 Diabetes kann jedoch bei schwarzen, indianischen und kaukasischen Jugendlichen unabhängig von immunologischen Störungen sein. Die Heterogenität des Diabetes wird besonders beim Typ-2 Diabetes (adult onset diabetes) deutlich, der offenbar alle Rassen betrifft, jedoch in bestimmten Bevölkerungsgruppen häufiger vorkommt als in anderen (Fajans 1987). Diabetes durch Fehlernährung wird vorwiegend in bestimmten Gegenden der Dritten Welt beschrieben und gefunden. Toxische Substanzen, wie etwa cyanogene Wirkstoffe, die mit Proteinmangel assoziiert sind, scheinen die Erkrankung zu initiieren (Bajaj 1986). Diese unterschiedlichen Diabetesformen, die hinsichtlich ihres Ursprunges heterogen sind, zeigen auch unterschiedliche klinische Erscheinungsformen. Unterschiedliche pathologische Befunde am endokrinen Pankreas betonen die unterschiedlichen Ursachen und Auslösungsprozesse der Erkrankung (Hoet und Remacle 1987). Dabei ist der generelle Haupttrend im diabetischen Pankreas durch eine progressive Verminderung der B-Zellenmasse als Resultat einer fortlaufenden Schädigung charakterisiert.

Zwei weitere Umstände müssen in Betracht gezogen werden. In den entwickelten Ländern ist der Typ-2 Diabetes in nahezu 50 % mit einer erhöhten Ablagerung von Amyloidkörpern an β-Zellen assoziiert. Diese pathologische Veränderung in exzessivem Ausmaß ist wahrscheinlich spezifisch für den „adult onset diabetes". Möglicherweise sind „slow viruses" an dieser Veränderung beteiligt. Amyloid Ablagerungen, die bei allen Rassen zu finden sind, weisen darauf hin, daß es sich um ubiquitäre Noxen handelt. Damit kann auch die hohe Prävalenz des Diabetes in bestimmten Bevölkerungsgruppen erklärt werden, wo diese Noxen offenbar mit einer genetischen Prädisposition zusammenfallen. Viren oder deren Wirkstoffe sind sowohl horizontal als auch vertikal von der Mutter auf den Foetus übertragbar (Hoet 1988). Dies wird um so häufiger in Gegenden geschehen, in welchen mütterliche Infektionen und deren Übertragung auf den Foetus endemisch auftreten (Parent und Khadraoui 1979). Zytomegalievirusinfektionen (CMV) treten gerade in Entwicklungsländern in einem hohen Prozentsatz bei sehr jungen Kindern auf. So zeigen etwa 70 % der Kinder in Saudiarabien bereits vor dem ersten Lebensjahr Antikörper gegen CMV. Diese hohe Prävalenz zusammen mit CMV-Einschlüssen in Inselzellen weisen auf eine verbreitete Durchseuchung hin, wobei die Infektion sehr früh, ja bereits im Uterus erfolgt (Bakir 1987). Die endemische Infektion von Schwangeren die oft selbst noch sehr jung sind, ist verantwortlich für die kontinuierliche Übertragung der Erkrankung, welche die foetalen Inselzellen angreift. Diese endemischen Noxen im Verein mit anderen Infektionen (Rubella) tragen zur hohen Diabetesprävalenz in Entwicklungsländer bei.

Als zweites soll die reduzierte Anzahl von Betazellen bei wachstumsretardierten Kindern erwähnt werden. Diese angeborene reduzierte Masse an Betazellen auf der Basis einer intrauterinen Infektion, Mangelernährung oder anderer Noxen müssen in Betracht gezogen werden, wenn verschiedene diabetische Syndrome bei Jugendlichen auftreten. Ein Diabetes beim Neugeborenen tritt in erster Linie bei „small for dates" auf, die Inzidenz ist in Entwicklungsländern hoch (Hoet und Reusens-Billen 1985). Eine verminderte foetale B-Zellmasse mit herabgesetzter Replikationsrate und Vaskularisierung als Folge eines schweren mütterlichen Diabetes oder einer Unterernährung wurde auch experimentell nachgewiesen (Hoet et al. 1985, 1991) (siehe auch Kap.: Die prospektiven kindlichen Risiken). Ein mütterlicher Diabetes kann jedoch auch eine Hyperplasie und Hypertrophie der B-Zellen mit erhöhter Replikationsfähigkeit, insbesondere bei leichterem Diabetes, nach sich ziehen (Reusens-Billen et al. 1984). Insgesamt sind die Determinanten eines Diabetes in der Dritten Welt sowohl beim Erwachsenen als auch in der Pubertät, der Kindheit und in utero vielfältig und besonders endemisch auf die Tropen konzentriert.

Diese Heterogenität des Diabetes in den Entwicklungsländern wird auch im Rahmen einer Schwangerschaft offensichtlich. Ein insulinabhängiger Diabetes (Typ-1 Diabetes) kann plötzlich auftreten, möglicherweise in Kombination mit einem Autoimmunprozeß (Buschard et al. 1987). Ein Typ-2 Diabetes, der bereits vor der Schwangerschaft vorlag kann durch die Schwangerschaft entgleisen. Darüber hinaus kann ein Gestationsdiabetes entstehen, der nach der Schwangerschaft persistiert. Die Pathologie der Schwangerschaft wird in Anbetracht des unterschiedlichen klinischen Hintergrundes verschieden sein. Riesenkinder mit resultierender Dystokie, Polyhydramnion und exzessiver mütterlicher Gewichtszunahme sind auch in den tropischen Zonen zu finden. In Guam mit 80.000 Einwohnern beträgt das mittlere Alter der Population 18,9 Jahre. Die Diabetesprävalenz steigt nach dem 25 Lebensjahr rapid an und es entstehen daraus Kosten von jährlich rund drei Millionen Dollar. Ein komplettes Screening der Schwangeren auf der Insel ergab in 42 % eine herabgesetzte Glukosetoleranz und in 29 % einen Diabetes, der in 10 % auch nach der Schwangerschaft bestehen blieb. Diese Abnormitäten des Stoffwechsels waren mit schlechten geburtshilflichen Ergebnissen assoziiert (Kuberski und Bennett 1980, Yen 1964). Diabetes in der Schwangerschaft ist in allen Entwicklungsländern mit überdurchschnittlich schlechten geburtshilflichen Ergebnissen assoziiert, da eine adäquate Überwachung und Behandlung nicht zur Verfügung steht. Umfangreiche Untersuchungen in Tunesien, Algerien und Marokko ergaben bei Glukosestoffwechselstörungen viermal häufiger Fehlgeburten, dreimal häufiger Frühgeburten, sowie elf- bzw. fünfmal höhere foetale und neonatale Todesraten. Eine Makrosomie war sechsmal und eine Toxämie siebenmal häufiger als in der nicht diabetischen Bevölkerung. Auch die Fehlbildungsrate war erhöht (Ben Khalifa 1986). Eine Untersuchung in Asien ergab bei verminderter Glukosetoleranz ebenfalls signifikant häufiger eine vaginale Moniliasis, Ödeme, Harnwegsinfekte, erhöhten Blutdruck, Polyhydramnion, Intrauterinen Fruchttod, Geburtseinleitungen, Kaiserschnitte und Fehlbildungen (Madan und Mohan 1986).

In den Entwicklungsländern, in denen durch die katabole Wirkung von Unterernährung und Infektionen der basale Blutglukosespiegel wahrscheinlich niedrig ist, stehen Untersuchungen über „Normalwerte" der

Blutglukose und über die Auswirkungen von Variationen derselben auf geburtshilfliche Ergebnisse noch aus. Jede klinische Situation wie etwa Infektion, Fehlernährung oder Mangelernährung und deren Folgen muß in Zukunft analysiert werden, um den kumulativen Effekt auf die perinatale Mortalität auszuloten. Die hohe Rate an Totgeburten der Bevölkerung von vier oder fünf Pazifischen Inseln stand in Beziehung zur hohen Prävalenz von Glukosetoleranzstörungen und Diabetes (Sicrée et al. 1986). Diese Beobachtungen zeigen auf, daß auf den übrigen Inseln andere Faktoren, wahrscheinlich ebenfalls im Zusammenhang mit abnormen Blutglukosespiegeln für die Totgeburten verantwortlich sind. Epidemiologische Untersuchungen sollten in Hinkunft die Prävalenz und Inzidenz bestimmen, um die Größenordnung des Problems zu erkennen. In der klinischen Praxis müssen kausale Zusammenhänge erforscht werden, um effiziente Behandlungen einführen zu können.

Bei der Bevölkerung von Malta wurden prospektive epidemiologische Studien über Glukosetoleranzstörungen und Diabetes in der Schwangerschaft durchgeführt, um Vergleiche mit dem bereits bekannten Hintergrundrisiko des Diabetes anzustellen. Die Untersuchungen zeigten, daß 14 % der schwangeren Frauen eine abnorme Glukosetoleranz hatten, während dies bei nichtschwangeren derselben Altersgruppe nur in 1,7 % der Fall war. Die Prävalenz von Diabetes und Glukosetoleranzstörungen in der gesamten Malteser Bevölkerung (ohne Rücksicht auf das Lebensalter) betrug 14 %. Das bedeutet, daß die Prävalenz des Gestationsdiabetes mit der Prävalenz des Diabetes in der Gesamtbevölkerung, einschließlich der Altersdiabetiker, vergleichbar ist (Schranz 1987). Diese Konzentration abnormer Glukosetoleranzen in einer jugendlichen Gruppe sollte daher in Entwicklungsländern gezielte und selektive Untersuchungen von Risikogruppen stimulieren (Freinkel und Hoet 1986), um eine möglichst hohe diagnostische Ausbeute bei einem günstigen Kosten-Nutzen Verhältnis zu erreichen. Bei der Durchführung eines Tests in der Schwangerschaft kommt der Nutzen auch dem Ungeborenen zugute.

Die oben angeführten Erwägungen streichen die Notwendigkeit heraus, alle Faktoren aufzudecken, die in der Folge mit abnormalen Glukosespiegeln die geburtshilflichen Ergebnisse beeinträchtigen. Die Hauptziele jedes Programmes sollten eine ganzheitliche Annäherung an die Diagnose und Therapie von Glukosetoleranzstörungen und Diabetes in der Schwangerschaft sein. Diese Herausforderung ist heute interessanter und größer als je zuvor, und Fachleute des Gesundheitswesens aller Versorgungsstufen der Dritten Welt sind damit konfrontiert. Folglich wurden entsprechende Programme bereits in Teilen von Indien, Nordafrika und Südamerika installiert, wo speziell geschulte Träger der primären Gesundheitsvorsorge mit der Bevölkerung kontaktieren und Hochrisikogruppen für Diabetes ausfindig machen (IDF Bulletin 1986). Die Aufgabe dieser Gesundheitsarbeiter ist es, mit den verfügbaren Mitteln zu einer Diagnose zu kommen und die Schwangeren auf die Selbsbewertung ihrer Gesundheit zu schulen, möglicherweise auch auf die Selbstverabreichung von Insulin. Die Träger der primären Gesundheitsvorsorge sollen auch mit Zentren der sekundären und tertiären Gesundheitsvorsorge zusammenarbeiten, wo ein Team von gut ausgebildeten Internisten, Geburtshelfern und Kinderärzten zur Verfügung steht. Diese Bewußtseinsbildung auf der primären Stufe der Gesundheitsvorsorge einschließlich ganzheitlicher medizinischer und geburtshilflicher Interventionen, falls erforderlich, konnte bereits eine Senkung der perinatalen Mortalität und diabetesspezifischer Probleme bei diabetischen Schwangeren erbringen, die bisher permanent auftraten. Ein gründlich ausgebildetes Team der gesundheitlichen Erstversorgung verhindert einen Andrang und eine Stauung in sekundären und tertiären Zentren und verstärkt damit die Effizienz der Spezialisten bei Hochrisikogruppen.

5.4 Die Risiken des Gestationsdiabetes

Es gibt eine Unzahl von Publikationen, die nachweisen, daß der GDM Mutter und Kind bedroht. Nur wenige Publikationen verniedlichen das foetomaternale Risiko. Da der Gestationsdiabetes häufig mit einem höheren Alter und Körpergewicht assoziiert ist, wird von Jarrett (1993) vermutet, daß die schlechteren geburtshilflichen Ergebnisse eher durch das Alter und das Übergewicht bedingt sind als durch den GDM. Diese Ansicht ist leicht zu widerlegen, da bei schlanken und jungen GDM alle diabetesassoziierte Komplikationen beobachtet werden können, während alte stoffwechselgesunde Frauen gesunde Kinder gebären.

Die Risiken des Gestationsdiabetes können in mütterliche, foetale und kindliche unterteilt werden, wobei die mütterlichen und kindlichen Risiken wiederum in aktuelle (die Perinatalperiode betreffende) und prospektive (das weitere Leben betreffende) eingeteilt werden können (Abb. 26).

Die mütterlichen Risiken basieren auf dem prädiabetischen Stadium der Schwangeren, welches bei GDM entweder genetisch bedingt ist oder durch intrauterine Fehlkonditionierung des Inselorganes bei unerkanntem GDM von Generation zu Generation in der weiblichen Erblinie weitergegeben wird. Das Foetale und das kindliche Risiko ist durch den foetalen

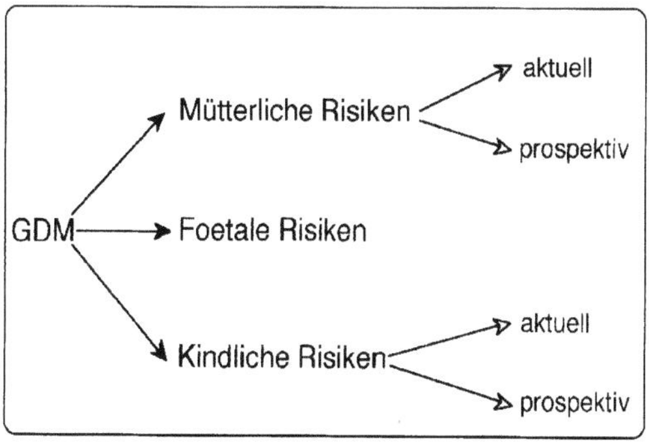

Abb. 26. Risiken bei Gestationsdiabetes

Hyperinsulinismus bedingt, der bei un- oder unterbehandeltem GDM pathognomonisch ist.

5.4.1 Die aktuellen mütterlichen Risiken

Die Aktuellen Mütterlichen Risiken des GDM bestehen in erster Linie in einer 4fachen Häufung von Harnwegsinfekten, einer 8fachen Rate an hypertensiven Schwangerschaftserkrankungen (Präeklampsie, SIH), einer 8fachen Häufung der Adipositas und einer 2,5fachen Sectiorate (WEISS 1988) (Tabelle 49).

Die erhöhte Neigung zu Bakteriurie und zu Harnwegsinfekten resultiert aus der verminderten Infektabwehr bei Diabetes und der vermehrten Harnglukose, die ein verstärktes Keimwachstum protegiert. Diabetikerinnen bei denen in der Spätschwangerschaft eine Zystitis oder Pyelonephritis auftritt, haben in 58 % bzw. 86 % eine asymptomatische Bakteriurie in der Frühschwangerschaft (GOLAN et al. 1989). Bei diabetischen Schwangeren ist auch doppelt so oft mit einer B-Streptokokkenkolonisation der Scheide zu rechnen als bei Stoffwechselgesunden (RAMOS et al. 1997).

Der GDM ist häufig mit hypertensiven Schwangerschaftserkrankungen (HSE) assoziiert (TALLARIGO et al. 1986, DREXEL et al. 1988, LANGER et al. 1989, JACOBSON und COUSINS 1989, NORDLANDER et al. 1989, SUHONEN und TERAMO 1993, VAN ASSCHE und SPITZ 1998). Auch wenn nur ein Grenzwert des oGTT überschritten wird, kommt es gehäuft zur schwangerschaftsinduzierten Hypertension (SIH, PIH) (LINDSAY et al. 1989). Eine Präeklampsie tritt vor allem bei spät diagnostiziertem GDM auf (SEMMLER et al. 1990). Eine frühzeitige Diagnose und Behandlung eines GDM kann somit eine Vorbeugung der Präeklampsie und des Harnwegsinfektes sein.

Hypertensive Schwangerschaftserkrankungen sind mit Veränderungen des Stoffwechsels assoziiert, die auch für das „insulin resistance syndrome" (Syndrom X; metabolisches Syndrom) (FULLER et al. 1980, RAEVEN 1988, BECK-NIELSEN et al. 1990, FERRANNINI et al. 1991) und für den GDM pathognomonisch sind (SINGH 1976, SUHONEN und TERAMO 1993, CLARK et al. 1997). Bei schwangerschaftsinduzierter Hypertension (SIH, gestational hypertension, GH) ist der Spiegel des Glykosilierten Hämoglobins (HbA_1) (ROBERTS et al.

Tabelle 49. Grazer Diabetesanalysen. Aktuelle mütterliche Risiken bei GDM (nach WEISS 1988)

	GDM	Kontrollen	Relatives Risiko
Harnwegsinfekt (> 10^5 Keime)	33 %	8,6 %	3,8
Präeklampsie, SIH[a]	28 %	3,4 %	8,2
Adipositas (≥ 120 % Broca)	61 %	8,0 %	7,6
Sektiorate	28 %	11,0 %	2,5
Atonische Nachblutung	3 %	0,1 %	30,0

[a] Schwangerschaftsinduzierte Hypertension

1998) und der C-Peptidspiegel (YASUHI et al. 2001) wie bei GDM erhöht und die Insulinsensitivität ebenfalls erniedrigt (COTTON et al. 1995, CIOFFI et al. 1995, SOWERS et al. 1995, KRAAYENBRINK et al. 1996). Bei GDM mit Hypertension ist die Insulinsensitivität 2fach niedriger als bei GDM ohne Hypertension und 5fach niedriger als bei gesunden Kontrollen (CARUSO et al. 1999). Bei Präeklampsie besteht eine inverse Korrelation des Homozystinspiegels (Atherosklerosefaktor) mit der Insulinensitivität (LAIVUORI et al. 1999). Das metabolische Syndrom, SIH und der GDM sind somit verwandt (CLARK et al. 1997, KERENYI et al. 2999) und zumeist mit einer (zentralen) Adipositas assoziiert, die per se ein Schwangerschaftsrisiko darstellt. Die gemeinsame pathophysiologische Basis ist neben der Adipositas eine erhöhte mütterliche Insulinausschüttung nach Glukosereizen und eine verminderte Insulinsensitivität (BAUMAN et al. 1982, FERRANNINI et al. 1987, REAVEN 1988, ROBERTS et al. 1993, FESKENS et al. 1995, VACCARO et al. 1996, CLARK et al. 1997, CARUSO et al. 1999). Bei Hypertension wurde dementsprechend auch gehäuft ein Geburtsgewicht von >4000 g beschrieben (FALK et al. 1989), wie es für die Adipositas und den GDM typisch ist. Darüber hinaus besteht sowohl bei Syndrome X als auch bei GDM eine Hypertriglyceridämie und Hyperuricämie bei niedrigen HDL_2 Cholesterol (POTTER und NESTEL 1979, TAYLOR et al. 1981, KAAJA et al. 1995). Eine frühzeitige und ausreichende Behandlung des GDM und eine Kalorienbilanzierung bei Syndrome X kann daher die Entstehung einer SIH verzögern oder verhindern.

Die Präeklampsie (PE) scheint einen anderen pathophysiologischen Mechanismus zu haben als die SIH (ADAMS und MACGILLIVRAY 1961). Im Gegensatz zur SIH ist die Insulinsensitivität eher erhöht (ROBERTS et al. 1998). Dessenungeachtet kann die frühzeitige Diagnose und Therapie des GDM eine Präeklampsie hintanhalten.

Die hohen Sektioraten bei GDM resultieren aus der Makrosomie der Kinder, und daraus, daß foetopathische Foeten dem Geburtsstreß weniger gewachsen sind. Bei einer kalifornischen Studie betrug die generelle Sektiorate 23 %, bei diätbehandeltem GDM 31 %, bei insulinbehandeltem GDM 43 %, bei Typ-2 Diabetes 52 % und bei Typ-1 Diabetes 61 % (MOORE 1997).

Eine adäquate Therapie des GDM kann die Sektiorate um zumindest 25 % senken. Während die Sektiorate einer umfangreichen Studie bei konventioneller Therapie ~21 % betrug diese bei intensiviertem Management nur mehr 15 % (LANGER et al. 1994).

Die Adipositas per se stellt ebenfalls ein geburtshilfliches Risiko dar und kann daher als zusätzliches Risiko des Gestationsdiabetes bezeichnet werden (NORDLANDER et al. 1989).

Die Häufung einer postpartalen atonischen Nachblutung tritt insbesondere bei jenen Frauen auf, deren Uterus durch ein makrosomes Kind oder ein Polyhydramnion überdehnt wurde.

Alle diese Komplikationen sind vornehmlich bei unerkanntem oder spät erkanntem GDM zu erwarten (WEISS 1988, SEMMLER et al. 1990), während sie bei erkanntem und adäquat behandeltem GDM zu einem großen Teil vermieden werden können.

Da der (unbehandelte) GDM vermehrt Schwangerschaftskomplikationen nach sich zieht, ist bei Vorliegen von Komplikationen vice versa gehäuft ein GDM nachzuweisen. In unserer Risikoambulanz waren insgesamt rund 6 % Glukosetoleranzstörungen nachweisbar. Bei Komplikationen wie Präeklampsie, vorzeitigen Wehen etc., die schwer genug waren, eine stationäre Aufnahme zu rechtfertigen, hatten hingegen 21 % der Schwangeren Glukosetoleranzstörungen (Weiss et al. 1994).

5.4.2 Die prospektiven mütterlichen Risiken

Die prospektiven mütterlichen Risiken des GDM sind eine Diabetesneigung im weiteren Leben (O'Sullivan 1991, Henry und Beischer 1991, Persson et al. 1991, Mestman et al. 1972, Kjos et al. 1995, Steinhart et al. 1997, Damm 1998) und folglich auch ein erhöhtes Risiko diabetesassoziierter Erkrankungen (Mestman 1988). Die Stoffwechselbelastung der Schwangerschaft führt vorwiegend dann zum GDM, wenn sich die Schwangeren bereits in einem prädiabetischen Stadium befinden. Die Demaskierung erfolgt vorübergehend durch die Wirkung antiinsulinärer Plazentahormone. Daher endet die Glukosetoleranzstörung in der Mehrzahl der Fälle mit der Geburt (in fatalen Fällen mit dem Absterben) der foetoplazentaren Einheit, um dann, entsprechend dem natürlichen Verlauf der Diabetogenese, zu einem späteren Zeitpunkt wieder aufzutreten. Dabei ist bei diesen disponierten Frauen die Schwangerschaft per se ein Risikofaktor eines Typ-2 Diabetes (Peters et al. 1996). Eine wiederholte Schwangerschaft nach vorangegangenem Gestationsdiabetes scheint das Diabetesrisiko sogar zu verdreifachen (Kjos et al. 1998).

In 9 %–19 % ist die Glukosetoleranzstörung jedoch auch nach der Geburt persistierend (Kjos et al. 1990, Catalano et al. 1991, Greenberg et al. 1995, Schäfer-Graf et al. 1998). Nur in einem Sechstel dieser Fälle kommt es bei weiteren Kontrollen zur Remission (Damm et al. 1992). Fälle, bei denen unmittelbar nach der Geburt ein Diabetes nachweisbar ist, hatten jedoch mit hoher Wahrscheinlichkeit bereits vor der Schwangerschaft einen unerkannten Typ-2 Diabetes.

Da ein Gestationsdiabetes häufig einem NIDDM vorausgeht, eignet er sich in besonderer Weise zum Studium der frühen Entwicklungsstadien eines Typ-2 Diabetes (Dornhorst et al. 1990). Das Übergewicht, die gestörte Betazellfunktion und erhöhte Insulinresistenz bei GDM (Ward et al. 1985, Page et al. 1993) sind auch bei erstgradigen Verwandten von NIDDM zu finden (O'Rahilly et al. 1986, Eriksson et al. 1989, Page et al. 1993, Shaw et al. 1999). Frauen, die einen Gestationsdiabetes hatten, sind auch dann gegenüber vergleichbaren Kontrollen auffällig, wenn sich die Glukosetoleranz postpartal wieder normalisiert hat. Die Blutzuckernüchternwerte sind im Mittel signifikant höher (88 vs. 79 mg/dl; 4,9 vs. 4,4 mmol/L), während die Insulinfreisetzung der ersten Phase nach i. v. Glukosestimulation, die Insulinsensitivität, besonders bei schlanken Probanden, und die Glukoseassimilation subnormal sind (Ryan et al. 1995). Die erste Phase der Insulinsekretion ist besonders bei jenen Frauen gestört, bei denen neben der Anamnese eines GDM ein Typ-2 Diabetes eines Elternteiles zu erheben ist (Osei et al. 1998). Der generelle Insulinresponse ist besonders bei schlanken Post-GDM erniedrigt. Es sind dies diskrete frühe Zeichen der Entwicklung eines NIDDM.

Auch der Lipidstoffwechsel zeigt nach vorangegangenem GDM ein abweichendes Verhalten gegenüber Kontrollen. 5–6 Jahre nach dem GDM sind die Gesamtcholesterinspiegel, Triglyzeridspiegel und LDL-Spiegel signifikant erhöht (Meyers-Seifer und Vohr 1996). Der Triglyzeridspiegel korreliert mit dem BMI, dem Insulinspiegel und dem systolischen und diastolischen Blutdruck. HDL hat eine inverse Korrelation mit dem Insulinspiegel (Meyers-Seifer und Vohr 1996). Bei GDM sind auch Störungen der vaskulären Endothelfunktion nachweisbar, die ebenfalls kardiovaskuläre Erkrankungen im späteren Leben protegieren (Knock et al. 1997, Anastasiou et al. 1998).

Die prospektiven mütterlichen Risiken bei GDM liegen daher in erster Linie in einer hohen Inzidenz an gestörter Glukosetoleranz und Diabetesmanifestationen im weiteren Leben (Pettitt et al. 1980; Stowers et al. 1985; Buschard et al. 1987; Mestman 1988; Damm et al. 1989, 1992; Dornhorst et al. 1990; Henry und Beischer 1991; O'Sullivan 1982, 1991; Persson et al. 1991; Damm et al. 1992; Metzger et al. 1993; Kjos et al. 1995) (siehe Abb. 27, Tabelle 50). Die postpartalen Diabetesraten hängen von der Dauer der Beobachtung und der Schwere des GDM ab. Im ersten Jahr nach der Indexschwangerschaft manifestiert sich ein Diabetes je nach der Schwere des GDM in 2,4 %–21 %, um nach 3–4 Jahren bei schwerem GDM bis auf über 80 % anzusteigen (Cocilovo et al. 1990).

In der Tabelle 50 sind Daten verschiedener Nachuntersuchungen bei Gestationsdiabetes aufgelistet die im Zeitabstand von Wochen bis Jahren nach der Indexgeburt durchgeführt wurden. Die Rate der Diabetesmanifestationen wird durch die verwendeten diagnostischen Kriterien zur Diagnose des GDM beeinflußt. Da bei restriktiven Kriterien zur Diagnose des Gestationsdiabetes in erster Linie jene Fälle als GDM diagnostiziert werden, die bereits vor der Schwangerschaft einen unerkannten NIDDM hatten, werden auch postpartal höhere Raten an Diabetesmanifestationen gefunden. Eine Untersuchung von Kaufmann et al. (1995) ergab jedoch bei GDM nach Carpenter und Coustan Kriterien (1982) und den mehr restriktiven NDDG Kriterien gleich hohe Manifestationsraten eines Typ-2 Diabetes, obwohl mit den Carpenter und Coustan Kriterien um 69 % mehr GDM diagnostiziert wurden.

Bestimmte ethnische Gruppen haben eine besonders hohe Manifestationsrate (Mather und Keen 1985, McKeigue et al. 1991, Simmons et al. 1991, Motala et al. 1993, Benjamin et al. 1993). Navajo Indianer entwickeln nach GDM innerhalb von 11 Jahren in 53–70 % einen NIDDM (Steinhart et al. 1997). Neben ethnischen Einflüssen korrelieren Diabetesmanifestationen mit dem zunehmendem Alter, einem zunehmenden Übergewicht und einer abnehmenden körperlichen Aktivität (Taylor 1991).

Eine hohe Rate an Diabetesmanifestationen nach GDM innerhalb der ersten zehn postpartalen Jahre ist jedoch keinesfalls ein Qualitätskriterium

Tabelle 50. Diabetesmanifestation und Diabetes mellitus bzw. gestörte Glukosetoleranz im Gefolge eines Gestationsdiabetes

Qelle	N	Zeitraum in Jahren	A) Diabetes mellitus, %	B) herabgesetzte Glukose-toleranz, %	A+B %
Hagbard und Svanborg 1960	37	≤7	27,0		62,0
Mestman et al. 1972	232	≤5	23,0		55,6
Konradi und Matveeva 1974	43	≤6	42,2		44,2
Hadden 1979	8	10	12,5		87,5
Mestman 1980	181	≤5	45,3		
Pettitt et al. 1980	233	≤8	4,5–45,5		
O'Sullivan 1984	615	≤28	25,0		50,0
		≥24	73,0		
Stowers et al. 1985	112	≤22	7,0		35,0
Metzger et al. 1985	113	1	38,0		57,0
	61		23,0 (A1)		
	30		43,0 (A2)		
	22		86,0 (B1)		
Grant et al. 1986	447	1–12	11,0	7,8	18,8
			28,0[a]	4,0[a]	32,0[a]
Farrell et al. 1986	86	1	26,0	7,0	33,3
Wollf et al. 1987	69	0,1–2	21,7	36,2	57,9
Efendic et al. 1987	57	0,5–3			60,0
Mestman 1988	89	12–18	56,7 (A)		
			100,0 (A2, B)		
Fuhrmann 1988	50	0,25	4,0	4,0	8,0
		0,50	4,0	8,0	12,0
		1,00	18,0	20,0	38,0
		8,00	46,0	16,0	62,0
Mølsted-Pedersen	279				
et al. 1989	182	1–7	3,8[b] (A)	24,7[c]	28,5
	37	4–13	52,2[b] (A+)	22,2[c]	74,4
	60	4–17	86,7[b] ((A)B)	13,3[c]	100,0
Ali und Alexis 1990	60	3,5–6,5	62,0	17,0	79,0
Kjos et al. 1990	246	0,1–0,2	9,0	10,0	19,0
			2,0 (A1)		
			9,0 (A2)		
			44,0 (B1)	26,0 (B1)	70,0 (B1)
Damm et al. 1992	241	2–11	17,4 (A)	17,0	34,4
Coustan et al. 1993	164	0–2			6,0
	116	3–4			13,0
	47	5–6			15,0
	23	7–10			30,0
Benjamin et al. 1993 (Zuni Indians)	47	4,8	30,0		
Greenberg et al. 1995 (Mexican-Americans)	94	post partum	18,0	16,0	34,0

A1 Nüchternblutzucker während der Schwangerschaft < 105 mg/dl (< 5,8 mM), *A2* Nüchternblutzucker > 105 < 140 mg/dl (> 5,8 < 7,8 mmo/l), *B1* Nüchternblutzucker > 140 mg/dl (> 7,8 mM), *A* Diätbehandlung i. d. Schwangerschaft, *A+* Diät und orale Antidiabetika i. d. Schwangerschaft, *(A)B* Insulinbehandlung i. d. Schwangerschaft; [a] wiederholter Gestationsdiabetes; [b] orale Antidiabetika und/oder Insulin; [c] Diätbehandlung

des Screenings in der Schwangerschaft, da die foetoplazentare Einheit bereits empfindlich auf Störungen des mütterlichen Glukosehaushaltes reagiert, die weit entfernt von der herkömmlichen Definition eines Diabetes mellitus sind. Da zwischen „eindeutig normalen" und „eindeutig abnormalen" Blutzuckerwerten ein Kontinuum besteht (KEEN et al. 1979), kann die sogenannte „Manifestation" auch erst nach 20 und mehr Jahren auftreten. Darüber hinaus variiert auch die Einschätzung der generellen Häufigkeit eine Diabetes mellitus in der Gesamtpopulation mit 5 %–30 %, je nachdem, welche diagnostischen Kriterien Anwendung finden (WEST 1975).

Das Risiko eines Diabetes mellitus nach GDM wird generell mit 6 % bis über 60 % angegeben (O'SULLIVAN 1989, 1991). Die gemeinsame Auswertung von 23 einschlägigen Publikationen (1960–1993) über 3987 GDM ergab eine mittlere (Typ-2-) Diabetesrate von 35 % und unter Einbezug der IGT-Fälle von 43 % nach einer mittleren Beobachtungszeit von 5,7 (0,5–28) Jahren (Tabelle 50). Dabei korreliert die kumulative Diabetesrate mit der Dauer der Beobachtung (R = 0,6, p = 0,0012). Pro Beobachtungsjahr nimmt die Diabetesrate um rund 2,5 % zu. Wird die chronologische Regression interpoliert, ist nach 30 Jahren praktisch bei allen GDM ein manifester Diabetes zu erwarten (Abb. 27). Dies ist im Alter von 62 Jahren zu erwarten, da das mittlere Alter bei der Diagnose eines GDM 32 Jahre beträgt.

Während das Risiko einer Diabetesmanifestation nach GDM ganz allgemein erhöht ist, gibt es Hinweise auf eine besondere Diabetesgefährdung. Die Kombination Hyperglykämie nach Belastung, unzureichende Kompensation der Insulinresistenz durch die Betazellen und erhöhte endogene Glukoseproduktion während der Schwangerschaft führt innerhalb

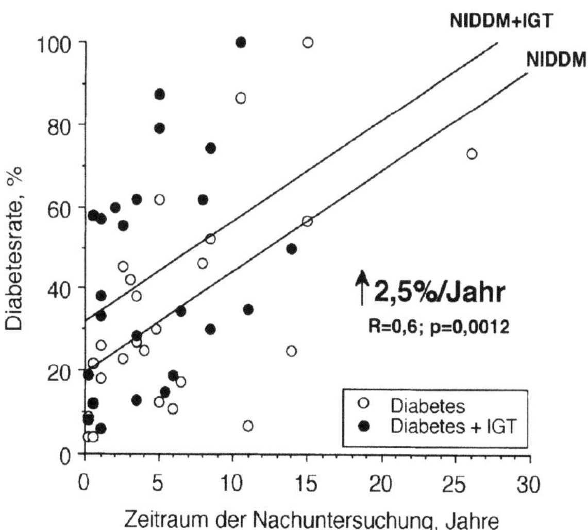

Abb. 27. Diabetesrate nach GDM in Abhängigkeit von der Dauer der Nachbeobachtung. Auswertung von 23 Publikationen (1960–1993) über 3987 Fälle von GDM. —— lineare Regression; *NIDDM* Typ-2 Diabetes; *IGT* gestörte Glukosetoleranz nach WHO-Definition

von 1–3 Jahren zu Diabetes (BUCHANAN et al. 1999, XIANG et al. 1999). Weitere Risikohinweise sind eine höhere Ordnungszahl der Geburt, das Gewicht vor der Schwangerschaft, der Body Mass Index, das Gewicht zum Zeitpunkt der Geburt, das Gestationsalter bei der Diagnose des GDM, die Nüchtern-, 1 h- und 2 h-Werte des oGTT, der Insulinbedarf und das Geburtsgewicht (COCILOVO et al. 1990, CATALANO et al. 1991), sowie andere Faktoren, wie in Tabelle 51 angeführt.

Tabelle 51. Hinweise auf ein besonderes Diabetesrisiko nach Gestationsdiabetes

Autor	Jahr	Hinweis
KJOS et al.	1990	A– Diagnose vor der 24. Schwangerschaftswoche
WOLLF et al.	1987	Glukosurie vor der 24. Schwangerschaftswoche
SCHÄFER-GRAF et al.	1998	Glukosurie vor der 26. Schwangerschaftswoche
CATALANO et al.	1991	Diagnose früh in der Schwangerschaft
PALLARDO et al.	1999	Diagnose früh in der Schwangerschaft
BERNE	1986	Diagnose früh in der Schwangerschaft
		B– Schwere Glukosetoleranzstörung
		C– Insulinmangel
DAMM et al.	1992	Geringer Insulinresponse beim oGTT
		D– Pathologischer oGTT im Wochenbett
LAM et al.	1991	Hoher Nüchternblutzucker 6 Wochen post partum
MESTMANN	1986	E– Erhöhter Nüchternblutzucker i.d. Schwangerschaft
KJOS et al.	1990	Hoher Nüchternblutzucker in der Schwangerschaft
LAM et al.	1991	Hoher Nüchternblutzucker in der Schwangerschaft
SCHÄFER et al.	1998	Hoher Nüchternblutzucker (>108 mg/dl) präpartal
CATALANO et al.	1991	Hoher Nüchternblutzucker bei Diagnose des GD
DAMM et al.	1992	Hoher Nüchternblutzucker bei Diagnose des GD
COUSTAN et al.	1993	Hoher Nüchternblutzucker bei Diagnose des GD
GRANT et al.	1986	F– Pathologischer oGTT in folgender Schwangerschaft
OATS et al.	1986	Pathologischer oGTT in folgender Schwangerschaft
SCHÄFER-GRAF et al.	1998	Pathologischer oGTT in folgender Schwangerschaft
PALLARDO et al.	1999	Pathologischer oGTT in folgender Schwangerschaft
FUHRMANN	1986	G– Übergewicht zur Zeit der Schwangerschaft
WOLLF et al.	1987	Übergewicht und Alter >30 Jahre.
COUSTAN et al.	1993	Übergewicht vor der Indexschwangerschaft
PALLARDO et al.	1999	Übergewicht vor der Indexschwangerschaft
FUHRMANN	1986	H– Insulinbedarf während der Schwangerschaft
COUSTAN et al.	1993	Insulinbedarf während der Schwangerschaft
GREENBERG et al.	1995	Insulinbedarf während der Schwangerschaft
WOLLF et al.	1987	Früher Insulinbedarf in der Schwangerschaft
FUHRMANN	1986	I– Diabetogene Foetopathie.
WOLLF et al.	1987	J– Diabetes bei Blutsverwandten
		K– Hohe Deviationen des Glukoseprofils i.d. Schwangersch
METZGER et al.	1993	Niedrige Nüchternwerte bei hohen Belastungswerten
MØLSTED-PEDERSEN	1989	L– Junge, vor der Schwangerschaft schlanke Frauen mit Insulinbedarf während der Schwangerschaft
DAMM et al.	1992	M– Frühgeburt
WEERASIRI et al.	1993	N– Erhöhter Insulinspiegel im Fruchtwasser
SCHÄFER-GRAF et al.	1998	O– Schwere kindliche Fehlbildung
PALLARDO et al.	1999	P– Niedriges C-Peptid/Glukose Verhältnis i.d. Schwangerschaft
PALLARDO et al.	1999	Q– Anzahl und Ausmaß erhöhter oGTT-Werte

Eine erhöhte Proinsulin/Insulin Ratio nach GDM, wie sie bei NIDDM gefunden wird (DUCKWORTH et al. 1972, MAKO et al. 1977, WARD et al. 1987, GLASER et al. 1988, SAAD et al. 1990), ist hingegen kein Marker einer späteren Diabetesmanifestation (HANSON et al. 1996).

Durch die Gewichtung verschiedener prognostischer Faktoren wurde von COUSTAN et al. (1993) die nachfolgende Formel entwickelt, mit der das Diabetesrisiko der nächsten zwei Jahre individuell eingeschätzt werden kann.

$$\text{Geschätztes Risiko} = 1 / [1 + e^{-(-10{,}37 + 0{,}04\,(\text{FPG}) + 0{,}08\,(\text{BMI}) + 0{,}03\,(\text{months since delivery}))}].$$

In die Berechnung geht der Nüchternblutzucker im Plasma (FPG), der Body Mass Index (BMI = kg/m^2) und die Zeit nach der Geburt in Monaten (M) ein.

Neben dem Typ-2 Diabetes per se sind diabetesassoziierte Erkrankungen ebenfalls als prospektives mütterliches Risiko eines GDM einzustufen. Bei rund 30 % der GDM sind nach 5–8 Jahren eine Mikroalbuminurie und deren Folgen nachzuweisen (FRIEDMAN et al. 1995). Diabetesassoziierte Komplikationen treten jedoch besonders dann auf, wenn der Diabetes nach seiner Manifestation lange unerkannt bleibt (MESTMANN 1988) (Tabelle 52).

Übergroße Kinder können ebenfalls auf einen unerkannten GDM und damit ein erhöhtes mütterliches Diabetesrisiko hinweisen. Nach scheinbar unkomplizierter Schwangerschaft und der Geburt eines Kindes mit einem Geburtsgewicht über der 90. Gewichtsperzentile wird jedoch in den seltensten Fällen ein Diabetesscreening durchgeführt, da das Geburtsgewicht bei 10 % der Neugeborenen definitionsgemäß über der 90. Gewichtsperzentile liegen muß. In den meisten Fällen sind für ein hohes Geburtsgewicht genetische Faktoren verantwortlich. Vereinzelt handelt es sich jedoch um einen unerkannten Gestationsdiabetes mit einer diabetogen bedingten Makrosomie. Dies gilt vor allem für Frauen mit *excessiv schweren Kindern.* Nach der Geburt von Kindern über 4500 g wurde in 60 % eine diabetische Stoffwechsellage der Mutter innerhalb von 12 Jahren festgestellt (MICKAL et al. 1966). LARSSON et al. (1986) führten bei 270 Frauen mit Kindern ≥4500 g eine Woche, 3–10 Jahre und 20–27 Jahre nach der Geburt ein Diabetesscreening durch. Sie fanden bei diesen Frauen im Vergleich zu einer angepaßten Kontrollgruppe sechsmal häufiger einen NIDDM (Typ-2 Diabetes). Die

Tabelle 52. Zusätzliche Risiken 12–18 Jahre nach einem Gestationsdiabetes (MESTMAN 1988)

	Gestationsdiabetes	Kontrollgruppe
Hypertension	44,8 %	12,9 %
Adipositas	74,2 %	48,0 %
Zerebraler Insult	8,6 %	~
Herzinfarkt	6,8 %	~
Dialyse	3,4 %	~

Autoren maßen dem Geburtsgewicht allein dennoch keine besondere prognostische Bedeutung bei, da die Makrosomie gehäuft mit mütterlicher Adipositas, Multiparität oder familienanamnestischer Belastung assoziiert war. Unserer Ansicht nach hat das Geburtsgewicht dennoch eine prognostische Bedeutung. Einerseits kann es exakt und objektiv erhoben werden und andererseits muß man davon ausgehen, daß die obengenannten Faktoren auf einen unerkannten GDM hinweisen und daß sich übergewichtige Kinder ihre Mütter gleichsam „aussuchen".

Auch nach *Totgeburten* und schweren *kindlichen Fehlbildungen* beträgt das relative Risiko eines mütterlichen Diabetes 2,3 und 2,6 (Schäfer et al. 1998). Frauen, die innerhalb von 20 Jahren nach GDM einen Diabetes entwickeln, haben das 4faches Risiko eines perinatalen Verlustes gegenüber Frauen, die erst nach >20 Jahren einen Diabetes entwickeln (Wood et al. 2000). Obwohl der GDM in der Regel erst nach der sensiblen Phase (nach Beendigung der Organogenese) des Embryos auftritt, haben eine Reihe von GDM bereits vor der Schwangerschaft Glukosetoleranzstörungen verschiedenen Ausmaßes (Harris 1988).

Bei den meisten Diabetesmanifestationen nach GDM handelt es sich um die Manifestation eines Typ-2 Diabetes (NIDDM). Es kann sich jedoch in ~20 % der Diabetesmanifestationen auch um die späte Manifestation eines *Typ-1 Diabetes* (IDDM) handeln (Gorsuch et al. 1981, Buschard et al. 1987, Damm et al. 1992). Dies betrifft in typischer Weise schlanke, erstgebärende GDM mit Insulinbedarf, einem Alter unter 30 Jahren und ohne diabetische Familienanamnese (Damm et al. 1989, 1994; Catalano et al. 1990; Dornhorst et al. 1990; Ziegler et al. 1993). Rund 2–7 % der GDM entwickeln somit innerhalb von 2 Jahren einen Typ-1 Diabetes (Damm et al. 1992, Beischer et al. 1995, Füchtenbusch et al. 1997).

Auf das Risiko eines Typ-1 Diabetes weisen Autoimmunantikörper (AIA) hin. Über die postpartale Prävalenz von AIA gibt es in Europäischen Studien Angaben von 0 %–10 % und darüber (Petersen et al. 1996, Dozio et al. 1997, Füchtenbusch und Ziegler 1997). In einer US Studie mit Proben aus der 15.–18. Schwangerschaftswoche waren 6 % der Gestationsdiabetikerinnen GADA positiv (Mitchell et al. 2000). In einer Münchner Studie hatten insgesamt 18,1 % aller GDM und 30,4 % der insulinbedürftigen GDM AIA zum Zeitpunkt der Geburt. Davon waren 8,5 % ICA+, 9,5 % GADA+ und 6,2 % IA–2A+. Innerhalb von 2 Jahren entwickelten 29 % von AIA positiven jedoch nur 2 % von AIA negativen GDM einen Typ-1 Diabetes. Das Diabetesrisiko korrelierte mit der Anzahl der nachweisbaren AIA (Füchtenbusch et al. 1997, Seissler et al. 1998). GDM mit 1, 2 oder 3 Antikörpern hatten ein 17%iges, 61%iges oder 84%iges Risiko eines Typ-1 Diabetes. Die Sensitivität für die Vorhersage eines Typ-1 Diabetes beträgt 74 % für die Kombination von GADA mit ICA oder IA–2A, 63 % für GADA, 48 % für ICA und 34 % für IA–2A. Werden alle drei AIA bestimmt, beträgt die Sensitivität 82 % (Füchtenbusch et al. 1997, 1998).

Neben dem erhöhten Diabetesrisiko haben GDM eine erhöhte Neigung zur Entwicklung eines PCO-Syndroms als zusätzliches prospektives mütterliches Risiko (Holte et al. 1998).

5.4.3 Diabetesprävention

Aus den Zahlen eines Berichtes an den US Kongreß 1976 über die jährliche Zunahme der Diabetesraten ließe sich, bei linearem Verlauf, bis zum Jahr 2040 eine Diabetesprävalenz von 100 % extrapolieren. Nach einer Übersicht von ZIMMET (1999) steigt die jährliche Inzidenz des Diabetes weltweit von ~123 Millionen im Jahr 1997 auf ~218 Millionen im Jahr 2010. Es ist daher im hohen Maße wichtig und auch möglich, präventive Maßnahmen zu ergreifen (STERN 1991, BOUCHER 1995).

Epidemiologische Untersuchungen lassen vermuten, daß die nicht genetisch bedingte (fuel mediated) Transmission des Diabetes von der Mutter auf das Kind durch eine adäquate Diagnostik und Therapie verhindert werden kann (DÖRNER et al. 1984, 1985, 1987, 1988). Die Prävalenz des kindlichen Diabetes in Berlin, Halle und Leipzig sank auf unter $^{1}/_{3}$ der Ausgangszahlen, nachdem die diagnostischen und therapeutischen Maßnahmen bei Gestationsdiabetes und Typ-2 Diabetes rigoros verbessert wurden. Gleichzeitig wurde im Vergleich zu anderen Distrikten eine hochsignifikant höhere Rate an „nicht insulinpflichtigen" Diabetikerinnen in der Schwangerschaft diagnostiziert. Weitere Analysen in 15 Distrikten ergaben eine negative Korrelation zwischen der diagnostizierten und behandelten Rate des Gestationsdiabetes einerseits und der Prävalenzrate diabetischer Kinder andererseits. Die Autoren schließen daraus, daß es in den entwickelten Ländern möglich sein sollte, die Zunahme diabetischer Erkrankungen zu stoppen, ja sogar den Trend umzukehren, indem jede mütterliche Hyperglykämie in der Schwangerschaft und damit der Hyperinsulinismus des Foetus und Neugeborenen als teratogene Faktoren verhindert werden.

Gestationsdiabetikerinnen entsprechen einer gut definierten und idealen Zielgruppe für die primäre Prävention, da sie sich noch in einem präklinischen und asymptomatischen Stadium eines NIDDM befinden (KIMBERLY et al. 1993, GREGORY et al. 1993). Die Schwangerschaft ist eine einmalige Gelegenheit, jene Frauen zu erkennen, die das höchste Risiko eines zukünftigen Typ-2 Diabetes tragen. Dies ist umso mehr von immenser volksgesundheitlicher Bedeutung, als dies zu einem Zeitpunkt erfolgt, zu welchem eine Änderung des Lebensstiles oder eine Therapie den Zeitpunkt der Diabetesmanifestation und die Diabetesfolgen für die Frau (und deren Familie) und dadurch die Kosten für die öffentliche Hand positiv beeinflussen kann (EASTMAN et al. 1993, GREGORY et al. 1993, DORNHORST 1994, ZIMMET 1999). Außerdem sind sie Mütter junger Familien, die häufig für das Einkaufen und die Zubereitung der Mahlzeiten zuständig sind und daher die Familienmitglieder und Kinder hinsichtlich der Eßgewohnheiten positiv beeinflussen können (DORNHORST und FROST 1997). Da Änderungen des Lebensstiles und der Ernährung sowie jährliche Kontrollen die Diabetestransmission, Diabetesmanifestation und/oder diabetesassoziierte Komplikationen verhindern oder zumindest verzögern können (WING 1989, SCHECTMAN et al. 1990, HELMRICH et al. 1991, MANSON et al. 1991, ERIKSSON und LINDGARDE 1991), ist ein generelles Screening in der Schwangerschaft auch unter diesem Gesichtspunkt zu betrachten. Eine frühe und verbesserte Stoffwechselkontrolle bei Typ-2 Diabetes bessert diabetesbedingte Endpunkte generell um 12 %, mikrovaskuläre Endpunkte um 25 %, Photokoagulationen der Retina um 29 % und Kataraktoperationen um 24 % (The UK Prospective Diabetes Study 1999).

Das Konzept des „Thrifty Genotype" zeigt die Richtung an, in welcher eine Intervention erfolgen soll (Lev-Ran 1999, Zimmet 1999). Eine Annäherung an das archaische „Jäger-Sammler" Szenario mit gesunder aber sparsamer Ernährung und reichlich Bewegung hat eine verminderte Energieaufnahme, einen erhöhtem Energieverbrauch und damit eine Gewichtabnahme zur Folge, wie die Da Quing Studie in China zeigen konnte (Pan et al. 1997). Gleichzeitig wird damit das Diabetesrisiko und das Risiko Kardiovaskulärer Erkrankungen herabgesetzt. Im Vordergrund der Prävention steht die Diät. Eine Insulinresistenz kann durch Diät und die Kombination Diät/Bewegung, nicht jedoch ausschließlich durch Bewegung rückgängig gemacht werden (Torjesen et al. 1997).

Auch die Mauritius Studie (Dowse et al. 1995, Uusitalo et al. 1996) und andere Studien (Sharp et al. 1964, Bennett et al. 1971, Haffner et al. 1990, McPhillips et al. 1990, Dowse et al. 1990) ergaben ähnliche Resultate. Allerdings ist die Gewichtsabnahme und insbesondere das Halten des Normalgewichtes ein schwieriges Unterfangen und erfordert eine permanente Patientencompliance. Ein Kalorienüberschuß von nur 30–40 kcal/Tag verursacht eine Gewichtszunahme von 20 kg innerhalb von 20 Jahren, und ein Kalorienüberschuß von nur 0,3 % führt zu einer Gewichtszunahme von 9 kg innerhalb von 10 Jahren (Rosenbaum et al. 1997).

Eine Interventionsmöglichkeit bei adipösen GDM (BMI >30) ist daher die postpartale Gewichtsreduktion, da die Adipositas (Westlund und Nicolaysen 1972, Wilson et al. 1981, Harris et al. 1987, Knowler et al. 1991) und insbesondere die Dauer der Adipositas (Everhart et al. 1992) das NIDDM-Risiko bestimmt. Bereits eine Gewichtsabnahme um 4,5 kg kann das Diabetesrisiko wieder deutlich reduzieren (Wing et al. 1998, Wylie-Rosett 1998). Ist bereits eine gestörte Glukosetoleranz vorhanden, kann eine Gewichtsreduktion kombiniert mit körperlicher Aktivität die Glykämie bereits im ersten Jahr signifikant senken, wobei sich auch günstige Auswirkung auf den Blutdruck und den Serumlipidspiegel nachweisen lassen (Eriksson et al. 1999). Pima Indianerinnen mit einem BMI >30 mit anschließendem Gewichtsverlust hatten bei Nachuntersuchungen gegenüber normalgewichtigen Kontrollen kein erhöhtes Diabetesrisiko. Bei Übergewichtigkeit von bis zu 5 Jahren hingegen betrug die Diabeteswahrscheinlichkeit 24,8/1000 Patientenjahre, während diese bei einer Dauer von 5–10 Jahren bereits 35,2/1000 Patientenjahre betrug (Everhart et al. 1992). Bei einer durchschnittlichen Bevölkerung in Pennsylvanien mit einem 85%igen Anteil weißer Frauen konnte das Fortschreiten einer gestörten Glukosetoleranz (IGT) zu einem NIDDM durch Gewichtsabnahme bei schwerer Adipositas noch drastischer beeinflußt und bei einem Beobachtungszeitraum zwischen 2 und 10 Jahren auf ein Dreißigstel (1,5/1000 Patientenjahre) gesenkt werden (Long et al. 1994).

5.4.4 Nachkontrollen bei GDM

Aus den bisherigen Ausführungen ergibt sich die Notwendigkeit einer genauen Überwachung und Beratung von Frauen mit vorangegangenem Gestationsdiabetes. Es empfiehlt sich eine Kontrolle des oGTT im Wochenbett, besser jedoch 6–8 Wochen nach der Entbindung, wodurch in 3–19 % ein manifester Diabetes diagnostiziert wird (Kjos et al. 1990, Catalano et al. 1991, Damm et al. 1992, Greenberg et al. 1995, Schäfer-Graf et al. 1998, Bloomgarden 2000). Die höchste Wahrscheinlichkeit einer Persistenz des Diabetes nach der Geburt haben GDM mit niedrigen Nüchternwerten und hohen Belastungswerten (Metzger et al. 1993) und GDM mit einem Insulinbedarf von ≥100 E Insulin/24 h (Greenberg et al. 1995). Nur in einem Sechstel der Fälle mit postpartaler Persistenz des Diabetes kommt es bei weiteren Kontrollen zur spontanen Remission (Damm et al. 1992).

Die Kontrolle im Wochenbett hat organisatorische Vorteile. Es ist jedoch anzunehmen, daß sich der positive Effekt der Therapie während der Schwangerschaft (Honeymoon effect) noch auf das Wochenbett erstreckt. Eine Untersuchung 6–8 Wochen post partum ist daher einer unmittelbaren postpartalen Kontrolle vorzuziehen.

In der Regel erfolgt die Nachuntersuchung mit einem 75 g oGTT mit Auswertung nach den WHO-Kriterien. In letzter Zeit wurden jedoch auch neue diagnostische Kriterien vorgeschlagen, bei denen der Grenzwert für den Nüchternblutzucker soweit gesenkt wurde, daß die Sensitivität des NBZ der Sensitivität des 2 h-Wertes entspricht (The Expert Committee on the Diagnosis and Classification of Diabetes Mellitus 1997). Als normaler Nüchternwert wird eine Glukose von ≤6,0 mmol/l (108 mg/dl), als Intermediärwert 6,1–6,9 mmol/l und als diabetischer Wert ≥7,0 mmol/l (≥126 mg/dl) angenommen. Es wurde damit neben der Kategorie Diabetes mellitus und gestörte Glukosetoleranz (impaired glucose tolerance, IGT) der WHO eine neue Kategorie des gestörten NBZ (impaired fasting glucose, IFG; 6,1–6,9 mmol/l) eingeführt. Da durch die neuen Kriterien der NBZ und der 2h-Wert die gleiche Gewichtung haben, sollte die Beurteilung des Nüchternwertes ausreichend sein, um auf einen oGTT verzichten zu können (Cundy et al. 1998). Es bestehen jedoch begründete Zweifel über eine ausreichende Sensitivität des NBZ für die Nachkontrolle von GDM, da der NBZ stark variiert. Nach Untersuchungen von Kousta et al. (1999) werden mit einem Grenzwert des NBZ von 6,1 mmol/l (110 mg/dl) 60 % der Frauen mit abnormalem 2 h-Werten nicht identifiziert.

Bei einem negativen postpartalen Ergebnis nach GDM ist eine jährliche internistische Vorsorgeuntersuchung zu empfehlen (NDDG 1979, Deutsche Diabetesgesellschaft 1993). Zumindest sollte jedoch alle zwei Jahre eine internistische Untersuchung erfolgen, damit eine Diabetesmanifestation, ein Übergewicht, eine Gefäßerkrankung mit Hochdruck oder eine chronische Pyelonephritis möglichst frühzeitig erkannt und folglich frühzeitig behandelt werden. Bei jeder Untersuchung ist auch eine Bestimmung des HbA1c Spiegels sinnvoll, da dieser bei Frauen mit zukünftigem Diabetes typischerweise alle 10 Jahre im Mittel um 0,75 % ansteigt (Riddle und KARL 1996). Nach einigen Messungen läßt sich abschätzen, wann der Grenzwert von 8 % und damit die mutmaßliche Diabetesmanifestation erreicht wird.

Zur Zeit werden nur die Hälfte der GDM oder weniger einer internistischen Nachuntersuchung unterzogen. Dies ist in erster Linie auf eine Unterschätzung der Bedeutung der präventiven Diagnostik aber auch auf eine mangelnde Compliance der Patienten zurückzuführen (SCHÄFER et al. 1998).

Eine Reihe von Schwangeren mit GDM hatten bereits vor der Schwangerschaft subklinische Glukosetoleranzstörungen oder einen unerkannten NIDDM (CATALANO et al. 1986, 1991; LIVINGSTON et al. 1993; GREENBERG et al. 1995; SCHÄFER et al. 1997). In den USA haben in der Altersgruppe von 20–44 Jahren rund 1 % aller Frauen einen unerkannten Diabetes mellitus (HARRIS et al. 1987). Frauen mit GDM, die bereits vor der Schwangerschaft einen unerkannten NIDDM hatten, haben mit hoher Wahrscheinlichkeit auch postpartal einen positiven oGTT (HARRIS 1988). Werden keine gezielten Vorsorgeuntersuchungen getätigt, wird der Diabetes in der Regel erst 4–10 Jahre nach seiner Manifestation diagnostiziert, zu einem Zeitpunkt also, zu dem bereits in 10–20 % der Fälle eine Retinopathie vorliegt (HARRIS 1989, SINGH et al. 1992, HARRIS et al. 1992).

Von KRAFT (1975) wurde der Begriff Diabetes mellitus *in situ* (occult diabetes) als die leichteste Form eines Diabetes geprägt. Die Diagnose erfolgt durch einen oGTT mit gleichzeitiger Insulinbestimmung. Dabei ist die Glukosetoleranz noch normal, die Insulinsekretion zunächst in zunehmendem Ausmaß erhöht und verzögert und schließlich erniedrigt. Die Klassifikation erfolgt nach 5 Insulinsekretionsmustern. Nach KRAFT ist der Diabetes mellitus in situ das Stadium, welches dem frühesten diagnostizierbarem Stadium entspricht und daher einer Prävention am besten zugänglich ist. Eine Diät ist in diesen Fällen ausreichend um das Insulinsekretionsmuster wieder zu normalisieren (KRAFT 1975).

Inwieweit sich beim Menschen das Stillen auf das Risiko eines zukünftigen GDM, das Wiederholungsrisiko eines GDM oder auf eine Diabetesmanifestation auswirkt ist nicht ausreichend untersucht. Im Tierversuch wird die physiologische Glukoseintoleranz der Schwangerschaft ohne Stillen nur verzögert oder unvollständig zurückgebildet. Bei nichtstillenden Ratten sind die Blutglukose- und Insulinspiegel um 20 % und 35 % höher als bei stillenden Ratten (BURNOL et al. 1986). Wiederholte Schwangerschaften ohne Laktation führen zur signifikanten Hyperglykämie in der Dritten Gestationsperiode (ZHONG und JEN 1989), die sich schließlich auf die Nachkommen im Sinne einer fuel mediated teratogenesis vererbt (ZHONG et al. 1994). Untersuchungen bei GDM mit der Fragestellung, ob die Schwangeren selbst als Säuglinge gestillt oder mit der Flasche ernährt wurden, ergaben keine Unterschiede gegenüber einer Kontrollgruppe (KNIGHTS et al. 1999).

Ist nach GDM eine weitere Schwangerschaft beabsichtigt, empfehlen sich eine präkonzeptionelle Beratung (MØLSTED-PEDERSEN et al. 1991) sowie nach Eintritt der Schwangerschaft engmaschige Kontrollen, da das Risiko eines neuerlichen GDM oder einer Diabetsmanifestation mit jeder weiteren Schwangerschaft ansteigt (PHILIPSON und SUPER 1989, PETERS et al. 1996) (siehe auch Kapitel: Screening bei Risikogruppen, S. 204).

Handelt es sich beim GDM um die späte Erstmanifestation eines Typ-1 Diabetes (IDDM), so kann eine Insulinbehandlung in der subklinischen Phase den natürlichen Verlauf der Erkrankung günstig beeinflussen (SHAH et al. 1989, ELLIOTT und CHASE 1991, KELLER et al. 1993) und Spätkomplikationen minimieren (Diabetes Control and Complications Trial Research Group 1993).

5.4.5 Das foetale Risiko

Das schwerwiegendste foetale Risiko des GDM ist der unerwartete Intrauterine Fruchttod (IFT), der unvermutet und ohne Vorzeichen auftreten kann (COETZEE und JACKSON 1979, BEARD und LOWY 1982, PHILIPSON et al. 1985, BELLMANN 1986, O'BRIEN und GILSON 1987, JOHNSTONE et al. 1990, CONTRERAS-SOTO et al. 1991, Gestation and Diabetes in France Study Group 1991, LANGER et al. 1994, FRASER 1995, VON KRIES et al. 1997). In der „Hessischen Perinatalsudie" beruhten zwei Drittel der perinatalen Verluste (4,89 %) bei Diabetikerinnen auf einem intrauterinen Fruchttod (LANG und KÜNZEL 1989, STOZ 1998). In der Regel kündigt sich ein intrauteriner Fruchttod jedoch durch eine Makrosomie, ein Polihydramnion oder eine evident schlechte Stoffwechselkontrolle an (RASMUSSEN et al. 1992).

Der intrauterine Fruchttod unterschiedlicher Genese ist, auch bei Stoffwechselgesunden, eine der Hauptursachen für perinatale Verluste. Sein Anteil an der generellen perinatalen Mortalität betrug an der Grazer Frauenklinik in den 80er Jahren rund 38 % (Abb. 28) und in den 90er Jahren (1996–1997) 35 %.

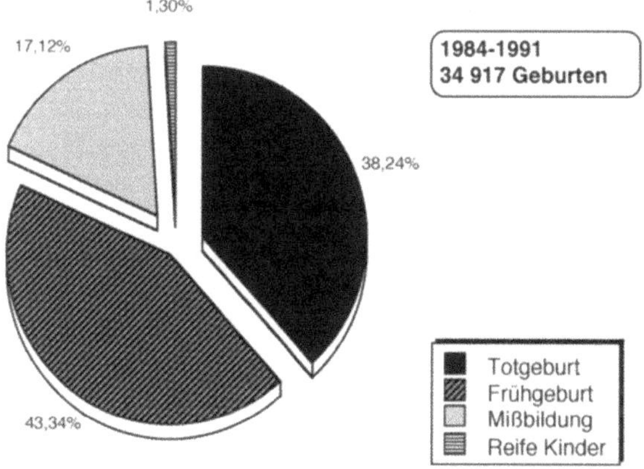

Abb. 28. Grazer Totgeburtenanalyse. Hauptursachen der perinatalen Mortalität (ungereinigt: 14,5/1000) an der Grazer Frauenklinik (1984–91). 513 perinatale Verluste bei 34.917 Geburten

Tabelle 53. Die Häufigkeit des intrauterinen Fruchttodes (Totgeburtenrate)

Quelle	Geburten Anzahl	Totgeburten Anzahl	Totgeburten Prozent
MOAWAD et al., Chicago 1990	85.402	666	0,78 %
MORRISON et al., Winnipeg 1985	98.927	765	0,77 %
FELDMANN, New York 1992	370.051	2.454	0,66 %
WEISS und MAYER, Graz 1989	35.395	216	0,61 %
Österreich insgesamt 1980–1984[a]	[b]400.000	[b]2.160	0,54 %
Total	989.775	6.261	0,63 %

[a] Quelle: Statistische Nachrichten 1986, 41(6), 444–448. [b] Die Geburten- und Totgeburtenzahlen sind approximativ, da in der Publikation nur prozentuale Angaben vorliegen

Die Totgeburt ist jedoch nicht nur in Österreich, sondern auch in den USA eines der geburtshilflichen Hauptprobleme (Tabelle 53).

Bei diabetischen Schwangeren tritt ein intrauteriner Fruchttod neun mal häufiger auf als bei Stoffwechselgesunden (CONNELL et al. 1985, LANDON und GABBE 1991). Die Ursachen des unvermuteten Fruchttodes bei Diabetes mellitus sind unklar. Wahrscheinlich handelt es sich um das Zusammenwirken verschiedener Noxen (LIBAN und SALZBERGER 1976). Neben morphologischen Plazentaveränderungen (YLINEN et al. 1984, MIODOVNIK et al. 1985, KEY et al. 1987, BJORK und PERSSON 1982), kardialen Veränderungen beim Foetus (OBERHOFFER et al. 1997) und einer Hyperviskosität des foetalen Blutes sind eine Reihe von diabetogenen biochemischen Störungen, wie etwa Elektrolytverschiebungen und Störungen im Säure-Basenhaushalt bekannt. Während eine foetale Makrosomie durch eine längerdauernde mütterliche Hyperglykämie mit konsekutiver foetaler Betazellhyperplasie bedingt ist, entsteht eine foetale Azidose durch akute hyperglykämische Episoden mit übersteigerter foetaler Insulinausschüttung. Der foetale pH korreliert daher mit der mütterlichen Glukose und dem foetalen Insulinspiegel, nicht jedoch mit dem mütterlichen Glykohämoglobin oder dem Geburtsgewicht (SALVESEN et al. 1993). Der übersteigerte foetale Umsatz von Glukose ist mit einem erhöhten peripheren Sauerstoffverbrauch des Foetus (+23 %) ohne kompensatorische Mehrdurchblutung der Plazenta verbunden (CARSON et al. 1980). Diese Mechanismen sind auch im Tierversuch nachweisbar (PHILLIPS et al. 1985, HAY et al. 1989). Mit der relativen Mangeldurchblutung kann eine chronische oder akute foetale Gewebshypoxie, Hypoxämie (MADSEN 1986; MIMOUNI et al. 1988; WIDNESS et al. 1981, 1990) und Azidämie (SALVESEN et al. 1992, 1993) assoziiert sein. Es kann aber auch durch die Akkumulation von Laktat eine Azidose ohne Hypoxie auftreten (ROBILLARD et al. 1978). Die geläufige Kombination foetale Azidämie, Polyzytämie und Thrombozytopenie könnte zur hohen Inzidenz des intrauterinen Fruchttodes bei Diabetes beitragen (SALVESEN et al. 1992). Die foetale Thrombozytopenie ist durch eine gesteigerte Thrombozytenaggregation bedingt (STUART et al. 1979, 1985). Intrauterine thrombotische Episoden könnten somit einer der Gründe eines unerwarteten intrauterinen Fruchttodes sein. Bei einer post mortem Studie von 4000 neonatal verstorbenen Neugeborenen betrug die Rate der venösen Thrombosen bei Neugeborenen von Diabetikerinnen 15,8 %, während die Rate bei den übrigen Neugeborenen < 1 % betrug (OPENHEIMER und ESTERLY 1965). Dabei waren Thrombosen teilweise bereits organisiert und verkalkt, was auf einen intrauterinen Beginn der Thrombosen hinweist. Aber auch intrauterine Arterienthrombosen mit Gangrän von Gliedmaßen sind möglich (VAN ALLEN et al. 1989).

Eine mütterliche diabetesbedingte metabolische Azidose oder Ketose erhöht das pränatale Todesrisiko durch eine herabgesetzte uterine Durchblutung (BLECHNER et al. 1975), einen foetalen Herzstillstand durch Kaliumverlust (KITZMILLER 1982), sowie eine foetale Azidose im Gefolge einer mütterlichen Azidose (CHANG und WOOD 1976). Da Betamimetika stark ketogen sind, kann auch eine Tokolyse einen Fruchttod provozieren (SCHILTHUIS und AARNOUDSE 1980).

Der Anteil des unerkannten Gestationsdiabetes als Ursache eines intrauterinen Fruchttodes ist schwer einzuschätzen, da im Anschluß an eine Totgeburt nur in den seltensten Fällen gezielte Untersuchung bezüglich einer Glukosetoleranzstörung durchgeführt werden. Darüber hinaus ist die Diagnose eines Gestationsdiabetes im nachhinein unzuverlässig, da die Glukosetoleranz unmittelbar nach dem foetalen Tod oder nach einer Geburt durch den drastischen Sturz des hPL und anderer antiinsulinärer Plazentahormone rasch wieder zunimmt. Es muß daher damit gerechnet werden, daß nur in maximal 50 % dieser Fälle eine postpartale Diagnose des GDM möglich ist (siehe auch S. 389).

Bei einer Analyse von 309 Fällen von intrauterinem Fruchttod unserer Klinik war in 11,6 % ein Gestationsdiabetes die wahrscheinliche Ursache, da ein positiver oGTT im Wochenbett und eine Plazentareifungsstörung (STOZ et al. 1987) als charakteristische Diabeteshinweise vorlagen (Tabelle 54).

Damit war der Gestationsdiabetes an dritter Stelle der erkennbaren Ursachen. Es muß jedoch vermutet werden, daß diese Zahl wegen der oben erwähnten post-partalen Zunahme der Glukosetoleranz deutlich zu niedrig ist und daß sich somit eine Reihe von Fällen in Gruppen mit vordergründig anderen Ursachen (Präeklampsie, unbekannte Ursachen, Fehlbildung, Plazentainsuffizienz) verbirgt. Dies umso mehr, als Präeklampsien, unbekannte Ursachen, Fehlbildungen und Plazentainsuffizienz überproportional mit einem GDM assoziiert sind. Nach Untersuchungen von FRETTS et al. (1992) hat der Gestationsdiabetes heute die Präeklampsie als häufigste Ursache des intrauterinen Fruchttodes abgelöst. Dieses Faktum ist

Tabelle 54. Grazer Totgeburtenanalyse. Wahrscheinliche Ursachen bei 309 Totgeburten

Wahrscheinliche Ursache	Fallzahl	%
Präeklampsie	58	18,8
Fehlbildungen	49	15,9
Unbekannte Ursachen	48	15,5
Gestationsdiabetes	36	11,6
Nabelschnurkomplikationen	33	10,7
Plazentainsuffizienz	32	10,3
Andere	41	13,3

umso bedeutender, als ein intrauteriner Fruchttod aufgrund eines Gestationsdiabetes zum Unterschied von vielen anderen Ursachen zu 100 % vermeidbar wäre.

Da sich eine gestörte Glukosetoleranz zumeist erst nach der 26–28 Woche entwickelt oder verschlechtert, wird der GDM als Ursache eines intrauterinen Fruchttodes mit zunehmendem Gestationsalter wahrscheinlicher. Während beim eigenen Krankengut der Anteil des Gestationsdiabetes an den Totgeburten vor der 31. Schwangerschaftswoche nur 9,4 % betrug, betrug der Anteil nach der 40. Schwangerschaftswoche 18,6 % (Abb. 29).

Eine ähnliche Tendenz wurde auch von Morrison und Olson (1985) beschrieben, die bei Totgeburten unter 1500 g nur in 0,3 %, bei jenen über 2500 g hingegen in 11,8 % einen Gestationsdiabetes nachweisen konnten.

Analysen in Nordeuropäischen Ländern ergaben erhöhte Totgeburtenraten bei makrosomen Kindern (Nordic Medico-Statistical Committee 1993).

In den wenigen Studien in welchen im Anschluß an eine Totgeburt nach einem Gestationsdiabetes gefahndet wurde war der Anteil des Gestations-

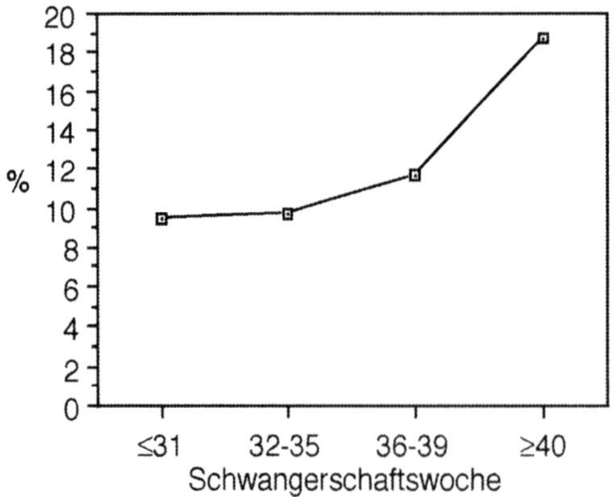

Abb. 29. Grazer Diabetesanalysen. Der Anteil des Gestationsdiabetes als Ursache einer Totgeburt im Verlauf der Gestationszeit

diabetes als mutmaßliche Todesursache in einer ähnlichen Größenordnung (11,8 %–21,0 %) wie bei den eigenen Analysen (Tabelle 55).

Die meisten dieser Untersuchungen sind jedoch ebenfalls retrospektiv (Sichtung der Krankengeschichten und Ambulanzaufzeichnungen), wodurch die Dunkelziffer beträchtlich sein dürfte. Ausschließlich die Gruppe um Salzberger und Liban hat bei 1108 Fällen von intrauterinem Fruchttod unmittelbar nach der Diagnose eine gezielte Fahndung nach Glukosetoleranzstörungen eingeleitet, wobei auch Foeten und deren Inselorgane pathologisch-anatomisch und histologisch untersucht wurden. Erwartungsgemäß war bei „prospektivem" Vorgehen der Anteil des Gestationsdiabetes mit 28 % wesentlich höher als bei allen retrospektiven Untersuchungen (Tabelle 55).

Aus den eigenen Daten und aus den Literaturangaben muß geschlossen werden, daß bei vorsichtiger Schätzung zumindest 1 Promille der generellen perinatalen Mortalität auf einen *„unerklärten"* intrauterinen Fruchttod durch einen unerkannten Gestationsdiabetes zurückzuführen ist. Dazu gesellen sich noch neonatale Verluste, insbesondere bei diabetogen bedingten Frühgeburten, die „maskiert" ebenfalls unter einem anderen Titel verlaufen (s. S. 173 ff).

Neben dem intrauterinen Fruchttod ist ein diabetogen bedingtes Polyhydramnion (Lakunen ≥8 cm, FW-Menge >2 l) (Chamberlain et al. 1984) eine foetale Bedrohung. Der Fruchtwasserindex bzw. die Fruchtwassermenge korreliert mit der Glukosekonzentration im Fruchtwasser (Dashe et al. 2000). Das Polyhydramnion bei Diabetes resultiert daher mutmaßlich aus einer verstärkten foetalen osmotischen Diurese und/oder aus diabeto-

Tabelle 55. Totgeburten mit Gestationsdiabetes als mutmaßlicher Todesursache

Qelle	Analysierte Fälle		Diabetes	Diagnose
Moawad et al.,	1362	perinat. Todesfälle		
Chicago 1990	212	vermeidbare	17,6 %	(1)
Cruikshank und	108	Totgeburten		
Linyear, Virginia 1987	47	vermeidbare	17,0 %	(1)
Freemann et al.,				
Vermont 1985	337	Totgeburten	21,0 %	(1)
Morrison und	263	Totgeburten		
Olson, Manitoba 1985		≥2500 g	11,8 %	(1)
Weiss und Mayer,				
Graz 1988	309	Totgeburten	11,7 %	(1)
Salzberger und				
Liban, Israel 1975	1108	Totgeburten	28,0 %	(2)
Total	2168	Fälle	21,4 %	

(1) Retrospektive Analysen der Krankengeschichten, (2) Prospektive Untersuchung, Histologie des foetalen Pankreas

gen gestörten foetalen Schluckbewegungen (siehe auch Tabelle 175). Das Polyhydramnion erhöht das Risiko einer hypertensiven Schwangerschaftserkrankung, einer Plazentainsuffizienz und eines vorzeitigen Blasensprunges mit entsprechend erhöhter Frühgeburtlichkeit. Bei der Assoziation GDM und Polyhydramnion beträgt die perinatale Mortalität ~10 % (DESMEDT et al. 1990).

Während ein Polyhydramnion generell in ~0,6 % aller Geburten auftritt (YAMAN et al. 1996), tritt es bei GDM je nach dem Ausmaß der Glukosetoleranzstörung in 4 %–23 %und bei manifestem Diabetes in 15 %–50 % auf (ENGELHARDT 1974, MØLSTED-PEDERSEN und KÜHL 1986, HILLEBRAND et al. 1990, MIRANDA et al. 1994, KJOS et al. 1995). Leichte Glukosetoleranzstörungen (A1) haben in 4 %–15 % ein Polyhydramnion, während schwerere Formen (A2) in 11 %–23 % ein Polyhydramnion entwickeln. Das relative Risiko eines Polyhydramnions beträgt demnach bei GDM zwischen 3 und 18. Der Anstieg des Risikos von leichtem GDM über schwerem GDM zu manifestem Diabetes hängt wahrscheinlich mit dem graduellen Anstieg der mütterlichen Glykämie zusammen, da die Fruchtwassermenge mit der Glukosekonzentration im Fruchtwasser korreliert ($r = 0{,}32$, $p = 0{,}04$) (DASHE et al. 2000).

Neben dem Diabetes und Gestationsdiabetes sind die häufigsten Ursachen eines Polyhydramnions foetale Fehlbildungen, foetofoetales Transfusionssyndrom bei Zwillingen, Virusinfektionen und foetale Chromosomenanomalien. In rund 30 % kann keine Ursache erkannt werden (YAMAN et al. 1996).

5.4.6 Die aktuellen kindlichen Risiken (Risiken der Neonatalperiode)

Nach der Pedersen-Hypothese (PEDERSEN 1954) ist der foetale Hyperinsulinismus und die daraus resultierende Foetopathie die Hauptursache für Komplikationen in der Neonatalperiode (Abb. 30).

Die betroffene Neugeborenen leiden häufig unter asymptomatischen Hypoglykämien mit der Gefahr der „minimal brain damage" sowie aufgrund ihrer Organunreife und anderer biochemischer Störungen an Atemschwierigkeiten, Gelbsucht und Hypocalcämie. Das Herz und die Leber sind vergrößert und haben, durch die Überladung mit Glykogen, eine „functio laesa". Die Neugeborenen sind apathisch, neigen zu Adaptationsstörungen und Krämpfen sowie zu Geburtstraumen bei Makrosomie. Insgesamt ist die perinatale Morbidität und Mortalität erhöht (O'SULLIVAN et al. 1973, ABELL 1979, WOLFF et al. 1985, KHWAJA et al. 1986, HOD et al. 1991, COUSTAN 1993, CORDERO und LANDON 1993, HUNTER et al. 1993, HAWTHORNE et al. 1994). Eine Münchner Analyse an 51 GDM und 148 IDDM konnte zeigen, daß diabetesassoziierte Komplikationen des Neugeborenen mit dem Geburtsgewicht ansteigen (SCHOETZAU und HILLEBRAND 1990). Es waren dies 34,3 % Hypoglykämien, 24,6 % Makrosomien, 23,7 % Hyperbilirubinämien, 18,1 % Frühgeburten, 11,1 % Hypocalzämien, 7,6 % Polyzythämien und 2 % Fälle mit RDS. Nur ein knappes Drittel (32,3 %) der Neugeborenen hatte keine dieser Komplikationen, 30,3 % zeigten ein Symptom, 30,3 % hatten 2–3 Symptome und 7 % hatten >3 Symptome.

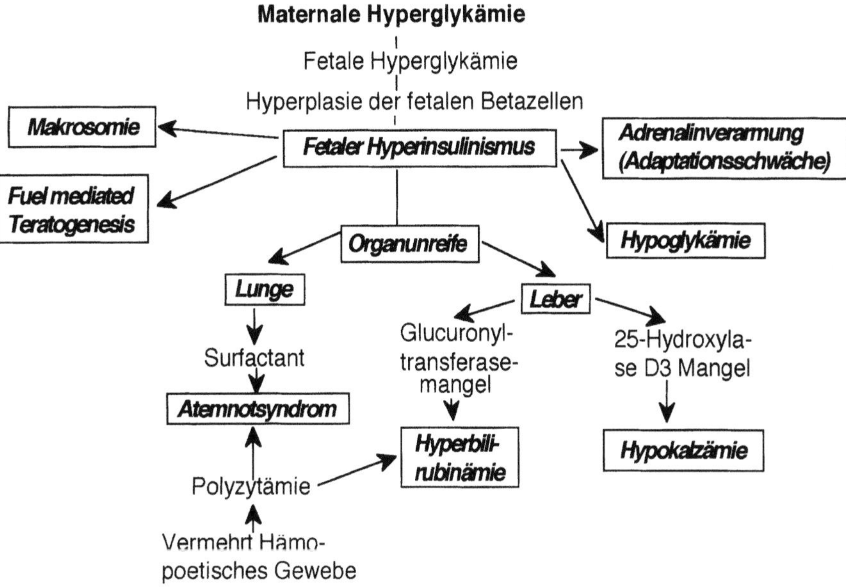

Abb. 30. Pathophysiologische Grundlagen der diabetogenen Foetopathie

Die neonatalen Komplikationen und die Bedeutung einer adäquaten Therapie sind am eindruckvollsten in der „high-risk" Gruppe des Gestationsdiabetes zu demonstrieren. Es ist dies jene Gruppe bei der bereits ein erhöhter Fruchtwasserinsulingehalt (Abb. 31) oder ein erhöhter Insulingehalt im Nabelschnurblut (Tabelle 56) auf die foetale Beteiligung an der mütterlichen Stoffwechselstörung hinweist.

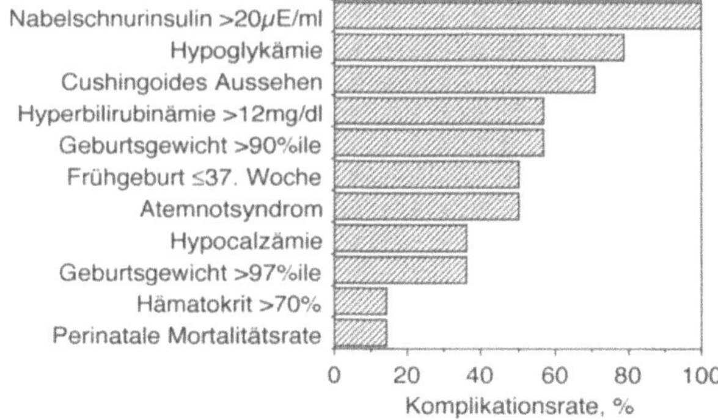

Abb. 31. Grazer Diabetesanalysen. Neonatale Komplikationen bei Gestationsdiabetikerinnen mit einem Fruchtwasserinsulingehalt von ≥ 20 μE/ml zwischen der 28. und der 32. Gestationswoche und Diättherapie. Es handelt sich hier um „historische" Ergebnisse, die nicht reproduzierbar sind, da bei erhöhtem Fruchtwasserinsulingehalt nach dem heutigen Wissen eine Insulintherapie einsetzt, wodurch die Komplikationen vermieden werden

Tabelle 56. Grazer Diabetesanalysen. Neonatale Komplikationen bei Neugeborenen von Diabetikerinnen in Abhängigkeit vom Insulingehalt im Nabelschnurblut

Fallzahl	Insulin im Nabelschnurblut			p
	≤20 µE/ml 21	21–50 µE/ml 21	≥50 µE/ml 21	
Insulin im NS-Blut, µE/ml, Mittelwert (SD)	10,7 (5,6)	28,6 (8,1)	104,0 (61,0)	0,001
Geburtsgewicht >90 %ile	9,5 %	28,6 %	76,2 %	0,001
Frühgeburt (<37. Wo)	4,8 %	23,8 %	71,4 %	0,001
Kaiserschnittrate	28,6 %	52,4 %	66,4 %	0,05
Hypoglykämie (<30 mg/dl)	14,3 %	42,9 %	61,9 %	0,01
Cushingoides Aussehen	4,8 %	14,3 %	42,9 %	0,01
Atemnotsyndrom	0,0 %	4,8 %	33,3 %	0,05
Hyperbilirubinämie (>12 mg/dl)	33,3 %	33,3 %	61,9 %	n.s.
Hypokalzämie (<8 mg/dl)	19,0 %	14,3 %	42,9 %	n.s.
Perinatale Mortalität	0,0 %	0,0 %	4,8 %	n.s.
Mittlere Zahl an Komplikationen	1,1	2,1	4,8	

Die Ergebnisse der Abb. 31 leiten sich von GDM der 1970er und späten 80er Jahren ab, da GDM damals vorwiegend diätetisch behandelt wurden. Heute sind erhöhte Fruchtwasserinsulinspiegel an unserer Klinik nicht mehr mit erhöhten Komplikationsraten assoziiert, da diese Fälle einer rigorosen Insulinbehandlung unterzogen werden.

Wie aus der Tabelle 56 ersichtlich ist, besteht jedoch eine positive Korrelation aller diabetesassoziierten Komplikationen mit der Insulinkonzentration im Nabelschnurblut (Weiss et al. 1998). Dabei ist die Frühgeburtlichkeit von besonderer Bedeutung, da sie per se mit einer erhöhten neonatalen Mortalität und Morbidität assoziiert ist. Analog zum foetalen Hyperinsulinismus wurde auch eine signifikante Korrelation der Frühgeburtlichkeit mit der Qualität des Stoffwechsels im zweiten Trimester beschrieben (Mimouni et al. 1988). Eine Frühgeburt ist somit auch ein Hinweis auf das Ausmaß der Glukosetoleranzstörung, da bei GDM mit Frühgeburten in der Folge 6,6mal häufiger ein manifester Diabetes auftritt als bei GDM mit ausgetragenen Kindern (Damm et al. 1992).

Da bei erkanntem GDM eine prompte Therapie und Überwachung Risiken minimiert, ist das wahre Ausmaß der perinatalen Risiken eines unerkannten GDM schwer abzuschätzen. Eine Möglichkeit ist die Analyse der geburtshilflichen Anamnese von Mehrgebärenden, welche vor der Diagnose eines Diabetes bereits Kinder geboren haben. Dementsprechende Analysen wurden erstmals in den 40er Jahren publiziert (Miller et al. 1944, Miller 1945, Herzstein und Dolger 1946, Gilbert und Dunlop 1949, Jackson 1952, Woolf und Jackson 1957, Burwell 1957, Jackson und Woolf 1958, Hagbard 1958, Malins und FitzGerald 1965, Steel et al. 1965).

Jackson und Woolf (1958) fanden bei „Prädiabetikerinnen“ bereits drei bis zehn Jahre vor der Diagnose eines Diabetes eine Häufung von Makrosomien und eine Totgeburtenrate von 29 %. Roversi et al. (1979) fanden nach den gleichen Gesichtpunkten eine perinatale Mortalität von 24,5 % in der Anamnese. Dabei beträgt das relative Risiko der perinatalen Mortalität und des intrauterinen Fruchttodes bei Frauen die ≤20 Jahre nach der Schwangerschaft einen Diabetes manifestieren 4,06 bzw. 3,35 gegenüber Frauen die erst > 20 Jahre nach der Schwangerschaft einen Diabetes manifestieren (Wood et al. 2000).

In den frühen 70er Jahren wurde an der Grazer Frauenklinik mit Fruchtwasserinsulinbestimmungen begonnen, zunächst nur um grundlegende Daten für die foetale Glukose-Insulinhomöostase zu gewinnen. Zu diesem Zweck wurden vorerst einige hundert tiefgefrorene Fruchtwasserproben analysiert, die anlässlich vorangegangener Amniozentesen aus verschiedenen Indikationen (Rhesuskonstellation, Polyhydramnion, Fehlbildungsverdacht, Bestimmung der Lungenreife etc.) für spätere Untersuchungen routinemäßig aufbewahrt wurden. Unter diesen Fruchtwasserproben

Tabelle 57. Grazer Diabetesanalysen. Geburtshilfliche Anamnese von 20 Mehrgebärenden mit dem Zufallsbefund eines erhöhten Fruchtwasserinsulinspiegels (≥ 15µE/ml) nach der 28. Schwangerschaftswoche (19 Patienten mit Rhesusincompatibilität, Betamimetika- bzw. Glukokortikoidbehandlung oder mit bekanntem Diabetes wurden zuvor ausgeschieden)

Patient	Vorangeg. Geburten	Verlust des Kindes			Malformation
		perinatal	pränatal	neonatal	
Z.J.	7	2	0	2	2
S.F.	5	4	2	2	
A.U.	4	1	0	1	
G.E.	4	0	0	0	
M.A.	4	0	0	0	
M.G.	3	1	1	0	1
P.M.	3	1	0	1	
G.I.	3	2	0	2	
G.K.	3	0	0	0	
L.P.	3	0	0	0	
F.E.	2	0	0	0	
L.W.	2	1	0	1	
M.R.	2	1	0	1	
T.J.	2	1	1	0	
D.A.	1	1	0	1	
S.W.	1	1	1	0	
H.M.	1	0	0	0	
H.E.	1	0	0	0	
R.E.	1	0	0	0	
P.N.	1	0	0	0	
Total N (%)	53 (100 %)	16 (30,2 %)	5 (9,4 %)	11 (20,7 %)	3 (5,7 %)

befand sich eine Reihe solcher, die einen – zum damaligen Zeitpunkt – „unerklärlich hohen Insuligehalt" (> 15 μE/ml), folglich einen unerkannten GDM hatten.

Nach Ausscheiden von Erstgebärenden, Rhesusincompatiblen und Schwangeren mit Glukokortikoid- und/oder Betamimetikatherapie (s. S. 79, Abb. 12) verblieben 20 Mehrgebärende mit ein bis 7 vorangegangenen Geburten. Die Analyse dieser Geburten ergab katastrophale geburtshilfliche Ergebnisse die sich von vergleichbaren Fällen mit normalem Fruchtwasserinsulingehalt hochsignifikant unterschieden (Tabelle 57).

So hatten 55 % der Frauen ein bis 4 perinatale Verluste, die perinatale Mortalität betrug 30 %.

Katastrophale Vorgeschichten bei Vielgebärenden mit schließlich diagnostiziertem Gestationsdiabetes sind jedoch keine Seltenheit, allerdings nur dann, wenn ein konsequentes Screening erfolgt. Durch das große Einzugsgebiet der Grazer Frauenklinik können pro Jahr zumindest 3 socher Fälle beobachtet werden. Noch während der Konzeption dieses Buchmanuskriptes wurden innerhalb von 3 Monaten zwei solcher typischen Fälle zugewiesen, die in Stichworten geschildert werden sollen (Tabelle 58).

Tabelle 58. Grazer Diabetesanalysen. Geburtshilfliche Anamnese bei multiparen GDM ohne Diabetesscreening bei vorangegangenen Schwangerschaften

Kasuistik: W. G., 45 Jahre, zum Zeitpunkt der Zuweisung in der 35. Schwangerschaftswoche. 3 vorangegangene Geburten, oGTT 86/180/150

1. Schwangerschaft:	Intrauteriner Fruchttod in der 30. Schwangerschaftswoche
2. Schwangerschaft:	Geburt am Termin, Knabe 4000 g, nach 3 Monaten verstorben (angebl. Kleinhirnfehlbildung)
3. Schwangerschaft:	Intrauteriner Fruchttod in der 26. Schwangerschaftswoche
4. Schwangerschaft:	Diagnose Gestationsdiabetes

Kasuistik: K. E., 27 Jahre, zum Zeitpunkt der Zuweisung in der 24. Schwangerschaftswoche. 3 vorangegangene Geburten, oGTT 93/204/175 mg/ml

1. Schwangerschaft:	Intrauteriner Fruchttod nahe dem Geburtstermin
2. Schwangerschaft:	Frühgeburt in der 30. Woche, neonatal verstorben
3. Schwangerschaft:	Zwillingsschwangerschaft, Frühgeburt in der 28. Woche, 1. Zwilling intrauterin, 2. Zwilling neonatal verstorben
4. Schwangerschaft:	Diagnose Gestationsdiabetes

Nach entsprechender Diät- und Insulinbehandlung (im Mittel 50E/24 Stunden) wurden beide Schwangeren termingerecht von normalgewichtigen gesunden Kindern entbunden

Es soll hier eindrücklich darauf hingewiesen werden, daß weder bei den Schwangeren mit den hohen Fruchtwasserinsulinwerten noch bei den zuletzt geschilderten Kasuistiken je zuvor von den behandelnden Ärzten der Verdacht eines Gestationsdiabetes geäußert wurde.

5.4.7 Die prospektiven kindlichen Risken (Risiken der Adoleszenz und des späteren Lebens)

Als prospektive kindliche Risiken werden Risiken der Adoleszenz und des späteren Lebens bezeichnet. Theoretisch sind bleibende Schäden nach Langzeitbeatmung von Frühgeborenen, wie etwa eine Beatmungslunge oder ein Hydrocephalus möglich. Der IQ der Kinder diabetischer Mütter ist zwar meistens normal (Cummins und Norrish 1980, Hadden et al. 1984), es können jedoch minimale Hirnschäden aufgrund schwerer postpartaler Hypoglykämien auftreten. Zerebrale Blutungen nach Geburtstraumen bei Riesenkindern oder bei Frühgeborenen können bleibende Schäden hinterlassen. Eine bleibende Beeinträchtigung bei Fehlbildungen ist von der Art und dem Ausmaß der Fehlbildung abhängig.

Ein großes Problem stellt die permanente Ausbreitung des Diabetes dar, die weltweit zu beobachten ist. Von 1995 bis 2025 wird die Diabetesprävalenz um > 120 % von rund 135 Millionen auf rund 300 Millionen ansteigen. In den entwickelten Ländern wird ein Anstieg um rund 41 % von 51 Millionen auf 72 Millionen geschätzt (King et al. 1998).

Die Vererbung auf genetischer Basis spielt sowohl bei Typ-1 als auch bei Typ-2 Diabetes mellitus eine große Rolle, wobei die Penetration bei Typ-2 Diabetes höher ist als bei Typ-1 Diabetes. In zahlreichen Publikationen werden signifikant höhere Diabetesraten bei Nachkommen von Diabetikerinnen angegeben (White et al. 1953, White 1960, Simpson 1968, Simpson 1969, Yssing 1975, Bibergeil et al. 1975, Radder und Terpstra 1975, Köbberling und Brüggeboes 1980, Knowler et al. 1981, Wagener et al. 1982, Lee et al. 1985, Dahlquist et al. 1985). Da zumindest die Anlage eines Diabetes vererbt wird, erhebt sich die Frage ob die Ausbreitung ausschließlich genetisch bedingt ist oder ob auch Diabetes-assoziierte Stoffwechselveränderungen, die einer therapeutischen Prävention zugänglich sind, eine „nicht genetisch bedingte Vererbung" verursachen können.

Im Zeitraum von der Konzeption bis zur Geburt findet ein rasches Wachstum, eine rasche Replikation, Differenzierung und Organisation von Zellen in Organsysteme und eine funktionelle Reifung der Zellen statt. In manchen Systemen setzt sich die Reifung postnatal fort. Beim Menschen steigt die Betazellmasse zwischen der 12. Gestationswoche und dem 5. Lebensmonat auf das mehr als 130fache an (Hellerstrom et al. 1988). Diese Prozesse sind sehr empfindlich gegenüber Veränderungen des intrauterinen Milieus, was durch Fehlbildungen demonstriert wird, die nach Exposition mit einer Vielzahl an chemischen, pharmakologischen und metabolischen Teratogenen einschließlich des Diabetes mellitus sekundär auftreten. Das individuelle Organsystem, welches betroffen ist, wird durch seine spezifische Vulnerabilität, den Zeitpunkt der Noxe und das Zeitfenster der sensiblen Phase bestimmt. Hypothesen der letzten 50 Jahre weisen darauf hin, daß auch das intrauterine Milieu einen subtilen, jedoch wichtigen Einfluß auf die lebenslange Entwicklung von Funktionen, wie z. B. den Kohlenhydratstoffwechsel haben kann (Dörner 1989, Silverman et al. 1996, Hoet et al. 1998).

Für diese nicht-genetisch bedingte Transmission des NIDDM sprechen epidemiologische Studien und Tierversuche die zeigen, daß Typ-2 Diabetiker häufiger eine diabetische Mutter als einen diabetischen Vater haben (Dörner et al. 1987, Alcolado und Alcolado 1991, Thomas et al. 1994, Gauguier et al. 1994, Karter et al. 1999). Dies gilt auch für die Transmission von Vorstadien eines späteren Typ-2 Diabetes. Bei nicht diabetischen Nachkommen einer diabetischen Mutter sind die Serumspiegel von Insulin, C-Peptid und Proinsulin signifikant höher als bei Nachkommen diabetischer Väter (Kasperska-Czyzyk et al. 1996).

Auch Langzeitbeobachtungen bei Nachkommen von Kaukasiern (Plagemann et al. 1997) und Pima Indianern mit Diabetes (Pettitt et al. 1987, 1988, 1993) sprechen für eine nicht genetisch bedingte Diabetestransmission.

Seit 1939 weisen eine zunehmende Anzahl von Publikationen direkt oder indirekt auf einen nicht genetisch bedingten Mechanismus hin (Tabelle 59). So haben besonders Neugeborene mit diabetogener Foetopathie eine Neigung zu Typ-2 Diabetes im späteren Leben, die weit über dem genetischen Risiko liegt.

Van Beek (1939) hat unseres Wissens nach als erster postuliert, daß eine Überforderung der foetalen Betazellen im Mutterleib nachhaltige morphologische und funktionelle Schäden im Inselorgan setzen kann, die das Auftreten eines Typ-2 Diabetes im späteren Leben durch eine frühzeitige „Erschöpfung" des vulnerablen Inselorganes nach sich ziehen. Van Beek

Tabelle 59. Publikationen (1939–1991), die auf eine „nicht genetisch bedingte Diabetesvererbung" bei unzureichend behandeltem oder nicht erkanntem Diabetes der Mutter hinweisen

Van Beek	1939	Bihoreau et al.	1986
Potter	1941	Abbott et al.	1986
Scheibenreiter und Thalhammer	1966	Kohlhof und Roth	1986
Farquhar	1969	Dörner et al.	1987
Van Assche	1970	Osei und Holland	1987
Olding	1975	Pettitt et al.	1987
Hultquist und Olding	1975	Dotta et al.	1987
Shah und Farquhar	1975	Pettitt et al.	1988
Amendt et al.	1976	Van Assche	1988
Aerts und Van Assche	1977	Dörner et. al	1988
Rosenkranz et al.	1979	Pettitt und Bennett	1988
Vohr et al.	1980	Freinkel	1989
Freinkel	1980	Metzger et al	1990
Pettitt et al.	1982	Aerts et al.	1990
Van Assche et al.	1983	Alcolado und Alcolado	1991
Pettitt et al.	1983	Cederholm und Wibell	1991
Van Assche und Aerts	1985	Pettitt et al.	1991
Martin et al.	1985	Silverman et al.	1991
Freinkel et al.	1985	Van Assche	1991
Dörner et al.	1985		

leitete seine Hypothese aus morphologischen Veränderungen der Langerhansschen Inseln ab die bei der Authopsie perinatal verstorbener Neugeborener von Diabetikerinnen gefunden werden. Heute ist bekannt, daß die Glukotoxizität allmählich eine Blindheit der Betazellen gegenüber Glukosereizen bewirkt (Rasmussen et al. 1990, Leahy 1990). Die Gruppe um Freinkel hat schließlich in den 80er Jahren den Begriff der „fuel mediated teratogenesis" geprägt (Freinkel et al. 1986) (Tabelle 60).

Diese beruht auf einer subklinischen intrauterinen Schädigung und Fehlkonditionierung des foetalen Inselorgans durch einen anhaltenden foetalen Hyperinsulinismus bei nicht erkanntem oder unterbehandeltem Diabetes. Die Langerhansschen Inseln sind hypertroph und die Betazellen zeigen eine Hyperplasie (Miller 1946, Jackson und Woolf 1958, D'Agostino und Bahn 1963, Naeye 1965, Van Assche 1968). Diese Veränderungen sind ab der 19. Woche erkennbar (Van Assche et al. 1976) und korrelieren ab der 32. Woche mit der mütterlichen Glykämie (Hultquist und Olding 1975). Durch die intrauterine Überbeanspruchung wird auch die Replikationsfähigkeit der foetalen Betazellen herabgesetzt (Logothetopoulos 1972, Hellerström 1977) und die sekretorische Reifung vorverlegt (Baird und Farquhar 1962, Luyckx et al. 1972, Ogata et al. 1980). Durch diese Fehlkonditionierung des Inselorganes neigen Kinder diabetischer Mütter in der Folge zur Fettsucht im Schulalter und haben nach Glukosestimulation oder Ingestion in rund 25 % einen erhöhten und verzögerten Insulinresponse (Drash 1973, Guthrie et al. 1973, Jackson et al. 1973, Amendt et al.

Tabelle 60. Fuel mediated teratogenesis (nicht genetisch bedingte Vererbung einer Diabetesdisposition). Die Störungen treten bereits während der Adoleszenz auf

Schädigung und Fehlkonditionierung der foetalen β-Zellen	
Replication ↓, Degranulation, Fibrose, Hyalinisation	van Assche et al. 1983, Freinkel et al. 1985, Logothetopoulos 1972, Hellerström 1977
Fettsucht im Schulalter mit Fruchtwasserinsulinspiegel korrelierend	Vohr et al. 1980, 1999, Pettitt et al. 1983 Metzger et al. 1990, Silverman et al. 1991, 1995, Weiss et al. 2000
Insulin Response ↑ und → mit Fruchtwasserinsulinspiegel korrelierend	Drash 1973, Guthrie et al. 1973, Jackson et al. 1973, Amendt et al. 1976, Rosenkranz et al. 1979, Leslie et al. 1986, Haffner et al. 1988, Plagemann et al. 1997, Weiss et al. 1999, 2000
IGT im Schulalter mit Fruchtwasserinsulinspiegel korrelierend	Francois et al. 1972, Dörner and Mohnike 1976, Amendt et al. 1976, Stoffel et al. 1993, Silverman et al. 1993, 1995, Plagemann et al. 1997
Diabetes im späteren Leben mit Fruchtwasserinsulinspiegel korrelierend	Alcolado und Alcolado 1991, Cederholm and Wibell 1991, Pettitt et al. 1980, 1983, 1985, 1987, 1988, 1991, Thomas et al. 1994, Weiss et al. 2000

1976, LESLIE et al. 1986, GERLINI et al. 1986, HAFFNER et al. 1988, KOHLHOFF und DÖRNER 1990, SILVERMAN et al. 1995, WEISS et al. 2000). Dazu kommen erhöhte Glukosewerte und eine herabgesetzte Insulinsensitivität, wie es auch für das Stadium vor der Manifestation eines Typ-2 Diabetes charakteristisch ist. Dabei haben Kinder von GDM eher erhöhte Glukosewerte und Kinder von IDDM eher erhöhte Insulinwerte (PLAGEMANN et al. 1997). Bis zu 20 % der Nachkommen diabetischer Mütter haben bereits im Kindesalter eine auffällige oder gestörte Glukosetoleranz (IGT) (FRANCOIS et al. 1972; DÖRNER und MOHNIKE 1976; AMENDT et al. 1976; ROSENKRANZ et al. 1979; TOELLER et al. 1981; STOFFEL et al. 1993; SILVERMAN et al. 1993, 1995; PLAGEMANN et al. 1997). Nach einer Studie von SILVERMAN et al. (1995) betrug der mittlere 2 h-Glukosespiegel nach Glukosebelastung bei Kindern diabetischer Mütter (GDM + IDDM kombiniert) 122 mg/dl (6,8 mmol/l) und bei Kontrollen 103 mg/dl (5,7 mmol/l). Die zugehörigen Seruminsulinspiegel betrugen 110 und 76 μE/ml (660 und 455 pmol/l). Die Inzidenz der gestörten Glukosetoleranz (IGT) betrug bereits vor dem 5. Lebensjahr 1,2 % und stieg zwischen dem 5. und 9. Lebensjahr auf 5,4 % und zwischen dem 10. und 16. Lebensjahr auf 9,3 %. Untersuchungen von PLAGEMANN et al. (1997) ergaben bei Kindern von IDDM Müttern IGT-Raten von 9,4 % und 17,4 % im Alter von 1–4 Jahren und 5–9 Jahren. Bei Kindern von GDM Müttern betrugen die entsprechenden Raten 11,1 % und 20,0 %. Bei Kindern Stoffwechselgesunder hingegen besteht nur in < 5 % eine herabgesetzte Glukosetoleranz (JOSEFSBERG et al. 1976, JACKSON et al. 1973, ROSENBLOOM et al. 1975, SILVERMAN et al. 1995). Die herabgesetzte Insulinempfindlichkeit dieser Kinder scheint durch den erhöhten Fettgehalt ihres Körpers verursacht zu sein (ASAYAMA et al. 1982, YKI-JARVINEN und KOIVISTO 1983, OSEI et al. 1991).

Auch humorale und zelluläre Immunabnormalitäten mit höherer Infektionsanfälligkeit wurden bei Neugeborenen diabetischer Mütter beschrieben (VON DOTTA et al. 1987, CHANDRA 1992), deren weitere Relevanz jedoch noch ungeklärt ist. Alle diese Veränderungen sind bei Nachkommen von Diabetikerinnen mit schlechter Stoffwechselführung während der Schwangerschaft am stärksten ausgeprägt (AMENDT et al. 1976).

Diese offensichtlich nicht genetisch bedingte Vererbung einer Neigung zu Typ-2 Diabetes setzt sich in der mütterlichen Erblinie fort, wodurch es zu „Diabetesfamilien" kommen kann (DÖRNER und MOHNIKE 1976; FREINKEL 1989; ALCOLADO und ALCOLADO 1991; VAN ASSCHE et al. 1991; CEDERHOLM und WIBELL 1991; PETTITT et al. 1980, 1983, 1985, 1987, 1988, 1991; THOMAS et al. 1994; KARTER et al. 1999; HARDER und PLAGEMANN 2000). Ähnliche Hinweise finden sich, wenn die Erblinie bei GDM zurückverfolgt wird. In 36 % hat kein Elternteil Diabetes, in 46 % hat ein Elternteil Diabetes und in 21 % haben beide Eltern Diabetes. Dies spricht ebenfalls für eine polygene nicht-genetisch bedingte Ursache und nicht für eine autosomal dominante Vererbung mit hoher Penetranz (MCLELLAN et al. 1995).

Eine Forschergruppe um PETTITT erhärteten die Hypothese einer nicht genetisch bedingten Diabetesvererbung anhand von Verlaufsbeobachtungen an Kindern diabetischer Pima Indianer. Sie fand bei diesen Kindern eine hohe Adipositasrate zwischen dem 5 und dem 19. Lebensjahr, die unabhängig vom Geburtsgewicht war. Die Häufigkeit der Adipositas sowie das mittlere Körpergewicht lag deutlich über dem der Nachkommen nichtdiabetischer aber auch prädiabetischer Frauen (PETTITT et al. 1987). Weitere Verlaufsbeobachtungen konnten zeigen, daß die Nachkommen diabetischer Mütter im Alter von 20–24 Jahren in 45 % einen Typ-2 Diabetes (NIDDM) hatten, während bei nicht diabetischen Müttern nur in 1,4 % und bei prädiabetischen Müttern (Schwangerschaft vor der Diabetesmanifestation) nur in 8,6 % ein NIDDM auftrat (PETTITT et al. 1988). Bei ausschließlich genetisch bedingter Vererbung müßten jedoch Nachkommen von diabetischen Multiparae die vor oder nach der Diabetesmanifestation ihrer Mütter ausgetragen wurden gleich häufig einen NIDDM entwickeln.

Auch im Tierversuch kann ein induzierter Diabetes eine nicht genetisch bedingte Diabetestransmission auslösen. Nachkommen von Hyperglykämischen Ratten entwickeln einen Hyperinsulinismus (AERTS und VAN ASSCHE 1981, BIHOREAU et al. 1986, DÖRNER et al. 1988, AERTS et al. 1990, PLAGEMANN et al. 1992), einen Insulinrezeptordefekt (AERTS et al. 1988) und Diabetes mellitus (GAUGUIER et al. 1990), der sich über die weiteren Generationen fortsetzt. VAN ASSCHE et al. (1985, 1988) konnten nachweisen, daß bei experimentell diabetischen Ratten auch histomorphologische Veränderungen wie eine Inselzellhyperplasie und Degranulation bis in die III. Generation der mütterlichen Linie, nicht jedoch in der väterlichen Linie auftreten (Tabelle 61).

Ähnliche tierexperimentelle Ergebnisse wurden von DÖRNER et al. (1988) berichtet. Ein induzierter Gestationsdiabetes der F_0 Generation erzeugt in

Tabelle 61. Foeten der dritten Generation am 20. Gestationstag. Mittelwerte, (SD)

	Kontrollmutter + Vater Nachkomme einer diabetischen Mutter	Mutter einer diabetischen Mutter + Kontrollvater	Mutter + Vater Nachkommen einer diabetischen Mutter	Kontrollmutter + Kontrollvater
Glykämie, mg/dl	37 (± 8) N = 14	34 (± 14) N = 16	44 (± 11) N = 14	32 (± 9) N = 14
Gewicht, g	1,8 (± 0,3) N = 18	1,9 (± 0,2) N = 31	1,8 (± 0,2) N = 19	2,0 (± 0,1) N = 18
Volumsdichte endokrines Gewebe	2,8 (± 1,5) N = 14	5,3 (± 3,4)[a] N = 16	4,0 (± 0,6)[a] N = 19	2,0 (± 0,7) N = 18
Volumsdichte granulierter Betazellen	0,6 (± 0,4) N = 23	0,4 (± 0,3)[a] N = 22	0,4 (± 0,1)[a] N = 14	0,6 (± 0,3) N = 14

[a] $p < ,05$. VAN ASSCHE et al. (aus: Gestational Diabetes [WEISS PAM, COUSTAN DR, Hrsg.] Springer, Wien New York, 1988)

der F_1 und/oder F_2 Generation eine postnatale Hyperinsulinämie bei verminderter Noradrenalin- und Serotoninproduktion sowie eine erhöhte Endorphin Konzentration in bestimmten Hirnregionen. Darüber hinaus kann bei diesen Nachkommen und bei Tieren mit Insulin-Agar Implantaten im Hypothalamus eine bleibende Hypoplasie ventromedianer hypothalamischer Kerne, eine verminderte Insulinantwort auf Glukosereize, ein Hyperinsulinismus, eine gestörte Glukosetoleranz sowie eine erhöhte Neigung zur Adipositas und Diabetes nachgewiesen werden (Dörner et al. 1988, Plagemann et al. 1992). Dabei scheint der generelle oder lokale Hyperinsulinismus eine Schlüsselfunktion zu haben, da eine exogene Insulinzufuhr an Foeten von Rhesusaffen in deren späteren Leben ebenfalls ein Gestationsdiabetes induziert (Susa et al. 1993). Untersuchungen an Mäusen ergaben ähnliche Ergebnisse. Ein Streptozotocin (STZ) -induzierter mütterlicher Diabetes führte bei den Nachkommen zu Hyperinsulinismus und gestörter Glukosetoleranz, wobei männliche Nachkommen stärker betroffen waren (Linn et al. 1993). Es wurden jedoch auch Auswirkungen eines väterlichen STZ-Diabetes auf die Nachkommen beschrieben, wie Insulinitis (Linn et al. 1993), Hyperglykämie (Steele 1988) und gestörte Glukosetoleranz (Spergel et al. 1971).

Ein Diabetes in der Schwangerschaft kann im Tierversuch auch eine nicht genetisch bedingte Disposition zu Typ-1 Diabetes nach sich ziehen. Das erschöpfte foetale Inselorgan ist vulnerabler gegenüber Noxen und hat daher eine erhöhte Empfindlichkeit gegenüber Streptozotocin sowie eine erhöhte Autoimmunreaktivität (Dörner et al. 1990).

Epidemiologische Untersuchungen lassen vermuten, daß die nicht genetisch bedingte Transmission des Diabetes durch eine adäquate Diagnostik und Therapie verhindert werden kann (Dörner et al. 1984, 1985, 1987, 1988). Die Prävalenz des kindlichen Diabetes in Berlin, Halle und Leipzig sank auf unter $^1/_3$ der Ausgangszahlen, nachdem die diagnostischen und therapeutischen Maßnahmen bei Gestationsdiabetes und Typ-2 Diabetes rigoros verbessert wurden. Gleichzeitig wurde im Vergleich zu anderen Distrikten eine hochsignifikant höhere Rate an „nicht insulinplichtigen" Diabetikerinnen in der Schwangerschaft diagnostiziert. Weitere Analysen in 15 Distrikten ergaben eine negative Korrelation zwischen der diagnostizierten und behandelten Rate des Gestationsdiabetes einerseits und der Prävalenzrate diabetischer Kinder andererseits. Die Autoren schließen daraus, daß es in den entwickelten Ländern möglich sein sollte, die Zunahme diabetischer Erkrankungen zu stoppen, ja sogar den Trend umzukehren, indem jede mütterliche Hyperglykämie in der Schwangerschaft und damit der Hyperinsulinismus des Foetus und Neugeborenen als teratogene Faktoren verhindert werden.

Während zahlreiche Publikationen eine generelle Assoziation von Stoffwechselstörungen und Diabetes der Nachkommen mit dem mütterlichen Diabetes beschreiben, gibt es nur drei Studien, die einen direkten Zusammenhang dieser Störungen beim Menschen mit dem Insulinspiegel im Fruchtwasser als Marker der individuellen foetalen Stoffwechselsituation nachweisen (Metzger et al. 1990, Silverman et al. 1995, Weiss et al. 2000).

Dies ist darin begründet, daß nur wenige Zentren über umfangreiche Datenbanken des Fruchtwasserinsulinspiegels verfügen. Zwei Studien der Northwestern University in Chicago (METZGER et al. 1990, SILVERMAN et al. 1995) haben Untersuchungen an einem gemischten Patientengut von GDM und Typ-1 Diabetikerinnen vorgenommen, während bei der Grazer Studie zur besseren Darstellung des Erbganges nur Nachkommen von Typ-1 Diabetikerinnen analysiert wurden.

METZGER et al. (1990) konnten erstmals einen direkten Zusammenhang zwischen der foetalen Insulinkonzentration und der anthropometrischen Entwicklung von Kindern diabetischer Mütter nachweisen. Bei 56 Kindern mit einem mittleren Fruchtwasserinsulinspiegel von 21 ± 14 µE/ml (125,5 ± 86 pmol/L) zwischen der 32. und 38. Woche bestand bei gemeinsamer Auswertung von Typ-1 Diabetikerinnen und GDM eine signifikante Korrelation zwischen der Konzentration von Fruchtwasserinsulin und dem relativen Gewicht (BMI, Symmetry Index) der Kinder im Alter von 6 Jahren.

Von SILVERMAN et al. (1995) wurden ähnliche Zusammenhänge zwischen dem foetalen Hyperinsulinismus und der Glukosetoleranz bei Kindern diabetischer Mütter nachgewiesen. Bei gemeinsamer Auswertung von Typ-1 Diabetikerinnen und GDM betrug die Inzidenz einer gestörten Glukosetoleranz (IGT) im 12. Lebensjahr bei normalem Fruchtwasserinsulinspiegel 3,7 % und bei Fruchtwasserinsulinwerten > 16,7 µE/ml (> 100 pmol/l) über 33 %.

Die genetische Divergenz von Typ-1 Diabetes und Gestationsdiabetes erschwert jedoch bei diesen Untersuchungen die Unterscheidung, ob im Einzelfall eine genetisch bedingte oder brennstoffbedingte Transmission eines Typ-2 Diabetes vorliegt, da der GDM zumeist die Erbanlage eines Typ-2 Diabetes in sich trägt. Bei der Grazer Analyse wurden daher ausschließlich Kinder von Typ-1 Diabetikerinnen nachuntersucht, da bei diesen eine genetische Prädisposition zum Typ-2 Diabetes unwahrscheinlich ist. Darüber hinaus ist bekannt, daß die mütterliche Blutglukose keinen Einfluß auf die Transmission eines Typ-1 Diabetes hat (BEISCHER et al. 1994). Da sich ein Typ-2 Diabetes bei Kaukasiern in der Regel erst nach dem 20. Lebensjahr manifestiert (HARRIS et al. 1987), wurde bei der Grazer Analyse insbesondere nach Stoffwechselveränderungen gesucht, die einem Typ-2 Diabetes erwiesenermaßen vorausgehen und bereits Jahre vor der klinischen Diagnose einen hohen Vorhersagewert für Typ-2 Diabetes haben (MCCANCE et al. 1994).

Zur Beurteilung der Kinder von Typ-1 Diabetikerinnen wurden zunächst Referenzdaten bei 5–15jährigen Kindern stoffwechselgesunder Schwangeren erhoben, die im selben Zeitraum geboren wurden.

5.4.8 Glukose-Insulinhomöostase bei Kindern stoffwechselgesunder Frauen

Von 5–15jährigen Kindern wurde der Body Mass Index (BMI, kg/m^2) und Symmetrie Index (SI [Gewicht / Median für das Alter der Kontrollen] / [Größe / Median für das Alter der Kontrollen]) (METZGER et al. 1990, FARQUHAR

1969) erhoben. Alle Kinder wurden einem oGTT mit 1,75 g/kg (Maximaldosis 75 g) Glukose unterzogen. Die Abnahme venösen Plasmas erfolgte nach 0, 30, 60 und 120 Minuten, um Glukose, Insulin und C-Peptid zu bestimmen. Lipide wurden aus Nüchternblut bestimmt. Die Stoffwechseldaten bei Kontrollen sind in der Tabelle 62 aufgelistet.

Glukose und Lipidspiegel waren vom Alter der Kinder unabhängig. Im Gegensatz dazu, steigen der BMI die Insulinspiegel, die C-Peptidspiegel und die I/G-Quotienten (als Ausdruck der Insulinsensitivität) mit zunehmendem Alter an (BMI: $R=0{,}448$, $p=0{,}0014$; Summe Insulin: $R=0{,}553$, $p=0{,}0001$; Summe C-Peptid: $R=0{,}595$, $p=0{,}0001$; Summe Quotient I/G: $R=0{,}593$, $p=0{,}0001$). Dieser Anstieg wird auch in der Literatur beschrieben (Smith et al. 1988, Svec et al. 1992, Allen et al. 1993).

Knaben und Mädchen zeigten nach Anpassung des Alters, der Größe, des Gewichtes und des BMI signifikante Unterschiede der Glukose-Insulin Homöostase. Beim oGTT hatten Knaben und Mädchen zwar idente Glukosespiegel zum Zeitpunkt von 0 und 120 Minuten, der Glukosepeak nach 30 Minuten war jedoch bei Mädchen höher (Tabelle 63). Die Insulinspiegel, C-Peptidspiegel und die I/G Quotienten waren bei Mädchen höher als bei Knaben, wobei der Unterschied 60 Minuten nach Glukosebelastung am ausgeprägtesten war (Tabelle 63).

Diese Unterschiede weisen darauf hin, daß Mädchen generell ein höheres Risiko eines Typ-2 Diabetes haben als Knaben.

Für die Grazer Analyse der Diabetestransmission wurden Kinder von Typ-1 Diabetikerinnen mit bekanntem Fruchtwasserinsulinspiegel im Alter von 5–15 Jahren nachuntersucht. Neben anthropometrischen Daten und Stoffwechseldaten wie bei den Kontrollen wurden auch Autoimmun Antikörper (AIA) wie Inselzell Antikörper (ICA), Glutaminsäure Decarboxylase Antikörper (GADA) und Receptor-type Protein Tyrosine Phosphatase Antikörper (IA-2A) als Marker für Typ-1 Diabetes gemessen. Die Cut-off Werte waren ≥1 Juvenile Diabetes Foundation Einheiten (JDFU) für ICA und ≥0,9 relative Einheiten (RU) für GADA und IA-2A.

Die mütterlichen demographischen Daten und das fetal outcome war bei Kontrollen und Typ-1 Diabetikerinnen ähnlich (Tabelle 64). Die Gruppen und Subgruppen hatten keine signifikanten Unterschiede hinsichtlich des Alters, der Parität, der Abortusrate, der Größe, des Gewichtes, der Gewichtszunahme und des BMI der Mutter oder der Rate makrosomer Neugeborener (Hohenauer 1980).

Analog dazu gab es keine statistisch signifikanten Unterschiede im Alter, Pubertätsstadium, der Größe, des Gewichtes und Geschlechtes der Kinder von Diabetikerinnen und Kontrollen. Das ist für vergleichende Analysen von Bedeutung, da es signifikante Unterschiede der Insulinresistenz zwischen Mädchen und Knaben, Adipösen und Normalgewichtigen und einen vorübergehenden Anstieg der Insulinresistenz während der Pubertät gibt (Moran et al. 1999). Der einzige signifikante Unterschied war, wie zu erwarten, eine Kumulation des Typ-1 Diabetes in der Familienanamnese (Allen et al. 1991) und eine kürzere Gestationsdauer bei Diabetes (Tabelle 64). Durch die Vergleichbarkeit der Gruppen wurden nicht meta-

Tabelle 62. Grazer Diabetesanalysen. Body Mass Index (BMI), Glukose (G), Insulin (I) und C-Peptid (C) im Plasma und Insulin/Glucose Quotient (I/G) 0, 30, 60 und 120 Minuten nach oraler Glukosebelastung (1,75 g/kg) und Lipide bei 49 Kindern (20 Knaben, 29 Mädchen) gesunder Mütter im Alter von 5–15 Jahren

	Mittelwert (SD)		Bereich	Perzentilen				
				3 %	10 %	50 %	90 %	97 %
BMI	17,3	(2,9)	12,7–24,2	13,0	14,0	16,6	22,0	24,0
Glukose (G), mg/dl (Umrechnungsfaktor auf SI Einheiten 0,05551 = mmol/l)								
G0	86	(08)	66–105	70	78	86	95	104
G30	122	(22)	69–175	78	90	124	149	163
G60	106	(25)	66–180	68	78	101	141	154
G120	100	(17)	64–132	66	73	104	119	128
Gsumme	413	(54)	304–531	340	377	420	537	575
Insulin (I), μE/ml (Umrechnungsfaktor auf SI Einheiten 6,0 = pmoll/l)								
I0	9,6	(04,7)	3,1–23,1	4,2	4,8	9,4	15,0	20,8
I30	45,3	(29,7)	6,6–136,0	9,1	15,4	34,2	87,6	120,5
I60	39,8	(25,4)	9,6–129,0	10,0	13,6	34,8	74,5	95,5
I120	33,3	(20,4)	4,9–79,0	5,3	10,4	28,0	62,2	75,6
Isumme	128,1	(71,8)	43,9–342,7	46,4	52,9	116,2	233,3	294,6
C-Peptid (C), ng/ml (Umrechnungsfaktor auf SI Einheiten 0,331 = nmol/l)								
C0	1,24	(0,49)	0,4–2,4	0,50	0,70	1,10	2,0	2,3
C30	3,56	(1,41)	1,6–8,1	1,70	2,1	3,2	5,1	7,3
C60	4,03	(1,51)	1,8–7,2	1,9	2,1	3,8	6,4	6,8
C120	3,63	(1,55)	0,6–7,5	0,8	1,9	3,5	5,9	6,5
Csumme	12,46	(4,36)	6,2–22,6	6,5	7,2	12,3	18,1	22,0

Fortsetzung S. 186

Tabelle 62. Fortsetzung

	Mittelwert (SD)	Bereich	Perzentilen				
			3 %	10 %	50 %	90 %	97 %
Insulin/Glucose Quotient (μE/ml/mg/dl)							
I/G0	0,112 (0,05)	0,040–0,246	0,046	0,058	0,105	0,181	0,232
I/G30	0,366 (0,22)	0,083–1,015	0,095	0,135	0,305	0,774	0,824
I/G60	0,374 (0,23)	0,119–1,229	0,120	0,139	0,310	0,637	0,860
I/G120	0,331 (0,19)	0,046–0,718	0,063	0,112	0,273	0,618	0,688
I/Gsum	1,183 (0,62)	0,429–3,058	0,452	0,493	0,967	2,048	2,418
Lipide, mg/dl (Umrechnungsfaktor auf SI Einheiten 0,02586 = mmol/l)							
Cholesterin	160 (23)	114–208	119	126	164	184	205
HDL	54 (13)	22–86	28	38	55	72	78
LDL	92 (20)	51–137	58	65	94	124	132
Triglyceride	67 (31)	21–156	27	33	63	124	141
Summe Lipide	373 (62)	254–515	276	288	375	456	505

bolisch bedingte Verzerrungen der Ergebnisse (confounding factors, bias) bei Fällen und Kontrollen ausgeschlossen.

Der Fruchtwasserinsulinspiegel war bei 59 von 75 (79 %) Diabetikerinnen bei einem mittleren Gestationsalter (± SD) von 31 (± 2) Wochen verfügbar. Der mittlere (SD) Fruchtwasserinsulinspiegel betrug 10,5 (± 7,1) µE/ml (63,0 ± 42,6 pmol/l), der Median 8,2 µE/ml (49,2 pmol/l) und der Bereich 2,0–34,9 µE/ml (12,0–209,4 pmol/l). Nur 25/59 (42,4 %) der Fruchtwasserinsulinspiegel lagen > 10 µE/ml (> 60,0 pmol/l; > 99. Perzentile der Norm) (Weiss et al. 1998).

Tabelle 63. Grazer Diabetesanalysen. Glukosewerte (G), Insulinwerte (I), C-Peptidwerte (C) und I/G Quotienten (Q) bei 5–15jährigen Kindern (mittleres Alter ± SD 10,8 ± 2,7 Jahre) stoffwechselgesunder Frauen, 0, 30, 60 und 120 Minuten nach oraler Glukosebelastung (1,75 g/kg, Maximaldosis 75 g). Mittelwerte (± SEM)

Fallzahl	Knaben 20		Mädchen 29		p
Alter, Jahre	10,5	(0,59)	10,9	(0,53)	
Glukose, mg/dl					
G0	87	(1,5)	86	(1,5)	
G30	114	(5,1)	127	(3,8)	< 0,04
G60	103	(5,2)	109	(4,9)	
G120	99	(3,7)	100	(3,4)	
GSumme	402	(11,8)	422	(10,3)	
Insulin, µE/ml					
I0	8,5	(1,0)	10,5	(0,8)	
I30	31,6	(4,5)	54,7	(5,9)	< 0,007
I60	27,3	(3,5)	48,5	(5,1)	< 0,004
I120	26,7	(4,2)	37,9	(3,8)	
ISumme	94,0	(11,9)	151,6	(13,8)	< 0,005
C-Peptid, ng/ml					
C0	1,1	(0,10)	1,3	(0,09)	
C30	3,1	(0,24)	3,9	(0,28)	
C60	3,2	(0,24)	4,6	(0,29)	< 0,002
C120	3,2	(0,36)	3,9	(0,27)	
CSumme	10,7	(0,84)	13,7	(0,81)	< 0,02
Quotient I/G					
Q0	0,096	(0,011)	0,123	(0,009)	
Q30	0,270	(0,034)	0,435	(0,045)	< 0,009
Q60	0,262	(0,029)	0,454	(0,047)	< 0,003
Q120	0,265	(0,038)	0,378	(0,037)	< 0,05
QSumme	0,893	(0,100)	1,390	(0,124)	< 0,006

Tabelle 64. Grazer Diabetesanalysen. Demographische Daten bei Kontrollen und Typ-1 Diabetes

	Kontrollen		Typ-1 Diabetes		p
Fallzahl	49		75		
Großeltern					
Typ-1 Diabetes, N (%)	0		7	(9,3 %)[1]	< 0,03
Typ-2 Diabetes, N (%)	3	(6,1 %)[2]	5	(6,7 %)[3]	n.s.
Mutter					
Alter d. Mutter, Jahre, Mittel (SD)	26,2	(4,6)	27,4	(6,1)	n.s.
Parität, Mittel (SD)	1,9	(0,8)	1,9	(1,2)	n.s.
Fehlgeburten, Mittel (SD)	0,28	(0,57)	0,45	(0,73)	n.s.
Größe d. Mutter, cm, Mittel (SD)	164	(5,3)	164	(5,2)	n.s.
Gewicht d. Mutter, kg, Mittel (SD)	60	(9,7)	65	(5,2)	n.s.
Gewichtszunahme, kg, Mittel (SD)	13,1	(5,0)	12,1	(5,3)	n.s.
BMI d. Mutter, Mittel (SD)	22,5	(3,3)	23,9	(5,0)	n.s.
Geburtsgewicht, g, Mittel (SD)	3334	(689)	3109	(569)	n.s.
Geburtsgewicht > 90 %ile, N (%)	9	(18,4 %)	8	(10,6 %)	n.s.
Geburtsgewicht > 4000 g, N (%)	7	(14,3 %)	4	(5,3 %)	n.s.
Gestationsalter, Wochen	39,5	(2,3)	38,4	(1,9)	0,005
Kind					
Alter d. Kindes, Jahre, Mittel (SD)	10,8	(2,7)	10,3	(2,7)	n.s.
Größe d. Kindes, cm, Mittel (SD)	142,3	(18)	142,4	(17)	n.s.
Gewicht d. Kindes, kg, Mittel (SD)	36,3	(13,0)	40,4	(18,0)	n.s.
Knaben/Mädchen	20/29		42/29		n.s.

[1] 5 Großmütter und 2 Großväter, [2] 3 Großmütter, [3] 2 Großmütter und 3 Großväter

5.4.8.1 Typ-1 Diabetes bei Nachkommen von Typ-1 Diabetikerinnen

Nach Literaturangaben haben Nachkommen von Typ-1 Diabetikerinnen ein angeborenes kumulatives Risiko eines Typ-1 Diabetes von 1,4 %–3,2 % bis zum 20. Lebensjahr (Warram et al. 1984, Lorenzen et al. 1994). Während einer längeren Beobachtungszeit hingegen, steigt das Risiko mit zunehmendem Alter von 1,1 % im Alter von 5 Jahren auf 3,2 % mit 20 Jahren, 4,6 % mit 30 Jahren und 6,3 % mit 35 Jahren (Lorenzen et al. 1994). Bei den eigenen Nachuntersuchungen hatten 4 Kinder (5,3 %) von Typ-1 Diabetikerinnen (3 Mädchen, 1 Knabe; Alter 11,4, 10,7, 9,0 und 15,7 Jahre) bereits einen manifesten Diabetes. Die Manifestation erfolgte im Alter von 3,0, 10,1, 4,6 und 15,7 Jahren. Der letztere Fall wurde im Rahmen der Studie aufgedeckt (Glukosespiegel im Plasma 0, 30, 60 und 120 Minuten nach Glukosebelastung 287, 401, 486 und 466 mg/dl [15,9, 22,3, 27,0 und 25,9 mmol/l]). Alle Kinder mit manifestem Diabetes waren schlank (BMI 14,9–21,5). Drei von ihnen hatten auch schlanke Mütter (BMI 19,8–20,8). Der letzte Fall hatte eine mäßig adipöse Mutter (BMI 24,1). Fruchtwasserinsulinwerte der ersten 3 Fälle waren verfügbar (7,4, 26,4, 10,6 μE/ml;

[44,4, 158,4, 63,6 pmol/l]) und zeigten keinen Trend. In Süddeutschland, mit einer ähnlichen Bevölkerung und ähnlichem Lebensstil wie im eigenen Einzugsbereich beträgt die populationsbezogene Häufigkeit des Typ-1 Diabetes bei Kindern bis zum 14 Lebensjahr 0,074 % (NEU et al. 1997). Demnach beträgt das relative Risiko eines Typ-1 Diabetes bei Kindern von Typ-1 Diabetikerinnen 71,6.

Kommt es erst während der Schwangerschaft zur Erstmanifestation eines Typ-1 Diabetes scheint das Erbrisiko nach Untersuchungen von BUSCHARD et al. geringer zu sein. Bei der Nachuntersuchung von 55 Kindern im Alter von 10,4 ± 0,6 Jahren hatte nur 1 Kind (1,8 %) einen Diabetes. Bei den anderen Kindern ergaben biochemische und immunologische Untersuchungen keinen Hinweis auf eine Dysfunktion der Betazellen (BUSCHARD et al. 1989).

5.4.8.2 Typ-1 Diabetesmarker bei Nachkommen von Typ-1 Diabetikerinnen

Bei frisch manifestiertem Typ-1 Diabetes sind in ~60 %, bei erstgradig Verwandten von Typ-1 Diabetikern in 3 %–4 % und in der Gesamtbevölkerung in 0,3 % Insulin Auto Antikörper (IAA) nachweisbar (VERGE und EISENBARTH 1996). Zum Nachweis eines Diabetesrisikos werden jedoch zumeist Betazellantikörper analysiert. Autoimmun Antikörper (AIA) gegen Betazellantigene sind bei Nachkommen von Diabetikerinnen hochsignifikante Marker einer Diabetesmanifestation innerhalb der nächsten 1–10 Jahre (GORSUCH et al. 1981, BONIFACIO et al. 1990, RILEY et al. 1990, BINGLEY et al. 1994, SCHATZ et al. 1994, KARJALAINEN et al. 1996, VERGE et al. 1996, TURNER et al. 1997). Das Diabetesrisiko ist besonders hoch, wenn mehrere Antikörper nachweisbar sind (BINGLEY et al. 1994, BONIFACIO et al. 1995, VERGE et al. 1996). Bis zum 6. Lebensmonat können AIA mütterlichen Ursprungs sein (ZIEGLER et al. 1999). Bei mehr als der Hälfte der Kinder sind AIA in einem Beobachtungszeitraum von 3 Jahren nur transient nachzuweisen (COLMAN et al. 2000).

Für die präklinische Diagnose des Typ-1 Diabetes wurden bisher vorwiegend Inselzellantikörper (ICA) bestimmt. 40 % der Kinder mit ICA entwickeln innerhalb von 10 Jahren einen IDDM und bei 82 % der Kinder mit manifestem Typ-1 Diabetes wurden ICAs von ≥ 10 JDFU nachgewiesen (BONIFACIO et al. 1990, RILEY et al. 1990, BINGLEY et al. 1993).

Nach COLMAN et al. (1998) sind GADA und IA-2A als präklinische Marker des IDDM anderen Markern überlegen. Es wird daher auch ein zweistufiges Screening empfohlen, mit der Bestimmung von GADA und IA-2A als erste Stufe und ICA und IAA als zweite Stufe (PASTORE et al. 1998). Bei Vorliegen eines Markers beträgt das Diabetes Risiko innerhalb von 6–10 Jahren 1,5 %–8 % und bei Vorliegen von ≥ 2 Markern 24,8 %–88 % (BINLEY et al. 1994, PASTORE et al. 1998, ZIEGLER et al. 1999).

Der Vorhersagewert hängt jedoch nicht nur von der Art und Anzahl, sondern auch von der Titerhöhe der Marker und der Beobachtungszeit nach dem Nachweis der Marker ab und wird zudem durch protektive

Allele (Gianani et al. 1992) und HLA Charakteristika (HLA DR4, HLA DR3) (Robert et al. 1991, Colman et al. 2000) modifiziert. Antikörper positive Kinder von Typ-1 Diabetikerinnen manifestieren häufiger einen Typ-1 Diabetes als Antikörper positive Kinder der generellen Bevölkerung (Landin-Olson et al. 1992, Bingley et al. 1993, Knip et al. 1998). Letzteres wurde jedoch auch widersprochen (Schatz et al. 1994). Das Risiko eines Typ-1 Diabetes steigt von 18 % bei einem ICA Spiegel von ≥4 JDF auf 44 %–68 % bei einem ICA Spiegel von ≥20 JDF (Bosi et al. 1991, Robert et al. 1991). Nach der Diabetesmanifestation sinken die Antikörperspiegel allmählich ab, sind aber in der Regel auch nach 10 Jahren noch nachweisbar, wobei GADA häufig fluktuieren (Kobayashi et al. 1996, Savola et al. 1998).

Klinische Untergruppen des Typ-1 Diabetes zeigen unterschiedlichen AIA Muster. IA-2A und GADA sind mit dem klassischen akuten Typ-1 Diabetes assoziiert, während der langsam fortschreitende Typ-1 Diabetes mit GADA und ICA assoziiert ist (Seissler et al. 1998).

Die genaue Ursache für die Entstehung von AIA ist nicht bekannt. Wahrscheinlich handelt es sich jedoch um die Kombination einer genetische Prädisposition mit einer Entzündung des Inselorganes im Rahmen einer Virusinfektion. Virusinfektionen können den Autoimmunprozeß auslösen oder beschleunigen. Dabei stehen Zytomegalieviren (Bakir 1987), Rubellaviren (Menser et al. 1978) Enteroviren (Dahlquist et al. 1995, Lönnrot et al. 2000) oder Rotaviren (Honeyman et al. 2000) im Vordergrund. Auch Hepatitisviren könnten an der Auslösung eines Diabetes beteiligt sein (Allison et al. 1994, Simó et al. 1996).

Im Tierversuch wurde postpartal eine wellenförmige Apoptose (programmierter Zelltod) von β-Zellen nachgewiesen, da wegen des Funktionswandels des Inselorganes zumindest 60 % der β-Zellen abgebaut und im Rahmen eines Umbaues durch Replikation oder Neogenese aus Stammzellen ersetzt werden (Trudeau et al. 2000). Bei diesen Untersuchungen wurde auch festgestellt, daß unter gewissen Umständen die physiologische Apoptose eine Autoimmunreaktion auslösen kann. Beim Menschen ist ebenfalls ein Gipfel der Apoptose perinatal und in der Neugeborenenperiode, nicht mehr jedoch im Alter von 6 Monaten nachweisbar (Kassem et al. 2000). Ob auch im menschlichen Inselorgan eine Induktion von Autoimmunantikörpern durch Apoptose auslösbar ist, ist bisher nicht bekannt.

Bei der Grazer Studie wurden bei 16 (22,5 %) nichtdiabetischen Kindern von Typ-1 Diabetikerinnen (9 Knaben und 7 Mädchen) im Alter von 10,3 (±2,7) Jahren Autoimmun-Antikörper nachgewiesen. Damit war die Prävalenz ähnlich einer australischen Untersuchung (27 %) (Colman et al. 2000), jedoch deutlich höher als bei 9monatigen (4,4 %), 2jährigen (11,1 %) und 5jährigen (14,6 %) Kindern mit Typ-1 Diabetes eines Elternteiles im Münchner Raum (Ziegler et al. 1999). 14 (19 %) hatten ICA mit einer Konzentration von 1–40 Juvenile Diabetes Foundation Einheiten (JDFU). Drei (4 %) hatten GADA mit einer Konzentration von 1,0–47,3 relativen Einheiten (RU), und ein Kind (1,4 %) hatte IA-2A (80 RU), ICA (40 JDFU) und GADA (47,3 RU). Die populationsbezogene Prävalenz von ICA bei normalen Schulkindern beträgt in Südwesteuropa, Japan und den USA 0,4 %–

1,8 % (NOTSU et al. 1985, BERGUA et al. 1987, BRUINING et al. 1989, MAC LAREN et al. 1990, LÉVY-MARCHAL et al. 1992), in nordischen Ländern wie Finnland und Schweden 3,0 %–4,1 % (KARJALAINEN 1990, LANDIN-OLSON et al. 1989) und in Süddeutschland 1,05 % (BOEHM et al. 1991). Patienten unseres Einzugsgebietes sind ethnisch und hinsichtlich des Lebensstils mit der Süddeutschen Population vergleichbar. Das relative Risiko von ICA bei Kindern von Typ-1 Diabetikerinnen unserer Studie lag demnach bei 19. Die Glukosetoleranz der Antikörper-positiven Kinder war normal (Tabelle 65). Antikörper-positive Fälle hatten jedoch signifikant niedrigere mittlere Insulinspiegel, C-Peptidspiegel und I/G Quotienten als antikörpernegative Fälle. Dies weist auf den Beginn einer gestörten Funktion der Betazellen hin (Tabelle 65). Kinder mit Antikörpern hatten ähnliche metabolische Daten wie Kontrollen. Antikörpernegative Kinder unterschieden sich daher deutlicher von den Kontrollen als die gesamte Studiengruppe (Tabellen 65, 66).

Tabelle 65. Grazer Diabetesanalysen. Metabolische Daten bei Kindern Typ-1 diabetischer Mütter mit und ohne Autoimmun Antikörper und bei Kontrollen. Glukose (G), Insulin (I) und C-Peptid (C) im Plasma und Insulin/Glucose Quotient (I/G) 0, 30, 60 und 120 Minuten nach Glukosebelastung (1,75g/kg)

	Kontrollen		Kinder mit Antikörpern		Kinder ohne Antikörper	
N	49		16		55	
BMI, Mittel (SD)	17,3	(2,9)	17,3	(4,1)	19,4	(4,7)[a]
Glukose (G) mg/dl[d], Mittel (SD)						
G0	86	(8)	87	(7)	89	(7)[a]
G30	122	(22)	129	(25)	135	(27)[b]
G60	106	(25)	107	(27)	112	(32)
G120	100	(17)	102	(15)	104	(19)
Gsumme	413	(54)	425	(54)	439	(63)[a]
Insulin (I), µE/ml[d], Mittel (SD)						
I0	9,6	(4,6)	9,7	(4,4)	14,1	(9,6)[b]
I30	45,3	(29,7)	35,9	(12,4)	71,3	(41,7)[b]
I60	39,8	(25,4)	34,3	(15,8)	55,6	(36,3)[a]
I120	33,3	(20,4)	30,2	(17,4)	48,6	(49,9)[a]
Isumme	128	(72)	110	(40)	190	(111)[b]
C-Peptid (C), ng/ml[d], Mittel (SD)						
C0	1,2	(0,5)	1,2	(0,5)	1,7	(0,8)[b]
C30	3,6	(1,4)	3,8	(1,4)	6,1	(2,9)[b]
C60	4,1	(1,5)	4,5	(2,1)	5,7	(2,8)[b]
C120	3,6	(1,5)	3,6	(1,3)	4,8	(2,9)[a]
Csum	12,5	(4,4)	13,0	(4,4)	18,2	(8,1)[c]
Sum I/G	1,183	(0,625)	1,007	(0,369)	1,614	(0,861)[a]
Sum Lipid	373	(62)	388	(64)	420	(72)[c]

Unterschied zu Kontrollen (ANOVA): [a] $p < 0{,}05$; [b] $p < 0{,}01$; [c] $p < 0{,}001$; [d] Umrechnungsfaktoren auf SI Einheiten siehe Tabelle 62

Tabelle 66. Grazer Diabetesanalysen. Stoffwechselparameter bei Kindern Typ-1 diabetischer Mütter und Kontrollen. Angaben als Mittelwerte (± SD)

	Kontrollen		Kinder diabetischer Mütter		p
Fallzahl	49		71		
BMI	17,3	(2,9)	18,9	(4,6)	< 0,05
BMI ≥ 22 (≥ 90 %ile), N	5		21		< 0,001
Lipide, mg/dl					
Cholesterin	160	(23)	178	(29)	< 0,01
HDL	54	(13)	56	(19)	n.s.
LDL	93	(20)	107	(26)	< 0,01
Triglyzeride	67	(31)	73	(47)	
LipideSumme	373	(62)	413	(71)	< 0,01
Glukose (G), mg/dl					
G0	86	(8)	88	(7)	n.s.
G30	122	(22)	133	(26)	< 0,05
G60	106	(25)	111	(31)	n.s.
G120	100	(17)	103	(18)	n.s.
GSumme	413	(54)	435	(61)	< 0,05
Insulin (I), µE/ml					
I0	9,6	(4,7)	13,1	(8,9)	< 0,05
I30	45,3	(29,7)	63,3	(39,9)	< 0,01
I60	39,8	(25,4)	50,8	(33,9)	n.s.
I120	33,3	(20,4)	44,5	(45,2)	n.s.
ISumme	128,1	(71,8)	171,7	(105,0)	< 0,05
C-Peptid (C), ng/ml					
C0	1,2	(0,5)	1,6	(0,7)	< 0,01
C30	3,6	(1,4)	5,5	(2,8)	< 0,001
C60	4,0	(1,5)	5,4	(2,7)	< 0,01
C120	3,6	(1,5)	4,5	(2,7)	< 0,05
CSumme	12,4	(4,4)	17,0	(7,7)	< 0,001
Insulin/Glucose Quotient (I/G)					
I/G0	0,112	(0,050)	0,147	(0,095)	< 0,05
I/G30	0,366	(0,220)	0,466	(0,259)	< 0,05
I/G60	0,374	(0,225)	0,443	(0,241)	n.s.
I/G120	0,331	(0,191)	0,416	(0,367)	n.s.
I/GSumme	1,183	(0,625)	1,475	(0,815)	< 0,05

Umrechnungsfaktoren für SI Einheiten siehe Tabelle 62

Der mittlere (± SD) Fruchtwasserinsulinspiegel bei Antikörper positiven und negativen Fällen betrug 11,7 (± 9,1) und 10,2 (± 6,4) µE/ml (70 [± 55] und 61 [± 38] pmol/l) (n. s.).

Es gibt zu wenig Daten in der Literatur, um das weitere Diabetesrisiko auf der Basis niedriger Titer zu berechnen. Antikörper positive Kinder unserer Serie hatten jedoch auch niedrigere Insulinwerte (Tabelle 65), was zusätzlich für eine präklinische Beeinträchtigung der foetalen Betazellen und eine Neigung zu Typ-1 Diabetes spricht.

Weder die Kinder mit manifestem Diabetes noch nichtdiabetische Kinder mit Antikörpern zeigten einen Trend beim Fruchtwasserinsulinspiegel. Dies läßt eine genetische Transmission von Diabetesmarkern und Typ-1 Diabetes, ohne Enfluß des intrauterinen Milieus und foetalen Glukose/Insulinstoffwechsels vermuten. Warum nur Antikörper negative Nachkommen Stoffwechselveränderungen ähnlich der Vorstufe eines Typ-2 Diabetes hatten ist unklar. Möglicherweise sind Antikörper vorwiegend bei genetischer Prädisposition zu Typ-1 Diabetes zu finden, die folglich weniger zu Typ-2 Diabetes und dessen assoziierten Risikofaktoren neigen. Wenn man die Prävalenz von Antikörpern bei den Kindern von Typ-1 Diabetikerinnen und den altersbedingten natürlichen Anstieg von LORENZEN (LORENZEN et al. 1994) berücksichtigt, haben bis zum 35 Lebensjahr wahrscheinlich 8,4 % der Kinder unserer Studie einen Typ-1 Diabetes.

5.4.9 Prädiabetische Stigmata für Typ-2 Diabetes bei Nachkommen von Typ-1 Diabetikerinnen

Kinder von Typ-1 diabetischen Müttern hatten insgesamt einen höheren BMI und höhere Cholesterin und LDL Werte als Kontrollen.

Nach Glukosebelastung waren Glukose-, Insulin- und C-Peptidwerte sowie die Insulinresistenz (I/G-Quotient) ebenfalls erhöht (Tabelle 66).

Wird die 97. Perzentile der Kontrollen als cut-off Wert genommen, hatten Kinder diabetischer Mütter ein relatives Risiko von 4,8–7,9 für einen erhöhten BMI für erhöhtes Cholesterin, LDL, Glukosespiegel 60 Minuten nach Belastung, Nüchterninsulinspiegel, C-Peptidspiegel 30 Minuten nach Glukosebelastung und für erhöhte Insulin/Glucose Quotienten im nüchternen Zustand (Tabelle 67).

Diese metabolischen Unterschiede zwischen Kindern von Typ-1 Diabetikerinnen und Kontrollen waren bei Knaben stärker ausgeprägt als bei Mädchen: Während Glukosespiegel nur 30 Minuten nach Glukosebelastung einen statistisch signifikanten Unterschied zeigen sind Insulin-

Tabelle 67. Grazer Diabetesanalysen. Relatives Risiko erhöhter Stoffwechselparameter bei 5–15jährigen Kindern von Frauen mit Typ-1 Diabetes

	>97 %ile Kontrollen	>97 %ile Diabetes	Relatives Risiko	p
BMI	2,0 %	14,1 %	7,8	<0,03
Cholesterin	4,1 %	19,7 %	5,7	<0,02
LDL	4,1 %	16,9 %	4,8	<0,05
Triglyzeride	4,0 %	5,6 %	1,4	n.s.
Glukose, oGTT, 1-h	2,0 %	12,7 %	7,0	<0,05
Insulin, nüchtern	2,0 %	14,1 %	7,9	<0,03
C-Pept. 30 Min.	4,1 %	22,5 %	6,8	<0,01
I/G nüchtern	2,0 %	14,1 %	7,9	<0,03

spiegel, C-Peptidspiegel und I/G-Quotienten (Insulinresistenz) nahezu bei allen Meßpunkten des oGTT signifikant erhöht.

Erhöhte Glukosespiegel, BMIs, postprandiale und nüchterne Insulinspiegel und eine erhöhte Insulinresistenz wurden bei Kindern diabetischer Mütter bereits beschrieben (Legido et al. 1987, Islam et al. 1995) und haben bekanntlich viele Jahre vor der Diabetesmanifestation einen hohen Vorhersagewert für einen Typ-2 Diabetes und dessen assoziierte Probleme (Haffner et al. 1988, Charles et al. 1993, McCance et al. 1994, Le Stunff und Bougneres 1994). Der natürliche Verlauf des Typ-2 Diabetes ist in der Regel eine Adipositas mit Insulinresistenz, die zur kompensatorischen Hyperinsulinämie für die Aufrechterhaltung der Normoglykämie und schließlich zur gestörten Glukosetoleranz (IGT) führt. Die Insulinresistenz kann der Manifestation eines Typ-2 Diabetes bis zu 40 Jahre vorangehen (Martin et al. 1992, Vaag et al. 1992, Beck-Nielsen et al. 1995) Ein Typ-2 Diabetes entsteht schließlich, wenn die Betazellen erschöpft sind und folglich die erhöhte kompensatorische Insulinsekretion nicht mehr aufrecht erhalten können (Pettitt et al. 1993, Eriksson et al. 1989).

Bei unserer Studie waren die mittleren BMI und Symmetry Indices der Kinder von Typ-1 Diabetikerinnen signifikant höher als jene bei Kontrollen und korrelierten signifikant mit nüchtern und stimulierten Insulin Spiegeln ($R = 0{,}635$, $p < 0{,}001$ und $R = 0{,}650$–$0{,}497$, $p < 0{,}001$).

Der erhöhter BMI, der Teil eines Netzwerkes von wechselseitig verknüpften Funktionen und ein Indikator einer vorausgegangenen Insulinresistenz ist, ist als signifikanter Prädictor von Typ-2 Diabetes bei Kaukasiern bekannt (Charles et al. 1991, Ferrannini et al. 1991).

Ein BMI und Nüchtern-Insulinwerte in der obersten Quartile haben ein relatives univariates Risiko für ein 8-Jahre Typ-2 Risiko von 1,97 ($p = 0{,}009$) und 6,6 ($p < 0{,}001$), verglichen mit den restlichen 3 Quartilen (Haffner et al. 1990). Darüber hinaus beschreiben Zimmet et al. (1992) eine lineare Assoziation zwischen Insulinspiegel 2 h nach Glukosebelastung und der Inzidenz von IGT und Typ-2 Diabetes. Die kumulative Inzidenz einer abnormalen Glukosetoleranz zwischen 8 und 29 Jahren war bei 2 h-Insulinspiegeln in der 4. Quartile 32,6 % im Vergleich zu 2,8 % bei Insulinspiegeln in der 1. Quartile (RR 11,6). Daher ist die Hyperinsulinämie der Hauptindikator für die Neigung zu Typ-2 Diabetes, da sie allen anderen prädiabetischen Störungen zugrundeliegt (Ferrannini et al. 1991, Pettitt et al. 1993, Haffner et al. 1988, Plagemann et al. 1995).

Da der 2 h-Insulinspiegel unmittelbar vor einer Diabetesmanifestation abfallen kann haben wir bei unseren Nachuntersuchungen die Nüchterninsulinspiegel zur Einschätzung des Diabetesrisikos verwendet (Charles et al. 1991). 28/71 (39,4 %) der Kinder von Typ-1 Diabetikerinnen hatten Nüchternwerte über der höchsten Perzentile der Kontrollen. Demnach beträgt das relative Risiko eines Typ-2 Diabetes im Vergleich zu Kontrollen generell 3,2, bei einem Fruchtwasserinsulinspiegel $< 8\,\mu E/ml$ 2,7 und bei einem Fruchtwasserinsulinspiegel $> 8\,\mu E/ml$ 3,8.

In Deutschland beträgt die Prävalenz des erkannten Typ-2 Diabetes nach dem 30 Lebensjahr 4,4 %–4,9 % (Von Ferber et al. 1993). Folglich kann die zukünftige Prävalenz des Typ-2 Diabetes in unserem Patientengut mit etwa 13 % bei niedrigem FWI Spiegel und mit 18 % bei erhöhtem FWI angenommen werden.

Liegt eine gestörte Glukosetoleranz (IGT) vor, beträgt das relative Risiko eines Typ-2 Diabetes innerhalb von 3 Jahren 5,4 (CHARLES et al. 1991). Wir haben bei Kindern von Typ-1 Diabetikerinnen einen niedrigeren Anteil an IGT als SILVERMAN et al. (1995) bei einem kombinierten Krankengut (IDDM, GDM) gefunden. Drei Nachkommen von Typ-1 Diabetikerinnen (4 %) und 0 Kontrollen hatte eine IGT. Dieser Unterschied ist zwar nicht signifikant, eine IGT ist jedoch extrem selten bei kaukasischen Kindern dieses Alters (SILVERMAN et al. 1995). Die niedrige Rate an IGT könnte durch die niedrigere Rate an Adipositas bei Typ-1 Diabetes und das niedrigere Alter unserer Kinder (10,3 Jahre vs. 12,3 Jahre) erklärt werden. Auch SILVERMAN et al. (1995) fanden eine niedrige Prävalenz an IGT bei Kindern < 10 Jahren und eine wesentlich höhere Prävalenz bei Kindern > 10 Jahren. Darüber hinaus war der cut-off Wert des Insulinspiegels im Fruchtwasser bei der Studie von SILVERMAN et al. höher als bei unserer Studie (> 16,7 μE/ml vs. > 8 μE/ml).

5.4.10 Korrelation von Stigmata des Typ-2 Diabetes mit dem Insulinspiegel im Fruchtwasser bei Nachkommen von Typ-1 Diabetikerinnen

Nach Stratifikation in Fälle mit hohem und niedrigem Insulinspiegel im Fruchtwasser waren nur die Lipidspiegel in beiden Gruppen ähnlich. Alle anderen kindlichen metabolischen Parameter waren bei hohem Fruchtwasserinsulinspiegel erhöht, die meisten davon signifikant (Tabelle 68).

Das relative Risiko einer kindlichen Adipositas bei hyperinsulinämischen Fällen ist gegenüber normoinsulinämischen Fällen 13 (Odds Ratio 23,4; Vertrauensbereich 2,8–1030; p = 0,0004) (Tabelle 68).

Die Konzentration des Fruchtwasserinsulins korrelierte mit dem BMI und Symmetrie Index der Kinder (Abb. 32).

Darüber hinaus bestand eine signifikante Korrelation der Konzentration von Insulin im Fruchtwasser mit den Glukosewerten 60 Minuten nach Belastung, den Insulinwerten 0 und 120 Minuten nach Belastung, den C-Peptidwerten 0, 60 und 120 Minuten nach Belastung, und mit dem Insulin/Glucose Quotienten 0, 60 und 120 Minuten nach Belastung.

Von den Lipiden korrelierten nur die Triglyzeride mit der Konzentration von Insulin im Fruchtwasser (Tabelle 69).

Die Fruchtwasserinsulinkonzentration zeigt keine Korrelation mit der Summe der Plasmaglukose aller Meßpunkte des oGTT, während die Summen von Insulin (R = 0,387, p = 0,003), C-Peptid (R = 0,399, p = 0,002) und dem Glucose/Insulin Quotienten (R = 0,306, p = 0,023) im kindlichen Plasma signifikant mit dem Fruchtwasserinsulinspiegel korrelierten.

Die Korrelation der Fruchtwasserinsulinwerte mit den Triglyzerid-, Glukose-, Insulin-und C-Peptidspiegeln und der Insulinresistenz der Nachkommen, weist auf eine *nicht-genetisch bedingte, sondern intrauterin er-*

Tabelle 68. Grazer Diabetesanalysen. Metabolische Daten von Kontrollen und Kindern diabetischer Mütter mit niedrigem (< 8 μE/ml) und hohem (≥ 8 μE/ml) Fruchtwasserinsulinspiegel (FWI)

	Kontrollen		Kinder von Typ-1 Diabetikerinnen			
			Insulin im Fruchtwasser < 8 μE/ml		Insulin im Fruchtwasser ≥ 8 μE/ml	
Fallzahl	49		28		28	
FWI, μE/ml, Mittelwert (SD)	–		5,3	(1,6)	15,7	(6,5)[c]
BMI, Mittelwert (SD)	17,3	(2,9)	16,0	(2,6)	20,7	(4,6)[c]
BMI ≥ 22 (≥ 90. Perzentile), N	5		1		13[c]	
Lipide, mg/dl, Mittelwert (SD)						
Cholesterin	160	(23)	176	(28)	174	(32)
HDL	54	(13)	62	(21)	53	(18)
LDL	93	(20)	105	(23)	106	(26)
Triglyzeride	67	(31)	60	(30)	75	(35)
Lipide sum	373	(62)	404	(64)	407	(73)
Glukose (G) mg/dl, Mittelwert (SD)						
G0	86	(8)	87	(7)	89	(7)
G30	122	(22)	127	(24)	137	(27)
G60	106	(25)	99	(26)	116	(29)[a]
G120	100	(17)	101	(14)	102	(17)
Gsum	413	(54)	412	(46)	445	(55)[a]
Insulin(I), μE/ml, Mittelwert (SD)						
I0	9,6	(4,7)	9,6	(4,1)	15,3	(11,5)[a]
I30	45,3	(29,7)	49,7	(25,7)	69,2	(35,0)[a]
I60	39,8	(25,4)	34,3	(16,5)	57,4	(34,9)[b]
I120	33,3	(20,4)	27,4	(16,5)	51,0	(51,6)[a]
Isum	128,1	(71,8)	121,0	(45,8)	192,9	(109,5)[b]
C-Peptid (C), ng/ml, Mittelwert (SD)						
C0	1,2	(0,5)	1,3	(0,4)	1,8	(0,9)[a]
C30	3,6	(1,4)	4,7	(2,2)	6,2	(3,0)[a]
C60	4,0	(1,5)	4,3	(1,6)	6,0	(3,2)[a]
C120	3,6	(1,5)	3,3	(1,2)	5,1	(3,1)[b]
Csum	12,4	(4,4)	13,6	(4,2)	19,1	(9,0)[b]
Insulin/Glucose Quotient (I/G), Mittelwert (SD)						
I/G0	0,112	(0,050)	0,109	(0,044)	0,170	(0,122)[a]
I/G30	0,366	(0,220)	0,388	(0,176)	0,508	(0,256)
I/G60	0,374	(0,225)	0,349	(0,135)	0,487	(0,250)[b]
I/G120	0,331	(0,191)	0,270	(0,132)	0,492	(0,466)[a]
I/Gsum	1,183	(0,625)	1,115	(0,391)	1,657	(0,940)[a]

BMI Body Mass Index, *G* Glukose, *I* Insulin und *C* C-Peptid im Plasma, sowie *I/Q* Insulin/Glukose Quotient 0, 30, 60 und 120 Minuten nach oraler Glukosebelastung (1,75 g/kg). Unterschied der Stoffwechseldaten von Kindern diabetischer Mütter mit hohen und niedrigen Insulinspiegeln im Fruchtwasser: $^{a}p < 0{,}05$, $^{b}p < 0{,}01$, $^{c}p < 0{,}001$. Umrechnungsfaktoren auf SI-Einheiten: siehe Tabelle 62

worbene Neigung zu Typ-2 Diabetes hin (WEISS et al. 2000). Diese wird durch das Brennstoffüberangebot (fuel mediated) vermittelt. Untersuchungen an erwachsenen Nachkommen von Eltern mit NIDDM unterstützen diese Annahme. Nachkommen diabetischer Mütter haben signifikant höhere Triglyzeridspiegel als Nachkommen diabetischer Väter. Davon sind männliche Nachkommen stärker betroffen (KASPERSKA-CZYZYK et al. 1996).

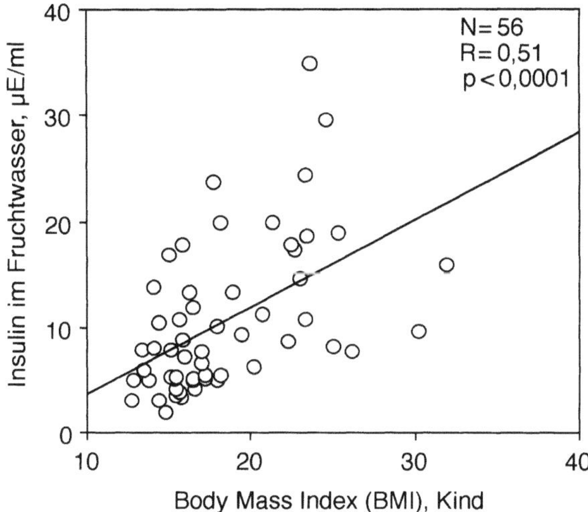

Abb. 32. Grazer Diabetesanalysen. Korrelation des kindlichen BMI bei 5–15jährigen Nachkommen Typ-1 diabetischer Frauen mit dem Insulinspiegel im Fruchtwasser

Tabelle 69. Grazer Diabetesanalysen. Korrelation des Insulinspiegels im Fruchtwasser mit Stoffwechselparametern bei Nachkommen von Typ-1 Diabetikerinnen

	R	p
BMI	0,563	<0,001
Symmetry Index	0,473	<0,001
G60	0,315	<0,02
I0	0,289	<0,03
I60	0,395	<0,003
I120	0,322	<0,02
C0	0,344	<0,01
C60	0,390	<0,003
C120	0,416	<0,001
I/G0	0,274	<0,05
I/G60	0,271	<0,05
I/G120	0,356	<0,01
Trigl	0,284	<0,04

Abkürzungen wie in Tabelle 68

Zusammenfassend hatten Kinder von Typ-1 Diabetikerinnen im Vergleich zur Gesamtpopulation eine wesentlich höhere Typ-1 Diabetesrate, mit der Wahrscheinlichkeit einer weiteren genetisch bedingten Kumulation mit fortschreitendem Alter. Die weitere Kumulation ist wegen des natürlichen Verlaufs der Manifestation und wegen der Prävalenz von Immunantikörpern in Verbindung mit einer verminderten Insulinsekretion wahrscheinlich. Auf der Basis der Literatur betrug das relative Risiko eines Typ-1 Diabetes 71,6, der Endpunkt der Diabetesprävalenz kann mit 8,4 % bis zum 35. Lebensjahr berechnet werden.

Nachkommen von Typ-1 Diabetikerinnen hatten auch eine höhere Inzidenz von Risikofaktoren mit hohem Vorhersagewert für Typ-2 Diabetes (RR 3,2), besonders erhöhte Insulinwerte. Auf der Basis neuerer Publikationen kann das relative Risiko eines Typ-2 Diabetes mit 3,2 berechnet werden und die Prävalenz eines erkannten Typ-2 Diabetes im Alter von >30 Jahren als ~15 %.

Die kindlichen diabetesassoziierten Risikofaktoren korrelierten mit der präpartalen Insulinkonzentration im Fruchtwasser nicht jedoch mit mütterlichen anthropometrischen Faktoren, der Familienanamnese oder dem Geburtsgewicht. Daher ist die erhöhte Neigung zu Typ-2 Diabetes bei Kindern von Typ-1 Diabetikerinnen in erster Linie durch das erhöhte Brennstoffangebot in der Foetalperiode (*fuel-mediated*) und nicht durch genetische Einflüsse bedingt.

Aber nicht nur ein präpataler Hyperinsulinismus weist auf ein späteres Diabetesrisiko hin. Ein weiterer Hinweis auf nicht genetisch bedingte Störungen des Glukosehaushaltes ergibt sich aus Analysen der Glukose-Insulinhomöostase von *Neugeborenen.* Werden Neugeborene von Diabetikerinnen einem intravenösem Glukosetoleranztest (1,5 g/kg) unterzogen, so kommt es bei normoinsulinämischen Neugeborenen zu einer normalen Insulinantwort, während der Insulinspiegel bei hyperinsulinämischen Neugeborenen auf das sechsfache ansteigt (Weiss et al. 1999) (siehe S. 244, 566 und Abb. 18).

Während die Toleranz eines Glukosebolus in den ersten Lebenstagen verbessert ist (Isles et al. 1968, Mølsted-Pedersen 1968), ist sie bei einer Glukoseinfusion über 3 h herabgesetzt (King et al. 1969). Die Verbesserung der Toleranz gegenüber kurzen Glukosegaben ist wahrscheinlich auf den aktuellen Hyperinsulinismus zurückzuführen, während die herabgesetzte Glukosetoleranz bei einer längeren Glukoseinfusion auf einen Erschöpfungszustand der Betazellen mit geringerer Dauerleistung hinweist, der durch das unphysiologische intrauterine Milieu entsteht.

Sowohl der präpartal als auch der postpartal nachgewiesene kindliche Hyperinsulinismus ist in vielen Fällen permanent und auch bei 5–15jährigen Nachkommen diabetischer Mütter nachzuweisen (Amendt et al. 1976) (siehe auch Tabelle 66). Insbesondere der stimulierte Insulinspiegel bei Adoleszenten korreliert mit postpartalen Insulinspiegeln (Plagemann et al. 1997).

Die intrauterine Fehlkonditionierung durch ein Übermaß an Substraten bewirkt jedoch nicht nur eine bleibende Störung des Glukosestoffwechsels. Es wird vermutet, daß eine intrauterine Störung der synaptischen Funktionen, die erhöhte foetale Fettmasse und der foetale Hyperinsulinismus auch einen Zirkulus Vitiosus auslösen kann, der später zur Entwicklung eines PCO-Syndroms beiträgt (INSLER und LUNENFELD 1991).

Eine Fehlkonditionierung und/oder Schädigung des foetalen Inselorganes mit Auswirkungen auf die Betazellfunktion ist jedoch offenbar nicht nur bei einem Überangebot an foetalen Nährstoffen mit foetalem Hyperinsulinismus, sondern auch bei einem Unterangebot mit foetalem Hypoinsulinismus möglich (VAN ASSCHE et al. 1977, 1994; HALES et al. 1991; COOK et al. 1993; PHILLIPS et al. 1994; WILLIS et al. 1995; LITHELL et al. 1996; PURDY und METZGER 1996). Diese Mechanismen kommen insbesondere bei Mangelernährung in der Dritten Welt zum Tragen (HOET et al. 1998). Dementsprechend besteht eine U-förmige Korrelation zwischen dem relativen Geburtsgewicht und der Diabetesneigung oder Neigung zu Syndrom X im späteren Leben (MCCANCE et al. 1994, LITHEL et al. 1996, YARBROUGH et al. 1998, DABELEA et al. 1999). In der Kindheit bleiben SGA Neugeborene kleiner und LGA Neugeborene größer. Die Diskrepanz beruht jedoch vorwiegend auf Unterschieden der fettfreien Körpermasse, trotzdem der relative Fettanteil bei der SGA-Gruppe höher ist (HEDINGER et al. 1998).

Die foetale Wachstumsrestriktion ist ein häufiges Ereignis bei Diabetes mellitus und schwerem GDM, insbesondere durch die häufige Assoziation von Diabetes und Präeklampsie.

Die foetale Unterernährung programmiert die Zellzahl und die funktionellen Anpassungen von Organen und Stoffwechselsystemen und erhöht dadurch die Diabetesanfälligkeit im Erwachsenenalter. Der unterernährte Foetus entwickelt Stoffwechseladaptationen die ihm zwar augenblicklich helfen, die jedoch in der Folge fixiert sind und das ganze weitere Leben bestehen bleiben (PHILLIPS 1996). Im Tierversuch konnte bei Mangelernährung eine Reduktion der Betazell Masse bis zu 66 % (SNOECK et al. 1990, GAROFANO et al. 1998), des Insulingehaltes der Betazellen bis zu 25 % (SWENNE et al. 1987, ERIKSSON und SWENNE 1993, GAROFANO et al. 1997) sowie eine Insulinresistenz (DOLLET et al. 1987) nachgewiesen werden. Das Maß der pränatalen Anforderung bestimmt nicht nur den Funktionszustand sondern auch die morphologische Entwicklung von Organen. Eine überdurchschnittliche Beanspruchung führt somit zur Hyperplasie oder Hypertrophie des Inselorgans mit Überfunktion und der Gefahr der frühzeitigen Erschöpfung, während eine unterdurchschnittliche Beanspruchung zur Hypotrophie oder Hypoplasie mit Unterfunktion führt (SCHEIBENREITER et al. 1968, VAN ASSCHE und AERTS 1979). Demnach steigt das Diabetesrisiko und kardiovaskuläre Risiko bei intrauterin mangelernährten Foeten (HALES et al. 1991, HALES und BARKER 1992, ROBINSON et al. 1992, BARKER et al. 1993, MCKEIGUE et al. 1994, FALL et al. 1995, BARKER 1995, LEON et al. 1996, CURHAN et al. 1996, POULSEN et al. 1997). Es konnte gezeigt werden, daß IGT bei Kindern, NIDDM und Syndrome X bei Erwachsenen (BARKER et al. 1993, PHIPPS et al. 1993, PHILLIPS et al. 1994, LAW et al. 1995, YAJNIK et al. 1995) sowie eine Insulinresistenz (VALDEZ et al. 1994, MCCANCE et al. 1994, PHILLIPS et al. 1994, PHILLIPS 1996, LITHELL et al. 1996, CLAUSEN et al. 1997) häufig mit niedrigem Geburtsgewicht und Wachstumsrestriktion assoziiert sind. In einer schwedischen Studie hatten 35–56jährige mit niedrigem Geburtsgewicht eine 2,3fache Wahrscheinlichkeit von Diabetes, 1,8fache Wahrscheinlichkeit von IGT und eine 3,3fache Wahrscheinlichkeit eines erhöhten Nüchternblutzuckers (IFG) (Carlsson et al. 1999). War zusätzlich eine familiäre Diabetesanamnese vorhanden, so stieg die Wahrscheinlichkeit eines Diabetes auf das 5,4fache, bei Männern sogar auf das 10,9fache. In einer holländischen Studie wurde gezeigt, daß die Hungersnot 1944–1945 im 2. Weltkrieg anthropometrische Auswirkungen auf 19jährige hatte, die anläßlich ihrer militärischen Musterung untersucht wurden. Eine Mangelernährung im letzten Trimester der Schwangerschaft war mit niedrigen Adipositasraten, eine Mangelernährung in der 1. Schwangerschaftshälfte hingegen mit hohen Adipositasraten assoziiert (Ravelli et al. 1976, Lumey et al. 1992). Die zellbiologischen Grundlagen der Diabetogenese nach foetaler Mangelentwicklung sind wenig bekannt. Die lebenslangen Konsequenzen werden jedoch wahrscheinlich dadurch ausgelöst, daß der Foetus in utero auf Glukosesparen und folglich auf eine reduzierte Glykolyse (Taylor et al. 1995) und die Oxydation anderer Substrate wie Aminosäuren, Fettsäuren und Laktat programmiert wird (Wootton et al. 1994, Eriksson 1996). Setzt sich die intrauterine Mangelernährung während des weiteren extrauterinen Lebens fort, sind die intrauterinen Adaptionen nicht nachteilig sondern eher förderlich. Kommt es jedoch extrauterin zu einem reichlichen Nahrungsangebot, wird die Fähigkeit des Pankreas die Glukosehomöostase aufrechtzuerhalten überfordert und es entwickelt sich ein Diabetes (Barker 1993, Schneider und Bellmann 1998). Die Wahrscheinlichkeit, daß nicht die Mangelernährung an sich sondern eine gemeinsame genetische Disposition zu NIDDM und niedrigem Geburtsgewicht eine Rolle spielt ist gering, wie Untersuchungen an diskordanten monozygotischen und bizygotischen Zwillingen zeigen konnten (Poulsen et al. 1997). Obwohl die Zusammenhänge zwischen niedrigem Geburtsgewicht und der Neigung zu Typ-2 Diabetes gut dokumentiert sind ist der Anteil der Typ-2 Diabetiker, der mit gestörtem foetalen Wachstum assoziiert ist eine Minorität (Boyko 2000). Dies ist darauf zurückzuführen, daß nur ein geringer Anteil der Neugeborenen eine Wachstumsretardierung hat (McCance et al. 1994).

Ein niedriges Geburtsgewicht kann auch Auswirkungen auf den Zeitpunkt der Manifestation eines Typ-1 Diabetes haben. Während ein Typ-1 Diabetes bei Kindern mit normalem Geburtsgewicht im Mittel mit 9 Jahren auftritt, findet die Manifestation bei Kindern mit niedrigem Geburtsgewicht bereits im Alter von 4,3 Jahren statt (Khan und Couper 1994).

5.5 Ursachen für die Unterschätzung des Risikos bei Gestationsdiabetes

Die Risiken des Gestationsdiabetes werden sowohl von den Geburtshelfern als auch von den Internisten weitestgehend unterschätzt (Ales und Santini 1989, Jarrett 1993). Es muß hier eindrücklich darauf hingewiesen werden, daß *prospektive Studien* im Rahmen eines generellen Diabetesscreenings nicht dazu geeignet sind die Risiken eines Gestationsdiabetes aufzudecken, da es bei einem positiven Test aus ethischen und medizinischen Gründen nicht vertretbar ist auf eine angemessene Behandlung und Überwachung zu verzichten, wodurch alle typischen Komplikationen verhindert werden. Solche Studien können ausschließlich die Effizienz der Diagnose und Therapie nachweisen. Uns ist nur eine Studie aus Südafrika bekannt (Coetzee und Jackson 1986), in welcher die geburtshilflichen Ergebnisse bei erkannten, jedoch aus äußeren Gründen unbehandelten Gestationsdiabetikerinnen veröffentlicht wurden. Bei 771 nicht insulinabhängigen Diabetikerinnen wurden 80 nicht behandelt, da sie erst nahe dem Geburtstermin zur Kontrolle kamen. In dieser Gruppe betrug die perinatale Mortalität 31,3 %!

Zum Nachweis des Risikos eines unerkannten Gestationsdiabetes wäre theoretisch eine randomisierte Studie denkbar, in der nur bei jeder zweiten Schwangeren ein oGTT durchgeführt wird um die Ergebnisse dieser Gruppen zu vergleichen. Die Senkung der perinatalen Mortalität um 1 bis 2 ‰ wäre unbestritten eine großartige geburtshilfliche Leistung, alle Bemühungen der letzten zwei Dezennien bewegten sich in dieser Größenordnung. Zum statistischen Nachweis des Erfolges müßten jedoch mehr als 160.000 Schwangere in die Studie aufgenommen werden. Von Santini und Ales (1990) wurde eine Studie publiziert, bei der 533 ungescreente Schwangere 744 gescreenten Schwangeren gegenübergestellt wurden. Da sich in beiden Kollektiven gleich viel Neugeborene mit einem Geburtsgewicht über 4000 g befanden kommen die Autoren zu dem Schluß, daß ein Screening nach GD generell sinnlos sei. Diese Fehlinterpretation von Untersuchungsergebnissen beruht neben der unzureichenden Fallzahl darauf, daß mit einem Geburtsgewicht über 4000 g, das auch bei Stoffwechselgesunden in 7–11 % auftritt, ein unspezifisches und auch inadäquates Beurteilungskriterium (siehe weiter unten) verwendet wurde. Selbst bei Neugeborenen >4500 g sind 77 % der oGTT normal (Oats et al. 1980).

Einer der Hauptgründe für die Unterschätzung des GDM-Risikos durch den Geburtshelfer liegt darin, daß der Unterschied zwischen erkanntem und unerkanntem Gestationsdiabetes zu wenig bis gar nicht zur Kenntnis genommen wird (Tabelle 70).

Weitere Unterschiede des fetal outcome ergeben sich aus der Art der Schwangerschaftsüberwachung und der Intensität der Behandlung (Tabelle 71).

Wird ein Gestationsdiabetes erkannt, so resultiert aus der Behandlung und engmaschigen Überwachung eine perinatale Morbidität und Mortalität welche sich kaum von jener Stoffwechselgesunder unterscheidet (Tabelle 70).

Das Risiko wird aber aus logischen Gründen nur von erkannten Fällen abgeleitet.

Nur bei unerkanntem Gestationsdiabetes ist mit einer hohen perinatalen Morbidität und Mortalität zu rechnen. Diese ist jedoch maskiert. Sie er-

Tabelle 70. Perinatale Mortalität bei erkanntem und nicht erkanntem Gestationsdiabetes (bei unerkannten Fällen 15fach)

	Erkannt	Unerkannt
ARTNER et al. 1981	1,2 %	
DRURY et al. 1977	3,0 %	
JEFFERY et al. 1977	0,0 %	
BAERTSHI und BASS 1975	3,3 %	14,6 %
WEISS et al. 1988	0,7 %	16,7 %
ROVERSI et al. 1979		24,5 %
JACKSON und WOOLF 1958		29,0 %
COETZEE und JACKSON* 1979		31,3 %[a]
Total	1,6	23,2 %

[a] 80 Fälle erkannt, jedoch unbehandelt

Tabelle 71. Grazer Diabetesanalysen. Einfluß der Diagnose und der Schwangerschaftsbetreuung auf die perinatal Mortalität bei GDM

	Perinatale Mortalität
Gestationsdiabetes unerkannt	
Konventionelle Schwangerschaftsbetreuung	30,0 %
Monitoring	14,0 %
Gestationsdiabetes erkannt	
Keine Therapie	30,0 %
Konventionelle Behandlung	3,5 %
Intensivierte Behandlung	0,7 %

eignet sich als „Frühgeburt mit fatalem Ausgang" oder als „ungeklärter intrauteriner Fruchttod" und wird daher nicht dem Gestationsdiabetes zugeordnet (Tabelle 54).

In den meisten Fällen wird nach einer Frühgeburt oder einem intrauterinen Fruchttod kein routinemäßiges Diabetesscreening durchgeführt. Selbst wenn ein oGTT gemacht wird, ist dieser nach dem Tod oder nach der Geburt des Kindes wegen des hPL-Sturzes bei zumindest 50 Prozent der Gestationsdiabetikerinnen negativ (WEISS 1988). Bei Untersuchungen von OATS und BEISCHER (1990) war der Glukosetoleranztest im Wochenbett nach erwiesenem GDM sogar nur mehr in 30 % der Fälle positiv. Diese Unsicherheit in der postpartalen Diagnose geht auch aus der Tabelle 55 hervor. Während bei gezielter Untersuchung (einschließlich pathologisch anatomischer Untersuchung von Foetus und Plazenta) in 28 % der Totgeburten eine Glukosetoleranzstörung als mutmaßliche Todesursache ergab, wurde die Diagnose retrospektiv (Auswertung von Krankengeschichten) nur halb so oft gestellt.

Auch das Geburtsgewicht der Totgeborenen stiftet Verwirrung und trägt zur Verkennung der Todesursache bei. Nach der Lehrmeinung ist bei diabetischer Stoffwechsellage ein makrosomes Kind zu erwarten. Dies trifft jedoch in erster Linie für leichte Formen des Gestationsdiabetes zu (Casey et al. 1997). Ist die Glukosetoleranzstörung hingegen so stark ausgeprägt, daß der Foetus intrauterin abstirbt, so steht eine Plazentainsuffizienz im Vordergrund. Die Plazentafunktion wird durch die für Diabetes mellitus pathognomonische Glykogenüberladung und die Reifungsarretierung der Plazenta eingeschränkt. Nur in 16 % der Fälle von intrauterinem Fruchttod bei Gestationsdiabetes ist eine Makrosomie (> 90.Gewichtsperzentile) nachweisbar, während der Rest der Foeten eutroph in 25 % sogar retardiert ist (Abb. 33).

Bei Lebendgeborenen von Schwangeren mit unerkanntem Gestationsdiabetes werden diabetogen bedingte Krankheitssymptome, besonders bei Frühgeborenen, häufig nicht als solche erkannt. Die Makrosomie ist nicht obligat, Hypoglykämien sind meist asymptomatisch, darüber hinaus sind alle diabetesassoziierten Komplikationen beim Neugeborenen, wie Makrosomie, Hypoglykämie, Plethora, Hyperbilirubinämie etc., nicht diabetesspezifisch. Die Foetopathie läuft unter dem Titel „Adaptationsstörungen", „Trinkschwäche", „IRDS" etc.

Vom Internisten wird die Problematik insbesondere deshalb unterschätzt, da er in der Regel keine gesunden Schwangeren (und schon gar nicht in kurzfristigen Abständen wie der Geburtshelfer) zu Gesicht bekommt, aus welchen sich die Gestationsdiabetikerinnen rekrutieren. Darüber hinaus wird er kaum mit den diabetesassoziierten geburtshilflichen

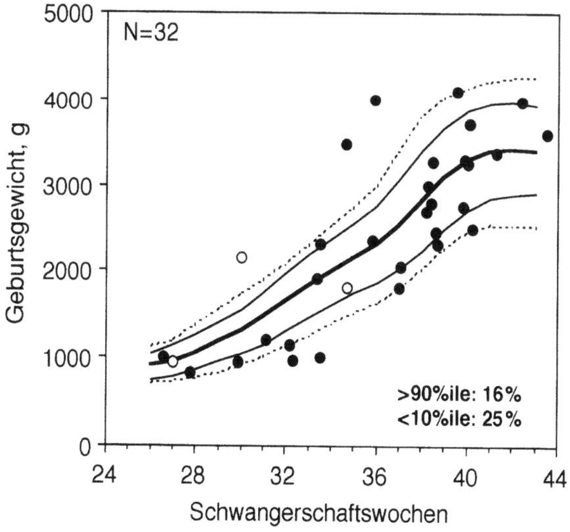

Abb. 33. Grazer Diabetesanalysen. Geburtsgewicht von 32 Fällen mit intrauterinem Fruchttod bei unerkanntem GDM, eingetragen in die Grazer Standardkurven für das Geburtsgewicht (3., 10., 50., 90. und 97. Perzentile) (Haas et al. 1987). ○ Foetale Fehlbildung

Problemen (Polyhydramnion, Frühgeburtsbestrebungen, Präeklampsie, erhöhte Sektiorate etc.) oder mit dem Neugeborenen unmittelbar konfrontiert. Während in den Überlegungen des Geburtshelfers das Wohlergehen des Ungeborenen im Vordergrund steht wird der Internist eher an die Schwangere denken. Diese ist jedoch keinesfalls bedroht, der Gestationsdiabetes ist kein internistisches sondern ein rein geburtshilfliches Problem. Analogieschlüsse zum Typ-2 Diabetes außerhalb der Schwangerschaft können zum geburtshilflichen Desaster führen, da der Foetus weit höhere Ansprüche an die Qualität des Kohlenhydratstoffwechsels stellt als die Schwangere selbst während die internistischen Kriterien zur Diagnose eines NIDDM außerhalb der Schwangerschaft eher restriktiv sind.

5.6 Screening von Risikogruppen

In den 70er und frühen 80er Jahren wurde ein Screening nach Gestationsdiabetes in erster Linie bei Schwangeren mit sogenannten Risikofaktoren durchgeführt (potentieller Diabetes). Als Risikofaktoren galten und gelten neben der ethnischen Zugehörigkeit familienanamnestische, geburtshilflich anamnestische und klinische Hinweise (HDL ≤35 mg/dl, Triglyzeride ≥250 mg/dl, RR ≥140/90, IGT oder IFG bei vorangegangenen Untersuchungen) sowie eine Adipositas mit einem BMI >27 (Cunningham et al. 1997) oder ein Alter von 30 und mehr Jahren (O'Sullivan et al. 1973, Maresh und Beard 1989, Bell et al. 1990, Roseman et al. 1991, Dornhorst 1994) (Tabelle 72).

Tabelle 72. Risikohinweise auf einen Gestationsdiabetes (potentieller Diabetes)

Anamnestische Hinweise	Klinische Hinweise
Ungeklärte perinatale Verluste	Polyhydramnion
Kinder >4.000g (>90 %ile)	Alter >30 Jahre
Wiederholte Frühgeburten	Makrosomie (Sonographisch)
Wiederholte Aborte	Adipositas
Diabetes in der Familie	Wiederholte Glukosurie
Fehlbildung	Präeklampsie
	Rezidiv. Harnwegsinfekt
	Hypertension

5.6.1 Erhöhter Nüchternblutzucker

Als weiteres Auswahlkriterium zur gezielten Glukosebelastung wird auch der Nüchternblutzuckerwert (NBZ) vorgeschlagen (Guttorm 1975, Pedersen 1977, Fuhrmann 1982, Miller und Steinhoff 1982, Semmler et al. 1990, Tam et al. 2000). Werden nur Schwangere mit NBZ-Werten von 80 mg/dl (4,4 mmo/l) und darüber einer Glukosebelastung unterzogen, betrifft dies nur jede 6. oder 7. Schwangere während die Erfassungsrate des GD rund 88 % beträgt. Als Grenzwert werden auch 89 mg/dl mit einer Sensitivität von 88 % für GDM oder 85 mg/dl (4,7–4,8 mmol/l) mit einer Sensitivität von 68 %–81 % für GDM/IGT empfohlen (Reichelt et al. 1998, Perucchini et al. 1999, Juutinen et al. 2000). Ein Grenzwert von 5,3 mmol/l (95 mg/dl), wie in der Forth International Workshop Conference vorgeschlagen, hat allerdings nur eine Sensitivität von 39,2 % (Juutinen et al. 2000). Da eine Glukosetoleranzstörung in der Regel erst im 3. Trimester auftritt, sollte ein Screening anhand des Nüchternblutzuckers erst nach der 31. Schwangerschaftswoche erfolgen (Mamsen et al. 1990).

Nach unseren Erfahrungen mit dem Endpunkt foetaler Hyperinsulinismus ist der Nüchternblutzucker ein unzuverlässiger Hinweis auf eine foetale Gefährdung. Bei 100 Schwangeren mit nachweislich hyperinsulinämischen Foetus wären mit einem Grenzwert von 80 mg/dl (4,4 mmol/l) 23 Fälle der Diagnose entgangen. Die Höhe des Nüchternblutzuckers scheint ein individuelles Merkmal zu sein, welches nicht nur von der Glukosetoleranz sondern auch von der Glukoneogenese der Leber und anderen individuellen endokrinologischen Faktoren wie hPL, Cortisol, Somatomedinen etc. abhängt (Moore 1994). Bei einer Diätbehandlung von GDM kann daher ein signifikantes absinken des Glukoseprofils beobachtet werden, während der Nüchternblutzucker unverändert bleibt (Maresh et al. 1985, Magee et al. 1990). Dementsprechend besteht bei Diabetikerinnen zwar eine Korrelation postprandialer Blutzuckerwerte mit dem Geburtsgewicht, während diese Korrelation mit Nüchternwerten fehlt (Parfitt et al. 1992).

Mortensen et al. (1985) schlagen einen „cut off" Wert von 74 mg/dl (4,1 mM) vor. Auch damit wären 18 % unserer Fälle mit erwiesener foetaler Hyperinsulinämie einer Diagnose entgangen.

5.6.2 Probefrühstück, Testmahlzeit

24-Stunden Testprofile (Gillmer et al. 1975), ein „Frühstückstoleranztest" (Paris-Bockel et al. 1983, Coustan et al. 1987) bzw. standardisierte Testmahlzeiten (Campbell et al. 1989, Sutherland et al. 1989) wurden ebenfalls für ein GDM-Screening vorgeschlagen. Bei gesunden Schwangeren ist das Glukoseprofil nach einer physiologischen Testmahlzeit von 453 kcal aufgeteilt auf 14,4 g Protein, 17,5 g Fett und 58,7 g Kohlenhydraten von der 16. bis zur 36. Woche praktisch unverändert, während der Nüchternblutzucker im Verlauf der Schwangerschaft abfällt (Campbell et al. 1994) (Tabelle 73).

Ein Frühstückstest mit einem 1 h-Grenzwert von 7,8 mmol/l (140 mg/dl) wurde auch zur Entscheidung Selbstkontrolle versus klinische Kontrolle oder Diätbehandlung versus zusätzliche Insulinbehandlung bei GDM vorgeschlagen (Rey 1997).

Eine Testmahlzeit oder ein Probefrühstück entspricht zwar einer physiologischen Glukosebelastung, das Vorgehen ist jedoch umständlich und kostenaufwendig.

Tabelle 73. Glukoseprofil im Verlauf der Schwangerschaft nach einer Testmahlzeit von 453 kcal. Nach Angaben von CAMPBELL et al. (1994)

Zeitpunkt	16. Woche mg/dl (± SD)	26. Woche mg/dl (± SD)	36. Woche mg/dl (± SD)
Nüchtern	80 (± 5)	75 (± 5)	73 (± 8)
30 Minuten	115 (± 18)	113 (± 12)	109 (± 10)
60 Minuten	101 (± 11)	98 (± 9)	101 (± 15)
90 Minuten	92 (± 7)	93 (± 11)	94 (± 10)
120 Minuten	89 (± 8)	88 (± 7)	88 (± 7)

5.6.3 (Vor)screening mit 50 g Glukose (Glucose Challenge Test, GCT) oder Blutzuckerstichproben

Zum Erkennen von Risikofällen wird auch ein (Vor)screening mit 50 g Glukose und einer Blutzuckerbestimmung nach einer Stunde (O'SULLIVAN 1973, Second International Workshop Conference on GDM 1985), oder mit 75 g und einer Blutzuckerbestimmung nach 2 Stunden (MERKATZ et al. 1980) vorgeschlagen. Der „50 g-1 hr challenge test" (Glucose Challenge Test [GCT]; Glucose Stress Test, [GST]) ist besonders in den USA gebräuchlich. Eine Rundfrage in den USA ergab, daß von 471 Geburtshelfern rund 95 % zunächst den GCT durchführen (LANDON et al. 1990). Dieser erfolgt in der Mehrzahl ohne Berücksichtigung einer bestimmten Tageszeit oder vorangegangener Mahlzeiten. Ein oGTT wird erst veranlaßt, wenn der GCT positiv ist. Bei Blutzuckerwerten von ~185 mg/dl und darüber erübrigt sich ein oGTT, da damit ein GDM praktisch gesichert ist (CARPENTER und COUSTAN 1982, LANDY et al. 1996). Ein 50 g-GCT mit einer Blutzuckerbestimmung nach 2 Stunden und einem Grenzwert von 118 mg/dl wurde ebenfalls vorgeschlagen. Durch dieses Vorgehen kann nach Angaben von WEINER et al. (1986) die Notwendigkeit diagnostischer oGTTs reduziert und damit die Diagnostik verbilligt werden. Die Belästigung der Schwangeren wird jedoch durch die zweistündige Wartezeit erhöht.

Durch ein (Vor)screening ergeben sich zusätzliche Fehlerquellen. Die Sensitivität und Spezifität beträgt 79 % und 87 %, wodurch Fälle verloren gehen (O'SULLIVAN et al. 1973). Wird der oGTT nach einem positiven Screening Test bereits im 2. Trimester durchgeführt entgehen eine große Anzahl (69 %) der GDM der Diagnose (BENJAMIN et al. 1986). Weitere Fehlerquellen können sich aus einem zu frühen Zeitpunkt des Tests, aus der schlechten Reproduzierbarkeit (SACKS et al. 1989), aus einer Unterbelastung mit 50 g Glukose bei adipösen Schwangeren und aus unvorhersehbaren Einflüssen von vorangegangenen Mahlzeiten ergeben.

Uns erscheint ein (Vor)screening insgesamt umständlich und nicht erforderlich. Da bei Schwangeren mit einem positiven GCT und darauffolgend negativem oGTT ähnlich hohe Raten an makrosomen Kindern auftreten wie bei Schwangeren bei denen beide Tests positiv sind (15,6 % vs. 16,7 %)

(FORSBACH et al. 1988, PHILLIPOU 1991), erhebt sich die Frage, wozu ein zweiter Test überhaupt erforderlich sei.

5.6.4 Zeitpunkt des Screenings und Grenzwerte

Hinsichtlich des besten Zeitpunktes und der Grenzwerte des GCT und oGTT herrscht keine Einigkeit. Da eine Dekompensation des Glukosestoffwechsels unter der Belastung der Schwangerschaft selten vor der 28. Woche auftritt, erscheint uns bei Schwangeren ohne Risikohinweisen der Zeitraum zwischen der 28. und 30. Woche sowohl für den GCT als auch den oGTT am vernünftigsten. Von JOVANOVIC und PETERSON (1985) wird die höchste Ausbeute eines Screenings von der 27. bis zur 31. Woche angegeben. Ein oGTT im ersten Trimester erscheint uns bei Risikohinweisen erforderlich, damit eine allfällige Therapie früh erfolgen kann. Bei ethnischen Gruppen mit hohem Diabetesrisiko sollte ein Screening ebenfalls möglichst früh erfolgen (LIVINGSTON et al. 1993, DORNHORST und GIRLING 1995). Bei negativem Ergebnis ist jedoch eine Wiederholung nach der 26. Woche erforderlich. Nach Untersuchungen von NAHUM und HUFFAKER (1990) besteht bei der Wiederholung des GCT eine gute Korrelation der Ergebnisse im 1. Trimester mit Ergebnissen im frühen 3. Trimester (26.–32. Woche). Test-Ergebnisse im 1. Trimester ≤110 mg/dl waren selten mit Test-Ergebnissen ≥135 mg/dl im 3. Trimester oder einem positiven oGTT assoziiert. Eine Testwiederholung könnte daher unnötig sein. Ist hingegen der Test bereits im 1. Trimester positiv (≥135 mg/dl), ist die Wahrscheinlichkeit eines 2. positiven Tests sehr hoch. Bei einem Testergebnis von ≥140 mg/dl erübrigt sich ein 2. Screening Test. Diese Schwangeren sollten im 3. Trimester einem oGTT zugeführt werden (NAHUM und HUFFAKER 1990).

Wird das Screening zu früh durchgeführt, kann der Test noch negativ sein, während eine Glukoseintoleranz durch die zunehmende Belastung der Schwangerschaft erst zu einem späteren Zeitpunkt auftritt. Bei wiederholt positivem GCT in der 16–20. Woche und 26.–30. Woche ist das Makrosomierisiko gegenüber negativen Kontrollen 7fach erhöht. Ist der erste GCT negativ und erst der zweite GCT positiv ist das Makrosomierisiko noch immer 3fach erhöht (MELLO et al. 1997).

Bei GDM ist ein mittlerer Anstieg des 1h-Wertes nach Belastung mit 100 g Glukose um 50 mg/dl (2,8 mmol/L) von ~165 mg/dl (~9,2 mmol/L) im II. Trimester auf ~215 mg/dl (~11,9 mmol/L) im III. Trimester zu erwarten (BENJAMIN et al. 1986).

In diesen Fällen kann ein normaler oder grenzwertiger GCT oder oGTT dann unerwartet mit der Geburt eines makrosomen Kindes und/oder erhöhten mütterlichen Glykohämoglobinwerten im Wochenbett assoziiert sein (KURISHITA et al. 1994).

Der gebräuchlichste Zeitraum für den GCT ist die 24.–28. Schwangerschaftswoche (KAUFMAN 1989, NELSON 1986, YOO und CHAO 1989, SACKS et al. 1989, MCFARLAND und CASE 1985, Second International Workshop Conference on GDM 1985). Der Test wird jedoch auch bei der

- ersten Visite und bei negativem Ausfall nochmals nach der 24. Woche (Lavin et al. 1981, Sacks et al. 1987, Semmler et al. 1990, Berkowitz et al. 1992), zwischen der
- 26. und 28. Woche (Landon et al. 1986), der
- 26. und 30. Woche (Marquette et al. 1985), der
- 27. und 31 Woche (Jovanovic und Peterson 1985) oder der
- 28. und 32. Woche (Lavin 1985) etc. vorgeschlagen.

Rund 30–40 % der GDM können bereits vor der 24. Woche diagnostiziert werden (Super et al. 1991, Berkowitz et al. 1992, Meyer et al. 1996). Es sind dies häufig Schwangere mit einem höheren Lebensalter, mit hypertensiven Schwangerschaftserkrankungen und geringer Gewichtszunahme. Auch benötigen Schwangere mit früh diagnostizierbarem GDM häufiger eine Insulinbehandlung. Es ist daher anzunehmen, daß eine Reihe dieser Frauen bereits vor ihrer Schwangerschaft eine unerkannte Glukosetoleranzstörung hatten (Berkowitz et al. 1992).

Ein Vollständiger oGTT wird vom ACOG oder der ADA erst bei Überschreiten eines bestimmtem Grenzwerts des „challenge test" gefordert. Dieser Grenzwert wird uneinheitlich angegeben und auch entsprechend der Blutfraktion und der Bestimmungsmethode modifiziert.

Der Grenzwert wurde ursprünglich mit 130 mg/dl (7,2 mML) festgelegt (O'Sullivan 1973) und später entsprechend unterschiedlicher Proben (Vollblut, Serum oder Plasma, Kapillarblut oder venöses Blut) auf 135 oder 140 mg/dl modifiziert. Nach einer Reihe von Untersuchungen wird jedoch der Grenzwert von 130 mg/dl als die kosteneffektivste Grenze für ein GDM Screening bezeichnet (Landon et al. 1986, Massion et al. 1987, Marquette et al. 1985).

5.6.5 Screening nüchtern versus postprandial und Grenzwerte

Ein Frühstück führt zu einer signifikanten Verbesserung der Glukosetoleranz bei einer nachfolgenden Mahlzeit, da der Insulinspiegel, je nach dem Glukoseindex des Frühstücks, zumindest 160–180 Minuten erhöht bleibt (Nestler et al. 1988, Berkus et al. 1990). Bei einem Probefrühstück mit retardierter Resorption betrug die Fläche unter der Blutzuckerkurve bei einer zweiten Mahlzeit nur mehr 44 % des Ausgangswertes. Diese Gesetzmäßigkeiten (Staub-Traugott Effekt) gelten auch für einen Belastungstest nach vorangegangenem Belastungstest (Fung et al. 1996) oder nach einer vorangegangenen Mahlzeit (Lewis et al. 1993, Espinosa de los Monteros et al. 1993). Zur Zeit wird ein 50 g-1 h Screening ohne Rücksicht auf vorangegangene Mahlzeiten propagiert (Metzger 1991).

Coustan et al. (1986) konnten jedoch feststellen, daß es nicht gleichgültig ist, ob eine Schwangere zum Zeitpunkt des Tests nüchtern ist oder nicht. Bei nüchternen Schwangeren ist der 50 g-1 h-Wert höher als nach einer vorausgegangenen Mahlzeit. Während jedoch bei Stoffwechselgesunden mit 118,4 mg/dl versus 115,8 mg/dl (6,6 mM vs. 6,4 mM) kein signifikanter Unterschied der Blutglukose erkennbar ist, ist der Unterschied bei Gestationsdiabetes mit 174 mg/dl versus 155 mg/dl (9,7 mmo/l vs. 8,6 mmo/l) ausgeprägt. COUSTAN et al. (1986) empfehlen daher bei Schwangeren, die bereits vor dem Test gegessen haben, einen Grenzwert von 130 mg/dl (7,2 mM) anzuwenden. Eine kanadische Arbeitsgruppe empfiehlt Grenzwerte, die entsprechend dem Abstand zur letzten Mahlzeit modifiziert sind (SERMER et al. 1994). Zur Verbesserung des Vorhersagewertes und der Spezifität wird bei einem Mahlzeit-Testabstand von < 2 Stunden ein Grenzwert von 147,6 mg/dl (8,2 mmol/L), bei einem Abstand von 2 bis 3 Stunden ein Grenzwert von 142,2 mg/dl (7,9 mmol/L) und bei einem Abstand von > 3 Stunden ein Grenzwert von 149,4 mg/dl (8,3 mmol/L) empfohlen.

Für die Anwendung eines niedrigen Grenzwertes beim challenge Test sprechen Untersuchungen von SACKS et al. (1987, 1989). Bei Schwangeren mit erwiesenem Gestationsdiabetes (positivem oGTT) wurde an zwei aufeinanderfolgenden Tagen ein challenge Test mit einem Grenzwert von 135 mg/dl (7,5 mM) durchgeführt. Dabei wurde der Grenzwert von 33 % der Gestationsdiabetikerinnen einmal unterschritten, von 10 % sogar beide Male. Andererseits wurde der Grenzwert von 14 % der Stoffwechselgesunden überschritten. Die Autoren schließen daraus, daß insbesondere bei Patienten mit Risikofaktoren einem einzigen GCT nicht vertraut werden sollte.

Am häufigsten wird ein Grenzwert von 140 mg/dl (7,8 mM) empfohlen (DACUS et al. 1989, WEINER et al. 1987, GILLMER 1980, Second International Workshop-Conference on GDM 1985, COUSINS et al. 1991). Nach Untersuchungen von SACKS et al. (1987) werden jedoch bei einem Grenzwert von 140 mg/dl > 10 % der Gestationsdiabetikerinnen nicht erkannt. Ab einem GCT von > 210 mg/dl kann hingegen mit Sicherheit mit einem GDM entsprechend den NDDG Kriterien gerechnet werden (Abb. 34).

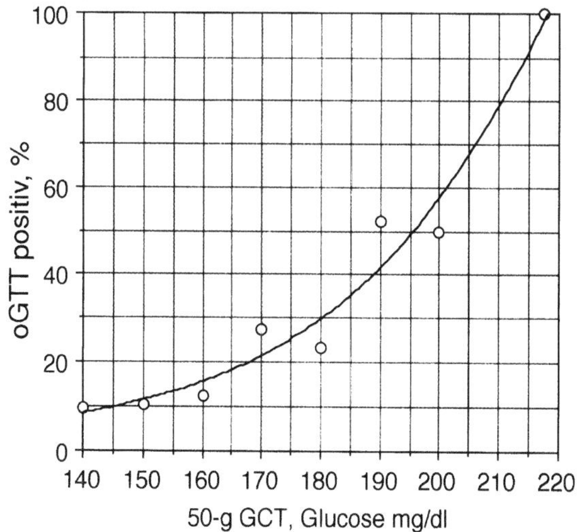

Abb. 34. Wahrscheinlichkeit eines Gestationsdiabetes in Abhängigkeit vom Blutglukosespiegel nach einem 50 g-1 h-Toleranztest (*GCT*), wie er insbesondere in den USA zum (Vor)screening üblich ist. Nach modifizierten Daten von SACKS et al. (1987)

Untersuchungen von Carpenter und Coustan (1982) sprechen ebenfalls für einen Grenzwert von 130–135 mg/dl. Bei GCT Werten < 135 mg/dl betrug die Wahrscheinlichkeit eines positiven oGTT < 1 % und bei Werten > 182 mg/dl > 95 %. Die Unsicherheitszone, die einen oGTT erfordert liegt demnach zwischen 135 und 210 mg/dl. Aber auch unterhalb des Grenzwertes von 135 mg/dl korreliert die mütterliche Blutglukose nach einem GCT mit dem Geburtsgewicht. Ein Anstieg von je 10 mg/dl ist mit einem Anstieg des Geburtsgewichtes von 30,5 g assoziiert (Kiefer et al. 1999).

Wird anstatt eines positiven oGTT das foetomaternale outcome zur Gewichtung des GCT herangezogen, so müßte der Grenzwert bei ~125 mg/dl (6,9 mmol/L) angesetzt werden, da die foetomaternalen geburtshilflichen Ergebnisse jenseits von 125 mg/dl signifikant schlechter sind (Pacora et al. 1992).

Aber auch höhere Grenzwerte finden Anwendung. So wurde von einigen Untersuchern ein Grenzwert von 150 mg/dl (8,3 mM) (McFarland und Case 1985, Marquette et al. 1985, Lavin et al. 1981, Lavin 1985) oder 160 mg/dl (8,9 mmol/L) (Massion et al. 1987) empfohlen.

Für den 50 g-1h Test müssen dieselben Überlegungen angestellt werden wie für den oGTT. Je höher die Grenzwerte angesetzt werden, desto mehr Fälle an Gestationsdiabetes müssen einer Diagnose entgehen.

Sacks et al. (1987) haben die Raten eines Gestationsdiabetes in Abhängigkeit von der Höhe des Blutzuckerspiegels nach einem konventionellen 50 g-1 h-(Vor)screening berechnet. Die Abb. 34 zeigt die exponentielle Kurve der gemittelten Daten von Sacks et al. (1987).

Aus dieser Abbildung kann die diagnostische Ausbeute bei der Anwendung verschiedener Grenzwerte abgeschätzt werden. Wird ein restriktives (Vor)screening mit restriktiven Kriterien eines oGTT kombiniert, so muß mit einer wesentlich höheren Rate an unentdecktem und damit unbehandeltem Gestationsdiabetes mit hyperinsulinämischem Foetus gerechnet werden.

Lind und Anderson (1984) halten *Blutzuckerstichproben* als ausreichend für ein (Vor)screening. Ein Glukosetoleranztest wird vorgeschlagen wenn die Butzuckerwerte 110 mg/dl (6,1 mM) innerhalb von zwei Stunden nach Mahlzeiten und 101 mg/dl (5,6 mM) bei mehr als zwei Stunden nach Mahlzeiten übersteigen. Untersuchungen von Jowett et al. (1987) zeigten jedoch, daß dieses Verfahren zwar eine hohe Spezifität hat, um stoffwechselgesunden Schwangeren zu exkludieren, die Sensitivität des Tests ist jedoch so niedrig, daß die Mehrheit der Fälle mit gestörter Glukosetoleranz (IGT) einer Diagnose entgeht.

Auch regelmäßige Blutzuckerkontrollen unabhängig von der letzen Nahrugsaufnahme werden als Screening durchgeführt. Die Kontrollen erfolgen bei jeder Vorsorgeuntersuchung. Bei Werten über 100 mg/dl (25 % der Schwangeren) wird ein oGTT empfohlen (Lang und Künzel 1990, Hopp et al. 1995).

5.6.6 Glykohämoglobine, glykosilierte Proteine

Über die diagnostische Bedeutung der Glykohämoglobine bei GDM besteht keine einhellige Meinung (WIDNESS et al. 1978, O'SHAUGHNESSY et al. 1979, COEN et al. 1980, POLLAK et al. 1981, MORRIS et al. 1986, SALEH et al. 1988, KURISHITA et al. 1992). Die Bestimmung von glykosiliertem Hämoglobin ist jedoch nach unseren Erfahrungen und nach den meisten Angaben in der Literatur als Screeningmethode ungeeignet, da in 41 % mit falsch positiven und in 26 % mit falsch negativen Ergebnissen gerechnet werden muß (DAVIES und WELBORN 1980, SHAH et al. 1982, ARTAL et al. 1984, COUSINS et al. 1984, MC FARLAND et al. 1984, CZEKELIUS und ROLLMANN 1986). Die Sensitivität beträgt ~15 % (GUILLAUSSEAU et al. 1990). Demnach läßt sich ein GDM durch die Bestimmung von HbA1c nicht ausschließen (LITTLE et al. 1988, BRUSTMAN et al. 1987). Darüber hinaus hinken die Glykohämoglobinspiegel der Glykämie 4 bis 6 Wochen nach, wodurch die Therapie unter Umständen erst bei bereits foetopathischem Kind oder am Ende der Schwangerschaft beginnen würde, während die Glukosetoleranzstörung bereits wesentlich früher manifest war. Eigene Untersuchungen ergaben bei Schwangeren mit normalem oGTT HbA1C Spiegel von 4,27 (± 0,64) %, bei GDM mit normalen Fruchtwasserinsulinspiegel 4,49 (± 0,62) %, und bei GDM mit erhöhtem Fruchtwasserinsulinspiegel 4,65 (± 0,99) % (HOFMANN et al. 1990). Der Unterschied zwischen normal und GDM war statistisch signifikant, während der Unterschied zwischen den GDM Fällen mit und ohne erhöhten Fruchtwasserinsulinwerten nicht signifikant war.

Obwohl keine statistische Korrelation zwischen mütterlichen HbA1C Werten und dem Geburtsgewicht oder Hypoglykämien des Neugeborenen nachzuweisen ist (BRANS et al. 1982), kann ein erhöhter Glykohämoglobinwert bei bereits diagnostiziertem GDM im Einzelfall einen zusätzlichen Hinweis auf ein Makrosomierisiko geben (BAXI et al. 1984).

Bei nicht-schwangeren Frauen besteht eine Korrelation der *Fruktosaminwerte* mit dem Alter. Bei Schwangeren besteht ab dem 2. Trimester eine inverse Korrelation der Fruktosaminspiegel mit der Gestationszeit. Der Median fällt von 243 µmol/l in der 16.–20. Woche auf 231 µmol/l in der 36.–40. Woche (ROBERTS und BAKER 1986). Eine Fruktosaminbestimmung vermittelt einen Überblick der Glykämie der vorangegangenen 1–3 Wochen (PARFITT et al. 1993). Die obere Grenze der Norm beträgt für das 1. Trimester 275 µmol/L um im 3. Trimester auf 250 µmol/L abzusinken (HENRICHS et al. 1991). Die Grazer Grenzwerte des mütterlichen Serumfruktosamins sind nahezu ident (HOFMANN 1990, HOFMANN et al. 1990). Die ausschließliche Fruktosaminbestimmung ohne Kombination mit einem oGTT ist als Screeningmethode zu wenig sensitiv (~19 %) und daher ungeeignet (BOURGEOIS et al. 1986, BRUSTMAN et al. 1987, VERMES et al. 1989, SUHONEN et al. 1989, COMTOIS et al. 1989, CEFALU et al. 1990, GUILLAUSSEAU et al. 1990, NASRAT et al. 1991, DE HERTOG 1991, HUTTER et al. 1992, AZIZ et al. 1992, HEYL et al. 1995, HUGHES et al. 1995, UNCU et al. 1995). In der 36. Woche beträgt die Sensitivität für die Diagnose eines GDM nur 50 %, während die Sensitivität des 1 h-Wertes nach Glukosebelastung 81 % beträgt (Roberts et al. 1990). Bei einer Studie an 24 Fällen mit erhöhtem Insulinspiegel im Fruchtwasser schien die Kombination eines positiven oGTT mit Fruktosaminwerten >260 µmol/L auf einen Foetus mit Hyperinsulinismus hinzuweisen (Hofmann 1990). Bei Auswertung einer größeren Anzahl von Fällen und mit weiterentwickelten Testverfahren zeigte sich jedoch, daß von 190 Fruktosaminwerten bei GDM mit foetalem Hyperinsulinismus nur 39 (21 %) erhöht waren. Von 508 Fruktosaminwerten bei normoinsulinämischem Foetus waren ebenfalls 54 (11 %) erhöht. Immerhin weist die Kombination eines erhöhten oGTT mit erhöhtem Fruktosaminspiegel auf die doppelte Wahrscheinlichkeit eines foetalen Hyperinsulinismus hin.

Bei Fruktosaminwerten > 320 µmol/l ist der oGTT im Wochenbett in 88 % pathologisch (Roberts et al. 1988).

Glykosiliertes Albumin und Protein ist trotz der kurzen Halblebenszeit von 15–23 Tagen zur Diagnose eines GDM ebenfalls ungeeignet. Die Sensitivität beträgt magere 8 % und 3 % (Ryan et al. 1987).

5.6.7 Anamnestische und klinische Hinweise

Schwangere mit familienanamnestischen Diabeteshinweisen haben ein doppeltes Risiko eines Gestationsdiabetes, wobei eine Dominanz der mütterlichen gegenüber der väterlichen Erblinie von 3 : 1 nachweisbar ist (Semmler et al. 1990). Es muß jedoch darauf hingewiesen werden, daß erstaunlich viele Schwangere über ihre Familienanamnese uninformiert sind. Darüber hinaus manifestieren viele Großeltern ihren Typ-2 Diabetes erst nach der Geburt ihrer Enkeln, wovon wiederum die Hälfte nicht diagnostiziert wird (siehe Häufigkeit des Diabetes mellitus, S. 138).

Geburtshilflich anamnestische Hinweise sind in den industrialisierten Ländern aufgrund der *Ein-Kind-Gesellschaft* von geringer Bedeutung, während klinische Hinweise wiederum sehr späte Zeichen sind. So setzt etwa eine sonographisch diagnostizierbare Makrosomie oder ein Polyhydramnion einen wochen- oder monatelangen foetalen Hyperinsulinismus voraus, wodurch die Diagnose zu spät erfolgt und die Therapie erst nach dem Auftreten foetaler Schäden einsetzt.

5.6.8 Glukosurie

Die Häufigkeit der Glukosurie in der Schwangerschaft wird mit 2–50 % angegeben (Lind und Hytten 1972, Schröder 1992). Die Glukosurie nimmt im Verlauf der Schwangerschaft zu und hat ihr Maximum im zweiten Trimenon (Feige et al. 1984). In den meisten Fällen handelt es sich um eine *physiologische* Schwangerschaftsglukosurie, deren Grenze zu pathologischen Werten bei einem Harnspiegel von etwa 300 mg/dl liegt. Der Glukosespiegel des glomerulären Primärfiltrates der Niere entspricht dem Glukosespiegels des Plasmas. Durch die zunehmend veränderte hormonelle Situation und durch den drastischen Anstieg der Menge des Primärfiltrates im Verlauf der Schwangerschaft wird die Kapazität der tubulären

Rückresorption überschritten, was besonders in der zweiten Hälfte der Schwangerschaft trotz mütterlicher Euglykämie zu einer renalen Glukosurie führen kann. Andererseits treten beim Gestationsdiabetes nur unter Glukosebelastung und nicht unter normalen Lebensumständen Blutzuckerspitzen auf, die die Nierenschwelle für Glukose überschreiten. Während daher bei einer Reihe stoffwechselgesunder Schwangerer eine Glukosurie auftritt, fehlt diese in der Mehrzahl der Gestationsdiabetikerinnen. Der Glukosenachweis im Harn ist daher für die Diagnose eines Gestationsdiabetes oder für die Stoffwechselüberwachung eines IDDM in der Schwangerschaft kaum geeignet (Lind und Hytton 1972). Eine wiederholte Glukosurie in der ersten Schwangerschaftshälfte sollte jedoch eine Kontrolle des mütterlichen Glukosestoffwechsels noch vor dem Zeitpunkt des Routine-oGTT veranlassen (Watson 1990, Gribble et al. 1995), da diese Schwangeren eine höhere Inzidenz an GDM haben und da die Erstmanifestation eines Diabetes mellitus während der Schwangerschaft (mit und ohne nachfolgende Remission) kein so seltenes Ereignis ist (Buschard et al. 1990). Im eigenen Krankengut trat bei rund 0,5 % aller Schwangeren eine Erstmanifestation eines Diabetes in der Schwangerschaft auf.

5.6.9 Lebensalter

Ein höheres Lebensalter ist mit einem höheren Diabetesrisiko assoziiert. Die Abb. 35 zeigt die Altersverteilung von stoffwechselgesunden Schwangeren im Vergleich zu Schwangeren mit Gestationsdiabetes. Gestationsdiabetikerinnen sind mit einem durchschnittlichen Alter von 32 Jahren signifikant älter als Stoffwechselgesunde, die im Mittel um 5 Jahre jünger sind (Abb. 35).

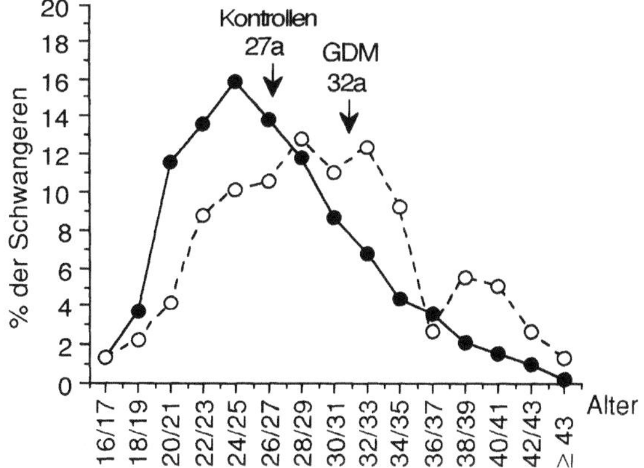

Abb. 35. Grazer Diabetesanalysen. Altersverteilung bei 1046 stoffwechselgesunden Schwangeren (—●—) und 218 Schwangeren mit Gestationsdiabetes (---○---). Die Altersverteilung der Gestationsdiabetikerinnen zeigt zwei Gipfel bei etwa 30 und 40 Jahren. ↓ Mittleres Alter bei stoffwechselgesunden Schwangeren (27 Jahre) und bei Schwangeren mit GDM (32 Jahre)

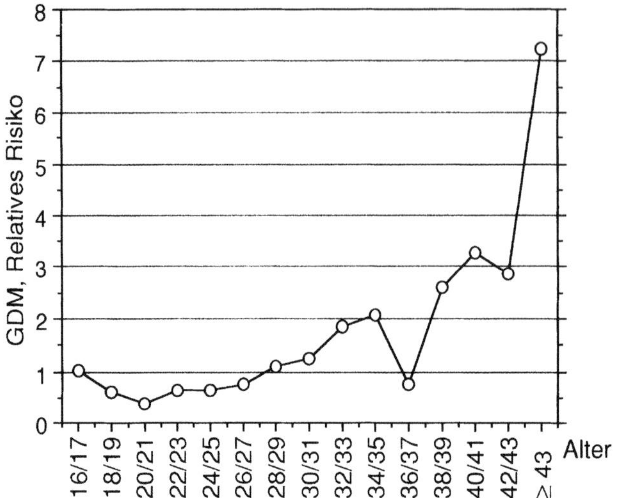

Abb. 36. Grazer Diabetesanalysen. Alter der Schwangeren und relatives Risiko eines Gestationsdiabetes. Der Ausreißer bei 36/37 Jahren ist wahrscheinlich wegen einer geringen Fallzahl in dieser Altersgruppe zufällig

Die Altersverteilung von Gestationsdiabetikerinnen mit und ohne Insulinbedarf ist ident. Mit zunehmenden Alter steigt die Wahrscheinlichkeit an einem Gestationsdiabetes zu erkranken. Die Odds Ratio (Abb. 36) gibt das relative Risiko bezogen auf das generelle Risiko des Gestationsdiabetes an.

Aus der Abb. 36 geht hervor, daß die Wahrscheinlichkeit an einem Gestationsdiabetes zu erkranken bei Schwangeren mit über 43 Jahren mehr als sieben mal höher ist als bei der durchschnittlichen Bevölkerung, während das Risiko bei 20jährigen weniger als die Hälfte des generellen Risikos beträgt. Das geht auch aus Untersuchungen von McFarland und Case (1985) hervor, in welchen nur 5 % aller Gestationsdiabetikerinnen weniger als 20 Jahre alt waren, während bei Marquette et al. (1985) sogar nur 3,3 % GDM jünger als 24 Jahre waren. Nach den meisten Untersuchungen sind 78–89 % der Gestationsdiabetikerinnen 25 oder mehr Jahre alt (O'Sullivan et al. 1973, Macafee und Beischer 1984, Chen et al. 1972, Sacks et al. 1987). Daraus kann jedoch kein Alterslimit für ein Screening abgeleitet werden. Werden nur Schwangere über 30 Jahren gescreent, entgehen nach eigenen Untersuchungen 36 % der Fälle, nach Untersuchungen von Coustan et al. (1989) 56 % und nach McFarland und Case (1985) sogar ~70 % der Fälle mit Gestationsdiabetes einer Diagnose (siehe auch Tabelle 77). Bei einer Altersgrenze von 24 Jahren können immer noch etwa 12–13 % der Fälle mit Gestationsdiabetes einer Diagnose entgehen (Sacks et al. 1987, Hong et al. 1989).

5.6.10 Hypertension

Schwangere mit schwangerschaftsinduzierter Hypertension (SIH, PIH) oder solche, die erst im weiteren Schwangerschaftsverlauf eine SIH entwickeln, haben im Vergleich zu normotensiven Schwangeren sowohl beim i. v. GTT (BURT 1955) als auch beim oGTT (FERRANINNI et al. 1995) oder 50 g-GCT (SOLOMON et al. 1994) höhere Glukosespiegel. Folglich ist bei Hypertonikerinnen auch der HbA1-Spiegel höher (6,33 vs. 6,17; $p = 0{,}02$) (ROBERTS et al. 1998). Da bei Hypertension sowohl der Nüchterninsulinspiegel (CIOFFI et al. 1995), als auch der Insulinspiegel nach Glukosebelastung (BAUMAN et al. 1988) sowie die korrespondierenden C-Peptidspiegel (YASUHI et al. 2001) höher sind als bei normotensiven Schwangeren, weist dies auf eine herabgesetzte Insulinsensitivität bei SIH hin. Die Insulinsensitivität zeigt eine inverse Korrelation zum mittleren ateriellen Blutdruck (MAP) (CARUSO et al. 1999). Die SIH ist somit mit ähnlichen pathophysiologischen Störungen assoziiert wie der GDM oder die Adipositas (siehe unten). Daraus folgt eine höhere Rate an GDM bei SIH und eine höhere Rate an SIH bei GDM (REY und COUTURIER 1994).

Die Präeklampsie (PE) scheint jedoch einen anderen pathophysiologischen Mechanismus zu haben (ADAMS und MACGILLIVRAY 1961), da die Insulinsensitivität bei PE eher höher ist als bei gesunden Schwangerschaften (ROBERTS et al. 1998).

5.6.11 Adipositas

Nach einer WHO Empfehlung spricht man bei einem Body Mass Index (BMI; Kg/m^2) von 18,5–24,9 von Normalgewicht, bei 25,0–29,9 von Übergewicht und von ≥30 von einer Adipositas (Obesity) (BRAY 1998). Bei einer durchschnittlich großen Frau von 165 cm entspricht ein BMI von 25 einem Gewicht von 68 kg (Broca Index +5 %) und ein BMI von 30 einem Gewicht von 82 kg (Broca Index +26 %).

Entsprechend einem Consensus Panel der NIH (1985) kann jedoch bei jüngeren Frauen bereits ein BMI >27 (85. Perzentile) als Adipositas gelten (CUNNINGHAM et al. 1997). Die Adipositas ist besonders in den USA ein zunehmendes Problem. Wird die Adipositas als ≥15 % des Normalgewichtes definiert, ist 1/3 der weiblichen Bevölkerung der USA bereits übergewichtig (MANSON et al. 1995).

Das Geburtsgewicht korreliert mit dem mütterlichen BMI und der mütterlichen Gewichtszunahme (LARSEN et al. 1990, WOLFE et al. 1991, GREEN et al. 1991, MOSES und CALVERT 1995)

Die Adipositas ist mit einer Reihe von geburtshilflichen Problemen wie erhöhten Raten von Makrosomie, foetaler Retardierung, foetaler Fehlbildungen, Dystokie, Übertragung, Mißfarbenem Fruchtwasser, peripartaler Asphyxie, Kaiserschnitten, Hospitalisierungen von Neugeborenen, neonatalen Hypoglykämien, Geburtstraumen und mütterlicher Hypertension assoziiert (JOHNSON et al. 1992, PERLOW et al. 1992, KLIEGMAN und GROSS 1985). Das relative Risiko eines intrauterinen Fruchttodes beträgt für übergewichtige Schwangere (BMI 25–29,9) 3,2 und für adipöse Schwangere (BMI ≥30) 4,3 (Cnattingius et al. 1998).

5.6.11.1 Adipositas und Diabetes

Die Adipositas in der Schwangerschaft kann als die leichteste Form eines GDM (oder Typ-2 Diabetes) betrachtet werden. Eine zunehmende Adipositas ist mit einer ansteigenden mütterlichen Glykämie assoziiert, die auch die foetale Insulinproduktion zunehmend stimuliert und vielleicht sogar eine Fuel-Mediated Teratogenesis auslösen kann (Simmons und Brier 2000). Adipöse Schwangere, die nach herkömmlichen Kriterien noch als glukosetolerant gelten, entwickeln eine reversible periphere und hepatische Insulinresistenz im dritten Trimester (Sivan et al. 1997), die durch einen Kaliummangel bei falscher Diät noch verstärkt werden kann (Norbiato et al. 1984). Die Adipositas per se hat daher mit hoher Wahrscheinlichkeit keinen Einfluß auf das foetale Gewicht, sondern vielmehr die subklinische Stoffwechselstörung die einer Adipositas zugrundeliegt. Deshalb haben GDM mit gleichem BMI bei strafferer Stoffwechseleinstellung ein signifikant niedrigeres Geburtsgewicht als bei liberaler Stoffwechselführung (De Veciana et al. 1995). Darüber hinaus korreliert das foetale Gewicht besser mit der mütterlichen Insulinsensitivität als mit dem mütterlichen Gewicht (Catalano et al. 1995).

Es gibt Hinweise darauf, daß die foetale Makrosomie bei adipösen Schwangeren auf eine Hyperglykämie in der Spätschwangerschaft zurückzuführen ist, die beim Routinescreening noch nicht vorliegt und daher auch nicht aufgedeckt wird (Kurishita et al. 1994). Auch konnte nachgewiesen werden, daß Schwangere mit Adipositas und anderen Risikohinweisen auf GDM selbst bei negativem oGTT nach NDDG-Kriterien in 56 % pathologische Blutzuckerprofile (präprandial > 100 mg/dl, 2 h postprandial > 120 mg/dl) entwickeln (Tomoda und Ogita 1996). Darüber hinaus könnte ein Überschuß an nicht-phosporyliertem Insulin-Like Growth Factor Binding Protein (lpIGFBP), der bei Adipositas gefunden wird, eine foetale Makrosomie durch eine höhere Bioverfügbarkeit von IGF begünstigen (Gibson et al. 1999) (siehe unter IGFBP, S. 59).

Für die Verwandtschaft der Adipositas mit dem GDM bzw. Typ-2 Diabetes gibt es eine Reihe von Hinweisen (Pendergrass et al. 1995):

- Nachkommen diabetischer Eltern sind häufiger Adipös (13,9 %) als Nachkommen Stoffwechselgesunder (6,2 %) (Harris 1989).
- Adipöse haben ähnliche biochemische Störungen wie Frauen mit IGT und Diabetikerinnen, nur weniger ausgeprägt (Felber et al. 1987).
- Die Adipositas ist häufig mit GDM assoziiert,
- Adipöse haben wie Diabetikerinnen vermehrt makrosome Kinder und
- Adipöse haben wie Diabetikerinnen vermehrt fehlgebildete Kinder.

Die Adipositas ist trotz des assoziierten mütterlichen Hyperinsulinismus mit einer signifikanten Verminderung der Glukosetoleranz verbunden, die durch eine herabgesetzte Insulinsensitivität verursacht ist (Farmer et al. 1992). Bei Adipösen ist auch die Expression von Tumor Nekrosefaktor α (TNF-α) wie bei Typ-2 Diabetikerinnen erhöht, wodurch die Tyrosinphosphorylierung im Insulinrezeptor herabgesetzt wird (Hotamisligil und Spiegelman 1994). Darüber hinaus ist bei Adipösen ähnlich dem Typ-2 Diabetes die Kinetik der Insulinwirkung verändert, die Anzahl der zellulären Insulinrezeptoren vermindert und es besteht ein Rezeptordefekt oder ein kombinierter Rezeptor- und Postrezeptordefekt. Dadurch tritt bei adipösen eine relative postprandiale Hyperglykämie auf (Prager et al. 1987, Olefsky und Kolterman 1981). Prager et al. fanden bei Adipösen mit normalen Nüchternwerten Blutzuckerwerte, die 30 bis 180 Minuten nach Glukosebelastung (75 g) trotz Hyperinsulinämie im Mittel um 40–50 mg/dl (2,2–2,8 mmol/l) höher waren als bei Normalgewichtigen.

5.6.11.2 Gewichtszunahme

Die Auswirkungen der *mütterlichen Gewichtszunahme* insbesondere der Zunahme an Fettgewebe auf das Geburtsgewicht sind umstritten. Frauen mit gleichem Startgewicht haben trotz unterschiedlicher Gewichtszunahme etwa gleich schwere Neugeborene (Lederman et al. 1999). Während das Geburtsgewicht bei Stoffwechselgesunden positiv mit der mütterlichen Gewichtszunahme korreliert, besteht bei GDM eine negative Korrelation des Geburtsgewichtes zur mütterlichen Gewichtszunahme (Catalano et al. 1998). Bei GDM korreliert das foetale Gewicht eher mit dem foetalen Insulinspiegel als mit dem mütterlichen Gewicht (Jang et al. 1997). Die Masse des mütterlichen Fettgewebes scheint demnach für ein erhöhtes Geburtsgewicht nicht von primärer Bedeutung zu sein. Vermehrtes mütterliches Fettgewebe unmittelbar vor oder am Beginn der Schwangerschaft hat eher einen negativen Effekt auf das Geburtsgewicht. Jedes zusätzliche kg Fett am Beginn der Schwangerschaft vermindert das Geburtsgewicht um 14,3 g und jeder zusätzliche mm der Hautfaltendicke über dem Trizeps als Maß der Adipositas vermindert das Geburtsgewicht um 16,8 g (Briend 1985, Lederman et al. 1999).

Andererseits korreliert die mütterliche Gewichtszunahme mit dem Geburtsgewicht. Jedes kg zusätzlicher Gewichtszunahme erhöht das Geburtsgewicht um rund 20 g (Kramer 1987). In diesen Berechnungen dürften jedoch Bias enthalten sein, da ein schweres Kind samt schweren Sekundinae (Plazenta, Fruchtwasser) das mütterliche Gewicht erhöht. Es ist daher nicht verwunderlich, wenn das kombinierte Gewicht Mutter-Kind mit dem Gewicht des Kindes korreliert, da bei einem „schweren" Kind auch eine entsprechend höhere mütterliche Gewichtszunahme inbegriffen ist. Die Schwangere nimmt im Durchschnitt um 3,3 kg Fett und 7 kg Wasser zu Die mütterliche Nettozunahme beträgt dabei nur 3,1 kg Fett und 3,7 kg Wasser. Wird nur das mütterliche Nettogewicht (ohne Foetus und Sekundinae) ausgewertet, korreliert die mütterliche Gewichtszunahme nur mehr sehr schwach mit dem Geburtsgewicht. Wird nur die Zunahme an mütterlichem Fettgewebe allein ausgewertet besteht überhaupt keine Korrelation mehr zwischen der Gewichtszunahme und dem Geburtsgewicht (LEDERMAN et al. 1999).

Der Anteil des Wassers an der mütterlichen Gewichtszunahme korreliert hingegen signifikant mit dem Geburtsgewicht (DUFFUS et al. 1971, LEDERMAN et al. 1999). Während jeder zusätzliche kg an Wasser in der 14. Woche das Geburtsgewicht noch um 9,8 g vermindert (n.s.), besteht in der 37. Woche eine signifikante Korrelation zwischen der Gewichtszunahme an Wasser und dem Geburtsgewicht. Ein Überschuß an Wasser von 1 kg ist mit einer Erhöhung des Geburtsgewichtes von 34,9 g assoziiert. Es erweckt dies den Anschein, der Foetus sei einer Blume ähnlich, für die das Gießen wichtiger ist als das Düngen. Es ist jedoch nicht sehr wahrscheinlich, daß das foetale Wachstum nur von der Menge des Körperwassers abhängig ist. Es ist eher denkbar, daß die erhöhte Wassermenge bei Adipösen ein Hinweis auf eine subklinische noch nicht erkennbare diabetische Stoffwechsellage ist (Ödeme wegen Neigung zur EPH-Gestose, beginnende Gefäßschäden, erhöhte Nahrungszufuhr). Dafür spricht, daß entwässernde Maßnahmen sowohl das Körperwasser als auch das Geburtsgewicht reduzieren können (CAMPBELL und MACGILLIVRAY 1975, LEDERMAN 1983).

Auch hohe Spiegel an Plazentahormonen, die häufig mit großer Foetoplazentarer Einheit assoziiert sind, können die Flüssigkeitsretention erhöhen, wodurch die vermehrte Gewichtszunahme sekundär durch den Foetus bedingt ist und nicht das erhöhte foetale Gewicht durch die mütterliche Gewichtszunahme.

Bei Diabetikerinnen kann es auch durch die unterschiedliche Insulinwirkung zuerst zu einer Zunahme und ab dem 3. Trimester zu einer Abnahme von Fettgewebe kommen. Die fettsparende Insulinwirkung wird im 3. Trimester durch die zunehmenden antiinsulinären Plazentahormone aufgehoben, wodurch der mütterliche Energiehaushalt verstärkt durch Fett abgedeckt wird (EMERSON et al. 1975).

5.6.11.3 GDM und Adipositas

Die Adipositas ist häufig mit Gestationsdiabetes assoziiert und dabei ein zusätzlicher Risikofaktor des GDM.

Die Abb. 37 zeigt die Gewichtsverteilung von gesunden Schwangeren und Schwangeren mit Gestationsdiabetes. Während Gesunde im Mittel 68 kg wiegen, sind Gestationsdiabetikerinnen mit 76 kg im Durchschnitt um 8 kg schwerer.

Die Korrelation der Häufigkeit des Gestationsdiabetes zum Körpergewicht der Schwangeren ist allerdings nicht so stark ausgeprägt als jene zum Lebensalter. Immerhin muß bei Gestationsdiabetes mit einer nahezu dreifachen Häufigkeit eines Körpergewichtes von 90 kg und darüber gerechnet werden (Abb. 38).

Ein besonders hohes GDM-Risiko haben extrem fettsüchtige Schwangere. Die Untersuchung von Schwangeren mit einem Körpergewich > 150 kg ergab gegenüber Normalgewichtigen ein relatives Risiko von 6,3 (PERLOW et al. 1992). ISAACS et al. (1994) fanden bei Schwangeren mit ≥ 150 kg im

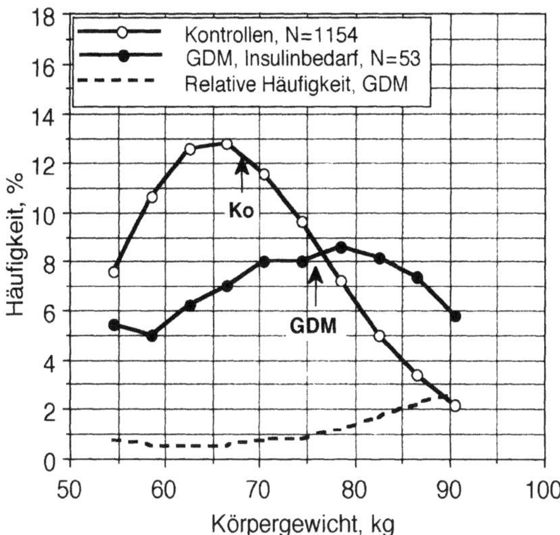

Abb. 37. Grazer Diabetesanalysen. Verteilung des Körpergewichtes bei stoffwechselgesunden Schwangeren und bei Schwangeren mit insulinbedürftigem Gestationsdiabetes. Pfeile mittleres Gewicht. Für das relative Risiko (-----) gelten absolute Zahlen und nicht Prozent

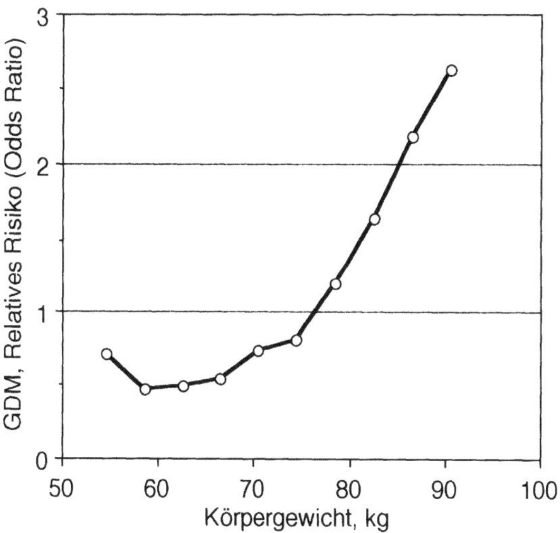

Abb. 38. Grazer Diabetesanalysen. Relatives Risiko des Gestationsdiabetes in Abhängigkeit vom Gewicht der Schwangeren

Vergleich zu Schwangeren mit einem mittleren Gewicht von 80 kg erhöhte Raten an chronischer Hypertension (33 % vs. 5 %), Diabetes mellitus (15 % vs. 3,3 %), Kaiserschnitten (55 % vs. 11,6 %), Blutverlust bei der Geburt (715 ml vs. 418 ml), postpartaler Endometritis (45 % vs. 0 %), und an postoperativen Wundkomplikationen einschließlich Infektionen (27,3 % vs.

0 %). Darüber hinaus sind die Raten an Makrosomie (30,2 % vs. 11,6 %), foetaler Wachstumsretardierung (8,1 % vs. 0,9 %), und neonataler Intensivbetreuung (15,6 % vs. 4,5 %) erhöht (Perlow et al. 1992).

Adipöse Schwangere haben ein ähnlich erhöhtes Fehlbildungsrisiko wie GDM (Richards 1969, Naeye 1990, Waller et al. 1994). Dies gilt in erster Linie für Neuralrohrdefekte und Defekte der großen Herzgefäße, aber auch für andere leichte und grobe Fehlbildungen. Mit zunehmendem Übergewicht steigt das Fehlbildungsrisiko. Während das relative Risiko von Fehlbildungen bei adipösen Schwangeren (BMI > 31) je nach Fehlbildung insgesamt 1,8–2,6 beträgt, steigt es bei einem BMI ≥38 auf 3,0 an (Waller et al. 1994).

Neben dem Gewicht weisen auch phänotypische Besonderheiten des Körperbaues auf ein Diabetesrisiko hin. Die Körpergröße und die Glukosetoleranz haben bei Erwachsenen eine inverse Korrelation (Swai et al. 1992, Phipps et al. 1993, Williams et al. 1995, Jang et al. 1995). Demnach haben kleine pyknische Frauen ein erhöhtes GDM Risiko (Anastasiou et al. 1998, Branchtein et al. 2000).

Auch eine zentrale Fettsucht (viszerale Fettsucht) weist auf ein erhöhtes GDM-Risiko hin. Der Umfang der Taille bzw. das Verhältnis des Taillenumfanges zum Hüftumfang (Waist-to-Hip Ratio, WHR) ergeben Risikohinweise auf einen Typ-2 Diabetes (Haffner et al. 1986, Lundgren et al. 1989, Dowse et al. 1991, Schmidt et al. 1992, Cassano et al. 1992). Erhöhte WHR Maße wurden sowohl vor als auch nach einem GDM nachgewiesen (Ward et al. 1985, Zhang et al. 1995). Diese Maße können jedoch auch während der Schwangerschaft bis zu einem Symphysen-Fundusabstand von 26 cm (~26. Gestationswoche) für die Prognose eines GDM erhoben werden (Branchtein et al. 1997).

Eigentlich ist eine Adipositas nur das sichtbare Zeichen einer Fehl- und Überernährung. Dementsprechend neigen Schwangere mit hohem Fettanteil in der Nahrung verstärkt zu GDM (Moses et al. 1997). Dies gilt jedoch nicht für Fette mit einem hohen Anteil ungesättigter Fettsäuren, die gegenüber einer Diabetogenese eher protektiv wirken (Wang et al. 2000).

5.6.12 Vorangegangener Gestationsdiabetes

Ein Gestationsdiabetes während einer vorangegangenen Schwangerschaft setzt nicht zwangsläufig eine Wiederholung voraus, das Risiko eines neuerlichen GDM ist jedoch zumindest verdoppelt (Peters et al. 1996). Ein erhöhtes Wiederholungsrisiko haben Frauen mit höherer Parität, einem BMI ≥30 kg/m², einer GDM Diagnose ≤ 24. Woche, einer Insulintherapie, einer Gewichtszunahme von ≥7 kg seit der letzten Schwangerschaft und einem Abstand von ≤ 2 Jahren (Major et al. 1998). Frauen mit einem hohen Fettanteil in ihrer Ernährung, haben ebenfalls ein höheres Wiederholungsrisiko (Moses et al. 1997). Bei Frauen, die nach der Indexschwangerschaft entsprechend unseren Ratschlägen an Gewicht abnahmen, konnten wir immer wieder einen ungestörten Kohlenhydratstoffwechsel während weiterer Schwangerschaften beobachten. Allerdings wurde bei diesen Frauen bereits beim ersten Nachweis einer weiteren Schwangerschaft mit einer Diättherapie begonnen.

O'Sullivan und Mahan (1964) beobachteten bei 40 % ihrer Patienten mit mittelschwerem oder schwerem Gestationsdiabetes einen zumindest gleich schweren Diabetes in einer weiteren Schwangerschaft. Gaudier et al. (1992) fanden eine Wiederholungsrate des GDM von 52 %; vor allem bei Frauen mit erhöhtem Body Mass Index (BMI: 32,8 ± 8,2 vs. 28,9 ± 7,2 kg/m²), makrosomen Neugeborenen (38 % vs. 14 %), einem Insulinbedarf in der Indexschwangerschaft (38 % vs. 19 %) und höhere Blutzuckerwerte beim oGTT. Paisey et al. (1985) berichteten über eine Gestationsdiabetikerin mit einem täglichen Insulinbedarf von 58 Einheiten, welche nach einer längeren rohfaserreichen fettarmen Diät in einer weiteren Schwangerschaft eine normale Glukosetoleranz aufrechterhalten konnte. Nach Untersuchungen von Lupo und Stys (1988) ist nur in 36 % der Fälle mit einem Wiederauftreten des Gestationsdiabetes in einer nächsten Schwangerschaft zu rechnen. Dabei war eine Wiederholung unabhängig vom Ausmaß der Glukosetoleranzstörung oder des Insulinbedarfes in der Indexschwangerschaft. Eine Wiederholung wurde in erster Linie bei jenen Frauen beobachtet, die in der Indexschwangerschaft relativ jung (24,9 versus 27,5 Jahre, $p < ,01$) und relativ schlank (BMI 22,5 versus 31,3, $p < ,01$) waren. Charakteristika der Schwangerschaft mit wiederholtem GDM waren ein längeres Intervall zwischen den Schwangerschaften, ein niedrigerer Gewichtsindex, eine geringere Gewichtszunahme während der Schwangerschaft und ein geringeres Gewicht zum Zeitpunkt der Geburt. Alle diese Hinweise lassen als Ursache des wiederholten Gestationsdiabetes eher einen Insulinmangel als eine erhöhte periphere Insulinresistenz vermuten (Cheney et al. 1985).

Eine Wiederholungsrate von ≤ 40 % (Coelingh 1977, Grant et al. 1986, Lupo und Stys 1988, Oats und Beischer 1990, Moses 1996, MacNeill et al. 2001) mutet eher niedrig an. Demgegenüber wurden in anderen Studien höhere Wiederholungsraten angegeben (Philipson und Super 1989, Farrell et al. 1986, Gaudier et al. 1992, Major et al. 1998).

Philipson und Super berichteten über eine Wiederholungsrate von ~56 %. Im Gegensatz zu Lupo und Stys fanden sie und andere (MacNeill et al. 2001) eine Wiederholung häufiger bei schwereren Schwangeren, welche auch schwerere Kinder gebaren. Darüber hinaus hatten die Schwangeren bei wiederholtem Gestationsdiabetes ein signifikant höheres Körpergewicht als während der Indexschwangerschaft.

Maislos et al. (1992) berichteten über eine Schwangere mit Ketoazidose und intrauterinem Fruchttod in der 32. Woche der Indexschwangerschaft. Trotz Blutzuckerwerten von 460 mg/dl (25,8 mM) war die Patientin postpartal euglykämisch und es war auch keine Glukosetoleranzstörung festzustellen. Bei einer weiteren Schwangerschaft bestand ebenfalls nur eine leichte Glukosetoleranzstörung.

Mehrgebärende mit wiederholtem GDM haben ein höheres Risiko einer Diabetesmanifestation als solche mit singulärem GDM (Grant et al. 1986, Peters et al. 1996).

5.6.13 Seltene Risikofaktoren

5.6.13.1 AIDS

Eine Hyperglykämie bei HIV-Infektion beruht meistens auf der Nebenwirkung von Medikamenten (siehe S. 66). Bei subklinischem Diabetes oder bei einer Diabetesprädisposition kann ein Infektionsstreß die Dekompensation der Glukosehomöostase zur Folge haben. Patienten mit AIDS können jedoch auch durch eine primäre Schädigung der Betazellen einen Diabetes manifestieren. Durch die fehlende Immunabwehr können häufige Infektionen wie Zytomegalie, Kryptokokken, Toxoplasmose und Kandida eine Entzündung oder sogar Nekrose der Langerhansschen Inseln nach sich ziehen (Zazzo et al. 1987). Es gibt jedoch auch Hinweise auf eine direkte Inselzellschädigung durch HI-Viren (Vendrell et al. 1987, Pozzilli et al. 1992). Bei AIDS kann ein veränderter Insulin und Glukosemetabolismus auftreten, indem sowohl die Insulinsensitivität als auch die Insulinclearance signifikant ansteigt (Hommes et al. 1991). Der Wirkungsmechanismus dieser obscuren Veränderungen ist unklar, es kann dadurch jedoch sowohl zur Hyper- als auch Hypoglykämie kommen.

5.6.13.2 Das Polyzystische Ovar Syndrom

Werden Frauen mit einem Stein Leventhal Syndrome (Stein und Leventhal 1935), heute eher als PZOS (PCOD) bezeichnet, schwanger, so haben sie ein besonders hohes Risiko eine gestörte Glukosetoleranz, einen Typ-2 Diabetes und somit bei Eintritt einer Schwangerschaft auch einen Gestationsdiabetes zu entwickeln (Ehrmann et al. 1999). Das relative Risiko eines GDM beträgt 22,2 und einer Präeklampsie 15,0 (Radon et al. 1999).

Über die Ätiologie des PZOS gab es bislang verschiedene Hypothesen. Adashi et al. (1984) konnten an kultivierten Granulosazellen den Nachweis erbringen, daß Somatomedin-C (Insulin-like-Growth-Factor I, IGF-1), synergistisch mit Follikelstimulierendem Hormon (FSH), das biologische Verhalten von Granulosazellen beeinflußt. Andere Autoren wiesen Insulin- und IGF-1-Rezeptoren im menschlichen Ovar nach. Weiters konnte der stimulierende Einfluß von Insulin und IGF-1 auf die ovarielle Androgenproduktion beim Menschen bewiesen werden (Übersicht bei Diamond et al. 1988). Bei den Somatomedinen (Insulin-like Growth-Faktors) handelt es sich um Polypeptide, die unter dem Einfluß von Wachstumshormon vorwiegend in der Leber gebildet werden, und, gemeinsam mit Schilddrüsenhormonen, am Skelettsystem und an anderen Körperzellen, den „Wachstumspromotor" darstellen. Man unterscheidet das basische Somatomedin-C (Insulin-like Growth-Factor I, IGF-1) und das neutrale Somatomedin-A (Insulin-like Growth-Factor II, IGF-2). Beide Substanzen weisen strukturell Ähnlichkeit mit dem menschlichen Proinsulin auf. Nach einer neueren Metaanalyse (Poretsky und Piper 1994) beruht das PCO Syndrom auf dem Zusammentreffen zweier unabhängiger genetischer Defekte, wobei einer für eine erhöhte Amplitude und Frequenz von LH Pulsen und der andere für die Insulinresistenz durch einen Postrezeptor (post binding) Defekt verantwortlich ist. Das PCO Syndrom resultiert demnach durch das synergistische Zusammenwirken des erhöhten LH- und Insulinspiegels auf das Ovar.

An unserer Klinik hat sich eine Gruppe von Endokrinologen besonders eingehend mit der Problematik des PZOS befaßt (URDL 1987, 1988; URDL und DESOYE 1990; URDL et al. 1991). Untersuchungen bei Frauen mit einem PZOS ergaben erhöhte Insulin- und Glukosespiegel, erhöhte Zuckerspiegel nach Belastung und einen verminderten Insulin-Rezeptorgehalt bei erhöhter Insulin-Rezeptoraffinität an Erythrozyten (Tabelle 74).

Die Ergebnisse der Untersuchungen des Kohlenhydratstoffwechsels können als „Insulinresistenz" zusammengefaßt werden. Diese Insulinresistenz bei PZOS ist unabhängig vom Körpergewicht und von der Glukosetoleranz (DUNAIF et al. 1989).

SUIKKARI et al. (1988) haben bei Frauen mit PZOS eine verminderte Konzentrationen des IGF-1 Trägerproteins bei gleichzeitiger Erhöhung der Spiegel des freien IGF-1 nachgewiesen. Somit müssen sowohl erhöhte Insulinspiegel als auch erhöhte Konzentrationen des freien und gebundenen IGF-1 eine Bedeutung bei der Pathogenese des PZOS haben. Aufgrund dieser Beobachtungen und der strukturellen Ähnlichkeit zwischen Insulin und IGF-1 wurde nach Interaktionen zwischen diesen Substanzen gesucht: Derartige Beziehungen konnten bei Patientinnen mit Insulinresistenz auch nachgewiesen werden. Andererseits war es möglich nachzuweisen, daß die Hyperinsulinämie für die verminderte Produktion des IGF-1-Trägerproteins in der Leber und damit für erhöhte Konzentrationen

Tabelle 74. Daten der Glukose-Insulinhomöostase bei nicht-schwangeren Frauen mit PZOS. Mittelwerte (± Standardabweichung). Modifiziert nach URDL et al. (1991)

	PZOS		Kontrollgruppe		p
Fallzahl	28		24		
Insulin Rezeptoren[a]	884	(± 883)	1677	(± 1172)	< 0,05
Insulin-Rezeptor[a] Affinität	5,0	(± 1,8)	3,5	(± 1,4)	< 0,05
Insulin, μE/ml	14,4	(± 12,3)	7,0	(± 4,6)	< 0,05
Glukose, mg/dl	97,0	(± 9,0)	76,0	(± 10,0)	< 0,05
Glukosetoleranztest, 1g/kg					
Nüchternwert, mg/dl	89,6	(± 10,6)	82,4	(± 7,3)	< 0,05
1-Stundenwert, mg/dl	137,6	(± 24,7)	126,8	(± 15,4)	< 0,05
2-Stundenwert (mg/dl)	120,0	(± 25,9)	105,8	(± 15,7)	< 0,05
hGH, ng/ml	1,51	(± 0,96)	3,3	(± 1,42)	< 0,05
IGF-1, E/ml	2,20	(± 1,01)	1,32	(± 0,86)	< 0,05
hGH/IGF-1 Quotient	0,63	(± 0,24)	2,56	(± 3,74)	< 0,02

[a] Erythrozyten; *hGH* Wachstumshormon, *IGF-1* Insulin-like Growth-Faktor I

des freien IGF-1 verantwortlich ist. Andererseits konnte bei Frauen mit Gestationsdiabetes eine enge positive Korrelationen zwischen der Höhe der Insulinspiegel und jener des gebundenen IGF-1 als Hinweis auf eine direkte Stimulation der hepatischen IGF-1-Produktion durch Insulin ermittelt werden. Dem Gestationsdiabetes scheinen daher ähnliche pathophysiologische Veränderungen wie dem PZOS zugrundezuliegen, die jedoch erst unter der Belastung einer Schwangerschaft relevant werden. Dementsprechend sind bei Gestationsdiabetes ähnliche Befunde wie bei PZOS zu erheben, wobei eine Korrelation zur „Schwere" des Gestationsdiabetes besteht (URDL et al. 1991) (Tabelle 75).

Bei Schwangeren mit PZOS empfiehlt sich daher ein oGTT unmittelbar nach Bekanntwerden einer Schwangerschaft. Beim oGTT sind die Nüchternwerte gegenüber Kontrollen kaum erhöht, während alle postprandialen Werte signifikant erhöht sind (RADON et al. 1999) (Tabelle 76).

Im weiteren Schwangerschaftsverlauf sollte auch bei negativem oGTT eine sorgfältige Überwachung des Glukosestoffwechsels erfolgen, um im Bedarfsfall ohne Verzögerung eine Insulintherapie einleiten zu können. Wir hatten in der Vergangenheit bei einer Schwangeren mit PZOS nach erfolgreicher Sterilitätsbehandlung einen intrauterinen Todesfall im III. Trimester zu beklagen, der möglicherweise auf einen Gestationsdiabetes zurückzuführen war, da der oGTT im Wochenbett hoch pathologisch war. Zum damaligen Zeitpunkt wurde noch kein generelles Diabetesscreening durchgeführt.

Tabelle 75. Grazer Diabetesanalysen. Insulin und Insulin-like Growth-Faktor (IGF-1) bei 130 Fällen von Gestationsdiabetes. Modifiziert nach URDL et al. (1991)

Klassifikation	n	Insulin µE/ml	IGF-1 (E/ml)
Kontrollen	113	13,7 (± 12,9)	4,69 (± 2,43)
GDM Klasse A[a]	86	16,7 (± 10,7)	7,62 (± 2,66)
GDM Klasse AB[a]	24	16,1 (± 9,7)	7,27 (± 4,35)
GDM Klasse Bo[a]	20	34,3 (± 32,3)	12,58 (± 6,19)
White B-R	84	3,86 (± 2,54)	

[a] Grazer Klassifikation (s. S. 20)

Tabelle 76. Glukose im Plasma (mg/dl) nach Glukosebelastung mit 100 g (nach RADON et al. 1999)

	Kontrollen	PZOS	p
Nüchtern	83,5 ± 1,5	93,2 ± 3,0	NS
1 h	131,5 ± 16,5	176,6 ± 7,8	< 0,05
2 h	117,5 ± 10,5	153,6 ± 5,8	< 0,05
3 h	82,0 ± 21,0	128,6 ± 6,5	< 0,05

Von Plehwe et al. (1985) wurde über einen Fall von Gestationsdiabetes bei PZOS mit ausgeprägtem endogenen Hyperinsulinismus berichtet. Während der Schwangerschaft bestand eine extreme Insulinresistenz, die sich nach der Entbindung wieder zurückbildete. Dieser Hyperinsulinismus exazerbierte unter einer Therapie mit Zyproteronazetat und Ethinylöstradiol wegen eines Hirsutismus aufs Neue. Bei Untersuchungen der Familie stellte sich heraus, daß fünf weitere Familienmitglieder eine Hyperinsulinämie mit hohen C-Peptidspiegeln hatten. Eine sorgsame Überwachung des Glukosehaushaltes empfiehlt sich daher auch bei Schwangeren bei denen familienanamnestisch ein PZOS zu erheben ist. Aber auch nach GDM tritt gehäuft eine PCO-Syndrom auf (Holte et al. 1998). Darüber hinaus ist in der mütterlichen Erblinie eine Häufung von PZOS zu erwarten, da die intrauterine Fehlkonditionierung des Foetus zu Fettsucht und Hyperinsulinismus den Zirkulus Vitiosus des PZOS im späteren Leben protegiert (Insler und Lunenfeld 1991).

Ganz allgemein empfiehlt sich bei Schwangeren nach Sterilitätsbehandlung eine sorgsame Kontrolle der Glukosetoleranz, da Schwangere nach Fertilitätsstörungen ein höheres Risiko eines GDM haben (Berkowitz et al. 1992).

5.6.13.3 Lebererkrankungen

Bei akuten und chronischen Lebererkrankungen (Fettleber, Hepatitis, Leberzirrhose) ist in 60–80 % der Fälle mit einer gestörten Glukosetoleranz zu rechnen (Oehler et al. 1984). Neben einer erhöhten Insulinresistenz sind erhöhte Insulin und C-Peptidwerte nachweisbar. Darüber hinaus ist der Glukagonspiegel erhöht (Shankar et al. 1983).

5.7 Zielgruppen für ein GDM-Screening

In den USA erfolgt in der überwiegenden Mehrzahl der Fälle zunächst ein Screening mit einem 1 h-50 g glucose challenge test (GCT). Ein diagnostischer Test (oGTT) erfolgt nur dann, wenn der GCT positiv ist. In Europa erfolgt zumeist a priori ein oGTT, der Screening und Diagnose in sich vereint. Da sowohl der GCT als auch der oGTT dieselbe Zielgruppe hat, sehen wir keinen besonderen Sinn in der Differenzierung zwischen Screening Tests (GCT) und diagnostischen Tests (oGTT). Ein oraler Glukosetoleranztest ist unserer Meinung nach ebenfalls ein Screening Test, der gleichzeitig der Diagnosik dient. Im vorliegenden Buch wurden die Tests daher nicht besonders auseinandergehalten und stellenweise gemeinsam besprochen.

Über die Frage ob ein gezieltes Screening bei Risikohinweisen oder ein generelles Screening bei allen Schwangeren durchgeführt werden soll, herrscht keine einheitliche Meinung. Bei der Diskussion dieser Frage stehen jedoch eher ökonomische als medizinische Argumente im Vordergrund.

Zu diesen Alternativen kommen Vorschläge ein Screening bei Risikohinweisen mit einem generellen Screening ab einem Alter von ≥30 Jahren zu kombinieren (ACOG 1994). Andere empfehlen ein generelles Screening mit Ausnahme einer „low risk" Gruppe (Alter <25 Jahre, kein ethnisches Risiko, Normalgewicht, keine Familienanamnese) (Coustan 1996, Report of the expert Committee 1997). Auch ein klinisches *risk factor scoring system* für GDM wurde erstellt, wobei die Rasse, der Anstieg des Alters und ein höherer BMI die höchste statistische Signifikanz haben (Naylor et al. 1997). Neuerdings wurde auch vorgeschlagen das Screening bei Schwangeren mit einem Alter von <19 Jahren von einem BMI>27 abhängig zu machen (Khine et al. 1999).

Die Beachtung aller dieser Vorschläge erzeugt eine heillose Konfusion. Die Erhebung aller denkbaren Risikofaktoren ist zeitaufwendig und überfordert den betreuenden Arzt (Greene 1997). Das wiederum führt zur Resignation, wodurch zwangsläufig Fehler und Unterlassungen passieren.

Die mangelnde Screeningdichte im deutschsprachigen Raum ist anhand der Zahlen großer Perinatalstudien erkennbar. Während eine GDM Rate von 3–5 % zu erwarten wäre, scheinen in verschiedenen deutschen Perinatalstudien nur ~0,3 % GDM auf (Hillebrand et al. 1990, Lang und Künzel 1990). Da trotz der Empfehlung eines Diabetesscreenings bei Risikohinweisen nur <10 % des GDM diagnostiziert werden, führt sich das Konzept eines gezielten Screenings von selbst ad absurdum.

Die Auswahl und Gewichtung von Risikofaktoren ist ebenfalls kontroversiell. Dadurch, und wegen ethnischer Unterschiede, findet sich bei verschiedenen Untersuchungen eine unterschiedliche Dichte an Risikofaktoren. Während Dietrich et al. (1987) sowie Lavin et al. (1981) bei unausgewählten Schwangeren nur in rund 45 % Risikofaktoren erhoben, fanden Sacks et al. (1987) bei 77 % aller Schwangeren und Fuhrmann (1988) bei 86 % aller Schwangeren zumindest einen Risikofaktor.

Risikofaktoren sind jedoch insgesamt wenig spezifisch für einen GDM. Sie berücksichtigen auch nicht die Ethnizität (O'Sullivan 1973, Gillmer et al. 1980) und können wegen besonderer Umstände fehlen. So sind etwa geburtsanamnestische Risikohinweise, wie Kinder >4000 g, Frühgeburten, Totgeburten etc. in einer *Ein-Kind-Gesellschaft* von vorneherein nicht verfügbar. Eine weitreichende Familienanamnese wiederum ist vielen Schwangeren nicht gewärtig oder aber der elterliche Diabetes tritt erst nach der Geburt der Enkelkinder auf, bleibt undiagnostiziert, oder beides.

Die Ineffizienz eines ausschließlichen Screenings von Risikogruppen wird auch durch eine Reihe von Publikationen belegt. Werden nur Risikogruppen gescreent so entgeht, je nach Gewichtung von Risikofaktoren, ein variabler Anteil des GDM einer Diagnose. Die Verluste werden mit 20 % (Stoz et al. 1992), bis zu 50 % (O'Sullivan et al. 1973, Weeks et al. 1994, Magee et al. 1993), 53 % (Lavin et al. 1981, Lavin 1985), 35–56 % (Coustan et al. 1989) und 28–61 % angegeben (Weiss et al. 1988). Nach Untersuchungen von Lavin (1985) waren bei Schwangeren mit und ohne Risikohinweisen 7,2 % und 6,1 % der Screening-Tests positiv. 1,5 % und 1,4 % hatten

Tabelle 77. Verlustraten beim Diabetesscreening, wenn nur Risikogruppen gescreent werden

Risikofaktor	% Fälle, die einer Diagnose entgehen	
	Coustan et al. 1989	Weiss et al. 1988
Alter ≥30 Jahre	56 %	36 %
Adipositas, ≥120 % (≥110 %) Broca Index	–	61 % (39 %)
Risikofaktoren generell	44 %	–
Alter >30 + Risikofaktoren	35 %	–
Alter >30 oder Broca Index >120 %	–	28 %

GDM nach den ADA Kriterien. 46,7 % aller GDM hatten Risikohinweise und 53,5 % hatten keine Risikohinweise (Lavin 1985).

Die Verlustraten hängen u. a. davon ab, welche Risikofaktoren zur Auswahl der Probanden herangezogen werden (Tabelle 77).

Werden nur Schwangere mit zwei oder mehr kombinierten Risikofaktoren einem Screening unterzogen, steigt zwar die Spezifität, es sinkt jedoch die Sensitivität und die Verlustraten sind besonders hoch (Tabelle 78).

So ist zwar bei der Kombination der Risikofaktoren Übergewicht, Glukosurie und Diabetes in der Familienanamnese das Risiko eines Gestationsdiabetes nahezu 29 mal höher als insgesamt, es werden damit jedoch nur 17 % Aller Fälle von GDM erfaßt (Tabelle 78).

Die American Diabetes Association hat vier Merkmale genannt, bei deren Kombination ein GDM unwahrscheinlich ist und daher auf ein Screening verzichtet werden kann (ADA: Report of the expert Committee 1997). Es sind dies Schwangere <25 Jahren, die kein ethnisches Risiko tragen, die normalgewichtig sind und keine belastende Familienanamnese haben. Eine jüngste Studie von Williams et al. (1999) konnte zeigen, daß bei Anwendung dieser ADA Selektion zwar nur 4 % GDM der Diagnose entgehen, aber dennoch 90 % aller Schwangeren gescreent werden müssen. Die geringen Einsparungen an Tests rechtfertigen unserer Meinung nach nicht die Konfusion. Im eigenen Einzugsgebiet wäre bei einem mittleren Gebäralter von rund 30 Jahren wahrscheinlich mit noch weniger Einsparung zu rechnen. Aber auch bei Schwangeren <25 Jahren ist mit GDM zu rechnen. Bei der Analyse einer low-risk group (Kaukasierinnen, Alter <25 Jahre, BMI <25 kg/m^2) fand sich eine Prävalenz des GDM von 2,8 % (Moses et al. 1998). Bei einer Analyse des eigenen Krankengutes hatten 58/218 oder rund 27 % aller Gestationsdiabetikerinnen ein Alter ≤ 25 Jahre und 11/218 oder 5 % ein Alter ≤ 20 Jahre.

Selbst bei Schwangeren < 19 Jahren ist mit einer GDM Rate von 1 %–2,3 % zu rechnen (Khine et al. 1999). Erfolgt ein Screening nur bei einem BMI > 27, wie von Khine et al. (1999) vorgeschlagen, entgehen 18 % dieser Fälle einer Diagnose.

Wegen der geringen Spezifität von Risikofaktoren, und da bei Berücksichtigung aller Risikofaktoren ohnedies die Mehrzahl der Schwangeren

Tabelle 78. Häufigkeit einzelner Risikofaktoren bei 2510 Schwangeren einer Stadtbevölkerung (modifiziert nach FUHRMANN 1988)

	Rate i. d. Gesamt-population, %	Rate bei Gestations-diabetes, %	Relative Häufigkeit bei Gestationsdiabetes
Risikofaktor einzeln			
1. Alter ≥25 Jahre	29,6	65,5	2,2
2. Übergewicht ≥20 %	11,1	48,3	4,4
3. Glukosurie ≤24. SSW	8,9	51,7	5,8
4. Kind ≥4000 g i. d. Anamnese	3,2	13,8	4,3
5. Totgeburt i. d. Anamnese	1,1	0,0	–
6. Fehlgeburt i. d. Anamnese	11,8	24,1	2,0
7. Multiparität	38,7	72,4	1,9
8. Blutdruck >140/90	23,9	34,5	1,4
9. Starke Gewichtszunahme	63,4	62,0	1,0
10. Proteinurie	3,1	13,8	4,5
11. Diabetes i. d. Familie	24,0	48,3	2,0
12. Irgendein Risikofaktor (1–11)	85,5	100,0	1,2
Risikofaktoren kombiniert			
2 + 3	1,3	31,0	23,8
2 + 11	4,0	27,6	6,9
2 + 6	1,5	6,9	4,6
2 + 3 + 11	0,6	17,3	28,8
2 + 11 + 6	0,7	3,4	5,0
3 + 11	3,3	27,6	8,4
3 + 6	1,3	10,4	8,0
11 + 6	4,3	6,9	1,6
11 + 9	20,4	24,2	1,2

gescreent werden müssen, wurde von den meisten Experten dezidiert ein generelles Screening gefordert (GABBE 1985, LAVIN 1985, Second International Workshop Conference on GD 1985, NELSON 1986, HOLLANDER 1988, YOO und CHAO 1989, KAUFMANN 1989, MAZZE und KROGH 1992). Daher bestehen auch weltweit Bemühungen, ein generelles Diabetesscreening in der Schwangerschaft einzuführen. 1991 wurde diese Forderung auch im Rahmen der St. Vincent Declaration der International Diabetes Federation erhoben und in den Forderungskatalog der WHO übernommen. Darüber hinaus wurde ein generelles Screening von der Diabetic Pregnancy Study Group (DPSG) der European Association for the Study of Diabetes (EASD), von der International Diabetes in Pregnancy Consultative Group (IDPCG), von der American Diabetes Association, von der Deutschen Diabetesgesellschaft und von eine Anzahl anderer nationaler und internationaler Gesellschaften gefordert (WEISS 1993).

Am 2nd International Graz Symposium on Gestational Diabetes (1992) wurde unter Mitwirkung von Experten aus 34 Ländern ein Consensus

Statement mit dem Ziel erarbeitet, Verantwortliche im Gesundheitswesen auf die Notwendigkeit eines generellen Diabetesscreenings in der Schwangerschaft hinzuweisen (Hepp und Willms 1992, Weiss 1993). Dieses lautet:

Second International Graz Symposium on Gestational Diabetes:

Consensus Statement

This Symposium took place in Graz, Austria, from October 12–16, 1992 and was attended by 286 participants from 34 countries from developed and developing countries around the World. There was wide agreement that health care for pregnant women should be of paramount importance in both industrialized and developing countries. Appropriate awareness programs should be launched.

The impact for this and future generations is immense. Specifically, there was emphatic agreement that all pregnant women should be screened for disorders of glucose metabolism.

Studies from Europe, North and South America, and Australasia presented at the symposium show that these disorders are common, require special attention, are often not recognized, and have short-term and long-term risks and consequences for mother and child.

It was felt that all efforts should be made to inform health-care providers and policy makers of the importance of this condition. These recommendations are in line with those of the World Health Organization (WHO) Resolution on Diabetes and with the principles stated in the St. Vincent Declaration of the WHO/IDF in 1990.

In den USA hat sich ein generelles Screening bereits weitestgehend durchgesetzt. Eine Rundfrage bei 471 geburtshilflichen Institutionen ergab, daß 97 % der leitenden Ärzte ein generelles Screening befürworten (Owen et al. 1995) und je nach Ausbildung 75–90 % der Ärzte bei ihren Patientinnen ein generelles Screening durchführen (Landon et al. 1990). Bei einer ähnlichen Befragung von Schwangeren gaben 83 % der Frauen an, daß sie einem Screening unterzogen wurden (Solomon et al. 1996). Das ist ein äußerst hoher Prozentsatz, da ein lückenloses Screening trotz Empfehlungen kaum erzielbar ist (Lomas et al. 1989).

Bereits seit Jahren finden in Deutschland und Österreich Diskussionen statt, ob ein oraler Glukosetoleranztest (oGTT) zur Diagnose des Gestationsdiabetes (GDM) in den Mutterschaftsrichtlinien verbindlich vorzusehen sei. Bisher haben diese Diskussionen weder Gesundheitspolitiker noch Geldgeber zu einer Entscheidung veranlaßt, obwohl die WHO, die St. Vincent Deklaration und eine Unzahl von Diabetesgesellschaften und perinatologischen Gesellschaften ein verbindliches Screening empfehlen (Weiss 1993). Diese Unentschlossenheit resultiert aus einer fatalen Unterschätzung des Problems, da mütterliche und kindliche Komplikationen und Folgekosten des GDM von *erkannten* Fällen abgeleitet werden. Eine Risikoeinschätzung anhand prospektiver Studien ist jedoch irreführend. Die Diagnose des GDM zieht eine Therapie und Überwachung nach sich, wodurch ein *erkannter* GDM keine Risiken mehr hat. Da eine „non intervention group" bei erkanntem GDM ethisch nicht vertretbar ist, ist das Risiko eines *unerkannten* und somit unbehandelten GDM nur aus sachverständigen retrospektiven Untersuchungen und aus der umfassenden Kenntnis der einschlägigen Literatur abzuleiten.

Zuletzt hat die Laienpresse (in einem gut recherchierten Artikel) unter dem Titel „Zuckerbombe im Mutterleib" das Problem des GDM aufgegriffen (DER SPIEGEL, No. 41, 1997), wobei die Schlagzeile: „Das Risiko eines Diabetes ist im Bewußtsein der Gynäkologen nicht verankert" den Ärzten kein gutes Zeugnis ausstellt. Vereinzelte Initiativen eines lokal flächendeckenden Screenings gehen zur Zeit von niedergelassenen Ärzten, Gruppenpraxen und lokalen Organisationen aus.

Es ist unserer Meinung nach jedoch an der Zeit dem GDM die ihm gebührende offizielle Beachtung zu schenken und den oGTT in die Mutterschaftsrichtlinien einzubeziehen, bevor der Druck der Laienpresse und der forensische Druck eine diesbezügliche Beachtung erzwingt. Dies umso mehr, als Die Kosten eines generellen Screenigs bei Vorgehen nach den Grazer Vorschlägen (s. S. 272) minimale Kosten verursachen.

5.8 Oraler Glukosetoleranztest (oGTT), Einflüsse, Methodenvergleich

Obwohl der intravenöse Glukosetoleranztest (i. v. GTT) für eine Diagnose des GDM ebenfalls geeignet ist (Cooper et al. 1979), konnte er sich, wahrscheinlich wegen des höheren Aufwandes nicht durchsetzen. Zur Zeit wird die Diagnose des GDM weltweit nahezu ausschließlich mittels eines oGTT durchgeführt.

Allerdings wurden bisher keine einheitlichen Kriterien gefunden (Übersicht bei Heisig 1975, Lang et al. 1978, Miller und Steinhoff 1982, Weiss et al. 1998). Die etablierten diagnostischen Methoden unterscheiden sich in der verabreichten Glukosemenge und sie unterscheiden sich darin, daß die Blutzuckerbestimmungen aus venösem Blut, venösem Plasma, kapillarem Plasma oder Kapillarblut vorgenommen werden. Darüber hinaus wurden bisher keine einheitlichen Grenzwerte erstellt (Tabelle 94). Die Grenzwerte der verschiedenen diagnostischen Kriterien des GDM sind weitestgehend willkürlich gewählt (Naylor 1989). Zumindest wurden sie vorwiegend nach rein *internistischen* (nach maternalen und nicht nach foetalen) Parametern festgelegt.

Solange nicht schlüssig feststeht, welches Verfahren vorzuziehen ist, sollte im Zweifelsfall jene Methode angewandt werden, mit welcher der Untersucher die größte eigene Erfahrung hat.

In den Summaries and Recommendations der Second and Third International Workshop-Conference on Gestational Diabetes 1985 und 1991 (Freinkel 1985, Metzger 1991) wurde darüber diskutiert, ob der 75 g-2 h oGTT der World Health Organization (WHO) (1985) in Zukunft den 50 g Screening (oder Challenge) Test (GCT) mit darauffolgenden 100 g-3 h oGTT ersetzen könnte. Diese umständliche Zweistufen-Dreistunden-Prozedur zur Diagnose des Gestationsdiabetes wurde 1979 von der National Diabetes Data Group (NDDG) vorgeschlagen und 1986 vom American College of Obstetricians and Gynecologists (ACOG) generell empfohlen. Die Vorteile eines 75 g-2 h Tests wären bessere Akzeptanz der Patientin, weniger Erbrechen, niedrigere Kosten, weniger Zeitaufwand und direkte Vergleichbarkeit mit jenem follow-up Test, der weltweit als Standard für die Diagnose der gestörten Glukosetoleranz bei Nichtschwangeren Erwachsenen akzeptiert ist (Pettitt et al. 1994).

Der WHO Test kann zudem wahlweise mit venösem Plasma oder Kapillarblut durchgeführt werden. Dadurch ist der Test einfacher, billiger und mit Werten der Selbstkontrolle aus Kapillarblut, die der Diagnose eines GDM folgt, vergleichbar.

Die meisten Geburtshelfer, die die 100 g-NDDG Glukosebelastung anwenden, sind jedoch zurückhaltend die 75 g-WHO Belastung anzunehmen, da bisher nur sehr wenige direkt vergleichende Untersuchungen dieser beiden Tests in der Schwangerschaft publiziert wurden (Pettitt et al. 1994, Berkus et al. 1993).

Bei Diskussionen von Breakout Groups der 4th International Workshop Conference On Gestational Diabetes Mellitus 1997 in Chicago wurde entschieden, nicht zuletzt auf der Basis der Grazer Ergebnisse, daß in die Summary and Recommendations der Konferenz auch eine alternative Empfehlung für eine Belastung mit 75 g Glukose aufgenommen wird. Die nachfolgenden Ausführungen sollen eine Hilfe für jene sein, die ihre Testmethode von einer Belastung mit 100 g Glukose auf eine Belastung mit 75 g Glukose umstellen wollen (oder umgekehrt).

Die Grazer Daten beruhen auf umfangreichen Erfahrungen. Zwischen 1975–1995 wurden rund 15.000 orale Glukose Toleranz Tests (oGTT) an Schwangeren durchgeführt. Im Rahmen dieser Routinediagnostik (~800 oGTT/Jahr) erfolgte eine permanente Qualitätskontrolle und eine Reihe von transversalen und longitudinalen Studien. Die Gültigkeit der Grenzwerte wurde permanent durch Insulinbestimmungen im Fruchtwasser und im Nabelschnurblut überprüft. In den 80er Jahren erfolgten neben der Routinediagnostik vergleichende Untersuchungen mit alternativen Glukosebelastungen von 50 g, 1 g/kg Körpergewicht, 75 g oder 100 g. Darüber hinaus wurden Blutzuckerspiegel simultan in venösem Plasma und Kapillarblut bestimmt. Die Auswertungen erfolgte teilweise longitudinal, hauptsächlich jedoch transversal, da der Abstand bei wiederholten oGTTs bis zu 10 Wochen betrug. Schließlich wurden in den 90er Jahren bei Gestationsdiabetikerinnen (GDM) und Kontrollen Longitudinalstudien mit Glukosebelastungen von 75 g und 100 g im Abstand von 2 Tagen und mit simultanen Glukosebestimmungen in venösem Plasma und Kapillarblut durchgeführt.

5.8.1 Der Einfluß der Glukosemenge und des Körpergewichtes

Die Form der Verteilungskurve der Glykämie nach oraler Glukosebelastung wird innerhalb einer bestimmten Population durch die verabreichte Glukosemenge wenig beeinflußt (Förster et al. 1972, Dornhorst 1994). Die Periodizität, das ist die Zeitdauer während der die Blutzuckerwerte nach Belastung über dem Nüchternwert bleiben, ist nach Belastung von Schwangeren mit unterschiedlichen Glukosemengen ebenfalls ähnlich.

Nach einer Belastung mit 100 g beträgt die Periodizität bei normalem oGTT 3,6 Stunden, bei einem oGTT mit einem erhöhten Grenzwert 4,8 Stunden und bei GDM mit ≥2 erhöhten Grenzwerten 6,6 Stunden (Berkus et al. 1992). Die Periodizität ist bei GDM nach einer Belastung mit 75 g ähnlich verlängert. Ein direkter Vergleich ergab nach einer Belastung mit 100 g und 75 g bei stoffwechselgesunden Schwangeren eine Periodizität von 3,2 und 3,6 Stunden und bei GDM von 5,6 und 5,1 Stunden (Berkus und Langer 1995).

Für den oralen Glukosebelastungstests in der Schwangerschaft wird eine Belastung mit 50 g (Oats et al. 1988, Semmler et al. 1990) 1 g/kg Körpergewicht (Weiss 1979, Weiss et al. 1988) 75 g (WHO, EASD, Weiss et al. 1998) oder 100 g Glukose (O'Sullivan et al. 1964, 1973) empfohlen (siehe Tabelle 94).

Die Grazer Analysen der 80er Jahre mit Glukosebelastungen von 50 g, 1 g/kg, 75 g und 100 g und transversaler Auswertung ergaben signifikante jedoch, besonders bei GDM, klinisch irrelevante Unterschiede der Blutzuckerspiegel (Weiss 1988) (Tabelle 79).

Der geringere Einfluß der Glukosemenge bei Schwangeren im Vergleich zu Nicht-Schwangeren ist wahrscheinlich auf die erhöhte periphere Insulinresistenz (Ryan et al. 1985, Buchanan et al. 1990, Cousins 1991, Catalano et al. 1993) und den physiologischen Hyperinsulinismus (Kühl 1991) in der Schwangerschaft zurückzuführen. Beide Charakteristika sind bei GDM noch stärker ausgeprägt als bei Stoffwechselgesunden.

Die mittleren 1h-Glukosespiegel nach einer Glukosebelastung mit 50 g oder 100 g unterschieden sich nur um 9 mg/dl, während ein gestationszeitbedingter Unterschied des 1 h-Wertes bis zu 17,2 mg/dl nachweisbar war (siehe unten). Eine Belastung mit 75 g oder 100 g Glukose ergab bei unseren Analysen und anderen Studien (Famuyiwa et al. 1988) keine statistisch signifikanten Unterschiede (Tabelle 79). Bei Detailanalysen wurde sichtbar, daß die Unterschiede der Blutglukosespiegel nach Belastung mit unterschiedlicher Glukosemenge mit abnehmender Glukosetoleranz immer unbedeutender werden. Die 97. Perzentilen des 1 h-Wertes sind nach Belastung mit Glukosemengen von 1 g/kg, 75 g und 100 g praktisch ident. Dies

Tabelle 79. Grazer Diabetesanalysen. Glukosebelastung von Schwangeren mit unterschiedlichen Glukosemengen. Transversale Auswertung. Die Gruppen waren hinsichtlich ihres Alters (26 ± 5,8) Jahre), ihres Körpergewichtes (68 ± 1,8 kg) und ihrer Gestationszeit (26 ± 5,9 Wochen) ident. Angaben in mg/dl, Mittelwerte (± SD)

Belastung	N	Nü	1 h	2 h
50 g	362	71 (± 8,5)	110[a] (± 20,2)	82[a] (± 18,7)
1g/kg	471	71 (± 8,9)	114[a] (± 22,3)	91[a] (± 20,4)
75 g	342	70 (± 8,6)	115 (± 20,5)	97 (± 19,8)
100 g	360	71 (± 8,5)	119 (± 20,8)	100 (± 20,8)

[a] $p < 0,05$ versus 100 g

Tabelle 80. Grazer Diabetesanalysen. Umstellung des oGTT von einer Belastung mit 1 g/kg auf 75 g. Glukosebestimmung aus Kapillarblut

	1990 Belastung mit 1 g/kg	1993 Belastung mit 75 g
Anzahl der oGTT	931	755
Nüchtern, mg/dl		
Mittelwert (± SD)	79 (± 8,1)	78 (± 7,5)
50 %ile	79	77
90 %ile	88	87
97 %ile	97	94
1 h-Wert, mg/dl		
Mittelwert (± SD)	130 (± 25,0)	129 (± 26,5)
50 %ile	128	127
90 %ile	163	163
97 %ile	185	186
2 h-Wert, mg/dl		
Mittelwert (± SD)	103 (± 23,9)	108 (± 21,0)
50 %ile	100	106
90 %ile	132	135
97 %ile	153	156

läßt vermuten, daß bei 1 h-Werten > 160 mg/dl und damit bei Vorliegen eines GDM die 1 h-Glukosespiegel nach Belastung unabhängig von der Glukosemenge gleich sind.

Der 2 h-Wert wird durch eine unterschiedliche Glukosebelastung stärker beeinflußt (Tabelle 82) und differiert auch im oberen Perzentilenbereich der Glykämie.

Bei den Analysen der 80er Jahre wurden früh erkannte GDM bei der Erstellung von Referenzwerten ausgeschieden, da eine Wiederholung des oGTT unter Diättherapie wenig sinnvoll erschien. Außerdem wurden die Studien-oGTT zu einem früheren Gestationszeitpunkt angesetzt als die Routine-oGTT (26. vs. 28. Woche). Die mittleren Glukosewerte waren daher relativ niedrig (Tabelle 79).

Im Jahr 1992 wurde die Glukosebelastung unserer Routinediagnostik von 1 g/kg auf 75 g umgestellt und neuerlich vergleichend analysiert. Die Routine-oGTT der 90er Jahre zeigen im Vergleich zu den Studien-oGTT der 80er Jahren höhere Mittelwerte, da bei der Auswertung Fälle von GDM inkludiert wurden und die Tests zu einer späteren Gestationszeit erfolgten. Dessenungeachtet ist erkennbar, daß eine Glukosebelastung mit 1 g/kg oder 75 g praktisch idente Ergebnisse ergibt (Tabelle 80).

Die höheren Mittelwerte sind jedoch auch durch die Umstellung von einer eher generellen Ambulanz der 80er Jahre auf eine Risikoambulanz der 90er Jahre bedingt. Die Kumulation von Risikofällen ist an einem signifikant höherem mütterlichen Alter und Körpergewicht bei den Fällen der 90er Jahre erkennbar (Tabelle 81).

Tabelle 81. Grazer Diabetesanalysen. Chronologische Änderung des Alters und Körpergewichtes nach Umstellung einer allgemeinen Ambulanz auf eine Risikoambulanz

	80er Jahre	90er Jahre	p
Zahl der Stichproben	1193	1930	
Alter	26 (±5,5)	28 (±5,6)	<0,0001
Gewicht	68 (±11,2)	71 (±12,7)	<0,0001
Gestationszeit	25 (±5,7)	28 (±3,5)	<0,0001

Longitudinalanalysen der 90er Jahre bestätigten die bereits vermuteten Gesetzmäßigkeiten. Stoffwechselgesunde Schwangere haben nach einer Glukosebelastung mit 75 g oder 100 g im Abstand von 3 Tagen signifikant unterschiedliche 1 h-Werte. Bei GDM hingegen sind die 1 h-Werte nach einer Glukosebelastung mit 75 g oder 100 g praktisch ident. Ein signifikanter Unterschied findet sich nur bei den 2 h-Werten (Tabelle 82).

Nachdem bei den etablierten Kriterien unterschiedliche Glukosemengen eingesetzt werden erhebt sich die Frage, welche Glukosemenge für den oGTT in der Schwangerschaft am besten geeignet ist. Die Frage läßt sich anhand bekannter Stoffwechselcharakteristika von Adipösen prüfen.

Es ist bekannt, daß Adipöse aufgrund einer erhöhten Insulinresistenz eine verminderte Glukosetoleranz haben (Berntorp et al. 1983). Bei Adipösen ist die Kinetik der Insulinwirkung verändert, die Anzahl der zellulären Insulinrezeptoren vermindert und es besteht ein Rezeptordefekt oder ein kombinierter Rezeptor- und Postrezeptordelfekt. Dadurch tritt bei Adiposi-

Tabelle 82. Grazer Diabetesanalysen. Glukosebelastung bei 30 Kontrollen und 30 GDM im Abstand von 3 Tagen mit 75 g beim 1. oGTT und 75 g oder 100 g beim 2. oGTT (nach Weiss et al. 1998)

Glukosemenge	1. oGTT			2. oGTT			Unterschied		
	Nü	1 h	2 h	Nü	1 h	2 h	Nü	1 h	2 h
A Kontrollen									
75 vs. 75 g mg/dl	79	127	109	80	125	110	+1	–2	+1
75 vs. 100 g mg/dl	77	112	104	77	128	113	0	+16[a]	+9[b]
B GDM									
75 vs. 75 g mg/dl	83	177	132	84	180	136	+1	+3	+4
75 vs. 100 g mg/dl	84	176	133	83	178	149	–1	+2	+16[c]

[a] p = 0,002, [b] p = 0,003, [c] p = 0,034 (paired t-test)

tas auch bei physiologischer Kohlenhydratzufuhr eine relative postprandiale Hyperglykämie auf (PRAGER et al. 1987, OLEFSKY und KOLTERMAN 1981). Blutzuckerwerte sind bei Adipösen 30 bis 180 Minuten nach Belastung mit 75 g Glukose trotz assoziierter Hyperinsulinämie im Mittel um 40–50 mg/dl (2,2–2,8 mM) höher als bei Normalgewichtigen, während die Nüchternwerte praktisch ident sind (PRAGER et al. 1987).

An adipösen nicht diabetischen Schwangeren kann somit getestet werden welche Glukosemenge in der Schwangerschaft zur Belastung zweckdienlich ist. Die Glukosemenge sollte so bemessen sein, daß die Verminderte Glukosetoleranz bei Adipösen statistisch erkennbar wird. Eine zu geringe oder unphysiologisch hohe Glukosemenge wird diese Unterschiede verwischen. Werden die leichtesten Schwangeren (mittleres Gewicht 51 kg, Bereich: 40–54 kg) den schwersten Schwangeren (mittleres Gewicht 91 kg, Bereich: 85–140 kg) im vergleichbaren Alter gegenübergestellt, so wird erkennbar, daß die Ergebnisse des oGTT in den Extrembereichen des Körpergewichtes bei ähnlichen Nüchternblutzuckerwerten in hohem Maße von der verabreichten Glukosemenge abhängig sind (Tabelle 83).

Bei Glukosebelastung mit 50 g ist der mittlere 1 h-Wert bei Schwangeren mit einem Körpergewicht von ~90 kg entgegen den Erwartungen ident mit dem Wert von Schwangeren mit ~50 kg (104 mg/dl vs. 102 mg/dl), während der 2 h-Wert bei Adipösen sogar signifikant niedriger ist als bei normalgewichtigen Schwangeren (71 mg/dl vs. 85 mg/dl) (Tabelle 83, Abb. 39).

Tabelle 83. Grazer Diabettesanalysen. Glukosetoleranz bei Schwangeren mit einem Körpergewicht von < 55 (51 ± 3) kg und > 85 (92 ± 8) kg

	N	< 55 kg	N	≥ 85 kg	p
Nüchternblutzucker	60		85		
		69 (± 8)		71 (± 6)	n.s.
		3,8		*3,9*	
50 g Belastung	20		14		
1 h		102 (± 16)		104 (± 21)	n.s.
		5,6		*5,7*	
2 h		85 (± 17)		71 (± 9)	0,024
		4,7		*3,9*	
1g/kg Belastung	20		21		
1 h		104 (± 21)		119 (± 23)	0,050
		5,7		*6,6*	
2 h		80 (± 17)		97 (± 14)	0,001
		4,4		*5,4*	
100 g Belastung	20		18		
1 h		120 (± 27)		112 (± 20)	n.s.
		6,7		*6,2*	
2 h		99 (± 13)		98 (± 19)	n.s.
		5,5		*5,4*	

Angaben in mg/dl (± SD); *kursiv* mmol/L

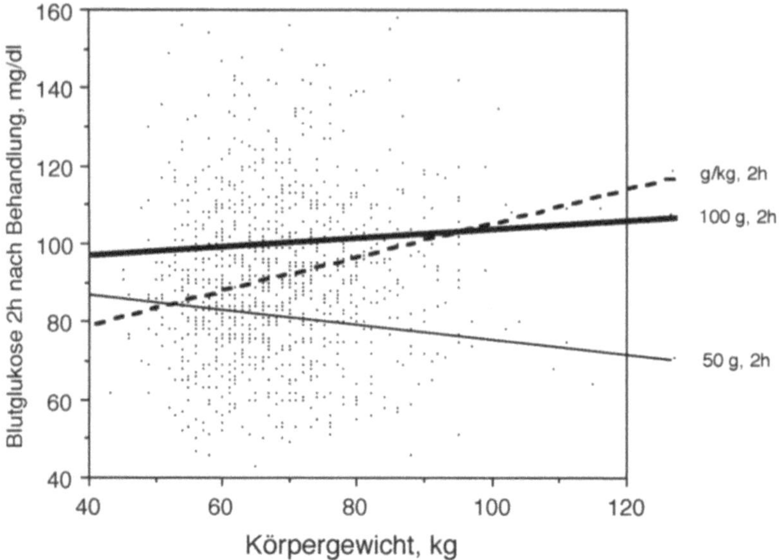

Abb. 39. Grazer Diabetesanalysen. Korrelation (Regressionsgeraden) des Mütterlichen Körpergewichtes mit dem Glukosespiegel zwei Stunden nach Belastung mit 50 g (——), 1 g/kg (-----) oder 100 g (━━━).

Es ist dies ein Hinweis darauf, daß adipöse Schwangere mit 50 g Glukose „unterbelastet" sind. Die Berechnung der relativen Glukosebelastung macht dies plausibel. Während nach der Verabreichung von 50 g Glukose die leichteste Schwangere (40 kg) mit 1,25 g/kg Körpergewicht belastet wurde, betrug die Belastung für die schwerste Schwangere (140 kg) nur mehr 0,46 g/kg. Untersuchungen von Berkus und Langer (1995) über die Periodizität des oGTT (Zeit bis zur Rückkehr zum Nüchternwert) weisen ebenfalls darauf hin, daß eine Belastung mit 50 g zu niedrig ist.

Nach einer Belastung mit 100 g Glukose entsprechen die Ergebnisse bei Adipösen ebenfalls nicht den bekannten pathophysiologischen Grundlagen (Abb. 39).

Bei schlanken Frauen ist der 1-Stundenwert sogar höher als bei Adipösen (120 mg/dl vs 112 mg/dl) als Hinweis darauf, daß leichte Frauen mit 100 g „überbelastet" sind. Auch in diesem Fall beträgt die Belastung der Schlanken im Extremfall mit 2,3 g/kg Körpergewicht das 2,7fache der relativen Belastung Adipöser.

Darüber hinaus ist eine Belastung mit 100 g Glukose unphysiologisch hoch und wird daher schlecht toleriert, wodurch es in ~4 % zum Erbrechen kommt (Fachnie et al. 1988; Schwartz et al. 1990, 1994).

Die Auswirkungen des Körpergewichtes auf die Ergebnisse des oGTT bei einer unveränderlichen Glukosemenge sind nicht nur auf die unterschiedliche Glukoseassimilationspotenz übergewichtiger und normalgewichtiger Probanden zurückzuführen. Es wirken sich auch ganz einfache physikalische Prinzipien, wie etwa der signifikant unterschiedliche Verteilungsraum für Glukose aus. Auch steigt mit fortschreitender Schwangerschaft die extrazelluläre Flüssigkeitsmenge von durchschnittlich 13 L auf 16,3 L an (Feige et al. 1984). Rund 61 % der Gewichtszunahme bei Schwangeren beruht auf der Speicherung von Wasser (Lederman et al. 1999). Bei unveränderlicher Glukosemenge zur Belastung sinken daher die mittleren 1 h-Werte am Ende der Schwangerschaft (>35. Woche) wieder ab. Erfolgt jedoch eine Glukosebelastung mit 1 g/kg, wird die Gewichtszunahme, Flüssigkeitszunahme und Zunahme des Verteilungsraumes damit berücksichtigt und die 1 h-Werte steigen bis zum Ende der Schwangerschaft an (Abb. 41).

Bei der Glukosebelastung mit 1 g/kg Körpergewicht entsprechen die Ergebnisse der erwarteten herabgesetzten Glukosetoleranz Adipöser. Sowohl der 1 h- (119 mg/dl vs. 104 mg/dl) als auch der 2 h-Wert (97 mg/dl vs. 80 mg/dl) ist bei Adipösen signifikant höher als bei leichten Frauen. Eine ähnliche Korrelation ist nach einer Belastung mit 75 g zu beobachten (Abb. 40).

Vieles weist darauf hin, daß die Anpassung der Glukosemenge eines oGTT an das Körpergewicht sinnvoll wäre, ein Faktum welches in der Pädiatrie stets außer Frage stand. Es kann nicht bedeutungslos sein, wenn Schwangere von 40 kg oder 120 kg die gleiche Glukosemenge als Belastung bekommen. Der Abb. 41 kann entnommen werden, daß die Glukosetoleranz unter der Belastung mit 1 g/kg, wie zu erwarten, auch nach der 35. Woche weiterhin abnimmt, da die starke Gewichtszunahme im Verlauf der Schwangerschaft durch die gewichtsbezogene Glukosebelastung berücksichtigt wird, während die Glukosetoleranz am Ende der Schwangerschaft bei gleichbleibender Glukosemenge, offenbar durch die Vergrößerung des Glukoseverteilungsraumes, scheinbar wieder zunimmt.

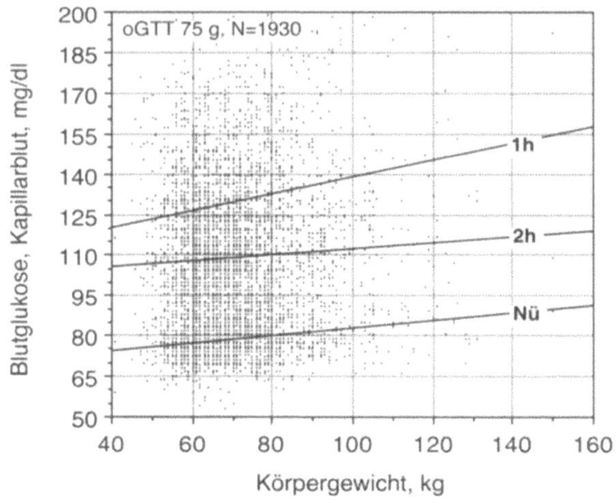

Abb. 40. Grazer Diabetesanalysen. Korrelation (Regressionsgeraden) des Körpergewichtes mit den Glukosewerten in Kapillarblut bei 1930 Schwangeren nach einem oGTT mit 75 g Glukose

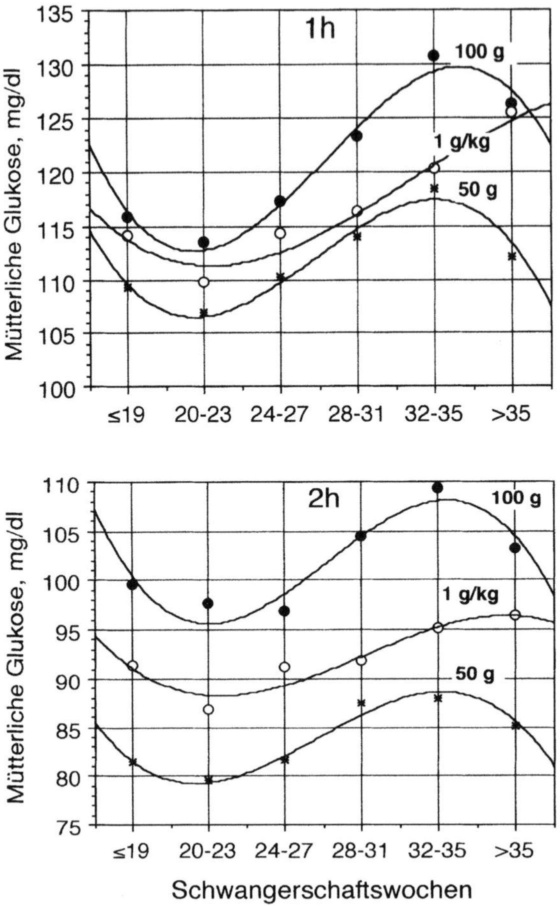

Abb. 41. Grazer Diabetesanalysen. Dynamik der Blutglukose im Verlauf der Schwangerschaft 1 h (obere Bildhälfte) und 2 h (untere Bildhälfte) nach Belastung mit 50 g, 1 g/kg und 100 g Glukose (polynomische Kurven). Die Symbole entsprechen den Mittelwerten der angegebenen Gestationszeitgruppen

Die Anwendung einer unveränderlichen Glukosemenge entbehrt einer rationalen Basis und muß ausschließlich als Konzession an die Einfachheit des Testes gelten. Als Kompromiß zu einer angepaßten Glukosemenge ist die Belastung mit 75 g Glukose am besten geeignet, da sie am ehesten einer *physiologischen* Belastung entspricht und auch gut vertragen wird (Li et al. 1987, 1988). Die Belastung mit 75 g ist der Belastung mit 1 g/kg ähnlich, da, zumindest in unserem Krankengut, das mittlere Körpergewicht zum Zeitpunkt des oGTT bei Stoffwechselgesunden rund 70 kg und bei GDM rund 77 kg betrug.

Zur Vermeidung der osmotischen Belastung und gastrointestinaler Symptome wurde auch ein geschmackloses Glukosepolymer getestet. Die Verträglichkeit ist zwar gut, die Übereinstimmung mit den Ergebnissen eines Glukosetoleranztests sind aber eher mäßig und die Blutglukosewerte liegen um rund 5 % niedriger als bei äquivalenter Glukosebelastung (Court et al. 1985; Reece et al. 1987, 1989). Darüber hinaus ist der Insulinresponse nach 90 und 120 Minuten sowie die Ausschüttung von Inkretin (gastric inhibitory polypeptide) nach ingestion von Polycose höher als nach der Gabe der herkömmlichen Glukose (Philipson et al. 1992). Nach Angaben von Court et al. (1985) müssen bei Anwendung von Glukosepolymeren die NDDG Grenzwerte nach 0 h, 1 h, 2 h und 3 h von 105/190/165/145 mg/dl auf 105/180/160/140 mg/dl gesenkt werden. Die Anwendung von Polymeren kann daher nicht alternativ erfolgen sondern erfordert die Erstellung eigener Grenzwerte.

5.8.2 Der Einfluß der Gestationszeit

Bei longitudinalen Analysen anhand wiederholter GTTs bei identen Schwangeren ist eine Abnahme der Glukosetoleranz im Verlauf der Schwangerschaft die Regel (Lind et al. 1973, Kühl 1975, Forest et al. 1983, Gabbe 1986, Bellmann et al. 1988, Mamsen et al. 1990). Bei einer Belastung mit 50 g Glukose steigt der 1 h-Wert zwischen der 20. und 34. Woche insgesamt um 15 mg/dl (0,83 mM) entsprechend 1,1 mg/dl/Woche (Watson 1989). Einen ähnlichen Anstieg ergaben Untersuchungen von Benjamin et al. (1986) nach Belastung mit 100 g im II. und III. Trimester. Eigene Untersuchungen nach Belastung mit 1 g/kg ergaben zwischen der 21. und 31. Woche einen Anstieg des mittleren 1 h-Spiegels um rund 10 mg/dl und des 2 h-Spiegels um rund 8 mg/dl (Tabelle 84).

Der Verlauf des mittleren Blutzuckerspiegels während der Schwangerschaft kann jedoch besser durch die transversale Auswertung der Glukosespiegel nach Belastung untersucht werden, da fortlaufende GTTs

Tabelle 84. Grazer Diabetesanalysen. Longitudinale Auswertung. Wiederholter oGTT (1 g/kg) bei 188 unausgewählten Schwangeren im Abstand von 10 Wochen

	1. oGTT	2. oGTT	Differenz	p[a]
Woche	21 (±3)	31 (±3)	+10	0,0001
oGTT				
0 h, Mittelwert (SD)	70 (±8)	70 (±9)	0	0,9012
50 %ile	69	69	0	
99 %ile	93	101	+8	
1 h, Mittelwert (SD)	108 (±20)	118 (±24)	+10	0,0001
50 %ile	106	116	+10	
99 %ile	162	184	+22	
2 h, Mittelwert (SD)	86 (±19)	94 (±20)	+8	0,0001
50 %ile	84	93	+9	
99 %ile	143	150	+7	

[a] Paired t-test

Tabelle 85. Grazer Diabetesanalysen. Transversale Auswertung. Mittlere Nüchtern-, 1 h- und 2 h-Blutzuckerwerte (mg/dl) und Standardabweichungen (± SD) im Verlauf der Schwangerschaft nach Glukosebelastung mit 50 g (N = 359), 1g/kg (N = 519) und 100 g (N = 388)

Glukosemenge Gestationswoche	N	0 h	1 h	2 h
50 g				
≤ 19	73	70 (± 8)	109 (± 22)	81 (± 20)
20–23	120	72 (± 8)	106 (± 17)	79 (± 15)
24–27	79	70 (± 9)	110 (± 21)	82 (± 18)
28–31	47	72 (± 9)	114 (± 21)	87 (± 22)
32–35	26	68 (± 8)	118 (± 20)	88 (± 22)
> 35	14	68 (± 7)	112 (± 23)	85 (± 23)
1g/kg				
≤ 19	68	71 (± 9)	114 (± 22)	91 (± 20)
20–23	95	70 (± 9)	109 (± 19)	87 (± 20)
24–27	96	70 (± 8)	114 (± 20)	91 (± 19)
28–31	117	70 (± 8)	116 (± 20)	92 (± 21)
32–35	104	71 (± 9)	120 (± 24)	95 (± 20)
> 35	39	72 (± 8)	125 (± 25)	96 (± 23)
100 g				
≤ 19	68	71 (± 9)	116 (± 24)	100 (± 17)
20–23	101	70 (± 8)	113 (± 21)	98 (± 17)
24–27	81	71 (± 8)	117 (± 24)	97 (± 18)
28–31	43	69 (± 9)	123 (± 25)	104 (± 22)
32–35	28	72 (± 8)	131 (± 24)	109 (± 30)
> 35	17	70 (± 7)	126 (± 22)	103 (± 17)

bei individuellen Schwangeren zu aufwendig und nicht zumutbar sind (Tabelle 85).

Bei transversaler Auswertung einer repräsentativen Anzahl von Tests zeigt sich ein biphasischer Verlauf des Glukosespiegels 1 und 2 Stunden nach Belastung mit einem Nadir zwischen der 22. und 24. Schwangerschaftswoche. Der Anstieg des Glukosespiegels 1 h nach Belastung mit 100 g, 75 g, 1 g/kg und 50 g Glukose betrug zwischen der 20. und 34. Woche rund 17, 12, 12 und 11 mg/dl (0,94, 0,67, 0,67 und 0,61 mM) (Abb. 41, 42, Tabelle 85).

Der biphasische Verlauf der Glukosetoleranz muß physiologische Veränderungen der Glukoseregulation im Verlauf der Schwangerschaft als Ursache haben, denn er gleicht der Dynamik anderer Stoffwechselparameter. Er verläuft parallel zur Kurve des Insulinbedarfes bei insulinplichtigen Diabetikerinnen (Weiss und Hofmann 1984), ähnlich wie der HbA_{1C} Spiegel (Phelps et al. 1983) jedoch mit einer zu erwartenden Differenz von 4 Wochen und spiegelverkehrt und etwas verschoben zum hCG Spiegel. Darüber hinaus konnten wir bei gesunden Schwangeren in der ersten Schwangerschaftshälfte eine erhöhte Insulin-Rezeptorbindung an Erythro-

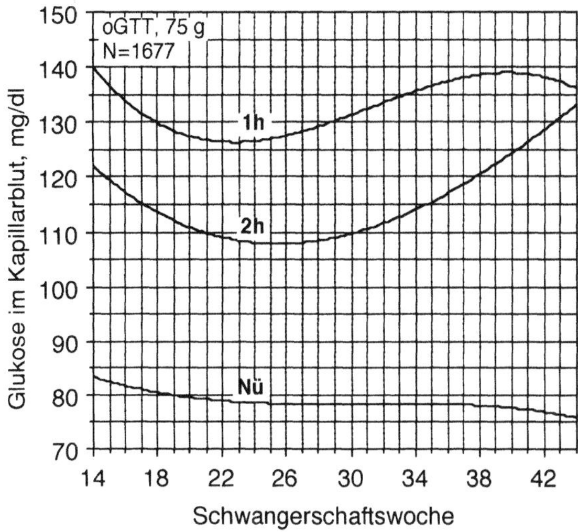

Abb. 42. Grazer Diabetesanalysen. Mittlere Blutzuckerspiegel (Polynomische Kurven) im Verlauf der Schwangerschaft bei 1677 Schwangeren nach oraler Glukosebelastung mit 75 g

zyten nachweisen (Schmon et al. 1993) Eine vorübergehende Zunahme der Glukosetoleranz am Beginn der Schwangerschaft wurde bisher bei Kaukasierinnen nicht beschrieben. Bei Afrikanerinnen hingegen wurde eine Zunahme der Glukosetoleranz am Beginn der Schwangerschaft bereits beobachtet (Fraser 1981, Famuyiwa et al. 1988).

Der 2 h-Wert verläuft während der Schwangerschaft ähnlich biphasisch wie der 1 h-Wert, während der Nüchternwert im Verlauf der Schwangerschaft absinkt (Abb. 42).

Nach der Geburt ändert sich die Glukosetoleranz. In den ersten 3 Wochenbettagen ist der Nüchternblutzucker ähnlich wie in der Schwangerschaft. Der 1 h- und 2 h-Wert steigt jedoch signifikant an, offenbar da der foetale Glukosediebstahl entfällt (siehe unten) (Tabelle 86).

Die Laktation bzw. das Stillen hat keinen Einfluß auf den postpartalen oGTT (Lenz et al. 1981, Oats und Beischer 1990).

Tabelle 86. Grazer Diabetesanalysen. Wiederholter oGTT in der Schwangerschaft und im Wochenbett bei 150 gesunden Probandinnen

	oGTT 26 (±5,5) Woche	oGTT Wochenbett	Differenz p[a]	Regression	
				R	p
0 h	71 (±9,2)	71 (9,1)	0,8757	0,144	0,0784
1 h	114 (±21,0)	123 (±21,7)	0,0001	0,287	0,0004
2 h	90 (±18,9)	101 (±21,8)	0,0001	0,231	0,0046

[a] Paired t-test

5.8.3 Der foetale Glukosediebstahl

Bei der normalen Schwangerschaft ist die foetale Abschöpfung der mütterlichen Glukose diskret erkennbar (Hollingsworth und Cousins 1981).

- Der mütterliche Nüchternblutzucker und die mittlere Blutglukose sinken im Verlauf der Schwangerschaft allmählich ab,
- in der Nacht sinkt der Glukosespiegel ebenfalls deutlich ab, da der Foetus der Mutter kontinuierlich Glukose entzieht,
- postprandiale Glukosepeaks der Mutter übersteigen selten 130 mg/dl nach einer Stunde oder 120 mg/dl nach 2 Stunden.
- Wenn die Glukosespiegel postprandial immer wieder exzessiv ansteigen, führt die foetale Hyperglykämie schließlich zur episodischen foetalen hyperinsulinämie (Hollingsworth und Cousins 1981), die wiederum eine gesteigerte Glukoseassimilation und folglich einen erhöhten foetalen Glukoseverbrauch nach sich zieht.

Nach der Diagnose eines GDM erfolgt in der Regel eine entsprechende Therapie und es wird daher nur selten ein 2. oGTT durchgeführt. Dementsprechend liegen kaum Untersuchungen hinsichtlich der Dynamik der Glukosetoleranz bei GDM vor. Von Benjamin et al. (1986) wurde bei GDM nach wiederholter Belastung mit 100 g Glukose ein mittlerer Anstieg des Glukosespiegels um 50 mg/dl (2,8 mmol/L) von ~165 mg/dl (9,2 mmol/L) im II. Trimester auf ~215 mg/dl (11,9 mmol/L) im III. Trimester beschrieben. Eigene Untersuchungen ergaben einen Anstieg der mütterlichen Glukosespiegel bei normoinsulinämischem Foetus, hingegen einen Abfall in jenen Fällen, in denen der Foetus hyperinsulinämisch/foetopathisch war (Abb. 43, 44).

In einem Extremfall mit schwerer diabetogener Foetopathie betrugen die 0 h-, 1 h- und 2 h-Werte in der 17. Woche 96, 224 und 179 mg/dl, in der

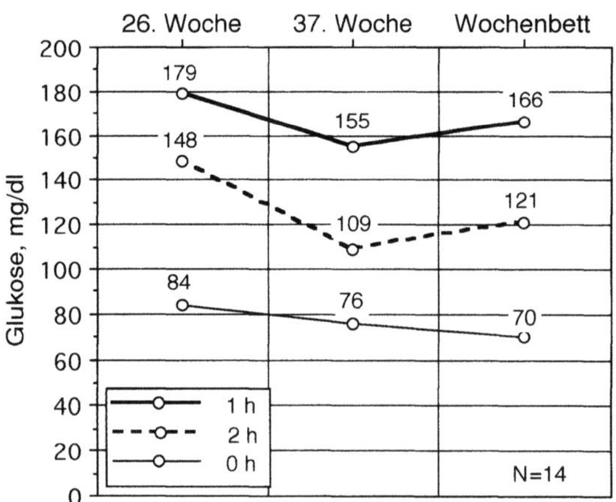

Abb. 43. Grazer Diabetesanalysen. Verlauf der mütterlichen Glukose des *oGTT* (foetaler Glukosediebstahl) bei 14 *GDM* mit diabetogener Foetalerkrankung (Weiss et al. 1984)

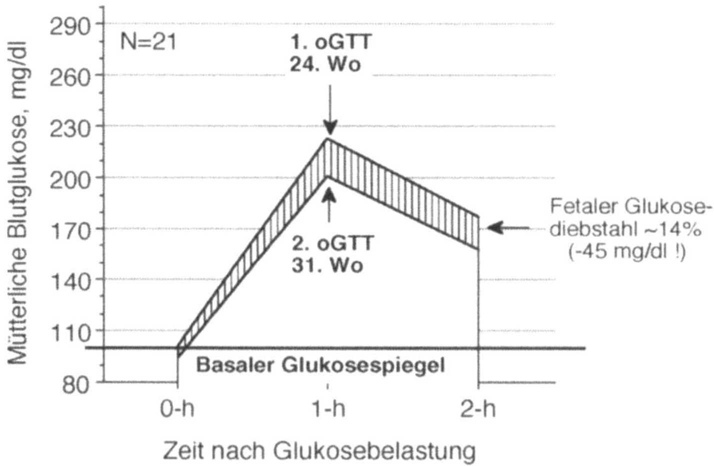

Abb. 44. Grazer Diabetesanalysen. Foetaler Glukosediebstahl. Wiederholter *oGTT* bei 21 *GDM* mit erhöhtem Fruchtwasserinsulinspiegel (siehe Tabelle 87) (Weiss et al. 2001)

22. Woche 80, 210 und 175 mg/dl, während sie in der 39. Woche nur mehr 71, 96 und 52 mg/dl betrugen. Im Wochenbett stiegen die Werte wieder auf 71, 175 und 150 mg/dl an (Weiss et al. 1984). Die maximale foetale Abschöpfung des mütterlichen 1 h-Wertes betrug demnach 79–128 mg/dl. Neuere Untersuchungen mit größeren Fallzahlen (Weiss et al. 2001) ergaben ein ähnliches Bild (Tabelle 87, Abb. 44). Während der mütterliche Blutzuckerspiegel bei normoinsulinämischen Foeten bei wiederholtem oGTT um 12 mg/dl anstieg, fiel er bei hyperinsulinämischen Foeten, offenbar durch die gesteigerte foetale Glukoseabschöpfung, um 22 mg/dl ab. Wird die Fläche unter den Glukosekurven ausgewertet, werden rund 14 % der mütterlichen Glukose abgeschöpft (Abb. 44).

Die unterschiedliche Dynamik bei normo- und hyperinsulinämischen Foeten ist aus dem verschiedenen Ausmaß des foetalen Glukosediebstahls erklärlich. Der Foetus deckt seinen Glukosebedarf aus dem mütterlichen Glukosepool. Bei Stoffwechselgesunden und GDM mit normoinsulinämischem Foetus überwiegt die Abnahme der Glukosetoleranz in der Schwangerschaft den zunehmenden Glukosediebstahl des Foetus. Der mütterliche Glukosespiegel nach Belastung steigt (Tabelle 87). Bei foetalem Hyperinsulinismus hingegen scheint der gesteigerte foetale Glukosediebstahl die Abnahme der mütterlichen Glukosetoleranz zu überwiegen. Der mütterliche Glukosespiegel nach Belastung sinkt und täuscht eine Zunahme der Glukosetoleranz vor (Tabelle 87).

Die Ursachen liegen in der foetalen Insulin/Glukosehomöostase. Im Foetalleben und in der Neonatalperiode besteht im Normalfall eine „unreife" Insulinsekretionsdynamik (Spellacy et al. 1967, Paterson et al. 1968, Adam et al. 1969). Bei Glukosekonzentrationen die in vivo möglich sind, ist die Insulinproduktion bei Foeten stoffwechselgesunder Schwangerer nied-

Tabelle 87. Grazer Diabetesanalysen. Wiederholter oGTT bei 13 GDM mit normalem (<7 µE/ml) und bei 21 GDM mit erhöhtem (>7 µE/ml) Insulinspiegel im Fruchtwasser. Angaben in mg/dl, Mittelwerte (± SD)

	1. oGTT	2. oGTT	Differenz	p[a]
Insulin im Fruchtwasser 3,7 (± 1,5) µE/ml in der 31,1 (± 3,7) Woche (Median: 3,7 µE/ml, Minimum: 0,9 µE/ml, Maximum 6,0 µE/ml)				
N	13	13		
Wo	25,8 (± 2,6)	30,8 (± 2,9)	+5	0,001
0 h	83 (± 7,6)	83 (± 7,7)	0	n.s.
1 h	168 (± 12,3)	180 (± 10,4)	+12	0,0006
2 h	133 (± 28,9)	135 (± 38,2)	+2	n.s.
Summe 0, 1, 2 h	383 (± 29,0)	397 (± 44,0)	+14	n.s.
Insulin im Fruchtwasser 51 (± 139) µE/ml in der 31,1 (± 3,7) Woche (Median: 16,7, Minimum: 7,6 µE/ml, Maximum 625 µE/ml)				
N	21	21		
Wo	24,4 (± 6,9)	30,7 (± 3,5)	+6	0,0001
0 h	94 (± 19,0)	87 (± 16,2)	–7	n.s.
1 h	201 (± 28,9)	179 (± 16,1)	–22	0,0021
2 h	158 (± 53,9)	139 (± 30,3)	–19	n.s.
Summe 0, 1, 2 h	453 (± 87,0)	405 (± 53,0)	–48	0,0321

[a] Paired t-test

rig und auch am Ende der Tragzeit kaum stimulierbar (siehe: Die Insulinhomöostase in der Foetoplazentaren Einheit, S. 70 ff). Selbst bei Glukoseinfusion in die Nabelschnurvene ist die Insulinsekretion trotz beträchtlicher Hyperglykämie nicht stimulierbar (Adam et al. 1969). Ist das foetale Inselorgan hingegen durch einen mütterlichen GDM in seiner Funktion bereits aufgeschaukelt, wird die sekretorische Reifung vorverlegt (Baird und Farquhar 1962, Luyckx et al. 1972, Ogata et al. 1980) und es bewirken Glukoseimpulse, bei denen ein gesunder Foetus noch nicht reagiert eine vermehrte Insulinausschüttung (Obenshain et al. 1970, Feige et al. 1977, Fraser 1995, Weiss 1998). So konnte Feige et al. (1977) bei Glukoseinfusionen unter der Geburt bei Diabetikerinnen einen nahezu 9fachen Anstieg des foetalen Insulinspiegels von 26 µE/ml auf 215,6 µE/ml nachweisen (reife Insulinsekretionsdynamik). Eigene Untersuchungen ergaben bei Neugeborenen ähnliche Ergebnisse. Bei Neugeborenen mit einem Nabelschnurinsulinspiegel >50 µE/ml stieg der Insulinspiegel nach i. v. Belastung mit 1,5 g Glukose 7mal höher an als bei einem Nabelschnurinsulingehalt von <20 µE/ml (Weiss et al. 1999).

Die prompte und gesteigerte foetale Insulinausschüttung in Kombination mit der beschleunigten foetalen Glukoseassimilation führt insbesondere nach der 26. Woche zu einem zunehmenden foetalen „Glukosediebstahl" bei der Mutter (Nolan und Proietto 1992, 1994). Der episodische foetale Insulinresponse kann folglich mütterliche Glukosespitzen abschöpfen. Dadurch können Ergebnisse nach Glukosebelastung oder postprandiale Profile mit zunehmender Potenz des foetalen Inselorganes auch zunehmend verfälscht und geglättet werden.

Insgesamt konnten wir ab dem II Trimester nach wiederholter Glukosebelastung bei Stoffwechselgesunden einen wöchentlichen Anstieg des 1 h-Wertes von 1 mg/dl beobachten. Bei GDM mit normoinsulinämischem Foetus betrug der wöchentliche Glukoseanstieg 2,4 mg/dl. Bei GDM mit hyperinsulinämischem Foetus hingegen war ein wöchentlicher Glukoseabfall von 3,7 mg/dl zu beobachten. Die entsprechenden Summen der mütterlichen Blutzuckerwerte (0 h + 1 h + 2 h) stiegen wöchentlich um 1,8 mg/dl bei Stoffwechselgesunden, um 2,8 mg/dl bei GDM mit normoinsulinämischem Foetus und fielen um 8,0 mg/dl bei foetalem Hyperinsulinismus (WEISS et al. 2001).

5.8.4 Der Einfluß des mütterlichen Alters und der Parität

Die Blutzuckerwerte beim oGTT in der Schwangerschaft haben unabhängig von der Glukosemenge bei der Belastung eine signifikante positive Korrelation mit dem mütterlichen Alter (Abb. 45).

Dabei steigen die Nüchternwerte im Mittel um 0,3 mg/dl, die 1 h-Werte um 1,3 mg/dl und die 2 h-Werte um 0,8 mg/dl pro Lebensjahr (Abb. 45).

Beim Enfluß des mütterlichen Alters auf die Ergebnisse des oGTT muß jedoch beachtet werden, daß ältere Schwangere auch ein höheres mittleres Körpergewicht haben. Von 103 Schwangeren ≥35 Jahren waren 50,5 % übergewichtig, während bei Schwangeren ≤ 20 Jahren nur 18,3 % übergewichtig waren. Schwangere > 35 Jahre sind somit nahezu 3mal häufiger

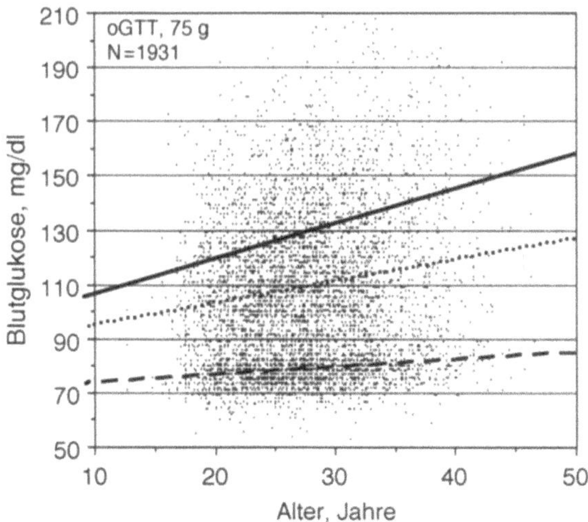

Abb. 45. Grazer Diabetesanalysen. Korrelation des mütterlichen Alters und der Blutzuckerwerte beim *oGTT* mit 75 g. Glukosebestimmung aus Kapillarblut. Regressionsgeraden: durchgezogen: 1h-Werte (R = 0,274, p = 0,0001); punktiert: 2 h-Werte (R = 0,208, p = 0,0001) strichliert: Nüchternwerte (R = 0,217, p = 0,0001)

adipös als junge Frauen. Die Korrelation des mütterlichen Alters mit den Blutzuckerwerten ist jedoch auch nach Anpassung des Körpergewichtes nachweisbar.

Bei der Auswertung der oGTTs von Schwangeren mit vergleichbarem Gewicht (matched groups), ist der Nüchternblutzucker bei Schwangeren von ≥35 Jahren signifikant höher als bei jenen von 20 Jahren und darunter. Beim 1-Stundenwert ist ein signifikanter Unterschied nur bei einer Glukosebelastung mit 50 g und 1g/kg nachweisbar, während beim 2-Stundenwert ein signifikanter Unterschied nur nach einer Belastung mit 100 g auftritt. Genauere Daten über den Einfluß des Alters auf die Ergebnisse des oGTT können der Tabelle 88 entnommen werden.

Ein ähnlicher Einfluß des Alters auf die Glukosetoleranz wird auch in der Literatur beschrieben. Hong et al. (1989) fanden beim Screeningtest mit 50 g Glukose bei Schwangeren von <24 Jahren einen Einstundenwert von 106,1 (±35,9) mg/dl (5,9 [±2] mM), bei ≥24 Jahren hingegen einen entsprechenden Wert von 117,4 (±35,9) mg/dl (6,5 [±2] mM). Dementsprechend steigt auch die Rate des GDM mit zunehmendem mütterlichen Alter (O'Sullivan et al. 1973, Granat et al. 1979, Coustan et al. 1989).

Eigene Untersuchungen konnten zeigen, daß >30jährige ein relatives GDM Risiko von 2,9 und >35jährige von 5,4 haben, wenn sie mit Schwangeren <30 Jahren verglichen werden (siehe auch: Häufigkeit des GDM, S. 142, Tabelle 48).

Tabelle 88. Grazer Diabetesanalysen. Alter der Schwangeren und Glukosetoleranz in Gruppen mit vergleichbarem Körpergewicht

	N	≤ 20 a	N	≥35 a	p
Nüchternblutzucker	60		51		
		69 (±8)		75 (±9)	0,004
		3,8		*4,2*	
50 g Belastung	20		15		
1 h		99 (±16)		123 (±17)	0,002
		5,5		*6,8*	
2 h		82 (±15)		84 (±22)	n.s.
		4,5		*4,7*	
1 g/kg Belastung	20		20		
1 h		106 (±20)		128 (±27)	0,016
		5,9		*7,1*	
2 h		90 (±15)		99 (±23)	n.s.
		5,0		*5,5*	
100 g Belastung	20		16		
1 h		114 (±23)		128 (±29)	n.s.
		6,3		*7,1*	
2 h		94 (±17)		112 (±27)	0,050
		5,2		*6,2*	

Angaben in mg/dl (Mittelwerte ± SD); *kursiv* mM

Der Parität wird ebenfalls ein Einfluß auf die Glukosetoleranz in der Schwangerschaft beigemessen. KRITZ-SILVERSTEIN et al. fanden an einem großen Untersuchungsgut mit zunehmender Parität einen mäßigen Anstieg des Risikos für Glukosetoleranzstörungen und NIDDM (odds-ratio 1,10 bzw. 1,16 pro Schwangerschaft). Eine höhere Parität ist jedoch mit einem höheren Alter und mit einem höheren Körpergewicht assoziiert (GROSS et al. 1980). Nach Anpassung des Alters und des Gewichtes konnten wir in unserem Patientengut keinen Einfluß der Parität auf die Glukosetoleranz bei Schwangeren nachweisen. Andere Untersuchungen sowohl in als auch außerhalb der Schwangerschaft ergaben ebenfalls keinen Einfluß der Parität auf die Ergebnisse des oGTT (BOYKO et al. 1990, COLLINS et al. 1991, MANSON et al. 1992).

5.8.5 Der Einfluß einer Zwillingsschwangerschaft

Wenig ist über den Einfluß von Mehrlingen auf die mütterliche Glukosetoleranz bekannt. Untersuchungen mit einem intravenösen Glukosetoleranztest (0,5 g/kg oder 25 g) ergaben keine Unterschiede der Glukosetoleranz bei Einlings- und Zwillingsschwangerschaften (SPELLACY et al. 1980, NAIDOO et al. 1985).

Nach eigenen Untersuchungen hingegen und bei oraler Glukosebelastung war die Glukosetoleranz bei Zwillingen herabgesetzt (WEISS 1988, 1998) (Tabelle 89).

Tabelle 89. Grazer Diabetesanalysen. Glukosetoleranz bei 18 Zwillings- und 18 Einlingsschwangerschaften nach Gestationsalter (~28 Wochen), mütterlichem Alter (~28 Jahre), Gewicht (~64 kg) und Parität angepaßt

	Nü	1 h	2 h
Einlinge	68	108	84
Zwillinge	68	127	94
Unterschied	0	+19[a]	+10

Angaben in mg/dl; [a] p 0,037

CORCOY et al. (1995) fanden bei Zwillingen einen erhöhten Trend zu GDM (20,6 % vs. 12,5 %, $p = 0{,}054$) und ein früheres Auftreten von GDM ($p < 0{,}01$) als bei Einlingen. Auch WEIN et al. (1992) fanden bei Zwillingsschwangerschaften eine höhere GDM Rate als bei Einlingen (7,4 % vs 5,6 %, $p = 0{,}025$) und darüber hinaus höhere Raten an späterer Diabetesmanifestation (18,5 % vs. 7,4 %). Daß Zwillinge den mütterlichen Glukosehaushalt stärker beanspruchen als Einlinge, ist auch an einer verstärkten Ketoseneigung nach prolongiertem nächtlichen Fasten erkennbar (CASELE et al. 1996).

5.8.6 Ethnische Einflüsse

Die Ethnizität hat einen bedeutenden Einfluß auf die Glukosetoleranz (NAHUM und HUFFAKER 1993). Nach Untersuchungen von GREEN et al. (1990) an einer multiethnischen Bevölkerung betrug der 1 h-Wert nach einem oGTT mit 50 g Glukose bei Chinesinnen im Mittel 134,8 mg/dl, bei Frauen spanischer Herkunft 124,4 mg/dl, bei Weißen nicht spanischer Herkunft 121,4 mg/dl und bei Schwarzen 113,3 mg/dl. Dementsprechend variierten die Raten des GDM zwischen 1,7 und 7,3 %.

Im Vergleich zu Europäern ist die Rate des GDM in verschiedenen ethnischen Gruppen drei- bis elffach höher (HAMMAN et al. 1989, DOWSE et al. 1992, DORNHORST et al. 1992, LIVINGSTON et al. 1993, BENJAMIN et al. 1993, SAMANTA et al. 1989). Dies betrifft besonders verschiedene Indianerstämme in Nordamerika (Pima, Zumi, Ojibwa-Cree), aber auch Inderinnen, afro-karibische Frauen, Frauen aus Südostasien und aus arabischen Mittelmeerländern. Genauere Daten und Literaturangaben zu ethnischen Variationen finden sich im Kapitel „Häufigkeit des GDM", S. 142.

5.8.7 Diätetische Einflüsse, Magenentleerung

Die Richtlinien der etablierten Methoden enthalten stereotyp die Empfehlung, daß zumindest drei Tage vor einem oGTT in der Schwangerschaft eine normale kohlenhydratreiche Kost eingehalten werden soll. Eine Kalorienrestriktion scheint jedoch keinen wesentlichen Einfluß auf den oGTT zu haben (MEJEAN et al. 1984, ENTREKIN et al. 1998). Die Flächen unter den 3 h-oGTT-Kurven sind vor Beginn einer Diät und unter einer Diät mit 1000–1200 kcal trotz einer signifikanten Verbesserung der Glukoseprofile praktisch gleich (COETZEE und JACKSON 1980, MAGEE et al. 1990). Nach einer Diät hingegen, in der 30 % der Kalorien in Form von Weizenkleie verabreicht werden, kommt es nach Glukosebelastung zu einem höheren Anstieg der Blutglukose (REISER et al. 1979).

Die Verweildauer der Glukoselösung im Magen kann die Ergebnisse des oGTT beeinflussen. Die Zeit der Magenentleerung wird durch Rezeptoren im Dünndarm geregelt (LIN et al. 1989, 1990) und wird durch die Osmolarität und Zusammensetzung des Mageninhaltes und durch die Schwangerschaft beeinflußt (SCHWARTZ et al. 1990, 1992; PHILLIPS et al. 1991). Variationen der Magenentleerung sind für rund 34 % der Varianz des Blutglukosepeaks nach Glukosebelastung mit 75 g verantwortlich (DE LEACY und COWLEY 1989, HOROWITZ et al. 1993). Ein fruktosehaltiger Mageninhalt entleert sich rascher als ein glukose- oder xylosehaltiger Mageninhalt (MORAN und MCHUGH 1981, ELIAS et al. 1986). Die Geschwindigkeit der Magenentleerung wird jedoch auch von der vorangegangenen Diät (RIGAUD et al. 1988, CUNNIGHAM et al. 1991) und dem Blutzuckerspiegel (OSTER-JORGENSEN et al. 1990) beeinflußt. Zugaben von Glukose zur Nahrung über einige Tage führt zu einer rascheren Magenentleerung und beeinflußt damit die Glukosetoleranz (HOROWITZ et al. 1996). Während einer Schwangerschaft scheinen diese Einflüsse weniger ausgeprägt zu sein, da die Schwangerschaft per se durch die Progesteronwirkung den Tonus der glatten Muskulatur und dadurch die Magenentleerung und die Motilität des Darmes herabsetzt (Wald et al. 1981, Fraser et al. 1988). Aus diesen Gründen hat eine hyperosmotisch verzögerte Magenentleerung in der Schwangerschaft einen geringeren Einfluß auf den glykämischen Respons als außerhalb der Schwangerschaft (Stanley et al. 1995). Dennoch konnte beim GCT eine bessere Verträglichkeit durch Lösung von 50 g Glukose in 450 ml (0,62 mol/L) anstatt in 150 (1,85 mol/L) ml beobachtet werden (Schwartz et al. 1994). Darüber hinaus waren sowohl der Blutglukosespiegel als auch der Seruminsulinspiegel der Probanden nach 30 Minuten als Zeichen einer rascheren Absorption bei der verdünnten Lösung höher als bei der konzentrierten Lösung. Ähnliche Ergebnise wurden beim Ersatz der Glukose durch ein Glukosepolymer beschrieben (Court et al. 1985).

Beim eigenen Testprotokoll mit 75 g Glukose in 250 ml Wasser hatten 97 % aller GDM ihr Glukosemaximum nach einer Stunde. Nur 3 % der GDM hatten 1 h-Werte < 160 mg/dl und 2 h-Werte > 160 mg/dl als Hinweis einer verzögerten Magenpassage.

5.8.8 Einfluß der Tageszeit

Die Glukosetoleranz unterliegt einem Tagesrhythmus (Grabner et al. 1975). Bei Normalgewichtigen ist am Abend die Glukosetoleranz die Insulinsensitivität und der Insulinresponse der Betazellen auf Glukosereize im Vergleich zum Morgen herabgesetzt (Jarrett et al. 1972, Aparicio et al. 1973). Dieser Tagesrhythmus tritt auch bei Schwangeren auf (Galimberti et al. 1994). Der Unterschied des 1 h-Wertes beträgt 13–17 mg/dl (0,7–0,9 mmol/l) (Aparicio et al. 1998). Der Mechanismus dieses Tagesrhythmus ist nicht eindeutig geklärt, es werden jedoch Unterschiede in der Insulinproduktion (Carroll und Nestel 1973, Zimmet et al. 1974, Aparicio et al. 1974, Wichelow et al. 1974, Federspil et al. 1984), der Insulinsensitivität (Jarrett und Keen 1970, Baker und Jarrett 1972, Sensi 1974), der Anzahl und Affinität von Insulinrezeptoren (Pedersen et al. 1982) und/oder in insulinunabhängigen Mechanismen (Baron et al. 1985, Ader et al. 1985) angenommen.

Bei Adipösen ist die Glukosetoleranz zwar insgesamt herabgesetzt, die Glukosetoleranz und Insulinsensitivität bleibt im Tagesverlauf jedoch im wesentlichen unverändert, während sich der Insulinresponse nur marginal verändert (Lee et al. 1992). Bei adipösen GDM wurde sogar eine Umkehr der zirkadianen Rhythmik beschrieben. Dabei war nach i. v. Glukosegabe der Insulinresponse in den Morgenstunden zwar verlängert, er war jedoch am Nachmittag (16 Uhr) höher (Kofinas et al. 1988).

Bei Schwangeren mit klinischen und anamnestische Diabeteshinweisen und erhöhtem statistischem Risiko eines GDM, kann die Tagesrhythmik des oGTT (08.00 vs. 16.00 h) verstärkt ausgeprägt sein (Aparicio et al. 1998). Der Unterschied der 1 h-Werte beträgt dann unabhängig vom Gewicht der Schwangeren rund 40 mg/dl (2,2 mmol/l). Übersteigen die oGTT Werte nur am Abend die diagnostischen Limits, verhalten sich die Frauen jedoch metabolisch wie GDM und es sind in der Regel auch episodische Auffälligkeiten des Tagesprofiles und erhöhte Makrosomieraten nachweisbar (Aparicio et al. 1998). Ein positiver oGTT am Abend hat daher klinische Signifikanz und sollte eine Behandlung oder zumindest Kontrollen nach sich ziehen.

5.8.9 Temperatureinflüsse

Die Umgebungstemperatur scheint ebenfalls einen Einfluß auf die venöse Glukosekonzentration und damit auf Ergebnisse des oGTT zu haben (Akanji et al. 1987, Vallerand et al. 1988, Akanji und Oputa 1991, Schmidt et al. 1994). Während die mittleren Nüchternwerte übereinstimmen ist der mittlere 2-Stundenwert bei höherer Temperatur (25–31 °C) signifikant höher als bei niedrigerer Temperatur (5–14 °C). Der Unterschied beträgt 19 mg/dl (1,03 mmol/L) (Schmidt et al. 1994) und ist wahrscheinlich durch veränderte arteriovenöse Gradienten aufgrund der unterschiedlichen Durchblutung der oberen Extremitäten zurückzuführen (Katz et al. 1983, Frayn et al. 1989). In einer brasilianischen Studie wurden daher an warmen Tagen doppelt soviel Glukosetoleranzstörungen diagnostiziert als an kühleren Tagen, was eine Temperaturstandardisierung in klimatisch heißen Zonen nahelegt (Schmidt et al. 1994). Im eigenen Krankengut war innerhalb eines Jahres bei 237 oGTT in der warmen Jahreszeit (Mai bis August) die Rate an Glukosetoleranzstörungen um 1,8 % höher als bei 395 oGTT in der übrigen Jahreszeit. Der Unterschied war jedoch statistisch nicht signifikant. Dies war auch nicht zu erwarten, da die „Heizperiode" in gemäßigten Zonen Unterschiede ausgleicht. Während die Außentemperatur einen Einfluß über Durchblutungs- und Stoffwechselveränderungen entfaltet, kann die Temperatur der Probe die Ergebnisse bei Reflexphotometern und elektrochemischen Photometern durch Beeinflussung der chemischen Reaktionsgeschwindigkeit, besonders im hohen Glukosebereich, beeinflussen (Barbour 1988, Yamasaki et al. 1989, Fazel et al. 1996). Dies ist auch bei hypothermen oder fiebernden Diabetikerinnen zu beachten (Fazel et al. 1996).

5.8.10 Rauchen

Das Rauchen, speziell von Zigaretten, scheint die Inzidenz des NIDDM (Freskens und Kromhout 1989, Rimm et al. 1993), aber auch des GDM (Solomon et al. 1997) anzuheben und den Lipidstoffwechsel sowie die Insulinresistenz chronisch zu beeinflussen (Willet et al. 1983, Craig et al. 1989, Facchini et al. 1992). Das relative Risiko des GDM bei Raucherinnen beträgt 1,43 (95 % CI 1,14–1,80) (Solomon et al. 1997). Das Rauchen senkt jedoch auch akut die Insulinsensitivität und damit die Glukosetoleranz (Frati et al. 1996). Schwangere sind daher anzuhalten, während des Wartens auf die Blutzuckerbestimmungen nicht zu rauchen, da die Ergebnisse des oGTT anderenfalls verfälscht werden können.

5.8.11 Glukosebestimmungsmethoden

Die Resultate der Blut-Glukose-Bestimmungen hängen von vier Faktorengruppen ab:

1. Der Verwendung von Vollblut, Plasma oder Serum,
2. der Verwendung von venösem oder kapillärem Blut,
3. der eventuellen Vornahme einer Enteiweißung und
4. der angewandten Bestimmungmethode.

Die heute verfügbaren enzymatischen Glukosebestimmungsmethoden mit Glukosedehydrogenase, Hexokinase oder Glukoseoxydase sind spezifisch und ergeben sehr ähnliche und reproduzierbare Ergebnisse, insbesondere wenn eine permanente Qualitätskontrolle mit Testsera erfolgt. Die Blutproben müssen jedoch möglichst rasch nach ihrer Entnahme analysiert werden, da die Glukose einer weiteren Glykolyse unterliegt (Chan et al. 1990, Joosten et al. 1991). Um diese Glykolyse zu vermeiden muß das Blut entweder unmittelbar analysiert, sofort zentrifugiert, auf Eis gelagert oder einer Proteinpräzipitation unterzogen werden. Das Blut kann auch mit EDTA, Natriumfluorid, Natriumoxalat oder Natriumjodazetat haltbar gemacht werden. Die Glykolyse wird jedoch auch damit nicht komplett unterbunden, die Abnahme des Glukosespiegels in den ersten zwei Stunden beträgt 5–10 %. Der stärkste Abfall der Glukose findet in den ersten 30 Minuten statt. Bei positiven Screening Tests nach unmittelbarer Glukosemessung, waren trotz Beimengung von Natriumfluorid 17 % der Tests negativ, wenn die Messung erst 30 Minuten nach der Blutabnahme erfolgte (Corcoy et al. 2000). Dies wirkt sich negativ auf die Sensitivität des Screenings aus.

Bei der Organisation eines generellen Diabetesscreenings in der Schwangerschaft muß darauf Bedacht genommen werden, daß der überwiegende Anteil der Schwangeren von niedergelassenen Ärzten betreut wird, denen kein permanent besetztes oder automatisiertes Laboratorium, wie einem Krankenhaus, zur Verfügung steht. Eine Methode für die Arztpraxis muß daher einfach und billig sein, ohne daß die Genauigkeit und Präzision darunter leidet.

In letzter Zeit wird in zunehmendem Maße ein (Vor)screening mittels Teststreifen und Auswertegeräten propagiert, die auf unterschiedlichen Testprinzipien beruhen. Glukose Teststreifen mit Farbauswertung beruhen in der Regel auf einer Glukoseoxydasemethode (Fazel et al. 1996). Andere, wie etwa die ExacTech Methode mißt die elektrische Spannung der Peroxyde, die bei einer Glukose Oxydase Reaktion entstehen (Matthews et al. 1987).

Schnellmethoden mit Teststreifen und Glukometer sind zwar ausgezeichnet für bettseitige Kontrollen bei bekanntem Diabetes oder für die Selbstkontrolle bei Insulintherapie geeignet, die meisten sind jedoch für diagnostische Zwecke mit definierten Grenzwerten zu ungenau (Bergman et al. 1989, Carr et al. 1989, Metzger 1991, Brunner et al. 1998, Regal et al. 1989, Harkness et al. 1991). Die diesbezüglichen Meinungen sind jedoch uneinheitlich. Von einer Reihe von Untersuchern wurde die Genauigkeit von Glukometern auch für diagnostische Zwecke als ausreichend bezeichnet. Es werden als Vorzüge die rasche Verfügbarkeit der Werte, die gute Akzeptanz durch die Patienten, die Einfachheit und Billigkeit angeführt (LANDON et al. 1986; WEINER et al. 1987; DACUS et al. 1989; YOO und CHAO 1989; MURPHY et al. 1994; DILLON et al. 1997).

Die Beurteilung von Glukometern für ein GDM Screening ist jedoch mehrheitlich negativ (BERGMAN et al. 1989, CARR et al. 1989, Summary and Recommendations of the Third International Workshop-Conference on Gestational Diabetes Mellitus 1991). CARR et al. (1989) fanden bei der Testung vier verschiedener Glukometer signifikant höhere Variationskoeffizienten (VC 6,8 %–9,6 %) als bei naßchemischen Labormethoden (1 %–2,3 %). Sie beurteilten Glukometer deshalb negativ und für den in den USA üblichen 50 g-GCT als zu teuer, weil die Glukometermethode durch falsch positive Ergebnisse in 45,2 % einen oGTT nach sich zog, während bei der Labormethode nur in 16 % ein oGTT erforderlich war. Neuere Untersuchungen derselben Prüfer (CARR et al. 1995) an neuentwickelten Geräten kommen zu ähnlichen Ergebnissen. Die Präzision ist bei den meisten Glukometern für einen diagnostischen Test nicht ausreichend. Der VC beim One Touch II Gerät war nur bei Kapillarblut mit 2,7 % ausreichend niedrig. Bei venösem Blut und Plasma und bei kapillarem Plasma hingegen war der VC mit 3,6 %, 7,8 % und 5,7 % für ein diagnostisches Verfahren zu hoch. Beim ExacTech Gerät betrug der VC für venöses oder kapilläres Blut 5,4 % und 8,1 %. Plasmaglukose kann mit diesem Gerät nicht gemessen werden. Demnach ist das ExacTech Gerät für ein diagnostisches Screening ebenfalls nicht geeignet (CARR et al. 1995).

Lediglich das HemoCue Gerät hatte für venöses Blut und Kapillarblut einen VC von 3,0 % und 2,3 %. Die Präzision ist auch im Hypoglykämischen Bereich ausreichend (TRAJANOSKI et al. 1996). Das Gerät ist daher für diagnostische Untersuchungen geeignet. Eine der häufigsten Fehlerquellen von Glukometern ist die variierende Blutmenge am Teststreifen. Liegt die Blutmenge unter 5–10 µl werden bei den meisten Geräten drastisch niedrigere Glukosespiegel gemessen (VELAZQUEZ und BATHOLOMEW 1996). Dieser Fehler kann beim HemoCue Gerät nicht auftreten, da die Blutmenge durch eine selbstfüllende Küvette konstant ist. Das HemoCue Gerät ist auch bestens für wissenschaftliche Studien geeignet. Es ist mobil und benötigt im Vergleich zum Beckman Glukose Analyzer II oder dem Cobas BIO Glukoseanalyzer nur geringen Wartungsaufwand (RASSAM et al. 1998).

Eigene Untersuchungen (1995) mit Kapillarblut ergaben beim HemoCue Gerät einen VC von 2,6 %, beim Sensor Elite einen VC von 5,5 % und beim Glukotrend einen VC von 7 %. Die Sensor Elite Werte betrugen 64 %–114 % (im Mittel 106 %) der naßchemisch bestimmten Werte und waren insbesondere im oberen Meßbereich zu hoch (112 %) (Abb. 46).

Die zu hohen Werte im oberen Meßbereich führen zu einer Überdiagnose des GDM. Während mit der naßchemischen Methode 12 % und mit der HemoCue Methode 13 % der getesteten Schwangeren einen positiven

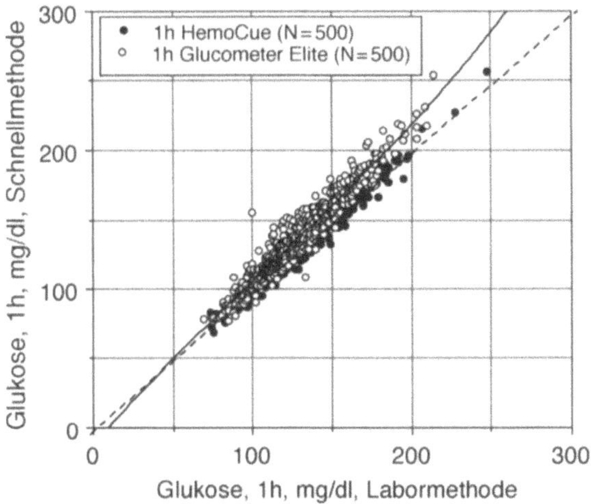

Abb. 46. Grazer Diabetesanalysen. Korrelation bei Doppelbestimmungen der Blutglukose bei 1000 *oGTTs* (75-g 1-h, Kapillarblut) mittels einer Labormethode (Granutest® 250, Gluc-DH® Methode, Diagnostica Merck, Darmstadt) und zweier Schnellmethoden (Glucometer Elite®, Bayer, München, BRD und HemoCue® AB, Ängelholm, Schweden). —— Regressionskurve Glucometer Elite; ----- Regressionskurve HemoCue

oGTT hatten (1 h-Wert >160 mg/dl), waren mit der Sensor Elite Methode 21 % positiv. Auch andere Untersucher fanden beim Vergleich von Monitormethoden und naßchemischen Labormethoden unterschiedliche Glukosemittelwerte bei ansonst hoher Korrelation (Landon et al. 1986). Dementsprechend wurden für den 50 g-GCT je nach verwendetem Glukosemonitor Grenzwerte zwischen 140 mg/dl und 163 mg/dl (7,8 und 9,1 mmol/L) empfohlen (siehe Kapitel [Vor]screening).

Aber auch andere Fehlerquellen sind möglich und müssen beachtet werden. Accu-Check 3, One-Touch, und Satellite 3 Glukometer können besonders im oberen Meßbereich temperaturabhängig sein und werden somit vom Klima beeinflußt. Die Glukosewerte des One Touch II Gerätes wurden jedoch durch das feuchtheiße Wetter bei Testreihen in Florida nicht verfälscht (Silverstein et al. 1995).

Auch die Höhe über dem Meeresspiegel kann die Meßergebnisse verfälschen (Giordano et al. 1989, Gautier et al. 1996, Barnett et al. 1987, Piepmeier et al. 1995, Pecchio et al. 2000). Mit zunehmender Seehöhe wird die Blutglukose unterbestimmt. Andere Faktoren mit Einfluß auf die Meßergebnisse sind in den Kapiteln Selbstkontrolle und (Vor)screening (S. 457 und 206) genauer beschrieben.

Die HemoCue-Methode erwies sich bereits außerhalb der Schwangerschaft und unter Studienbedingungen als zuverlässig (Steige et al. 1992, Voss und Cembrowski 1992, Karcher et al. 1992, Ashworth et al. 1992). Sie verbindet die Einfachheit einer Teststreifenmethode mit der Genauigkeit einer Labormethode. Anstatt eines Teststreifens wird eine Einmalküvette verwendet, die bei Berührung eines Bluttropfens selbsttätig 5 µl Blut aufnimmt. Da die Messung unmittelbar erfolgt, werden Fehler durch Glykolyse während des Transportes in ein Zentrallabor vermieden (ANDERS et al. 1996). Nach Einführen der Einmalküvette in das tragbare Meßgerät ist der Blutzuckerwert innerhalb von 20 bis 240 Sekunden abzulesen. Die Methode kann bei Bedarf auch mit verdünntem Vollblut durchgeführt werden.

Die Machbarkeit und Zuverlässigkeit dieser Methode bei Schwangeren wurde an unserer Klinik unter Routinebedingungen geprüft und durch Parallelbestimmungen mit den Ergebnissen einer etablierten naßchemischen Labormethode verglichen (WEISS et al. 1994) (Abb. 47).

Beide Methoden beruhten auf einer enzymatischen Bestimmung der Glukose mittels Glukosedehydrogenase.

Die Labormethode erfordert jedoch die Blutabnahme, eine Enteiweißung mit Perchlorsäure-Perchlorat-Lösung, Mischen und Zentrifugieren, Pipettieren des Überstandes in Reaktionsgefäße und Zupipettieren der Reaktionslösung, 10 bis 60 Minuten Inkubieren, Überführen in Küvetten, Vermessen am Photometer und Berechnen der Glukosekonzentration. Für jede Analyse muß ein Reagenzienleerwert mitgeführt werden. Der Arbeitsaufwand für eine Blutzuckerbestimmungen beträgt ~18 Minuten, der Zeitaufwand über eine Stunde.

Bei der HemoCue Methode ist die selbstfüllende Mikroküvette gleichzeitig Pipette, Reagenzglas und Meßgefäß. Sie enthält alle Reagenzien in trockener Form wie Saponin als Hämolysereagenz und Mutarotase zur

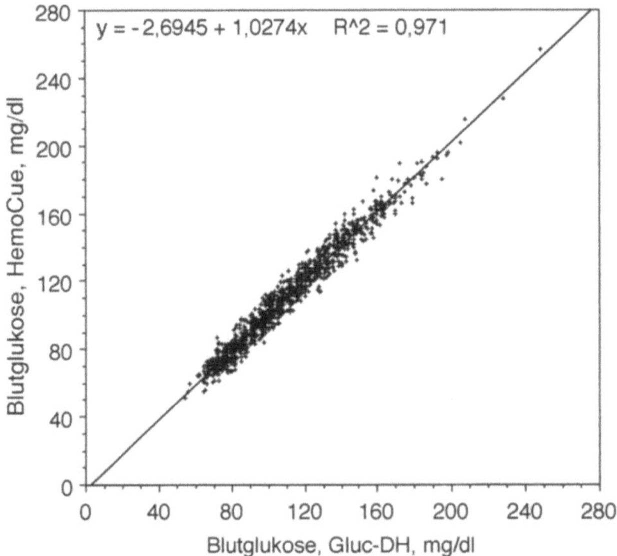

Abb. 47. Grazer Diabetesanalysen. Lineare Regression aus 1500 Doppelbestimmungen der Blutglukose bei 500 *oGTTs* mittels der Labormethode Granutest® 250, Gluc-DH® Methode, Diagnostica Merck, Darmstadt) und der Schnellmethode (HemoCue® AB, Ängelholm, Schweden) (nach WEISS et al. 1994)

Beschleunigung der Umwandlung von α-D-Glucose in β-D-Glucose. Letztere wird mit Nicotinamid-Adenin Dinucleotid (NAD) unter Einwirkung von Glucose-Dehydrogenase als Katalysator zu NADH umgewandelt. NADH und MTT, ein chromogenes Tetrazoliumsalz, reagieren unter der katalytischen Einwirkung des Enzyms Diaphorase zu NAD und MTTH, welches nach Stillstand der Reaktion bei zwei Wellenlängen (660 nm und 840 nm) gemessen wird.

Das handliche Photometer ist entsprechend der naßchemischen Glukose-Dehydrogenase-Methode zur Glukosebestimmung aus hämolysiertem Vollblut standardisiert. Diese Kalibrierung wurde nochmals durch die IDGC-MS Methode (Isotope Dilution Gas Chromatography/Mass Spectrometry) überprüft. Der Zeitaufwand von der Blutabnahme bis zum Ergebnis beträgt rund 3 Minuten.

Um die Zuverlässigkeit der HemoCuemethode im Routinebetrieb nachzuweisen, wurden Parallelbestimmungen unter Routinebedingungen durchgeführt. Das heißt, die Blutzuckerbestimmungen erfolgten an 165 verschiedenen Tagen von 5 verschiedenen technischen Assistentinnen und mit verschiedenen Reagenzienchargen.

Nach dem Zufallsprinzip wurden in willkürlichen Abständen bei 584 Blutproben entweder mit der Labormethode oder mit der HemoCue-Methode Doppelbestimmungen durchgeführt. Bei randomisierten Blutproben wurde die Glukose mit der Labormethode von zwei verschiedenen technischen Assistentinnen simultan bestimmt.

Die Nüchtern-, Einstunden- und Zweistundenwerte der oGTTs waren bei der Labormethode und bei der HemoCue-Methode praktisch identisch (Tabelle 90).

Es besteht eine hochsignifikante Korrelation zwischen den Glukosewerten der Labormethode und der HemoCue-Methode (R: 0,99, $p < ,0001$), den

Tabelle 90. Grazer Diabetesanalysen. Ergebnisse bei 500 Parallelbestimmungen des oGTT mit unterschiedlichen Glukosebestimmungsmethoden

		Labormethode Gluc-DH			Schnellmethode HemoCue		
		Nü	1 h	2 h	Nü	1 h	2 h
Mittelwert		76,8	128,1	106,3	75,1	129,4	107,1
(± SD)		(7,0)	(26,2)	(20,6)	(7,0)	(26,8)	(21,4)
Minimum		57	73	54	60	69	51
Maximum		108	248	205	112	257	202
Perzentilen	3 %	66	83	71	64	85	70
	10 %	69	96	81	67	95	80
	25 %	72	109	94	71	110	94
	50 %	76	126	104	74	127	106
	75 %	80	144	119	79	147	119
	90 %	86	162	134	85	164	134
	97 %	93	196	169	90	195	169

Glukosewerten der Doppelbestimmungen mit der Labormethode (R: 0,99, p<,0001), den Glukosewerten der Doppelbestimmungen mit der Hemo-Cue-Methode (R: 0,99, p<,0001) sowie der Doppelbestimmungen mit der Labormethode durch verschiedene technische Assistentinnen (R: 0,98, p<,0001) (WECKER et al. 1993, WEISS et al. 1994).

Der Variationskoeffizient (VC) zwischen der Labormethode und der Schnellmethode beträgt ± 2,6 %. Er ist damit von derselben Größenordnung wie der VC von ± 2,3 % bei der simultanen Anwendung der Labormethode durch zwei medizinisch technische Assistentinnen. Diese Variationen sind minimal, wenn man bedenkt, daß bereits zwei aufeinanderfolgende Blutstropfen aus demselben Einstich unterschiedliche Blutglukosespiegel haben können.

Ähnlich gute Ergebnisse ergaben Untersuchungen von CARR et al. (1995) sowie von ANDERS et al. (1996). Bei Parallelbestimmungen in 13 Zentren betrug der Variationskoeffizient mit verschiedenen Geräten und Operatoren (Schwestern und Hebammen ohne spezielle Laborausbildung) innerhalb eines Jahres im Bereich von 5,4 mmol/L und 10 mmol/L 3,7 % und 3,1 %. Das HemoCue System ist daher für niedergelassene Ärzte in der Praxis für ein Screening gut geeignet und in den USA von der Food and Drug Administration (FDA) als diagnostisches Gerät zugelassen (ANDERS et al. 1996).

5.8.12 Glukosespiegel in Kapillarblut und venösem Plasma

Der Glukosespiegel in venösem Vollblut ist niedriger als in venösem Plasma, da venöses Vollblut je nach Hämatokrit durch die korpuskulären Blutanteile „verdünnt" wird. Andererseits ist Kapillarblut vorwiegend arterielles Blut welches im Mittel einen höheren Glukosespiegel als venöses Blut hat. Außerhalb der Schwangerschaft besteht ein beträchtlicher Unterschied des Glukosespiegels von Kapillarblut und venösem Blut nach Glukosebelastung. Der Unterschied beträgt 20–30 mg/dl und ist vorwiegend zum Zeitpunkt des Glukosepeaks nachzuweisen, während sich der Nüchternblutzuckerspiegel kaum unterscheidet (Tabelle 91). Die arteriovenöse Glukosedifferenz ist von der verabreichten Glukosemenge weitestgehend unabhängig (FÖRSTER et al. 1972).

Tabelle 91. Glukosekonzentration in venösem Blut, Kapillarblut und arteriellem Blut nach oraler Belastung mit 100 g Glukose außerhalb der Schwangerschaft (nach FÖRSTER et al. 1972)

Probe	NBZ	30 min	1 h	2 h
Venöses Blut	90	154	118	93
Kapillarblut	90	185	141	106
Arterielles Blut	92	187	140	109

Angaben in mg/dl

Bei den Richtlinien der WHO wird bei der alternativen Verwendung von venösem Plasma oder Kapillarblut eine Korrektur von 20 mg/dl (1,11 mM) für die Nüchternwerte empfohlen während für die 2-Stundenwerte keine Korrektur vorgesehen ist. Diese Empfehlung ist in Anbetracht von Literaturhinweisen und eigenen Ergebnissen nicht ganz verständlich. Insgesamt wird bei den Empfehlungen der WHO bezüglich der Diagnose des GDM deutlich, daß diese auf Grundlagen beruhen, die außerhalb der Schwangerschaft erhoben wurden.

In der Schwangerschaft ist der arteriovenöse Unterschied durch die schwangerschaftsbedingte periphere Insulinresistenz geringer als außerhalb der Schwangerschaft (WEISS et al. 1998, NEELY et al. 1991). Diese Insulinresistenz ist bei GDM noch stärker ausgeprägt als bei stoffwechselgesunden Schwangeren. Eigene Untersuchungen konnten zeigen, daß die mittleren Insulinspiegel und C-Peptidspiegel 1 h nach Glukosebelastung bei gesunden Schwangeren und GDM praktisch ident waren (Insulin: 61 vs. 61 μE/ml; C-Peptid 8,0 vs. 8,7 ng/ml), während die 1 h-Glukosespiegel bei GDM signifikant höher waren als bei Stoffwechselgesunden. Dementsprechend waren bei GDM die Quotienten Glukose/Insulin (mg/dl/μE/ml: 0,361 vs. 0,516, $p < 0{,}05$) und Glukose/C-Peptid (mg/dl/ng/ml: 0,051 vs 0,071, $p < 0{,}006$) als Maß der peripheren Insulinresistenz gegenüber Stoffwechselgesunden signifikant erhöht (WEISS et al. 1998). Dazu kommt, daß der Glukosespiegel im kapillaren Vollblut durch die „Verdünnung" um den korpuskulären Anteil gegenüber venösem Plasma vermindert ist.

Bei intakter Glukosetoleranz ist der 1 h-Wert im venösen Plasma um 10 mg/dl oder 8,8 % niedriger als im Kapillarblut. Der Unterschied wird mit abnehmender Glukosetoleranz bzw. zunehmender peripherer Insulinresistenz immer kleiner (Tabelle 92). Er beträgt bei GDM durch die übersteigerte periphere Insulinresistenz nur mehr 2 mg/dl oder 1,2 % und kann daher vernachlässigt werden.

Bei den Empfehlungen der Diabetic Pregnancy Study Group (DPSG) der European Association for the Study of Diabetes (EASD) (LIND 1989) (Tabelle 94), wurden die besonderen Stoffwechselcharakteristika der Schwangerschaft berücksichtigt. Glukosespiegel in venösem Plasma oder Kapillarblut werden an gleichen Grenzwerten beurteilt.

Tabelle 92. Grazer Diabetesanalysen. Vergleich des Glukosespiegels im Kapillarblut und im venösen Plasma bei 30 unausgewählten Schwangeren nach Belastung mit 75 g Glukose. Die Patienten wurden nach ihrer Glukosetoleranz gruppiert (unpublizierte Daten 1992)

Gruppierung	N	Kapillarblut			Venöses Plasma			Differenz (%)		
		Nü	1 h	2 h	Nü	1 h	2 h	Nü	1 h	2 h
1 h-Wert < 130 mg/dl	13	77	114	95	81	104	96	+4	−10	+1
1 h-Wert 130–159 mg/dl	12	80	139	105	83	131	101	+3	−8	−4
1 h-Wert ≥ 160 mg/dl	5	81	170	111	84	168	115	+3	−2	−4

Tabelle 93. Grazer Diabetesanalysen. Simultanbestimmungen von Glukose in Kapillarblut und venösem Plasma bei 30 Kontrollen (A) und 30 GDM (B) nach Belastung mit 75 g oder 100 g

Belastung	Kapillarblut mg/dl			Venöses Plasma mg/dl			Unterschied mg/dl		
	Nü	1 h	2 h	Nü	1 h	2 h	Nü	1 h	2 h
A. Kontrollen									
75 g	80	125	110	81	115	104	+1	−10[a]	−6[b]
(SD)	(6)	(18)	(17)	(8)	(24)	(20)			
100 g	77	128	113	79	116	104	+2	−12[c]	−9[d]
(SD)	(7)	(14)	(21)	(6)	(21)	(17)			
B. GDM									
75 g	84	180	136	85	176	130	+1	−4	−6
(SD)	(9)	(15)	(32)	(11)	(19)	(33)			
100 g	83	178	149	87	173	149	+4	−5	0
(SD)	(12)	(24)	(20)	(12)	(28)	(25)			

Paired t-test: [a] p = 0,012, [b] p = 0,035, [c] p = 0,024, [d] p = 0,029

Bei einer kürzlich publizierten Analyse (Weiss et al. 1998) wurden Blutglukosewerte nach Glukosebelastung in Kapillarblut und venösem Plasma sowohl bei Kontrollen als auch bei GDM verglichen (Tabelle 93). Die Ergebnisse waren ähnlich wie bei vorangegangenen Untersuchungen.

Während bei den Kontrollen beim 1 h- und 2 h-Wert statistisch signifikante Unterschiede der Glukosespiegel im Kapillarblut und venösem Plasma vorlagen, waren bei GDM durch die gesteigerte Insulinresistenz weder nach Glukosebelastung mit 75 g noch mit 100 g Unterschiede nachweisbar (Tabelle 93).

Von Weiner et al. (1986) wurde beim Vergleich von Blutzuckerwerten in venösem Plasma und Kapillarblut ein Unterschied von 9–20 mg/dl (0,5–1,1 mM) angegeben, während andere Untersuchungen keine Unterschiede fanden (Dacus et al. 1989). Dabei wurden jedoch unterschiedlichen Glukosebestimmungsmethoden verwendet, da venöses Plasma naßchemisch untersucht wurde während die Kapillarwerte reflektometrisch oder elektrochemisch mittels Teststreifen gemessen wurden. Ein Vergleich ist daher unzulässig.

5.8.13 Vergleich etablierter Kriterien

Zur Zeit gibt es eine Unzahl unterschiedlicher Protokolle zur Beurteilung der Glukosetoleranz in der Schwangerschaft. Die Tabelle 94 zeigt nur einen Bruchteil der etablierten Methoden.

Keine dieser Methoden ist ideal oder generell anerkannt. In letzter Zeit gibt es Bemühungen universelle Kriterien zu entwickeln (Freinkel 1985, Metzger 1991, Pettitt et al. 1994, Sacks et al. 1995). Am weitesten verbreitet sind die NDDG Kriterien (National Diabetes Data Group 1979) und die WHO Kriterien (WHO 1985). Die Grazer Kriterien (WEISS 1988, 1996; WEISS et al. 1998) werden im deutschen Sprachraum zunehmend angewandt.

Die NDDG Kriterien sind In den USA am weitesten verbreitet. Dabei wird zunächst ein glucose challenge test (GCT) mit 50 g Glukose durchgeführt (WILKERSON und REMEIN 1957). Erst wenn dieser positiv ist (130–140 mg/dl), wird ein kommpletter 100 g-3 h oGTT angeschlossen. Im Einzelnen wird in den USA folgendes Vorgehen von >90 % der involvierten Ärzte akzeptiert (OWEN et al. 1995):

- Ein universelles Screening bei allen Schwangeren.
- Ein (Vor)screening mit einem 50 g-1 h GCT.
- Die Schwangeren müssen beim GCT nicht nüchtern sein.
- Der GCT wird zwischen der 24. und 28. Woche durchgeführt.
- Der GCT erfolgt bei Vorliegen von Risikohinweisen auch vor der 24. Woche.
- Bei positivem GCT (siehe S. 206) wird ein 100 g-3 h oGTT angeschlossen.

Tabelle 94. Verschiedene etablierte Kriterien zur Diagnose eines GDM

Kriterien	Glukose-belastung	Blut-fraktion	0 h	1 h	2 h	3 h	Anzahl erhöht
O'SULLIVAN und MAHAN	100 g	VB	90	165	145	125	≥2
NDDG Screening (GCT)	50 g	VP		140			1
NDDG Diagnose	100 g	VP	105	190	165	145	≥2
Kriterien nach LANGER et al.		VP	105	190	165	145	1
WHO[a] Diabetes	75 g	VP/KB	140		200		≥1
WHO[a] IGT	75 g	VP/KB	<140		140–200		2
Grazer Kriterien	75 g	KB		160			1
Carpenter und Coustan-Kriterien	100	VP	95	180	155	140	≥2
Melbourner Kriterien	50	KP	–	161	125		2
DPSG Kriterien LIND 1989	75	VP/KB	–	189	162		2

VB Venöses Blut, *VP* venöses Plasma, *KB* Kapillarblut, *KP* kapillares Plasma, *GCT* glucose challenge test, *IGT* impaired glucose tolerance, *NDDG* National Diabetes Data Group, *DPSG* Diabetic Pregnancy Study Group of the European Association for the Study of Diabetes; [a] WHO Expert Committee on Diabetes Mellitus (1980): Second Report

- Die Grenzwerte in venösem Plasma nach 0, 1, 2 und 3 Stunden betragen 105, 190, 165 und 145 mg/dl (5,8 / 10,6 / 9,2 und 8,1 mmol/L).
- Ein GDM wird bei überschreiten von 2 oder mehr Grenzwerten diagnostiziert.

Wird nur ein Grenzwert überschritten, wurde das weitere Vorgehen unterschiedlich angegeben und reicht von der Wiederholung des oGTT (42 %) über eine Diät (38 %), Routinevorsorge (17 %), periodische Blutzuckerbestimmungen (11 %), individualisierte Betreuung (8 %), Makrosomienachweis (5 %) bis zur Behandlung wie bei Gestationsdiabetes (4 %) (Owen et al. 1995).

Bei den WHO Kriterien werden nur die Nüchtern- und 2 h-Werte nach einer Belastung mit 75 g bewertet. Ein Diabetes wird bei Nüchternwerten >140 mg/dl (7,8 mM) und/oder 2 h-Werten >200 mg/dl (11,1 mM) diagnostiziert. Ein Nüchternwert <140 mg/dl bei einem 2h-Wert von 140–200 mg/dl wird als gestörte Glucosetoleranz (impaired glucose tolerance, IGT) eingestuft.

Sowohl die NDGG Kriterien als auch die WHO Kriterien haben verschiedene Nachteile. Die Nachteile der NDDG Kriterien umschließen den Bedarf an zwei Tests, Blutproben zu vier Zeitpunkten, eine Testdauer von drei Stunden, eine große Glukosemenge zur Belastung, die von den Schwangeren schlecht vertragen wird, und den Mangel an Vergleichbarkeit mit dem 75 g Test, der als Nachkontrolle nach der Schwangerschaft Standard ist.

Das (Vor)screening mit einem 50 g-1 h GCT verlängert die NDDG Prozedur auf insgesamt 4 Stunden verteilt über 2 Tage und addiert die Fehlerquellen beider Tests. Wegen des Aufwandes entziehen sich ~30 % der Patienten mit abnormalem GCT (≥140 mg/dl 1 h nach Belastung mit 50 g) dem 100 g-oGTT (Pettitt et al. 1994). Die Sensitivität des NDDG Tests muß daher um diesen Anteil reduziert werden. Darüber hinaus wird das Pankreas bei stark adipösen Patienten durch deren großen Verteilungsraum für Glukose durch den 50 g-GCT nicht ausreichend belastet (Weiss 1988, Berkus et al. 1993), wodurch der Test falsch negativ ausfallen kann.

Es bestehen ferner Unsicherheiten dadurch, daß der Zeitpunkt der letzten Nahrungsaufnahme der Schwangeren beim GCT ignoriert wird. Einige Autoren (Coustan et al. 1986, Sermer et al. 1994) empfehlen daher unterschiedliche Grenzwerte des GCT bei nüchternen oder nicht nüchternen Schwangeren, was zur weiteren Verwirrung beiträgt.

Da bei Schwangeren mit einem positiven GCT und negativem oGTT ein ähnlicher mütterlicher Hyperinsulinismus mit Insulinresistenz (Berkus et al. 1990) und ähnlich hohe Raten an makrosomen Kindern auftreten wie bei Schwangeren bei denen beide Tests positiv sind (15,6 % vs. 16,7 %) (Forsbach et al. 1988, Phillipou 1991), erhebt sich die Frage, wozu ein zweiter Test erforderlich sei.

Die WHO Kriterien sind einfacher als die NDDG Kriterien, sie wurden jedoch außerhalb der Schwangerschaft erstellt und werden willkürlich bei Schwangeren angewendet (Cheng et al. 1993). Mit Einschränkungen ist auch der WHO-Test für Schwangere geeignet (Pettitt et al. 1994, Sacks et al. 1995, Deerochanawong et al. 1996). Die WHO Kriterien identifizieren eine Foetopathie nach einigen Analysen sogar mit höherer Wahrscheinlichkeit als die aufwendigeren NDDG Kriterien (Pettitt et al. 1994, Deerochanawong et al. 1996). Der WHO Test beinhaltet auch die billigere und einfachere Option von Glukosebestimmungen im Kapillarblut anstatt im venösen Plasma und ist daher mit Werten der Selbstkontrolle bei GDM und mit dem postpatalen Test für die Nachkontrolle vergleichbar.

Die Sensitivität der IGT nach den WHO Kriterien für eine diabetogene Foetalerkrankung entspricht etwa den Carpenter und Coustan Grenzwerten, den Grazer Kriterien (Weiss 1988) oder den NDDG Kriterien mit nur einem erhöhten Grenzwert (Langer et al. 1987, Ryan 1995).

Wir betrachten das Fehlen des 1 h-Wertes bei der Beurteilung des Tests als den größten Nachteil der WHO-Kriterien, wodurch die Anzahl falsch positiver Tests erhöht ist.

Der Glukosepeak tritt außerhalb der Schwangerschaft bereits 15–20 Minuten nach Belastung auf, während er in der Schwangerschaft wegen der erhöhten Insulinresistenz und verzögerten Magenpassage erst nach einer Stunde auftritt.

Während foetale B-Zellen kaum auf einen kontinuierlichen Glukosereiz reagieren, bewirkt ein intermittierender Reiz eine Stimulation der foetalen Insulinproduktion (Grasso et al. 1975, Sodoyes-Goffaux und Sodoyes 1976, Sodoyes-Goffaux et al. 1979). Daher ist, anders als bei Nicht-Schwangeren, die Höhe und nicht die Breite des Blutzuckergipfels nach Belastung von Bedeutung, da die Peakhöhe das Ausmaß des Impulses auf den Foetus wiederspiegelt. Im niedrigeren präprandialen Blutzuckerbereich hat der Foetus einen Schutz durch die Plazentaschranke (siehe auch S. 95 ff). Dementsprechend hat der Glukosepeak, der gleichsam über die Plazentaschranke hinwegschwappt, einen höheren Vorhersagewert für die Entwicklung einer Foetopathie oder Makrosomie als Nüchternwerte (Jovanovic-Peterson et al. 1991, Combs et al. 1992, Weiss 1996). Diese Plazentaschranke im unteren Glukosebereich ist auch für die Therapiekontrolle von Bedeutung. Wird die Insulintherapie bei GDM mehr nach postprandialen als nach präprandialen Werten ausgerichtet, kommt es weniger häufig zur Makrosomie oder Hypoglykämie der Neugeborenen (Parfitt et al. 1992, Di Veciana et al. 1995).

5.8.14 Grenzwerte

Die Glukosetoleranz in der Schwangerschaft ist ein Kontinuum, welches durch eine nach rechts verschobene Verteilungskurve charakterisiert ist, wobei keine klare Abgrenzung zwischen normal und abnormal möglich ist (Dornhorst 1994). Eine kontinuierlich ansteigende Glukoseintoleranz bei Schwangeren mit Blutzuckerwerten, die noch unter den derzeitigen NIH-Grenzwerten für GDM liegen, ist bereits mit einer steigenden Rate von Kaiserschnitten, Präeklamsie, Makrosomie, neonatalem Bedarf an Phototherapie, sowie mit einer erhöhten mütterlichen und neonatalen Verweildauer im Spital assoziiert (Sermer et al. 1995).

Die Grenzwerte des oGTT der verschiedenen etablierten diagnostischen Kriterien sind daher auch unterschiedlich und in hohem Maße willkürlich gewählt (Naylor 1989). Bei den WHO Kriterien und bei der Konversion der original O'Sullivan und Mahan Kriterien zu den NDDG Kriterien wurden die Grenzwerte für die Diagnose eines GDM von Blutglukosewerten außerhalb der Schwangerschaft abgeleitet.

Zur Diagnose eines GDM werden in der Regel neben dem Nüchternwert die 1 h- und 2 h-Werte, in den USA auch 3 h-Werte nach Glukosebelastung beurteilt (Owen et al. 1995). Bei den WHO Kriterien hingegen wird nur der Nüchtern- und 2 h-Wert gemessen.

Bei den meisten Methoden müssen 2 oder mehr Grenzwerte überschritten werden, damit ein Gestationsdiabetes diagnostiziert wird.

In letzter Zeit konnte jedoch von mehreren Forschergruppen nachgewiesen werden, daß einerseits die Grenzwerte der modifizierten O'Sullivan-Kriterien zu hoch angesetzt sind und foetale Schäden auch dann nachzuweisen sind, wenn nur ein Grenzwert überschritten wird (Tallarigo et al. 1986; Langer et al. 1987, 1989; Andersen et al. 1987; Leikin et al. 1987; Li et al. 1987; Forsbach et al. 1988; Oats et al. 1988; Herman und Raimondi 1988; Lindsay et al. 1989; Weiss et al. 1984, 1988; Neiger und Coustan 1991; Tamussino et al. 1992; Kaufmann et al. 1992; Pacora et al. 1992; Simmons et al. 1993; Pettitt et al. 1993; Berkus und Langer 1993; Sermer et al. 1995).

Tallarigo et al. (1986) fanden bei Schwangeren, die nach den NDDG-Kriterien stoffwechselgesund waren eine signifikante Korrelation zwischen Schwangerschaftskomplikationen und dem mütterlichen 2 h-Wert, auch wenn dieser unter dem NDDG Grenzwert von 165 mg/dl gelegen war. Bei einem 2 h-Wert von weniger als 100 mg/dl (5,6 mM), 100 bis 119 mg/dl (5,6–6,6 mM) und 120 bis 164 mg/dl (6,7–9,1 mM) betrug die Rate der Makrosomien 9,9 %, 15,5 % und 27,5 %, die Fehlbildungsrate 0,7 %, 3,5 % und 5,0 % und die Rate an Toxämie, Kaiserschnitt oder beidem 19,9 %, 25,9 % und 40,0 %. Auch andere Untersuchungen konnten zeigen, daß diabetesassoziierte Komplikationen mit steigendem Zweistundenwert kontinuierlich zunehmen. Bei Zweistundenwerten < 144 mg/dl (< 8,0 mmol/L) steigt die Anzahl der operativen Geburten um 15,2 % pro mmol/L (18 mg/dl) und die Anzahl der Neugeborenen die auf einer Neugeborenenstation aufgenommen werden müssen um 22,6 % pro mmol/L (Moses und Calvert 1995). Das Fehlbildungsrisiko bei GDM läßt sich am besten aus Nüchternblutzuckerwerten (NBZ) ableiten. Bei NBZ < 120 mg/dl beträgt die Fehlbildungsrate 2,1 %, bei NBZ von 121–260 mg/dl 5,2 % und bei NBZ > 260 30,4 %. Das relative Risiko für Fehlbildungen steigt um 1,1/10 mg/dl (Schaefer et al. 1997).

Die Grenzwerte der NDDG Kriterien wurden von den O'Sullivan und Mahan Kriterien aus dem Jahr 1964 abgeleitet. Während die original O'Sullivan und Mahan Kriterien (Mittelwerte + 2SD, 90, 165, 145 125 mg/dl nach 0, 1, 2 und 3 Stunden) auf Glukosemessungen nach der Somogyi-Nelson Methode aus venösem Vollblut beruhen, beruhen die NDDG Kriterien auf der Glukoseoxydasemethode in venösem Plasma. Zur Umrechnung von venösem Vollblut auf venöses Plasma wurden die original O'Sullivan und Mahan Grenzwerte willkürlich durch einen Faktor von +14 % korrigiert, der von Untersuchungen außerhalb der Schwangerschaft abgeleitet wurde und welcher bei Schwangeren, wegen des abnehmenden Hämatokritwertes, die Glukosekonzentration systematisch überschätzt (Forsbach et al. 1988, Naylor 1989, Sacks et al. 1989) (Tabelle 95).

Die methodischen Unterschiede (Somogyi-Nelson Methode vs. Glukoseoxydase Methode) die ebenfalls zu einer Überschätzung führen, wurden bei der Erstellung der NDDG-Kriterien überhaupt nicht berücksichtigt (Sacks et al. 1989).

Die zu hohen Grenzwerte haben naturgemäß eine zu niedrige Sensitivität für eine foetale Bedrohung. Es ist hinlänglich belegt, daß auch sogenannte „leichte Fälle" von Glukosetoleranzstörungen perinatale Probleme haben (Diamond et al. 1984; Beard und Hoet 1982, Essex et al. 1973, Freinkel 1981, Fraser 1995, Schäfer et al. 1996), und daß selbst geringe Blutzuckerschwankungen zu einer Makrosomie führen können (Zoupas et al. 1984, Zoupas 1995, Casey et al. 1997). Wenn nur eine gestörte Glukosetoleranz (IGT) nach WHO Kriterien vorliegt, ist bereits mit einer Makrosomierate von 20 % zu rechnen (Fraser 1995). Aber auch bei normalem fetal outcome haben Schwangere mit leichten Glukosetoleranzstörungen gehäuft eine peripartale Hypertension (Lucas et al. 1993). Die Neugeborenen sind im Mittel schwerer, haben einen niedrigeren postpartalen Glukosespiegel und einen erhöhten Hämatokrit als Hinweis auf eine präpartale Hypoxie (Nasrat et al. 1994).

Der Nachteil der niedrigen Sensitivität der NDDG Kriterien wurde von verschiedenen Arbeitsgruppen durch eine systematische Senkung der Grenzwerte (Carpenter und Coustan 1982, Magee et al. 1993, Kaufmann et al. 1995) oder durch die Diagnose eines GDM bei nur einem erhöhten

Tabelle 95. Conversion der original O'Sullivan und Mahan-Kriterien (1964) mit Faktoren, die außerhalb der Schwangerschaft gewonnen wurden, und mit Faktoren, die in der Schwangerschaft gewonnen wurden

	Nüchtern	1 h	2 h	
Original O'Sullivan Kriterien	90	165	145	
Second International Workshop-Conference on GD	105	190	165	Conversion der O'Sullivan Originalwerte mit einem Faktor von *Nicht*-Schwangeren
Sacks et al. 1989	96	172	152	Conversion der O'Sullivan Originalwerte mit einem Faktor von Schwangeren
Grazer Diabetesanalysen (unpubliziert)	93	171	153	Conversion der NDDG Kriterien nach den Ergebnissen der Grazer oGTT Studien

Grenzwert (Langer et al. 1987, Forsbach et al. 1988, Lindsay et al. 1989, Neiger und Coustan 1991, Berkus und Langer 1993) ausgeglichen.

Carpenter und Coustan reduzierten die NDDG Grenzwerte um 10 mg/dl (0,56 mM). Damit werden um 54 %–69 % mehr GDM diagnostiziert als mit den NDDG Grenzwerten (Berkus et al. 1995, Kaufmann et al. 1995, Schwartz et al. 1999). Patienten mit positivem Carpenter und Coustan Kriterien und negativem NDDG Kriterien hatten jedoch die gleichen Raten an diabetesassoziierten Komplikationen wie Patienten mit positivem NDDG Kriterien (Magee et al. 1993, Rust et al. 1996), als Hinweis auf die mangelnde Sensitivität der NDDG Kriterien. Dementsprechend wurden bei der 4th International Workshop-Conference on Gestational Diabetes Mellitus empfohlen, die NDDG Kriterien durch die Carpenter und Coustan Kriterien zu ersetzen (Metzger und Coustan 1998).

Die Diagnose eines GDM anhand eines einzigen erhöhten NDDG Grenzwertes wurde von Langer et al. (1987) vorgeschlagen. Damit werden um 33 % mehr GDM diagnostiziert als bei Anwendung der NDDG Kriterien (≥2 erhöhte Werte). GDM nach den Kriterien von Langer et al. (1987) hatten in ~33 % einen, in ~38 % zwei, in ~22 % drei und in ~7 % vier erhöhte Grenzwerte (Langer et al. 1994).

Die Autoren fanden keinen Unterschied der Mittleren Blutglukose zwischen *Gestationsdiabetikerinnen*, d. h. Schwangeren mit 2 erhöhten NDDG Grenzwerten und Schwangeren mit nur einem erhöhten Grenzwert, die bisher als *nicht diabetisch* galten (Langer et al. 1987). Schwangere mit nur einem erhöhten Grenzwert benötigten gleich oft eine Insulintherapie als Schwangere mit 2 oder mehr erhöhten Werten (McFarland et al. 1999). Demgemäß betrug auch die Rate an Makrosomien bei Fällen mit nur einem erhöhten Grenzwert 34 % während sie in der Gruppe der Gestationsdiabetikerinnen mit ≥2 erhöhten Grenzwerten durch die diagnoseassoziierte Behandlung nur 12 % und in der Kontrollgruppe 9 % betrug. Bei Fällen mit nur einem erhöhten Grenzwert des oGTT hatten 15 % der Neugeborenen diabetesassoziierte Stoffwechselstörungen während solche bei der Kontroll- und der (behandelten) Diabetesgruppe nur in 3 % auftraten. Lindsay et al. (1989) kamen zu ähnlichen Ergebnissen. Darüber hinaus werden bei Überschreitung eines Grenzwertes in einem wiederholten oGTT nach rund 4–5 Wochen in 34 % der Fälle zwei Grenzwerte überschritten (Neiger und Coustan 1991). Auch konnte nachgewiesen werden, daß Schwangere mit Risikohinweisen auf GDM und negativem oGTT nach NDDG-Kriterien in 56 % pathologische Blutzuckerprofile (präprandial >100 mg/dl, 2 h postprandial >120 mg/dl) entwickeln (Tomoda und Ogita 1996).

Auch die WHO-Kriterien, die sich von Untersuchungen außerhalb der Schwangerschaft ableiten, sind zu restriktiv und führen zu einer Unterdiagnose von milden Glukosetoleranzstörungen, die sich bereits auf die foetale Insulinhomöostase auswirken (Weiss 1988, 1998; Famuyiwa et al. 1988; Nasrat et al. 1990). Der Einstundenwert des oGTT, der am besten mit der Foetalen Stoffwechselsituation korreliert (siehe Abb. 48), wird bei den WHO-Kriterien nicht gemessen. Mit den WHO-Kriterien für IGT werden zweimal mehr Schwangere als glukoseintolerant identifiziert als mit den

DPSG Kriterien (LIND 1989, 1991; O'SULLIVAN 1989; NICHOLLS et al. 1991). Dennoch werden damit nur 54 % der Fälle mit hyperinsulinämischen Foeten erfaßt (WEISS et al. 2000). Es entsteht somit der Eindruck, daß mit den WHO Kriterien nicht zu wenig, sondern die falschen Schwangeren als GDM identifiziert werden.

Neben den Grenzwerten der etablierten Kriterien und deren Korrekturen nach unten wurden in einer Reihe von Publikationen a priori niedrigere Grenzwerte (zumeist als Mittelwerte +2SD) in venösem Plasma vorgeschlagen. Bei indischen Frauen (100 g-3 h Test) wurden Grenzwerte (0 h–1 h–2 h–3 h) von 90–175–150 und 125 mg/dl (SRINIVASAN et al. 1985), bei nigerianischen Frauen (75 g-2 h Test) 90–150–125 mg/dl (FAMUYIWA et al. 1988), bei deutschen Frauen (50 g-2 h Test) 100–160–130 mg/dl (SEMMLER et al. 1990), bei Australierinnen (75 g-2 h Test) nüchtern 90, 2 h–140 (MOSES et al. 1998) und bei peruanischen Frauen (50 g-2 h Test) 85–140–120 mg/dl (PACORA et al. 1992) empfohlen. Die Deutsche Diabetesgesellschaft empfiehlt einen 50 g-1 h GCT mit einem Grenzwert von 140 mg/dl in venösem Plasma oder Kapillarblut und in positiven Fällen einen 75 g-2 h Test mit Grenzwerten von 90–190–160 mg/dl in kapillarem Vollblut (HEPP und WILLMS 1992). Die Grazer Grenzwerte (75 g-2 h Test) wurden mit dem Fetus als Sensor austitriert und mit 90, 160 und 140 mg/dl festgelegt. Für die Diagnostik ist jedoch insbesondere der 1 h-Wert relevant (siehe unten).

Neben der Auswertung einzelner oder kombinierter Grenzwerte wurde auch die Auswertung der Fläche unter der Glukosetoleranzkurve (TAI 1994) oder die Beurteilung der Summe der Grenzwerte (PACORA 1992) vorgeschlagen.

5.8.15 Einfluß des Testendpunktes und Relevanz der 0 h, 1 h und 2 h-Werte

Der klinische Wert eines Tests beruht auf seiner Fähigkeit, einen definierten Endpunkt vorherzusagen (SACKS et al. 1995). O'SULLIVAN und MAHAN (1964) verwendeten als Endpunkt für die Bewertung und Erstellung ihrer GDM Kriterien die spätere Manifestation eines adult onset (meist Typ-2) Diabetes. Dieser Endpunkt ist jedoch für den Geburtshelfer nicht besonders relevant, da er nichts über mütterliche oder kindliche Risiken der Schwangerschaft aussagt. Auch die WHO Kriterien haben als Endpunkt eine spätere mütterliche Diabetesmanifestation.

In den letzten Jahren hat sich der Endpunkt auf die Vorhersage von mehr unmittelbaren geburtshilflichen, mütterlichen, foetalen und/oder neonatalen Erkrankungen verschoben. Dabei steht die Makrosomie des Neugeborenen als Hinweis auf einen mütterlichen Diabetes im Vordergrund. Eine Makrosomie ist jedoch nicht unbedingt diabetesspezifisch (siehe: Die klinische Bedeutung des Geburtsgewichtes, S. 345). Nur 5 % aller Makrosomien sind auf einen mütterlichen Diabetes zurückzuführen.

An der Grazer Frauenklinik wird seit 1975 bei Verdacht auf Gestationsdiabetes routinemäßig Fruchtwasserinsulin und/oder postpartal Insulin im Nabelschnurblut bestimmt. Es kann daher an einer großen Anzahl von

Patienten objektiviert werden, ab welchen mütterlichen Glukosewerten eine Überstimulierung des foetalen Inselorganes und somit eine foetale Schädigung auftritt.

Andererseits kann wiederum geprüft werden, wieviel Fälle mit erwiesenem foetalen Hyperinsulinismus unter Anwendung verschiedener diagnostischer Kriterien einer Diagnose entgehen. Dabei bestätigen sich die kritischen Analysen der Literatur, die darauf hinweisen, daß bei zu hohen Grenzwerten des oGTT > 50 % an hyperinsulinämischen und damit gefährdeten Kindern der Diagnose entgehen.

Die Grazer Kriterien des oGTT sind ausschließlich geburtshilflich relevant und beruhen auf dem Foetus als Sensor für Glukosetoleranzstörungen, die schwer genug sind, um vom Foetus als solche erkannt zu werden. Der Foetus entwickelt in der Folge einen Hyperinsulinismus. Wir verwendeten einen erhöhten Insulinspiegel im Fruchtwasser und/oder im Nabelschnurblut als Endpunkt um geburtshilflich relevante Grenzwerte des oGTT zu definieren, die spezifisch Störungen der foetalen Stoffwechselsituation aufzeigen (Weiss 1996). Dabei reflektiert der Fruchtwasserinsulinspiegel die foetale Situation vor einer therapeutischen Intervention und der Insulinspiegel im Nabelschnurblut die Qualität der Behandlung. In den späten 70er und frühen 80er Jahren wurden Grenzwerte eines 2 h-oGTT nach einer Glukosebelastung mit 1g/kg aus Kapillarblut erstellt. Die Grazer Grenzwerte mit 90 mg/dl nüchtern, 160 mg/dl nach 1 h und 140 mg/dl nach 2 h entsprachen dem Mittelwert +2SD der Glukosewerte bei gesunden (low risk) Schwangeren in der 28. Woche (Weiss 1988) und ähneln den original O'Sullivan und Mahan Grenzwerten, die ebenfalls aus den Mittelwerten +2SD festgelegt wurden. Auch Moses et al. (1998) schlagen einen Nüchternwert von 90 mg/dl und einen 2 h-Wert von 140 mg/dl als Grenzwerte vor, die ebenfalls von einer low risk-Gruppe abgeleitet wurden. Die Relevanz dieser Grenzwerte ergab sich daraus, daß Schwangere mit behandeltem GDM signifkant weniger LGA Neugeborene und Neugeborene >4000 g hatten als Glukosetolerante Schwangere mit einem 2 h-Wert zwischen 126 und 142 mg/dl (7,0 und 7,9 mmol/l) (Moses et al. 1998).

Eine genauere Beurteilung der Validität der Grazer Grenzwerte zu verschiedenen Zeitpunkten des Tests wurde in den späten 80er Jahren anhand von 100 GDM mit erhöhtem Fruchtwasserinsulinspiegel vorgenommen (Weiss 1996). Bei Fruchtwasserinsulinwerten > 10 μE/ml (> 99. Perzentile) wurde der 1 h-Grenzwert der mütterlichen Glukose in Kapillarblut in 98 % der Fälle überschritten, während die Nüchternwerte nur in 63 % und die 2 h-Werte nur in 60 % der Fälle erhöht waren. Zwei oder mehr Grenzwerte wurden in 80 % der Fälle mit hyperinsulinämischen Foeten überschritten, während in keinem Fall ausschließlich der Nüchternwert oder der 2 h-Wert erhöht war (Abb. 48).

Daraus geht hervor, daß ein erhöhter 2 h-Wert mit 60 % die geringste und ein 1 h-Wert mit 98 % die höchste Sensitivität für die Diagnose eines foetalen Hyperinsulinismus hat. Ein erhöhter Nüchternwert (impaired fasting glucose, IFG) ist ebenfalls geburtshilflich wenig relevant. Er unterliegt bekanntlich den höchsten Variationen von Tag zu Tag (Ollerton et al.

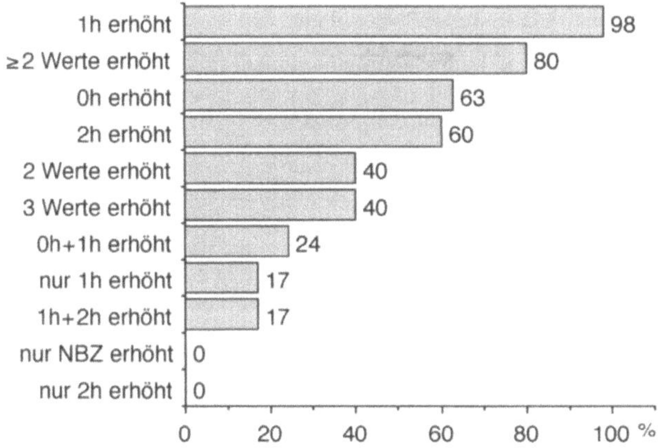

Abb. 48. Grazer Diabetesanalysen. Diagnostische Ausbeute (%) bei Anwendung der Nüchtern, 1 h- oder 2 h-Grenzwerte der Grazer Kriterien und deren Kombinationen bei 100 Schwangeren mit foetalem Hyperinsulinismus (Fruchtwasserinsulin ≥ 10 µE/ml). *NBZ* Nüchternblutzucker

1999) und hat auch für die Vorhersage eines Typ-2 Diabetes im Vergleich zur gestörten Glukosetoleranz (IGT) nur die halbe Sensitivität (26 % vs. 66 %) (Shaw et al. 1999).

Der 1 h-Wert entspricht dem Glukosepeak des oGTT im 3. Trimester, während der Peak außerhalb der Schwangerschaft bereits nach 30 Minuten auftritt (Benjamin et al. 1986). Werden anstatt des 1 h-Wertes 2 oder mehr erhöhte Grenzwerte für die Diagnose des GDM vorausgesetzt, sinkt die Sensitivität von 98 % auf 80 %.

Der geburtshilflich relevante 1 h-Grenzwert der Grazer Kriterien wurde, wie ursprünglich festgelegt, bei 160 mg/dl belassen, da zwischen 160 und 170 mg/dl bereits 8 % der Foeten einen Hyperinsulinismus entwickeln (Tabelle 96).

Tabelle 96. Grazer Diabetesanalysen. Glukosepeak, 1h nach Belastung bei 542 GDM, davon 100 mit foetalem Hyperinsulinismus

Glukosepeak (mg/dl)	Fallzahl	Foetaler Hyperinsulinismus	
		N	(%)
160–169	226	18	(8,0 %)
170–179	118	14	(11,9 %)
180–189	78	14	(17,9 %)
190–199	44	15	(34,1 %)
200–209	33	12	(36,4 %)
210–229	20	10	(50,0 %)
> 230	23	17	(73,9 %)
Total > 160	542	100	(18,5 %)

Da die Anzahl der Schwangeren mit leichter Glukosetoleranzstörung (1-Stunden-Wert 160–190 mg/dl, 8,9–10,5 mM) wesentlich höher ist als die Anzahl derer mit schwereren Formen (1-Stunden-Wert > 190 mg/dl, > 10,5 mM), befinden sich in der Gruppe mit leichter Glukosetoleranzstörung absolut gesehen etwa gleich viele Kinder mit Hyperinsulinismus wie in der Gruppe mit schwererer Glukosetoleranzstörung (Tabelle 96).

In den späten 90er Jahren wurden neuerlich bei 220 GDM mit erwiesenem foetalem Hyperinsulinismus die 0 h-, 1 h- und 2 h-Glukosespiegel analysiert. Die Ergebnisse waren ähnlich wie bei den vorangegangenen Pilotstudien (Tabelle 97).

Tabelle 97. Grazer Diabetesanalysen. oGTT bei Schwangeren mit erhöhtem Insulinspiegel (≥ 7 µE/ml) im Fruchtwasser (FWI). Mittelwerte, Standardabweichung (SD) und Perzentilen Total und in Untergruppen mit Fruchtwasserinsulinspiegeln von 7,0–9,9 µE/ml und ≥ 10 µE/ml

		Glukosespiegel (mg/dl)		
		Nüchtern	1 h	2 h
Total (N = 220)				
Mittelwert (± SD)		94 (± 18)	189 (± 25)	147 (± 36)
Perzentilen	3 %	65	156	94
	5 %	68	160	96
	10 %	74	162	103
	50 %	93	185	142
	90 %	114	226	198
	95 %	128	241	207
	97 %	139	250	220
FWI 7,0–9,9 µE/ml (N = 74)				
Mittelwert (± SD)		93 (± 12)	183 (± 22)	137 (± 29)
Perzentilen	3 %	71	141	93
	5 %	72	154	95
	10 %	75	160	101
	50 %	91	179	135
	90 %	111	207	177
	95 %	114	226	190
	97 %	116	235	193
FWI ≥ 10 µE/ml (N = 146)				
Mittelwert (± SD)		95 (± 20)	192 (± 26)	152[a] (± 38)
Perzentilen	3 %	65	160	94
	5 %	66	160	97
	10 %	74	162	106
	50 %	93	189	148
	90 %	120	230	204
	95 %	137	244	218
	97 %	141	251	237

FWI Fruchtwasserinsulin; [a] $p = 0{,}0227$ gegenüber dem 2 h-Wert bei FWI 7,0–9,9 µE/ml

Als cut-off wurde ein Fruchtwasserinsulinspiegel von ≥7 μE/ml angenommen. Das entspricht dem Mittelwert +2 SD bei Stoffwechselgesunden. Fälle mit mäßig erhöhtem Fruchtwasserinsulinspiegel (7,0–9,9 μE/ml) hatten niedrigere mittlere Glukosespiegel beim oGTT als Fälle mit einem Spiegel ≥10 μE/ml (>99 %ile) (Tabellen 97, 98) (Weiss et al. 1998). Die Mittelwerte bei der Stratifikation nach dem Insulinspiegel im Fruchtwasser entsprachen etwa den Mittelwerten bei den Kriterien nach Langer et al. (1994) mit nur einem oder 2 erhöhten Grenzwerten des oGTT (Tabelle 98).

Die Mittelwerte können selbstredend nicht als Grenzwerte verwendet werden. Unter Anwendung der Mittelwerte als Grenzwerte würden aus logischen Gründen rund 50 % der hyperinsulinämischen Foeten nicht er-

Tabelle 98. Mittelwerte des oGTT bei 1 und bei 2 erhöhten Grenzwerten der NDDG-Kriterien nach Belastung mit 100 g Glukose (Langer et al. 1994) und bei Fruchtwasserinsulinspiegeln (FWI) von 7,0–9,9 μE/ml und bei >10 μE/ml nach Belastung mit 75 g Glukose

	Mittelwerte		
	0 h	1 h	2 h
Kriterien nach Langer et al. (1994)			
1 Wert erhöht	87	183	155
2 Werte erhöht	93	190	182
FWI 7,0–9,9 μE/ml	93	183	153[a]
FWI > 10 μE/ml	95	192	168[a]

[a] Korrigiert um +16 als Umrechnung von einer Belastung von 75 g auf 100 g (Weiss et al. 1998) (siehe oben)

Tabelle 99. Grazer Diabetesanalysen. Sensitivität einzelner Grenzwerte und Testsensitivität für das Vorliegen eines foetalen Hyperinsulinismus unter Anwendung verschiedener etablierter Kriterien an 220 GDM mit erhöhtem Fruchtwasserinsulinspiegel (Mittelwert [± SEM]: 18,6 [± 2,9] μE/ml; Bereich: 7,0–625,0 μE/ml)

Kriterien	WHO Diabetes	WHO IGT	NDDG	Carpenter und Coustan	Langer et al.	Grazer Kriterien
Kein Wert erhöht	90 %	46 %	35 %	14 %	35 %	0 %
0 h-Wert erhöht	2 %	–	20 %	46 %	20 %	58 %
1 h-Wert erhöht	–	–	47 %	64 %	47 %	97 %
2 h-Wert erhöht	9 %	54 %	44 %	54 %	44 %	54 %
≥2 Werte erhöht	2 %	–	35 %	53 %	35 %	75 %
0 + 1-h	–	–	2 %	9 %	2 %	24 %
0 + 2-h	2 %	–	2 %	4 %	2 %	0 %
1 + 2-h	–	–	19 %	16 %	19 %	17 %
0 + 1 + 2-h	–	–	11 %	24 %	11 %	34 %
Testsensitivität	2 %	54 %	35 %	53 %	65 %	97 %

faßt werden. Ein 1 h-Grenzwert von 160 mg/dl entspricht etwa der 5. Perzentile der mütterlichen Blutglukose bei hyperinsulinämischen Foeten und erfaßt somit 95 % aller Fälle mit foetalem Hyperinsulinismus.

Anhand der 220 Fälle mit erhöhtem Insulinspiegel im Fruchtwasser und bekanntem oGTT wurde die Sensitivität verschiedener etablierter Kriterien zum Nachweis eines foetalen Hyperinsulinismus geprüft und miteinander verglichen (Tabelle 99).

Die Daten der Tabelle 99 zeigen, daß die etablierten Kriterien eine zu niedrige Testsensitivität für die Diagnose hyperinsulinämischer Foeten haben. Unabhängig von der Methode und den Grenzwerten hatte jedoch stets der 1 h-Wert den höchsten Vorhersagewert (47–97 %) für einen foetalen Hyperinsulinismus, während die Sensitivität der Nüchternwerte (2–58 %), der 2 h-Werte (9–54 %) oder mehrerer erhöhter Werte (2–75 %) niedriger war.

5.8.16 Die Reproduzierbarkeit des oGTT

Außerhalb der Schwangerschaft ist der oGTT bekanntlich schlecht reproduzierbar (McDonald et al. 1965, Harding et al. 1973, Duffy et al. 1973, Troxler et al. 1975, Ganda et al. 1978, Dix et al. 1981). Es ist jedoch nicht zulässig, von Ergebnissen außerhalb der Schwangerschaft auf die spezielle Situation in der Schwangerschaft zu schließen, wie dies bisher immer geschah.

Bei der Beurteilung der Reproduzierbarkeit des oGTT oder des 50 g-GCT in der Schwangerschaft müssen eine Reihe von Faktoren beachtet werden. So kann sich etwa die Veränderung des Körpergewichtes in der Schwangerschaft besonders bei der Verabreichung einer inadäquaten Glukosemenge (100 g bei sehr leichten oder 50 g bei sehr schweren Frauen) auf die Ergebnisse auswirken. Dementsprechend wurde für den 50 g-GCT eine schlechte Reproduzierbarkeit angegeben (Sacks et al. 1989).

Die Reproduzierbarkeit des oGTT während der Schwangerschaft wurde erstmals von Harlass et al. (1991) untersucht. Es zeigte sich, daß bei wiederholtem oGTT, trotz eines zeitlichen Abstandes von 1–2 Wochen, eine hochsignifikante Korrelation der Einstundenwerte vorliegt ($p < 0{,}001$), während diese Korrelation bei den Nüchtern-, Zwei- und Dreistundenwerten fehlte. Darüber hinaus war ein zweiter Test bei zunächst negativen Fällen insbesondere dann positiv, wenn beim ersten Test nur der Einstundenwert erhöht war. Da die meisten etablierten Methoden für die Diagnose eines GDM die Überschreitung von zwei oder mehr Grenzwerten voraussetzen, werden die Bedingungen für die Reproduzierbarkeit überfordert.

Die Reproduzierbarkeit ist gestationszeitabhängig und nimmt nach der 24. Woche zu (Espinosa de los Monteros et al. 1993). Bei der Beurteilung der Reproduzierbarkeit muß die Dynamik der Glukosetoleranz im Verlauf der Schwangerschaft berücksichtigt werden (siehe Abb. 41). Da die Glukosetoleranz im Verlauf der Schwangerschaft abnimmt, soll die Situation

Tabelle 100. Grazer Diabetesanalysen. Reproduzierbarkeit des 75 g-2 h Kapillarblut oGTT mit einem mittleren Zeitabstand (SD) von 2,8 (± 1,9) Tagen bei 30 GDM und 30 stoffwechselgesunden Schwangeren (Weiss et al. 1998)

Glukosewert	1. oGTT (n = 30) Mittelwert (SEM)	2. oGTT (n = 30) Mittelwert (SEM)	Differenz[a] p-value	Korrelation[b] p-value
Nüchtern, mg/dl	81 (1,7)	82 (1,4)	0,43	0,0001
1 h, mg/dl	152 (5,4)	152 (5,9)	0,84	0,0001
2 h, mg/dl	120 (4,4)	123 (5,1)	0,55	0,0001

[a] t-test, [b] einfache Regression

eines zunächst negativen oGTT, der bei einer Kontrolle positiv wird, nicht als Mangel an Reproduzierbarkeit des oGTT interpretiert werden. Es findet vielmehr in der Schwangerschaft eine dynamische Veränderung verschiedener physiologischer Vorbedingungen (Insulinsekretion, Insulinresistenz, antiinsulinäre Hormone, Hämatokrit, Körperflüssigkeit, Gewichtszunahme, Magenpassage, foetaler Glukosediebstal, etc.) statt. Da eher die Vorbedingungen des oGTT in der Schwangerschaft schlecht reproduzierbar sind und nicht der Test per se, müssen die Ergebnisse, je nach Vorbedingung, unterschiedlich interpretiert werden.

Wird ein oGTT innerhalb von drei Tagen wiederholt, ist die Reproduzierbarkeit gut (Tabelle 100).

Bei 93 % aller Schwangeren mit kurzfristig wiederholtem Test hätte der erste und der zweite Test zur selben Diagnose geführt (Weiss et al. 1998).

Eine rasche Abnahme der Glukosetoleranz ist besonders typisch für Schwangere mit einer Glukosetoleranzstörung. Durch den steilen Anstieg antiinsulinärer Hormone in der 2. Schwangerschaftshälfte erfolgt eine Dekompensation des Glukosestoffwechsels zumeist erst nach der 27. Woche. Wir sind daher der Meinung, daß der oGTT nicht zu früh erfolgen soll, insbesondere dann, wenn keine Risikohinweise auf GDM vorliegen. Er soll jedoch auch nicht zu spät erfolgen, da in diesen Fällen ein gesteigerter Glukosediebstahl bei foetalem Hyperinsulinismus eine normale Glukosetoleranz vortäuschen kann (siehe foetaler Glukosediebstahl, S. 242) (Abb. 44).

5.8.17 Wiederholung des oGTT

Die Wiederholung eines oGTT wird entweder generell aus Mißtrauen gegenüber einem positiven Test, zum endgültigen Diabetesnachweis (Nelson 1988) oder aus Mißtrauen gegenüber einem negativen Test (DeLeiva 1992) zum endgültigen Diabetesausschluß vorgeschlagen. Am häufigsten wird eine Wiederholung empfohlen, wenn nur ein Grenzwert des oGTT überschritten wird (Harlass et al. 1991, Neiger und Coustan 1991), da die Glukosetoleranz im Verlauf der Schwangerschaft in der Regel abnimmt

(JOVANOVIC und PETERSON 1985, WATSON 1989). NEIGER und COUSTAN fanden bei oGTTs mit nur einem erhöhten Grenzwert nach durchschnittlich 4,6 Wochen in 34 % zwei oder mehr erhöhte Grenzwerte. Eine Wiederholung des Tests kann auch bei grenzwertigen Einzelwerten oder bei einem negativen oGTT zu einem frühen Zeitpunkt (<24. Woche) angebracht sein (LIVINGSTON et al. 1993, MEYER et al. 1996). Wird ein oGTT nach positivem GCT bereits im 2. Trimester durchgeführt entgehen bis zu 75 % der GDM einer Diagnose (BENJAMIN et al. 1986). Eine Wiederholung im späten 2. oder frühem 3. Trimester ist daher erforderlich. Eine Wiederholung eines zuvor negativen oGTT in der 33.–36. Woche wird ferner bei Schwangeren mit einem Alter von ≥33 Jahren oder einem positiven GCT in der 27–31 Woche mit darauffolgend negativem oGTT oder mit einem Körpergewicht >120 % des Idealgewichtes vorgeschlagen (JOVANOVIC und PETERSON 1985).

Wir schlagen bei bekannten Risikofaktoren oder bei einer Glukosurie einen oGTT unmittelbar nach Diagnose der Schwangerschaft vor. Ist der Test negativ, ist eine Wiederholung in der 28.–32. Woche angebracht. Nach der 32. Woche ist das Ergebnis eines oGTT bei unbekannter foetaler Insulinhomöostase immer fraglich, da das Ergebnis gerade bei Risikofällen mit foetalem Hyperinsulinismus durch den foetalen Glukosediebstahl verfälscht sein kann (WEISS et al. 2001).

Eine Wiederholung des Tests am selben Tag ist unzulässig, da der zweite Test durch den Staub-Traugott Effekt verfälscht wird (FUNG et al. 1996).

5.8.18 Rationale für ein billiges und effektives Screening

Wir und andere (LI et al. 1988, PETTITT et al. 1994, WHO 1994) bezweifeln die Zuverlässigkeit und Zweckmäßigkeit der Beurteilung von Nüchternwerten des oGTT bei Schwangeren. Wir haben nach wiederholt hohen Nüchternwerten bei GDM noch nie einen niedrigen 1h-Wert gesehen. Wenn einem niedrigen 1 h-Wert ein erhöhter Nüchternwert vorausgeht zweifeln wir eher am nüchternen Zustand der Schwangeren. Umgekehrt kann ein niedriger Nüchternwert wegen seiner hohen von Tag zu Tag Variabilität (OLLERTON et al. 1999) eine Glukosetoleranz nicht ausschließen. Darüber hinaus müssen bei positivem Test zur weiteren Abklärung in jedem Fall Nüchternwerte im Rahmen eines Glukoseprofiles erhoben werden. Der Nüchternwert ist daher für einen diagnostischen Test des GDM entbehrlich.

Im Gegensatz dazu konnten wir praktisch nie eine Glukosetoleranzstörung beobachten, die schwer genug war um einen foetalen Hyperinsulinismus zu verursachen, ohne daß der 1 h-Wert erhöht war. Wir halten deshalb den 1 h-Wert als den wichtigsten Wert für die Diagnose. Ein 1 h-Wert von ≥160 mg/dl (8,9 mM) zwischen der 24 und 28 Woche ist entsprechend den Grazer Kriterien positiv (WEISS et al. 1988, WEISS 1996). Dieser Grenzwert mag ziemlich niedrig erscheinen, aber bei mütterlichen 1 h-Werten zwischen 160 und 170 mg/dl (8,9 und 9,4 mM) entwickeln bereits ~8 % der Foeten einen Hyperinsulinismus (WEISS 1996).

Die Glukosetoleranz wird meist zwischen der 24. und 28. Woche bestimmt und verschlechtert sich in der Regel im weiteren Verlauf der Schwangerschaft (NEIGER und COUSTAN 1991). Dadurch können diabetesassoziierte Komplikationen beim Neugeborenen und eine Makrosomie auch bei scheinbar *mildem* GDM auftreten (FRASER 1995, CASEY et al. 1997), wenn keine entsprechende Behandlung erfolgt.

Da die Konsequenz eines positiven Tests lediglich eine gesunde Diät ist, die auch für stoffwechselgesunde Schwangere von Vorteil ist, halten wir restriktive Diagnostische Kriterien für nicht indiziert.

Nur 2–3 % GDM haben wegen einer verzögerten Magenpassage 2 h-Werte, die höher sind als die 1 h-Werte. Deshalb und wegen der niedrigen Spezifität für einen foetalen Hyperinsulinismus sind 2 h-Werte ebenfalls entbehrlich.

Wie gezeigt werden konnte ist ein positiver 1 h-Wert ≥160 mg/dl nach einer 75 g oder 100 g Glukosebelastung oder bei Glukosemessungen in Kapillarblut oder venösem Plasma sehr ähnlich und demnach trotz unterschiedlicher Methoden vergleichbar. Wir schlagen wegen der besseren Verträglichkeit eine Belastung mit 75 g vor und eine Glukosebestimmung aus Kapillarblut, da diese billiger und weniger aufwendig ist, als eine Bestimmung aus venösem Plasma.

Obwohl ein one-step 75 g-1 h Test einem einzigen Laborfehler unterliegen kann (O'SULLIVAN und MAHAN), wird dies durch die Reduktion methodischer Fehlerquellen, durch den Zeitgewinn, die Kosteneinsparung und die Bequemlichkeit für den Patienten ausgeglichen (Tabelle 101).

Mit dem oben beschriebenen Rationale ergibt sich ein einfacher und billiger 75 g-1 h Einstufentest aus Kapillarblut, mit einem Grenzwert von 160 mg/dl (8,9 mM), der Screening und Diagnose in sich vereint und der die Kompliance der Patientin und des Arztes sowie die Resourcen nicht überfordert.

Tabelle 101. Vorteile eines Einstufen 75 g-1 h Kapillarblut oGTT

Methodik	Vorteile
75 g	billiger als 100 g physiologische Menge seltener Erbrechen vergleichbar mit WHO-follow-up Test
Kapillarblut	billiger und einfacher als venöses Plasma med. techn. Personal anstatt Arzt keine Einmalspritzen und Nadeln erforderlich
1 h-Wert	Zeitbedarf von 3–4 h auf 1 h reduziert geringere Totzeiten des Arztes und d. Schwangeren bessere Patientencompliance gute Reproduzierbarkeit Vergleichbarkeit Kapillarblut venöses Plasma höchste Sensitivität für foetalen Hyperinsulinismus

5.9 Therapie des GDM

Zur Behandlung des Gestationsdiabetes wurden eine Reihe von Therapieempfehlungen abgegeben (siehe Tabelle 102).

Tabelle 102. Therapieempfehlungen bei Gestationsdiabetes

Roversi et al. 1979	Insulinbehandlung bis zur maximalen Toleranz
Algert et al. 1985	Kalorienrestriktion
Coustan und Lewis 1978	Prophylaktische Insulintherapie
Jovanovic et al. 1987	Diät bis zur Ketoazidose
Artal et al. 1985	Körperliches Training
Coetzee und Jackson 1986	Orale Antidiabetica
Jovanovic et al. 1987, 1989	Ergometrisches Training
Weiss et al. 1978	Diät, bei foetalem Hyperinsulinismus Insulintherapie

5.9.1 Körperliches Training als Therapie des Gestationsdiabetes

Der positive Einfluß körperlicher Tätigkeit auf den Glukose- und Triglyzeridspiegel beim Typ-2 Diabetiker außerhalb der Schwangerschaft ist unbestritten. Dasselbe gilt für eine Gewichtsreduktion bei übergewichtigen Diabetikern.

Bei Schwangeren kann ein Armergometer, Fahrradergometer, Gehen oder Schwimmen zum Einsatz kommen (Jovanovic-Peterson und Peterson 1990). In der Schwangerschaft ist jedoch sowohl eine Gewichtsreduktion als auch eine Körperliche Belastung umstritten. Eine Gewichtsreduktion verursacht wegen der schwangerschaftsbedingten „accelerated starvation" eine Ketoazidose. Bei körperlicher Belastung besteht neben einer erhöhten Verletzungsgefahr in der Schwangerschaft das Risiko vorzeitiger Wehen sowie einer foetalen Mangelversorgung aufgrund der Dezentralisierung des Kreislaufs, die im Tierversuch eine Verminderung der uterinen Durchblutung von 20–60 % nach sich zieht (Clapp 1980, Lotgering et al. 1983). Beim Menschen wurden nach körperlicher Belastung sowohl eine foetale Tachykardie als auch eine foetale Bradykardie beobachtet (Clapp 1985; Pijpers et al. 1984; Artal et al. 1984, 1986). Bei der Dopplerflowmessung ist bei unkomplizierten (Erkkola et al. 1992), jedoch insbesondere bei komplizierten Schwangerschaften (Hackett et al. 1992) eine deutliche Verminderung des Blutflusses in den Uterinarterien nachweisbar (s. S. 383). Bei chronischer Belastung ist sogar eine intrauterine Wachstumsrestriktion des Foeten möglich (Dahlstrom und Irrhman 1960, Clapp und Dickstein 1984, Clapp 1989).

Bei Gestationsdiabetes ist das generelle Risiko des Bluthochdruckes, der foetalen Retardierung und der Frühgeburt deutlich erhöht, mehr als 60 % der Gestationsdiabetikerinnen sind übergewichtig.

Da diese genannten Risiken sowie ein Übergewicht körperliche Belastungen kontraindizieren (BUNG und ARTAL 1991) bleiben nur mehr wenige Schwangere übrig, die von dieser Zusatztherapie profitieren könnten. Es muß auch vermerkt werden, daß gerade adipöse Patienten hinsichtlich körperlichen Trainings keine sonderliche Mitarbeit entwickeln. Bei Schwangeren, die für eine solche Therapie geeignet erscheinen sind jedenfalls Voruntersuchungen (Bestimmung der maximalen Leistungsfähigkeit) sowie ein intensives Monitoring (foetale Bewegungen, Kardiotokographie, Blutzuckerbestimmungen) während der körperlichen Belastung erforderlich (BUNG und ARTAL 1991). Dadurch wird die Bewegungstherapie aufwendig. Eine Bewegungstherapie setzt auch voraus, daß zur Senkung der Blutglukose ausreichend Zeit zur Verfügung steht, da eine deutliche Verbesserung der Stoffwechselqualität erst nach Wochen auftritt.

JOVANOVIC-PETERSON et al. (1989) haben Gestationsdiabetikerinnen dreimal wöchentlich 20 Minuten lang ergometrisch belastet. Eine Divergenz der Blutzuckerwerte zur Kontrollgruppe trat nach 4 Wochen auf. Nach 6 Wochen Training waren signifikante Unterschiede der Glykämie nachweisbar. Die Nüchternblutzuckerwerte betrugen vor und nach dem Trainingsprogramm 87,6 versus 70,1 mg/dl (4,9 vs. 3,9 mM) und die Blutzuckerwerte eine Stunde nach Glukosebelastung mit 50 g betrugen 187,5 versus 105,9 mg/dl (10,4 vs. 5,9 mM). Es erhebt sich die Frage ob es sich dabei um einen echten Therapieerfolg oder zumindest teilweise um den physiologischen Wandel der Glukoseantwort auf körperliche Belastung im Verlauf der Schwangerschaft handelt. Vor der Schwangerschaft steigt der Glukosespiegel bei körperlicher Belastung je nach Intensität um bis zu 27 mg/dl (1,5 mmol/l) an. Ab der 8. Schwangerschaftswoche ist dieser Glukoseanstieg zunehmend beeinträchtigt und kehrt sich ab der 23. Woche um. Der Glukoseabfall bei körperlicher Belastung ist nunmehr auf die verminderte hepatische Glukoseabgabe bei erhöhter Glukoseoxidation und den akzentuierten foetoplazentaren Glukosebedarf bei fortschreitender Schwangerschaft zurückzuführen (CLAPP und CAPELESS 1991).

Eine Untersuchung von AVERY et al. (1997) basiert auf GDM, die ab der 28,7 (± 3) Woche 3–4mal wöchentlich 30 Minuten lang einer Belastung von 70 % der maximalen Herzfrequenz am Fahrradergometer ausgesetzt waren. Jeweils zwei Einheiten wurden unter Überwachung, und zwei als Heimprogramm abgewickelt. Dieses Programm hat die Blutglukosewerte gegenüber der Kontrollgruppe nicht gesenkt sondern nur die kardiorespiratorische Fitneß verbessert.

Bei Typ-1 Diabetes hat eine Bewegungstherapie in der Schwangerschaft offenbar ebenfalls keine besonderen Auswirkungen auf die mütterliche Glykämie. Während die Nüchternwerte von Cholesterin und Triglyzeriden durch 20minütiges Gehen nach jeder Mahlzeit signifikant gesenkt werden konnten, war der Einfluß auf die mütterliche Glykämie insignifikant (REYCROFT HOLLINGSWORTH und MOORE 1987).

5.9.2 Orale Antidiabetika bei Gestationsdiabetes

In den frühen 60er Jahren wurde erstmals der Versuch unternommem diabetische Schwangere mit oralen Antidiabetika zu behandeln (Endean und Smith 1961, Jackson et al. 1962). Die perinatale Mortalität war zwar damals im Vergleich zur Insulinbehandlung gut zweimal so hoch (50 % versus 20 %, Jackson et al. 1962), dies wurde jedoch auf eine zu hohe Dosierung oraler Antidiabetika zurückgeführt.

Sulfonylharnstoffe bewirken eine vermehrte Insulinausschüttung (Pfeifer et al. 1984) und verbessern die periphere Glukoseutilisation, mutmaßlich durch eine Postrezeptorwirkung an Muskel-, Leber- und Fettzellen (Lebovitz 1984). Darüber hinaus wird die Glukoseproduktion in der Leber herabgesetzt (Defronzo und Simson 1984). Biguanide hingegen haben wahrscheinlich eine ausschließlich extrapankreatische Wirkung. Sie bewirken eine Herabsetzung des Hungergefühles, eine verminderte Kohlenhydratresorption im Gastrointestinaltrakt, eine herabgesetzte hepatische Glukoneogenese und eine verstärkte periphere Insulinwirkung (Caspary und Creutzfelder 1971, Natrass et al. 1977, Sterne und Junien 1981). Vom Wirkungspektrum her gesehen, wären daher die Biguanide ein ideales Behandlungskonzept des Gestationsdiabetes, da Gestationsdiabetikerinnen eine normale oder erhöhte Insulinproduktion bei peripherer Insulinresistenz haben. Eine zusätzliche Insulinzufuhr erscheint auf den ersten Blick daher wenig logisch. Die Behandlung des Gestationsdiabetes erfolgt jedoch in erster Linie im Interesse des Foetus, um den foetalen Hyperinsulinismus und dessen Gefahren (siehe Kap. Die aktuellen kindlichen Risiken) zu verhindern. Orale Antidiabetika sind unterschiedlich plazentagängig (Stowers und Sutherland 1975; Elliott et al. 1991, 1994). Nach Untersuchungen von Elliott et al. (1991, 1994) beträgt der plazentare Transport von Tolbutamid bzw. Chlorpropamid bzw. Glipizid und Glyburid 4,6 bzw. 3,6 bzw. 1,0 und 0,5 ($\times 10^{-3}$) µmol/h/g Plazenta. Die Daten stammen jedoch von in vitro Versuchen an isolierten Kotyledonen. Im Tierversuch ist sehrwohl ein Übertritt von Glyburid auf den Foeten nachzuweisen (Sivan et al. 1995). Im Falle von Tolbutamid sind die foetalen Blutspiegel sogar wesentlich höher als die mütterlichen (Miller et al. 1962). Die therapeutischen Effekte der meisten oralen Antidiabetika wie etwa eine vermehrte Insulinausschüttung oder eine erhöhte Insulinsensitivität wirken sich daher sowohl auf die Mutter als auch den Foetus aus. Insbesondere dann, wenn bereits ein diabetogen bedingter foetaler Hyperinsulinismus vorliegt, werden dessen negativen Auswirkungen (siehe Tabelle 114) verstärkt. Bei Neugeborenen, deren Mütter mit Chlorpropamid oder Azetohexamid behandelt wurden, konnten schwere protrahierte Hypoglykämien beobachtet werden, die in Extremfällen einen Blutaustausch zur Entfernung der Medikamente nötig machten (Zucker und Simon 1968, Kemball et al. 1970, Piacquadio et al. 1991, Christensen 1998). Im eigenen Krankengut konnten wir einen fatalen Fall beobachten der auswärts mit Euglucon behandelt wurde. Das Neugeborene war extrem Makrosom, hatte schwere Hypoglykämieanfälle und verstarb an einer Hirnblutung.

Aber auch bei der Mutter kann es postpartal, durch die lange Halbwertszeit der oralen Antidiabetika und den Sturz der antiinsulinären Plazentahormone zu schweren Hypoglykämien kommen.

Von der Gruppe um Coetzee in Kapstadt liegen umfangreiche Erfahrungen über die Behandlung von Gestationsdiabetikerinnen mit oralen Antidiabetika vor (Coetzee und Jackson 1980, 1988). Die Behandlung erfolgt abgestuft, wobei die erste Stufe eine Diät ist. Wird damit keine Euglykämie erreicht werden übergewichtige Schwangere zusätzlich mit Metformin, Normalgewichtige mit Gilbenclamid behandelt (II. Stufe). Bei nicht ausreichendem Therapieerfog wird eine Kombination beider Antidiabetika angewendet (III. Stufe), wobei als letzte Stufe je nach Glykämie noch eine additive Insulintherapie erfolgt (IV. Stufe). 36 Stunden vor einer Geburtseinleitung wird das Antidiabetikum abgesetzt, um die Gefahr der Hypoglykämie des Neugeborenen herabzusetzen. Im Zeitraum vor und unter der Geburt wird die Stoffwechselkontrolle durch die Anwendung von Insulinpumpen durchgeführt.

Das Patientengut von Coetzee et al. hat jedoch besondere Merkmale. Bei jährlich 26 000 Geburten handelt es sich zumeist um Frauen mit niedrigem sozioökonomischem Hintergrund und fehlender Schulbildung bei erschwerten Lebensbedingungen. Diese Patienten können wegen mangelnder Compliance nur selten einer Insulintherapie zugeführt werden. Dieses Vorgehen kann daher als pragmatische Lösung des Problems Gestationsdiabetes in Ländern der Dritten Welt angesehen werden, da die Ergebnisse, zumindest was die Mutter betrifft, jedenfalls besser sind als ohne jede Behandlung. In den westlichen Industrieländern hingegen ist die Behandlung mit oralen Antidiabetika heute obsolet, in den USA sogar unzulässig, da sie zwar die mütterliche, kaum jedoch die kindliche Stoffwechselsituation verbessert.

Orale Antidiabetika stehen auch unter dem Verdacht, Fehlbildungen auszulösen (Larsson und Sterky 1960, Campbell 1961, Schiff et al. 1970, Piacquadio et al. 1991, Smoak 1992, Schaefer-Graf et al. 2000).

Da eine Diagnose und Therapie des Gestationsdiabetes erst zu einem Zeitpunkt erfolgt, zu dem die Organogenese bereits abgeschlossen ist, betrifft dieses Problem eher Typ-2 Diabetikerinnen, die zum Zeitpunkt der Konzeption bereits mit oralen Antidiabetika behandelt wurden. Diese Fälle sind selten, wodurch eine schlüssige Aussage schwer zu treffen ist. Von Piacquadio et al. (1991) wurde jedoch eine Untersuchung vorgestellt, bei welcher 50 % der Nachkommen diabetischer Mütter mit oraler Therapie im ersten Trimester Fehlbildungen aufwiesen. Es wird jedoch auch vermutet, daß die Fehlbildungen eher diabetogen bedingt und nicht durch die oralen Antidiabetika bedingt sind (Towner et al. 1995).

Der plazentare Glukosetransport und die Plazentare Glukoseaufnahme scheinen durch Biguanide (Metformin) nicht beeinflußt zu werden (Elliott et al. 1997). Einschlägige Versuche wurden jedoch an isolierten Kotyledonen vorgenommen. Damit bleibt die Frage offen, inwieweit der Glukosetransfer durch den foetalen Glukosediebstahl insbesondere unter dem Einfluß von Metformin modifiziert wird. Es kann auch nicht mit Sicherheit ausgeschlossen werden, daß unter dem Einfluß von Medikamenten mit Auswirkungen auf die Glukose-Insulinhomöostase eine bleibende Fehlkonditionierung der foetalen Betazellen erfolgt, die zu einer späteren Diabetesneigung führen und deren Auswirkungen erst im Erwachsenenalter erkennbar werden.

Über das Stillen unter Medikation mit oralen Antidiabetika existieren nur wenig Publikationen. Eine Tolbutamidmedikation ist jedenfalls mit dem Stillen verträglich (Briggs et al. 1994).

Es ist durchaus möglich, daß mit der Entwicklung neuer Substanzen oder einer besonderen Galenik geeignete orale Antidiabetika für die Schwangerschaft in Zukunft verfügbar werden. So wurde zuletzt über die erfolgreiche Behandlung von GDM mit dem Sulfonylharnstoff Glyburid berichtet. Im Vergleich zu insulinbehandelten Kontrollen waren keine Unterschiede des Insulinspiegels im Nabelschnurblut oder der Raten an Makrosomien, neonatalen Hypoglykämien oder der Sektioraten erkennbar (Langer et al. 2000). Vorsicht ist dennoch geboten, zumindest solange nicht feststeht, daß eine Fehlkonditionierung der foetalen Betazellen mit den entsprechenden Langzeitfolgen auszuschließen ist.

5.9.3 Diättherapie, Grundlagen

Eine bilanzierte Diät in der Schwangerschaft sollte möglichst großzügig angewendet werden, da sie auch für stoffwechselgesunde Schwangere vorteilhaft ist. Etwa 75–85 % der GDM können mit einer Diättherapie das Auslangen finden (Weiss 1988, Jovanovic-Peterson und Peterson 1991, Homko und Khandelwal 1996, Rust et al. 1996). Eine Diätbehandlung ist bereits bei leichten Glukosetoleranzstörungen indiziert. Bei gestörter Glukosetoleranz (IGT) nach der WHO-Definition sind zwar die Schwangerschaftsergebnisse auch ohne Therapie scheinbar nicht beeinträchtigt, die Neugeborenen haben jedoch ein höheres mittleres Geburtsgewicht, niedrigere mittlere Blutzuckerwerte und einen höheren mittleren Hämatokrit (Nasrat et al. 1994). Dies weist auf eine Häufung an Fällen mit undiagnostiziertem foetalen Hyperinsulinismus hin, der trotz unauffälliger Neonatalperiode eine Fehlkonditionierung des foetalen Inselorganes und damit eine Diabetesdisposition dieser Kinder nach sich ziehen kann.

Die Diättherapie in der Schwangerschaft ist eine wesentliche Säule der Therapie des IDDM und GDM. Eine Meta-Analyse von 92 kontrollierten Studien ergab, daß die Diät den stärksten positiven Effekt auf die Stoffwechselkontrolle ausübt (Padgett et al. 1988). Auch im Falle einer Insulintherapie des Gestationsdiabetes kann auf eine begleitende Diät nicht verzichtet werden. Die Diättherapie des Gestationsdiabetes (GDM) unterscheidet sich nur in wenigen Punkten von der Diät des insulinpflichtigen Diabetes (IDDM) oder des Typ-2 Diabetes (NIDDM). Auch bei Syndrom X und Übergewicht, (Adipositas, Obesity) gelten dieselben diätetischen Grundsätze. Während bei IDDM eine Ketoseneigung besteht und daher eine Kalorienbilanzierung erfolgen muß, können und sollen die zumeist übergewichtigen Gestationsdiabetikerinnen und Typ-2 Diabetikerinnen, die kaum zur Ketose neigen, mit einer mäßigen Kalorienrestriktion behandelt werden (Khojandi et al. 1974, Pedersen 1977, Coetzee und Jackson 1979, Coetzee et al. 1980, Gyves et al. 1980, Algert et al. 1985, Maresh et al. 1985). Auch eine Restriktion von Kohlenhydraten wird vorgeschlagen (Major et al. 1998, Jovanovic-Peterson und Peterson 1991).

Durch die spezielle Potenz der Plazenta ist die Versorgung des Foeten von der mütterlichen Ernährungslage weitestgehend unabhängig und auch bei mütterlicher Mangelsituation gesichert (Weiss et al. 2000). Der Foetus entspricht somit einem Parasiten, der erst bei extremer Einschränkung der mütterlichen Versorgung beeinträchtigt wird (Schneider 1985).

5.9.3.1 Energiebedarf

Zur Errechnung des täglichen basalen Energiebedarfes bei Frauen außerhalb der Schwangerschaft kann folgende Formel zur Anwendung gelangen:

$$BE = 65{,}5 + (9{,}6 \times KG) + (1{,}7 \times GR) - (4{,}7 \times A)$$

(BE = basaler Energiebedarf in Kcal/Tag; KG = Körpergewicht in kg; GR = Größe in cm; A = Alter in Jahren)

Zum basalen Energiebedarf summiert sich der Arbeitsbedarf, der von der körperlichen Aktivität abhängt. Bei Schwangeren muß noch der zusätzliche Kalorienbedarf der Schwangerschaft per se berücksichtigt werden.

Bei gesunden normalgewichtigen Schwangeren wird ein täglicher Kalorienbedarf von ~2400 kcal (Committee on Dietary Allowances 1980) mit einem unteren Schwellenwert von 1500 bis 1800 kcal (Lechtig und Klein 1981) angenommen. Dies entspricht etwa 30–35 kcal/kg Körpergewicht. Bei Zwillingsschwangerschaften ist am Ende der Schwangerschaft ein Mehrbedarf von ~300 kcal/Tag zu erwarten (Ahn und Phelan 1988, Casele et al. 1996). Dies entspricht einem mütterlichen Tagesbedarf von rund 40 kcal/kg Idealgewicht.

Erhebungen in der Deutschen Bundesrepublik haben jedoch bei Frauen zwischen 19 und 35 Jahren einen mittleren täglichen Kalorienkonsum von 2800 kcal ergeben, was einer Überernährung entspricht.

In der Schwangerschaft sollte eine Überernährung zur Vermeidung einer Reihe von Komplikationen (Präeklampsie, Adipositas, Sektiorisiko) strikt vermieden werden, insbesondere wenn eine Glukosetoleranzstörung nachgewiesen wurde.

Selbst bei ganz leichten Glukosetoleranzstörungen ist eine Diät ratsam, da auch leichte Störungen besonders in Kombination mit starker Gewichtszunahme während der Schwangerschaft makrosome Kinder verursachen können (Hollingsworth 1984, Abrams und Laros 1986, Casey et al. 1997). In keinem Fall ist die Schwangerschaft jedoch ein geeigneter Zeitpunkt zur Gewichtsreduktion, da Gestationsdiabetikerinnen wie auch gesunde Schwangere zur „accelerated starvation" neigen, und daher bereits nach 14 bis 18 Stunden Nahrungsentzug eine Hypoglykämie, Hypoinsulinämie und Ketonämie entwickeln können (Felig und Lynch 1970, Metzger et al. 1982, Metzger und Freinkel 1987).

Eine Ketonurie tritt bereits bei einer Diät von 1000 Kilokalorien auf. Diese Ketonurie ist jedoch unbedeutend und hat auch keine Auswirkung auf den Foetus, da die Spiegel der Ketokörper im Blut dabei normal sind (Coetzee et al. 1980).

Die Zusammensetzung hinsichtlich des Kohlenhydrat- Fett- und Eiweißanteiles bei GDM unterscheidet sich nicht von der Diät die bei insulinpflichtigem Diabetes vorgeschlagen wird. Die Diätvorschläge haben sich jedoch in den letzten Dezennien weitestgehend verändert, indem der Kohlenhydratanteil auf Kosten des Fettanteils auf über 50 % angehoben wurde. Dieses Regime wird in letzter Zeit wieder mit fettreichen Diät-Varianten in Frage gestellt (Campbell et al. 1994) (siehe unten).

Eine Kalorienrestriktion auf 1800–2000 kcal (7530–8370 kJ) pro Tag ist das grundlegende diätetische Prinzip bei übergewichtigen Schwangeren (Matzkies et al. 1982). Als Fausregel kann ein Kalorienbedarf von 30–35 kcal (125–146 kJ) pro kg idealem Körpergewicht angenommen werden. Mäßiges bzw. kurzes Fasten senkt die Blutglukose bei GDM stärker als bei Stoffwechselgesunden, ohne dabei die Ketoseneigung zu erhöhen (Buchanan et al. 1990).

Das Idealgewicht berechnet sich aus dem Broca-Index (Größe in cm minus 100) vermindert um 10 %. Eine Frau mit der Größe von 165 cm (mittlere Größe der „Steirerin") hat daher ein „Idealgewicht" von 165 - 100 - 6,5 = 58,5 kg und demnach einen Kalorienbedarf von 1800–2000 kcal (1755–2047,5 kcal) pro Tag. Dies entspricht 7560–8400 kJ pro 24 Stunden (Abb. 49).

Für das Idealgewicht gibt es Tabellen denen umfangreiche Daten von Versicherungsgesellschaften zugrundeliegen (Abb. 50, Tabelle 103).

Eine weitere Möglichkeit ist die Abschätzung des Kalorienbedarfes nach dem tatsächlichen aktuellen Gewicht der Schwangeren. Dabei kann ein Bedarf von 25–30 kcal/kg (bei untergewichtigen Frauen –38 kcal/kg)

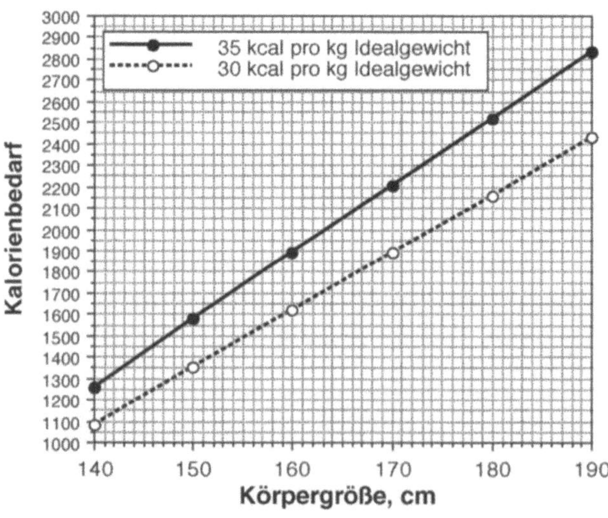

Abb. 49. Diagramm zur Einschätzung des Kalorienbedarfes bei bekannter Körpergröße

Tabelle 103. Ideal- und Übergewichtstabelle für Frauen. Durchschnittswerte in Kilogramm aufgeschlüsselt nach Prozenten Übergewicht. Errechnet nach dem statistischen Bulletin der Metropolitan Life Insurance Company

Größe	Idealgewicht für Fauen					
	Ideal	+10 %	+20 %	+30 %	+40 %	+50 %
148	46,4	51,0	55,7	60,3	65,0	69,6
150	47,3	52,0	56,8	61,5	66,2	71,0
152	48,3	53,1	58,0	62,8	67,6	72,5
154	49,4	54,3	59,3	64,2	69,2	74,1
156	50,5	55,6	60,6	65,7	70,7	75,8
158	51,6	56,8	61,9	67,1	72,2	77,4
160	52,6	57,9	63,1	68,4	73,6	78,9
162	53,9	59,3	64,7	70,1	75,5	80,9
164	55,1	60,6	66,1	71,6	77,1	82,7
166	56,6	62,3	67,9	73,6	79,2	84,9
168	58,1	63,9	69,7	75,5	81,3	87,2
170	59,5	65,5	71,4	77,4	83,3	89,3
172	60,9	67,0	73,1	79,2	85,3	91,4
174	62,4	68,6	74,9	81,1	87,4	93,6
176	63,8	70,2	76,6	82,9	89,3	95,7
178	65,2	71,7	78,2	84,8	91,3	97,8
180	66,7	73,4	80,0	86,7	93,4	100,1
182	68,1	74,9	81,7	88,5	95,3	102,2
184	69,5	76,5	83,4	90,4	97,3	104,3

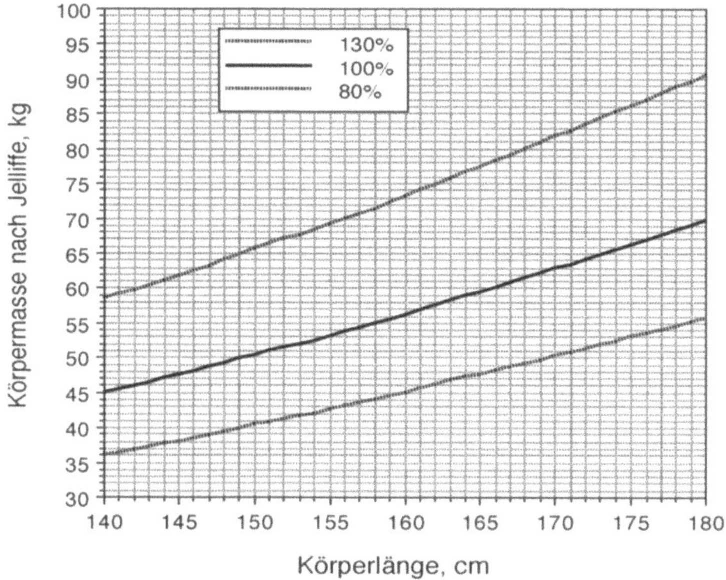

Abb. 50. Diagramm zur Einschätzung des Idealgewichtes bei bekannter Körpergröße

des aktuellen Körpergewichtes angenommen werden (Langer und Hod 1996). Das entspricht bei einem mittleren Gewicht steirischer Frauen von 72 kg in der 28. Schwangerschaftswoche einer Kalorienmenge von 1800–2160 kcal/Tag.

Dabei sollte eine *schlank wirkende* Schwangere eher *30 kcal* pro kg und eine *mollig wirkende* Schwangere eher *25 kcal* pro kg aktuellem Körpergewicht und Tag zu sich nehmen.

Eindeutig *übergewichtige* Schwangere (Broca-Index >120 %) sollten rund *20 kcal* pro kg und Tag zu sich nehmen. Eine Schwangere etwa mit 100 kg benötigt somit rund 2000 kcal pro Tag. Ähnliche Regime werden auch in anderen Zentren empfohlen (Langer et al. 1987).

Vergleicht man das aus der Größe berechnete Idealgewicht mit den Standards der Körpermasse nach Jelliffe (1966), die auf umfangreichen Untersuchungen kanadisch-amerikanischer Versicherungsanstalten beruhen, so zeigt sich, daß das nach dem Broca-Index berechnete Idealgewicht bei sehr kleinen Frauen zu niedrig und bei sehr großen Frauen zu hoch eingeschätzt wird. Im Bereich der Größe von 155–175 cm hingegen stimmt das berechnete Idealgewicht mit den Jelliffe Standards hinlänglich überein. Da der Broca-Index einfach anzuwenden ist und die Größe der meisten Frauen zwischen 155 und 175 cm liegt eignet sich dieser für die Anwendung im Routinebetrieb. Zur Unterscheidung adipös – nicht adipös kann ein Broca-Index von 120 % als Grenzwert angenommen werden. Für diese Unterscheidung wird in wissenschaftlichen Publikationen zumeist der Body Mass Index (BMI) herangezogen, der sich nach der Formel: Gewicht in kg / (Größe in m)^2 berechnen läßt. Eine Adipositas liegt bei einem BMI von 27,3 kg/m^2 und darüber vor (Von Itallie 1985). In der Schwangerschaft muß das Idealgewicht durch die physiologische schwangerschaftsbedingte Gewichtszunahme korrigiert werden. Diese ist zwischen dem V. und VII. Lunarmonat am größten (Wissenschaftliche Tabellen Geigy 1982). Die 50. Perzentile für die wöchentliche Gewichtszunahme gesunder Schwangerer beträgt demnach 0,42 kg zwischen der 13. und 20. Woche, 0,48 kg zwischen der 20. und 30. Woche, 0,42 kg zwischen der 30. und 36. Woche sowie 0,37 kg zwischen der 36. und 40. Woche (Hytten 1982).

Die besten geburtshilflichen Ergebnisse sind zu erwarten wenn Adipöse Schwangere rund 8 kg, Normalgewichtige rund 10 kg und Untergewichtige rund 15 kg zunehmen. Bei allen drei Gruppen steigt die perinatale Mortalität an, wenn die Gewichtszunahme diese Werte über- oder unterschreitet (Naeye 1979). Nach Empfehlungen des Institute of Medicine (1990) ist eine Gewichtszunahme von 7 kg bei adipösen Schwangeren und von 12,5–18 kg bei untergewichtigen Schwangeren von Vorteil. Die Komponenten der mittleren Gewichtszunahme zwischen der 14. und 37. Woche sind im Mittel 3,3 kg Fett und 7,0 kg Wasser (Lederman et al. 1999). Die Proteinzunahme beträgt < 1 kg. Nach Abzug des foetalen Gewichtes und der Sekundinae (Plazenta 0,58 kg, Fruchtwasser 0,80 kg) beträgt die Nettozunahme der Mutter nur mehr rund 3,1 kg Fett und 3,7 kg Wasser.

Die Schwangerschaft ist mit einem Mehrbedarf von rund 25 000 Kcal (104 600 KJ) verbunden, der sich auf die ganze Zeit einer ausgetragenen

Schwangerschaft verteilt (Emerson 1975). Dies entspricht einem mittleren Mehrbedarf von lediglich 90 Kcal (376 KJ) pro Tag. Der erhöhte Energiebedarf in der ersten Schwangerschaftshälfte erwächst in erster Linie für die Neubildung mütterlicher Gewebe, während er in der zweiten Schwangerschaftshälfte durch das foetale Wachstum bedingt ist (Schneider 1985). Es ist allerdings zu bedenken, daß der foetale Kalorienbedarf in der Schwangerschaft dynamisch verläuft. Unter der Annahme eines Kalorienbedarfes des Foetus von 90–100 Kcal/kg/Tag (Sparks et al. 1980) beträgt der Mehrbedarf am Ende der Schwangerschaft mit rund 350 Kcal trotzdem nur rund 15 % des mütterlichen Bedarfes. Eine Schwangere muß somit keineswegs „für zwei" essen, wie es im Volksmund behauptet wird. Eine Überernährung mit vermehrter Gewichtszunahme ist gerade bei der diabetischen Schwangeren strikt zu vermeiden, da sie neben Stoffwechselschwierigkeiten ein erhöhtes Gestoserisiko bewirkt.

Im Wochenbett haben stillende Frauen einen höheren Kalorienbedarf um die Laktation aufrecht zu erhalten. Während stillende IDDM rund 31 kcal/kg benötigen sinkt der Bedarf bei Beendigung des Stillens auf ~25 kcal/kg. Gleichzeitig haben stillende IDDM niedrigere und stabilere Blutglukosewerte als nichtstillende Diabetikerinnen (Ferris et al. 1988).

5.9.3.2 *Kohlenhydrate*

Die Kohlenhydratrestriktion bei Diabetes mellitus ist obsolet geworden. Anhand von Cross-over Studien konnte nachgewiesen werden, daß eine kohlenhydrat- und rohfaserreiche Diät alle Stoffwechselparameter (Blutzuckerspiegel prä- und postprandial, Triglyzeridspiegel, Glykohämoglobinwerte) und auch die Glukosetoleranz positiv beeinflußt (Simpson et al. 1981, Gabbe et al. 1982). Beim Gestationsdiabetes wird durch eine rohfaserreiche Kost der unphysiologische postprandiale Insulinpeak normalisiert (Fraser et al. 1983).

Insbesondere Leguminosen erweisen sich als vorteilhaft. Darüber hinaus wird der Insulinbedarf durch Ballaststoffe herabgesetzt. Der Kohlenhydratanteil bei diabetischen Schwangeren sollte daher 50–60 % des Kalorienbedarfes ausmachen (~215 g, ~18 BE). Der Rohfaseranteil soll über 12 g betragen (Ney et al. 1982). Nach anderen Untersuchungen wird dem Rohfaseranteil in der Nahrung noch größere Bedeutung beigemessen und eine tägliche Einnahme von 25–35 g/1000 kcal empfohlen (Übersicht bei Vinik und Jenkins 1988). Dabei haben wahrscheinlich lösliche Ballaststoffe wie Gummistoffe, Gele, Schleimstoffe Hemizellulosen und Pektine für eine protrahierte Resorption eine größere Bedeutung als unlösliche Ballaststoffe wie Lignin und Zellulose (Jenkins et al. 1978). Leguminosen, Hafer und Rollgerste haben einen hohen Ballaststoffanteil. Bei abrupter Erhöhung von Ballaststoffen in der täglichen Nahrung von Diabetikerinnen muß darauf geachtet werden, daß keine Hypoglykämien auftreten.

Paisey et al. (1985) berichteten über eine Gestationsdiabetikerin mit einem täglichen Insulinbedarf von 58 Einheiten, welche nach einer längeren rohfaserreichen fettarmen Diät in einer weiteren Schwangerschaft eine normale Glukosetoleranz aufrechterhalten konnte. Monomere Kohlenhydrate und freie Stärke sind zu meiden. Kohlenhydrate mit niedrigem Blutzuckerindex sind vorzuziehen (JENKINS und ALEXANDRA 1995). Es sollte daher auch der überholte Begriff der „Broteinheiten" verlassen werden, da er die Patienten zum Genuß von zwar nicht verbotenem, aber wenig erwünschtem Weißbrot (Blutzuckerindex 69) animiert (MEHNERT 1979). Die Speisepläne sollten vielmehr in Kilokalorien bilanziert werden, da es sich dabei um ein Maß handelt, welches heute jedem geläufig ist. Insbesondere Gestationsdiabetikerinnen, deren Diabetes erstmals in der Schwangerschaft auftritt, können mit dem Begriff Broteinheiten zunächst nichts assoziieren. Mit Kalorien kennen sie sich jedoch aus, da die meist übergewichtigen GDM bereits mehrere Schlankheitskuren aus Frauenzeitschriften hinter sich haben.

5.9.3.3 Glukoseindex

Der Glukoseindex (Glykämieindex, glycemic response; Blutzuckerindex etc.) gibt den relativen Blutzuckeranstieg nach der Aufnahme verschiedener Nahrungsmittel im Vergleich zu Glukose oder zu Weißbrot an (OTTO et al. 1973; JENKINS et al. 1981, 1988; JENKINS und ALEXANDRA 1995) (Tabelle 104).

Der Blutzuckerindex wird von verschiedenen Untersuchern etwas unterschiedlich angegeben (Tabelle 105) und teilweise an Weißbrot anstelle von Glukose ausgerichtet (WOLEVER et al. 1985, JENKINS et al. 1988).

Diese Unterschiede bei Kartoffeln Reis und Bohnen sind jedoch durch verschiedene Sorten oder durch eine unterschiedliche Kochdauer oder

Tabelle 104. Blutzuckerindex verschiedener Nahrungsmittel (relativer Blutzuckeranstieg, gemessen am Glukoseäquivalent) (Aufstellung nach D. J. A. JENKINS)

Erdnüsse	13	Buchweizen	51
Sojabohnen	15	Mais (Zuckermais)	59
Fruchtzucker	20	Banane	62
Linsen (Hülsenfrüchte)	29	Rosinen	62
Bohnen (getrocknete)	31	Rote Bete	64
Magermilch	34	Reis (ungeschält)	66
Yoghurt	36	Müsli	66
Äpfel (Gold Delic.)	39	Weizenflocken	67
Orangen	40	Weißbrot	69
Orangensaft	46	Kartoffeln (neue)	70
Spaghetti (Vollkorn)	42	Reis (poliert)	72
Erbsen (getrocknete	47	grüne Bohnen	79
Haferbrei	49	Cornflakes	80
Spaghetti (Weißmehl)	50	Kartoffelbrei	80
Vollkornschrot	51	Honig	87
Kartoffelchips	51	Karotten	92
Erbsen (gefroren)	51	*Traubenzucker*	*100*
		Maltose	105

Tabelle 105. Blutzuckerindex verschiedener Kohlenhydratträger

	Blutzuckerindex	Quelle
Brot	95	Bornet et al. 1987
Kartoffel	74	Bornet et al. 1987
Spaghetti	64	Bornet et al. 1987
	45	Wolever et al. 1986
	42	Lock et al. 1988, GDM
Macaroni	68	Wolever et al. 1986
Reis	56	Bornet et al. 1987
Linsen	30	Bornet et al. 1987
Bohnen	23	Bornet et al. 1987

Zubereitungsart bedingt (Jenkins et al. 1988). So ist etwa der Blutzuckerindex als auch die Insulinantwort bei Bohnen in ihrer intakten Form signifikant niedriger als bei Bohnen in zerquetschter Form. Diese Unterschiede sind auch nachweisbar, wenn die Bohnen oder andere Kohlenhydrate als Bestandteil einer Mischnahrung verzehrt werden (Golay et al. 1986, Hollenbeck et al. 1986). Bei Teigwaren ist in erster Linie die Oberfläche von Bedeutung. Während der Glykämieindex (GI) weder durch die Kochdauer noch durch den Eiweißgehalt der Teigwaren beeinflußt wurde, hatten Macaroni einen GI von 68 und Spaghetti einen GI von 45 (Wolever et al. 1986). Weißbrot verursacht nahezu die doppelte Blutzuckerexkursion als Vollkornbrot.

Neben den Unterschieden die durch den physikalischen Zustand der Nahrungsmittel bedingt sind gibt es graduelle Unterschiede des Glykämieindex bei Stoffwechselgesunden, Typ-1 und Typ-2 Diabetikern (Wolever et al. 1985, Golay et al. 1986, Wolever und Jenkins 1986, Collier et al. 1986). Demnach beträgt der Glukoseindex von Spaghetti bei NIDDM 49 und bei IDDM 57 (Wolever et al. 1986).

Die Schwangerschaft hat trotz der verzögerten Magenentleerung und der herabgesetzten Darmmotilität (Wald et al. 1989) keinen wesentlichen Einfluß auf den Glukoseindex (Lock et al. 1988) (Tabelle 106).

Erkenntnisse von außerhalb der Schwangerschaft können daher bei der Erstellung von Diätplänen für schwangere Diabetikerinnen oder Gestationsdiabetikerinnen übernommen werden und umgekehrt.

An der Grazer Frauenklinik wurde die Resorptionskinetik häufig verzehrter Kohlenhydrate unter Anwendung eines künstlichen Pankreas (Biostator) (Pfeiffer et al. 1974, Albisser et al. 1974, Clemens und Chang 1977, Fogt et al. 1978) an gesunden, nicht schwangeren Probanden untersucht (Edlinger 1986, Hofmann et al. 1989). Der Biostator wurde dazu verwendet, um den Verlauf des Blutzuckerspiegels nach Nahrungsaufnahme kontinuierlich zu messen. Zusätzlich wurden Serienbestimmungen von Insulin, C-Peptid und Cortisol nach dem Verzehr isokalorischer Mengen an Kartoffeln, Teigwaren, Weißbrot oder Reis (1 g/kg) durchgeführt. Der Vorteil

Tabelle 106. Glukosindex bei Gestationsdiabetes (LOCK et al. 1988) und außerhalb der Schwangerschaft (JENKINS et al. 1981)

Nahrungsmittel	Schwanger	Nicht schwanger
Glukose	100	100
Brot	78	69
Rosinen	66	62
Zuckermais	52	59
Bananen	49	62
Orangen	47	40
Spaghetti	42	42
Erbsen	35	51

dieses Vorgehens lag einerseits darin, daß der Blutzuckerindex nicht punktuell, sondern über einen längeren Zeitraum erfolgte, und daß bei jedem Probanden durch die alternative (cross over) Gabe von Glukose ein innerer Standard verfügbar war.

Neben der mechanischen Aufschließbarkeit und chemischen Zusammensetzung der Nahrungsmittel (ANDERSON et al. 1978), dem Fett- und Eiweißgehalt (LAUBE et al. 1973, JENKINS et al. 1982) sowie dem Ballaststoffgehalt (MANNERS 1974, KOERBER et al. 1981, GABBE et al. 1982, SCHREZENMEIR 1984) wirken sich auch die Verwendung von Pharmaka (z. B. Empfängnisverhütungsmittel, GOSSAIN et al. 1983), das Körpergewicht und erbliche Voraussetzungen (BERNTORP et al. 1983) auf die Resorptionsdynamik von Kohlenhydraten aus.

Die Blutzuckerkurven desselben Nahrungsmittels zeigten daher starke individuelle Unterschiede bei verschiedenen Probanden, wodurch transversale Studien kaum möglich sind (EDLINGER 1986) (Abb. 51).

Da jedoch unterschiedliche Nahrungsmittel bei ein und demselben Probanden qualitativ sehr ähnliche Resorptionskurven ergaben (Abb. 51), wurden an 28 gesunden Versuchspersonen longitudinale Studien durchgeführt.

Als erstes wurde jeweils Glukose (oral) verabreicht. Das Resorptionsprofil wurde gleichsam als „innerer Standard" betrachtet und als Referenz für die anderen Nahrungsmittel beim selben Probanden verwendet. Werden Blutglukosewerte nach Glukoseeinnahme gegen Blutglukosewerte in gleichen Zeitintervallen aber nach Ingestion anderer isokalorischer Kohlenhydrate gegeneinander aufgetragen ergeben sich Regressionsgeraden (Abb. 52).

Je flacher die Neigung der Regressionsgeraden, desto kleiner ist der Blutzuckeranstieg durch das betreffende Nahrungsmittel und in der Folge die Stimulation der Insulinproduktion bzw. der Insulinbedarf.

Kartoffeln sind keine idealen Kohlenhydratspender für Diabetikerinnen und sollten daher nur sparsam verzehrt werden. Das Blutzucker- und Insulinprofil nach dem Verzehr von Kartoffeln ähnelt sowohl qualitativ als auch quantitativ dem Profil nach Glukoseaufnahme (Abb. 53).

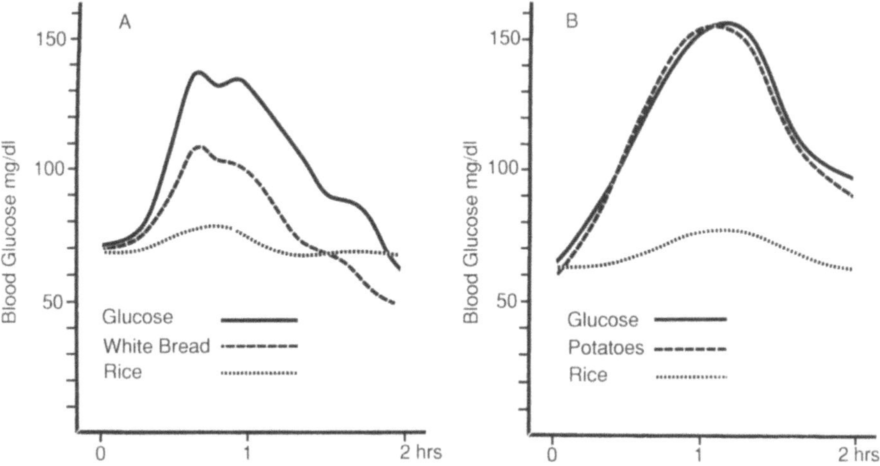

Abb. 51. Grazer Diabetesanalysen. Resorptionsmuster nach der Aufnahme verschiedener Kohlenhydrate bei zwei gesunden Probanden (**A** und **B**) unter kontinuierlichem Monitoring mit dem künstlichen Pankreas (Biostator). Die Kurven zeigen bei verschiedenen Probanden ein individuelles Resorptionsmuster. Während der Verzehr von Reis (Langkornreis) nur einen mäßigen Blutzuckeranstieg nach sich zieht, ist die Resorption nach dem Verzehr von Kartoffeln ähnlich wie nach Glukosegabe (nach Edlinger 1986) (aus: Weiss PAM, Coustan DR, Gestational Diabetes, Springer 1988)

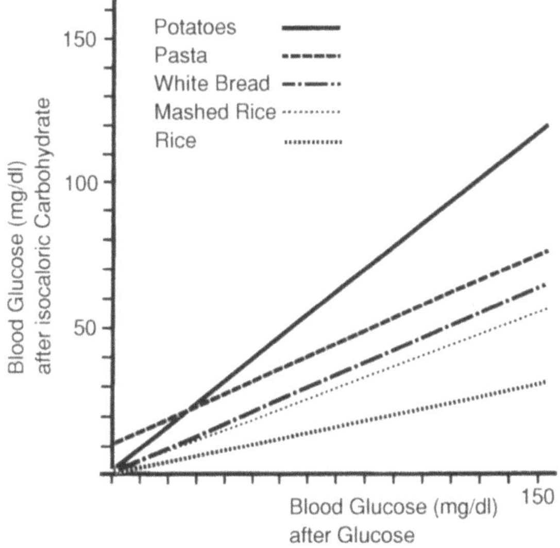

Abb. 52. Grazer Diabetesanalysen. Regressionsgeraden aus Blutzuckerwerten nach Glukosegabe (Abszisse) und nach Ingestion anderer isokalorischer Kohlenhydrate (Koordinate) bei der gleichen Versuchsperson. Je flacher die Neigung der Regressionsgeraden ist, desto kleiner ist der Blutzuckeranstieg und somit der Glukoseindex beim entsprechenden Nahrungsmittel (nach Edlinger 1986) (aus: Weiss PAM, Coustan DR, Gestational Diabetes, Springer 1988)

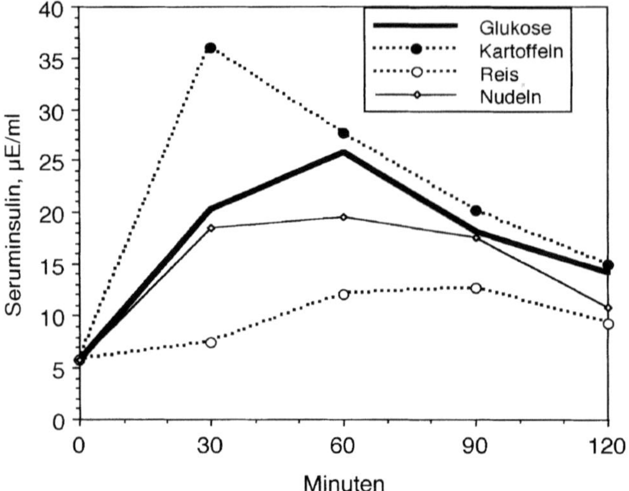

Abb. 53. Grazer Diabetesanalysen. Seruminsulin bei ein und demselben Probanden nach isokalorischem Verzehr von Glukose, Kartoffeln, Reis und Nudeln an verschiedenen Tagen (nach EDLINGER 1986)

Ähnliche Ergebnisse wurden von CRAPO et al. (1976), BANTLE et al. (1983) und COULSTEN et al. (1984) berichtet.

Das Resorptionsverhalten nach einer Kartoffelmahlzeit ist auf die lockere Struktur der Stärkekörner zurückzuführen. Durch Kochen, das teilweise die Hydrolyse der Stärke zu Grenzdextrinen und Di- bzw. Monosacchariden bewirkt, wird das Kohlenhydratpolymer bestehend aus 1,4α-Glykosidbindungen in den Solzustand übergeführt. Die damit vereinfachte enzymatische Aufspaltung der Spaltprodukte führt zu einem raschen Anstieg des Blutzuckers (WAKHLOO et al. 1984).

Reis ist nach unseren eigenen Untersuchungen bei weitem die geeignetste Kohlenhydratquelle für Diabetikerinnen. Die Resorption ist protrahiert und der Blutzuckeranstieg ist gering (Abb. 53). Dies deckt sich mit Untersuchungen von KREZOWSKI et al. (1987), die bei Reis und Linsen das höchste 3 zu 5 Stunden Verhältnis der Resorption nachwiesen. Reis sollte daher bei der Planung der Diät favorisiert werden.

Entwässerte Reissamen enthalten große Mengen an Amylopectin, also Kohlenhydrate mit 1,4α-1,6α-Glykosidbindungen, die beim Kochen stark quellen, jedoch schwer hydrolisierbar sind (MANNERS 1974). Darüber hinaus wird Reis nur eingespeichelt und geschluckt und nicht durch Kauen zermalmt, wodurch die Angriffsfläche für die Verdaungsenzyme klein bleibt. Unsere Beobachtungen, daß pürrierter Reis eine mehrfach schnellere Resorptionskinetik und folglich einen höheren Insulinresponse hat als gekörnter Reis (Abb. 54), decken sich mit anderen Untersuchungen (SNOW und O'DEA 1981).

Hülsenfrüchte sind ebenfalls günstige Kohlenhydrate (FAGEN et al. 1995) und zeigten am Biostator ebenfalls eine vorteilhafte Resorptionskinetik.

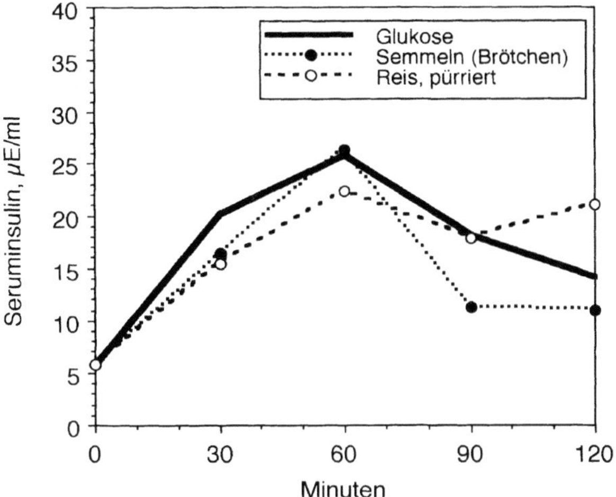

Abb. 54. Grazer Diabetesanalysen. Seruminsulin bei ein und demselben Probanden nach isokalorischem Verzehr von Glukose, Semmeln, und pürriertem Reis an verschiedenen Tagen (nach EDLINGER 1986)

Die Untersuchungen an unserer Klinik erfolgten jedoch nur an einigen Probanden.

Obwohl die verschiedenen Kohlenhydratspender in ihrer reinen Form ein charakteristisches Resorptionsverhalten zeigen, ist die Resorption bei gemischter Kost schwer vorhersehbar (BANTLE et al. 1983). Gemischte Mahlzeiten mit Kohlenhydraten hoher, mittlerer und niedriger glykämischer Potenz ergeben geringere Unterschiede der Blutzuckerspiegel und der Insulinantwort als beim Verzehr dieser Kohlenhydrate in ihrer puren Form (BORNET et al. 1987, HOLLENBECK et al. 1988). Im einzelnen kann auch die Insulinantwort nicht vom Glykämieindex abgeleitet werden (KREZOWSKI et al. 1987). Im Durchschnitt Ist die Insulinausschüttung jedoch bei Nahrungsmitteln mit niedrigem Glykämieindex niedriger (CRAPO et al. 1982, CALLES-ESCANDON et al. 1989) und die Insulinausschüttung erfolgt bereits zu einem früheren Zeitpunkt (COHEN et al. 1990). Man sollte daher den Nutzen einer Konstruktion von Mahlzeiten auf der Basis des Glukoseindex nicht unterschätzen. Insgesamt sollte die Kohlenhydratzufuhr bei Diabetikerinnen in erster Linie aus protrahiert resorbierbaren Kohlenhydraten (*lente carbohydrate*) erfolgen (JENKINS und ALEXANDRA 1995). Die Vorteile sind durch abgeflachte postprandiale Glukoseprofile (JENKINS et al. 1990, 1992; JONES et al. 1993; BERTELSEN et al. 1993), niedrigere mittlere Insulinspiegel (JENKINS et al. 1990, 1992; JONES et al. 1993; BERTELSEN et al. 1993), einem reduzierten Response des gastric inhibitory polypeptide (JENKINS et al. 1990, 1992; BERTELSEN et al. 1993), einer verminderten Harnausscheidung von C-Peptid (JENKINS et al. 1989, 1992), einer Unterdrückung des Spiegels freier Fettsäuren im Plasma (JENKINS et al. 1990), einer verminderte Ausscheidung von Katecholaminen im Harn (JENKINS et al. 1990), niedrigeren nüchtern- und postprandialen Serumspiegeln von totalem und LDL Cholesterol (COHN 1964, JANANNATHAN et al. 1964, JENKINS et al. 1989, ARNOLD et al. 1993, JENKINS et al. 1995), einer reduzierten Cholesterolsynthese in der Leber (JONES et al. 1993), niedrigeren Serumspiegeln von Apolipoprotein B (JENKINS et al. 1989), niedrigeren Harnsäurespiegeln sowie einer erhöhten Harnsäureausscheidung ersichtlich (JENKINS et al. 1995).

5.9.3.4 *Eiweißbedarf*

Die Proteinzufuhr in der Schwangerschaft hat einen deutlichen Einfluß auf die geburtshilflichen Ergebnisse (KING 1975). Die Schwangere hat einen erhöhten Eiweißbedarf (~25 % des Kalorienbedarfes). Der Eiweißanteil soll 1,5 bis 2 g/kg Körpergewicht betragen, möglichst nicht weniger als 100 g/Tag. Bei der Auswahl von tierischem Eiweiß ist auf verstecktes Fett zu achten. Mageres Fleisch und Fisch sind verarbeitetem Fleisch (Wurstwaren, Brotaufstrichen) vorzuziehen; bei Käse sind fettarme Sorten angebracht. Der Harnstickstoffgehalt ist im allgemeinen ein einfacher, zuverlässiger und leicht verfügbarer Index, um eine ausreichende Eiweißversorgung in der Schwangerschaft zu objektivieren (PLATT et al. 1958, REDDY et al. 1963, BEYDOUN et al. 1972). Bei der diabetischen Schwangerschaft hingegen wird die Korrelation zwischen der Proteinzufuhr und Stickstoffausscheidung durch die Qualität der Stoffwechselführung derart beeinflußt, daß die Beurteilung kaum möglich ist (WOEKENER und PITKIN 1978).

5.9.3.5 *Fett*

Bei der konventionellen Diabetesdiät wurde noch in den 70er Jahren ein Verhältnis von Kohlenhydraten : Eiweiß : Fett wie 40 : 20 : 40 vorgeschlagen. Da jedoch, wie besprochen, ein Kohlenhydratanteil von 50–60 % und ein Eiweißanteil von 25 % vorzuziehen ist, sollte der Fettanteil nur mehr 15–25 % des Kalorienbedarfes betragen. Dieses Ziel ist bei den lokalen Eßgewohnheiten kaum zu erreichen. Es ist daher zumindest auf versteckte Fette zu achten, um die Ernährung fettarm zu gestalten. Auf Fette als Brotaufstrich sollte verzichtet werden. Bei Ölen und Fetten für Salate und zum Kochen sind solche mit mehrfach ungesättigten Fettsäuren (Linolsäure, Arachidonsäure) vorzuziehen; es wird ihnen ein günstiger Einfluß auf die Mikroangiopathie bei manifestem Diabetes zugeschrieben (MATZKIES et al. 1982). Darüber hinaus scheint ein hohes Angebot an ungesättigten Fettsäuren während der Schwangerschaft die Neigung zu GDM herabzusetzen (WANG et al. 2000).

In letzter Zeit wird die kohlenhydratreiche Diät wieder überdacht. Als Alternative wird eine Diät mit einem hohen Anteil (~40 % des Kalorienbedarfes) an Fett mit einfach ungesättigten Fettsäuren (Avocado, Nüsse, Olivenöl, Sojaöl etc.) vorgeschlagen (REAVEN 1980; COULSTON et al. 1989; CAMPBELL et al. 1989; GARG et al. 1988, 1992; RASMUSSEN et al. 1993; GARG 1994; JENKINS und ALEXANDRA 1995). Unter dieser Diät ist die Ausscheidung der Glukose im Harn, der Triglyzeridspiegel und die mittlere Blutglukose im Vergleich zur Kohlenhydratdiät herabgesetzt, wobei Fruktosamin, LDL und HDL unverändert bleiben (Campbell et al. 1994).

5.9.3.6 *Verschiedenes*

Eine natriumrestriktive und kaliumbetonte Ernährung ist von Vorteil, da ein Kaliummangel die periphere Insulinresistenz bei Adipositas verstärkt (Norbiato et al. 1984). Ansonsten besteht in der Schwangerschaft ein vermehrter Bedarf an Vitaminen sowie an Kalzium, Magnesium und Phosphor, da anderenfalls die mütterlichen Depots verarmen (Tabellen 107, 108).

Magnesium ist ein essentieller Cofaktor für eine Reihe von Enzymsystemen. Der Magnesiumeinstrom in Inselzellen wird durch Glukose protegiert (Henquin et al. 1983). Die Bedeutung von Magnesium für die Insulinstimulation ist jedoch im Detail nicht bekannt. Sowohl der Typ-1 als auch der Typ-2 Diabetes sind durch erhöhte renale Verluste mit einem intra- und extrazellulären Magnesiummangel assoziiert (Mather et al. 1979, Prager et al. 1982, Vanroelen et al. 1985, Sjörgen et al. 1988, Resnik et al. 1993). Bei GDM ist insbesondere intrazelluläres Magnesium vermindert (Bardicef et al. 1995). Ein Magnesiummangel kann durch die Gabe von Antibiotica, Digitalis und Cyclosporin A verstärkt werden. Er kann sich als tetanisches

Tabelle 107. Empfohlene tägliche Aufnahme von Energie und Vitaminen (Food and Nutrition Board, 1980)

Frauen	kcal	Prot g	Vitamine (fettlöslich)			Vitamine (wasserlöslich)						
			A µg[a]	D µg	E mg	Thi mg	Rib mg	Nia mg	B_6 mg	Fol µg	B_{12} µg	C mg
23–50 Jahre	2000	46	800	5	12	1,0	1,2	13	2,0	400	3,0	45
Schwangere	+300	+30	+200	+5	+3	+0,3	+0,3	+2	+2,0	+400	+1,0	+15
Stillende	+500	+20	+400	+5	+3	+0,3	+0,5	+4	+2,5	+200	+1,0	+35

[a] In µg Retinoläquivalent; *Prot* Eiweißbedarf, *Thi* Thiamin, *Rib* Riboflavin, *Nia* Niacin, *Fol* Folsäure

Tabelle 108. Empfohlene tägliche Aufnahme von Mineralstoffen (Food and Nutrition Board 1980)

Frauen	Elemente					
	Ca mg	P mg	Mg mg	Fe mg	Zn mg	J µg
23–50 Jahre	800	800	300	18	15	100
Schwangere	+400	+400	+150	+	+5	+25
Stillende	+400	+400	+150	+	+10	+50

Syndrom darstellen. Aber auch psychiatrische Syndrome wie Nervosität, Reizbarkeit, Depression und Hörstörungen sind möglich. Die Progression einer Retinopathie ist ebenfalls mit einem Magnesiummangel assoziiert (DE VALK et al. 1999). Der Magnesiummangel ist auch häufig mit einem Chrom-, Kalium und Pyridoxinmangel assoziiert, wodurch die endogene Insulinproduktion gestört sein kann (JOVANOVIC-PETERSON und PETERSON 1996). Eine adäquate Magnesiumsubstitution kann daher gerade bei diabetischen Schwangeren als Prophylaxe vorzeitiger Wehen, der Progression einer Retinopathie, aber auch zur Prophylaxe der Hypokalzämie des Neugeborenen von Bedeutung sein (CRUIKSHANK et al. 1983).

Typ-1 Diabetikerinnen haben fast stets einen Vitamin D und Mineralmangel (KUOPPALA 1988). Der Vitamin D Spiegel ist auch im Fruchtwasser von Diabetikerinnen subnormal (Koskinen et al. 1986). Nach Untersuchungen von RUDNICKI und MØLSTED-PEDERSEN (1997) erhöht die Zufuhr von Vitamin D die Insulinsensitivität bei GDM. Der Folsäurehaushalt ist bei schwangeren Diabetikerinnen nicht beeinträchtigt (KAPLAN et al. 1999). Bei Präeklampsie, die häufig mit GDM assoziiert ist, wurden jedoch niedrige Vitamin B12 Spiegel nachgewiesen (LAIVUORI et al. 1999).

Eine übermäßige Zufuhr von Vitamin A oder von synthetischen Retinoiden, wie in der Dermatologie gebräuchlich, muß vermieden werden, da sie mit einem hohen Fehlbildungsrisiko verbunden ist (STERN 1989, CHALMERS 1992). Bei Vitamin A induzierten Fehlbildungen handelt es sich in erster Linie um fehlende oder tief angesetzte Ohren, Fehlbildungen der Gesichtsknochen, Gaumenspalten, schwere Herzfehlbildungen, Thymusaplasie, Hydrozephalus, Meningoenzephalozele, Synostosen und fehlende Endphalangen (LAMMER 1989, SULIK und ALLES 1991).

Antioxidantien können den oxydativen Streß des Diabetes positiv beeinflussen (SIVAN et al. 1996, JAIN 1999). Durch die Gabe von täglich 1.800 IE Vitamin E kann ein herabgesetzter retinaler Blutfluß und eine erhöhte basale Kreatinin Clearance bei Patienten mit einer Diabetesdauer von < 10 Jahren wieder normalisiert, und damit das Risiko der Entstehung oder des Fortschreitens einer Retinopathie oder Nephropathie vermindert werden (BURSELL et al. 1999).

In der Schwangerschaft wird der Mehrbedarf in der Regel leicht durch eine Verbesserung der intestinalen Absorption bei normaler Ernährung kompensiert (MARKOWITZ et al. 1955, FLETCHER und SUTER 1969, KUMAR et al. 1979, VAHLQUIST et al. 1979).

Da jedoch bei Gestationsdiabetes eine Kalorienrestriktion erforderlich ist, ist es vorteilhaft Nahrungsmittel mit hoher Nährstoffdichte, das heißt mit hohem Gehalt an Vitaminen und Mineralien/1000 kcal, zuzuführen (SCHNEIDER 1985). Informationen darüber finden sich in verschiedenen tabellarischen Zusammenstellungen (Food and Nutritition Board 1980; CREMER et al. 1983; Deutsche Gesellschaft für Ernährung 1975, 1991).

Naturreis, Vollkornprodukte, Haferflocken, Sojaprodukte und Hülsenfrüchte haben einen hohen Magnesiumgehalt. Die höchste „Magnesiumdichte" findet sich in Sonnenblumenkernen (430 mg/100 g; 18,5 mmol/100 g) und Kakaopulver (500 mg/100 g; 21,5 mmol/100g). Auch verschiedene Mineralwässer haben einen unterschiedlich hohen Magnesiumgehalt. Bei österreichischen Mineralwässern hat die Marke Long Live mit ~200 mg/L (8,6 mmol/L) den höchsten Magnesiumgehalt. Der tägliche Mehrbedarf der Schwangerschaft an Magnesium könnte daher mit 0,75 L Mineralwasser abgedeckt werden.

Ist in der Schwangerschaft eine Behandlung mit Antibiotika, Antimykotika und Tuberkulostatika erforderlich, sind die renalen Magnesiumverluste, insbesondere bei Aminoglykosiden, in einer Größenordnung, die eine Substitutionsbehandlung erforderlich machen (Watson et al. 1983). Dasselbe gilt für eine Behandlung mit Digitalis, insbesondere in Kombination mit Diuretika.

Spellacy et al. (1977) berichten, daß ein relativer Mangel an Vitamin B_6 mit gewissen Fällen von Gestationsdiabetes verbunden ist. Unter der Behandlung mit 100 mg B_6 täglich wird ein Absinken von Insulin und Glukose im Plasma und eine signifikante Verbesserung der Glukosetoleranz beschrieben. Diese Ergebnisse konnten jedoch nicht reproduziert werden (Gillmer und Mazibuko 1979).

Eine umfassende Information über den Gehalt an Eiweiß, Fett, Kohlenhydraten, Wasser, Ballaststoffen, Cholesterin, Vitaminen und Mineralstoffen in rund 800 Lebensmitteln bietet „Die große Nährwerttabelle" (Cremer et al. 1983).

Es soll hier darauf hingewiesen werden, daß der Kaffeegenuß in der Schwangerschaft auf 3 Tassen bzw. < 321 mg Koffein/Tag beschränkt bleiben soll, da sonst das Abortusrisiko erhöht ist (Infante-Rivard et al. 1993).

5.9.3.7 *Verteilung über den Tag und Allgemeines*

Prinzipiell ist eine gleichmäßige Verteilung (nibbling versus gorging) der Kalorien über den Tag von Vorteil (Jenkins und Alexandra 1995). Die Aufteilung der Nahrungszufuhr über den Tag sollte bei Gestationsdiabetikerinnen und Diabetikerinnen vorzugsweise in drei Haupt- und drei Zwischenmahlzeiten erfolgen. Die Verteilung der Nahrungsaufnahme auf viele kleine Mahlzeiten zu unkonventionellen Zeiten läßt sich jedoch nur schwer mit den etablierten Eßgewohnheiten unseres Kulturkreises vereinbaren und würde die Diabetikerin in Familie und Gesellschaft zur Außenseiterin stempeln. Sie wird sich daher nur selten bereit finden, ein solches Regime zu akzeptieren. Die geprägten Eßgewohnheiten sind bei diätetischen Vorschreibungen unbedingt in Rechnung zu stellen. Es ist z. B. wenig sinnvoll, aus Gründen einer Stoffwechselkorrektur bei IDDM beim Frühstück Kalorien für eine Spätmahlzeit abzuzweigen, wenn die Patientin als Folge vormittags hunger leidet. Die Insulintherapie muß an das Essen angepaßt werden und nicht das Essen an die Insulintherapie. Beim Gestationsdiabetes wurde früher häufig eine kohlenhydratrestriktive Diät verordnet (Auinger 1978). Bei der Restriktion von Kohlenhydraten wird jedoch die Bildung von Ketonkörpern gefördert (katabole Stoffwechselsituation) (Potter et al. 1982). Eine prompte Vermehrung der Ketonkörper findet aber auch bei einer Unterschreitung des Kalorienbedarfes (~1500 Kcal, 6280 KJ) statt, da die Schwangere leichter in eine katabole Situation (accelerated starvation) gerät, als außerhalb der Schwangerschaft (FREINKEL 1965, METZGER et al. 1982, RUDOLF und SHERWIN 1983, HOET 1977). Eine Ketose ist besonders in der Frühschwangerschaft strikt zu vermeiden, da der Einfluß von Ketonkörpern auf embryonale Fehlbildungen nicht sicher auszuschließen ist (s. S. 407 ff). Es ist daher besonders in der Frühschwangerschaft eine Diät nach den besprochenen Gesichtspunkten (kohlenhydratreich, rohfaserreich, kalorienbilanziert) anzuwenden. Aus Untersuchungen in Entwicklungsländern ist bekannt, daß eine Mangelernährung insbesondere in den letzten 90 Tagen der Schwangerschaft einen Minderwuchs des Kindes bewirken kann (KUSIN et al. 1992). Unter diesem Gesichtspunkt ist eine allzu restriktive Diät daher auch im letzten Schwangerschaftsdrittel bedenklich. Bei Vegetarierinnen haben wir nahezu regelhaft eine Schwangerschaftsanämie beobachtet, die vereinzelt bedrohlich war. Darüber hinaus war die Anämie fast immer mit Frühgeburtsbestrebungen assoziiert. Die Beratung von Vegetarierinnen muß behutsam erfolgen, da diesem Essverhalten häufig eine Philosophie oder religiöse Zwänge zugrundeliegen.

Nach der Embryonalzeit sind Ketonkörper an sich unbedenklich, zumindest gibt es keine experimentellen Studien, die zeigen würden, daß Ketone für den Foetus potentiell toxisch wären. Der Foetus verwendet Ketonkörper bei nicht diabetischen Schwangeren sogar als Energiequelle und schützt sich damit selbst vor Auswirkungen einer mütterlichen Hungerketose (RUDOLF und SHERWIN 1983). Frühere Berichte über eine negative Auswirkung von Ketonkörpern auf die foetale Hirnentwicklung (CHURCHILL et al. 1969, BERENDES 1975, STEHBENS et al. 1977, NAEYE und CHETZ 1981) lassen vermuten, daß es wahrscheinlich nicht die Ketose oder Ketoazidose selbst ist, die sich negativ auf den Foetus auswirkt, sondern die Stoffwechselentgleisung der insulinpflichtigen Diabetikerinnen, auf der die Ketose beruht. Aber auch in neueren Untersuchungen (RIZZO et al. 1991) wird bei Schwangeren mit erhöhtem β-Hydroxybutyratspiegeln im 3. Trimester eine Beeinträchtigung der kindlichen Intelligenz im 2. bis 5. Lebensjahr angegeben. Diese Beeinträchtigung korreliert allerdings auch invers mit den Spiegeln der freien Fettsäuren. STELDINGER und WEBER (1981) berichteten über eine diabetische Schwangere (Typ-2 Diabetes) mit einer Dauerketose, bei der die Ketokörper im Harn und Serum aufgrund einer selbst verordneten und bereits vor der Schwangerschaft angewandten Atkins-Diät (60–80 g Fett, 15–20 g Kohlenhydrate, Gemüse, 100–150 g Eiweiß/Tag) während der gesamten Schwangerschaft das 10fache der Norm betrugen. Dabei bestand eine Normoglykämie mit Blutzuckerwerten zwischen 60 und 90 mg/dl (3,3 und 5,0 mM). Das reifgeborene Kind war gesund, die somatomotorische und intellektuelle Entwicklung im ersten Lebensjahr war unauffällig. Bei weiteren Schwangerschaften derselben Patientin resultierten ebenfalls unauffällige Kinder. Da die Ansichten hinsichtlich der Auswirkungen widersprüchlich sind (PERSSON 1986) sollte eine Ketose jedenfalls vermieden werden, schon deshalb, da es sich dabei nicht um einen normalen physiologischen Zustand handelt.

Von ALGERT et al. (1985) wird zur Behandlung des Gestationsdiabetes eine gemäßigte Diättherapie vorgeschlagen, bei der adipöse Gestationsdiabetikerinnen (Body mass index (BMI) ≥27) mit 1700–1800 kcal/Tag (nicht weniger als 25 kcal/kg aktuellem Körpergewicht) und schlanke Gestationsdiabetikerinnen mit 2000–3000 kcal/Tag (nicht weniger als 36 kcal/kg aktuellem Körpergewicht) behandelt werden. Unter dieser Behandlung wurde die Stoffwechselsituation der Gestationsdiabetikerinnen als zufriedenstellend (Blutglukose 2 Stundern postprandial <130 mg/dl (7,2 mM), HbA1 5–8 %) beschrieben. Die Autoren konnten bis zu einer Restriktion auf 1500 kcal/24 h keine Ketonurie beobachten. Zu ähnlichen Ergebnissen gelangten BOBERG et al. (1980) mit einer Kalorienrestriktion bei übergewichtigen Gestationsdiabetikerinnen auf 1800–2000 kcal. Als Qualitätskontrolle der Therapie bzw. der Patientencompliance kann die Gewichtszunahme im Verlauf der Schwangerschaft herangezogen werden. ALGERT et al. (1985) beobachteten im Verlauf der Schwangerschaft eine mittlere Gewichtszunahme von 10,6 kg bei ihren adipösen und eine mittlere Zunahme von 13,3 kg bei ihren schlanken Gestationsdiabetikerinnen, während eine stoffwechselgesunde Kontrollgruppe im Mittel 13,4 kg zunahm. In unserem Patientengut betrug die Gewichtszunahme bei GDM ohne Aufschlüsselung in Normal- oder Übergewichtig im Mittel 10,6 kg (HOFMANN et al. 1988). Nach Empfehlungen des Institute of Medicine (1990) ist eine Gewichtszunahme von 7 kg bei adipösen Schwangeren und von 12,5–18 kg bei normal- und untergewichtigen Schwangeren adäquat.

Gegenüber einer weiterreichenden Kalorienreduktion bestehen gewisse Vorbehalte, da in deren Gefolge mit einer Ketose gerechnet werden muß. Bei einer Kalorienrestriktion auf 1200 kcal und darunter muß jedenfalls mit einer signifikanten Ketonämie und Ketonurie gerechnet werden (MAGEE et al. 1990).

Bei islamischen Völkern kann das Fasten bei Tageslicht während des heiligen Monats Ramadan ein Problem für Diabetikerinnen sein. Personen, deren Gesundheit darunter leidet, sind zwar offiziell vom Fasten befreit, eine Reihe von Diabetikern bestehen aus religiösen Gründen dennoch auf das Fasten. In einem „Consensus on Diabetes Treatment during Ramadan" wurden Kriterien, die gegen das Fasten sprechen, aufgelistet (EL-GHOMARI 1998). Dazu gehört die Schwangerschaft bei Diabetes, der Gestationsdiabetes sowie die Laktationsperiode. Alle denkbaren Probleme, die sich bei Typ-1 und Typ-2 Diabetes durch den Ramadan ergeben können, werden in den Proceedings eines internationalen Symposiums abgehandelt (Supplement to Practical Diabetes International, Janury/February 1998, Vol. 15, No. 1).

5.9.3.8 Die Diätberatung der Schwangeren

Nahezu jede Gestationsdiabetikerin war bereits vor ihrer Schwangerschaft übergewichtig und hat mit hoher Wahrscheinlichkeit zumindest einmal versucht abzunehmen. Diätpläne zur Gewichtsreduktion in Illustrierten, Frauenzeitschriften etc. basieren in der Regel auf Kalorienangaben. Die meisten Frauen sind daher mit Kalorienangaben und in zweiter Linie mit Jouleangaben vertraut, während ihnen der Begriff der Broteinheiten, der nur mehr im deutschen Sprachraum verwendet wird, gänzlich fremd ist. Bei Diätanleitungen sind daher Empfehlungen in kcal günstiger als in Broteinheiten, insbesondere auch deshalb, da Gestationsdiabetikerinnen im Gegensatz zu Typ-1 Diabetikerinnen nur durchschnittlich 3 Monate mit der Diät befaßt sind.

Da die Compliance bei Diäten von vornherein gering ist, sind möglichst einfache, verständliche und befolgbare Anleitungen besonders wichtig, um Resignation zu vermeiden. Daher sollen auch die Eßgewohnheiten nicht grundlegend geändert, sondern nur modifiziert werden.

Die Beratung hinsichtlich der Zusammensetzung der Mahlzeiten nach Kohlenhydraten, Fett und Eiweiß in % der gesamten Kalorienmenge braucht nicht detailliert zu erfolgen, da es das Essen zur Wissenschaft erhebt und die Schwangeren überfordert.

Folgende Ratschläge sind jedoch als Vademecum verständlich:

6. Vademecum für die Schwangere

Die tägliche Nahrungsmenge soll 2000 kcal nicht übersteigen. Die Ernährung soll bei gewohnter Eiweißmenge kohlenhydratreich und fettarm sein.

„Schlechte" Kohlenhydrate sind Backwaren aus weißem Mehl (Kuchen, Semmeln) und alles was süß schmeckt.

„Gute" Kohlenhydrate sind alle Gemüse, Vollkornbrot, Reis, Spaghetti u. a. Teigwaren (al dente), Hülsenfrüchte.

Der *Eiweißbedarf* soll in erster Linie aus magerem Fleisch oder Fisch und Milchprodukten (Joghurt, Topfen, Hartkäse) und erst in zweiter Linie von fertigen Fleischprodukten wie Würsten, Aufstrichen etc. gedeckt werden (verborgenes Fett). Der Genuß von Eiern (in unverkochtem Zustand) soll auf ein Ei pro Tag beschränkt werden.

Zu vermeiden sind:

„Schlechte" Kohlenhydrate und wegen des „verborgenen" Fettes Wurstwaren, fertige Brotaufstriche, Mayonnaisen, Chips, fette Weichkäse etc.

Der natürliche Fettgehalt in Nüssen ist jedoch weitestgehend unbedenklich und Avocados haben mit ihrem hohen Gehalt an mehrfach ungesättigten Fettsäuren sogar eine günstige Auswirkung auf den Stoffwechsel, immer unter Beachtung der zugeführten Kalorienmenge.

6.1 Der Umgang mit Kalorien

Verschiedene verwandte Nahrungsmittel wie etwa rohe Getreide und Hülsenfrüchte, Gemüse- oder Obstsorten, Fleisch, Fisch etc. haben in Gruppen zusammengefaßt einen sehr ähnlichen Kaloriengehalt und können wie unten angegeben grob kalkuliert werden. Bei abwechslungsreicher Kost gleichen sich die Fehler einer groben Kalorienberechnung durch den abwechselnden Genuß von etwas höherkalorischen oder niedrigerkalorischen Nahrungsmitteln derselben Gruppen wieder aus.

Kohlenhydrate

Getreide (Körner, Grieß, Flocken, Mehl, Schrot) und Hülsenfrüchte: Bohnen, Buchweizen, Erbsen, Gerste, Hafer, Hirse, Linsen, Mais, Reis, Stärke, Weizen, (Mittelwert 347 ± 15 kcal) haben im ungekochten Zustand

rund **350 kcal** oder **1470 kJ** pro 100 g

Brote: Roggen(misch)brot, Weizen(misch)brot, Pumpernickel, Semmeln (Mittelwert 237 ± 23 kcal) können mit

rund **240 kcal** oder **1000 kJ** pro 100 g

veranschlagt werden.

Gemüse, roh einschließlich Salate und Pilze: Blattsellerie, Bohnschoten, Broccoli. Chicoree, Chinakohl, Grünkohl, Gurken, Karfiol, Karotten, Kohlrabi, Kohlsprossen, Kopfsalat, Kürbis, Mangold, Melanzani, Paprika, Pilze, Porree, Radieschen, Rettich, Rhabarber, Rohnen, Rotkohl, Rüben, Sauerkraut, Sellerieknollen, Spargel, Spinat, Tomaten, Vogerlsalat, Weißkohl, Wirsing, Zwiebel (Mittelwert 28 ± 11 kcal) entspricht

rund **30 kcal** oder **130 kJ** pro 100 g

Frisches Obst, roh: Ananas, Apfel, Birne, Brombeere, Erdbeere, Grapefruit, Heidelbeeren, Himbeeren, Kirschen, Mandarinen, Marille, Orange, Pfirsich, Pflaumen, Preiselbeere, Ribisel, Stachelbeeren, Wassermelone, Weintrauben, Zitrone, Zuckermelone (Mittelwert 49 ± 14 kcal) entspricht

rund **50 kcal** oder **210 kJ** pro 100 g

Eiweiß

Mageres Fleisch: Huhn, Kalb, Lamm, Rind, Schwein, Wild und zugehörige Innereien (Mittelwert 114 ± 4 kcal) entspricht

rund **115 kcal** oder **480 kJ** pro 100 g

Fisch mager: Austern, Barsch (Süßwasser), Dorsch (= Kabeljau), Flunder, Garnele, Hecht (Süßwasser), Krebs, Muscheln, Schellfisch, Schleie (Süßwasser), Scholle, Seehecht, Seezunge, Steinbutt, Tintenfisch (Kalamar), Zander (Süßwasser) (Mittelwert 75 ± 6 kcal) entspricht

rund **75 kcal** oder **315 kJ** pro 100 g

Fisch mittelfett: Forelle (Süßwasser), Heilbutt, Karpfen (Süßwasser), Makrele, Rot(Gold)barsch, Sardine (Mittelwert 121 ± 30 kcal) entspricht

rund **120 kcal** oder **500 kJ** pro 100 g

Fisch fett: Aal, Hering, Lachs (Süßwasser) (Mittelwert 240 ± 39 kcal) entspricht

rund **240 kcal** oder **1000 kJ** pro 100 g

Nüsse: Cashew-Nuß, Erdnuß, Haselnuß, Kokosraspel, Mandel, Pignoli, Pistazienkerne, Walnuß (Mittelwert 641 ± 39 kcal) entspricht

rund **640 kcal** oder **2690 kJ** pro 100 g

Fett

Fette: Butter, Butterschmalz, Erdnußöl, Kokosfett, Maiskeimöl, Margarine, Olivenöl, Palmöl, Rindertalg, Schweineschmalz, Sojaöl, Sonnenblumenöl (Mittelwert 869 ± 60 kcal) entsprechen

rund **870 kcal** oder **3650 kJ** pro 100 g

6.1.1 Detaillierte Kalorienangaben

Abgepackte Lebensmittel, insbesondere Fertiggerichte, sind mit Kilokalorien- oder Kilojouleangaben versehen, die sich jedoch zumeist nicht auf den gesamten Inhalt, sondern auf 100 g beziehen(!!!). 1 Kilokalorie entspricht 4,2 Kilojoule.

Der Kaloriengehalt der wichtigsten nicht fertig abgepackten Nahrungsmittel ist in den folgenden Kaloriendiagrammen angegeben.

Bei Verzehr von Gemüse der unteren Hälfte des Diagrammes können große Mengen gegessen werden, ohne daß sich das kalorisch wesentlich auswirkt. So kann etwa Blattsalat mit weniger als 20 Kilokalorien und auch Essig oder Zitronensaft bei der Kalorienbilanzierung nahezu vernachlässigt werden. Für das Salatdressing sind jedoch pro Eßlöffel Öl rund

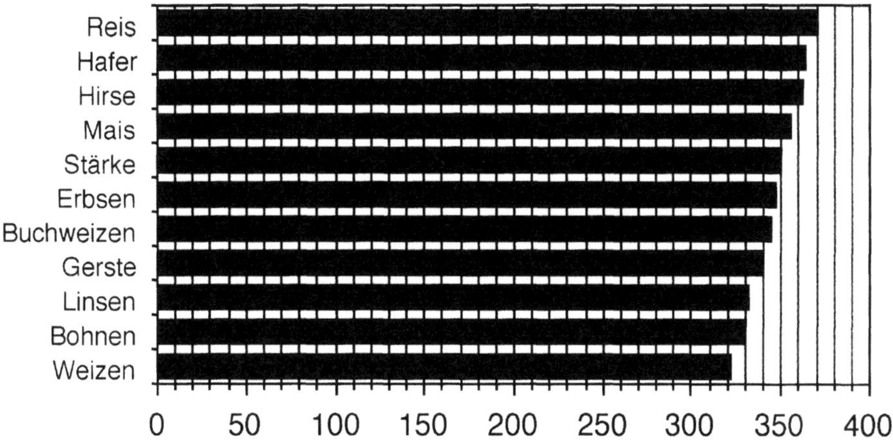

Kaloriendiagramm Getreide, Hülsenfrüchte, roh. Kilokalorien pro 100 g (10 Dag)

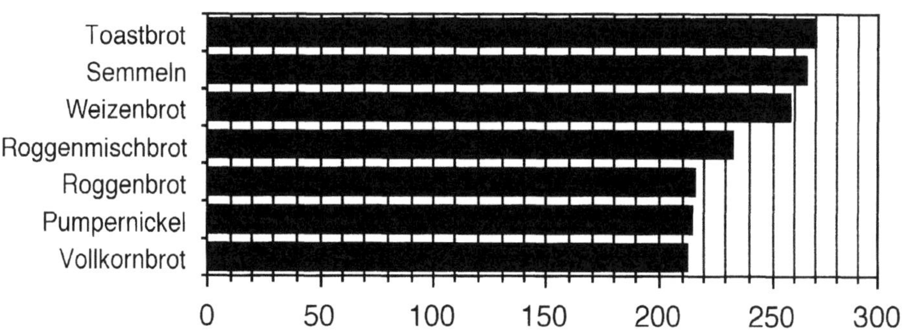

Kaloriendiagramm Brot. Kilokalorien pro 100 g (10 Dag)

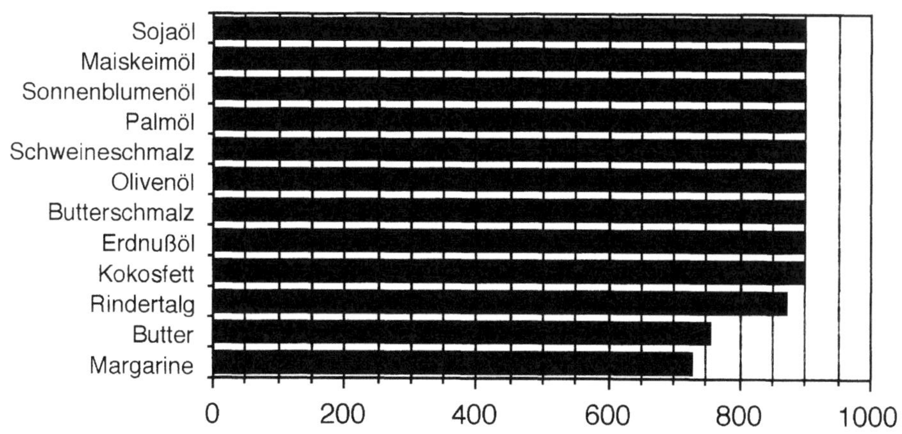

Kaloriendiagramm Fette. Kilokalorien pro 100 g (10 Dag)

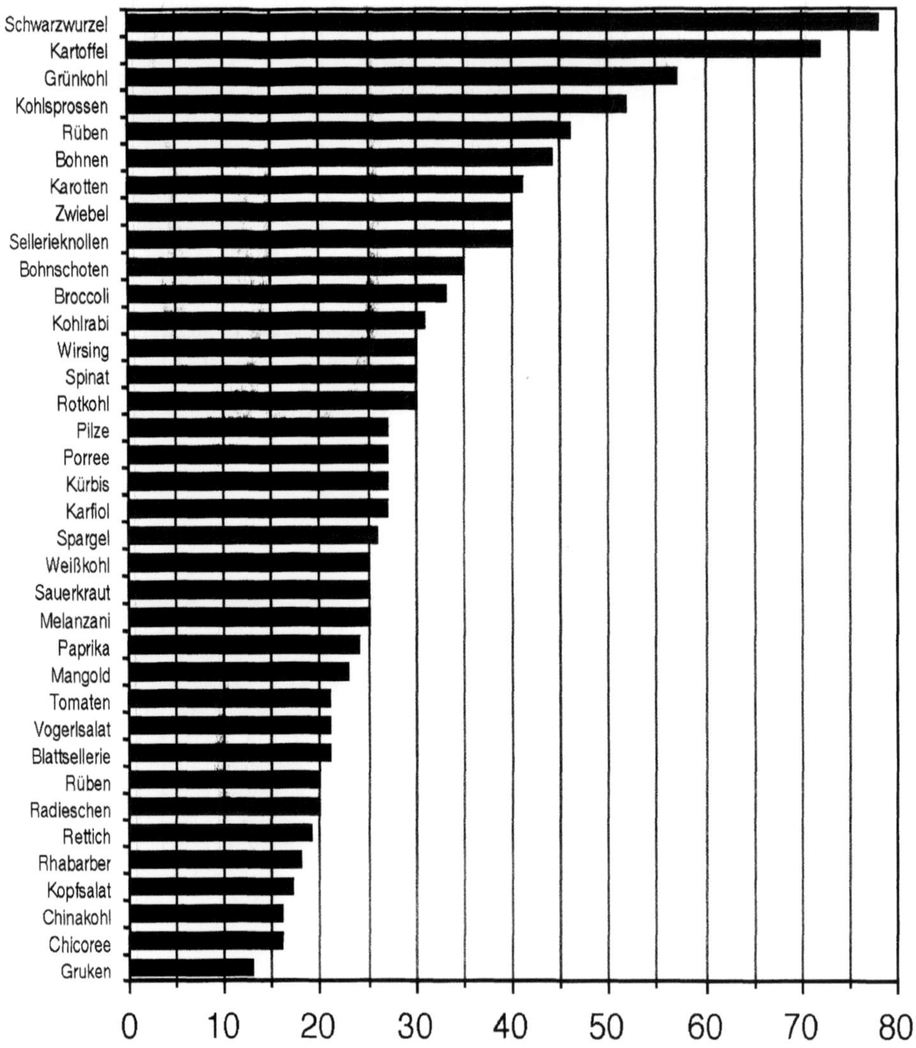

Schwarzwurzel
Kartoffel
Grünkohl
Kohlsprossen
Rüben
Bohnen
Karotten
Zwiebel
Sellerieknollen
Bohnschoten
Broccoli
Kohlrabi
Wirsing
Spinat
Rotkohl
Pilze
Porree
Kürbis
Karfiol
Spargel
Weißkohl
Sauerkraut
Melanzani
Paprika
Mangold
Tomaten
Vogerlsalat
Blattsellerie
Rüben
Radieschen
Rettich
Rhabarber
Kopfsalat
Chinakohl
Chicoree
Gruken
0
10
20
30
40
50
60
70
80

Kaloriendiagramm Gemüse, roh. Kilokalorien pro 100 g (10 Dag)

Rind
Schwein
Wild
Lamm
Huhn
Kalb
0
20
40
60
80
100
120
140

Kaloriendiagramm mageres Fleisch. Kilokalorien pro 100 g (10 Dag)

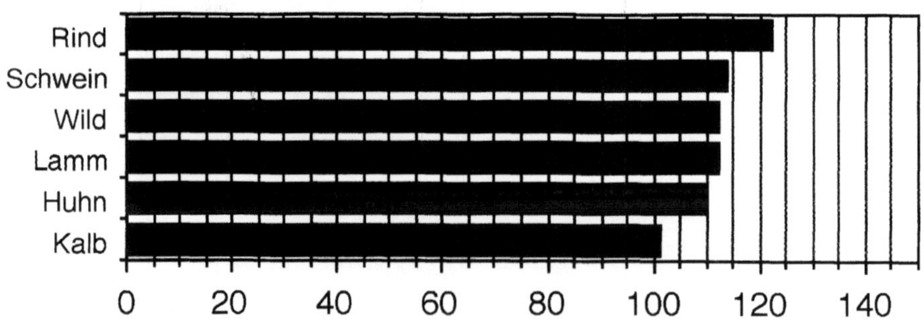

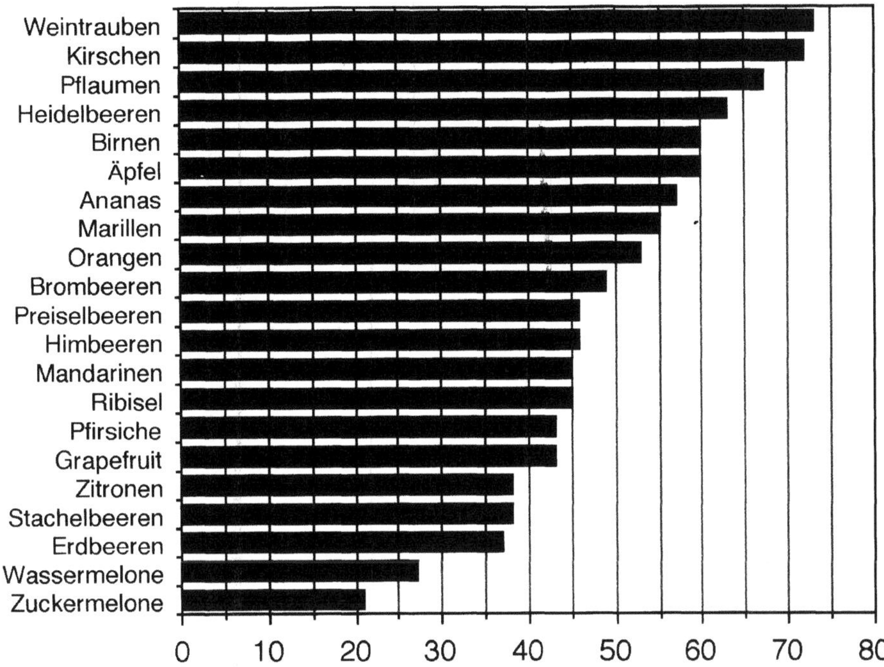

Kaloriendiagramm Obst, roh. Kilokalorien pro 100 g (10 Dag)

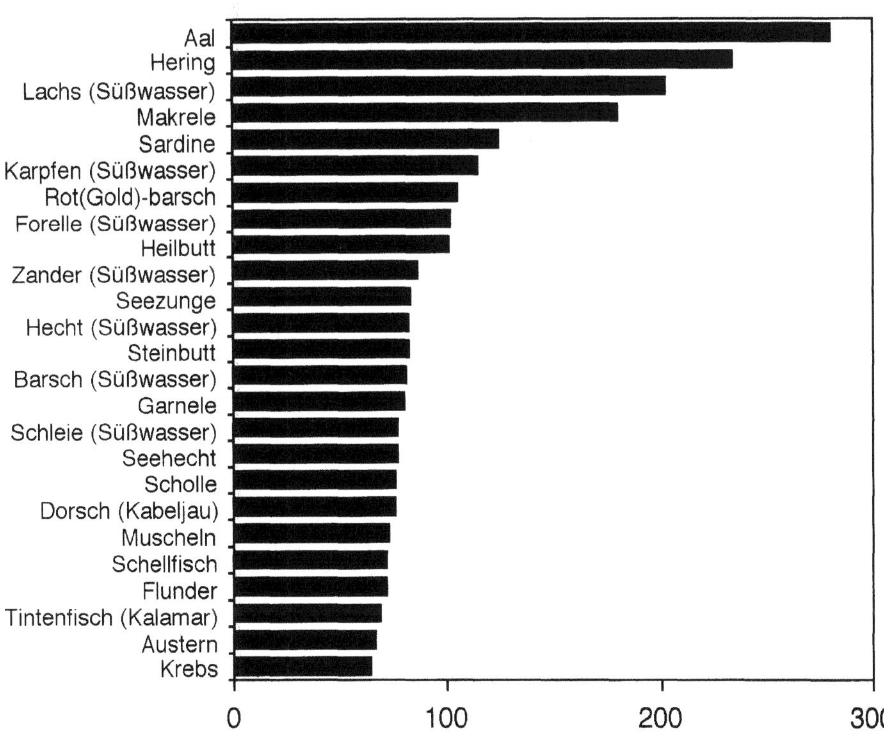

Kaloriendiagramm Fisch. Kilokalorien pro 100 g (10 Dag)

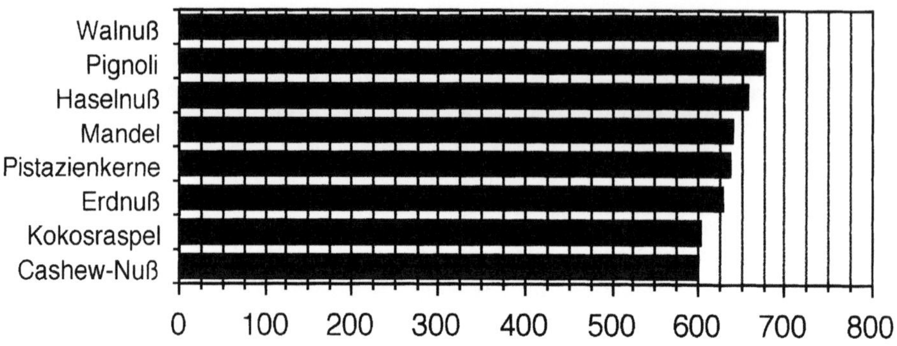

Kaloriendiagramm Nüsse. Kilokalorien pro 100 g (10 Dag)

110 kcal anzurechnen und für Gemüse, welches in Butter gedünstet oder mit brauner Butter aromatisiert wird, sind rund 100 kcal pro gestrichenem Eßlöffel Butter anzurechnen.

Bei rohem Obst bewegt sich der Kaloriengehalt zwischen 20 kcal (Zuckermelone) und 75 kcal (Weintrauben). Bei Genuß von Obst der unteren Diagrammhälfte kann daher eine größere Menge verzehrt werden.

Mageres Muskelfleisch und die zugehörigen Innereien zeigen erstaunlich wenig Unterschiede hinsichtlich ihres Kaloriengehaltes. Beim Genuß von Fleisch ist der Kaloriengehalt jedoch in hohem Maß von der Zubereitung abhängig. Die Kalorienmenge, die einem kleinen (rund 120 g, 140 kcal) oder großen (rund 200 g, 230 kcal) Schnitzel entspricht, ist nach Kochen oder Grillen unverändert. Wird das Fleisch in Fett gebraten und dann abgetropft, müssen durch die Benetzung des Fleisches mit Fett rund 100 kcal dazugerechnet werden. Bei Zubereitung eines Saftes muß das gesamte verwendete Fett (z. B. 3 Eßlöffel Öl = 330 Kcal) kalkuliert werden.

Bei unterschiedlichen Fischsorten bestehen sehr große Unterschiede ihres Kaloriengehaltes. Es sollte daher auf den Genuß von Aal, Hering, Lachs, Makrelen und Sardinen eher verzichtet werden. Fisch ist besonders dann leicht kalkulierbar, wenn er gekocht genossen und mit einer bekannten Anzahl von Löffeln brauner Butter aromatisiert wird. Ansonsten gelten für die Zubereitung von Fisch dieselben Regeln für die Zurechnung von Kalorien wie für die Zubereitung von Fleisch.

Nüsse sind sehr kalorienreich. Dies muß bei der Zubereitung von Müsli oder Mehlspeisen bedacht werden.

6.2 Praktische Hinweise für die Kalorienbilanzierung

Flüssige und granulierte (gekörnte) Nahrungsmittel ohne Kalorienangaben müssen nicht gewogen, sondern können in Schalen, Gläsern, Joghurtbechern oder Eßlöffel gemessen werden. Diese Abschätzung ist ausreichend genau, da es keine große Bedeutung hat, ob etwa 1800 kcal oder

1900 kcal verzehrt werden. Die Unterschiede durch Meßfehler sind kleiner als Unterschiede zwischen zwei sortengleichen Würsten verschiedener Hersteller oder zweier Apfelsorten unterschiedlichen Zuckergehaltes.

Ein normaler Joghurtbecher steht leicht zur Verfügung und eignet sich ideal als Meßbecher.

Ein Joghurtbecher der soweit gefüllt wird, wie ursprünglich Joghurt enthalten war (0,25 L), entspricht etwa einer gestrichen gefüllten Kaffeetasse (0,2 L) bzw. rund 12 (nicht gehäuften, mittelgroßen) Eßlöffeln (Tabelle 109).

Eine Reihe von Nahrungsmitteln oder Speisen können nicht in einem Becher oder Löffel gemessen werden sondern stellen Einheiten dar (z. B. ein Ei, ein Stück Brot, ein Apfel etc.). Die Tabelle 110 gibt den ungefähren Kaloriengehalt von häufig verzehrten Einheiten an.

Eine diätetische *Hauptmahlzeit* hat bereits *rund 900 kcal.* Zum Beispiel ein Naturschnitzel mit Saft (440 kcal), eine Schale gekochter Reis (260 kcal) und ein Endiviensalat mit 1 Eßlöffel Öl und 1/2 Kartoffel (10 + 110 + 55 = 175 kcal).

Eine *Nebenmahlzeit*, etwa ein Vollkornbrot mit Emmentaler (230 kcal), ein Glas Milch oder Joghurt (120 kcal) und ein Apfel (100 kcal) entsprechen *etwa 450 kcal.* Es erfordert daher eine Restriktion um insgesamt unter 2000 kcal zu bleiben. Eine *Zwischenmahlzeit* soll somit weniger als 200 kcal enthalten (ein Apfel oder analog viel anderes Obst oder 3 Löffel Müsli oder ein kleines Schinkenbrot etc.).

Tabelle 109. Nahrungsmittel, die durch Messen mit Tassen oder Eßlöffel kalkuliert werden können

	100 g 10 Dag kcal	1 Kaffeetasse (Joghurtbecher) kcal	1 Eßlöffel kcal
Reis oder Linsen oder Bohnen			
roh	330	660	55
gekocht	130	260	22
Maisgrieß			
roh	360	660	55
gekocht	120	220	18
Haferflocken	390	470	40
Semmelbrösel	380	420	35
Teigfleckerln und andere Teigwaren			
roh	360	580	50
gekocht	150	195	16
Kristallzucker	400	760	65
Öl und Fette	890		110
Butter	750		100

Tabelle 110. Nahrungsmittel die als Portion, Einheit oder 1 Stück kalkuliert werden können

	100 g 10 Dag kcal	1 Portion 1 Stück kcal		
Ei	158	85		
Brotscheibe	230			
groß		160		
klein		110		
Semmel (Brötchen)	260	130		
Joghurt				
Normalbecher (0,25 L)	66	165		
Milch, 1Glas (0,2 L)	64	120		
Buttermilch, 1Glas (0,2 L)	40	80		
1 Apfel oder				
1 Birne oder				
1 Orange	60	100		
1 Banane	96	140		
1 Avocado	233	440		
1 Kartoffel	72	110		
Fettloses Fleisch	115			
1 Schnitzel		*gegrillt*[a]	*gebraten*	*mit Saft*
groß (~200 g)		230	350	530
klein (~120 g)		140	240	440
1/2 Grillhuhn		400		
1 Krainer	350	330		
1 Frankfurter	240	130		
Einschichtig belegtes Brot, klein, mit				
Emmentaler	400	230		
Weichkäse	300	210		
Topfen	170	160		
Salami	518	260		
Schinken	270	190		
Extrawurst	350	215		
Butter	750	225		
Wein, 1Glas (0,2 L)	75	150		
Bier, 1Glas (0,2 L)	50	100		

[a] Oder gekocht

6.2.1 Flüssigkeitsbedarf

In der Schwangerschaft soll viel getrunken werden (gut 2 L). Getränke sollten jedoch nicht zusätzlich Kalorien zuführen, da sonst die Übersicht verloren geht. Daher sind Fruchtsäfte etc. zu vermeiden. Tee und Kaffee mit Süßstoff, „Light"-Getränke oder Wasser und Mineralwasser sind vorzuziehen. In der Schwangerschaft und besonders bei Gestationsdiabetes besteht ein erhöhter Magnesiumbedarf. Long Life ist ein Mineralwasser mit besonders hohem Magnesiumgehalt.

6.2.2 Diätbehandlung bei GDM

Nach der Diagnose eines GDM, nach welchen Kriterien auch immer, soll auch bei normaler Glykämie unter Alltagsnahrung eine Diätbehandlung auf Basis der oben besprochenen Grundlagen eingeleitet werden. Nach unserer Erfahrung ist eine revolutionäre Umstellung der Ernährung für die kurze Zeit der Schwangerschaft wenig zielführend. Die Compliance der Patientin wird überfordert, wenn kulturell geprägte Eßmuster abrupt umgestoßen werden sollen, oder wenn die Schwangere gezwungen ist zweifach zu kochen und als Außenseiter etwas anderes zu essen als der Rest der Familie. Das wesentlichste Element ist die Kalorienbilanzierung, wie oben ausgeführt. Die Schwangere ist mit hoher Wahrscheinlichkeit bereit im Interesse ihres Kindes restriktiv (~1800–2000 kcal) zu essen. Die Diät soll vom geburtshilflichen Gesichtspunkt, zumindest bis zum Ende der Schwangerschaft durchgeführt werden, auch wenn sich eine Indikation zur zusätzlichen Insulintherapie ergeben sollte. Vom internistischen Gesichtspunkt ist bei GDM die Beibehaltung und zielgerichtete Evolution der Diät auch nach der Schwangerschaft ratsam, um das erhöhte Risiko eines Typ-2 Diabetes oder Syndrom X abzuwenden oder hinauszuschieben.

Bei Beginn einer Diät ist mit keinen drastischen Erfolgen zu rechnen. Die Diät erfordert Zeit, um sich auf die mütterliche Glykämie auszuwirken. In der Regel sinkt der Nüchternblutzucker erst nach der 2. Diätwoche und der postprandiale Wert erst in der 4. Diätwoche (McFarland et al. 1999). GDM mit Nüchternwerten über 95 mg/dl mit Übergewicht und früh diagnostiziertem GDM werden mit hoher Wahrscheinlichkeit (60 %) selbst nach 4 Wochen Diät keine ausreichende Senkung der Glykämie erreichen (McFarland et al. 1999).

Ob die Diät für die foetalen Ansprüche ausreicht, ist wegen der Idiosynkrasie der plazentaren Transport- und Barrieremechanismen für Glukose und wegen des individuell unterschiedlichen foetalen Glukosediebstahls anhand der mütterlichen Glykämie nicht exakt vorhersehbar. Dementsprechend besteht bei GDM auch keine Korrelation der Glykohämoglobinspiegel des mütterlichen Blutes und des Nabelschnurblutes (Yatscoff et al. 1985).

7. Insulintherapie des Gestationsdiabetes (GDM)

Für die Schwangere wäre in der Mehrzahl der Fälle entweder überhaupt keine Therapie erforderlich oder eine Diätbehandlung ausreichend. In ~20 % der Fälle hingegen ist der Foetus an der Stoffwechselstörung beteiligt und entwickelt in Abhängigkeit von der individuellen Plazentafunktion und Glukosesensitivität einen Hyperinsulinismus (Abb. 55).

Diese Untergruppe des GDM ist die eigentlich geburtshilflich relevante Risikogruppe (WEISS et al. 1988). Eine Insulinbehandlung ist aus kindlicher Indikation erforderlich, da sich alle diabetogen bedingten Komplikationen vom foetalen Hyperinsulinismus ableiten (RIZZO 1991; SILVERMAN et al. 1993, 1995; METZGER et al. 1990; WEISS 1996; WEISS et al. 1999). Dauert ein foetaler Hyperinsulinismus über Wochen oder gar Monate an, ist das Risiko eines Riesenwuchses, einer Totgeburt, Frühgeburt oder Kaiserschnittgeburt signifikant erhöht. Beim Neugeborenen besteht die Gefahr einer Unterzuckerung, Atemstörung, Gelbsucht oder Anpassungsstörung (WEISS et al. 1988; WEISS 1988, 1996) und das Risiko einer Fettsucht (WEISS et al. 1999, METZGER et al. 1990) und eines Diabetes im Schulalter oder im späteren Leben (SILVERMAN et al. 1993, 1995; WEISS et al. 2000). Da eine Unterbehandlung (Diätbehandlung) des GDM bei foetalem Hyperinsulinismus das Le-

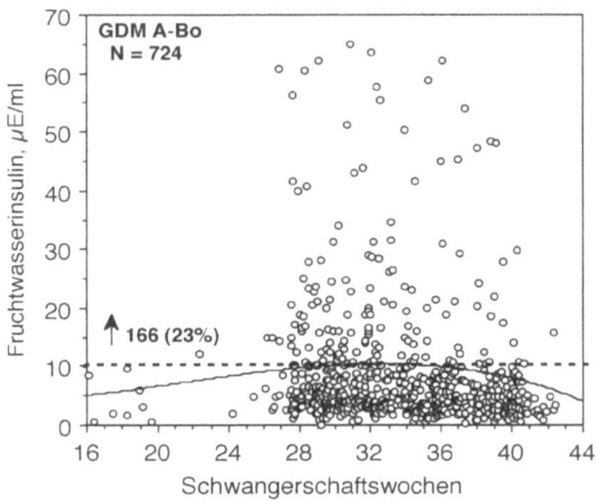

Abb. 55. Grazer Diabetesanalysen. 724 Fruchtwasserinsulinwerte bei GDM (A-Bo nach der Grazer Klassifikation, siehe Abb. 61). Durchgezogene Linie: Polynomische Mittelwertskurve. Strichlierte Linie: 10 µE/ml (> 99 %ile der Norm)

ben und die Gesundheit des Kindes bedrohen, müssen Grenzwerte zur Indikation der Insulinbehandlung möglichst alle Fälle mit hyperinsulinämischen Foeten erfassen. Da eine Insulinbehandlung mit einem medizinischen und ökonomischen Aufwand, einer psychischen Belastung und auch mit gewisse Risiken verbunden ist, muß eine Überbehandlung ebenfalls vermieden werden.

7.1 Indikationen zur Insulinbehandlung

Der Anteil der GDM, die eine Insulintherapie benötigen, wird in der Literatur unterschiedlich angegeben und hängt von den diagnostischen Kriterien des GDM und den Kriterien der Indikation zur Insulintherapie ab. Dieser Anteil erstreckt sich von *weniger als 30 %* (Coetzee und Jackson 1979; Widness et al. 1985; Bellmann 1986; Weiss et al. 1987, 1988; Hofmann et al. 1988; Jacobson und Cousins 1989; Wechter et al. 1991; Goldman et al. 1991; Fraser 1995) über *30–50 %* (Coetzee und Jackson 1979, Coustan and Imarah 1984, Widness et al. 1985, Thompson et al. 1990, Gestation and Diabetes in France Study Group 1991, Landon et al. 1991, Thompson et al. 1994, Langer et al. 1994, Fraser 1995) und sogar auf *50–100 %* der Fälle (Coustan und Imarah 1984, Berne et al. 1985, Philipson et al. 1985, Leikin et al. 1987, Drexel et al. 1988, Johnstone et al. 1990, McManus und Ryan 1992, Lurie et al. 1992, Langer et al. 1994).

Die Indikation zur Insulintherapie erfolgt nach internistischen oder nach geburtshilflichen Gesichtspunkten (Tabelle 111).

Beim internistischen Gesichtspunkt wird die Therapie nach mütterlichen Blutglukosewerten ausgerichtet. Die Blutglukose ist ein diabetesspezifischer mütterlicher Parameter, jedoch ein indirekter Parameter zur Beurteilung der foetalen Stoffwechselsituation. Bei der Behandlung unter geburtshilflichen Gesichtspunkten erfolgt die Insulintherapie weitestgehend unabhängig vom Mütterlichen Glukosespiegel entweder als prophylaktische Therapie und/oder nach Parametern des foetalen Wachstums oder der foetalen Insulinhomöostase. Bei der Ultraschallbiometrie erfolgt die Einschätzung der foetalen Stoffwechselsituation indirekt mit der Makrosomie als unspezifischem Parameter. Fruchtwasserinsulinwerte hingegen, ermöglichen eine direkte Beurteilung der foetalen Stoffwechselsituation mit einem spezifischen Parameter.

Tabelle 111. Indikationen zur Insulintherapie bei GDM

Internistischer Gesichtspunkt	– prä- und/oder postprandiale Glukosespiegel – mittlere Blutglukose
Geburtshilflicher Gesichtspunkt	– prophylaktische Insulintherapie – Ultraschallbiometrie – Insulinkonzentration im Fruchtwasser

7.1.1 Mütterliche Glykämie

Die Grenzwerte der mütterlichen Glykämie für eine „gute" Stoffwechselführung und damit für die Indikation zur Insulinbehandlung wurden bisher mehr oder weniger willkürlich festgelegt. Die mütterliche Glykämie wird durch den oGTT häufig überschätzt und durch die Blutzuckerselbstkontrolle unterschätzt (Backx et al. 1989). Die Frage *„wie gut ist gut genug für den Foetus"* ist nicht eindeutig geklärt. Daraus resultiert eine Unsicherheit hinsichtlich der Grenzwerte als Indikation zur Insulintherapie (Buchanan und Kjos 1999). Der Foetus stellt jedenfalls höhere Ansprüche an die Stoffwechselqualität als die Schwangere. Zum Teil wird die Insulintherapie eher nach Nüchternblutzuckerwerten ausgerichtet (Gabbe et al. 1977, Buchanan et al. 1985, Langer et al. 1991, Huddleston et al. 1993). 95 % der Nüchternwerte haben eine hohe Variabilität von Tag zu Tag (± 15 %), wobei die höchsten Nüchternwerte auch die höchsten Variationen haben (Ollerton et al. 1999). Postprandiale Werte scheinen daher für die Stoffwechselführung bei GDM von größerer Bedeutung zu sein als präprandiale Werte (Drexel et al. 1988; Jovanovic-Peterson et al. 1991, 1992; Combs et al. 1992; Parfitt et al. 1992; De Veciana et al. 1995). Bei einer randomisierten Studie ergab die Anpassung der Insulintherapie an die postprandialen 1 h-Werte eine bessere Blutzuckerkontrolle und bei den Neugeborenen niedrigere Makrosomie- (12 % vs. 42 %) und Hypoglykämieraten (3 % vs. 21 %) als bei der Anpassung nach präprandialen Werten (De Veciana et al. 1995). Nach Untersuchungen von Combs et al. (1992) erfolgt ein Anstieg der Makrosomierate ab postprandialen Glukosewerten von ≥ 130 mg/dl (7,2 mmol/l).

Die Indikation der Insulintherapie nach der mittleren mütterlichen Blutglukose (MBG) eines Tages- oder Tag/Nachtprofiles hat den Vorteil, daß sowohl Nüchternwerte als auch prä- und postprandiale Werte in die Therapieentscheidung integriert sind. Die mittlere mütterliche Blutglukose wird aus 4–6 prä- und postprandialen Werten (Goldberg et al. 1986, Hopp et al. 1995), aus 7 Werten (3 x präprandial, 3 x postprandial + vor dem Einschlafen) (Langer et al. 1991) oder aus allen Werten einer Woche (Langer et al. 1987) berechnet. Wir berechnen die mittlere Blutglukose aus 10 Werten. Die Blutzuckerbestimmungen erfolgen um 6, 8, 9, 12, 15, 18, 21, 0, 3 und 6 Uhr. Diese Zeitpunkte wurden unter kontinuierlicher Blutzuckermessung am Biostator (künstliches Pankreas) empirisch ermittelt. Mit diesen Meßpunkten ist die mittlere Blutglukose, unabhängig von Blutzuckerschwankungen, Mahlzeiten oder Insulingaben, mit dem Integral der kontinuierlichen Messung am Biostator vergleichbar (siehe Abb. 85).

Nach Untersuchungen von Langer et al. (1987) steigt die Komplikationsrate bei GDM ab einer mittleren mütterlichen Blutglukose von ≥ 95 mg/dl (5,3 mmol/l). Untersuchungen von Mello et al. (2000) konnten zeigen, daß die MBG bei Diabetikerinnen im 2. und 3. Trimester ≤ 95 mg/dl liegen muß, um eine Makrosomie mit Sicherheit zu vermeiden. Eigene Untersuchungen konnten zeigen, daß ab einer MBG von ≥ 90 mg/dl (5,0 mmol/l) ein foetaler Hyperinsulinismus und damit eine foetale Gefährdung auftreten kann (Weiss 1996) (Tabelle 112).

Tabelle 112. Grazer Diabetesanalysen. Mittlere mütterliche Blutglukose (MBG) und foetaler Hyperinsulinismus bei 542 GDM in der 32. (± 3) Woche. Prozentzahlen gerundet

MBG mg/dl	MBG mmol/l	Fallzahl	FWI ≥ 10 µE/ml N	FWI ≥ 10 µE/ml Rate	FWI > 10 µE/ml kumulative Rate
80–89	4,44–4,94	226	1	0,4 %	1 %
90–99	5,00–5,50	118	28	24 %	29 %
100–109	5,55–6,05	78	23	29 %	52 %
110–119	6,11–6,61	44	14	32 %	66 %
120–129	6,66–7,16	33	11	33 %	77 %
130–139	7,22–7,72	20	9	45 %	86 %
≥ 140	≥ 7,77	23	14	61 %	100 %

FWI Fruchtwasserinsulin

7.1.2 Empfohlene Grenzwerte der Glykämie

Nach Empfehlungen der amerikanischen Diabetesgesellschaft ist eine Insulinbehandlung dann angezeigt, wenn die Nüchternwerte ≥ 105 mg/dl (5,8 mmol/l) und/oder die postprandialen 2 h-Werte ≥ 120 mg/dl (6,7 mmol/l) betragen (Position Statement 1991). Wenn innerhalb von 2 Wochen Diättherapie die Zielwerte nicht erreicht werden oder wenn wöchentlich 2 Blutzuckerwerte die Zielwerte überschreiten, wird eine Insulintherapie empfohlen (McFarland 1999). Aber auch ein strengeres Regime mit einer Insulinbehandlung ab Nüchternwerten von 95 mg/dl (5,3 mmol/l) wird empfohlen (Langer et al. 1991, Hare 1991, Goldberg et al. 1986). Als weitere Möglichkeit für die Indikation einer Insulinbehandlung wird ein 1 h-Grenzwert von 7,8 mmol/l (140 mg/dl) nach einem standardisierten Testfrühstück angegeben (Rey 1997).

Bei der mittleren Blutglukose werden ebenfalls unterschiedliche Grenzwerte empfohlen. Mølsted-Pedersen et al. (1989) empfehlen eine Insulinbehandlung bei einer mütterlichen MBG von 108 mg/dl (6,0 mmol/l) oder einem Nüchternwert von 144 mg/dl (8,0 mmol/l). Bei diesen Grenzwerten waren 20 % ihrer GDM insulinbedürftig.

Semmler et al. (1990) empfehlen eine Insulinbehandlung ab einer mittleren Blutglukose eines Tag-Nachtprofiles von 100 mg/dl (5,55 mmol/l) oder bei wiederholten Nüchternwerten über 112 mg/dl (6,2 mmol/l). Bei diesem Vorgehen waren 69 % der GDM insulinbedürftig.

Langer et al. (1987) beginnen mit einer Insulinbehandlung wenn die mittlere Blutglukose einer Woche ≥ 95 mg/dl (5.3 mmol/l) beträgt. Damit waren 36 % (bei klinischen Kontrollen) bis 66 % (bei Kontrollen mit Memogeräten) der GDM insulinbedürftig (Langer et al. 1994). Das Ziel der Gruppe um Langer ist eine mittlere Blutglukose im Bereich zwischen 75 und 94 mg/dl (4,2 und 5,2 mmol/l). Bei Überschreiten dieses Bereiches erfolgt eine Erhöhung der Insulingaben um jeweils 15–20 %.

Die Indikation zur Insulinbehandlung an der Grazer Klinik leitet sich in der Regel von der Insulinkonzentration im Fruchtwasser ab. Ist jedoch kein Fruchtwasserinsulinwert verfügbar, gilt eine MBG von ≥90 mg/dl (5,0 mmol/l) als Indikation für die Insulinbehandlung. Dieser Grenzwert wurde mit dem Foetus als Sensor titriert. Ab einer MBG von 90 mg/dl (5,0 mmol/l) kann ein foetaler Hyperinsulinismus auftreten (Weiss 1996) (Tabelle 112).

7.1.3 Relevanz mütterlicher Glukosewerte, Störfaktoren

Im individuellen Einzelfall kann die foetale Stoffwechselsituation bzw. das Ausmaß der kindlichen Gefährdung aus der mütterlichen Glykämie nicht exakt abgeleitet werden, da es keine Grenzlinien zwischen normal und pathologisch gibt, sondern nur Grenzbereiche (Buchanan und Kjos 1999). Eine sichere Einschätzung der foetalen Stoffwechselsituation und damit der Relevanz einer Insulintherapie ist nur im Extrembereich der mütterlichen Glykämie möglich. Bei einer MBG <80 mg/dl (4,4 mmol/l) ist nie und bei einer MBG ≥150mg/dl (8,3 mmol/l) ist immer mit einem foetalen Hyperinsulinismus zu rechnen (Tabelle 112). Im Bereich von 90–140 mg/dl (5,0–7,8 mmol/l) hingegen, in welchem sich die meisten Diabetikerinnen befinden, besteht, aufgrund der Idiosynkrasie des plazentaren Glukosetransfers, eine schlechte Korrelation zwischen der MBG und der foetalen Stoffwechselsituation. Daher kann die foetale Glykämie und damit die foetale Gefährdung bei ähnlicher MBG stark unterschiedlich sein und ist im individuellen Fall nicht vorhersehbar (Weiss et al. 2000, Small et al. 1987, Buchanan und Kjos 1999).

Die Abb. 56 zeigt Daten von 2 Diabetikerinnen mit praktisch gleicher mittlerer Blutglukose. In einem Fall (linkes Bild) eines Gestationsdiabetes sank der zunächst erhöhte Fruchtwasserinsulinspiegel unter Insulintherapie in den Normbereich. Das Neugeborene war gesund und hatte einen normalen Insulinspiegel im Nabelschnurblut. Im anderen Fall verblieb der Fruchtwasserinsulingehalt über der Norm (schraffiert) und es wurde in der 38. Woche ein hyperinsulinämischer übergewichtiger Knabe mit allen Anzeichen einer diabetogenen Foetopathie (Makrosomie, cushingoides Aussehen, Hypoglycämie etc.) geboren.

Es handelt sich hier um Kasuistiken aus den frühen 80er Jahren, die erst später erkannte Gesetzmäßigkeiten spiegeln: Bei GDM entwickelt sich fallweise eine verstärkte Barrierefunktion der Plazenta für Glukose (Osmond et al. 2000), während bei Typ-1 Diabetes die Barrierefunktion fallweise herabgesetzt ist (Thomas et al. 1990, Kuhn et al. 1990, Diamant 1992, Jansson et al. 1999). Heute würde an der Grazer Klinik die Insulindosis bei IDDM mit erhöhtem Insulinspiegel im Fruchtwasser trotz normaler Glykämie erhöht werden (siehe unten und Kap. Plazentarer Glukosetransfer, S. 95).

Trotz der Unsicherheit im Einzelfall ist die Wahrscheinlichkeit eines foetalen Hyperinsulinismus entlang des Kontinuums der MBG von 90–140 mg/dl (5,0–7,8 mmol/l) insgesamt zunehmend.

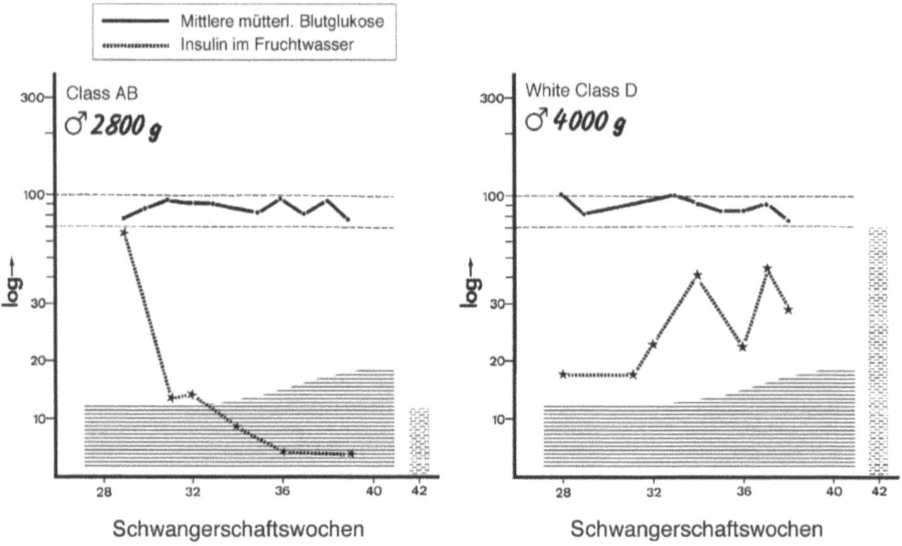

Abb. 56. Grazer Diabetesanalysen. Unterschiedlicher Verlauf des Fruchtwasserinsulinspiegels (strichlierte Kurve) bei zwei Diabetikerinnen mit ähnlicher mittlerer Blutglukose (durchgezogene Kuve) und unterschiedlichem Zustand des Neugeborenen (siehe Text). Schraffierte Fläche: Normbereich des Fruchtwasserinsulins. Säulen am rechten Bildrand: Insulinspiegel im Nabelschnurblut. Die Abbildung zeigt, daß bei praktisch identer mittlerer mütterlicher Blutglukose (< 100 mg/dl) die intrauterine foetale Situation und damit das outcome unterschiedlich sein kann

Auf der Basis der MBG kommen manche Diabetikerinnen scheinbar monatelang mit einer Diätbehandlung aus um schließlich einen Insulinbedarf zu entwickeln (Thompson et al. 1994). Dies ist in erster Linie durch den Anstieg antiinsulinärer Plazentahormone (Steroidhormone, hPL) bedingt, die zwischen der 35. und 37. Woche ihr Maximum erreichen. Werden Glukosewerte nur anläßlich geburtshilflicher Kontrollen gemessen, kann eine Unterbehandlung des GDM erfolgen, wenn die Stoffwechselstörung im Verlauf der Schwangerschaft unbemerkt fortschreitet. Das passiert häufiger als vermutet, da viele Patientinnen ihre Diät vor klinischen Kontrollen optimieren, um ihren Arzt nicht zu enttäuschen (Goldberg et al. 1986). GDM mit Nüchternblutzuckerwerten unter 95 mg/dl (5,3 mmol/l) haben eine höhere Wahrscheinlichkeit mit einer Diättherapie auszukommen (McFarland et al. 1999). Werden GDM mit einem Memogerät ausgerüstet und zu regelmäßigen Blutzuckerselbstkontrollen veranlaßt, so verdoppeln sich die Fälle, die einer Insulinbehandlung unterzogen werden von 21–36 % auf 50–66 % (Goldberg et al. 1986, Langer et al. 1994). In den USA wird heute bei 44 % der GDM mit Diättherapie und 76 % mit Insulintherapie eine Blutzuckerselbstkontrolle durchgeführt (Owen et al. 1995).

Neben Fehlerquellen durch die Stoffwechseldynamik in der Schwangerschaft und eine geringe Meßdichte, führt die schlechte Korrelation der mütterlichen Blutglukose mit der foetalen Stoffwechselsituation zur methodisch bedingten Über- oder Unterbehandlung. Die mangelnde Korrelation hat mehrere Ursachen: Da die Plazenta zwischen dem Foetus und der Mutter eingeschaltet ist, können individuelle plazentare Eigenschaften, trotz ähnlicher mütterlicher Blutglukose, zu einer unterschiedlichen foetalen Glukosestimulation führen. Dazu gehören physiologische und pathophysiologische Variationen des plazentaren Glukosetransfers (WEISS und HOFMANN 1990). Bei einem mütterlichem Glukosespiegel unter 60 mg/dl (3,3 mmol/l) ist der foetale Glukosespiegel im Mittel höher als der mütterliche. Der Foetus wird somit bei mütterlicher Hypoglykämie durch einen aktiven Mechanismus vor einer Unterzuckerung geschützt. Bei mütterlichen Glukosewerten von 60–130 mg/dl (3,3 auf 7,2 mmol/l) ist der Anstieg der foetalen Blutglukose deutlich flacher als der Anstieg der mütterlichen Glukose. Dem mütterlichen Anstieg von 70 mg/dl (3,9 mmol/l) steht ein foetaler Anstieg von 20 mg/dl (1,1 mmol/l) gegenüber (Abb. 57).

Somit bildet die Plazenta im Bereich der mütterlichen Blutglukose von 60–130 mg/dl (3,3–7,2 mmol/l) eine Barriere für Glukose, welche postprandiale mütterliche Fluktuationen abpuffert und eine relativ stabile foetale Glykämie von 60–80 mg/dl (3,3–4,4 mmol/l) sichert. Ab einer mütterlichen Blutglukose von 130 mg/dl (7,2 mmol/l) scheint die Barrierefunktion überfordert zu sein. Die foetale Glykämie steigt nahezu parallel zur mütterlichen Glykämie mit einem Abstand von ~50 mg/dl (~2,8 mmol/l) (Abb. 57). Bei Diabetes ist die plazentare Pufferfunktion in unvorhersehbarem Aus-

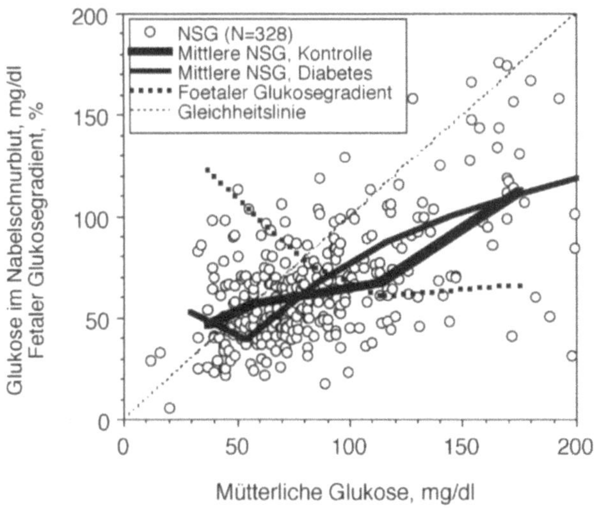

Abb. 57. Grazer Diabetesanalysen. Korrelation der mütterlichen Blutglukose und der Glukose im Nabelschnurblut (NSG) bei 218 stoffwechselgesunden Kontrollen und 110 insulinpflichtigen Diabetikerinnen. Die Blutproben wurden simultan unmittelbar nach der Geburt entnommen. Bei mütterlichen Glukosewerten < 60 mg/dl (3,3 mmol/l) ist die foetale Blutglukose im Mittel höher als die mütterliche Blutglukose (Gradient > 100 %). Bei mütterlichen Glukosewerten > 80 mg/dl (4,4 mmol/l) ist die foetale Blutglukose bei Diabetikerinnen im Mittel höher als bei Stoffwechselgesunden

maß gestört. Der foetale Glukosespiegel kann bereits ab einer mütterlichen Blutglukose von 60 mg/dl (3,3 mmol/l) parallel zur mütterlichen Glukose ansteigen (Weiss und Hofmann 1990). Im statistischen Mittel betragen die foetalen BG-Spiegel 70–80 % der mütterlichen Spiegel, im Einzelfall jedoch kann der foetale Glukosegradient und damit die Stimulation der foetalen Betazellen zwischen 30 % und 150 % variieren (Abb. 57). Dementsprechend ist bei GDM auch keine Korrelation zwischen dem Glykohämoglobinspiegel im mütterlichen Blut und im Nabelschnurblut nachweisbar (Yatscoff et al. 1985).

Neben den Unterschieden des Foetalen Glukosegradienten ist die individuelle Ansprechbarkeit des foetalen Inselorganes auf Glukosereize ein variabler Faktor bei der Genese einer Foetopathie (Dooley et al. 1991, Jovanovic-Peterson et al. 1991). Selbst bei heterozygoten Zwillingen mit gesunden und gleich großen Plazenten kann ein Kind eine diabetogenen Foetalerkrankung mit Makrosomie und Hyperinsulinämie haben, während das andere normosom, normoinsulinämisch und gesund ist (Burke et al. 1979). Im eigenen Krankengut konnte dieser Befund objektiviert werden. Die Differenz des Insulinspiegels im Nabelschnurblut von Zwillingen betrug bei Diabetikerinnen bis zu 27 µE/ml. Die Sensitivität des Foetus gegenüber Glukosereizen unterliegt möglicherweise auch ethnischen Einflüssen. Bei einer mütterlichen MBG von 97 mg/dl (5,4 mmol/l) entwickelten 50 % von Latinoamerikanerinnen jedoch nur 19 % von Afroamerikanerinnen makrosome Kinder (Homko et al. 1995). Inwieweit eine unspezifische nicht IgG bedingte Insulinbindung im Nabelschnurblut durch nicht-identifizierte Proteine in den foetalen Glukosestoffwechsel eingreift ist nicht bekannt (Bilbao et al. 1997).

Ein wesentlicher Störfaktor bei der Beurteilung der foetalen Stoffwechselsituation ist die Absenkung der mütterlichen MBG durch den foetalen Glukosediebstahl. Der Foetus entnimmt als mütterlicher „Parasit" die Glukose aus dem mütterlichen Glukosepool. Daher ist auch bei Mehrlingen eine signifikant niedrigere mütterliche Glukose/Insulin-Ratio nachweisbar (Spellacy et al. 1980). Dieses sogenannte „feto-placental glucose steal phenomenon" (Nolan und Proieto 1994) trägt zur physiologischen Adaptation des mütterlichen Glukosestoffwechsels an die Schwangerschaft bei. Da der foetale Insulinspiegel bei GDM im Extremfall das 200fache der Norm betragen kann, läßt sich am Ende der Schwangerschaft eine foetale Insulinproduktion errechnen, die die mütterliche bei weitem übersteigt (Weiss 1996). Der hohen und prompten foetalen Insulinausschüttung (Weiss 1999) kombiniert mit einer signifikant erhöhten Anzahl und Affinität von foetalen Insulinrezeptoren (Thorsson und Hintz 1977) steht die mütterliche Insulinresistenz mit geringerer Insulinbindung und verzögerter Insulinsekretion konträr gegenüber (Kühl et al. 1985, Damm et al. 1995). Es besteht daher ein Status einer verzögerten Aufnahme von Nährstoffen ins mütterliche Gewebe (Buchanan 1991) und einer beschleunigten Aufnahme ins foetale Gewebe. Dies führt zur überschießenden Glukoseassimilation im foetalen Kompartiment mit fallendem Glukosegradienten und weiterem Abfluß der mütterlichen Glukose.

Wegen dieser Mechanismen kann bei foetalem Hyperinsulinismus, etwa ab der 31. Woche, eine scheinbare Verbesserung der mütterlichen Glukosetoleranz beobachtet werden (Weiss et al. 1984, 2000). In einem Extremfall betrugen die 0,1 h- und 2 h-Werte des oGTT in der 17. Woche 96, 224 und 179 mg/dl, in der 22. Woche 80, 210 und 175 mg/dl, in der 39. Woche jedoch nur mehr 71, 96 und 52 mg/dl und im Wochenbett wieder 71, 175 und 150 mg/dl (Weiss et al. 1984). Systematische Untersuchungen haben ergeben, daß die postprandialen mütterlichen 1 h- und 2 h-Glukosespiegel im Mittel um 22 mg/dl (1,2 mmol/l) und 19 mg/dl (1,1 mmol/l) sinken (Weiss et al. 2001) (Abb. 58).

Das Ausmaß der Glukosesenkung beträgt rund 14 % der mütterlichen Glukose und korreliert mit der Insulinkonzentration im Fruchtwasser (Abb. 58). Wird durch diesen Mechanismus eine „normale" mütterliche Glykämie vorgetäuscht, kann eine erforderliche Insulintherapie unterbleiben oder eine Unterdosierung der Insulingaben erfolgen.

Ein unbehandelter, unterbehandelter oder zu spät behandelter Gestationsdiabetes ist mit einer erhöhten perinatalen Morbidität und Mortalität assoziiert (O'Sullivan et al. 1973, Abell und Beischer 1975, Reiher et al. 1984). Obwohl Komplikationen des GDM durch ein optimales Management weitestgehend verhindert werden könnten, ist die mütterliche und kindliche Morbidität wie SIH, Präeklampsie, Makrosomie, Hypoglykämie, Hypokalzämie, Hyperbilirubinämie und RDS weiterhin hoch (Coetzee und Jackson 1979, Gyves et al. 1980, Fadel und Hammond 1982, Coustan und

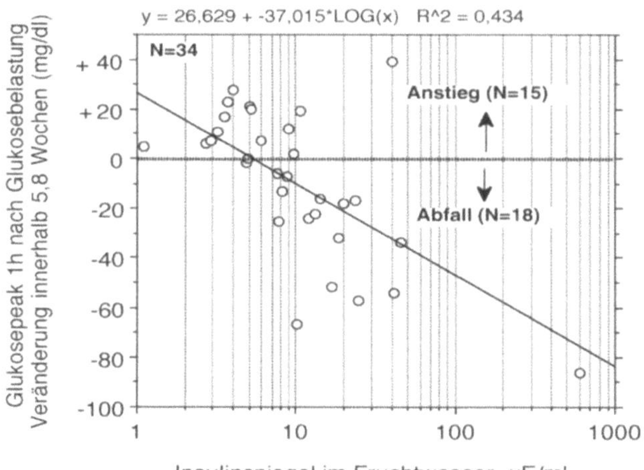

Abb. 58. Grazer Diabetesanalysen. Anstieg bezw. Abfall des 1 h-Glukosepeaks bei wiederholtem oGTT im Abstand von 5,8 Wochen (24,9 vs. 30,6 Woche) in Abhängigkeit vom Insulinspiegel im Fruchtwasser. Die Insulinbestimmung erfolgte unmittelbar nach dem 2. oGTT (31,0 Woche). Je höher der Insulinspiegel im Fruchtwasser, desto höher der foetale Glukosediebstahl und folglich desto niedriger der Glukosegipfel des 2. oGTT im Vergleich zum 1. oGTT. Wegen der großen Streuung der Fruchtwasserinsulinwerte wurde eine logarithmische Kurve gewählt

IMARAH 1984, WIDNESS et al. 1985, BERNE et al. 1985, PHILIPSON et al. 1985, PERSSON et al. 1985, LANDON und GABBE 1985, BELLMANN 1986, LEIKIN et al. 1987, O'BRIEN und GILSON 1987, COUSINS 1987, JOVANOVIC und PETERSON 1987, WEISS 1988, COUSTAN 1988, JACOBSON und COUSINS 1989, LANGER et al. 1989, JOHNSTONE et al. 1990, RIZZO et al. 1990, THOMPSON et al. 1990, HILLEBRAND et al. 1990, HOPP und LEIS 1990, HOD et al. 1991, WECHTER et al. 1991, Gestation and Diabetes in France Study Group 1991, CONTRERAS-SOTO et al. 1991, RIZZO et al. 1991, GOLDMAN et al. 1991, METZGER 1991, LANDON et al. 1991, LURIE et al. 1992, MCMANUS und RYAN 1992, KJOS et al. 1993). In der Mehrzahl der internationalen Studien werden bei GDM erhöhte Raten an Makrosomien (~31 %), Neugeborenen >4000 g (~21 %), Kaiserschnitten (~25 %) und Totgeburten (5–45‰) angegeben (LANGER et al. 1994). Dies läßt eine weit verbreitete Unterbehandlung des GDM vermuten. Nach Untersuchungen von Kjos, kann eine diabetogene Makrosomie erst ab postprandialen Glukosewerten < 104 mg/dl mit Sicherheit verhindert werden (BLOOMGARDEN 2000). Wird die Stoffwechselkontrolle und Therapie gezielt intensiviert, können signifikant bessere Ergebnisse erzielt werden (DREXEL et al. 1988; WECHTER et al. 1991; KITZMILLER 1993; LANGER et al. 1988, 1989, 1991, 1994; THOMPSON et al. 1994; DE VECIANA et al. 1995; BERNE et al. 1985; LANGER et al. 1994; HOD et al. 1998). Für gute Ergebnisse ist jedoch auch eine ausreichende Compliance der Patienten erforderlich (HOD et al. 1996).

BERNE et al. (1985) beschreiben eine Perinatale Mortalität von 0,8 % bei mehrgebärenden GDM mit intensivierter Therapie, während diese bei den vorangegangenen Schwangerschaften 7,4 % betrug (BERNE et al. 1985).

LANGER et al. (1994) berichteten bei intensiv betreuten GDM (Blutzuckermeßgeräte mit Memofunktion) gegenüber konventionell betreuten GDM (Selbstkontrolle mit Streifen und Glukosebestimmung bei ambulanten Kontrollen) signifikant verbesserte Geburtshilfliche Resultate. Dies galt für die Tragzeit (40 vs. 39 Wochen), makrosome Kinder (LGA) (13,1 % vs. 20,1 %), Kinder >4000 g (7,1 % vs. 12,6 %), Schulterdystokie (0,4 % vs. 1,4 %) Intensivbehandlung von Neugeborenen (6,3 % vs. 25,0 %), und neonatale metabolische und respiratorische Komplikationen wie Polyzythämie (0,7 % vs. 12 %), Hyperbilirubinämie (7,9 % vs 17,5 %), Hypokalzämie (0,3 % vs. 4,0 %), Hypoglykämie (3,8 % vs. 20 %), RDS (2,3 % vs. 6,2 %) und Beatmung (1,4 % vs. 4,2 %). Die Sektiorate betrug 15 % vs. 21,5 %. Es bestand praktisch kein Unterschied in den Geburtshilflichen Ergebnissen bei intensiv behandelten GDM und stoffwechselgesunden Kontrollen. Der maximale Insulinbedarf betrug bei intensiviert betreuten GDM 90 E/24 h und bei konventionell betreuten GDM 74 E/24 h, obwohl beide Gruppen die gleiche Indikation zur Insulinbehandlung und das gleiche therapeutische Ziel (mittlere Blutglukose zwischen 90 mg/dl und 100 mg/dl) hatten.

Dennoch unterliegt die Indikation der Insulinbehandlung anhand der mütterlichen Glykämie eine Reihe von Fehlerquellen, die zur Über- oder Unterbehandlung führen können: Es erfolgt eine *statistische* Behandlung, die eine scharfe Grenzlinie und nicht einen Grenzbereich der mütterlichen

Glykämie als Norm vorgibt. Damit wird ein einheitlicher plazentarer Glukosetransfer, eine einheitliche Plazentafunktion und eine einheitliche Glukoseempfindlichkeit des Foetus vorausgesetzt. Nach der 31 Woche ist nicht mehr eindeutig ob eine Euglykämie der Mutter durch eine normale Glukosetoleranz, eine ausreichende Therapie oder einen exzessiven foetalen Glukosediebstahl bedingt ist. Dies führt dazu, daß der Geburtshelfer trotz scheinbar *guter* Stoffwechselkontrolle unerwartet mit diabetogen erkrankten und makrosomen Neugeborenen konfrontiert werden kann (Russell et al. 1984, Dandona et al. 1984, Small et al. 1987, Garner 1995, Persson et al. 1995, Persson und Hansson 1996).

7.1.4 Prophylaktische Insulintherapie

Coustan et al. (1978, 1984, 1988) haben bei GDM eine generelle prophylaktische Insulintherapie vorgeschlagen. Diese erfolgt unabhängig von der mütterlichen Glykämie (Zoupas et al. 1984, 1995; Leikin et al. 1987; Thompson et al. 1990; Bashiri 1992). Die prophylaktische Therapie senkt die Makrosomie- und die Sektioraten. So fanden Coustan und Lewis (1978) nach Diätbehandlung 36 %, nach prophylaktischer Insulinbehandlung hingegen nur 7 % Neugeborene mit einem Geburtsgewicht von >4250 g. In weiteren Studien wurden Ergebnisse nach prophylaktischer Insulintherapie mit jenen nach Diättherapie oder ohne Therapie verglichen (Coustan und Imarah 1984, Coustan 1988, Bashiri 1992). Dabei wurden Kinder >4000 g in 7 %, 18,5 % und 17,8 %, eine operative Entbindung in 16,3 %, 30,4 % und 28,5 % und Geburtsverletzungen in 4,8 %, 13,4 % und 20,4 % angegeben. Thompson et al. (1990) fanden bei GDM nach Diätbehandlung ein mittleres Geburtsgewicht von 3584 g und nach prophylaktischer Insulinbehandlung von 3170 g. Neugeborene >4000 g fanden sich in 26,5 % bzw. 5,9 %. Der Therapieerfolg prophylaktischer Insulingaben war bei adipösen GDM stärker ausgeprägt. Während die Differenz des Geburtsgewichtes bei normalgewichtigen (<90,7 kg) nur 277 g betrug, betrug sie bei übergewichtigen (>90,7 kg) 663 g.

Das Konzept der prophylaktischen Insulintherapie besticht durch seine Klarheit, zieht jedoch zwangsläufig eine hohe Rate an Überbehandlungen nach sich.

7.1.5 Ultraschallbiometrie, Makrosomie

Da die Makrosomierate selbst bei mildem GDM erhöht ist haben Buchanan et al. (1994) ein Protokoll für eine Insulinbehandlung anhand biometrischer Daten erstellt. Lag die foetale abdominale Zirkumferenz in der 29.–33. Woche ≥75. Perzentile, erfolgte auch bei Nüchternblutzuckerwerten < 105 mg/dl (5,8 mmol/l) eine Insulintherapie (1,2 E/kg). Bei diesem Vorgehen wurde die Makrosomierate signifikant herabgesetzt (45 % vs. 13 %).

Ein foetaler Hyperinsulinismus ist zwar überproportional mit Makrosomie (>90. Gewichtsperzentile) assoziiert (Weiss 1988, Ogata et al. 1980), die Makrosomie ist dennoch ein unspezifischer Diabeteshinweis und ist eher von mütterlichen anthropometrischen Faktoren, als von der mütterlichen Stoffwechselqualität abhängig (SMALL et al. 1987, MARESH et al. 1989). Nur 5 % aller Makrosomien sind diabetogen bedingt. Auch tritt eine Makrosomie vorwiegend bei leichtem GDM auf. Schwerere Fälle sind mit einer Plazentainsuffizienz verschiedenen Ausmaßes assoziiert, die einer Makrosomie entgegenwirkt (WEISS 1998). Da das angemessene Geburtsgewicht des individuellen Kindes unbekannt ist kann ein von Natur aus kleines Kind auch an der 50. Gewichstsperzentile „makrosom" sein. Neben dem methodisch bedingten Meßfehler der sonographischen Gewichtsbestimmung von 10–15 % beeinflussen eine Unzahl nicht diabetogener Faktoren (WEISS 1998), aber auch ethnische Faktoren (HOMKO et al. 1995) und unterschiedliche Gewichtsstandards (WEISS 1998) die Ergebnisse (Tabelle 113).

Bei einer Analyse des eigenen Krankengutes hatten 41/55 (~75 %) hyperinsulinämisch geborene Kinder (Insulin im Nabelschnurblut >20 µE/ml [>120 pmol/l]) ein Geburtsgewicht <90. Perzentile und wären daher für eine Therapie nicht erfaßt worden, während 53/310 (~17 %) normoinsulinämischer Kinder makrosom waren und überbehandelt worden wären (Abb. 59).

Hyperinsulinämische Kinder hatten sogar zweimal häufiger eine Wachstumsrestriktion als normoinsulinämische Kinder (9 % vs. 4,5 %).

Bei der Anwendung einer 75. biometrischen Perzentile anstatt der 90. Perzentile ergeben sich ebenfalls Unter- jedoch besonders Überbehandlungen. Einerseits werden hyperinsulinämische Kinder nur erfaßt wenn sie gleichzeitig makrosom sind und andererseits müssen auch 25 % gesunde Kinder per definitionem die 75. Perzentile überschreiten (Abb. 60).

Der wesentlichste Nachteil ist jedoch die späte Diagnose foetaler Störungen. Da eine diabetogen bedingte Makrosomie einen foetalen Hyperinsulinismus über Wochen oder Monate voraussetzt, beginnt die Therapie erst dann, wenn bereits ausgeprägt biochemische und meßbare anthropometrische foetale Veränderungen vorliegen.

Tabelle 113. Grazer Diabetesanalysen. Treffsicherheit der Insulinbehandlung bei 164 GDM (36 mit erhöhtem Fruchtwasserinsulinspiegel) nach dem ultrasonographisch bestimmten foetalen Gewicht (>90. Perzentile) unter Anwendung verschiedener Gewichtsstandards

	Fehlbehandlung	Überbehandlung	Unterbehandlung	Korrekte Behandlung
Grazer Standards HAAS et al. 1987	29,9 %	20,7 %	9,1 %	70,1 %
Neue Deutsche Standards HOHENAUER 1980	24,4 %	11,0 %	13,4 %	75,6 %
Standards für die USA BRENNER et al. 1976	26,9 %	16,5 %	10,4 %	73,2 %

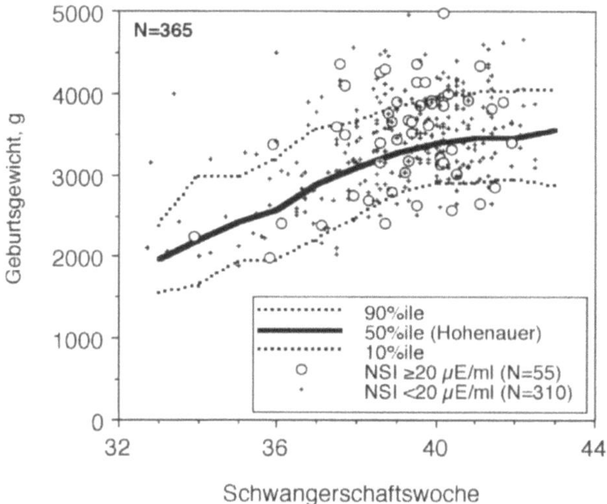

Abb. 59. Grazer Diabetesanalysen. Geburtsgewicht von 365 Neugeborenen bei GDM und Gewichtsperzentilen nach HOHENAUER (1980). Nur 14/55 (25 %) der hyperinsulinämischen Neugeborenen mit Insulinwerten im Nabelschnurblut (NSI) ≥20 μE/ml (Mittelwert ± SD 47,3 ± 34,6, Bereich 20–200,3 μE/ml) hatten ein Geburtsgewicht über der 90. Perzentile. 53/310 (17 %) der normoinsulinämischen Neugeborenen mit einem NSI < 20 μE/ml (Mittelwert ± SD 8,3 ± 4,3; Bereich 0,2–19,9 μE/ml) hatten ebenfalls ein Geburtsgewicht > 90. Perzentile

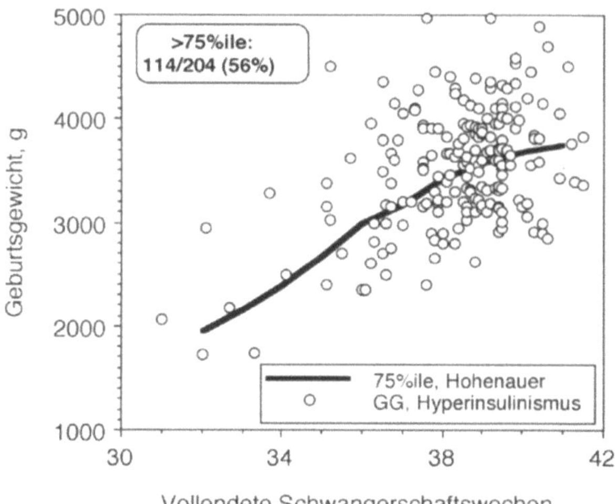

Abb. 60. Grazer Diabetesanalysen. Geburtsgewicht von Neugeborenen bei GDM mit erhöhtem Insulinspiegel im Fruchtwasser. Nur 56 % befanden sich über der 75. Gewichtsperzentile nach HOHENAUER (1980). 44 % wären einer Insulintherapie entgangen

7.1.6 Insulinwerte im Fruchtwasser

An der Grazer Klinik wird die Indikation der Insulintherapie anhand von Fruchtwasserinsulinwerten favorisiert. Wegen der unvorhersehbaren Idiosynkrasie der plazentaren foetalen Glukoseversorgung (Fraser 1995) und der unterschiedlichen und zum Teil reziproken Expression von plazentaren Glukosetransportern (GLUT1) bei Stoffwechselgesunden, GDM und Typ-1 Diabetikerinnen (Jansson et al. 1999, Osmond et al. 2000, Hahn et al. 2000) (siehe auch plazentarer Glukosetransfer), räumen wir dem Foetus ein Mitbestimmungsrecht für eine Insulintherapie ein.

Da der intrauterine Patient für den Geburtshelfer im Vordergrund steht halten wir eine Insulintherapie vor allem dann für erforderlich, wenn der Foetus den Diabetes seiner Mutter als solchen erkennt und folglich mit einem Hyperinsulinismus reagiert.

Der foetale Hyperinsulinismus ist die Voraussetzung einer diabetogenen Foetopathie. Insulin gelangt mit dem foetalen Harn in das Fruchtwasser (Zoupas et al. 1984, Weiss et al. 1998). Durch Akkumulation im Fruchtwasser entspricht der Insulinspiegel einem „memory like system" des Integrals der foetalen Insulinbiosynthese. Dementsprechend reflektiert der Insulinspiegel und/oder der C-Peptidspiegel im Fruchtwasser alle diabetesassoziierten kindlichen Probleme in der Peripartalperiode (Casper und Benjamin 1970; Spellacy et al. 1973; Newman und Tutera 1976; Draisey et al. 1977; Hall et al. 1978; Greco et al. 1980; Ogata et al. 1980; Tchobroutsky et al. 1980; Lin et al. 1981; Stangenberg et al. 1982; Persson et al. 1982; DePrins et al. 1983; Fallucca et al. 1985; Tzingounis et al. 1985; Burkart et al. 1985, 1986; Weiss et al. 1988; Fadel et al. 1988; Crombach et al. 1989; Weerasiri et al. 1993; Krew et al. 1994; Hopp et al. 1995; Weiss 1996; Carpenter et al. 1996; Schäfer et al. 1996).

Darüber hinaus spiegelt der Fruchtwasserinsulingehalt auch diabetogene Spätfolgen des Kindes wie Adipositas, IGT und Diabetes mellitus in der Adoleszenz (Metzger et al. 1990; Silverman et al. 1993, 1995; Weiss et al. 1999, 2000) und daneben das mütterliche Risiko einer späteren Diabetesmanifestation (Weerasiri et al. 1993).

Nach eigenen Erfahrungen und Literaturangaben (Fallucca et al. 1985) korreliert der Insulinspiegel im Fruchtwasser besser mit dem fetal outcome als der C-Peptidspiegel.

Eigene Analysen konnten zeigen, daß bei GDM mit normoinsulinämischen Foeten eine Diättherapie ausreicht (Weiss et al. 1988) (Tabelle 114).

Bei hyperinsulinämischen Foeten hingegen sind die Ergebnisse nach Diättherapie unzureichend. Sie können jedoch durch eine zusätzliche Insulintherapie normalisiert werden (Tabelle 114).

Aus rationalen Gründen benötigen daher nur jene GDM eine Insulintherapie, deren Foeten einen Hyperinsulinismus entwickeln (Weiss et al. 1988, Weiss 1996). Mit dem Insulinspiegel im Fruchtwasser als foetalem Parameter werden, unabhängig von der mütterlichen Glykämie, gezielt jene individuellen Fälle erfaßt, bei denen die Stoffwechselsstörung schwer genug ist um den Foetus zu beeinträchtigen (Weiss 1988, 1996; Weiss et al.

Tabelle 114. Grazer Diabetesanalysen. Geburtshilfliche Ergebnisse nach ausschließlicher Diätbehandlung oder kombinierter Diät und Insulinbehandlung bei GDM mit normalem oder erhöhtem Insulinspiegel im Fruchtwasser (WEISS et al. 1988)

	FWI normal	Foetaler Hyperinsulinismus	
	Diät N=78	Diät N=14	Insulin N=19
Insulin im NS-Blut >20 μE/ml	1	100	11[a]
Hypoglykämie (<30 mg/dl)	1	79	5[a]
Cushingoides Aussehen	0	71	5[a]
Hyperbilirubinämie (>12 mg/dl)	6	57	21[a]
Geburtsgewicht >90 th Percentile	9	57	5[a]
Frühgeburt (<37 Wo)	6	50	5[a]
Respiratory Distress Syndrom	0	50	0[a]
Hypokalzämie (<6 mg/dl)	0	36	0[a]
Polyzytämie (Hkt >70 %)	0	14	0
Perinatale Mortalitätsrate	0	14	0

Angaben in %; [a] $p<0{,}05$ (Insulin- versus Diätbehandlung)

1988; CROMBACH et al. 1992; HOPP et al. 1992, 1995). An der Grazer Frauenklinik hat sich daher folgendes Vorgehen etabliert (Abb. 61):

Nach der Diagnose eines GDM (1h-Wert des oGTT ≥160 mg/dl) erfolgt eine Diättherapie (~30 kcal/kg Idealgewicht). Sind Nüchternwerte bei den weitern geburtshilflichen Kontrollen wiederholt über 100 mg/dl (5,5 mmol/l) und/oder die MBG >130 mg/dl (7,2 mmol/l) (Grazer Klassifikation Bo, ~5 % der Fälle) erfolgt eine Insulintherapie bereits vor der Fruchtwasserdiagnostik. Ist dies nicht der Fall (~95 % der Fälle), wird zur Therapieentscheidung eine Insulinbestimmung im Fruchtwasser durchgeführt.

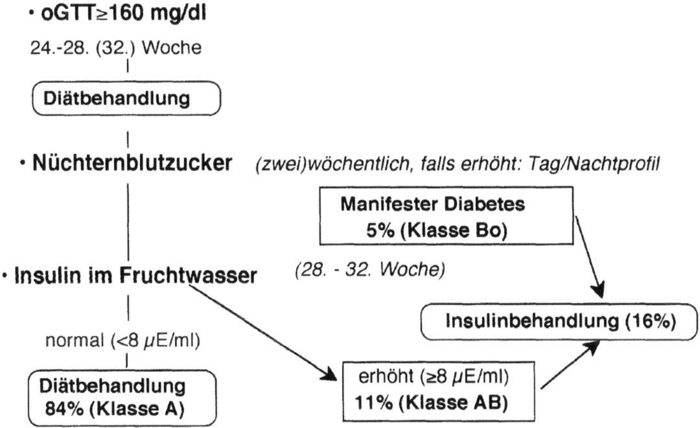

Abb. 61. Diagnostisches und therapeutisches Vorgehen bei GDM und Klassifikation an der Grazer Frauenklinik

7.1.7 Zeitpunkt der Insulindiagnostik im Fruchtwasser

Frauen, die im Verlauf ihrer Schwangerschaft einen GDM entwickeln können bereits in der 14.–20. Woche erhöhte Insulinspiegel im Fruchtwasser haben (Median 0,60 µE/ml vs. 0,42 µE/ml bei Kontrollen) (Carpenter et al. 1996). Dieser Unterschied ist zwar statistisch nachweisbar aber klinisch irrelevant. Amniozentesen ausschließlich zur Insulinbestimmung im Fruchtwasser sind daher im 2. Trimester nicht indiziert. Werden hingegen Amniozentesen aus Gründen der präpartalen Diagnostik durchgeführt, empfehlen sich gleichzeitig Insulinbestimmungen, da erhöhte Spiegel als Zufallsbefunde eine sorgfältige Überwachung der mütterlichen Glukosetoleranz im weiteren Schwangerschaftsverlauf nach sich ziehen sollten.

Eine klinisch relevante Erhöhung der Fruchtwasserinsulinspiegel (> 7 µE/ml), d. h., eine Erhöhung, die den foetalen Stoffwechsel und das foetale Wachstum beeinflussen kann, tritt in der Regel erst nach der 26. Woche auf. Ein foetaler klinisch relevanter Hyperinsulinismus wird umso früher auftreten, je früher in der Schwangerschaft die Glukosetoleranzstörung beginnt und je ausgeprägter diese ist. Eine Amniozentese zum Zweck der Insulindiagnostik im Fruchtwasser ist daher insbesondere ab der 27. und bis zur 38. Woche indiziert.

Wir führen bei schwererer Glukosetoleranzstörung (1 h-Wert des oGTT >200 mg/dl) und/oder Risikohinweisen eine Amnizentese eher früher (27.–30. Woche), bei leichteren Störungen hingegen (1 h-Wert des oGTT 160–200 mg/dl [8,9–11,1 mmol/l]) eher später (30.–32. Woche) durch. Werden Schwangere erst nach der 34. Woche erfaßt, führen wir in Einzelfällen bei dringlichen klinischen und/oder anamnestischen Diabeteshinweisen primär eine Insulinbestimmung im Fruchtwasser durch (siehe Tabelle 118), da der oGTT in der späten Schwangerschaft bei foetalem Hyperinsulinismus durch einen exzessiven foetalen Glukosediebstahl fälschlich negativ sein kann. Eine Insulinbestimmung im Fruchtwasser kann in Einzelfällen auch in der 34.–38. Woche noch sinnvoll sein, wenn sich dringliche Hinweise auf einen foetalen Hyperinsulinismus (Makrosomie, Polyhydramnion, Frühgeburtsbestrebungen etc.) ergeben. Es stehen im Falle erhöhter Insulinspiegel noch 2–6 Wochen für eine Insulintherapie zur Verfügung. Eine diabetogene Makrosomie kann zwar nicht mehr rückgängig gemacht werden, das Kind kann jedoch zumindest reif und biochemisch gesund geboren werden, da Komplikationen wie Frühgeburt, Hyperinsulinismus, Hypoglykämie, Hyperbilirubiämie, Hypokalzämie, Atemstörungen, Adaptationsstörungen etc. reduziert oder vermieden werden können. Bei stehender Fruchtblase haben Insulingaben oder Mahlzeiten keinen unmittelbaren Einfluß auf den Fruchtwasserinsulinspiegel (Abb. 62).

Da eine Harnportion des Foetus in der Regel nur etwa 3 % der gesamten Fruchtwassermenge ausmacht, werden kurzfristige Variationen der Insulinkonzentration in einzelnen foetalen Harnportionen abgepuffert. Dennoch führen wir Amniozentesen möglichst zwischen 8 und 10 Uhr vormittags an nüchternen oder zumindest präprandialen Schwangeren durch.

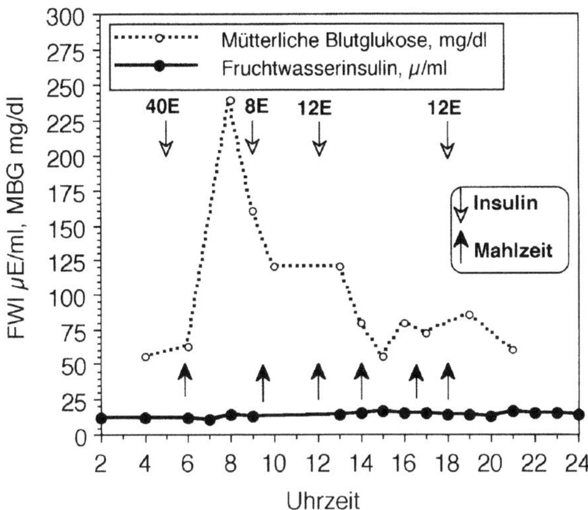

Abb. 62. Grazer Diabetesanalysen. Verlauf des Fruchtwasserinsulinspiegels bei einer Typ-1 Diabetikerin in der 32. Woche. Mahlzeiten (aufwärts gerichtete Pfeile), Insulingaben (abwärts gerichtete Pfeile) und mütterliche Glukoseschwankungen haben keinen unmittelbaren Einfluss auf den Fruchtwasserinsulinspiegel. FWI: Fruchtwasserinsulin; MBG: mütterliche Blutglukose. Fruchtwasserentnahme durch einen transabdominalen Verweilkatheter

Bei regelmäßigen Wehen oder unter der Geburt wird die foetale Insulinproduktion durch den foetalen Streß gedrosselt, der Fruchtwasserinsulinspiegel sinkt ab (siehe Abb. 11). Der Abfall ist jedoch nur bei gesprungener Fruchtblase signifikant, da in Abständen entnommene Fruchtwasserproben, durch das Abfließen des alten Fruchtwassers, eher einer aktuellen foetalen Harnprobe entsprechen und nicht dem Mittelwert eines längeren Zeitraumes. Insulinwerte im Fruchtwasser sind daher unter der Geburt nur mehr eingeschränkt zur Beurteilung der foetalen Situation oder zur Qualitätskontrolle der Therapie verwertbar.

Die Fruchtwasserinsulinbestimmung dient nicht der Beurteilung des mütterlichen Stoffwechsels. Es werden damit ausschließlich individuelle plazentare Charakteristika wie die Barriere- und Transportfunktion für Glukose und die foetale Sensitivität auf Glukose beurteilt. Deshalb ist in der Regel nur eine Punktion erforderlich, da sich die individuellen plazentaren Eigenschaften kaum grundlegend ändern. Ist bis zur 28.–32. Woche noch kein foetaler Hyperinsulinismus aufgetreten (~84 % der Fälle), ist im weiteren keine echte Bedrohung des Foetus zu erwarten und eine Diätbehandlung ausreichend (Weiss et al. 1988; Weiss 1988, 1996). Bei erhöhten Insulinwerten hingegen (11 % der Fälle), muß unabhängig von der mütterlichen Glykämie eine Insulinbehandlung aus foetaler Indikation erfolgen (Abb. 61). Mit der Insulintherapie müssen die mütterlichen Blutzuckerexcursionen niedriger gehalten werden als bei den diätbehandelten normoinsulinämischen Fällen, da hyperinsulinämische Foeten bereits bei episodischen Glukosereizen, die bei normoinsuliämischen

Foeten noch keine Auswirkung haben, zur Insulinüberproduktion stimuliert werden.

Als Grenzwert galt zunächst ein Fruchtwasserinsulinspiegel von ≥10,0 µE/ml (≥60 pmol/l) (>99. Perzentile der Norm) (WEISS 1988; WEISS et al. 1988; HOPP et al. 1992, 1995). Dieser Grenzwert wurde aufgrund spezifischerer Radioimmunoassays und neuerer Normbereiche auf 8,0 µE/ml (48 pmol/l) herabgesetzt (WEISS et al. 1998). Die letzte Auswertung im Jahr 2000 an einer repräsentativen Anzahl von Fällen kann der Abb. 63 entnommen werden.

Vereinzelt führen wir bereits ab Fruchtwasserinsulinwerten von ≥7 µE/ml eine Insulinbehandlung durch, wenn zusätzlich dringliche Risikohinweise wie Adipositas, Präeklampsie, Alter >35, foetale Makrosomie, vorzeitige Wehen oder eine auffällige Anamnese vorliegen. Ein Insulinwert von rund 7,0 µE/ml im Fruchtwasser entspricht ungefähr der 97. Perzentile Stoffwechselgesunder in der 27. bis 30. Schwangerschaftswoche (WEISS et al. 1998) (Abb. 63).

Unter adäquater Insulinbehandlung sinken zunächst erhöhte Fruchtwasserinsulinwerte innerhalb von wenigen Tagen in den Normbereich, die Kinder werden gesund und mit normalem Insulinspiegel im Nabelschnurblut geboren. Bei Schwangere die eine Insulintherapie ablehnen (Neglectoren), bleiben die Fruchtwasserinsulinwert hingegen erhöht, und es werden makrosome Kinder mit hohem Insulinspiegel im Nabelschnurblut und mit typischen Zeichen der diabetogenen Foetopathie geboren (Abb. 64).

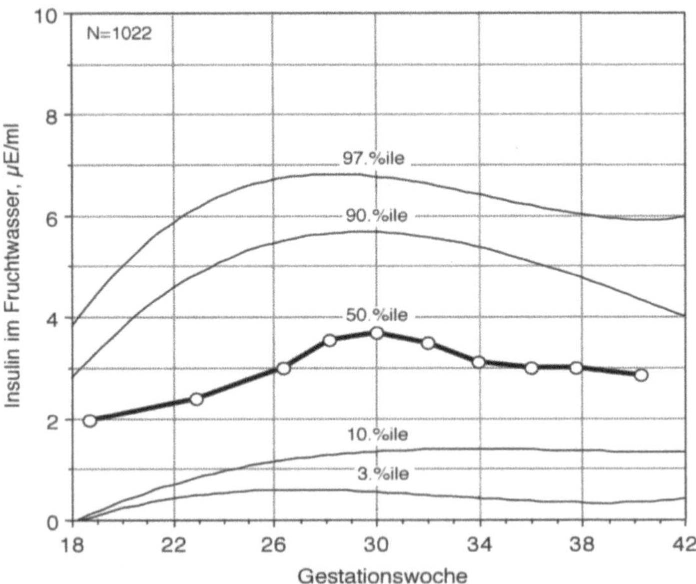

Abb. 63. Grazer Diabetesanalysen. Normbereich (Referenzbereich) des Insulinspiegels im Fruchtwasser. Geglättete Perzentilen aus 1022 Fruchtwasserproben von stoffwechselgesunden Schwangeren (unpublizierte Daten)

Unter Anwendung von Fruchtwasserinsulinwerten zur Therapieentscheidung waren unsere geburtshilflichen Ergebnisse bei GDM ähnlich wie bei Stoffwechselgesunden (Tabelle 115).

Tabelle 115. Grazer Diabetesanalysen. Geburtshilfliche Ergebnisse (1978–1988) bei 542 GDM (442 normoinsulinämisch, 100 hyperinsulinämisch) im Vergleich zu 46.811 Hintergrundgeburten

	Kontrollen	GDM
N	46.811	542
Gestationsalter	39,7	39,2
Geburtsgewicht, g, (±SD)	3.390 (±520)	3336 (±543)
>90 %ile	9,8 %	9,5 %
>4000 g	7,4 %	5,5 %
Sektiorate	10,6 %	10,0 %
Frühgeburt (<38. Wo)	5,8 %	6,4 %
Apgar 5 min	9,8	9,8
NApH	7,25	7,24
Perinatale Mortalität	1,0 %	0,7 %

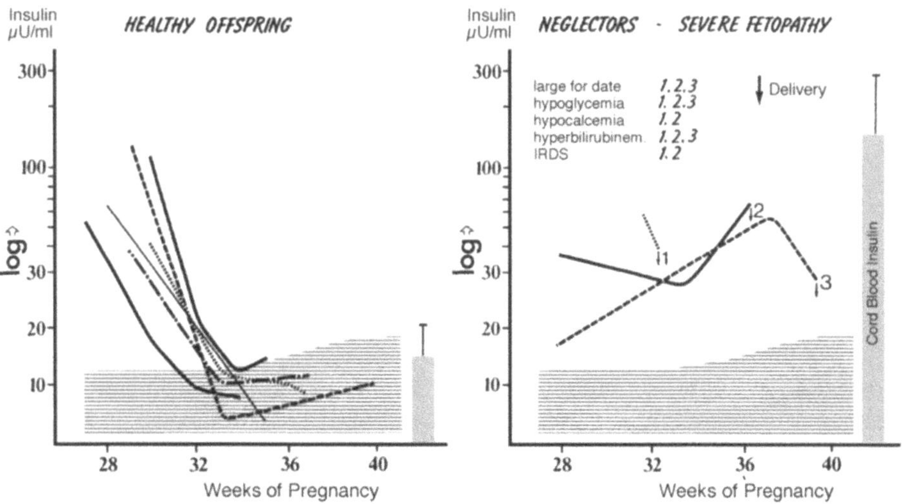

Abb. 64. Grazer Diabetesanalysen. Der Verlauf des Fruchtwasserinsulinspiegels bei 6 ausreichend insulinbehandelten GDM (linke Bildhälfte) und bei 3 Neglektoren, die eine Insulintherapie verweigerten (rechte Bildhälfte). Während die Neugeborenen der Neglektoren Zeichen einer schweren Fetopathie (Übergewicht, Hyperinsulinismus, Hypoglykämie, Atemnotsyndrom, Hyperbilirubinämie, etc.) hatten, waren alle anderen Neugeborenen gesund und normalgewichtig. Schraffierte Fläche: Normalbereich des Fruchtwasserinsulinspiegels (3. bis 97. Perzentile). Die Säulen entsprechen dem mittleren Insulingehalt im Nabelschnurblut bei der Geburt (aus: Weiss P.A.M., Coustan D.R., Gestational Diabetes, Springer 1988)

Mehrgebärende hatten nach Insulintherapie leichtere Kinder als bei vorangegangenen Schwangerschaften ohne Kenntnis der Stoffwechselstörung (3628 ± 437 g vs. 4245 ± 751 g; p < 0,001).

Hopp et al. (1992, 1995, 1996) haben in einer prospektiv randomisierten Studie die geburtshilflichen Ergebnisse nach Anwendung einer MBG von ≥ 100 mg/dl oder einem Fruchtwasserinsulinspiegel von ≥ 10 µE/ml als Indikation zur Insulintherapie ausgewertet. Bei Anwendung des Fruchtwasserinsulinspiegels wurden signifikant niedrigere Raten an Geburtseinleitungen, Sektioraten und beim Neugeborenen niedrigere Makrosomie- und Hypoglykämieraten als bei der Anwendung einer MBG von ≥ 100 mg/dl (5,5 mmol/l) gefunden (Tabelle 116).

Bei Untersuchungen von Jährig et al. (1993) hatten GDM, bei denen neben der Kontrolle der Glykämie zusätzlich eine Kontrolle des Fruchtwasserinsulinspiegels erfolgte niedrigere Makrosomieraten und weniger Neugeborene mit typisch Cushingoidem Aussehen.

Tabelle 116. Vergleich des fetal outcome bei Gestationsdiabetes bei Indikation der Insulintherapie nach mittleren mütterlichen Blutzuckerwerten ≥ 100 mg/dl oder Insulinwerten im Fruchtwasser > 10 µE/ml in einer prospektiv randomisierten Studie (nach Hopp et al. 1992)

	Indikation zur Insulintherapie		p
	mittlere Blutglukose ≥ 100 mg/dl	Insulin im Fruchtwasser > 10 µE/ml	
Fallzahl	62	61	
Geburtsgewicht > 95 %ile, N (%)	22 (35,5 %)	3 (4,9 %)	p < 0,01
Neonatale Hypoglykämie, N (%)	17 (27,4 %)	8 (13,1 %)	p < 0,05

7.1.8 Risiken der Amniozentese

Die Amniozentese ist bei der genetischen Abklärung, bei Polyhydramnion, Verdacht auf Fehlbildungen, foetalen Infektionen, zur Überwachung der Rhesusschwangerschaft und zur Lungenreifebestimmung unumstritten. Für den Geburtshelfer ist die Amniozentese daher auch außerhalb des GDM ein diagnostisches Routineverfahren. Vorbehalte zur Amniozentese bei GDM stammen daher vorwiegend von Ärzten anderer Fachrichtungen. Es wird dabei oft fälschlich auf das Abortusrisiko von 0,5–1 % hingewiesen, welches der Amniozentese zur Diagnose genetischer Defekte zugrunde liegt (Robinson et al. 1975; Crandall et al. 1980; Kellogg und Gilman 1983; Finegan et al. 1984, 1985). Im Unterschied zu frühen Amniozentesen (< 20. Woche) sind jedoch Komplikationen im 3. Trimester (≥ 27. Woche), also jenseits des Abortusrisikos, extrem selten. Dies gilt etwa für die Rate an Kindern < 2500 g (3,6 % vs. 3,7 %), für Atemproblemen des Neugeborenen (0,8 % vs. 0,7 %) und für kindliche Fehlbildungen (1,6 % vs. 1,9 %), die bei

Frauen mit und ohne Amniozentese keine Unterschiede zeigen (Crandall et al. 1980). Auch Nachuntersuchungen bis zu einem Zeitraum von 18 Jahren ergaben keine negativen Auswirkungen einer Amniozentese (Howard und Crandall 1979, Gillberg et al. 1982, Wald et al. 1983, Finegan et al. 1990, Baird et al. 1994). An unserer Klinik wurden in den letzten 25 Jahren bei rund 3700 Amniozentesen im 3. Trimester keine echten Komplikationen beobachtet. Dementsprechend bemerkt Fraser (1995) in einer Übersichtsarbeit mit Kommentar der Grazer Methode: „Warum die Amniozentese im Zeitalter der Chorionbiopsie und Kordozentese ein Problem sein soll, ist ein Mysterium." Dieser Meinung schließen wir uns an. Dies umso mehr, als bei Diabetes in den meisten Zentren auch ohne Fruchtwasserinsulindiagnostik eine oder mehrere Amniozentesen durchgeführt werden. Sie erfolgen im Hinblick auf eine allfällige Geburtseinleitung ab der 32. Woche zur Bestimmung der Lungenreife (Teller et al. 1976, Ayromlooi et al. 1977, Gabbe et al. 1977, Guillen et al. 1978, Goldstein et al. 1978, Kitzmiller et al. 1978, Fuhrmann 1982, Artal et al. 1983, Mashini et al. 1985, Diamond et al. 1987, Silverman et al. 1995). Bei einer Umfrage in den USA bei 860 Mitgliedern des American College of Obstetricians and Gynecologists (ACOG) und der Society of Perinatal Obstetricians (SPO) gaben 77–85 % der Responder an, vor der Geburt eine Amniozentese zur Bestimmung der Lungenreife durchzuführen (Landon et al. 1990). Da eine Geburtseinleitung, nach unserer Meinung, bei gesunden Kindern nicht erforderlich, bei erkennbarer foetaler Gefährdung hingegen unumgänglich ist, erscheint uns die Lungenreifebestimmung weniger zwingend als der Nachweis einer spezifisch diabetogenen Bedrohung des Kindes. Es spricht insbesondere nichts dagegen, bei Amniozentesen anderer Indikationen gleichzeitig eine Bestimmung des Insulinspiegels im Fruchtwasser durchzuführen, wie dies in manchen Zentren geschieht (Carpenter et al. 1996, Draisey et al. 1977, Fadel et al. 1988).

Um die Risiken einer Amniozentese speziell bei GDM einzuschätzen, wurde an unserer Klinik eine prospektive Studie hinsichtlich frühgeburtsassoziierter Komplikationen aber auch anderer Komplikationen und psychologischer Aspekte durchgeführt (Haeusler et al. 1998). Dabei wurden Fälle mit GDM und Amniozentese mit einer Kontrollgruppe normaler Schwangerer ohne Amniozentese verglichen. Trotzdem die GDM Gruppe hinsichtlich des Frühgeburtenrisikos einer negativen Auslese entspricht, GDM neigen bekanntlich spontan zur Frühgeburt, waren keine signifikanten Unterschiede in der Frühgeburtenrate (≤ 37. Woche) oder der Rate des vorzeitigen Blasensprunges nachweisbar. Alle Blasensprünge in der Amniozentesegruppe ereigneten sich 3–40 Tage nach dem Eingriff, was gegen einen kausalen Zusammenhang spricht. In unserer Amniozentesegruppe betrug die mittlere Gestationszeit bei der Geburt 39,5 Wochen, während sie in der Literatur bei GDM im Mittel mit ≤ 38 Wochen angegeben wird (Weiss 1988).

Befürchtungen eines Infektionsrisikos stammen aus einer Zeit, in der die Punktion durch einen Operationskanal eines speziellen Ultraschallkopfes durchgeführt wurde. Dabei erfolgte die Punktion durch das Kontaktgel, welches massiv keimbesiedelt war. Diese Methode ist längst verlassen. Die Punktion erfolgt heute unter sterilen Kautelen nach sorgsamer Desinfektion der Bauchdecke und bei seitlich angesetztem Schallkopf. Darüber hinaus hat das Fruchtwasser bakteriostatische Eigenschaften (Thadepalli et al. 1977, Henderson et al. 1993).

Die Akzeptanz der Amniozentese zur Fruchtwasserinsulinbestimmung ist ähnlich der Akzeptanz zur genetischen Untersuchung (Haeusler et al. 1998). Das Schmerzerlebnis wurde von den Frauen niedriger eingestuft (2,9 Punkte) als der erwartete Schmerz (4,8 Punkte) und kann mit einer Blutabnahme verglichen werden (Haeusler et al. 1998).

Das Risiko einer Rhesussensibilisierung durch die Amniozentese ist gering (Simpson et al. 1976, Report of the Medical Research Council 1978, Tabor et al. 1986, Baird et al. 1994), aber möglich (The NICHD National Registry for Amniocentesis Study Group 1976). Es empfiehlt sich daher bei entsprechender Konstellation eine Anti-D Prophylaxe.

Insgesamt kann die Amniozentese zur Fruchtwasserinsulinbestimmung den Patientinnen als sicheres Verfahren zur Beurteilung der metabolischen Situation des Foetus angeboten werden. Den meisten Frauen können mit einem Stich der Amniozentese hunderte Stiche einer unnötigen Insulintherapie mit obligaten Blutzuckerkontrollen erspart werden. Die Amniozentese sollte jedoch in Abteilungen erfolgen, in denen diese auch aus anderen, eingangs genannten, Indikationen durchgeführt wird. Bei jedem Eingriff vermindert die operative Routine denkbare Komplikationen. Darüber hinaus sollte die Insulinbestimmung in einem Labor mit einschlägiger Erfahrung erfolgen. In unserem Einzugsgebiet werden entweder die Schwangeren zur konsiliaren Amniozentese zugewiesen oder es erfolgt die Zusendung von Fruchtwasserproben, insbesondere aus angrenzenden Bundesländern und dem süddeutschen Raum. Vor der Amniozentese ist die Schwangere über die Vorteile und mögliche Risiken einer Amniozentese sorgsam aufzuklären. Wir haben als Hilfe ein entsprechendes Informationsblatt mit folgendem Inhalt entworfen:

Ambulanz für pränatale Diagnostik und Therapie, Gebh.-Gyn.-Univ. Klinik Graz

Informationsblatt zur Fruchtwasserpunktion bei Schwangerschaftsdiabetes

Sehr geehrte Frau (Klebeetikett)

Warum ist in Ihrem Fall eine Fruchtwasserpunktion zu empfehlen?

Der Zuckerbelastungstest hat gezeigt, daß Sie eine Zuckertoleranzstörung haben, die in der Schwangerschaft „Gestationsdiabetes" genannt wird. Gelangt zuviel Zucker (Glukose) zum Kind, produziert dieses eventuell zu viel Insulin um Ihnen bei der Verarbeitung des Zuckers zu helfen.

Bei 10 Schwangeren mit Gestationsdiabetes findet man 1–2 Kinder, die zuviel Insulin produzieren. Ob und in welchem Ausmaß das ungeborene Kind an der mütterlichen Stoffwechselstörung beteiligt ist, kann mit Sicherheit nur anhand der Insulinkonzentration im Fruchtwasser beurteilt werden.

Der mütterliche Blutzuckerspiegel ist zur Beurteilung der kindlichen Situation schlecht geeignet, da

1. die Durchgängigkeit des Mutterkuchens für Zucker im individuellen Fall nicht bekannt ist und
2. die Blutzuckerwerte der Schwangeren durch die Mitarbeit des Kindes gesenkt werden können.

Deshalb ist die direkte Messung des kindlichen Insulins im Fruchtwasser von Vorteil. Bei zu hohen Insulinwerten im Fruchtwasser wäre bei Ihnen (auch bei scheinbar normalen Blutzuckerwerten) eine Insulinbehandlung im Interesse des Kindes erforderlich.

Falls diese Behandlung verabsäumt wird, besteht ein deutlich erhöhtes Risiko für ein übermäßiges kindliches Wachstum während der Schwangerschaft, für eine Totgeburt, Frühgeburt oder Kaiserschnittgeburt. Beim Neugeborenen besteht die Gefahr einer Unterzuckerung, Atemstörung, Gelbsucht oder Anpassungsstörung. Weiters besteht ein erhöhtes Risiko für die Entwicklung einer Fettsucht und Diabetes im Schulalter oder im späteren Leben.

Der Vorteil der Insulinbestimmung im Fruchtwasser liegt darin, daß die Behandlung des Gestationsdiabetes (nur Diät oder zusätzlich Insulin) gezielt auf die Bedürfnisse Ihres ungeborenen Kindes abgestimmt werden kann. Andererseits kann Ihnen damit wahrscheinlich (zu 80 %) eine aufwendige Insulinbehandlung mit täglich 3–4 Insulininjektionen und vielen Blutzuckerkontrollen erspart werden.

Wie läuft die Untersuchung ab?

Unter Ultraschallsicht werden durch die desinfizierte Bauchdecke mit einer dünnen Nadel 10 Milliliter Fruchtwasser (= ca. 1 Eßlöffel voll) entnommen.

Nach einer Befragung von 100 Frauen ist der Eingriff wenig schmerzhaft und kann mit einer Blutabnahme verglichen werden.

In seltenen Ausnahmefällen kann eine Drehung des Kindes die Fruchtwasserpunktion stören, wodurch eventuell eine zweite Punktion notwendig würde. Sollten Sie Rhesus negativ sein, erfolgt im Anschluß an die Punktion eine Rhesusimpfung.

Ist mit Komplikationen zu rechnen?

Komplikationen bei Fruchtwasserpunktionen im letzten Schwangerschaftsdrittel sind extrem selten zu erwarten. Dementsprechend haben wir bei einer gezielten Analyse an unserer Klinik keine echten Komplikationen gesehen.

Kein Eingriff ist jedoch völlig frei von Risiken!

Theoretisch könnte es wegen vorzeitiger Wehen oder einem vorzeitigen Blasensprung zu einer Frühgeburt kommen. Vereinzelt wurden in der Literatur Verletzungen (Darm, Gebärmutter, Kind) oder fieberhafte Infektionen beschrieben.

Worauf ist nach der Untersuchung zu achten?

Nach der Untersuchung wird eine Herzton- und Wehenkurve (Kardiotokographie, CTG) geschrieben und Sie sollten sich am Punktions- und am Folgetag körperlich schonen. Sie müssen deswegen nicht im Bett liegen, sollten aber keine schweren Gegenstände heben oder viel herumlaufen. Wenn Sie immer wieder ziehende Schmerzen im Bauch verspüren, sollten Sie sich doch ins Bett legen. Wenn dieses Ziehen häufiger auftritt und nicht besser wird oder wenn Flüssigkeit oder etwas Blut aus der Scheide abgeht, kommen Sie bitte wieder an die Klinik, um sich untersuchen zu lassen. Dies ist rund um die Uhr möglich!

Ein bis zwei Wochen nach dem Eingriff sollten Sie bei Ihrer Frauenfachärztin/Ihrem Frauenarzt eine Ultraschalluntersuchung vornehmen lassen.

Zusammenfassung

Sie wissen nun, daß der Eingriff empfohlen wird um ein Kind mit zu hoher Insulinproduktion zu finden, dem geholfen werden muß. Sie wissen ferner über die kindlichen Risiken einer erhöhten Insulinproduktion und die Risiken des Eingriffes bescheid.

Sollten Sie noch Fragen haben, klären Sie diese bitte mit Ihrem behandelnden Arzt/ Ihrer behandelnden Ärztin in der Ambulanz.

Einwilligungserklärung

Über die geplante Fruchtwasserpunktion wurde ich von Fr./Hr. Dr. ausführlich informiert. Ich habe keine weiteren Fragen, fühle mich ausreichend aufgeklärt und willige hiermit nach ausreichender Bedenkzeit in die geplante Untersuchung ein.

Datum: ....

Unterschrift des Arztes .... Unterschrift der Schwangeren ....

In unserem Patientengut entscheiden sich nach entsprechender Aufklärung 80–90 % und nach Angaben von Hopp et al. (1995) ~80 % der GDM für eine Amniozentese.

7.2 Über- und Unterbehandlung in Abhängigkeit von der Indikation zur Insulintherapie

Ein Blutzuckergrenzwert oder biometrischer Grenzwert sollte im Idealfall alle Fälle mit hyperinsulinämischen Foeten einer Insulintherapie zuführen und normoinsulinämische Foeten nicht erfassen.

Die Relevanz der verschiedenen Grenzwerte zur Indikation einer Insulintherapie wurde an 542 konsekutiven GDM mit bekanntem Fruchtwasserinsulinspiegel geprüft. 100 dieser Patienten (~18 %) hatten einen foetalen Hyperinsulinismus mit einer Insulinkonzentration im Fruchtwasser ≥ 10 μE/ml (≥ 60 pmol/l; ≥ 99 %ile) und einen mittleren Insulinspiegel (± SD) von 34,7 (± 66,2) μE/ml (Bereich 10–625 μE/ml). 442 Fälle (~82 %) waren normoinsulinämisch (Fruchtwasserinsulin 4,4 [± 2,1] μE/ml) (Weiss 1996).

Restriktive Kriterien führen zu einer Unterbehandlung. Mit einer MBG von 90–108 mg/dl werden 84–42 % der Hyperinsulinämischen Foeten für eine Insulintherapie erfaßt (true pick-up rate). Je höher die MBG angesetzt wird, desto niedriger ist die true pick-up rate. Bei einer MBG von ≥ 108 mg/dl entgehen demnach 58 %, bei einer MBG von ≥ 90 mg/dl hingegen nur mehr 16 % der Hyperinsulinämischen Foeten einer Therapie (Abb. 65).

Bei prophylaktischer Insulintherapie werden zwar alle Fälle mit hyperinsulinämischen Foeten erfaßt, jedoch auch alle normoinsulinämischen Fälle mit Insulin überbehandelt.

Bei der Indikation nach dem Fruchtwasserinsulinspiegel werden alle Fälle mit hyperinsulinämischen Foeten gezielt einer Insulintherapie zugeführt (Abb. 65), während alle normoinsulinämischen Fälle mit Diät behandelt werden.

Bei der Überbehandlung verhält es sich umgekehrt. Restriktive Kriterien senken die Raten. Während bei einer MBG von ≥ 108 mg/dl nur 18 % der normoinsulinämischen Fälle überbehandelt werden ist dies bei prophylaktischer Insulintherapie in 100 % der Fall (Abb. 66).

Bei der Indikation nach Insulinwerten im Fruchtwasser hingegen erfolgt keine Überbehandlung da alle normoinsulinämische Fälle gezielt einer Diättherapie zugeführt werden.

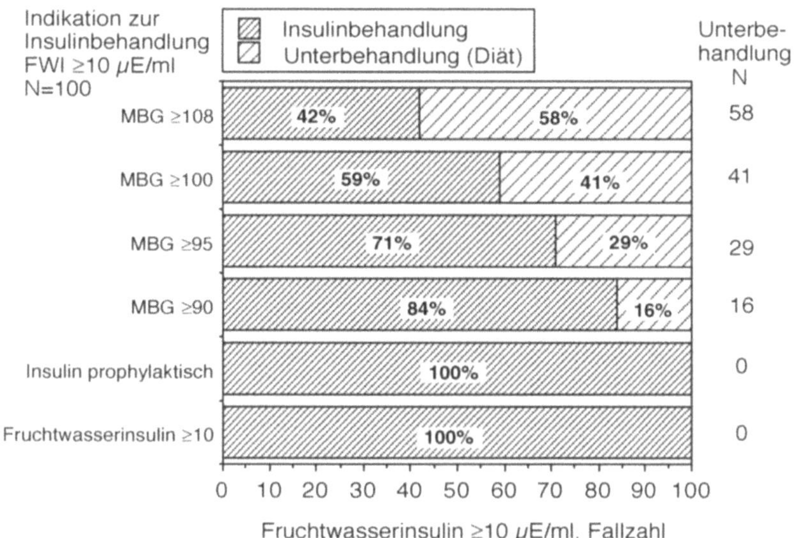

Abb. 65. Grazer Diabetesanalysen. Unterbehandlung (Diätbehandlung) von 100/542 GDM mit foetalem Hyperinsulinismus in Abhängigkeit von der Indikation zur Insulintherapie

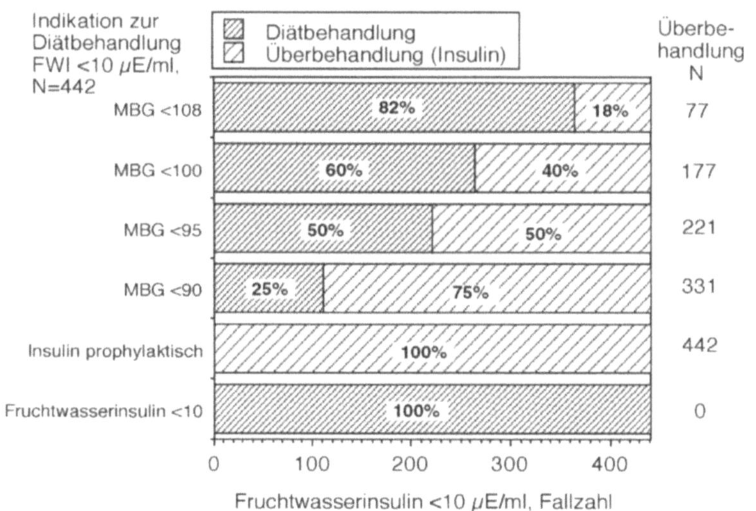

Abb. 66. Grazer Diabetesanalysen. Überbehandlung (Insulinbehandlung) von 442/542 GDM mit foetalem Normoinsulinismus in Abhängigkeit von der Indikation zur Insulintherapie

Das Problem ist die Unterbehandlung, da daraus alle Schäden beim Neugeborenen und Adoleszenten resultieren können. Durch frühgeburtsassoziierte Probleme, erhöhte Sektioraten und Diabetes im späteren Leben entstehen Folgekosten, die im Mittel 106.693,– Euro pro unterbehandeltem Fall betragen (WEISS et al. 1999). Die Überbehandlung ist eine Last für die Schwangere aber bedroht weder Mutter noch Kind. Die Kosten belaufen sich auf 1.690,– Euro pro überbehandeltem Fall.

Insgesamt sind vermeidbare Folgekosten bei der Indikation der Insulintherapie nach einer MBG von 108 mg/dl mehr als 8fach höher als die Kosten der Überbehandlung bei prophylaktischer Insulintherapie, während bei der Indikation nach Fruchtwasserinsulinwerten keine vermeidbaren Folgekosten anfallen.

7.3 Der Insulinbedarf bei GDM

Der GDM ähnelt einem Typ-2 Diabetes. Er ist jedoch eine uneinheitliche Erkrankung mit normaler, verminderter meist jedoch erhöhter und verzögerter mütterlicher Insulinproduktion. Ist eine Insulinbehandlung erforderlich, benötigen GDM häufig beträchtlich höhere Insulindosen als Typ-1 Diabetikerinnen (Tabelle 117) (WEISS 1988, WEISS et al. 2000, LANGER et al. 1988).

Bei GDM steht zum Unterschied von Typ-1 Diabetes eine periphere Insulinresistenz im Vordergrund. Die Insulinsensitivität ist auf $^1/_3$ herabgesetzt (BUCHANAN et al. 1990). Eine mäßige Insulinresistenz ist in der Schwangerschaft physiologisch um die Verfügbarkeit der Glukose für den Foetus zu gewährleisten. Bei GDM ist die Insulinresistenz jedoch durch einen Rezeptordefekt übersteigert (MUCK und HOMMEL 1977, TURNER et al. 1977, DEMPE et al. 1978, HOMMEL und MUCK 1977). Typisch GDM-assoziierte Faktoren wie Adipositas, erhöhte hPL-Spiegel (FUHRMANN et al. 1980) und Hypomagnesiämie (MOLES und MCMULLEN 1982) verstärken die Insulinresistenz.

Der Hohe Insulinbedarf bei GDM wird jedoch noch durch zusätzliche Mechanismen verursacht. Eine Insulinzufuhr halbiert die endogene Insulinproduktion (SANTIAGO et al. 1978, ARGOUD et al. 1987), was anhand von Verlaufskontrollen des C-Peptid-Spiegels im Serum nachweisbar ist

Tabelle 117. Gründe für den hohen Insulinbedarf bei GDM

– Periphere Insulinresistenz	– (Post-) Rezeptordefekt – Adipositas – hoher hPL Spiegel – Magnesiummangel
– Drosselung der endogenen Insulinproduktion durch exogene Insulinzufuhr	
– Down-Regulation der Insulinrezeptoren	
– Foetaler Glukosediebstahl	
– Therapeutische Breite von Insulin	

(Abb. 67). Auch die Harnausscheidung von C-Peptid sinkt unter der Therapie (Nordlander et al. 1989). Das Ausmaß des Insulineffektes auf die prähepatische Insulinproduktion in vivo ist von der Dosis des zugeführten Insulins abhängig. Wird ein Plasmaspiegel von rund 34 µE/ml erreicht, wird die Insulinprduktion von 5,8 mE/Minute auf 4,0 mE/Minute und bei einem Plasmaspiegel von 61 µE/ml auf 3,2 mE/Minute (55 %) gesenkt (Argoud et al. 1987).

Nach eigenen Untersuchungen fällt der mittlere C-Peptidspiegel von 2,9 ng/ml vor Therapiebeginn auf 1,5 ng/ml unter Insulintherapie (Weiss 1988) (Abb. 67). Dies entspricht einer Verminderung der mütterlichen Insulinproduktion um rund 30 E/24 h. Insulingaben bis 30 E/24 h werden daher auch von den meisten stoffwechselgesunden Schwangeren problemlos vertragen, während ein therapeutischer Effekt und eine Senkung der mittleren Blutglukose bei GDM erst jenseits einer Insulinzufuhr von 30 E/24 Stunden erwartet werden kann. Da der Insulinspiegel im Serum durch die Insulinbehandlung auf mehr als das Doppelte ansteigt, während der C-Peptidspiegel auf die Hälfte abfällt (Abb. 67), steigt auch der Quotient Insulin/C-Peptid (µE/ml/ng/ml) im Mittel von 8 auf über 100. Sinkt der Quotient unter 30, so ist die Zufuhr exogenen Insulins mit hoher Wahrscheinlichkeit nicht ausreichend.

Neben der Drosselung der mütterlichen Insulinproduktion kann es am Beginn der Insulintherapie zur „down regulation" der Insulinrezeptoren mit Verstärkung der Insulinresistenz kommen (Kahn 1982). Eine Hyperinsulinämie per se kann ebenfalls die Insulinsensitivität herabsetzen (Del Prato et al. 1994). Diese Mechanismen könnten den paradoxen Anstieg der MBG am Beginn einer Insulintherapie erklären, der in typischer Weise zu beobachten ist (Tabelle 118).

Durch den foetalen Glukosediebstahl erfolgt eine Maskierung der mütterlichen Hyperglykämie. Das Ausmaß korreliert mit der foetalen Insulin-

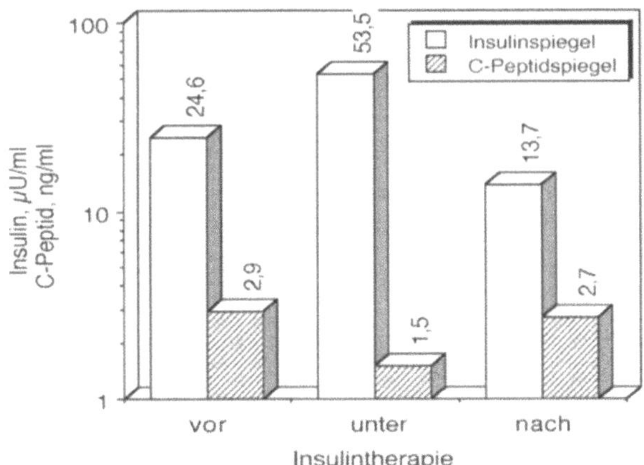

Abb. 67. Grazer Diabetesanalysen. Mittlerer Insulinspiegel und C-Peptidspiegel bei GDM vor, während und nach Insulintherapie

Tabelle 118. Grazer Diabetesanalysen. Typischer Anstieg der MBG am Beginn der Insulintherapie. Zuweisung mit der Verdachtsdiagnose GDM mit Polyhydramnion, makrosomen Kind und vorzeitigen Wehen in der 36. Woche. Bei später Zuweisung (≥34 Woche) mit dringlichem Verdacht auf Foetopathie ist ein oGTT wegen des foetalen Glukosediebstahls nicht mehr zuverlässig. Die Insulintherapie erfolgte wegen eines Fruchtwasserinsulinwertes von 17,4 μE/ml

Uhrzeit	13. 3. 1998 kein Insulin BZ, mg/dl	16. 3. 1998 24 E Insulin BZ, mg/dl	17. 3. 1998 40 E Insulin BZ, mg/dl
06 h	82	84	69
08 h	[a] 105	[a] 132	[a] 125
09 h	79	69	70
12 h	[a] 104	[a] 125	[a] 66
15 h	60	66	99
18 h	[a] 108	[a] 99	[a] 64
21 h	94	64	89
24 h	76	89	95
MBG	88	91	85

BZ Blutzucker, *MBG* mittlere Blutglukose; [a] 1 h postprandiale Werte

produktion (siehe oben). Die Summe des foetalen und mütterlichen Insulins bleibt im unteren therapeutischen Bereich konstant. Wird der Mutter mehr Insulin zugeführt produziert der Foetus weniger Insulin und umgekehrt. Dementsprechend verhält sich der mütterliche Plasmainsulinspiegel und der Fruchtwasserinsulinspiegel spiegelverkehrt (Abb. 68).

Je nach mütterlicher oder foetaler Dominanz des Insulins wird die Glukose mehr im mütterlichen oder im foetalen Stoffwechsel assimiliert. Da die Mutter und die foetoplazentare Einheit kommunizierenden Gefäßen für Glukose entsprechen, bewirken Änderungen der Insulindosis häufig keine signifikanten Änderungen der mütterlichen Blutglukose (Hofmann et al. 1988, Santiago et al. 1978, Combs et al. 1992). Klinische Analysen konnten zeigen, daß Diabetikerinnen mit makrosomen und normalgewichtigen Neugeborenen eine Insulintherapie von 62 E/24 h versus 87 E/24 h hatten (Differenz 25 E/24 h, 37 %), während die mittlere Nüchternblutglukose mit 99 mg/dl vs. 97 mg/dl (5,5 mmol/L vs. 5,4 mmol/l) und die mittlere postprandiale Blutglukose mit 133 mg/dl vs. 130 mg/dl (7,4 mmol/L vs. 7,2 mmol/L) praktisch ident war (Differenz 3 mg/dl, 2 %) (Combs et al. 1992) (Abb. 69).

Ähnliche Beobachtungen wurden auch bei Untersuchungen am Biostator (künstlichem Pankreas) gemacht (Santiago et al. 1978, Weiss und Hofmann 1985), bei denen Änderungen der Insulinzufuhr nur geringe Auswirkungen auf den mütterlichen Glukosespiegel zeigten.

Die Insulinbehandlung des GDM erfordert daher eine Überwindung des herkömmlichen ärztlichen Denkens. Es ist auf den ersten Blick nicht einleuchtend, einer Schwangeren mit „normalen" Blutzuckerwerten hohe

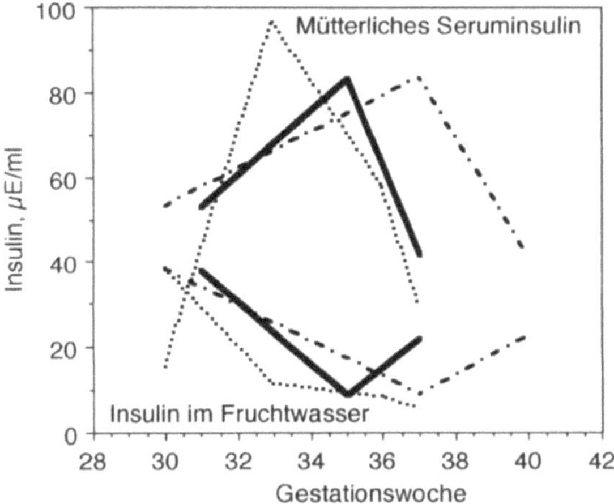

Abb. 68. Grazer Diabetesanalysen. Spiegelverkehrter Verlauf von Insulin im mütterlichem Plasma und im Fruchtwasser bei 3 Fällen von insulinbehandeltem GDM

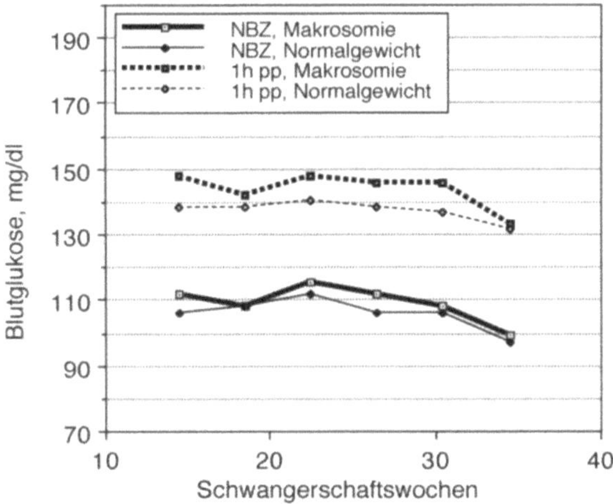

Abb. 69. Ähnliche mittlere Blutglukosespiegel bei unterschiedlicher mittlerer Insulindosierung (62 vs 87 E/24h) und unterschiedlichem outcome (Makrosomie vs. Normalgewicht) nach Angaben von Combs et al. (1992) (genauere Angaben siehe Text)

Dosen von Insulin zu verabreichen oder die Dosis weiter zu steigern. Dies ist jedoch im Interesse des Foetus erforderlich. Die Insulinbehandlung muß im oberen Bereich der therapeutischen Breite erfolgen, da ein foetaler Benefit erst bei Insulindosen auftritt, die die mütterliche Insulinresistenz, down regulation der Insulinrezeptoren, gedrosselte Insulinsekretion und die okulte foetale Überproduktion an Insulin anhaltend kompensieren.

Der tägliche Insulinbedarf wird in der Literatur mit *8–12 E/24 h* (Maresh et al. 1985, Persson et al. 1985), *15 E/24 h* (Leikin et al. 1987), *≥30 E/24 h*

(Coustan und Imarah 1984, Thompson et al. 1990), *53 E/24 h* (Berne et al. 1985), *60–91 E/24 h* (Weiss 1988, Langer et al. 1987, Hofmann et al. 1988) oder mit der *tolerierten Maximaldosis* (Roversi et al. 1973, 1980) angegeben. Nach unseren Erfahrungen kann als Faustregel ein Insulinbedarf von rund 1,0 E Insulin/kg Körpergewicht/24 Stunden angenommen werden. Ein ähnlicher Bedarf (0,8–1,5 E/kg/24 h) wird auch in der Literatur angegeben (Santiago et al. 1978, Langer et al. 1987, De Veciana et al. 1995, Buchanan 1994, Bloomgarden 2000).

Bei der Anwendung von <30 E/24 h sind die Ergebnisse bei kombinierter Diät- und Insulintherapie nicht besser als bei ausschließlicher Diättherapie (Maresh et al. 1985, Persson et al. 1985, Leikin et al. 1987), während bei einer Dosierung von >30 E/24 h die Insulintherapie der Diätbehandlung überlegen ist (Berne et al. 1985, Coustan und Imarah 1984, Hofmann et al. 1988, Langer et al. 1987, Roversi et al. 1973, Thompson et al. 1990, Weiss und Hofmann 1990) (Tabelle 119).

Eine Behandlung mit homöopathischen Insulindosen ist daher sinnlos.

Ist die Insulintoleranz niedrig, erhebt sich der Verdacht der Erstmanifestation eines Typ-1 Diabetes, besonders wenn die Schwangere normalgewichtig ist. Dieser adult-onset IDDM ist möglicherweise eine biologisch unterschiedliche Form des Typ-1 Diabetes (Melton et al. 1983, Laakso und Pyorala 1985, Libman et al. 1993, Harris und Robbins 1994). Die Prävalenz beträgt ~0,3 % und der Anteil am Typ-1 Diabetes 7,4 % (Harris und Robbins 1994).

Wegen der zunehmenden Produktion antiinsulinärer Plazentahormone steigt der Insulinbedarf im Verlauf der Schwangerschaft. Zwischen der 24. und der 32.–36. Woche steigt der Bedarf bei Typ-1 Diabetes um rund 60 % (Weiss und Hofmann 1984), Bei Typ-2 Diabetes um rund 100 % (Rayburn 1985) und bei GDM um rund 50 % (Langer et al. 1987). Wird Insulin bei GDM jedoch von vorneherein möglichst hoch dosiert, besteht nach unse-

Tabelle 119. Vergleich des perinatal outcome nach Insulintherapie oder Diättherapie

Quelle	Insulin E/24 h	Bessere Ergebnisse als bei Diättherapie
Maresh et al. 1985	?[a]	nein
Persson et al. 1985	8–12	nein
Leikin et al. 1987	15	nein
Roversi et al. 1973	tolerierte Maximaldosis	signifikant
Coustan et al. 1984	≥30	signifikant
Berne et al. 1985	53	signifikant
Langer et al. 1987	91	signifikant
Weiss et al. 1987	60–90	signifikant
Hofmann et al. 1988	64–75	signifikant
Thompson et al. 1990	≥30	signifikant

[a] Keine wesentliche Änderung des mütterlichen C-Peptidspiegels als Hinweis einer Unterdosierung

ren Erfahrungen nur selten ein Anstieg des Insulinbedarfes (HOFMANN et al. 1988). Die Zunahme des Bedarfes am Beginn der Therapie ist nur scheinbar, da man sich schrittweise der endgültigen Dosis nähert. Zudem beginnt die Therapie bei GDM in der Regel erst zwischen der 28. und der 30. Schwangerschaftswoche. In dieser Gestationszeit ist der Spiegel der antiinsulinären Plazentahormone nicht mehr ansteigend sondern hat bereits sein Maximum erreicht. Zusätzlich sind die Betazellen bei GDM in der Lage bei Bedarf zum zugeführten Insulin eigenes Insulin beizusteuern. Andererseit findet bei GDM kein Abfall des Insulinbedarfes nach der 36 Woche statt, wie er bei Typ-1 Diabetes typisch ist (WEISS und HOFMANN 1984, MCMANUS und RYAN 1992).

7.4 Algorithmik der Insulintherapie bei GDM

Bei 80 % der GDM ist die Insulinausschüttung der ersten Phase herabgesetzt (BUCHANAN et al. 1990). Darüber hinaus ist die weitere postprandiale Insulinproduktion verzögert (PERSSON und LUNELL 1975, KÜHL et al. 1985, CHENEY et al. 1985, DAMM et al. 1995). Der endogene Insulinpeak verpaßt daher den postprandialen Glukosepeak, wodurch postprandiale Hyperglykämien auftreten. GDM benötigen daher in erster Linie Insulingaben zu den Hauptmahlzeiten (Tabelle 120).

Da der maximale Blutspiegel von kurzwirkendem, subcutan verabreichtem Insulin nach ca. 90 Minuten und der maximale Glukosespiegel bei Mahlzeiten nach ca. 60 Minuten auftritt empfiehlt sich die Insulingabe etwa 20–30 Minuten vor dem Essen.

Der individuell ideale Abstand kann aber auch länger oder kürzer sein. Die Resorptionsgeschwindigkeit von Normalinsulin hängt auch von der

Tabelle 120. Grazer Diabetesanalysen. Basis-Bolus Therapie bei Gestationsdiabetes (nach HOFMANN et al. 1988)

	Alt morgens	Alt mittags	Alt abends	Depot 22 Uhr	Total Tagesbedarf
Klasse AB					
Prozentuelle Aufteilung	30,8 %	19,2 %	20,2 %	29,8 %	100 %
Mittlerer Bedarf, E (± SD)	19,8 (± 5,7)	12,4 (± 4,7)	13,0 (± 4,9)	19,2 (± 5,3)	64,3
Bereich, E	8–36	4–24	6–24	10–32	28–106
Klasse Bo					
Prozentuelle Aufteilung	32,8 %	20,0 %	19,1 %	28,1 %	100 %
Mittlerer Bedarf, E (± SD)	24,8 (12,4)	15,1 (7,7)	14,4 (7,3)	21,2 (7,3)	75,3
Bereich, E	8–48	4–28	4–32	10–48	28–156

Injektionsstelle ab. Bei Injektion von Normalinsulin in der Deltoid- oder Femoralgegend erfolgt die Resorption 30–40 Minuten langsamer, dafür ist die Wirkungsdauer 2–3 Stunden länger als bei der Insulingabe im Abdominalbereich (TER BRAAK et al. 1996). Bei der Gabe von Insulinanaloga hingegen sind diese Unterschiede nur mehr sehr gering. Wird Insulin anstatt mit einer Nadel mit einem Jet verabreicht, erfolgt die Resorption ebenfalls rascher (JOVANOVIC-PETERSON 1993).

Falls der 1 h postprandiale Zuckerspiegel zu hoch und der vorangegangene und darauffolgende präprandiale Spiegel normal ist, kann man versuchen, den Spritzen-Eßabstand zu verlängern.

Da der basale Insulinspiegel bei GDM ohnedies erhöht ist (PERSSON und LUNELL 1975, HOLLINGSWORTH 1983), ist die Verabreichung einer einzelnen Dosis von Depotinsulin am Vormittag wenig sinnvoll.

Insulin wird entweder als Mischinsulin oder als Kombination von Normalinsulin und Depotinsulin (intermediäres Insulin) verabreicht, wobei die höchste Dosis vor dem Frühstück benötigt wird (BERNE et al. 1985; BUCHANAN et al. 1985, 1994; LANGER et al. 1987). Wir verabreichen kein Mischinsulin, da im Verlauf der Schwangerschaft der postprandiale Bedarf an kurzwirkendem Insulin stärker ansteigt als der Bedarf an basalem Insulin (Depotinsulin) (WEISS und HOFMANN 1984). Nach unseren Erfahrungen hat sich am vorteilhaftesten eine Basis-Bolus Therapie erwiesen, die wir auch bei Typ-1 Diabetes anwenden (Tabelle 120). Die Gabe von Depotinsulin um 22 Uhr kann unterbleiben wenn die Blutzuckerwerte um 6 Uhr, 0 Uhr und 3 Uhr deutlich unter 80 mg/dl (4,4 mmol/l) liegen. Der Insulinbedarf muß empirisch gefunden werden. Zu diesem Zweck wird am besten ähnlich dem Prinzip der maximalen Toleranz nach ROVERSI vorgegangen (ROVERSI et al. 1973, 1979, 1980). Wir beginnen mit einer niedrigen Dosis (8/4/4/8 E, siehe Tabelle 120) um bei hoher Insulinsensitivität (Erstmanifestation eines Typ-1 Diabetes, slow-onset type 1 diabetes, latent autoimmune diabetes in adults [LADA] [ZIMMET et al. 1999]) keine Hypoglykämie zu provozieren. Dies ist jedoch sehr selten der Fall. Im weiteren werden die Insulindosen schrittweise jedoch zügig um 12–16 E/Tag angehoben, bis leichte hypoglykämische Zeichen auftreten (selten) oder bis eine Dosis von rund einer Einheit Insulin/kg Körpergewicht erreicht wird (meist). Die Insulinsättigung kann innerhalb von 5–7 Tagen erreicht werden. Wir beginnen die Insulintherapie stationär, bis die Patientin mit der Handhabung der Spritzhilfe (Pen) und der Blutzuckerselbstkontrolle vertraut ist und führen sie dann ambulant weiter.

Ist der individuelle Insulinbedarf erreicht, bleibt die weitere Stoffwechselführung unproblematisch. GDM haben einen stabilen Stoffwechsel und neigen weder zu Ketoazidosen noch zu Hypoglykämien. Wir und andere (RAYBURN et al. 1986, BERGMAN et al. 1986, LANGER et al. 1987) haben bei GDM nie eine Hypoglykämie beobachtet, die schwer genug war um fremde Hilfe zu erfordern.

Wegen dieser relativen Stabilität des Stoffwechsels ist bei unkompliziertem GDM in der Regel keine tägliche Blutzuckerselbstkontrolle erforderlich (GOLDBERG et al. 1986, LANDON und GABBE 1985). Prä- und postprandiale Stichproben und ein wöchentliches Profil sind jedoch wegen der Dynamik des Stoffwechsels in der Schwangerschaft zweckdienlich. Bei subjektiven Hypoglykämiezeichen sollten ebenfalls Kontrollen erfolgen. Allerdings können zu Beginn der Insulintherapie bereits bei Glukosewerten >50 mg/dl (2,8 mmol/l) subjektive Hypoglykämiezeichen auftreten. Durch die lange Gewöhnung der Patienten an ein höheres Glukoseniveau vor Therapiebeginn kann die Glukoseschwelle für das subjektive Hypoglykämieempfinden, aber auch für Gegenregulationsmechanismen erhöht sein (CHALEW et al. 1990).

Patientinnen mit GDM zeigen nach genauer Aufklärung in der überwiegenden Mehrzahl eine entsprechende Krankheitseinsicht. Die Mitarbeit ist bis auf wenige Ausnahmen sowohl bei der Diättherapie als auch bei der Insulintherapie mustergültig. Diese gute Compliance wurde auch in anderen Zentren festgestellt (RUGGIERO et al. 1990).

Bei Frauen die zum ersten Mal einer Insulintherapie unterzogen werden, empfiehlt sich die Anwendung von Humaninsulin, um einer Insulinantikörperbildung möglichst vorzubeugen (CHERTOW et al. 1988). Rund 50 % der GDM (und >90 % Typ-1 Diabetikerinnen) entwickeln jedoch trotz der ausschließlichen Anwendung von Humaninsulin Insulinantikörper, die u.U. bis zu 2 Jahre lang nachweisbar sind (BALSELLS et al. 1997). Die Verabreichung des Insulins bei GDM mit einem Jet soll die Bildung von Antikörpern hintanhalten und gegenüber der Nadelinjektion eine höhere Akzeptanz haben (JOVANOVIC-PETERSON et al. 1993).

Die Wirkungsdauer von Depotinsulin ist in der Schwangerschaft um 10–30 % verkürzt (WEISS, unpublizierte Daten).

In letzterer Zeit wurden Humaninsulinanaloga (Lispro, Humalog®, Novonorm®) entwickelt. Bei Lispro wurde die Aminosäuresequenz (Prolin-Lysin) der B-Kette auf Position 28 und 29 ausgetauscht. Wir haben mit Insulinanaloga wenig eigene Erfahrung, da sie noch zu neu sind, die Literaturangaben sind jedoch vielversprechend. Lispro zerfällt rascher in Monomere, wodurch die Resorption nach subkutaner Verabreichung beschleunigt ist. Das Wirkungsmaximum von 3–4 Stunden bei Normalinsulin shiftet in Richtung 1–2 Stunden bei Lispro (HEISE et al. 1998). Der Spritz-Eß-Abstand kann somit entfallen oder zumindest auf 15 Minuten verkürzt werden (RASSAM et al. 1999), und postprandiale Hyperglykämien können leichter vermieden werden. Während für die Anwendung in der Frühschwangerschaft bei IDDM noch nicht ausreichend Erfahrungen hinsichtlich der Teratogenität von Lispro vorliegen, gibt es über die Anwendung beim GDM, der in der Regel nach der 20. Woche diagnostiziert wird, bereits erste Erfahrungen. Bei einer Studie an GDM waren sowohl postprandiale Glukosesspitzen als auch Hypoglykämien reduziert, ohne daß das Risiko der Insulin Antikörper Bildung erhöht war (JOVANOVIC et al. 1998). Da bei GDM die Insulinresistenz im Vordergrund steht, könnte Lispro auch durch seinen Effekt der Hochregulation von Insulinrezeptoren von Vorteil sein (JEHLE et al. 1996).

Lispro kann in Kombination mit seiner Protamin retardierten Präparation auch als Basis-Bolus Therapie eingesetzt werden (HEISE et al. 1998).

7.5 Resümee Insulintherapie

Bei Gestationsdiabetes (GDM) entwickeln rund 10–20 % der Foeten einen Hyperinsulinismus. Da der foetale Hyperinsulinismus alle frühen und späten kindlichen Komplikationen verursacht, ist eine aggressive Insulintherapie nur bei foetalem Hyperinsulinismus erforderlich.

Für die Indikation zur Insulinbehandlung bestehen keine einheitlichen Richtlinien. Sie erfolgt nach internistischen Gesichtspunkten anhand mütterlicher Parameter wie Nüchternblutzucker, postprandiale Glukosespiegel oder der mittleren Blutglukose (MBG) oder nach geburtshilflichen Gesichtspunkten als prophylaktische Insulintherapie, oder nach foetalen Parametern wie Makrosomie oder dem Fruchtwasserinsulinspiegel.

Als Grenzwerte zur Indikation einer Insulintherapie werden für den Nüchternblutzucker ≥95–≥105 mg/dl (≥5,3–≥5,8 mmol/l), für die postprandiale Glukose ≥120–≥130 mg/dl (≥6,7–≥7,2 mmol/l) und für die MBG ≥90–≥108 mg/dl (≥5–≥6 mmol/l) vorgeschlagen, während die prophylaktische Insulintherapie unabhängig von der mütterlichen Glykämie erfolgt. Der Grenzwert für die Makrosomie ist die 75. Perzentile des foetalen Bauchumfanges und für den Fruchtwasserinsulinspiegel ein Wert von ≥8 µE/ml (≥48 pmol/l).

Die mütterliche Glykämie hat eine schlechte Korrelation mit dem foetalen Hyperinsulinismus. Individuelle Eigenschaften der plazentaren Transport- und Barrierefunktion führen zu unterschiedlichen maternofoetalen Glukosegradienten.

Dazu kommt eine unterschiedliche Sensitivität des foetalen Inselorganes gegenüber Glukosereizen. Nach der 31. Woche können hyperinsulinämische Foeten postprandiale mütterliche Glukosewerte um durchschnittlich 20 mg/dl (1,1 mmol/l) senken. Es kann dann nicht mehr unterschieden werden ob eine mütterliche Euglykämie durch eine normale Glukosetoleranz, eine adäquate Behandlung oder einen exzessiven foetalen Glukosediebstahl bedingt ist.

Bei prophylaktischer Insulintherapie werden alle GDM mit normoinsulinämischem Foetus überbehandelt. Bei der Indikation anhand einer 75. sonographischen Perzentile werden hyperinsulinämische Foeten nur dann erfaßt, wenn diese gleichzeitig makrosom sind. Dazu müssen auch 25 % normoinsulinämischer Foeten per definitionem die 75. Perzentile überschreiten. Die Behandlung nach biometrischen Daten erfolgt zu spät, da eine Makrosomie erst auftritt wenn ihr ein foetaler Hyperinsulinismus über Wochen oder Monate vorausgeht. Bei der Indikation nach dem Fruchtwasserinsulinspiegel findet keine Unter- oder Überbehandlung statt. Die Amniozentese hat keine nennenswerten Komplikationen. Die Akzeptanz beträgt 80–90 %.

Das Ausmaß der Unter- oder Überbehandlung wurde bei GDM mit bekanntem FWI mit dem Foetus als Sensor überprüft. Geht man davon aus daß nur GDM mit foetalem Hyperinsulinismus eine Insulintherapie benötigen führt eine prophylaktische Insulintherapie und die Indikation nach Fruchtwasserinsulinwerten zu keiner Unterbehandlung. Bei der Indikation nach einer MBG von ≥90–≥108 mg/dl werden 16–58 % und bei Schätzung der 75. Gewichtsperzentile 44 % GDM mit foetaler Hyperinsulinämie unterbehandelt.

Bei einer Insulinbehandlung nach Fruchtwasserinsulinwerten findet keine Überbehandlung statt. Bei einer MBG von ≥90 – ≥108 mg/dl werden 75–18 %, bei der 75. Perzentile des foetalen Bauchumfanges > 25 % und bei prophylaktischer Insulintherapie 100 % der normoinsulinämischen Fälle überbehandelt.

Das Problem ist die Unterbehandlung, da daraus alle vermeidbaren medizinischen Probleme wie Frühgeburten, Kaiserschnitte und Diabetes der Nachkommen entstehen. Die Folgekosten sind daher bei der Indikation nach einer MBG von ≥108 mg/dl (≥6 mmol/l) >8fach höher als die Kosten der Überbehandlung bei prophylaktischer Insulintherapie.

Der Insulinbedarf ist bei GDM wegen der Insulinresistenz besonders hoch. Auch wird die Eigenproduktion an Insulin durch die Insulinzufuhr um rund 30 E/24 h gedrosselt. Um die Insulinresistenz, die Drosselung der mütterlichen Insulinproduktion und die foetale Überproduktion an Insulin zu kompensieren, wird eine Insulinmenge von 0,8–1,2 E/kg/24 h benötigt. Da bei GDM die mütterliche postprandiale Insulinsynthese verzögert ist, sind Insulingaben zu den Hauptmahlzeiten erforderlich. Eine Basis-Bolustherapie hat sich als vorteilhaft erwiesen. Die Behandlung muß mit Humaninsulin erfolgen um das Risiko der Bildung von Insulinantikörpern klein zu halten.

8. Die Überwachung von Schwangerschaft, Geburt und Wochenbett

Neben Blutzuckerkontrollen und Fruchtwasserinsulinbestimmungen wird die Schwangerenbetreuung wie bei jeder anderen Risikoschwangerschaft durchgeführt, das heißt, die Untersuchungsfrequenz wird, dem individuellen Risiko angepaßt, höher sein als bei gesunden Schwangeren. Besonderes Augenmerk ist einer regelmäßigen Foetometrie zu widmen, um ein akzeleriertes Wachstum frühzeitig zu erkennen (Buchanan et al. 1992, 1994). Bei Hinweisen auf eine foetale Makrosomie wird auch eine Geburtseinleitung in der 38. Woche empfohlen, um die Sektiorate niedriger zu halten (Hod et al. 1998). Mit einer vorzeitigen Geburtseinleitung wird jedoch ein foetaler Hyperinsulinismus mit seinen eventuellen Spätfolgen nicht verhindert. Es besteht vielmehr die Gefahr, daß mit der vorzeitigen Geburtseinleitung vor Augen, die Bemühungen zur Prävention einer Makrosomie erlahmen.

Schwangere mit Gestationsdiabetes neigen zur Präeklampsie (28 %) und zu Harnwegsinfekten (33 %) (s. Tabelle 49). Rund 87 % der Diabetikerinnen, die in der Spätschwangerschaft eine Pyelonephritis entwickeln, haben bereits in der Frühschwangerschaft eine Bakteriurie (Golan et al. 1989). Regelmäßige Untersuchungen des Harnes, einschließlich Keimzahlbestimmungen, sind daher erforderlich. Bei Diabetikerinnen sollte auch in der 37. Woche eine routinemäßige bakteriologische Untersuchung eines Vaginal- oder Zervixabstriches durchgeführt werden, da eine Kolonisation mit B-Streptokokken doppelt so häufig vorkommt als bei stoffwechselgesunden (Ramos et al. 1997).

Die Geburt ist wie jede Risikogeburt unter foetalem Monitoring zu leiten.

Während eine verstärkte postpartale Blutung bei der Geburt normalgewichtiger Kinder in 0,07 % zu beobachten ist, tritt diese bei makrosomen Kindern in 15,6 % auf (Parks und Ziel 1978). Nach der Geburt schwerer Kinder ist daher die Gabe von Uterotonika oder Prostaglandinen bereits vor der Geburt der Plazenta ratsam. Bei Neugeborenen über 4000 g muß generell in 5,2 % mit dem Auftreten einer Hypoglykämie gerechnet werden (Golditch und Kirkman 1978). Bei Neugeborenen von Gestationsdiabetikerinnen, beträgt die Hypoglykämierate unabhängig vom Geburtsgewicht je nach der Höhe des Insulinspiegels im Nabelschnurblut zwischen 14 % und 60 % (Tabelle 56). Die Überwachung sowie das diagnostische und therapeutische Vorgehen bei diesen Kinder ist gleich dem bei Neugeborenen insulinpflichtiger Diabetikerinnen (Kap.: Das Neugeborene der Diabetikerin). Die Strategie umfaßt je nach Situation in Stichworten:

- Frühabnabeln,
- primäre Reanimation,
- eventuelle Beatmung,
- Azidosebekämpfung,
- Vitamin K Gabe,
- Säure-Basenstatus, Hb-, Hkt-, Thrombozytenbestimmung,
- Frühfütterung,
- Hypoglykämiebehandlung,
- Inkubatorpflege,
- Monitoring von Puls, Atmung, Temperatur etc.,
- eventuell Transfer auf eine neonatale Intensivstation,
- Thoraxröntgen bei Atemnotsyndrom,
- 3 Tage lang Blutzuckerprofile und
- Kontrollen von Kalzium und Bilirubin (Niesen 1978).

Nach der Entbindung von Frauen mit Gestationsdiabetes, die während der Schwangerschaft mit Insulin (vor allem Depotinsulin) behandelt wurden, können Hypoglykämien auftreten. Diese kommen dadurch zustande, daß die Serumspiegel der antiinsulinären Plazentahormone rasch absinken, während noch exogenes Insulin aus der Subkutis resorbiert wird. Eine diesbezügliche Observanz, besonders des ersten Wochenbettages, ist daher erforderlich. Zur Vermeidung postpartaler mütterlicher Hypoglykämien ist bei Auftreten von Geburtswehen, oder wenn eine Geburtseinleitung geplant ist, die Insulintherapie abzusetzen. Bei geplanter Geburtseinleitung sollte schon am Vortag auf Depotinsulin verzichtet werden. Frauen mit echtem Gestationsdiabetes benötigen nach der Entbindung keine weitere Insulintherapie. Ward et al. (1985) konnten jedoch bereits bei normoglykämischen Frauen mit Gestationsdiabetes in der Anamnese einen signifikant erhöhten basalen Insulinspiegel, einen verminderten Insulin-Response auf Glukosereize sowie eine herabgesetzte Insulinsensitivität nachweisen. Sie deuten diese Daten als Vorstufe eines manifesten Diabetes (siehe auch S. 194).

9. Klinische Bedeutung des foetalen Gewichtes (Geburtsgewichtes)

Das Gewicht, die Länge und der Kopfumfang des Neugeborenen gelten als objektive Beurteilungskriterien, da ein schweres Kind oft der erste Hinweis auf eine Glukosetoleranzstörung der Mutter sein kann. Ein erhöhtes Geburtsgewicht wird jedoch unterschiedlich definiert (Combs et al. 1992, Sacks 1993, Davis et al. 1995). Ein Geburtsgewicht über 4000 g oder 4500 g wird häufig als Makrosomie bezeichnet. Dabei wird weder das Geschlecht noch das Gestationsalter des Kindes berücksichtigt. Da Diabetikerinnen eine Neigung zur Frühgeburt haben, ist die Makrosomierate allein ein mangelhaftes Qualitätskriterium. Das relative Geburtsgewicht involviert die Gestationszeit und ist daher ein besseres Kriterium. Neugeborene über der 90 Gewichtsperzentile werden als large for dates (LFD), large for gestational age (LGA) oder heavy for dates bezeichnet (Schwartz und Teramo 1999). In vielen Publikationen wird der Terminus Makrosomie jedoch für LFD und/oder Kinder über 4000 g synonym angewandt, wodurch Ergebnisse nicht mehr vergleichbar sind.

Eine Makrosomie an sich ist nicht pathologisch und ist nach unserem Dafürhalten weder ein empfindlicher noch ein spezifischer Indikator von vermeidbaren diabetogenen Komplikationen (Braveman et al. 1988). Ein hohes Geburtsgewicht darf als Diabeteshinweis daher nicht überbewertet werden, da das Geburtsgewicht nicht nur von der mütterlichen Glykämie bestimmt wird (Falk et al. 1989, Maresh et al. 1989, Madson und Ditzel 1991, Shelly-Jones et al. 1992, Parfitt et al. 1992, Cundy et al. 1993, Bevier et al. 1994, Gloria-Bottini et al. 1994, Johnstone et al. 1994). Nur 5 % aller makrosomen Kinder sind diabetogen bedingt (Boyd et al. 1983).

Bei bekanntem Diabetes mellitus oder GDM können ein Drittel der Neugeborenen ein Geburtsgewicht >4000 g haben (Pedersen 1967, Elliott et al. 1982, Teramo 1998). Im Mittel sind Neugeborene von Diabetikerinnen um 500 g schwerer als Neugeborene von Stoffwechselgesunden (Garner 1995). Das foetale Wachstum gilt daher als Parameter für die foetomaternale Überwachung und wird als Maß für die Entwicklung des Foetus und vereinzelt zur Indikation oder Modifikation einer Insulintherapie herangezogen (Buchanan 1994). Darüber hinaus beeinflußt das geschätzte foetale Gewicht bei Diabetikerinnen in der Regel geburtshilfliche Interventionen, wie etwa eine Geburtseinleitung und/oder die Wahl des Geburtsmodus. Schließlich wird das Geburtsgewicht verbreitet als postpartales Maß zur Qualitätskontrolle der Behandlung des Diabetes mellitus herangezogen.

Die Bestimmung der foetalen Größe bzw. des foetalen Gewichtes und Geburtsgewichtes birgt jedoch eine Reihe von Unsicherheitsfaktoren in sich. Vor allem ist es unbekannt, wie ein individueller Foetus wachsen würde, wenn die Mutter keine Diabetikerin wäre. Dornhorst und Girling (1995) haben daher postuliert: „The use of birthweight, or even birth percentile, may be misleading, since the baby's appropriate weight is unknown". Die diagnostische Bedeutung des foetalen Gewichtes wird ferner durch methodische Fehler bei der Gewichtsschätzung und unterschiedliche foetale Wachstumscharakteristika bei schwerem und leichtem Diabetes limitiert. Mütterliche und umweltbedingte Faktoren wie Rasse, Größe, Gewicht, Gewichtszunahme Parität, foetales Geschlecht, Plazentafunktion, Rauchen, sozioökonomische Faktoren und eine Reihe anderer Faktoren beeinflussen das foetale Wachstum (Falk et al. 1989, Shelley-Jones et al. 1992, Cundy et al. 1993, Vohr et al. 1995). Allein die positive oder negative Kumulation dieser Faktoren kann bei zwei gesunden Termingeborenen eine Variation von 1000 g nach sich ziehen.

9.1 Geographische und chronologische Einflüsse

Geographische Unterschiede in den Makrosomieraten sind ebenfalls bekannt. Während Fischl et al. (1981) bei ihrem gesamten Geburtengut in Wien 5,2 % an Kindern > 4000 g beschrieben, wurden von Modanlou et al. (1980) in Long Beach im selben Zeitraum doppelt soviele Kinder > 4000 g registriert (Tabelle 120 A).

Geographische Unterschiede werden jedoch zusätzlich durch ethnische Faktoren beeinflußt. So haben etwa Afroamerikaner ein mittleres Geburtsgewicht welches um rund 140 g unter jenem von weißen Amerikanern liegt (Gruenwald 1966, Freeman et al. 1970, Green et al. 1990).

Obwohl das „Normalgewicht" ein individuelles Maß ist, wurden Neugeborene über 4000 g (~9 lbs) schon immer besonders registriert (Makrosomie). Diese empirische obere Gewichtsgrenze ausgetragener Kinder entstammt der Vorära gültiger Gewichtstandards und wird auch heute noch, ohne Berücksichtigung des Gestationsalters und Geschlechtes zahlreichen Publikationen zugrundegelegt. Sie entspricht etwa der 90. Gewichtsperzentile der neuen deutschen Standards, wenn das Geburtsgewicht von ausgetragenen Mädchen und Knaben gemeinsam ausgewertet wird.

Es besteht ein Zusammenhang der Rate an Neugeborenen > 4000 g mit einem Gebäralter von über 35 Jahren, mit Multiparität, mit vorangegangenen schweren Kindern, einer Übertragung, einem mütterlichen Übergewicht zu Beginn der Schwangerschaft, starker Gewichtszunahme während der Schwangerschaft und erhöhter Glykämie bei Gestationsdiabetes und Diabetes mellitus (Abell et al. 1976; Parks und Ziel 1978; Schindler und Meyfort 1979; Modanlou et al. 1980; Gross et al. 1980; Calandra et al. 1981; Willman et al. 1986; Elliott et al. 1982, 1986; Falk et al. 1986; Abrams und Laros 1986; Small et al. 1987; Jovanovic-Peterson et al. 1991; Catalano et al. 1995). Die Ursachen für ein Geburtsgewicht von ≥ 4000 g sind somit

Tabelle 120 A. Häufigkeit von Neugeborenen über 4000 g

Neugeborene Anzahl				Anteil an Knaben	Quelle
>4000 g	≥4000 g	≥4500 g	≥5000 g		
1.099	9,3 %	1,2 %	0,1 %	67–94 %	SCHINDLER und MEYFORT 1979, Tübingen
~5.000[1]	7,0–10,7 %[2]	1,3 %		69,7 %	MODANLOU et al. 1980, 1982, Long Beach
137		0,86 %[3]		71,6 %	OATS et al. 1980 Melbourne
2.909	7,1 %[4]	0,83 %[4]	0,1 %[4]	KA	AUINGER 1978, Wien
398	5,2 %	0,3 %[5]	0,02 %	KA	FISCHL et al. 1981, Wien
801	8,1 %	1,3 %	0,14 %	62,0 %	GOLDITCH und KIRKMAN 1978, San Francisco
2.394	6,3 %	0,7 %	0,04 %	70–82 %	Eigenes Geburtengut Graz (siehe Tabelle 121)

[1] Keine genauen Angaben, [2] von 1960–1980 ansteigend, [3] ≥4540 g, [4] Mittelwerte 1952–1976, [5] ≥4600 g; *KA* keine Angaben

genetische, uteroplazentare, ernährungsbedingte, diabetogene und foetale Faktoren (VORHERR 1982).

Zu den genetischen Faktoren müssen primär Rassenmerkmale gerechnet werden. Die Korrelation des mütterlichen Geburtsgewichtes (ROBSON 1955, LANGHOFF-ROOS et al. 1987, KLEBANOFF und YIP 1987, KLEBANOFF et al. 1989, EMANUEL et al. 1992, LUMEY 1992) und des väterlichen Geburtsgewichtes (KLEBANOFF et al. 1998) sowie der Größe und des Gewichtes der Mutter und des Vaters (CATALANO et al. 1998) mit dem Geburtsgewicht des Kindes läßt ebenfalls auf genetische Ursachen schließen. Auch die Prädominanz von Knaben in der Gruppe schwerer Kinder ist genetisch bedingt; sie wird bei zunehmenden Geburtsgewicht immer deutlicher (SCHINDLER und MEYFORT 1979). Im eigenen Geburtengut lag der Anteil an Knaben bei einem Geburtsgewicht von über 4000 g bei 70 %, bei Gewichten von über 4500 g bei 76 % und über 5000 g bei 82 % (Tabelle 121).

Bei stoffwechselgesunden Frauen, die immer etwa gleich schwere übergewichtige Kinder gebären, ist ebenfalls eine genetische Ursache anzunehmen. Liegt hingegen eine Glukosetoleranzstörung vor, so ist jedes weitere Kind in typischer Weise schwerer als das vorangegangene, es sei denn, es erfolgt eine adäquate Therapie.

Das höhere Geburtsgewicht bei Multiparae dürfte durch uteroplazentare Faktoren verursacht sein, da eine vorangegangene Schwangerschaft das Strombett der uterinen Gefäße erweitert.

Die Assoziation eines höheren Geburtsgewichtes mit einem höheren Gebäralter macht mehrere Interpretationen möglich. Einerseits ist das Lebensalter zwangsläufig mit der Ordnungszahl von Geburten korreliert, andererseits nimmt mit zunehmenden Lebensalter auch das mütterliche Gewicht zu und die Glukosetoleranz ab.

Von speziellem Interesse im Hinblick auf die Thematik sind die ernährungsbedingten und gewisse foetale Faktoren (Hyperinsulinämie), da ihnen prädiabetische und diabetische Störungen zugrundeliegen können. Die genaue Rate an schweren Kindern aus diesen zuletzt genannten Gründen ist unbekannt.

Die Überernährung bewirkt durch eine erhöhte mütterliche Insulinresistenz ein höheres Nahrungsangebot an das Ungeborene, welches wiederum die foetale Insulinproduktion anregt. Bei Typ-1 Diabetes (IDDM) mit gestörter Gegenregulation wird angenommen, daß auch die erhöhte mütterliche Nahrungsaufnahme bei gehäuften mütterlichen Hypoglykämien in Kombination mit den dadurch verursachten Glukoseschwankungen eine foetale Makrosomie protegieren kann (Rosenn et al. 1997).

Insulin ist ein wichtiges Wachstumshormon für den Foetus, was auch im Tierversuch nachgewiesen werden konnte (Picon 1967, Cowett und Schwarz 1982, Hill 1982, Susa et al. 1984, Kaplan 1984, Susa 1988). Da die Wirkung von Insulin auf Zellen von der Anzahl der Insulinrezeptoren pro Zelle und der Insulinaffinität der Rezeptoren abhängt, muß Insulin für den Foetus eine größere Bedeutung haben als später für den Erwachsenen. Dies läßt sich daraus ableiten, daß Monozyten eines Foetus im Vergleich zu Monozyten von Erwachsenen eine mehr als sechsfache Rezeptoranzahl sowie eine doppelte Rezeptoraffinität haben (Thorsson und Hintz 1977). Auch hat das Geburtsgewicht eine positive Korrelation zum Nabelschnurinsulin- oder C-Peptidgehalt (Spellacy et al. 1973, Weiss 1988, Enzi et al. 1980, Lin et al. 1981, Weiss et al. 1984, Falluca et al. 1985, Stanley et al. 1992, Hoegsberg et al. 1993, Jang et al. 1997) (Abb. 80). Bei Schwangeren mit Überernährung und normaler Glukosetoleranz besteht zwar noch kein pathologischer foetaler Hyperinsulinismus, die foetale Insulinbiosynthese läuft jedoch im oberen grenzphysiologischen Bereich ab.

Vom September 1939 bis Mai 1953 bestand im Einzugsgebiet der Grazer Klinik eine Lebensmittelrationierung. Lebensmittel wurden nur nach Vorweisen und Entwerten von Lebensmittelkarten ausgefolgt. In den kargen Nachkriegsjahren 1949 bis 1952 betrug die Rate an Neugeborenen über 4000 g daher konstant um 4,3 %. Mit dem Ende der Lebensmittelrationierung stieg die Häufigkeit der schweren Kinder sprunghaft auf rund 6,3 % an (Tabelle 121).

Seit den sechziger Jahren ist die weitverbreitete Überernährung in westlichen Industrieländern ein zunehmendes volksgesundheitliches Problem und wirkt sich wahrscheinlich auch auf das Geburtsgewicht aus (Ling et al. 1989). In den Jahren 1979–1981 betrug die Inzidenz von Kindern über 4000 g an der Grazer Klinik bereits 7,4 % (Tabelle 121) und steigt seither stetig an (siehe unten).

Eine Kohlenhydrattoleranzstörung während der Schwangerschaft vermag einen signifikanten foetalen Hyperinsulinismus zu bewirken, der Insulintiter kann auf das 20- bis 30fache der Norm erhöht sein (Kapitel: Die Insulinhomöostase in der foetoplazentaren Einheit). Bei Insulinbestimmun-

Tabelle 121. Grazer Diabetesanalysen. Einfluß der Ernährung auf Makrosomieraten an der Grazer Frauenklinik

Jahr	Anzahl der Geburten	Neugeborene >4000 g Anzahl (%)	Davon Knaben Anzahl (%)	Neugeborene >4500 g Anzahl (%)	Davon Knaben Anzahl (%)	Neugeborene ≥5000 g Anzahl (%)	Davon Knaben Anzahl (%)
A. Gruppe 1 (Nahrungsmangel, Lebensmittelrationierung)							
1949	1842	66 (3,6 %)	49 (74 %)	5 (0,3 %)	4	0	0
1950	1776	87 (4,8 %)	58 (67 %)	9 (0,5 %)	6	0	0
1951	1715	77 (4,5 %)	60 (78 %)	16 (0,9 %)	16	1	1
1952	1750	77 (4,4 %)	52 (68 %)	11 (0,6 %)	8	2	2
Total	7083	307 (4,3 %)	219 (71 %)	41 (0,6 %)	34 (83 %)	3 (0,04 %)	3 (100 %)
B. Gruppe 2 (Ende der Lebensmittelrationierung, normales Angebot an Nahrungsmitteln)							
1953	2054	133 (6,7 %)	95 (71 %)	14 (0,7 %)	8	1	0
1954	2288	141 (6,2 %)	104 (74 %)	17 (0,7 %)	14	0	0
1955	2591	160 (6,2 %)	107 (67 %)	19 (0,7 %)	11	2	1
1956	2958	175 (6,0 %)	119 (68 %)	19 (0,6 %)	12	0	0
1957	3154	203 (6,4 %)	142 (70 %)	24 (0,8 %)	19	2	2
1958	3382	215 (6,4 %)	160 (74 %)	26 (0,8 %)	24	3	3
Total	16427	1027 (6,3 %)	727 (71 %)	119 (0,7 %)	88 (74 %)	9 (0,05 %)	6 (67 %)
C. Gruppe 3 (Lebensmittelüberangebot, verbreitete Überernährung)							
1979	4560	339 (7,4 %)	238 (70 %)	20 (0,4 %)	15	0	0
1980	4770	353 (7,4 %)	232 (66 %)	47 (1,0 %)	38	3	3
1981	4974	368 (7,4 %)	267 (73 %)	32 (0,6 %)	22	2	2
Total	14304	1060 (7,4 %)	737 (70 %)	99 (0,7 %)	75 (76 %)	5 (0,03 %)	5 (100 %)

Tabelle 122. Grazer Diabetesanalysen. Chronologischer Anstieg der Makrosomieraten

Zeitraum	Anzahl der Geburten	Geburtsgewicht >4000 g
1949–1952	7.083	4,3 %
1953–1958	16.427	6,3 %
1979–1981	14.304	7,4 %
1993–1996	13.762	8,5 %

gen aus Nabelschnurblut von Neugeborenen über 4000 g konnte insgesamt in rund einem Viertel der Fälle (21–24,5 %) ein Hyperinsulinismus (≥20 μE/ml) und somit eine Glukosetoleranzstörung der Mutter als mutmaßlicher foetaler Faktor der Hypertrophie gefunden werden (Weiss et al. 1984, Stanley et al. 1992). Unter der Annahme, daß in Zeiten des Nahrungsmittelmangels die Häufigkeit von Glukosetoleranzstörungen zumindest halbiert ist, könnte aus den Zahlen der Tabelle 121 abgeleitet werden, daß in einem weiteren Viertel der Kinder über 4000 g (27,2 %) eine Überernährung als ursächlicher Faktor beteiligt ist. Im eigenen Geburtengut würde dies heute für 1,8 % (Glukosetoleranzstörung) und 2 % (mütterliche Überernährung) der Neugeborenen zutreffen.

An der Grazer Klinik ist die Rate an Kindern >4000 g zwischen 1949 und 1996 chronologisch angestiegen und hat sich in diesem Zeitraum verdoppelt (Weiss Hofmann 1985) (Tabelle 122).

Daraus geht hervor, daß etablierte Gewichtsstandards und Referenzbereiche, zumindest alle 10 Jahre einer Korrektur, in der Regel einer Korrektur nach oben, bedürfen.

9.2 Spezifität der Makrosomie für den foetalen Hyperinsulinismus

Eine wenig beachtete Tatsache ist der Mangel an Spezifität eines hohen Geburtsgewichtes für Diabetes mellitus, die Qualität der Diabetes Einstellung oder für die diabetogen bedingte Beeinträchtigung des Neugeborenen. Mit zunehmender Schwere des mütterlichen Diabetes nimmt die Wahrscheinlichkeit einer Makrosomie sogar ab (Aerts und Van Assche 1977, Kervran et al. 1978, Kim et al. 1980). Die foetale Makrosomie korreliert eher mit dem mütterlichen Gewicht als mit der neonatalen diabetogen bedingten Morbidität (Maresh et al. 1989). Von allen makrosomen Kindern sind nur rund 5 % auf eine diabetische Stoffwechsellage zurückzuführen, während 95 % auf genetischen, mütterlichen oder umweltbedingen Faktoren beruhen (Boyd et al. 1983). Eine kalifornische Studie ergab bei der generellen Bevölkerung eine durchschnittliche Makrosomierate von 13 %, bei diätbehandeltem GDM 18 %, bei insulinbehandeltem GDM 21 %, bei Typ-1 Diabetes 21 % und bei Typ-2 Diabetes 25 % (California Department of Health Services 1991).

An der Grazer Klinik betrug die Rate an makrosomen Kindern in den 80er Jahren bei Kontrollen 9,8 % und bei insulinpflichtigen Diabetikerinnen (IDDM) 18,3 %, von denen jedoch nur etwa die Hälfte diabetogen bedingt makrosom waren. Sowohl Stoffwechselgesunde als auch Diabetikerinnen hatten eine ähnliche Rate von genetisch oder nicht diabetogen bedingt makrosomen Kindern, d. h. makrosomen Kindern mit normalen Insulinwerten im Nabelschnurblut (9,8 % vs. 9,5 %). Dies ist zu erwarten, da stoffwechselgesunde Schwangere per definitionem ebenfalls 10 % Neugeborene mit einem Gewicht >90 Perzentile haben müssen. Die IDDM-Gruppe hatte jedoch zusätzlich eine Subgruppe von 8,8 % makrosomer Kinder mit hohen Insulinspiegeln im Nabelschnurblut (> 99. Perzentile der Norm) (siehe Abb. 100 und Kapitel: Qualitätskontrolle der Stoffwechselführung am Zustand des Neugeborenen). Die mittleren Insulinspiegel im Nabelschnurblut der beiden Subgruppen betrugen 13 µE/ml versus 195 µE/ml. Es ist in hohem Maß wahrscheinlich, daß nur die Hälfte der Neugeborene von Diabetikerinnen, nämlich die Subgruppe mit hohem Insulinspiegel im Nabelschnurblut, diabetogen bedingt makrosom waren. Ohne zusätzliche Information über die foetale Insulinhomöostase wären bei Diabetikerinnen die Subgruppen der Neugeborenen mit genetisch bedingter oder diabetogen bedingter Makrosomie nicht unterscheidbar.

Andererseits entwickeln nur ein Teil (8,3–57,9 %) der hyperinsulinämischen Kinder eine Makrosomie, während der überwiegende Anteil normal- oder sogar untergewichtig ist. Die Rate der als makrosom beurteilten Neugeborenen ist darüber hinaus in hohem Maße vom verwendeten Gewichtsstandard abhängig (Tabelle 123).

So haben etwa normoinsulinämische Kinder von GDM je nach Gewichtsstandard in 13,9–24 %, leicht hyperinsulinämische Kinder in 30,8–46,1 % und Kinder mit ausgeprägtem Hyperinsulinismus in 47,3–57,9 % eine Makrosomie (Tabelle 123).

Tabelle 123. Grazer Diabetesanalysen. Makrosomieraten (> 90. Gewichtsperzentile) bei 350 insulinbedürftigen Diabetikerinnen in Abhängigkeit vom Insulinspiegel im Nabelschnurblut und vom verwendeten Gewichtsstandard

Gewichtstandards		Insulin im Nabelschnurblut		
		< 20 µE/ml	20–30 µE/ml	> 30 µE/ml
Standards für den Deutschen Sprachraum HOHENAUER 1980[a]	IDDM	5,7 %	8,3 %	8,1 %
	GDM	13,9 %	30,8 %	47,3 %
Standard for Fetal Growth for the USA BRENNER et al. 1976	IDDM	8,0 %	12,5 %	16,1 %
	GDM	19,1 %	38,5 %	57,9 %
Grazer Standards HAAS et al. 1987	IDDM	17,2 %	25,0 %	32,2 %
	GDM	24,0 %	46,1 %	57,9 %

[a] Beteiligung der Grazer Klinik

9.3 Methodische Fehler der Biometrie

Die methodischen Fehlermöglichkeiten der foetalen Gewichtsschätzung werden gröblich unterschätzt. Es gibt eine große Anzahl unterschiedlicher Formeln um das foetale Gewicht zu berechnen (siehe: Sonographische, biometrische und biophysikalische Besonderheiten, S. 365 ff). Alle diese Formeln haben jedoch einen relativen Fehler von ± 7,5 % bis ± 20 % und die Sensitivität, Spezifität und der positive Vorhersagewert für eine Makrosomie ist niedrig (Tabelle 124).

Tabelle 124. Qualitätskriterien der verschiedenen Formeln zur Einschätzung einer Makrosomie

Fehler (±)	7,5–20,0 %	Shepard et al. 1982 Hadlock et al. 1984
Sensitivität	33–69 %	Levine et al. 1992 Pollack et al. 1992
Spezifität	77–97 %	McLaren et al. 1995
Positiver Vorhersagewert	40–83 %	

Mit fortgeschrittener Gestationszeit und bei Beckenendlagen ist der systemische Fehler besonders hoch. Um ein tatsächliches Geburtsgewicht von < 4000 g sicherzustellen, darf das geschätzte Gewicht nicht über 3200 g betragen und um ein Geburtsgewicht von > 4000 g zu garantieren muß der Schätzwert ≥ 4700 g betragen. Da jedoch die meisten Formeln nicht speziell für die Schätzung des Gewichtes bei diabetogener Makrosomie erstellt wurden, sind die Fehler wegen des disproportionierten Wachstums foetopathischer Kinder noch größer.

Die Disproportionen zwischen Fett und Muskelmasse, Schädel-, Rumpf- und Schulterumfang bewirken, daß die klinische Einschätzung einer Makrosomie der sonographischen Einschätzung anhand von Formeln ebenbürtig oder sogar überlegen ist (Watson et al. 1988, Raman et al. 1992, Chauhan et al. 1994) (siehe: Sonographische, biometrische und biophysikalische Besonderheiten, S. 365 ff).

9.4 Gewichtstandards

Die Bewertung des Geburtsgewichtes setzt gültige Standardwerte voraus. Zahlreiche Untersuchungen haben sich mit der Erstellung von Standardkurven des Geburtsgewichtes und dem Einfluß mütterlicher Faktoren (Ethnizität, Rasse, Größe, Gewicht, Parität, Sozialstatus, Umweltfaktoren, Seehöhe, Vererbung, Ernährung, Rauchen, Alkohol) und kindlicher Faktoren (Geschlecht, Mehrlinge) auf die Wachstumsdynamik beschäftigt (Lubchenco et al. 1963, Gruenwald 1966, Lindell 1956, Thomson et al. 1968,

Karlberg et al. 1985, Usher und McLean 1969, Brenner et al. 1976, Babson et al. 1970, Freeman et al. 1970, Green et al. 1990, Alexander et al. 1996, Williams et al. 1982, Pihkala et al. 1989).

Die weiteste Verbreitung haben zunächst die Denver-Standards (Lubchenco et al. 1963, 1966) gefunden, die als die zunächst einzig verfügbaren auch im deutschen Sprachraum angewandt wurden. Die Denver Standards sind jedoch für unseren Sprachraum ungeeignet, da die Gewichtsperzentilen wegen spezifischer (rassischer, sozioökonomischer, höhenlagebedingter) Voraussetzungen beim Denver-Untersuchungsgut deutlich unter den Perzentilen der deutschen Standards (Hohenauer 1980) liegen. Die Differenz beträgt bis zu 230 g. Auch andere, amerikanische, britische, schottische und schwedische Standards liegen der Reihenfolge nach höher als die Denver-Standards (Tanner 1970).

Neben geographisch bedingten Unterschieden ist noch eine Reihe zusätzlicher Faktoren zu berücksichtigen, bevor eine Über- oder Unterschreitung der Gewichtsnorm diagnostiziert werden kann (Tabelle 125).

Allein durch den Einfluß der Größe und des Gewichtes der Mutter ist mit einer Variation des kindlichen Gewichtes um mehr als ± 400 g zu rechnen.

Tabelle 125. Faktoren mit Einfluß auf das Geburtsgewicht

	Anzahl der ausgewerteten Geburten	Berücksichtigte Faktoren		Zusätzliche Informationen oder Hilfen
Thompson et al. 1968 Newcastle	52.000	mütterliche: äußere: foetale:	Gewicht, Größe, Parität Sozialstatus Geschlecht	Perzentilentabellen Tabellen zur Korrektur nach Größe und Gewicht der Mutter
Brenner et al. 1976 North Carolina	30.772	mütterliche: äußere: foetale:	Parität, Alter, Rasse Sozialstatus Geschlecht	Perzentilentabellen Perzentilenkurven Diagramme zur Gewichtskorrektur nach Parität, Rasse und Geschlecht
Wilcox 1981 North Carolina	nicht angegeben	mütterliche: äußere: foetale:	Rasse Sozialstatus, Zigarettenkonsum Zwillinge, Drillinge Vierlinge	Wachstumskurven für Mehrlinge
Hohenauer 1980 Linz	7.180	mütterliche: äußere: foetale:	Gewicht, Parität – Geschlecht	Perzentilentabellen Perzentilenkurven Vergleich der 10. Perzentilen von 8 publizierten Standards

Dazu kommt eine Variabilität von jeweils ± 100 g in Abhängigkeit von der mütterlichen Parität und dem Geschlecht des Kindes (Love and Kinch 1965, Thompson et al. 1968, Niswander et al. 1969, Ounsted und Ounsted 1973, Seidman et al. 1988). Je nachdem, ob es zu einer Subtraktion oder Addition dieser Varianten kommt, kann sich das Geburtsgewicht zweier gesunder reifer Neugeborener um 1000 g unterscheiden.

Auch die Bestimmung der Gestationszeit hat Auswirkungen auf die Beurteilung des Geburtsgewichts. Die Bestimmung des Gestationsalters nach der letzten Regel hebt die Perzentilen von Frühgeburten an und senkt die Perzentilen von Spätgeburten, während die Bestimmung der Gestationszeit nach Ultraschallmaßen die Perzentilen in der frühen Schwangerschaft senkt und in der späten Gestationszeit anhebt (Zhang und Bowes 1995).

Zur Entscheidung, ob ein Kind übergewichtig (hypertroph, large for date, LFD) oder untergewichtig (hypotroph, dystroph, small for date, SFD) ist müssen neben dem Gestationsalter die Faktoren der Tabelle 125 bei der Beurteilung mitberücksichtigt werden.

Es ist nahezu unmöglich, für die Auswertung des geschätzten foetalen Gewichtes oder des Geburtsgewichtes ideale Standardkurven zur Verfügung zu haben. Die Abb. 70 zeigt die Kurven der 90. Perzentilen der Grazer Standards nach Haas et al. (1987), der „standards for fetal growth for the USA" von Brenner et al. (1976) und der „United States National Reference for Fetal Growth" nach Alexander et al. (1996). Die „neuen Deutschen

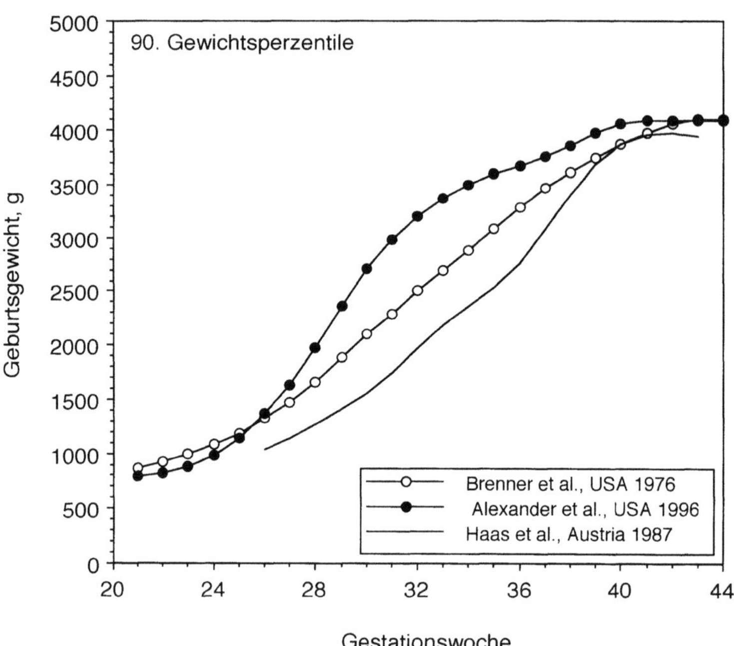

Abb. 70. Neunzigste Perzentile (Mädchen und Knaben kombiniert) verschiedener Gewichtstandards zum Gestationsalter. Die Perzentilen nach Haas et al. basieren auf Daten des Geburtengutes der Grazer Frauenklinik

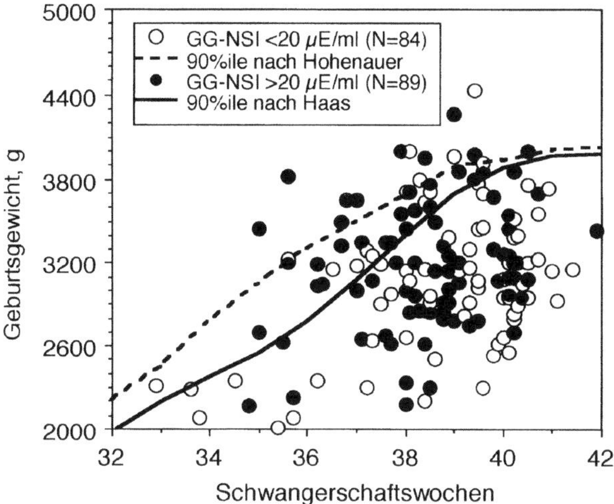

Abb. 71. Grazer Diabetesanalysen. Geburtsgewicht (GG) von 173 Neugeborenen Typ-1 diabetischer Mütter. 89 Neugeborene mit Nabelschnurinsulinwerten (NSI) > 20 µE/ml (80 ± 89 µE/ml; Bereich 20,1–518 µE/ml) und 84 Neugeborene mit Nabelschnurinsulinwerten < 20 µE/ml (10,8 ± 4,6 µE/ml). 90 %ile nach Hohenauer und nach Haas. Aus der Abbildung geht hervor, daß das Geburtsgewicht der meisten hyperinsulinämischen Kinder unter der 90 %ile gelegen ist und daß normoinsulinämische Kinder makrosom sein können. Es wird auch deutlich, daß die Rate der makrosomen Kinder je nach verwendeter Perzentile variiert

Standards" nach Hohenauer et al. (1980) würden etwas über der Kurve von Brenner liegen.

Aus der Abb. 70 ist ersichtlich, daß die Rate makrosomer Kinder bei Anwendung der verschiedenen Referenzbereiche beträchtlich variieren muß. Aber selbst bei Verwendung verschiedener Standards derselben Bevölkerungsgruppe wirken sich Unterschiede aus (Abb. 71).

Die Standards nach Haas et al. (1987) stammen aus unserer Klinik und bei der Erstellung der neuen deutschen Standards nach Hohenauer (1980) hat unsere Klinik durch den Beitrag von Maßen und Gewichten unseres Geburtengutes mitgewirkt. Dessenungeachtet ist die Makrosomierate bei Diabetikerinnen an unserer Klinik je nach verwendetem Standard bis zu 14 % unterschiedlich (Tabelle 126).

Die Raten makrosomer Neugeborener bei Anwendung der Grazer Standards waren nahezu doppelt so hoch als bei der Anwendung der neuen deutschen Standards. So betrug die Makrosomierate bei stoffwechselgesunden Kontrollen 17,5 % versus 12,5 %, bei IDDM 24,3 % versus 10,4 % und bei GDM 29,8 % versus 20,4 % (Tabelle 126).

Neuere Referenzstandards der USA, die an mehr als 3 Millionen Geburten erhoben wurden (Alexander et al. 1996) sind besonders zwischen der 28. und der 38. Woche und im oberen Perzentilenbereich deutlich höher als ältere Standards.

Bei der Bewertung des Geburtsgewichtes oder zur Qualitätskontrolle der Behandlung von Diabetikerinnen ist daher der Vergleich mit Kontroll-

Tabelle 126. LFD Neugeborene (>90. Perzentile) bei Anwendung verschiedener Gewichtsstandards

	Geburtsgewicht ≥90. Perzentile		
	Gesunde Kontrollen (N = 80)	IDDM (N = 173)	GDM (N = 201)
Standard für deutschsprachige Länder HOHENAUER 1980[a]	12,5 %	10,4 %	20,4 %
Grazer Standard HAAS et al. 1987[a]	17,5 %	24,3 %	29,8 %
Standard for Fetal Growth for the USA BRENNER et al. 1976	13,8 %	13,9 %	22,9 %

[a] Teilweise oder ausschließlich Daten der Grazer Klinik

gruppen, die chronologisch, nach Gestationswochen und nach mütterlichem Gewicht angepaßt werden vorteilhafter, als die Auswertung an Gewichtsstandards.

9.5 Foetale Wachstumsdynamik bei Diabetes

Ein weiterer Unsicherheitsfaktor der Beurteilung des foetalen Gewichtes liegt in foetalen Wachstumsvariationen bei diabetischen Schwangeren. PEDERSEN und MØLSTED PEDERSEN (1979, 1981) und andere (TCHOBROUTSKY et al. 1985, VISSER et al. 1985, SUTHERLAND 1986, MULDER und VISSER 1991, BROWN et al. 1992) konnten zeigen, daß der IDDM mit einer frühen foetalen Wachstumsverzögerung einhergehen kann. Dabei besteht eine signifikante Beziehung zwischen der frühen Wachstumsverzögerung und der Qualität der Diabetes Einstellung (PEDERSEN und MØLSTED-PEDERSEN 1998). Auf diese folgt ein biphasisches Wachstum (AANTAA und FORSS 1980, SIDDIQI et al. 1989, REECE et al. 1990) welches für das Schädelwachstum nach Untersuchungen von SIDDIQI et al. am besten mit einer kubischen Formel unter Einbezug des Gestationsalters (GA) charakterisiert wird ($BPD = 4{,}99 - 0{,}567\ GA + 0{,}037\ GA^2 - 0{,}0005\ GA^3$).

Einen ähnlichen biphasischen Wachstumsverlauf zeigt auch der Bauchumfang von Foeten diabetischer Schwangerer. Eine deutliche Wachstumsakzeleration beginnt, wenn überhaupt, erst in der 32. Woche (LANDON et al. 1989). Die Normmaße Stoffwechselgesunder werden jedoch häufig erst wieder in der 34.–40. Woche erreicht und bei ausgeprägtem foetalen Hyperinsulinismus bei unzureichender Stoffwechselführung überschritten.

Bei „mildem" Diabetes ist das foetale Wachstum zunächst normal und ein akzeleriertes Wachstum beginnt, wenn überhaupt, erst ab der 28. bis 32. Woche. Die relativ späte Akzeleration ist darauf zurückzuführen, daß sich ein ausgeprägter foetaler Hyperinsulinismus und die volle foetale

Insulinsensitivität erst ab der 26. Schwangerschaftswoche entwickeln (Weiss 1988, 1996; Weiss et al. 1978, 1984, 1988).

Bei „schwerem" Diabetes bzw. schwerer Hyperglykämie ist in der Regel die Plazentaentwicklung (Semmler und Emmrich 1989, Caluwaerts et al. 2000) und der mütterliche uterine und plazentare Blutfluß (Bracero et al. 1987, Guimaraes et al. 1991) beeinträchtigt und folglich das foetale Wachstum eher verzögert (Abb. 72).

Ab der 32. Woche kann ein zunehmender foetaler Hyperinsulinismus zwar ein Aufholwachstum bewirken, insgesamt jedoch wirkt die Plazentainsuffizienz dem foetalen Hyperinsulinismus entgegen und verhindert damit ein exzessives Wachstum. Somit ist die Makrosomie nach eigenen Erfahrungen eher ein Charakteristikum eines milden, nicht jedoch eines schweren Diabetes, selbst wenn dieser mit foetalem Hyperinsulinismus assoziiert ist. Diese Hypothese wird durch die Tatsache belegt, daß die Korrelation zwischen der foetalen Insulinämie und dem Geburtsgewicht mit zunehmender Ausprägung des Diabetes abnimmt (Abb. 73).

Bei Neugeborenen von nachweislich stoffwechselgesunden Müttern (negativer oGTT) besteht eine strenge positive Korrelation zwischen dem Insulinspiegel im Nabelschnurblut und dem Geburtsgewicht ($R^2=0{,}038$, $p=0{,}0001$) (Weiss et al. 1984). Die Regressionsgerade wird jedoch mit zunehmender Ausprägung des Diabetes flacher, um schließlich bei IDDM horizontal zu werden ($R^2=0{,}005$, $p=0{,}18$) (Abb. 73). Der IDDM kann jedoch seinerseits pathophysiologisch in mehr milde und mehr schwere For-

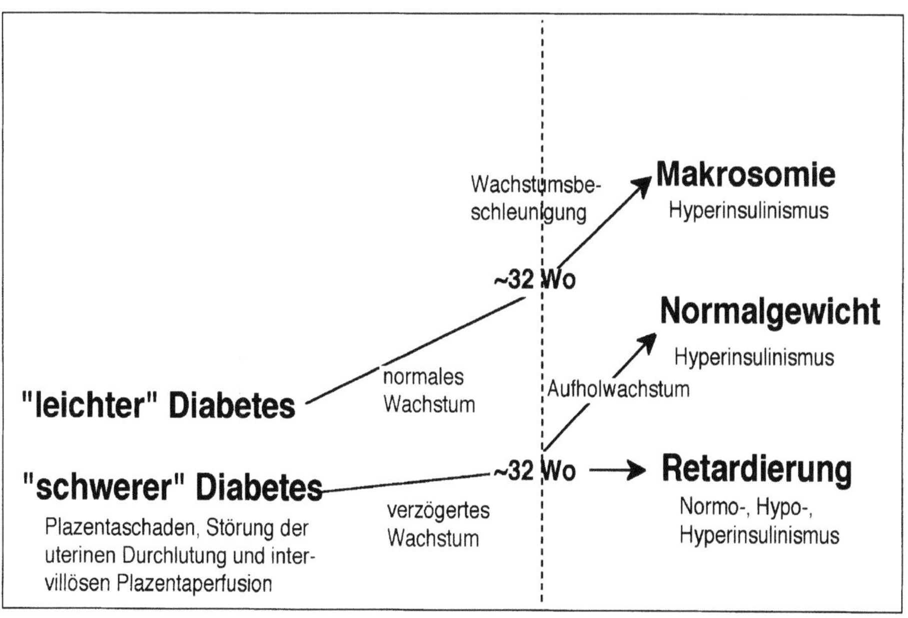

Abb. 72. Schematische Darstellung der unterschiedlichen Dynamik des foetalen Wachstums bei *leichtem* (GDM, IDDM mit Residualfunktion der maternalen Betazellen) und *schwerem* Diabetes (Weiss 1998)

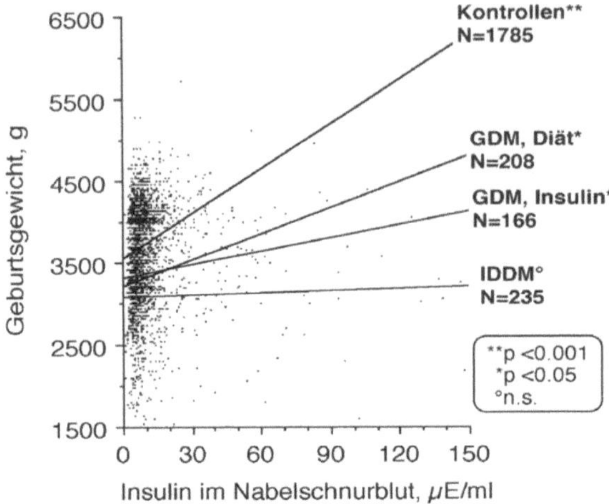

Abb. 73. Grazer Diabetesanalysen. Korrelation des Geburtsgewichtes mit den Insulinwerten im Nabelschnurblut bei Kontrollen, bei Gestationsdiabetes (GDM) mit Diät- und Insulintherapie und bei Typ-1 Diabetes (IDDM). Regressionsgeraden

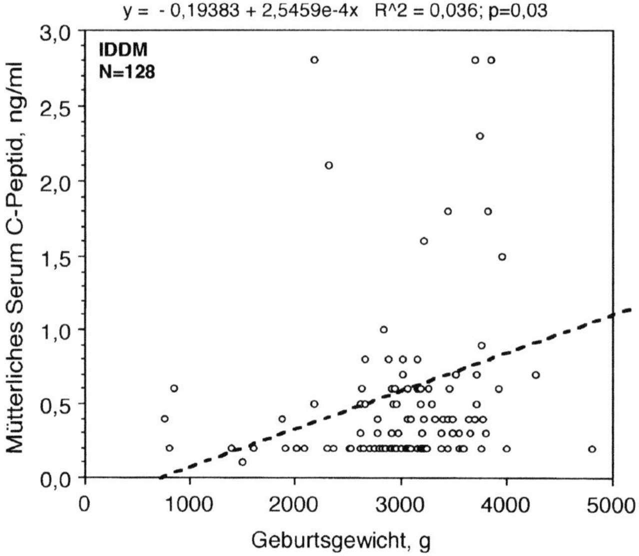

Abb. 74. Grazer Diabetesanalysen. Korrelation des Geburtsgewichtes mit dem mütterlichen C-Peptidspiegel bei Typ-1 Diabetes (IDDM). Das Geburtsgewicht steigt mit zunehmender Residualfunktion der mütterlichen Betazellen

men unterteilt werden. Milde Formen des IDDM haben höhere Spiegel von C-Peptid im Serum, die darauf hinweisen, daß noch eine Restfunktion der mütterlichen Betazellen vorhanden ist. Dementsprechend kann bei IDDM eine signifikante positive Korrelation zwischen dem mütterlichen C-Peptid und dem Geburtsgewicht nachgewiesen werden (Abb. 74).

Bei GDM, der eher einem Typ-2 Diabetes ähnelt und in erster Linie durch eine periphere Insulinresistenz bedingt ist, besteht hingegen kein Zusammenhang einer Makrosomie mit dem mütterlichen C-Peptidspiegel.

Während Schwangere mit mildem IDDM eine Tendenz zu large for date (LFD) oder makrosomen Neugeborenen haben tendieren Schwangere mit schwerem GDM zu small for date (SFD) Neugeborenen mit pränataler Wachstumsrestriktion. Aus diesem Grunde fallen bei GDM Fällen, die schwer genug sind um einen intrauterinen Fruchttod zu verursachen, nur selten makrosome Neugeborene auf. Wir haben im Verlauf von 10 Jahren das Geburtsgewicht von 32 Fällen analysiert, in denen Mütter mit intrauterinem Fruchttod bei unerkanntem GDM zugewiesen wurden. Nur 16 % dieser Schwangeren wurden von einem LFD-Neugeborenen, 25 % hingegen von einem SFD-Neugeborenen entbunden (siehe: Ursachen für die Unterschätzung des Risikos bei Gestationsdiabetes, S. 200, Abb. 33). Aus diesem Grund wird der GDM als Ursache eines pränatalen Fruchttodes in der Regel nicht erkannt. Diese Fälle werden, ohne spezielles Screening, als *intrauteriner Fruchttod unbekannter Genese* registriert (Weiss 1988, 1992), wodurch der GDM als Risiko unterschätzt wird.

Entsprechend dem unterschiedlichen foetalen Wachtumsverhalten ist auch die Verteilung des Geburtsgewichtes bei Gesunden, GDM und IDDM unterschiedlich.

Stoffwechselgesunde hatten an unserer Klinik, wie erwartet, eine LFD-Rate (> 90 %ile) von 10 % und eine SFD-Rate (< 10 %ile) von etwa 9 % nach den neuen deutschen Standards. Bei IDDM betrug die LFD-Rate 8,1 % und die SFD-Rate 12,7 %. Bei GDM war die LFD-Rate 18,2 % und die SFD-Rate 4,1 %. Aus diesen Daten geht ebenfalls hervor, daß die LFD-Raten mit zunehmender Schwere des Diabetes sinken, während die SFD-Raten gleichzeitig ansteigen.

Neben der mütterlichen Glykämie, der unterschiedlichen Blutversorgung des Uterus und der Plazenta sowie dem foetalen Hyperinsulinismus (Fowden 1989) beeinflussen auch andere pathophysiologische Besonderheiten des Diabetes das foetale Wachstum. Erhöhte Spiegel von hoch phosphorylierten Insulin-Like Growth Faktor-1 Bindungsproteinen (hpIGFBP-1) an der foetoplazentaren Trennfläche in Verbindung mit einer hohen Rate an Dephosphorylierung kann das foetale Wachstum bei Diabetikerinnen verstärken, indem die Bioverfügbarkeit von IGF-1 erhöht wird. Diese Vorgänge könnten zur Entwicklung einer Makrosomie beitragen. Umgekehrt, ist ein hoher Spiegel von hpIGFBP-1 in Verbindung mit einer niedrigen Rate an Phosphorylierung, wie er bei schwerem Diabetes gefunden wird, mit einer niedrigen Bioverfügbarkeit von IGF-1 verbunden, was zu einem reduzierten foetalen Wachstum führen kann (Reece und Homko 1993, Gibson et al. 1999) (siehe auch IGFBP, S. 59).

9.6 Anti Insulin Antikörper (IAA) als foetaler Wachstumsfaktor bei IDDM

Insulin ist das wichtigste foetale Wachstumshormon (Thorsson und Hintz 1977, Lautala et al. 1988, Fowden 1989). Während mütterliches Insulin die Plazentaschranke nicht passieren kann (Spellacy et al. 1964, 1967; Kalhan et al. 1975), sind Insulin-Antiinsulin-Antikörperkomplexe plazentagängig und könnten den Foetus theoretisch zum Wachstum anregen (Mylvaganam et al. 1983, Bauman und Yalow 1981, Di Mario et al. 1984, Menon et al. 1990). Dieser Hypothese wurde jedoch widersprochen (Kimmerle und Chantelau 1991, Ben-Shlomo et al. 1991, Dozio et al. 1996), und die Bedeutung von IIAA Komplexen für das foetale Wachstum ist nach wie vor unklar (Schwartz 1990). An unserer Klinik waren rund 20 % der Typ-1 Diabetikerinnen IAA positiv (Weiss et al. 1998), es fand sich jedoch keine positive Korrelation des Geburtsgewichtes mit mütterlichen IAA oder IAA-Spiegeln im Nabelschnurblut (siehe auch Plazentarer Insulintransfer, S. 93f, Abb. 19). In unserem Krankengut waren mütterliche IAA eher mit untergewichtigen Neugeborenen assoziiert, da Antikörperspiegel eher bei schwerem Diabetes nachzuweisen sind.

Nach unseren Erfahrungen und Untersuchungen von Dozio et al. (1996) haben IIAA-Komplexe bei diabetischen Schwangeren keine besondere Bedeutung für den Foetus und das foetale Wachstum, da einerseits mütterliches Insulin die endogene foetale Insulinproduktion unterdrückt und andererseits nur freies und nicht antikörpergebundenes Insulin metabolisch wirksam ist.

9.7 Geschätztes foetales Gewicht und Insulintherapie

Von Buchanan et al. wird bei GDM mit einem geschätzten foetalen Gewicht über der 75. Perzentile eine Insulintherapie vorgeschlagen. Bei GDM mit nachweislich erhöhtem Insulinspiegel im Nabelschnurblut der Neugeborenen sind jedoch nur 56 % der Foeten LFD (Abb. 75).

Andererseits können Foeten mit exzellenter Stoffwechselführung während der gesamten Schwangerschaft makrosom sein (Schwartz et al. 1994).

Dies könnte auf die typische mütterliche Adipositas mit einem mittleren Body Mass Index von 29.7 und auf eine gesteigerte mütterliche Gewichtszunahme bei GDM zurückzuführen sein, die sich auf das foetale Gewicht auswirkt (Whitelaw 1977, Widness et al. 1985, Phillipson et al. 1985, Langer und Mazze 1988, Larsen et al. 1990, Wolfe et al. 1991, Green et al. 1991, Moses und Calvert 1995). Ein erhöhter BMI ist auch mit einem höheren Spiegel von unphosphorylierten IGFBP-1 assoziiert, wodurch eine höhere Bioverfügbarkeit von IGF-1 resultiert (Gibson et al. 1999) (siehe auch IGFBP, S. 59).

Wenn es der foetale Hyperinsulinismus mit allen seinen Folgen ist, gegen den wir anzukämpfen haben, würde eine Insulinbehandlung des

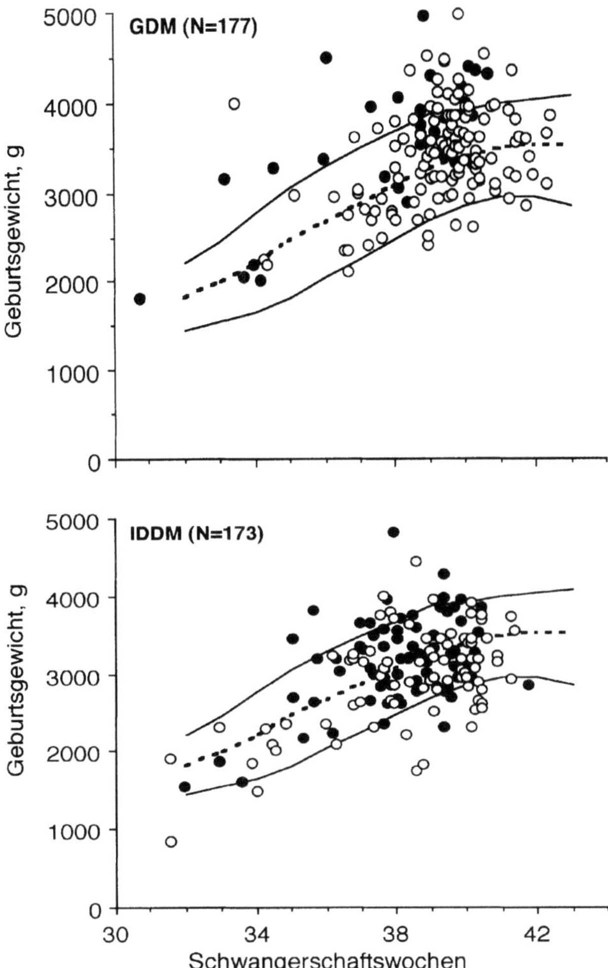

Abb. 75. Grazer Diabetesanalysen. Geburtsgewicht bei GDM (obere Bildhälfte) und IDDM (untere Bildhälfte). Durchgezogene Linien 10. und 90. Gewichtsperzentile, strichlierte Linie 50. Gewichtsperzentile (nach HOHENAUER). Volle Symbole: Hyperinsulinämische Neugeborene (40 GDM, mittlerer Nabelschnurinsulinspiegel (NSI) ± SD = 49,4 ± 39,2 μE/ml; 86 IDDM, mittlerer NSI ± SD = 75,8 ± 77,0 μE/ml). Leere Symbole: Normoinsulinämische Neugeborene (137 GDM, mittlerer NSI ± SD = 9,3 ± 4,6 μE/ml, 87 IDDM, mittlerer NSI = 10,6 ± 4,7 μE/ml)

GDM auf der Basis des geschätzten Gewichtes in 44 % eine Unterbehandlung hyperinsulinämischer Foeten und in 31 % eine Überbehandlung normoinsulinämischer Foeten nach sich ziehen. Dabei sind die methodischen Fehler der pränatalen Gewichtsschätzung noch nicht berücksichtigt. Von 100 GDM würden somit 14 unterbehandelt und 21 überbehandelt. Dazu kommt, daß dem erhöhten foetalen Gewicht ein foetaler Hyperinsulinismus über Wochen oder sogar Monate vorausgehen muß (WEISS 1996). Eine Makrosomie ist daher eine sehr späte Diagnose der foetalen Beeinträchtigung, wodurch die Therapie sehr spät, vielleicht zu spät, einsetzt. Da eine diabetogen bedingte Makrosomie eine längere Phase eines foetalen Hyperinsulinismus voraussetzt, besteht auch eine schlechte Korrelation zwischen biometrischen Maßen und Fruchtwasserinsulinspiegel (KAINER et al. 1997, HÜTTNER et al. 1997). Ein erhöhter Fruchtwasserinsulinspiegel ermöglicht jedoch eine frühe Erfassung jener Foeten, die in der Folge eine diabetogene Foetalerkrankung mit oder ohne konsekutive Makrosomie entwickeln, wodurch eine frühe Insulintherapie und Prophylaxe der Makrosomie möglich ist.

9.8 Gewichtsschätzung und Sektio

Eine sonographische Schätzung des fetalen Gewichtes vor der Geburt kann die Sektioraten anheben, ohne jedoch die geburtshilflichen Ergebnisse zu verbessern (WEEKS et al. 1995). Die Erhöhung der Sektiorate ist unter Anderem durch die hohe Rate an falsch positiven Diagnosen makrosomer Kinder bedingt. Bei einer Studie von LEVINE et al. hatten richtig positive Fälle eine Sektiorate von 57 %, richtig negative Fälle eine Sektiorate von 30 %, während falsch positive Fälle mit einem geschätzten Gewicht > 4000 g jedoch mit einem tatsächlichen Gewicht von 3462 g eine Sektiorate von 48 % hatten. Eine präpartale Gewichtsschätzung ist auch kaum geeignet Geburtstraumen zu verhindern. Die meisten Schulterdystokien (93 %) und Geburtstraumen ereignen sich bei Kindern ohne Makrosomie (GONEN et al. 1996).

9.9 Geburtsgewicht als Qualitätskontrolle der Diabetestherapie

Das Geburtsgewicht allein ist zur retrospektiven Beurteilung der Qualität der Stoffwechselführung während der Schwangerschaft wenig geeignet. Besonders bei IDDM werden mit dem Geburtsgewicht die Ergebnisse beschönigt (Abb. 76). Nur 29 % der Neugeborenen mit erwiesenem Hyperinsulinismus und einem mittleren Insulinspiegel im Nabelschnurblut von 75,8 µE/ml sind LFD. Eine Qualitätskontrolle, die nur auf dem Geburtsgewicht beruht, würde fälschlich 61 % normalgewichtiger Kinder mit erhöhtem Insulinspiegel im Nabelschnurblut als gesund einstufen. Demgegenüber sind je nach Gewichtsstandard 7–17 % normoinsulinämischer Neugeborener LFD. Daraus folgt, daß bei einer Qualitätskontrolle anhand des Geburtsgewichtes 35 % der Neugeborenen von IDDM fälschlich als gesund, 9 % fälschlich als diabetogen erkrankt und nur 14 % richtig als diabetogen erkrankt beurteilt werden würden (Abb. 76).

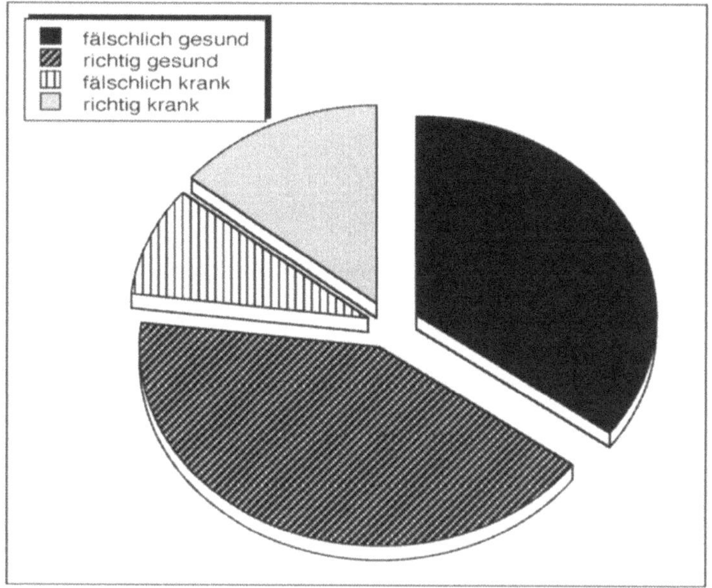

Abb. 76. Grazer Diabetesanalysen. Beurteilung von Neugeborenen bei IDDM nach dem Geburtsgewicht ohne Berücksichtigung der Insulinhomöostase der Neugeborenen. Ein großer Anteil hyperinsulinämischer, jedoch normalgewichtiger Neugeborener (schwarzer Sektor) würde fälschlich als gesund beurteilt werden

9.10 Resümee

Die Gewichtsschätzung beim Foetus und die Beurteilung des Geburtsgewichtes wird durch eine Unzahl verschiedener Faktoren und Fehlermöglichkeiten beeinflußt (Tabelle 127). Die große Anzahl unterschiedlicher und zum Teil gegensätzlicher Einflüsse auf das Wachstum macht eine exakte Interpretation nahezu unmöglich.

Tabelle 127. Faktoren mit Einfluß auf das foetale Wachstum und auf die Beurteilung des foetalen Gewichtes

– Rasse	– Geographische Faktoren
– Sozio-ökonomische Faktoren	– Chronologische Faktoren
– Rauchen	– Sonographische Fehler
– Mütterliches Gewicht	– Unterschiedliche Gewichtsstandards
– Mütterliche Gewichtszunahme	– Plazentare Pathophysiologie
– Mütterliche Größe	– Frühe Wachstumsretardierung
– Parität	– Biphasisches Wachstum
– Plazentafunktion	– Milder Diabetes
– Foetales Geschlecht	– Schwerer Diabetes

Ohne zusätzliche Daten über die Stoffwechselsituation des Foetus, hat daher das geschätzte foetale Gewicht oder das Geburtsgewicht wenig klinische Aussagekraft.

Die Indikation einer Insulintherapie bei GDM anhand biometrischer foetaler Maße zieht eine verzögerte Behandlung und in zumindest 35 % eine Über- oder Unterbehandlung nach sich. Die Gewichtsschätzung vor der Geburt hebt die Sektiorate, ohne die geburtshilflichen Ergebnisse zu verbessern.

Eine Qualitätskontrolle der Behandlung bei IDDM anhand des Geburtsgewichtes beschönigt nur die Resultate. Rund die Hälfte der Neugeborenen werden damit fehlbeurteilt.

10. Sonographische, biometrische und biophysikalische Besonderheiten

10.1 Foetales Wachstumsverhalten bei Diabetes mellitus

Entsprechend den Gewichtsperzentilen für Neugeborene gibt es Standardwerte für biometrische Maße (WEISS 1973, HANSMANN 1976, WARSOF et al. 1977, MILLER 1980, OTT und DOYLE 1982, SHEPARD et al. 1982). Unter Zuhilfenahme biometrischer Daten kann einerseits die Gestationszeit und andererseits das Geburtsgewicht geschätzt werden. Bei Diabetikerinnen sind jedoch einige Besonderheiten zu beachten, da sonst Fehlinterpretationen wahrscheinlich sind.

Der Foetus der insulinpflichtigen Diabetikerin hat ein anderes Wachstumsverhalten als der Foetus stoffwechselgesunder Schwangerer. Das foetale Wachstum verläuft biphasisch. Bereits in der Frühschwangerschaft (7.–14. Woche) kann das embryonale Wachstum um 6–17 Tage verzögert sein (PEDERSEN und MØLSTED PEDERSEN 1979, 1981; TCHOBROUTSKY et al. 1985; VISSER et al. 1985; SUTHERLAND 1986; MULDER und VISSER 1991; BROWN et al. 1992). Eine frühe Wachstumsverzögerung (bis zu 11 Tagen) kann sogar bereits bei White A Diabetes vorkommen (PEDERSEN und MØLSTED PEDERSEN 1985). Die Ursachen für die frühe Wachstumsverzögerung sind spekulativ. Die Scheitel-Steißlänge des Foetus korreliert negativ mit dem mütterlichen β-Hydroxybutyratspiegel (JOVANOVIC et al. 1998). Im Tierversuch wurde eine frühe Wachstumsverzögerung auch durch anti-Insulin Antikörper ausgelöst (DE PABLO et al. 1985).

Zwischen der 20. und der 32. Woche sind die mittleren biparietalen Schädelmaße in der Regel noch signifikant unter der Norm gelegen (AANTAA und FORSS 1980, REECE et al. 1990). Nach SIDDIQI et al. (1989) kann der biphasische Verlauf des biparietalen Schädelwachstums am besten mit der kubischen Formel: „$BPD = 4{,}99 - 0{,}567GA + 0{,}037GA^2 - 0{,}0005GA^3$" charakterisiert werden. Einen ähnlichen biphasischen Wachstumsverlauf zeigt auch der Bauchumfang von Foeten diabetischer Schwangerer. Eine deutliche Wachstumsakzeleration beginnt, wenn überhaupt, erst in der 32. Woche (LANDON et al. 1989). Die Normmaße Stoffwechselgesunder werden jedoch häufig erst wieder in der 34.–40. Woche erreicht und bei unzureichender Stoffwechselführung mit ausgeprägtem foetalen Hyperinsulinismus schließlich überschritten. Dieser Ablauf läßt sich am ehesten durch diabetesbedingte Entwicklungsstörungen des Trophoblasten und der Plazenta in der ersten Schwangerschaftshälfte erklären, da auch der hPL-Spiegel und das Plazentagewicht mit der anfänglichen Wachstumsverzögerung korreliert (Pedersen et al. 1986). Es handelt sich dabei in erster Linie um Reifungsstörungen der Plazenta (Semmler und Emmrich 1989). Erst bei Auftreten eines signifikanten foetalen Hyperinsulinismus zwischen der 26. und der 30. Schwangerschaftswoche (Weiss 1988) kann ein disproportioniertes akzeleriertes Wachstum beginnen. Dies betrifft in erster Linie insulinempfindliches Gewebe wie Fett, Leber und Muskel (Brans et al. 1983). Langer et al. (1991) haben bei GDM und Makrosomie in 23 % ein frühes (≤ 30. Woche), und in 77 % ein spätes (≥ 33–36 Woche) beschleunigtes Wachstum beobachtet. Wir nehmen an, daß dafür ein früh oder erst später auftretender foetaler Hyperinsulinismus verantwortlich ist. Die ~20 % der frühen Wachstumsbeschleunigung, die von Langer et al. beschrieben wurden, stimmen mit unseren ~20 % foetalem Hyperinsulinismus bei GDM überein, der bereits in der 28. bis 32. Woche nachzuweisen war (Weiss 1988).

Rossavik et al. (1986) haben mathematische Methoden zur Berechnung des Wachstumsverlaufes entwickelt. Mit deren Hilfe kann aus biometrischen Daten, die bereits vor der 30. Woche erhoben werden, das mutmaßliche Geburtsgewicht und die Tendenz zur Retardierung oder Makrosomie prognostiziert werden.

10.2 Schätzung des foetalen Gewichtes bei Diabetes mellitus

Da anhand eines einzigen Maßes, z. B. des biparietalen Schädeldurchmessers (BPD), nur sehr ungenaue Gewichtsschätzungen möglich sind, wurden zwei oder drei Meßparameter zur Gewichtsberechnung herangezogen. Mit Hilfe von Computeranalysen oder mit empirisch gewonnenen Koeffizienten wurden eine Reihe von Formeln oder Fluchtentafeln (Nomogramme) entwickelt, mit denen das foetale Gewicht angenähert bestimmt werden kann (Hansmann 1976; Warsof et al. 1977; Miller 1980; Shepart et al. 1982; Elliot et al. 1982; Thurnau et al. 1983; Woo und Wan 1983; Hadlock et al. 1984, 1985; Deter und Hadlock 1985; Weiner et al. 1985; Tamura et al. 1985, 1986; Benson et al. 1987; Vintzileos et al. 1987; Hirata et al. 1990; Combs et al. 1993) (Tabelle 128). Die Formeln der Tabelle 128 erheben keinen Anspruch auf Vollständigkeit. Nach einer Analyse von Pielet et al. (1987) ist die Formel von Weiner et al. (1985) zur Einschätzung des Gewichtes von Foeten < 1750 g am besten geeignet.

Die sonographische Einschätzung des Geburtsgewichtes ist an sich mit einer großen Fehlerbreite behaftet. Der relative Fehler beträgt ± 7,5 % bis ± 15 %. In 5 % der Fälle ist mit einem Fehler von 20 % oder mehr zu rechnen (Shepard et al. 1982, Hadlock et al. 1984). Die Sensitivität, Spezifität und der positive Vorhersagewert einer Makrosomie betragen bei 7 verschiedenen Berechnungsmethoden im Mittel 53 % (33–69 %), 92 % (77–97 %) und 66 % (40–83 %) (Levine et al. 1992, Pollack et al. 1992, McLaren et al. 1995). Die Sensitivität und der Vorhersagewert werden jedoch auch mit nur 17 % und 36 % angegeben (Gonen et al. 1996).

Tabelle 128. Formeln zur Berechnung des foetalen Gewichtes anhand biometrischer Daten

Formel	Quelle
Gewicht = –1,05775BPD + 0,649145ThQ + 0,0930707BPD^2 – 0,0205620ThQ^2 + 0,515263 *oder* Gewicht = – 1,33450BPD + 0,798429ThAP + 0,103458BPD^2 – 0,0254788ThAP^2 + 1,35470	Hansmann 1976
$\log_{10}$ Gewicht = – 1,599 + 0,144BPD + 0,032AC – 0,111 (BPD^2 x AC)/1000	Warsof et al. 1977
Gewicht = 378BPD + 416ThQ – 4450 *oder* Gewicht = 349BPD + 384ThQ + 22Tr – 4260	Miller 1980
$\log_{10}$ Gewicht = – 1,7492 + 0,166 (BPD) + 0,046 (AC) – 2,646 (AC x BPD)/1000	Shepart et al. 1982
Gewicht = (BPD x AC x 9,337)–299	Thurnau et al. 1983
Gewicht = 15,2 (BPD x AC) – 1480 *oder* Gewicht = 1,4 (BPD x AC x FL) – 200	Woo und Wan 1986
$\log_{10}$ Gewicht = 1,6961 + 0,02253 (HC) + 0,01645 (AC) + 0,06439 (FL)	Weiner et al. 1985
$\log_{10}$ Gewicht = 1,4787 – 0,003343 (AC x FL) + 0,001837BPD^2 + 0,0458AC + 0,158FL	Hadlock et al. 1984
$\log_{10}$ Gewicht = 1,304 + 0,05281 (AC) + 0,1938 (FL) – 0,04 (AC) (FL)	Hadlock et al. 1985
$\log_{10}$ Gewicht[a] = – 2,080 – 0,00638(AC x FL) + 0,00265BPD^2 + 0,0623AC + 0,255FL	modifiziert nach Benson et al. 1987[a]
$\log_{10}$ Gewicht[a] = 0,02597 AC + 0,2161 BPD – 0,1999 (AC x BPD^2)/1000 + 1,2659;	Tamura et al. 1985[a]

BPD biparietaler Durchmesser, *AC* abdominelle Zirkumferenz (i. d. Höhe der Umbilikalvene), *ThQ* Thorax Querdurchmesser (am kranialen Ende der Vena umbilicalis), *Tr* Trunkuslänge, *ThAP* Thoraxdurchmesser anterior-posterior, *FL* Femurlänge; [a] Formel an die diabetogene Wachstumscharakteristik angepaßt

Da jedoch die meisten Formeln nicht speziell für die Schätzung des Gewichtes bei diabetogener Makrosomie erstellt wurden, sind die Fehler wegen des disproportionierten Wachstums foetopathischer Kinder noch größer. Dazu kommt, daß die Formeln eine einheitliche Körperdichte voraussetzen, während die Fettmasse leichter und die Muskelmasse schwerer ist.

Die fettfreie Masse umfaßt 86 % des mittleren Geburtsgewichtes und ist für 83 % der Gewichtsvariationen verantwortlich. Die Fettmasse umfaßt 14 % des Geburtsgewichtes und ist für 46 % der Gewichtsvariationen verantwortlich (Catalano et al. 1998).

Bei foetalem Hyperinsulinismus ist in erster Linie die Fettmasse vermehrt (Fee und Weil 1963, Catalano et al. 1992, Krew et al. 1994). Bei Kindern mit hohem Fettanteil wird daher das Geburtsgewicht sonographisch überschätzt (Bernstein und Catalano 1992).

Bei Diabetikerinnen beträgt der relative Fehler demnach je nach angewandter Formel von ± 12,2 % bis ± 13,1 %, das sind bei Foeten nahe dem Geburtstermin immerhin zwischen 300 und 500 g. Wird ein Geburtsgewicht von > 4000 g berechnet ist eine Makrosomie nur in 77 % auch tatsächlich nachzuweisen, bei einem Schätzwert von > 4500 g beträgt die tatsächliche Makrosomierate nur 86 % (Benson et al. 1987). Nach Analysen von McLaren et al. (1995) muß das geschätzte Gewicht 3200 g sein, um sicherzustellen, daß das wahre Gewicht höchstens 3999 g beträgt. Umgekehrt ist ein wahres Gewicht > 4000 g erst ab einem geschätzten Gewicht von 4700 g gesichert. Während einige Autoren durch eine diabetesspezifische Anpassung der Formeln keine signifikant besseren Ergebnisse erzielten (relativer Fehler 11,0 %) (Benson et al. 1987, McLaren et al. 1995) sahen Tamura et al. (1985) in der Anpassung ihrer Formel einen Vorteil gegenüber konventionellen Formeln (relativer Fehler 8,5 %) (Tabelle 128).

Eine Reihe von Studien haben gezeigt, daß die klinische Einschätzung einer Makrosomie der sonographischen Einschätzung ebenbürtig, oder sogar überlegen ist (Watson et al. 1988, Raman et al. 1992, Chauhan et al. 1994, Gonen et al. 1996). Nach Untersuchungen von Chauhan et al. (1994) ist der Fehler bei der klinischen Einschätzung (± 322 g) sogar kleiner als der Fehler bei der ultrasonographischen Einschätzung (± 547 g).

10.3 Die sonographische Diagnose einer diabetogenen Foetopathie

Genetisch bedingt große Kinder zeigen häufig bereits vor der 24. Woche ein akzeleriertes Wachstum, welches die abdominalen Maße und die Schädelmaße gleichermaßen betrifft. Dabei sind die Fruchtwasserinsulinspiegel normal (Weiss et al. 1988, Keller et al. 1990). Während das genetisch bedingt große Kind proportional heranwächst, verändert sich bei diabetogener Foetopathie das *Schädel-Rumpf-Verhältnis*. Die diabetogene Foetopathie ist auch durch eine *Organomegalie* (mit Ausnahme von Hirn und Nieren) gekennzeichnet. Der *Schulterumfang* sowie die *Differenz des Kopf- und Schulterumfanges* ist bei diabetogen großen Kindern größer als bei makrosomen Kindern Stoffwechselgesunder (Modanlou et al. 1982), während die Schädelmaße oder die *Femurlänge* trotz dieser Disproportion normal sind (Ogata et al. 1980, Landon et al. 1989), oder nur einen geringen Trend in Richtung der oberen Perzentilen zeigen (Greene et al. 1995). Wladimiroff et al. (1978) fanden bei übergroßen Kindern die Schädelmaße nicht häufiger über der 97. Perzentile als im Normalkollektiv, den *Thoraxdurchmesser* hingegen in 47 %. Die Thoraxmaße sind daher bei Vorliegen eines Diabetes mellitus diagnostisch bedeutsamer als der biparietale Schädeldurchmesser. Das Übergewicht dieser Foeten ist zu einem großen Teil durch vermehrten (subkutanen) Fettansatz bedingt (Catalano et al. 1995), wobei die *Hautfaltendicke* bei diabetogener Foetopathie, postpartal gemessen, eine lineare Beziehung zum Nüchternblutzucker der Mutter hat (Whitelaw 1977). Analog dazu kann die *Weichteildicke* am foetalen Oberarm (Schoenfeld et al. 1991) oder an der foetalen Schulter Information über die foetale Stoffwechsellage vermitteln. Mintz et al. (1989) konnten nachweisen, daß eine Weichteildicke von >12 mm an der Schulter (~10 Tage vor der Geburt) für die Diagnose einer Makrosomie gleich zuverlässig ist wie ein Bauchumfang über der 90. Perzentile. Die Weichteildicke am Oberarm hat zur Einschätzung einer Makrosomie oder des Ponderal Index eine höhere Sensitivität (88 % vs. 71 %) jedoch eine niedrigere Spezifität (75 % vs. 91 %) als die Gewichtsschätzung (Sood et al. 1995).

Ein überproportionierter *Bauchumfang* (abdominal circumference, AC) ermöglicht allerdings eine frühere Diagnose (Ogata et al. 1980, Landon et al. 1989, Csakany et al. 1990). Ab der 32. Woche weist eine Zunahme der abdominalen Zirkumferenz um ≥1,2 cm pro Woche auf ein beschleunigtes foetales Wachstum hin (Landon et al. 1989). Ein Bauchumfang von 35 cm oder mehr weist zu 93 % auf ein Kind mit ≥4000 g hin (Jazayeri et al. 1999). Nach Untersuchungen von Pedersen und Mølsted-Pedersen (1992) ist zur Bestimmung einer Makrosomie vor der Entbindung von Diabetikerinnen die Messung der foetalen AC ausreichend. Eine AC von >36 cm hat einen positiven Vorhersagewert von 80 % und einen negativen Vorhersagewert von 91 %. Andererseits hatten Kinder mit einem Abdominalumfang von >39 cm ein variables Geburtsgewicht von 3640 g bis 5000 g (Smith et al. 1997).

Zur Beurteilung der Schulterweichteildicke wird der Abstand der Hautoberfläche zur äußeren Humerusoberfläche am proximalen Anteil des ossifizierten Humerusschaftes im Axialschnitt gemessen.

Die Dicke des foetalen *Subkutangewebes* variiert zwischen 1 mm in der 15 Gestationswoche und 5,5 mm am Geburtstermin (Hill et al. 1992). Wird anstatt der gesamte Weichteildicke nur das subkutane Gewebe gemessen scheinen Aussagen über Wachstumsbesonderheiten unzuverlässig zu sein. Nach Untersuchungen von Hill et al. (1992) am Subkutangewebe der Wade, des Oberschenkels und des Bauches kommt es selbst bei foetaler Wachstumsretardierung und Makrosomie zu Überlappungen, die eine Prognose unmöglich machen.

Die Zuverlässigkeit der Diagnose einer somatischen Foetopathie nimmt durch die Kombination mehrerer Parameter zu. Wird die prognostische Qualität (A) des Bauchumfanges, oder (B) der Schulterweichteildicke als einzelne Meßparameter mit dem Vorhersagewert (C) der Kombination dieser beiden Parameter verglichen so beträgt die Sensitivität 78 %, 83 % und 96 %, die Spezifität 100 %, 90 % und 89 % und die Genauigkeit 88 %, 86 % und 93 % für jeweils A, B und C (Mintz et al. 1989). Untersuchungen von Bernstein und Catalano (1991) konnten zeigen, daß die Auswertung von sieben sonographisch erhebbaren morphometrischen Parametern vor der

Geburt die Zusammensetzung des Körpers (body composition) der Neugeborenen hinsichtlich Fettmasse und magerer Masse erkennen lassen. Von CRANE et al. (1996) wurde eine Formel zur sonographischen Schätzung der Zusammensetzung des foetalen Körpers bei GDM angegeben. Demnach läßt sich die magere Körpermasse nach der Formel: 0,169 (Schädelvolumen) + 0,262 (fettfreies Rumpfvolumen) – 308,59 berechnen. Der Fettanteil berechnet sich nach der Formel: 0,241 (Volumen der Fettschicht des Rumpfes) – 213,13. Für die Volumsberechnungen werden Maße wie biparietaler Durchmesser, Kopfumfang, Bauchumfang, Dicke des subkutanen Fettes der vorderen und seitlichen Bauchwand, Femurlänge, Umfang der Mitte des Schenkels sowie die vordere und seitliche Dicke des Schenkelfettgewebes herangezogen (CRANE et al. 1996).

In der Phase des Aufholwachstums (siehe weiter oben: biphasisches Wachstum) am Beginn eines foetalen Hyperinsulinismus ist die sonographische Diagnose einer Foetopathie nicht möglich, da diese nur anhand einer foetalen Hypertrophie diagnostiziert werden kann. Die Diagnose kann am ehesten durch fortlaufende Ultraschalluntersuchungen erfolgen (SEMMLER et al. 1978). Die diabetogene Foetopathie kann jedoch auch bei foetalem „Normalgewicht", ja sogar bei retardierten Kindern sonographisch diagnostiziert werden, indem nachgewiesen wird, daß durch die Überproportion an Fettgewebe und die Viszeromegalie der Querdurchmesser (GRANDJEAN et al. 1980, HOLLÄNDER 1976) oder der Umfang (LANGER et al. 1991) des Abdomens relativ überproportioniert ist oder daß eine Disproportion zwischen den Maßen des Schädels und des Abdomens, oder des Thorax und des Schädeldurchmessers bzw. des Abdomenquerdurchmessers und der Femurlänge besteht. Nach ELLIOTT et al. (1982) spricht ein Verhältnis Thorax : Schädel von 1,4 und mehr, nach BRACERO et al. (1985) ein Verhältnis Abdomen : Femur von 1,385 und mehr für eine diabetogene Disproportion. Der prädiktive Wert beträgt jedoch nur 36–43 % (BENSON et al. 1986).

Bei wiederholter Biometrie sind steilere Wachstumskurven der foetalen Maße, die die Perzentilen der Normkurven zu kreuzen beginnen, ein Hinweis auf einen foetalen Hyperinsulinismus und auf eine Foetopathie, auch wenn die 90. Perzentile der Norm nicht überschritten wird. Diese Wachstumsakzeleration beginnt jedoch selten vor der 32. Woche. Die Prognose einer Makrosomie bereits in der 30.–33. Woche (abdominelle Zirkumferenz >90. Perzentile) kann daher nur mit einer Genauigkeit von 56 % gestellt werden (BOCHNER et al. 1987).

Nach der Geburt kann die Zusammensetzung des Körpers genauer untersucht werden (WIDDOWSON und SPRAY 1951, FEE und WEIL 1963, KLISH 1989, FIOROTTO 1989, BRAILLON et al. 1998). Der Fettanteil des Neugeborenen kann entweder nach anthropometrischen Methoden (MCGOWAN 1975, DAUNCEY et al. 1977, CATALANO et al. 1995), durch die Bestimmung des totalen Körperwassers (WOLFE 1992), Röntgenstrahlenabsorbtion (BRAILLON et al. 1998) oder anhand der elektrischen Leitfähigkeit des kindlichen Körpers (PRESTA et al. 1983, COCHRAN et al. 1986) genauer bestimmt werden. Die Ergebnisse der Methoden sind gleichwertig, die anthropometrische

Methode ist jedoch ohne aufwendige Ausstattung durchführbar (AMINI et al. 1994, CATALANO et al. 1995).

Ein zusätzlicher Hinweis auf eine Foetopathie kann ein Polyhydramnion sein. Das Polyhydramnion wird durch einen Fruchtwasserindex von ≥24 (CARLSON et al. 1990) oder durch einen vertikalen Durchmesser der größten Lakune von ≥8 cm (CHAMBERLAIN et al. 1984) definiert. Ein Fruchtwasserindex von 24 erscheint uns jedoch als Grenzwert zu hoch, da bei dessen Anwendung nur 1,4 % der Diabetikerinnen ein Polyhydramnion hätten (KJOS et al. 1995). Wir ziehen daher die Definition des Polyhydramnions anhand der größten Lakune vor.

Während die generelle Prävalenz des Polyhydramnions ~0,6 % beträgt (YAMAN et al. 1996) kann ein Polyhydramnion bei manifestem Diabetes in 15–50 % und bei Glukosetoleranzstörungen, je nach Ausprägung, in 4–23 % gefunden werden (ENGELHARDT 1974, MØLSTED-PEDERSEN und KÜHL 1986, MIRANDA et al. 1994, KJOS et al. 1995). Ein diabetogen bedingtes Polyhydramnion kann durch eine hyperglykämiebedingte foetale Polakisurie, durch die osmotische Wirkung der Glukose im Fruchtwasser (DASHE et al. 2000) und/oder andererseits durch Schluckstörungen des Foetus bei diabetogener Foetopathie verursacht sein. Möglicherweise wirkt sich auch bereits beim Foetus eine hyperinsulinämisch bedingte Verzögerung der Magenpassage aus, wie sie bei Hyperinsulinämie im späteren Leben typisch ist (KONG et al. 1998). Liegen dem Polyhydramnion keine foetalen Fehlbildungen zugrunde, beruht dieses bei Diabetikerinnen mit hoher Wahrscheinlichkeit auf einer schlechten Stoffwechselführung. Dementsprechend korreliert die Fruchtwassermenge mit der Glukosekonzentration im Fruchtwasser (DASHE et al. 2000). Bei 14 Diabetikerinnen, die der Grazer Klinik zwischen der 27. und 33. Schwangerschaftswoche mit Polyhydramnion zugewiesen wurden, hatte sich die Fruchtwassermenge durch eine Straffung der Stoffwechselführung in jedem einzelnen Fall normalisiert (WEISS 1988). Analog der erhöhten foetalen Körpermasse kann bei diabetogener Foetopathie auch das Plazentavolumen erhöht sein (TARRÒ 1979). Methodische Hinweise zur Bestimmung des Plazentavolumens finden sich bei BLECKER et al. (1977) sowie bei STAUDACH und TERINDE (1985). Bei der Beurteilung der diabetischen Plazenta ist auch auf größere Infarktherde zu achten (PLOTZ et al. 1978), die eine frühzeitige Alterung der Plazenta ankündigen können.

10.4 Gestationszeitbestimmung bei Diabetes mellitus

Da bei diabetischen Schwangeren gehäuft eine foetale Retardierung oder eine Makrosomie vorliegt, kann es anhand biometrischer Maße sowohl zur Über- als auch zur Unterschätzung der Gestationszeit kommen. Der biparietale Schädeldurchmesser ist zur Schätzung der Gestationszeit noch am besten geeignet, da er durch den mütterlichen Diabetes kaum beeinflußt wird (OGATA et al. 1980, LANDON et al. 1989, REECE et al. 1990). In fraglichen Fällen kann die Femurlänge als zusätzlicher Parameter hilfreich

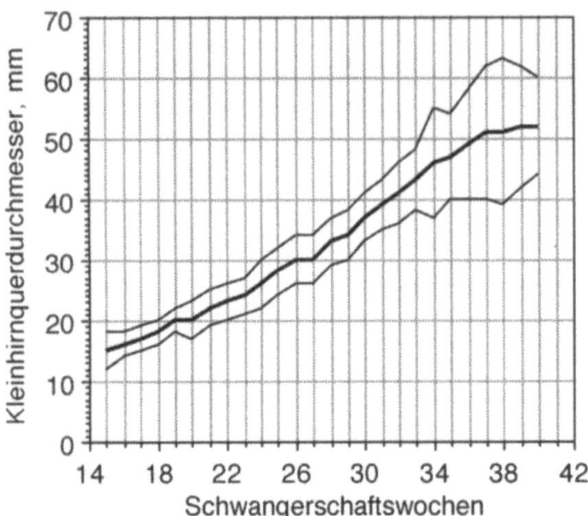

Abb. 77. Querdurchmesser des Kleinhirnes (Mittelwerte ± 2SD) nach einer Tabelle von Hill et al. 1990

sein. Abramowicz et al. (1989) untersuchten bei diabetischen Schwangeren mit bekannter Gestationszeit Foeten mit intrauteriner Wachstumsretardierung und solche mit Makrosomie. Dabei konnte keine statistisch gesicherte Differenz der Femurlänge zwischen Kontrollfällen und Foeten mit Wachstumsabnormitäten festgestellt werden. Das Wachstum des foetalen Gehirns setzt sich bis zur 42. Schwangerschaftswoche fort (Gruenwald und Minh 1960). Da das Hirnwachstum durch einen foetalen Hyperinsulinismus ebenfalls nicht beeinflußt wird (Susa et al. 1979, Osler und Pederson 1960), sind die Hirnmaße auch bei diabetogener Makrosomie der Gestationszeit entsprechend (Gruenwald 1966). Hill et al. (1990) erzielten bei diabetogen makrosomen Foeten unter Anwendung der Schädel und Bauchmaße eine signifikante Überschätzung der Gestationszeit, nicht jedoch bei der Bewertung des Kleinhirnquerdurchmessers (Abb. 77).

Der Querdurchmesser des Kleinhirnes kann daher bei fraglichem Gestationsalter ebenfalls eine zusätzliche Information vermitteln (Goldstein et al. 1987).

10.5 Foetale diabetische Kardiomyopathie

Kinder insulinpflichtiger diabetischer Mütter (IIDDM) haben nicht nur eine erhöhte Inzidenz von Herzdefekten, sondern auch gehäuft andere Herzerkrankungen (Pildes 1973) oder Veränderungen der atrioventrikulären Flowmuster (Weiner et al. 1999). Über die foetale Kardiomegalie bei IIDDM wurde seit den 40er Jahren berichtet (Miller und Wilson 1943, Ranade et al. 1989, Deorari et al. 1989, Mehta et al. 1991). Es wurde auch beobachtet, daß das Gewicht der Herzen von neonatal verstorbenen IIDDM über der Norm gelegen war (DRISCOLL et al. 1960). Das Gewicht dieser Herzen betrug im Mittel 170 % der Norm, was auf eine exzessive Synthese von Glykogen, Protein und Fett aufgrund des foetalen Hyperinsulinismus zurückgeführt wurde (NAEYE 1965). Die erhöhte Anzahl und Affinität von Insulinrezeptoren beim Foetus trägt zur gesteigerten Empfindlichkeit des foetalen Herzens auf Wachstumsstimuli bei (THORSSON und HINTZ 1977). Der foetale Hyperinsulinismus als Ursache der Kardiomegalie ist plausibel, da bei makrosomen Kindern von stoffwechselgesunden Müttern keine Verdikkung des Herzseptums gefunden wird.

Für IIDDM charakteristisch ist die hypertrophe Kardiomyopathie, die nach der Mehrzahl der Untersuchungen mit der Qualität der Stoffwechselkontrolle korreliert und durch ein verdicktes Interventrikulärseptum in der Diastole objektivierbar ist (MACE et al. 1979, RELLER und KAPLAN 1988, KLEINMAN 1988, WEBER et al. 1991, VON WALTER et al. 1992, VEILLE et al. 1992, COOPER et al. 1992).

In Extremfällen kann eine kardiale Hypertrophie bis zu einer transienten subaortalen Stenose (GUTGESELL et al. 1976) oder zu Nekrosen mit Herzinsuffizienz führen (OBERHOFFER et al. 1997). Der Nachweis der Kardiomyopathie erfolgt mit einem M-mode Echokardiogramm (RIZZO et al. 1980, 1988, 1991; VEILLE et al. 1990). Die Verdickung des Septums kann mit einer gestörten diastolischen Funktion (MEHTA et al. 1991; RIZZO et al. 1991, 1992), mit Herzrhythmusstörungen (KOHLHOFF 1983), einem verminderten kardialen Auswurf und einer erhöhten Morbidität assoziiert sein (MACE et al. 1979, WALTHER et al. 1985). Die Störungen sind umso ausgeprägter, je später in der Schwangerschaft eine intensivierte Stoffwechselführung beginnt (RELLER et al. 1985).

Bei der Echokardiographie von Foeten diabetischer Mütter kann je nach der Qualität der Stoffwechselführung in 35–75 % eine progressive Verdikkung des interventrikulären Septums nachgewiesen werden (SHEEHAN et al. 1986; RASANEN und KIRKINENEN 1987; RELLER und KAPLAN 1988; RIZZO et al. 1991, 1992; VEILLE et al. 1992; GANDHI et al. 1995). Aber auch die Wände der Ventrikel unterliegen einem stärkeren Dickenwachstum, insbesondere bis zur 28. Woche (RIZZO et al. 1992). Bei Stoffwechselgesunden steigt die mittlere Dicke des Septums von 2 mm in der 20. Woche auf 3–4 mm in der 40.–42. Woche (VEILLE et al. 1992). Die Reproduzierbarkeit des echokardiographischen Maßes durch verschiedene Untersucher ist mit einem Fehler von ± 5–6 % ausreichend gut (SORENSEN 1982). Eine Ratio der Dicke des Septums zur Dicke der Hinterwand von ≥ 1,3 weist auf eine disproportionierte Hypertropie des Septums hin (WAY et al. 1979, VEILLE et al. 1992).

Bei Neugeborenen kann die Einschätzung einer Kardiomegalie auch durch die kardiothorakale Ratio mittels eines Thoraxröntgens erfolgen. Im eigenen Krankengut hatten ~19 % der Neugeborenen von IDDM eine Herzgröße > 60 % C/T-Ratio (SCHWINGSHANDL et al. 1989). Eine kongestive Kardiomyopathie ist ungewöhnlich und bildet sich in der Regel innerhalb von drei Monaten zurück. Die Kardiomegalie persistiert länger (GUTGESELL et al. 1980, MARSHALL 1990).

10.6 Hepatomegalie

Bei Foeten diabetischer Mütter kann das Gewicht der Leber zum Zeitpunkt der Geburt bis zu 179 % der Norm betragen (NAEYE 1965). Die Hepatomegalie beruht in erster Linie auf einer Vergrößerung der Leberzellen mit vermehrtem Zytoplasma, es wurde jedoch auch eine Vermehrung von hämatopoetischem Gewebe beschrieben (NAEYE 1965, WIDNESS et al. 1981). Die Leberlänge kann ultrasonographisch leicht gemessen werden (VINTZILEOS et al. 1986, MURAO et al. 1987, ROBERTS et al. 1989) (Abb. 78). Nach einem Longitudinalschnitt der abdominalen Aorta wird die Schnittfläche parallel verschoben, bis der rechte Leberlappen eingestellt ist. Die Leber wird vom Dom des rechten Hemidiaphragma bis zur Spitze des rechten Leberlappens gemessen. Die Variation der Maße bei unterschiedlichen Untersuchern beträgt < 10 %.

Während der biparietale Schädeldurchmesser bei Diabetikerinnen zwischen der 18. und 36. Schwangerschaftswoche im Vergleich zu Kontrollen unverändert ist, beträgt die Femurlänge im Mittel 104 %, der Bauchumfang rund 105 % und die mittlere Länge der Leber in der 18. Woche 112 % und in der 36. Woche 119 % (ROBERTS et al. 1994). Die foetale Leberlänge von Diabetikerinnen war auch im Vergleich zu adipösen Schwangeren mit makrosomen Foetus signifikant erhöht.

Die Größe der foetalen Leber korreliert mit der Stoffwechselqualität der Diabetikerinnen. In Fällen mit einem signifikanten Absinken der Fruktosaminspiegel wurden auch stabile oder abfallende Lebermaße beobachtet (ROBERTS et al. 1994).

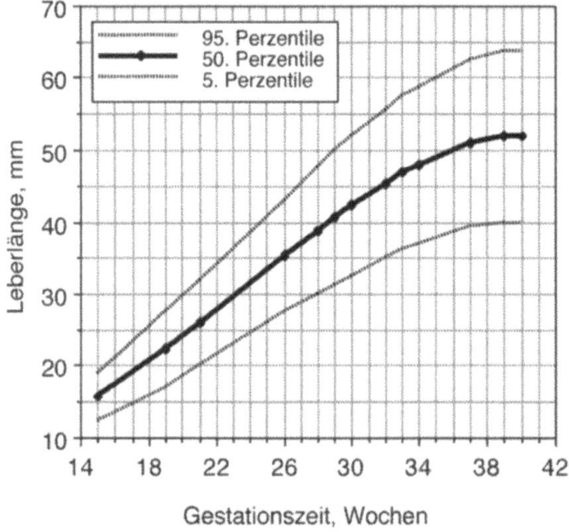

Abb. 78. Foetale Leberlänge im Verlauf der Schwangerschaft bei 350 gesunden Schwangeren (nach Untersuchungen von ROBERTS et al. 1989)

10.7 Sonographische Reifebestimmung bei Diabetes mellitus

Foeten von Diabetikerinnen können erfahrungsgemäß eine Dysmaturität entwickeln, d. h. scheinbar ausreichend große oder reife Kinder hinken in ihrer Organfunktion ihrer Größe oder Gestationszeit nach. Dies ist in erster Linie für die Einschätzung der Lungenreife von Bedeutung, wenn sich eine Indikation zur vorzeitigen Geburtseinleitung ergibt. Bei Foeten Stoffwechselgesunder ist eine ausreichende Lungenreife gesichert, wenn die distale Femurepiphyse axial gemessen einen Durchmesser von 3 mm überschreitet oder wenn eine proximale Tibiaepiphyse jedweder Dimmension nachzuweisen ist. In diesen Fällen ist auch die Lezithin/Sphyngomyelinratio im Fruchtwasser ≥2/1 (Sensitivität 100 %, Spezifität 63 %, negativer Vorhersagewert 100 %, falsch negativ 0 %). Bei Foeten von Diabetikerinnen ist diese Einschätzung wegen der erwähnten Dysmaturität weniger zuverlässig. Die Kombination von Ossifikationzentren von ≥3 mm in der distalen Femurepiphyse und ≥2 mm in der proximalen Tibiaepiphyse ergibt jedoch auch bei Foeten von Diabetikerinnen einen sicheren Hinweis auf eine ausreichende foetale Lungenreife (Goldstein et al. 1988).

10.8 Die Beurteilung der Fruchtwassermenge

Bei diabetischen Schwangeren der höheren White-Klassen steht nicht die Makrosomie sondern eher die foetale Retardierung im Vordergrund. Bei retardiertem Foetus bleibt der Fundusstand in der Regel hinter Erwartungswerten zurück. Der *zu kleine Bauch* ist jedoch nicht in erster Linie durch ein zu kleines Kind bedingt, sondern auch durch eine Oligohydramnie, die bei bedrohlicher Plazenta-Insuffizienz fast immer nachzuweisen ist. Anhand der Fruchtwassermenge ist auch eine Differentialdiagnose zwischen einer Plazentainsuffizienz und einem Gestationszeitirrtum möglich. Über die Oligohydramnie liegt eine Unzahl von Untersuchungen vor, allerdings in erster Linie bei Stoffwechselgesunden. Bei Diabetes mellitus ist die Interpretation der Fruchtwassermenge erschwert, wie weiter unten erläuter wird.

Für den erfahrene Geburtshelfer ist der *zu kleinen Bauch* bei der Inspektion und die Oligohydramnie bei der Ultraschalluntersuchung eine Blickdiagnose. Für die objektive Beurteilung der Fruchtwassermenge wurden jedoch auch eine Reihe invasiver (Charles et al. 1965, Charles und Jacoby 1966, Thompson et al. 1971, Queenan et al. 1972, Geirson 1986, Brace und Wolf 1989, Schiff et al. 1990) und nicht invasiver (Crowley 1980, Manning et al. 1980, Phelan et al. 1987) Methoden empfohlen.

Neben der subjektiven Beurteilung bei der Ultraschalluntersuchung kann der vertikale Durchmesser der größten Lakune oder ein kumulativer vier Quadranten Fruchtwasserindex gemessen werden (Hashimoto et al. 1987, Phelan et al. 1987, Goldstein und Filly 1988).

Der Fruchtwasserindex ursprünglich von PHELAN et al. (1987) sowie RUTHERFORD et al. (1987) beschrieben hat die weiteste Verbreitung gefunden. Untersuchungen von MOORE (1990) ließen zunächst vermuten, daß die vier Quadranten Technik der Beurteilung einer einzigen Lakune überlegen ist. Es sind für den Fruchtwasserindex auch Normbereiche verfügbar, welche die unterschiedliche Fruchtwassermenge in Abhängigkeit von der Gestationszeit berücksichtigen (PHELAN et al. 1987, MOORE und CAYLE 1990, Jeng et al. 1990).

Die sogenannten „objektiven" Ultraschallmethoden dürfen jedoch gegenüber der subjektiven Beurteilung des erfahrenen Untersuchers nicht überschätzt werden. Mit semiquantitativen Meßmethoden wird das Polyhydramnion nur in 30–84 % der Fälle richtig diagnostiziert (CROMBACH et al. 1998). Neuere simultane Untersuchungen mit einer invasiven Farbstoffverdünnungsmethode und 13 unterschiedlichen sonographischen Beurteilungskriterien ergaben keine nennenswerten Vorteile des Fruchtwasserindex gegenüber anderen Methoden (DILDY et al. 1992, CROOM et al. 1992). Nach Untersuchungen von MAGANN et al. (1992) hingegen ist die Messung der größten vertikalen Lagune insbesondere in Kombination mit deren Querdurchmesser zur Beurteilung der Fruchtwassermenge am zuverlässigsten. Die Objektivierung erfolgte ebenfalls mit einer Farbstoffverdünnungsmethode. Alle „objektiven" sonographischen Methoden hingegen zeigen eine Überschätzung der Fruchtwassermenge bei Oligohydramnie und eine Unterschätzung bei Polyhydramnie. Unter Anwendung des Fruchtwasserindex durch einen erfahrenen Untersucher betrug die Überschätzung bei wenig Fruchtwasser bis zu 88,7 % und die Unterschätzung bei viel Fruchtwasser bis zu 53,9 %. Ein Oligohydramnion konnte in 67 %, ein Polyhydramnion in 60 % und ein normales Volumen in 71 % richtig erkannt werden (DILDY et al. 1992). Darüber hinaus kann sich der Fruchtwasserindex nach foetalen Bewegungen um bis zu 2,5 cm ändern (WAX et al. 1993).

Bei Schwangeren mit niedrigem Fruchtwasserindex hat die Lakune, welche die Nabelschnur enthält besondere prognostische Bedeutung. Hat diese einen Durchmesser > 5 cm, ist das fetal outcome signifikant besser als bei einem Durchmesser von < 5 cm (SADOVSKY et al. 1992). Nach Untersuchungen von MYLES und STRASSNER (1992) hat offenbar auch die generelle Verteilung des Fruchtwassers prognostische Bedeutung. Waren die Fruchtwasserlakunen der oberen Quadranten größer als jene der unteren Quadranten, war das outcome gemessen an mekoniumhaltigem Fruchtwasser, Apgarwerten < 7, Nabelarterien pH-Werten < 7,20, CTG-Alterationen und der Sektiorate signifikant schlechter.

Wird die größte Fruchtwasserlakune als Prognostischer Faktor herangezogen, so ist bei reifen Kindern bei einem vertikalen Durchmesser < 3 cm und > 7 cm mit subnormalen geburtshilflichen Ergebnissen zu rechnen (MANNING, et al. 1987, HAENEL et al. 1990).

Da Schwangere mit normalem Fruchtwasserindex (≥ 8 cm) nur in 0,54 % innerhalb der nächsten 4 Tage ein Oligohydramnion entwickeln ist eine wöchentliche Kontrolle der Fruchtwassermenge bei Risikofällen ausreichend (LAGREW et al. 1992).

Dieses regelhafte Verhalten des Fruchtwassers bei Stoffwechselgesunden gilt bei Diabetikerinnen nur eingeschränkt. Dies ist darin begründet, daß diabetogene Noxen die ein Polyhydramnion nach sich ziehen mit Noxen die ein Oligohydramnion bewirken kombiniert sein können. Die Fruchtwassermenge wird daher von der Dominanz der jeweiligen Störungen abhängen. Im Gegensatz zu Stoffwechselgesunden kann eine Oligohydramnie bei Diabetikerinnen zwar den Verdacht auf eine Plazentainsuffizienz erhärten, der Ausschluß einer Plazentainsuffizienz durch eine normale Fruchtwassermenge ist jedoch nicht möglich.

Eine Fruchtwassermenge >1,5–2,0 Liter wird als Polyhydramnion bezeichnet. Bei exzessivem Polyhydramnion kann die Fruchtwassermenge bis zu 10 Liter betragen.

Insgesamt besteht bei Diabetes mellitus eher eine Tendenz zu Polyhydramnie (Lakunen ≥8 cm) (Chamberlain et al. 1984) als zu Oligohydramnie. Auf einen Fall von Oligohydramnion fallen mehr als 7 Fälle von Polyhydramnion (Kjos et al. 1995). Systematische Untersuchungen konnten zeigen, daß sowohl der mittlere vertikale Durchmesser der größten Fruchtwasserlakune als auch der mittlere Fruchtwasserindex bei Diabetikerinnen im Vergleich zu stoffwechselgesunden Kontrollen signifikant höher ist (Schoenfeld et al. 1991). Beim Fruchtwasserindex betrug der Unterschied rund 3 cm, wobei jedoch die gestationszeitbedingte Dynamik erhalten blieb.

Die Ursachen des diabetogenen Polyhydramnions liegen in erster Linie in einer persistierenden mütterlichen Hyperglykämie. Daraus folgen eine diabetogene Foetopathie mit verstärkter foetaler osmotische Diurese und erhöhter Glukoskonzentration im Fruchtwasser (Dashe et al. 2000). Dazu können, bei stark beeinträchtigtem Foetus, verminderte foetale Schluckbewegungen zum Hydramnion beitragen. Differentialdiagnostisch muß jedoch auch an foetale Fehlbildungen oder an eine mütterliche Hypothyreose gedacht werden. Insbesondere bei frühem Polyhydramnion ist mit einer Fehlbildungsrate von 18 % zu rechnen (Hobbins et al. 1979). Dabei stehen dorsale und ventrale Spaltbildungen sowie Atresien oder Agenesien des Verdauungstraktes im Vordergrund. Eine Hypothyreose liegt bei 20 % der Diabetikerinnen höherer White Klasse (White D, F) vor. Wird diese zusätzliche Komplikation spät entdeckt oder nicht behandelt entwickelt sich ebenfalls ein Polyhydramnion (Soler und Nicholson 1979).

Selbstverständlich muß ein Polyhydramnion keinen kausalen Zusammenhang zum Diabetes haben und kann, wie bei Stoffwechselgesunden, auf der Basis anderer mütterlicher (Syphilis, Nephritis etc.) oder foetaler (Mb. hämolytikus, nicht-immunologisch etc.) Erkrankungen entstehen.

Bei GDM tritt ein Polyhydramnion je nach dem Ausmaß der Glukosetoleranzstörung in 4–23,4 % auf, während bei manifestem Diabetes mit einer Rate von 15–50 % zu rechnen ist (Engelhardt 1974, Mølsted-Pedersen und Kühl 1986, Miranda et al. 1994, Kjos et al. 1995). Leichte Glukosetoleranzstörungen (A1) haben in 4–15 % ein Polyhydramnion, während schwerere Formen (A2) in 11–23 % ein Polyhydramnion entwickeln. Das relative

Risiko eines Polyhydramnions beträgt demnach bei GDM zwischen 3 und 18 und bei IDDM zwischen 11 und 38.

Bei exzessivem Polyhydramnion kann durch den hohen Fundusstand eine mütterliche Dyspnoe entstehen, die eine Entlastungspunktion erforderlich macht. In seltenen Fällen kann sogar ein mütterlicher Ileus oder eine Anurie auftreten. Ferner erhöht ein Polyhydramnion das Risiko einer hypertensiven Schwangerschaftserkrankung, einer Plazentainsuffizienz, eines vorzeitigen Blasensprunges mit Vorfall der Nabelschnur oder kleiner Kindesteile, einer vorzeitigen Plazentalösung, einer Lageanomalie, einer Wehenschwäche und insbesondere einer Frühgeburt. Postpartal können gehäuft Lösungsstörungen der Plazenta und atonische Nachblutungen auftreten.

Wegen der Vielzahl der assoziierten Probleme sind die geburtshilflichen Ergebnisse bei Polyhydramnion schlecht. Die perinatale Mortalität kann bis zu 30 % betragen (Auinger 1978, Drury et al. 1977, Diamond et al. 1987, Yaman et al. 1996).

Liegen dem Polyhydramnion keine foetalen Fehlbildungen oder unspezifische Ursachen zugrunde, beruht dieses mit hoher Wahrscheinlichkeit auf einer diabetogenen Foetopathie bei schlechter Stoffwechselführung. Bei 14 Diabetikerinnen, die der Grazer Klinik zwischen der 27. und 33. Schwangerschaftswoche mit Polyhydramnion zugewiesen wurden, hatte sich die Fruchtwassermenge durch eine Straffung der Stoffwechselführung in jedem einzelnen Fall normalisiert (Weiss 1988).

10.9 Foetale Bewegungsmuster bei Diabetes mellitus

Generalisierte foetale Bewegungen können ab der 7. Schwangerschaftswoche beobachtet werden und unterliegen im Verlauf der Gestationszeit qualitativen und quantitativen Veränderungen (Übersicht bei Wittmann und Ross 1985). Beim Phänomen der frühen Wachstumsretardierung von Foeten diabetischer Schwangerer erhebt sich die Frage, ob diese gleichermaßen mit einer Verzögerung der Entwicklung neuraler Aktivitäten verbunden ist. Untersuchungen an Foeten von IDDM konnten zeigen, daß mit der Wachstumsretardierung tatsächlich auch eine Verzögerung der funktionellen Bewegungsentwicklung und der Entwicklung des embryonalen und foetalen Nervensystems um 1 bis 2 Wochen einhergeht (Visser et al. 1985, Mulder et al. 1991). Dies gilt jedoch nicht für die Atembewegungen, die ab der 12. Woche häufiger, jedoch verlangsamt auftreten (Devoe et al. 1994). Die Bewegungsmuster können trotz guter Stoffwechselführung bis zur 38. Woche und darüber hinaus gestört sein, insbesondere bei Erstgebärenden (Mulder et al. 1987). Neben der foetalen Entwicklung beeinflußt auch die Glykämie der Diabetikerin die biophysikalischen Foetalmuster (siehe auch Kardiotokographie, S. 384). Die foetale Aktivität scheint durch kurze Glukosereize eher angeregt (Miller et al. 1978, Aladjem et al. 1979, Gelman et al. 1980, Manning et al. 1981, Romero et al. 1982, Eller et al. 1992), durch längere Glukosereize hingegen gedämpft zu werden (Edelberg et al. 1987).

Eller et al. (1992) beobachteten im Rahmen eines intravenösen Glukosetoleranztestes eine signifikante Zunahme der foetalen Aktivität. Nach Untersuchungen von Edelberg et al. (1987) hingegen, mit einer Glucose-Clamp Technik, sind die foetalen Bewegungen am Ende der Schwangerschaft nach einer länger anhaltenden mütterlichen Hyperglykämie (120 mg/dl [6,7 mM] über einen Zeitraum von 3 Stunden) eine Stunde lang signifikant vermindert, um sich in der zweiten und dritten Stunde wieder zu normalisieren. Umgekehrt können relativ niedrige Blutzuckerspiegel die foetale Aktivität steigern (Holden et al. 1984). So wurden bei Diabetikerinnen im 3. Trimester bei einer mütterlichen Blutglukose von ~95 mg/dl rund 25 (± 16), bei ~60 mg/dl rund 38 (± 28) und bei ~45 mg/dl rund 23 (± 10) Bewegungen des Rumpfes und der Extremitäten pro 15 Minuten gemessen (Reece et al. 1995). Auch die Behandlung der Schwangeren mit Glukokortikoiden bewirkt eine signifikante Reduktion foetaler Körper- und Atembewegungen (Mulder et al. 1994, Derks et al. 1995). Foetale Glukokortikoidrezeptoren befinden sich auch im Gehirn (deKloet et al. 1988, 1990; McDonald et al. 1992), im Schlafzentrum (Jacobs 1985) und in der Medulla (Long und Duffin 1986). Die Besetzung mit synthetischen Glukokortikoiden unterdrückt die neurale Aktivität (deKloet et al. 1988, 1990).

Der Frequenz der Kindesbewegungen wird eine geburtshilflich prognostische Bedeutung beigemessen (Manning et al. 1979, Neldam 1980, Mølsted-Pedersen und Kühl 1986). Jovanovic und Jovanovic (1984) veranlassen daher ihre diabetischen Schwangeren ab der 35. Woche eine Stunde wöchentlich, ab der 37. Woche zweimal täglich, und ab der 38. Woche dreimal täglich eine Stunde lang die Kindesbewegungen in Seitenlage zu registrieren. Während mehr als vier Kindesbewegungen pro Stunde auf foetales Wohlbefinden hinweisen, gelten weniger als vier fühlbare foetale Bewegungen pro Stunde als Hinweis auf einen inaktiven und somit bedrohten Foetus.

Werden Kindesbewegungen bei Diabetikerinnen als prognostisches Kriterium herangezogen, müssen unserer Meinung nach Glukokortikoidgaben und die Wechselwirkungen mit der Mütterlichen Blutglukose in Betracht gezogen werden.

Die Frequenz der foetalen Atembewegungen unterliegt einem zirkadianen Rhythmus (Boddy und Dawes 1975; Patrick et al. 1978, 1980) und wird auch durch den mütterlichen Glukosespiegel beeinflußt (Miller et al. 1978; Natale et al. 1978, 1981; Goodman 1980; Gelman et al. 1980; Fox et al. 1982; Bocking et al. 1982; Devoe et al. 1987). Zwei bis drei Stunden nach einer mütterlichen Mahlzeit treten vermehrt foetale Atembewegungen auf (Patrick et al. 1978, 1980). Atembewegungen werden auch durch einen intravenösen Bolus von 25 g Glukose zur drei bis sechsfachen Frequenz angeregt. Atembewegungen erreichen 40–60 Minuten nach i. v. Verabreichung von Glukose ihr Maximum. Die Reaktion auf Glukosegaben ist jedoch von der foetalen Reife abhängig. Während in der 24. Woche keine foetale Reaktion erfolgt ist diese in der 36. Woche voll ausgeprägt. Insulingaben per se und die damit assoziierte Senkung der Blutglukose bewirken keine Veränderung der Atemfrequenz (Meis et al. 1985).

10.10 Biophysikalisches Profil

Bei Risikoschwangerschaften besonders mit Verdacht auf eine Wachstumsretardierung, hat sich als Überwachungsmethode neben der foetalen Biometrie das sogenannte „biophysikalische Profil" bewährt (MANNING et al. 1980, 1985; EDEN et al. 1988; CLARK et al. 1989) welches foetale Atembewegungen, Körperbewegungen, den foetalen Tonus, Akzelerationen im CTG sowie die Fruchtwassermenge berücksichtigt (Tabelle 129).

Bei Stoffwechselgesunden beträgt die Wahrscheinlichkeit eines foetalen Todes innerhalb einer Woche bei einem Gesamtscore von 10 nur 0,66‰ und bei einem Score von 0 rund 60%.

Das biophysikalische Profil wird jedoch auch zur Überwachung des Foetus bei Diabetikerinnen eingesetzt (GOLDE et al. 1984, DICKER et al. 1988, JOHNSON et al. 1988, LANDON et al. 1992, KJOS et al. 1995).

Durch die Analyse von Blutproben, die durch Cordozentese gewonnen wurden, ist bekannt, daß Foeten von Diabetikerinnen auch bei normalem pO_2 zur Azidose neigen (BRADLEY et al. 1991; SALVESEN et al. 1992, 1993). Bei

Tabelle 129. Biophysikalisches Profil. Technik und Interpretation (nach MANING 1991)

Biophysikalische Variable	Normal (Score = 2)	Abnormal (Score = 0)
Foetale Atembewegungen	Zumindest eine Episode von 30 Sekunden und mehr innerhalb von 30 Minuten	Keine Atembewegungen von > 30 Sekunden inner halb von 30 Minuten
Grobe Körperbewegungen	Zumindest 3 Körper/Gliedmaßenbewegungen innerhalb 30 Minuten (Bewegungsepisoden werden als Einzelbewegung beurteilt)	Zwei oder weniger Bewegungsepisoden innerhalb von 30 Minuten
Foetaler Tonus	Zumindest eine aktive Extension der Extremität(en) oder des Rumpfes mit Rückkehr in Flexionsstellung. Öffnen und schließen der Hand gilt als normaler Tonus	Entweder träge Extension mit Rückkehr in eine partielle Flexion oder volle Extension der Gliedmaßen ohne Rumpfbewegungen
CTG-Akzelerationen	Zumindest zwei Akzelerationen von > 15 Schlägen und von einer Dauer von zumindest 15 Sekunden innerhalb von 30 Minuten in Kombination mit foetalen Bewegungen	Weniger als zwei Akzelerationen oder Akzelerationen von < 15 Schlägen innerhalb von 30 Minuten
Fruchtwasservolumen	Zumindest eine Lakune von ≥ 1 cm Durchmesser in zwei senkrechten Ebenen	Keine Lakunen oder solche mit < 1 cm Durchmesser

diabetischen Schwangeren hat das biophysikalische Profil zur Beurteilung einer foetalen Azidität somit nur begrenzten Wert (Robillard et al. 1978; Roberts et al. 1980; Lunell 1987; Salvesen et al. 1993; Devoe et al. 1987, 1994; Krapp et al. 1995). Die Beurteilung ist jedoch deshalb besonders schwierig, da die Beurteilungskriterien des biophysikalischen Profils durch die momentane mütterliche Glykämie beeinflußt werden (Teramo et al. 1983, Karineiemi et al. 1983). Dies gilt vor allem für die Fruchtwassermenge (Kjos et al. 1995) und die foetalen Atembewegungen (siehe oben). Zumindest müssen diabetesspezifische Besonderheiten bei der Beurteilung berücksichtigt werden.

10.11 Sonographische Fehlbildungsdiagnostik bei Diabetes mellitus

Das erhöhte Fehlbildungsrisiko bei IDDM ist hinlänglich bekannt. Darüber hinaus gibt es jedoch eine Reihe von Hinweisen auf ein besonderes Fehlbildungsrisiko (s. S. 403 f). Bei diabetischen Schwangeren ist daher ein sorgfältiges, systematisches und gezieltes Ultraschallscreening durch einen Spezialisten erforderlich. Die Kenntnis von HbA_{1c} Werten der Frühschwangerschaft und des mütterlichen Alpha-Foetoproteinspiegels im Serum ist hilfreich (Albert et al. 1996). Aber auch bei GDM ist die Fehlbildungsrate erhöht. Das relative Risiko steigt mit steigendem Nüchternblutzucker um 1,13/10 mg/dl von 2,1 % bei NBZ < 120 mg/dl über 5,2 % bei NBZ von 121–260 mg/dl auf 30,4 % bei NBZ > 260 mg/dl (Schaefer et al. 1997).

Durch die Vaginalsonographie können Fehlbildungen noch früher und genauer diagnostiziert werden als bei der transabdominalen Sonographie (Timor-Tritsch et al. 1988, Rottem et al. 1989). Dadurch kann eine Spina bifida oder Anenzephalie unter Umständen bereits in der 11. Woche erkannt werden (Rottem et al. 1989, Schoenfeld et al. 1991).

Der sonographische Hinweis auf ein besonderes Fehlbildungsrisiko ist eine frühe Wachstumsverzögerung oder ein frühes Polyhydramnion (18 % Fehlbildungen), besonders jedoch eine frühe Wachstumsretardierung in Kombination mit fortgeschrittener White-Klasse (27 % Fehlbildungen) (Pedersen und Mølsted-Pedersen 1981). Untersuchungen von Brown et al. (1992) konnten jedoch diesen Zusammenhang nicht bestätigen. Auch Steel et al. (1995) vermuten, daß es sich in diesen Fällen eher um einen Gestationszeitirrtum bei verzögerter Ovulation handelt. Während bei der Gestationszeitbestimmung nach nachgewiesener Ovulation keine frühe Wachstumsretardierung nachweisbar war, hatten 30 % dieser Schwangeren nach Datierung anhand der Menstrualdaten eine scheinbar frühe foetale Retardierung.

Obwohl es bei Diabetes mellitus keine spezifischen Fehlbildungen gibt, ist das relative Risiko einzelner Fehlbildungen unterschiedlich erhöht (Kucera 1971) (s. S. 406, Tabelle 138). Es ist daher besonders wichtig gezielt nach Fehlbildungen mit hohem relativen Risiko zu fahnden. Bei systematischem Vorgehen sollte die Mehrzahl der Fehlbildungen sonographisch erkannt werden, insbesondere jene, die geburtshilfliche oder neonatologische Konsequenzen nach sich ziehen. Nach einer Analyse von GOMEZ et al. (1988) sind 20 % der Fehlbildungen nicht erkennbar. Weitere 20 % von erkennbaren Fehlbildungen werden nicht erkannt. Dabei handelt es sich in erster Linie um kardiovaskuläre Fehlbildungen, die bei Diabetikerinnen 4–5mal häufiger auftreten als in der generellen Bevölkerung (ROWLAND et al. 1973, RAMOS-ARROYO et al. 1992, FRASER 1994). In der Regel hat das Ultraschallscreening jedoch eine Sensitivität von 67 %, eine Spezifität von 100 % einen positiven Vorhersagewert von 100 % und einen negativen Vorhersagewert von 91 %. Die Analysen konnten zeigen, daß gerade bei diabetischen Schwangeren eine foetale Echokardiographie mit der Beurteilung des Vierkammerblickes, des aortalen und pulmonalen Ausflußtraktes, des Aortenbogens und der Ventrikelgröße von besonderer Wichtigkeit ist (BROMLEY et al. 1992, STOLL et al. 1993, WIGTON et al. 1993, KIRK et al. 1994, OTT 1995, SMITH et al. 1997). Die Beurteilung der Treffsicherheit der Ultraschalluntersuchung hat natürlich nur einen punktuellen Charakter, da die technische Entwicklung und damit das Auflösungsvermögen struktureller Abweichungen ständig fortschreitet. Zur Zeit sollten 80 % kardialer Fehlbildungen und 59 % nicht kardialer Fehlbildungen diagnostizierbar sein (ALBERT et al. 1996).

Eine relativ typische Fehlbildung bei diabetischen Schwangeren ist das Kaudale Regressionssyndrom mit einem relativen Risiko von 252 (KUCERA 1971) und einer Häufigkeit von ~1 %. Der Defekt entsteht bereits in der 3. Woche post ovulationem. Die Diagnose sollte zumindest in der 18.–20. Woche erfolgen (PERROT et al. 1987) und erfordert eine systematische Vermessung der unteren Extremitäten sowie die Beachtung der Funktion der Harnblase.

10.12 Nuclear Magnetic Resonance (NMR)

Seit einigen Jahren hat die NMR (MRI, magnetic resonance imaging) als neues bildgebendes Verfahren unter Vermeidung ionisierender Strahlen Eingang in die Geburtshilfe gefunden. Dieses Verfahren ist hilfreich bei der Beurteilung des Wachstumsverhaltens und zur Diagnose der Schulterbreite und verschiedener Fehlbildungen (SMITH et al. 1985, STARK et al. 1985, MCCARTHY et al. 1985, LOWE et al. 1981, KASTLER et al. 1993, BAKER et al. 1994). Auch für die Pelvimetrie ist das Verfahren geeignet (SPÖRRI et al. 1997). Besonders im II. und III. Trimester sind mit diesem Verfahren detaillierte Bilder vom foetalen Hirn, den Lungen, der Leber des Herzens und der Blase sowie dem subkutanen Fett, der Plazenta und der Nabelschnur zu gewinnen. Da mit diesem Verfahren die Verteilung von Wasser und Fett im Gewebe besonders gut beurteilt werden können kann die NMR vielleicht in Hinkunft für die Beurteilung von Stoffwechselvorgängen von Foeten diabetischer Mütter herangezogen werden (DEANS et al. 1989, SCHOENFELD et al. 1991).

10.13 Doppler Blutstrommessungen

Die Doppler Sonographie als relativ neues Untersuchungsverfahren wurde auch in der diabetischen Schwangerschaft im Hinblick auf Besonderheiten ausgelotet (Johnstone et al. 1988; Bracero et al. 1989; Landon et al. 1989; Guimaraes et al. 1991; Van Bel et al. 1991; Kofinas et al. 1991; Johnstone et al. 1992; Kainer et al. 1992; Salvesen et al. 1992, 1993; Hütter et al. 1993). Bei IDDM können gestörte kardiale und venöse Flowmuster, in Abhängigkeit von der Stoffwechselqualität, bereits in der 12–20 Woche auftreten (Rizzo et al. 1995).

Wie bei Stoffwechselgesunden sind foetale und maternale Blutflußmessungen auch bei diabetischen Schwangeren von prognostischer Bedeutung (Johnstone et al. 1988, 1992). Bei straff geführten Diabetikerinnen im III. Trimenon beträgt die mittlere S/D-Ratio (Verhältnis des systolischen zum enddiastolischen Blutfluß) der Umbilikalarterie 2,5 ± 0,3 (Bracero et al. 1989). Bei schlecht geführten Diabetikerinnen, insbesondere zum Zeitpunkt der Plazentaanlage, sind die Flußwerte signifikant schlechter. In dieser Gruppe finden sich auch vermehrt Fälle mit intrauterinem Fruchttod oder neonataler Morbidität (Ylinen et al. 1984, Miodovnik et al. 1985, Key et al. 1987, Bjork und Persson 1982).

Ein verminderter Blutfluß in den Uteringefäßen oder Umbilikalgefäßen ist vorwiegend bei jenen Diabetikerinnen zu finden, die bereits unter Gefäßveränderungen leiden (White F/R Diabetes, chronische Hypertension), oder die im weiteren Verlauf eine Präeklampsie, plazentare Dysfunktion oder foetale Retardierung entwickeln (Landon et al. 1989, Kofinas et al. 1991, Hütter et al. 1993, Salvesen et al. 1993). Während die mittleren S/D-Werte der Umbilikalarterien bei Diabetikerinnen ohne Gefäßerkrankungen im II. und III. Trimester 3,72 ± 0,42 und 2,55 ± 0,32 betrugen, waren diese bei Schwangeren mit Gefäßerkrankungen mit 4,34 ± 0,7 und 3,2 ± 0,65 deutlich höher (Landon et al. 1989). Fälle mit erhöhter S/D-Ratio entwickelten zu zwei Drittel eine Präeklampsie und zu vier Fünftel eine foetale Wachstumsretardierung.

Eine schlechte Stoffwechseleinstellung, besonders in der frühen Schwangerschaft kann über eine gestörte Plazentaanlage und Plazentaentwicklung im weiteren Verlauf einen erhöhten Strömungswiderstand in der Plazenta verursachen (Bracero et al. 1987, Guimaraes et al. 1991). Eine schlechte Stoffwechseleinstellung per se (erhöhte HbA_1 Werte) führt jedoch nicht zwingend zu einer negativen Auswirkung auf Blutflußmuster (Landon et al. 1989, Johnstone et al. 1992, Kainer et al. 1992, Grunewald et al. 1996). Es besteht auch keine Korrelation zwischen Fruchtwasserinsulinwerten und dopplersonographischen Befunden (Kainer et al. 1992).

Die S/D-Ratio der Umbilikalarterie unterliegt einem normalen Abfall von 4,2 ± 0,21 in der 18. Woche auf 2,18 ± 0,22 in der 38. Woche (Landon et al. 1989). Eine mittlere S/D-Ratio im III. Trimester ≥ 3,0 tritt in erster Linie bei diabetischen Schwangeren mit Gefäßerkrankungen auf.

Insgesamt sollte die Dopplersonographie für die foetale Prognose bei diabetischen Schwangeren nicht überschätzt werden, da eine foetale Notsituation (Johnstone et al. 1992) und selbst ein intrauteriner Fruchttod (Bradley et al. 1988, Tyrell 1988) bei normalen Flowmustern auftreten kann.

Während im allgemeinen normale Flowmuster mit normalen CTGs einhergehen (Haddad et al. 1988, Gudmundsson und Marsal 1988, Burke et al. 1990), können Diabetikerinnen mit normalem Flowmustern abnorme CTGs und biophysikalische Profile zeigen. Dies ist wahrscheinlich auf die direkte Einwirkung des Glukosespiegels auf CTG-Muster und foetale Bewegungsmuster zurückzuführen (siehe unten und foetale Bewegungsmuster, S. 378).

Die diabetogene Foetalerkrankung ist anhand von Blutflußmustern nicht zu erkennen. Andererseits hatten Foeten die einen foetalen Distreß entwickelten in über 50 % normale Flowmuster (Johnstone et al. 1992). Darüber hinaus zeigten Untersuchungen von Salvesen et al. (1992) an Diabetikerinnen mit Nephropathie, daß eine foetale Hypoxie und Azidose (Kordozentese) zwar mit CTG-Alterationen jedoch in der überwiegenden Zahl ohne erhöhtem Strömungswiderstand einhergeht (normaler RI der Uterinarterien und PI der Nabelschnurarterien, Cerebralarterien und Aorta).

Bei gesunden Schwangeren erfolgt unter körperlicher Anstrengung ein deutlicher Anstieg der S/D-Ratio der Uterinarterien (1,5 vs. 2,0). Der Flow der Nabelschnurarterien ist zwar unverändert, die foetale Herzfrequenz steigt jedoch ebenfalls signifikant an (Steegers et al. 1988, Morrow et al. 1989, Erkkola et al. 1992). Bei schwangerschaftsinduziertem Hochdruck oder bei foetaler Wachstumsretardierung im dritten Trimester sind diese Veränderungen besonders ausgeprägt (Campbell et al. 1983, Hume et al. 1990, Hackett et al. 1992). Daraus kann geschlossen werden, daß eine relative Bettruhe eine sinnvolle Behandlung der Plazentainsuffizienz darstellt und daß die körperliche Belastung als Stoffwechseltherapie des Gestationsdiabetes nur mit Vorbehalten betrachtet werden kann (s. S. 274).

10.14 Kardiotokographische Besonderheiten

Die Anwendung der Kardiotokographie als klinische Überwachungsmethode wird weiter unten besprochen (s. S. 522). An dieser Stelle werden diabetesspezifische Besonderheiten angeführt, die bei der Beurteilung der Kardiotokogramme von Diabetikerinnen beachtet werden müssen, um überschießende Reaktionen oder Interventionen zu vermeiden.

Eine diabetogene Foetopathie ist häufig mit einer eingeengten Oszillation assoziiert (Fuhrmann 1978). Der Oszillationsverlust ist jedoch mit hoher Wahrscheinlichkeit weniger auf eine plazentare Mangelversorgung sondern auf biochemische Störungen des Foeten zurückzuführen, die ein Bestandteil der Foetopathie sind. Die Behandlung dieser CTG-Alterationen vor der 38. Schwangerschaftswoche ist eher eine Optimierung des mütterlichen Stoffwechsels als eine Geburtseinleitung, wodurch sich die biochemische Foetopathie zurückbildet und das Kardiotokogramm normalisiert.

Eine mäßige mütterliche Hypoglykämie (45–50 mg/dl) wirkt sich in der Regel kaum auf foetale CTG- oder Flowmuster aus (Reece et al. 1995). Im eigenen Krankengut konnten wir passager eingeengte Oszillationen von CTG-Kurven in Phasen mütterlicher Hypoglykämie (Blutglukose < 50 mg/dl; < 2,8 mM) beobachten. Eine Hypoglykämie kann jedoch auch eine (reversible) foetale Bradykardie mit Akzelerationsverlust verursachen (Langer und Cohen 1984).

Aber auch bei mütterlicher Ketoazidose oder Hyperglykämie können Zeichen eines akuten *fetal distress* in der Form von Tachykardie, Oszillationsverlust und/oder Spätdezelerationen auftreten, die in der Regel mit der Normalisierung des mütterlichen Stoffwechsels wieder verschwinden (LoBue und Goodlin 1978, Van Lierde et al. 1982, Kariniemi et al. 1983, Hughes 1987). Die Abb. 79 zeigt CTG-Muster einer GDM, die in der 34. Schwangerschaftswoche ohne Kenntnis ihres Diabetes mit einer Ketoazidose und einer Blutglukose von 300 mg/dl zugewiesen wurde. Das CTG war zunächst tachykard und zeigte einen Oszillationsverlust und breite Dezelerationen (Abb. 79A). Nach 6 Stunden Infusionsbehandlung und Erreichen einer Normoglykämie normalisierte sich das CTG-Muster (Abb. 79B). Die Diabetikerin wurde am Termin von einem gesunden Kind entbunden.

Die Abhängigkeit kardiotokographischer Muster von der aktuellen Stoffwechselsituation mag die Ursache dafür sein, daß in ~20 % der Diabetikerinnen präpartale CTG-Veränderungen (Score ≤ 6 bei 0–10 Punkten) beschrieben wurden, die am nächsten Tag nicht mehr nachweisbar waren (Stange et al. 1985). Bei der Beurteilung pathologischer kardiotokographischer Befunde ist daher die Kenntnis der aktuellen Stoffwechselsituation der Diabetikerin von ausschlaggebender Bedeutung. Bei Diabetikerinnen wurden jedoch auch Fälle von schwerem foetal distress oder intrauterinem Fruchttod nach normalem CTG-Score beschrieben (Schmidt et al. 1980, Barrett et al. 1981, Teramo et al. 1983, Golde und Blatt 1985, Miller und Horger 1985).

Insgesamt werden bei insulinpflichtigen Diabetikerinnen bis zum Entbindungszeitpunkt zwischen 43 % (Fuhrmann 1978) und 2,9 % (Dicker et al. 1988) (prä)pathologische Kardiotokogramme (Score ≤ 7) registriert. Während bei Diabetikerinnen mit Gefäßkomplikationen (Nephropathie, Hypertension) im Verlauf der Schwangerschaft in 40 % ein nicht reaktiver Non Stress Test (NST) auftritt, der eine Intervention nahelegt, ist dies bei gefäßgesunden Diabetikerinnen nur in ~2 % der Fall (Ostlund und Hanson 1990, Landon et al. 1992).

Eine antihypertensive Behandlung mit Betablockern führt zur Senkung der Basalrate und Einengung der Oszillation ohne Beeinträchtigung des foetalen Säure-Basenhaushalts oder der Apgar Werte (Olofsson et al. 1986). Die Behandlung der Mutter mit Betamethason zieht ebenfalls eine Reduktion von Akzelerationen im CTG auf ein Drittel der Norm ohne fetal distress nach sich, da Doppleruntersuchungen unter Betamethasonbehandlung keine Beeinflussung der uteroplazentaren Durchblutung zeigen (Cohlen et al. 1993). Die Auswirkung der Glukokortikoide auf die CTG-

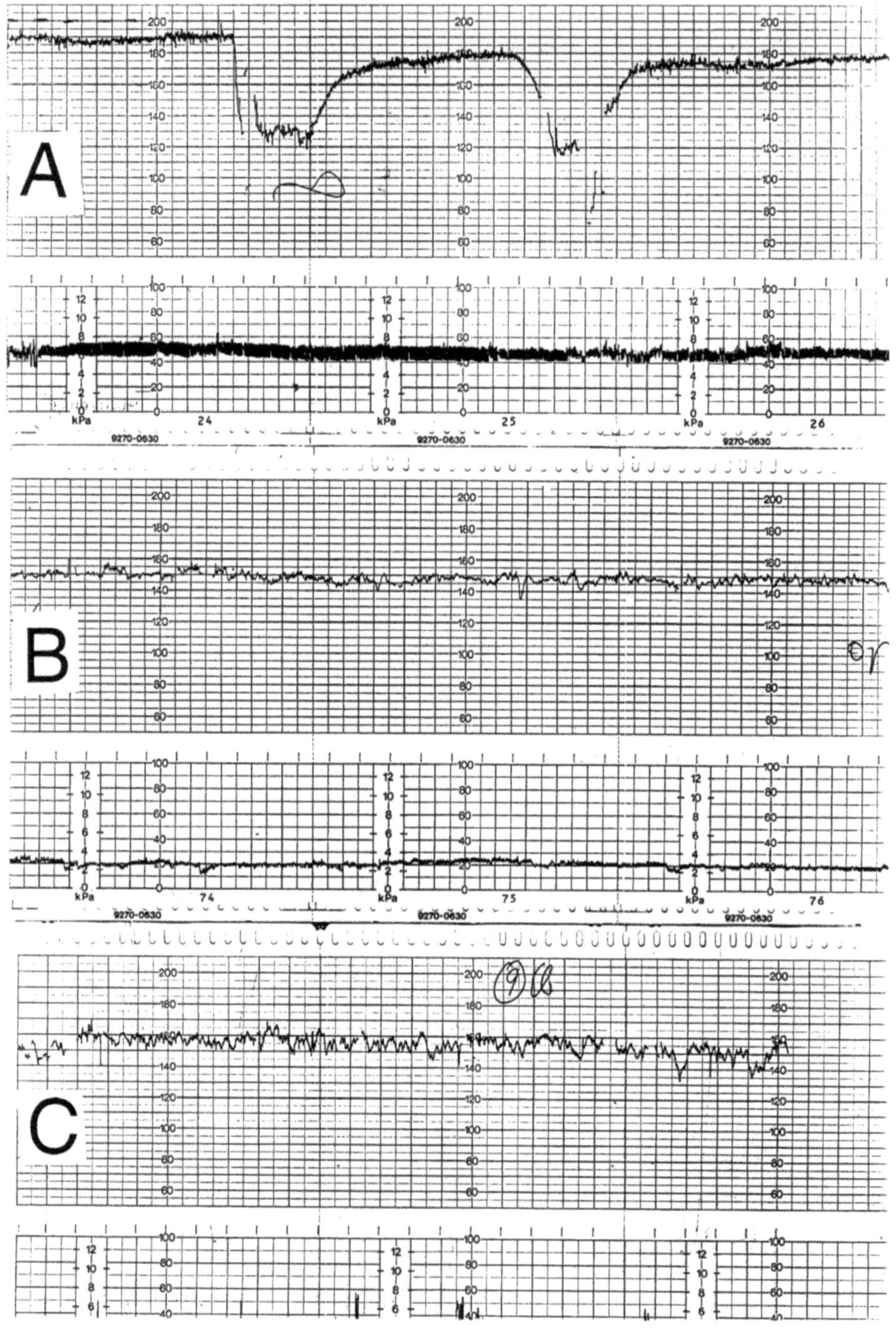

Abb. 79. Grazer Diabetesanalysen. CTG-Muster bei diabetischer Ketoazidose (**A**), nach 6 Stunden Behandlung und Erreichen der Normoglykämie (**B**) und am nächsten Tag unter intensivierter Insulintherapie (**C**)

Muster persistiert drei bis vier Tage (DERKS et al. 1995). Verschiedene synthetische Glukokortikoide scheinen jedoch einen unterschiedlichen Einfluß auf die CTG-Muster auszuüben, da bei Dexamethasongaben eher eine Anregung von CTG-Variationen beschrieben wurde (DAWES et al. 1994).

Im eigenen Krankengut sehen wir wie DICKER et al. (1988) sehr selten CTG-Alterationen. Diese Unterschiede ergeben sich jedoch mutmaßlich auch aus einer subjektiv unterschiedlichen Beurteilung und aus einer unterschiedlichen Qualität der Stoffwechselführung. Der Vorhersagewert auffälliger Kardiotokogramme für neonatale Komplikationen ist ausnahmslos schlecht, wahrscheinlich deshalb, da bei Diabetikerinnen oft zu früh interveniert wird. Die Kombination eines nichtreaktiven non stress tests mit Dezelerationen scheint am ehesten ein signum malum zu sein, da diese Kombination die Wahrscheinlichkeit einer Sektio um das 5,6fache erhöht (KJOS et al. 1995).

Der Oxytocin Belastungstest bringt bei diabetischen Schwangeren gegenüber dem non stress test (NST) keine diagnostischen Vorteile (OLOFSSON et al. 1986). Es muß sogar mit 50–60 % falsch positiven Ergebnissen gerechnet werden (DIAMOND et al. 1985). Aber auch ein unauffälliger NST hat bei Diabetikerinnen einen schlechten Vorhersagewert. MILLER und HORGER (1985) berichteten über vier Fälle von „unerwartetem intrauterinem Fruchttod" 4–7 Tage nach unauffälligem Test. Dieses gefürchtete Ereignis bei Diabetikerinnen passiert aus bisher unbekannten Ursachen und nicht wegen einer chronischen Plazentainsuffizienz.

11. Postpartales Diabetesscreening

Nach der Geburt von Kindern über 4000 g oder nach einem intrauterinen Fruchttod unbekannter Genese muß nach Glukosetoleranzstörungen der Mutter gefahndet werden. Der oGTT im Wochenbett ist bekanntlich eine äußerst unzuverlässige Methode (Benjamin 1968, Larsson et al. 1986). Wir haben bei Wöchnerinnen mit erwiesenem Gestationsdiabetes und foetopathischem Kind in den ersten Wochenbettagen in der Mehrzahl der Fälle normale Belastungswerte erhalten. Zu ähnlichen Ergebnissen gelangen auch andere Untersucher (Burden et al. 1985, Oats und Beischer 1990). Eine Systematische Untersuchung von Oats und Beischer (1990) konnte zeigen, daß der pathologische oGTT bei 270 Gestationsdiabetikerinnen in der ersten postpartalen Woche nur mehr in 30 % der Fälle persistierte. Die Ursache dafür dürfte im Wegfall des diabetogenen Streß der Schwangerschaft, insbesondere im Sturz des hPL-Plasmaspiegels liegen, wodurch die mütterliche Glukoseassimilation rasch ansteigt und die Glukosetoleranz im Wochenbett verbessert wird (MacDonald et al. 1971, Salzberger et al. 1975). In analoger Weise kommt es bei insulinpflichtigen Diabetikerinnen zu einem drastischen Abfall des Insulinbedarfes in den ersten Wochenbettagen.

Andererseits wurde nach GDM auch eine gestörte Glukosetoleranz im Wochenbett beschrieben, die nach einem Jahr nicht mehr nachweisbar war (Lam et al. 1991).

Während bei Frauen mit *potentiellem Diabetes* bei einem Screening in der Schwangerschaft in 30–40 % erhöhte Zuckerspiegel unter Glukosebelastung auftreten (Fuhrmann 1982, Weiss et al. 1984), ist dies bei einem Screening im Wochenbett nur noch in 2,5 % der Fall (Salzberger et al. 1975). Aber auch falsch positive Ergebnisse des oGTT scheinen möglich zu sein, da im Schrifttum bei einem Screening nach der Geburt schwerer Kinder bis zu 50 % pathologische Testergebnisse angegeben werden (Wolff et al. 1981). Eine derart hohe Rate an Glukosetoleranzstörungen ist jedoch unwahrscheinlich.

Während bei stoffwechselgesunden Frauen ein wiederholter oGTT in der Schwangerschaft und im Wochenbett sehr ähnlich ausfällt (Lind und Harris 1976), ist dieser bei Vorliegen von Glukosetoleranzstörungen nur schlecht reproduzierbar (Fuhrmann 1982). Insgesamt ist die Aussage bezüglich eines vorangegangenen GDM der Wöchnerin so unsicher, daß der oGTT im Wochenbett zum Nachweis als nahezu unbrauchbar bezeichnet werden kann. Bei bereits bekanntem GDM hingegen ist ein postpartaler oGTT zum Ausschluß eines manifesten Diabetes sinnvoll (Cousins et al. 1985).

Das Stillen des Kindes hat trotz der damit assoziierten höheren Prolaktinspiegel keinen Einfluß auf die Ergebnisse des oGTT im Wochenbett (LENZ et al. 1981, OATS und BEISCHER 1990).

Auch die Bestimmung der glykosilierten Hämoglobine (GH, HA_1, HbA_1, HbA_{1C}) bei Wöchnerinnen konnte nicht, wie erhofft, neue diagnostische Möglichkeiten erschließen. Die Treffsicherheit ist dem oGTT sogar unterlegen (FADEL et al. 1979). Die Verteilungsflächen der HbA_1-Werte, selbst von insulinpflichtigen Diabetikerinnen, überlappen sich stark mit jenen stoffwechselgesunder Frauen. Nüchternblutzuckerwerte von 100 und 140 mg/dl (5,5 und 7,7 mM) können durch die Bestimmung von HbA_1-Werten nicht unterschieden werden. Die Bestimmung von GH ist daher als Screeningmethode ungeeignet (O'SHAUGNESSY et al. 1979, FADEL et al. 1979). Betreffend die Korrelation von HbA_1-Werten mit dem Geburtsgewicht haben POLLAK und BREHM (1981) sowie KURISHITA et al. (1994) signifikant erhöhte Werte von GH bei schweren Kindern beschrieben. GRÄFENSTEIN und DUCHNA (1981) sowie andere Untersucher (FADEL et al. 1979, O'SHAUGNESSY et al. 1979, COEN et al. 1980, BRANS et al. 1982) konnten hingegen keine Korrelation zwischen dem Geburtsgewicht oder Hypoglykämien und GH-Werten nachweisen.

Da mit einem Glukoseüberangebot an das Ungeborene ein foetaler Hyperinsulinismus verbunden ist (OBENSHAIN et al. 1970; WEISS 1979; SOSENKO et al. 1979; WEISS et al. 1978, 1984), gibt der Gehalt an Insulin oder C-Peptid im Nabelschnurblut den sichersten Hinweis darauf, ob eine unerkannte Glukosetoleranzstörung vorlag, die von geburtshilflicher Bedeutung war (OGATA et al. 1980, WEISS et al. 1984, SCHÄFER et al. 1993). Dies ist letztlich die Fragestellung, die für den Geburtshelfer, besonders für das Management einer weiteren Schwangerschaft von Bedeutung ist. Nach eigenen Erfahrungen reflektiert Insulin im Nabelschnurblut den klinischen Zustand des Neugeborenen besser als C-Peptid. Bei eigenen Untersuchungen von Neugeborenen $\geq$4000 g konnten Korrelationen zwischen dem Nabelschnurinsulingehalt und dem Geburtsgewicht sowie den mütterlichen Blutzuckerwerten nach Glukosebelastung nachgewiesen werden (Tabellen 130, 131).

Der mittlere Insulinspiegel im Nabelschnurblut stieg bei Neugeborenen zwischen 4000 g und $\geq$5000 g um mehr als 8 µE/ml an ($r = 0{,}966$; $P < 0{,}01$) (Abb. 80).

Andere Untersuchungen ergaben ähnliche Ergebnisse. So hatten etwa makrosome Kinder (> 95. Perzentile) von Stoffwechselgesunden Schwangeren deutlich höhere Nabelschnurinsulinwerte (18,7 [± 19,1] µE/ml vs. 8,67 [± 6,6] µE/ml) und/oder C-Peptidwerte als normosome Kinder (WEISS 1988, AKINBI und GERDES 1995, HOEGSBERG et al. 1993). Bei makrosomen Neugeborenen wurde der Grenzwert von 21,95 µE/ml (Mittelwert + 2SD) in 34 % und bei normosomen Neugeborenen in 6 % überschritten.

Bei der Mehrzahl der unerwartet schweren Kinder ist die Makrosomie genetisch bedingt. Dementsprechend sind auch mehr als 70 % der Neugeborenen über 4000 g Knaben. Rund 25 % der schweren Kinder haben Nabelschnurinsulinwerte > 97. Perzentile als Hinweis darauf, daß während der Schwangerschaft eine Glukosetoleranzstörung bestand. Rund die Hälfte dieser Fälle haben jedoch einen negativen oGTT im Wochenbett und wären daher mittels eines oGTT nicht diagnostiziert worden (WEISS et al. 1984, SCHÄFER et al. 1993). Es empfiehlt sich daher, bei Kindern über 4000 g bzw. bei klinischem Verdacht auf Gestationsdiabetes (Geburtsge-

Tabelle 130. Grazer Diabetesanalysen. Geburtshilfliche Daten bei 221 Kindern mit einem Geburtsgewicht >4000 g (WEISS et al. 1984)

	Insulin im Nabelschnurblut <20 μE/ml	Insulin im Nabelschnurblut >20 μE/ml	P-Werte
Fallzahl (%)	162 (73,3 %)	59 (26,7 %)	
Primiparae	33,3 %	36,8 %	NS
Multiparae	66,6 %	63,2 %	NS
Mittlerer Insulinspiegel ± SD (Bereich)	11,2 ± 4,5 μE/ml (1,7–19,9)	31,7 ± 14,1 μE/ml (20,5–77,1)	
Hypoglykämie des Neugeborenen			
klinisch	0,0 %	42,4 %	<0,0001
chemisch (<30 mg/dl)	0,0 %	13,6 %	<0.0001
oGTT im Wochenbett nüchtern/1 h/2 h (SD)	71/142/110 (18) (32) (34)	72/156/123 (18) (44) (40)	NS/<0,001/<0,001
Normaler oGTT	75,3 %	54,3 %	NS
1 h-Werte des oGTT 160–200 mg/dl	18,5 %	27,1 %	NS
1 h-Wert des oGTT >200 mg/dl	6,2 %	18,6 %	<0,05

Tabelle 131. Grazer Diabetesanalysen. Insulinspiegel im Nabelschnurblut und oGTT im Wochenbett bei Neugeborenen >4000 g

Insulin im NS-Blut	N	Insulin im NS-Blut Mittelwert	oGTT Mittelwerte	oGTT 1 h >160 mg/dl	oGTT 1 h >200 mg/dl
<10 μE/ml	67	6,7 μE/ml	71/144/118	24,5 %	1,5 %
10–20 μE/ml	95	14,2 μE/ml	71/142/112	25,0 %	9,6 %
20–30 μE/ml	35	23,1 μE/ml	71/156/120	45,7 %	11,4 %
>30 μE/ml	24	44,3 μE/ml	74/158/127	45,9 %	29,2 %

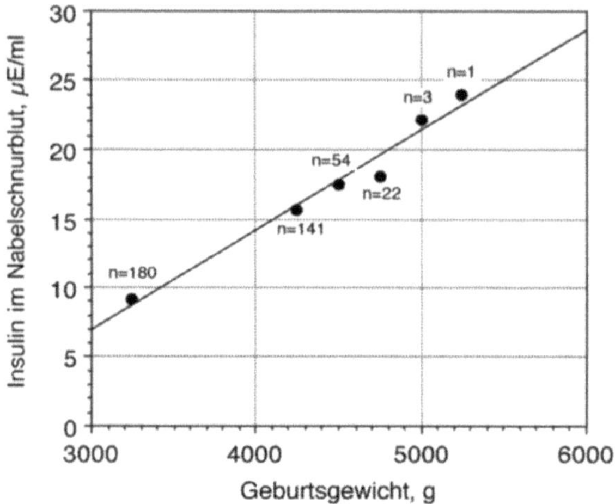

Abb. 80. Grazer Diabetesanalysen. Nabelschnurinsulinspiegel und Geburtsgewicht bei Stoffwechselgesunden. Mittlerer Insulinspiegel im Nabelschnurblut bei 180 normalgewichtigen Neugeborenen und 221 Neugeborenen über 4000 g (nach Weiss et al. 1984)

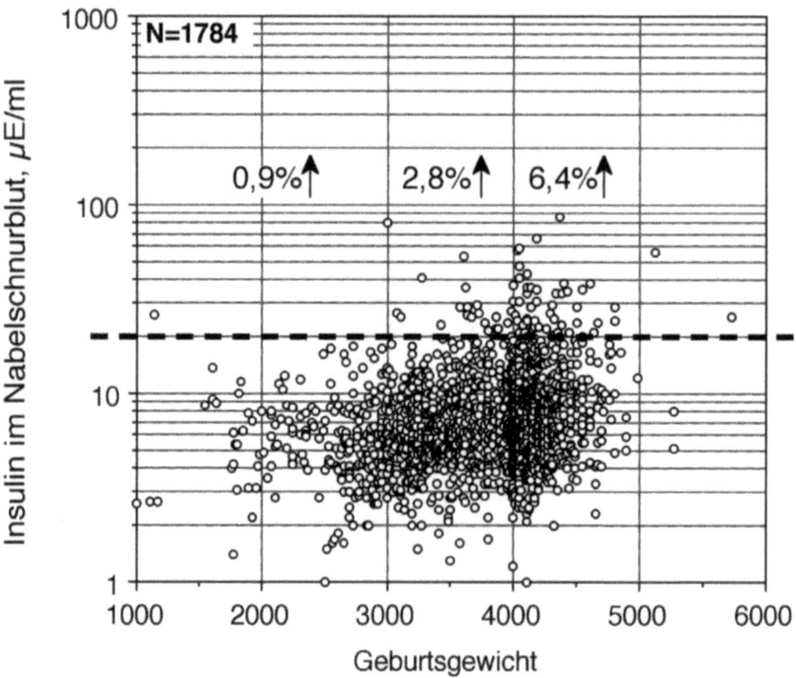

Abb. 81. Grazer Diabetesanalysen. Insulinspiegel im Nabelschnurblut bei 1784 Neugeborenen mit Verdacht auf unerkanntem GDM der Mutter (Kinder >4000 g, Kinder >90 %ile, Adipositas der Mutter, Polyhydramnion, etc.). Die strichlierte Linie entspricht der 99. Perzentile normaler Nabelschnurinsulinwerte (20 μE/ml). Wegen der großen Streuung der Nabelschnurinsulinwerte wurde eine logarithmische Skala gewählt

wicht > 90. Perzentile, belastende Faktoren) eine Insulinbestimmung im Nabelschnurblut durchzuführen. Anhand der Insulinwerte im Nabelschnurblut ist eine Differenzierung zwischen genetisch bedingter und stoffwechselbedingter Makrosomie möglich.

Eine Bestimmung des Insulinspiegels im Nabelschnurblut zur retrospektiven Diagnose glukoseintoleranter Frauen ist jedoch nur bei geringer Screeningdichte in der Schwangerschaft sinnvoll. Nach Einführung eines generellen Schwangerschaftsscreening in unserem Einzugsbereich waren insgesamt nur mehr 4 % und bei Neugeborenen > 4000 g nur mehr 6,4 % Nabelschnurinsulinwerte erhöht (> 20 μE/ml), die Trefferquote also niedrig (Abb. 81).

Wir führen Nabelschnurinsulinbestimmungen daher nicht mehr routinemäßig sonder nur bei bestimmten Fragestellungen durch. Frauen mit unerwartet schweren Kindern raten wir jedoch eine internistische Kontrolle alle zwei Jahre und eine genaue Stoffwechselkontrolle bei Eintritt einer weiteren Schwangerschaft.

Carpenter et al. (1988) haben bei Stoffwechselgesunden Schwangeren und bei GDM im Wochenbett einen Kontroll-oGTT und eine C-Peptidbestimmung im Nabelschnurblut durchgeführt. Während sich die mittleren Nüchtern- und 3 Stundenwerte beider Gruppen nicht unterschieden, differierten die 1 h-Werte (115 ± 22 mg/dl vs. 164 ± 30 mg/dl) und die 2 h-Werte (101 ± 21 mg/dl vs. 115 ± 32 mg/dl). Die Autoren fanden hingegen keinen Unterschied im mittleren C-Peptidspiegel beider Gruppen. Dies ist nicht weiters verwunderlich, da sich der Foetus bei erkanntem und behandeltem GDM in einer normalisierten Stoffwechselsituation befindet und daher eine normale Insulinhomöostase entwickelt. Insulin oder C-Peptidwerte im Nabelschnurblut eignen sich nur zur Diagnose eines bisher unerkannten Gestationsdiabetes. Bei bereits erkanntem und behandeltem Gestationsdiabetes ist der Insulintiter im Nabelschnurblut nur mehr ein Maß zur retrospektiven Qualitätskontrolle der Behandlung (Normalbereich siehe Tabelle 33).

Der Insulingehalt im Fruchtwasser, welches anläßlich der Geburt gewonnen wird ist zur retrospektiven Qualitätskontrolle unzuverlässig, da die foetale Insulinproduktion durch die mütterliche Nahrungskarenz, insbesondere jedoch durch den wehenbedingten Streß des Foetus vorübergehend gedrosselt wird.

Bei Frauen die überschwere Kinder geboren haben, empfiehlt es sich, den KH-Stoffwechsel zumindest zweijährlich zu kontrollieren. Nach der Geburt von Kindern über 4500 g wurde in einem Beobachtungszeitraum von 12 Jahren bei 60 % der Mütter eine diabetische Stoffwechsellage festgestellt (Mickal et al. 1966). Andere Untersuchungen fanden hingegen keine erhöhten Diabetesraten nach der Geburt von Kindern ≥ 4500 g (Nielsen und Nielsen 1990).

12. Insulinpflichtiger (Typ-1) Diabetes mellitus

12.1 Fertilität und Zyklus bei Diabetes mellitus

12.1.1 Menarchenalter

Im Grazer Krankengut betrug das Menarchenalter insulinpflichtiger Schwangerer, unabhängig von der White Klasse im Mittel 13,1 Jahre (Bereich 8–18 Jahre). Es entsprach damit weitestgehend dem Menarchenalter Stoffwechselgesunder. Es handelte sich dabei jedoch um fertile Diabetikerinnen, was einer positiven Auslese entsprechen könnte.

Bei Diabetesmanifestation vor dem Menarchenalter wird eine verspätete Menarche um rund 1 Jahr beschrieben (KJAER et al. 1992). Dies ist besonders bei Diabetesmanifestation bereits vor dem 8. Lebensjahr der Fall.

Nach Untersuchungen von BURKART (1989) beträgt die Verschiebung des Menarchenalters 0,8 bis 1,5 Jahre (Tabelle 132).

Tabelle 132. Menarchenalter bei Gesunden und bei Diabetikerinnen (nach einer Dissertation von BURKART 1989)

Jahr	Land	Menarchenalter, Gesunde	Menarchenalter, Diabetiker	Quelle
1954	Schweden	13,9	15,0	BERGQUIST 1954
1955	Deutschland	14,0	15,9	DISTILLER et al. 1975
1955	Deutschland	13–14	15–16	DITTMAR und FENNING 1964
1962	England	13,5	12,7	POST 1962
1963	Deutschland	14,4	14,7	BACH 1963
1977	Frankreich	12,8	13,6	PINGET et al. 1979
1982	Dänemark	13,0	14,0	DJURSING et al. 1982
1988	Deutschland	12,9	13,7	BURKART 1989
Mittelwert		13,5	14,4	

Die Rate primärer Amenorrhoen beträgt bei früher Diabetesmanifestation 3,6 %, bei später Manifestation 2,0 % und bei einem nichtdiabetischen Kontrollkollektiv 1,55 % (BURKART 1989).

12.1.2 Regeltempoanomalien

Regeltempoanomalien sind bei IDDM häufiger als bei Stoffwechselgesunden (21,6 % vs. 10,8 %). Bei unausgewählten Diabetikerinnen mit Diabetesmanifestation vor dem 30. Lebensjahr ergab eine dänische Studie im

Vergleich zu Kontrollen gehäuft Polymenorhoen (7,3 % vs. 5,2 %), Oligomenorhoen (10,6 % vs. 4,8 %), sekundäre Amenorhoen (8,2 % vs. 2,8 %) und primäre Amenorhoen (4,9 % vs. 1,2 %) (KJAER et al. 1992).

Vergleiche bei Regeltempoanomalien sind jedoch schwierig, da eine Reihe von Einflußfaktoren zu berücksichtigen sind. Dazu gehören das Alter, das Körpergewicht und das Menarchenalter. So haben etwa stark untergewichtige Frauen (Broca-Index –30 %) ~15 % Oligomenorrhoen und in über 20 % sekundäre Amenorrhoen, während die Störung bei Normalgewichtigen nur in ~5 % bzw. 1–2 % auftritt. Übergewichtige Frauen (Broca-Index + > 20 %) hingegen haben in 20 % Polymenorhoen gegenüber 7,5 % bei Normalgewichtigen. Bei spätem Eintritt der Menarche werden Zyklusstörungen häufiger gefunden (BURKART 1989).

Körperliche und psychische Belastungen ziehen ebenfalls Regelanomalien nach sich. So treten etwa bei Langläuferinnen im Vergleich zu Kontrollen in 34 % vs. 4 % Regeltempostörungen auf (DALE et al. 1979). Balletteusen haben sogar in ~75 % Regeltempostörungen (WARREN et al. 1986) während arrestierte Frauen bis zu 100 % Amenorrhoen haben (DREW 1961).

Insgesamt ist unter gesunden normalgewichtigen Frauen im Alter zwischen zwanzig und vierzig Jahren in etwa 11–14 % mit einer Abweichung von der Eumenorrhoe zu rechnen, während Diabetikerinnen in rund 22 % Störungen zeigen (KJAER et al. 1992).

Bei Typ-1 Diabetes unterscheidet sich die sexuelle Reifung und das Menarchenalter in der Regel nur wenig von Stoffwechselgesunden (SALERNO et al. 1997). Es bestehen jedoch, vor allem bei Frauen mit Diabetesmanifestation vor der Menarche, erheblich häufiger Oligomenorrhoen und sekundäre Amenorrhoen (Tabelle 133).

In der Phase der Stoffwechseldekompensation zum Zeitpunkt der Diabetesmanifestation und kurz danach ist die Beeinflussung des Sexual-

Tabelle 133. Regeltempostörungen bei Typ-1 Diabetikerinnen (nach BURKART 1989)

Alter	Polymenorrhoe %	Eumenorrhoe %	Oligomenorrhoe %	Sekundäre Amenorrhoe, %	n
a) Diabetesmanifestation vor der Menarche					
<20	17	50	–	33	6
21–30	12	68	15	6	34
31–40	7	63	23	7	30
41–50	–	100	–	–	15
Total	8	71	14	7	85
b) Diabetesmanifestation nach der Menarche					
<20	–	75	13	13	8
21–30	5	82	5	8	38
31–40	11	70	2	17	47
41–50	19	75	–	6	15
Total	9	76	4	12	108

Tabelle 134. Diabetesdauer und Häufigkeit von Zyklusanomalien. Mit zunehmender Diabetesdauer nehmen Zyklusstörungen ab (nach BURKART 1989)

Diabetes-dauer, Jahre	Polymenor-rhoe, %	Eumenor-rhoe, %	Oligomenor-rhoe, %	Sekundäre Amenorrhoe, %	n
a) Diabetesmanifestation vor der Menarche					
< 10	–	33	–	66	3
10–19	15	62	15	8	26
20–29	9	66	23	3	35
> 29	–	94	–	6	18
b) Diabetesmanifestation nach der Menarche					
< 10	10	74	6	10	62
10–19	10	83	–	7	42
20–29	5	68	5	21	19
> 29	–	90	10	–	10

endokriniums am stärksten ausgeprägt. Je länger hingegen der Diabetes mellitus besteht, umso häufiger wird eine Normalisierung der Blutungsintervalle beobachtet (Tabelle 134) (BURKART 1989).

So wie sich der Stoffwechsel auf den Zyklus auswirkt, wirkt sich der Zyklus auf den Stoffwechsel aus. Die Ergebnisse verschiedener Studien sind jedoch widersprüchlich, da diese durch verschiedene Faktoren wie Körpergewicht, körperliche Aktivität, das Hormonelle Milieu und den Zeitpunkt des Zyklus beeinflußt werden (Übersicht bei DIAMOND et al. 1988). Bei Stoffwechselgesunden wurde in einigen oGTT Studien eine verminderte Glukosetoleranz in der Lutealphase beobachtet (JARRETT und GRAVER 1968, ROY et al. 1971). In der Lutealphase war die Glukoseaufnahme und das Verhältnis der Glukoseaufnahme zur Insulinkonzentration mit einer hyperglykämischen Clamp Technik signifikant erniedrigt (DIAMOND et al. 1989).

Eine Untergruppe von IDDM zeigte analog dazu in der Lutealphase und prämenstruell eine Verschlechterung des Stoffwechsels (CRAMER 1942, WALSH und MALINS 1977, SACERDOTE und BLEIKER 1982). Bei diesen Frauen ist die Verschlechterung der Stoffwechselsituation mit einem stärkeren Anstieg des Östradiolspiegels von der Follikel- zur Lutealphase assoziiert (WILDOM et al. 1992).

Die Ursache der Verminderten Glukosetoleranz ist wahrscheinlich eine herabgesetzte Insulin Bindung und eine verminderte Anzahl von Insulinrezeptoren während der Lutealphase (DE PIRRO et al. 1978, BECK-NIELSEN et al. 1979, BERTOLI et al. 1980, MOORE et al. 1981, TOYODA 1982).

12.1.3 Spontanabortus

Die Häufigkeit spontaner Fehlgeburten hängt von der Methode der Diagnose ab (KALTER 1987). Die Rate beträgt 8–26 % bei prospektiven Untersuchungen an klinisch nachgewiesenen Schwangerschaften (JANSEN 1982,

Mills et al. 1988, Kitzmiller et al. 1996), 12–18 % bei retrospektiven Analysen von mütterlichen Anamnesen (Warburton et al. 1964, Leridon 1976, Lorenzen et al. 1999) und 15–25 % bei Verwendung von life-table Wahrscheinlichkeitsmethoden (Harlap et al. 1980). Bei einer prospektiven Untersuchung gesunder Frauen mit Kinderwunsch hatten 25 % transiente „biochemische Schwangerschaften" und 14 % klinische Aborte (Miller et al. 1980). In den meisten Publikationen wird die spontane Abortusrate bei Diabetikerinnen mit 10 bis 17 % in der gleichen Größenordnung wie in der generellen Bevölkerung angegeben (Gellis und Hsia 1959, Pedersen 1977, Kitzmiller et al. 1978, Wright et al. 1983, Kalter 1987, Sutherland und Pritchard 1987, Damm und Mølsted-Pedersen 1989, Gestation and Diabetes in France Study Group 1991). Eine prospektive Studie von Miodovnik et al. (1984) hingegen ergab bei IDDM mit 30 % eine deutlich höhere Abortusrate als bei Stoffwechselgesunden. Die Abortusrate zwischen der 5. und der 19. Schwangerschaftswoche korrelierte mit dem Alter bei der Manifestation des Diabetes mellitus und damit mit der White Klasse. Während die Abortusrate bei White B Diabetikerinnen 0 % betrug, betrug diese bei White C Fällen 25 %, bei White D Fällen 44 % und bei White F bis RT 22 %.

Es ist naheliegend, daß eine schlechte Stoffwechselqualität ebenfalls mit einer höheren Abortusrate assoziiert ist (Castracane et al. 1985, Miodovnik et al. 1986, Mills et al. 1988, Dicker et al. 1988, Greene et al. 1989). Bei der Analyse von Diabetikerinnen mit 2 konsekutiven Schwangerschaften und der Sequenz Abortus in der 1. Schwangerschaft – kein Abortus in der 2. Schwangerschaft zeigten sich niedrigere HbA_1 Werte (9,3 % vs. 10,7 %) und niedrigere postprandiale Glukosewerte (135 ± 11 mg/dl vs. 166 ± 13 mg/dl) in der 2. Schwangerschaft (Miodovnik et al. 1990). Die Grenze zwischen einer eher niedrigen bzw. überhöhten Abortusrate liegt bei einem HbA_1 Wert von 10–12 % in der 8. bis 9. Schwangerschaftswoche (Miodovnik et al. 1985, Dicker et al. 1988, Langer 1996) oder einer mittleren Blutglukose von 120–130 mg/dl im ersten Trimester (Rosenn et al. 1994). Normale hCG und Prolaktinspiegel weisen auf die Integrität des Trophoblasten hin, während niedrige Spiegel ein erhöhtes Abortusrisiko aufzeigen (Rosal et al. 1975, Jovanovic et al. 1978, Castracane et al. 1985). Der diabetesassoziierte Magnesiummangel, der von der Qualität der Stoffwechselführung abhängt (Prager et al. 1982), könnte ebenfalls zur Abortusneigung beitragen. Durch eine gezielte präkonzeptionelle Einstellung konnte die Abortusrate von rund 29 % auf rund 9 % gesenkt werden (Dicker et al. 1988).

30 % der Aborte treten vor der 8 Schwangerschaftswoche, 58 % zwischen der 8. und 11 Woche und nur 12 % zwischen der 12. und 19. Woche auf (Mills et al. 1988). Die Rate an habituellen Aborten wurde insgesamt mit 0,62 % und bei Nulliparae mit 1,64 % angegeben (Briese und Müller 1995).

Eine ungefähre Prognose über das Schicksal der Schwangerschaft kann aus dem Serum hCG Spiegel der 8. bis 9. Woche abgeleitet werden (Miodovnik et al. 1984). Bei Schwangerschaften, die über die 20 Schwangerschaftswoche hinaus verliefen betrug der mittlere β-hCG Spiegel 2995

± 313 mIE während dieser bei Abortusfällen 1045 ± 372 mIE betrug. Initiale Serumspiegel mit >6000 mIE sind gewöhnlich mit einer erfolgreichen Schwangerschaft assoziiert, während Spiegel <6000 mIE keine Vorhersage über das weitere Schicksal der Schwangerschaft ermöglichen.

In diesem Zusammenhang ist die Beobachtung interessant, daß bei männlichen Nachkommen das Erbrisiko eines Diabetes herabgesetzt ist, wenn der Schwangerschaft zumindest ein Abortus vorangeht (Bache et al. 1999). Die Ursachen dafür sind spekulativ. Frauen die einen Abortus haben, haben einen niedrigeren Östrogenspiegel und einen höheren Anteil an freiem Testosteron in der Frühschwangerschaft (Takeuchi et al. 1993, Aksoy et al. 1996). Bei diabetischen Mäusen wiederum führt eine Behandlung der Neugeborenen mit Testosteron zu einer herabgesetzten Diabetesrate, während endogenes Östrogen die Erkrankung fördert (Hawkins et al. 1993). Es wurde daher vermutet, daß Diabetikerinnen mit einem niedrigen Östrogen : Testosteron-Verhältnis in der Frühschwangerschaft zwar ein erhöhtes Abortusrisiko, die Nachkommen hingegen ein geringeres Erbrisiko haben (Bache et al. 1999).

Die Häufigkeit induzierter Aborte bei Diabetikerinnen ist schwer erhebbar. Bei einer Befragung von 1304 Diabetikerinnen der dänischen Bevölkerung war die Rate mit 18 % etwa gleich hoch als die Rate der Spontanaborte (Lorenzen et al. 1999).

12.1.4 Fertilität

In der Vorinsulinära hatten insulinpflichtige Diabetikerinnen nur 2 % der Fertilität von Stoffwechselgesunden (Skipper 1933). Mit der therapeutischen Anwendung von Insulin stieg die Fertilität und war zwischen 1938 und 1952 nur mehr um 38 % niedriger als bei Stoffwechselgesunden (Bergqvist 1954).

Bis zum 35. Lebensjahr treten heute bei rund 70 % aller Diabetikerinnen spontan Schwangerschaften auf (Burkart et al. 1989), während nur mehr 17–21 % ungewollt infertil sind (Steel 1985, Kjaer et al. 1992, Briese und Müller 1995). Dies deckt sich nahezu mit den Zahlen der Durchschnittsbevölkerung. Dennoch besteht bei Diabetikerinnen eine Subfertilität, die jedoch durch eine höhere Anzahl von Spontanaborten (siehe oben), induzierten Aborten (7–12 %, Rachootin und Olsen 1982, Kjaer et al. 1992) und Totgeburten bedingt ist. Die Subfertilität beruht aber auch auf einem bewußten Verzicht auf Kinder in der Folge der Erkrankung. Diabetikerinnen haben daher im Vergleich zu Kontrollen signifikant weniger Schwangerschaften (1,4 vs. 1,7) und weniger Geburten pro Schwangerschaft (Kjaer et al. 1992). Bei ungewollter Infertilität unterziehen sich nur rund die Hälfte der Diabetikerinnen einer gezielten Behandlung (Rachootin und Olsen 1981, Templeton et al. 1990).

Wie bei Stoffwechselgesunden kann auch bei IDDM eine in vitro Fertilisierung mit Embryotransfer indiziert sein. Eine Stimulation mit Gonadotropinen führt zu einem normal hohen Östradiol- und Progesteron-Response und zu ≥5 präovulatorischen Oozyten (Oehninger et al. 1990, Dicker et al. 1992). Die Fertilisations- und Teilungsraten der Oozyten sind ebenfalls normal. In der Follikelflüssigkeit unterscheiden sich die Spiegel von Östradiol, Progesteron, Androstendion, hCG, Prolaktin und IGF-1 bei Diabetikerinnen kaum von jenen Stoffwechselgesunder. Es wurde jedoch ein erhöhter Insulinspiegel (Dicker et al. 1992) und eine Mangel an Epidermal Growth Factor (Oehninger et al. 1990) nachgewiesen. Außerdem nimmt bei längerer Diabetesdauer die LH-Ausschüttung nach GnRH-Stimulation ab (Coiro et al. 1991).

Die Anwendung der IVF bei Diabetikerinnen setzt eine exakte präkonzeptionelle Stoffwechseleinstellung von drei Monaten voraus. Unter dieser Voraussetzung scheint die Erfolgsrate bei Diabetes mellitus gleich zu sein, als bei Stoffwechselgesunden (Dicker et al. 1992).

12.2 Häufigkeit des manifesten Diabetes mellitus in der Schwangerschaft

Epidemiologische Studien konnten zeigen, daß die geographische Verbreitung des juvenilen Diabetes mellitus (JOD, IDDM, Typ-1 Diabetes) recht unterschiedlich ist (Diabetes Epidemiology Research International Group 1988, 1990; Bingley und Gale 1989; Drash 1990) (Tabelle 135). Ein besonders hohe Inzidenz findet sich in den Nordischen Staaten (Christau et al. 1979; Dahlquist et al. 1982, 1985; Andersen 1983; Akerblom und Reunanen 1985; Östman et al. 1986; Diabetes Epidemiology Research International Group 1988; Joner und Søvnik 1989; Nyström et al. 1990; WHO

Tabelle 135. Jährliche Neuerkrankungen an juvenilem Diabetes mellitus vor dem 20. Lebensjahr/100.000 Einwohner

Finnland	28,6	Neuseeland	10,4
Finnland	35,2	Island	9,4
Sardinien	24,1	Kanada	9,0
Schweden	22,7	Slovakien	8,9
Norwegen	17,6	England	7,7
USA	14,7	Brasilien (Sao Paulo)	7,6
Dänemark	14,0	Sudan	5,9
Australien[a]	14,5	Kuwait	5,6
Yorkshire	13,7	Israel (Araber)	4,2 (1,2)
Schottland	13,5	Frankreich	3,7
Australien (West)	13,2	Japan	0,8
Italien (Ligurien)	12,0	Korea (Seoul)	0,7
Niederlande	10,9	China (Shanghai)	0,6

[a] New South Wales. Qellen: Akerblom und Reunanen 1985, Tajima et al. 1985, Laron et al. 1985, La Porte et al. 1985, Helgason et al. 1992, Tuomilehto et al. 1992, Elamin et al. 1992, Kelly und Byrne 1992, Ferreira et al. 1993, Staines et al. 1993, Hua et al. 1994, Mazzella et al. 1994, Verge et al. 1994, Ko et al. 1994, Michalková et al. 1995

Diamond Project Group 1990; GREEN und ANDERSEN 1983; TUOMILEHTO et al. 1991, 1992).

Während die Inzidenz besonders in den in den Niederlanden (+ 4,4 %/ Jahr) und den Nordischen Staaten (+ 2,4–3,3 %/Jahr), aber auch in Europa insgesamt jährlich ansteigt (REUNANEN et al. 1982, DAHLQUIST et al. 1985, JONER und SØVIK 1989, BINGLEY und QUALE 1989, TUOMILEHTO et al. 1991, DRYKONINGEN et al. 1992), ist sie in den USA etwa gleichbleibend (Diabetes Epidemiology Research International Group 1990). In den USA werden von IDDM jährlich rund 12.000 Kinder geboren (Carter Center of Emory University 1985, CONNELL et al. 1985).

In Österreich (SCHOBER und FRISH 1988), Deutschland (MICHAELIS et al. 1993) und anderen Ländern Europas (BINGLEY und GALE 1989, BODANSKY et al. 1992, ELAMIN et al. 1992, MICHALKOVÁ et al. 1995) ist ebenfalls ein Anstieg der Inzidenz zu beobachten.

In Finnland ist die Erkrankungswahrscheinlichkeit etwa 35mal und in den USA 20mal höher als in Japan (Japan IDDM Epidemiology Study Group 1993). Insgesamt besteht ein Nord-Süd-Gefälle wobei die Häufigkeit des IDDM, von Ausnahmen abgesehen, mit der Entfernung zum Äquator korreliert (LA PORTE et al. 1985). Als Ausnahme kann Island mit einer unerwartet niedrigen jährlichen Inzidenz von 9,4 auf 100.000 angeführt werden (HELGASON et al. 1992), während andererseits die Inzidenz in Sardinien mit 24,1/100.000 (MUNTONI et al. 1992) und Ligurien mit 12/ 100.000 (MAZZELLA et al. 1994) im Vergleich etwa mit Rom (7,9/100.000, SEBASTIANI et al. 1996) unerwartet hoch ist. (Tabelle 135). Auch Kuwait hat mit 15,4/100.000 eine unerwartet hohe Inzidenz (SHALTOUT et al. 1995). Finnland hat mit 35,2/100.000 die höchste (TUOMILEHTO et al. 1992), während Korea (KO et al. 1994) mit 0,7/100.000 und China (HUA et al. 1994) mit 0,6/100.000 die niedrigste Inzidenz der Welt hat. Die Prävalenz des IDDM ist naturgemäß höher als die Inzidenz. Nach Angaben von Libman et al. (1993) beträgt die Prävalenz des IDDM in den USA 1,7/1000 bei einer Inzidenz von 18,2/100.000. Das heißt, rund 302.000 Amerikaner leiden an IDDM, wobei jährlich rund 29.700 Neuerkrankungen auftreten.

Rund 10–35 % der Fälle mit manifestem Diabetes in der Schwangerschaft sind NIDDM (Gestation and Diabetes in France Study Group 1991, HAGAY und REECE 1992, WILLHOITE et al. 1993, BEISCHER et al. 1996). Im eigenen Krankengut hatten 85,6 % der Schwangeren mit manifestem Diabetes einen Typ-1 Diabetes und 14,4 % einen Typ-2 Diabetes. Es gibt jedoch auch Länder wie etwa Japan oder Kuwait in denen der Anteil des NIDDM am manifesten Diabetes in der Schwangerschaft bis zu 75 % beträgt (JOHNSTONE et al. 1990, OMORI et al. 1994). Die Bedeutung des NIDDM in der Schwangerschaft nimmt in den letzten Jahren zu, da die Prävalenz in der Europäischen Bevölkerung, aber auch in Australien (GLATTHAAR et al. 1985, BEISCHER et al. 1996), Japan (OHMURA et al. 1993, OMORI et al. 1994) und in den Entwicklungsländern (COLLINS et al. 1994) eine steigende Tendenz hat.

Die Verbreitung von MODY (NIDDY) ist in Europa, den USA, Indien, Japan und Australien etwa gleich (Übersicht bei FAJANS 1990). Die Prävalenz beträgt etwa 0,15 % aller Diabetiker und 5,1 % der NIDDM vor dem 30. Lebensjahr (Panzram und Adolph 1983) bzw. 4,8 % der Diabetiker vor dem 25. Lebensjahr (Mohan et al. 1985). Nach Analysen von Ledermann (1995) könnte die Prävalenz im deutschen Sprachraum jedoch auch 2,1 % der NIDDM-Gruppe ausmachen.

Die Prävalenz des insulinpflichtigen Diabetes in der Schwangerschaft ist geringer als die Diabeteshäufigkeit insgesamt. Dies liegt darin begründet, daß sich ein Großteil des Typ-2-Diabetes (MOD) erst nach Ende der Reproduktionsphase manifestiert und andererseits eine Reihe von Typ-1-Diabetikerinnen (JOD) auf Kinder verzichtet. Darüber hinaus besteht eine männliche Prädominanz des IDDM (Ustvedt und Olsen 1977; LaPorte et al. 1981, 1986; Reumanen et al. 1982; Patterson et al. 1983, 1988; Vaandrager et al. 1984; Allen et al. 1986; Calori et al. 1990; Blohme et al. 1992). Bei der Analyse von nahezu 2000 Fällen in Schweden bestand eine männliche Inzidenz von 20,5/100.000/Jahr versus einer weiblichen Inzidenz von 12,7/100.000/Jahr (Blohme et al. 1992). Die männliche Prädominanz scheint jedoch eher im kalten bzw. gemäßigten Klima aufzutreten. In wärmeren Zonen (Australien Brasilien, Sudan, Shanghai) ist eine geringe weibliche Prädominanz vorherrschend (Kelly und Byrne 1992, Elamin et al. 1992, Ferreira et al. 1993, Hua et al. 1994).

Eine Sonderform des Typ-1 (insulinpflichtigen) Diabetes ist der adult-onset IDDM (Melton et al. 1983, Laakso und Pyorala 1985, Libman et al. 1993, Harris und Robbins 1994). Sein Anteil beträgt ~7 % Des IDDM zwischen dem 30. und 74. Jahr (Harris und Robbins 1994), wobei die Erstmanifestation bei Frauen im Rahmen einer Schwangerschaft auftreten kann. Der manifeste Diabetes mellitus in der Schwangerschaft (Prägestationsdiabetes) ist in Mitteleuropa und Nordamerika mit einer Häufigkeit von 0,1 bis 0,5 % zu erwarten (Beard and Oakley 1976, Wheeler et al. 1982, Connell et al. 1985). Glukosetoleranzstörungen werden hingegen 8–10mal häufiger gefunden (Beard und Hoet 1982).

Exaktere Angaben sind schwierig. In Diabeteszentren häufen sich die Fälle naturgemäß. Im eigenen Bereich lag die Häufigkeit insulinpflichtiger Diabetikerinnen vor 1975 recht konstant bei 0,2 % (~4500 Geburten/Jahr). Nach dem Ausbau eines Zentrums für Diabetes und Schwangerschaft im Jahr 1975, stieg die Rate insulinbehandelter Fälle auf rund 1,5 % an. Durch gezieltes Blutzucker-Screening in jeder Schwangerschaft ist die Häufigkeit der Fälle mit der Erstmanifestation eines (adult-onset) IDDM auf 0,5 % angestiegen.

12.3 Das Problem der Fehlbildung. Häufigkeit und Ätiologie

Das Fehlbildungsrisiko bei insulinpflichtigem Diabetes mellitus ist im Vergleich zu Stoffwechselgesunden deutlich erhöht (White 1949, Pedersen 1954, Oakley 1953, Mølsted-Pedersen et al. 1964, Kucera 1971, Peel 1972, Soler et al. 1976, Glasgow et al. 1979, Landon 1991, Sheils et al. 1993,

Garner 1995, Kitzmiller et al. 1996). 90 % der Fehlbildungen sind mit einer schlechten Stoffwechselführung im 1. Trimester assoziiert (Daweke et al. 1970). Während das Fehlbildungsrisiko generell 1,2–3,7 % beträgt (Mølsted-Pedersen et al. 1964, Soler et al. 1976, Simpson et al. 1983, Ballard et al. 1984, McCarter et al. 1987, Hadden et al. 1988, Hod et al. 1991), wird es beim Diabetes zumeist mit 3 % bis 7 %, vereinzelt sogar bis über 18 % angegeben (Gabbe 1977, Day und Insley 1976, Lucas et al. 1989, Becerra et al. 1990, Lowy et al. 1986, Greene 1989, Rosenn et al. 1990). Das Risiko steigt mit fortschreitendem White-Stadium (Mølsted-Pedersen et al. 1964, Soler et al. 1976, Neave 1984, Miodovnik et al. 1988). Bei der Auswertung von 19 Publikationen aus den Jahren 1977 bis 1981 betrug die Fehlbildungsrate bei 2388 Neugeborenen insulinpflichtiger Diabetikerinnen im Mittel 8,2 % (Weiss 1988) (Tabelle 2). Diese Rate hat sich in den letzten 25 Jahren nicht nennenswert verändert (Soler et al. 1976, Pedersen 1977, Freinkel 1980, Mills 1982, Ballard et al. 1984). Im Vergleich zu Schwangerschaften bei Stoffwechselgesunden ist die Fehlbildungsrate somit zumindest auf das 3- bis 8fache erhöht (Chung und Myrianthopoulos 1968, Mølsted-Pedersen 1980, Beccera et al. 1990, Fernez et al. 1990). Diabetikerinnen neigen zu multiplen Fehlbildungen und solchen, die schwerer und häufiger tödlich sind als bei Stoffwechselgesunden (Driscoll et al. 1960, Mølsted-Pedersen et al. 1964, Kucera 1971, Chung und Myrianthopoulos 1975, Pedersen 1977, Mølsted-Pedersen 1980, Mills 1982, Ballard et al. 1984, Lowy et al. 1986, McCarter et al. 1987, Bower et al. 1992, Ramos-Arroyo et al. 1992, Martinez-Frias 1994). Durchschnittlich 40 % der perinatalen Mortalität bei Diabetes mellitus wird durch angeborene Fehlbildungen verursacht (Gabbe 1977, Soler et al. 1978, Mills et al. 1979, Cousins 1983, Reece und Hobbins 1986, Coustan 1988).

Bei HLA-Antigen Studien ergab sich kein Zusammenhang zwischen HLA-Mustern und der Fehlbildungsrate bei Diabetikerinnen (Simpson et al. 1983).

Eine deutliche Korrelation besteht hingegen zwischen dem mütterlichen HbA_1- oder HbA_{1C}-Spiegel in der Frühschwangerschaft und der Fehlbildungsrate (Widness et al. 1978; Leslie et al. 1978; O'Shaughnessy et al. 1979; Ylinen et al. 1981, 1984; Miller et al. 1981; Reid et al. 1984; Miodovnik et al. 1988; Key et al. 1987; Stubbs et al. 1987; Lucas et al. 1989; Green et al. 1989; Hanson et al. 1990; Rosenn et al. 1994; Suhonen et al. 2000) (Tabelle 136, 137). Der Glykohämoglobinwert reflektiert die mittlere Blutglukosekonzentration der letzten 4 bis 8 Wochen (Dunn et al. 1979). Eine frühe Wachstumsverzögerung als Hinweis auf ein erhöhtes Fehlbildungsrisiko (Pedersen und Mølsted-Pedersen 1979, 1981; Tchobroutsky et al. 1985) (siehe Tabelle 136) ist ebenfalls mit hohen mütterlichen HbA_{1C}-Spiegeln (8,9 % vs. 7,8 %) assoziiert (Pedersen et al. 1984). Möglicherweise erfolgt die Noxe für die frühe Wachstumsretardierung bereits im Präimplantationsstadium des Embryo, durch eine Verzögerung der Zellteilung in Blastozysten (Beebe und Kay 1991, Lea et al. 1996). Der Präimplantationsembryo badet im Uterus von Diabetikerinnen in einem veränderten Milieu und wird durch die unterschiedlichen Konzentrationen von Nähr-

Tabelle 136. Faktoren mit Einfluß auf die Fehlbildungsrate

Faktor	Fehlbildungsrate	Quelle
1. Straffe Stoffwechselführung		Fuhrmann 1983
a) vor der Konzeption	0,8 %	
b) in der Frühschwangerschaft	7,5 %	
2. Diabetesdauer		
a) < 5 Jahre	2,2 %	
b) > 6 Jahre	8,3 %	
3. Frühe Wachstumsretardierung	18,0 %	Pedersen und Mølsted-Pedersen 1981
4. Polyhydramnion	18,0 %	
5. HbA1		
a) ≤ 9,3 %	3,0 %	Green et al. 1989
b) > 14,4 %	40,0 %	
6. HbA1C		
a) < 8,5 %	3,4 %	Miller et al. 1981
b) ≥ 8,6 %	22,4 %	
a) < 8,0 %	4,8 %	Ylinen et al. 1984
b) 8–9,9 %	12,9 %	
c) ≥ 10 %	35,3 %	
7. Frühe Wachstumsretardierung bei fortgeschrittener White Klasse	27,0 %	Pedersen und Mølsted-Pedersen 1981
8. Gestationsdiabetes	5,1 %	Amankwah et al. 1981
	5,9 %	Semmler et al. 1990
	19,7 %	Farrell et al. 1986

stoffen, Hormonen, Wachstumsfaktoren, und Zytokinkonen beeinflußt (Pampfer und De Hertogh 1996).

Im Tierversuch wurde eine frühe Wachstumsretardierung auch durch Insulin-Antikörper ausgelöst (De Pablo et al. 1985).

Liegt der HbA_{1C}-Wert unter 8,5 %, so ist nach Miller et al. (1981) mit einer Fehlbildungshäufigkeit von 3,4 % zu rechnen, während bei HbA_{1C}-Werten von 8,6 % und darüber die Rate auf 22,4 % ansteigt. Für kardiale Fehlbildungen beträgt die Sensitivität eines HbA_{1C}-Wertes ≥ 8,5 % nur etwa 50 %. Kardiale Fehlbildungen können erst bei HbA_{1C}-Werten von ≤ 6,1 % ausgeschlossen werden (Shields et al. 1993). Lucas et al. (1989) beschrieben bei Diabetikerinnen mit gesunden Kindern einen mittleren HbA_1-Wert von 8,9 %, und bei Fehlgebildeten Kindern einen Mittelwert von 10,3 %, während Stubbs et al. (1987) einen Median von 10,8 % und 12,9 % angibt. Ylinen et al. (1984) beobachteten bei HbA_{1C}-Werten von 10.0 und darüber in 35,3 %, bei Werten zwischen 8,0 und 9,9 in 12,9 % und bei Werten unter 8,0 in 4,8 % das Auftreten von Fehlbildungen. Es besteht jedoch kein Unterschied in der Höhe der Mütterlichen HbA_{1C}-Werte bei leichten und schweren Fehlbildungen. Allerdings treten leichte Fehlbil-

Tabelle 137. Mittlerer HbA1-Spiegel bei Diabetikerinnen mit und ohne fehlgebildetem Kind

Quelle	Mittlerer mütterlicher HbA_1-Spiegel	
	Kinder ohne Fehlbildungen	Kinder mit Fehlbildungen
Lucas et al. 1989	8,9 %	10,3 %
Stubbs et al. 1987	[a] 10,8 %	[a] 12,9 %
Goldman et al. 1986 (HbA1C)	7,4 %	10,4 %

[a] Median

dungen besonders dann auf, wenn hohe Glykohämoglobinspiegel zwischen der 12. und 20. Woche nachweisbar sind. Da der Glykohämoglobinspiegel die Glykämie der vorangegangenen 6 Wochen spiegelt, handelt es sich daher bei leichten Fehlbildungen wahrscheinlich um Fälle mit schlechter Stoffwechselführung zum Zeitpunkt der späten Embryogenese bzw. frühen Foetalentwicklung (Rosenn et al. 1990).

Green et al. (1989) fanden bei HbA_1-Werten von ≤ 9,3 % eine Fehlbildungsrate von 3 %, bei HbA_1-Werten von > 14,4 % hingegen eine Rate von 40 %. Möglicherweise gibt es aber auch endemische Einflüsse auf die Fehlbildungsraten. So fanden etwa Hanson et al. (1990) in einer prospektiven Studie an 532 IDDMs eine Fehlbildungsrate von nur 4,3 %, die sich statistisch nicht von der generellen Fehlbildungsrate von 2,4 % unterschied. Es zeigte sich jedoch ebenfalls eine signifikante Korrelation zu HbA_{1C}-Werten über 10,1 %, nicht jedoch zur Diabetesdauer oder zu anderen Parametern. Auch im eigenen Patientengut bewegte sich die Fehlbildungsrate in den 70er Jahren insgesamt zwischen 3 und 4 % und war damit ohne erkennbare Gründe deutlich niedriger als in den meisten vergleichbaren Untersuchungen. Eine denkbare Ursache für regional unterschiedliche Fehlbildungsraten wäre eine regional unterschiedliche allgemeinmedizinische Versorgung (mehr ländliche oder städtische Bevölkerung, Diabeteszentren in unmittelbarer Nähe, sozialer Status, Bildungsgrad etc.). Ist die durchschnittliche Qualität der Stoffwechselführung aufgrund lokaler Gegebenheiten zufriedenstellend, so werden auch mehr Frauen ihre Schwangerschaft mit ausreichend guter Stoffwechselkontrolle beginnen.

Diabetesspezifische Fehlbildungen sind nicht bekannt. Es gibt jedoch unterschiedliche Häufigkeitsraten einzelner Fehlbildungen im Vergleich zu Stoffwechselgesunden (Kucera 1971, Khouri et al. 1989, Reece et al. 1996), wobei vor allem die Kaudale Regression zu nennen ist (Kucera 1971, Hotston und Carty 1983, Sonek et al. 1990).

So sind etwa nach Kucera Neuralrohrdefekte 2- bis 3mal häufiger (1,2–2,5 %), kardiovaskuläre Fehlbildungen 4mal häufiger (2,3–3,4 %), eine kaudale Regression hingegen 252mal häufiger (~1,0 %) als bei Stoffwechselgesunden (Tabelle 138). Vor allem vertebrale und kardiovaskuläre

Tabelle 138. Relatives Risiko kindlicher Fehlbildungen bei Diabetikerinnen im Vergleich zu Stoffwechselgesunden (in Anlehnung an Kucera 1971)

Fehlbildung	Relatives Risiko
– Kaudale Regression	252
– Situs inversus	84
– Nierenanomalien	5
– Agenesie	6
– Zystenniere	4
– Ureter Duplex	23
– Herzfehlbildungen	4
– Anencephalus	3
– Anal/Rektalatresie	3
– Spina bifida, Hydrocephalus und andere ZNS-Defekte	2

Anomalien weisen auf eine diabetogene Ursache hin (Rowland et al. 1973, Lowy et al. 1986, Rasanen und Kirkinen 1987, Khoury et al. 1989). Becerra et al. (1990) geben ein relatives Risiko von 5,3 für zentralnervale und 8,5 für kardiovaskuläre Fehlbildungen an. Lowy et al. (1986) fanden ebenfalls in erster Linie Fehlbildungen des Herzens, der Wirbelsäule, der Lungen und des Gehirns. Ferencz et al. (1990) analysierten 2568 Fälle von kardiovaskulären Fehlbildungen, um das relative Risiko seltener Fehlbildungen zu bestimmen. Dabei betrug das relative Risiko von Diabetikerinnen für den Doubled Outlet Right Ventricle über 21, für den Trunkus Arteriosus ~13, für die Fallotsche Tetralogie über 6 und für den Ventrikelseptumdefekt ~3,5.

Nierenanomalien beinhalten Ureterduplikationen, Agenesien und Hydronephrosen (Tabelle 138).

Eine einzelne Nabelschnurarterie ist bei Diabetikerinnen mit >6 % fünf mal häufiger anzutreffen als generell. In ~29 % dieser Fälle ist eine Assoziation mit anderen Fehlbildungen, wie Polydaktilie (3,44 %), vertebrale Fehlbildungen (2,95 %), Klumpfüße (2,9 %) und multiple Fehlbildungen des Herzens oder der großen Gefäße (2,9 %) nachzuweisen (Froelich und Fujikura 1966, Nyberg et al. 1988).

Die Rate genetischer Fehlbildungen hingegen ist bei Diabetikerinnen nicht erhöht (Simpson et al. 1983).

Das Fehlbildungsrisiko ist im Vergleich zu Stoffwechselgesunden auch bei GDM erhöht (Adashi et al. 1979; Hawthorne et al. 1994; Martinez-Frias et al. 1994, 1998; Persson und Hanson 1998). Dabei stehen Fehlbildungen des Zentralnervensystems, der Nieren und Harnwege und der Wirbelsäule und Rippen im Vordergrund (Martinez-Frias et al. 1998). Die erhöhte Fehlbildungsrate ist insbesondere bei jenen GDM wahrscheinlich, bei denen bereits vor der Schwangerschaft ein präklinischer NIDDM vorlag. Retrospektive Untersuchungen am eigenen Krankengut ergaben mit 3,3–5,5 % schwerer Fehlbildungen bei GDM eine etwa sechsfach erhöhte Rate (Weiss et al. 1984). Bei 36 Fällen von intrauterinem Fruchttod mit GDM als Ursache betrug die Fehlbildungsrate an unserer Klinik sogar 8,3 % (WEISS 1998). Andere Studien ergaben eine Häufigkeit von 4,9–16 % (AMANKWAH et al. 1977, 1981; LAVIN et al. 1983; SIMPSON et al. 1983; SEMMLER et al. 1990; BECERRA et al. 1990; HAWTHORNE et al. 1994). FARRELL et al. (1986) beobachteten in ihrem Patientengut sogar 19,7 % Fehlbildungen, wobei es sich in 4,7 % um schwere und in 15 % um leichte Fehlbildungen handelte. TALLARIGO et al. (1986) fanden eine Korrelation der Fehlbildungsrate zum Blutzuckerwert 2 Stunden nach Belastung mit 100 g Glukose. Bei Zweistundenwerten unter 100 mg/dl (5,6 mM) betrug die Fehlbildungsrate 0,7 %, bei Werten von 100–119 mg/dl (5,6–6,6 mM) bereits 3,5 % um bei Glukosewerten zwischen 120 und 164 mg/dl (6,7 und 9,1 mM) auf 5 % anzusteigen. Ähnliche Korrelationen bestehen mit dem Nüchternblutzuckerspiegel (NBZ). Die Malformationsrate beträgt bei NBZ-Werten < 120 mg/dl 2,1 %, bei NBZ-Werten von 120–260 mg/dl 5,2 % und bei NBZ-Werten > 260 mg/dl 30,4 % (SCHAEFER et al. 1997).

Beobachtungen, daß Frauen nach der Geburt eines fehlgebildeten Kindes deutlich häufiger einen Typ-2 Diabetes manifestieren (NAVARRETE et al. 1970), legen den Gedanken nahe, daß in einer Reihe von Fällen ein unerkannter Gestationsdiabetes die Ursache der Fehlbildung ihrer Kinder gewesen sein könnte.

12.3.1 Ätiologie der Fehlbildungen

Der teratogene Effekt des experimentell erzeugten Diabetes mellitus wurde bereits 1952 im Tierversuch nachgewiesen (ROSS und SPECTOR 1952, BARTELHEIMER und KLOOS 1952). Bis 1987 wurden rund 30 weitere einschlägige tierexperimentelle Studien publiziert (Übersicht bei ERIKSSON 1988 und KITZMILLER et al. 1996). Die genauen Ursachen für die Entwicklung von Fehlbildungen bei Diabetes mellitus sind jedoch nach wie vor ungeklärt. Im Einzelnen wurden als Ursachen die Hyperglykämie, Hypoglykämie, Hyperketonämie, ein Überschuß verzweigter Aminosäuren, Somatomedininhibitoren, Zinkmangel, metabolische Störungen des Sorbitol-, Inositol-, Arachidonsäure- und Prostaglandinstoffwechsels, genetische Cofaktoren und eine Imbalance freier Radikale genannt (ERIKSSON et al. 1996). Es ist in hohem Maße wahrscheinlich, daß eine Reihe von Faktoren zusammenwirken müssen, damit eine Fehlbildung entsteht, wobei jedoch Stoffwechselimbalancen im Vordergrund stehen (NAFTOLIN et al. 1987; SADLER et al. 1989; AKASHI et al. 1991; BUCHANAN et al. 1993, 1994). Damit jedoch eine Fehlbildung entsteht ist die Synchronisation einer Noxe von ausreichender Größe, ausreichender Expositionszeit und eines kritisches Gestationsalters erforderlich (REECE et al. 1996).

NYLANDER et al. (1988) konnten zeigen, daß *Fruchtwasser von Diabetikerinnen* einen deutlich mutagenen Effekt auf Salmonellen ausübt. ZUSMANN et al. (1989) beschrieben Fehlbildungen bei Mäuseembryonen, wenn diese mit *Serum von Diabetikerinnen* inkubiert wurden. Diese traten nach der Inkubation mit Serum sowohl von Typ-1-, als auch Typ-2-Diabetikerinnen rund 2- bis 3mal häufiger auf als nach Inkubation mit Seren von Stoffwechselgesunden und korrelierten mit der Konzentration diabetischer Stoffwechselfaktoren wie Glukose, Ketokörpern und Glykohämoglobin. Ähnliche Ergebnisse wurden auch in anderen Studien berichtet (Sadler 1980, Sheehan 1986, Rashbass und Ellington 1988, Zusman et al. 1989, Baker et al. 1990, Ornoy und Zusman 1991, Styrud und Eriksson 1992). Bei Rattenembryonen wiederum waren Fehlbildungen nach Inkubation mit Serum von Typ-1, nicht jedoch von Typ-2 Diabetikerinnen und unabhängig von den Stoffwechselparametern der Serumspender nachweisbar (Moore et al. 1987).

Der Einfluß einer mütterlichen *Hypoglykämie* auf die Entstehung von Fehlbildungen ist umstritten. Es gibt sowohl Pro- (Drew et al. 1978, Cousins 1991, Landon et al. 1992) als auch Kontrastimmen (Freinkel 1988, Mills et al. 1988, Kitzmiller et al. 1991, Rizzo et al. 1991, Miranda et al. 1994). Wir haben in unserem eigenen Krankengut keine Zusammenhänge zwischen Hypoglykämie und Fehlbildungen beobachtet, und Drury (1989) beschreibt sogar eine inverse Korrelation zwischen Hypoglykämie- und Fehlbildungsraten. Ein negativer Einfluß von Hypoglykämien wäre ja auch paradox, da bei straffer Stoffwechselführung, die nachweislich die Malformationsrate senkt, zwangsläufig häufiger mütterliche Hypoglykämien auftreten. Es ist eher anzunehmen, daß Schwangere die gehäuft Hypoglykämien erleiden, insgesamt eine labilere Stoffwechsellage haben, wodurch auch gehäuft hyperglykämische Phasen als teratogene Noxen auftreten.

Im Tierversuch und bei in vitro Versuchen kann eine Hypoglykämie bzw. ein Glukosemangel im Kulturmedium teratogen sein (Buchanan et al. 1986, Smoak und Sadler 1990, Ellington 1987), insbesondere zum Zeitpunkt der frühen Organogenese (Buchanan et al. 1986). Dabei stehen Neuralläsionen, aber auch Skelettfehlbildungen im Vordergrund (Akazawa et al. 1987, Tanigawa et al. 1991). Auch die Blockade der Glykolyse scheint einen embryotoxischen Effekt zu haben (Freinkel et al. 1984).

Abgesehen davon, daß Erkenntnisse aus Tierversuchen nicht ohne weiteres auf den Menschen übertragbar sind, wurden auch oft Versuchsbedingungen gewählt, die beim Menschen in vivo nicht vorkommen können. Dies gilt besonders für das Ausmaß und die Dauer eines Glukosemangels. Dementsprechend konnten bei nur kurz dauernden insulininduzierten Hypoglykämien während der späten Neurulation bei Ratten kein teratogener Effekt nachgewiesen werden (Buchanan und Sipos 1989).

Nach Gabbe (1977) gibt es drei ätiologische Hauptfaktoren für Fehlbildungen bei Diabetes mellitus. Diese sind in der Tabelle 139 aufgelistet.

Diabetes-assoziierte Gene scheinen keinen Einfluß auf die Fehlbildungsraten zu haben, da sowohl Kinder von diabetischen Vätern (Koller 1953, Rubin 1958, Comess et al. 1969, Chung und Myrianthopoulos 1975, Bennett et al. 1979, Neave 1984) als auch Kinder von Müttern mit postpartaler Diabetesmanifestation (Bennett et al. 1979, Neave 1984) keine erhöhten Fehlbildungsraten haben. Darüber hinaus sind Chromosomenanomalien bei Diabetikerinnen nicht häufiger anzutreffen als bei Stoffwechselgesunden (Simpson et al. 1983, Henriques et al. 1991). Auch haben

Tabelle 139. Mögliche Ursachen foetaler Fehlbildungen bei Diabetes mellitus (nach GABBE 1977)

I	Genetische Faktoren	
II	Metabolische Faktoren	
	A	Hyperglykämie
	B	Hypoglykämie
	C	Ketoazidose
	D	Hypoxie
III	Teratogene Faktoren	
	A	Insulin
	B	Orale Antidiabetika
	C	Synthetische Östrogene und Gestagene

das mütterliche Alter und die Ethnizität (MITCHELL et al. 1971, CHUNG und MYRIANTHOPOULOS 1975, BENNETT et al. 1979) sowie der Typus des Diabetes (IDDM oder NIDDM) (CHUNG und MYRIANTHOPOULOS 1975, BENNETT et al. 1979, LOWY et al. 1986, TOWNER et al. 1995) keinen Einfluß auf Malformationsraten. Gegen genetische Einflüsse spricht auch die Heterogenität der Fehlbildungen und die Tatsache, daß das Wiederholungsrisiko bei straffer Stoffwechselführung in einer weiteren Schwangerschaft niedrig ist (MILLER et al. 1981, STUBBS et al. 1987, MIODOVNIK et al. 1988). Eine genetische Prädisposition scheint jedoch die Empfindlichkeit gegenüber dem Diabetes mellitus als teratogene Noxe zu modifizieren (GOLDMANN et al. 1985, MCCARTER et al. 1987, ERIKSSON 1988, OTANI et al. 1991). Dabei sind sowohl die mütterlichen als auch die foetalen Genome von Bedeutung (ERIKSSON 1988).

Im Tierversuch können Hypoglykämien, wie oben erwähnt, Fehlbildungen auslösen (TANIGAWA et al. 1991). Beim Menschen hingegen haben Hypoglykämien keinen wesentlichen Einfluß auf die Teratogenese (KARLSON und KJELLMER 1972, PEDERSEN 1977). Es konnte kein Zusammenhang zwischen Hypoglykämien während der Organogenese und dem Auftreten von Malformationen nachgewiesen werden (MILLS et al. 1988). Gerade bei straffer Stoffwechselführung, die zwangsläufig häufiger mit hypoglykämischen Episoden einhergeht, ist die Fehlbildungsrate am niedrigsten (DRURY 1989, STEEL et al. 1990, KITZMILLER et al. 1991).

Zugeführtes *Insulin* ist als ätiologischer Faktor ebenfalls unwahrscheinlich (HORI et al. 1966, PEDERSEN und MØLSTED-PEDERSEN 1979, ERIKSSON et al. 1980, BAKER et al. 1981). Einerseits gelangt von außen zugeführtes Insulin nicht in die foetoplazentare Einheit (ADAM et al. 1969, KALHAN et al. 1975, GOODNER und FREINKEL 1961, WIDNESS et al. 1983), andererseits sinkt die Fehlbildungsrate bei vermehrter Insulinzufuhr im Rahmen einer straffen Stoffwechselführung. Im Tierversuch hatte Insulin ebenfalls keine negativen Auswirkungen (SADLER und HORTON 1983, WIDNESS et al. 1983). Ein Insulinmangel könnte daher eher zur Entstehung von Fehlbildungen beitragen (TRAVERS et al. 1989, 1992).

Orale Antidiabetika sind in der Frühschwangerschaft strikte zu meiden, da ihre teratogene Wirkung nicht auszuschließen ist (Soler et al. 1976, Piacquadio et al. 1991) (siehe S. 276). Bisher fehlen jedoch dafür schlüssige Beweise.

Im Tierversuch bewirken *Ketonkörper* Störungen der embryonalen Morphogenese (Horton et al. 1983, 1985; Lewis et al. 1983; Sheehan et al. 1985; Freinkel et al. 1986). Es treten vermehrt Neuralrohrdefekte sowie Wachstumsretardierungen auf (Horton und Sadler 1983). Analog dazu fanden Eriksson et al. (1989) bei Malformationen diabetischer Rattenembryonen durch Insulinentzug die höchsten Spiegel an β-Hydroxybutyrat und Triglyzeriden. Es ist daher nicht auszuschließen, daß hohe Spiegel von Ketonkörpern und Störungen des Lipidstoffwechsels in der sensiblen Phase der Schwangerschaft auch beim Menschen Fehlbildungen verursachen können. Andererseits wurden bei Schwangeren mit Fehlbildungen niedrigere und nicht höhere β-Hydroxybutyrat-Spiegel nachgewiesen (Jovanovic et al. 1998). Erhöhte Ketokörperspiegel sind bei Diabetikern obligat nachzuweisen (Persson und Lunell 1975), besonders dann, wenn eine kohlenhydratreduzierte Diät durchgeführt wird (Potter et al. 1982). In diesem Zusammenhang soll erwähnt werden, daß Rauchen bei diabetischen Schwangeren durch eine Erhöhung des 3-Hydroxybuttersäurespiegels einen ketogenen Effekt hat (Nylund et al. 1988). Pedersen und Mølsted-Pedersen (1981) sowie Kühl et al. (1983) berichteten über klinische Beobachtungen bei diätetisch streng geführten Diabetikerinnen, die sich mit den Beobachtungen der embryonalen Retardierung durch Ketokörper im Tierversuch deckten (Horton und Sadler 1983): Sie konnten vereinzelt Wachstumsverzögerungen in der frühen Schwangerschaft sonographisch nachweisen. Bei diesen Früchten traten auch signifikant gehäuft Fehlbildungen auf (Tabelle 136).

Auch eine *Hypoxie* des Trophoblasten im Rahmen diabetogener Gefäßerkrankungen ist als Ursache von Fehlbildungen denkbar (Ingalls et al. 1952). Dafür sprechen auch Untersuchungen von Miodovnik et al. (1988), die eine Korrelation zwischen präexistenter Vaskulopathie (Retinopathie und/oder Nephropathie) und dem Auftreten foetaler Fehlbildungen ergaben. Diabetikerinnen mit und ohne fehlgebildeten Kindern hatten in 54 % und in 25 % Gefäßerkrankungen.

Die wahrscheinlichste Ursache von Fehlbildungen ist jedoch die *Hyperglykämie* (Watanabe und Ingalls 1963, Hori et al. 1966, Cockroft und Coppola 1977, Deuchar 1978, Leslie et al. 1978, Eriksson et al. 1980, Baker et al. 1981, Sadler 1980, Miller et al. 1981, Garnham et al. 1983, Cockroft 1984, Ylinen et al. 1984). Dabei ist fraglich ob die Glukose per se ein Mediator oder nur ein Marker einer Teratogenese ist (Buchanan et al. 1993). Möglicherweise wirkt die Hyperglykämie über eine Verarmung an *Myo-Inositol* in einem frühen Stadium der Embryogenese (Baker et al. 1986, Hashimoto et al. 1990). Im Tierversuch führen hohe Glukosekonzentrationen zu einer erhöhten Expression von extrazellulären Matrixkomponenten wie *Laminin* und *Fibronektin*, die eine wichtige Rolle bei der Morphogenese spielen (Cagliero et al. 1993). Die Hyperglykämie führt auch zur herabgesetzten Biogenese und morphologischen Abweichungen der Mitochondrien (Finley und Norton 1991).

Im Tierversuch findet sich mit steigender Glukosekonzentration eine zunehmende Fehlbildungsrate (Freinkel et al. 1986, Diamond et al. 1991, Reece et al. 1993), besonders bei einem Synergismus mit Ketonkörpern (Lewis et al. 1983). Auch die Dauer der Glukoseeinwirkung ist von Bedeutung (Buchanan et al. 1985). Beim Menschen scheinen auch starke Glukoseschwankungen bei instabilen Diabetikerinnen eine negative Auswirkung auf die embryonale Morphogenese zu haben (Gabbe 1977).

Nach eigenen Beobachtungen könnten auch einfach Veränderungen der osmotischen Verhältnisse durch eine zu hohe Glukosekonzentration in der Embryo-Trophoblast-Einheit die Morphogenese stören: Bei Untersuchungen des Fruchtwassers in der Frühschwangerschaft waren Glukosekonzentrationen bis zu 260 mg/dl (14,4 mM) zu beobachten – was etwa dem sechsfachen der Norm entspricht (Weiss et al. 1985) (Abb. 82).

Auch von Cockroft (1984) wird der Hyperosmolarität im Hinblick auf die Genese von Fehlbildungen Bedeutung beigemessen. Darüber hinaus haben auch Glukoseinstillationen in die Amnionhöhle von Kaninchen eine teratogene Wirkung (Clavert et al. 1972).

Über den Ort der Einwirkung teratogener Noxen ist wenig bekannt. Nach einigen Untersuchungen (Pinter et al. 1986, Crooij et al. 1982) scheint der Dottersack einer der kritischen Orte für den Ausgang von Entwicklungsstörungen zu sein.

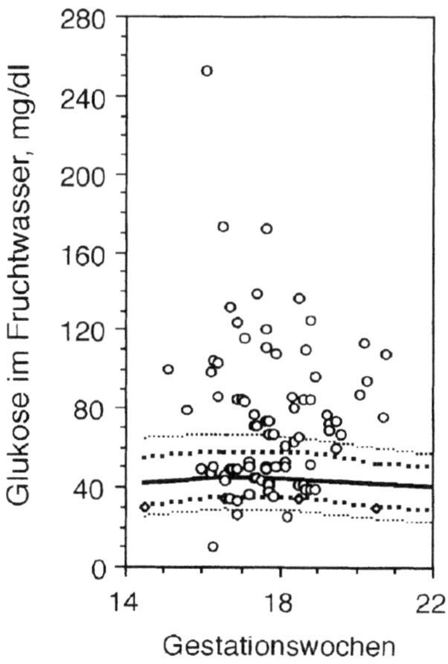

Abb. 82. Grazer Diabetesanalysen. Glukose im Fruchtwasser bei IDDM. Die Linien entsprechen von oben nach unten der 97., 90., 50., 10., und 3. Perzentile bei Stoffwechselgesunden (Weiss et al. 1985)

12.3.2 Prävention von Fehlbildungen

Über protektive Maßnahmen zur Vorbeugung von Fehlbildungen fehlen bisher systematische Untersuchungen. Experimentell wurde eine Reihe von Substanzen getestet. Arachidonsäure verhindert im Tierversuch hyperglykämiebedingte Fehlbildungen (Goldman et al. 1985, Pinter et al. 1986), während PGE2 die teratogene Wirkung von Diabetikerserum oder hyperglykämiebedingte Fehlbildungen verhindert (Goldman et al. 1989, Baker et al. 1990, Goto et al. 1992). Natürlichen Antioxydantien (Wiznitzer et al. 1999), Superoxyd Dismutase, N-Azetylzystein (Wentzel et al. 1997) und Vitamin E (Simán et al. 1995, Sivan et al. 1996, Viana et al. 1996) wird ebenfalls eine protektive Wirkung beigemessen.

Die Unterdrückung freier Radikale kann im Tierversuch das Fehlbildungsrisiko durch Glukose und Ketone herabsetzen (Eriksson und Borg 1991, 1993; Xang et al. 1995; Trocino et al. 1995; Suzuki et al. 1996; Eriksson und Simán 1996). Durch die Gabe von butyriertem hydroxytoluol (BHT) wurde die Fehlbildungsrate diabetischer Ratten von 19 % auf 2,3 % gesenkt (Eriksson und Simán 1996).

Die Bedeutung der Folsäure zur Prävention von Neuralrohrdefekten ist bekannt. Der Diabetes in der Schwangerschaft ist jedoch nicht mit einem Folsäremangel im Serum, in Erythrozyten oder im Harn assoziiert (Kaplan et al. 1999).

Da auch ein Magnesiummangel (Mimouni et al. 1987) ein Fettsäuremangel, ein Mangel an Myoinositol und Arachidonsäure (Goldman et al. 1985, Hashimoto et al. 1990, Baker und Piddington 1993) oder ein Zinkmangel (Eriksson 1984, Uriu-Hare et al. 1985) als pädisponierende Faktoren für Fehlbildungen angenommen wurden, könnte eine Substitution dieser Substanzen das Fehlbildungsrisiko senken.

12.4 Die präkonzeptionelle Beratung und Stoffwechseleinstellung

Eine Reihe von Untersuchern (Navarette et al. 1970, Daweke et al. 1970, Pedersen 1978, Pedersen und Mølsted-Pedersen 1979, Karlsson und Kjelmer 1972, Steel et al. 1980) haben darauf hingewiesen, daß die Häufigkeit von Fehlbildungen bei *guter* Stoffwechselführung zum Zeitpunkt der Nidation abnimmt. Fuhrmann (1982) konnte erstmals in einer prospektiven Studie zeigen, daß bei 228 Diabetikerinnen trotz straffer Stoffwechselführung ab der 10.–16. Schwangerschaftswoche 7,9 % Fehlbildungen auftraten. Bei 110 Frauen hingegen, mit straffer Stoffwechselführung bereits vor der Konzeption, trat kein einziger Fehlbildungsfall auf. Eine Ausweitung dieser Studien untermauerte die ersten Ergebnisse (Fehlbildungsrate 7,5 % versus 0,8 %) (Fuhrmann et al. 1983, 1984).

Diese Beobachtungen und andere Studien (Drury 1989, Cousins 1991) konnten zeigen, daß therapeutisch verabreichtes Insulin und hypoglykämische Episoden mit hoher Wahrscheinlichkeit keine Fehlbildungen verursachen, womit diese durch lange Zeit vorgebrachten Argumente für eine liberale Stoffwechselführung in der Frühschwangerschaft unhaltbar geworden sind (siehe auch Ätiologie von Fehlbildungen, S. 407). Die Ergebnisse von Fuhrmann demonstrieren die eminente Bedeutung einer präkonzeptionellen nahe normoglykämischen Stoffwechselführung. Wird diese fachgerecht durchgeführt, ist das Fehlbildungsrisiko der Diabetikerin wahrscheinlich nicht höher als bei stoffwechselgesunden Frauen (Diabetes Control and Complications Trial Research Group 1996). Dafür sprechen auch Untersuchungen von DAMM und MØLSTED-PEDERSEN (1989). Während die Fehlbildungsrate des Kopenhagener Zentrums zwischen 1967 und 1981 bei Diabetikerinnen relativ konstant bei 7,4 % lag verringerte sich diese in den Jahren 1982–1986 auf insgesamt 2,7 % und bei geplanten Schwangerschaften auf 1 %, bei einer generellen Fehlbildungsrate von 1,7 %. Nach STEEL et al. (1990) haben Diabetikerinnen ohne präkonzeptionelle Einstellung ein 7,4faches Fehlbildungsrisiko. KITZMILLER et al. (1991) kamen zu ähnlichen Ergebnissen. Bei präkonzeptional straffer Diabeteseinstellung betrug die Fehlbildungsrate 1,2 % gegenüber 10,9 % bei postkonzeptioneller Einstellung. TAMAS et al. (1985) beobachteten ein Absinken der Fehlbildungsrate von 7,1 % auf 3,3 %. Die kumulative Auswertung einschlägiger Publikationen ergibt eine Fehlbildungsrate von rund 1,0–2,3 % bei präkonzeptioneller und rund 7,2–9,0 % bei postkonzeptioneller Einstellung (COMBS und KITZMILLER 1991, CROMBACH et al. 1998) und dies ohne Veränderung der Anzahl therapeutischer Aborte (FITZSIMMONS und DAVIDSON 1990, DAMM und MØLSTED-PEDERSEN 1990, KITZMILLER et al. 1991).

Typ-2 Diabetikerinnen, die mit oralen Antidiabetika behandelt werden, sollten zumindest 3 Monate vor einer geplanten Schwangerschaft auf eine Insulintherapie umgestellt werden, da negative Auswirkungen oraler Antidiabetika auf den Embryo und Foetus nicht ausgeschlossen werden können (BERGER und GRIMM 1998).

Eine flächendeckende präkonzeptionelle Beratung von Diabetikerinnen erfordert eine gezielte Ausbildung jener niedergelassenen Ärzte, welche Diabetikerinnen bereits vor deren Kinderwunsch betreuen. Eine Schulung von über 50 Ärzten und Betreuern in Maine, USA, bewirkte eine Senkung diabetesassoziierter Fehlbildungen der Region von 6,5 % auf 1,6 % (WILLHOITE et al. 1993).

Eine präkonzeptioneller Einstellung und Beratung führt jedoch nicht nur zur Senkung der *Fehlbildungsrate*, sondern auch zu einer Senkung der *Abortusrate*, zu weniger *Präeklampsien* und zu einer Senkung der *Kaiserschnittrate* (GOLDMAN et al. 1986, DICKER et al. 1988). HANSON et al. (1990) konnten zeigen, daß ein signifikanter Zusammenhang zwischen dem HbA_{1C} Spiegel vor der 16. Woche und der Rate an Präeklampsien nachzuweisen ist. Eine Verbesserung der Gesamtsituation diabetischer Schwangerer durch eine präkonzeptionelle Betreuung wurde auch von TINDALL et al. (1986) mitgeteilt. Demnach haben präkonzeptionell eingestellte Diabetikerinnen während ihrer Schwangerschaft niedrigere mittlere HbA_{1C}-Werte (6,5 % versus 12,6 %), eine längere Tragzeit (39 versus 36,5 Wochen) und weniger stationäre Aufnahmen (3 versus 14). Bei präkonzeptioneller

Einstellung und straffer Stoffwechselkontrolle im ersten Trimester treten auch Makrosomien seltener auf (Goldman et al. 1986, Steel et al. 1990, Peck et al. 1991, Persson und Hanson 1993, Page et al. 1995, Gold et al. 1998). Dieser Effekt dürfte jedoch indirekt sein, da Schwangere, die sich einer präkonzeptionellen Einstellung unterziehen eine höhere Compliance, eine bessere Ausgangslage und folglich auch eine bessere Stoffwechseleinstellung in der zweiten Schwangerschaftshälfte haben.

Eine straffe Stoffwechseleinstellung auch nach frühzeitig nachgewiesener Schwangerschaft kann Fehlbildungen nicht mehr verhindern, da gerade die schwersten Malformationen bereits in der 2. bis 4. (spätestens 6.) Woche post ovulationem (5. bis 6. [8.] Woche post menstruationem) entstehen (Mills et al. 1979, Baker et al. 1981, Eriksson et al. 1983, Opitz 1993) (siehe auch Abb. 83). Dieser Zeitraum der Schwangerschaft wird daher als sensible Phase bezeichnet.

Von wenigen Ausnahmen abgesehen können vor der abgeschlossenen Implantation (beim Menschen am Tag 13 nach der Ovulation) keine Fehlbildungen ausgelöst werden. In dieser frühen Zeit reagiert der junge Embryo nach dem Alles-oder-Nichts-Prinzip, das heißt, er geht entweder zugrunde oder er überlebt ungeschädigt.

Die präkonzeptionelle Betreuung von Diabetikerinnen mit Kinderwunsch umfaßt neben der optimierten Antikonzeption eine Straffung des Stoffwechsels verschiedene Untersuchungen und eine Schulung (Hollingsworth et al. 1984; Steel 1985; American Diabetes Association 1989, 1995, 1996; Hopp und Leis 1990; Elixhauser et al. 1993; Kitzmiller et al. 1996). Die wesentlichsten Erfordernisse sind in der Tabelle 140 angegeben.

Die präkonzeptionelle Einstellung hat unter Gesichtspunkten zu erfolgen, wie sie für die Behandlung in der Schwangerschaft gelten (Kap.: Die Insulinbehandlung in der Schwangerschaft). Sie ist nur dann sinnvoll,

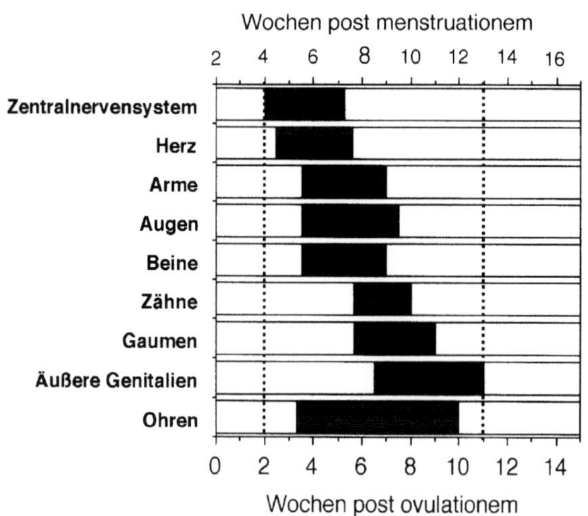

Abb. 83. Schematische Darstellung der sensiblen Phase (schwarzer Bereich) für bestimmte Embryonal-Organanlagen (in Anlehnung an Fränz 1986)

Tabelle 140. Präkonzeptionelle und pränatale Beratung und Stoffwechseleinstellung bei Prägestationsdiabetes (nach ELIXHAUSER et al. 1993)

Generelles Vorgehen

- Information der Patientin über die Risiken der Schwangerschaft.
- Antikonzeption, bis eine optimale Stoffwechselkontrolle erreicht ist
- Messung der Basaltemperatur nach Absetzen der Antikonzeption
- Diagnose und Behandlung von Hypertension, Nephropathie, Retinopathie
- Schulung des Selbstmonitorings der Glykämie
- Diät- und Ernährungsschulung
- Soziale Unterstützung und Unterstützung beim Kostenträger

Ziele

Präkonzeptionell

- Glykohämoglobin unterhalb +4SD der Norm
- Postprandiale Glukose im Kapillarblut < 160 mg/dl (8,9 mM)
- Mittlere Blutglukose < 130 mg/dl (7,2 mM)

Frühschwangerschaft

- Präprandiale Glukose im Kapillarblut < 100 mg/dl (5,5 mM)
- Postprandiale Glukose im Kapillarblut < 130 mg/dl (7,2mM)

Aufgaben der Schwangeren

- Einhaltung des Essensplanes
- Kontrolle von Ketonkörpern im Harn, 3mal wöchentlich
- Blutzuckerkontrolle nüchtern und postprandial (≥4mal täglich)
- Selbstanpassung der Insulindosis
- Regelmäßige Kontrollen mit Besprechung der Glykämie und Diät
- Aufspüren von Streßfaktoren, die die Glykämie beeinträchtigen

wenn zuvor biphasische Zyklen sichergestellt sind (Basaltemperatur). Engmaschige Blutzuckerprofile, eine intensivierte Insulintherapie sowie das Beherrschen der Blutzuckerselbstkontrolle und der Selbstanpassung der Insulintherapie durch die Patienten sind Vorbedingungen für eine ambulante nahe normoglykämische (MBG < 100 mg/dl, 5,5 mM) Stoffwechseleinstellung. Eine sorgfältige Schulung der Patientin steht daher im Vordergrund. Dabei hat sich als zweckmäßig erwiesen, auch den Partner bzw. eine Bezugsperson in die Schulung einzubeziehen (STEEL et al. 1982, ROSENN et al. 1995, JANZ et al. 1995). Die Stoffwechseleinstellung mit einer Einzeldosis von Depot- oder Kombinationsinsulin ist kaum möglich. Es werden zumindest zwei Insulingaben im Tag als Kombination von Altinsulin und Depotinsulin morgens und abends nötig sein. Aber auch dieses Regime ist nur bei stabilen Diabetikerinnen anwendbar. Bei labiler Stoffwechsellage sind täglich mehrere Insulingaben nötig, ähnlich oder gleich der Insulintherapie während der Schwangerschaft (s. S. 464 ff). Bei hochgradig instabilem Diabetes (Brittle-Diabetes) kann unter Umständen eine programmierte i. v. Insulintherapie (DECKERT und LØRUP 1976), oder eine Insulinpumpenbehandlung (CSII) von Vorteil sein, die im Normalfall gegenüber einer intensivierten konventionellen Therapie keine Vorteile bringt (LAATIKAINEN et al. 1987, DICKER et al. 1987, BURKART et al. 1988). In den meisten Fällen ist der Stoffwechsel präkonzeptionell und in der ersten Schwangerschaftshälfte deutlich instabiler als im weiteren Schwangerschaftsverlauf. Eine tatsächlich *normoglykämische* Stoffwechselführung kann daher nur in vereinzelten Fällen erreicht werden. Nach GREENE et al. (1989) ist eine *excellente* Stoffwechseleinstellung auch nicht notwendig, da es einen breiten Bereich einer akzeptablen Stoffwechselkontrolle gibt, in welchem das Fehlbildungsrisiko gering ist. Bereits bei einer mittleren mütterlichen Blutglukose von < 140 mg/dl (7,8 mmol/L) (LANGER 1996) oder HbA_{1c} Werten von < + 8–10 SD (HANSON et al. 1990, YLINEN et al. 1984) können Fehlbildungen weitestgehend vermieden werden. Demgegenüber stehen jedoch andere Untersuchungen, die eine straffere Stoffwechselführung nahelegen (TOWNER et al. 1995, GREENE et al. 1989, SUHONEN et al. 2000), da Fehlbildungen bereits bei mäßig erhöhten HbA_{1c} Werten vermehrt auftreten (Tabelle 141).

Die Minimalanforderung sollte unserer Ansicht nach jedoch eine mittlere Blutglukose von ≤ 130 mg/dl (≤ 7,2 mM) und/oder ein HbA_{1C}-Wert von < 7 % sein (siehe Tabelle 153). Die Amerikanische Diabetes Association (1998) empfiehlt eine präkonzeptionelle Einstellung mit HbA_{1c} Werten innerhalb des Bereiches von 3 SD des normalen Mittelwertes. Dabei ist die straffe Stoffwechselkontrolle allmählich anzustreben, da ein krasser Sturz der mittleren Blutglukose eine initiale Verschlechterung einer Retinopathie verursachen kann (DAHL-JØRGENSEN et al. 1985, LAATIKAINEN et al. 1987).

Ist eine optimale Stoffwechsellage erreicht, soll die Schwangerschaft möglichst bald angestrebt werden, da die Compliance der Patientin nicht unbegrenzt andauert. Neben der positiven Auswirkung einer optimalen Stoffwechsellage bereits zu Beginn der Schwangerschaft, wirkt sich die frühe Information über die Stoffwechselanforderungen der Schwangerschaft und das frühzeitige Erlernen einer Selbstkontrolle auf die geburtshilflichen Ergebnisse günstig aus (ELIXHAUSER et al. 1993).

Im eigenen Krankengut ist das Auftreten von Fehlbildungen drastisch zurückgegangen, da die Stoffwechselführung heute generell besser ist als noch vor 10 Jahren. So betrug die Fehlbildungsrate bei 143 insulinpflichti-

Tabelle 141. HbA1c vor der 14 Schwangerschaftswoche und relatives Risiko einer Fehlbildung (nach SUHONEN et al. 2000)

HbA1c, % < 14. Woche	Fehlbildung, relatives Risiko
Nicht bekannt	6,0
≥9	4,8
8,1–9,3	3,3
6,9–8,0	2.3
5,6–6,8	3,0
<5,6	1,6
Alle	3,1
Kontrollen	1,0

gen Diabetikerinnen zwischen 1981 und 1986 0,69 % (Schwingshandl et al. 1989). Die meisten Frauen mit IDDM, die an die Grazer Klinik kommen, führen bereits vor ihrer Schwangerschaft eine Selbstkontrolle ihrer Blutzuckerwerte durch und wurden bereits während der Adoleszenz von ihren Pädiatern gut geschult und aufgeklärt. Dadurch ist eine spezielle präkonzeptionelle Einstellung nur mehr in wenigen Fällen erforderlich. Dies ist von Vorteil, da eine Reihe von Diabetikerinnen bei einer präkonzeptionellen Einstellung ab ovo aus Frustration aufgeben (Rosenn et al. 1991, Gregory und Tattersall 1992). Darüber hinaus treten Schwangerschaften, wie auch bei Stoffwechselgesunden eher unerwartet auf (Williams und Pratt 1990, Landon et al. 1990, Janz et al. 1995) und eine gezielte präkonzeptionelle Einstellung ist auch heute noch eher die Ausnahme als die Regel (Bryce et al. 1991, Tchobroutsky et al. 1991, Kitzmiller et al. 1991, Willhoite et al. 1993, Janz et al. 1995, Kimmerle et al. 1995, Holing et al. 1998). Bei einer Umfrage in den USA mit 471 Antworten wurden nur in einem Bruchteil der befragten Zentren mehr als 40 % der Patienten präkonzeptionell erfaßt (Landon et al. 1990). Eine Untersuchung von James et al. (1993) ergab nur in 26 % der Diabetikerinnen geplante Schwangerschaften. Eine präkonzeptionelle Beratung beanspruchen in erster Linie Frauen von höherem sozioökonomischen Status (höhere Bildung und Ausbildung, fixer Partner, beschäftigt, höheres Einkommen, versichert) (Janz et al. 1995, Holing et al. 1998). An unserer Klinik unterzogen sich zwischen 1980 und 1990 von 530 IDDM nur 142 (26,8 %) einer gezielten präkonzeptionellen Beratung und Stoffwechseleinstellung.

Der Eintritt der Schwangerschaft ist in den meisten Fällen die maximale Motivation zur weiteren Mitarbeit der Patientin.

Die präkonzeptionelle Beratung kann die generellen Kosten einer diabetischen Schwangerschaft senken (Scheffler et al. 1992; Elixhauser et al. 1993, 1996). Eine Kosten-Nutzenrechnung ergab pro präkonzeptioneller Beratung im Vergleich zur postkonzeptionellen Beratung eine Nettoeinsparung von U.S. $ 1722. Das Nutzen-Kostenverhältnis beträgt 1,86 (Elixhauser et al. 1993).

12.5 Antikonzeption und Familienplanung

Eine geplante Schwangerschaft setzt eine geeignete Antikonzeption voraus. Die kontrazeptiven Praktiken von Diabetikerinnen spiegeln zwar gewöhnlich die Praktiken, Präferenzen und sozialen Bedingungen der nicht diabetischen Population wider (Döring et al. 1986, Mishell 1989, Riphagen und Lehert 1989, Freundl et al. 1991, Kjer et al. 1992, Kimmerle et al. 1994, Briese und Müller 1995), dennoch sollten einige besondere Gesichtspunkte mehr berücksichtigt werden, da Diabetikerinnen in der Regel nicht optimal beraten werden (Kjaer et al. 1992, Kimmerle et al. 1994).

Allgemeine Richtlinien verschiedener Diabeteszentren zur Antikonzeption (AK) bei Diabetes mellitus wurden von Berger (1984) in einer Umfrage erhoben und können der Tabelle 142 A und B entnommen werden.

Tabelle 142A. Empfehlungen zur Antikonzeption (AK) bei Diabetes mellitus. Ergebnisse einer Umfrage von W. Berger, Basel 1984

Hospital, Autor	Empfehlungen zur AK	Untersuchungen vor Beginn der AK	Kontrolluntersuchungen	Kontraindikationen	Bemerkungen
Royal Infirmary Edinburgh J. Steel	Typ-1-Diabetes: OC (P) oder M. Wenn kein Kinderwunsch bezw. bei fortgeschrittenen Komplikationen: Tubenligatur	Augenfundus, Blutdruck, Körpergewicht	Augenfundus, Blutdruck, Körpergewicht, event. Serumlipide, HbA_1	OC ((E/P) bei diabetischen Komplikationen, Rauchen, Koronarsklerose i. d. Familie, langer Diabetesdauer. IUD: Nullipara, Salpingitis i. d. Anamnese	Bei Blutungsstörungen unter P doppelte Dosis (1Monat). OC (P) nur kurz und ohne Risikofaktoren IUD nur dann, wenn andere Methoden nicht anwendbar sind
Geburtshilfliche Universitätsklinik Graz P. A. M. Weiss	ohne ständigen Partner: M, in vereinzelten Fällen IUD, bei ständigem Partner OC			IUD: Nullipara OC: Retinopathie	OC: bei Diabetesdauer < 10 Jahre, nicht länger als 3 Jahre
I. Med. Universitätsklinik Wien W. Waldhäusl	Beginn mit M (C/D), dann OC (P oder E/P)				IUD sollte nicht die erste Wahl sein
Steno-Memorial Hospital Kopenhagen T. Deckert	IUD, wenn kontraindiziert OC (P), wenn Blutungsanomalien OC (E/P)	Blutdruck Cholesterin	nicht routinemäßig außer Blutdruck und Glukose		Genaue Anamnese bezüglich kardiovaskulärer Erkrankungen

OC oral contraceptives; *E* estrogens; *P* progestagens; *C* Condom; *M* mechanical device; *D* diaphragm; *IUD* intrauterine device

Tabelle 142B. Empfehlungen zur Antikonzeption (AK) bei Diabetes mellitus. Ergebnisse einer Umfrage von W. BERGER, Basel 1984

Hospital, Autor	Empfehlungen zur AK	Untersuchungen vor Beginn der AK	Kontrolluntersuchungen	Kontraindikationen	Bemerkungen
Royal Viktoria Hospital Belfast D. R. HADDEN	unverheiratete oder junge Frauen: OC (E/P), ohne Kinderwunsch: IUD oder Tubenligatur		Blutdruck Glukose	OC (E/P) bei erhöhtem Blutdruck oder Mikroangiopathie	keine festen Regeln bezüglich Alter, Diabetesdauer oder -Typ
Rigshospitalet Oslo J. JERWELL	1) OC (P), 2) M (IUD), 3)OC (E/P). Ohne Kinderwunsch und bei Komplikationen, Tubenligatur		Blutdruck Harn (Albustix)	OC (E/P) bei Bluthochdruck	bei unerwünschter Schwangerschaft Intrruptio
Hôtel Dieu Paris A. BASDEVANT	generell: keine OC gewöhnlich: M (IUD/D/C) manchmal bei Frauen <20 Jahren und ohne Komplikationen kurzfristig OC. Bei langer Diabetesdauer, Alter >40a oder Typ-2-Diabetes IUD oder D/C		Blutdruck Triglyceride Cholesterin	absolut: Mikroangiopathie relativ: Rauchen, Hypertension, Hyperlipidämie, Makroangiopathie, Diabetesdauer >15a IUD absolut: EUG, Salpingitis, nulliparität. Relativ: klaffende Zervix	
Am. Diab. Ass Univ of Texas B. E. SCHWARZ	generell zurückhaltend bei OC (E/P), nur wenn <35 Jahre, keine diabetischen Komplikat., Nichtraucher, normaler Lipidspiegel, gute Stoffwechselführung. Bei Komplikationen, Bluthochdruck oder Arteriosklerose: OC (P); IUD falls kein Kinderwunsch oder mangelnde Compliance	Blutdruck Pasmalipide	Blutdruck Plasmalipide	OC (E/P): Raucher Hyperlipidämie Bluthochdruck	

OC oral contraceptives; *E* estrogens; *P* progestagens; *C* Condom; *M* mechanical device: *D* diaphragm; *IUD* intrauterine device

Die Auswahl der bestmöglichen Antikonzeption kann nur individuell nach einer sorgsamen Abwägung von Risiko und Nutzen erfolgen. Darüber hinaus sind jedoch auch die persönlichen Wünsche der Diabetikerin und die Compliance zu berücksichtigen (BURKART 1998). Die Sicherheit der verschiedenen antikonzeptiven Methoden wird etwas divergierend angegeben. In der Tabelle 143 sind die Pearl Indizes der verschiedenen Methoden nach Angaben in einer Übersicht von BURKART (1998) angegeben.

Tabelle 143. Sicherheit antikonzeptiver Methoden (nach Angaben von BURKART 1998)

Methode	Pearl Index
„Pille"	0,2–0,5
Gestagen Präparationen	0,5–3
Intrauterinpessar	0,5–3
Barriere-Methoden	
Kondom	4–7
Portiokappe	4–7
Diaphragma	4–24
Ovula, Crèmes	0,8–7
Vaginaldusche	>50
Laparoskopische Tubensterilisation	0,3

12.5.1 Barriere-Methoden (Diaphragma, Kondom; Schaumovula)

Barriere-Methoden werden bei Diabetikerinnen häufig empfohlen (VESSEY et al. 1982, JONES und FORREST 1989, TEICHMANN 1991). Sie bieten bei richtiger Anwendung einen Schutz gegen Schwangerschaften (STEEL und DUNCAN 1980). Dieser Schutz ist bei der Kombination mit spermiziden Gelen oder Suppositorien höher. Natürlich ist die Sicherheit des Schutzes dieser Methoden auch von der Intelligenz der Diabetikerin und ihres Partners abhängig. Barriere-Methoden sollten aber nur als vorübergehende Lösung vor der Schließung einer Ehe bzw. vor einer fixen Partnerschaft empfohlen werden.

Die Anwendung von Kondomen ist die einzige Barrieremethode, welche auch sexuell übertragbare Krankheiten abwenden kann.

12.5.2 Hormonale Antikonzeption (Orale Kontrazeption, oK, oC)

Die orale Kontrazeption bei Stoffwechselgesunden Frauen hat keinen negativen Einfluß auf das spätere Risiko eines Typ-2 Diabetes (DUFFY und RAY 1984, HANNAFORD und KAY 1989). Nachuntersuchungen von RIMM et al. (1992) an 115.117 Frauen über einen Zeitraum von 12 Jahren ergaben ein relatives Risiko von 1,1.

Der Typ-1 Diabetes hingegen galt lange als (zumindest relative) Kontraindikation für die oK. Als Begründung wurde der negative Einfluß der oK auf den Kohlenhydrat- und Lipidstoffwechsel, auf die Insulinsekretion, auf Gefäßerkrankungen, den Blutdruck sowie auf die Blutgerinnung als Nebenwirkung genannt (MANN et al. 1975; SPELLACY 1976; STEEL und DUNCAN 1978, 1980; RADBERG et al. 1981; SPELLACY 1982; OAKLEY 1982; GOSSAIN et al. 1983; BELLER und EBERT 1985; OSTERMANN und VAN DE LOO 1986; RUSSELL-BRIEFEL et al. 1987; GESPARD 1987; LA ROSA 1988; ESCHWÉGE et al. 1990; GODSLAND et al. 1990; KLEIN et al. 1990). Auch bestehen Vorbehalte wegen des erhöhten kardio- und zerebrovaskulären Risikos (STEEL und DUNCAN 1978, 1980; CROFT und HANNAFORD 1981; STADEL 1981; VESSY et al. 1984; LIDEGAARD 1993). Für alle diese Nebenwirkungen findet sich gerade bei der Diabetikerin eine Prädisposition. Durch die laufende Weiterentwicklung von niedrig dosierten Ovulationshemmern verschiedener Zusammensetzung konnten jedoch die Bedenken gegen die orale Kontrazeption, selbst bei Diabetikerinnen mit kardiovaskulärem Risiko immer mehr zerstreut werden (PETERSEN et al. 1994). Auch die Retinopathie und Hypertension scheint, unabhängig von der Dauer der Anwendung der oC, nicht negativ beeinflußt zu werden (KLEIN et al. 1990).

Die *Blutgerinnung* wird besonders durch den Östrogenanteil der Antikonzeptiva im Sinne eines erhöhten Thromboserisikos beeinflußt. Jedoch wird die Östrogenwirkung durch die Art, Menge und Potenz des Gestagenanteiles des jeweiligen Ovulationshemmers modifiziert (BONNAR und SABRA 1982, DORFLINGER 1985). Das Risiko einer Zerebralthrombose bei Anwendung östrogenhaltiger Präparationen ist bei Diabetikerinnen rund 6fach höher als in der generellen Population, während eine Getagenpille oder eine Schwangerschaft keine Erhöhung des Thromboserisikos nach sich zieht (LIDEGAARD 1995). Da das Risiko einer Zerebralthrombose bei Diabetikerinnen jedoch auch ohne Pilleneinnahme erhöht ist, kann das Nettorisiko der Pille schwer eingeschätzt werden (SCHWINGL 1996). Der Gestagenanteil hingegen kann eine Erhöhung des *Blutdruckes* verursachen und beeinflußt darüber hinaus den Lipid- und Kohlenhydrathaushalt, indem er den Triglyzerid- und Glukose-Blutspiegel erhöht (RUNNEBAUM und RABE 1987, LA ROSA 1988, TASKINEN 1992). Aber auch der *Insulinhaushalt* wird durch Gestagene beeinflußt, solange noch eine eigene Insulinproduktion vorliegt. Während der Plasmainsulingehalt unter Gestagenwirkung ansteigt, vermindert sich die Anzahl von Insulinrezeptoren (SPELLACY 1982, GOSSAIN et al. 1983, DIAMOND et al. 1988). Insgesamt wird die Glukosetoleranz herabgesetzt. Alle diese Nebenwirkungen sind offenbar von der Potenz des Gestagenanteils abhängig. Die genannten Stoffwechselwirkungen sind daher bei Norgestrel ausgeprägt, bei Norethisteron hingegen nur noch angedeutet vorhanden (Tabelle 144).

Tabelle 144. Stoffwechselwirkung von Gestagenen

Gestagen	Norethisteron	Äthinodiolazetat	Norgestrel
Blutzuckerveränderung	leicht	mäßig	stark
Plasmainsulinveränderung	mäßig	mäßig	stark
Insulinrezeptorabnahme	keine	keine	signifikant

Analog der Östrogenwirkung wird auch die Gestagenwirkung von Ovulationshemmern durch deren Zusammensetzung modifiziert (KALKHOFF 1982, GASPARD 1987). Kombinationspräparate mit niedriger Östrogendosierung (< 50 μg) sind weniger stoffwechselwirksam. Kombinationspräparate wiederum bewirken eine stärkere Abnahme der Glukosetoleranz als Sequentialpräparate ähnlicher Dosierung (WYNN 1982). Alle diese theoretischen Grundlagen müssen bei der Auswahl eines geeigneten Ovolationshemmers für Diabetikerinnen wegen deren besonderen Gefäß- und Stoffwechselsituation berücksichtigt werden.

Die Mini-Gestagen-Pille ist wenig stoffwechselwirksam und hat darüber hinaus wenig andere Nebenwirkungen (STEEL und DUNCAN 1980, RAADBERG et al. 1982, LOCH et al. 1976, FONTBONNE et al. 1987, BASDEVANT 1990). Sie wäre für Diabetikerinnen, besonders für Frauen mit vorangegangenem Gestationsdiabetes, Thrombosen, Adipositas und Hypertonie geeignet. Es ergeben sich jedoch häufig Blutungsanomalien, wodurch ihr Einsatz begrenzt bleibt.

Bei der Auswahl eines geeigneten Ovulationshemmers soll der Östrogenanteil einerseits unter 50 μg liegen, vor allem sollte aber auch die Gestagenkomponente sowohl hinsichtlich ihrer gestagenen Potenz als auch ihrer Dosis niedrig gewählt werden (KRAUSS und BURKMAN 1992). Unter Beachtung dieser Vorbedingungen wirken sich Präparationen von Äthinylöstradiol mit Laevonorgestrel oder Norethisteron kaum auf die Stoffwechselkontrolle von Diabetikerinnen aus (SKOUBY et al. 1986, RUNNEBAUM und RABE 1987). Die Gestagenkomponente scheint jedoch keinen wesentlichen Einfluß auf den Stoffwechsel zu haben. Bei der Testung von 7 Präparaten mit niedrigem Östrogenanteil (Ethinyl Estradiol) jedoch unterschiedlichen Gestagenen (Levonorgestrel, Norethisteron, Cyproteron Azetat, Desogestrel, Gestoden), waren bei gesunden Frauen nach 6monatiger Anwendung keine Stoffwechselveränderungen nachweisbar (VAN DER VANGE et al. 1987).

Eine Reihe von Untersuchungen weist darauf hin, daß Dreiphasenpräparate offenbar auf Grund ihrer besonderen Galenik wenig Auswirkungen auf Blutgerinnung, Blutdruck, Lipid- und Kohlenhydratstoffwechsel haben (IRSIGLER et al. 1982, BONNAR und SABRA 1982, BRIGGS und BRIGGS 1982, LACHNIT-FIXSON 1982). Eine Glukosebelastung nach dreimonatiger Anwendung ergab keine Veränderungen des Lipid-, Glukose- und Insulinprofiles (SPELLACY et al. 1988, TOTH und RYAN 1988). Auch bei Frauen mit vorangegangenem Gestationsdiabetes traten keine negativen Auswirkungen auf den Stoffwechsel auf (SKOUBY et al. 1985). Niedrigdosierte Dreiphasenpräparate (Ethinylöstradiol und Levonorgestrel) scheinen somit auch für Diabetikerinnen geeignet zu sein.

Ähnliches gilt für neuere orale Kontrazeptiva, die Äthinylöstradiol in monophasischer Kombination mit Gonan Progestagenen (Gestoden, Desogestrel, Norgestimat) enthalten (RUNNEBAUM und RABE 1987). Beim Vergleich von IDDM mit und ohne oK, wurden innerhalb eines Jahres keine negativen Auswirkungen auf den Blutdruck, Body-mass-index (BMI), Insulinbedarf, Blutzucker-, Fettsäure- und Lipoproteinspiegel nachgewiesen

(PETERSEN et al. 1995). Die Entscheidung zwischen Barrieremethoden und oK bei unkompliziertem IDDM ist somit heute eher durch die Präferenz der Patientin als durch medizinische Zwänge bestimmt (KITZMILLER et al. 1996).

Bei Frauen mit Glukosetoleranzstörungen oder vorangegangenem Gestationsdiabetes wurden noch stärkere Vorbehalte gegen eine hormonelle Kontrazeption als beim insulinpflichtigen Diabetes vorgebracht (STÉPHAN und RÉVILLE 1977, TAUBERT und KÜHL 1981). Es wurde die Verschlechterung der Glukosetoleranz oder die Entwicklung eines irreversiblen manifesten Diabetes befürchtet (WYNN und DOAR 1966, GOLDMAN 1978, RUSSELL-BRIEFEL et al. 1987). Neuere Untersuchungen konnten jedoch zeigen, daß auch bei diesen Frauen ein niedrig dosierter Ovulationshemmer angewandt werden kann (SKOUBY et al. 1982, KJOS et al. 1998).

Auch Gestagen Implantate oder Depotinjektionen eignen sich für Gestationsdiabetikerinnen und für Typ-1 Diabetikerinnen ohne Angiopathie (JONES und WILD 1994).

Bei der Verordnung von Ovulationshemmern sollten folgende Vorbedingungen erfüllt sein:

- es soll eine fixe Partnerschaft bestehen,
- der Diabetes soll eine Dauer von 10 Jahren nicht überschritten haben, und
- es darf keine diabetogene Retinopathie vorliegen.

Darüber hinaus sind auch die allgemeingültigen Vorsichtsmaßnahmen und Kontraindikationen bei Ovulationshemmern zu beachten. Eine diabetogene Nephropathie gilt als absolute Kontraindikation der oC (BORCH-JOHNSEN und KREINER 1987, TEICHMANN 1991).

Ovulationshemmer und Diabetes mellitus sind prädisponierende Faktoren für Vaginalmykosen. Tritt eine Soorkolpitis auf, ist der Ovulationshemmer zumindest vorübergehend abzusetzen. Die Behandlung der Kolpitis kann als lokale Einmaltherapie mit 500 mg Clotrimazol erfolgen (BURMUCIC und KOWATSCH 1984).

Besonders in den ersten Monaten einer hormonellen Antikonzeption sind Stoffwechselkontrollen häufiger als sonst ratsam, da der Insulinbedarf möglicherweise ansteigt (STEEL und DUNCAN 1978, RÅDBERG et al. 1981). Aber auch ein Sturz des Insulinbedarfes ist möglich (PETERSEN et al. 1995):

Die oK sollte nicht länger als 2–3 Jahre angewandt werden, da die Beeinflussung des Stoffwechsels mit der Einnahmedauer zunimmt (WYNN 1982). Es ist der Diabetikerin zu raten, ihr Reproduktionsprogramm möglichst frühzeitig abzuwickeln, auch deshalb, weil ihr Gefäßalter dem Lebensalter um 10 Jahre vorauseilt.

12.5.3 Intrauterinpessare (IUD)

Bezüglich der Anwendung des IUD gibt es divergierende Meinungen hinsichtlich ihrer Zuverlässigkeit bei Diabetikerinnen (GOSDEN et al. 1982, WIESE 1977). Bei einer Französischen Studie wurde von rund 9 % Versagern berichtet (FAGUER et al. 1986). Es ist jedoch in hohem Maße unwahrscheinlich, daß der Schutz durch IUD bei Diabetikerinnen anders sein sollte als bei Stoffwechselgesunden. Diabetikerinnen unterliegen einer höheren Infektionsgefährdung. Ein IUD sollte daher keiner Nullipara empfohlen werden (Sobel 1985, Farley et al. 1987, Mishell 1989, Teichmann 1991, Selby und Oakley 1991), um eine aufsteigende Entzündung mit ihren Folgen zu vermeiden. Da jedoch eine zunehmende Anzahl von Untersuchungen auf eine hohe Zuverlässigkeit und ein relativ niedriges Risiko des IUD bei Diabetikerinnen hinweist, scheint die Anwendung auch für Nulliparae vertretbar, insbesondere wenn für eine oC Kontraindikationen vorliegen (Lawless und Vessey 1982, Skouby et al. 1984, Wilson 1989, Basdevant 1990, Farley et al. 1992, Kimmerle et al. 1993, Kjos et al. 1994, Kimmerle 1995). Eine umfangreiche Untersuchung ergab einen Pearl Index von 0,3, eine Entzündungsrate von 0,5 und eine Komplikationsrate (Blutungen und/oder Schmerzen) von 3,4 pro 100 Anwendungsjahren (Kimmerle 1995). Damit sind Komplikationen nicht häufiger als bei Stoffwechselgesunden (WHO 1990).

Die Applikation des IUD erfolgt nach Sanierung einer pathologischen Scheidenflora unter Beachtung steriler Kautelen. Darüber hinaus empfiehlt sich bei Diabetikerinnen eine antibiotische Nachbehandlung für drei Tage, die auch gegen Anaerobier gerichtet sein soll.

12.5.4 Laparoskopische Tubensterilisation

Hat die Diabetikerin ihr Familienprogramm abgeschlossen, oder bestehen bleibende Kontraindikationen einer Schwangerschaft, sollte ihr die Möglichkeit der Tubensterilisation geboten werden (Diaz-Sanches et al. 1987, Mestman und Schmidt-Sarosi 1993, Briese und Müller 1995). Vorteile und Risken dieser Methode sind bei Burmucic (1982) sowie bei Vessey et al. (1983) angegeben.

Tabelle 145. Strategie der Antikonzeption

Kontrazeptivum	Indikation	Zu beachten
Barrieremethoden	Vor der Ehe (kein fixer Partner)	Sicherheit vom IQ abhängig
Orale Kontrazeption	Ehe – fixer Partner	Östrogenanteil $<50\,\mu g$ Gestagene niedrig dosiert Diabetesdauer <10 Jahre Keine Retinopathie bzw. Kontraindikationen Einnahmedauer <2 (3) Jahre
IUD	Ehe – fixer Partner Wenn bereits ein gesundes Kind geboren wurde	Nicht bei Nulliparae Applikation unter besonders sterilen Kautelen
Tubensterilisation	Nach abgeschlossenem Familienprogramm	Möglichst nicht mehr als zwei Kinder

Im deutsche Sprachraum wird die Sterilisation jedoch zu freizügig auch bei jungen und kinderlosen Frauen ohne diabetische Spätsyndrome angewandt (KIMMERLE et al. 1994). Die Tubensterilisation als endgültige Lösung sollte auch bei Diabetikerinnen zurückhaltend eingesetzt werden. Gleiches gilt für die Vasektomie, Salpingektomie oder Hysterektomie.

Nach Abwägung all der beschriebenen Für und Wieder muß für jede Diabetikerin eine individuelle Lösung gefunden werden. Die Tabelle 145 enthält zusammengefaßt die Strategie der Antikonzeption, wie sie chronologisch bei der Diabetikerin verfolgt werden kann.

Insulinpflichtige Diabetikerinnen sollten sich mit zwei Kindern begnügen, da sonst das Management der eigenen Erkrankung leidet.

12.6 Komplikationen und Kontraindikationen für eine Schwangerschaft

Die Frage der Kontraindikationen für eine Schwangerschaft muß durch die Dringlichkeit des Kinderwunsches maßgeblich beeinflußt werden. Dieser ist allerdings oft charakteristisch für das Psychogramm der Diabetikerin, nicht zuletzt als Wunsch zur Selbstbestätigung als vollwertige Frau. Rät man derartig fixierten Frauen von einer Schwangerschaft ab, können psychische Alterationen ausgelöst werden, die vereinzelt bis zu Suizidgedanken reichen. Die Diabetikerin wird daher nach einem aufklärenden Gespräch selbst mitentscheiden müssen, ob sie die Verstärkung bestehender Komplikationen, z. B. einer Visusminderung, zugunsten einer Schwangerschaft riskieren will. Diabetikerinnen neigen eher zu gewissen Gefäßveränderungen (Aorta, Carotis) als Diabetiker (AHLGREN et al. 1995). Liegen bereits *Gefäßkomplikationen* vor, so erliegen rund 20 % der Mütter ihrer Erkrankung, bevor ihr Kind 10 Jahre alt ist (HARE und WHITE 1977). Diese Tatsache liegt jedoch nicht in der Schwangerschaft begründet, sondern in der allgemein schlechten Prognose des Diabetes mellitus mit Gefäßveränderungen. Die Prognose bei Typ-1 Diabetes hat sich jedoch in den letzten 40 Jahren drastisch gebessert, wodurch die mittlere Lebenserwartung um mehr als 15 Jahre angestiegen ist (BORCH-JOHNSEN 1999). Moderne Behandlungsmethoden (intensivierte konventionelle Therapie, Insulinpumpenbehandlung, Selbstkontrolle) ermöglichen es heute, daß nahezu jede Diabetikerin, vorausgesetzt sie wird dieser sachgerechten Führung unterzogen, ein gesundes Kind haben kann, ohne daß sich dadurch ihre Prognose auf lange Sicht verschlechtert (HEMACHANDRA et al. 1995).

12.6.1 Retinopathie, Augenkomplikationen

Die diabetogene Retinopathie im Reproduktionsalter ist in erster Linie eine Komplikation des Typ-1 Diabetes (IDDM). Die proliferierende Retinopathie wurde als Kontraindikation für eine Schwangerschaft angesehen (BEETHAM 1950), da eine Progression in der Schwangerschaft befürchtet wird. Sie ist vor allem bei Diabetikerinnen mit einem Krankheitsbeginn vor dem

11. Lebensjahr und mit einem hohen Insulinbedarf zu finden (Moloney und Drury 1982, Fellinger et al. 1986, Danne et al. 1994).

Die Ursache der Progression der proliverativen diabetischen Retinopathie (PDR) in der Schwangerschaft ist im Einzelnen nicht bekannt. Es wird sich jedoch wahrscheinlich um ein multifaktorielles Geschehen handeln. Das Wachstumshormon-IGF-1 System, welches durch Insulin stimuliert wird, ist mit hoher Wahrscheinlichkeit an der Auslösung einer Progression der PDR beteiligt (Boulton et al. 1997, Merimee 1997, Smith et al. 1997, Robinson et al. 1998). Die Voraussetzung der Progression ist eine retinale Ischaemie, die durch die zunehmende Verödung von Kapillaren entsteht. Veränderungen der Hämodynamischen Eigenschaften des Blutes führen zu Mikrothrombosen und sekundär zu Mikroaneurysmen, Blutungen, Exsudaten und schließlich ischämischen Herden (Ulbig et al. 1993). Dazu wirken sich Faktoren der Schwangerschaft wie ein erhöhter Blutfluß, erhöhte Spiegel von hPL und plazentarem Wachstumshormon (Caufriez et al. 1993), freiem IGF-1 (Hasegawa et al. 1995), eine erhöhte Destruktion des IGF-bindenden Proteins (Giudice et al. 1990) und andere plazentare Wachstumsfaktoren aus (Kauma et al. 1997, Hill et al. 1997), die in Verbindung zu einer PDR stehen (Hanneken et al. 1991, Katsura et al. 1998, Pfeiffer et al. 1997).

Die Progression der Retinopathie korreliert mit dem Spiegel des glykosilierten Hämoglobins (Brunner et al. 1982; Klein et al. 1988, 1990), wobei dessen höhere Sauerstoffaffinität und geringere Sauerstoffabgabe ebenfalls als Ursache vermutet wird (Ditzel et al. 1979). Die progressive Retinopathie ist mit einer signifikanten Erhöhung des Insulin Like Growth Faktor I (IGF-1, Somatomedin C) assoziiert. Damit könnte durch Messung von IGF-1 eine Erkennung von Patienten mit hohem Risiko und ungünstiger Prognose erzielt werden (Merimee et al. 1983).

Der negative Einfluß einer chronischen Hypertension auf den Verlauf der Retinopathie ist unbestritten. Der Einfluß einer schwangerschaftsinduzierten Hypertension (SIH) auf die Progression einer Retinopathie wird jedoch nicht ganz einheitlich beurteilt. Obwohl in einigen Untersuchungen (Moloney und Drury 1982, Ohrt 1987) keine Assoziationen gefunden wurden, war bei der Mehrzahl der Untersuchungen eine Koinzidenz von Progression und SIH nachweisbar (Price et al. 1984, Jovanovic und Jovanovic 1984, Klein et al. 1990, Rosenn et al. 1992).

Bei Schwangeren wird in 16–29 % eine Progression (Jervell et al. 1979, Rodman et al. 1980, Laatikainen et al. 1980, Peterson et al. 1982, Dibble et al. 1982, Lander et al. 1982, Johnston 1984, Hillebrand et al. 1990, Hopp et al. 1995) oder die Beschleunigung der Progression (Rodman et al. 1979, Moloney und Drury 1982) einer Retinopathie beschrieben. Die Progression scheint von der Ausgangssituation abhängig zu sein. Sie kann in rund 10 % bei Schwangeren ohne Augenhintergrundsveränderungen in 21 % bei Mikroanarysmen, in 19 % bei milder nichtproliferativer Retinopathie und in 55 % bei mittlerer bis schwerer nichtproliferativen Retinopathie beobachtet werden (Chew et al. 1995). Bei Vorliegen einer Basisretinopathie muß je nach Ausmaß in 6–29 % mit einer proliferativen Retinopathie gerechnet werden.

Wird eine Diabetikerin mehrmals schwanger, kann in einer Schwangerschaft eine Progression auftreten während in einer anderen der Netzhautbefund stabil bleibt (Stephens et al. 1963).

Die Progression einer Retinopathie im Verlauf der Schwangerschaft tritt bei hyperglykämischer Stoffwechsellage (Hopp et al. 1995) bzw. erhöhtem Glykohämoglobin (Chew et al. 1995) im 1. Trimester signifikant häufiger auf. Da eine drastische Straffung der Stoffwechselkontrolle eine transiente Progression der Retinopathie bewirken kann (Moloney und Drury 1982, Lauritzen et al. 1983, Van Ballegooie et al. 1984, The Kroc Collaborative Study Group 1984, Phelps et al. 1985, Dahl-Jorgensen et al. 1985, Brinchmann-Hansen et al. 1985, Chew et al. 1995), ist möglicherweise die gezielte Straffung der Stoffwechselführung bei Schwangeren und nicht die Schwangerschaft per se die Ursache der Progression (Phelps et al. 1986). Wird hingegen bereits ab der Diagnose der Schwangerschaft ein HbA_{1C} Spiegel von 8–9 % nie überschritten, ist das Retinopathierisiko drastisch reduziert (Danne et al. 1994).

Durch den Wandel der Diabetestherapie in den letzten Jahren mit intensiver Stoffwechselführung unmittelbar nach der Diagnose eines Diabetes, sowie vor, während und nach einer Schwangerschaft sowie durch Ergebnisse aus Untersuchungen von Vergleichsgruppen und aus Longitudinalstudien muß die Bedeutung der Schwangerschaft für die Retinopathie relativiert werden. Insbesondere auch deshalb, da der Ophthalmologe mit der Lasertherapie heute eine wirksame Waffe gegen die diabetogene Retinopathie in der Hand hat (Horvat et al. 1980, Laatikainen et al. 1980, Elman et al. 1990, Althaus 1998). Somit hat die Schwangerschaft zwar vorübergehend ein höheres Progressionsrisiko, das Langzeitrisiko insgesamt scheint jedoch nicht erhöht zu sein (Carstensen et al. 1982, Chaturvedi et al. 1995, Hemachandra et al. 1995, Kaaja et al. 1996, The Diabetes Control and Complications Trial Research Group 2000). Carstensen et al. (1982) wiesen an zwei Vergleichsgruppen mit und ohne vorangegangene Schwangerschaften nach, daß ein bis zwei Schwangerschaften das Ausmaß einer Retinopathie, Nephropathie oder Neuropathie im späteren Leben nicht beeinflussen. In der EURO-DIAB IDDM Complications Study wurde bei Frauen die geboren haben sogar eine signifikant niedrigere Prävalenz an Makroalbuminurien und Retinopathien festgestellt (Chaturvedi et al. 1995).

Eine Reihe von Untersuchungen (Cassar et al. 1978, Laatikainen et al. 1980, Dibble et al. 1982, Moloney und Drury 1982, Soubrane et al. 1985, Serup 1986) ergaben bei intensiv betreuten Patientinnen eine gute Prognose im Hinblick auf die Retinopathie sowie eine völlige oder teilweise postpartale Rückbildung von Veränderungen, die während der Schwangerschaft auftraten. Gerke und Mayer-Schwinkerath (1982) sowie Jovanovic und Jovanovic (1984) sahen nach Schwangerschaften sogar eine Besserung der Fundusbefunde, wie wir es auch am eigenen Krankengut vereinzelt feststellen konnten.

Unbestritten ist jedoch die Empfehlung einer exakten augenärztlichen Untersuchung und Laserkoagulationsbehandlung vor und während der

Schwangerschaft, die die Progredienz einer Retinopathie, ob per se oder schwangerschaftsbedingt, weitestgehend verhindert (GERKE und MAYER-SCHWINKERATH 1982, HOPP und LEIS 1990, SOMVILLE 1990). Es empfiehlt sich eine Funduskontrolle jedes Trimester und innerhalb von 3 Monaten post partum (ELMAN et al. 1990, ALTHAUS 1998). Da eine Verschlechterung des Fundusbefundes und des Visus vor allem bei floriden proliverativen Retinopathien unmittelbar vor und während einer Schwangerschaft auftritt, soll für eine geplante Schwangerschaft eine Phase stabiler Befundberuhigung gewählt werden (HOPP et al. 1995).

Eine diabetogene Retinopathie ist auch bei Typ-2 (NIDDM), ja selbst bei gestörter Glukosetoleranz möglich (KLEIN et al. 1991). Risikohinweise sind hohe Nüchternblutzuckerspiegel, ausgeprägte Adipositas, frühe Diabetesmanifestation und lange Diabetesdauer (BALLARD et al. 1986). Für die Schwangerschaft hat die Retinopathie bei NIDDM jedoch weniger Bedeutung, da sie im Vergleich zu IDDM seltener und zumeist jenseits des Reproduktionsalters auftritt (KLEIN et al. 1991).

Bei Typ-1 Diabetes ist der basale retinale Blutfluß signifikant herabgesetzt. Durch die Gabe von täglich 1.800 IE Vitamin E kann der retinale Blutfluß bei Patienten mit einer Diabetesdauer von <10 Jahren wieder normalisiert werden, wodurch das Risiko der Entwicklung oder des Fortschreitens einer Retinopathie vermindert wird (BURSELL et al. 1999). Möglicherweise kann sich auch eine Magnesiumsubstitution positiv auf das Retinopathierisiko auswirken (DE VALK et al. 1999). Der Einfluß der Behandlung mit Insulinhomologen auf die Progression einer PDR ist noch wenig untersucht. Einzelbeobachtungen lassen es jedoch als ratsam erscheinen, bei der Anwendung besondere Vorsicht walten zu lassen (KITZMILLER et al. 1999).

Bei Virusinfektionen, chirurgischen Eingriffen, schlechter Stoffwechselführung, aber auch ohne erkennbaren äußeren Anlaß kann in der Schwangerschaft ein *Pseudopapillenödem* (Optic disc edema) auftreten (WARD et al. 1984). Diese Erkrankung ist in 60 % bilateral und hat eine gute Prognose. Das Ödem bildet sich meist innerhalb von 3 Wochen und stets innerhalb eines Jahres zurück. Der Verlauf wird durch die Schwangerschaft nicht negativ beeinflußt.

12.6.2 Nephropathie, Präeklampsie, Class F Diabetes

Ab einer Albuminurie von 300 mg/24 h oder einer Proteinurie von 500 mg/24 h muß eine diabetogene Nephropathie angenommen werden. Die Nephropathie tritt wie die Retinopathie besonders nach langer Diabetesdauer, insbesondere bei schlechter Stoffwechselführung und familiär gehäuft bei genetischer Prädisposition auf (SEAQUIST et al. 1989, PETTITT et al. 1990, BORCH-JOHNSEN et al. 1992, HANSSEN 1994, ROSSING et al. 1995). Bei niedrigem Sozialstatus ist das Nephropathierisiko ebenfalls signifikant erhöht (OR 3,5) (MÜHLHAUSER et al. 1998). Der Gipfel der Häufigkeit ist nach einer Diabetesdauer von ~16 Jahren zu erwarten (SELBY et al. 1990, BOJESTIG et al. 1994). Eine angeborene Retardierung der Nierenentwicklung, wie sie bei Kindern mit niedrigem Geburtsgewicht zu finden ist beinhaltet durch die Reduktion der Nephronanzahl ebenfalls ein erhöhtes Risiko einer Hochdruckerkrankung und diabetogenen Nephropathie im Erwachsenenalter (Brenner und Chertow 1994, Hinchliffe et al. 1992, Barker et al. 1990, Rossing et al. 1995). Besonders bei der Manifestation vor dem 30. Lebensjahr führt die diabetogene Nephropathie gehäuft zur Letalität und Dialyse (Deckert et al. 1986, US Renal Data System 1989).

Die diabetogene Nephropathie in der Schwangerschaft ist in der Regel zu beherrschen. Eine Progression ist von der Ausgangssituation abhängig (Gordon et al. 1996) (Tabelle 146). Bei schwerer Nephropathie ist eine Verschlechterung der Nierenfunktion durch eine Schwangerschaft nicht auszuschließen (Purdy et al. 1996). Es gibt jedoch Hinweise dafür, daß selbst bei diabetischer Nephropathie im Stadium IV nach Morgensen (1983) (Glomerulosklerose, Makroalbuminurie) bei optimaler Stoffwechselführung keine oder nur eine geringe Progression der Erkrankung auftreten kann (Tamborlane et al. 1982, Jovanovic und Jovanovic 1984, Chiasson et al. 1984, Hasslacher et al. 1985, Nesler et al. 1985, Hayslett und Reece 1987, Zeller et al. 1991, Lewis et al. 1993, Kimmerle et al. 1995, Miodovnik et al. 1996).

Die besonders straffe Stoffwechselführung in der Schwangerschaft wirkt sich unter Umständen auf den natürlichen Verlauf der Erkrankung positiv aus. Verschiedene Autoren (Kitzmiller et al. 1981; Jovanovic und Jovanovic 1984; Reece et al. 1988, 1990) fanden trotz zunehmender Proteinurie im Verlauf der Schwangerschaft keinen beschleunigten Abfall der Kreatinin-Clearance, wenn die Gravide intensiv betreut worden ist. Ein transientes nephrotisches Syndrom entwickelt sich in 58–70 % der Schwangeren mit diabetogener Nephropathie (Reece et al. 1988, Gordon et al. 1996). Eine früh einsetzende antihypertensive Therapie kann einen massiven Eiweißverlust hintanhalten (Katz et al. 1980, Parving et al. 1987). Die erhöhte Proteinurie und die Zunahme des Blutdruckes in der Schwangerschaft ist nach der Geburt reversibel und die generelle Progression der Erkrankung

Tabelle 146. Typische Laborbefunde während der einzelnen Nephropathiestadien (nach Hasslacher 1985)

Stadium	Glomeruläre Filtrationsrate	Urinbefund	Blutchem. Befunde
I	erhöht	reversible Proteinurie	o.B
II	normal bis leicht erhöht	o.B.	o.B.
III	normal bis leicht erhöht	Mikroalbuminurie	o.B.
IV	abnehmend	persistierende proteinurie	β_2-Mikroglobulin erhöht
V	abnehmend	persistierende Proteinurie	Kreatinin erhöht

wird in der Regel nicht negativ beeinflußt (Kitzmiller et al. 1981, Berland und Dussol 1990, Berk et al. 1988, McCance et al. 1989, Hemachandra et al. 1995, The Diabetes Control and Complications Trial Research Group 2000).

Das Auftreten einer Mikroalbuminurie, besonders in Kombination mit einer Blutdruckerhöhung, ist ein früher Hinweis auf die Entwicklung einer diabetischen Nephropathie (Viberti et al. 1982, Morgensen und Christensen 1984, Steffens et al. 1989) Biesenbach et al. (1994) haben bei Diabetikerinnen mit einer mittleren präkonzeptioneller Mikroalbuminurie von 63,2 (± 49,3) µg min^{-1} im Verlauf der Schwangerschaft eine 6,7fache Steigerung auf 492 (± 404) µg min^{-1} mit dem Peak im dritten Trimester beschrieben. Die Nierenfunktion blieb jedoch normal und die Geburtshilflichen Ergebnisse zeigten keine Unterschiede im Vergleich zur Gruppe mit normaler Albuminausscheidung (≤ 15 µg min^{-1}). Allerdings entwickelten ein Drittel der Fälle mit Mikroalbuminurie ein transientes nephrotisches Syndrom mit einer Proteinausscheidung von > 3 g/24 Stunden. Nach der Geburt fiel die Ausscheidung innerhalb von 12 Wochen wieder auf präkonzeptionelle Werte ab. Die Progression der Albuminurie korreliert mit dem systolischen Blutdruck (Schmitz et al. 1994) nicht jedoch mit der Anzahl von Schwangerschaften.

Die geburtshilflichen Ergebnisse sind bei diabetogener Nephropathie schlechter als ohne diese Komplikation (Hare und White 1977, Kitzmiller et al. 1981, Nesler et al. 1985, Grenfell et al. 1986, Dicker et al. 1986, Fabre et al. 1987, Combs und Kitzmiller 1991, Kimmerle et al. 1995). Bei einer Analyse von Reece et al. (1988) kam es in 68 % zur Frühgeburt 19 % der Kinder hatten ein RDS, 26 % eine Hyperbilirubinämie und 10 % eine Fehlbildung. Die Sektiorate betrug 71 % und die perinatale Mortalität 6 %, wobei die Verluste bereits präpartal auftraten. Es wurden jedoch auch bessere geburtshilfliche Ergebnisse beschrieben (Gordon et al. 1996). Bei Nachuntersuchungen von Kimmerle et al. (1995) hatten rund 20 % der Kinder nephropathischer Diabetikerinnen im Alter von 0,5 bis 10 Jahren eine psychomotorische Retardierung. Der Beeinträchtigung der psychomotorischen Entwicklung geht gehäuft eine frühe intrauterine Wachstumsverzögerung voraus (Pedersen und Mølsted-Pedersen 1998).

Ein prägravid ausgeprägter arterieller Hochdruck im Rahmen einer diabetischen Nephropathie kann eine mütterliche Kontraindikation für eine Schwangerschaft sein, da der Blutdruck im Rahmen der Schwangerschaft weiterhin ansteigt. Bei bestehendem Hochdruck ist jedenfalls damit zu rechnen, daß die Schwangerschaft frühzeitig und zumeist per sectionem beendet werden muß. Die Kinder erleiden häufig eine pränatale Dystrophie (Hopp et al. 1995), insbesondere bei einer Albuminurie ≥ 3 g und Serumkreatininwerten ≥ 1,5 mg/dL (Gordon et al. 1996).

Die *Präeklampsie* (PE, EPH-Gestose) und der *schwangerschaftsinduzierte Hochdruck* (SIH, PIH) treten unabhängig von der Qualität des Stoffwechsels sowohl bei GDM als auch bei IDDM etwa 2–4mal häufiger auf als bei Stoffwechselgesunden (Cousins 1987, Garner et al. 1990, Hillebrand et al. 1990, Siddiqui et al. 1991, Hanson und Persson 1993, Roberts und Redman 1993, McCathy et al. 1993, Rudge et al. 1997, Flores et al. 1999). Eine PE

Neigung haben besonders Primiparae die bereits in der Frühschwangerschaft eine erhöhte Albuminurie, einen erhöhten mittleren Blutdruck und erhöhte Serumurate haben (WINOCOUR und TAYLOR 1989). Die Ätiologie ist unklar. Möglicherweise tragen erhöhte Spiegel von neutrophiler Elastase (GREER et al. 1989), Endothelin (ET 1) (WOLFF et al. 1997) oder Thromboxan (VAN ASSCHE et al. 1993) zur Präeklampsieneigung bei Diabetes bei, da die Spiegel dieser Substanzen und das Verhältnis Prostazyklin/Thromboxan bei Diabetes mellitus in Abhängigkeit von der Glykämie erhöht sind (GERRARD et al. 1980, MUSTARD und PACKHAM 1984, HALUSHKA et al. 1985). Die endothelabhängige Relaxation von Gefäßen durch Azetylcholin ist bei Diabetes ebenfalls gestört (KNOCK et al. 1997).

Nach Untersuchungen von FLORES et al. (1999) ist eine Früherkennung bzw. Vorhersage einer PIH anhand des systolischen nächtlichen Blutdrukkes (0–7 Uhr) im 2. Trimester möglich. Ein systolischer Blutdruck von > 105 mm Hg hat eine Sensitivität von 85 %, Spezifität von 92 %, einen positiv prädiktiven Wert von 87 % und einen negativ prädiktiven Wert von 95 %.

Bei IDDM besteht eine signifikante Korrelation des PE Risikos zur mütterlichen Nephropathie, zur Retinopathie und zum HbA_{1C} Spiegel vor der 16.–24. Schwangerschaftswoche (Hanson und PERSSON 1993). Eine Mikroalbuminurie bereits vor der Schwangerschaft ist der stärkste Risikohinweis auf PE (EKBOM et al. 2000). Auch die Eiweißausscheidung vor der 20 Schwangerschaftswoche läßt auf das Risiko einer PE schließen. Bei einer Eiweißausscheidung von < 190 mg/Tag beträgt die PE-Rate 7 %, bei 190–499 mg/Tag 31 % und bei ≥ 500 mg/Tag 38 % (COMBS et al. 1993). Die Korrelation des HbA_{1C} Spiegels mit der Präeklampsierate ist sowohl von der Dauer des Diabetes als auch vom Vorliegen einer Nephropathie oder Retinopathie unabhängig. Demzufolge kann eine Präeklampsie/Hypertension durch eine straffe Stoffwechselkontrolle bereits vor der 24. Schwangerschaftswoche weitestgehend vermieden werden (HANSON und PERSSON 1993). Dies ist von maßgeblicher Bedeutung, da sich die negativen Auswirkungen diabetogener und präeklamptischer Noxen auf die geburtshilflichen Ergebnisse potenzieren. Selbst kindliche Spätfolgen bei Adoleszenten bis zum 15. Lebensjahr (psychosomatische- und Sprachentwicklungsstörungen) sind nicht nur von der Qualität der mütterlichen Stoffwechselführung abhängig sondern zeigen auch eine signifikante Korrelation zur Präeklampsie und zu Harnwegsinfekten während der Schwangerschaft (AMENDT et al. 1976).

Das HELLP Syndrom wird dem präeklamptischen Symptomkomplex zugerechnet (WEINSTEIN 1982). Nach unseren Erfahrungen tritt das HELLP Syndrom bei Diabetikerinnen nicht häufiger auf als bei Stoffwechselgesunden. Von SPITZER et al. (1994) wurde ein gleichzeitiges Auftreten eines HELLP Syndromes mit der Manifestation eines Typ-1 Diabetes beschrieben. Da sowohl bei der Genese des HELLP Syndroms (GLEICHER 1986, MARTIN et al. 1991) als auch des Typ-1 Diabetes Autoimmunvorgänge beteiligt sind vermuteten die Autoren einen Zusammenhang. Unsere Erfahrungen konnten Zusammenhänge des Diabetes mellitus mit HELLP Syndrom und/oder Eklampsie nicht bestätigen, da wir in 25 Jahren in keinem Fall eine Assoziation dieser Syndrome mit Diabetes mellitus beobachten konnten.

In diesem Zusammenhang soll erwähnt werden, daß das relative Risiko einer Hepatitis C (HCV) Infektion bei Diabetes im Vergleich zu Blutspendern ~4,4 beträgt. Es empfiehlt sich daher auch bei diskret abnormalen Transaminasen ein HCV Screening zu veranlassen (Simó et al. 1996).

Bei Diabetikerinnen wird bereits bei einem systolischen Blutdruck > 140 mm Hg eine antihypertensive Therapie mit ACE-Inhibitoren, α-1 Rezeptorblockern, Kalziumantagonisten und niedrig dosierten Thiaziddiuretika empfohlen (American Diabetes Association 1993). Dieses Regime ist jedoch für die Schwangerschaft nicht geeignet (Kitzmiller et al. 1996). ACE-Hemmer sind in der Schwangerschaft kontraindiziert, da sie die foetale und neonatale Nierenfunktion ernsthaft beeinträchtigen können (Hanssens et al. 1991). Kalziumantagonisten sind wegen ihrer teratogenen Wirkung zumindest in der Frühschwangerschaft kontraindiziert (Magee et al. 1994). Diuretika können durch Verminderung des Plasmavolumens Plazentaperfusionsstörungen verursachen und sollten daher ebenfalls vermieden werden (Sibai et al. 1985).

Zu den Antihypertensiva, die sich in der Schwangerschaft als unbedenklich bewährt haben, gehören Methyldopa (z. B. Presinol®), Clonidin (z. B. Catapresan®) und Prazosin (z. B. Minipress®) (Cockburn et al. 1982, Fairlie et al. 1992, Cunningham und Lindheimer 1992). Betablocker können ebenfalls zur Anwendung kommen (Olofsson et al. 1986). Bei Betablockern muß eine Risiko-Nutzen Abwägung erfolgen, da möglicherweise das foetale Wachstum beeinträchtigt wird (Fairlie et al. 1992, Cunningham und Lindheimer 1992) und Störungen des Lipidstoffwechsels, der Blutzuckerkontrolle und der Hypoglykämiesensitivität auftreten können (American Diabetes Association 1993). Darüber hinaus werden CTG-Muster schwer interpretierbar, da die Basalrate gesenkt und die Oszillation eingeengt wird (Olofsson et al. 1986). Eine allzu forcierte Blutdrucksenkung in der Schwangerschaft solte überhaupt vermieden werden, da sie sich negativ auf das foetale Wachstum auswirkt und zur Wachstumsrestriktion führt (Beaufils 1990).

Durch eine Dosis von täglich 1.800 IE Vitamin E kann eine erhöhte basale Kreatinin Clearance bei Patienten mit einer Diabetesdauer von < 10 Jahren wieder normalisiert werden (Bursell et al. 1999). Die Gabe von Vitamin E könnte somit das Risiko der Progression der Nephropathie in der Schwangerschaft zusätzlich herabsetzen.

12.6.3 Nierentransplantation

Über die ersten erfolgreichen Schwangerschaften nach Nierentransplantation wurde bereits von Murray et al. (1963) berichtet. Bis zum Jahr 1982 wurden 759 Schwangerschaften nach Transplantationen beschrieben (Davidson und Lindheimer 1982). Eine Schwangerschaft ist somit prinzipiell möglich, es ist aber besonders bei Diabetikerinnen mit einer Reihe von Komplikationen wie Präeklampsie, Harnwegsinfekten, Hypertension, Frühgeburt, Kaiserschnitten etc. zu rechnen (Grenfell et al. 1986, Davison

1987, Ross et al. 1988, Endler et al. 1989, Günter et al. 1989, Baylis und Wilson 1989, Davison 1991, Aichberger et al. 1993), da sich zu den allgemeinen transplantationsnephrologischen Risiken noch Probleme des Diabetes mellitus gesellen.

Ab der 24 Schwangerschaftswoche haben Schwangere häufig einen erhöhten Bedarf an Cyclosporin A (CSA) um ihren therapeutischen Blutspiegel aufrecht zu erhalten (Günter et al. 1989, Ross et al. 1988, Venkataramanan et al. 1988, Kraemer-Hansen et al. 1990). Durch die immunsuppressive Dauermedikation (CSA [Sandimmun®] als Monotherapie oder in Kombination mit Cortison und/oder Azathioprin [Imurek®]) haben die Schwangeren ein erhöhtes Risiko bakterieller Infektionen. Darüber hinaus besteht eine Anfälligkeit gegenüber Viren, besonders gegenüber Viren der Herpesgruppe (Stäubli et al. 1976, Wolff et al. 1984, Jahn et al. 1988). Auf das Abortusrisiko (Lau und Scott 1985, Baltzer et al. 1989, Cararach et al. 1993) und auf die foetalen Fehlbildungsraten (Lewis und Lamont 1983, Klintmalm et al. 1984, Flechner et al. 1985, Grischke et al. 1986, Duggan et al. 1986, Endler et al. 1987, Biesenbach et al. 1988, Ziegenhagen et al. 1988, Venkataramanan et al. 1988, Günter et al. 1989, Grischke et al. 1989, Davison 1991) scheint CSA keinen besonderen Einfluß zu haben. Ein erhöhtes Fehlbildungsrisiko leitet sich eher von Virusinfektionen oder einer Azathioprinmedikation ab (Registration Committee of the European Dialysis and Transplant Association 1980). Die teratogene Wirkung von Azathioprin ist jedoch ebenfalls umstritten (Wolff et al. 1984, Lau und Scott 1985, Hardy 1986).

CSA protegiert durch Endothelveränderungen mit hoher Wahrscheinlichkeit eine Präeklampsie (Kraemer-Hansen et al. 1990, Lindtmann und Katz 1992) sowie eine foetale Wachstumsretardierung (Pickrell et al. 1988, Kraemer-Hansen et al. 1990). Auch ein Abfall des Magnesiumspiegels im Serum unter Cyclosporin A-Behandlung bis auf 0,3 mmol/L könnte zur mütterlichen Präeklampsie und foetalen Dystrophie beitragen (June et al. 1985). Es ist daher bei Nierentransplantierten stets eine Magnesiumsubstitution ratsam.

Während die Zunahme der glomerulären Filtrationsrate in der Schwangerschaft bei nierengesunden Frauen bis zu 50 % beträgt, sind die hämodynamischen Veränderungen in transplantierten Nieren weniger ausgeprägt (Davison 1985). Bei stabiler Transplantatfunktion ante conzeptionem kann die Schwangerschaft relativ komplikationsarm verlaufen. Bei Schwangerschaften mit vorbestehender Funktionseinschränkung hingegen (Serum-Kreatininspiegel über 2,5–3,0 mg %) muß mit einer Verschlechterung der Funktion und eventuell mit einem Transplantatverlust gerechnet werden. Im Allgemeinen wird man daher nach Nierentransplantation von einer Schwangerschaft abraten (Ogburn et al. 1986, Aichberger et al. 1993), nicht zuletzt da nierentransplantierte Diabetikerinnen in der Regel zusätzliche diabetesassoziierte Probleme haben (Tabelle 147) (Ritz 1995).

Die Lebenserwartung dieser Diabetikerinnen ist a priori reduziert, wodurch nierentransplantierte Mütter das Aufwachsen ihrer Kinder zum Teil nicht erleben.

Tabelle 147. Zusätzliche diabetesassoziierte Probleme bei Patienten mit Nierenproblemen oder Nierentransplantation (nach Ritz 1995)

Erkrankung	Nierenpatienten n = 79	Nierentransplantationspatienten n = 95
Hypertension (> 140/90)	77,5 %	85,2 %
Diabetische Nephropathie	47,1	68,4
Laserbehandlung	33,7 %	30,5 %
Amaurose	4,5	11,5
Koronarerkrankung	35,9	62,5
Gangrän/Amputation	11,2	20,0
Polyneuropathie	42,7	26,3

Bei dringendem Kinderwunsch kann einer Schwangerschaft jedoch zugestimmt werden, wenn

- die Transplantation zumindest zwei Jahre (bei Lebendspendern ein Jahr) zurückliegt (Penn et al. 1980, Ziegenhagen et al. 1988),
- die Immunsuppression auf eine Erhaltungsdosis reduziert ist,
- der Serumkreatininspiegel normal ist und
- eine Normotonie oder medikamentös beherrschbare leichte Hypertension vorliegt.

Zusätzlich soll keine oder nur eine

- geringe Proteinurie bestehen.

Außerdem sollten

- keine erblichen Nierenerkrankungen (z. B. polyzystische Niere) erhebbar sein, es darf
- keine Abstoßungsreaktion vorliegen und der
- Allgemeinzustand muß gut sein (Lau und Scott 1985).

Ein Stau der ableitenden Harnwege nach Nierentransplantation sollte als Kontraindikation einer Schwangerschaft gelten.

Ein mechanisches Geburtshindernis durch das Nierentransplantat ist nicht zu erwarten. In der Universitätsklinik Hamburg-Eppendorf wurden 6 von 9 transplantierten Frauen spontan entbunden (Kraemer-Hansen et al. 1990).

Organtransplantierte Frauen sollten nach der Entbindung primär abgestillt werden (Flechner et al. 1985, Lau und Scott 1985, Duggan et al. 1986, Endler et al. 1987, Davison 1988), da CSA in relativ hoher Konzentration in die Muttermilch gelangt (Behrens et al. 1989).

Von Castro et al. wurde 1986 über den ersten Fall einer erfolgreichen Schwangerschaft nach kombinierter Nieren-Pankreas-Transplantation und Cyclosporinbehandlung berichtet. Analoge Fälle, die ohne besondere Komplikationen und ohne Insulinbedarf während der Schwangerschaft verliefen, wurden von CALNE et al. (1988), TYDEN et al. (1989) und BALTZER et al. (1989) beschrieben. Solche Kasuistiken weisen darauf hin, daß eine Schwangerschaft, bei entsprechend intensivem Kinderwunsch, trotz scheinbar aussichtsloser Ausgangssituation in zunehmendem Maße möglich ist. Man wird in solchen außergewöhnlichen Fällen jedoch den Frauen eher von einer Schwangerschaft abraten.

12.6.4 Herzkomplikationen

Die Adaptation der Herzfunktion an die Schwangerschaft und die Zunahme des Blutvolumens um 40 % kann insbesondere bei IDDM mit langer Krankheitsdauer durch eine präklinische diabetische Kardiomyopathie und autonome Neuropathie gestört sein (AIRAKSINEN et al. 1984, 1986). Diabetische Frauen haben a priori einen kleineren linken Ventrikel als Kontrollen und die schwangerschaftsbedingte Vergrößerung des linken Ventrikels und des Schlagvolumens ist ebenfalls geringer ausgeprägt. Während der kardiale Auswurf bei Stoffwechselgesunden um 3,4 L/min ansteigt, beträgt der Anstieg bei IDDM nur 1,3 L/min (AIRAKSINEN et al. 1986). Kleine perikardiale Ergüsse am Ende der Schwangerschaft sind bei Diabetikerinnen mit 76 % ebenfalls häufiger als bei Stoffwechselgesunden mit 45 %, können jedoch durchaus als *physiologisch* betrachtet werden.

Bei Tierversuchen kann ein verminderter kardialer Auswurf den uteroplazentaren Blutfluß vermindern (AHOKAS et al. 1983). Die diabetische Kardiomyopathie verursacht zwar kaum ernsthafte Probleme (AIRAKSINEN et al. 1987), der verminderte output könnte jedoch bei assoziierten Störungen mit Auswirkungen auf die foetale Sauerstoffversorgung wie Anämie, Präeklampsie oder körperliche Belastung von Bedeutung sein.

Koronare Herzerkrankungen können bei Diabetikerinnen bereits ab dem 19. Lebensjahr auftreten (CRALL und ROBERTS 1978). Am häufigsten ist sie jedoch bei Frauen ≥45 Jahren, mit einer Diabetesdauer von ≥25 Jahren und ST-T Veränderungen im EKG nachweisbar (MANSKE et al. 1993). Eine Proteinurie bei Typ-1 Diabetes als Ausdruck einer generalisierten Gefäßschädigung ist mit einer erhöhten Rate kardiovaskulärer Erkrankungen assoziiert (DECKERT et al. 1989). Eine Koronarsklerose (Class H diabetes) ist als Kontraindikation einer Schwangerschaft anzusehen, da sie mit einer hohen mütterlichen Mortalität verbunden ist (HARE und WHITE 1977). Von 12 Fällen, die bis 1980 in der Literatur beschrieben wurden endeten 8 Schwangerschaften mit dem Tod der Mutter (SILFEN et al. 1980). GAST und RIGG (1985) beschrieben allerdings drei Schwangerschaften bei ischaemischer Koronarerkrankung, die unter sorgfältiger Überwachung des kardialen Zustands und unter straffer Stoffwechselführung erfolgreich verliefen.

Nach koronarer Bypass-Operation wurden vereinzelt Schwangerschaften ohne wesentliche kardiale Komplikationen beschrieben. Eine präkonzeptionelle Bypassoperation scheint das outcome der Schwangerschaften von Class H Diabetikerinnen deutlich zu verbessern (REECE et al. 1986, POMBAR et al. 1995).

12.6.5 Neurologische Probleme

Durch die Schwangerschaft selbst wird keine diabetische Neuropathie ausgelöst (Nylund et al. 1985). Ist jedoch eine autonome Neuropathie vorhanden, ist im Vergleich zu Diabetikerinnen ohne Neuropathie bei gleicher Stoffwechselqualität gehäuft (52 % vs. 23 %) mit mütterlichen und/ oder kindlichen Problemen zu rechnen (Airaksinen et al. 1990).

Eine Störung der autonomen Herzfunktion bei schwangeren Diabetikerinnen ist selten schwerwiegend (Airaksinen et al. 1987). Eine autonome Neuropathie mit Gastroparese hingegen (Horowitz und Fraser 1994) kann eine relative Kontraindikation für einer Schwangerschaft sein, da es zu unstillbarem Erbrechen und folglich zur diabetischen Ketoazidose kommen kann (Lavin et al. 1982, Macleod et al. 1990, Rodgers und Rodgers 1991). Bei Kombination mit einer Emesis der Frühschwangerschaft, kann nach Abwägung des unklaren teratogenen Risikos insbesondere nach Abschluß der foetalen Organogenese eine Stimulation der Magenmotilität mit den Dopaminrezeptorenblockern Metoclopramid und Domperidon (Metogastron®, Paspertin®, Gastronerton®, Gastrosil® etc.) zweckmäßig sein (Smout 1986, Brown und Khardaria 1990). Bei einer Langzeitbehandlung mit Levosulpirid (Levopraid) 75 mg/Tag konnte die Zeit der Magenentleerung von 321 auf 261 Minuten verkürzt und die mittlere Blutglukose von 10,9 auf 8,8 mmol/l (196 auf 158 mg/dl) gesenkt werden (Melga et al. 1997). Andere Untersuchungen lassen hoffen, daß eine Behandlung mit C-Peptid die autonome Nervenfunktion verbessern könnte (Johansson et al. 1996). In vielen Fällen ist jedoch die Gastroparese therapieresisitent und erfordert u.U. eine Gastrektomie (Bell und Ovalle 1999).

Eine Verbesserung neurologischer Symptome, insbesondere der Schmerzsymptomatik ist durch eine Behandlung mit Acetyl-L-Carnitin (500 mg i. m., 2mal täglich) zu erwarten (Quatraro et al. 1995).

12.6.6 Das Erbrisiko

Der genaue Ablauf der Vererbung bei Diabetes mellitus ist ungeklärt. Es besteht ein unterschiedlicher Erbgang bei IDDM (JOD) und NIDDM (MOD(Y)) (Tatersall et al. 1975). Die *Manifestation* eines Typ-1 Diabetes erfolgt zumeist um das 5–7. Lebensjahr und um die Pubertät, sie kann jedoch in jedem Lebensalter zwischen der frühen Kindheit und dem Erwachsenenalter erfolgen (Sperling 1992). Kinder mit einem niedrigen Geburtsgewicht haben in der Regel eine frühere Diabetesmanifestation (4,3 Jahre) als Kinder mit normalem Geburtsgewicht (Khan und Couper 1994).

MODY hat einen autosomal dominanten Erbgang (Tattersall 1974, Übersicht bei Fajans 1990) und tritt häufig bereits im Alter von 9–14 Jahren auf. Spezifische HLA-Assoziationen und Inselzellantikörper sind bei MODY nicht nachweisbar.

In der Regel ist bei den verschiedenen Diabetestypen nicht nur ein Faktor diabetesauslösend sondern das Zusammenwirken mehrerer Faktoren wie Umweltfaktoren, Übergewicht, Schwangerschaft, Virusinfektionen, Ernährung, Autoimmunphänomene und HLA-Assoziationen (TATTERSALL und BYKE 1972, SAUER und BIGALKE 1978, MENSER et al. 1978, SCHERNTHANER 1980, HELGASSON und JONASSON 1981, CAHILL et al. 1981, NERUP und LERNMARK 1981, OLMOS et al. 1988, ERLICH et al. 1990, TAIT 1990, DRASH 1990, TODD et al. 1991, VIRTANEN et al. 1992, VERGE et al. 1994, ATKINSON und MAGLAREN 1994, ROSENBAUER et al. 1999). Nach Analysen von DNA Sequenzen bei Diabetikern, werden sowohl die Anfälligkeit als auch die Resistenz gegenüber von Autoimmunvorgängen in den Inselzellen von Allelen der HLA-DQβ *Gene* bestimmt (TODD et al. 1987, VAN DER AUWERA 1995). Dabei scheint die Struktur der DQ Moleküle, besonders der Rest 57 der β-Kette von ausschlaggebender Bedeutung zu sein. Bei Untersuchungen von Nabelschnurblut unausgewählter Neugeborener wurde ein Risikogenotyp (DRB1*03/DRB1*04, DQB1*0302) bei Kaukasierinnen in 2,4 %, bei Hispanierinnen in 2,8 % und bei Afroamerikanerinnen in 1,6 % nachgewiesen (REWERS et al. 1996).

Nicht genetisch bedingte Faktoren scheinen jedoch gleichermaßen eine wesentliche Rolle zu spielen (BARNETT et al. 1981, DAHLQUIST 1991), wobei *Autoimmunvorgänge* als Krankheitsauslöser bereits viele Jahre vor dem Auftreten eines Diabetes ablaufen (BOTTAZZO et al. 1980, GORSUCH et al. 1981, SOOTHILL et al. 1983, SRIKANTA et al. 1983, ROLL et al. 1996). Darüber hinaus wird das Diabetesrisiko auch durch das soziale Umfeld, den Lebensstil und die Eßgewohnheiten beeinflußt (CHRISTAU et al. 1977, BLOM et al. 1989).

Während ein ausreichend langes *Stillen des Kindes* das Diabetesrisiko herabsetzt (BLOM et al. 1989, BORCH-JOHNSEN et al. 1984, MAYER et al. 1988, VIRTANEN et al. 1991, VERGE et al. 1994, PETTITT und KNOWLER 1998, MCKINNEY et al. 1999), wird bei Ersatz der Muttermilch durch *Kuhmilch* oder Kuhmilchprodukte das Risiko erhöht (ELLIOTT und MARTIN 1984, DANEMAN et al. 1987, SCOTT 1990, VIRTANEN et al. 1992, KOSTRABA et al. 1993). Dies umso mehr bei Hochrisiko-Genotypen (CHANDRA 1992). Dabei könnte auch der Zeitpunkt des Abstillens von Bedeutung sein (KOSTRABA et al. 1992). Der Einfluß des Stillens ist jedoch umstritten (HUMMEL et al. 2000). Möglicherweise können jedoch Kuhmilchproteine neben der Bildung von IgA-Antikörpern und β-lactoglobulin-Antikörpern den Autoimmunprozeß des IDDM auslösen (SAVILAHTI et al. 1993). Bei Kindern mit frisch manifestiertem Typ-1 Diabetes sind im Vergleich zu Kontrollen gehäuft Kuhmilch IgA-Antikörper und β-lactoglobulin-Antikörper nachzuweisen (SAVILAHTI et al. 1988, DAHLQUIST et al. 1992). Liegen Kuhmilchantikörper vor beträgt das relative Risiko eines Typ-1 Diabetes 1,83 (VIRTANEN et al. 1994). Nach dem 9. Lebensmonat nimmt die Immunantwort auf Kuhmilchproteine ab und es entwickelt sich eine orale Toleranz (VAARALA et al. 1995). Es wird angenommen, daß eine molekulare Übereinstimmung zwischen dem Inselzellantigen P69 und dem Rinderalbumin in Kuhmilch vorliegt (KARJALAINEN et al. 1992) und/oder Antikörper gegen das Rinderinsulin in der Kuhmilch mit Kreuzreaktion zu Humaninsulin gebildet werden (VAARALA et al. 1999). Antikörper gegen Kuhmilchproteine können jedoch auch durch unspezifische Stimulation bei gestillten Kindern auftreten (TAINO et al. 1988).

Eine weitere Hypothese geht davon aus, daß eine *immunologische Isolation* von Kindern zur Entwicklung eines Typ-1 Diabetes beiträgt, während eine frühe Infektexposition protektiv wirkt (Kolb und Elliot 1994, Gibbon et al. 1997). Andererseits scheint ein früher Eintritt in den Kindergarten ebenfalls mit einem höheren Diabetesrisiko assoziiert zu sein, mutmaßlich wegen der größeren Exposition zu Viruserkrankungen, die ihrerseits einen Diabetes auslösen können (Verge et al. 1994).

Die Frage nach dem Diabetesrisiko des Kindes wird meist von juvenilen Diabetikerinnen mit einem stoffwechselgesunden Partner gestellt. Dieses Risiko ist mit rund 1,3–3,5 % bis zum 20. Lebensjahr kleiner als lange Zeit angenommen (Köbberling und Bruggeboes 1980), aber immerhin noch 25–70mal größer als bei Nachkommen Stoffwechselgesunder (Weiss et al. 2000). Eigene Untersuchungen haben allerdings ein etwas höheres Erbrisiko eines Typ-1 Diabetes ergeben. Demnach beträgt das Risiko vor dem 15. Lebensjahr 5,3 % und bis zum 35. Lebensjahr 8,4 %. Genauere Angaben darüber finden sich im Kapitel: Die prospektiven kindlichen Risiken (S. 177).

Nach Untersuchungen an der Joslin Klinik ist das Erbrisiko bei *mütterlicher Diabetesmanifestation* vor dem achten Lebensjahr siebenmal höher als bei später Manifestation, während die mütterliche *Diabetesdauer* zum Zeitpunkt der Geburt keinen Einfluß auf das Erbrisiko des Kindes hat (Bleich et al. 1993).

Ein höheres *mütterliches Alter* (> 25 Jahre) zum Zeitpunkt der Schwangerschaft könnte ebenfalls das kindliche Diabetesrisiko erhöhen (Flood et al. 1982, Wagener et al. 1983, Cerutti et al. 1984, Blom et al. 1989, Soltesz et al. 1994, Patterson et al. 1994, Dahlquist und Källén 1992, Dahlquist et al. 1995, McKinney et al. 1997, McKinney et al. 1999, Dahlquist et al. 1999, Bache et al. 1999) (Abb. 84).

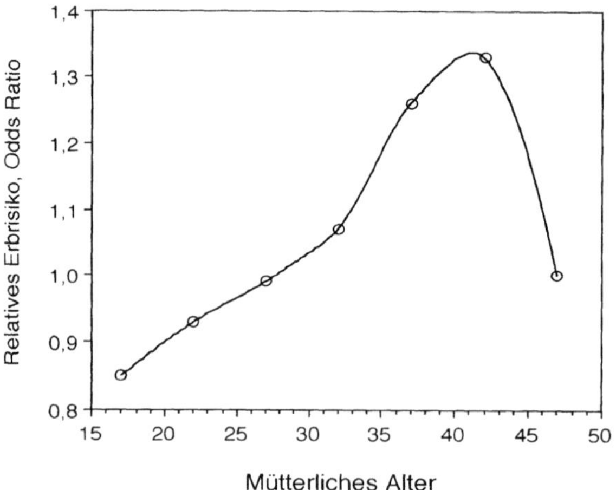

Abb. 84. Der Einfluß des mütterlichen Alters von Diabetikerinnen auf das Erbrisiko des Kindes. Analyse von 2557 diabetischen Kindern. Nach Daten von Dahlquist und Källén (1992)

Unter der Annahme eines generellen Risikos von 1,8 % wird demnach das Erbrisiko bei 15–19jährigen Müttern mit etwa 1,5 % (relatives Risiko 0,85), bei 40–44jährigen hingegen mit etwa 2,4 % (relatives Risiko 1,33) angegeben. Bache et al. (1999) haben eine odds ratio von 1,03/Lebensjahr errechnet. Für einen Einfluß des Mütterlichen Alters spricht auch die höhere Inzidenz persistierender ICA bei Kindern älterer Diabetikerinnen (Ziegler et al. 1993).

Über den Einfluß des mütterlichen Alters auf das Erbrisiko des IDDM herrscht allerdings keine einheitliche Meinung. Während die meisten Autoren eine positive Korrelation des mütterlichen Alters zum Erbrisiko des Kindes fanden, ergaben andere Untersuchungen keine (Kyvik et al. 1992, Bock et al. 1994, Wadsworth et al. 1997, Jones et al. 1998), oder sogar eine negative Korrelation (Warram et al. 1991, Bleich et al. 1993, Ramachandran et al. 1993, El-Hashimy et al. 1995).

Intrauterine und perinatale Ereignisse können ebenfalls einen Einfluß auf das Erbrisiko nehmen (Buschard et al. 1990). Das unreife Immunsystem des Foetus ist vulnerabel und kann durch eine *foetale Virusexposition* sowohl eine Toleranz als auch eine Intoleranz gegenüber verschiedenen Antigenen erwerben (Soothill et al. 1983). Es ist bekannt, daß bei kongenitaler Rubella Embryopathie (Menser et al. 1978) und kongenitaler Zytomegalieinfektion (Ward et al. 1979) ein hohes Diabetesrisiko besteht. Neuere Untersuchungen konnten zeigen, daß eine mütterliche Infektion in der Schwangerschaft mit Enteroviren (Echo30, Coxsackie B5 und Echo9) ebenfalls das kindliche Risiko eines IDDM auf das dreifache erhöhen, während eine mütterliche Infektion mit Herpes, Mumps oder Toxoplasmose keinen Einfluß auf das kindliche Diabetesrisiko hatten (Dahlquist et al. 1995, Lönnrot et al. 2000). Im Unterschied dazu wurde bei kindlichen Infektionen mit Mumps (Sultz et al. 1975, Prince et al. 1978, Harris 1989), ja sogar bei der Mumpsimpfung (Sinaniotis et al. 1975) eine Diabeteshäufung beschrieben. *Impfungen* scheinen jedoch kein besonderes Risiko zu haben. Eine Deutsche Studie konnte bei Vakzination mit BCG, Haemophilus influenzae, Diphterie, Tetanus, Pertussis, FSME, Masern, Mumps und Röteln keinen Einfluß auf die Bildung von AIA oder die Manifestation eines Typ-1 Diabetes feststellen (Hummel et al. 2000). Die Nachuntersuchungen erfolgten jedoch nur bis zum 2. Lebensjahr.

Kinder, deren Mütter eine *Präeklampsie* hatten, neigen vermehrt zu Typ-1 Diabetes (Dahlquist und Källen 1992; Jones et al. 1998; McKinney et al. 1997, 1999) (Tabelle 148).

Analysen von 2757 Kindern mit der Manifestation eines insulinpflichtigen Diabetes vor dem 15. Lebensjahr konnten zeigen, daß auch eine Incompatibilität der mütterlichen und kindlichen Blutgruppe insbesondere eine *AB0 Unverträglichkeit* (RR 3,92) sowie verschiedene perinatale Komplikationen, ein signifikant höheres Erbrisiko nach sich ziehen (Dahlquist und Källén 1992, Dahlquist et al. 1999, Patterson et al. 1994) (Tabelle 148).

Das relative Risiko beträgt bei mütterlicher *Toxikose* 1,33, bei *Frühgeburt* (<38. Woche) 1,19; bei *Kaiserschnitt* 1,70, bei *Atemnotsyndrom* 1,14 und bei *Blutgruppenincompatibilität* 1,61. Wurde bei einer Blutgruppen-

Tabelle 148. Einfluß verschiedener perinataler Faktoren auf das relative Risiko der Manifestation eines Typ-1 Diabetes in der Kindheit (nach Daten von Dahlquist et al. 1999)

Variable	OR
Mütterliches Alter >25 Jahre	1,31
Präeklampsie	1,49
Geburtsgewicht <2500 g	0,28
Länge <50 cm	0,74
Atemnotsyndrom	1,71
Gelbsucht wegen	
ABO incomp.	3,78
Rh incomp.	1,75
unbekannte Ursache	1,39

OR Odds Ratio

incompatibilität eine Phototherapie, eine Transfusion oder beides erforderlich betrug das relative Risiko sogar 17,8.

Es gibt jedoch auch *protektive Faktoren*. Neben genetischen Konstellationen und Stillen senken eine lange Tragzeit (OR 0,91/Woche) und eine oder mehrere Fehlgeburten (OR 0,66) das Diabetesrisiko, allerdings nur bei Knaben (Bache et al. 1999).

Der *Einfluß des Geburtsgewichtes* auf das Risiko eines Typ-2 Diabetes der Nachkommen wird kontroversiell diskutiert. Während verschiedene Untersuchungen keinen Einfluß auf das spätere Diabetesrisiko fanden (Blom et al. 1989, 1992; Kyvik et al. 1992; Poicot et al. 1993; Bock et al. 1994), wird auch eine positive Korrelation des Risikos zum Geburtsgewicht beschrieben (Metcalfe und Baum 1992; Dahlquist et al. 1996, 1999). Weiters gibt es Untersuchungen, die eine Korrelation mit der Länge des Kindes bei der Geburt (Podar et al. 1999) oder eine vermehrte Diabetesneigung sowohl bei Neugeborenen >4000 g als auch bei Neugeborenen <2000 g gefunden haben (Rewers et al. 1989, Podar et al. 1999). Verschiedene Studien lassen eine Assoziation eines niedrigen Geburtsgewichtes mit dem zukünftigen Risikos eines Typ-2 Diabetes vermuten (Hales et al. 1997). Die Auswirkungen des Geburtsgewichtes auf ein zukünftiges Typ-1 Risiko sind nicht ganz klar. Es wurden von verschiedenen Untersuchern Assoziationen nur mit SFD Neugeborenen (Khan und Couper 1994, Dahlquist et al. 1996), oder sowohl mit schweren (Metcalf et al. 1992) als auch mit leichten (Lawler-Heavener et al. 1994) oder aber überhaupt keine Assoziationen mit dem Geburtsgewicht gefunden (Wadsworth et al. 1997, Bock et al. 1994, Blom et al. 1989, Jones et al. 1998, McKinney et al. 1999). Eigene Untersuchungen ergaben ebenfalls keine Assoziation des Typ-1 Diabetesrisikos mit dem Geburtsgewicht. Bei Kindern von Typ-1 Diabetikerinnen bestand jedoch ein signifikanter Zusammenhang zwischen einem erhöhten *Fruchtwasserinsulinspiegel* und dem zukünftigen Risiko eines Typ-2 Diabetes (siehe Kapitel: Die prospektiven kindlichen Risken, S. 177). Dieser Zusammenhang zwischen erhöhter Insulinkonzentration im Fruchtwasser und

Glukosetoleranzstörungen in der Kindheit und im späteren Leben wurde auch von anderen Forschergruppen beschrieben (METZGER et al. 1990, SILVERMAN et al. 1995)

Kontroversen bestehen über den Einfluß der *Ordnungszahl* der Geburt auf das kindliche Diabetesrisiko (FLOOD et al. 1982, DESHAMPS et al. 1984, SHOHAT et al. 1989, RAMACHANDRAN et al. 1993, BOCK et al. 1994). Möglicherweise haben Erstgeborene ein erhöhtes Diabetesrisiko (WAGENER et al. 1983, RAMACHANDRAN et al. 1993, PATTERSON et al. 1994). Auch die *Jahreszeit*, in welcher die Geburt stattfindet scheint das Diabetesrisiko, möglicherweise über eine unterschiedliche Infektexposition der Neugeborenen, zu beeinflussen (HELGASON und JONASSON 1981, JONGBLOET et al. 1988, BOCK et al. 1994). Darüber hinaus wirkt sich die Jahreszeit auf den Zeitpunkt der Manifestation aus. Es besteht in der Regel ein Manifestationsgipfel während des Winters und des frühen Frühlings (GODEY et al. 1992, KARVONEN et al. 1993, LEVY-MARCHAL et al. 1995), bei Kindern unter 5 Jahren hingegen im Sommer und im Herbst (ROSENBAUER et al. 1999).

Kurios ist das Ergebnis, daß Kinder von Nichtraucherinnen gegenüber Kindern von Raucherinnen ein erhöhtes Erbrisiko haben (relatives Risiko 1,54). Da bereits früher gezeigt wurde, daß Raucherinnen weniger zur Präeklampsie neigen (DUFTUS und MACGILLIWAY 1968), wäre eine Erklärung über diesen Mechanismus denkbar.

Das individuelle Erbrisiko kann durch den Nachweis verschiedener biochemischer Risikofaktoren des Kindes eingeschätzt werden. Der Typ-1 Diabetes ist die Folge einer autoimmunologischen Zerstörung der pankreatischen Betazellen. An dieser Zerstörung sind sowohl humorale als auch zelluläre Immunreaktionen gegenüber Betazellantigene beteiligt (CHRISTIE 1996). Inselzell Antikörper (ICA), die heute als eine Reihe von heterogenen Antikörpern gegen verschiedene Betazell Moleküle bekannt sind, wurden 1974 erstmals nachgewiesen (BOTTAZZO et al. 1974). Anschließend wurden, bei neu diagnostizierten IDDM, Autoantikörper gegen Insulin (IAA) entdeckt, die bereits vor der exogenen Insulintherapie nachweisbar waren (PALMER et al. 1983). Zusätzlich wurden Antikörper mit Immunpräzipitation des 64 kDa Proteins der Inselzellen gefunden (BAEKKESKOV et al. 1982), bei denen später festgesellt wurde, daß sie gegen die 65 kDa Isoform der Glutaminsäure Decarboxylase (GAD) gerichtet sind (BAEKKESKOV et al. 1990). Zuletzt wurden Antikörper gegen ein Protein Tyrosin Phosphatase ähnliches Membranprotein bei IDDM identifiziert. Diese Antikörper wurden 40.000 M_r Protein (CHRISTIE et al. 1993), ICA512 (RABIN et al. 1994) oder IA-2 genannt (LAN et al. 1994) und es hat sich herausgestellt, daß sie in ihrer DNA Sequenz identisch sind (PIETROPAOLO et al. 1997).

Die Prävalenz von IA-2A ist bei Knaben und Mädchen sowie bei Kindern und Adoleszenten ähnlich. In dieser Hinsicht unterscheiden sich IA-2A von GADA, die häufiger bei Mädchen und bei Kindern mit einem Alter von > 10 Jahren auftreten (SABBAH et al. 1996). Sie unterscheiden sich auch von ICA und IAA, die mit einem jungen Alter zum Zeitpunkt der Diagnose des IDDM assoziiert sind (ARSLANIAN et al. 1985, KARJALAINEN et al. 1986). Darüber hinaus sind IA–2A stark mit HLA DR4, dem stärksten Diabetes disponierendem Allel assoziiert (Savola et al. 1998), während GADA eher mit HLA DR3 und DQB1*02 assoziiert sind (Sabbah et al. 1996, Hagopian et al. 1995). Dies weist darauf hin, daß sich IA–2A und GADA gegenseitig ergänzen. Insgesamt scheinen GADA bei Patienten mit IDDM eher ein Hinweis auf eine generelle Autoimmunität zu sein während IA–2A eher spezifische Marker der Destruktion von Betazellen sind.

Diabetesmarker treten einzeln oder kombiniert bereits längere Zeit vor der Manifestation eines Typ-1 Diabetes auf. Sie ermöglichen daher eine Einschätzung des individuellen Risikos eines Typ-1 Diabetes bei Nachkommen von Diabetikern (siehe auch S. 189).

Ein besonders hoher Risikohinweis ist der Nachweis von *autoaggressiven Inselzell-Antikörpern* (ICA) (Bottazzo et al. 1974, Ziegler et al. 1993), jedoch auch anderer Antikörper wie etwa Glutaminsäure Decarboxylase Antikörper (GADA) (Baekkeskov et al. 1990, Christie et al. 1992, Kaufman et al. 1992, Karlsen et al. 1992, Rowley et al. 1992, De Aizpurua et al. 1992, Verge et al. 1994), IA–2A (Colman et al. 1998), Insulin Auto-Antikörper (IAAs) (Palmer 1987) und Antikörper gegen das Inselzell 37k Antigen (37k-Ab) (Christie et al. 1990, 1993, 1994) weisen auf ein Diabetesrisiko hin. Dieser Autoimmunprozeß tritt bereits in der frühen Kindheit auf (Pilcher et al. 1991). Bei Reihenuntersuchungen von Schulkindern sind ICA in 0,4–4,1 % nachweisbar und können in einem Teil der Kinder wieder spontan remittieren (Karjalainen 1990, Landin-Olsson et al. 1989, Mac Laren et al. 1990, Bruining et al. 1989, Bergua et al. 1987, Notsu et al. 1985, Srikanta et al. 1985, Milward et al. 1986, Lévy-Marchal et al. 1992, Ziegler et al. 1993). Eigene Untersuchungen konnten zeigen, daß bei 5–15jährigen Kindern von Typ-1 Diabetikerinnen in 22,5 % AIA vorliegen (Weiss et al. 2000) (siehe S. 191). ICA-positive Nachkommen von Typ-1 Diabetikerinnen entwickeln in 30–56 % einen Diabetes, während ICA-negative Kinder nur in 2 % einen Diabetes entwickeln (Solimena et al. 1990, Bosi et al. 1991, Robert et al. 1991). Während Autoimmunantikörper im Nabelschnurblut noch von der Mutter stammen können, ist ein Screening bereits ab dem 2. Lebensjahr sinnvoll. Nach einer Deutschen Multicenter Studie finden sich bei zweijährigen Kindern eines diabetischen Elternteiles in 2,3 % ICA, in 7 % IAA, in 4,2 % GADA und in 2,8 % IA-2A (Roll et al. 1996). Dabei waren bei diabetischen Vätern im Vergleich zu diabetischen Müttern mehr als doppelt so oft (16,7 % vs. 7,9 %) Antikörper nachweisbar. IAA finden sich gewöhnlich bei Kindern mit frisch manifestiertem Typ-1 Diabetes (Pav et al. 1963, Palmer et al. 1983, Wilkin et al. 1985, Soeldner et al. 1985, Atkinson et al. 1986, Arslanian et al. 1985) und haben in Kombination mit ICA einen hohen prädiktiven Wert (Srikanta et al. 1986, Karjalainen et al. 1986). Die Präsenz mehrerer Antikörper weist auf ein besonders hohes Diabetesrisiko dieser Kinder hin (Roll et al. 1996, Verge et al. 1996, Savola et al. 1998). Bei 2 und mehr Antikörpern manifestieren 68 % und bei drei Antikörpern 100 % der Betroffenen innerhalb von 5 Jahren einen Typ-1 Diabetes. Bei der Diabetesgenese scheinen jedoch nicht nur humorale ICA sondern auch spezifische Immunzellen eine Rolle zu spielen (Logothetopoulos et al. 1987).

Tabelle 149. Insulinresponse der ersten Phase (μE/ml) bei 138 gesunden Kindern und Adoleszenten nach Angaben von LORINI et al. 1996

Pubertätsstadium nach Tanner	Bereich	Perzentilen						
		1	3	10	50	90	97	99
I	53,0–310,0	53,0	61,4	72,0	142,1	223,7	260,7	310,0
II–III	53,6–390,4	53,6	64,5	91,5	148,1	304,0	358,3	390,4
IV–V	76,6–365,1	76,6	76,6	105,0	163,5	324,6	365,1	365,1

Ein niedriger Insulinrespons in der ersten Phase (1.–2. Minute) nach intravenöser Glukosebelastung (0,5 g Glukose/kg innerhalb 2 Minuten) hat ebenfalls einen Vorhersagewert von 43 % (VARDI et al. 1991, BINGLEY et al. 1994, LORINI et al. 1996) (Tabelle 149). Dabei ist jedoch eine strenge Standardisierung des i. v. GTT erforderlich (COLMAN et al. 1992).

Kinder mit besonders hohem Risiko eines Typ-1-Diabetes können durch den Nachweis der Trias: HLA-DR3 und/oder HLA-DR4 Merkmale (TARN et al. 1988, DECHAMPS et al. 1990), Inselzellantikörper (ICA) und eine verminderte Insulinsekretion erkannt werden. Der Vorhersagewert beträgt 75 % (GINSBERG-FELLNER et al. 1985, ROBERT et al. 1991). Die Diabetesmanifestation erfolgt innerhalb einiger Jahre (GORSUCH et al. 1981, SCHATZ et al. 1989), der *Manifestationszeitpunkt* kann jedoch durch den Nachweis der Trias nicht eingeschätzt werden (ROBERT et al. 1991). Bei Vorliegen von 37k-Ab ist jedoch mit einer raschen Progression zu rechnen (CHRISTIE et al. 1994).

Manifestiert ein Zwilling einen Typ-1 Diabetes vor dem 15. Lebensjahr so entwickelt der 2. Zwilling bei monozygotischen Paaren in 44 % und bei dizygotischen Paaren in 19 % ebenfalls einen Typ-1 Diabetes innerhalb von 3 Jahren. Bei Manifestation vor dem 5. Lebensjahr ist bei monozygoten Zwillingen sogar in 65 % mit der Manifestation eines Typ-1 Diabetes beim zugehörigen Zwilling zu rechnen (KUMAR et al. 1993).

Bei monozygoten Zwillingen (HEATON et al. 1988), Säuglingen (HARTLING et al. 1988, LINDGREN et al. 1991, SPINAS et al. 1992), sowie Eltern und Kindern (SPINAS et al. 1992) von Typ-1 Diabetikerinnen wurden auch erhöhte Spiegel von Proinsulin nachgewiesen. Möglicherweise weisen erhöhte Proinsulinspiegel auf eine späte *prädiabetische Phase* hin, da der Proinsulinspiegel bei neu diagnostiziertem Typ-1 Diabetes ebenfalls erhöht ist (HEDING et al. 1981, SNORGAAD et al. 1990). Hohe Proinsulinspiegel im Nabelschnurblut scheinen hingegen keine prognostische Bedeutung zu haben, da auch Neugeborenen stoffwechselgesunder Mütter hohe Spiegel haben (LINDGREN et al. 1993).

Nachkommen eines *diabetischen Vaters* haben ein höheres Erbrisiko eines Typ-1 Diabetes als die Nachkommen diabetischer Mütter (SIMPSON 1969; DEGNBOL und GREEN 1978; WAGENER et al. 1982; DAHLQUIST et al. 1982, 1989; WARRAM et al. 1984, 1988; TILLIL und KÖBBERLING 1987; GAVARD et al. 1989; BLEICH et al. 1993; TUOMILEHTO et al. 1992) (Tabelle 150).

Tabelle 150. Vererbungsrisiko des Typ-1 Diabetes mellitus (JOD)

Erbrisiko bei diabetischer Mutter, %	Erbrisiko bei diabetischem Vater, %	Quelle
2,0	3,6	SIMPSON 1969[a]
1,8	4,2	DEGNBOL und GREEN 1978[b]
1,5	–	KÖBBERLING und BRÜGGEBOES 1980[c]
1,4	3,7	WAGENER et al. 1982
2,9	6,1	DAHLQUIST et al. 1982
1,3	6,1	WARRAM et al. 1984
1,7	4,1	TILLIL und KÖBBERLING 1987[d]
3,4	8,9	BLEICH et al. 1993[b]
3,5	7,6	TUOMILEHTO et al. 1995[b]
2,2	5,5	Durchschnittswert

[a] Bis zum 19. Lebensjahr, [b] bis zum 20. Lebensjahr, [c] bis zum 25. Lebensjahr, [d] korrigiert nach dem Alter

Dies konnte auch im Tierversuch nachgewiesen werden (KAWANO et al. 1991). Als Ursache werden Unterschiede der Immunologie (DOSCH et al. 1993), in der Transmission oder Inaktivierung von Genen (VADHEIM et al. 1986, JULIER et al. 1991), der Desensibilisierung gegenüber einem immunologischen Insult (WARRAM et al. 1984) oder im selektiven foetalen Verlust von potentiell diabetischen Nachkommen angenommen (WARRAM et al. 1988). Bei Vätern mit sehr früher Diabetesmanifestation ist die Wahrscheinlichkeit der Transmission von Risikohaplotypen höher als bei späterer Manifestation. Dabei ist das Erbrisiko für männliche und weibliche Nachkommen gleich groß (LORENZEN et al. 1998). Wenn die Kinder dasselbe Geschlecht haben wie der diabetische Elternteil, haben männliche Nachkommen ein höheres IDDM-Risiko wie Mädchen (RR 2,85). Das Risiko männlicher Nachkommen ist hingegen niedriger (RR 0,43), wenn der diabetische Elternteil unterschiedlichen Geschlechts ist (TUOMILEHTO et al. 1995).

Bei längerer Beobachtungszeit ist die Prävalenz des IDDM bei Nachkommen von IDDM höher als in Tabelle 150 angegeben. So beträgt sie etwa bis zum 30. Lebensjahr 4,4–12,5 % (WAGENER et al. 1982, ALLEN et al. 1991, GAVARD et al. 1992, LORENZEN et al. 1994, WEISS et al. 2000), bis zum 40. Jahr 5,5–6,9 % (DEGNBØL und GREEN 1978, CHERN et al. 1982), bis zum 60. Jahr 9,6 % (LORENZEN et al. 1994) und bis zum 70.–80. Jahr 6,6–15,9 % (DEGNBØL und GREEN 1978, TILLIL und KÖBBERLING 1982).

Höhere Erbraten als bei Müttern mit Typ-1 Diabetes sind bei MOD, MODY und der Partnerkombination JOD + JOD, MOD + JOD und MOD + MOD zu erwarten (SAUER und BIGALKE 1978, TATTERSALL et al. 1975).

Von Typ-2 Diabetikerinnen (NIDDM) wird dem Geburtshelfer nur selten die Frage nach der Vererbung gestellt, da die Manifestation oder Diagnose meist erst nach der Reproduktionsphase erfolgt. Dabei ist zu bedenken, daß ein NIDDM in der Regel bereits 4 bis 7 Jahre vor seiner klinischen Diagnose besteht (HARRIS et al. 1992).

Das relative *Erbrisiko bei Typ-2 Diabetes* beträgt 4,4 (15,1 % vs 3,4 %) (SHAW et al. 1999). Auch wenn noch keine Glukoseintoleranz nachweisbar ist haben ein Teil der direkten Nachkommen von Typ-2 Diabetikerinnen diabetische Stigmata. Sie haben im Vergleich zu Kontrollen höhere mittlere Nüchternblutzuckerwerte (93 mg/dl vs. 86 mg/dl), einen höheren BMI und höhere Nüchterninsulinspiegel, während der HDL-Spiegel in der Regel erniedrigt ist (TAYLOR et al. 1981, SHAW et al. 1999). Wenn beide Eltern einen NIDDM haben können praktisch bei allen Nachkommen subklinische Anomalien des Stoffwechsels (Hyperinsulinismus, Insulinresistenz, Störungen der Glukoseverwertung etc.) nachgewiesen werden (GULLI et al. 1992), auch wenn die Glukosetoleranz noch erhalten ist.

Bei Nachkommen von Typ-2 Diabetikerinnen addiert sich jedoch zum genetischen Erbrisiko jenes Risiko, welches durch die intrauterine Fehlkonditionierung des foetalen Inselorganes entsteht, wenn in utero eine Hyperglykämie (PETTITT et al. 1991) oder eine Mangelentwicklung (HALES et al. 1991, HALES und BARKER 1992, BARKER et al. 1993) vorausgegangen ist (Fuel Mediated Teratogenesis).

Eigene Untersuchungen konnten zeigen, daß die Rate diabetischer Stigmata bei den Nachkommen diabetischer Mütter mit der Konzentration von Insulin im Fruchtwasser korreliert (WEISS et al. 2000) (siehe Kap.: Die prospektiven kindlichen Risiken, S. 177). Da das intrauterine Milieu die Diabetestransmission maßgeblich beeinflußt ist das Erbrisiko, im Gegensatz zum Typ-1 Diabetes, bei diabetischen Müttern höher ist als bei diabetischen Vätern (MARTIN et al. 1985, PETTITT et al. 1988, ALCOLADO und ALCOLADO 1991, CEDERHOLM und WIBELL 1991, GAUGUIER et al. 1994, THOMAS et al. 1994, KARTER et al. 1999). Dies gilt für alle Rassen sowie für männliche und weibliche Nachkommen.

Das Risiko der Diabetestransmission bei Typ-2 Diabetes (NIDDM, GDM) ist schwerer einzuschätzen als das Transmissionsrisiko bei Typ-1 Diabetes (IDDM), ist jedoch bei Typ-2 Diabetikerinnen insgesamt höher als bei Typ-1 Diabetikerinnen. Dies geht auch aus einer höheren Konkordanz der Erkrankung bei eineiigen Zwillingen hervor (BARNETT et al. 1981, NEWMAN et al. 1987) (Tabelle 151).

Auch andere familiäre genetische Vernetzungen bei erstgradigen Blutsverwandten lassen eine hohe Penetranz des Typ-2 Diabetes erkennen (Tabelle 152).

Tabelle 151. Konkordanz und Diskordanz für Diabetes bei 200 Paaren eineiiger Zwillinge in Abhängigkeit vom vorliegenden Diabetestyp (nach SCHERNTHANER und LUDWIG 1982)

Diabetestyp	Zahl der Zwillingspaare	
	Konkordant	Diskordant
Typ-1 Diabetes	80 (54 %)	67 (46 %)
Typ-2 Diabetes	48 (91 %)	5 (9 %)

Tabelle 152. Genetisches Risiko für Diabetesentwicklung bei erstgradigen Blutsverwandten (nach SCHERNTHANER und LUDWIG 1982)

	Typ-I Diabetes (JOD)	Typ-II Diabetes (MOD)	Typ-III Diabetes (MODY)
Eltern	2–11 %	23 %	85 %
Geschwister	5–15 %	39 %	49 %
Kinder	1–5 %	21 %	50 %

Im Mittel entwickeln Nachkommen gesunder Eltern zu 8,4 %, eines Typ-2 diabetischen Vaters zu 16,7 % (OR 2,4), einer diabetischen Mutter zu 20 % (OR 2,9) und diabetischer Eltern zu 28.5 % (OR 4,9) im Verlauf ihres Lebens einen Typ-2 Diabetes (KARTER et al. 1999).

Das individuelle Risiko eines zukünftigen Typ-2 Diabetes läßt sich anhand einiger Stigmata abschätzen. Ein normaler oder mäßig erhöhter Blutzuckerspiegel, trotz erhöhtem Plasmainsulin ist ein Hinweis auf ein erhöhtes Risiko (LUNDGREN et al. 1990, HAFFNER et al. 1990). Dementsprechend haben Blutsverwandte von NIDDM und ethnische Gruppen mit bekannt hohem Diabetesrisiko wie etwa Polynesier (SCRAGG et al. 1991) oder Pima Indianer (ZIMMET 1982) erhöhte mittlere Glukose- und Insulinspiegel (ARONOFF et al. 1977, LESLIE et al. 1986, LILLIOJA et al. 1988, SIMMONS und POWELL 1993). Dieser relative Hyperinsulinismus ist bereits lange vor der Diabetesmanifestation nachweisbar (WHITE et al. 1990, SIMMONS und POWELL 1993). Neben den erhöhten Insulinwerten werden auch erhöhte Glukagonspiegel gefunden (LESLIE et al. 1986). Ein weiterer Hinweis auf ein erhöhtes Typ-2 Diabetesrisiko kann auch ein erhöhter Spiegel an Islet Amyloid Plasma Polypeptide (IAPP) unter Glukosebelastung sein (ERIKSSON et al. 1992).

Autoimmunantikörper sind in der Regel Marker eines Typ-1 Diabetes, werden jedoch auch bei Typ-2 Diabetes gefunden. Sie sind bei Typ-2 Diabetes signifikante Hinweise eines zukünftigen Insulinbedarfes. Während Typ-2 Diabetiker ohne AIA innerhalb von 6 Jahren nur in 14 % einen Insulinbedarf entwickeln, ist bei ICA in 94–44 % und bei GADA in 84–34 % mit einem zukünftigen Insulinbedarf zu rechnen (TURNER et al. 1997).

Nachkommen von Typ-2 Diabetikerinnen haben zwar ein erhöhtes Typ-2, nicht jedoch ein erhöhtes Typ-1 Diabetesrisiko (BEISCHER et al. 1994), was für eine vorwiegend genetisch bedingte Transmission des Typ-1 Diabetes spricht. Umgekehrt ist nach Typ-1 Diabetes das Typ-2 Diabetes erhöht, wie eigene Untersuchungen zeigen konnten (WEISS et al. 2000). Das Risiko korreliert mit den Fruchtwasserinsulinwerten, was für eine nicht genetisch bedingte Transmission durch das gestörte foetale Glukosemilieu spricht (siehe Kap. Die prospektiven kindlichen Risiken, S. 177).

12.6.7 Schilddrüsenerkrankungen

Die Schwangerschaft wirkt sich auf die mütterliche Schilddrüsenfunktion aus (BURROW 1990, BURROW et al. 1994). Die Spiegel von thyroxinbindendem

Hormon und Thyroidhormonen sowie die renale Clearance für Jod sind erhöht und es besteht eine höhere Produktionsrate und Umsetzung (+25–50 %) von Thyroxin (T4). Die foetale und maternale Schilddrüsenphysiologie sind zwar autonom, aber beeinflussen sich über die Plazenta und das Fruchtwasser, die den Transfer von Jod und kleinen aber wichtigen Mengen von Schilddrüsenhormonen von der Mutter zum Foetus moduliert.

Die Rolle von Schilddrüsenhormonen für das foetale Wachstum und die Entwicklung und Ausreifung des foetalen Hirnes ist allerdings unklar.

Ein *Diabetes mellitus* ist überproportional mit anderen Autoimmunerkrankungen wie Störungen der Schilddrüsenfunktion assoziiert (Irvine et al. 1970, Nerup et al. 1970, Soler und Nicholson 1979). Bei einer Sammelstatistik hatten 524/21746 (2,4 %) Patienten mit Hyperthyroidismus einen Diabetes mellitus (Lenzen und Bailey 1984). In erster Linie handelt es sich jedoch um Hypothyreosen. Soler und Nicholson (1979) beobachteten diese Assoziation bei 20 % der Diabetikerinnen der White-Klasse D und F. Bei Schwangeren mit schlechter Stoffwechselkontrolle und hohem Glykohämoglobinspiegel sind häufig bereits vor der Schwangerschaft Thyroidperoxydase Autoantikörper (TPO-Abs) nachweisbar, die auf ein hohes Hypothyreoserisiko hinweisen (Fernandez-Soto et al. 1997). Daneben können eine Reihe anderer Antikörper (Mikrosomenantikörper, Thyroglobulinantikörper, Parietalzellantikörper, Nebennierenantikörper, schilddrüsenstimulierende Antikörper, Rheumafaktoren etc.) nachgewiesen werden (Bech et al. 1991). Bei der Kombination Diabetes und Hypothyreose sind auch häufig Anti-Endothelialzell-Antikörper (AECA) nachweisbar, deren klinische Bedeutung jedoch unklar ist (Wangel et al. 1992). Bei spät entdeckter oder unbehandelter Hypothyreose scheint bei Diabetikerinnen das Risiko eines Polyhydramnions und/oder vorzeitiger Wehen erhöht zu sein. Bei Vorliegen eines Polyhydramnions trotz guter Stoffwechselkontrolle empfiehlt sich daher eine Bestimmung der Schilddrüsenfunktion. Bei der Diagnostik muß bedacht werden, daß Schilddrüsenhormone in der Schwangerschaft durch die TSH-ähnliche Wirkung von hCG erhöht sind (Man et al. 1969, Fisher 1983, Morreale de Escobar et al. 1987). Die Therapie in der Schwangerschaft soll darauf ausgerichtet sein, den Thyroxinspiegel im hohen Normbereich und den TSH-Spiegel im niedrigen Normbereich zu halten (Utiger 1991). Mütterliche Schilddrüsenerkrankung bestehen in der überwiegenden Mehrzahl der Fälle bereits vor der Schwangerschaft. Da bei schwerer Hyper- oder Hypothyreose das Eintreten einer Schwangerschaft unwahrscheinlich ist (Übersicht bei Meng 1983), sind jedoch spezifische foetale Probleme äußerst selten. Werden Typ-1 Diabetikerinnen nach der Schwangerschaft gescreent, ist in rund 25 % eine Dysfunktion der Schilddrüse und in ~22 % eine postpartum Thyreoiditis nachweisbar (Gerstein 1993).

Der Foetus ist hinsichtlich seiner Schilddrüsenfunktion weitestgehend autonom. Das Thyroxinstimulierende Hormon (TSH), Thyroxinbindende Globulin (TBG) sowie das totale und freie Thyroxin (T_4) und Trijodthyronin (T_3) steigen im foetalen Serum mit zunehmender Gestationszeit bis zur 36. Woche an (Ballabio et al. 1989, Thorpe-Beeston et al. 1991). Der Anstieg ist unabhängig von den mütterlichen Hormonspiegeln. Während der T3- und T4-Spiegel beim Foetus im Vergleich zur Mutter niedriger ist, ist der foetale TSH-Spiegel zumeist höher als der Mütterliche.

Im Nabelschnurblut wurden keine signifikanten Unterschiede an Thyroiden bei diabetischen und stoffwechselgesunden Schwangeren nachgewiesen (Saltzman et al. 1986).

Eine foetale/neonatale Hyperthyreose bewirkt eine Tachykardie, Hyperaktivität, Wachstumsretardierung, Kraniosynostosis, eine erhöhte perinatale Mortalität und eine gestörte postnatale Entwicklung (Bruinse et al. 1988, Wennstrom et al. 1990)

Eine foetale/neonatale Hypothyreose kann mit einer Bradykardie, mit einem angeborenen Kropf oder Knochenentwicklungsstörungen vergesellschaftet sein. Der Kropf kann die Geburt und die Atmung des Neugeborenen durch Kompression der Trachea erschweren.

Eine foetale/neonatale Schilddrüsenerkrankung ist zu erwarten,

- wenn ein großer Kropf bereits zufällig pränatal diagnostiziert wird (Perelman et al. 1990),
- bei mütterlicher Basedow Krankheit oder Autoimmun-Thyroiditis mit Thyroid-stimulierenden oder TSH-inhibierenden Immunglobulinen,
- bei Medikamenten mit Wirkung auf die foetale Schilddrüsenfunktion wie Propylthiouracil, Methimazol und Jod oder jodhältige Präparate und
- bei einer Familienanamnese der seltenen genetischen Defekte in der Biosynthese von TSH oder Schilddrüsenhormon.

Der intrauterine Hypothyreoidismus ist in der überwiegenden Mehrzahl der Fälle reversibel. Nach derzeitiger Ansicht wird eine irreversible Hirnschädigung durch kompensatorische Veränderungen des Jod-Thyronin Stoffwechsels von mütterlichem T4 mit ausreichendem T3-Angebot an das foetale Hirn verhindert (Burrow et al. 1994).

12.6.8 Psychische Faktoren

12.6.8.1 GDM

Eine der Ursachen dafür, daß sich bisher ein generelles Diabetesscreening nicht durchsetzen konnte, war die Sorge der Geburtshelfer, ihren Patienten zusätzliche Unannehmlichkeiten aufzubürden. Dabei wurde die Einstellung der Schwangeren und deren Hinwendung zum künftigen Kind unterschätzt. Eine gezielte Befragung ergab, daß Schwangere dem Screening eine hohe Akzeptanz entgegenbringen (Griffiths et al. 1993). Der Glukosebelastungstest wurde zu rund 84 % als nicht belästigend empfunden. Rund 96 % der Schwangeren erachteten ein generelles Screening als wünschenswert und rund 95 % der Schwangeren würden bei einer weiteren Schwangerschaft einen neuerlichen Test wünschen (Griffiths et al. 1993). Darüber hinaus stellt die unerwartete Diagnose eines Gestationsdiabetes ebenfalls keinen wesentlichen emotionalen Streß dar. Untersuchungen von Spirito et al. (1989) konnten zeigen, daß sich der emotionale Zustand bei GDM wie auch bei NIDDM nach der Diagnose rasch normalisiert und sich unabhängig von der Therapie (Diät oder Insulin) von normalen Schwangeren nicht mehr unterscheidet (WILSON et al. 1986, SPIRITO et al. 1989). Ähnliche Ergebnisse wurden von LANGER und LANGER (1994) mitgeteilt. Es gibt jedoch auch eine Untersuchung, nach welcher Frauen nach der Diagnose eines Gestationsdiabetes 3 bis 5 Jahre später die eigene Gesundheit und die Gesundheit ihrer Kinder geringer Einschätzen als Frauen mit normaler Glukosetoleranz (FEIG et al. 1998).

Bezüglich der Insulintherapie bei GDM haben die Schwangeren das Gefühl gut eingestellt zu sein. Die Compliance der Insulintherapie ist besonders hoch (94,5 %) bei der Behandlung mit LisPro, da die GDM eine höhere Flexibilität hinsichtlich der Essenszeit und der Planung körperlicher Aktivitäten haben (ILIC et al. 1999).

12.6.8.2 IDDM

Die Manifestation eines IDDM (Typ-1 Diabetes) bedeutet eine beträchtliche psychische Alteration bis zur Problembewältigung. Obwohl die Diabetesmanifestation vorwiegend bereits im Kindesalter auftritt, leiden auch ein Drittel der schwangeren Diabetikerinnen unter Depressionen und ein Viertel unter Angstzuständen (BARGLOW et al. 1981). Psychologische Stressoren in der Schwangerschaft können die Stoffwechselführung negativ beeinflussen (BARGLOW et al. 1985) und müssen daher nach Möglichkeit minimiert werden. Die diabetesspezifischen psychischen, psychosozialen und familiären Probleme bei Schwangeren und die entsprechenden psychosozialen Interventionen decken sich zum großen Teil mit jenen außerhalb der Schwangerschaft. Es sei hier auf eine Übersicht von RUBIN und PEYROT (1992) verwiesen, in welcher 240 einschlägige Publikationen ausgewertet wurden.

Darüber hinaus sind jedoch schwangerschaftsspezifische psychische Faktoren erwähnenswert. Dazu gehört die ambivalente Einstellung zur Schwangerschaft. Während ein Teil der Diabetikerinnen wegen ihrer Erkrankung auf eine Schwangerschaft verzichtet, hat ein anderer Teil einen zwanghaften Wunsch nach einer Schwangerschaft, um sich und der Umwelt zu beweisen eine *normale Frau* zu sein.

12.6.9 Seltene Komplikationen

Seltene Komplikationen die als *Fallberichte* publiziert wurden haben zwar insgesamt eine geringe Bedeutung, sie sollen hier jedoch erwähnt werden, um in ähnlichen Fällen eine Literatursuche zu erleichtern.

In seltenen Fällen kann ein akutes Auftreten eines schweren *nephrotischen Syndromes* mit *maligner Hypertension* und *hämolytischer Anämie* in der Frühschwangerschaft einen Schwangerschaftsabbruch erzwingen (WEINSTOCK et al. 1988).

Von ROTH et al. (1990) wurde über eine diabetische Schwangerschaft mit *Morbus Addison* berichtet. Der Verlauf der Schwangerschaft war unter der

Therapie mit Hydrokortison und Insulin unproblematisch, Komplikationen leiten sich eher vom Diabetes als von der Addisonschen Erkrankung ab.

Bei *tubarer Sterilität* kann auch bei Diabetikerinnen der Wunsch nach einer in vitro Fertilisierung mit Embryotransfer aufkommen. Bei insulinpflichtigen Diabetikerinnen kommt es nach Stimulation mit Gonadotropin zu einem normal hohen Östradiol-Response und zu ≥5 präovulatorische Oozyten (Oehninger et al. 1990, Dicker et al. 1992). Die Fertilisations- und Teilungsraten der Oozyten sind ebenfalls normal. In der Follikelflüssigkeit unterscheiden sich die Spiegel von Östradiol, Progesteron, Androstendion, hCG, Prolaktin und IGF-1 bei Diabetikerinnen kaum von jenen Stoffwechselgesunder. Es wurde jedoch ein erhöhter Insulinspiegel (Dicker et al. 1992) und eine Mangel an Epidermal Growth Factor (Oehninger et al. 1990) nachgewiesen.

Nach *aortofemoraler Bypassoperation* bei Diabetikerinnen wurden ebenfalls Schwangerschaften beschrieben (Bradley-Watson 1989, Seneze 1990). Eine Antikoagulantientherapie ist nicht unbedingt erforderlich und eine Spontangeburt am, oder nahe dem Geburtstermin ist möglich.

Retinalblutungen und ein *Papillenödem* können auch auf Grund eines erhöhten Hirndruckes auftreten. Wheatley et al. (1986) beschrieben einen solchen Fall im Rahmen von generalisierten Ödemen. Unter der Behandlung mit Bettruhe, Chlorthalidon und Dexamethason konnte diese Situation ohne Störung der Schwangerschaft behoben werden. Für eine adäquate Behandlung ist eine Differentialdiagnose zum Ausschluß einer diabetischen Retinopathie oder einer Neuropathie des Nervus opticus erforderlich Eine spezifische Behandlung ist wichtig um eine bleibende Druckschädigung des Nervus opticus zu verhindern. Auch kann eine gestörte Nahrungsaufnahme wegen des begleitenden Erbrechens metabolische Konsequenzen für Mutter und Kind nach sich ziehen.

Eine *Parodontose* ist fast typisch für Diabetes (Typ-1 und Typ-2). Diese tritt besonders nach dem 30. Lebensjahr auf und ist häufig mit einer Retinopathie assoziiert (Löe 1993). Das Risiko eines *Zahnverlustes* ist 15mal höher als bei Stoffwechselgesunden. Während der Schwangerschaft tritt gehäuft eine *Gingivitis* auf (Albrecht et al. 1987). Diese ist zumeist zwischen der 11. und 15. sowie zwischen der 24. und 26. Woche nachzuweisen. Typ-1 Diabetiker sind zu 92% *Candidaträger* (Kontrollen 16%) mit der Gefahr einer opportunistischen Infektion (Bai et al. 1995). Die Gefahr der *Karies* ist ebenfalls erhöht. Alle Komplikationen sind im hohen Maß durch die Mundhygiene beeinflußbar (Dowey 1999). Es ist daher ratsam Schwangere dahingehend aufzuklären, sowie zahnärztlich kontrollieren und behandeln zu lassen, um schwangerschaftsbedingte Zahnverluste zu vermeiden.

Eine *Nekrose der Hypophyse* während der Schwangerschaft durch Infarzierung kann eine plötzliche Abnahme des Insulinbedarfes und laufend Hypoglykämien verursachen. Flynn et al. (1988) beschreiben zwei solcher Fälle, bei denen die biochemische und radiologische Diagnose erst sehr spät erfolgte. Eine plötzliche *Verbesserung* des Stoffwechsels sollte demnach an diese Komplikation denken lassen.

Eine schwere *Insulinresistenz* ab der 32. Woche der Schwangerschaft mit einem täglichen Insulinbedarf von 500 E und einer Assoziation mit Acanthosis nigricans und Hyperandrogenismus wurde ebenfalls beschrieben (GEMER et al. 1993). Nach der Entbindung verschwand das Krankheitsbild.

12.6.10 Resümee aus den verschiedenen Risiken

Bei dringendem Kinderwunsch raten wir von einer Schwangerschaft nur dann ab, wenn unmittelbar eine Erblindung droht, wenn lebensbedrohliche Zustände zu erwarten sind oder wenn eine Nierenschädigung soweit fortgeschritten ist, daß unter der Belastung der Schwangerschaft mit einem Nierenversagen gerechnet werden muß.

12.7 Allgemeine Untersuchungen

Vor der Planung einer Schwangerschaft sollte eine komplette

- internistische,
- ophthalmologische und
- gynäkologische Durchuntersuchung erfolgen.

Besonderes Augenmerk ist der Beurteilung der Nierenfunktion (Kreatininclearance) und der Untersuchung auf Harnwegsinfekte (Keimzahlbestimmung im Harn) zu widmen. Die ophthalmologische Untersuchung soll klären, ob eine behandlungsbedürftige Retinopathie vorliegt, während bei der gynäkologischen Exploration auch festzustellen ist, ob biphasische Zyklen ablaufen.

Liegt bereits eine Schwangerschaft vor, ist neben den allgemeinen und Laboruntersuchungen eine

- Augenspiegelung in jedem Trimester,
- eine Bestimmung der Kreatininclearance in der Mitte und am Ende der Schwangerschaft
- sowie eine monatliche Untersuchung des Harnes auf Eiweiß, Sediment und Keimzahl anzuraten.

Diabetikerinnen haben in der Schwangerschaft mehr als doppelt so oft asymptomatische *Bakteriurien* als Stoffwechselgesunde (12,5 % vs. 5,9 %). Bei Harnwegsinfekten in der Anamnese ist in 18,5 % mit einer Bakteriurie zu rechnen. 86 % der Pyelonephritiden und 58 % der Zystitiden geht eine asymptomatische Bakteriurie voraus (GOLAN et al. 1989).

Alle beschriebenen Untersuchungen sind im Wochenbett zu wiederholen.

In der 37. Woche oder bei vorzeitigem Blasensprung empfiehlt sich die bakteriologische Untersuchung des Scheidensekretes, da bei Diabetes eine Kolonisation mit *B-Streptokokken* überrepräsentiert ist (RAMOS et al. 1997).

12.8 Die Stoffwechselkontrolle in der Schwangerschaft

12.8.1 Qualitätskriterien

Die Qualität der Stoffwechselführung in der Schwangerschaft ist entscheidend für gute geburtshilfliche Ergebnisse (Fuhrmann et al. 1983, Grasso und Roversi 1987, Combs et al. 1992, Hellesen et al. 1996, Langer 1996, Berger und Grimm 1998, Mello et al. 2000). Bei diabetischer Ketoazidose beträgt die PNM 70–100 %, bei einer MBG von 200–250 mg/dl (11,1–13,8 mM) rund 50 % und bei einer MBG von 100 mg/dl (5,5 mM) etwa 5 % (siehe Abb. 1). Ein ähnlicher Zusammenhang besteht zwischen der Stoffwechselqualität und der perinatalen Morbidität. Das Behandlungsziel sollte daher eine mittlere Blutglukose ≤ 100 mg/dl (5,5 mM) und das nicht nur in bestimmten Phasen der Schwangerschaft, sondern möglichst während der gesamten Schwangerschaft sein.

Eine unzureichende Stoffwechselführung in der perikonzeptionellen Phase sowie im ersten, zweiten und dritten Schwangerschaftstrimester kann zu differenzierten Komplikationen führen, deren Prävention wiederum unterschiedliche Minimalanforderungen an die Qualität der Stoffwechselführung stellt (Tabelle 153).

Die Euglykämie in der präkonzeptionellen Phase und im 1. Trimester reduziert das Abortusrisiko und das Risiko grober Fehlbildungen. Sie ver-

Tabelle 153. Hauptprobleme bei IDDM

	Unterbehandlung	Hauptfolgen	Prophylaxe Mindestanforderung mittlere Blutglukose
Perikonzeptionell +			
I. Trimester	– Abortus – Malformation	– Siechtum oder – Tod	< 130 mg/dl (7,2 mmol/L)
II. Trimester	– Plazentaentwicklungsstörung	– Hyperinsulinismus trotz normalem Geburtsgewicht – Präeklampsie – Retardierung	< 120 mg/dl (6,7 mmol/L)
III. Trimester	– Foetaler Hyperinsulinismus	– Makrosomie – diabetogene Foetopathie – Diabetesdisposition	< 100 mg/dl (5,5 mmol/L)
Geburt	– Foetaler Hyperinsulinismus	Asphyxie Hypoglykämie	< 130 mg/dl (7,2 mmol/L)
Wochenbett	Dysglykämie	Stilleistung vermindert, Subinvolution, Infektion	< 130 mg/dl (7,2 mmol/L)

hindert auch einen Mineralmangel der foetalen Knochen, der bei schlechter Stoffwechselführung im 1. Trimester droht (MIMOUNI und TSANG 1988).

Im 2. Trimester ist die Euglykämie besonders wichtig für die Plazentaentwicklung. Bei unzureichender Stoffwechselführung zwischen der 12. und 32. Woche kommt es gehäuft zu Plazentaentwicklungsstörungen (BJÖRK und PERSSON 1982) und in der Folge zur Plazentainsuffizienz, foetalen Retardierung und Frühgeburt.

Im späten 2. und im 3. Trimester minimiert eine Euglykämie den foetalen Hyperinsulinismus und damit die diabetogene Foetopathie, die Makrosomie sowie die spätere Neigung der Kinder zu Fettsucht und Diabetes (fuel mediated teratogenesis). Schließlich wird durch die Euglykämie unter der Geburt die peripartale Asphyxie und neonatyle Hypoglykämie verhindert.

Selbstredend können die einzelnen Schwangerschaftsabschnitte nicht streng isoliert betrachtet werden. So wurde auch eine Assoziation einer unzureichenden präkonzeptionellen Stoffwechselqualität und Stoffwechselqualität im 1. Trimester mit erhöhten Makrosomieraten beschrieben (PECK et al. 1991, PAGE et al. 1995, GOLD et al. 1998). Es ist jedoch unbestreitbar, daß bei einer durchgehenden Normoglykämie von der Frühschwangerschaft bis zur Geburt sowohl Fehlbildungen als auch Makrosomien verhindert werden (FUHRMANN et al. 1983, HILLEBRAND et al. 1990, LANGER 1996).

Im ersten Trimester ist eine Normoglykämie am schwersten zu erreichen, der Stoffwechsel ist durch die hormonellen Umstellungen instabil. Mit fortschreitender Gestationszeit nimmt die Fluktuation der Glykämie und die Hypoglykämieneigung der Diabetikerin durch den Anstieg der antiinsulinären Plazentahormone ab. Dadurch wird eine gute Stoffwechselführung leichter. In der Regel ist die Stoffwechselqualität in der Schwangerschaft durch die schwangerschaftsbedingte Motivation des behandelnden Arztes und der werdenden Mutter deutlich besser als vor und nach der Schwangerschaft, was an einem trogförmigen Verlauf des HbA_{1C}-Spiegels erkennbar ist (GOLD et al. 1998). Es sollten daher Bemühungen erfolgen, die verbesserte Stoffwechselführung durch Motivation der Patientin auch nach der Schwangerschaft aufrecht zu erhalten. Die Compliance vor, während und nach der Schwangerschaft ist jedoch in hohem Maße vom Bildungsgrad und dem Sozialstatus der Patientinnen abhängig, wie es auch bei nicht-schwangeren Diabetikerinnen und diabetischen Männern bekannt ist (MÜHLHAUSER et al. 1998).

Nach unseren Erfahrungen ist die Minimalanforderung an die Stoffwechselführung zur Prävention von Fehlbildungen, Plazentainsuffizienz und Makrosomie eine MBG eines Tag-Nacht Profiles von < 130 mg/dl (7,2 mM) im 1. Trimester, < 120 mg/dl (6,7 mM) im 2. Trimester und ≤ 100 mg/dl (5,5 mM) im 3. Trimester. Nach einer Übersicht von LANGER (1996) liegen die Minimalanforderungen zur Verhütung einer Fehlgeburt bei einer MBG < 160 mg/dl (8,9 mmol/L) oder einem HbA_{1C}-Wert < 12 %, zur Verhütung kongenitaler Anomalien bei einer MBG von 140 mg/dl (7,8 mmol/L) oder einem HbA_{1C}-Wert < 13 %, zur Verhütung eines intrauterinen Fruchttodes bei einer MBG < 110 mg/dl (6,1 mmol/L), zur Verhütung metabolischer Komplikationen und Lungenreifungsstörungen des Neugeborenen bei einer MBG < 110 mg/dl (6,1 mmol/L) und zur Verhütung der Makrosomie bei einer MBG < 100 mg/dl (5,5 mmol/L). Die Behandlung des IDDM sollte sich jedoch nicht an Minimalforderungen orientieren, sondern eine optimale Stoffwechselkontrolle anstreben. Ab einer MBG von ≥90 mg/dl im 2. Trimester ist ein foetaler Hyperinsulinismus möglich (Weiss 1996), und eine Makrosomie kann mit Sicherheit nur bei einer MBG von ≤ 95 mg/dl im 2. und 3. Trimester verhindert werden (Mello et al. 2000). Dementsprechend wäre bei IDDM, wie auch bei GDM, eine MBG von ≤95 mg/dl das Optimum.

Entgegen eigenen Erfahrungen wurde in einer Reihe von Publikationen die Makrosomie auch mit einer unzureichenden Stoffwechselführung in der frühen Schwangerschaft assoziiert (Lin et al. 1986, Peck et al. 1991, Page et al. 1995, Gold et al. 1998). Wahrscheinlich liegt dies daran, daß Schwangere mit schlechter Stoffwechselführung in der Frühschwangerschaft in der Regel auch eine schlechtere Stoffwechselführung in der Spätschwangerschaft haben, da es sich dabei um schwerer führbare Diabetikerinnen oder um solche mit einer niedrigen Compliance handelt. Dementsprechend ist auch eine Normalisierung der HbA_{1C}-Werte mit fortschreitender Schwangerschaft bei diesen Fällen unwahrscheinlicher (Gold et al. 1998). Unsere Erfahrungen decken sich eher mit jenen Untersuchungen, in denen die Makrosomie und Foetopathie mit erhöhten postprandialen Blutzuckerwerten zwischen der 26. und 32. Woche und einer Unterbehandlung in der 29. bis 36. Woche korreliert (Karlsson und Kjelmer 1972, Combs et al. 1992, Garner 1995, Mello et al. 2000). Deshalb haben auch GDM, trotzdem die Stoffwechseldekompensation in der Regel erst in der zweiten Schwangerschaftshälfte beginnt, höhere Makrosomieraten als IDDM.

Dabei sind die mütterlichen Blutzuckernüchternwerte bei makrosomen- und normalgewichtigen Kindern ähnlich, während bei den postprandialen Werten zwar ein kleiner, jedoch signifikanter Unterschied nachweisbar ist (siehe Abb. 69, Kap.: Der Insulinbedarf bei GDM). Glykosiliertes Hämoglobin, die Anzahl von Hyper- und Hypoglykämien und die MAGE-Werte der Mütter können bei makrosomen und normalgewichtigen Kindern gleich sein. Unterschiede sind hingegen bei der Dosierung von Insulin nach der 29. Schwangerschaftswoche erkennbar (Tabelle 154).

Tabelle 154. Mittlere Tagesdosis an Insulin bei 111 insulinpflichtigen Schwangeren mit makrosomen und normalgewichtigen Neugeborenen (nach Angaben von Combs et al. 1992)

Woche	Makrosome Neugeborene Insulin E/24 h	Normalgewichtige Neugeboren Insulin, E/24 h	p
13–16	52 ± 34	45 ± 22	NS
17–20	46 ± 34	42 ± 19	NS
21–24	63 ± 46	56 ± 27	NS
25–28	66 ± 59	67 ± 54	NS
29–32	57 ± 35	77 ± 54	< 0,05
33–36	62 ± 50	87 ± 60	< 0,05

Neben der mittleren Blutglukose ist auch die Stabilität des mütterlichen Stoffwechsels für das „fetal outcome" von Bedeutung (ARTAL et al. 1983). Als Qualitätskriterien der Stabilität des Stoffwechsels sind die Begriffe MBG (mittlere Blutglukose), MAGE (mean amplitude of glycemic excursions, SERVICE et al. 1970), M-value (SCHLICHTKRULL et al. 1965) und MODD (mean of daily differences, MOLNAR et al. 1972) verbreitet. Der M-Wert repräsentiert die MBG und die Glukoseschwankungen mit besonderer Berücksichtigung von Hypoglykämien. Er ist die mittlere Summe aus den logarithmisch transformierten Glukoseabweichungen von einem willkürlich gewählten (Mittel)wert. Die Methoden und Formeln zur Berechnung dieser Größen sind bei SERVICE und NELSON (1980) bzw. SERVICE et al. (1987) übersichtlich dargestellt. Die Tabelle 155 zeigt die genannten Parameter bei Stoffwechselgesunden, stabilen und labilen Diabetikerinnen.

Die Berechnung dieser Größen erfordert eine kontinuierliche, zumindest sehr engmaschige (stündliche) Blutzuckerkontrolle, die in der Praxis kaum möglich ist. Von MOLNAR et al. (1974) liegen jedoch Untersuchungen vor, nach denen der Blutglukosewert 80 Minuten nach dem Frühstück gut mit dem MAGE-Wert korreliert. Die MBG stimmt gut mit dem Mittelwert aus dem Nüchternblutzuckerwert und dem Blutzuckerwert 80 Minuten nach dem Frühstück überein, während der MODD-Wert mit der Differenz zweier Nüchternblutzuckerwerte an aufeinanderfolgenden Tagen übereinstimmt. Bei Gestationsdiabetes spiegeln Blutzuckerwerte zwischen 0 und 6 Uhr die mittlere Blutglukose wieder. Mittelwerte aus Blutzuckerwerten vor dem Frühstück, vor dem Mittagessen und zwei Stunden nach dem Abendessen sind besonders eng mit der mittleren Blutglukose korreliert (RIZVI et al. 1980).

Den eigenen Erfahrungen nach genügt die Berechnung der Standardabweichung der Blutzuckerwerte einer Woche um die Stabilität des Stoffwechsels zu beurteilen. Liegt diese unter 30 bis 40 mg/dl (1,6 bis 2,2 mM), kann von einer stabilen Stoffwechsellage gesprochen werden.

Instabile Diabetikerinnen haben bei intensivierter konventioneller Insulintherapie ein höheres Hypoglykämierisiko als stabile Patientinnen. Durch die Infusion von 40 mE Insulin/Stunde/kg Körpergewicht durch 100 Minuten können Diabetikerinnen mit hohem Hypoglykämierisiko daran erkannt werden, daß Blutzuckerwerte unter 35 mg/dl (1,9 mM) abfallen (WHITE et al. 1983). Bei instabilen Diabetikerinnen scheint eine unzulängliche Gegenregulation aufgrund einer unzureichenden Kortisol-, Glucagon-, GH- und Adrenalinantwort auf hypoglykämische Phasen vorzulie-

Tabelle 155. Qualitätskriterien des Stoffwechsels (SERVICE und NELSON 1980)

	Stoffwechselgesund	Stabiler Diabetes	Labiler Diabetes
MBG	~90	~125	>175
MAGE	~45	~75	>125
M-value	~1	~10	>30
MODD	~7	~25	>40

gen (Diamond et al. 1992, Rosenn et al. 1996). Bei fehlender Residualfunktion der Betazellen ist besonders die Glukagonantwort herabgesetzt (Fokuda et al. 1988). Neben der Qualität der Insulinbehandlung ist eine individuelle Disposition, die Restfunktion der Betazellen, die Tageszeit und die Gestationszeit für die Stabilität des Stoffwechsels von Bedeutung. Ist eine Residualfunktion des Inselorganes vorhanden, so ist der Stoffwechsel stabiler (Lutterman et al. 1981, Service und Nelson 1980, Pirttiaho et al. 1987, Fokuda et al. 1988). Im eigenen Krankengut war bei stabilen Diabetikerinnen ein doppelt so hoher mittlerer C-Peptidspiegel als bei instabilen Diabetikerinnen nachzuweisen (1,4 ng/ml und 0,75 ng/ml). Zunehmend stabiler wird der Stoffwechsel in der 2. Schwangerschaftshälfte. Selbst bei Fällen mit Brittle-Diabetes kann der MAGE-Wert auf die Hälfte des Wertes der Frühschwangerschaft absinken (Lev-Ran und Goldman 1977). Dies sollte einerseits bei der Indikationsstellung zur Pumpenbehandlung bedacht werden, andererseits darf bei bereits installierter Pumpenbehandlung die Zunahme der Stoffwechselqualität nicht ausschließlich der Pumpe zugute gehalten werden.

Insulinantikörper (IAA) können durch Veränderung der Insulinpharmakokinetik die Optimierung des Stoffwechsels beeinträchtigen (Waldhäusl et al. 1985, Van Haeften 1989). Wegen der Verzögerung des Anstieges von freiem Insulin nach subkutaner Insulingabe, können Patienten mit IAA höhere postprandiale Glukosespiegel haben. Zusätzlich können, wegen der antikörperbedingten verlängerten Hyperinsulinämie, protrahierte Hypoglykämien auftreten. Diese Auswirkungen werden besonders bei Anwendung von Kurzzeitinsulin mit dem Ziel einer nahen normoglykämischen Einstellung klinisch evident. Andere negative Auswirkungen von IAA, wie Lipoatrophie oder eine immunologische Insulinresistenz sind seit der Anwendung von Humaninsulin eher seltene Ereignisse.

12.8.2 Art und Frequenz der Blutzuckerkontrolle

Die weitverbreitete Methode der Stoffwechselkontrolle von Diabetikern anhand von drei Blutzuckerwerten ist für die Schwangerschaft nicht ausreichend. Die Abb. 85 zeigt an einem Biostatorprofil, daß bei einer tatsächlichen MBG von 160 mg/dl (8,9 mM) mit nur 3 punktuellen Blutzuckerwerten unter Umständen eine MBG von 105 mg/dl (5,8 mM) kalkuliert wird. Für die Planung optimaler Insulinalgorithmen sind auch wiederholte Blutzuckerbestimmung in der Nacht erforderlich, um individuelle Stoffwechselbesonderheiten (Somogyi Effekt, Dawn Phenomen) aufzudecken (Sherwin et al. 1987).

Wegen der hohen Ansprüche des Foetus an den Stoffwechsel der Schwangeren, besonders auch in den Nachtstunden, und wegen des dynamischen Verlaufs des Insulinbedarfs während der Schwangerschaft müssen engmaschige Blutzuckerprofile erhoben werden. Je nach Stabilität des Stoffwechsel sind 1 bis 2 Tag/Nachtprofile pro Woche mit 9 (bis 10) Blutzuckerwerten erforderlich. An der Grazer geburtshilflichen Klinik werden die Blutzuckerbestimmungen für Tag/Nachtprofile um 6, 8, 9, 12, 15, 18, 21,

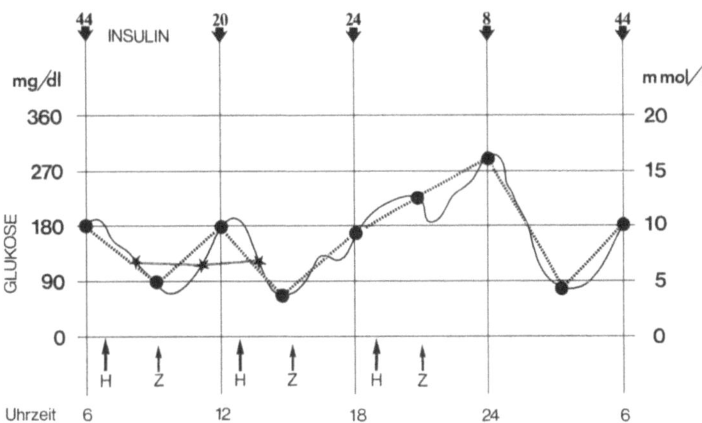

Abb. 85. Grazer Diabetesanalysen. Kontinuierliche Bestimmung der Blutglukose am Biostator bei einer White-R-Brittle-Diabetikerin in der 7. Schwangerschaftswoche (durchgezogene Linie). Bei dreistündlich erhobenen Blutzuckerwerten (Punkte, strichlierte Linie) kann ein hinlänglich genauer Überblick über die Glykämie gewonnen werden. Bei drei punktuellen Bestimmungen der Blutglukose (Sterne) kann ein völlig falsches Bild über die Glykämie der Diabetikerin entstehen. Im vorliegenden Fall würde man bei Blutzuckerkontrollen etwa um 8, 11 und 14 Uhr eine stabile mittlere Blutglukose von 105 mg/dl (5,8 mM) vermuten. In Wirklichkeit beträgt die MBG über 160 mg/dl (8,9 mmo/L) bei hochgradiger Stoffwechsellabilität. Pfeile am oberen Bildrand: Altinsulingaben, insgesamt 96 E/24 Stunden. Pfeile am unteren Bildrand: Nahrungsaufnahme. *H* Hauptmahlzeiten, Z Zwischenmahlzeiten

24, und 3 Uhr (+ 6 Uhr) durchgeführt. Mit diesem Profil ist sowohl die prä- als auch die post-prandiale Glykämie rund um die Uhr erfaßt. Das therapeutische Ziel sind präprandiale Blutglukosewerte unter 100 mg/dl (5,5 mM), postprandiale Werte zumindest unter 160 mg/dl (8,9 mM) und eine MBG unter 100 mg/dl (5,5 mM). Zwischen den Tagesprofilen sind täglich je nach der Stabilität des Stoffwechsels neben dem Nüchternblutzucker zwei bis vier Stichproben der Glykämie erforderlich. Zusätzliche Blutzukkerkontrollen erfolgen bei Verdacht auf Hyper- oder Hypoglykämie, bei Diätfehlern oder außergewöhnlichen Belastungen, bei interkurrenten Erkrankungen etc. Auch von Tag zu Tag zeitverschobene Blutzuckerkontrollen haben sich bewährt. Eine derart engmaschige Überwachung der Glykämie ist nur durch Blutzuckerselbstkontrollen möglich. Schwangere Diabetikerinnen sind maximal motiviert. Patientinnen mit Insulininfusionspumpen haben, ohne dazu veranlaßt zu werden, aus eigener Initiative bis zu 1500 Blutzuckerbestimmungen im Verlauf ihrer Schwangerschaft durchgeführt.

12.8.3 Blutzuckerselbstkontrolle

Die Blutzuckerselbstkontrolle mit Blutzuckerteststreifen wurde in den 70er Jahren erstmals beschrieben (Mintz et al. 1978) und ist heute nahezu Vorbedingung für den erfolgreichen Ausgang einer ambulant betreuten Schwangerschaft bei IDDM. Die Blutzuckerselbstkontrolle in der Schwangerschaft wird daher auch von der American Diabetes Association dringlich empfohlen (Policy Statement 1985; Consensus Statement 1987, 1990). Rund 90 % der Geburthelfer in den USA setzen diese Empfehlungen auch in der Praxis um (LANDON et al. 1990). Bei ambulant betreuten Schwangeren sind durch die Selbstkontrolle gleich gute geburtshilfliche Ergebnisse wie bei hospitalisierten Schwangeren zu erzielen (LEWIS et al. 1976, CORWIN 1979, PEACOCK et al. 1979, SCHNEIDER et al. 1980, STELDINGER und WEBER 1981, DRURY et al. 1983, DRUCKER et al. 1983, HANSON et al. 1984, GILLMER et al. 1984, MURPHY et al. 1984, HARE 1991, SEELBACH-GÖBEL et al. 1995).

Neben der Verbesserung der Stoffwechselkontrolle und der Senkung mütterlicher und kindlicher Komplikationen (KARLSSON und KJELMER 1972, ADASHI et al. 1979, PEACOCK et al. 1979, MILLER et al. 1981, SKYLER 1985), reduziert die Selbstkontrolle den psychischen Streß des Diabetes bei Schwangeren, die Zeit ihrer Hospitalisierung (PEACOCK et al. 1979, IRSIGLER und BALI-TAUBALD 1980, HANSON et al. 1984) und damit die Kosten der Betreuung (DUPUIS et al. 1980, GOLDSTEIN et al. 1982, VARNER 1983, HELLER et al. 1984, BOURGEOIS und DUFFER 1992, BRIESE und MÜLLER 1992, CARR und COUSTAN 1992). Ein großer Vorteil der Blutzuckerselbstkontrolle ist die Zunahme des Wissens über die eigene Erkrankung und eine erhöhte Motivation die Erkrankung bestmöglich zu bewältigen (PEACOCK et al. 1979, AZIZ und HSIANG 1983, BROOKS et al. 1986, CLARK et al. 1987, Consensus Development Panel of the American Diabetes Association 1987, NORTH et al. 1987, JOVANOVIC-PETERSON et al. 1988, CHU und EDNEY-PARKER 1989). Es muß jedoch beachtet werden, daß die Selbstkontrolle ein Mindestmaß an Intelligenz und ein geeignetes soziales Umfeld erfordert und daß eine gute Schulung der Patientin und eine Qualitätskontrolle ihrer Meßergebnisse erforderlich ist (GREYSON 1993, The National Steering Committee for Quality Assurance in Capillary Blood Glucose Monitoring 1993).

Bei Gestationsdiabetes hat die Blutzuckerselbstkontrolle ebenfalls Bedeutung, und ist diagnostisch und prognostisch der Bestimmung von glykosiliertem Hämoglobin und Fruktosamin deutlich überlegen (BRUSTMANN et al. 1987, LANGER und MAZZE 1987). Das mittlere Geburtsgewicht ist bei GDM mit Selbstkontrolle um 300–400 g niedriger als bei GDM ohne Selbstkontrolle, da bei doppelt soviel Frauen ein Insulinbedarf erkannt wird (GOLDBERG et al. 1986). Es empfiehlt sich jedoch der Einsatz von Memogeräten, bei denen die Blutzuckerwerte elektronisch gespeichert werden (MAZZE et al. 1987), da manche GDM dazu neigen ihre Werte zu beschönigen, oder mehr Werte in das Protokoll einzutragen als sie messen (LANGER 1988)

Seit dem Beginn der Blutzuckerselbstkontrolle bestand Besorgnis hinsichtlich einer ausreichenden Meßgenauigkeit (WALFORD et al. 1978). Die Meßgenauigkeit ist im hohen Maß von der Qualität der Schulung der Schwangeren abhängig (BELSY et al. 1987, ADA consensus statement on self-monitoring of blood glucose 1987, JOVANOVIC-PETERSON et al. 1988, American Association of Diabetes Educators 1989, National Steering Committee for Quality Assurance in Capillary Blood Glucose Monitoring 1993). Neben den Faktoren die vom Anwender abhängen sind aber auch apparative und äußere Faktoren wie etwa der Hämatokritwert oder die Größe des Bluttropfens für die Präzision von Bedeutung (MOST et al. 1986, CLARKE et al. 1987, KODRINSKY et al. 1988, BARREAU und BUTTERY 1988, WYSOCKI 1988, AMATRUDA et al. 1989, WALKER 1991, SCHLEBUSCH et al. 1994). Besonders dann, wenn auf den Glukosestreifen weniger als 5–10 µl Blut aufgetragen werden ist bei den meisten Geräten mit einem signifikant zu niedrigen Wert zu rechnen (VELAZQUEZ und BATHOLOMEW 1996). Die Genauigkeit und Präzision der einzelnen Methoden zur Blutzuckerselbstkontrolle ist daher den etablierten Labormethoden besonders bei jenen Systemen unterlegen, bei denen der Patient den Test zu einem exakten Zeitpunkt starten und beenden muß. Die Überprüfung der Selbstkontrolle mit je 5 Testsystemen in verschiedenen Zentren ergab im Vergleich zur Labormethode dementsprechend einen Variationskoeffizienten zwischen ± 17 % und ± 5,9 % (JOVANOVIC-PETERSON et al. 1988; REGAL et al. 1989; TATE et al. 1992; SCHLEBUSCH et al. 1991, 1994; BRUNNER et al. 1998). Selbst mit einer scheinbar ausreichenden Schulung sind nur 50–70 % der Patienten in der Lage Resultate mit einem Fehler von weniger als 20 % gegenüber einer Referenzmethode zu erreichen (ADA consensus statement on self-monitoring of blood glucose 1987, HAVLIN et al. 1991, NETTLES 1993).

Wurden die Kontrollen von einer Schwester durchgeführt, waren die Ergebnisse eher noch schlechter (LAWRENCE et al. 1989). Mit der Weiterentwicklung der Testsysteme werden jedoch zunehmend Fehlermöglichkeiten des Benützers oder des Systems wie etwa Größe und Hämolyse der Probe, mangelnde Übung, Instabilität des Meßgerätes und systemische Fehlfunktionen eliminiert. In einer Übersicht von TOMKY (1989) sind 19 verschiedene Blutglukose Monitoren mit ihren Charakteristika tabellarisch beschrieben, die meisten Geräte speichern bereits die Meßergebnisse. Die Entwicklung geht jedoch weiter. Bei guter Patientenschulung und Auswertung der Streifen mit einem Monitor lassen sich Ergebnisse erzielen, die ausreichend gut mit einer enzymatischen Blutzuckerbestimmung im Laboratorium übereinstimmen (IRSIGLER et al. 1982), da Fehler von ± 10 mg/dl (0,55 mM) klinisch ohne wesentliche Bedeutung sind. Die Zuverlässigkeit der Methoden ist somit für die Selbstkontrolle ausreichend. Bei Systemen die auf der Farbreaktion eines Teststreifens beruhen ist die Schätzung der Blutzuckerwerte mit freiem Auge möglich (KUBILIS und ROSENBLOOM 1980, CLEMENTS et al. 1981, REEVES et al. 1981). Die Anwendung eines Reflektometers ist jedoch der Beurteilung mit freiem Auge vorzuziehen, da die Ergebnisse genauer sind (MARQUETTE et al. 1985) und da die visuelle Farbschätzung von Diabetikern bereits lange vor dem Auftreten einer Retinopathie gestört sein kann (VERRIEST 1963; LAKOWSKI et al. 1972; THOMPSON et al. 1978, 1979; LACROIX et al. 1982; LOMBRAIL et al. 1984; SAWICKI et al. 1991). Neuere Methoden die auf der Basis der Messung chemisch freigesetzter Elektronen im Teststreifen funktionieren, benötigen in jedem Fall ein Auswertegerät. Neue Generationen von Geräten zur Selbstkontrolle sind in der Lage alle Blutzuckerdaten zu speichern. Diese können dann bei Kontrollen vom behandelnden Arzt abgerufen werden. Das ergibt insoferne Vorteile, als sich herausgestellt hat, daß bei geschriebenen Protokollen zumindest zwei Drittel der Patienten ihre Blutzuckerwerte beschönigen, um ihren behandelnden Arzt nicht zu enttäuschen (Maze et al. 1984, Langer und Maze 1986). Zur Überprüfung der Qualität der Selbstkontrolle können Diabetikerinnen angehalten werden, vor ambulanten Kontrollen an der Klinik ein Selbstprofil zu erstellen und bei jeder Blutzuckerbestimmung mit Teststreifen gleichzeitig eine Mikrokapillare Blut aus der Fingerbeere zu entnehmen. Die Kapillaren (10 µl Blut) werden in numerierte verschließbare Probenröhrchen eingebracht, die ein Hämolysereagenz enthalten (Gluko-Quant®, Boehringer Mannheim, Gluc-DH®, E. Merck Darmstadt). Das Hämolysat ist im Kühlschrank zumindest eine Woche haltbar. Die mitgebrachten Proben können hinsichtlich ihres Glukosegehaltes analysiert und mit den Werten des Eigenprofils verglichen werden.

12.8.4 Die Bestimmung von Glykohämoglobin

Der Nachweis glykosilierter Hämoglobine kann chromatographisch (Makrosäulen, Mikrosäulen, hochdruckchromatographisch), kolorimetrisch, radioimmunologisch oder durch isoelektrische Fokussierung erfolgen, wobei die kolorimetrische Bestimmung am wenigsten präzise ist (Schernthaner et al. 1980). Die Schwangerschaft soll jedoch nicht an Grenzwerten beurteilt werden, die außerhalb der Schwangerschaft erstellt wurden. Die Glykohämoglobinwerte in der Schwangerschaft sind bei gleicher Glykämie im Mittel um 0,4 % niedriger als außerhalb der Schwangerschaft (Ryan et al. 1987, Venkat Narayan und Pettitt 1996, Jones et al. 1996). Der klinische Informationswert glykosilierter Hämoglobine zur retrospektiven Beurteilung der Glykämie eines längeren Zeitraumes ist unbestritten (Vintzileos und Thompson 1980, Schernthaner et al. 1980, Nathan et al. 1984, Nielsen et al. 1997). Jede Veränderung von HbA_{1C} um 1 % spiegelt eine Veränderung der mittleren Blutglukose um 25–35 mg/dl (1,4–1,9 mmol/L). Für die Beurteilung der aktuellen Stoffwechselsituation in der Schwangerschaft sind Glykohämoglobine jedoch ungeeignet (MacFarlane et al. 1985), da sie die vorangegangene Stoffwechselsituation von 4 bis 6 Wochen spiegeln während die Dynamik des Insulinbedarfs im Verlauf der Schwangerschaft die Stoffwechselsituation kurzfristig ändert. Darüber hinaus ist die Sensitivität der Methode hinsichtlich der Anforderungen der Schwangerschaft an den Stoffwechsel nicht ausreichend, da etwa mittlere postprandiale Werte von 146 mg/dl (8,1 mmol/L) bei diabetischen Müttern makrosomer Neugeborener und 137 mg/dl (7,6 mmol/L) bei Müttern normalgewichtiger Neugeborener nicht unterschieden werden können (Combs et al. 1992). Die Bestimmung des Glykohämoglobins im I. Trimester ermöglicht jedoch eine Prognose hinsichtlich des Fehlbildungsrisikos (siehe S. 404 f), und monatliche Verlaufskontrollen vermitteln Informationen über den langfristigen Trend der Stoffwechselqualität (Kjaergaard und Ditzel 1979).

Für diagnostische Zwecke wird entweder die Summe der glykosilierten Hämoglobine (HbA_1) oder HbA_{1C} als Hauptfraktion der „Minor components" bestimmt. Beide Bestimmungen scheinen hinsichtlich ihres Aussagewertes ebenbürtig zu sein. Während ein HbA_1-Wert von 7,0 % (HbA_{1C}-Wert von 5,0 %) einer mittleren Blutglukose von 87 mg/dl (4,8 mM) entspricht, Weist ein HbA_1-Wert von 11 % (HbA_{1C}-Wert von ~8 %) auf eine mittlere Blutglukose von etwa 200 mg/dl (11,0 mM) hin (Abb. 86) (Berger und Sonnenberg 1980).

In der Schwangerschaft gibt das glykosilierte Hämoglobin Auskunft über die Glykämie der letzten 8 Wochen (O'Shaughnessy et al. 1979). Bei Stoffwechselgesunden Schwangeren kommt es zu einem Absinken (Leslie et al. 1978, Lind und Cheyne 1979, Widness et al. 1980, Hanson et al. 1983, Jones et al. 1996) des glykosilierten Hämoglobins. Zwischen der 8. und der 40. Schwangerschaftswoche wird ein biphasischen Verlauf des HbA_{1C}-Spiegels zwischen 4,0 % und 5,0 % beschrieben. Der Nadir befindet sich in der 23.–26. Schwangerschaftswoche (Phelps et al. 1983, Feige und Nössner 1985, Morris et al. 1986). Dieses Muster beruht wahrscheinlich auf Verschiebungen des Anteils von jungen und alten Erythrozyten im Verlauf der Schwangerschaft (Kurishita et al. 1992), da die Lebensdauer der Erythrozyten, besonders in der Spätschwangerschaft, verkürzt ist (Lurie und Danon 1992).

Eine Abhängigkeit vom Lebensalter zeigt sich in einem Anstieg von 0,053 % pro Jahr (Gräfenstein und Duchna 1981). Erhöhte HbA_1-Werte sind nach tokolytischer Therapie mit Betamimetika nachzuweisen (Niederau et al. 1981). Hypertensive Schwangerschaftserkrankungen sind ebenfalls mit einer signifikanten, jedoch klinisch irrelevanten Erhöhung des HbA_1 Spie-

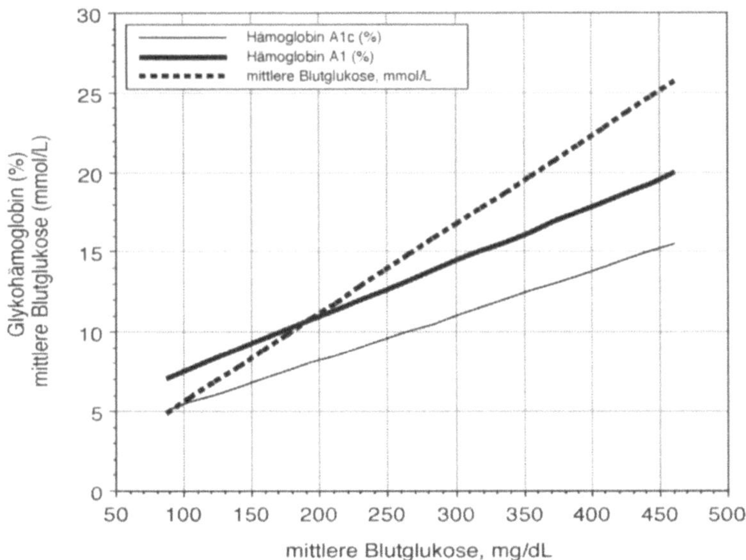

Abb. 86. Korrelation der mittleren Blutglukose mit Glykohämoglobin (nach Zahlen von Berger und Sonnenberg 1980)

gels (6,33 % vs. 6,17 %) assoziiert (ROBERTS et al. 1998). Glykosiliertes Hämoglobin ist ein rein mütterlicher Parameter und vermittelt keine foetale Prognose hinsichtlich einer Makrosomie oder diabetogenen Foetopathie (O'SHAUGHNESSY et al. 1979, FADEL et al. 1979, GRÄFENSTEIN und DUCHNA 1981, BURKART 1984, MACFARLANE et al. 1985, COMBS et al. 1992, SCHWARTZ et al. 1994, PERSSON und HANSON 1996).

Im Nabelschnurblut von Neugeborenen stoffwechselgesunder und diabetischer Mütter konnten keine Unterschiede der glykosilierten oder azetylierten Hämoglobine nachgewiesen werden (HbF1a 2,7 vs. 2,9 vs. 2,5) (SCHWARTZ et al. 1976, 1980). Es besteht auch keine Korrelation zwischen mütterlichen Glykohämoglobinwerten und Glykohämoglobinwerten im Nabelschnurblut, die im Mittel um ~40 % niedriger sind als die korrespondierenden mütterlichen Glykohämoglobinwerte (YATSCOFF et al. 1985).

12.8.5 Glykosilierte Proteine

Auch die Bestimmung der glykosilierten Serumproteine vermittelt Informationen über die Stoffwechselqualität, insbesondere zur Stoffwechselkontrolle von Schwangeren ohne Selbstkontrolle, oder mit fraglicher Genauigkeit einer Selbstkontrolle. NELSON et al. (1985) beschreiben bei gesunden Schwangeren einen von der Gestationszeit unabhängigen Serumspiegel von 12,5 (± 2,2) %.

Bei stoffwechselgesunden Schwangeren ist der Fruktosaminspiegel (1. Trimester 244 ± 24 µmo/l, 3. Trimester 213 ± 21 µmol/l) und der Spiegel von glykosiliertem Albumin (1. Trimester 15,2 ± 1,01 %, 3. Trimester 14,7 ± 0,82 %) niedriger als außerhalb der Schwangerschaft (KURISHITA et al. 1992). Dies beruht wahrscheinlich auf dem Absinken der Konzentration von Serumproteinen in der Schwangerschaft (HYTTEN 1985, VAN DIEIJEN-VISSER et al. 1986, MCCANCE et al. 1987, DESJARLAIS et al. 1989, OIMOMI et al. 1989, KUNIKA et al. 1991).

Bei Diabetes mellitus ist der Anteil glykosilierter Serumproteine bis auf das doppelte erhöht. Im Vergleich zum Hämoglobin haben die Serumproteine eine kürzere Lebenszeit. Glykosyliertes Albumin reflektiert präzise den mütterlichen Glukosestoffwechsel in der Schwangerschaft (KURISHITA et al. 1992). Eine Fruktosaminbestimmung vermittelt einen Überblick der Glykämie der vorangegangenen 1–3 Wochen (PARFITT et al. 1993). Die obere Grenze der Norm beträgt für das I. Trimester 275 µmol/L, um im III. Trimester auf 250 µmol/L abzusinken (HENRICHS et al. 1991). Die Bestimmung ist einfach und kann als Affinitätschromatographie an im Handel erhältlichen Säulen durchgeführt werden.

Im Tierversuch konnte gezeigt werden, daß Vitamin E als Antioxydans eine Glykosilierung in vivo hintanhalten kann (AOKI et al. 1992).

12.8.6 Schulung

Eine normoglykämische Stoffwechselführung setzt eine intensive theoretische und praktische Schulung der Diabetiker voraus, wodurch ein weitestgehendes Selbst-Management der Erkrankung möglich wird (Berger et al. 1983, Jovanovic et al. 1980, Skyler et al. 1980). Dabei ergeben sich zusätzlich beträchtliche ökonomische Vorteile, da die Qualität der Stoffwechselführung deutlich zunimmt und damit die Häufigkeit und Dauer stationärer Aufenthalte drastisch abnimmt (Miller und Goldstein 1972, Runyan 1975, Giordano und Rosenbloom 1977, David et al. 1981, Paulozzi et al. 1984, Goldstein et al. 1983, Varner 1983). Nach einer österreichischen Studie (Kacerovsky-Bielesz et al. 1985) konnte der mittlere jährliche Krankenhausaufenthalt bei IDDM durch systematische Patientenschulung von 15,5 Tagen auf 1,4 Tage herabgesetzt werden was zum Zeitpunkt der Analyse einer Kostensenkung der reinen Spitalskosten von rund 7 Millionen Schilling (rund 510.000 Euro) pro 100 Patienten entsprach. Der dadurch vermiedene Leistungsausfall der Patienten erspart weitere Millionen. Das Verhältnis Kosten : Nutzen beträgt 1 : 17, d. h. ein Schilling, der in die Schulung investiert wird, zieht eine Einsparung von 17 Schilling nach sich. Der kosteneffektivste Zeitpunkt der Schulung ist die Schwangerschaft, da Schwangere hoch motiviert sind nicht nur ihre eigene, sondern auch die Gesundheit ihres Kindes zu schützen (Iyer 1980). Diabetikerinnen sollten jedoch im Idealfall bereits vor einer möglichen Schwangerschaft ausreichend geschult sein (Hopp und Leis 1990, Hopp 1990).

Auf die Schulung kann hier nicht im Detail eingegangen werden. Sie geschieht am besten anhand gegebener Anleitungen (Mehnert und Standl 1975; Whitehouse et al. 1978; Lawrence und Cheely 1980; Travis und Hürter 1980; Robbers und Traumann 1980; Assal und Gfeller 1980; Davidson et al. 1981; Dankmeijer 1981; Berger et al. 1981, 1983; Johnson 1982; Mühlhauser und Schernthaner 1982; Kronsbein et al. 1983; Schernthaner 1983; Joensson 1983; Kacerovsky-Bielesz et al. 1985; Hramiak 1986). Von Iyer (1980) wurde ein eigenes Schulungsprogramm für Schwangere Diabetikerinnen entwikkelt.

Nach eigenen Erfahrungen müssen schwangere Diabetikerinnen besonders mit der Blutzuckerselbstkontrolle vertraut gemacht werden (siehe S. 457). Darüber hinaus müssen sie die Insulinselbstanpassung anhand ihrer Blutzuckerprotokolle erlernen. Dies setzt eine gute Kenntnis hinsichtlich der Wirkungsdynamik und der Wirkungsdauer von Insulin sowie der Änderung des Insulinbedarfes im Verlauf der Schwangerschaft voraus. Die Schwangere muß vor allem wissen, daß Hyperglykämien auch der Ausdruck einer Überinsulinisierung mit entsprechender Gegenregulation sein können. Die zirkadiane Rhythmik von Kortisol ist bei diabetischen und stoffwechselgesunden Schwangeren auf einem höheren Level als bei Nichtschwangeren. Nächtliche Hypoglykämien bei Diabetikerinnen sind mit einer erhöhten Kortisolsekretion assoziiert (Cousins et al. 1986). Hohe Nüchternblutzuckerwerte können daher Folge einer nächtlichen Hypoglykämie sein (Somogyi-Effekt) (Gale et al. 1980). Die Behandlung ist falsch, wenn in diesem Fall, anstatt die abendliche (oder nächtliche) Insulindosis zu senken, die morgendliche Dosis angehoben wird. Ein Somogyi-Effekt ist jedoch selten. In der Regel handelt es sich um ein Dawn Phenomen (Schmidt et al. 1981, Stephenson und Schernthaner 1989). Dieses ist wahrscheinlich durch den Anstieg der Glukokortikoide in den Morgenstunden bedingt. Ein verzögerter Effekt des schlafassoziierten GH-Anstieges auf die hepatische Glukoseproduktion ist wahrscheinlich ebenfalls am Dawn Phenomen beteiligt (CAMPBELL et al. 1985). Die Patientinnen müssen jedenfalls begreifen, daß für einen präprandialen Blutzuckerwert die vorangegangene Insulindosis verantwortlich ist und korrigiert werden muß und nicht die darauffolgende. Es empfiehlt sich, die Protokolle der Blutzuckerselbstkontrolle bei jeder ambulanten Kontrolle mit den Schwangeren zu besprechen und die Anpassung der Insulintherapie von der Schwangeren selbst vornehmen zu lassen. Ein korrigierendes oder belehrendes Eingreifen des Arztes soll aus Gründen der Schulung nur dann erfolgen, wenn die Patientin eine Fehlentscheidung trifft. Patientinnen mit Insulinpumpen müssen mit der Handhabung und Programmierung ihrer Geräte sowie mit der Katheterpflege, den Fehlermöglichkeiten der Pumpe und dem Nachfüllen von Insulin vertraut sein.

Der Blutzuckerselbstkontrolle ist besonderes Augenmerk zu widmen. Die Einschulung am Glukosemonitor muß auf die Fähigkeiten der Patientin abgestimmt schrittweise erfolgen und bei jeder Kontrolle aufgefrischt werden. Die Schwangere soll auch eine schriftliche Instruktion über den Gebrauch ihres Gerätes haben, um gegebenenfalls nachlesen zu können.

Nach Schulungen empfiehlt es sich das Wissen der Diabetiker hinsichtlich ihrer Erkrankung zu überprüfen (JOHNSON et al. 1982, DUNN et al. 1984, GARRARD et al. 1987). Von SPIRITO et al. (1990) wurde speziell für schwangere Diabetikerinnen und Gestationsdiabetikerinnen ein Programm entwickelt, mit dem sich deren Wissensstand objektiv überprüfen läßt.

Die Erfahrungen, die eine Diabetikerin bei der Betreuung ihrer ersten Schwangerschaft in einem Zentrum gewinnt, kommen ihr bei jeder weiteren Schwangerschaft zugute. Es konnte nachgewiesen werden, daß bei der nächsten Schwangerschaft trotz des Fortschreitens der Erkrankung die Schwangere zu einer früheren Gestationszeit registriert wurde, der Glykohämoglobinspiegel in der 9. und 14. Woche niedriger war und daß das fetal outcome bei niedrigerer Abortus und Fehlbildungsrate signifikant besser war (ROSENN et al. 1991).

Nicht zuletzt ist darauf hinzuweisen, daß auch die spezielle Schulung von Ärzten und medizinischem Personal einen positiven Einfluß auf die geburtshilflichen Ergebnisse von diabetischen Schwangeren hat. MCFARLAND und HEMAYA (1985) konnten die perinatale Mortalität in einem Landspital durch Schulung des Personals von 10 % auf 3,2 % senken.

12.9 Die Insulinbehandlung in der Schwangerschaft bei IDDM

Insbesondere in der Schwangerschaft sollte ausschließlich Humaninsulin angewendet werden. Die Vorteile gegenüber tierischem Insulin liegen in einer geringeren Neigung zur Antikörperbildung, geringeren Anzahl von Hyper- und Hypoglykämien, einer niedrigeren Makrosomierate und einer niedrigeren Rate an hyperinsulinämischen Neugeborenen (JOVANOVIC-PETERSON et al. 1992).

In letzterer Zeit wurden Humaninsulinanaloga (Lispro, Humalog®, Novo-norm®) entwickelt. Bei Lispro wurde die Aminosäuresequenz (Prolin-Lysin) der B-Kette auf Position 28 und 29 ausgetauscht. Lispro zerfällt rascher in Monomere, wodurch die Resorption nach subkutaner Verabreichung beschleunigt ist. Das Wirkungsmaximum von 3–4 Stunden bei Normalinsulin shiftet in Richtung 1–2 Stunden bei Lispro (HEISE et al. 1998). Der Spritz-Eß-Abstand kann somit entfallen oder zumindest auf 15 Minuten verkürzt werden (RASSAM et al. 1999), und postprandiale Hyperglykämien können leichter vermieden werden.

Die Anwendung neuer Substanzen in der Schwangerschaft wird durch die Frage ihrer Teratogenität limitiert. Im Tierversuch treten bei der Gabe von LisPro bis zu einer Dosierung von 5 E/kg/Tag keine Fehlbildungen auf (BUELKE-SAM et al. 1994). Zuletzt wurden die Anwender jedoch durch einen anekdotischen Bericht über 2 Fehlbildungen unter Lisprotherapie verunsichert (DIAMOND und KORMAS 1997). Im eigenen Krankengut haben wir eine zunehmende Anzahl von Schwangeren, die unter der Therapie von Humaninsulinanaloga schwanger und erst nach der sensiblen Phase vorstellig wurden. Wir haben die Schwangeren teilweise auf Humaninsulin umgestellt, zum Teil jedoch mit dem Analog weiterbehandelt ohne je nachteilige Folgen zu sehen. Die neuen Insuline sollten jedoch zur Zeit, außerhalb von Studien, noch vorsichtig gehandhabt werden, bis ausreichende Erfahrungen zur Freigabe für die Schwangerschaft führen.

Die Insulintherapie in der Schwangerschaft ist vorwiegend auf den „intrauterinen Patienten" ausgerichtet, der wesentlich höhere Ansprüche an die Stoffwechselqualität stellt als die Schwangere selbst.

Eine weitestgehend ungestörte embryonale und foetale Entwicklung setzt eine nahe normoglykämische Stoffwechselführung voraus: das heißt eine mittlere Blutglukose (MBG) von 70 bis 100 mg/dl (3,9–5,5 mM) mit möglichst geringen tageszeitlichen Schwankungen (IRSIGLER 1978, TAMAS et al. 1981, SERVICE et al. 1970). Die ideale Insulintherapie sollte auch den physiologischen Hyperinsulinismus und das Absinken der MBG (KÜHL 1975) im Verlauf der Schwangerschaft Stoffwechselgesunder imitieren. Die Insulinbehandlung der schwangeren Diabetikerin muß individuell gehandhabt werden. Darüber hinaus können jedoch Regelhaftigkeiten beobachtet werden, deren Kenntnis eine gute Stoffwechselführung erleichtern. Die Besten Einblicke über den Insulinbedarf bei GDM, Typ-2 Diabetes und Typ-1 Diabetes lassen sich durch die Anwendung eines Biostators gewinnen (siehe Kap.: Stoffwechselkontrolle unter Biostatorkontrolle, S. 477 f).

12.9.1 Die Dynamik des Insulinbedarfes

Der Insulinbedarf ist im Verlauf der Schwangerschaft, der Geburt und des Wochenbettes individuell stark unterschiedlich (STEEL et al. 1994), es lassen sich jedoch schwangerschaftsspezifische dynamische Regelhaftigkeiten ableiten, deren Kenntnis bei der adäquaten Behandlung von Schwangeren Voraussetzung ist (Abb. 87).

Nach eigenen Untersuchungen (Weiss und Hofmann 1984) nimmt der Insulinbedarf bis zur 16. Woche ab um anschließend bis etwa zwei Wochen vor der Geburt wieder anzusteigen. Unter der Geburt und in den ersten Tagen des Wochenbettes kann der Insulinbedarf drastisch abfallen, um dann wieder innerhalb von etwa einer Woche, falls das Neugeborene nicht gestillt wird, auf den Ausgangsbedarf anzusteigen (Weiss und Hofmann 1984, Rayburn et al. 1985). Während die Mutter stillt, ist der Insulinbedarf in der Regel mäßig reduziert.

Während der Schwangerschaft ist insgesamt eine Zunahme des Insulinbedarfes um rund 34 E/24 h regelhaft (Weiss und Winter 1982, Weiss und Hofmann 1984, Langer et al. 1988). Bei Typ-2 Diabetes ist die Dynamik ähnlich, verläuft jedoch auf einem höheren Level (Langer et al. 1988). Bei langer Diabetesdauer ist der Anstieg des Insulinbedarfes jedoch weniger ausgeprägt (Steel et al. 1994). Es werden für den Anstieg des Insulinbedarfes vorwiegend antiinsulinäre Plazentahormone wie z. B. plazentares Laktogen, Prolaktin, Kortisol, Östrogene, Progesteron etc. verantwortlich gemacht (Übersicht bei Bellmann 1978 und Jovanovic und Peterson 1982). Als Ursache für die Zunahme des Insulinbedarfes während der Schwangerschaft wurde aber auch eine Degradation von Insulin durch Plazentaenzyme angenommen (Freinkel 1965, Postner 1975). Dagegen sprechen jedoch Untersuchungen, die nachweisen, daß sich bei Schwangeren und Nichtschwangeren weder die Kinetik (Bellmann und Hartmann 1975) noch die Halbwertszeit (Burt und Davidson 1974) von zugeführtem Insulin unterscheiden. Mit Sicherheit muß sich die Zunahme des Körpergewichtes der Schwangeren auf den Insulinbedarf auswirken (Steel et al. 1994).

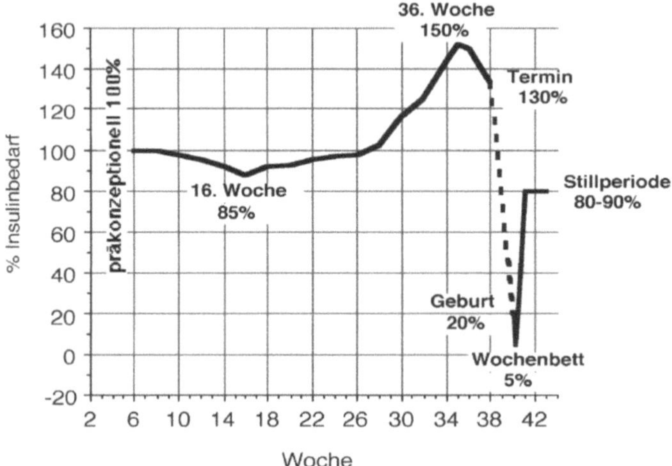

Abb. 87. Grazer Diabetesanalysen. Dynamik des Insulinbedarfes während der Schwangerschaft, bei der Geburt und im Wochenbett

Werden diabetische Schwangere relativ spät (nach der 12. Woche) erfaßt oder wird zum Schwangerschaftsbeginn eine etwas liberalere Stoffwechselführung gehandhabt (MBG 100 bis 120 mg/dl, 5,5 bis 6,6 mM), so scheint der Insulinbedarf fortlaufend anzusteigen (MILLER 1981, WEISS und WINTER 1982, JOVANOVIC und PETERSON 1982). Bei sehr straffer Stoffwechselführung hingegen bereits zu Beginn der Schwangerschaft, besonders bei präkonzeptioneller normoglykämischer Einstellung, ist eine Abnahme des Insulinbedarfes ab der 11. Schwangerschaftswoche um rund 15 % mit einem Minimum des Insulinbedarfes im Bereich der 17. Schwangerschaftswoche die Regel (Abb. 88) (WEISS und HOFMANN 1984). Die Abnahme des Insulinbedarfes wurde bereits seit den 40er Jahren beschrieben (HORKY 1965). Dementsprechend treten die meisten Hypoglykämien zwischen der 12. und 15. Schwangerschaftswoche auf (ROSENN et al. 1995).

Es ist dies wahrscheinlich auf eine Verbesserung der Insulinwirkung durch einen insulinotropen Effekt von Choriongonadotropin (hCG) zurückzuführen (BELLMANN 1978, YEN 1973). Der Serum hCG-Spiegel fällt zwischen der 12. und 16. Woche steil von rund 60 iE/ml auf rund 10 iE/ml ab, flacht sich ab und steigt ab der 27 Woche wieder leicht an (DESOYE et al. 1987). Die Zunahme des Insulinbedarfs beginnt mit dem Nadir des hCG Spiegels.

Treten im beschriebenen Zeitraum hypoglykämische Episoden auf, die zur Reduktion der Insulindosis zwingen, so kann das nahezu als Beweis einer normoglykämischen Stoffwechselführung gelten.

Von diesem Minimum ausgehend, ist im weiteren Schwangerschaftsverlauf zunächst ein flacher (~1,2 %/Woche = ~5 %/Monat), zwischen der 28. und 36. Woche hingegen ein steilerer Anstieg des Insulinbedarfes (~5,5 %/ Woche = ~22 %/Monat) zu beobachten. Nach der 36. Woche Kommt es gewöhnlich zum Abfall des Insulinbedarfes (WEISS und HOFMANN 1984,

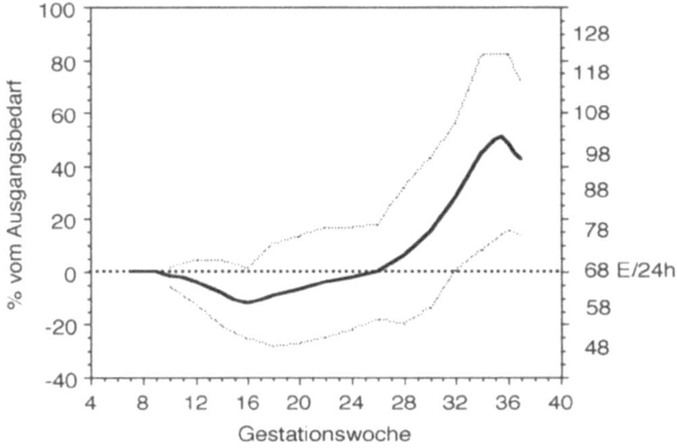

Abb. 88. Grazer Diabetesanalysen. Insulinbedarf im Verlauf der Schwangerschaft bei normoglykämischer Stoffwechselführung bereits vor der 8. Schwangerschaftswoche. Mittelwerte und Standardabweichung (WEISS und HOFMANN 1984)

McManus und Ryan 1992). Der Abfall wurde früher als signum malum gedeutet, ist unserer Meinung nach jedoch physiologisch. Er fällt nämlich mit einem Plateau oder sogar Absinken von hPL (antiinsulinäre Wirkung) und einem Anstieg von HCG (insulinotrope Wirkung) zusammen (Spona und Janisch 1970, Selenkow et al. 1971, Spellacy et al. 1974, Artner et al. 1977). Darüber hinaus gewinnt die Glukoseabschöpfung durch das nunmehr reife Ungeborene immer mehr an Bedeutung (Weiss et al. 1984, 2001; Nolan und Proietto 1992), (S. 242, 315, Abb. 58). Möglicherweise trägt zur Hypoglykämieneigung auch eine herabgesetzte Insulin Clearance bei (>20 %), die bei Typ-1 Diabetikerinnen im 3. Trimester nachgewiesen wurde (Bjorklund et al. 1998). Während der Abfall des Insulinbedarfes rund zwei Wochen vor der Geburt als Hinweis auf die volle Ausreifung der Plazenta und die *physiologische* Plazentainsuffizienz gelten kann (Weiss und Hofmann 1984), kann ein vorzeitiger Abfall des Insulinbedarfes etwa bereits in der 34.–36. Woche auf eine vorzeitige Plazentareifung und beginnende Plazentainsuffizienz (Fasching et al. 1992) oder auf einen hyperinsulinämischen Foetus mit zunehmender Abschöpfung der mütterlichen Blutglukose (Weiss et al. 2001) hinweisen. Ein erhöhter Insulinbedarf kann auch durch Insulin Autoantikörper (IAA) bedingt sein (Dozio et al. 1996). Bei sehr hohem Antikörpertiter, kann die Insulinresistenz u. U. mit Insulinanaloga überwunden werden (Lahtela et al. 1997).

Fieberhafte Erkrankungen, körperliche Belastung oder Bewegungsarmut (etwa bei stationärem Aufenthalt) bewirken einen Mehr- bzw. Minderbedarf an Insulin, der individuell ausgeglichen werden muß. Der Wechsel von stationärer zu ambulanter Behandlung ist daher manchmal, vor allem in der Frühschwangerschaft, mit einer Abnahme des Insulinbedarfes verbunden. Die Feinabstimmung der Insulintherapie muß unter häuslichen Bedingungen von der Schwangeren selbst durchgeführt werden. Eine Behandlung mit Betamimetika zur Tokolyse oder Glukokortikoiden zur Induktion der Lungenreife verursacht einen Mehrbedarf an Insulin (s. S. 530, 532).

Bei der Kombinationsbehandlung mit Alt- und Depotinsulin ist nach eigenen Erfahrungen der Bedarf an Depotinsulin über weite Strecken der Schwangerschaft nahezu konstant (Weiss und Hofmann 1984). Dies deckt sich auch mit Beobachtungen anderer Autoren (Baranyi et al. 1981). Dies ist wahrscheinlich darauf zurückzuführen, daß Schwangere eine zunehmende Insulinresistenz nach Nahrungsaufnahme und Insulinsensitivität im nüchternen Zustand entwickeln (Steel et al. 1985). Der Bedarf an Depotinsulin beträgt in den ersten zwei Schwangerschaftsdritteln etwas mehr als die Hälfte des gesamten Insulinbedarfes. Erst ab der 30. Woche pflegt ein geringer absoluter Mehrbedarf aufzutreten. Der relative Bedarf an Depotinsulin fällt am Ende der Schwangerschaft auf etwa 45 % ab, da der Bedarf an Kurzzeitinsulin stärker ansteigt.

12.9.2 Der aktuelle Insulinbedarf

Der aktuelle Insulinbedarf ist am exaktesten am Biostator zu erheben (siehe Kap.: Stoffwechseleinstellung unter Biostatorkontrolle, S. 477 ff).

Der aktuelle Insulinbedarf (Iakt) läßt sich aber auch aus der verabreichten Insulinmenge (Iv) und der mittleren Blutglukose (MBG) über 24 (besser 48) Stunden abschätzen. Die MBG bei einer bekannten Insulindosis ist eine gegenläufige Größe, die in hohem Maße von der individuellen Patientencharakteristik (Körpergewicht, periphere Insulinresistenz, Insulinempfindlichkeit, antiinsulinäre und insulinotrope Hormone, Insulinantikörper, Eßgewohnheiten etc.) beeinflußt wird. Wird die MBG und die verabreichte Insulinmenge zur Berechnung des aktuellen Insulinbedarfes herangezogen, werden diese erwähnten Patientencharakteristika von selbst in der Berechnung berücksichtigt. Es hat sich gezeigt, daß zur Senkung der MBG um 100 mg/dl die verabreichte Insulinmenge um rund 65 % erhöht werden muß. Der aktuelle Insulinbedarf für das Behandlungsziel: MBG = 100 mg/dl (5,5 mM) errechnet sich demnach nach der Formel:

$$\text{Iakt} = \text{Iv} + \text{Iv}\ (\text{MBG} - 100)\ 0{,}0065$$

Ein Beispiel: Eine Schwangere hat unter der Behandlung mit 40 E Insulin/ 24 Stunden eine mittlere Blutglukose von 160 mg/dl. In diesem Fall wird die voraussichtliche aktuelle Insulindosis für eine MBG von ~100 mg/dl:

$40 + 40\ (160–100)\ 0{,}0065$ und somit 55,6 E/24 h betragen.

Besteht eine Differenz von mehr als 20 % zwischen der verabreichten und der benötigten Insulindosis, muß die neue Anpassung schrittweise erfolgen, da eine drastische Senkung der Hyperglykämie auch bei Blutglukosewerten über 70 mg/dl (3,9 mM), ein subjektives Gefühl der Hypoglykämie vermittelt. Die Diabetikerinnen müssen sich, vor allem wenn sie über einen längeren Zeitraum schlecht eingestellt waren, erst allmählich an eine Normoglykämie gewöhnen. Ist eine nahe normoglykämische Einstellung erreicht ist es vorteilhaft sich zu vergewissern, ob sich die Insulinbehandlung im unteren oder oberen Bereich der Therapeutischen Breite befindet. Die Grazer Diabetesanalysen konnten zeigen, daß eine weitere moderate Erhöhung der Insulindosis in einem gewissen Bereich keine signifikante Senkung der Blutglukose nach sich zieht (Weiss et al. 2000). Der höhere mütterliche Insulinspiegel entfaltet jedoch einen *Sog* auf die Glukose, wodurch weniger Glukose in den foetoplazentaren Kreislauf abfließt und somit der Stoffwechsel des Foetus entlastet wird. Ähnliche Beobachtungen wurden auch von Sosenko et al. (1992) mitgeteilt. Dementsprechend haben Kinder von mehrgebärenden Diabetikerinnen nach Insulinbehandlung im oberen Bereich der therapeutischen Breite ein drastisch niedrigeres Geburtsgewicht als die vorangegangenen Kinder unter etablierter konventioneller Stoffwechselführung (Grasso und Roversi 1987).

Die Berechnung des Insulinbedarfes nach der angeführten Formel ist nur beim Insulinmangeldiabetes (Typ-1-Diabetes) anwendbar. Beim Typ-2-Diabetes oder Gestationsdiabetes, muß der Insulinbedarf wegen der unterschiedlich hohen Eigenproduktion von Insulin auf andere Weise ermittelt werden (s. S 332). Gesetzmäßigleiten und pathophysiologische Algorithmen lassen sich am exaktesten am künstlichen Pankreas (Biostator) erheben (siehe Kap.: Stoffwechseleinstellung unter Biostatorkontrolle, S. 477 ff).

12.9.3 Art und Frequenz der Insulingaben (Algorithmen)

Typ-1 Diabetikerinnen sind bei Eintritt der Schwangerschaft zumeist mit mehreren Gaben von Mischinsulin eingestellt. Dieses Regime kann weitergeführt werden, solange damit eine gute Stoffwechselkontrolle möglich ist.

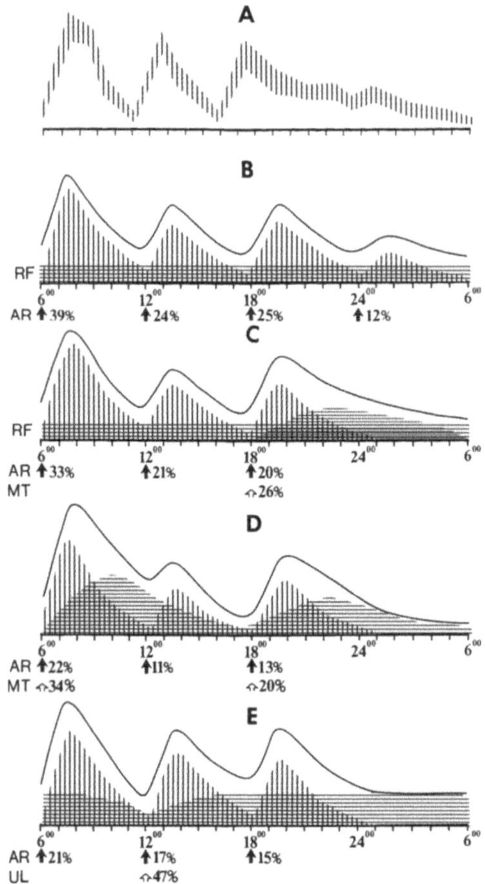

Abb. 89. A. Insulinsekretion bei stoffwechselgesunden Schwangeren nach Lewis et al. (1976). **B.** Resorptionsmuster bei der Gabe von vier Dosen Aktrapid (Schema 1) Horizontal schraffiert: Basale Restfunktion (RF), senkrecht schraffiert: Aktrapid (AR), Linie: Summationskurve. **C.** Resorptionsmuster bei der Gabe von dreimal täglich Aktrapid und einmal Monotard (MT) am Abend (Schema 2). Horizontal schraffiert: Basale Restfunktion (RF) und Monotard (MT), senkrecht schraffiert: Aktrapid (AR), Linie: Summationskurve. **D.** Resorptionsmuster bei der Gabe von dreimal Aktrapid und zweimal Monotard (Schema 3). Horizontal schraffiert: Monotard (MT), senkrecht schraffiert: Aktrapid (AR), Linie: Summationskurve. **E.** Resorptionsmuster bei der Gabe von dreimal Aktrapid und einmal Ultralente (Schema 4). Horizontal Schraffiert: Ultralente (UL), senkrecht schraffiert: Aktrapid (AR), Linie: Summationskurve. – Die Prozentzahlen unter den Abbildungen geben die mittlere statistische Verteilung des Insulins in seine Einzelgaben an. 100 % ist der gesamte tägliche Insulinbedarf (aus: Burghardt E., Spezielle Gynäkologie und Geburtshilfe, Springer 1985)

Spätestens nach dem I. Trimester wird jedoch in den meisten Fällen wegen der hohen Ansprüche an die Stoffwechselqualität in der Schwangerschaft eine Umstellung auf Monokomponenteninsuline erforderlich, da der basale Insulinbedarf, der durch den Anteil an Verzögerungsinsulin gedeckt wird, im Verlauf der Schwangerschaft langsamer ansteigt als der Bedarf an rasch verfügbarem Normalinsulin (Weiss et al. 1984). Ähnliche Beobachtungen wurden von Steel et al. (1987) mitgeteilt, wonach der gesamte Insulinbedarf in den Morgenstunden ansteigt, während der Bedarf an Intermediärinsulin am Abend abnimmt.

Zur Aufteilung der aktuellen Insulindosis über 24 Stunden haben sich uns vier Behandlungsschemata bewährt (Weiss und Hofmann 1984), die entweder Kurzzeitinsulin oder die Kombination von Kurzzeit- mit Intermediär- oder Langzeit-Insulin in verschiedener Aufteilung und Kombination enthalten (Abb. 89).

Die Aufteilung und Kombination erfolgt nicht willkürlich, sondern leitet sich von der Resorptionsdynamik und Wirkungsdauer der Insuline ab (Schlichtkrull 1977, Woodworth et al. 1994). Im Mittel beginnt die Wirkung von regulärem Insulin nach 0,75 Stunden, hat das Maximum nach 2 Stunden und eine Wirkungsdauer von 6 Stunden. Bei NPH-Insulin beginnt die Wirkung nach 3 Stunden, liegt das Maximum bei 6–7 Stunden und beträgt die Dauer rund 13 Stunden (Woodworth et al. 1994).

Der Insulinbedarf ist in den Morgenstunden unabhängig von der Nahrungsaufnahme am höchsten. Wahrscheinlich ist dies im Tagesrhythmus der Kortisolproduktion mit dem Gipfel in den Morgenstunden begründet. Bei der Erstellung der vorliegenden Algorithmen wurde Aktrapid® MC und Monotard® MC (teilweise als Humanactrapid und Humanmonotard) sowie Ultralente® MC verwendet. Ultralente wurde in zunehmendem Maß durch Ultratard abgelöst, das sich vom Humaninsulin ableitet. Diese Schemata sind jedoch prinzipiell mit kleinen Variationen auch auf entsprechende andere Insulinsorten anwendbar. Die Abb. 89 zeigt die Resorptionsmuster der Insulinkombinationen, die in den beschriebenen Therapieschemata verabreicht werden. Durch Addition ergeben sich jeweils Summationskurven, die sich ähneln und weitestgehend mit dem Insulinsekretionsmuster stoffwechselgesunder Schwangerer (Lewis et al. 1976) deckungsgleich sind (Abb. 89).

Zu beachten ist, daß die Wirkungsdauer von Depotinsulin in der Schwangerschaft um etwa ein Drittel kürzer ist als außerhalb der Schwangerschaft (Baranyi et al. 1981). Daher muß z. B. Monotard in der Schwangerschaft als Intermediärinsulin und nicht als Langzeitinsulin angesehen werden.

12.9.3.1 Schema 1. Die Behandlung mit vier Dosen Kurzzeitinsulin (Abb. 89 B)

Der aktuelle Insulinbedarf teilt sich bei diesem Schema im Verhältnis von 39 %, 25 %, 26 % und 10 % auf. Die Einzelnen Insulindosen werden um 6, 12, 18 und 24 Uhr verabreicht. Die Zeitangaben sind nicht starr sondern richten sich nach den drei Hauptmahlzeiten. Allerdings sollte während der

Schwangerschaft von einer variierenden Zeit und Menge der Nahrungsaufnahme mit angepaßter Insulinmenge Abstand genommen werden, da die Dynamik des Insulinbedarfes durch die Schwangerschaft per se kompliziert genug ist. Der Abstand der Hauptmahlzeiten sollte entsprechend der Wirkungsdauer des Kurzzeitinsulins rund 6 Stunden betragen. Das Verhältnis der Einzeldosen zueinander Ist auch bei zunehmendem Insulinbedarf im Verlauf der Schwangerschaft konstant. Ist der aktuelle Insulinbedarf bekannt (oder nach der oben angeführten Formel ermittelt) so können die einzelnen Dosen der Tabelle 156 entnommen werden.

Dieses Schema ist vorzugsweise bei Diabetikerinnen anwandbar, die noch eine, wenn auch geringe basale Insulinsekretion haben. Nach Glukagonbelastung ist bei ~50 % der Diabetiker eine Residualfunktion nachweisbar (Fokuda et al. 1988) und bei Diabetesmanifestation nach dem 6. Lebensjahr ist eine Residualfunktion (C-Peptid > 0,05 pmol/ml) in 53 % der Fälle nachweisbar (Schernthaner 1980). Klinisch ist eine basale Insulinsekretion dann zu vermuten, wenn eine relativ stabile Stoffwechsellage vorliegt und die Stoffwechselführung mit keinen großen Schwierigkeiten verbunden ist (Service und Nelson 1980). Theoretisch kann dieses Schema daher in erster Linie bei den Klassen AB, Bo und B angewendet werden. Aber

Tabelle 156. Voraussichtliche Aufteilung von Insulin bei der Behandlung mit vier Einzeldosen von kurzwirksamen Insulin

Aktueller Insulinbedarf, E/24h	Aufteilung in E				Aktueller Insulinbedarf, E/24h	Aufteilung in E			
	6 Uhr	12 Uhr	18 Uhr	24 Uhr		6 Uhr	12 Uhr	18 Uhr	24 Uhr
100 %	39 %	24 %	25 %	12 %	100 %	39 %	24 %	25 %	12 %
28	10,92	6,72	7,00	3,36	68	26,52	16,32	17,00	8,16
30	11,70	2,20	7,50	3,60	70	27,30	16,80	17,50	8,40
32	12,48	7,68	8,00	3,84	72	28,08	17,28	18,00	8,64
34	13,26	8,16	8,50	4,08	74	28,86	17,76	18,50	8,88
36	14,04	8,64	9,00	4,32	76	29,64	18,24	19,00	9,12
38	14,82	9,12	9,50	4,56	78	30,42	18,72	19,50	9,36
40	15,60	9,60	10,00	4,80	80	31,20	19,20	20,00	9,60
42	16,38	10,08	10,50	5,04	82	31,98	19,68	20,50	9,84
44	17,16	10,56	11,00	5,28	84	32,76	20,16	21,00	10,08
46	17,94	11,04	11,50	5,52	86	33,54	20,64	21,50	10,32
48	18,72	11,52	12,00	5,76	88	34,32	21,12	22,00	10,56
50	19,50	12,00	12,50	6,00	90	35,10	21,60	22,50	10,80
52	20,28	12,48	13,00	6,24	92	35,88	22,08	23,00	11,04
54	21,06	12,96	13,50	6,48	94	36,66	22,56	23,50	11,28
56	21,84	13,44	14,00	6,72	96	37,44	23,04	24,00	11,52
58	22,62	13,92	14,50	6,96	98	38,22	23,52	24,50	11,76
60	23,40	14,40	15,00	7,20	100	39,00	24,00	25,00	12,00
62	24,18	14,88	15,50	7,44	102	39,78	24,48	25,50	12,24
64	24,96	15,36	16,00	7,68	104	40,56	24,96	26,00	12,48
66	25,74	15,84	16,50	7,92	106	41,34	25,44	26,50	12,72

auch bei den White Klassen C bis D mit Ausnahme von R-Fällen ist dieses Schema immer wieder mit Erfolg anwendbar. Eine Stoffwechseleinstellung mit Alt-Insulin erfordert eine Verabreichung zumindest alle 6 Stunden, was sich aus der Wirkungsdauer von Alt-Insulin ableitet (Woodworth et al. 1994).

12.9.3.2 Schema 2. Die Behandlung mit drei Dosen Kurzzeitinsulin und einer Gabe von Intermediärinsulin (Abb. 89 C)

Dieses Schema ist eine Modifikation des Schema 1. Der aktuelle Insulinbedarf verteilt sich auf 33, 21 und 20 % Altinsulin um 6, 12 und 18 Uhr sowie einer zusätzlichen Dosis von 26 % Intermediärinsulin um 18 Uhr. Seit der Einführung von Humaninsulin mit geringfügig veränderter Resorptionsdynamik sind wir allerdings in zunehmendem Maße dazu übergegangen das Intermediärinsulin zeitversetzt um 22 Uhr zu verabreichen. Das Verhältnis der Einzeldosen zueinander bleibt auch bei zunehmendem Insulinbedarf konstant. Ist der aktuelle Insulinbedarf bekannt, so können die voraussichtlichen Einzeldosen entsprechend auf- oder abgerundet der Tabelle 157 entnommen werden.

Tabelle 157. Voraussichtliche Aufteilung von Insulin bei der Behandlung mit drei Einzeldosen von kurzwirksamem Insulin und einer Dosis von Intermediärinsulin

Aktueller Insulinbedarf, E/24h	Aufteilung in E[a]				Aktueller Insulinbedarf, E/24h	Aufteilung in E			
	6 Uhr AR	12 Uhr AR	18 Uhr AR	22 Uhr MT		6 Uhr AR	12 Uhr AR	18 Uhr AR	22 Uhr MT
100 %	33 %	21 %	20 %	26 %	100 %	33 %	21 %	20 %	26 %
28	9,24	5,88	5,60	7,28	68	22,44	14,28	13,60	17,68
30	9,90	6,30	6,00	7,80	70	23,10	14,70	14,00	18,20
32	10,56	6,72	6,40	8,23	72	23,76	15,12	14,40	18,72
34	11,22	7,14	6,80	8,84	74	24,42	15,54	14,80	19,24
36	11,88	7,56	7,20	9,36	76	25,08	15,96	15,20	19,76
38	12,54	7,98	7,60	9,88	78	25,74	16,38	15,60	20,28
40	13,20	8,40	8,00	10,40	80	26,40	16,80	16,00	20,80
42	13,86	8,82	8,40	10,92	82	27,06	17,22	16,40	21,32
44	14,52	9,24	8,80	11,44	84	27,72	17,64	16,80	21,84
46	15,18	9,66	9,20	11,96	86	28,38	18,06	17,20	22,36
48	15,84	10,08	9,60	12,48	88	29,04	18,48	17,60	22,88
50	16,50	10,50	10,00	13,00	90	29,70	18,90	18,00	23,40
52	17,60	10,92	10,40	13,52	92	30,36	19,32	18,40	23,92
54	17,82	11,34	10,80	14,04	94	31,02	19,74	18,80	24,44
56	18,48	11,76	11,20	14,56	96	31,68	20,16	19,20	24,96
58	19,14	12,18	11,60	15,08	98	32,34	20,58	19,60	25,48
60	19,80	12,60	12,00	15,60	100	33,00	21,00	20,00	26,00
62	20,46	13,02	12,40	16,12	102	33,66	21,42	20,40	26,52
64	21,12	13,44	12,80	16,64	104	34,32	21,84	20,80	27,04
66	21,78	13,86	13,20	17,16	106	34,98	22,26	21,20	27,56

[a] Die Untersuchungen wurden mit Aktrapid® (AR) und Monotard® (MT) durchgeführt

Dieses Insulinschema ist in den gleichen Fällen indiziert, wie bei Schema 1 beschrieben und wird im eigenen Krankengut in zunehmendem Maße angewandt. Der Vorteil liegt darin, daß um Mitternacht kein Insulin verabreicht werden muß und somit die nächtliche Belästigung der Schwangeren wegfällt.

12.9.3.3 Schema 3. Die Behandlung mit drei Dosen Kurzzeitinsulin und zwei Dosen Intermediärinsulin (Abb. 89 D)

Bei diesem Schema wird um 6,12 und 18 Uhr Altinsulin, um 6 und 18 (22) Uhr zusätzlich Intermediärinsulin verabreicht. In der Abb. 89 D ist wie auch in der Abb. 89 E ein statistisch mittleres Verteilungsmuster abgebildet, das erst der Gestationszeit angepaßt werden muß. Das Verhältnis von Kurzzeitinsulin zu Depotinsulin verändert sich im Verlauf der Schwangerschaft, während die Aufteilung der Anteile in ihre Einzeldosen konstant bleibt. So verteilt sich der Anteil an Kurzinsulin auf 48, 24 und 28 %, der Anteil an Intermediärinsulin auf 62 und 38 %. Ist I_{akt} bekannt, so muß zur Berechnung des Verhältnisses von Alt- zu Depot-Insulin ein Koeffizient (K_{WMT}) mit einbezogen werden, der den Anteil an Monotard entsprechend der Gestationszeit verändert (Tabelle 158).

Tabelle 158. Koeffizient zur Berechnung des Anteils an Depotinsulin im Verlauf der Schwangerschaft für die Behandlungsschemata 3 und 4

Schwangerschaftswoche	Koeffizient für Monotard	Koeffizient für Ultralente	Schwangerschaftswoche	Koeffizient für Monotard	Koeffizient für Ultralente
	K_{WMT}	K_{WUL}		K_{WMT}	K_{WUL}
8	0,580	0,475	24	0,532	0,512
10	0,580	0,475	26	0,520	0,505
12	0,575	0,480	28	0,510	0,493
14	0,570	0,485	30	0,500	0,475
16	0,565	0,490	32	0,487	0,460
18	0,560	0,500	34	0,473	0,448
20	0,552	0,510	36	0,465	0,445
22	0,542	0,512	38	0,460	0,445

Die Verteilung des Insulines berechnet sich demnach nach der Formel:

Aktrapid 6 Uhr: Iakt · (1-KWMT) · 0,48
12 Uhr: Iakt · (1-KWMT) · 0,24
18 Uhr: Iakt · (1-KWMT) · 0,28
Monotard 6 Uhr: Iakt · KWMT · 0,62
18 Uhr: Iakt · KWMT · 0,38

Dieses Schema ist vorzugsweise bei Diabetikerinnen ohne wirksame Restfunktion der Inselzellen, also vorwiegend in den Klassen C bis R nach

White, anzuwenden. Der Anteil an Depot-Insulin ahmt die Basalsekretion der Stoffwechselgesunden nach, während der Anteil an Altinsulin die Hauptmahlzeiten abdeckt.

In Einzelfällen ist zu beachten, daß besonders bei geringem Insulinbedarf (< 50 E/24 h) der prozentuelle Anteil des Bedarfes an Depotinsulin höher als angegeben sein kann. Wie aus der Abb. 89 D hervorgeht, besteht zwischen 16 und 18 Uhr ein Resorptionsminimum. Dieses kann in vereinzelten Fällen eine zusätzliche Gabe an rasch wirksamen Insulin notwendig machen.

12.9.3.4 Schema 4. Die Behandlung mit drei Dosen Kurzzeitinsulin und einer Gabe Langzeitinsulin (Abb. 89 E)

Bei diesem Schema wird um 6, 12 und 18 Uhr Altinsulin und um 12 Uhr zusätzlich Ultralente verabreicht. Zur Berechnung der Einzeldosen muß wie beim vorangehenden Schema ein Koeffizient (KWUL) mit einbezogen werden, der den Anteil an Ultralente entsprechend der Gestationszeit verändert (Tabelle 158). Die Aufteilung des Kurzzeitinsulins in seinen Einzeldosen ist mit 40, 32 und 28 % unabhängig von der Gestationszeit konstant. Die Verteilung des Insulins berechnet sich demnach nach der Formel:

Aktrapid	6 Uhr:	Iakt · (1-KWUL) · 0,40
	12 Uhr:	Iakt · (1-KWUL) · 0,32
	18 Uhr:	Iakt · (1-KWUL) · 0,28
Ultralente	12 Uhr:	Iakt · KWUL

Auch mit dem Schema 4 wird eine basale Insulinsekretion simuliert. Durch die Verabreichung von Ultralente um 12 Uhr sind kritische Perioden höheren basalen Insulinbedarfes am besten abgedeckt (Baranyi et al. 1981). Neuerdings ersetzen wir Ultralente durch Ultratard wobei letzteres um 18 Uhr verabreicht wird. Dieses Schema eignet sich besonders für Schwangere mit sehr instabilem Diabetes der höheren White-Klassen.

Die Dosierung von Ultralente oder Ultratard muß im Einzelfall sehr sorgfältig angepaßt werden, da ein zu hoher Anteil die Gefahr der protrahierten Hypoglykämie, besonders in den frühen Morgenstunden, in sich birgt. Ein Resorptionsminimum um 10–12 Uhr kann in seltenen Fällen eine zusätzliche Gabe von Altinsulin notwendig machen.

Alle Insulingaben müssen einen zeitlichen Bezug zur Nahrungsaufnahme haben. Die zeitliche Abstimmung von Insulingaben und Essenszeiten sind weiter unten bei Spritzen-Eßabstand angegeben.

Mit den angeführten Therapieschemata wird in den meisten Fällen das Auslangen gefunden. Nur in vereinzelten Fällen müssen individuelle Schemata gefunden werden. Vor allem bei sehr hohem Bedarf an Altinsulin gelingt die Einstellung oft nur durch die Verabreichung von fünf bis sechs *verzettelter* Dosen, da eine Einzeldosis von mehr als 40 E sinnlos ist. Auch eine zeitliche Verschiebung zwischen dem Anteil an Alt- und Depotinsulin der Abenddosis kann vereinzelt notwendig sein, um einen Blutzuckeranstieg in den frühen Morgenstunden (dawn phenomenon) zu verhindern.

Im angloamerikanischen Raum sind die Eßgewohnheiten anders als in deutschsprachigen Ländern. Einerseits gibt es Unterschiede der Essenszeiten, andererseits wird die Hauptmahlzeit nicht zu Mittag sondern eher am frühen Abend eingenommen. Dementsprechend unterscheiden sich die Empfehlungen für die Dosierung und Aufteilung der Insulingaben. Eine dementsprechende Empfehlung wurde von Jovanovic et al. (1980, 1981) und Jovanovic und Peterson (1982) erarbeitet (Tabelle 159).

Die genauere Titration dieses Behandlungsschemas anhand der Blutzuckerwerte ist in der Tabelle 160 angegeben.

Tabelle 159. Kalkulation des initialen Insulinbedarfes in der Schwangerschaft (nach Jovanovic und Peterson 1982)

Insulintyp	7 Uhr 30	16 Uhr 30	22 Uhr
NPH (Intermediär)	8/18 Ins		3/18 Ins
Regular	4/18 Ins	3/18 Ins	
Total	2/3 Ins	1/6 Ins	1/6 Ins

Gleitende Aufteilung für kurzwirksames Insulin (Regular)

7 Uhr 30 Blutglukose	16 Uhr 30 Blutglukose
< 60 = 3/18 Ins	< 60 = 2/18 Ins
60–100 = 4/18 Ins	60–100 = 3/18 Ins
100–140 = 5/18 Ins	100–140 = 4/18 Ins
> 140 = 6/18 Ins	> 140 = 5/18 Ins

Bedarf/24 h

Ins = 0,7 E/kg in der 6.–18. Woche
Ins = 0,8 E/kg in der 18.–26. Woche
Ins = 0,9 E/kg in der 26.–36. Woche
Ins = 1,0 E/kg in der 36.–40. Woche

Tabelle 160. Feineinstellung der Insulinbehandlung anhand von Blutzuckerwerten (nach Jovanovic und Peterson 1982)

Zeit der Insulinverabreichung	Insulintyp	Zeit der Blutzuckerbestimmung	Titrationsvorgang
22 Uhr 00	NPH	7 Uhr 30	NBZ > 100 mg/dl: +2 E NPH um 22 h NBZ < 60 mg/dl: –2 E NPH um 22 h
7 Uhr 30	Regular	10 Uhr 00	PP Glukose > 140 mg/dl: +2 E Regular 7 Uhr 30 des nächsten Tages
7 Uhr 30	NPH	16 Uhr 00	Glukose > 100 mg/dl: +2 E NPH um 7 Uhr 30 Glukose < 60 mg/dl: –2 E NPH um 7 Uhr 30
16 Uhr 30	Regular	18 Uhr 00	Glukose > 140 mg/dl: +2 E Regular um 16 Uhr 30

Im Unterschied zum Behandlungsschema von JOVANOVIC und PETERSON (1982) betragen die Zeitabstände zwischen den Insulingaben beim Grazer Behandlungsschema (WEISS et al. 1984) jeweils 6 Stunden. Wir halten diesen Abstand für vorteilhaft da er der Wirkungsdauer des Kurzzeitinsulins entspricht.

12.9.4 Stoffwechseleinstellung unter Biostatorkontrolle

Kontinuierliches Glukosemonitoring brachte wesentliche Erkenntnisse für die Steuerung der Insulintherapie (ALBISSER et al. 1974, CLEMENS et al. 1976, PFEIFFER et al. 1974, SANTIAGO et al. 1978).

Bei der Ermittlung des Insulinbedarfes unter computergesteuerter intravenöser Insulinapplikation am Biostator (closed loop system) kann ein rascher Überblick über die individuell benötigte Menge und tageszeitliche Verteilung von Insulin gewonnen werden (individueller Biorhythmus). Insbesondere die Kenntnis über den basalen Insulinbedarf in den Nachtstunden, kann eine weitere konventionelle Therapie optimieren. Die Anwendung dieser Biostatordaten auf die s. c. Insulintherapie erfordert jedoch Umrechnungsfaktoren (IRSIGLER und KRITZ 1983), da sich die intravenöse von der subkutanen Wirkung des Insulins unterscheidet.

Bei der subkutanen Applikation von Insulin unter Glukosemonitoring hingegen kann der Insulinbedarf zur konventionellen Therapie direkt ermittelt werden. Dazu werden in kurzen Abständen kleine Dosen eines kurzwirksamen Insulins injiziert (verzettelte Insulindosen). Die Höhe der ersten Dosis orientiert sich einerseits am Blutzuckerspiegel, andererseits an der vermutlichen Insulinresistenz, die aus der Höhe des Insulinbedarfes hervorgeht. Die Frequenz der Verabreichung wieder orientiert sich an der Reaktion des Blutzuckerspiegels auf Insulingaben. Dabei wird im allgemeinen so vorgegangen, daß stündlich Insulin verabreicht wird. Wird ein Abwärtstrend des Blutzuckerspiegels sichtbar, werden die verabreichten Dosen vermindert. Wird ein Blutzuckerspiegel von 70–80 mg/dl erreicht oder unterschritten, wird solange kein Insulin verabreicht, bis wieder ein Trend zum Anstieg des Blutzuckerspiegels zu erkennen ist. Mahlzeiten werden auch bei niedrigem Blutzuckerspiegel durch Insulingaben abgedeckt. Da sowohl die protrahierte Resorption von Insulin als auch von Kohlenhydraten in Rechnung gestellt werden muß, erfolgt die entsprechende s. c. Insulinverabreichung am besten etwa 30 Minuten vor der Nahrungsaufnahme und zwar in Abhängigkeit von der Insulintoleranz die sich bereits am Beginn des procedere abzeichnet. Aber auch bei Insulingaben, die keinen Mahlzeiten zugeordnet sind, muß berücksichtigt werden, daß der volle Wirkungseintritt erst nach 30 Minuten zu erwarten ist. Diabetikerinnen mit eigener Insulinproduktion haben eine wesentlich höhere Insulintoleranz. Es besteht keine besondere Neigung zur plötzlichen Hypoglykämie mit anschließender Hyperglykämie aufgrund von Gegenregulationsvorgängen. Die verzettelten Insulindosen können schließlich zusammengefaßt und in Form eines Behandlungsschemas über den Tag verteilt werden. Nach der Stoffwechseleinstellung am Biostator werden in den nachfolgenden Tagen zumeist nur noch geringe Dosiskorrekturen nötig sein. Die Biostatoreinstellung hat somit den Vorteil, daß sehr rasch eine gute Stoffwechselführung gefunden wird. Der Nachteil liegt im relativ hohen Aufwand. Einerseits ist die Eichung der Glukoseelektrode für die kontinuierliche Glukosemessung umständlich, andererseits ist die permanente Anwesenheit eines Arztes erforderlich, der mit dem Biostator vertraut ist.

Die Vorgangsweise bei Erst- oder Neueinstellungen mittels eines kontinuierlichen Glukogrammes ist je nach der Ausgangssituation der Stoffwechsellage unterschiedlich. Sie soll daher an einigen typischen Beispielen erläutert werden, die die Gesetzmäßigkeiten des Stoffwechsels in den verschiedenen Diabetesstadien erkennen lassen.

12.9.4.1 Die Einstellung am Biostator bei Diabetes mellitus AB

AB-Diabetikerinnen (positiver oGTT, normales Glukoseprofil, erhöhte Insulinwerte im Fruchtwasser) sind Sonderfälle, da die Insulinbehandlung an praktisch normoglykämischen Schwangeren vorgenommen wird. Des weiteren wird die Insulinbehandlung beim AB-Diabetes zumeist erst im letzten Trimenon begonnen (siehe Kap.: Insulintherapie des Gestationsdiabetes).

Diabetikerinnen der Klasse AB nach der Grazer Klassifikation haben trotz unauffälliger Glukoseprofile gewöhnlich einen unerwartet hohen Insulinbedarf (Abb. 90 A, Tabelle 161: Fall 1).

Dies liegt einerseits daran, daß es sich um larvierte Typ-2-Diabetikerinnen handelt (MOD[Y], siehe Klassifikation) und andererseits das letzte Schwangerschaftsdrittel von antiinsulinären Plazentahormonen dominiert wird (Übersicht bei Jovanovic und Peterson 1982). Besonders der hPL-Spiegel scheint bei diesen Fällen über der Norm zu liegen (Fuhrmann et al. 1980, Schmitz et al. 1985).

Die Biostatoreinstellung bei einer 33jährigen AB-Diabetikerin in der 27. Schwangerschaftswoche ist in der Abb. 90 A dargestellt. In diesem Fall werden unter Monitoring in der Regel stündlich 8 Einheiten kurzwirksames Insulin subkutan verabreicht. Die Insulintoleranz beträgt 144 Einheiten/24 Stunden. Die Blutzuckerkurve zeigt unter diesem Vorgehen einen normoglykämischen Verlauf ohne überschießende Gegenregulationen, Schwankungen oder Hypoglykämien. Da die Behandlung einer normoglykämischen *Diabetikerin* erfolgt, die nach verbreiteter Ansicht keinen *Bedarf* an Insulin hat, sind hier die Termini: Insulinbedarf, Insulintoleranz und Insulinverbrauch gleichzusetzen. Da die eigene Insulinproduktion zunächst weitestgehend zurückgedrängt und darüber hinaus das durch die Schwangerschaft bedingte Defizit abgedeckt werden muß, wird der Insulinverbrauch bei einer Ersteinstellung am Biostator anfangs höher sein als im weiteren Behandlungsverlauf. Aus diesen Gründen ist der Verbrauch der ersten 6 Stunden von der Gesamtdosis abzuziehen, um zum voraussichtlichen Insulinbedarf/24 Stunden für die weitere Behandlung zu gelangen (Tabelle 161: Fall 1). Die Verteilung über den Tag kann, was die

BIOSTATOR

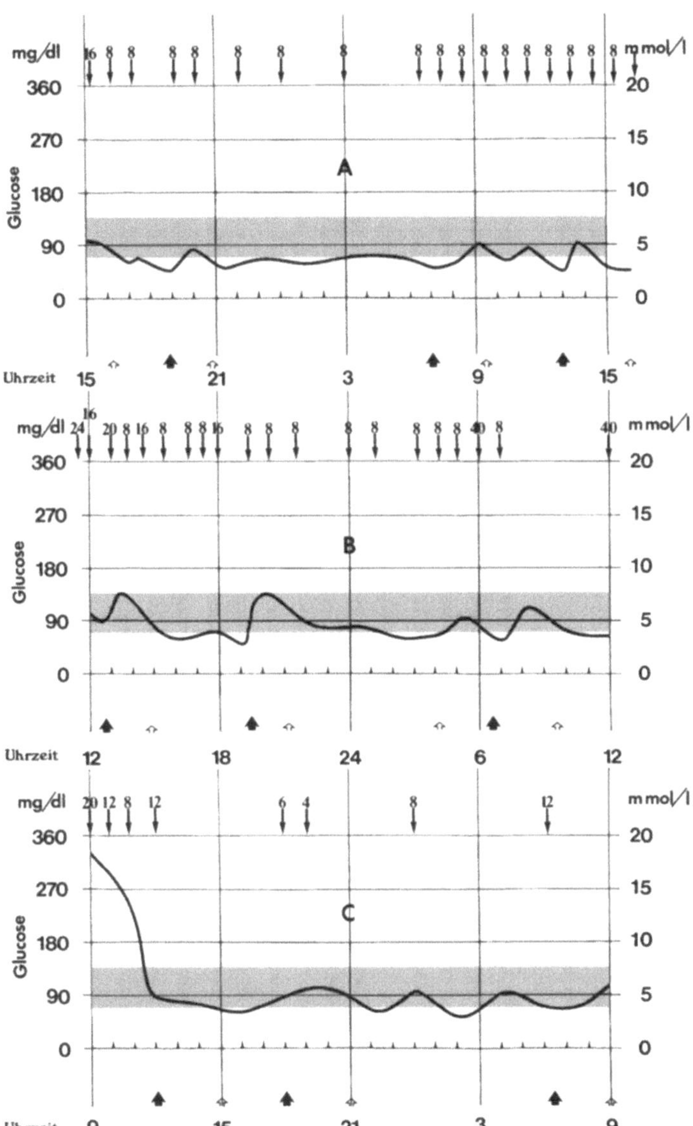

Abb. 90. Grazer Diabetesanalysen. Stoffwechseleinstellung unter Biostatorkontrolle. **A** bei einer AB-Diabetikerin; **B** bei der Umstellung einer Typ-2-Diabetikerin von einem oralen Antidiabetikum (Glutril) auf Insulintherapie und **C** bei Diabetesmanifestation in der Schwangerschaft. Abwärts gerichtete Pfeile: Insulingaben. Linie: Verlauf der Blutglukose. Graue Zone: normoglykämischer Bereich. Aufwärts gerichtete Pfeile: Haupt- und Zwischenmahlzeiten. Detaillierte Erläuterungen sind im Text und in der Tabelle 161 enthalten (aus: Burghardt E., Spezielle Gynäkologie und Geburtshilfe, Springer 1985)

Tabelle 161. Stoffwechseleinstellung am künstlichen Pankreas (Biostator) bei Diabetes mellitus in der Schwangerschaft

Alter	Klassifikation	Biostatoreinstellung	Woche	Insulindosen E/Dosis	Insulin E/24Std	Blutzucker Bereich mg/dl	Mittlere Blutglukose[a], mg/dl
Fall 1		vorher	27	0	0	71–148	91
33 à	*AB*			Actrapid			
		nachher	28	36/28/24/8	96	56–104	82
Fall 2		vorher	14	Glutril 1/–/1	0	63–157	102
36 à	*B*			Actrapid 40/20/40/			
		nachher	15	20/40/20	180	61–123	88
Fall 3		vorher	21	0	0	137–345	208
28 à	*Bo*			Actrapid			
		nachher	22	16/8/8/4	36	62–192	125
Fall 4				Höchst CR			
35 à		vorher	10	52 E	52	196–316	259
				Actrapid			
	C/R	nachher	14	24/14/16/8 E Actrapid 20/12/16 E	62	68–122	98
		nachher	20	Ultralente 58 E	106	63–97	81
Fall 5				Mixtard			
29 à		vorher	10	24/–/20 E	44	65–300	162
	D/R			Actrapid			
		nachher	11	24/16/16/10 E	66	66–92	70

[a] Aus einem Tag-Nachtprofil von 11 Werten

Größenordnung der Einzeldosen betrifft, durch das Zusammenziehen von je 6 Biostatorstunden oder mit Hilfe der Behandlungsschemata 1 oder 2 (Tabellen 156, 157) geschätzt werden.

12.9.4.2 Die Umstellung einer Sulfonyl-Harnstoff-Therapie auf Insulin unter Biostatorkontrolle

Auch in diesen Fällen handelt es sich um Typ-2-Diabetikerinnen mit hohem Insulinbedarf aufgrund einer peripheren Insulinresistenz. Vor der Biostatoreinstellung müssen orale Antidiabetika rechtzeitig abgesetzt werden, um eine überlappende Wirkung mit der Insulintherapie zu vermeiden.

Die Abb. 90 B zeigt den Verlauf einer Umstellung von oraler Medikation auf Insulin an einer 36jährigen White B-Diabetikerin in der 14 Schwangerschaftswoche. Trotz hoher s. c.-Gaben von Insulin (236 Einheiten/24 Stunden) tritt keine Hypoglykämie auf. Auch in diesen Fällen wird die Dosis in ähnlicher Art wie bei AB-Diabetikerinnen reduziert. Einige Tage nach der Biostatoreinstellung war die weitere Behandlung mit 180 Einheiten/24 Stunden in 6 Einzeldosen alle 4 Stunden fixiert (Tabelle 161, Fall 2).

12.9.4.3 Stoffwechseleinstellung am Biostator bei Diabetes-Erstmanifestation in der Schwangerschaft (Bo der Grazer Klassifikation)

Bei der Erstmanifestation in der Schwangerschaft kann es sich sowohl um einen MOD(Y)-Typ (verfrühter „Altersdiabetes") als auch um einen Typ-1 Diabetes (verspäteter „juveniler" Diabetes, IDDM) handeln. Die Patienten sind häufig normal- oder untergewichtige Frauen ohne periphere Insulinresistenz (Typ-1-Diabetes). Wegen der Insulinempfindlichkeit im Falle eines Typ-1-Diabetes wird eine subtile Bestimmung des zumeist nicht allzu hohen Insulinbedarfs erforderlich. Darüber hinaus ist jedoch die Stoffwechselführung wie bei allen Diabetikerinnen mit einer Residualfunktion der B-Zellen, unproblematisch. Die Stoffwechsellage bleibt ohne stärkere Blutzuckerschwankungen und ohne Hypoglykämieneigung stabil.

Die Abb. 90 C zeigt das Vorgehen bei Einstellung einer 27jährigen Bo-Diabetikerin in der 21. Schwangerschaftswoche. Wegen der hohen Blutzuckerwerte am Beginn der Behandlung wird zunächst mit höheren stündlichen Insulindosen begonnen, die einen raschen Blutzuckersturz bewirken. Im weiteren werden bei einem Blutzuckeranstieg über 90 mg/dl (5,0 mM) und zu den Hauptmahlzeiten subkutane Insulindosen verabfolgt. Werden vom gesamten Insulinverbrauch in 24 Stunden die ersten 3 Dosen abgezogen, die nötig waren, um das vorliegende Insulindefizit aufzufüllen und den Blutzuckerspiegel in den Normbereich zu bringen, ergibt sich angenähert der Insulinbedarf zur weiteren Behandlung (Tabelle 161, Fall 3).

12.9.4.4 Stoffwechselkorrektur Insulinpflichtiger Diabetikerinnen (Praegestationsdiabetes, White B bis D, R) am Biostator

Zum Unterschied von den bisher beschriebenen Fällen handelt es sich um Patientinnen, die bereits mit Insulin behandelt wurden. Beim insulinpflichtigen Diabetes besteht zumeist eine hohe Insulinempfindlichkeit und mit zunehmender Diabetesdauer eine abnehmende Residualfunktion (Pirttiaho et al. 1986). Die normoglykämische Stoffwechselführung wird mit fortschreitender Diabetesdauer und abnehmender Residualfunktion des Inselorganes schwieriger (Pirttiaho et al. 1987, Fokuda et al. 1988). Der Insulinbedarf und Änderungen des Insulinbedarfes hängen einerseits von der Residualfunktion der Betazellen und andererseits von der Insulinempfindlichkeit der schwangeren Diabetikerinnen ab.

Bei nur geringer Überinsulinisierung kann es zu starken Blutzuckerschwankungen, schweren hypoglykämischen Schockzuständen und Gegenregulationsvorgängen kommen. Auch in diesen Fällen vermag das Monitoring Hinweise zu therapeutischen Vorgehen zu geben. Die Abb. 91 A

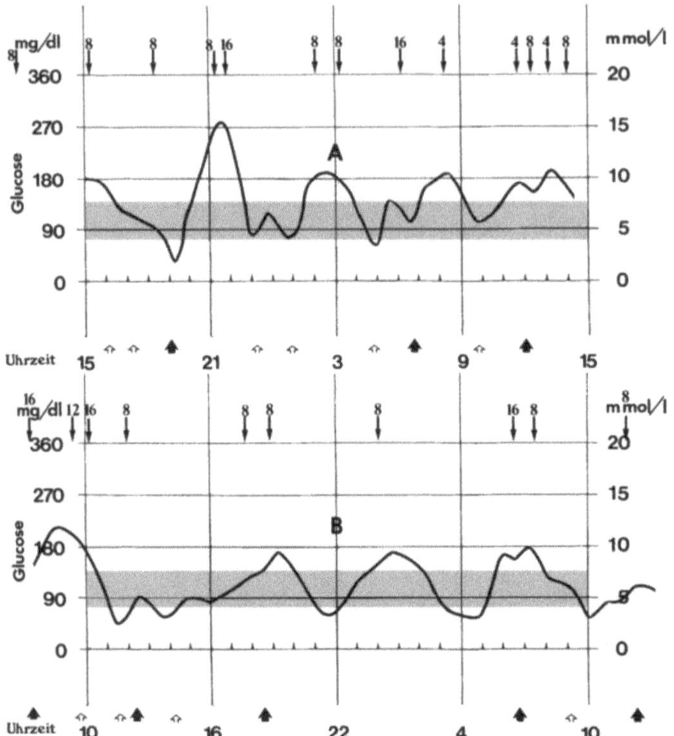

Abb. 91. Grazer Diabetesanalysen. Stoffwechseleinstellung unter Biostatorkontrolle. **A** bei stoffwechsellabilem Diabetes mellitus und **B** bei stabiler Stoffwechsellage. Symbole wie bei Abb. 90. Genauere Angaben sind im Text und in Tabelle 161 enthalten (aus: BURGHARDT E., Spezielle Gynäkologie und Geburtshilfe, Springer 1985)

zeigt das Beispiel einer stoffwechsellabilen Diabetikerin (C/R) in der 10. Schwangerschaftswoche.

Schon nach 3 Insulingaben im Abstand von je 3 Stunden kommt es zum Auftreten einer deutlichen, auch subjektiv empfundenen Hypoglykämie mit rascher Gegenregulation. Um 23 Uhr und 5 Uhr treten subjektiv hypoglykämische Episoden auf, die zu anschließender Gegenregulation führen. Damit zeigt sich eine deutliche Tendenz zur Stoffwechsellabilität, die sich auch durch 5 bis 6 Insulingaben nicht beherrschen läßt. In solchen fällen kann eine Kombinationsbehandlung mit Depot-Insulin oder eine Insulinpumpenbehandlung zielführend sein. In diesem Fall konnte eine stabile normoglykämische Stoffwechselführung mit dem Behandlungsschema 4 erzielt werden (Tabelle 161, Fall 4).

Das Beispiel einer relativ stabilen Stoffwechsellage trotz vorgeschrittenem Diabetesstadium wird an einer 29jährigen D/R-Diabetikerin in der 10. Schwangerschaftswoche demonstriert (Abb. 91 B). Nach drei subkutanen

Insulingaben kommt es zum raschen Abfall des Blutzuckerspiegels mit leichter Hypoglykämie um 11 Uhr, jedoch ohne Auftreten einer Gegenregulation. Trotz des niederen Blutzuckerspiegels werden zur Abdeckung der Hauptmahlzeiten mittags 8 Einheiten Altinsulin verabreicht. Erst um 17 Uhr steigt der Blutzuckerwert wieder über 90 mg/dl (5,0 mM). Im weiteren Verlauf werden jeweils bei Blutzuckeranstieg verzettelte Dosen kurzwirksamen Insulins verabreicht. Die Ermittlung des Insulinbedarfes ist in diesem Fall leicht, da die Schwangere 30 Stunden am Biostator angeschlossen war. Bleiben die ersten 6 Stunden unberücksichtigt (Adaptationsphase), so kann in den folgenden 24 Stunden der Insulinbedarf hinsichtlich Menge und Verteilung direkt abgelesen werden. Mit vier Dosen kurzwirksamen Insulins war eine normoglykämische Führung möglich (Tabelle 161, Fall 5).

An der Grazer Klinik wurde der Biostator, wie auch in anderen Zentren (Santiago et al. 1978, Hirabayashi et al. 1986), auch erfolgreich bei Kaiserschnitten eingesetzt, da der Insulinbedarf gerade bei der Sektio unvorhersehbaren und starken Schwankungen unterworfen ist. Darüber hinaus ist die Dauer einer Sektio absehbar. Auch im Rahmen einer diabetischen Ketoazidose kann ein künstliches Pankreas sowohl als open loop als auch als closed loop erfolgreich eingesetzt werden

12.10 Die Insulinpumpenbehandlung

Seit 1977 werden Insulin-Pumpen zur Behandlung des Diabetes eingesetzt (Prestele et al. 1980, Hepp et al. 1980). Die Anwendung einer Pumpe in der Schwangerschaft setzt neben einer Indikation den Wunsch und Willen der Patientin nach einer Pumpenbehandlung voraus. Darüber hinaus muß das

- Sensorium der Patientin intakt sein,
- es muß ein Minimum an technischem Verständnis und Fähigkeiten vorhanden sein,
- die Patientin muß zuverlässig und psychisch stabil sein,
- regelmäßige Blutzuckerkontrollen selbständig durchführen können,
- und schließlich muß die Pumpe 24 Stunden am Tag getragen werden.

Daß der betreuende Arzt über die technischen Details der Pumpe und das Programmieren von Algorithmen Bescheid wissen muß, versteht sich von selbst.

12.10.1 Indikation und Route

Eine Indikation zur Pumpenbehandlung in der Schwangerschaft liegt nach eigenen Erfahrungen äußerst selten vor, obwohl unter SCII (subcutaneous continuous Insulin infusion) Verbesserungen des oxydativen und nichtoxydativen Glukosestoffwechsels beschrieben wurden (Foss und Aoki 1993). In den 80er Jahren wurde an der Grazer Klinik noch in 8 % der Fälle eine Insulinpumpenbehandlung angewandt (Hofmann et al. 1986), während in den letzten Jahren eine Pumpe praktisch nie mehr zum Einsatz kam. In Übereinstimmung mit den Empfehlungen der American Diabetes Association (1982) wurde an der Grazer Klinik eine Insulinpumpenbehandlung nur dann durchgeführt, wenn trotz intensivierter konventioneller Therapie mit 3 bis 5 Insulininjektionen, ausgefeilter Diät und guter Motivation und Mitarbeit der Schwangeren eine instabile, für die Schwangerschaft nicht ausreichende Stoffwechsellage vorliegt (Brittle-Diabetes). Die subkutane Insulinapplikation mit Pumpen (Continuous subcutaneous Insulin infusion = CSII) bringt jedoch für instabile Diabetikerinnen wenig Vorteile (Irsigler und Kritz 1983). Es sind gegenüber einer intensivierten konventionellen Therapie keine entscheidenden Verbesserungen der Stoffwechselqualität zu erzielen (Schiffrin und Belmonte 1982, Irsigler und Kritz 1980, Cohen et al. 1982, Coustan et al. 1986), während Hypoglykämien vermehrt auftreten (Porr et al. 1981). Darüber hinaus waren auch morphologische Befunde der Plazenta nach Pumpenbehandlung, die Rate an Makrosomie und die Häufigkeit einer hypertrophen Kardiomyopathie ähnlich wie nach intensivierter konventioneller Therapie (Laurini et al. 1987, Knight et al. 1983, Verhaaren et al. 1984). Negative Auswirkungen auf eine diabetogene Retinopathie sind möglich, werden jedoch kontroversiell diskutiert (Pickup et al. 1980, Kritz 1983).

Im eigenen Krankengut waren bei subkutaner Pumpenbehandlung etwa 1 bis 2 Hypoglykämien pro Woche zu beobachten, während nach Einleitung der intraperitonealen Insulinanwendung Hypoglykämien nahezu schlagartig sistierten (Hofmann et al. 1986) (Abb. 92).

Insbesondere bei Brittle-Diabetes mit hohem Insulinbedarf muß auch an eine verstärkte subkutane Degradation von Insulin gedacht werden (Santiago et al. 1981, Kraegen et al. 1981). Da sowohl die intravenöse (Kritz et al. 1981, Willms et al. 1981) als auch die intraperitoneale (Selam et al. 1983, Schade et al. 1981, Kritz et al. 1981) Verabreichung von Insulin eine bessere Stoffwechselkontrolle ermöglicht, ist eine subkutane Pumpenbehandlung während der Schwangerschaft nur selten indiziert. Wir wenden die subkutane Pumpentherapie bei grenzwertig labilem Stoffwechsel an, insbesondere wenn die Schwangere selbst den Wunsch zur Pumpenbehandlung äußert. Gewisse Vorbedingungen wie medizinisches Personal, das mit der Handhabung der Pumpen vertraut und stets erreichbar sein muß, eine sorgfältige Patientenauswahl und ein enges Monitoring der Blutglukose müssen jedoch auch bei einer subkutanen Pumpenbehandlung gewährleistet sein (American Diabetes Association 1985). Von besonderer Wichtigkeit für den Behandlungserfolg ist jedoch die Mitarbeit und Motivation der Patienten sowie deren Verständnis über die Zusammenhänge zwischen Diät, körperlicher Aktivität und Insulinbedarf (Hertz et al. 1984). Die Verbesserung der Stoffwechselqualität wird weniger durch die Pumpe, sondern in erster Linie durch die Motivation zur forcierten Selbstkontrolle erreicht (Porr et al. 1981).

Ein Vorteil der subkutanen Pumpentherapie liegt darin, daß kein chirurgischer Eingriff nötig ist. Daher wird diese Route auch am häufigsten angewandt.

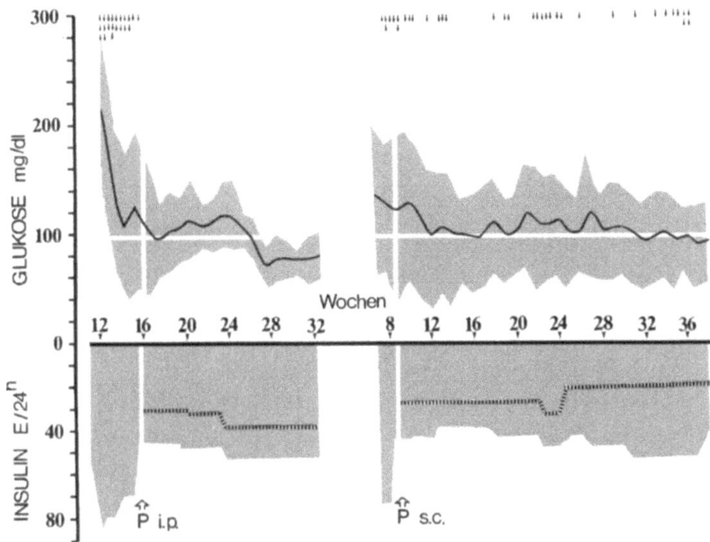

Abb. 92. Grazer Diabetesanalysen. Schematische Darstellung einer intraperitonealen (i.p. linke Bildhälfte) und einer subkutanen (s.c. rechte Bildhälfte) Insulinpumpenbehandlung bei instabilem Diabetes mellitus. Obere Bildhälfte: Mittlere Blutglukose und deren Standardabweichung in den einzelnen Schwangerschaftswochen. Die Glykämie wurde aus 942 (i.p.) bzw. 1042 (s.c.) Blutzuckerwerten berechnet. Die Pfeile geben Hypoglykämien an. Untere Bildhälfte: Insulinverbrauch. Die unterbrochene Linie gibt den Anteil der Basalrate am gesamten Insulinverbrauch an. *P* Beginn der Pumpenbehandlung (aus: BURGHARDT E., Spezielle Gynäkologie und Geburtshilfe, Springer 1985)

Die intravenöse und intraperitoneale Route ist mit einer Katheterinvasion verbunden und erfordert eine chirurgische Intervention. Der intravenöse Weg hat sich uns weniger als der intraperitoneale Zugang bewährt, da der Blutumspülte Katheter zur Verstopfung mit Fibrin neigt. Auch bei der intravenösen Pumpenbehandlung ist eine Hypoglykämieneigung zu beobachten, allerdings nicht im selben Ausmaß wie beim subkutanen Weg.

Die intraperitoneale Insulinverabreichung hat eine Reihe von Vorteilen, besonders bei der kurzfristigen Anwendung während einer Schwangerschaft:

- die Kathetergängigkeit bleibt in der Regel erhalten,
- Insulin nimmt den physiologischen Weg über den portalen Kreislauf,
- der unphysiologische periphere Hyperinsulinismus tritt nicht auf, und es erfolgt über die große Resorptionsfläche des Peritoneums
- eine prompte Resorption von Insulin (SCHADE et al. 1981).

Es spricht einiges dafür, daß die Passage von Insulin durch die Leber eine Bedeutung für die Stabilität des Stoffwechsels hat. Bei Stoffwechselgesunden verhält sich die portale zur peripheren Insulinkonzentration wie 2,3 : 1 (KRAEGEN 1981). Bei der intraperitonealen Verabreichung scheint die Aufteilung ähnlich zu sein, da nur 50 % des verabreichten Insulins im peripheren Plasma aufscheint (Schade et al. 1979). Dementsprechend sind höhere Insulindosen erforderlich als bei i. v. Verabreichung von Insulin (Irsigler und Kritz 1980, 1983). Der Insulinbedarf bei s. c. Verabreichung ist wiederum um rund 20 % höher als bei i. v./i. p. Verabreichung.

12.10.2 Katheterimplantation

Für die subkutane Insulinapplikation wird eine zarte Kanüle in die Subkutis der Bauchdecke gelegt. Beim Nachfüllen des Insulinreservoirs der Pumpe wird der Katheter samt fix montierter Nadel gewechselt. Es ist darauf zu achten, daß die Nadel ausreichend tief im subkutanen Gewebe liegt und mit einem selbstklebenden Verband fixiert ist.

Für die intravenöse Route wird ein der Länge nach gespaltener Subklaviakatheter verwendet. Dieser wird zur Infektionsprophylaxe zusätzlich durch einen etwa 5 cm langen subkutanen Tunnel nach lateral und unten geführt. Durch den Subklaviakatheter wird der 0,3 mm dicke Katheter der Insulinpumpe in einer Länge von rund 12 cm vorgeschoben und mit einer Vicrylnaht an der Haut fixiert. Der gespaltene Katheter, der als Schiene dient, wird anschließend entfernt.

Der Intraperitonealkatheter wird mit Hilfe eines modifizierten Trokars nach Benkoff, der in zwei Teile zerlegt werden kann, in die freie Bauchhöhle geführt. Das Vorgehen entspricht dem bei der Laparoskopie. Nach der Inzision der Haut im unteren Anteil der Nabelgrube (~1 cm) und dem Anlegen eines Pneumoperitoneums wird der Trocar in üblicher Weise durch die Bauchdecken gestoßen. Von der Inzisionsstelle aus wird mit einer großlumigen Kanüle nach links lateral und unten ein etwa 7 cm langer subkutaner Tunnel gebildet. Nach dem Durchschieben des siliconbeschichteten Polyethylenkatheters durch die Kanüle wird diese entfernt. Nun wird über das proximale Ende des Katheters eine Dacronmuffe geschoben. Anschließend wird die Katheterspitze unter fortlaufendem Spülen des Katheters mit physiologischer Kochsalzlösung so durch den Trokar in die Bauchhöhle eingeführt, daß der Katheter etwa 10–12 cm frei in die Bauchhöhle ragt. Der in zwei Hälften zerlegbare Trokar kann nun entfernt werden. Die Dacronmuffe wird mit einem nicht resorbierbaren Faden an den Katheter ligiert, so daß sie in der Subkutis der Nabelgrube zu liegen kommt. Nach dem Einheilen verhindert sie ein Gleiten des Katheters. Der kosmetische Effekt ist bei diesem Vorgehen sehr zufriedenstellend. Dieser Gesichtspunkt darf nicht unterschätzt werden, da eine passagere Anwendung der Pumpe während der Schwangerschaft keine bleibenden Spuren hinterlassen soll. Das blinde Einführen eines Katheters mittels Nadeltechnik (Selam et al. 1985) haben wir in der Schwangerschaft nie durchgeführt.

Die Anwendung eines implantierten subkutanen Zuganges (Percuseal, Percuseal Medical, Sweden) in der Schwangerschaft für die i. p. Verabreichung von Insulin mittels externer Pumpen wurde ebenfalls beschrieben (Fonseca et al. 1987, Schnell et al. 1994). Die Methode dürfte jedoch mit zu vielen Komplikationen (Katheterobstruktion und -dislokation, Infektion) behaftet sein (Schnell et al. 1994).

12.10.3 Pumpenmodelle

1983 waren 27 Pumpenmodelle am Markt. Peristaltikpumpen (Promedos E1, MRS 1, Minimed 504 S, Nordisk Infusor) sind für alle drei Insulinrouten geeignet (Hanna et al. 1980, Prestele et al. 1980). Kolbenpumpen eignen sich für den subkutanen Weg. Einzelne Pumpentypen mit technischen Daten sind bei Irsigler und Kritz (1983) beschrieben. Da jedoch die Pumpenmodelle und deren technische Ausstattung fortlaufend weiter entwikkelt werden, muß sich der Anwender über den aktuellen Stand stets aufs Neue informieren. Dazu eignet sich am besten der „Resource Guide" der American Diabetes Association, der jährlich als Supplement der Zeitschrift Diabetes Forecast herausgegeben wird.

Implantierte intraperitoneale Pumpensysteme kommen in der Schwangerschaft ebenfalls zur Anwendung (Irsigler et al. 1986, Gallacher et al. 1994, Scavini et al. 1997, Gallacher et al. 1994, Belicar et al. 1999). Besonders dann, wenn Frauen mit bereits implantierter Pumpe schwanger werden. Die Pumpen werden in einer subkutanen Tasche der Bauchwand implantiert und an der Faszie fixiert. Der Katheter kann intravenös oder intraperitoneal gelegt werden. Dabei ist es wichtig, Pumpen mit einer Spülmöglichkeit anzuwenden, da die Katheterdurchgängigkeit durch Spülen verlänger wird. Von Belicar et al. (1999) wurde über 8 erfolgreiche Schwangerschaften mit implantierten Pumpen und kontinuierlicher intraperitonealer Insulin Infusion (CIPII) berichtet. Befürchtete Komplikationen durch die Dehnung der Bauchwand während der Schwangerschaft traten, abgesehen von einem aseptischen Serom, nicht auf. Auch die Geburt und das Wochenbett waren ungestört. Während der Geburt wurde die Pumpe auf die niedrigst mögliche Basalrate geschaltet (Belicar et al. 1999).

12.10.4 Programmierung der Pumpen

Die Insulinpumpen ahmen den physiologischen Ablauf der Insulinsekretion nach, indem die basale Insulinsekretion des Pankreas mit einer kontinuierlichen *Basalrate*, die Insulinausschüttung nach Mahlzeiten hingegen mit einer *Abrufrate* imitiert wird. Wegen der unterschiedlichen Resorptionsdynamik muß ein Insulinbolus bei s. c.-Gabe vor der Mahlzeit, ein i. v.- oder i. p.-Bolus hingegen nach Beginn der Mahlzeit verabreicht werden (Schade et al. 1979). Der Insulinpeak im Blut erscheint nach Gabe im oberen Peritonealraum nach 15 Minuten, im unteren Peritonealraum nach 30 Minuten, intramuskulär nach 60 Minuten und subcutan nach 90 Minuten (Micossi et al. 1986). Das optimale Timing ist individuell auszuloten. Stoffwechselgesunde haben einen basalen Insulinbedarf von rund 24,5 E/24 h und einen glukoseäquivalenten Insulinbedarf von etwa 1,35 E pro 12,5 g verzehrter Glukose (Waldhäusl et al. 1981). Unter der Anwendung dieser theoretischen Grundlagen sowie mit empirischen Formeln für die Programmierung der Insulinpumpen auf der Grundlage von Biostatorprofilen (closed loop) bzw der Menge des subkutan verabreichten Insulins

(IRSIGLER und KRITZ 1983) kann der Prototyp einer Pumpenbehandlung kalkuliert werden. Die Feinabstimmung der Algorithmen muß sich an den Blutzuckerprofilen ausrichten. In der Schwangerschaft müssen frei programmierbare Pumpen zur Anwendung kommen, da die Basalrate häufig etwa um 4 Uhr morgens angehoben werden muß. Um diese Zeit beginnt der Insulinbedarf zu steigen (dawn phenomenon) (BOLLI und GERICH 1984). Daher benötigen Diabetiker beim Frühstück 0,34 E Insulin / g Kohlenhydrat, während zu Mittag oder am Abend 0,26 bzw. 0,234 E Insulin ein g Kohlenhydrat abdecken (KERNER et al. 1981).

Ein Zusammenhang des Mehrbedarfs mit dem Kortisoltagesrhythmus ist wahrscheinlich. Wird der morgendliche Mehrbedarf an Insulin bei der Programmierung der Pumpen nicht berücksichtigt, beginnt der Tag mit hyperglykämischen Werten. Im Mittel werden 50 % bis 70 % des Insulinbedarfes als Basalrate verabreicht.

12.10.5 Katheterpflege

Die Eintrittsstelle des Katheters ist zur Infektionsprophylaxe täglich sorgfältig zu pflegen. Zur Abdeckung eignen sich selbstklebende Verbände, die möglichst hautschonend sein sollen. Die Anwendung von antibiotischem Puder und von Polyvinylpyrrolidon-Jod-Komplexen (Betaisodona®) hat sich bewährt.

Infektionen in Form von Abszessen können insbesondere bei der subkutanen Pumpenbehandlung auftreten. Schlimmstenfalls kann dies zur Sepsis und zum Tod der Patientin führen (TEUTSCH et al. 1984). Ist ein Kaiserschnitt erforderlich, kann eine präexistente Infektion Anlaß für Komplikationen werden (Wundinfektion, Peritonitis). Allein aus diesem Grund muß die Indikationsstellung zur Pumpenbehandlung in der Schwangerschaft restriktiv sein.

Bei intraperitonealer Infusion ist im Mittel nach 11,7 Monaten mit einer Katheterobstruktion zu rechnen (BOUSQUET-ROUAUD et al. 1993). Dabei wird das innere Lumen, wahrscheinlich im Rahmen einer lokalen aseptischen Entzündung, durch Fibrin und Zellen okkludiert. Das Plazieren des Katheters im oberen Bereich des Peritoneums, verlängert die Überlebensdauer des Katheters. Wir konnten in der Schwangerschaft keine Katheterokklusion beobachten. Einerseits ist die Dauer einer Schwangerschaft zu kurz und andererseits ist in der Schwangerschaft die Neigung zu Immunentzündungen herabgesetzt.

12.10.6 Pumpenkomplikationen

Das höchste *Risiko der SCII* geht von einem falschen Sicherheitsgefühl durch die Pumpe aus. Die Schwangere kann, ohne engmaschige Selbstkontrolle der Glukose und der Pumpenfunktion unter Pumpenbehandlung leichter in eine diabetische Ketoazidose (DKA) geraten als bei konventioneller Therapie. Auch deshalb, da bei der Pumpenbehandlung subkutane

Insulindepots von Intermediärinsulin fehlen, die bei der konventionellen Therapie als Reserve wirken.

Die Insulininfusion in einen subcutanen Abszeß oder in eine lokale Entzündung kann durch Resorptionsstörungen in einer DKA münden. Ferner kann ein Stop der Insulinzufuhr durch einen Pumpenfehler, Batteriefehler, Katheterknick, Katheterbruch oder durch Herausgleiten der Nadel auftreten (Teutsch et al. 1984, Gallacher et al. 1994).

Eine Hypoglykämie kann bei Pumpenbehandlung bedrohlich sein, da die Pumpe bei Patienten mit eingeschränktem Sensorium oder im hypoglykämischen Koma fortlaufend weiter Insulin zuführt.

Bei *intravenösem*, intraperitonealem Zugang und implantierten Pumpen können eine Reihe technischer Probleme auftreten, welche in der Folge einen Routenwechsel oder die Entfernung von Kathetern oder Pumpen erfordern.

Bei *i. p. Pumpen* kann eine Entfernung des Katheters wegen s. c. Infektion (14 %), Katheterbruches (außen) (9 %) oder wegen Bauchschmerzen bei lokaler Peritonitis (Reizung) erforderlich werden (Bousquet-Rouaud et al. 1993).

Bei implantierten Pumpen kann beim Eintritt einer Schwangerschaft ein *Routenwechsel* erforderlich werden, da einerseits die Zugangsvene thrombosieren kann (11,5 %) und da i. v. Katheter häufiger mit Katheterocclusionen und anderen Komplikationen assoziiert sind als i. p. Katheter. Dies gilt für das 3-Jahres-Überleben des Katheters (22 % vs. 60 %), die erforderliche erste Spülung (nach 8,9 Monaten vs. 16,1 Monaten), die Kathetermigration (19,2 % vs. 3,7 %) und den Katheterbruch (11,5 % vs. 9,9 %). Katheterocclusionen sind nur in 79–84 % durch Spülen wieder behebbar (Scavini et al. 1997).

Bei implantierten Pumpen mit i. p. Route sind die häufigsten Komplikationen der Katheterdurchgängigkeit Fibringerinnsel an der Katheterspitze oder die Einkapselung der Katheterspitze durch Adhäsionen (Renard et al. 1995). Beide Risiken sind in der Schwangerschaft durch die kurze Dauer und veränderte Immunlage herabgesetzt.

12.11 Diabetische Ketoazidose (DKA) in der Schwangerschaft

Sowohl die Schwangerschaft als auch der Diabetes mellitus haben eine ketogene Wirkung. Bei Diabetikerinnen ist selbst bei guter Stoffwechselführung der β-Hydroxybutyrat (β-OHB)-Spiegel im 1. Trimester 2,5fach höher als bei Stoffwechselgesunden (Jovanovic et al. 1998) und korreliert mit der Qualität des Stoffwechsels. Die diabetische Keoazidose (DKA) in der Schwangerschaft ist ein gefürchtetes Ereignis bei Typ-1 Diabetikerinnen mit oft infauster foetaler Prognose (Brumfield und Huddleston 1984, Coustan 1983) (Abb. 1). Die DKA wird daher bereits von Pedersen (1977) als prognostisch schlechtes Zeichen in seiner Klassifikation des Diabetes mellitus in der Schwangerschaft berücksichtigt. Eine DKA in der Schwangerschaft wird zu 57 % durch Emesis und Anwendung von Beta-Sympathomimetica und zu 24 % durch mangelnde Patientencompliance oder Fehler im Management des Stoffwechsels verursacht (RODGERS und RODGERS 1991). Der Foetus ist bei DKA vom intrauterinen Fruchttod bedroht. Bei der Analyse von Schwangeren mit diabetischer Ketoazidose mit und ohne foetalem Tod ergaben sich eine Reihe von Risikohinweisen. Bei DKA mit foetalem Tod war die Gestationszeit weiter fortgeschritten (31. vs. 24. Woche), der Glukosespiegel im Serum höher (830 vs. 374 mg/dl), der Spiegel des Harnstoff-Stickstoff höher (23 vs. 14 mg/dl), die Osmolarität höher (311 vs. 295 mmol/kg), der Insulinbedarf höher (202 vs. 127 E) und die Dauer der Entgleisung länger (38 vs. 28 Stunden) (MONTORO et al. 1993). Die genauen Ursachen für das Absterben des Foetus sind unbekannt. Als mögliche Gründe können eine herabgesetzte uterine Durchblutung (BLECHNER et al. 1975), ein foetaler Herzstillstand durch extremen Kaliumverlust (KITZMILLER 1982), sowie eine foetale Azidose im Gefolge der mütterlichen Azidose (CHANG und WOOD 1976) vermutet werden. Es ist anzunehmen, daß sich diese genannten Noxen auf einen bereits vorgeschädigten Foetus um so mehr negativ auswirken, da die Ketoazidose häufiger bei labilem Diabetes mit von vorneherein schlechter Stoffwechselkontrolle auftritt.

Die eigenen Erfahrungen beruhen vorwiegend auf Beobachtungen von Ketoazidosen im Rahmen der Erstmanifestation eines Diabetes mellitus in der Schwangerschaft. Wir beobachteten 5 solcher Fälle in den letzten 10 Jahren. Der Diabetes mellitus wurde bei den Schwangeren erst aufgrund der Ketoazidose diagnostiziert. Ähnliche Beobachtungen wurden vereinzelt publiziert (WEITZMAN et al. 1990, MAISLOS et al. 1992, MONTORO et al. 1993, DORNHORST 1994, SILLS und RAPAPORT 1994, PITTELOUD et al. 1998). Glukokortikoidgaben können eine Ketoazidose bei GDM auslösen (BEDALOV und BALASUBRAMANYAM 1997). Durch chronischen Alkoholabusus kann auch bei stoffwechselgesunden Schwangeren eine schwere Ketoazidose auftreten (PODRATZ 1978).

Das Krankheitsbild kann bei der Erstmanifestation, insbesondere eines Typ-2 Diabetes (NIDDM, MOD) in der Schwangerschaft uncharakteristisch und protrahiert sein. Im Vordergrund stehen Erbrechen Mattigkeit und Ketonurie bei manchmal nur mäßig erhöhter Blutglukose (120–160 mg/dl, 6,7–8,9 mM) und geringer oder fehlender Dehydration. Durch die *accelerated starvation* in der Schwangerschaft (FREINKEL 1965, METZGER et al. 1982), kann sich hingegen bei juvenilem Diabetes (JOD, Typ-1 Diabetes, IDDM) eine prototypische Ketoazidose sehr rasch und bei niedrigeren Blutglukosewerten als außerhalb der Schwangerschaft entwickeln (BRUMFIELD und HUDDLESTON 1984).

12.11.1 Pathophysiologie

Ein absoluter oder relativer Insulinmangel verursacht eine Hyperglykämie, eine beschleunigte Ketogenese sowie einen Glukagonüberschuß. Die Folge ist ein Abfall der Insulin/Glukagonrate (GERICH 1978).

12.11.2 Hyperglykämie

Die Hyperglykämie bei Insulinmangel ist unabhängig von der Nahrungsaufnahme, da durch den Insulinmangel (Glukagonüberschuß) die Glykolyse stark herabgesetzt ist, während die Glukoneogenese in der Leber von 150–200 mg/Minute bei gesunden Schwangeren auf 400–600 mg/Minute bei Insulinmangel angeregt wird. Die Glykolyse ist deshalb stark herabgesetzt, da nur die roten Blutzellen und Zellen des ZNS ohne Vermittlung von Insulin für Glukose permeabel sind, während alle anderen Zellen trotz Hyperglykämie *verhungern*.

Der hohe Blutglukosespiegel hat eine osmotische Diurese mit entsprechendem Wasser und Elektrolytverlust im Gefolge, wodurch eine beträchtliche extra- und intrazelluläre Dehydration und Hyperosmolarität entstehen kann, welche durch das fast immer begleitende Erbrechen noch verstärkt wird. Die Hypovolämie zieht schließlich eine Hypotension und damit eine gestörte Nierenfunktion nach sich, während die gestörte Hirndurchblutung in Benommenheit, Bewußtlosigkeit und Schockzustand endet.

Der Elektrolytverlust ist universell und erstreckt sich auf Natrium, Kalium, Phosphat, Chlorid, Bikarbonat und Magnesiumionen. Der Kaliumspiegel im Blut ist trotz generellem Kaliummangel vor Behandlungsbeginn hoch, da große Mengen an Kalium (und Aminosäuren) aus den Zellen austreten.

12.11.3 Ketose

Die Ketokörperproduktion findet in der Leber statt. Durch den Insulinmangel kommt es über eine Lipaseaktivation zur vermehrten Freisetzung von freien Fettsäuren aus peripherem Fettgewebe wodurch vermehrt Substrat für die Fettsäureoxidation in der Leber zur Verfügung steht.

Der Insulinmangel (Glukagonüberschuß) aktiviert jedoch auch die Carnitinacyl-Transferase I, welche die Fettsäuren in die Mitochondrien der Leber einschleust, wo sie zu Ketonen (insbesondere β-Hydroxybutyrat) oxydiert werden. Gleichzeitig bremst der Insulinmangel die periphere Utilisation von Ketokörpern.

Da Ketokörper Säuren sind, entwickelt sich eine Azidose. Der Organismus startet einen Kompensationsversuch über eine respiratorische Alkalose. Dadurch kommt es zur Hyperventilation bis hin zur Kussmaulschen Atmung.

12.11.4 Prädisponierende Faktoren

Die Schwangerschaft an sich ist ein prädisponierender Faktor, da die beschriebenen Vorgänge rascher ablaufen (accelerated starvation, Freinkel 1965). Die Ketose tritt auch bei wesentlich niedrigerem Blutglukosespiegel als außerhalb der Schwangerschaft auf. Insulinmangel, Streßhormone, sowie eine Nahrungskarenz und eine Dehydration fördern die Entstehung der DKA (Schade und Eaton 1979).

Der hohe Progesteronspiegel in der Schwangerschaft bewirkt eine physiologische Hyperventilation mit einem Absinken des CO_2 Partialdruckes. Die respiratorische Alkalose wird durch die vermehrte Ausscheidung von Bikarbonationen über die Niere kompensiert, wodurch die Pufferkapazität herabgesetzt ist.

Beim Prägestationsdiabetes vom Typ-1 (JOD) ist die häufigste Ursache der DKA die Ausschüttung von Streßhormonen (STH, Kortisol, Katecholamine) im Rahmen einer Infektionskrankheit wie z. B. einer fieberhaften Erkältung, bei Halsentzündungen, Harnwegsinfekten, Durchfällen etc. Auch Nahrungskarenz durch Erbrechen kann rasch zur DKA führen.

Betamimetika, die bei der Tokolyse Anwendung finden führen bei Stoffwechselgesunden durch eine Glykogenolyse zur Hyperglykämie und durch einen primären Effekt auf die Inselzellen zu einer Hyperinsulinämie (Lipshitz und Vinik 1978). Dabei kommt es auch zum Anstieg der Blutspiegel von Milchsäure und freien Fettsäuren. Selbst bei Stoffwechselgesunden kann eine transiente Hypokaliämie und Ketose auftreten. Bei Typ-1 Diabetes ist keine Insulinproduktion möglich, wodurch es unter Betamimetikagabe rasch zur DKA kommen kann. Dabei kann auch ein intauteriner Fruchttod auftreten (Schilthuis und Aarnoudse 1980). Es ist daher dringend zu empfehlen eine Tokolyse mit Betamimetika nur unter laufender Insulininfusion durchzuführen, da der Insulinbedarf vorübergehend auf ein Vielfaches steigen kann.

12.11.5 Vorbeugung

Zur Vorbeugung dieser gefürchteten Komplikation ist jede Schwangere mit JOD darauf hinzuweisen, bei fieberhaften Infekten, bei Durchfällen und Erbrechen, Bei einem Gewichtverlust von mehr als 5 % und bei einer Tachypnoe von 36/Minute und darüber unmittelbar den Arzt aufzusuchen (Brumfield und Huddleston 1984). Ein generelles Diabetesscreening in der Schwangerschaft kann verhindern, daß Schwangere aufgrund eines unerkannten und somit unbehandelten Gestationsdiabetes entgleisen.

12.11.6 Symptome

Die Symptome können verschieden stark ausgeprägt sein und einzeln oder in Kombination auftreten. Frühe Zeichen sind Durst Gewichtsverlust und eine Harnflut. Die Schwangeren leiden unter Übelkeit und Erbrechen, nicht selten unter Bauchschmerzen, die sogar ein akutes Abdomen vortäuschen können. Das Erbrechen kann einerseits durch die intestinalen Elektrolytstörungen andererseits durch die diabetesspezifische abdominale autonome Neuropathie verursacht sein, die durch die DKA verstärkt wird. Zumeist sind Dehydrationszeichen (schlechter Gewebeturgor, eingesunkene Augäpfel, trockene Zunge, Hypotension, Tachykardie, Oligurie) nachweisbar. Die Atmung ist beschleunigt, die Atemluft kann einen obstartigen Geruch (Azeton) haben. Sehstörungen, Beinkrämpfe, Mattigkeit,

Benommenheit oder Coma deuten auf ein zunehmendes Ausmaß eines Flüssigkeit und Elektrolytverlustes bzw. einer Hyperosmolarität hin. Bei komatösen Patienten muß an die Aspirationsgefahr gedacht werden. Die Tabelle 162 zeigt die Leitsymptome nach der Häufigkeit ihres Auftretens geordnet.

Tabelle 162. Häufigste Symptome bei DKA (nach ALBERTI und HOCKADAY 1977)

Symptom	%
Erbrechen	69
Durst	55
Polyurie	40
Schwäche	23
Gewichtsverlust	20
Bauchschmerzen	13
Sehstörungen	10
Beinkrämpfe	10

12.11.7 Diagnose

Die DKA ist außerhalb der Schwangerschaft durch eine Hyperglykämie von >300 mg/dl (>16,7 mM), einen Plasmabikarbonatspiegel von <15 mEq/L und einem arteriellen pH Wert von <7,30 definiert. In der Schwangerschaft hingegen kann die DKA bereits bei Glukosewerten <200 mg/dl (<11,1 mM) auftreten. Zur Diagnose genügt daher eine Glukosurie in Kombination mit einer Ketonurie und einem Arteriellen pH <7,30 bei einem $PaCO_2$ von ≤35.

Differentialdiagnostisch ist eine Alkoholische KA denkbar, die jedoch niedrige Blutglukosespiegel hat. Die Behandlung besteht in einer Flüssigkeits- und Glukosezufuhr, u. U. in Bikarbonatgaben. Bei hypoglykämischem Koma fehlt wiederum die Dehydration.

Tritt die Entgleisung sehr plötzlich auf (besonders nach Diuretika- oder Kortikosteroidgaben) kann eine Ketoazidose fehlen. Ein nicht ketotisches hyperosmolares Koma setzt jedoch extrem hohe Blutzuckerwerte (>600 mg/dl, >33,3 mM) und eine Hyperosmolarität von >310 mosm/L (Normwert in der Schwangerschaft ~280 mosm/L) voraus. Da hier das Hauptproblem die Dehydration ist, erfolgt nebst Insulingaben von 6–10 E/h und Kaliumersatz an erster Stelle die Zufuhr hypotoner (bei Hypotension isotoner) Kochsalzlösung.

12.11.8 Die Behandlung der DKA

Neben allgemeinen medizinischen Maßnahmen, die später beschrieben werden erfordert die DKA eine spezifische Substitutionstherapie (Tabelle 163).

Tabelle 163. Substitutionstherapie der DKA in der Schwangerschaft

Laborbefunde alle 2 Stunden: Blutglukose, Elektrolyte, Ketone, Hämatokrit, pH Wert

Therapie	Dosierung	Indikation
Flüssigkeitsersatz (3–6 L)		
Kochsalzlösung 0,5 N (0,45 %)	1 L in der 1. Stunde dann 300–500 ml/h	Dehydrierung, Hyperosmolarität, Natriumspiegel > 155 mEq/L
Kochsalzlösung 1 N (0,9 %)	gleiche Dosierung	Hypovolämie mit Hypotension
	100 ml/h	Diurese ≥ 50 ml/h mit niedrigem spezifischen Gewicht und geringer Zuckerausscheidung
Glukoselösung 5 % in Wasser oder in 0,45 % Kochsalzlösung	je nach Stadium der Rehydrierung	Blutglukose < 200 mg/dl (< 11,1 mM)
Insulinersatz		
Kurzwirksames Insulin 50 E in 500 ml 1 N NaCl	50–100 ml (5–10 E)/h	bei jeder DKA als eigene Infusion unabhängig vom Flüssigkeitsersatz (Perfusor)
	Dosis verdoppeln alle 2 Stunden	wenn der Blutglukosespeigel nicht um 30 % abfällt
	Dosis halbieren	Blutglukose 200–250 mg/dl (11,1–13,9 mM)
+ Glukoseinfusion	Dosis nochmals halbieren	Blutglukose ≤ 150 mg/dl (8,3 mM)
	1–2 E/h	Blutglukose 120–150 mg/dl (6,7–8,3 mM)
Kaliumersatz		
Kaliumchlorid	40 mEq/L Infusionslösung als Zusatz bis zur Normalisation des Kaliumspiegels (Normbereich 3,5–5 mval/L)	1–4 Stunden nach Behandlungsbeginn bei Abfall des Blutspiegels als Zusatz zum Flüssigkeitsersatz (theoretischer Bedarf 3–5 (–10) mEqu/kg Körpergewicht).
Bikarbonatersatz		
Natriumbikarbonat	44,6 mEq/L Infusionslösung als Zusatz pH ≥ 7,20 Zufuhr stoppen	arterieller pH < 710 oder Serumbicarbonat < 5 mEq/L
	89,2 mEq/L infusionslösung als Zusatz pH ≥ 7,20 Zufuhr stoppen	arterieller pH < 7,00

12.11.8.1 *Flüssigkeitssubstitution*

Quo ad vitam ist der Flüssigkeitsersatz am wichtigsten. Das Defizit kann 3–6, gelegentlich bis 10 Liter betragen. Da der Wasserverlust relativ höher ist als der Salzverlust empfiehlt sich die Infusion einer 0,5 N (0,45%igen) Kochsalzlösung, insbesondere bei Natriumwerten über 155 mEqu/L

(Normbereich 135–150 mEqu/L). Steht eine Hypovolämie mit Hypotension im Vordergrund ist eine 1 N (0,9%ige) Kochsalzlösung vorzuziehen.

Die Infusionsmenge beträgt in der ersten Stunde 1 Liter, danach 300–500 ml/h. Besteht 2 Stunden nach Therapiebeginn noch immer eine Anurie, empfiehlt sich das Legen eines zentralen Venenkatheters zur Druckmessung, um eine Nierenfunktionsstörung von einer Hypovolämie abzugrenzen und damit eine Übertransfusion zu vermeiden. Während bei einem zentralen Venendruck (ZVD) von 0–3 cm H2O 500–1000 ml Flüssigkeitszufuhr pro Stunde erforderlich ist beträgt der Bedarf bei einem ZVD von > 12 cm H_2O nur mehr 0–250 ml/h (Waldhäusl und Kleinberger 1980, Berger et al. 1981)

Bei Unterschreitung eines Blutglukosespiegels von 200 mg/dl wird der weitere Flüssigkeitsersatz mit 5 % Glukose in Wasser oder in 0,45%iger Kochsalzlösung fortgeführt. Die Glukosezufuhr ist im Hinblick auf die Gefahr des Hirnödems (siehe weiter unten), zur Vermeidung einer Hypoglykämie und wegen des vorangegangenen Glukoseverlustes von Bedeutung. Eine lebhafte Harnausscheidung von ≥ 50 ml/h mit niedrigem spezifischen Gewicht und mit wenig oder gar keiner Zuckerausscheidung ist ein Hinweis auf eine adäquate Substitution, die weitere Flüssigkeitszufuhr kann auf 100 ml/h gedrosselt werden.

12.11.8.2 Insulinsubstitution

Zur Behandlung der DKA wird nur kurzwirksames Insulin verwendet. Eine Hochdosistherapie (50–100 E s. c. mit i. v. Bolus alle 2–4 Stunden) ist in der Schwangerschaft nicht indiziert. Subkutane Gaben von Insulin sind nur bei der Erstmanifestation eines (Typ-2) Diabetes in der Schwangerschaft mit mäßiger DKA und ohne wesentliche Beeinträchtigung der Nahrungsaufnahme angebracht, da in diesen Fällen nur ein relativer Insulinmangel bei geringer Hypoglykämieneigung besteht.

Am zweckdienlichsten ist eine i. v. Insulininfusion, die unabhängig von der Flüssigkeits- und Elektrolytinfusion angelegt wird und damit beliebig dosierbar ist. Die Vorteile dieses Vorgehens liegen in einer geringeren Neigung zur Hypoglykämie und Hypokaliämie (Butkiewicz et al. 1995).

Dabei werden, um eine einfache Dosisberechnung zu ermöglichen, am besten 50 E Insulin in 500 ml 1N Kochsalzlösung suspendiert und 50–100 ml/h (5–10 E/h) infundiert.

Alle 2 Stunden erfolgt eine Kontrolle der Blutglukose, Elektrolyte, Ketokörper und des Hämatokrit und pH Wertes.

Solange die Blutglukose nicht um 30 % des Ausgangswertes abfällt, erfolgt alle 2 Stunden eine Verdoppelung der Inulingabe.

Bei Blutglukosewerten von 200–250 mg/dl (11,1–13,9 mM) wird die Insulindosis erstmals, bei Werten von ≤ 150 mg/dl (8,3 mM) nochmals halbiert. Ist dieser Punkt erreicht genügt eine Insulinzufuhr von stündlich 1–2 Einheiten. Die Infusion von Insulin und 5 % Glukose (200 ml/h) wird jedoch so lange weitergeführt, bis auch die Azidose behoben ist (pH > 7,30).

Sind bei einem pH Wert <7,30 keine Ketokörper mehr nachweisbar, handelt es sich mit hoher Wahrscheinlichkeit um eine begleitende Laktoazidose.

Das normale s. c. Insulinregime wird dann wieder aufgenommen, wenn der Harn frei von Ketonen ist, die Schwangere keine DKA Symptome hat und eine normale Nahrungsaufnahme möglich ist.

12.11.8.3 Kaliumsubstitution, Phosphat

Bei DKA kann sich durch die osmotische Diurese und das Erbrechen ein Kaliumdefizit von 3–10 mEqu/kg Körpergewicht entwickeln. Da bei DKA eine große Menge an Kalium aus den Zellen austritt, ist der Blutspiegel zunächst normal bis erhöht. Kalium fließt erst dann wieder in die Zellen ein, wenn die Azidose korrigiert ist und eine insulinvermittelte Glukoseaufnahme in die Zellen erfolgt.

Eine Kaliumsubstitution wird daher erst 3 bis 4 Stunden nach Behandlungsbeginn und bei restituierter Harnausscheidung zweckmäßig sein. Zu diesem Zeitpunkt empfiehlt sich die Infusion einer Kaliumchloridlösung (40 mEq/L) mit Kontrollen im Abstand von 2 Stunden. Auch ein EKG kann erhöhte oder erniedrigte Kaliumspiegel aufzeigen. Bei pH-Werten <7,1 ist der Kaliumbedarf in der Regel höher als bei pH-Werten >7,1 (Pristautz 1984).

Beim Koma diabetikum bzw. bei Ketoazidose kommt es durch das Insulindefizit zur vermehrten Ausscheidung von Phosphat im Harn und zur Phosphatverarmung des Organismus. Dieser Vorgang wird durch die Azidose und eine eventuelle Hypokaliämie verstärkt. Nach 2–5 Stunden Insulintherapie fällt der zunächst erhöht Serumphosphatspiegel in der Regel drastisch ab. Es empfiehlt sich dann eine Substitution mit 30 mmol Glukose-1-Phosphat (mit gleichzeitigen Kalziumgaben) über 6 Stunden durchzuführen (Kaspar et al. 1978). Dies führt in der Regel zur besseren Sauerstoffverfügbarkeit und rascheren Aufhellung bei zerebralem Coma.

12.11.8.4 Bikarbonatsubstitution

Bicarbonatgaben verstärken vorübergehend durch CO_2-Freisetzung die Azidose im Gehirn und verschieben die Sauerstoffdissoziationskurven nach links, wodurch die Sauerstoffversorgung der peripheren Gewebe herabgesetzt wird. Bikarbonat soll daher nur bei bedrohlicher Azidose substituiert werden.

Bei einem pH Wert von <7,10 oder einem Serum HCO_3 von <5 mEq/L werden ~88 mEq $NaHCO_3$ in 1 Liter 0,45%iger Kochsalzlösung verabreicht. Bei pH Werten von <7,00 werden ~132 mEq/L benötigt. Auch die Bikarbonatsubstitution soll mittels hypotoner Lösungsgrundlagen erfolgen, damit die Hyperosmolarität der Patientin nicht verstärkt wird. Die Azidose ist unter Behandlung im allgemeinen nach 8–12 Stunden ausgeglichen, kann jedoch auch länger dauern. Neben der spezifischen Substi-

Tabelle 164. Allgemeine medizinische Maßnahmen bei DKA in der Schwangerschaft

Maßnahme	Indikation
Seitenlagerung	Zur Vermeidung des Vena Cava Syndroms
Sauerstoffmaske	insbesondere bei Bikarbonatpufferung, da dadurch die periphere Sauerstoffversorgung vermindert wird
Magenschlauch	bei komatösen oder bewußtlosen Patienten zur Vermeidung der Aspiration
Zentralvenenkatheter	bei Hypotension, bei Anurie trotz Infusionstherapie wegen der Gefahr der Übertransfusion, bei assoziierten Nieren oder Herzerkrankungen
Dauerkatheter	bei Entleerungsstörungen bewußtloser Patienten und/oder zur Flüssigkeitsbilanzierung bei Oligo/Anurie
Blutkultur, Harnkultur aus Katheterharn	Infektionssuche als Auslöser der DKA
Harnstoff-, Creatininbestimmung	insbesondere bei Anurie zum Ausschluß renaler Ursachen

tutionstherapie (Tabelle 163) erfordert die DKA auch zusätzliche allgemeine medizinische Maßnahmen die in der Tabelle 164 angeführt sind.

12.11.9 Hirnödem

Das Hirnödem im Rahmen einer DKA ist ein sehr seltenes Ereignis. Tritt es dennoch auf, so ist es irreversibel und hat trotz Behandlung (Mannit, Kortikosteroide) eine infauste Prognose. Typischerweise tritt ein Hirnödem bei Patienten auf deren DKA zunächst auf die Behandlung gut anspricht. Nach einer Besserung des Allgemeinzustandes tritt Bewußtlosigkeit ein. Die Diagnose wird durch ein Papillenödem, einen erhöhten Augendruck, erweiterte Pupillen und vereinzelt durch Fieber erhärtet. Die Ursache des Hirnödems ist ein zu rascher Abfall des Blutglukosespiegels, während die Hyperosmolarität im Hirn noch länger bestehen bleibt und daher Wasser an sich zieht. Die Voraussetzung für die Entstehung des Hirnödems sind extrem hohe Blutzuckerwerte von 600–1200 mg/dl (33,3–66,7 mM). Da die DKA in der Schwangerschaft bereits bei wesentlich niedrigeren Blutglukosespiegeln auftritt, ist diese Komplikation bei Schwangeren unwahrscheinlich. Dennoch ist es ratsam, die weitere Infusionstherapie auf der Basis einer 5%igen Glukoselösung durchzuführen, wenn ein Blutglukosespiegel von 200 mg/dl erreicht ist.

Insgesamt sind die diagnostischen und therapeutischen Maßnahmen bei DKA nicht uniform. Eine sehr übersichtliche Zusammenstellung des unterschiedlichen diagnostischen und therapeutischen Vorgehens beim Erwachsenen, allerdings nicht speziell bei Schwangeren, wurde von Carr (1995) erstellt.

12.11.10 Spezifisch geburtshilfliche Probleme

Bei Frühgeburtsbestrebungen und DKA muß auf eine Tokolyse verzichtet werden bis die Stoffwechselentgleisung vollkommen beherrscht ist. Einerseits sind Betamimetika stark ketogen und können daher einen Fruchttod provozieren (Schilthuis und Aarnoudse 1980), andererseits würde Ammoniumsulfat die Hyperosmolarität der DKA weiter verstärken. Ist die DKA vollkommen beherrscht und ist eine Tokolyse dringlich indiziert, sollte eine parenterale Betamimetikabehandlung nur unter Insulininfusion von 5–6 E/h mit gleichzeitiger Infusion von Glukose (je nach Blutglukosespiegel) erfolgen.

Ein Kaiserschnitt ist während einer DKA nicht indiziert, da diese Patienten nicht narkosetauglich sind.

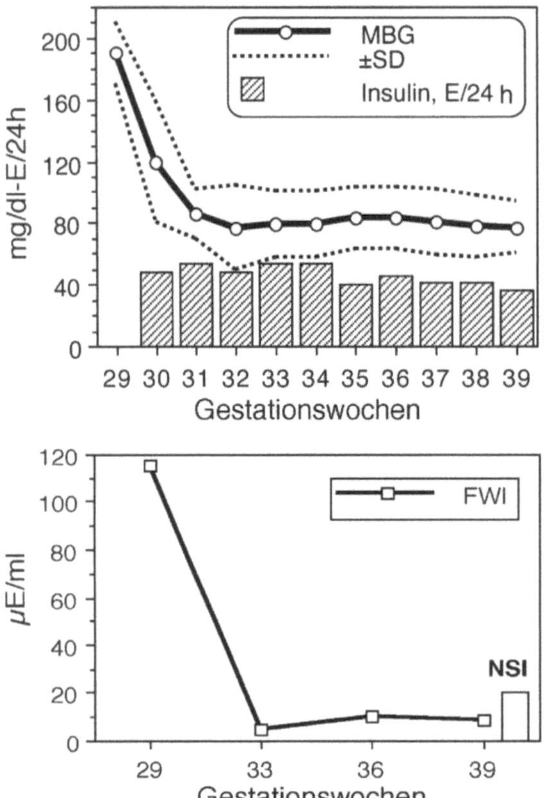

Abb. 93. Grazer Diabetesanalysen. Typisches Beispiel des Verlaufes der mittleren Blutglukose (MBG), des Insulinbedarfes (schraffierte Säulen) und des Fruchtwasserinsulinspiegels nach DKA bei Erstmanifestation eines Diabetes mellitus (Klasse Bo) in der 29. Schwangerschaftswoche. Absinken des Blutglukose und Fruchtwasserinsulinspiegels (FWI) unter straffer Stoffwechselführung. In der 39. Woche erfolgte die Geburt eines 3520 g schweren gesunden Mädchens mit normalem Insulingehalt im Nabelschnurblut (NSI)

Bei DKA werden in der Literatur foetale Verluste bis zu 90 % angegeben (KITZMILLER 1982, DRURY et al. 1977, WHITE 1971, JOVANOVIC und PETERSON 1980). Die Gründe für diese hohe Mortalität sind nicht ganz geklärt. Es ist jedoch anzunehmen, daß die uterine Mangeldurchblutung bei DKA eine foetale Bedrohung darstellt. Darüber hinaus wird die Möglichkeit eines foetalen Herzstillstandes bei schwerem Kaliummangel angenommen (ANDERSON und HANSON 1974, KITZMILLER 1982). Daher sollte bei DKA ab der 26 Schwangerschaftswoche ein engmaschiges (u. U. permanentes) foetales Monitoring durchgeführt werden um zumindest jene Fälle zu erkennen, die nach Beherrschen der Entgleisung entbunden werden müssen.

Während einer DKA sind praktisch immer CTG-Alterationen zu beobachten (siehe Abb. 79). In erster Linie handelt es sich dabei um einen Oszillationsverlust und um Spätdezelerationen (LOBUE und GOODLIN 1978), es kann jedoch auch eine langdauernde Bradykardie auftreten (ANDERSON und HANSON 1974). Wir selbst sahen bei 5 Fällen von DKA stets eine eingeschränkte Oszillation mit variablen Dezelerationen (Abb. 79). Es handelte sich bei diesen Fällen um Schwangere mit Erstmanifestation eines Diabetes zwischen der 27. und 34. Schwangerschaftswoche, mit Blutzuckerwerten zwischen 160 und 500 mg/dl (8,9 und 27,8 mM), deren Diabetes erst anläßlich der DKA diagnostiziert wurde. Die CTG-Veränderungen waren in allen Fällen nach Beherrschung der Entgleisung und strikter Diabeteseinstellung reversibel, sodaß wir in keinem Fall veranlaßt waren die Geburt unmittelbar einzuleiten. Die Schwangeren wurden am oder nahe dem Geburtstermin nach Einsetzen spontaner Wehen entbunden, alle Neugeborenen waren gesund. Überstürzte Interventionen sind daher nach unserem Dafürhalten zu vermeiden.

Alle Foeten hatten zum Zeitpunkt der DKA einen beträchtlichen Hyperinsulinismus, der jedoch unter strikter Stoffwechselführung stets reversibel war (Abb. 93).

12.11.11 Geburt bei DKA

Bei einer Schwangeren, die mit einer Stoffwechselentgleisung und Ketonurie sowie mit einem Blasensprung und Wehen in der 37. Woche zugewiesen wurde, erfolgte eine Verlaufskontrolle des Fruchtwasserinsulinspiegels während der Normalisierung des Stoffwechsels. Im Abstand von 2 Stunden wurde Fruchtwasser zur Insulinbestimmung über einen internen Tokometriekatheter entnommen (Abb. 94).

Unter strikter Stoffwechselkontrolle halbierte sich der FWI innerhalb von 8 Stunden von 55 auf 27 μE/ml. Dieser Wert entspricht nur mehr der erhöhten basalen Insulinsekretion des überstimulierten Foeten und könnte erst nach 3–7 Tagen strikter Therapie auf Normalwerte (< 10 μE/ml) gesenkt werden. Die Normoglykämie gebärender Diabetikerinnen (mit und ohne DKA) ist jedoch äußerst wichtig, da eine stimulierte foetale Insulinsekretion unter der Geburt zu schwerer Hypoglykämie des Neugeborenen führen kann. Im gegenständlichen Fall lag das Geburtsgewicht zwar über der 90. Perzentile, das Neugeborene entwickelte jedoch keine Hypoglyk-

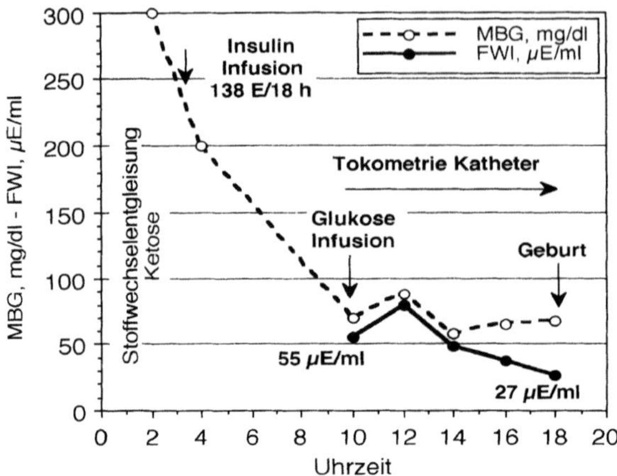

Abb. 94. Grazer Diabetesanalysen. Verlauf des mütterlichen Blutglukosespiegels (MBG) und des Fruchtwasserinsulinspiegels (FWI) bei einer Schwangeren mit Stoffwechselentgleisung und Stoffwechselnormalisierung unter der Geburt. Unter strikter Stoffwechselkontrolle halbierte sich der FWI innerhalb von 8 Stunden von 55 auf 27 μE/ml

ämie oder andere biochemische Störungen. Ist eine Normoglykämie unter der Geburt nicht erreichbar, ist dies dem Neonatologen mitzuteilen, damit beim Neugeborenen Vorkehrungen zur Vermeidung einer schweren Hypoglykämie (engmaschige Blutzuckerkontrollen, Glukoseinfusion, Frühfütterung) getroffen werden können.

Da CTG-Alterationen bei DKA schwer interpretierbar sind, ist die Beurteilung der foetalen Situation nicht einfach. Auch die Interpretation der Daten einer Mikroblutuntersuchung kann schwierig sein, da die mütterliche Azidose selbst bei bereits normalen Blutzuckerwerten und behobener Ketose noch 8–12 Stunden nachhinkt.

Eine mütterliche Azidose (oder Alkalose) geht auf den Foetus über und vermischt sich mit dem foetalen Säure-Basenstatus (Seeds 1978). Da der pH Wert einer logarithmischen Skala entspricht, ist der Unterschied der H-Ionenkonzentration bei einem mütterlichen pH Wert von 7,40 und einem foetalen pH Wert von 7,30 nicht gleich als bei einem mütterlichen Wert von 7,30 und einem foetalen pH Wert von 7,20. Die einfache Bewertung der Differenz ermöglicht somit keine zuverlässige Beurteilung der Situation, da diese je nach dem aktuellen pH Wert von unterschiedlicher Größenordnung ist (Coustan 1983).

Bei gesunden Frauen liegt der Base Excess der Mutter wegen der relativen Anämie und Hypoproteinämie bei +2 bis +3 mEq/L. Bei normaler Geburt ist das foetale Basendefizit um 2–3 mEq/L niedriger als das der Mutter (Roversi et al. 1975). Dieser Abstand bleibt bestehen, wenn die Azidose des Foetus nur durch die mütterliche Azidose bedingt ist. Ist die Azidose jedoch foetalen Ursprunges, so kehrt sich das Verhältnis um: Der Foetus hat ein höheres Basendefizit als die Mutter. Dies läßt sich anschaulich darstellen, wenn die mütterlichen und foetalen Daten im Nomogramm nach Sigaard-Andersen (1963) eingetragen werden. Aus Gründen einer

Fehlerkorrektur, auf die hier nicht näher eingegangen werden kann, soll die Auswertung im Nomogramm unter einer hypothetischen Annahme von 5 g Hämoglobin/dl bei Mutter und Foetus erfolgen. Ist das foetale Basendefizit größer als jenes der Mutter, liegt eine foetale Azidose vor.

12.12 Diätbehandlung bei Typ-1 Diabetes

Die Diätbehandlung bei Typ-1 Diabetes (Praegestationsdiabetes, JOD, IDDM) unterscheidet sich nicht wesentlich von der Diät des Gestationsdiabetes und wird dort detailliert beschrieben. Die insulinpflichtige Diabetikerin wurde gewöhnlich vor Eintritt einer Schwangerschaft bereits durch viele Jahre diätetisch behandelt. Ist die Diabetikerin normalgewichtig und die Diät nicht in hohem Maße unvernünftig, so sind keine einschneidenden Änderungen aufgrund einer Schwangerschaft angebracht, da sie erfahrungsgemäß kaum konsequent befolgt werden (ANDERSON et al. 1990). Kleinere Korrekturen im Sinne der auf S. 278 ff beschriebenen Strategien sollen angeregt werden. Eine grobe Änderung muß den Wunsch und Willen der Patientin zur Kooperation voraussetzen. Allerdings soll eine freie Diät mit jeweiliger Insulinanpassung vermieden werden. Da sich der Insulinbedarf im Verlauf der Schwangerschaft dynamisch verändert, ist der Mehrbedarf an Insulin/Broteinheit nicht regelhaft, und es kann daher keine vernünftige Anpassung der Insulindosis an eine vermehrte Kohlenhydratzufuhr durchgeführt werden. Die diabetische Schwangere wird daher mit einer kalorisch monotonen Diät am ehesten eine stabile Glykämie erreichen.

Der tägliche Insulinbedarf ist im wesentlichen eine individuelle Größe und wird durch Diätumstellungen wenig verändert. Untersuchungen am Biostator konnten zeigen, daß der Insulinbedarf bei isokalorischer Ernährung mit unterschiedlichem Kohlenhydratanteil sowie bei konstantem Kohlenhydratanteil mit unterschiedlicher Kalorienmenge praktisch gleich ist (NAJEMNIK et al. 1981).

12.13 Spritzen-Eßabstand

Der Abstand der Mahlzeiten von der Insulingabe ist abhängig vom Wirkungseintritt und -maximum des Insulins sowie von der Applikationsart (s. c., i. v., i. p.). Der Insulinpeak im Plasma erscheint nach i. p. Applikation im oberen oder unteren Peritonealraum nach rund 15 oder 30 Minuten, nach i.m. Verabreichung nach rund 60 Minuten und nach s. c. Verabreichung nach rund 90 Minuten (MICOSSI et al. 1986). Da die maximale Wirkung von s. c. verabreichtem Altinsulin etwa nach $1^1/_2$ Stunden, die maximale Kohlenhydratresorption hingegen nach etwa einer Stunde zu erwarten ist, sollte s. c. Altinsulin im Mittel 30 Minuten vor Mahlzeiten verabreicht werden. Falls der 1 h postprandiale Zuckerspiegel zu hoch und der vorangegangene und darauffogende präprandiale Spiegel normal ist, kann man versuchen, den Spritzen-Eßabstand zu verlängern, um das Glukoseprofil zu glätten (Tabelle 165).

Die Resorptionsgeschwindigkeit von Normalinsulin hängt jedoch auch von der Injektionsstelle ab. Bei Injektion in der Deltoid- oder Femoralgegend erfolgt die Resorption langsamer (30–40 Minuten) und die Wirkungsdauer ist länger (bis zu 3 h) als bei der Insulingabe im Abdominalbereich (TER BRAAK et al. 1996).

Die Pharmakologie von Schweineinsulin und Humaninsulin ist nahezu ident (OWENS et al. 1983). Zu berücksichtigen ist der eigenen Erfahrung nach, daß Humaninsulin etwas rascher resorbiert wird. Diese klinischen Beobachtungen wurden durch andere Untersuchungen bestätigt (SONNENBERG et al. 1983). Individuelle Beobachtungen müssen den Spritzen-Eßabstand optimieren. Humaninsulinanaloga werden besonders rasch resorbiert wodurch die Verabreichung zu den Mahlzeiten erfolgen kann.

Tabelle 165. Vorschläge zum Spritzen-Eßabstand nach SCHADE et al. (1993)

Bei Glukosewerten 45 Minuten vor der geplanten Mahlzeit	Insulininjektion
< 50 mg/dl	Bei Mahlzeitsende
50–70 mg/dl	Zur Mahlzeit
70–120 mg/dl	15 Minuten vor der Mahlzeit
120–180 mg/dl	30 Minuten vor der Mahlzeit
> 180 mg/dl	45 Minuten vor der Mahlzeit

12.14 Hypoglykämie

Die Hypoglykämie kann eine biochemische und/oder symptomatische Hypoglykämie sein. In der Regel kündigt sich eine Hypoglykämie durch subjektive Warnsymptome an, da eine fallende Blutglukose eine erhöhte sympathikoadrenale Aktivität mit Hunger, Tachykardie, Nervosität und Tremor bewirkt (TOWLER et al. 1993). Spezifische glukosesensible Zentren in ventromedianen hypothalamischen Kernen vermitteln eine sympathoadrenale Antwort (BORG et al. 1994), die bei Gesunden bei einer arteriellen Glukosekonzentration von etwa 75 mg/dl (4,2 mmol/L) beginnt (SCHWARTZ et al. 1987, BOYLE et al. 1994). Eine intensivierte Diabetestherapie mit multiplen Insulingaben unterdrückt die Sekretion von Epinephrin, wodurch eine sympathoadrenale Reaktion auf eine Hypoglykämie erst bei niedrigeren Plasmaglukosekonzentrationen auftritt (AMIEL et al. 1988, DIAMOND et al. 1992).

Eine Glukosekonzentration von 36–45 mg/dl (2,0–2,5 mM) kann als leichte, und von < 35 mg/dl (< 1,9 mM) als schwere biochemische Hypoglykämie bezeichnet werden. Die Blutglukose bei symptomatischer Hypoglykämie kann unterschiedlich sein. Erfolgt bei einer schlecht eingestellten Diabetikerin eine Straffung des Stoffwechsels können subjektive Symptome der Hypoglykämie (Schwitzen, Übelkeit, Zittern) bereits bei Blutglukosespiegeln auftreten, bei denen eine straff eingestellte Diabetikerin noch keine Symptome verspürt. Andererseits wird eine Hypoglykämie von intensiv behandelten Schwangeren oft nicht gespürt, da diese auch bei niedrigen Blutglukosewerten eine normale Glukoseaufnahme des Gehirnes haben, die bis zur Dekompensation die Ausschüttung von Epinephrin und Glukagon verhindert (Boyle et al. 1995). Dieser Mangel an Warnsymptomen ist bei längerer Diabetesdauer stärker ausgeprägt und weniger reversibel als bei kürzerer Diabetesdauer (Fanelli et al. 1993, 1994). Ein Koma oder Krämpfe können daher ohne vorangehende Warnsymptome auftreten (Cryer 1992; DCCT Research Group 1991, 1993). Es empfiehlt sich daher beim Nachweis einer biochemischen Hypoglykämie die Schwangere stets zu fragen, ob sie die Hypoglykämie subjektiv wahrnimmt, um vor Komata gewappnet zu sein (Bolli und Fanelli 1995). Durch das Vermeiden wiederholter biochemischer Hypoglykämien über einige Tage oder Wochen ist die Taubheit gegenüber Hypoglykämien zum Teil reversibel (Fanelli et al. 1993, 1994).

Die Symptomatik der Hypoglykämie ist dadurch bedingt, daß die Funktion des Zentralnervensystems von einer permanenten Glukoseversorgung abhängig ist (Pardrige 1983, Gerich et al. 1991), die mittels eines spezifischen Transportproteins für Glukose (GLUT 1) erfolgt (Pardrige 1990). Im Tierversuch und bei in vitro Studien kommt es durch eine Unterversorgung der Endothelzellen der Hirnkapillaren zu einem beträchtlichen Anstieg dieser Transportproteine (McCall et al. 1982, 1986; Takakura et al. 1991; Koranyi et al. 1991; Boado und Pardridge 1993).

Mit zunehmender Ausprägung der Hypoglykämie treten zunächst eine Konzentrationsschwäche, Verwirrtheit, kalter Schweiß und körperliche Schwäche auf. Im Weiteren kommt es zu einer lallenden Sprache, verschwommenem Sehen und Persönlichkeitsveränderungen (u. U. Aggressionen), die bei Unkenntnis des Diabetes eine Alkoholisierung vortäuschen können. Im Extremfall kann eine schwere Hypoglykämie zu Krämpfen und Koma, ja sogar zum Tod führen (Mitrakou et al. 1991). Tödliche Zwischenfälle sind jedoch in der Mehrzahl durch Aspiration verursacht.

Eine nahe normoglykämische Blutzuckereinstellung in der Schwangerschaft erhöht zwangsläufig das Risiko der Hypoglykämie (Reyburn et al. 1986, Kimmerle et al. 1992, Cryer 1992, Rosenn et al. 1995). Zusätzlich werden hormonelle Gegenregulationsmechanismen durch die Schwangerschaft per se (Rosenn et al. 1996) und durch eine intensive Insulintherapie (Simonson et al. 1985, Boyle et al. 1995) abgeschwächt. Insgesamt muß daher bei 30–40 % der Schwangeren mit dem Auftreten schwerer Hypoglykämien gerechnet werden (Hillebrand et al. 1990). Im eigenen Patientengut traten Hypoglykämien besonders bei physiologisch vermindertem Insulinbedarf zwischen der 8. und 20. und nach der 36. Woche auf (Weiss und Hofmann 1984) (siehe auch Insulinpumpenbehandlung, Abb. 92). Andere Untersuchungen ergaben eine ähnliche Kumulation (Abb. 95) (Kimmerle et al. 1992, Rosenn et al. 1995).

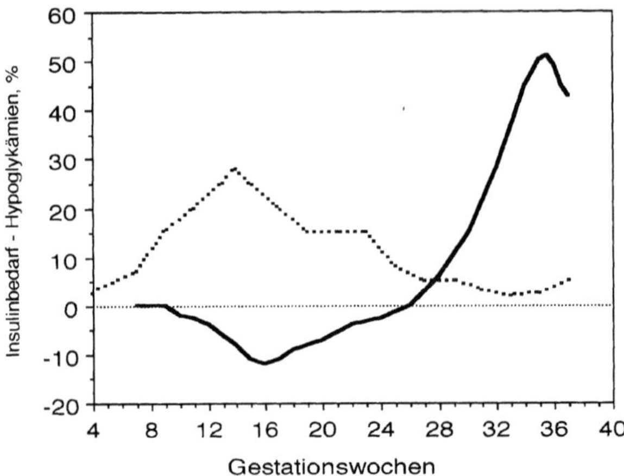

Abb. 95. Änderungen des Insulinbedarfes im Verlauf der Schwangerschaft (durchgezogene Linie) (WEISS und HOFMANN 1984) und Häufigkeit symptomatischer Hypoglykämien (punktierte Linie) (nach ANGABEN von ROSENN et al. 1995)

Der niedrigere Insulinbedarf und die Hypoglykämieneigung wird zusätzlich durch die typische Nausea im 1. Trimester verstärkt.

Es ist wichtig, die Schwangeren auf die Möglichkeit von Hypoglykämien in den erwähnten Zeitperioden hinzuweisen, damit sie diese physiologischen Vorgänge nicht als krankhaft empfinden und ihre Insulindosis auf rationaler Basis den Änderungen des Bedarfes anpassen können. Die Schwangeren müssen auch über den Einfluß erhöhter körperlicher Aktivität auf den Blutzuckerspiegel und über die Wichtigkeit von Zwischenmahlzeiten informiert werden.

Hypoglykämische Episoden sollten nicht durch die Gabe von Zucker (Zuckerwasser, Traubenzucker, süßer Tee) behandelt werden. Die rasche Resorption von Zucker potenziert sich mit Gegenregulationsvorgängen des Stoffwechsels, die gegen die Hypoglykämie gerichtet sind und bewirkt ein sprunghaftes Blutzuckerverhalten mit nachfolgender Instabilität. Für den Foetus steigt dadurch das Risiko einer Makrosomie (ROSENN et al. 1994). Bei subjektiver Hypoglykämie und einem Blutzuckerwert unter 50–70 mg/dl (2,7–3,9 mM) (Selbstkontrolle!) soll ein Viertelliter Milch getrunken werden. Ergibt eine Blutzuckerkontrolle nach 15 Minuten neuerlich einen Wert unter 70 mg/dl, wird dieser Vorgang wiederholt (JOVANOVIC et al. 1982). Eine Glukoseinfusion ist nur bei komatösem Zustand erforderlich.

Eine Glukagonbehandlung von schweren Hypoglykämien ist auch in der Schwangerschaft indiziert. In ~95 % der Fälle erwachen die Schwangeren rasch aus ihrer Bewußtlosigkeit (RAYBURN et al. 1987). Für den Fall von schweren Hypoglykämien außerhalb der Klinik sollte daher immer eine Glukagon Notfallspackung vorhanden sein. Es ist außerdem ratsam die Familienangehörigen mit der Anwendung von Glukagon vertraut zu machen.

12.15 Remission des Diabetes während der Schwangerschaft

Die Remission eines Diabetes mellitus in der Schwangerschaft ist ein paradoxes und seltenes Ereignis. Im eigenen Krankengut konnten wir in den letzten 30 Jahren nur vier oder fünf Fälle einer Remission bei IDDM beobachten, die zumeist in der zweiten Schwangerschaftshälfte auftrat. Dementsprechend rar sind auch Literaturberichte, wobei Angaben über den Diabetestyp häufig fehlen (SHELDON und COLEMAN 1974, GABBE et al. 1976, SAGOSKIN 1985, DIB et al. 1995). Offenbar ist jedoch eine Remission in der Schwangerschaft auch bei MODY möglich (WINTER et al. 1987, DIB et al. 1995). Die Ursachen sind unbekannt. Der behandelnde Arzt wird von den Hypoglykämien der Patientin überrascht und hält es zunächst für ein signum malum, wenn eine IDDM plötzlich überhaupt kein Insulin mehr benötigt. Wenn der Insulinbedarf stark zurückgeht, muß auch an eine Hypophysennekrose oder eine Niereninsuffizienz im Rahmen einer Nephropathie oder einer hypertensiven Schwangerschaftserkrankung gedacht werden. Ist die renale Clearance von Insulin gestört, verlängert sich die Halbwertszeit des zirkulierenden Insulins, wodurch der Insulinbedarf deutlich zurückgehen kann.

12.16 Parenterale Ernährung

Die parenterale Ernährung bei Diabetes mellitus wird selten indiziert sein. Im eigenen Krankengut war nur einmal eine passagere parenterale Ernährung bei unstillbarem Erbrechen wegen einer Gastroparese im Rahmen einer diabetogenen Neuropathie erforderlich. Grundlegendes über die parenterale Ernährung bei Diabetes mellitus ist bei KLEINBERGER (1981) angegeben. Eine totale parenterale Ernährung bei IDDM in der Schwangerschaft aufgrund einer hämorrhagischen Gastritis mit Gastroparese wurde von LAVIN et al. (1982) beschrieben.

HATJIS und MEIS (1985) beschreiben Formeln einer parenteralen Ernährung, die an die speziellen Bedürfnisse der Schwangerschaft angepaßt wurden. Der Basale Energiebedarf (BEB) in kcal wurde mit der Formel: „BEB = 655 + (9,6 x Gewicht in kg) + (1,7 x Größe in cm) – (4,7 x Alter in Jahren)" berechnet. Der gesamte Energiebedarf wurde durch Multiplikation des BEB mit dem Faktor 2,2–3,0 berechnet. Die Überprüfung des Therapieerfolges erfolgte durch die Kontrolle des foetalen Wachstums und durch Analysen von Aminosäuren im mütterlichen Serum und im Fruchtwasser.

12.17 Überwachung der Foetoplazentaren Einheit

12.17.1 Fehlbildungsscreening

Die Häufigkeit und Ätiologie von Fehlbildungen wird auf S. 402ff abgehandelt. Zur Fehlbildungsdiagnostik steht die Sonographie und die Bestimmung von α-Foetoprotein im Vordergrund, durch die eine Reihe von Fehlbildungen frühzeitig erkannt werden kann (Hobbins et al. 1979; Bernaschek et al. 1980; Hansmann 1981; Winter 1981, 1983; Albert et al. 1996; Greene und Benacerraf 1991). Gezielte Ultraschalluntersuchungen bereits im ersten, besonders jedoch im zweiten Trimester sind erforderlich. Dabei ist es vorteilhaft, systematisch nach einer Checkliste und einem Mehrstufenkonzept vorzugehen (Müller-Holve et al. 1981, Hansmann 1981). Extremitätenfehlbildungen oder ein kaudales Regressionssyndrom sind oft außerordentlich schwer zu diagnostizieren. Um zu einer richtigen Diagnose zu gelangen müssen die Extremitätenknochen vermessen werden. Standardmaße können bei Hoffbauer et al. (1980) (16 foetale Parameter) und Terinde et al. (1982) (6 foetale Parameter) nachgeschlagen werden. Die Beobachtung einer normalen foetalen Blasenfunktion macht eine kaudale Regression unwahrscheinlich (Cousins 1983).

12.17.2 Pränatale Diagnostik

Das Fehlbildungsrisiko bei Diabetikerinnen ist höher als bei stoffwechselgesunden Frauen, die wegen ihres höheren Alters heute allgemein einer pränatalen Diagnostik unterzogen werden. Daher ist bei einer Reihe von Diabetikerinnen eine Amniozentese zwischen der 15. und 18. Schwangerschaftswoche angebracht (Winter und Hofmann 1985). Nur bei Diabetikerinnen bei denen eine *präkonzeptionelle* Einstellung vorgenommen wird oder bei denen eine zufriedenstellende Stoffwechselsituation zum Zeitpunkt der Diagnose der Schwangerschaft besteht, wird man auf die generelle Anwendung verzichten können. Bei einer Zielgruppe von Diabetikerinnen mit besonders hohem Fehlbildungsrisiko (Tabelle 166) empfehlen wir auch weiterhin die Amniozentese.

Das Fruchtwasser wird zur Diagnose von Neuralrohrdefekten, Omphalozelen etc. auf seinen Gehalt an Alpha-Foetoprotein (AFP) analysiert (Weiss et al. 1978). Da, vor allem durch die Beimengung von foetalem Blut zum Fruchtwasser, falsch positive Werte möglich sind (Milunsky und Alpert 1976), empfiehlt sich die simultane Bestimmung der Azetylcholinesterase (Report of the Collaborative Acetylcholinesterase Study 1981, Milunsky und Sapirstein 1982). Mit dieser Kombination wird bei Neuralrohrdefekten

Tabelle 166. Indikationen zur Fruchtwasserdiagnostik in der 15. bis 18. Schwangerschaftswoche

Indikation	Fehlbildungsrisiko	Schrifttum
Polyhydramnion	18,0 %	Hobbins et al. 1979
Frühe foetale Wachstumsverzögerung kombiniert mit hoher White-Klasse	18,0 % 27,0 %	Pedersen und Mølsted-Pedersen 1981
HbA_{1C} > 8,6 %	22,4 %	Miller et al. 1981
HbA_{1C} > 10,0 %	35,3 %	Ylinen et al. 1984

eine Treffsicherheit von 99 % erreicht (Übersicht bei WINTER und HOFMANN 1985).

Auch die Bestimmung von AFP im mütterlichen Serum wird als Screeningmethode vorgeschlagen (MILUNSKY et al. 1982, COUSINS 1983). Sie führt jedoch a priori zu einer großen Anzahl falsch positiver Ergebnisse (NADLER und SIMPSON 1979). Da bei erhöhten Serum-AFP-Werten die Wahrscheinlichkeit eines Neuralrohrdefektes nur 1 : 20 beträgt, andererseits jedoch bei 20 % von Neuralrohrdefekten die AFP-Werte im Serum im Normbereich liegen (Report of U.K. Collaborative Study on Alpha-fetoprotein in relation to Neuraltube-Defects 1977), halten wir die Zuverlässigkeit der Suchmethode dem Risiko bei Diabetes nicht als angemessen.

Die Interpretation wird erschwert, da der AFP Spiegel bei insulinpflichtigen Diabetikerinnen zumeist niedriger ist als bei Stoffwechselgesunden (WALD et al. 1979, MILUNSKY et al. 1982, SZABO et al. 1986, REECE et al. 1987, GREENE et al. 1988, CUCKLE und WALD 1990, WALD et al. 1992) Der AFP-Spiegel ist auch negativ korreliert zum Glykohämoglobinspiegel (BAUMGARTEN und ROBINSON 1988). Bei der Interpretation von Serum AFP-Werten bei Diabetikerinnen muß dies daher in Betracht gezogen werden. Die Sensitivität für Fehlbildungen beträgt nur 17–34 % (CROMBACH et al. 1998). Auch andere biochemische Marker wie etwa hCG oder Inhibin-A im mütterlichen Serum können durch den Diabetes mellitus per se erniedrigt bzw. erhöht sein (WALLACE et al. 1997).

Das Risiko von Chromosomenanomalien ist bei Diabetes mellitus nicht erhöht. Ist jedoch Fruchtwasser verfügbar, empfiehlt sich auch bei Schwangeren unter 35 Jahren eine Chromosomenanalyse. Das an und für sich schwere Schicksal der Diabetikerin rechtfertigt alle Maßnahmen, die geeignet sind, der Patientin weitere Belastungen zu ersparen. Im eigenen Krankengut wurde z. B. bei einer 30jährigen White-D-Diabetikerin ein Cri-du-Chat-Syndrom diagnostiziert.

Eine aneuploide Plazenta hat eine herabgesetzte respiratorische und nutritive Funktion (WEINER und WILLIAMSON 1989). Eine genetische Abklärung ist daher unerläßlich, wenn der Foetus bereits im ersten Trimester hinter seiner erwarteten Größe zurückbleibt. Bei einem cutoff von 7 Tagen Diskrepanz ist das Risiko einer Aneuploidie auf das 2,5fache erhöht (4,3 % vs. 1.7 %) (DRUGAN et al. 1992). Dabei ist die Diskrepanz der Größe bei schweren oder letalen Chromosomenanomalien (Trisomie 13 oder 18) stärker ausgeprägt.

Das frisch gewonnene Fruchtwasser ist des weiteren auf seinen Glukosegehalt zu analysieren. Besonders bei Neuralrohrdefekten (PETTITT et al. 1977, GUIBAUD et al. 1978, WEISS et al. 1984), jedoch auch bei verschiedenen anderen groben Fehlbildungen (WEISS et al. 1984), ist der Glukosegehalt im Fruchtwasser signifikant vermindert und bei Diabetes stark erhöht (siehe S. 411, 516).

Im dritten Schwangerschaftstrimester kann eine verminderte Östriolausscheidung auf Fehlbildungen des Foetus hinweisen (DREW et al. 1978).

Wenn bei Diabetes oder GDM aufgrund der pränatalen Diagnostik Fruchtwasser verfügbar ist, empfiehlt sich auch eine Insulinbestimmung, da bereits zwischen der 14. und 20. Woche erhöhte Insulinspiegel vorliegen können (Carpenter et al. 1996). Die Konsequenz ist eine Straffung des Stoffwechsels bei Typ-1 Diabetes und eine frühe Insulinbehandlung bei GDM.

12.18 Fruchtwasserdiagnostik (bei IDDM)

Fruchtwasser ist ein wertvolles Untersuchungsmaterial, da es nur durch eine invasive Methode, die Amniozentese, gewonnen werden kann. Daher sollten mit jeder Fruchtwasserprobe alle in Frage kommenden Analysen durchgeführt werden, um auf diese Weise auch unerwartete Risken diagnostizieren zu können (Weiss et al. 1984).

12.19 Die Bestimmung von Insulin im Fruchtwasser

Insulin wurde zuerst im Fruchtwasser nachgewiesen (Casper und Benjamin 1970, Spellacy et al. 1973, Draisy et al. 1977) und im weiteren als prognostischer Parameter des Foetus bei Diabetes und Schwangerschaft erkannt (Weiss et al. 1975; Newman und Tutera 1976; Hall et al. 1978; Weiss et al. 1978, 1979, 1984; Burkart et al. 1984, 1986; Kitschke et al. 1984; Fallucca et al. 1985; Crombach et al. 1989; Hopp et al. 1995; Schäfer et al. 1996).

Auch die Bestimmung des C-Peptids im Fruchtwasser gibt Auskunft über die foetale Insulinproduktion. Bei foetalem Hyperinsulinismus besteht eine lineare Korrelation zwischen der Höhe des Insulin und des C-Peptidspiegels im Fruchtwasser (Lin et al. 1981, 1986; Stangenberg et al. 1982; Persson et al. 1982, 1989; Burkart et al. 1984; Krew et al. 1994). Nach eigenen Erfahrungen korreliert der Insulinspiegel im Fruchtwasser jedoch besser mit dem klinischen fetal outcome als der C-Peptidspiegel.

Nach Untersuchungen von Burkart et al. (1986) kann anhand des Fruchtwasserinsulinspiegels ein gesundes Neugeborenes mit 90 % und ein Neugeborenes mit neonatalen Problemen mit 70 % Genauigkeit vorhergesagt werden.

Die nachteiligen Folgen des foetalen Hyperinsulinismus sind unbestritten. Aus mütterlichen Parametern läßt sich im Einzelfall die foetale Stoffwechselsituation nicht beurteilen (siehe auch Kapitel: Insulinhomöostase in der foetoplazentaren Einheit). Eine mittlere mütterliche Blutglukose von 90 mg/dl (5,0 mM) kann in einem Fall den Anforderungen des Foetus entsprechen, während im anderen Fall eine mittlere Blutglukose von 70 mg/dl (3,9 mM) erforderlich ist, um ihm ideale Stoffwechselbedingungen zu bieten.

Darüber hinaus verursacht der dynamische Anstieg des Insulinbedarfs im Verlauf der Schwangerschaft zeitweise ein unbemerktes Nachhinken der Therapie.

Nach eigenen Erfahrungen ist daher bei jeder Schwangeren mit insulinpflichtigem Diabetes mellitus auch bei scheinbar zufriedenstellender aktueller Stoffwechselsituation eine Fruchtwasseruntersuchung angebracht. Das diagnostische Vorgehen ist in der Abb. 96 dargestellt.

Da ein signifikanter foetaler Hyperinsulinismus meist erst in der 28. Woche auftritt (s. Abb. 16, S. 89), ist eine Fruchtwasseruntersuchung zwischen der 28. und der 32. Woche am sinnvollsten. Die Fruchtwasserinsulinuntersuchung soll, wie beim GDM, über die individuelle plazentare Glukosedurchlässigkeit Auskunft geben. Diese bestimmt durch die unterschiedliche plazentare Transport- und/oder Barrierefunktion maßgeblich die fetale Situation, unabhängig von der mütterlichen Glykämie. Bei erhöhtem Fruchtwasserinsulingehalt (>97. Perzentile) ist die weitere Stoffwechselführung auch um den Preis von Hypoglykämien zu straffen, da in diesem Fall bereits geringe glykämische Exkursionen das foetale Inselorgan weiter aufschaukeln. Andererseits ist eine scheinbar weniger zufriedenstellende Stoffwechselführung ausreichend, wenn sich der Fruchtwasserinsulingehalt im Normbereich befindet. Man ist bei normalen Werten in der Lage auf eine Straffung des Stoffwechsels um den Preis eines hohen medizinischen und mütterlichen Aufwandes und des erhöhten Hypoglykämierisikos zu verzichten.

Es ist erstaunlich, wie eine als bestmöglich erachtete Stoffwechselführung und Patientencompliance unter dem Imperativ eines erhöhten Fruchtwasserinsulintiters immer noch verbessert werden kann. Zur Verbesserung der Stoffwechselkontrolle genügen oft geringe diätetische Umstellungen oder zeitliche Verschiebungen der Insulingaben. Mit einer zusätzlichen kleinen Insulingabe in der Nacht, kann etwa ein Glukoseanstieg in den Morgenstunden (dawn phenomenon) kompensiert werden etc.

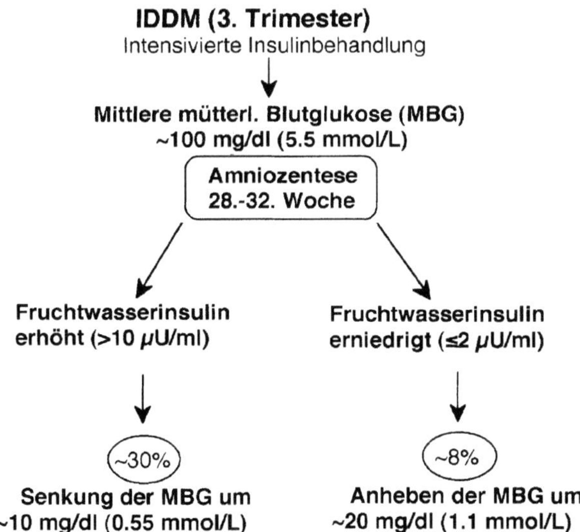

Abb. 96. Fruchtwasserinsulinuntersuchung bei Typ-1 Diabetes. Diagnostisches und therapeutisches Vorgehen an der Grazer geburtshilflichen Klinik

In der Regel genügt eine Fruchtwasseruntersuchung um die Frage: ausreichende Insulinisierung Unterbehandlung oder Überbehandlung zu beantworten, da sich die individuellen plazentaren Eigenschaften nicht maßgeblich ändern. Eine Kontrolle des Titers kann jedoch dann hilfreich sein, wenn der erste Fruchtwasserinsulinwert extrem hoch war und wenn trotz Therapiekorrektur außergewöhnliche Ereignisse oder Risikohinweise (Hydramnion, Makrosomie, Wachstumsrestriktion, Hypertension, Stoffwechselentgleisung etc.) auftreten. Eine Kontrolle ist auch dann sinnvoll, wenn man sich über die foetale Stoffwechselsituation unsicher ist und um das Leben des Ungeborenen fürchtet, da sie unnötige Interventionen zu vermeiden hilft.

Ein wichtiger Zeitpunkt für eine Kontrolle liegt etwa zwischen der 34. und der 36. Schwangerschaftswoche.

Von besonderem Interesse ist die foetale Insulinhomöostase, wenn die diabetische Schwangere spät in Behandlung kommt. Im eigenen Krankengut wurde rund ein Drittel der schwangeren Diabetikerinnen erstmals nach der 26. Woche zugewiesen. Liegt der Fruchtwasserinsulingehalt im Normbereich, so war die vorangegangene Stoffwechselqualität für den Foetus ausreichend.

Die Fruchtwasserinsulinbestimmung sollte nicht von der Foetometrie abhängig gemacht werden. Auch bei normaler Foetometrie kann ein foetaler Hyperinsulinismus vorliegen, da die somatische Foetopathie (Übergewicht) erst als Folge einer bereits länger bestehenden biochemischen Foetopathie (Hyperinsulinismus) auftritt oder bei Plazentainsuffizienz trotz Hyperinsulinismus fehlen kann. Vice versa kann eine Straffung der Stoffwechselführung eine somatische Foetopathie zum Stillstand jedoch nicht mehr zur Rückbildung bringen, während die biochemische Foetopathie reversibel ist. Dem Kind erwächst in erster Linie aus der biochemischen Foetopathie ein Risiko, die somatische Foetopathie an sich ist höchstens geburtsmechanisch von Bedeutung. Ist der Fruchtwasserinsulingehalt auch bei einer Kontrollpunktion erhöht (>97. Perzentile), sollte daher zunächst der Versuch einer weiteren Stoffwechseloptimierung gemacht werden. Außerdem muß jedoch, je nach Höhe des Insulintiters, auch eine vorzeitige Geburtseinleitung erwogen werden, da ein ausgeprägter foetaler Hyperinsulinismus die Gefahr des plötzlichen intrauterinen Fruchttodes in sich birgt.

Unter gezielter Straffung der Therapie sinkt ein zunächst erhöhter Fruchtwasserinsulinspiegel nahezu immer ab (Kitschke et al. 1984; Weiss 1988, 1996) (siehe auch Abb. 64, 93). Dies konnte an unserem umfangreichen Patientengut belegt werden. Ist der Fruchtwasserinsulingehalt im Normbereich oder ist es gelungen, ihn nach vorübergehender Erhöhung deutlich zu senken, kann vorbehaltlich normaler kardiotokographischer Befunde der spontane Wehenbeginn, selbst bei Überschreitung des Geburtstermines, abgewartet werden.

Bei sehr niedrigem Gehalt an Insulin im Fruchtwasser (<10. Perzentile), besonders in Kombination mit anderen Zeichen pränataler Dystrophie (Ultraschallbiometrie, Oligohydramnion), leidet der Foetus an Glukosemangel. Seine Insulinbiosynthese ist durch die verminderte Glukosestimulation herabgesetzt (Weiss 1979, Weiss et al. 1984, De Prins et al. 1983, Vorherr 1982, Abell et al. 1976, Phillips et al. 1969, Van Assche et al. 1977, Gabbe und Quilligan 1977). Diese Unterversorgung kann je nach Plazentafunktion graduell unterschiedlich und unabhängig von der Glykämie der Mutter sein (Sarles und Adamsons 1978). Sie bewirkt eine signifikante Erhöhung der perinatalen Mortalität (Abell et al. 1976, Phillips et al. 1968). Auch nachteilige Auswirkungen des Glukosemangels auf die foetale Hirnentwicklung sind möglich (Stehbens et al. 1977, Zuppinger et al. 1981). In diesen Fällen ist eine Anhebung der mittleren Blutglukose um 10–30 mg/dl angebracht, da eine zu straffe Stoffwechselführung die Dystrophie verstärkt.

12.20 Insulinbestimmung, Methode

Für die Zuverlässigkeit der Insulinbestimmung im Fruchtwasser und foetalem Harn ist die Methodik von ausschlaggebender Bedeutung. Fruchtwasser hat einen niedrigen und im Verlauf der Schwangerschaft abnehmenden Proteingehalt ($^{1}/_{16}$ des Serumeiweißgehaltes) (Lorenz et al. 1973, Benzie et al. 1974). Deshalb sind Fällungsmethoden mit Polyäthylenglykol (PEG) und Doppelantikörpermethoden unter Umständen ungeeignet (Weiss et al. 1984). Präzipitationsmethoden sind vom Eiweißgehalt der Proben abhängig, da sie auf den Eiweißgehalt des Serums abgestimmt wurden. Reproduzierbare Werte sind nach unserer Erfahrung eher mit Solid-Phase-Methoden zu erzielen. Es ist jedoch dringend zu empfehlen, daß jedes Laboratorium einen eigenen Normbereich ermittelt und vor der Einbindung in die Routine strenge Qualitätskontrollen (Wiederauffindversuche, Versuche hinsichtlich der Reproduzierbarkeit etc.) durchführt. Wir haben am Beginn unserer Untersuchungen in den 70er Jahren fünf verschiedene im Handel erhältliche Radioimmunoassays (RIA) parallel geprüft, wobei sich der Phadebas® RIA von Pharmacia als am geeignetsten erwies. In unserem Laboratorium wurde jedoch mehrmals eine Umstellung der radioimmunologischen Insulinbestimmung nötig, da der RIA vom Hersteller im Lauf der Zeit mehrmals modifiziert wurde. Er wechselte von einem kompetitiven Proteinbindungstest mit Polyethylenglycol Präzipitation in den frühen 70er Jahren zu einer solid phase Methode auf Sephadexbasis in den späten 70er Jahren zu einer Doppel-Antikörper Methode im Jahr 1982 (Phadebas® – Phadeseph® – Pharmacia RIA 100 Kit®). Durch die Modifikationen der RIAs wurde jeweils die Erstellung neuer Normbereiche nötig, da die Referenzwerte mit den modifizierten Methoden durch die Abnahme unspezifischer Bindungen deutlich niedriger wurden (siehe Tabelle 167).

Für klinische Belange ist es jedoch unerheblich ob ausschließlich freies Insulin oder zusätzlich Insulinvorstufen und/oder Insulinbruchstücke (immunreaktives Insulin, IRI) bestimmt werden, soferne methodentypische Referenzwerte vorliegen oder erhoben werden.

Tabelle 167. Der Einfluß der Weiterentwicklung der RIAs (Spezifität) auf die Ergebnisse der Insulinbestimmung im Fruchtwasser bei stoffwechselgesunden Schwangeren. Angaben in μE/ml

Woche	Perzentilen						Mittel		
	N	3.	10.	50.	90.	97.	± SD	Min.	Max.
Pharmacia RIA „Phadeseph"									
27/28	45	2,0	3,2	6,0	10,4	11,2	6,0 ± 2,9	1,5	12,8
29/30	36	2,0	3,2	6,1	10,8	11,7	6,5 ± 3,0	1,8	13,5
31/32	63	2,0	3,2	6,2	11,3	12,2	7,2 ± 3,4	1,0	14,5
33/34	86	1,9	3,0	6,3	11,7	12,8	6,7 ± 3,4	0,3	14,4
35/36	80	1,8	2,9	6,4	11,8	13,5	6,9 ± 3,7	1,2	15,5
37/38	70	1,5	2,8	6,6	12,2	14,9	7,0 ± 3,9	1,0	20,0
39/40	60	1,2	2,8	6,8	13,4	17,2	7,3 ± 4,4	1,0	20,0
41/42	18	1,1	3,4	7,5	15,3	18,0	9,1 ± 5,7	1,0	23,0
Pharmacia RIA 100, ab 1983									
27/28	100	1,1	1,7	3,2	5,6	6,3	3,5 ± 1,5	0,2	8,7
29/30	131	0,4	1,3	3,8	5,5	6,5	3,6 ± 1,7	0,1	7,4
31/32	113	0,3	1,3	3,5	5,8	6,8	3,5 ± 1,8	0,1	8,5
33/34	101	0,4	1,8	3,2	5,4	6,5	3,4 ± 1,5	0,2	7,6
35/36	72	0,2	1,0	2,9	5,0	6,6	3,1 ± 1,6	0,1	8,7
37/38	59	0,5	1,5	3,1	4,8	5,6	3,0 ± 1,3	0,3	6,8
39/40	55	0,3	1,4	2,8	4,0	5,3	2,7 ± 1,1	0,2	5,5
41/42	29	1,0	1,4	3,1	5,8	6,9	3,2 ± 1,6	0,9	6,9

SI Einheiten: Insulin: 1 pM = 0,167 μE/ml

Insulin ist eine robuste Verbindung. Nach eigenen Erfahrungen können Fruchtwasserproben unbeschadet eine Woche im Kühlschrank oder mehrere Jahre im Tiefkühlschrank aufbewahrt werden. Ähnliche Ergebnisse ergaben Untersuchungen von Carpenter et al. (1999). Demnach lag die Wiederauffindung nach 14 Tagen im Kühlschrank (+4°C) bei 97 %, nach 24 h Tiefkühlung (–20°C) bei 101 % und nach 70 Tagen Tiefkühlung bei 97 %. Nach eigenen Erfahrungen sollte jedoch ein mehrmaliges Einfrieren und Auftauen vermieden werden, da dabei der Spiegel geringgradig abnimmt. Sind wiederholte Analysen vorgesehen, empfiehlt sich das Einfrieren des Fruchtwassers in kleinen Portionen, um ein mehrmaliges Einfrieren und Auftauen zu vermeiden. Da wir häufig Fruchtwasserproben aus dem Ausland zugesendet bekommen, haben wir auch Serienbestimmungen bei ungekühltem Fruchtwasser vorgenommen. Innerhalb von 3 Tagen, länger dauert eine geplante Expreßsendung nicht, war der Insulinspiegel im Fruchtwasser auch bei Zimmertemperatur stabil.

Insulin wird von Glas stark adsorbiert. Da die Insulinkonzentration im Fruchtwasser von vorneherein gering ist, kann die Adsorption in Glasgefäßen zu Fehlern führen. Fruchtwasser oder andere Proben sollten daher für die Insulindiagnostik stets mit Plastikspritzen abgenommen und in Plastikröhrchen aufbewahrt werden.

Geringe Beimengungen von Blut oder Mekonium zum Fruchtwasser scheinen keinen Einfluß auf die Bestimmungsergebnisse zu haben. Das Filtrieren von Fruchtwasser ist jedoch unbedingt zu vermeiden, da Insulin am Filter stark adsorbiert wird.

Die Präzision der Fruchtwasserinsulinbestimmungen ist von der Methode und der Insulinkonzentration in der Probe abhängig. Die Genauigkeit leidet dann, wenn im flachen Teil der Eichkurve, also im Grenzbereich gemessen wird. Die Präzision unseres Tests (Pharmacia RIA 100 Kit®, Pharmacia, Uppsala, Sweden) wird vom Hersteller mit 5 % bis 6 % angegeben. Wir konnten im diagnostischen Bereich von 2–10 µE/ml im Rahmen der permanenten Qualitätskontrollen einen Variationskoeffizienten von 5,1 % und eine Sensitivität von 0,43 µE/ml nachweisen (Weiss et al. 1998). Andere Studien mit dem Pharmacia RIA 100 Kit fanden Variationskoeffizienten von 4,9–15 % im Bereich von 1–10 µE/ml und 32 % im Bereich < 0,5 µE/ml (Crombach et al. 1996, Carpenter et al. 1996).

Von Carpenter et al. (1999) wurde zur Insulinbestimmung im Fruchtwasser die Anwendung eines neuen automatisierten Immunchemolumineszenz Tests (Access Immunoassay System, Beckman Coulter, Inc., Chaska, MN) beschrieben (Klee et al. 1995). Die Sensitivität des Tests ist sehr hoch und liegt bei 0,03 µE/ml. Dabei wurde im Bereich von 0,4 µE/ml bis 2,0 µE/ml eine Test zu Test Präzision von 4,4–8,9 % erreicht. Verdünnungsversuche und Zusatzversuche ergaben eine Recovery von > 99 % bzw. 92–109 %. Die Spezifität ist durch die fehlende Kreuzreaktion der monoklonalen Antikörper mit Proinsulin oder C-Peptid hoch. Möglicherweise ergeben sich mit diesem empfindlichen und präzisen Test neue physiologische oder klinische Aspekte im 2. Trimester.

Insulinantikörper sind im Fruchtwasser nicht oder in nur unbedeutenden Mengen vorhanden. Fuhrmann und Keilacker (1983) konnten in 100 Fruchtwasserproben insulinpflichtiger Diabetikerinnen (Klasse White B-R) keine Antikörper nachweisen. Persson et al. (1982) sowie Tchobroutsky et al. (1980) fanden in 7 % bzw. 2 % der Fruchtwasserproben Insulinantikörper. Die Insulinbindungskapazität der Antikörper im Fruchtwasser beträgt jedoch nur 0,08–0,22 µE/ml und ist somit im Hinblick auf die Analyse des Insulingehaltes im Fruchtwasser unbedeutend (Falluca et al. 1985), da sie einen Bestimmungsfehler von < 1 % verursacht.

Der eigenen Ansicht nach ist die Insulinbestimmung der Bestimmung von C-Peptid im Fruchtwasser vorzuziehen. Die Clearance und Degradation von C-Peptid in der Foetoplazentaren Einheit ist unklar und im Verlauf der Schwangerschaft starken Veränderungen unterworfen. So steigt etwa das molare Verhältnis von C-Peptid/Insulin im Fruchtwasser zwischen der 15. und 36. Woche bei Stoffwechselgesunden von 0,97 auf 4,3 und bei Diabetikerinnen von 2,9 auf 13,2 (Fallucca et al. 1996). Nach unseren Erfahrungen korreliert die Konzentration von Insulin bzw. Immunreaktivem Insulin (IRI) im Fruchtwasser besser mit dem klinischen Zustand des Neugeborenen als die Konzentration von C-Peptid. Dies ist auch deshalb zu erwarten, da Insulin und nicht C-Peptid stoffwechselaktiv ist. Dementsprechend fanden FALLUCCA et al. (1985) ebenfalls Korrelationen zwischen der diabetesspezifischen Hypoglykämie und Hypokalzämie des Neugeborenen und dem Fruchtwasserinsulinspiegel, während der C-Peptidspiegel nur mit der mütterlichen Stoffwechselführung und der generellen Morbidität des Neugeborenen korrelierte. Literaturangaben über C-Peptidkonzentrationen unterscheiden sich um den Faktor 4. Auch gibt es Kreuzreaktionen mit Proinsulin und C-Peptidbruchstücken (BEISCHER 1982, SOSENKO et al. 1979) sowie fallweise Antikörper gegen C-Peptid, insbesondere bei insulinpflichtigen Diabetikerinnen (PEACOCK et al. 1983). Für die Bestimmung von C-Peptid ist analog der Insulinbestimmung ein negativer Einfluß des niedrigen Proteingehaltes von Fruchtwasserproben auf das Analysenergebnis nicht auszuschließen. Dies stellt, ohne umfangreiche Voruntersuchungen, einen zusätzlichen Unsicherheitsfaktor dar.

12.21 Die Bestimmung der foetalen Lungenreife

Die Bestimmung der Lungenreife kann durch biochemische und physikalische (Schaumtest, Wilhelmy Waage) Untersuchungen erfolgen (KUSS 1976).

Mit der Bestimmung des Lezithin/Sphyngomyelin-Verhältnisses (L/S-Ratio) im Fruchtwasser (GLUCK et al. 1971) und mit der Bestimmung der Stabilität von Schaum in äthanolischem Fruchtwasser (CLEMENTS et al. 1972) wurde es möglich, eine Prognose hinsichtlich der Gefahr eines Atemnotsyndroms für das Ungeborene zu stellen. Beide Methoden sind heute gleichermaßen verbreitet und in ihrem prognostischem Wert einander ebenbürtig (SHER et al. 1980, MORRISON et al. 1978). Auch die Bestimmung von Phosphatidylglycerol wird zur Lungenreifebestimmung eingesetzt (Amniostat-FLM, Irvine Scientific, Santa Ana, CA). Der Gehalt an Phosphatidylglycerol an den Gesamtphospholipiden der Lunge beträgt bei Kontrollen 16 % und bei Diabetes 4 % (CUNNINGHAM et al. 1978). Der Nachweis schließt zwar ein RDS mit hoher Wahrscheinlichkeit aus (LEGRAS et al. 1985, SAAD et al. 1987), es muß jedoch auch mit falsch negativen Resultaten gerechnet werden (OJOMO und COUSTAN 1990). Eine weitere Möglichkeit der Lungenreifebestimmung bietet eine Fluoreszenz Polarisationsbestimmung (TDx-FLM Assay, Abbott Laboratories, Abbott Park, IL), bei welcher die Aufteilung eines Fluoreszenzfarbstoffes zwischen Surfactant und Albumin bestimmt wird (RUSSELL et al. 1989, STEINFELD et al. 1992, HERBERT et al. 1993, HAGEN et al. 1993). Bei Diabetikerinnen kann bei TDx-FLM Werten >70 mg Surfactant pro g Albumin ein schweres RDS mit hoher Wahrscheinlichkeit ausgeschlossen werden (LIVINGSTON et al. 1995).

Auch die Bestimmung der optischen Dichte des Fruchtwassers bei einer Wellenlänge von 400 nm und/oder 650 nm kann zur Lungenreifebestimmung herangezogen werden (MOODLEY et al. 1978). Ein Wert von <0,10 entspricht einer L/S Ratio von <2. Die Zuverlässigkeit ist ähnlich wie beim Schaumtest.

Während eine Reihe von Autoren eine verzögerte foetale Lungenreifung bei Diabetes mellitus angeben (Gluck und Kulovich 1973, Singh et al. 1974, Aubry et al. 1976, Draisey et al. 1977, Cunningham et al. 1978, Obladen et al. 1979, Goldkrand und Slattery 1979, Kulovich und Gluck 1979, Diedrich et al. 1981, Tsai et al. 1984, 1987, Ylinen 1987, Piper und Langer 1993), konnten andere Untersucher keine Unterschiede der Lungenreife im Vergleich mit Stoffwechselgesunden feststellen (Tabsh et al. 1982, Gabbe et al. 1977, Curet et al. 1979, Tchobroutsky et al. 1978, Fadel et al. 1988). Auch der Gehalt an Phospholipiden (Phosphatidylcholin, Sphingomyelin, Phosphatidylglyzerol, Phosphatidylinositol, Phosphatidylserin, Phosphatidylethanolamin, Lysolecithin) im Fruchtwasser scheint bei Diabetes wenig verändert zu sein (Amon et al. 1986).

Die Lungenreife muß nicht permanent ansteigend sein. Im Verlauf der Schwangerschaft kann sich die foetale Surfactant- bzw. Phospholipidproduktion auch wieder vermindern, wobei fallende LS-Werte als bedrohliches Zeichen gewertet werden (Kuss 1976).

Mueller-Heubach et al. (1978) haben über ein erhöhtes RDS-Risiko bei Diabetikerinnen trotz einer L/S-Ratio >2 berichtet. Diese Beobachtung entspricht auch den eigenen Erfahrungen. Trotz identer biochemischer Lungenreife im Verlauf der Schwangerschaft hatten hyperinsulinämische Neugeborene von Diabetikerinnen an der Grazer Klinik eine fünffache Neigung zum Atemnotsyndrom (ANS). Es spricht einiges dafür, daß der foetale Hyperinsulinismus daran kausal beteiligt ist. Eigene Untersuchungen haben eine eindeutige Assoziation von erhöhten Fruchtwasserinsulinwerten mit der RDS-Neigung ergeben (Weiss et al. 1988, 1998)

Verschiedene Autoren haben eine gegenläufige Relation von Lezithin und Insulin im Fruchtwasser beschrieben und daraus eine Inhibition der Lezithinsynthese durch Insulin abgeleitet (Smith et al. 1975, Robert et al. 1975, Draisey 1977). Darüber hinaus wird die Expression des Surfactant-associated Protein (SAP-35) im foetalen Lungengewebe, welches die Surfactant Phospolipidsekretion kontrolliert, durch foetales Insulin inhibiert (Nogee et al. 1988). Dies könnte die RDS-Anfälligkeit selbst reifer Neugeborener mit diabetogener Foetopathie erklären. Unterschiedliche Aussagen dürften vornehmlich auf methodischen Unterschieden in der Bestimmung der L/S-Ratio sowie auf unterschiedliche Beurteilungskriterien für die Diagnose des Atemnotsyndroms beruhen (Lowensohn und Gabbe 1979). Darüber hinaus ist bei der Beurteilung des diabetogenen Einflusses auf die Lungenreifung eine Differenzierung in Fälle mit guter und schlechter mütterlicher Stoffwechselführung erforderlich. Während bei schlechter Stoffwechselführung, erhöhter mütterlicher Blutglukose und hohen HbA_{1C}-Werten die Reifung der Lunge gegenüber Stoffwechselgesunden signifikant verzögert ist, ist der Unterschied bei guter Stoffwechselführung nicht mehr signifikant (Curet et al. 1979, Ferroni et al. 1984, Dudley und Black 1985, Fadel et al. 1986, McMahan et al. 1987, Mimouni et al. 1987, Ylinen 1987, Ojomo und Coustan 1990, Piper und Langer 1993). Dieser Zusammenhang mit der Qualität der Stoffwechselführung besteht sowohl bei Prägestationsdiabetes als auch bei Gestationsdiabetes (Piper und Langer 1993).

Hallman und Teramo (1979) messen bei diabetischen Schwangeren Phosphorlipidprofilen einen hohen prognostischen Wert bei und beobachteten Atemnotsyndrome trotz L/S-Werten von > 2 nur bei Fehlen von Phosphatidylglycerol.

Brazy et al. (1978) beschreiben einen verspäteten Anstieg von Kortisol im Fruchtwasser von Diabetikerinnen als Hinweis auf eine hohe RDS-Gefährdung, während O'Neil et al. (1978) die RDS-Prognose aus dem Verhältnis von Fettsäuren (Palmitinsäure/Stearinsäure) ableiten.

In den 70er und 80er Jahren wurden nahezu an allen Diabeteszentren zwischen der 35. und der 38. Schwangerschaftswoche wöchentlich Amniozentesen zur Bestimmung der foetalen Lungenreife durchgeführt (Drury et al. 1977, Fuhrmann 1982, Corwin 1979, Gyves et al. 1977, Guillen et al. 1978, Ayromlooi et al. 1977, Goldstein et al. 1978, Leveno et al. 1979, Gabbe et al. 1977, Martin et al. 1979, Kitzmiller et al. 1978, Teller et al. 1976). Wir selbst bestimmen die Lungenreife des Foetus nur im Rahmen der Fruchtwasserinsulinbestimmungen unter Anwendung eines modifizierten Schaumtests (Weiss 1977). An und für sich hat die Lungenreifebestimmung unseres Dafürhaltens wenig praktische Bedeutung, da ohne Hinweise auf einen fetal distress und bei normalem Fruchtwasserinsulingehalt keine vorzeitige Geburtseinleitung erfolgen muß. Sind hingegen Zeichen einer foetalen Gefährdung nachzuweisen, muß die Schwangerschaft zumeist ohne Rücksicht auf die Ergebnisse der Lungenreifebestimmung beendet werden.

12.22 Glukose im Fruchtwasser

Angaben über den Glukosegehalt im Fruchtwasser liegen vorwiegend vom letzten Schwangerschaftsdrittel vor (Pedersen 1954, Seeds et al. 1979, Wood und Sherline 1975, Cassady et al. 1977, Archimaut et al. 1974, Newman und Tutera 1976, Dooley et al. 1982). Nur wenige Veröffentlichungen bringen Daten aus der ersten Schwangerschaftshälfte (Drazancic und Kovacic 1974, Rule et al. 1981, Romem et al. 1993). Da der Fruchtwasserglukosegehalt im Verlauf der Schwangerschaft dynamisch ist, bedarf es großer Fallzahlen, um den Normbereich zuverlässig zu bestimmen. Die Tabelle 168 enthält Daten der Fruchtwasserglukose von der 14. bis zur 42. Gestationswoche von 1655 Schwangeren mit normalem oGTT.

Ein mütterlicher Glukosepeak bewirkt einen foetalen Glukosepeak mit einer Latenzzeit von rund 10 Minuten (Cordero et al. 1970). Es ist anzunehmen, daß die Glukose im Fruchtwasser im ersten Trimenon eher von der Mutter (Romem et al. 1993) und durch die Permeabilität der Haut vom Foetus stammt (Parmley und Seeds 1970, Chez et al. 1970, Scoggin 1976). Im dritten Trimester diffundiert die Glukose durch die chorioamniotischen Membranen (Scoggin 1976, Seeds et al. 1977), gelangt jedoch mit fortschreitender Gestationszeit zunehmend mit dem foetalen Harn in das Fruchtwasser (Parmley und Seeds 1970, Wood und Sherline 1975, Spellacy et al. 1973, Shelley 1979, Weiss et al. 1985). Die foetale Harnproduktion

Tabelle 168. Glukosegehalt im Fruchtwasser bei 1655 stoffwechselgesunden Schwangeren (Angaben in mg/dl) (WEISS et al. 1984)

Woche	Fall-zahl	Mittelwert (mg/dl)	SD[a]	Bereich	Perzentilen				
					3.	10.	50.	90.	97.
14/15	26	44,8	11,8	26–78	26	31	42	55	64
16/17	428	45,9	9,8	13–86	29	35	45	57	67
18/19	537	44,2	9,2	21–79	28	33	44	57	64
19/21	117	41,3	10,4	18–92	24	29	41	52	59
22–27	46	36,1	10,0	15–70	15	23	35	47	50
28/29	80	32,4	9,1	5–53	16	21	33	43	49
30/31	44	30,1	10,4	7–57	12	18	29	41	49
32/33	66	30,2	12,0	3–61	4	15	32	45	50
34/35	88	27,5	9,9	3–60	11	14	27	39	46
36/37	76	26,1	9,8	6–50	11	15	26	39	46
38/39	54	22,2	9,4	7–47	8	11	20	34	40
40–42	93	15,8	6,6	1–37	4	9	15	24	27

[a] Standardabweichung

beträgt am Ende der Schwangerschaft rund 40 ml/Stunde (OHEL et al. 1994). Vor der 20. Woche beträgt der Fruchtwasserglukosespiegel etwa 50 % des mütterlichen Glukosespiegels (BATTAGLIA et al. 1964, ROMEM et al. 1993) um dann im Verlauf der Schwangerschaft abzusinken (siehe Tabelle 168). Eigene Untersuchungen zeigten, daß der Glukosegehalt des Harnes von Neugeborenen und des Fruchtwassers am Ende der Schwangerschaft praktisch ident sind. Der mütterliche Blutglukosespiegel korreliert sowohl mit dem foetalen Blutzuckerspiegel als auch mit dem Fruchtwasserglukosegehalt (PEDERSEN 1954). Der Glukosegradient Mutter : Foetus : Fruchtwasser beträgt am Ende der Schwangerschaft nach Untersuchungen von FEIGE et al. (1979) rund 12 : 8 : 2. Eigene Untersuchungen an 88 Neugeborenen von insulinpflichtigen Diabetikerinnen ergaben einen ähnlichen Glukosegradienten (Tabelle 169 A).

Da der foetale Harn postpartal mittels selbstklebender Plastiksäckchen gesammelt wurde stammt er aus einer Phase relativer Hypoglykämie, die nach der Durchtrennung der Nabelschnur auftritt. Der Glukosegehalt des

Tabelle 169 A. Grazer Diabetesanalysen. Glukosegradient Mutter – Foetus – Fruchtwasser – foetaler Harn

	FEIGE et al. 1979	WEISS et al. 1993[a]
Mutter	100 %	100 %
Foetus	67 %	75 %
Fruchtwasser	17 %	26 %
Foetaler Harn	–	20 %

[a] Unveröffentlichte Daten

foetalen Harnes in utero dürfte also etwas höher sein und somit dem Fruchtwasserglukosegehalt entsprechen.

Die Fruchtwasserglukose folgt den glykämischen Exkursionen der Schwangeren mit einer Latenzzeit von etwa 250 Minuten, jedoch mit einer wesentlich geringeren Amplitude (WEISS et al. 1984) (Abb. 97). Von ROMEM et al. (1993) werden zwei Latenzzeiten von 21–40 und 121 bis 140 Minuten angegeben welches auf zwei unterschiedliche Routen der Glukose hinweist. Diese Untersuchungen beziehen sich jedoch auf eine Gestationszeit von 15–20 Wochen.

Die Latenzzeit dürfte auch von der augenblicklichen foetalen Diurese abhängig sein, während die geringere Amplitude darauf beruht, daß eine einzelne foetale Harnportion nur etwa 3 % der gesamten Fruchtwassermenge ausmacht.

Da die Glukose die Amnionhöhle nur langsam wieder verläßt, entspricht die Fruchtwasserglukose einem *memory like system* für den mütterlichen Glukosespiegel der letzten Stunden (ARCHIMAUT et al. 1974), wobei auch die Glukoseschwelle Foetus/Fruchtwasser bei Diabetikerinnen erniedrigt zu sein scheint (PEDERSEN 1954).

Der Glukosegehalt des Fruchtwassers kann daher bei GDM und IDDM je nach der Stoffwechsellage erhöht sein. Je schwerer der Diabetes ist, desto häufiger können erhöhte Fruchtwasserglukosewerte gemessen werden (Abb. 98, 99).

Bei verschiedenen groben Fehlbildungen, vor allem bei Neuralrohrdefekten (PETTITT et al. 1977, GUIBAUD et al. 1978, WEISS et al. 1984), liegen 68 % der Glukosewerte unter der 10. Perzentile und 44 % unter der 3. Perzentile. Bei Fruchtwasserglukosewerten unter der 10. Perzentile soll daher insbesondere bei Diabetikerinnen stets an die Möglichkeit einer groben Fehlbildung gedacht werden.

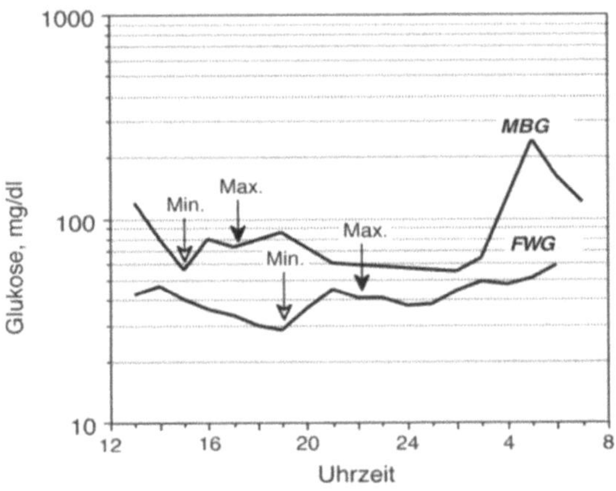

Abb. 97. Grazer Diabetesanalysen. Verlauf der mütterlichen Blutglukose (MBG) und der Fruchtwasserglukose (FWG) bei einer White D Diabetikerin in der 34. Schwangerschaftswoche. Stündliche Messungen erfolgten über einen intrauterinen Verweilkatheter. Die Latenzzeit der Exkursionen beträgt etwa vier Stunden

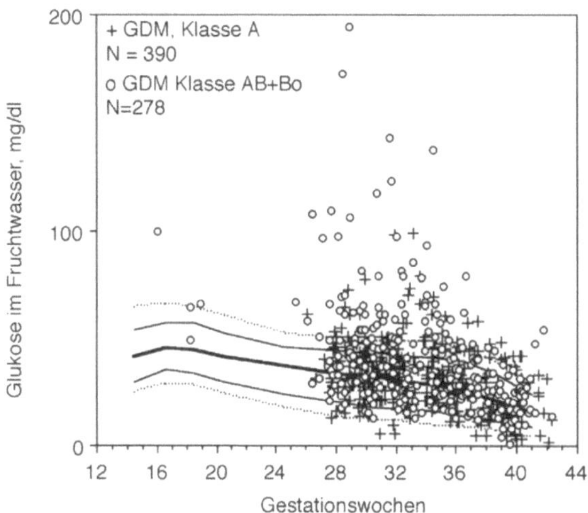

Abb. 98. Grazer Diabetesanalysen. Fruchtwasserglukosespiegel bei GDM. In rund 4 % der Klasse A und 16 % der Klasse AB-Bo wurden Werte oberhalb der 97 Perzentile gemessen (unveröffentlichte Daten). Der Normbereich (3., 10., 50., 90., und 97. Perzentile) wurde aus rund 2000 Fruchtwasserproben stoffwechselgesunder Schwangerer (normaler oGTT) errechnet

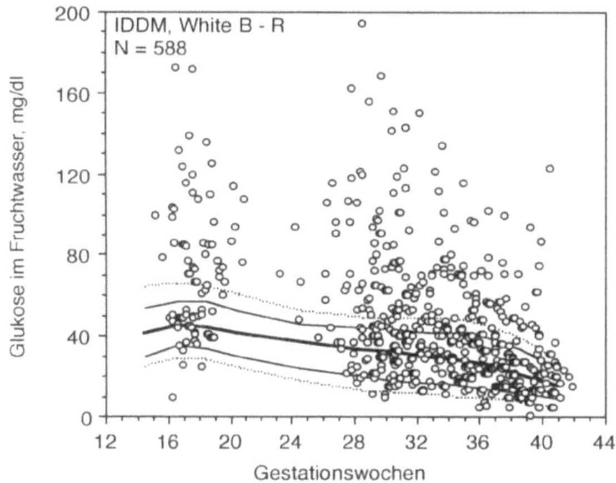

Abb. 99. Grazer Diabetesanalysen. Fruchtwasserglukosewerte bei insulinpflichtigen Diabetikerinnen (unveröffentlichte Daten). In rund 28 % der Proben wurden Werte oberhalb der 97 Perzentile gemessen. Der Normbereich (3., 10., 50., 90., und 97. Perzentile) wurde aus rund 2000 Fruchtwasserproben stoffwechselgesunder Schwangerer (normaler oGTT) errechnet

Bei Polyhydramnion (ohne Fehlbildung) würde man eher einen niedrigen Glukosespiegel vermuten. Der Glukosespiegel ist jedoch in den meisten Fällen normal (PEDERSEN 1954, WEISS et al. 1985) oder nur geringfügig vermindert (GUIBAUD et al. 1978). Bei diabetogen verursachtem Polyhydramnion besteht sogar eine positive Korrelation der Glukosekonzentration mit der Fruchtwassermenge ($r = 0{,}32$, $p = 0{,}04$) als Hinweis auf eine osmotische kausale Komponente (Dashe et al. 2000).

Weitere Hinweise aus Fruchtwasseranalysen auf ein hohes foetales Risiko bei Diabetes mellitus sind ein signifikanter Anstieg der Osmolarität des Fruchtwassers (Bailey et al. 1976) oder ein Abfall des Fruchtwasserkreatiningehaltes (Cassady et al. 1975). Die perinatale Mortalität ist in diesen Fällen auf das 2,3- bzw. 13fache erhöht.

12.23 Harnsäure und Kreatinin im Fruchtwasser

Zur Einschätzung der foetalen Reife kann die Bestimmung der Harnsäure oder des Kreatinins beitragen. Die Harnsäure- und Kreatininspiegel im Fruchtwasser steigen von der 10. bis zur 36. Woche steil an, um dann bis zur 42. Woche eine Plateau zu bilden oder leicht abzufallen. In der 10. Woche betragen der Harnsäure bzw. der Kreatininspiegel rund 3 bzw 0,3 mg/dl. In der 36. Woche liegen 85 % der Harnsäurewerte > 10 mg/dl und der Kreatininwerte > 2,2 mg/dl (Weiss et al. 1974).

12.24 Plazentafunktionsdiagnostik

Neben Plazentaveränderungen im Rahmen des Diabetes mellitus werden in erster Linie uteroplazentare Zirkulationsstörungen durch einen erhöhten Strömungswiderstand der präplazentaren Gefäße für eine foetale Mangelversorgung verantwortlich gemacht. Semmler et al. (1985) konnten bei diabetischen Schwangeren durch Plazentaperfusionsmessungen mit ^{113}m-Indium markiertem Blut sowie durch die histologische Untersuchung der präplazentaren Gefäße desselben Krankengutes diese These untermauern. Sie fanden bei myometralen Arterien, Spiralarterien und Basalarterien in rund 60 %, 36 % und 31 % morphologische Veränderungen. In 26 %, 24 % und 5 % waren ausgeprägte Gefäßveränderungen nachweisbar, die bis zum Verschluß reichten.

Die uteroplazentare Perfusion korreliert mit den Veränderungen der Spiralarterien und nimmt bei höherer White-Klassifikation ab.

Die Tatsache, daß in 30 % der Fälle eine eingeschränkte uteroplazentare Perfusion auch bei normalem Gefäßbefund nachweisbar ist weist darauf hin, daß diese auch durch funktionelle Faktoren beeinflußt wird. Erwartungsgemäß ist die Plazentaperfusion in den Klassen D-R nach White am stärksten beeinträchtigt. Es ist jedoch auch bereits beim Gestationsdiabetes eine leichte Störung der Hämodynamik nachzuweisen.

Zur Einschätzung der plazentaren und präplazentaren Durchblutung ist heute die Doppler Blutstrommessungen die Domäne (siehe einschlägiges Kapitel, S. 383).

12.24.1 Die Bestimmung von Östriol

Wie auch andere Autoren (DRURY et al. 1977, HAUKKAMAA et al. 1980, SCHNEIDER et al. 1980, DOOLEY et al. 1984, MASHINI et al. 1985) sind wir der Ansicht, daß der Östriolbestimmung im Harn heute keine wesentliche Bedeutung für die Überwachung der diabetischen Schwangerschaft mehr zukommt. Wir selbst haben zwischen 1975 und 1985 bei diabetischen Schwangeren rund 1000 Östriolbestimmungen im Harn durchgeführt, ohne daß sich daraus je eine wesentliche geburtshilfliche Konsequenz ergeben hätte. Die Östriolausscheidung ist bei Diabetikerinnen mit makrosomen Foetus häufig höher als bei Stoffwechselgesunden, da sie die foetoplazentare Masse spiegelt (DOOLEY et al. 1984).

Eine herabgesetzte Östriolausscheidung ist bei Antibiotikagabe (ADLERCREUTZ et al. 1977), bei der Gabe von Glukokortikoiden, bei einem Sulfatasemangel der Plazenta (BRAUNSTEIN et al. 1976) und bei foetalen Fehlbildungen (DREW et al. 1978) zu erwarten. Zu dem ohnedies geringen prognostischen Wert von Harnöstrogenen und dem möglichen störenden Einfluß von Medikamenten gesellen sich noch häufig Fehler beim Harnsammeln.

Eine punktuelle Östriolbestimmung aus Plasma hat ebenfalls wenig klinischen Wert (MIODOVNIK et al. 1988). Eine gewisse Aussage bezüglich des foetalen Risikos scheint durch eine Verlaufskontrolle des freien (unkonjugierten) Östriols im Plasma oder Serum möglich zu sein (DISTLER et al. 1978, WHITTLE et al. 1979). Eine tägliche Bestimmung ist jedoch Voraussetzung. Andererseits können bei herabgesetzter renaler Clearance, ein nicht seltener Zustand bei Diabetes und Gestose, Östrogene trotz verminderter Synthese durch ihre Kumulation im Plasma beträchtlich erhöht sein (NACHTIGALL et al. 1968). Wir selbst fanden bei Fällen mit Präeklampsie in mehr als 30 % erhöhte Plasmaöstriolwerte. Die *direkte* Bestimmung der foetoplazentaren Masse durch eine Ultraschalluntersuchung sowie der Plazentafunktion durch Kardiotokographie und Doppler Sonographie ist einer *indirekten* Methode, wie der Östriolbestimmung vorzuziehen.

12.24.2 Die Bestimmung des Plazentalaktogens (hPL, hCS)

hPL reflektiert weniger die Plazentafunktion als die plazentare Masse (JOSIMOVICH et al. 1970). Bei der diabetischen Schwangerschaft ist der hPL-Spiegel im Serum daher häufig signifikant erhöht (SOLER et al. 1975, PERSSON und LUNELL 1975, TYSON und HOCK 1976, SPELLACY et al. 1974). Auch bei Glukosetoleranzstörungen finden sich oft hohe hPL-Serumspiegel (FUHRMANN et al. 1980).

Ein unmittelbarer Zusammenhang mit der Glykämie der Schwangeren scheint nicht gegeben, da der hPL-Spiegel unter Glukosebelastung unverändert bleibt (PRIETO et al. 1976, FUHRMANN et al. 1980). Bereits nach der 34. Schwangerschaftswoche kann es bei Diabetikerinnen zu einem leichten Absinken des hPL-Spiegels kommen, während dies bei Stoffwechselgesunden erst in der 37. Woche erfolgt (ARTNER et al. 1977). Wir stimmen mit verschiedenen Autoren überein, daß hPL-Bestimmungen keine wesentliche Bedeutung für das Management diabetischer Schwangerer beizumessen ist (Soler et al. 1975, Plotz et al. 1978, Josimowich et al. 1970, Garoff 1976). Durch die hPL-Bestimmung können keine foetalen Risiken aufgedeckt werden, die nicht bereits klinisch erkennbar sind (Zlatnik et al. 1979). Darüber hinaus kann der hPL-Spiegel auch bei normaler Schwangerschaft niedrig sein (Giampietro et al. 1984).

12.24.3 Die kardiotokographische Überwachung

Ein intrauteriner Fruchttod tritt bei diabetischen Schwangeren neun mal häufiger auf als bei stoffwechselgesunden Kontrollen (Connell et al. 1985, Landon und Gabbe 1991). Die fortschreitende diabetogene Nephropathie und die Präeklampsie sind die bedeutendsten Risikofaktoren (Mimouni et al. 1988). Die Kardiotokographie nimmt für die Beurteilung des foetalen Zustandes eine zentrale Stellung ein. Im Vordergrund der ambulanten Überwachung steht der Nonstress-Test (NST) (Keegan et al. 1980). Während bei reaktivem NST (Akzelerationen von >10 Schlägen bei Kindesbewegungen oder beim Weckversuch) praktisch keine perinatale Mortalität auftritt (Leveno et al. 1983, Nochimson et al. 1978, Mendenhall et al. 1980), wird sie beim nicht reaktiven NST bei Stoffwechselgesunden mit 15 % bis 41 % angegeben (Mendenhall et al. 1980, Leveno et al. 1983). Nur in rund der Hälfte der Fälle sind Neugeborene nach nicht reaktivem NST unauffällig. Zum Ausschluß einer aktuellen Gefährdung genügt eine einzige Akzeleration (Mendenhall et al. 1980). Eine besonders signifikante Information ergibt der NST, wenn er unmittelbar nach einer Amniozentese durchgeführt wird (Klein et al. 1981). Bei reaktivem NST beträgt die Gefahr eines intrauterinen Fruchttodes innerhalb der nächsten Woche weniger als 1 % (Schifrin 1977, Kjos et al. 1995).

Für die Beurteilung von CTG-Mustern wurden von einer FIGO Expertenkommission (1987) unter Mitwirkung von 19 Spezialisten Kriterien erarbeitet, die eine standardisierte Beurteilung der einzelnen CTG-Qualitäten in normal, auffällig und pathologisch ermöglichen sollten (Tabelle 169 B).

Für die Gesamtbeurteilung des CTG müssen neben den Kriterien der Tabelle 169 jedoch zusätzliche Faktoren in Betracht gezogen werden.

Es sind dies in erster Linie das Gestationsalter, die mütterliche Position, die momentane foetale Aktivität sowie Medikamente, besonders Tokolytika, Tranqilizer, Anaesthetika und Analgetika.

Das Gestationsalter muß bei der Beurteilung unbedingt berücksichtigt werden, da die Koordination und das Muster der foetalen motorischen respiratorischen und kardialen Aktivität eine Funktion der foetalen Reife ist. Bei unreifen Foeten können daher die Kriterien der Tabelle 169 B nicht oder nur eingeschränkt angewendet werden. So haben z. B. zwischen der 28. und der 33. Woche rund 16 % der normalen Foeten nur 0 bis 1 Akzelerationen pro Stunde bei geringer Variabilität, während dies bei gesunden reifen Foeten nur in 7 % der Fall ist.

Tabelle 169 B. FIGO (1987) Kriterien zur Beurteilung von CTG-Mustern. Diese gelten bei reifen Kindern sowohl präpartal als auch in der Eröffnungsperiode der Geburt

	Normal	Auffällig	Pathologisch
Basalfrequenz	110–150	100–110 oder 150–170	< 100 oder > 170
Amplitude der Variabilität	5–25	5–10 > 40 Minuten	< 5 (unter der Geburt > 25) > 40 Minuten
Dezelerationen	keine Spikes[a]	sporadische	periodische schwere variable späte lange sinusoide
Akzelerationen	≥ 2/10 Minuten	keine > 40 Minuten	

[a] Kurze kleine sporadische Dezelerationen

Vor der 37. Woche sind am ehesten späte Dezelerationen bei spontanen Wehen ein Hinweis auf einen foetalen Sauerstoffmangel (Zanini et al. 1980).

Die mütterliche Position kann sich beträchtlich auf die Herzfrequenzmuster auswirken. Bei der stehenden Schwangeren ist die foetale Herzfrequenz höher als bei der liegenden Schwangeren, und eine Rückenlage kann bekanntlich beträchtliche Veränderungen der CTG-Muster bewirken. CTGs die zur Beurteilung herangezogen werden sollten daher in linker Seitenlage aufgezeichnet werden.

Die momentane foetale Aktivität hat unabhängig von der Gestationszeit einen maßgeblichen Einfluß auf das CTG-Muster. Dabei lassen sich ausgeprägt unterschiedliche CTG Typen unterscheiden, die sich zyklisch ändern. Es gibt zeitweise ruhige Muster mit stabiler basaler Herzfrequenz ohne Akzelerationen und Dezelerationen sowie mit nur geringer Variabilität; daneben gibt es aktive Muster mit variabler basaler Herzfrequenz und intermittierenden Akzelerationen (aktiver Schlaf) oder kontinuierlich auftretenden Akzelerationen (aktiver Wachzustand).

Diese Phasen unterschiedlicher Aktivität können in Zyklen von 40 Minuten auftreten. Eine eingeengte Oszillation oder das Fehlen von Akzelerationen unter Wehen ist somit erst bei einer Dauer von mehr als 40 Minuten als auffällig oder pathologisch einzustufen, insbesondere dann, wenn keine Dezelerationen auftreten und wenn es sich um eine bislang normal verlaufende Schwangerschaft handelt.

Der Einfluß von Medikamenten (Betamimetika, Tranquilizer, Morphine etc.) auf die foetale Herzfrequenz ist bekannt und muß in der Beurteilung ebenfalls Eingang finden.

Zur Überwachung diabetischer Schwangerer wird auch der Oxytozinbelastungstest (OBT, OCT, CST) eingesetzt (Lagrew et al. 1993). Ein OBT ist jedoch nach unserer Ansicht selten indiziert und oft nicht aussagekräftig.

Bei provozierten Wehen muß mit 25 bis 40 % falsch positiven Befunden gerechnet werden (FREEMAN et al. 1976, JOVANOVIC und PETERSON 1982). Die Wiederholung eines suspekten Tests ist daher fast immer notwendig (BRUCE et al. 1978). Ein OBT empfiehlt sich nach einem nicht reaktiven NST, oder wenn gleichzeitig eine Geburtseinleitung in Betracht gezogen wird. Dabei muß bedacht werden, daß der NST vor der 32. Schwangerschaftswoche anders beurteilt werden muß, da Akzelerationen nach Kindesbewegungen fehlen können (NATALE et al. 1984).

Während falsch positive Ergebnisse des OBT häufig sind, muß mit falsch negativen Ergebnissen nicht gerechnet werden (CURET und OLSON 1980, QUAAS et al. 1986). Treten spontane Wehen auf, dies ist im letzten Schwangerschaftsdrittel sehr häufig der Fall, so ist ein OBT überflüssig. *Es empfiehlt sich daher, die Schwangeren an den Kardiotokographen anzuschließen und zunächst 30 Minuten zuzuwarten, ob nicht spontane Kontraktionen auftreten.*

Bei *Diabetikerinnen* müssen spezifische Alterationen des CTG beachtet werden. Da die momentane Stoffwechselsituation die foetalen Herzfrequenzmuster beträchtlich beeinflußt, müssen diese Besonderheiten bei der Interpretation der Kardiotokogramme berücksichtigt werden. Diese werden auf S. 384 abgehandelt. Bei diabetischen Schwangeren muß bei regelmäßigen Kontrollen mit ungefähr 8 % CTG-Alterationen nach der 32. Woche gerechnet werden, die eine vorzeitige Geburtseinleitung veranlassen. CTG-Veränderungen treten jedoch in erster Linie bei Diabetikerinnen mit Gefäßkomplikationen (Nephropathie, Hypertension, Retinopathie, foetale Wachstumsrestriktion) auf. Während bei gefäßkranken Diabetikerinnen vor spontanem Wehenbeginn in rund 40 % eine Interventation erforderlich wird, ist dies bei Gefäßgesunden bei guter Stoffwechselführung nur in ~2 % der Fall (OSTLUND und HANSON 1990, LANDON et al. 1992). Bei diabetischen Schwangeren ist das biophysikalische Profil dem NST nicht überlegen (JOHNSON et al. 1988, LANDON et al. 1992). Die Kombination einer eingeschränkten Oszillation mit Dezelerationen scheint für die Diagnose eines foetal distress bei Diabetikerinnen am aussagekräftigsten zu sein (KJOS et al. 1995, SCHAUF et al. 1997).

Eine Geburtseinleitung bei Diabetikerinnen und reifem Kind wird empfohlen, wenn zweimal hintereinander nicht reaktive NST nachgewiesen werden. Bei unreifem Kind wird eine Geburtseinleitung nach zwei abnormalen NST und einem pathologischen OBT empfohlen (JOVANOVIC und PETERSON 1982). Ein sinusoides Herzfrequenzmuster kündigt eine schlechte kindliche Prognose an (SIBAI et al. 1980) und erfordert eine unmittelbare Intervention.

Von FUHRMANN (1978) wurden bei diabetischen Schwangeren bis zum Entbindungszeitpunkt in 43 % der Fälle auffällige oder pathologische CTG's registriert. Im eigenen Krankengut waren präpartale Kardiotokogramme in 13 % auffällig. In zwei Drittel dieser Fälle handelte es sich um PBSP-Diabetikerinnen (s. S. 20 f).

Die Frequenz kardiotokographischer Kontrollen bei Diabetes kann nicht genormt werden. Sie richtet sich nach der mütterlichen und kindlichen

Stoffwechselsituation und nach PBSP-Zeichen. Eine generelle Forderung von täglich ein bis zwei Kontrollen ab der 36. Woche erscheinen uns jedoch als übertrieben. Wir gehen bei Diabetes nicht anders vor als bei anderen Risikoschwangerschaften, wobei sich die Frequenz der Kontrollen nach der Gewichtung des individuellen Risikos richtet. Das Foetale Monitoring sollte bei Diabetikerinnen mit Gefäßschäden ab der 27. Woche und bei gefäßgesunden Diabetikerinnen ab der 32. Woche beginnen (Lang 1989, Landon et al. 1992). Sind keine besonderen Risikohinweise vorhanden, sind ein oder zwei Kontrollen wöchentlich ausreichend (Golde et al. 1984, Ostlund und Hanson 1990, Landon et al. 1992, Kjos et al. 1995).

12.24.4 Ultraschalluntersuchungen

Die sonographische Diagnose einer diabetogenen Foetopathie sowie die sonographische Beurteilung des foetalen Gewichtes wird in Kapitel: Sonographische, biometrische und biophysikalische Besonderheiten, S. 365 ff besprochen. Es muß jedoch darauf hingewiesen werden, daß die Diagnose der Foetopathie nur möglich ist, wenn diese mit einer foetalen Hypertrophie einhergeht (Semmler et al. 1978). Das ist bei Insulinpflichtigen Diabetikerinnen oft nicht der Fall. Bei eutrophen Früchten sind Aussagen bezüglich einer diabetogenen Erkrankung kaum möglich. Andererseits muß Diabetikerinnen, wie auch stoffwechselgesunden Schwangeren, in rund 5 bis 10 % ein Kind über 4000 g zugebilligt werden, ohne daß ein foetaler Hyperinsulinismus vorliegt. Die Bestimmung des Insulingehaltes im Fruchtwasser vermag die differentialdiagnostische Frage: diabetogene oder nicht-diabetogene Makrosomie zu klären.

Eine Reihe von Untersuchern haben sich mit dem ultrasonographisch bestimmten Volumen der Plazenta beschäftigt (Hellman et al. 1970; Blecker et al. 1977; Hoogland et al. 1980; Jones et al. 1981; Geirsson et al. 1985; Wolf et al. 1987, 1989). Die Dicke und das Volumen der Plazenta kann Hinweise auf die foetale Stoffwechselsituation geben (Tarró 1979). Darüber hinaus können auch größere Infarktherde der Plazenta diagnostiziert werden (Plotz et al. 1978).

Die Bestimmung des Plazentavolumens wird zu unrecht selten angewandt, da sie eine gute Prognose einer foetalen Retardierung und bei Diabetes mellitus im Falle einer übergroßen Plazenta auch die Diagnose einer Foetopathie ermöglicht.

Das Plazentavolumen erreicht in der Regel etwa in der 32. Woche ihr Maximum, um danach etwa gleich zu bleiben oder sogar wieder etwas abzunehmen (Bleker et al. 1977). Wird die Plazenta nach der Methode von Wolf et al. (1987) in Parallelschnitten von 2 cm gemessen, beträgt der Standard Error zwischen 10 und 50 ml. Die Berechnungsformel ist der Originalarbeit zu entnehmen. Das Verhältnis Plazenta/Foetus nimmt bei normalen Schwangerschaften von ± 0,3 in der 25. Woche auf ± 0,15 am Geburtstermin ab. Dieses Verhältnis ist bei foetaler Retardierung kleiner (Kloosterman 1970). Einer späteren Retardierung geht bereits in der ersten Schwangerschaftshälfte eine Störung der Plazentaentwicklung mit einer

Sensitivität und Spezifität von rund 90 % voraus (Hoogland et al. 1980, Wolf et al. 1989). Bei Diabetes mellitus muß jedoch bedacht werden, daß die Kombination eines foetalen Hyperinsulinismus mit trophischen Störungen einer Plazentainsuffizienz kombiniert sein kann, die einander in ihrer Auswirkung auf das foetale Gewicht aufheben. Aus der insulinogenen Wachstumsprotektion und der hypotrophen Wachstumsreduktion kann eine normal große Plazenta resultieren, während der Foetus zweifach beeinträchtigt ist. Eine normal große Plazenta kann daher eine foetale Beeinträchtigung nicht ausschließen.

Das Polyhydramnion ist eine häufige Komplikation bei Diabetischen Schwangeren (Tabelle 2). Die Inzidenz ist jedoch auch bei Glukosetoleranzstörungen beträchtlich (Engelhardt 1974). Es kann einerseits durch die osmotische Wirkung der Glukose im Fruchtwasser und andererseits durch eine Polakisurie, Störungen der Magenpassage und Schluckstörungen des Foetus bei diabetogener Foetopathie verursacht sein. Liegen dem Polyhydramnion keine foetalen Fehlbildungen zugrunde, beruht dieses mit hoher Wahrscheinlichkeit auf einer persistierenden mütterlichen Hyperglykämie bei unzureichender Stoffwechselführung. Bei 14 Diabetikerinnen, die zwischen der 27. und der 33. Schwangerschaftswoche mit Polyhydramnion zugewiesen wurden, hatte sich die Fruchtwassermenge durch eine normoglykämische Stoffwechseleinstellung in jedem einzelnen Fall normalisiert.

Bei Diabetikerinnen höherer White Klassen steht aufgrund der Makroangiopathie eine uterine Mangeldurchblutung, eine Plazentainsuffizienz und konsektive foetale Retardierung im Vordergrund (siehe auch Tabelle 2), der ein Nachhinken des Fundusstandes hinter der Gestationszeit nach sich zieht. Der „zu kleine Bauch" ist in erster Linie durch eine *Oligohydramnie* bedingt. Die Beurteilung der Fruchtwassermenge ist auf S. 375 f genauer abgehandelt. In der diabetischen Schwangerschaft ist die Beurteilung der Fruchtwassermenge dadurch kompliziert, daß Störungen die eine Oligohydramnie verursachen (Plazentainsuffizienz, Retardierung, Fehlbildung) mit Störungen die ein Polyhydramnion verursachen (diabetogen bedingte foetale Schluckstörungen, foetale Polakisurie wegen Hyperglykämie, Fehlbildungen etc.) kombiniert sein können. Eine normale Fruchtwassermenge schließt daher eine Plazentainsuffizienz nicht aus.

Bei Vorliegen eines *Polyhydramnions* muß an eine Foetopathie, eine foetale Fehlbildung oder eine mütterliche Hypothyreose gedacht werden.

Foetale *Atembewegungen* und die Frequenz der *Kindesbewegungen* werden ebenfalls von der aktuellen mütterlichen Stoffwechselsituation beeinflußt und sind im Kapitel: Foetale Bewegungsmuster bei Diabetes mellitus beschrieben (S. 378).

12.25 Schwangerenvorsorge

Die Schwangerenvorsorge der Diabetikerin sollte aus psychologischen, aber auch aus finanziellen Gründen möglichst ambulant durchgeführt werden (Drury et al. 1983, Gillmer et al. 1984, Murphy et al. 1984). Bei komplikationslosem Schwangerschaftsverlauf sind zunächst ambulante Kontrollen im Abstand von 14 Tagen ausreichend. Auch die Telemedizin kann beim Management schwangere Diabetikerinnen zur Anwendung kommen, und vermag die Stoffwechselqualität zu verbessern (Frost und Beischer 2000). Entsprechend den vermutlichen individuellen Risken erfolgt eine engmaschigere Kontrolle ab der 32. bis 36. Woche. Durch 2mal wöchentliche CTG-Kontrollen (NST) (Golde et al. 1984; Landon et al. 1991, 1992; Kjos et al. 1995), biophysikalische Profile (Dicker et al. 1988, Johnson et al. 1988) oder Oxytozin-Belastungstests (OBT, CST) (Lagrew et al. 1993, Quaas et al. 1986) können perinatale Verluste minimiert werden. Wir ziehen den non-stress test (NST) für das regelmäßige Monitoring vor, da er bei ausreichender Effizienz (Kjos et al. 1995) mit dem geringsten Aufwand verbunden ist. Einen OBT führen wir nur bei bestimmten Indikationen durch, da mit bis zu 40 % falsch positiven Resultaten zu rechnen ist. Darüber hinaus kann ein OBT bei der Frühgeburtsneigung der Diabetikerinnen ungewollt eine Frühgeburt auslösen.

Neben den geburtshilflichen Untersuchungen und der Kontrolle des Stoffwechsels erfolgt bei jeder Konsultation eine weitere Diabetesschulung, indem die Protokolle der Blutzuckerselbstkontrolle und die Anpassung der Insulintherapie an die selbst gemessenen Blutzuckerwerte mit der Patientin besprochen werden.

12.26 Stationäre Behandlung

Über Vor- und Nachteile einer routinemäßigen stationären Behandlung diabetischer Schwangerer sind die Ansichten uneinheitlich. In verschiedenen Zentren erfolgt eine intermittierende Hospitalisierung diabetischer Schwangerer (Goldstein et al. 1978, Gabbe et al. 1977, Diamond et al. 1985, Quass et al. 1986, Landon et al. 1987, Vytiska-Birnstorfer 1987, Nielsen und Nielsen 1993), wobei bis zu vier stationäre Aufenthalte vorgesehen sind (Fuhrmann 1982), während andere Behandlungszentren (Jeffery et al. 1977, Gyves et al. 1977, Drury et al. 1977, Corwin 1979) auf regelmäßige Aufnahmen verzichten. Dementsprechend beträgt die Dauer des stationären Aufenthaltes zwischen 7,2 Tagen (Corwin 1979) und etwa 60 Tagen (Fuhrmann 1982).

Auch der Zeitpunkt der Hospitalisation vor der Geburt wird unterschiedlich angegeben. Martin et al. (1979) empfehlen die stationäre Aufnahme ein bis zwei Wochen vor dem von Priscilla White vorgeschlagenen Entbindungszeitpunkt der einzelnen Diabetesklassen, während andere generell eine Aufnahme ab der 28. (Gugliucci et al. 1976), 32. (Fuhrmann 1982) oder 34. Woche (Gyves et al. 1977, Goldstein et al. 1978, Gabbe et al. 1977) fordern. Mit zunehmender Anwendung der Blutzuckerselbstkontrolle und der Insulinselbstanpassung der Patienten kann auf die Hospitalisierung mehr und mehr verzichtet werden. Eine erfolgreiche Betreuung diabetischer Schwangerer durch ambulante Kontrollen ist fast immer möglich

(Lewis et al. 1976, Corwin 1979, Peacock et al. 1979, Schneider et al. 1980, Steldinger und Weber 1981, Drury et al. 1983, Drucker et al. 1983, Hanson et al. 1984, Gillmer et al. 1984, Murphy et al. 1984, Hare 1991, Seelbach-Göbel et al. 1995).

Die Behandlungskosten werden dadurch auf weniger als ein Viertel gesenkt (Schneider et al. 1980). Wir empfehlen, schwangere Diabetikerinnen bei Übernahme der Behandlung für drei bis sieben Tage aufzunehmen. In dieser Zeit kann eine Durchuntersuchung, eine normoglykämische Stoffwechseleinstellung und vor allem eine intensive Schulung eingeleitet werden. Die weitere Betreuung und Schulung soll ambulant durchgeführt werden. Stationäre Aufnahmen erfolgen ausschließlich bei Komplikationen, wie Präeklampsie, Harnwegsinfekt, Stoffwechselentgleisung, foetale Retardierung, erhöhte Fruchtwasserinsulinwerte, Polyhydramnion etc. Ist die Patientin inkooperativ oder aufgrund ihrer mentalen Voraussetzungen nicht in der Lage, eine Blutzuckerselbstkontrolle und Insulindosisanpassung durchzuführen, lassen sich allerdings längere stationäre Aufenthalte nicht vermeiden. Bei stabiler Stoffwechsellage und normalen foetalen Parametern (Foetometrie, CTG, Fruchtwasserinsulingehalt) kann die Aufnahme zur Geburt, unabhängig von der White-Klasse, bei spontanem Wehenbeginn oder bei Überschreitung des Geburtstermines erfolgen.

12.27 Der Zeitpunkt der Geburt

12.27.1 Terminisierung der Geburt

Wurde noch vor 20 Jahren in Abhängigkeit vom White-Stadium die Geburt ab der 35. Woche eingeleitet, so wurde später die Schwangerschaft bei Diabetes mellitus vorwiegend in der 37. bis 38. Woche beendet (Teller et al. 1976, Jeffry et al. 1977, Mølsted-Pedersen und Kühl 1986). Die Terminisierung erfolgt in vielen Zentren erst bei nachweislicher foetaler Lungenreifung (Landon et al. 1990), die durch wöchentliche Fruchtwasseruntersuchungen in der 35. bis 38. Woche bestimmt wird. In den meisten Zentren werden zwischen 55 % und 100 % der Geburten eingeleitet (Martin et al. 1979, Ayromlooi et al. 1977, Schneider et al. 1980, Drury et al. 1977, Goldstein et al. 1978, Lange et al. 1979). Eine Umfrage bei 471 Geburtshelfern ergab, daß in den USA bei Diabetes mellitus in rund 75 % der Fälle eine Geburtseinleitung erfolgt (Landon et al. 1990). Dabei erfolgt eine Einleitung vor der 38. Woche bei GDM in rund 3 % und bei IDDM in rund 19 % (Mashini et al. 1985). Mehr als die Hälfte aller Frühgeburten bei Diabetes mellitus sind daher induzierte Frühgeburten (Hopp 1990).

Wir sind der Meinung, daß mit dem heutigen therapeutischen und diagnostischen Rüstzeug eine Frequenz von 8 bis 10 % Geburtseinleitungen nicht überschritten werden muß. Dieses Vorgehen wurde von Schwarz et al. schon 1969 propagiert. Eine Geburtseinleitung sollte nur dann erfolgen, wenn objektiv nachweisbare Risiken (CTG-Alterationen, foetaler Hyperinsulinismus, Plazentainsuffizienz, Präeklampsie, Brittle Diabetes etc.) gegeben sind. Geburtseinleitungen auf der Basis eines foetalen Monitorings sind umso seltener erforderlich, je straffer die Stoffwechselkontrolle erfolgt. Vor der Möglichkeit der Blutzuckerselbstkontrolle waren bei Diabetikerinnen mit mittleren Nüchternblutzuckerwerten von 109–140 mg/dl (6,0–7,8 mM) noch in 21 % Interventionen erforderlich (GABBE et al. 1977). Nach der Entwicklung des home monitorings mit folglich straffer Kontrolle waren nur mehr 2,7 % Interventionen erforderlich (COUSTAN et al. 1980) während bei Diabetikerinnen mit extrem straffer Stoffwechselkontrolle (mittlere Blutglukose 80–87 mg/dl [4,4–4,8 mM]) schließlich überhaupt keine Interventionen erforderlich waren (JOVANOVIC et al. 1981). Dementsprechend konnten auch TERAMO et al. (1983) bei Diabetikerinnen mit CTG-Alterationen höhere HbA_{1C}-Spiegel feststellen.

Bei normalen kardiotokographischen Befunden und normalem Insulinspiegel im Fruchtwasser kann der spontane Wehenbeginn nach unseren Erfahrungen unabhängig von der White-Klasse abgewartet werden. Ähnliche Erfahrungen wurden von DRURY (1986) berichtet. Im eigenen Krankengut wurden 28 % White-B bis -R Fälle zwischen der 40. und der 41. Schwangerschaftswoche entbunden. Die mittlere Tragzeit insulinpflichtiger Diabetikerinnen (Tokolysefälle ausgeschlossen) betrug 38,6 Wochen.

12.27.2 Geburtseinleitung

Obwohl bei einer prospektiven Studie die Geburtseinleitung bei unkompliziertem Diabetes in der 38. Woche nicht mehr Komplikationen ergab als ein abwartendes Management (KJOS et al. 1993) erfolgt an der Grazer Klinik keine routinemäßige vorzeitige Einleitung. Es ist nicht einzusehen, warum eine ärztliche Intervention erfolgen soll, um gleich gute Ergebnisse als ohne Intervention zu erreichen. Eine Geburtseinleitung wegen einer erwarteten Makrosomie senkt weder die Sektiorate noch reduziert sie die neonatale Morbidität (GONEN et al. 1997). Die normale foetale Gewichtszunahme zwischen der 32. und 37. Woche beträgt im Tag 12–15 g und nach der 40. Woche bedeutend weniger (MOORE 1997). Bei einer Geburtseinleitung in der 38. Woche erspart man sich demnach nur eine foetale Gewichtszunahme von rund 170 g. Eine darüber hinausgehende Gewichtszunahme und eine mit der Gestationszeit zunehmende Anzahl makrosomer Neugeborener muß durch eine adäquate Stoffwechselführung und nicht durch eine vorzeitige Geburtseinleitung verhindert werden. Die vorzeitige Geburtseinleitung ist ausschließlich eine Geburtsgewichtskosmetik, wodurch der foetale Hyperinsulinismus mit eventuellen Spätfolgen nicht verhindert wird. Bei vorzeitiger Einleitung muß auch bedacht werden, daß eventuelle geburtsmechanische Schwierigkeiten durch ein disproportioniertes Wachstum und nicht durch das Gewicht an sich entstehen.

Ist eine Geburtseinleitung indiziert, empfiehlt sich die intravaginale Anwendung von Prostaglandin E_2. SHEPHERD et al. (1981) konnten durch die intravaginale Prostaglandinapplikation bei 1000 unausgewählten Schwangeren die Rate mißglückter Geburtseinleitungen von 42 % auf 2,5 % senken. Im eigenen Patientengut kam es nach intravaginaler Applikation von Prostaglandintabletten (PGE_2, 3 mg) bei Erst- bzw. Mehrgebärenden bei einem Pelvic-Score (Bishop 1964) von über 7 in 93,8 bzw. 100 % zur Geburt. Bei einem Pelvic Score unter 7 war die Einleitung bei 48 bzw. 75 % erfolgreich (Lichtenegger und Zeichen 1982). Führt dieses Vorgehen nicht unmittelbar zur Geburt, so bewirkt es zumindest eine Zervixreifung (Priming), die eine nachfolgende Geburtseinleitung durch eine weitere intravaginale Prostaglandingabe oder intravenöse Wehenmittelgabe erleichtert. Die Geburtseinleitung bei der Diabetikerin sollte zunächst mit 1,5 mg PGE_2 intravaginal versucht werden und hat selbstverständlich unter foetalem Monitoring zu erfolgen.

12.27.3 Tokolyse

Die Frühgeburtlichkeit bei Diabetes mellitus ist deutlich erhöht. Sie wird mit 11 bis 31 % angegeben (Haukkamaa et al. 1980, Auinger 1978, Fuhrmann et al. 1977, Mimouni et al. 1988, Greene et al. 1989, Hopp 1990). Korrekte Zahlen sind wegen der hohen Anzahl iatrogener Frühgeburten bei Diabetes kaum verfügbar. Knaben neigen eher zur Frühgeburt als Mädchen (Greene et al. 1989). Dabei steigt die Frühgeburtenrate mit zunehmender White Klasse (Hopp 1990). Die Frühgeburtenrate ist erhöht bei Hypertension (Greene et al. 1989), bei foetalem Hyperinsulinismus (Weiss et al. 1988, 1998), bei schlechter Stoffwechselführung im zweiten Trimester und bei Harnwegsinfekten (Mimouni et al. 1988). Bei Schwangeren mit vorzeitigen Wehen sind die Serum Aktivin-A Konzentrationen gegenüber wehenlosen Kontrollen erhöht (~89 vs. 25 µg/l). GDM haben ebenfalls erhöhte Serum Aktivin-A Konzentrationen (~52 µg/l) und eine entsprechend erhöhte Frühgeburtsneigung. Die erhöhten Aktivin-A Spiegel bei Diabetes fallen jedoch unter adäquater Insulintherapie in den Normbereich (~10 µg/l) (Petraglia et al. 1995). Analog dazu nimmt die Frühgeburtlichkeit ab (Weiss et al. 1988). Die beste Frühgeburtenprophylaxe bei Diabetes ist daher eine optimale Stoffwechselkontrolle.

Fehlbildungen tendieren ebenfalls zur Frühgeburt (Barnett et al. 1980). Bei Frühgeburtsbestrebungen sollte daher stets nach Fehlbildungen gefahndet werden um unnötige Interventionen zu vermeiden (Weiss 1994).

Die drei Säulen der Behandlung vorzeitiger Wehen sind die Ruhigstellung (Bettruhe), die medikamentöse Wehenhemmung und die Induktion der Lungenreife (Reiher und Somville 1998). Die medikamentöse Behandlung vorzeitiger Wehen erfolgt in erster Linie mit Betamimetika. Diese beeinflussen jedoch den Kohlenhydratstoffwechsel im Sinne einer Herabsetzung der Glukosetoleranz (Urban et al. 1972). Bei Stoffwechselgesunden ist neben einem Anstieg der Blutglukose und der freien Fettsäuren auch ein Anstieg des Glukagon- und Insulinspiegels zu beobachten (Lipshitz und Vinik 1978, Kauppila et al. 1978). Die mittlere Blutglukose steigt um rund 40 mg/dl (2,2 mM) an (Smythe und Sakakini 1981).

Bei insulinpflichtigen Diabetikerinnen hingegen kann der Stoffwechsel unter Betamimetikabehandlung außer Kontrolle geraten (Thomas et al.

1977, Lunell et al. 1977, Fredholm et al. 1978, Barnett et al. 1980, Van Lierde et al. 1982, Mordes et al. 1982). Es besteht ein hohes Risiko einer diabetogenen Ketoazidose (Thomas et al. 1977, Leslie et al. 1978, Barnett et al. 1980). Der Insulinbedarf kann sich besonders zu Behandlungsbeginn bis auf das Vierfache erhöhen (Barnett et al. 1980, Rost et al. 1982, Reiher und Somville 1998). Nach ungefähr drei Tagen stabilisiert sich der Mehrbedarf an Insulin auf etwa +50 %. Engmaschige Blutzuckerkontrollen und eine sorgfältige Anpassung der Insulintherapie an den erhöhten Bedarf sind erforderlich, um eine Stoffwechselentgleisung zu verhindern. Besonders bei Schwangeren mit labilem Stoffwechsel ist eine simultane Behandlung mit einer intravenösen Insulininfusion von ~16 E/h als Startdosis ratsam (Barnett et al. 1980). Zu Beginn einer tokolytischen Behandlung kann auch der Einsatz des Biostators (closed loop) sehr hilfreich sein.

Als Ausweg ist eine Tokolyse mit stoffwechselneutralen Medikamenten möglich. Von Elliott (1983) wurden gute Erfolge einer Tokolyse mit Magnesiumsulfat mitgeteilt. Da von Magnesiumsulfat keine Auswirkungen auf den Kohlenhydratstoffwechsel zu erwarten sind, könnte mit seiner Anwendung eine Alternative für Diabetikerinnen gegeben sein. So wurde von Hill et al. (1984) über eine erfolgreiche Tokolyse bei Diabetikerinnen ohne Auswirkungen auf den Stoffwechsel berichtet. Magnesiumsulfat kann allerdings nur parenteral verabreicht werden. Die Autoren verabreichen einen Bolus von 4 g Magnesiumsulfat und applizieren im weiteren 1–2 g/h per infusionem um einen Serummagnesiumspiegel von 4–6 mg/dl aufrecht zu erhalten. Die Behandlungsdauer betrug bis zu 427 Stunden. Der Nachteil einer Tokolyse mit Magnesiumsulfat liegt in der Notwendigkeit einer engmaschigen klinischen (Atemfrequenz, Reflexe, Blutdruck, Harnausscheidung, EKG) und labormedizinischen (Mg, Elektrolyte, Säure-Basen-Haushalt) Überwachung.

Bei Zeichen einer beginnenden Magnesiumintoxikation (Tabelle 170) ist die Zufuhr abzusetzen. Als Antidot wirkt 10 % Kalziumglukonatlösung (10–20 ml). Bei schwerer Intoxikation kann sogar eine Hämo- oder Peritonealdialyse erforderlich werden. Bei gleichzeitiger Anwendung von Magnesium und anderen Medikamenten müssen auch eventuelle Wechselwirkungen beachtet werden (siehe S. 70).

Tabelle 170. Toxische Wirkungen erhöhter Magnesiumspiegel im Plasma

Mg-Plasmakonzentration mmol/L	Symptome und unerwünschte Wirkungen
> 1,5	Blutdruckabfall, Brechreiz, Erbrechen
> 2,5	ZNS, Depressionen
> 3,5	Hyporeflexie, EKG-Veränderungen
> 5,0	Beginnende Atemdepression
> 5,5	Koma
> 7,0	Herzstillstand, Atemlähmung

12.28 Induktion der Lungenreifung

Bei rund der Hälfte der Tokolysen wird die Verabreichung von Glukokortikoiden zur Lungeninduktion erforderlich sein. Glukokortikoide bewirken einen Anstieg der mütterlichen Blutglukose und einen höheren Insulinbedarf (etwa +50 %). Betamethason ist plazentagängig. Der foetale Plasmaspiegel beträgt rund ein Drittel des mütterlichen Plasmaspiegels. Es erfolgt eine Bindung an Glukokortikoidrezeptoren der Foetalen Lunge und damit eine Förderung der Lungenreifung (Haynes 1990, Gross 1990). Die Spontangeburt induziert die natürliche foetale Kortisolproduktion. Neugeboren nach Sektio haben niedrigere Kortisolspiegel (Bird et al. 1996). Glukokortikoidgaben sind daher vor allem bei geplanter Sektio vor der 38. Woche erforderlich.

Als Stoffwechselneutrale Alternative kann Ambroxol (Mucosolvan®) zur Induktion der Lungenreifung eingesetzt werden, welches in einer Dosierung von 1 g/Tag als Kurzinfusion verabreicht wird (Lorenz et al. 1974, Zahn et al. 1978, Müller-Tyl und Salzer 1978). Unter dieser Behandlung kann das Atemnotsyndrom bei Frühgeborenen deutlich reduziert werden (Löwenberg et al. 1981). Auch Acetyl-L-Carnitin wurde zur Induktion der Lungenreife eingesetzt. Gute Erfolge der RDS-Prophylaxe bei Diabetes könnten in Hinkunft durch die Behandlung mit DIMIT (3,5-Dimethyl-3-Isopropyl-L-Thyronin) erzielbar sein (Neufeld und Melmed 1981), die gleichzeitig auch zu einer Senkung der Blutglukose führt. Die Behandlungsmethode befindet sich jedoch noch im Stadium des Tierversuches.

Bei Diabetikerinnen mit erhöhtem Blutdruck (Präeklampsie) kann Labetalol (Trandate®) in einer Dosierung von 300–700 mg verabreicht werden, da es neben der antihypertensiven Wirkung die foetale Lungenreife induziert (Michael 1980).

Andere Medikamente wie Bromhexin Metabolit VIII und Isoxsuprin bewirken ebenfalls eine Reifungsinduktion der Lunge (Kuss 1976).

Bei Heroinsüchtigen ist keine Induktion der Lungenreife erforderlich, da Heroin per se eine maximale Induktion bewirkt.

12.29 Geburtsmodus – Sektioindikation

12.29.1 Sektioraten – Sektioindikationen

Der Diabetes mellitus ist weltweit mit einer erhöhten Sektiorate assoziiert (Moore et al. 1994, Nasrat et al. 1996, Rey et al. 1996, Zhu et al. 1997, Casey et al. 1997, Diani et al. 1997, Elmallah et al. 1997, Jang et al. 1997, Ventura et al. 1998). Dabei ist es unerheblich ob eine Makrosomie vorliegt oder nicht (Buchanan et al. 1994). Nahezu zwei Drittel der IDDM und ein Drittel der GDM werden wegen ihres Diabetes einem Kaiserschnitt unterzogen. Werden medizinische Indikationen abgezogen unterliegen 89 % der IDDM und 45 % der GDM nur wegen der Diagnose „Diabetes" einem Kaiserschnitt (Remsberg et al. 1999). Knaben unterliegen häufiger einer Sektio als

Mädchen. Die male/female Ratio bei Typ-1 Diabetes beträgt 1,20–1,56 (HALL und CARR-HILL 1982, HARLOW et al. 1995). Diese Asymmetrie ist jedoch bei GDM nicht nachweisbar (KNIGHTS et al. 2000).

Die Häufigkeit von Schnittentbindungen zur Lösung geburtshilflicher Probleme ist in den letzten Dezennien sowohl in Europa als auch in den USA generell auf das Dreifache angestiegen. Da das Ausmaß der perinatalen Mortalität im gleichen Zeitraum drastisch gesunken ist, ist man versucht, einen kausalen Zusammenhang herzustellen. O'DRISCOLL und FOLEY (1983) konnten jedoch am Geburtengut des Maternity Hospitals in Dublin zeigen, daß die perinatale Mortalität in den letzten 10 Jahren bei gleichbleibender Sektiorate zumindest ebenso deutlich gesunken ist wie in Zentren mit ansteigender Sektiorate. Eine Reihe weiterer Untersuchungen kommt zum gleichen Ergebnis (WEISS 1994). Vieles weist darauf hin, daß bessere geburtshilfliche Ergebnisse in erster Linie auf eine verbesserte Schwangerenvorsorge, Geburtenüberwachung und auf Fortschritte in der Neonatologie zurückzuführen sind. Dies gilt vor allem auch für die Schwangerschaft bei Diabetes mellitus. So konnte etwa die mittlere Gestationszeit im Rikshospitalet, Oslo, zwischen 1970 und 1977 durch die Verbesserung des Managements von 256 Tagen auf 262 Tage verlängert werden was mit einer Senkung der Sektiorate von ~90 % auf ~40 % und gleichzeitig mit besseren geburtshilflichen Ergebnissen assoziiert war (JERVELL et al. 1979). ROVERSI (1985) konnte bei diabetischen Schwangeren zwischen 1963 und 1975 auf eine Sektiorate von 24,6 % und eine perinatale Mortalität von 1,9 % verweisen. DRURY (1986) berichtet über eine Sektiorate von 29,9 %.

Der Diabetes mellitus an sich ist keine Indikation zur Schnittentbindung, da diese, abgesehen von den Nachteilen für die Mutter (DIAMOND et al. 1983, WEISS 1994) auch nicht die schonendste Entbindungsart für das Kind ist (NIESEN 1978, DRURY et al. 1977, PLOTZ et al. 1978, SCHOETZAU und HILLERBRAND 1990, WEISS 1994). *Darüber hinaus beträgt das relative Risiko einer Diabetesvererbung bei Kindern von IDDM nach einer Schnittentbindung im Vergleich zur Vaginalgeburt 1,7* (DAHLQUIST und KÄLLEN 1992, PATTERSON et al. 1994). Diabetikerinnen haben nach Vaginalgeburten weniger Komplikationen und kürzere Erholungszeiten (DIAMOND et al. 1986, FLAMM et al. 1994, OWEN und ANDREWS 1994, GARNER 1995).

Untersuchungen des Säure-Basenhaushaltes bei reifen Neonaten (THALME et al. 1975) und Untersuchungen zur Häufigkeit perinataler Hirnblutungen in Abhängigkeit vom Geburtsmodus (BROCKERHOFF et al. 1981, WEISS 1994) ergaben keine Vorteile für die Schnittentbindung. Selbst für das Frühgeborene bringt die Schnittentbindung bei Diabetes mellitus gegenüber der vaginalen Entbindung eher Nachteile (USHER et al. 1971, ROBERT et al. 1975, Übersicht bei WEISS 1994). Bei einer Grazer Frühgeborenenanalyse war die Rate an Atemnotsyndromen nach Sektio insgesamt 2,9mal höher als bei Vaginalgeborenen (WEISS 1994). Bei Diabetikerinnen führt ein Kaiserschnitt durch die Kombination des diabetes- und sektioassoziierten RDS-Risikos zu einer 6fachen RDS-Rate. Nach Untersuchungen von USHER et al. (1971) entwickelten Neugeborene von Diabetikerinnen zwischen der

35. und der 36. Woche nach Spontangeburt in 5,4 %, nach Sektio hingegen in 31,8 % ein RDS. Das RDS war nach einer Sektio nicht nur häufiger, sondern auch stärker ausgeprägt. Während die RDS-Letalität nach vaginaler Geburt 4,8 % betrug, betrug diese nach Sektioentbindung 18,5 %. Das RDS wiederum ist mit einer höheren Wahrscheinlichkeit einer Diabetesvererbung assoziiert (Dahlquist und Källen 1992).

Es ist unwahrscheinlich, daß die Schnittentbindung an sich bei einer Nephropathie oder Retinopathie, die häufig als Sektioindikation gelten, für die Mutter Vorteile bringen kann. Der Operationsschock, die Möglichkeit eines stärkeren Blutverlustes mit hypovolämischem Schock, sowie die katabole Situation nach Operationen mit Ketoazidosetendenz der Diabetikerinnen führen zu zusätzlichen Komplikationen. Solche sind auch bei postoperativen Infektionen nach Kaiserschnitt zu erwarten. Auch bei gut geführten Diabetikerinnen sind die Serum-IgG- und IgM-Spiegel signifikant erniedrigt (Fischer 1984). Darüber hinaus beeinträchtigen Defekte der Chemotaxis, Adhaerenz und Phagozytose der Granulozyten bei Diabetikerinnen die körpereigene Abwehr von bakteriellen- und Pilzinfektionen (Rayfield et al. 1982), wodurch das postoperative Infektionsrisiko, unabhängig von der Stoffwechselqualität, signifikant erhöht ist (Diamond et al. 1983, 1986; Stamler et al. 1990). Das postoperative Infektionsrisiko mit Fieber und dem Anfall von Toxinen nach Kaiserschnitt ist nach Diamond et al. (1983) bei Diabetes auf das sechsfache erhöht. Im Vordergrund stehen dabei, wie auch bei Stoffwechselgesunden, die Endometritis, Wundinfektionen, septische pelvine Thrombophlebitiden und Harnwegsinfekte. Es gibt jedoch auch Untersuchungen nach denen eine Infektion nach Sektio bei Diabetikerinnen durch eine Antibiotikaprophylaxe weitestgehend vermieden werden kann (Riley et al. 1996).

Moloney und Drury (1982) konnten auch keine negativen Auswirkungen der Spontangeburt auf eine proliferative Retinopathie feststellen. Soll der Schwangeren aus ophthalmologischer Indikation das Pressen erspart werden, kann dies durch eine Beckenausgangszange oder Vakuumextraktion erreicht werden.

Die durchschnittliche Sektiofrequenz an Diabeteszentren betrug vor etwa 10–15 Jahren bei IDDM ~44 % (s. Tabelle 2). Sie kann heute mit ~70 % angenommen werden. Werden Frauen mit GDM und IDDM gemeinsam ausgewertet, ist die Sektiorate niedriger. Eine Umfrage bei 471 Geburtshelfern in den USA ergab bei gemeinsamer Auswertung eine Rate von ~45 %. Dabei haben ältere Geburtshelfer niedrigere Sektioraten, insbesondere bei großem Kind (Landon et al. 1990). Ein beträchtlicher Anteil der Schnittentbindungen bei Diabetes beruht auf mißglückten Einleitungsversuchen (Cousins 1987) und auf der Angst des Geburtshelfers vor dem unvermutet auftretenden intrauterinen Fruchttod. Da sich dieser in erster Linie bei foetalem Hyperinsulinismus ereignet (North et al. 1977), kann durch die richtige Beurteilung der foetalen Stoffwechselsituation (s. S. 82, 320) diese Indikation entfallen.

Auch bei GDM werden Sektioraten von 30 % und darüber angegeben (Coetzee und Jackson 1979, Coustan und Imarah 1984, Philipson et al. 1985,

Leikin et al. 1987, Thompson et al. 1990, Gestation and Diabetes in France Study Group 1991, Goldman et al. 1991, Landon et al. 1991). Es gibt jedoch Hinweise darauf, daß die Sektioraten vom betreuenden Geburtshelfer abhängen (Goldman et al. 1991, Buchanan et al. 1994, Naylor et al. 1996). Die Kenntnis eines GDM oder die Tatsache einer Insulinbehandlung kann eine großzügigeren Anwendung der Sektio suggerieren (Remsberg et al. 1999, Moses et al. 2000). Bei einer Studie von Buchanan et al. (1994) wurde bei mildem Gestationsdiabetes und Hinweisen auf eine Makrosomie entweder eine Diätbehandlung oder eine Insulinbehandlung durchgeführt. Trotzdem in der insulinbehandelten Gruppe signifikant weniger Makrosomien auftraten war die Sektiorate höher.

Die Diagnose eines großen Kindes führt ebenfalls gehäuft zur Sektio (Parks und Ziel 1978, Dor et al. 1984, O'Leary und Leonetti 1990, Conway und Langer 1998). Bei mütterlichem Diabetes sind die Geburthelfer eher geneigt, ein großes Kind zu diagnostizieren als bei stoffwechselgesunden Schwangeren (Remsberg et al. 1999). Um nachzuweisen, daß eher die sonographische Vorhersage eines makrosomen Kindes als das tatsächliche Gewicht das klinische Management und outcome beeinflussen, wurden richtig negativ mit falsch positiv und falsch negativ prognostizierte Makrosomien verglichen. Die falsche Diagnose einer Makrosomie bei normal großen Kindern hatte eine signifikante Erhöhung der Sektiorate zur Folge (Levine et al. 1992). Nach Analysen von Weeks et al. (1995) zieht die routinemäßige antenatale Bestimmung einer Makrosomie eine deutliche Erhöhung der Sektiorate, ohne Senkung der Schulterdystokie und foetaler Verletzungen nach sich und wird daher abgelehnt. Mehr als 50 % der Klavikularfrakturen und 25 % der Erbschen Lähmungen sind bei Neugeborenen ohne Makrosomie zu finden (Peleg et al. 1997) und ein Kaiserschnitt kann ebenfalls mit Plexuslähmungen verbunden sein (Gherman et al. 1997). Die meisten Schulterdydstokien (93 %) und Geburtsverletzungen ereignen sich bei Kindern ohne Makrosomie und sind daher kaum zu verhindern (Keller et al. 1991, Gonen et al. 1996).

Im eigenen Krankengut betrug die Kaiserschnittrate bei IDDM zwischen 1978 und 1983 43,9 %. Da unserer Klinik aus einem großen Zuzugsgebiet viele Schwangere mit vorangegangenem Kaiserschnitt unbekannter Operationstechnik zugewiesen werden, ist die Sektiofrequenz durch dieses Erbe belastet. Bei IDDM, die ohne vorangegangenen Kaiserschnitt betreut wurden, betrug die Sektiofrequenz rund 33 %. Man kann daraus schließen, daß bei guter Behandlung und Überwachung während der Schwangerschaft die Sektiorate von durchschnittlich zwei Drittel auf rund ein Drittel gesenkt werden kann.

Bei GDM war die Sektiorate an unserer Klinik stets in der gleichen Größenordnung wie die generelle Sektiorate. Sie betrug bei einer Auswertung in den späten 80er Jahren rund 10 % (Tabelle 171) und beträgt heute zwischen 10 und 15 %.

Wird zur Sektioindikation nach einem strengen Protokoll vorgegangen, führt die Kenntnis eines GDM zu keiner erhöhten Sektiorate (Langer et al. 1994, Moses et al. 2000). Nach einer Untersuchung von Moses (2000) unter-

Tabelle 171. Geburtshilfliche Ergebnisse bei 542 GDM (442 normoinsulinämisch, 100 hyperinsulinämisch) im Vergleich zu 46.811 Hintergrundgeburten

	Kontrollen	GDM
N	46811	542
Gestationsalter	39,7	39,2
Geburtsgewicht g (±SD)	3390 (±520)	3336 (±543)
>90%ile	9,8 %	9,5 %
>4000 g	7,4 %	5,5 %
Sektiorate	10,6 %	10,0 %
Frühgeburt (<38. Wo)	5,8 %	6,4 %
Apgar 5 min	9,8	9,8
NApH	7,25	7,24
PNM	1,0 %	0,7 %

scheidet sich auch die Zusammensetzung der verschiedenen Sektioindikationen nicht von jener bei Stoffwechselgesunden.

Die Tabellen 172 A und 172 B zeigen die Haupt- und Nebenindikationen zur Sektio sowie deren quantitative Bedeutung hinsichtlich der Sektiofrequenz an der Grazer Frauenklinik.

Die Indikationen zur Sektio unterscheiden sich qualitativ nicht von jenen bei Stoffwechselgesunden. Dies gilt auch für die primäre Sektioindikation. Im Vordergrund stehen jedoch CTG-Alterationen (Tabelle 172 B) wobei Dezelerationen (3,6faches Sektiorisiko), ein Oszillationsverlust (2,7-

Tabelle 172 A. Grazer Diabetesanalysen. Sektioindikationen bei 123 insulinpflichtigen Diabetikerinnen

Hauptindikation	Fallzahl	(%)	Zusätzliche Nebenindikationen (Tabelle 172 B)
Zust. nach Kaiserschnitt	12	9,8	1, 1, 1, 2, 3, 4, 4, 4, 5, 5, 8, 10, 10, 11, 12
Zust. nach wiederholtem Kaiserschnitt	6	4,9	1. 3. 4
Kombination von Nebenindikationen	8	6,5	1, 1, 1, 1, 2, 3, 3, 3, 4, 4, 5, 6, 6, 6, 7, 7, 7, 9, 11, 11
Beckenendlage	7	5,7	1, 1, 2, 2, 2, 3, 4, 6, 6, 7, 7, 9, 9, 12
Intrauterine Asphyxie	6	4,9	1, 1, 1, 2, 2, 5, 8, 8
Schädel-Becken-Mißverhältnis	6	4,9	1, 1, 1, 2, 2, 5, 5, 8, 10
Einstellungsanomalien	4	3,3	1, 1, 8, 10, 13, 13, 14, 14
Uterusfehlbildungen	3	2,4	A, 3, 6, B,1, 9, C
Querlage	2	1,6	2, 3, 15
Total	54	43,9	

Tabelle 172 B. Grazer Diabetesanalysen. Nebenindikationen bei 123 insulinpflichtigen Diabetikerinnen nach der Häufigkeit geordnet

Nebenindikation	Fallzahl	Nebenindikation	Fallzahl
1 CTG-Alterationen	18	10 Mißfärbiges Fruchtwasser	4
2 Vorzeitiger Blasensprung	9	11 Foetopathie	3
3 Präeklampsie	8	12 Zwillinge	2
4 Totgeburt i. d. Anamnese	7	13 Hoher Schrägstand	2
5 Protrahierte Geburt	6	14 Hoher Geradstand	2
6 Frühgeburt	6	15 Polyhydramnion	1
7 Alte Primipara	5	A Uterus bicornis, Vaginalseptum	1
8 Skalp pH <7,2	5	B Uterus arcuatus	1
9 Pränatale Dystrophie	4	C Uterus Duplex	1

faches Sektiorisiko) und besonders die Kombination dieser Abweichungen (5,6faches Sektiorisiko) innerhalb von vier Tagen vor Wehenbeginn auf eine hohe Sektiowahrscheinlichkeit hinweisen (Kjos et al. 1995). Diabetikerinnen scheinen zu Uterusfehlbildungen zu neigen (Tabelle 172 B). Nach Untersuchungen von Remsberg et al. (1999) beträgt das relative Risiko gegenüber Stoffwechselgesunden 3,4.

Mit fortschreitender White-Klasse wird sich unter der Geburt zunehmend häufig eine Indikation zur Sektio ergeben, da mit zunehmenden Gefäßerkrankungen eine Plazentainsuffizienz und damit foetale Azidose wahrscheinlicher wird. Demnach ist die Sektiorate bei White R Diabetikerinnen mit 89 % rund dreimal höher als die 33 % Sektiorate bei White B Diabetikerinnen (Tabelle 173).

Mit zunehmendem foetalen Hyperinsulinismus und folglich zunehmender biochemischer Imbalance des Foetus wird der Geburtsstreß ebenfalls weniger toleriert. Beträgt der Insulinspiegel im Nabelschnurblut <20 µE/ml erfolgt unabhängig von der White Klasse in 29 % eine Sektio, ein Insulinspiegel von >50 µE/ml hingegen führt in 67 % zur Sektio (Tabelle 173).

Typ-1 Diabetikerinnen höherer White Klassen haben häufig relativ enge oder androide Becken. Am Beginn ihrer Erkrankung im Kindesalter sind Typ-1 Diabetikerinnen häufig größer als nichtdiabetische Kontrollen, sie haben jedoch in den ersten Jahren eine Wachstumsverzögerung (Bognetti et al. 1998). Bei Diabetesmanifestation in der Frühen Kindheit treten gehäuft Knochenwachstumsstörungen auf. Diese Störungen korrelieren mit dem HbA_{1C} Spiegel und dem Knochenalter und treten in erster Linie bei Mädchen auf, wenn diese an der Größe der Eltern gemessen werden (Ahmed et al. 1998). Während in der Vorinsulinära bei diabetischen Kindern ein totaler Wachstumsstop auftrat (Joslin et al. 1925) sind heute, bei schlechter Soffwechselführung, nur mehr Wachstumsstörungen des Skeletts nachzuweisen (Jackson 1984, Malone et al. 1986, Salardi et al. 1987, Thon et al. 1992). Die Wachstumsstörungen sind besonders ausgeprägt in der prädiabetischen Phase (Fischbein 1977, Hoskins et al. 1985, Leslie et al. 1991) und bei mangelhafter Stoffwechselführung vor der Pubertät oder in der frühen

Tabelle 173. Grazer Diabetesanalysen. Die Abhängigkeit der Sektioraten von der White Klasse und von der Höhe des Insulinspiegels im Nabelschnurblut bei Typ-1 Diabetikerinnen

White Klasse	Sektiorate %			
	Nabelschnur-insulin < 20 µE/ml	Nabelschnur-insulin 21–50 µE/ml	Nabelschnur-insulin > 50 µE/ml	Alle Fälle
B	10 %	30 %	60 %	33 %
C	0 %	57 %	67 %	46 %
D	60 %	100 %	60 %	64 %
R	67 %	100 %	100 %	89 %
B–R	29 %	52 %	67 %	49 %

Phase der Pubertät (Wise et al. 1992, Clarke et al. 1993). Holl et al. (1994) beschreiben ein temporär verzögertes Längenwachstum bei gleichzeitig verzögerter Knochenreife in den ersten 9 Jahren nach der Diabetesmanifestation mit einem Aufholwachstum nach einer Diabetesdauer von 10 Jahren. Darüber hinaus läßt sich eine Reduktion sowohl im Mineralgehalt der Knochen als auch der Knochenmasse nachweisen (Levin et al. 1976, Ringe et al. 1976, Santiago et al. 1977, Rosenbloom et al. 1977, MacNair et al. 1978, Wiske et al. 1982, Hui et al. 1985, Auwerx et al. 1988). Die beschriebenen Störungen treten besonders im Bereich der lumbalen Wirbelsäule auf.

Diabetogene Knochenwachstumsstörungen scheinen sich auch auf das Wachstum des knöchernen Beckens und damit des Geburtskanals auszuwirken. Dabei ist die GH Sekretion erhöht, während GH-BP und IGF-1 niedrig ist (Lanes et al. 1985, Edge et al. 1990, Holl et al. 1993). Der steile pubertäre Abfall der Sexual-Hormon-Bindenden-Globuline (SHBG) bei Mädchen mit IDDM könnte durch erhöhte freie Androgenspiegel während der Adrenarche das Knochenalter vorantreiben (Ahmed et al. 1998). Nach eigenen Untersuchungen haben Frauen mit Diabetesmanifestation im frühen Kindesalter im Reproduktionsalter nicht näher definierbare androide Ausformungen des knöchernen Beckens im Gefolge, wodurch bei Schwangerschaften das relative Sektiorisiko erhöht ist. Während die Distantia spinarum, cristarum, trochanterica sowie die Conjugata externa und vera bei White-B-Diabetikerinnen im Mittel 26,0, 29,6, 33,9, 21,7 und 11,7 cm mißt, betragen diese Maße bei White-R-Diabetikerinnen 24,4, 27,9, 32,0, 20,9 und 11,3 cm. Der Unterschied zwischen den Maßen der Distantia spinarum und cristarum ist statistisch signifikant.

12.29.2 Sektio und Schulterdystokie

Das Risiko einer Schulterdystokie oder eines Geburtstraumas kann weder antenatal (Weeks et al. 1995, Gonen et al. 1996) noch anhand des Geburtsverlaufes (McFarland et al. 1995) exakt vorhergesagt werden. Generell wird die Rate der Schulterdystokien bei nicht diabetischen Schwangeren mit 0,25–1,2 % und bei Diabetikerinnen mit 23–31 % angegeben. Die Definition einer Schulterdystokie erfolgt zumeist durch die Notwendigkeit verschiedener Manöver zur Entwicklung der Schultern (RESNIK 1980). Die Raten sind insbesondere dann höher, wenn eine Kopf zu Rumpf Entbindungszeit von mehr als 60 Sekunden zur Definition herangezogen wird (SPONG et al. 1995). Bei Kindern über 4000 g wird eine längere Geburtsdauer, mit einer Häufung von mütterlichen und kindlichen Geburtstraumen, Schulterdystokien (BENEDETTI et al. 1978, COUSTAN und IMARAH 1984, ACKER et al. 1985, KITZMILLER et al. 1988, SUSA 1988, GREEN und SOOHOO 1989, O'LEARY und LEONETTI 1990, HERNANDEZ und WENDEL 1990, LANDON et al. 1991, BALLARD et al. 1993, LANGER et al. 1994) und eine höhere Sektiorate beschrieben (PARKS und ZIEL 1978, MODANLOU et al. 1980, MODANLOU et al. 1982, SUSA 1988). Dabei ist bei Kindern mit einem Geburtsgewicht zwischen 4000 g und 4500 g in 8–10 % und bei einem Geburtsgewicht > 4500 g in 20–30 % mit einer Schulterdystokie zu rechnen (LIPSCOMB et al. 1995). Weitere Risikofaktoren für eine Schulterdystokie sind mütterliche Adipositas, Zangenoperationen aus Beckenmitte und eine protrahierte Austreibungsperiode (GONIK et al. 1983, LEE 1987). Zur Lösung einer Schulterdystokie werden verschiedene Manöver wie das McRoberts-Manöver (Flexion der mütterlichen Hüfte) (GONIK et al. 1983), suprapubischer Druck (HARRIS 1984), Rotation des kindlichen Schultergürtels (WOODS 1943), Entwicklung des hinteren kindlichen Armes (HARRIS 1984), das Zavanelli-Manöver (SANDBERG 1985) oder die absichtliche Fraktur der kindlichen Klavikula (HARRIS 1984) beschrieben.

Die Schulterdystokie ist mit einer erhöhten perinatalen Mortalität und einer höheren mütterlichen und kindlichen Morbiditätsrate verbunden (BENEDETTI und GABBE 1978, GROSS et al. 1987, GONIK et al. 1991, O'LEARY 1992). Eine Lähmung des Plexus brachialis (Erbsche Lähmung) tritt bei Neugeborenen von Diabetikerinnen rund zehnmal häufiger auf (0,5 ‰ vs. 6 ‰) (ACKER et al. 1988, MARSHALL 1990). Seltenere Komplikationen bei Makrosomie sind Asphyxien unter der Geburt, Kephalhämatome, subdurale Blutungen, Klavikularfrakturen sowie Blutungen in Bauchorgane, Leber und Nebennierenrinde.

Wegen der möglichen Komplikationen wurde bei makrosomen Kindern eine elektive Sektio empfohlen (SPELLACY et al. 1985, LAZER et al. 1986, GROSS et al. 1987, EL MADANI et al. 1990). Diese Empfehlung wird jedoch in zunehmendem Maß kritisiert (NAGAY 1990, LANGER et al. 1991, KELLER et al. 1991, SAVAS et al. 1992, BERLE 1995). 70 % aller Geburtsverletzungen treten in der Gewichtsgruppe von 2500 bis 3999 g auf (BERLE 1995). Die meisten Schulterdystokien finden sich demnach bei normalgewichtigen Kindern (SEIGWORTH 1966, SANDMIRE und O'HALLION 1988, O'LEARY und LEONETTI 1990, LANGER et al. 1991, KELLER et al. 1991, GONEN et al. 1996). Gerade bei Diabetikerinnen ist eine elektive Sektio bei vermuteter Makrosomie nicht geeignet, die generelle Rate an Schulterdystokien zu senken (LANGER et al. 1991). Dies ist wahrscheinlich darauf zurückzuführen, daß eine diabetogene Disproportion des Schädelmaßes und der Schulterbreite auch bei

Foeten < 4000 g besteht (Modanlou et al. 1982, Hadlock et al. 1984, Langer et al. 1991, Neiger 1992, Ballard et al. 1993, Sacks 1993). Kindliche Verletzungen sind bei Vaginalgeborenen zwar häufiger, hinterlassen jedoch extrem selten bleibenden Schäden (Gordon et al. 1973, Tan 1973, Hardy 1981, Sandmire und O'Hallion 1988, McFarland et al. 1986, ACOG 1991, Nocon et al. 1993). Nach Untersuchungen von 157 vaginal entbundenen Neugeborenen > 4500 g waren 7 Erbsche Lähmungen, 7 Klavikularfrakturen und eine Humerusfraktur nach zwei Monaten spurlos ausgeheilt (Lipscomb et al. 1995). Es muß daher die sichere mütterliche Verletzung durch die Sektio gegenüber der vagen Möglichkeit einer kindlichen Verletzung abgewogen werden. Eine primäre Sektio sollte jedoch bei Diabetikerinnen mit großem Kind und vorangegangener Schulterdystokie wegen eines hohen Wiederholungsrisikos erwogen werden (O'Leary et al. 1990, O'Leary 1992). Die Wiederholungsrate einer Schulterdystokie ist mit ~14 % rund 7mal höher als die Primärrate (Lewis et al. 1995).

12.29.3 Sektio und Makrosomie

Die Bedeutung des Geburtsgewichtes für den Geburtsverlauf wird unterschiedlich gewichtet. Calandra et al. (1981) sowie Ruge und Anderson (1985) fanden bei erhöhtem Geburtsgewicht keine erhöhte Komplikations- oder Sektiorate. Besonders bei Multiparae ist die Geburt bei Kindern > 4100 g nur in 2,2 % protrahiert (Golditch und Kirkman 1978). Bei einer Studie von Lipscomb et al. (1995) konnten von 157 Kindern > 4500 g 82 % vaginal entbunden werden. Mögliche Komplikationen kündigen sich durch einen protrahierten Geburtsverlauf an (Benedetti und Gabbe 1978, Acker et al. 1985, Hopwood 1986). Im eigenen Geburtengut überblicken wir bei etwa 4200 Geburten jährlich rund 310 Kinder über 4000 g (7,4 %). Bei diesen Kindern ist die Sektiorate ebenfalls kaum erhöht. Bei einem Geburtsgewicht > 4000 g aus konstitutionellen oder genetischen Gründen sind Mutter und Kind aufeinander abgestimmt, die Sektiorate ist daher kaum höher als bei Kindern mit einem Geburtsgewicht < 4000 g. Ist die Größe des Kindes hingegen durch äußere Umstände wie etwa einen Hydrops oder eine diabetogene Makrosomie bestimmt, so passen die Proportionen des Kindes nicht mehr zur Konstitution der Mutter. Dementsprechend haben makrosome Kinder von Diabetikerinnen dreimal häufiger eine Schulterdystokie als makrosome Kinder von Stoffwechselgesunden (ACOG Technical Bulletin on Macrosomiea 1991). Da das Kind darüber hinaus durch biochemische Imbalancen (etwa einen Hyperinsulinismus) dem Geburtsstreß weniger gewachsen ist, wird die Notwendigkeit einer Sektio bei makrosomen Kindern von Diabetikerinnen wahrscheinlicher.

Bei der Grazer Sektioanalyse (Weiss 1994) lag der Insulingehalt im Nabelschnurblut von Kindern ≥ 4000 g dementsprechend in rund 50 % über der 90. Perzentile und in rund 18 % sogar über der 97. Perzentile der Norm (Weiss 1984). Dies entspricht Beobachtungen von Oats und Beischer (1990), wonach bei GDM der oGTT im Wochenbett nach Spontangeburt in 28 % und nach Sektio in 43 % positiv war.

12.30 Die Geburtsleitung

Die Überwachung des Foetus unter der Geburt unterscheidet sich bei diabetischen Schwangeren nicht von der Überwachung bei anderen Risikogeburten. Von einer foetalen *Mikroblutgasanalyse* soll großzügig Gebrauch gemacht werden. Die foetalen Risken durch die Mikroblutentnahme sind unbedeutend (Baumgarten 1981). Die Indikation (mißfärbiges Fruchtwasser, CTG-Alterationen) ist in etwa 35 % gegeben. In zwei Drittel dieser Fälle kann eine foetale Azidose ausgeschlossen und somit eine Schnittentbindung vermieden werden. Bei diabetischer Ketoazidose kann die mütterlich Azidose über die Plazenta auf den Foetus übertragen werden (siehe Kap. Diabetische Ketoazidose, S. 489). Dies muß bei der Beurteilung der pH-Werte berücksichtigt werden. Unter Epiduralanästhesie entwickeln Foeten und Neugeborene von Diabetikerinnen häufiger eine Azidose (pH < 7,2) als unter einer Allgemeinnarkose (mittlerer NSpH 7,20 vs. 7,28) (Datta et al. 1981). Diese Azidose kann jedoch vermieden werden. Neben den generellen Maßnahmen der Volumszufuhr und Vermeidung von mütterlicher Hypotension muß die Blutglukose zwischen 80 und 90 mg/dl gehalten werden und die Volumszufuhr mit dextrosefreien Infusionen erfolgen (Datta et al. 1982).

Der *Insulinbedarf* und damit das Stoffwechselregime erfahren während der Geburt eine wesentliche Änderung (Berger und Grimm 1998). Da die Geburt unter Nahrungskarenz erfolgt, ist die Zufuhr von Glukose in Form von Infusionen erforderlich. Neben der Versorgung der Schwangeren mit Energie und Flüssigkeit sollen Hypoglykämien und Hungerketosen vermieden werden. Die Ketose wirkt sich negativ auf den foetalen Säure-Basen status aus und die Hypoglykämie führt zur Wehenschwäche.

Der Insulinbedarf ist während der Geburt reduziert. Bei Beginn regelmäßiger Wehen sollte daher die vorgesehene Insulindosis halbiert oder weggelassen werden. Insbesondere sollte kein Depotinsulin mehr verabreicht werden, um protrahierte mütterliche Hypoglykämien zu vermeiden. Die Insulinzufuhr erfolgt bevorzugt als kontinuierliche intravenöse Infusion, wobei der Insulinbedarf in der Regel zwischen 0,25 und 2,00 E/Stunde (vereinzelt 0–5 E/Stunde) beträgt (Yeast et al. 1978, Caplan et al. 1982, Lean et al. 1990).

Dabei ist die getrennte Zufuhr von Insulin und Glukose/Fruktose/Dextrose einer kombinierten Zufuhr vorzuziehen, wodurch eine bessere Flexibilität gewährleistet ist. Bei Glukosewerten < 100 mg/dl besteht kein Insulinbedarf. Bei Glukosewerten von 100–140 mg/dl (5,6–7,8 mmol/l), 141–180 mg/dl (7,8–10,0 mmol/l), 181–220 mg/dl (10,1–12,2 mmol/l) und > 220 mg/dl (> 12,2 mmol/l) beträgt der stündliche Insulinbedarf rund 1,0 E, 1,5 E, 2,0 E und 2,5 E. In Tabelle 174 sind einige praktikable Behandlungsschemata zur Stoffwechselführung während der Geburt angegeben. Sie sind auf eine elektive Geburtseinleitung bei nüchternen Schwangeren mit Beginn um 8 Uhr morgens abgestimmt.

Für Geburten nach spontanem Wehenbeginn bietet sich besonders ein Stoffwechselregime an, das von West und Lowy (1977) angegeben wurde (Tabelle 174 B).

Tabelle 174. Stoffwechselführung von insulinpflichtigen Diabetikerinnen bei elektiver Geburt (Beginn 8 Uhr morgens)

	Vor der Geburt	Während der Geburt	Angestrebte Blutglukosewerte	BZ-Kontrollen	Stoffwechsel Korrekturen	Quelle
A						
Spontangeburt (nüchtern)	kein Insulin NaCl-Lösung 0,9 %	Glukose 5 % 2,55 mg/kg pro Minute[a]	70–90 mg/dl	stündlich	bei BZ < 60 mg/dl Glukose 5,1 mg/kg KG/min; Bei BZ > 140 mg/dl 2 E Insulin s.c. / Stunde bis zur BZ Normalisierung	Jovanovic und Peterson 1982
Sektio (nüchtern)	Insulindosis entsprechend der üblichen *Abenddosis*	Nach Sektio Insulingabe alle 8 Stunden wiederholen	wie oben	wie oben	wie oben	
B						
Spontangeburt und Sektio (nüchtern)	kein Insulin	Glukose 5 % 8 g/Stunde[b] Insulininfusion 1–2 E/Stunde	90–125 mg/dl	stündlich	je nach Blutzuckerwert 0,5–6,0 E Insulin pro Stunde[d]	West und Lowy 1977
C						
Spontangeburt und Sektio, stabile Stoffwechsellage (nüchtern)	die Hälfte der üblichen Morgendosis an Depotinsulin	Lävulose 5 %	100 mg/dl	engmaschig	BZ < 100 mg/dl Infusionsgeschw. der Lävulose steigern	Plotz et al. 1978
labile Stoffwechsellage (Brittle Diabetes)	wie oben	500 ml Glukose 5 % + 8 E Insulin	100 mg/dl	engmaschig	BZ 150–250 mg/dl zusätzlich 8–12 E Insulin BZ 250–300 mg/dl zusätzlich 16–24 E Insulin	

Fortsetzung S. 543

Tabelle 174. Fortsetzung

	Vor der Geburt	Während der Geburt	Angestrebte Blutglukosewerte	BZ-Kontrollen	Stoffwechsel Korrekturen	Quelle
D						
Spontangeburt und Sekio (nüchtern)	> 60 E Insulin während der Schwangerschaft: 24 E NPH s.c. < 60 E Insulin während der Schwangerschaft: 16 E NPH s.c.	Glukose 5 % 10 g/Stunde[c]	< 90 mg/dl	1. Nüchtern 2. Muttermundsweite < 5 cm 3. 5–10 cm 4. Geburt	Glukoseinfusion bis zur 1. Nahrungsaufnahme. Postpartal zwischen 22 und 24 h 8–12 E NPH	Soler und Malins 1978

[a] Bei 60 kg Körpergewicht 9,18 g/Stunde = 184 ml Glukose 5 %, [b] 160 ml Glukose 5 %/Stunde, [c] 200 ml Glukose 5 %/Stunde, [d] 500 ml NaCl 0,9 % + 20 E Insulin: 1 E = 25 ml

Bei Schwangeren mit Insulinpumpenbehandlung (CSIIP) sollte die Insulinzufuhr auch unter der Geburt mit der Pumpe erfolgen (Feldberg et al. 1988). Es kann dabei analog zu den konventionellen Behandlungsschemata in Kombination mit einer Glukoseinfusion die halbe Basalrate programmiert werden. Hypoglykämien sind zu vermeiden, da sie die Geburt protrahieren (Soler und Malins 1978). Mütterliche Hyperglykämien stimulieren hingegen das foetale Inselorgan, was wieder konsekutiv zur Neugeborenenhypoglykämie infolge eines hohen Plasmainsulinspiegels führen kann (Kühl et al. 1982, Andersen et al. 1985, Miodovnik et al. 1987). Soler und Malins (1978) fanden nach einer mittleren Blutglukose von <90 mg/dl (5,0 mM) während der Geburt 7 % Neugeborenenhypoglykämien während die Häufigkeit bei >130 mg/dl (7,2 mM) auf 41 % anstieg. Andere Untersucher (Thompson et al. 1994) fanden erhöhte Hypoglykämieraten erst ab 144 mg/dl (8 mmol/L) oder konnten überhaupt keine Korrelation der mütterlichen Glykämie mit Hypoglykämien des Neugeborenen nachweisen (Stenninger et al. 1991). Jedenfalls scheint die mütterliche Hyperglykämie die Toleranz des Foetus für einen Sauerstoffmangel infolge vermehrter Laktoazidose herabzusetzen (Myers 1977).

Da Neugeborene von Diabetikerinnen zu erhöhten Hämatokritwerten mit konsekutiver Gelbsucht neigen, ist eine Frühabnabelung zu empfehlen.

12.31 Wochenbett und Stillen

Wegen der erhöhten *Infektionsgefahr* bei insulinpflichtigen Diabetikerinnen ist während einer Schnittentbindung, aber auch bei vaginalen geburtshilflichen Operationen eine prophylaktische Antibiotikagabe indiziert. Auf eine besonders sorgsame *Wochenbetthygiene* und *Brustpflege* ist zu achten. Der *Insulinbedarf* fällt nach der Geburt drastisch ab, da der Blutspiegel der antiinsulinären Plazentahormone (insbesondere des hPLs) rasch absinkt (Berger und Grimm 1998). Manchmal wird in den ersten zwei Wochenbettagen überhaupt kein Insulin benötigt (Lewis et al. 1976). Im Mittel beträgt der Bedarf am ersten Wochenbettag etwa 60 % des Bedarfes vor der Schwangerschaft (Miller 1981). Das Unterschreiten des prägraviden Insulinbedarfes ist wahrscheinlich durch eine verminderte Somatotropinausschüttung in der Schwangerschaft verursacht (Spellacy et al. 1970), die auch in den ersten Wochenbettagen anhält. Vom 5. bis zum 15. Wochenbettag werden im Mittel 90 bis 97 % der Insulindosis vor der Schwangerschaft benötigt (etwa 5 bis 3,5 Einheiten weniger als vor der Schwangerschaft) (Miller 1981). An die mögliche Gefahr der Hypoglykämie muß in den ersten zwei Wochenbettagen vor allem bei Frauen gedacht werden, die präpartal mit Depotinsulin behandelt wurden. Entsprechend ihrer protrahierten Resorptionskinetik wirken diese Insuline lange nach. Diese Gefahr darf nicht unterschätzt werden. Gabbe et al. (1976) beschreiben in einer Analyse von Todesursachen bei Diabetes mellitus und Schwangerschaft neben zwei hypoglykämiebedingten Todesfällen in der

Frühschwangerschaft auch einen mütterlichen Todesfall nach Schnittentbindung durch Hypoglykämie.

Wegen der großen individuellen Unterschiede kann kein einheitliches Vorgehen hinsichtlich der Insulintherapie im Wochenbett angegeben werden. Es empfiehlt sich daher, engmaschige Blutzuckerkontrollen (je nach Wochenbettag und Stoffwechselsituation ein- bis vierstündlich) durchzuführen und die Insulinbehandlung mit kleinen Einzeldosen von Altinsulin dem jeweils zuletzt erhobenen Blutzuckerwert anzupassen. Hat sich die benötigte Gesamtmenge der Tagesdosis vor der Schwangerschaft angenähert, kann wieder auf ein Behandlungsschema übergegangen werden, das vor der Schwangerschaft gültig war. Die Feinabstimmung der Insulinbehandlung erfolgt am besten durch Blutzuckerselbstkontrolle und Selbstanpassung.

Aus psychologischen Gründen und im Interesse des Neugeborenen sollen Diabetikerinnen ihre Kinder *stillen*. Aber auch für die mütterliche Glykämie ergeben sich Vorteile, da die Blutglukosewerte durch das Stillen gesenkt und stabilisiert werden (Ferris et al. 1988). Stillende haben gegenüber nicht stillenden IDDM einen höheren Kalorienbedarf (31 kcal/kg vs. 25 kcal/kg), der nicht unterschritten werden sollte, um die Stilleistung aufrecht zu erhalten (Ferris et al. 1988).

Da IDDM im Vergleich zu Stoffwechselgesunden häufiger von ihren Kindern getrennt sind, oft verspätet zu Stillen beginnen, eine höhere Sektiorate haben und häufiger zufüttern müssen benötigen sie eine spezielle Beratung um ihre Laktation in Gang zu bringen und aufrecht zu erhalten (Ferris et al. 1993). Das Zufüttern des Kindes muß sich an der Stilleistung der Diabetikerin orientieren.

Wöchnerinnen mit IDDM und guter Stoffwechselführung haben sowohl im Kolostrum (bis zum 5. Tag), als auch in der Übergangsmilch (5.–10. Tag) und in der reifen Milch (ab dem 10. Tag) eine normale Zusammensetzung der Nährstoffe und Energieträger. Dies Gilt für den Gehalt an Natrium, Kalium, Kalzium, Chlorid, Zitrat, Triglyzeriden, Laktose, Proteinen, Cholesterin, Glukose, Myoinositol und die Zusammensetzung der Fettsäuren (Bitman et al. 1989, van Beusekom et al. 1993). Eine schlechte Stoffwechselkontrolle hingegen führt bei IDDM zur verzögerten Laktogenese. Der Gehalt an Fett, Cholesterin, Fettsäuren kann vermindert und der Gehalt an Oleinsäure und mehrfach ungesättigter Fettsäuren erhöht sein (Bitman et al. 1989). Die Milch enthält im Vergleich zu Stoffwechselgesunden am 2.–3. Tag post partum weniger Laktose und mehr Gesamtstickstoff und die Kinder haben am 7.–14. Tag eine reduzierte Milchaufnahme (Neubauer et al. 1993). Der Prolaktinspiegel der Milch ist bei schlechter Stoffwechselführung ebenfalls niedriger. Frühes Stillen, eine höhere Stillfrequenz und eine Straffung der Stoffwechselkontrolle erhöhen den Prolaktinspiegel und die Laktationsleistung (Ostrom und Ferris 1993).

Ein Liter Muttermilch enthält 700 Kcal. Bei der kalorischen Bilanzierung der Diät muß die individuelle Stilleistung mit berücksichtigt werden (Trinkwaage).

Das Stillen ist durch seinen Energieverbrauch einem Fasten oder der Wirkung körperlicher Aktivität ähnlich. Im Tierversuch führen mehrere

Schwangerschaften ohne Stillen zu einer Art Gestationsdiabetes, der schließlich auf die Nachkommen vererbt wird (Burnol et al. 1986, Zhong und Jen 1989, Zhong et al. 1994).

12.32 Das Neugeborene der Diabetikerin

Etwa zwei Drittel der Neugeborenen von Diabetikerinnen haben in irgend einer Form eine Erkrankung, die durch den mütterlichen Diabetes bedingt ist (Gabbe et al. 1977). Im wesentlichen beruht dieser Umstand auf einer foetalen Über- oder Unterversorgung mit Glukose, die eine entsprechende Insulinantwort des Foetus nach sich zieht (Pedersen 1954, Smith 1959, Osler 1960, Gabbe und Quilligan 1977, Bellmann 1978, Shelley et al. 1975, Sarles und Adamson 1978, Stevenson et al. 1982). Die spezifische Erkrankung ist die diabetogene Foetopathie. Sie beruht auf einen foetalen Hyperinsulinismus mit seinen Folgeerscheinungen, wie sie in der Tabelle 175 dargestellt ist (Pedersen-Hypothese).

Die Hauptrisiken des Foetus oder Neugeborenen umfassen eine erhöhte Mißbildungsrate, eine herabgesetzte intellektuelle Entwicklung insbesondere bei mütterlicher Ketose, einen intrauterinen Fruchttod bei diabetischem Koma, einen unerwarteten intrauterinen Fruchttod vor dem Geburtstermin, Geburtstraumen aufgrund der Makrosomie oder eines disproportionierten Wachstums, Eine unreife Lunge oder Leber bei der Entbindung vor dem (oder sogar am) Geburtstermin und die Hypoglykämie des Neugeborenen.

Bei Diabetikerinnen mit systemischen Gefäßerkrankungen kann es aufgrund eines Glukosemangels im Rahmen einer Plazentainsuffizienz aber auch zu einem Hypoinsulinismus und einer pränatalen Dystrophie kommen (Tabelle 176).

Dementsprechend ist das Geburtsgewicht bei Diabetikerinnen mit Gefäßkomplikationen signifikant niedriger als bei Diabetikerinnen ohne Gefäßschäden (Madsen und Ditzel 1991). Die zusätzlichen Risiken dieser Neugeborenen liegen in einer Frühgeburtlichkeit, der Gefahr der vorzeitigen Plazentalösung und der intrauterinen und peripartalen Asphyxie.

Auch eine Überlappung dieser konträren foetalen Störungen ist möglich, d. h., eine pränatale Retardierung kann mit einem Normo- oder Hyperinsulinismus kombiniert sein (Weiss 1998, Charterl et al. 1990). Eine solche an sich paradoxe Situation könnte darauf beruhen, daß der Glukosetransport durch die Plazenta einerseits ungestört abläuft, während eine Mangelversorgung hinsichtlich anderer essentieller Nährstoffe, wie etwa der Aminosäuren oder Fettsäuren vorliegen kann (Saintonge und Cote 1983, Hull 1975), oder daß eine Störung auf der Ebene der Glukosekarrier vorliegt (Devaskar et al. 1994).

Die *Leihimmunität* der Neugeborenen ist trotz niedriger IgG-Spiegel diabetischer Mütter nicht beeinträchtigt (Fischer 1984). Infolge eines aktiven diaplazentaren Immunglobulin-Transfers kommt es zu einer foetalen IgG-Anreicherung gegenüber dem mütterlichen Serumspiegel.

Tabelle 175. Foetale Folgen bei mütterlicher Hyperglykämie (Diabetikerinnen ohne systemische Gefäßerkrankungen (White-Klassen A, B, C [D])

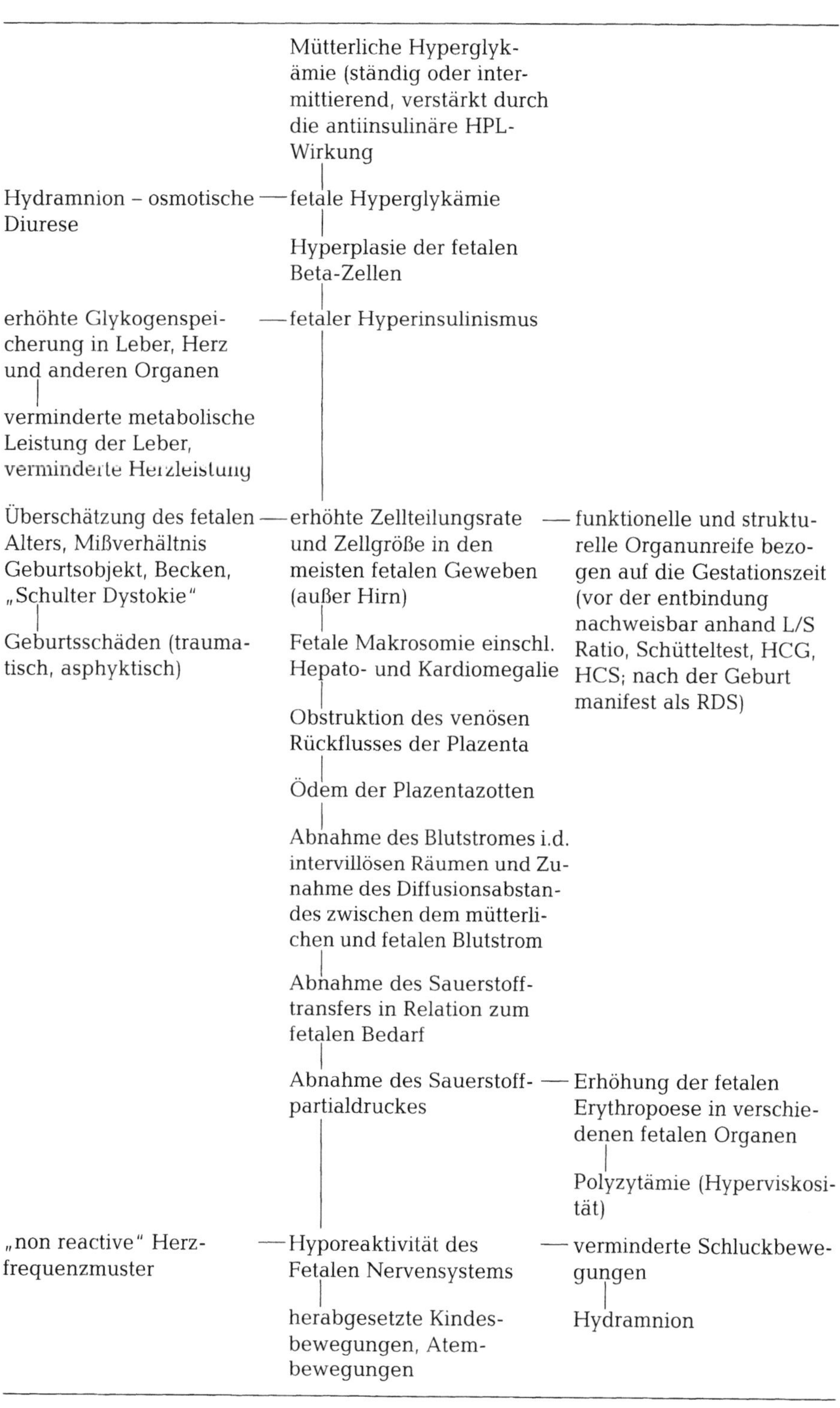

Tabelle 176. Foetale Folgen bei mütterlicher Hyperglykämie. Diabetikerinnen mit systemischen Gefäßerkrankungen (White-Klassen F, R, vereinzelt D) und Patienten mit Gefäßerkrankungen, die nicht in direkter Beziehung zum Diabetes mellitus stehen (z. B.: Präeklampsie, essentielle Hypertension, chronische Glomerulonephritis)

Herabgesetzte Uterine Durchblutung

|

Unterentwicklung der Plazenta

|

Herabgesetzte Perfusion des intervillösen Raumes

|

Normales oder sogar vermindertes Glukoseangebot an den Foetus, selbst bei Hyperglykämie der Schwangeren

|

Normoglykämie des Foetus

|

Keine Foetale Betazellhyperplasie

|

Normale oder subnormale Insulinproduktion

|

Keine Makrosomie sondern Wachstumsrestriktion (SFD), Unreife von Zellen und Organsystemen

12.33 Qualitätskontrolle der Stoffwechselführung am Zustand des Neugeborenen

Aus dem Ausmaß pathophysiologischer Veränderungen beim Neugeborenen (Tabelle 175) kann auf die Qualität der Stoffwechselführung während der Schwangerschaft geschlossen werden. Dabei steht der Nachweis des foetalen Hyperinsulinismus im Vordergrund (Weiss 1996; Weiss et al. 1986, 1988, 1998; Schwingshandel et al. 1989). Es kann jedoch noch eine große Anzahl zusätzlicher Störungen beim Neugeborenen zur Qualitätskontrolle herangezogen werden, von denen man weiß, daß sie zwar nicht diabetesspezifisch, aber erfahrungsgemäß diabetesassoziiert sind.

Zur Beurteilung des Neugeborenen bietet sich ein Score nach Thalme und Edström (1974) an, der einer Grazer Modifikation unterzogen wurde (Tabelle 177).

12.33.1 Geburtsgewicht

Diabetische Schwangere mit schlechter Stoffwechselkontrolle haben häufiger makrosome Neugeborene als gut geführte Diabetikerinnen (Kitzmiller et al. 1978, Sosenko et al. 1982, Willman et al. 1986, Lin et al. 1986, Roberts und Baker 1987, Small et al. 1987, Berk et al. 1989, Reece et al. 1990, Jovanovic-Peterson et al. 1991, Hans und Ditzel 1991). *Doch wie gut ist gut genug?* Selbst in Spezialzentren beträgt die Makrosomierate bei Diabetikerinnen 20–40 % (Fraser 1995). Das Geburtsgewicht als Qualitätsparameter wird in Kap.: „Die klinische Bedeutung des foetalen Gewichts und des

Tabelle 177. Beurteilung des Neugeborenen zur Qualitätskontrolle der Diabetestherapie in der Schwangerschaft (Punkteminimum 0, Punktemaximum 21)

Punkte		0	1	2	4
Gewichtsperzentile[a]		< 90 %	> 90 %	> 97 %	
Cushingoider Aspekt		kein	leicht	schwer	
Gewichtsverlust		9 %	9–11 %	> 11 %	
Atemnotsyndrom	klinisch[b] oder	0–2	3–5	6–10	
	röntgenologisch[c]	I	II–III	IV	
Übererregbarkeit		keine	leicht	schwer	
Hypoglykämie, mg/dl		≥ 30	20–29	< 20	
Hyperbilirubinämie, mg/dl		< 12	> 12		
Polyzythämie	Hämoglobin, g/dl oder	< 20	> 20		
	Venöser HKT, %	< 70	≥ 70		
Kongenitale Anomalie		keine	vorhanden		
Hypokalzämie				≤ 4 mEq/L	
Nabelschnurblut	Insulin, μE/ml oder	< 20	20–39	40–59	≥ 60
	C-Peptid, ng/ml	< 1,7	1,7–3,6	3,7–5,6	≥ 5,7

[a] Regional gültige Perzentilen, [b] Silverman-Index (Silverman und Anderson 1956), [c] Giedion et al. 1973

Geburtsgewichtes" besprochen. Der Beurteilung müssen die regional gültigen Gewichtsstandards zugrunde gelegt werden. Die Tabelle 178 zeigt den Einfluß den verschiedene Standards auf die Makrosomierate bei Diabetikerinnen haben können.

Aus den Zahlen der Tabelle 178 kann erkannt werden, daß sich die Makrosomieraten durch die Anwendung unterschiedlicher Standards um mehr als das Doppelte unterscheiden können. Dabei ist der Unterschied zwischen den Standards nach Hohenauer (1980) und nach Haas et al. (1987) besonders hervorzuheben, da die Hohenauer-Perzentilen teilweise und die Haas-Perzentilen ausschließlich auf Maßen der Grazer Klinik beruhen.

Per definitionem ist bei Neugeborenen gesunder Frauen ein Überschreiten der 90. und der 97. Gewichtsperzentile in 10 bzw. 3 % obligat. Ein gleich großer Anteil nicht diabetogen bedingt schwerer Kinder muß daher auch bei optimal eingestellten Diabetikerinnen erwartet werden (Abb. 100).

Die Beurteilung des Geburtsgewichtes ist jedoch immer vage, da das angemessene Gewicht eines Neugeborenen im individuellen Fall unbekannt ist (Dornhorst und Girling 1995). So hat ein Foetus, der von seiner

Tabelle 178. Grazer Diabetesanalysen. Makrosomieraten (> 90. Perzentile) bei Anwendung verschiedener Standardkurven für das Geburtsgewicht

	Gesunde Kontrollen (N = 80)	IDDM (N = 173)	GDM (N = 201)
Neuer Deutscher Standard HOHENAUER 1980[a]	12,5 %	10,4 %	20,4 %
Standard for Fetal Growth for the USA BRENNER et al. 1976	13,8 %	13,9 %	22,9 %
Grazer Standard HAAS et al. 1987[a]	17,5 %	24,3 %	29,8 %

[a] Erstellt unter Beteiligung der Grazer Klinik

natürlichen Anlage her für die 25. Perzentile programmiert war, aber durch ein Überangebot an Glukose und den daraus resultierenden Hyperinsulinismus die 75. Perzentile erreicht, ebenfalls eine relative Makrosomie, die jedoch nicht registriert wird.

Die Makrosomieraten werden auch durch ethnische Faktoren beeinflußt. In einer Studie in Philadelphia hatten Latino Amerikanerinnen mit GDM bei gleicher mittlerer Blutglukose, BMI etc. wesentlich häufiger makrosome Kinder (50 %) als Afro-Amerikanerinnen (19 %) (HOMKO et al. 1995).

Ein erhöhtes Geburtsgewicht als Folge eines foetalen Hyperinsulinismus tritt am häufigsten bei leichtem Diabetes auf. Die Abb. 72 zeigt, daß

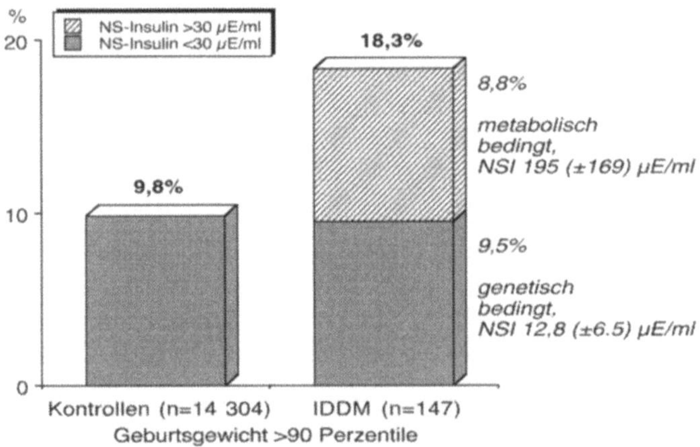

Abb. 100. Grazer Diabetesanalysen. Neugeborene mit einem Geburtsgewicht > 90. Gewichtsperzentile bei stoffwechselgesunden Kontrollen und bei Diabetikerinnen. Diabetikerinnen haben eine ähnliche Rate genetisch bedingt makrosomer Kinder (normaler Insulinspiegel im Nabelschnurblut) wie Stoffwechselgesunde aber zusätzlich 8,8 % metabolisch bedingt makrosome Neugeborene (erhöhter Insulinspiegel im Nabelschnurblut)

ein foetaler Hyperinsulinismus bei GDM in einem hohen Prozentsatz mit einer Makrosomie assoziiert ist.

Mit zunehmender Ausprägung der Glukosestoffwechselstörung kommt es zu Störungen der Plazentafunktion, die eine Makrosomie trotz foetalem Hyperinsulinismus verhindern (Weiss 1998, Weerasiri et al. 1993).

Jedenfalls muß die Makrosomie weder mit der mütterlichen Glykämie noch mit der diabetogenen Foetopathie korrelieren (Maresh et al. 1989). Besonders bei IDDM werden die geburtshilflichen Ergebnisse durch die Makrosomie als Kriterium schlechter Stoffwechselführung beschönigt, da indirekt unterstellt wird, daß normalgewichtigen Kinder gesund seien, und daß die Stoffwechselführung während der Schwangerschaft bei normalgewichtigen Neugeborenen ausreichend war. Bei GDM und IDDM liegen jedoch eine große Anzahl an hyperinsulinämischen Neugeborenen mit ihrem Geburtgewicht im Normbereich oder darunter, während normoinsulinämische Neugeborene makrosom sein können (Abb. 101).

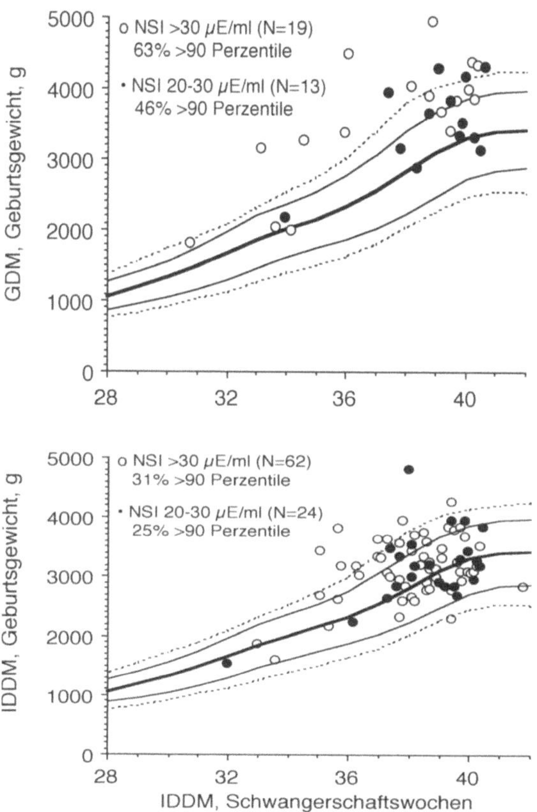

Abb.101. Grazer Diabetesanalysen. Geburtsgewicht von Neugeborenen mit leichtem (volle Symbole) und schwerem (leere Symbole) Hyperinsulinismus (erhöhte Nabelschnurinsulinwerte). Obere Bildhälfte: GDM, unter Bildhälfte IDDM. *NSI* Nabelschnurinsulin. Gewichtsperzentilen nach Haas et al. (1987). Aus der Abbildung geht hervor, daß nur ein Bruchteil der hyperinsulinämischen Neugeborenen makrosom sind

Das Geburtsgewicht ist somit kein optimales und vor allem kein diabetesspezifisches Beurteilungskriterium. Es verleitet zur irrigen Annahme, daß Schwangere mit normalgewichtigen Neugeborenen ausreichend gut betreut wurden, und daß normalgewichtige Neugeborene gesund seien.

Bei IDDM höherer White Klassen kommt es gehäuft zur Wachstumsretardierung. Diese kann mit einem Hyper- oder Hypo-Insulinismus einhergehen.

Die Wachstumsretardierung ist in vielen Fällen mit einer foetalen Hypoxie assoziiert, die sich auf die foetale Insulinbiosynthese auswirken kann. Bei foetaler Hypoxie kann es zum Anstieg foetaler Katecholamine und dadurch trotz foetaler Hyperglykämie zur Hemmung der Insulinausschüttung kommen (Young et al. 1979, Sperling et al. 1980, Jones et al. 1983, Cohn et al. 1992, Jackson et al. 1993).

12.33.2 Der klinische Aspekt

Der klinische Aspekt der diabetogenen Foetalerkrankung (somatische Foetopathie) leitet sich aus dem cushingoiden Aussehen (Osler und Pedersen 1960), der Plethora, der tomatenroten Haut, der Kurzhalsigkeit, den ausgeprägten Fettpolstern, dem dichten dunklen Kopfhaar, der Hypertrichose an den Ohrmuscheln, der Hypotonie der Muskulatur, der „Froschhaltung" sowie der Hepato-, Spleno- und Kardiomegalie ab. Darüber hinaus besteht eine Hypertrophie der Nabelschnur. Die Differenzierung in „leicht" und „schwer" muß subjektiv erfolgen, wobei allerdings bei der „leichten" Foetopathie nur einige wenige Krankheitszeichen vorliegen sollen. Neugeborenen mit cushingoidem Aussehen leiden signifikant häufiger an einem Atemnotsyndrom (Amendt et al. 1976).

12.33.3 Gewichtsverlust

Bei foetopathischen Neugeborenen werden vermehrt Natrium, Chlorid und Kalium ausgeschieden (Zetterstrom und Alberg 1955, Cathro und Forsyth 1965). Die totale und extrazelluläre Flüssigkeit ist vermindert (Osler 1960, Cheek et al. 1961, Clapp et al. 1962). Der ausgeprägte Gewichtsverlust foetopathischer Kinder in den ersten Lebenstagen ist demnach durch Störungen im Wasser- und Elektrolythaushalt bedingt, die eine Harnflut im Gefolge haben.

12.33.4 Atemnotsyndrom

Das Atemnotsyndrom (RDS) ist für Neugeborene von Diabetikerinnen zwar nicht pathognomonisch, die erhöhte foetale Insulinproduktion scheint jedoch die Surfactantsynthese der Lungen zu inhibieren (Gluck und Kulovich 1973, Smith et al. 1975, Robert et al. 1975, Draisey 1977, Goldkraud und Slattery 1979, Diedrich et al. 1981). Ein RDS entwickelt sich besonders bei jenen Fällen, bei denen das Verhältnis Stearinsäure zu Oleinsäre im Fruchtwasser > 1,3 beträgt (Frantz et al. 1975). Neugeborene von Diabetikerinnen, bei denen erst im 2. oder 3. Trimester eine intensivierte Stoffwechselführung erfolgt haben eine deutlich höhere RDS-Neigung (Reller et al. 1985). Eine Hyperglykämie ohne Hyperinsulinämie kann jedoch ebenfalls die Surfactantsynthese der Lungen inhibieren (Marshall 1990). Darüber hinaus ist bei diabetischen Schwangeren der Testosteronspiegel im Fruchtwasser durch eine Leydigzellhyperplasie oder eine Hyperplasie der ovariellen Thekaluteinzellen signifikant erhöht (Barbieri et al. 1986). Da Androgene die Reifung der Lunge verzögern wäre die Dominanz des RDS bei Neugeborenen von Diabetikerinnen und männlichen Neugeborenen auch über diesen Mechanismus erklärbar (Gellis und Hsia 1959, Robert et al. 1976, Nielsen et al. 1982, Khoury et al. 1985). Die Reifung der foetalen Lungen wird jedoch auch durch Kortisol, Östradiol, Thyroxin, Trijodthyronin und Prolaktin beeinflußt (Saltzman et al. 1986). Vergleichende Untersuchungen der Spiegel im Nabelschnurblut bei Diabetikerinnen und Stoffwechselgesunden ergaben zwar generell, mit Ausnahme von Prolaktin, keine Unterschiede. Werden jedoch nur Kinder von Diabetikerinnen analysiert, die ein RDS entwickeln, sind die Spiegel der Östrogene sowie von Kortisol und Prolaktin im Nabelschnurblut gegenüber Kindern von Diabetikerinnen ohne RDS deutlich niedriger (Parker et al. 1989). Die niedrigen Spiegel weisen auf eine verzögerte endokrine Reifung hin. Da die Prolaktinspiegel im Nabelschnurblut von Kindern diabetischer Mütter signifikant erniedrigt sind wäre es möglich daß auch niedrige Prolaktinspiegel zu einer verzögerten Lungenreifung beitragen (Saltzman et al. 1986). Untersuchungen hinsichtlich der foetalen Prolaktinproduktion bei Diabetes sind jedoch widersprüchlich (Fadel et al. 1988).

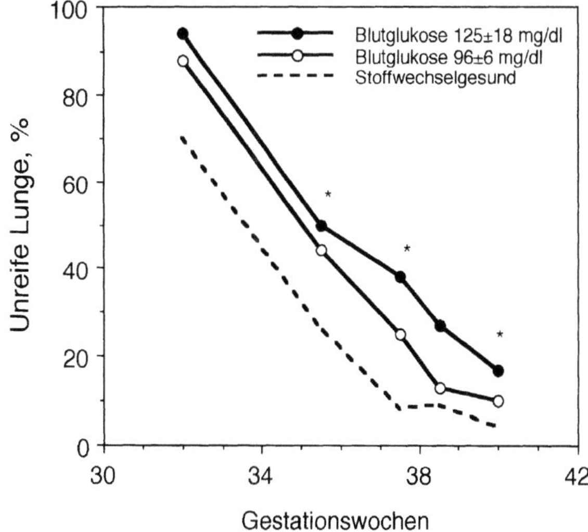

Abb. 102. Korrelation der Lungenreife und der Qualität der Stoffwechselführung. Die Sternchen geben einen signifikanten Unterschied gegenüber Stoffwechselgesunden desselben Gestationsalters an (nach Angaben von Piper und Langer 1993)

Nach eigenen Untersuchungen ist die Inzidenz des RDS bei Neugeborenen diabetischer Mütter signifikant erhöht wenn erhöhte Fruchtwasserinsulinspiegel vorliegen (Weiss et al. 1988) (siehe auch Tabelle 114). Die Anhäufung von RDS-Fällen war jedoch nicht nur auf die höhere Frühgeburtenrate zurückzuführen, sondern Neugeborene von Diabetikerinnen hatten im Vergleich zu Neugeborenen Stoffwechselgesunder gleicher Gestationszeit eine mehr als zweifache Neigung zum RDS.

Der Zusammenhang zwischen der Stoffwechselqualität und der foetalen Lungenreife wurden von Piper und Langer (1993) genauer analysiert (Abb. 102).

Demnach kann ein RDS bei schlecht geführten Diabetikerinnen auch bei reifen Kindern auftreten. Eine Häufung des RDS ist nach Sektiogeburt, insbesondere am wehenlosen Uterus zu erwarten (Schoetzau und Hillebrand 1990, Weiss 1994).

Die Beurteilung des RDS kann nach dem Silverman-Index (Silverman und Anderson 1956) oder röntgenologisch (Giedion et al. 1973) erfolgen.

12.33.5 Hyperexzitabilität

Die Hyperexzitabilität von Neugeborenen ist ebenfalls gehäuft mit einer schlechten Einstellung des mütterlichem Diabetes assoziiert, ohne daß eine Hypokalzämie oder Hypoglykämie als Ursache nachweisbar sein muß. Grobe Winkelbewegungen der Extremitäten, Vibrationen der Hände und feiner Tremor der Finger sind ein Ausdruck leichter Übererregbarkeit, während Krampfanfälle als Zeichen schwerer Übererregbarkeit einzustufen sind. Letztere sind meist doch mit einer Hypokalzämie verbunden (siehe unten).

12.33.6 Hypoglykämie

Die Bedeutung und Definition der Hypoglykämie des Neugeborenen ist kontroversiell (Cornblath et al. 1990, Holtrop 1993). In der Regel gelten Blutzuckerwerte von 35–40 mg/dl bei reifen Kindern und von 20–25 mg/dl bei Frühgeborenen als hypoglykämisch. Die Hypoglykämie ist nicht diabetesspezifisch. Fünf bis 15 % aller Mangelgeburten, Frühgeburten, diskordanten Zwillinge etc. neigen ebenfalls zur Hypoglykämie (Dominick und Bachmann 1979). Bei LGA (LFD) und SGA (SFD) Neugeborenen stoffwechselgesunder Mütter tritt eine Hypoglykämie in 8,1 % und 14,7 % auf (Holtrop 1993). Das mittlere Alter beträgt 2,9 h und 6,1 h. Wenn die erste Fütterung erst 3–10 Stunden nach der Geburt erfolgt, können 10 % gesunder Neugeborener eine Glykämie >30 mg/dl nicht aufrechterhalten (Lubchenco und Bard 1971). Bei gesunden Neugeborenen sinkt zwar das Hypoglykämierisiko nach 12 Stunden, ist jedoch in der gesamten Neugeborenenperiode weiterhin vorhanden (Stanley und Baker 1999). Bei LGA sollten postnatale Blutzuckerkontrollen bis zu 12 h, bei SGA bis zu 48 h dauern, da die Hypoglykämie bei SGA eher protrahiert auftritt. Knaben haben 3x häufiger Hypoglykämien als Mädchen (Holtrop 1993).

Bei Neugeborenen > 4000 g muß in 5,2 % mit dem Auftreten einer Hypoglykämie gerechnet werden, unabhängig davon, ob die Mutter Diabetikerin ist oder nicht (Golditch und Kirkman 1978). Andererseits haben bei Diabetikerinnen makrosome Neugeborene nicht häufiger Hypoglykämien als normal- oder untergewichtige Neugeborene (Weiss 1998; Sosenko et al. 1979, 1982; Schoetzau und Hillebrand 1990).

Der Leberglykogenvorrat steigt in der normalen Schwangerschaft von ~1 % des Lebergewichtes in der 31. Woche auf ~4 % in der 40. Woche und der Fettvorrat steigt im selben Zeitraum von ~8 % auf ~18 % des Körpergewichtes. Die Hypoglykämie von Frühgeborenen < 2000 g ist daher wahrscheinlich auf einem Mangel an Glykogen und subkutanem Fett als Energielieferanten zurückzuführen (Dominik und Bachmann 1979). Bei wachstumsretardierten Kindern ist die Hypoglykämie nicht nach der Abnabelung, sondern häufig erst am 2. Lebenstag am stärksten ausgeprägt (Wolf 1960; Farquhar 1963; Cornblath et al. 1959, 1963; Brown und Wallis 1963; Haworth 1965). Bei SGA Neugeborenen und asphyktischen Kindern wurde jedoch auch fallweise ein Hyperinsulinismus nachgewiesen, der zur Hypoglykämie beitragen kann (Collins und Leonard 1984, Klenka und Scager 1984, Bhowmick und Lewandowski 1989, Collins et al. 1990, Hawdon et al. 1993).

Bei diabetischer Schwangerschaft entwickeln 10–65 % der Neugeborenen in den ersten 2–6 Lebensstunden eine Hypoglykämie (Komrover 1954, Schwartz et al. 1962, Gordon 1962, Bowie et al. 1963, Euler et al. 1964, Warner und Cornblath 1969, Dominick und Bachmann 1979, Francois et al. 1974, Martin et al. 1975, Dominik und Bachmann 1979, Fuhrmann 1981, Artner et al. 1981, Dawodu et al. 1983, Marshall 1990). Eine Hypoglykämie des Neugeborenen bei Diabetes (< 30 mg/dl [< 1,7 mM] bei Reifgeborenen; < 20 mg/dl [< 1,1 mM] bei Frühgeborenen und Mangelgeburten) ist in erster Linie auf den kindlichen Hyperinsulinismus zurückzuführen, der erst ein bis 2 Tage nach der Geburt allmählich zurückgeht (Stanley und Baker 1999). Vermutlich trägt aber auch eine verminderte Glukoseproduktion (Kalhan et al. 1977, Adam 1978) und Ketogenese (Pregorier et al. 1998), eine erhöhte Anzahl und Affinität von Insulinrezeptoren (Neufeld und Corbo 1986, Lautala et al. 1988, Rigg und Becker 1991), niedrige Katecholaminspiegel (Stern et al. 1968) und/oder ein Glukagonmangel zur Hypoglykämie bei (Bloom und Johnston 1972, Williams et al. 1979). Eine Hypoglykämie ist besonders häufig bei asphyktischen Neugeborenen, nach Sektioentbindung und nach subpartalen Glukoseinfusionen der Mutter zu erwarten (Francois et al. 1975, Lawrence et al. 1982, Schoetzau und Hillebrand 1990). Es gibt jedoch eine zweite Form des Hyperinsulinismus unbekannter Ursache, der bei asphyktischen oder SFD Neugeborenen auftritt und einige Wochen dauern kann (Collins et al. 1990). Auch genetische Formen des Hyperinsulinismus oder fokale Inselzellhyperplasien (Adenome) sind möglich (Glaser et al. 1998, Stanley et al. 1998, de Lonlay-Debeney et al. 1999).

Eine tokolytische Therapie mit Betamimetika kann ebenfalls einen foetalen Hyperinsulinismus mit konsekutiver Hypoglykämie des Neugeborenen nach sich ziehen (Weidinger et al. 1976, Rosanelli et al. 1982).

Vier Fünftel aller Hypoglykämien sind asymptomatisch (GABBE und QUILLIGAN 1977, CUMMINS und NORRISH 1980). Eine routinemäßige Blutzuckerbestimmung sollte bei Neugeborenen von Diabetikerinnen daher besonders in den ersten drei Lebensstunden obligat sein. Dabei empfehlen sich routinemäßige postpartale Kontrollen nach 30 Minuten, nach einer Stunde und nach 2–3 Stunden (NIESEN und JÄHRIG 1998). Aber auch in den ersten Lebenstagen sind noch Hypoglykämien möglich, insbesondere bei Müttern die mit oralen Antidiabetika behandelt wurden. Die Hypoglykämien können auch reaktiv nach Fütterung von kohlenhydrathaltiger Nahrung durch eine gesteigerte Insulinausschüttung verursacht sein.

Glukometer und Blutzuckerteststreifen sind im unteren Meßbereich zu ungenau und eignen sich bei Neugeborenen nur zu einer groben Orientierung (KIRKHAM und WATKINS 1995, LEONARD et al. 1997, PERKINS et al. 1998). In letzter Zeit wurde jedoch spezifisch für Neugeborene ein Glukometer (Glucometer Elite XL Meter), entwickelt, welches über eine bessere Präzision verfügt (GIROUARD et al. 2000). Die höchste Genauigkeit ist jedoch mit naßchemischen Methoden oder der HemoCue Methode erreichbar (SCHLEBUSCH et al. 1997).

Treten klinische Symptome auf, stehen Zyanoseanfälle im Vordergrund (Tabelle 179).

Obwohl eine transiente Hypoglykämie in der Regel keine Schäden verursacht (SHELLEY und NELIGAN 1966), kann eine prolongierte Hypoglykämie in der Neonatalperiode besonders bei kleinen und retardierten Neugeborenen zu Mikrozephalie, mentaler Retardierung und/oder Hirnschäden verschiedenen Ausmaßes, ja sogar zum Tod führen (HAWORTH et al. 1963, ANDERSON et al. 1966).

Bei rund der Hälfte der Neugeborenen von Diabetikerinnen reicht eine Frühfütterung aus, um eine Hypoglykämie zu verhindern (CORDERO et al. 1998). Tritt eine Hypoglykämie dennoch auf, wird sie verbreitet mit einem Minibolus von 2 ml/kg 10 % Dextroselösung und anschließender Infusion einer 10 % Dextroselösung mit einer Dosierung von 5–8 mg/kg/min behandelt (MARSHALL 1990, HAWDON et al. 1993). Ein sorgsames Glukosemonitoring ist erforderlich, da bei Neugeborenen mit Störungen der Glukosehomöostase die internen Kontrollmechanismen noch nicht ausreichend

Tabelle 179. Klinische Symptome bei 116 Neugeborenen mit neonataler Hypoglykämie (nach DOMINICK und BACHMANN 1979)

Zyanoseanfälle	68
Krampfanfälle	56
Tremor	49
Apnoeanfälle	48
Apathie	18
Fütterungsschwierigkeiten	14
Atemstörungen	11
Schrilles Schreien	11

präzise funktionieren (Hawdon et al. 1993). Der Zusatz von Elektrolyten verhindert eine Wasserintoxikation. Neben der Infusionstherapie wird mit einer Frühfütterung begonnen (Dominik und Bachmann 1979). Glukagon hat beim Neugeborenen einen ausgeprägt glykämischen Effekt (Milner und Wright 1967, Le Dune 1972, Linarelli et al. 1974, Carter et al. 1988). Ein intravenöser Glukagonbolus von 200 µg/kg bewirkt einen Anstieg der Blutglucose von durchschnittlich 1,6 mmol/L (29 mg/dl) und einen Anstieg der Glukoseproduktionsrate um 2,6 mg/kg/min. Glukagon eignet sich somit bei der Hypoglykämie des Neugeborenen als additive oder alternative Therapie (Hawdon et al. 1993).

Extrem wachstumsretardierte Neugeborene können frühestens in der 2. Lebenswoche einen sogenannten „angeborenen transitorischen Diabetes mellitus" entwickeln (Strandquist 1932, Engleson und Zetterquist 1957, Sweetnam et al. 1962, Hutchinson et al. 1962, Burland 1964). Durch die intrauterine Mangelversorgung und damit fehlende Stimulation der Betazellen entwickelt sich eine Hypotrophie des Inselorganes, und es kommt erst spät zu einer Kompensation und ausreichenden Sekretionsdynamik.

12.33.7 Hyperbilirubinämie

Eine Hyperbilirubinämie, Polyzythämie und kongenitale Anomalien treten bei Neugeborenen diabetischer Frauen ebenfalls gehäuft auf, ohne jedoch diabetesspezifisch zu sein.

Die diabetesassoziierte Hyperbilirubinämie (Serumbilirubin >12–15 mg/dl) bei Neugeborenen wird in der Literatur mit 5–59 % angegeben (Soler et al. 1978, Peevy et al. 1980, Lemons et al. 1981). Das entspricht zumindest der zweifachen Häufigkeit im Vergleich zu Stoffwechselgesunden. Das Risiko ist eine Bilirubin Enzephalopathie. Die Gelbsucht der Neugeborenen wird mit einer Phototherapie und in schweren Fällen mit einer Austauschtransfusion behandelt. Eine Glukoseinfusion von 1 g/kg über eine Stunde ist in der Lage den Sättigungsindex und damit die Gefahr der Enzephalopathie signifikant zu senken. Dabei kommt es auch zu einem deutlichen Absinken freier Fettsäuren, die mit dem Bilirubin um Bindungsstellen am Albumin konkurrieren (Ostrea et al. 1983).

12.33.8 Polyzythämie und hämatologische Besonderheiten

Die Polyzythämie der Neugeborenen kann bereits im Foetalleben nachgewiesen werden. Untersuchungen anläßlich von Kordozentesen ergaben bei Foeten von Diabetikerinnen im Vergleich zu Stoffwechselgesunden einen signifikant erhöhten Hämatokritwert (HKT) (Salvesen et al. 1992, 1993). Die Polyzythämie (venöser HKT ≥ 65 %) und die daraus resultierende Hyperviskosität ist ein Hinweis auf eine chronische foetale Hypoxie (Widness et al. 1982, Phillips et al. 1982, Salvesen et al. 1993). Auf die chronische Hypoxie weisen auch erhöhte Spiegel von foetalem Hämoglobin (HbF) hin, die bei Neugeborenen von Diabetikerinnen zu finden sind

(SCHWARTZ et al. 1976, 1980). Der HbF Anteil im Nabelschnurblut beträgt bei Stoffwechselgesunden ~73 %, bei GDM ~77 % und bei IDDM ~80 %. Durch die chronische Hypoxie erfolgt eine Umverteilung von Eisen aus dem Serum und den Eisendepots in die expandierende Erythrozytenmasse. Neugeborene diabetischer Mütter zeigen im Vergleich zu Kontrollen idente Eisenspiegel bei reduziertem Eisendepot, jedoch signifikant erhöhte Transferrinspiegel und erniedrigte Ferritinspiegel (MURATA et al. 1989). Bei Kindern diabetischer Mütter liegen in etwa 65 % abnorme Eisenprofile vor. Mit zunehmender Ausprägung ist entweder nur der Ferritinspiegel erniedrigt (Stadium 1), der Ferritinspiegel erniedrigt und die totale Eisenbindungskapazität erhöht (Stadium 2), oder zusätzlich noch eine erhöhte freie Erythrozyten Protoporphyrinkonzentration nachweisbar (Stadium 3) (GEORGIEFF et al. 1990). Die progressiv abnormen Eisenprofile sind mit höheren Werten an foetalem Glykohämoglobin, einem höheren Ausmaß der Makrosomie, mit erhöhten Hämoglobin- und Erythropoetinkonzentrationen und einer erhöhten Ratio Erythrozyten/Depoteisen assoziiert (TSAKALAKOS et al. 1985, GEORGIEFF et al. 1990).

Die Häufigkeit der Polyzythämie bei Neugeborenen diabetischer Mütter wird mit 16–34 % angegeben (GAMSU 1978, SHANNON et al. 1986). Es ist daher stets eine postnatale Hämatokritbestimmung erforderlich. Die Bestimmung des Hämatokrit ist von einer Reihe von Faktoren wie dem Ort der Blutentnahme, der Zeit der Blutentnahme, dem Zeitpunkt des Abklemmens der Nabelschnur, dem Gestationsalter, dem Geburtsmodus, der Asphyxie etc. abhängig. Retrospektive Untersuchungen werden daher zu widersprüchlichen Ergebnissen führen. Bei prospektiven Untersuchungen unter Berücksichtigung dieser Faktoren zeigt sich jedoch, daß Neugeborene von Diabetikerinnen signifikant häufiger (~30 %) eine Polyzytämie haben als Kontrollen (~6 %) (MIMOUNI et al. 1986). Untersuchungen anläßlich von Kordozentesen ergaben bei Foeten von Diabetikerinnen im Vergleich zu Stoffwechselgesunden einen signifikant niedrigeren pH- und pO_2-Wert, was auf eine chronische Hypoxie hinweist (SALVESEN et al. 1992, 1993). Die Polyzytämie ist mit hoher Wahrscheinlichkeit auf den chronischen intrauterinen hypoxämischen Streß zurückzuführen, der bei diabetischen Schwangerschaften gefunden wird. Die genauen Ursachen sind zwar unbekannt, es ist jedoch wahrscheinlich, daß die Verdickung der basalen Lamina und des kapillaren Endothels des Trophoblasten sowie die Zellproliferation innerhalb des Trophoblasten bei Diabetes zur Hypoxie beiträgt (HIROTA 1964, OKUDARA 1966, JONES und FOX 1976, WIDNESS et al. 1981). Morphologische Analysen haben ergeben, daß diese pathophysiologischen Veränderungen mit einer Erweiterung des foetalen Kapillarbettes und einer erhöhten Anzahl von vaskulosynzytialen Membranen einhergehen (JONES und FOX 1976; TEASDALE 1981, 1983, 1985; BJÖRK und PERSSON 1982, 1984). Die Plazenta versucht den foetalen Sauerstoffmangel durch die Verbesserung des Sauerstoff-Leitungsvermögens zu kompensieren (MAYHEW et al. 1993). Im Tierversuch zeigt sich ein Zusammenhang zwischen einem foetalen Hyperinsulinismus, einer Hyperglykämie und der foetalen Hypoxie (CARSON et al. 1980; PHILIPPS et al. 1982, 1985; WIDNESS et al. 1990).

Die Polyzythämie kann beim Neugeborenen kardiopulmonale Komplikationen, eine verminderte Nierenfunktion, eine Nierenvenenthrombose, eine nekrotisierende Enterokolitis und Hirnschäden nach sich ziehen (Black und Lubchenko 1982). Die klinischen Symptome der Polyzythämie sind vorwiegend Zittern, eine Tachypnoe (Violaris et al. 1986) und seltener Krämpfe und eine Oligurie (Marshall 1990).

Die Behandlung der Polyzythämie des Neugeborenen besteht aus einem partiellen Blutaustausch, indem 10–20 % des kindlichen Blutvolumens durch einen Plasmaexpander ersetzt werden.

Foetales Blut und Nabelschnurblut von Diabetikerinnen hat erhöhte Hämoglobinspiegel und einen höheren Anteil an foetalem Hämoglobin, während beim Foetus und Neugeborenen eine erhöhte Erythropoese mit vermehrten Erythroblasten und erhöhtem *Erythropoetinspiegel* nachzuweisen ist (Kaiser und Goodlin 1985; Shannon et al. 1986; Widness et al. 1981, 1990, 1993; Salvesen et al. 1993). Erythropoetin zum Zeitpunkt der Geburt kann jedoch nicht zum Nachweis einer akuten oder chronischen pränatalen foetalen Hypoxie herangezogen werden, da die Konzentrationen rasch wechseln können (Widness et al. 1984, 1986). Darüber hinaus sind erhöhte Erythropoetinspiegel diabetischer Foeten offenbar nicht nur auf eine chronische Hypoxie sondern auch auf einen foetalen Hyperinsulinismus zurückzuführen. In vitro Studien konnten zeigen, daß Insulin erythrogene Eigenschaften hat. Sowohl im Tierversuch als auch bei Versuchen am Menschen kommt es bei Hyperinsulinismus auch ohne das Vorliegen einer Hypoxie zum Anstieg des Erythropoetinspiegels (Golde et al. 1979; Perrine et al. 1986; Widness et al. 1981, 1990; Salvesen et al. 1993) (Abb. 103).

Trotz der foetalen Polyzythämie bei mütterlichem Diabetes ist die foetale *Thrombozytenzahl* herabgesetzt. Die foetale Thrombozytenzahl ist von der mütterlichen Stoffwechselqualität abhängig. Sie fällt mit steigendem mütterlichen Glykohämoglobinspiegel (Salvesen et al. 1992). Die wahrscheinlichste Ursache der foetalen Thrombozytopenie dürfte ein erhöhter

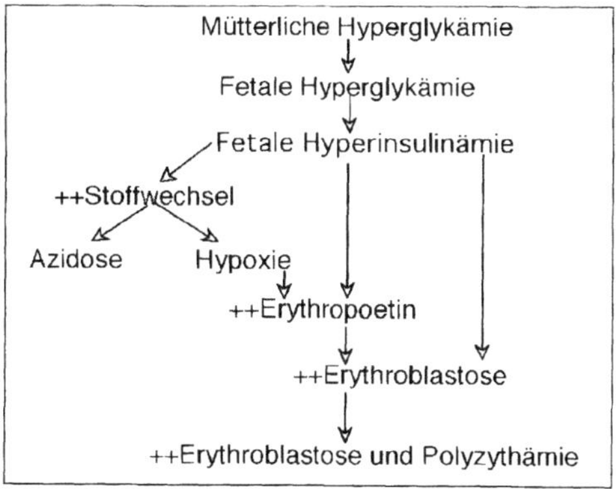

Abb. 103. Mutmaßlicher Mechanismus der foetalen Erythroblastose und Polyzythämie bei diabetischer Schwangerschaft (nach Salvesen et al. 1993)

Verbrauch von Plättchen sein, da auch bei Neugeborenen von Diabetikerinnen eine vermehrte Thrombozytenaggregation, eine erhöhte Thrombozyten Endoperoxyd Bildung und eine herabgesetzte vaskuläre Prostazyklinproduktion zu finden ist (Stuart et al. 1979, 1985). Die vaskuläre foetale Prostazyklinsynthese der Nabelschnurarterien ist bei Hyperglykämie herabgesetzt (Dadak et al. 1982, Stuart et al. 1985) und die Prostanoid-vermittelten vasomotorischen Reaktionen auf Änderungen des Sauerstoffpartialdruckes sind bei GDM erhöht (Figueroa et al. 1993). Prostanoide wirken sich auch auf den Gefäßtonus der Plazenta aus (Walters und Boura 1991).

Intrauterine thrombotische Episoden könnten einer der Gründe eines unerwarteten intrauterinen Fruchttodes sein. Bei einer post mortem Studie von 4000 neonatal verstorbenen Neugeborenen betrug die Rate der venösen Thrombosen bei Neugeborenen von Diabetikerinnen 15,8 %, während die Rate bei den übrigen Neugeborenen <1 % betrug (Openheimer und Esterly 1965). Dabei waren Thrombosen teilweise bereits organisiert und verkalkt was auf eine intrauterine Genese hinweist. Die hohen foetalen Thromboseraten bei Diabetes dürften auf die Verdickung des Blutes durch die Polyzythämie, den verminderten kardialen Auswurf auf der Basis der Kardiomyopathie und auf die erhöhte Thrombozytenaggregation zurückzuführen sein (Kaapa et al. 1986). Die erhöhte Aggregation von Thrombozyten ist mit einer Erhöhung der Endoperoxydasen Thromboxan A2 und B2 und einer Erniedrigung von Prostacyclin assoziiert. Ferner führt eine verstärkte Retraktion von Fibringerinnsel am Endothel und erhöhte Spiegel von schnellem Antiplasmin, einem Fibrinolyseinhibitor, zur Thrombosebereitschaft (Marshall 1990). Am häufigsten kommt es zur Nierenvenenthrombose aber auch zu arteriellen Thrombosen die zum Gangrän von Gliedmaßen führen können.

Die Symptomatik der Nierenvenenthrombose umfaßt eine Hämaturie und eine Flankenschwellung. Die Ultraschalluntersuchung erhärtet die Diagnose. Die Therapie besteht in einer adäquaten Flüssigkeits- und Elektrolytzufuhr, einem partiellen Blutaustauch bei Polyzythämie und einer chirurgischen Konsultation wegen einer eventuellen Nephrektomie. Eine Heparintherapie wird kontroversiell diskutiert.

Im Rahmen der normalen foetalen Entwicklung wird das *Hämoglobin F* ($\alpha 2 \gamma 2$) zwischen der 28. und 34. Gestationswoche durch Hämoglobin A ($\alpha 2 \beta 2$) ersetzt (Bard et al. 1970). Dieser Vorgang ist im Entwicklungsplan fixiert und wird weder durch das Gestationsalter zum Zeitpunkt der Geburt noch durch die anatomische Anordnung der Blutbildungsherde beeinflußt (Bard und Prosmanne 1982, Wood und Weatherall 1983). Der Gehalt an Hämoglobin A steigt in der Regel von 10–20 % in der 28. Woche auf 40–70 % in der 40. Woche (Cao et al. 1981, Perrine et al. 1985). Untersuchungen von Perrine et al. (1985) konnten zeigen, daß diese Shift von Hämoglobin F zu Hämoglobin A bei Foeten von Diabetikerinnen ausbleibt. Die Gründe dafür sind unklar. Da diese Neugeborenen alle Zeichen eines Hyperinsulinismus (Hypoglykämie, Bedarf einer prolongierten Glukoseinfusion, Makrosomie, Polyzytämie etc.) hatten, wurde der Hyperinsulinismus als Ursache vermutet.

Foeten von Diabetikerinnen sind intermittierenden oder kontinuierlichen mütterlichen Hyperglykämien ausgesetzt und haben somit erhöhte Spiegel von glykosilierten Proteinen und glykosiliertem Hämoglobin F (HbF1) (Elseweidy und Fadel 1984, Olesen et al. 1984, Feldman et al. 1984). Untersuchungen von Sosenko et al. (1982) lassen vermuten, daß mit der Bestimmung des *glykosilierten Hämoglobins* im Nabelschnurblut ein zusätzlicher Hinweis auf die Qualität der Stoffwechselführung in der Schwangerschaft verfügbar sein könnte. Die foetalen Glykohämoglobinspiegel sind >30 % niedriger als die mütterlichen (Czekelius und Rollmann 1986), da die foetalen Erythrozyten nur eine Lebensspanne von 45–70 Tagen haben (Bratteby und Garby 1960). Darüber hinaus ist 10–20 % des foetalen Hämoglobins am Stickstoff der Gammakette azetyliert und kann daher an dieser Stelle nicht glykosiliert werden (Matsuda et al. 1960, Schroeder et al. 1962, Stegink et al. 1971, Bunn et al. 1977). Außerdem sind die foetalen Glukosespiegel im Mittel niedriger als die mütterlichen Glukosespiegel (Battaglia und Meschia 1978). Der Spiegel des HbF1 im Nabelschnurblut bei Neugeborenen von Diabetikerinnen und Gesunden unterscheidet sich nicht. Die Bestimmung von sehr kleinen Hämoglobinsubfraktionen stößt jedoch an technische Grenzen (Schwartz et al. 1980).

Der Spiegel der *glykosilierten Proteine* im Nabelschnurblut ist bei Diabetikerinnen im Mittel auf 12,3 ± 1,9 % erhöht. Es besteht jedoch keine Korrelation zum Geburtsgewicht. Bei Stoffwechselgesunden beträgt der Spiegel bei normosomen Neugeborenen 8,6 ± 1,7 % und bei makrosomen Neugeborenen 9 ± 1,3 % (Ghosh et al. 1990).

Der *Fruktosaminspiegel* im Nabelschnurblut beträgt 80 % des mütterlichen Fruktosaminspiegels und kann bei Diabetes mellitus ebenfalls erhöht sein. Eigene Untersuchungen an 130 Gestationsdiabetikerinnen und 113 Kontrollen ergaben einen mittleren foetalen Fruktosaminspiegel von 1,77 mmol/L, während der foetale Fruktosaminspiegel bei insulinbedürftigen GDM 1,88 mmol/L betrug. Der Unterschied ist wahrscheinlich deshalb nicht signifikant, da es sich bei den GDM um straff behandelte Fälle handelte (Hofmann 1990).

12.33.9 Hypokalzämie

Der Kalziummetabolismus der Schwangeren, des Foetus und des Neugeborenen ist in engem Zusammenhang mit dem Phosphor-, Magnesium-, Parathormon-, Kalzitonin- und Vitamin D-Haushalt (Kuoppala 1988). Frühgeburtlichkeit, peripartale Asphyxie, Hypomagnesiämie und fortgeschrittener mütterlicher Diabetes sind klassische Risikofaktoren für eine Hypokalzämie (Ca < 8 mg/dl) des Neugeborenen. Die Hypokalzämie des Neugeborenen korreliert mit dem Kalziumspiegel im Nabelschnurblut (NS-Ca), dem 1 Minuten Apgar und dem Gestationsalter (GA). Der Kalziumspiegel beim Neugeborenen läßt sich mit der Formel: 34,05 − 3,22 (NS-Ca) − 0,84 (GA) + 0,10 (GA) (NS-Ca) mit einer Sensitivität von 72 % und Spezifität von 75 % voraussagen (Mimouni et al. 1990).

Bei Diabetikerinnen fehlt der progressive Anstieg des mütterlichen Parathomones im Verlauf der Schwangerschaft, während gleichzeitig die Magnesiumkonzentrationen im Serum signifikant niedriger sind (Pitkin et al. 1979, Cruikshank et al. 1980, Mimouni et al. 1987, Speich et al. 1992). Der mütterliche Magnesiummangel wirkt sich auf den Kalziumstoffwechsel des Foeten aus. Zwischen 5 % und 50 % der Neugeborenen diabetischer Mütter haben eine Hypokalzämie (Nogouchi et al. 1980; Tsang et al. 1972, 1975, 1981; Salle et al. 1982; Speich et al. 1992) (siehe auch Tabelle 56, 114). Bei Frühgeborenen ist das Hypokalzämierisiko noch zweifach erhöht (Mimouni et al. 1988). Es empfiehlt sich daher auch ohne klinische Hinweise eine Bestimmung des Serumkalziums am 2. und 3. Lebenstag. Die foetale Hypokalzämie korreliert mit der Schwere des Diabetes (Tsang et al. 1975, Schedewi et al. 1979, Noguchi et al. 1980, Demarini et al. 1994). Die Hypokalzämie foetopathischer Neugeborener (<8 mg/dl) ist auf einen Mangel an foetalem Parathormon zurückzuführen (MacIntyre 1967, Tsang et al. 1975, Cruikshank et al. 1983, Shaul et al. 1987), der wahrscheinlich wiederum auf einen sekundären Magnesiummangel zurückzuführen ist (Anast et al. 1976, Levine und Coburn 1984, Mimouni et al. 1989). Die foetale Hypokalzämie ist von der Qualität der Stoffwechselführung abhängig. Bei einer randomisierten Studie trat bei IDDM und straffer Stoffwechselführung (NBZ <4,44 mmol [80 mg/dL], PP<6,66 mmol [120 mg/dl]) in 17,6 % der Neugeborenen eine Hypokalzämie auf, während bei gewöhnlicher Stoffwechselführung (NBZ <5,55 mmol [100 mg/dL], PP 7,77 mmol [140 mg/dL]) in 31,9 % eine Hypokalzämie nachweisbar war (Demarini et al. 1994). Wahrscheinlich bewirkt eine straffere Stoffwechselführung einen geringeren Magnesiumverlust über den mütterlichen Harn, wodurch der maternofoetale Magnesiumstatus und damit die foetale Parathormonproduktion normalisiert werden (Mimouni et al. 1989).

Bei Typ-1 Diabetes ist eine unzureichende mütterliche Stoffwechselkontrolle, besonders im I. Trimester der Schwangerschaft, mit einem verminderten Mineralgehalt der kindlichen Knochen assoziiert (Mimouni et al. 1988). Bei GDM scheint dieses Risiko jedoch nicht zu bestehen (Ogueh et al. 1998), da er gewöhnlich erst im III. Trimester auftritt.

Die klinischen Symptome der Hypokalzämie beim Neugeborenen sind Zittrigkeit, Irritabilität und vereinzelt Krampfanfälle. Die Akutbehandlung erfolgt durch die i. v. Gabe von 1–2 ml/kg einer 10%igen Calziumglukonatlösung. Als Erhaltungsdosis wird Calziumglukonat in einer Dosierung von 400–800 mg/kg/Tag oral oder 200–500 mg/kg/Tag i. v. verabreicht (Marshall 1990). Magnesiumgaben können möglicherweise den Parathormonspiegel normalisieren. Eine Hypomagnesiämie (< 1,8 mg/dl) kann klinisch der Hypokalzämie ähneln. Sie entsteht zumeist sekundär bei mütterlicher Hypomagnesiämie die wiederum mit einer erhöhten Harnausscheidung von Magnesium während der Schwangerschaft assoziiert ist. Die Behandlung besteht in der Gabe von 0,1–0,2 ml/kg 50 % Magnesium i. v. oder i. m. und eine Erhaltungsdosis von 0,2 ml/kg/Tag oral. Eine Hypokalzämie, die auf die Standardtherapie resistent ist, kann durch Magnesiumgaben korrigiert werden.

12.33.10 Insulin, C-Peptid im Nabelschnurblut

Der Gehalt an Insulin oder C-Peptid im Nabelschnurblut gibt Auskunft über die Insulinproduktionsrate des Neugeborenen (Weiss et al. 1979, 1984; Sosenko et al. 1979, 1982; Gerö et al. 1982; Cano et al. 1986). Diese wird umso höher sein, je schlechter die Stoffwechselführung der Schwangeren insbesondere im 3. Trimester war. Der Hyperinsulinismus des Neugeborenen ist diabetesspezifisch und somit ein *harter* Parameter zur Qualitätskontrolle der Stoffwechselführung in der Schwangerschaft. Die Nabelschnurinsulinwerte korrelieren mit allen anderen unspezifischen diabetesassoziierten Komplikationen der Neugeborenenperiode (Weiss et al. 1998) (siehe Kap.: Die aktuellen kindlichen Risiken, Abb. 31 und Tabelle 56). Die erhöhte Insulinproduktion mit daraus folgender Hypoglykämie des Neugeborenen muß nicht immer mit einer Makrosomie assoziiert sein (Sosenko et al. 1982, Stanley et al. 1992, Weiss et al. 1998). Da der Hyperinsulinismus der Makrosomie (somatischen Foetopathie) einerseits vorangeht, andererseits plazentare und foetale Faktoren die Entwicklung einer Makrosomie trotz foetalem Hyperinsulinismus verhindern können, spricht auch die Eutrophie nicht gegen einen Hyperinsulinismus (biochemische Foetopathie). Deshalb haben auch Neugeborene diabetischer Frauen drei- bis viermal häufiger eine Hypoglykämie als eine Makrosomie (Adashi et al. 1979). Eine Bestimmung von Insulin aus Nabelschnurblut sollte daher bei allen Neugeborenen diabetischer Mütter routinemäßig durchgeführt werden. Die Beurteilung des fetal outcome dient in erster Linie zur Beurteilung des Therapieerfolges der Betreuung diabetischer Schwangerer und erfolgt in 5 Klassen (Weiss et al. 1998) (Tabelle 180).

Der Gehalt an C-Peptid im Nabelschnurblut zeigt bei Stoffwechselgesunden, GDM und IDDM eine signifikante lineare Korrelation zum Insulingehalt (siehe Abb. 5). In den Klassen White B bis R können vereinzelt Insulinantikörper vorkommen, deren Bindungskapazität ausreicht, die Bestimmungsergebnisse zu verfälschen. Bei Fällen die anamnestisch mit Schweine- oder Rinderinsulin behandelt wurden oder bei denen ein hoher

Tabelle 180. Grazer Klassifikation des fetal outcome bei Diabetikerinnen anhand des Insulingehaltes im Nabelschnurblut (NSI) und dem Geburtsgewicht (GG)

Klassifikation	Definition
1 Stoffwechselgesund	NSI < 20 μE/ml
2 Leichte biochemische Foetopathie	NSI 20–50 μE/ml, GG < 90. Perzentile
3 Leichte somatische Foetopathie	NSI 20–50 μE/ml, GG > 90. Perzentile
4 Schwere biochemische Foetopathie	NSI > 50 μE/ml, GG < 90. Perzentile
5 Schwere somatische Foetopathie	NSI > 50 μE/ml, GG > 90. Perzentile

Insulinantikörperspiegel bekannt ist kann eine zusätzliche Bestimmung von C-Peptid im Nabelschnurblut vorteilhaft sein (Tabelle 177).

12.33.11 Insulin im Harn von Foeten und Neugeborenen

Ab der 12.–16. Schwangerschaftswoche wird über den foetalen Harn Insulin ausgeschieden (Weiss et al. 1984, 1988, 1996; Greco et al. 1980). Die Dynamik der Insulinausscheidung im Harn läßt sich aus dem Verlauf des Insulinspiegels im Fruchtwasser einschätzen. Im ersten Trimenon ist Insulin im Fruchtwasser nur in Spuren vorhanden, da das Fruchtwasser noch zu einem großen Teil vom Amnion-Epithel stammt. Mit zunehmender Gestationszeit nimmt die foetale Nierenfunktion und der Anteil des foetalen Harnes am Fruchtwasser zu. Darüber hinaus nimmt auch die foetale Insulinproduktion zu. Ab der 30. Woche besteht Fruchtwasser zu ~85 % aus foetalem Harn (Weiss et al. 1984)

Wird unmittelbar nach der Geburt die erste Harnportion des Neugeborenen aufgefangen, besteht eine strenge Korrelation zwischen der Insulinkonzentration im Nabelschnurblut und im Harn des Neugeborenen ($R = 0{,}89$, $p < 0{,}0001$) (Tabelle 181).

Aus der Tabelle 181 geht hervor, daß der Insulintiter der ersten Harnportion des Neugeborenen nach der Geburt sehr ähnlich dem Insulinspiegel im Nabelschnurblut ist, der wiederum die foetale Insulinämie spiegelt (Weiss et al. 1984).

Tabelle 181. Grazer Diabetesanalysen. Korrelation der Insulinwerte im Nabelschnurblut und im Harn (erste postpartale Harnportion) bei Neugeborenen von Stoffwechselgesunden und Neugeborenen von Diabetikerinnen mit diabetogener Foetopathie (Weiss et al. 1984). (Korrelation: $R = 0{,}89$, $p < 0{,}0001$)

	Stoffwechselgesund gesundes Kind		Diabetes mellitus diabetogene Foetopathie	
	Insulin NS-Blut μE/ml	Insulin Harn μE/ml	Insulin NS-Blut μE/ml	Insulin Harn μE/ml
	10,6	3,2	32,0	78,0
	12,6	15,3	130,0	150,0
	15,5	17,6	73,6	55,0
	14,8	14,4	46,0	39,3
	1,6	3,6	29,0	39,1
	6,8	3,9	23,1	50,0
	13,4	2,5	53,6	31,1
	20,0	27,9	47,4	36,4
			21,3	22,1
Total	11,9	11,1	50,7	55,7
%	100 %	93 %	100 %	110 %
Korrelation	R = 0,78, p = 0,02		R = 0,81, p < 0,01	

Auch in den ersten Tagen der Neonatalperiode korreliert der Insulinspiegel im Harn noch mit dem Nabelschnurinsulinspiegel, die Regressionsgerade ist jedoch durch den Einfluß postpartaler Faktoren auf die Insulinhomöostase des Neugeborenen flacher ($R = 0{,}414$; $p < 0{,}0001$) als unmittelbar nach der Geburt ($R = 0{,}89$, $p < 0{,}0001$) (Abb. 104).

Der Insulinspiegel im Harn des Neugeborenen korreliert auch mit der mütterlichen Blutglukose bei der Geburt ($R = 0{,}143$; $p < 0{,}05$), dem Fruchtwasserinsulinspiegel bei der Geburt ($R = 0{,}411$; $p < 0{,}0001$), der Glukose im Nabelschnurblut ($R = 0{,}181$; $p < 0{,}005$), und der Glukose im Harn des Neugeborenen ($R = 0{,}430$; $p < 0{,}0001$), nicht jedoch mit dem Geburtsgewicht.

Bei *stoffwechselgesunden* Schwangeren ist die prä- und postpartale foetale/neonatale Insulinproduktion und damit die Insulinausscheidung im Harn nur geringen Schwankungen unterworfen, da die Foeten und Neugeborenen noch eine unreife Insulinsekretionsdynamik haben. Die Betazellen sind durch Glukose daher kaum stimulierbar. Eine reife Insulinsekretionsdynamik, mit prompter Insulinsynthese und Fluktuation nach Nahrungsaufnahme oder Glukoseinfusion, entwickelt sich erst im Verlauf der ersten Lebensmonate. Wiederholte Bestimmungen des Harninsulins im Abstand von wenigen Tagen oder Messungen bei Zwillingen führen daher zu ähnlichen Ergebnissen.

Bei *Diabetikerinnen* hingegen wird die Insulinausscheidung im Harn durch die individuelle Glukose-Insulin Homöostase und die aktuelle Glukoseverfügbarkeit des Neugeborenen zur Zeit des Harnsammelns stark beeinflußt. Das foetale Inselorgan kann als Folge der intrauterinen Stoffwechselerfahrung bei Diabetes in seiner Funktion so aufgeschaukelt sein, daß bereits eine „reife" Insulinsekretionsdynamik vorliegt. Bei Diabetike-

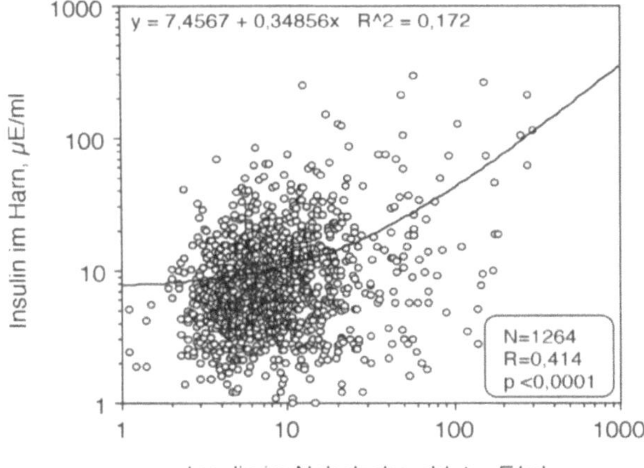

Abb. 104. Grazer Diabetesanalysen. Korrelation von Insulinwerten im Nabelschnurblut und in Harn des 1.–3. Lebenstages bei 1004 Stoffwechselgesunden und 260 Diabetikerinnen ($R = 0{,}414$; $p < 0{,}001$) (unpublizierte Daten). Die Kurve entspricht der linearen Regression. Wegen der großen Streuung der individuellen Werte wurde eine logarithmische Skala gewählt

rinnen kann daher, im Gegensatz zu Stoffwechselgesunden, bereits unter der Geburt ein prompter Anstieg des Insulinspiegels im foetalen Skalpblut gemessen werden, wenn etwa der Gebärenden eine Glukoseinfusion verabreicht wird. Dabei steigt Insulin bis zum 9fachen des Ausgangswertes (Feige et al. 1977). Aber auch postpartal reagieren Neugeborene diabetischer Mütter auf Glukosereize (Fütterung, Glukoseinfusion) mit einer erhöhten Insulinausschüttung (Mølsted-Pedersen 1972, Gillmer et al. 1975, Beard et al. 1980). Dabei ist insbesondere der initiale Insulinpeak erhöht, während die zweite Phase der Insulinsekretion eher abgeflacht erscheint (Isles et al. 1968, Phelps et al. 1978). Eigene Untersuchungen ergaben ein graduell unterschiedliches Verhalten, wie es in der Abb. 18 dargestellt ist.

Bei normalem, leicht erhöhtem und stark erhöhtem Insulinspiegel im Nabelschnurblut kommt es nach i.v. Belastung mit 1,5 g Glukose/kg Körpergewicht zu einem mittleren Anstieg des Seruminsulinspiegels um 38 µE/ml, 78 µE/ml und 245 µE/ml (Abb. 18). Bei leicht hyperinsulinämischen Neugeborenen tritt die 1. Phase und der Peak der 2. Phase der Insulinsekretion durch die *trainierten* Betazellen früher auf, während bei schwerem Hyperinsulinismus die 1. Phase fehlt und die 2. Phase verzögert auftritt (Weiss et al. 1999). Dies läßt eine intrauterine Fehlkonditionierung und/oder Schädigung der foetalen Betazellen vermuten, da ein ähnliches Sekretionsmuster als Vorstadium eines Typ-2 Diabetes bekannt ist. Die paradoxe Situation gleichzeitig erhöhter Insulin- und Glukosespiegel endet mit der Geburt. Mit dem Durchtrennen der Nabelschnur wird der permanente Zustrom mütterlicher Glukose und damit die permanente Stimulation der Insulinproduktion beendet. Durch die foetale Mitgift eines Insulinüberschusses kommt es bei Neugeborenen von Diabetikerinnen postpartal zu einer (relativen) Hypoglykämie und damit zu einer passageren Drosselung der Insulinbiosynthese und der Harnausscheidung von Insulin. Wird das Neugeborene der Diabetikerin gefüttert oder mit Glukoseinfusionen behandelt, ergeben sich durch die Hyperreaktivität der kindlichen Betazellen wieder inadäquat hohe Insulinwerte im Harn. Darüber hinaus wirkt sich die Art der postnatalen Fütterung auf die Insulinproduktion aus (Asplund 1970, 1972, 1973). Glukose oder KH mit hohem Glukoseindex und als größerer Bolus verabreicht stimulieren die Insulinbiosynthese des Neugeborenen stärker als verzettelte Gaben von Kohlenhydraten mit niedrigem Glukoseindex oder Muttermilch. Ist der Foetus von der chronischen intrauterinen Hyperglykämie befreit, scheint sich sein Inselorgan etwas zu erholen. Wiederholte Insulinbestimmungen im Harn an aufeinanderfolgenden Tagen zeigen einen abnehmenden Trend des Insulinspiegels.

Der Neonatologe ist manchmal mit Neugeborenen konfrontiert, bei denen sich in Unkenntnis eines mütterlichen Diabetes klinisch der Verdacht auf eine diabetogene Foetalerkrankung ergibt (Makrosomie, Cushingoider Aspekt, Hypoglykämie etc.). In diesen Fällen kann die Bestimmung der Insulinausscheidung im Harn für die Diagnose hilfreich sein. Bei Neugeborenen stoffwechselgesunder Schwangerer bewegt sich die Insulinausscheidung im Harn in einem Rahmen, wie in der Tabelle 182 angegeben.

Tabelle 182. Normbereich des Insulinspiegels im Harn und Harninsulinspiegel bei hyperinsulinämischen Neugeborenen von Diabetikerinnen

	Harninsulin bei Neugeborenen von mutmaßlich Stoffwechselgesunden (NSI < 20 μE/ml)	Harninsulin bei Neugeborenen von insulinbehandelten Diabetikerinnen (NSI > 20 μE/ml)
Fallzahl	962	103
Mittelwert (SD)	10 (±11)	31 (±52)[a]
Median	7	12
Bereich	0,1–151	0,5–296
Perzentilen		
3 %	1,7	
10 %	2,7	
50 %	7,0	
90 %	19,4	
97 %	33,5	
99 %	55,0	

[a] $p < 0{,}0001$ (Wilcoxon-Mann-Whitney Test)

Bei Harninsulinwerten >55 μE/ml (>99. Perzentile) kann eine erhöhte intrauterine Glukoseexposition des Foetus und damit ein Diabetes der Mutter als sehr wahrscheinlich und bei Werten >150 μE/ml als gesichert angenommen werden.

Ein niedriger Wert schließt jedoch eine diabetogene Foetopathie nicht aus, da sich die individuelle Insulinproduktion wegen der momentanen Stoffwechselsituation in einem Nadir befinden kann. Dementsprechend haben wir bei Zwillingen einer diabetischen Mutter eine Insulinausscheidung von 26,4 μE/ml und 66,5 μE/ml Harn gemessen.

Wahrscheinlich könnte die Schärfe der Diagnostik bei standardisierter Gewinnung des Harnes verfeinert werden. Diese müßte den Lebenstag, die Tageszeit, den Fütterungszustand, die Art und Menge der Fütterung, die Harnmenge und den Beginn und die Dauer der Harnsammlung in Bezug zur Nahrungsaufnahme berücksichtigen. Einflüsse einer Glukoseinfusion oder eines hochgestellten Harnes müßten ausgeschlossen werden. Einschlägige Untersuchungen sind jedoch noch ausständig.

Von Lunell et al. (1988) liegen Untersuchungen über die Harnausscheidung von C-Peptid vor. Die Autoren fanden eine signifikante Korrelation zwischen der C-Peptid Ausscheidung der ersten 12 Lebensstunden und der Hautfaltendicke der Neugeborenen, die ebenfalls als Indikator einer diabetogenen Makrosomie gilt.

12.34 Weiteres Schicksal der Kinder von Diabetikerinnen

Das Schicksal der Kinder von Diabetikerinnen ist von der Qualität der Stoffwechselführung abhängig. Die Rate an *Fehlbildungen* kann durch eine straffe Stoffwechselführung zum Zeitpunkt der Konzeption von rund 8 % (Tabelle 2) auf rund 1 % reduziert werden (Fuhrmann et al. 1983).

Ein normoglykämischer Stoffwechsel in der 1. Schwangerschaftshälfte trägt zu einer normalen Entwicklung der Plazenta bei (Persson 1982, Semmler et al. 1982). Damit kann die Inzidenz der Plazentainsuffizienz mit intrauteriner *Wachstumsretardierung* des Foetus von rund 10 % auf etwa 5 % gesenkt werden (Zobel et al. 1984). Da bei der Wachstumsretardation mit einer Beeinträchtigung der *Hirnentwicklung* gerechnet werden muß, die mit dem Ausmaß des foetalen Untergewichtes korreliert (Stehbens et al. 1977, Karch et al. 1977), kann eine optimale Einstellung in der ersten Schwangerschaftshälfte auch für das weitere Schicksal des Kindes von Bedeutung sein (Rizzo et al. 1995). Besonders bei früher Wachstumsretardierung wurden bei Kindern von IDDM vermehrt psychomotorische Störungen und Sprachstörungen im Alter von 4–5 Jahren beschrieben (Petersen et al. 1988, Petersen 1989, Pedersen und Mølsted-Pedersen 1998). Aber auch Kinder von Gestationsdiabetikerinnen können Störungen der psychomotorischen Entwicklung haben (Rizzo et al. 1988).

Bei Kindern mit schwerer Wachstumsretardierung ist die Anzahl der Nephrone um 35 % reduziert (Hinchliffe et al. 1992). Dies führt, besonders bei Mädchen, im späteren Leben gehäuft zu Nierenerkrankungen und Hypertension und im Falle eines Diabetes mellitus besteht die Neigung zur diabetogenen Nephropathie (Rossing et al. 1995). Ein niedriges Geburtsgewicht ist auch mit einem erhöhten Risiko kardiovaskulärer Erkrankungen verbunden (Parker et al. 1989).

Kinder von Diabetikerinnen ohne auffälligem Geburtsgewicht können im Schulalter ebenfalls diskrete Störungen wie etwa Hyperaktivität und Unaufmerksamkeit zeigen, wobei jedoch in der Regel die kognitiven Fähigkeiten nicht herabgesetzt sind (Ornoy et al. 1998).

Bei Kindern von Diabetikerinnen mit Polyzythämie und Hyperviskositätssyndrom in der Neonatalperiode wurden im Alter von 2 und 7 Jahren signifikant häufiger Bewegungsstörungen, abnormale neurologische Befunde und/oder ein erniedrigter IQ im Schulalter nachgewiesen (Delaney-Black et al. 1985, 1989). Auch die Qualität der Stoffwechselführung während der Schwangerschaft kann sich auf die neurologische und intellektuelle Entwicklung der Kinder auswirken (Churchill et al. 1969, Yssing 1975, Bibergeil et al. 1975, Amendt et al. 1976, Stehbens et al. 1977, Petersen et al. 1988, Morris et al. 1988). So wurde etwa eine inverse Korrelation zwischen dem mütterlichen Fettstoffwechsel und der intellektuellen Entwicklung in der frühen Kindheit beobachtet (Rizzo et al. 1991). Des weiteren fand sich eine Assoziation zwischen einer mütterlichen Ketonämie (β-Hydroxybutyrat) in der Schwangerschaft und einen niedrigeren IQ (Rizzo et al. 1991), während perinatale Komplikationen nur einen marginalen Einfluß auf die cognitive Entwicklung 2–5jähriger Kinder hatte (Rizzo et al. 1994). Psychosomatische Störungen und Sprachentwicklungsstörungen bis zum 15. Lebensjahr korrelieren mit der Qualität der Stoffwechselführung in der Schwangerschaft (Amendt et al. 1976).

Ein Einfluß des Diabetes mellitus auf die foetale Hirnentwicklung kann auch aus elektroenzephalographischen Veränderungen vermutet werden. Ganz allgemein zeigen Neugeborene von Diabetikerinnen eine durchschnittliche EEG-Reife, die dem Konzeptionsalter um ~1,3–2,0 Wochen nachhinkt. Die Reifungsverzögerung nimmt mit steigender White Klasse zu (Karch et al. 1977).

Bei unzureichender Stoffwechselführung in der zweiten Schwangerschaftshälfte muß mit einem foetalen *Hyperinsulinismus* und einer foetalen *Makrosomie* gerechnet werden. Der foetale Hyperinsulinismus verursacht beim Foetus einen gesteigerten peripheren Sauerstoffverbrauch ohne kompensatorischen Anstieg des plazentaren Blutflusses (Carson et al. 1980) und beim Neugeborenen *Hypoglykämien*, die bis zu 95 % asymptomatisch verlaufen (Cummins und Norish 1980). Auswirkungen von transienten Hypoglykämien im Sinne von „minimal brain defects" sind denkbar, jedoch schwer nachzuweisen. Bereits eine moderate neonatale Hypoglykämie kann negative Auswirkungen auf die weitere neurologische Entwicklung haben (Lucas et al. 1988). Eine prolongierte Hypoglykämie in der Neonatalperiode kann besonders bei kleinen und retardierten Neugeborenen zur Mikrozephalie, mentaler Retardierung und/oder Hirnschäden verschiedenen Ausmaßes führen (Anderson et al. 1966). Kinder von Diabetikerinnen haben eine Neigung zum Typ-2 Diabetes (Weiss et al. 2000) und zu diabetesassoziierten Störungen (Adipositas, metabolisches Syndrom), besonders wenn sie bereits als Foetus negative intrauterine Stoffwechselerfahrungen hatten. Kinder mit diabetogener Makrosomie können bereits im 1. Lebensjahr eine *Adipositas* mit typischer Stammfettsucht haben (Vohr und McGarvey 1997) und neigen im Schulalter sowie im Adoleszentenalter nach wie vor zur Adipositas (Farquhar 1969; Vohr et al. 1980, 1995, 1999; Pettitt et al. 1983). Metzger et al. (1990) konnten nachweisen, daß die Adipositas der Adoleszenten mit erhöhten Fruchtwasserinsulinwerten im dritten Trimester assoziiert ist.

Kinder diabetischer Mütter können je nach Stoffwechselführung während der Schwangerschaft in 25 % einen *Insulin-high-response* unter Glukosebelastung und in 17–18 % eine *gestörte Glukosetoleranz* haben (Amendt et al. 1976; Rosenkranz et al. 1979; Toeller et al. 1981; Kohlhoff und Roth 1986, 1987; Weiss et al. 2000). Bereits im 1.–3. Lebensjahr wurde bei Kindern von IDDM in 9,6 %, von insulinbedürftigen GDM in 12,3 % und von diätbehandelten GDM in 16,5 % eine Glukoseintoleranz nachgewiesen (Kohlhof und Roth 1986).

Auch ein verzögerter Insulinanstieg nach Glukosebelastung wie beim Typ-2 Diabetes wurde beschrieben (Rosenkrantz et al. 1979). Es ist anzunehmen, daß bereits intrauterin eine Schädigung und Erschöpfung oder Fehlkonditionierung der foetalen Betazellen stattfindet, die das Auftreten eines Gestationsdiabetes oder Diabetes mellitus im späteren Leben zur Folge haben kann („fuel mediated teratogenesis") (Freinkel 1980, Martin et al. 1985, Weiss et al. 2000).

Eigene Untersuchungen konnten zeigen, daß bei 5–15jährigen Kindern diabetischer Mütter bleibende Stigmata wie Hyperglykämie, Hyperinsulinämie und Insulinresistenz unter Glukosebelastung nachzuweisen sind die auf eine hohe Wahrscheinlichkeit eines zukünftigen Diabetes hinweisen. Diese Stigmata waren jedoch nur bei jenen Kindern zu finden, bei denen erhöhte Insulinwerte im Fruchtwasser als Hinweis auf eine intrauterine foetale Fehlkonditionierung nachweisbar waren (Abb. 105).

VAN BEEK sowie POTTER haben bereits 1939 bzw. 1941 in Inselzellen von Neugeborenen diabetischer Mütter entzündliche und degenerative Veränderungen beobachtet und auf die Möglichkeit eines konsekutiven Diabetes mellitus infolge foetaler Inselschädigung hingewiesen. HULTQUIST und OLDING (1975) haben bei der Autopsie Neugeborener von Diabetikerinnen in 60 % der Fälle eine Fibrose und Hyalinisierung von Inselzellen beschrieben. Die Fibrose betraf 5 bis >20 % der Inselfläche. SCHEIBENREITER und THALHAMMER (1966) kommen zur selben Vermutung, da bei Kindern ihres Krankengutes die einen Diabetes mellitus entwickelten in einem sehr hohen Prozentsatz ein hohes Geburtsgewicht erhebbar war. FARQUHAR (1966)

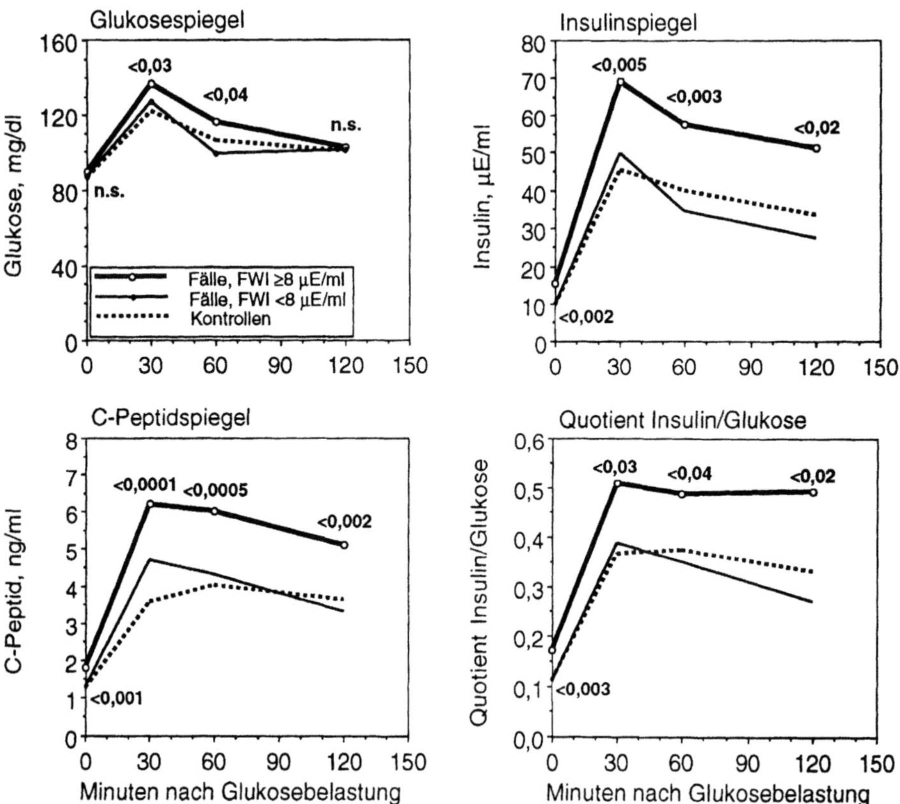

Abb. 105. Grazer Diabetesanalysen. Glukose, Insulin und C-Peptidspiegel nach Glukosebelastung bei 5–15jährigen Kindern von Diabetikerinnen mit und ohne erhöhte Insulinspiegel im Fruchtwasser. Der Quotient Insulin/Glukose repräsentiert die Insulinresistenz. Bei Kindern diabetischer Mütter mit foetalem Hyperinsulinismus sind alle Stoffwechselparameter im Vergleich zu Kindern diabetischer Mütter ohne Hyperinsulinismus und zu Kontrollen pathologisch verändert

beobachtete eine höhere Inzidenz von Diabetes mellitus bei Kindern diabetischer Mütter als bei Kindern diabetischer Väter und PETTITT et al. (1982) fanden bei Nachkommen von Frauen, bei denen während der Schwangerschaft ein Diabetes auftrat, eine höhere Diabeteshäufigkeit als bei jenen, die erst nach der Schwangerschaft diabetisch wurden. VAN ASSCHE et al. (1983) haben schließlich über die Degranulation kindlicher Betazellen bei Diabetes der Mutter berichtet und im Tierversuch nachgewiesen, daß ein foetaler Hyperinsulinismus tatsächlich eine prospektive diabetogene Wirkung hat (VAN ASSCHE und AERTS 1985).

Die vorzeitige Einleitung der Geburt, vor allem bei Vorliegen einer diabetogenen Foetalerkrankung, hat eine hohe Inzidenz an Atemnotsyndromen zur Folge. Ist eine Langzeitbeatmung erforderlich, muß mit Beatmungsschäden, wie etwa der bronchopulmonalen Dysplasie, gerechnet werden (TAGHIZADEH und REYNOLDS 1976).

12.35 Kosten und Kosten-Nutzenanalysen

Im Deutschen Sprachraum gibt es über medizinische Kosten oder Kosten-Nutzenrechnungen kaum Publikationen in der Fachliteratur. Viele Zahlen wurden daher der anglikanischen Literatur entnommen. Es sollen hier nur Größenordnungen vermittelt werden, da Detailkosten von Region zu Region unterschiedlich sind und auch mit dem Kostenindex korrigiert werden müßten. Grobe Kostenabschätzung werden in Zukunft aus den zunehmend verbreiteten ICD-Codes abgeleitet werden können (MUNOZ et al. 1988).

Diabetesspezifische Gesamtkosten setzen sich aus medizinischen und nicht medizinischen Kurz- und Langzeitkosten zusammen. Eine umfangreiche und detaillierte Liste medizinischer und assoziierter Kosten, bis hin zu Telefongebühren, Briefmarken und Batterien für Blutzuckermeßgeräte wurde von der Diabetes Control and Complications Trial Research Group (1995) und der American Diabetes Association (1998) aufgelistet.

Insgesamt ist der Diabetes mellitus eine sehr kostenintensive Erkrankung wobei die direkten medizinischen Kosten etwa 40 % und die indirekten Kosten etwa 60 % ausmachen. Die meisten indirekten Kosten entstehen durch Langzeitinvalidität (WARNER et al. 1996). In den USA betrugen die diabetesverursachten Gesamtkosten im Jahr 1997 rund 98 Milliarden Dollar.

Bei Schwangeren fallen neben den ärztlichen Kosten der normalen Schwangerschaft Kosten an, die von Schwangerschaftskomplikationen, deren diagnostischem und therapeutischem Aufwand, dem notwendigen stationären Aufenthalt, dem Arbeitsausfall durch Arztbesuche, Fahrtspesen etc. sowie dem Sachaufwand und Neben- oder Folgekosten durch die Behandlung akuter oder bleibender Schäden der Kinder abhängig sind (Tabelle 183). Neben- und Folgekosten sind jedoch stets höher als direkte Behandlungskosten (WILLIAMS 1995) und können durch die Qualität der Betreuung maßgeblich gesenkt werden.

Tabelle 183. Teilkosten zur Kosten-Nutzenberechnung verschiedener diagnostischer und therapeutischer Vorgangsweisen bei Diabetes mellitus und Schwangerschaft

	US $
Diätberatung	29
Normaler Spitalsaufenthaltstag	620
Spitalskosten Ketoazidose	4.500
Aufenthalt in ICU pro Tag ~2,5 x normaler Tag	~1.550
Ärztliche Visite, Normalbett	70
Ärztliche Visite, ICU-Bett	143
Ambulante ärztliche Konsultation	58
Foetaler Herzdefekt (Fallot Tetralogie, Transposition) initiale Korrektion	92.400
Ventrikelseptumdefekt, Atriumseptumdefekt, Coarctation d. Aorta	31.900
Ventrikelseptumdefekt, Pulmonalstenose, Transposition, Korrektur	154.000
Nierenagenesie, Ureter duplex	15.799
Zystenniere, Hydronephrose, Analatresie	41.032
Spina bifida, direkte med. Kosten d. ersten 10 Jahre	84.600
Spina bifida, ärztliche Langzeitkosten, Lebenszeit	103.506
Spina bifida, direkte und indirekte Lebenszeitkosten	330.000
Kaudale Regression	79.550
Lebenskosten	508.835
Anenzephalie	15.799
Hydrozephalus, Spitalskosten	41.032
3-Jahreskosten nach Spitalsaufenthalt	3.263
mit assoziierten Handicaps (80 % der Fälle), 3-Jahreskosten	21.445
mit assoziierten Handicaps (80 % der Fälle), Lebenskosten	508.835
Hyperbilirubinämie, Hypoglycämie, Hypokalzämie, Hypomagnesiämie	2.800
Perinatale Asphyxie	22.328
mit Hirnschaden, Lebenskosten	508.835
RDS, schwer	54.624
leicht	22.328
Transiente Tachypnoe	5.460
Beatmung	40.800

Quellen: Faich et al. 1983, U.S. Congress, Office of Technology Assessment 1987, Tosi et al. 1987, Centers for Disease Control 1989, Source Book of Health Insurance Data 1989, Berenson 1984, Watson et al. 1986, Phibbs et al. 1986, Lichtig et al. 1989, Taplin et al. 1988, Shankaran et al. 1988, Everett 1989, Elixhauser et al. 1992, 1993, 1996. [a] LKH Graz, Stammdatenliste, LGBl 15/79/1993 und Quellen der Tabelle 185

Nach Berechnungen von Rubin et al. (1994) betragen die Kosten eines Diabetikers im Mittel US$ 9.493 pro Person und Jahr. Dabei kostet die direkte Behandlung des Diabetes etwa gleich viel wie die Behandlung der indirekten chronischen Diabeteskomplikationen (American Diabetes Association 1993).

Die Anzahl und das Ausmaß von Komplikationen in der Schwangerschaft kann durch verschiedene prophylaktische Maßnahmen (Screening, präkonzeptionelle Beratung, Schulung, Selbstkontrolle) herabgesetzt werden, was durch eine Unzahl von Publikationen belegt ist. Eine intensive Stoffwechselführung reduziert das Auftreten einer Retinopathie um

27 %, die Entwicklung einer Mikroalbuminurie um 35 %, die Progression einer klinisch relevanten Retinopathie um 34–76 %, die Progression zur klinischen Albuminurie um 56 % und die Entwicklung einer klinischen Neuropathie um 60 % (The Diabetes Control and Complications Trial Research Group 1993). Nach neueren Untersuchungen hat sich die Prognose von Diabetikern in den letzten Jahren 40 Jahren drastisch verbessert und die Lebenserwartung ist bei Typ-1 Diabetes um mehr als 15 Jahre gestiegen. Nebenbei bemerkt konnte bei Diabetikern bei einer jüngsten Untersuchung kein Unterschied hinsichtlich der Häufigkeit und Schwere von Verkehrsunfällen im Vergleich zu Stoffwechselgesunden gefunden werden. Dies sollte sich hinkünftig auch in den Versicherungsprämien niederschlagen (Borch-Johnsen 1999). Durch den Vergleich der zusätzlichen

Tabelle 184. Kosten des oralen Glukosetoleranztestes nach verschiedenen Methoden (Tarife 1993)

	Aufwand	Kosten öS	Kosten Euro
A. 100g-3 h-oGTT, venöses Plasma (Glukosetrunk, 4 Venenpunktionen, 4 enzymatische Blutglukosebestimmungen[a])			
Glukosetrunk 100 g	S 3 Minuten	10,85	
	VM Glukose	3,50	
Blutabnahme	A 4 x 3 Minuten	117,00	
	S 4 x 3 Minuten	43,40	
Glukosebestimmung	MTA 4 x 18 Minuten	285,30	
	VM Reagenzien 4x öS 4,30	17,20	
Gesamtkosten		477,25	~35,00
B. 75 g-2 h-oGTT, Kapillarblut (Glukosetrunk, 3 mal Kapillarblut aus der Fingerbeere, 3 enzymatische Blutglukosebestimmungen)			
Glukosetrunk 75 g	S 3 Minuten	10,85	
	VM Glukose	2,60	
Blutabnahme	MTA 3 x 0,5 Minuten	6,00	
Glukosebestimmung	MTA 3 x 18 Minuten	214,20	
	VM Reagenzien 3 x öS 4,30	12,90	
Gesamtkosten		246,55	~18,00
C. Schnellmethode Empfehlung der Grazer Frauenklinik für die Praxis (Glukosetrunk, 1mal Kapillarblut aus der Fingerbeere, 1mal automatische Blutglukosebestimmung[a])			
Glukosetrunk 75 g	S 3 Minuten	10,85	
	VM Glukose	2,60	
Blutabnahme	MTA 0,5 Minuten	2,00	
Glukosebestimmung	MTA 0,5 Minuten	2,00	
	VM Einmalküvette	12,00	
Gesamtkosten		29,45	~2,10

[a] HemoCue®-Methode; *S* Schwester oder Arzthelferin, *VM* Verbrauchsmaterial, *A* Arzt, *MTA* medizinisch technische Assistentin

Kosten verschiedener prophylaktischer Maßnahmen mit Einsparungen durch nachweislich vermeidbare Komplikationen und deren Folgekosten kann eine Kosten-Nutzenrechnung angestellt werden (HERMAN et al. 1994).

Die Kosten eines *Generellen Screenings* nach Gestationsdiabetes sind von der Screeningmethode abhängig und betragen pro Schwangerschaft zwischen 2,1 und 35 Euro (Tabelle 184). Nach Berechnungen in den USA kosten eine Blutzuckerbestimmung aus Serum $2,00–5,82, ein GDM Screening $4,75 und die komplette Diagnose eines GDM $328,96 (LAVIN 1985, Diabetes Control and Complications Trial Research Group 1995). Die Kosten sind damit etwas höher als in Österreich. Eine exakte Kosten-Nutzenrechnung des Diabetesscreenings ist schwierig, da besonders indirekte Kosten schwer eingeschätzt werden können. Indirekte Kosten sind daher in der Kalkulation der Tabelle 185 nicht enthalten.

Bei den Kalkulationen der Tabelle 185 wurden für die Häufigkeit vermeidbarer geburtshilflicher Komplikationen Mittelwerte aus der Literatur erhoben, die ohne generelles Screening erwartet werden müssen.

Die Kosten eines intrauterinen Fruchttodes wurden aus den Kosten der Schwangerenbetreuung, der Geburt und der Wochenbettbetreuung berechnet, die rückblickend fehlinvestiert waren. Mögliche psychische Folgezustände der Mutter, der volkswirtschaftliche Verlust durch den Tod eines Kindes, Kosten durch Krankenstand, Karenz etc. wurden nicht berücksichtigt.

Die durchschnittlichen Kosten einer neonatologischen Intensivbehandlung wurden von der Zentralverrechnungsstelle der Grazer Klinik mit rund 53.000 Schilling angegeben. Für die neonatologische Betreuung der Neugeborenen ohne Intensivbehandlung lagen keine Kostenschätzungen vor. Kinder mit einer diabetogenen Foetalerkrankung oder Frühgeburten benötigen jedoch eine pädiatrische Beobachtung und Behandlung biochemischer Dysregulationen (Adaptationsschwäche, Hypoglykämie, Hyperbilirubinämie etc). Zur Berechnung der Kosten wurde daher die mittlere Verweildauer dieser Kinder an der neonatiologischen Station mit dem gewöhnlichen Tagsatz eines Aufenthaltstages multipliziert.

Durch die intrauterine Fehlkonditionierung bei einem unerkannten oder unbehandelten Gestationsdiabetes entwickelt ein Teil der Kinder einen an sich vermeidbaren Typ-2 Diabetes im späteren Leben. Die Schätzungen über die mittleren Gesamtkosten eines Falles leichter Behinderung oder eines Typ-2 Diabetes erfolgten nach Berechnungen in der BRD in denen die Kosten von Krankheitsjahren verschiedener Erkrankungen aufgeschlüsselt wurden. Unter dem Gesichtspunkt einer Berechnung der Minimalkosten wurden für eine leichte Behinderung oder einen nicht genetisch bedingten (fuel mediated) Typ-2 Diabetes des Kindes 20 bzw. 15 Krankheitsjahre angenommen. Die Kosten einer schweren Behinderung basieren auf Berechnungen einer Englischen Arbeitsgruppe.

Aus der Tabelle 185 ist ersichtlich, daß die Kosten-Nutzenrechnung eines generellen Screenings nach GDM selbst bei vorsichtiger Kalkulation eindeutig positiv ist. Ausgaben von rund 67.000 Euro pro 1000 Schwange-

Tabelle 185. Kosten des Screenings und der durch das Screening vermeidbaren Komplikationen und Folgeschäden bei unerkanntem Gestationsdiabetes

	Inzidenz pro 1000 Geburten	Volkswirt schaftlicher Schaden bzw. Kosten pro Fall (öS)	Gesamt-kosten pro 1000 Geburten (öS)	Gesamt-kosten Euro
Durch Screening vermeidbare Komplikationen				
Neonatol. Beobachtungsfall	10–15	6.000,00 (3)	~75.000,00	
Leichte Behinderung	1–2	700.000,00 (4)	~1.050.000,00	
Stationärer Aufenthalt der Mutter > 10 d	30	43.690,00	~1.310.700,00	
Intrauteriner Fruchttod	1–3	16.000,00 (1)	~32.000,00	
Neonatologischer Intensivfall (FG)	5–8	53.000,00 (2)	~344.500,00	
Schwere Behinderung	1	2.548.000,00 (5)	~2.548.000,00	
Typ-2 Diabetes beim Kind	2–5	1.450.000,00 (6)	~5.075.000,00	
Gesamtkosten			~10 435.200,00	758.924,00
Kosten des Screenings (Tabelle 184)				
100 g-3 h-oGTT	1000	477,25	477.250,00	
75 g-2 h-oGTT	1000	246,55	246.550,00	
Grazer Empfehlung	1000	29,45	29.450,00	
Schulung (10 Konsultationen)	35	2.320,00	81.200,00	
Selbstkontrolle	10	1.698,00	16.980,00	
Insulinbehandlung +Verbrauchsmaterial (75 E/Tag, 84 Tage)	10	7.560,00	75.600,00	
Gesamtkosten			927.030,00	67.420,00

(1) Schwangerenbetreuung, Geburt, 5 Tage Wochenbett, lokale Kosten; (2) Quelle: Zentralverrechnung LKH Graz; (3) 5 Tagessätze lokale Kosten; (4) Quelle: Henke KD, Die direkten und indirekten Kosten von Krankheiten in der Bundesrepublik Deutschland im Jahre 1980 (Annahme 20 Lebensjahre); (5) Quelle: Tyrell et al., Am J Obstet Gynecol 1988; (6) wie 4, Annahme 15 Krankheitsjahre

ren, stehen mögliche Einsparungen von rund 729.000 Euro gegenüber. Die Kosten-Nutzenrelation beträgt demnach rund 1 zu 11.

Werden nur Schwangere mit Risikohinweisen einem Screening unterworfen, müssen rund 63 % der Schwangeren einem oGTT unterzogen werden (Lavin et al. 1981, Dietrich et al. 1987, Sacks et al. 1987, Fuhrmann 1988). Es entgehen dabei jedoch rund 39–53,5 % der Gestationsdiabetikerinnen einer Diagnose (Lavin et al. 1981, 1983; Weiss et al. 1988; Coustan et al. 1989). Einsparungen von öS 11.000 bis öS 177.000 pro 1000 Schwangeren stehen somit Verluste von öS 3,860.000 gegenüber.

Die Kosten der Betreuung von GDM sind in der Praxis und in Zentren etwa gleich, in Zentren werden jedoch bessere Ergebnisse erzielt (Bienstock et al. 1997).

Frauen mit einem Gestationsdiabetes haben innerhalb von 10 Jahren ein 50%iges und innerhalb von 12–18 Jahren ein 60–100 %iges Manifestationsrisiko eines Typ-2 Diabetes (O'Sullivan und Mahan 1964; O'Sullivan und Hurwitz 1966; Mestman et al. 1972, 1987) (siehe Kap. Prospektive mütterliche Risiken, S. 156). Gestationsdiabetikerinnen entsprechen daher einer gut definierten und idealen Zielgruppe für die primäre Prävention, da sie sich noch in einem präklinischen und asymptomatischen Stadium eines NIDDM befinden (Kimberly et al. 1993, Gregory et al. 1993). Da Änderungen des Lebensstiles und der Ernährung sowie jährliche Kontrollen die Diabetesmanifestation und/oder diabetesassoziierte Komplikationen verhindern können (Wing 1989, Schectman et al. 1990, Helmrich et al. 1991, Manson et al. 1991, Eriksson und Lindgarde 1991), ist ein generelles Screening in der Schwangerschaft auch unter diesem Gesichtspunkt von enormer Bedeutung für die Volkswirtschaft.

Genauere Kostenschätzungen wurden in den USA durchgeführt. Demnach betragen die jährlichen kumulativen direkten Kosten des Typ-2 Diabetes 11,6 Milliarden Dollar (Huse et al. 1989). Die Kosten nehmen weiterhin zu, da die Inzidenz und Prävalenz des NIDDM ansteigt (Helms 1992). Bezogen auf das Jahr 1990 betrugen die jährlichen Kosten eines Falles von Typ-2 Diabetes $ 2265, wobei die Kosten pro Jahr um etwa 5 % zunehmen (Weinstein und Stason 1985).

Die gezielte *präkonzeptionelle Beratung* und Stoffwechseleinstellung insulinpflichtiger Diabetikerinnen ist nur unwesentlich teurer als die postkonzeptionelle Beratung ($ 1300 vs. $ 800) (Scheffler et al. 1992) und zieht ebenfalls eindeutige Kostenvorteile nach sich, da damit neben kindlichen und mütterlichen Komplikationen auch kindliche Fehlbildungen mit langem ICU-Aufenthalt der Neugeborenen und Spätfolgen vermieden werden (Hollingsworth et al. 1984; Steel 1985; Cousins 1991; Scheffler et al. 1992; Elixhauser et al. 1992, 1993, 1996) (siehe Tabelle 183). Während die Kosten der Neugeborenen in der Beobachtungsstation rund $ 230/Tag ausmachen, betragen diese an der Intensivstation (ICU) $ 1.350/Tag (Hollingsworth et al. 1984).

Nach Analysen von Scheffler et al. (1992) kann eine präkonzeptionelle Beratung stationäre Aufenthalte von Mutter und Kind signifikant reduzieren, wodurch pro $ 1 an Ausgaben $ 5,2 eingespart werden. Damit können pro Fall einer präkonzeptionellen Beratung im Mittel $ 5624,00 an Folgekosten eingespart werden. Eine andere Berechnung von Elixhauser et al. (1993) ergab ein Nutzen-Kostenverhältnis von 1,86 und pro präkonzeptioneller Beratung eine Nettoersparnis von $ 1720,00 im Vergleich zur postkonzeptionellen Beratung.

Eine normoglykämische Stoffwechselführung setzt eine intensive theoretische und praktische *Schulung* der Diabetikerinnen voraus, wodurch eine ambulante Betreuung (Peacock et al. 1979, Drucker et al. 1983, Hanson et al. 1984, Hare 1991) und ein weitestgehendes Selbst-Management der Erkrankung möglich wird (Berger et al. 1983, Jovanovic et al. 1980, Skyler et al. 1980). Dabei ergeben sich zusätzlich beträchtliche ökonomische Vorteile, da die Qualität der Stoffwechselführung deutlich zunimmt und damit die Häufigkeit und Dauer stationärer Aufenthalte drastisch abnimmt (Miller und Goldstein 1972, Runyan 1975, Giordano und Rosenbloom 1977, David et al. 1981, Paulozzi et al. 1984, Goldstein et al. 1983, Varner 1983). Nach einer österreichischen Studie (Kacerovsky-Bielesz et al. 1985) konnte der mittlere jährliche Krankenhausaufenthalt bei IDDM durch systematische Patientenschulung von 15,5 Tagen auf 1,4 Tage vermindert werden was zum Zeitpunkt der Analyse einer Kostensenkung der reinen Spitalskosten von rund 7 Millionen Schilling pro 100 Patienten entsprach. Der dadurch vermiedene Leistungsausfall der Patienten erspart weitere Millionen. Das Verhältnis Kosten : Nutzen beträgt 1 : 17, d. h. ein Schilling, der in die Schulung investiert wird, zieht eine Einsparung von 17 Schilling nach sich. Der kosteneffektivste Zeitpunkt der Schulung ist die Schwangerschaft, da Schwangere hoch motiviert sind, nicht nur ihre eigene, sondern auch die Gesundheit ihres Kindes zu schützen (Iyer 1980). Neben der Verbesserung der Stoffwechselkontrolle und der Senkung mütterlicher und kindlicher Komplikationen (Karlsson und Kjelmer 1972, Adashi et al. 1979, Peacock et al. 1979, Miller et al. 1981, Skyler 1985) reduziert die Selbstkontrolle den psychischen Streß des Diabetes bei Schwangeren, die Zeit der Hospitalisierung (Peacock et al. 1979, Hanson et al. 1984) und damit die Kosten der Betreuung (Dupuis et al. 1980, Goldstein et al. 1982, Varner 1983, Heller et al. 1984, Carr und Coustan 1992).

Manche Werte sind kaum oder nur schwer berechenbar. Was ist der Wert eines zusätzlichen Jahres an Sehvermögen? Was ist der Wert eines gewonnenen Lebensjahres? Was ist der volkswirtschaftliche Verlust eines verstorbenen Kindes? Für solche „Kosten-Nützlichkeitsanalysen" wurde der Begriff QALY (Quality Adjusted Life Years) eingeführt (Herman 1995). Ein QALY ist ein kombiniertes Maß, welches sowohl die interventionsbedingten zusätzlichen Lebensjahre als auch deren Qualität berücksichtigt. Alle Behandlungsstrategien, die weniger als US $ 20.000 pro QALY kosten, sollten in jedem Fall angewandt werden. Vereinzelt werden sogar Strategien angewandt, die > 100.000 Dollar pro QALY ausmachen (Laupacis et al. 1992).

Literatur

Aantaa K, Forss M (1980) Growth of the fetal biparietal diameter in different types of pregnancies. Radiology 137: 167–9

Abbott WGH, Thuillez P, Howard BV, Salans LB, Cushman SW, Reaven GW, Foley JE (1986) Body composition, adipocyte size, free fatty acid concentration and glucose tolerance in children of diabetic pregnancies. Diabetes 35: 1077–80

Abell D, Beischer N (1975) Evaluation of the three hour oral glucose tolerance test in detection of significant hyperglycemia and hypoglycemia in pregnancy. Diabetes 24: 874–80

Abell DA (1979) The significance of abnormal glucose tolerance (hyperglycaemia and hypoglycaemia) in pregnancy. Br J Obstet Gynaecol 86: 214–21

Abell DA, Beischer NA, Wood C (1976) Routine testing for gestational diabetes, pregnancy hypoglycemia and fetal growth retardation, and results of treatment. J Perinat Med 4: 197–212

Abramovici A, Sporn J, Prager R, Shaltiel A, Laron Z, Liban E (1978) Glycogen metabolism in the placenta of streptozotocin diabetic rats. Horm Metab Res 10: 195–9

Abramovici A, Svejcar J (1982) Histochemical and quantitative biochemical changes in mucopolysaccharides of the term placenta of the diabetic rat. Placenta 3: 81–90

Abramowicz JS, Jaffe R, Warsof SL (1989) Ultrasonographic measurement of fetal femur length in growth disturbances. Am J Obstet Gynecol 161: 1137–40

Abrams BF, Laros RK (1986) Prepregnancy weight, weight gain, and birth weight. Am J Obstet Gynecol 154: 503–9

Acker DB, Gregory KD, Sachs BP, Friedman EA (1988) Risk factors for Erb-Duchenne palsy. Obstet Gynecol 71: 389–92

Acker DB, Sachs BP, Friedman EA (1985) Risk factors for shoulder dystokia. Obstet Gynecol 66: 762–8

ACOG technical bulletin (1995) Diabetes and pregnancy. Number 200: December 1994. Int J Gynecol Obstet 48: 331–339

ADA (1997) Report of the Expert Committee on the Diagnosis and Classification of Diabetes Mellitus. Diabetes Care 20: 1183–1197

ADA Position Statement, Gestational Diabetes (1991) Diabetes Care 14 [Suppl 2]: 5–6

Adadevoh BK (1970) Endocrine patterns in the African. Trop Geogr Med 22: 125–41

Adam PAJ (1978) Infant of diabetic mother: energy imbalance between adipose tissue and liver. Sem Perinatol 2: 319–28

Adam PAJ, Teramo K, Raiha N, Hitin D, Schwartz R (1969) Human fetal insulin metabolism early in gestation: responses to acute elevation of the fetal glucose concentration and placental transfer of human insulin-I-131. Diabetes 18: 409–16

Adams EM, MacGillivray I (1961) Long-term effect of pre-eclampsia on blood pressure. Lancet 2: 1373–5

Adashi EY, Pinto H, Tyson JE (1979) Impact of maternal euglycemia on fetal outcome in diabetic pregnancy. Am J Obstet Gynecol 133: 268–74

Adashi EY, Resnick CE, Svoboda ME, van Wyk JJ (1984) A novel role for somatomedin-C in the cytodifferentiation of the ovarian granulosa cells. Endocrinology 115: 1227–9

Ader M, Pacini G, Yang Y, Bergman RN (1985) Importance of glucose per se to intravenous glucose tolerance: comparison of the minimal model prediction with direct measurements. Diabetes 34: 1092–103

Adlercreutz H, Martin F, Lehtinen T, Tkkanen MJ, Pulkkinen MO (1977) Effect of ampicillin administration on plasma conjugated and unconjugated estrogen and progesteron levels in pregnancy. Am J Obstet Gynecol 128: 266–71

Aerts l, Holemans k, Van Assche FA(1990) Maternal diabetes during pregnancy: consequences for the offspring. Diabetes Metab Rev 6: 147–67

Aerts L, Sodoyez-goffaux F, Sodoyez JC, Malaisse WJ, Van Assche FA (1988) The diabetic intrauterine milieu has a long-lasting effect on insulin secretion by B cells and on insulin uptake by target tissues. Am J Obstet Gynecol 159: 1287–92

Aerts L, Van Asche FA (1975) Ultrastructural changes of the endocrine pancreas in pregnant rats. Diabetologia 11: 285–9

Aerts L, Van Assche FA (1977) Rat foetal endocrine pancreas in experimental diabetes. J Endocrinol 73: 339–46

Aerts L, Van Assche FA (1981) Endocrine pancreas in the offspring of rats with experimentally induced diabetes. J Endocrinol 88: 81–8

Aerts L, Van Assche FA, Faure A, Sutter-Dub MT (1980) Effects of treatment with progesterone and oestradiol-17β on the endocrine pancreas in ovariectomised rats: ultrastructural variations in the B-cells. J Endocrinol 84: 317–20

Ahlgren ÅR, Länne T, Wollmer P, Sonesson B, Hansen F, Sundkvist G (1995) Increased arterial stiffness in women, but not in men, with IDDM. Diabetologia 38: 1082–9

Ahmed ML, Connors MH, Drayer NM, Jones JS, Dunger DB (1998) Pubertal growth in IDDM is determined by HbA1C levels, sex, and bone age. Diabetes Care 21: 831–5

Ahn MO, Phelan JP (1988) Multiple pregnancy: antepartum management. Clin Perinatol 15: 55–69

Ahokas RA, Anderson GD, Lipshitz J (1983) Cardiac output and uteroplacental blood flow in diet-restricted and diet-repleted pregnant rats. Am J Obstet Gynecol 146: 6–13

Aichberger C, Lechner W, Öfner D, Pernthaler H, Königsrainer A, Margreiter R (1993) Zum Problem der Schwangerschaft nach Nierentransplantation. Wien Klin Wochenschr 105: 723–7

Airaksinen J, Ikäheimo M, Kaila J, Linnaluoto M, Takkunen J (1984) Impaired left ventricular filling in young female diabetics. An echocardiographic study. Acta Med Scand 216: 509–16

Airaksinen KEJ, Anttila LM, Linnaluoto MK, Jouppila PI, Takkunen JT, Salmela PI (1990) Autonomic influence on pregnancy outcome in IDDM. Diabetes Care 13: 756–61

Airaksinen KEJ, Ikäheimo MJ, Salmela PI, Kirkinen P, Linnaluoto MK, Takkunen JT (1986) Impaired cardiac adjustment to pregnancy in Type I Diabetes. Diabetes Care 9: 376–83

Airaksinen KEJ, Salmela PI, Ikäheimo MJ, Kirkinen P, Linnaluoto MK, Takkunen JT (1987) Effect of pregnancy on autonomic nervous function and heart rate in diabetic and nondiabetic women. Diabetes Care 10: 748–51

Akanji AO, Bruce M, Frayn K, Hockaday TDR, Kaddaha GM (1987) Oral glucose tolerance and ambient temperature in non-diabetic subjects. Diabetologia 30: 431–3

Akanji AO, Oputa RN (1991) The effect of ambient temperature on glucose tolerance. Diabet Med 8: 946–8

Akashi M, Akazawa S, Akazawa M, Trocino R, Hashimoto M, Maeda Y, Yamamoto H, Kawasaki E, Takino H, Yokota A, Nagataki S (1991) Effects of insulin and myo-inositol on embryo growth and development during early organogenesis in streptozocin-induced diabetic rats. Diabetes 40: 1574–9

Akazawa S, Akazawa M, Hashimoto M, Yamaguchi Y, Kuriya N, Toyama K, Ueda Y, Nakanishi T, Mori T, Miyake S, Nagataki S (1987) Effects of hypoglycemia on early embryogenesis in rat embryo organ culture. Diabetologia 30: 791–6

Akerblom HK, Reunanen A (1985) The epidemiology of insulin-dependent diabetes mellitus (IDDM) in Finland and Northern Europe. Diabetes Care 8 [Suppl 1]: 10–6

Akinbi HT, Gerdes JS (1995) Macrosomic infants of nondiabetic mothers and elevated C-peptide levels in cord blood. J Pediatr 127: 481–4

Aksoy S, Celikkanat H, Senöz S, Gökmen O (1996) The prognostic value of serum estradiol, progesterone, testosterone and free testosterone levels in detecting early abortions. Eur J Obstet Gyn R B 67: 5–8

Aladjem S (1967) Morphologic aspects of the placenta in gestational diabetes seen by phase contrast microscopy. Am J Obstet Gynecol 99: 341–9

Aladjem S, Feria A, Rest J, Gull K, O'Connor M (1979) Effect of maternal glucose on fetal activity. Am J Obstet Gynecol 134: 276–80

Albert TJ, Landon MB, Wheller JJ, Samuels P, Cheng RF, Gabbe S (1996) Prenatal detection of fetal anomalies in pregnancies complicated by insulin-dependent diabetes mellitus. Am J Obstet Gynecol 174: 1424–8

Alberti KGM, Hockaday, TDR (1977) Diabetic coma: a reappraisal after five years. Clin Endocrinol Metab 6: 421–6

Albisser AM, Leibel BS, Ewart TG, Davidovac Z, Potz CK, Zingg W (1974) An artificial endocrine pancreas. Diabetes 23: 389–96

Albrecht M, Banoczy J, Baranyi E, et al (1987) Studies of dental and oral changes of pregnant diabetic women. Acta Diabetol Lat 24: 1–7

Alcolado JC, Alcolado R (1991) Importance of maternal history of non-insulin-dependent diabetic patients. Br Med J 302: 1178–80

Ales KL, Santini DL (1989) Should all pregnant women be screened for gestational glucose intolerance? Lancet i 8648: 1187–91

Alexander GR, Himes JH, Kaufman RB, Mor J, Kogan K (1996) A United States national reference for fetal growth. Obstet Gynecol 87: 163–8

Algert S, Shragg P, Hollingsworth DR (1985) Moderate caloric restriction in obese women with gestational diabetes. Obstet Gynecol 65: 487–91

Ålgren A, Andersson A, Björkén C, Groth CG, Gunnarsson R, Hellerström C, Lindmark G, Lundqvist G, Petersson B, Swenne I (1980) Human fetal pancreas: culture and function in vitro. Diabetes 29 [Suppl 1]: 64–9

Ali Z, Alexis SD (1990) Occurrence of diabetes mellitus after gestational diabetes mellitus inTrinidad. Diabetes Care 13: 527–9

Allen C, Palta M, Dálessio DJ (1991) Risk of diabetes in siblings and other relatives of IDDM subjects. Diabetes 40: 831–6

Allen C, Palta M, D'Alessio DJ (1986) Incidence and differences in urban-rural seasonal variation of Type 1 (insulin-dependent) diabetes in Wisconsin. Diabetologia 29: 629–33

Allen HF, Jeffers BW, Klingensmith GJ, Chase HP (1993) First-phase insulin release in normal children. J Pediatr 123: 733–8

Allison MED, Wreghitt T, Palmer CR, Alexander GJM (1994) Evidence for a link between hepatitis C virus infection and diabetes mellitus in a cirrhotic population. J Hepatol 21: 1135–9

Alsat E, Bouali Y, Goldstein S, Malassine A, Berthalier M, Mondon F, Cedard L (1984) Low-density lipoprotein binding sites in the microvillous membranes of human placenta at different stages of gestation. Mol Cell Endocrinol 38: 197–203

Alsat E, Bouali Y, Goldstein S, Malassine A, Laudat MH, Cedard L (1982) Characterization of specific low-density lipoprotein binding in human term placental microvillous membranes. Mol Cell Endocrinol 28: 439–53

Althaus C (1998) Diabetische Retinopathie und Schwangerschaft. Gynäkologe 31: 68–75

Amankwah KS, Kaufmann R, Roller RW, Dowson-Sannders B (1981) Incidence of congenital abnormalities in infants of gestational diabetic mothers. J Perinat Med 9: 223–7

Amankwah KS, Prentice RL, Fleury FJ (1977) The incidence of gestational diabetes. Obstet Gynecol 49: 497–8

Amatruda JM, Vallone BB, Schuster T, Mooney RA (1989) Importance of periodic reeducation of hospital-based nurses in capillary blood glucose monitoring and an evaluation of the usefulness of reflectance meters. The Diabetes Educ 15: 435–9

Amendt P, Michaelis D, Hildmann W (1976) Clinical and metabolic studies in children of diabetic mothers. Endokrinologie 67: 351–61

Amendt P, Ziegler M, Michaelis D, Wulfert P (1974) Relationen zwischen Insulinsekretion und Glukosestoffwechsel bei Neugeborenen stoffwechselgesunder, diabetischer und gestosekranker Mütter. Endokrinologie 63: 66–75

American Association of Diabetes Educators (1989) Effective utilization of blood glucose monitoring. Diabetes Educ 15: 461

American College of Obstetricians and Gynecologists (1986) Management of diabetes mellitus in pregnancy ACOG technical bulletin no 92 Washington DC, American college of Obstetricians and Gynecologists

American College of Obstetricians and Gynecologists (1991) Fetal macrosomia ACOG technical bulletin no 159 Washington

American College of Obstetricians and Gynecologists (1994) Management of diabetes in pregnancy ACOG technical bulletin no 200 Washington DC: American College of Obstetricians and Gynecologists

American Diabetes Association (1985) Policy statement Continuous subcutaneous insulin infusion Diabetes 34: 946

American Diabetes Association (1987) Consensus statement of self-monitoring of blood glucose. Diabetes Care 10: 95–99

American Diabetes Association (1989) Standards of medical care for patients with diabetes mellitus. Diabetes Care 12: 365–8

American Diabetes Association (1990) Consensus statement: self-monitoring of blood glucose. Diabetes Care 13: 41–6

American Diabetes Association (1993) Direct and indirect costs of diabetes in the United States 1992 Alexandria VA, American Diabetes Association

American Diabetes Association (1993) Treatment of hypertension in diabetes (Consensus Statement). Diabetes Care 16: 1394–1401

American Diabetes Association (1995) Standards of medical care for patients with diabetes mellitus (Position Statement). Diabetes Care 18 [Suppl 1]: 8–15

American Diabetes Association (1996) Preconception care of women with diabetes (Position Statement). Diabetes Care 19 [Suppl 1]: S25–S28

American Diabetes Association (1998) Economic consequences of diabetes mellitus in the US in 1997. Diabetes Care 21: 296–309

American Diabetes Association Position Statement (1986) Gestational diabetes mellitus Diabetes Care 9: 430–1

American Diabetes Association position statement (1998) Preconception care of women with diabetes. Diabetes Care 21 [Suppl 1]: S56–9

American Diabetes Association (1982) Indications for use of continuous insulin delivery systems and self measurement of blood glucose. Diabetes Care 5: 140

Amiel SA, Sherwin RS, Simonson DC, Tamborlane WV (1988) Effect of intensive insulin therapy on glycemic thresholds for counterregulatory hormone release. Diabetes 37: 901–7

Amini SB, Catalano PM, Hirsch V, Mann LI (1994) An analysis of birth weight by gestational age using a computerized perinatal data base, 1975–1992. Obstet Gynecol 83: 342–52

Amon E, Lipshitz J, Sibai BM, Abdella TN, Whybrew DW, El-Nazer A (1986) Quantitative analysis of amniotic fluid phospholipids in diabetic pregnant women. Obstet Gynecol 68: 373–8

Amos AF, McCarty DJ, Zimmet P (1998) The rising global burden of diabetes and its complications: estimates and projections to the year 2010. Diabet Med 14: S7–S85

Anast CS, Gardner DW (1981) Magnesium metabolism. In: Bronner F, Colburn JW (eds) Disorder of mineral metabolism: pathophysiology of calcium, phosphorus and magnesium. New York, Academic Press, pp 423–522

Anastasiou A, Alevizaki M, Grigorakis SJ, Phillipou G, Kyprianou M, Souvazoglou A (1998) Decreased stature in gestational diabetes mellitus. Diabetologia 41: 997–1001

Anastasiou E, Lekakis JP, Alevizaki M, Papamichael CM, Megas J, Souvazoglou A, Stamatelopoulos SF (1998) Impaired endothelium-dependent vasodilatation in women with previous gestational diabetes. Diabetes Care 21: 2111–5

Anders F, Nilsson-Ehle P, Rinzen-Rafstedt G, Anders A (1996) Diagnostic 75 g oral glucose tolerance test of pregnant women: quality control of the blood glucose analysis. Acta Obstet Gynaecol Scand (In Vorbereitung)

Andersen O, Hertel J, Schmolker L, Kühl C (1985) Influence of the maternal plasma glucose concentration at delivery on the risk of hypoglycemia in infants of insulin-dependent diabetic mothers. Acta Paediatr Scand 74: 268–73

Andersen O, Kühl C (1986) Insulin receptor binding to monocytes and erythrocytes during normal human pregnancy. Eur J Clin Invest 16: 226–32

Andersen O, Kühl C (1987) Insulin receptor binding to monocytes and erythrocytes in gestational diabetes. Diabete Metab 13: 607–12

Andersen O, Kühl C (1988) Adipocyte insulin receptor binding and lipogenesis at term in normal pregnancy. Eur J Clin Invest 18: 575–81

Andersen O, Saurbrey N, Kühl C, Mølsted-Pedersen L (1987) Evaluation of the WHO criteria for interpretation of the 75-g oGTT in normal pregnant and non-pregnant women. In: Weiss PAM (ed) Disturbance of carbohydrate metabolism during pregnancy. Vienna Munich Bern, Maudrich, pp 48–52

Anderson AS, Lean ME, Pearson DW, Sutherland HW (1990) A comparison between the diets of pregnant diabetic women and pregnant non-diabetic wo-men. Diabetic Med 7: 452–6

Anderson GG, Hanson TM (1974) Chronic fetal bradycardia. Obstet Gynecol 44: 896–

Anderson JM, Milner RDG, Strich SJ (1966) Pathological changes in the nervous system in severe neonatal hypoglycemia. Lancet i: 372–5

Anderson JW, Lin J, Wards K (1978) Composition of foods commonly used in diets for persons with diabetes. Diabetes Care 1: 582–6

Angel JL, O'Brien WF, Knuppel RA, Morales WJ, Sims CJ (1988) Carbohydrate intolerance in patients receiving oral tokolysis. Am J Obstet Gynecol 159: 762–6

Angervall, L (1959) Alloxan diabetes and pregnancy in the rat. Acta Endocrinol (Kbh) [Suppl 44]: 1–86

Aoki Y, Yanagisawa Y, Yazaki K, Oguchi H, Kiyosawa K, Furuta S (1992) Protective effect of vitamin E supplementation on increased thermal stability of collagen in diabetic rats. Diabetologia 35: 913–6

Aparicio NJ, Joao MA, Cortelezzi M, Guz M, Sturgeon C, Galimberti DM, Fernandez CA (1998) Pregnant women with impaired tolerance to an glucose load in the afternoon: evidence suggesting that they behave metabolically as patients with gestational diabetes. Am J Obstet Gynecol 178: 1059–66

Aparicio NJ, Puchulu FE, Gagiardino JJ, Ruiz M, Llorens JM, Ruiz J, Lamas A, De Miguel R (1974) Circadian variation of the blood glucose, plasma insulin, and human growth hormone level in response to an oral glucose load in normal subjects. Diabetes 23: 132–7

Archimaut G, Belizan JM, Ross NA, Althanabe O (1974) Glucose concentration in amniotic fluid: its possible significance in diabetic Pregnancy. Am J Obstet Gynecol 119: 596

Argoud GM, Schade DS, Eaton P (1987) Insulin suppresses its own secretion in vivo. Diabetes 36: 959–62

Armitage P, Berry G (1987) Statistical Methods in Medical Research, 2nd edn. Oxford, UK, Blackwell, p 400

Armstrong GD, Hollenberg MD, Bhaumick B, Bala RM (1982) Comparative studies on human placental insulin and basic somatomedin receptors. J Cell Biochem 20: 283–92

Arnold LM, Ball MJ, Duncan AW, Mann J (1993) Effect of isoenergetic intake of three or nine meals on plasma lipoproteins and glucose metabolism. Am J Clin Nutr 57: 446–51

Aronoff SL, Bennett PH, Gorden P, Rushforth N, Miller M (1977) Unexplained hyperinsulinemia in normal and prediabetic Pima Indians compared with normal Caucasians: an example of racial differences in insulin secretion. Diabetes 26: 827–40

Arslanian SA, Becker DJ, Rabin B, Atchinson R, Eberhardt M, Cavender D, Dorman J, Drash AL (1985) Correlates of insulin antibodies in newly diagnosed children with insulin-dependent diabetes before insulin therapy. Diabetes 34: 926–30

Artal R, Golde SH, Dorey F, McLellan SN, Gratacos J, Lirette T, Montoro M, Wu PYK, Anderson B, Mestman J (1983) The effect of plasma glucose variability on neonatal outcome in the pregnant diabetic patient. Am J Obstet Gynecol 147: 537–41

Artal R, Mosley GM, Dorey FJ (1984) Glycohemoglobin as a screening test for gestational diabetes. Am J Obstet Gynecol 148: 412–14

Artal R, Romem Y, Paul RH, Wiswell R (1984) Fetal bradycardia induced by maternal exercise. Lancet ii: 258

Artal R, Romem Y, Rutherford S, Kammula RK, Wiswell RA (1986) Fetal heart rate responses to maternal exercise. Am J Obstet Gynecol 155: 729–33

Artal R, Wiswell R, Romem Y (1985) Hormonal Responses to exercise in diabetic and non diabetic pregnant patients. Diabetes 34: 78–80

Artner J, Baumung H, Ogris E (1977) Humanes plazentares Laktogen und Choriongonadotropin bei diabetischen Schwangerschaften. Wien Klin Wochenschr 89: 524–31

Artner J, Irsigler K, Ogris E, Rosenkranz A (1981) Diabetes und Schwangerschaft. Z Geburtsh u Perinat 185: 125–36

Asayama K, Amemiya S, Kato K, Shimizu M (1982) In vivo insulin sensitivity and insulin binding to erythrocytes in children: insulin resistance in obese children. Endocronol Jpn 29: 575–81

Ashworth L, Gibb I, Alberti KGMM (1992) HemoCue: evaluation of a portable photometric system for determining glucose in whole blood Clin Chem 38: 1479–82

Asmussen J (1982) Vascular morphology in diabetic placentas. Contrib Gynecol Obstet 5: 76–85

Asplund K (1970) The effect of glucose on the insulin secretion in foetal and newborn rats. In: Falkmer S, Hellman B, Täljedal I-B (eds) The structure and metabolism of the pancreatic islets, pp 477–84

Asplund K (1972) Effects of postnatal feeding on the functional Maturation of pancreatic islet B-cells of neonatal rats. Diabetologia 8: 153–9

Asplund K (1973) Dynamics of insulin release from the foetal and neonatal rat pancreas. Eur J Clin Invest 3: 338–44

Asplund K, Westman S, Hellerström C (1969) Glucose stimulation of insulin secretion from the isolated pancreas of foetal and newborn rats. Diabetologia 5: 260–2

Assal JPh, Froesch ER (1978) Diabetes und Schwangerschaft: 2 Mitteilung Veränderungen der Kohlenhydrattoleranz und des Kindesgewichtes unter Diätbehandlung bei latentem Diabetes in der Schwangerschaft. Wien Klin Wochenschr 90: 263

Assal JPh, Froesch ER (1978) Die Therapie des Diabetes mellitus. In: Labhart A (Hrsg) Klinik der inneren Sekretion. Berlin Heidelberg New York, Springer, pp 755–6

Assal JPh, Gfeller R (1980) Diabetikerschulung. Wichtigkeit und Komplexität dieser therapeutischen Maßnahme. Pharmakotherapie 3: 233–41

Atkinson MA, MacLaren NK, Riley WJ, Winter E, Fisk DD, Spillar RP (1986) Are insulin autoantibodies markers for insulin-dependent diabetes mellitus? Diabetes 35: 894–8

Atkinson MA, Maglaren NK (1994) The pathogenesis of insulin-dependent diabetes mellitus. N Engl J Med 24: 1428–36

Aubry RH, Nesbit REL (1970) Cytohormonal evaluations and their practical utility in managing high-risk patients. Am J Obstet Gynecol 107: 48–64

Aubry RH, Rourke JE, Almanza R, Cantor RM, Van Doren JE (1976) The lecithin/sphingomyelin ratio in a high-risk obstetric population. Obstet Gynecol 49: 21–7

Aucott SW, Williams TG, Hertz RH, Kalhan SC (1994) Rigorous management of insulin-dependent diabetes mellitus during pregnancy. Acta Diabetologica 31: 126–9

Auinger W (1978) Diabetes und Schwangerschaft: 1 Mitteilung Stoffwechselführung und Erfahrungen bei 90 manifest diabetischen Schwangeren. Wien Klin Wochenschr 90: 109–16

Auinger W (1978) Diabetes und Schwangerschaft: 2 Mitteilung Veränderungen der Kohlenhydrattoleranz und des Kindesgewichtes unter Diätbehandlung bei latentem Diabetes in der Schwangerschaft. Wien Klin Wochenschr 90: 263–8

Auwerx J, Dequeker J, Bouillon R, Geusens P, Nijs J (1988) Mineral metabolism and bone mass at peripheral and axial skeleton. Diabetes 37: 8–12

Avery MD, Leon AS, Kopher RA (1997) Effects of partially home-based exercise program for women with gestational diabetes. Obstet Gynecol 89: 10–5

Avruch J, Nemenoff RA, Blackshear PJ, Pierce MW (1982) Insulin stimulated tyrosine phosphorilation of the insulin receptor in detergent extracts of human placental membranes. J Biol Chem 257: 15162–6

Aynsley-Green A, Soltéz G (1985) Neonatal hypoglycemia. In: Aynsley-Green A, Soltéz G (eds) Hypoglycemia in infancy and childhood. Edinburgh, Churchill Livingstone, p 58

Ayromlooi J, Mann LJ, Weiss RR, Tejani NA, Paydar M (1977) Modern management of the diabetic pregnancy. Obstet Gynecol 49: 137–43

Aziz NL, Abdelwahab S, Moussa M, Georgy M (1992) Maternal fructosamine and glycosylated haemoglobin in the prediction of gestational glucose intolerance. Clin Exp Obstet Gynecol 19: 235–41

Aziz S, Hsiang Y (1983) Comparative study of home blood glucose monitoring devices: Visidex, Chemstrip bG, Glucometer and AccuChek bG. Diabetes Care 6: 529–32

Babson SG, Behrman RE, Lessel R (1970) Fetal growth: liveborn birth weights for gestational age of white and middle class infants. Pediatrics 45: 937–44

Bach HG, Lanzinger G (1963) Die Diabetikerin in der gynäkologischen Klinik. I. Diabetes und gutartige gynäkologische Erkrankungen. Arch Gynäkol 199: 293 (zit nach Burkart, 1989b)

Bache I, Bock T, Vølund A, Buschard K (1999) Previous maternal abortion, longer gestation, and younger maternal age decrease the risk of type 1 diabetes among male offspring. Diabetes Care 22: 1063–5

Bachmann KD (1969) Die Hypoglykämie des Neugeborenen. Monatsschr Kinderheilk 177: 230 (zit nach Dominik und Bachmann, 1979)

Backx CJM, Lotgering FK, Cornelis H, Wallenburg S (1989) Oral glucose tolerance test is a poor predictor of hyperglycemia during pregnancy. J Perinat Med 17: 253–7

Baekkeskov S, Aanstoot HJ, Christgau S, Reetz A, Solimena M, Cascalho M, Folli F, Richter-Olesen H, De Camilli P (1990) Identification of the 64k autoantigen in insulin-dependent diabetes as the GABA-synthesizing enzyme glutamic acid decarboxylase. Nature 347: 151–6

Baekkeskov S, Nielsen JH, Marner B, Bilde T, Ludvigsson J, Lernmark Å (1982) Autoantibodies in newly diagnosed diabetic children immunoprecipitate human pancreatic islet proteins. Nature 298: 167–9

Baertschi U, Bass G (1975) Die Bedeutung des latenten Diabetes in der Schwangerschaft. In: Saling E, Dudenhausen JW (Hrsg) Perinatale Medizin, Bd IV. Stuttgart, Thieme, p 26

Bai KY, Reddy CD, Abu-Talib SH (1995) Oral candidal carriage in young insulin-dependent diabetics. J Indian Soc Pedodont Prev Dent 13: 20–3

Bailey P, Blake M, Younger B, Hinkley C, Cassady G (1976) Amniotic fluid osmolality in pregnancies complicated by diabetes. Am J Obstet Gynecol 124: 257–62

Baird JD, Farquhar JW (1962) Insulin secreting capacity in newborn infants of normal and diabetic women. Lancet i: 71–4

Baird PA, Yee IML, Sadovnick AD (1994) Population based study of long-term outcomes after amniocentesis. Lancet 344: 1134–6

Bajaj JS (1986) Malnutrition related fibro-calculous pancreatic diabetes. In: Serrano-Rios M, Lefebvre PJ (eds) Diabetes 1985. Elsevier Science Publishers, pp 1055–60

Baker JA, Jarrett RJ (1972) Diurnal variation in the blood glucose and plasma insulin response to tolbutamide. Lancett i: 945–7

Baker L, Egler J, Kein S, Goldman AS (1981) Meticulous control of diabetes during organogenesis prevents congenital lumbo-sacral defects in rats. Diabetes 30: 955–9

Baker L, Piddington R (1993) Diabetic embryopathy: a selective review of recent trends. J Diabetes Complications 7: 204–12

Baker L, Piddington R, Goldman A, Egler J, Moehring J (1990) Myo-inositol and prostaglandins reverse the glucose inhibition of neural tube fusion in cultured mouse embryos. Diabetologia 33: 593–6

Baker L, Piddington R, Goldman AS, Dahlem S, Egler J (1986) Myo-inositol (MI) and arachidonic acid (AA) are linked in the machanism of diabetic embryopathy. Diabetes 35 [Suppl 1]: 12A

Baker PN, Johnson IR, Gowland PA, Hykin J, Harvey PR, Freeman A, Adams V, Worthington BS, Mansfield P (1994) Fetal weight estimation by echo-planar magnetic resonance imaging. Lancet 343: 644–5

Bakir TMF (1987) Prevalence of antibody to cytomegalic virus (CMV) in a Saudi Arabian population (zit nach Hoet, 1988)

Ballabio M, Nicolini U, Jowett T, Ruiz de Elvira MC, Ekins RP, Rodeck CH (1989) Maturation of thyroid function in normal human fetus. Clin Endocrinol (Oxf) 31: 565–71

Ballard DJ, Melton LJ, Dwyer MS, Trautmann JC, Chu C-P, O'Fallon WM, Palumbo PJ (1986) Risk factors for diabetic retinopathy: a population-based study in Rochester, Minesota. Diabetes Care 9: 334–42

Ballard JL, Holroyde J, Tsang RC, Chan G, Sutherland JM, Knowles HC (1984) High malformation rates and decreased mortality in infants of diabetic mothers managed after the first trimester of pregnancy (1956–1978). Am J Obstet Gynecol 148: 1111–8

Ballard JL, Rosenn B, Khoury JG, Miodovnik M (1993) Diabetic fetal macrosomia: significance of disproportionate growth. J Pediatr 122: 115–9

Balsells M, Corcoy R, Mauricio D, et al (1997) Insulin antibody response to a short course of human insulin therapy in women with gestational diabetes. Diabetes Care 20: 1172–5

Baltzer J, Kürzl R, Schramm T, Land W, Landgraf R, Eigler J, Gurland HJ, Kuhlmann H, Lipowsky G (1989) Schwangerschaften bei Frauen nach Nieren- bzw Pankreastransplantation. Geburtsh u Frauenheilk 49: 769–75

Bang P, Giudice LC, Rosenfeld RG (1994) Insulin-like growth factors (IGFs) and IGF binding proteins as endocrine growth factors in the human fetus and neonate. Serono Symposium (in press)

Banting FG, Best CH (1922) Pancreatic extracts. J Lab Clin Med 7: 464 (zit nach MacNaughton, 1969)

Banting FG, Best CH, Collop JB, Campbell WR, Fletcher AA (1922) Pancreatic extracts in the treatment of diabtes mellitus: preliminary report. Can Med Assoc J 12: 141–6

Bantle JP, Laine DC, Castle GW, Thomas JW, Hoogwerf BJ, Goetz FC (1983) Postprandial glucose and insulin responses to meals containing different cabohydrates in normal and diabetic subjects. N Engl J Med 309: 7–12

Baranov VG, Sokoloverova IM (1968) The influence of experimental diabetes and prediabetes on the weight of foetuses and on the glucose tolerance in the offspring. Opusc Med 13: 189–92

Baranyi E, Tamas Jr, Gy, Dimeny E, Kerenyi Z, Petranyi Jr, Gy, Egyed J, Bekefi D (1981) Basal insulin supplementation: a new form of treatment of preg-nant diabetics. In: Irsigler K, et al (eds) New Approaches to Insulin Therapy. Falcon House, Lancester, MTP Press, pp 463–70

Barash V, Gurman A, Shafrir E (1983) Mechanism of placental glycogen deposition in diabettes in the ra5zt. Diabetologia 24: 63–8

Barbieri RL, Makris A, Ryan KJ (1983) Effects of insulin on steroidogenesis in cultured porcine ovarian theca. Fertil Steril 40: 237–41

Barbieri RL, Saltzman DH, Torday JS, Randall RW, Frigoletto FD, Ryan KJ (1986) Elevated concentrations of the β-subunit of human chorionic gonadotropin and testosterone in the amniotic fluid of gestations of diabetic mothers. Am J Obstet Gynecol 154: 1039–43

Barbour HM (1988) Effect of temperature on blood plasma glucose measurement with a portable reflectance meter. Clin Chem 39: 1918

Bard H, Makowski EL, Meschia G, Battaglia FC (1970) The relative rates of synthesis of hemoglobins A and F in immature red cells of newborn infants. Pediatrics 45: 766–72

Bard H, Prosmanne J (1982) Postnatal fetal and adult hemoglobin synthesis in preterm infants whose birth weight was less than 1:000 grams. J Clin Invest 70: 50–2

Bardicef M, Bardicef O, Sorokin Y, Altura BM, Altura BT, Cotton DB, Resnick LM (1995) Extracellular and intracellular magnesium depletion in pregnancy and gestational diabetes. Am J Obstet Gynecol 172: 1009–13

Barglow P, Hatcher R, Berndt D, Phelps R (1985) Psychosocial child bearing stress and metabolic control in pregnant diabetics. J Nerv Ment Dis 173: 615–20

Barglow P, Hatcher R, Walston J, Phelps R, Burns W, Depp R (1981) Psychiatric risc factors in the pregnant diabetic patient. Am J Obstet Gynecol 140: 46–52

Barker DJP (1993) The fetal origins of NIDDM. Diabetes News XIV, 6–8

Barker DJP (1995) The fetal and infant origins of disease. Eur J Clin Invest 25: 457–63

Barker DJP, Bull AR, Osmond C, Simmonds SJ (1990) Fetal and placental size and risk of hypertension in adult life. Br Med J 301: 259–62

Barker DJP, Hales CN, Fall CHD, Osmond C, Phipps K, Clark PMS (1993) Type 2 (non-insulin-dependent) diabetes mellitus, hypertension and hyperlipidaemia (syndrome X) relation to reduced fetal growth. Diabetologia 36: 62–7

Barker DJP, Osmond C, Winter PD, Margetts B (1989) Weight in infancy and death from ischaemic heart disease. Lancet ii: 557–80

Barnard R, Chan FY, McIntyre HD (1997) Growth hormone-binding protein in normal and pathologic gestation: correlations with maternal diabetes and fetal growth. J Clin Endocrinol Metab 82: 1879–84

Barnett AH, Eff, C, Leslie RDG, Pyke DA (1981) Diabetes in identical twins A study of 200 pairs. Diabetologia 20: 87–93

Barnett AH, Stubbs SM, Mander AM (1980) Management of preterm labour in diabetic pregnancy. Diabetologia 18: 365–8

Barnett C, Ryan F, Ballonoff L (1987) Effect of altitude on the self monitoring of blood glucose (SMBG) (Abstract). Diabetes 36 [Suppl]: 117A

Baron AD, Kolterman OG, Bell J, Mandarino LJ, Olefsky JM (1985) Rates of noninsulin-mediated glucose uptake are elevated in Type II diabetic subjects. J Clin Invest 76: 1782–8

Barreau PB, Buttery JE (1988) Effect of hematocrit concentration on blood glucose value determined on glucometer. Diabetes Care 11: 116

Barrett CT, Oliver TK (1968) Hypoglycemia and hyperinsulinism in infants with erythroblastosis fetalis. N Engl J Med 278: 1260

Barrett JM, Salyer SL, Boehm FH (1981) The non stress test: an evaluation of 1000 patients. Am J Obstet Gynecol 141: 153–7

Barros LF, Yudilevich DL, Jarvis SM, Beaumont N, Baldwin SA (1995) Quantitation and immunolocalization of glucose transporters in the human plazenta. Placenta 16: 623–33

Bartelheimer H, Kloos K (1952) Die Auswirkungen des experimentellen Diabetes auf Gravidität und Nachkommenschaft. Z Gesamte Exp Med 119: 246–65

Basdevant A (1990) Contraception for the diabetic women. Diabete Metab 16: 113–9

Bashiri H (1992) Prophylactic insulin treatment of gestational diabetes (glucose intolerance in pregnancy). University of Tehran, Iran Abstractband, Second International Graz Symposium on Gestational Diabetes. Puch, Austria, Medizinisch-wissenschaftliche Abteilung Milupa Information-Service, p 51

Bassett JM, Burks AH, Levine DH, Pinches RA, Visser GHA (1985) Maternal and fetal metabolic effects of prolonged Ritodrine infusion. Obstet Gynecol 66: 755–61

Battaglia FC, Hellegers AE, Heller CY, Behrman R (1964) Glucose concentration gradients across the maternal surface, the placenta, and the amnion of the rhesus monkey (Macaca mulata). Am J Obstet Gynecol 88: 32–7

Battaglia FC, Meschia G (1978) Principal substrates of fetal metabolism. Physiol Rev 58: 499–527

Bauman WA, Maimen M, Langer O (1982) An association between hyperinsulinemia and hypertension during the third trimester of pregnancy. Am J Obstet Gynecol 159: 446–50

Bauman WA, Yallow RS (1981) Transplacental passage of insulin complexed to antibody. Proc Natl Acad Sci USA 78: 4588–90

Baumgarten A, Robinson J (1988) Prospective study of an inverse relationship between maternal glykosylated hemoglobin and serum α-fetoprotein concentra-tions in pregnant women. Am J Obstet Gynec 159: 77–81

Baumgarten K (1981) The advantages and risks of feto-maternal monitoring. J Perinat Med 9: 257

Baur LA, O'Connor J, Pan DA, Storlien LH (1999) Relationships betweeen maternal risk of insulin resistance and the child's muscle membrane fatty acid composition. Diabetes 48: 112–6

Baxi L, Barad D, Reece A, Farber R (1984) Use of glycosylated hemoglobin as a screen for macrosomia in gestational diabetes. Obstet Gynecol 64: 347–50

Baxter-Grillo D, Blázquez E, Grillo TAI, Sodoyez J-C, Sodoyez-Goffaux F, Foà PP (1981) Functional development of the pancreatic islets. In: Cooperstein SJ Watkins D (eds) The Islets of Langerhans Biochemistry, Physiology, and Pathology New York, Academic Press, pp 35–49

Baylis C, Wilson C (1989) Sex and the single kidney. Am J Kidney Dis 13: 290–8

Beaconsfield P, Ginsburg J, Korinski Z (1965) Glucose metabolism via the pentose phosphate pathway relative to cell replication and immunological response. Nature 205: 50–1

Beard RW, Gillmer MDG, Oakley NW, Gunn PJ (1980) Screening for gestational diabetes. Diabetes Care 3: 468–71

Beard RW, Hoet JJ (1982) Is gestational diabetes a clinical entity? Diabetologia 23: 307–12

Beard RW, Lowy C (1982) The British survey of diabetic pregnancies. Br J Obstet Gynaecol 89: 783–6

Beard RW, Oakley NW (1976) The fetus of the diabetic. In: Beard RW, Nathanielsz PW (eds) Feal Physiology and Midicine. The basis of Perinatology. Philadelphia: WB Saunders, pp 137–57

Beaufils M (1990) Controlling hypertension in the pregnant diabetic woman. Diabete Metab 16: 144–8

Becerra JE, Khoury MJ, Cordero JF, Erickson JD (1990) Diabetes mellitus during pregnancy and the risk for specific birth defects: a population-based case-control study. Pediatrics 85: 1–9

Bech K, Hoier-Madsen M, Feldt-Rasmussen U, Jensen BM, Mølsted-Pedersen L, Kuehl C (1991) Thyroid function and autoimmune manifestations in insulin-dependent diabetes mellitus during and after pregnancy. Acta Endocrinol 124: 534–9

Beck P, Daughaday WH (1967) Human placental lactogen: studies of its acute metabolic effects and disposition in normal man. J Clin Invest 46: 103–10

Beck-Nielsen H, Henriksen JE, Vaag A, Hother-Nielsen O (1995) Pathophysiology of non-insulin-dependent diabetes mellitus. Diabetes Res Clin Pract [Suppl 28]: S13–S251

Beck-Nielsen H, Kühl C, Pedersen V, Bjerre-Christiansen C, Nielson TT, Klebe JG (1979) Decreased insulin binding to monocytes from normal pregnant women. J Clin Endocrinol Metab 49: 810

Beck-Nielsen H, Nielsen OH, Damsbo P, Vaag A, Handberg Å, Henriksen JE (1990) Impairment of glucose tolerance: mechanism of action and impact on the cardiovascular system. Am J Obstet Gynecol 163: 292–5

Bedalov A, Balasubramanyam A (1997) Glucocorticoid-induced ketoacidosis in gestational diabetes: sequela of the acute treatment of preterm labour. Diabetes Care 20: 922–4

Beebe LFS, Kaye PL (1991) Maternal diabetes and retarded preimplantation development of mice. Diabetes 40: 457–61

Beetham W (1950) Diabetic retinopathy in pregnancy. Trans Am Ophthalmol Soc 48: 205–16

Behrens O, Kohlhaw K, Günter H, Wonigeit K, Niesert S (1989) Nachweis von Cyclosporin A in der Muttermilch – Ist Stillen kontraindiziert? Geburtsh u Frauenheilk 49: 207

Beischer NA, Holsman AM, Kitchen WH (1968) Relation of various forms of anemia to placental weight. Am J Obstet Gynecol 101: 801–9

Beischer NA, Oats JN, Henry OA, Sheedy MT, Walstab JE (1991) Incidence and severity of gestational diabetes mellitus according to country of birth in women living in Australia. Diabetes 40 [Suppl 2]: 35–8

Beischer NA, Wein P, Sheedy MT, Dargaville RM (1996) Effect of follow-up of women with gestational diabetes on the ratio of IDDM to NIDDM in pregnancy. Diabetes Care 19: 653–5

Beischer NA, Wein P, Sheedy MT, et al (1995) Prevalence of antibodies to glutamic acid decarboxylase in women who have gestational diabetes. Am J Obstet Gynecol 173: 1563–9

Beischer NA, Wein P, Sheedy MT, Werther GA, Gold H (1994) Maternal glucose tolerance and obstetric complications in pregnancies in which the offspring developed type I diabetes. Diabetes Care 17: 832–4

Beischer W (1982) Das Vorkommen von Proinsulin und C-Peptid bei Gesunden und bei Diabetikerinnen. Fortschr Med 100: 1508–12

Belicar P, Jeandidier N, Renard E, Boivin S, Gross P, Pinget M, Lassmann-Vague V (1999) Implanted insulin pump may represent a chance for young women with unstable type 1 diabetes to give birth. Diabetes Care 22: 1001–2

Bell DSH, Barger BO, Go RCP, Goldenberg RL, Perkins LL, Vanichanan CJ, Roseman J, Acton RT (1990) Risk faktors for gestational diabetes in black population. Diabetes Care 13 [Suppl 4]: 1196–201

Bell DSH, Ovalle F (1999) Gastroparesis cured by getrektomy. Diabetes Care 22: 1000

Bell GI, Buran CF, Takeda J, Gould GW (1993) Structure and function of mammalian facilitative sugar transporters. J Biol Chem 268: 19161–4

Beller FK, Ebert C (1985) Effect of oral contraceptives on blood coagulation A review. Obstet Gynecol survey 40: 425–36

Bellmann O (1978) Der Einfluß der normalen Schwangerschaft auf den Kohlenhydratstoffwechsel. Gynäkologe 11: 56–66

Bellmann O (1978) Glucose-Toleranz und Insulin-Sekretion in der Schwangerschaft. In: Irsigler K, Regal H, Brändle J (Hrsg) Diabetes-Probleme in der Schwangerschaft. München Wien Baltimore, Urban & Schwarzenberg, pp 5–22

Bellmann O (1978) Zur Regulation des Kohlenhydratstoffwechsels beim Foeten und Neugeborenen – ein Konzept. Gynäkologe 11: 88–91

Bellmann O (1986) Therapy of gestational diabetes. Acta Endocrinol (S) 227: 50–5

Bellmann O, Gries FA, Hepp KD, Otto H, Potthoff S, Sauer H, Schöffling K, Weber B (1982) Die ärztliche Führung der graviden Diabetikerin Stellungnahme der Deutschen Diabetes-Gesellschaft. Diabetologie-Informationen 1: 4–6

Bellmann O, Hartmann E (1975) Influence of pregnancy on the kinetics of insulin. Am J Obstet Gynecol 122: 82–33

Bellmann O, Lang N, Schlebusch H, Niesen M, Schönhardt R (1988) The oral 100 g-glucose-tolerance test – special criteria for evaluation in late pregnancy. In: Weiss PAM, Coustan DR (eds) Gestational Diabetes. Wien New York, Springer, pp 99–106

Belsy R, Morrison JI, Whitlow KJ, et al (1987) Managing bedside glucose testing in the hospital. J Am Med Assoc 258: 1634

Ben Khalifa F (1986) Diabetes in maternal and child health, the problem in North Africa. IDF Bulletin 31: 57–9 (zit nach Hoet, 1988)

Ben-Shlomo I, Dor J, Zohar S, Mashiach S (1991) Letter to the editor. N Engl J Med 324: 198

Benedetti TJ, Gabbe SG (1978) Shoulder dystocia: a complication of fetal macrosomia and prolonged second stage with mid-pelvic delivery. Obstet Gynecol 52: 526–9

Benirschke K, Driscoll SG (1967) The pathology of the human placenta. In: Uehlinger (ed) Handbuch der speziellen pathologischen Anatomie und Histologie. Berlin Heidelberg New York, Springer

Benirschke K, Kaufmann P (1990) Pathology of the Human Placenta, Second Edition: 1 Placental Types. New York Heidelberg Berlin London Paris Tokyo Hong Kong Barcelona, Springer, pp 1–12

Benjamin E, Winters D, Mayfield J, Gohdes D (1993) Diabetes in pregnancy in Zuni Indian women. Diabetes Care 16: 1231–5

Benjamin F (1968) Glucose tolerance tests in the early puerperium. Am J Obstet Gynecol 100: 1102–5

Benjamin F, Wilson SJ, Deutsch S, Seltzer VL, Droesch K, Droesch J (1986) Effect of advancing pregnancy on the glucose tolerance test and on the 50–g oral glucose load screening test for gestational diabetes. Obstet Gynecol 68: 362–5

Bennett PH, Burch TA, Miller M (1971) Diabetes mellitus in American (Pima) Indians. Lancet ii: 125–8

Bennett PH, Webner C, Miller M (1979) Congenital anomalies and the diabetic and prediabetic pregnancy. In: Elliott K, O'Connor M (eds) Pregnancy, metabolism, diabetes and the fetus, Ciba Foundation Symposium 63. New York, Excerpta Medica, pp 207–18

Bennewitz HG (1824) De diabete mellito graviditatis symptomate. Berolini 1824 (zit nach Heisig N, 1975)

Benson CB, Doubilet PM, Saltzman DH (1987) Sonographic determination of fetal weights in diabetic pregnancies. Am J Obstet Gynecol 156: 441–4

Benson CB, Doubilet PM, Saltzman DH, et al (1986) Femur length/abdominal circumference ratio Poor predictor of macrosomic fetuses in diabetic mothers. J Ultrasound Med 5: 141–4

Benzie RJ, Doran TA, Harkins JL, Owen VMJ, Porter CJ (1974) Compo-sition of the amniotic fluid and maternal serum in pregnancy. Am J Obstet Gynecol 119: 798–810

Berendes HW (1975) Effect of maternal acetonuria on IQ of offspring. In: Camerini Davis RA, Cole HS (eds) Early diabetes in early life. New York, Academic Press, pp 135–40

Berenson RA (1984) Intensive care units (ICUs) – Clinical outcomes, costs and decision-making Washington, DC, U.S. Government Printing Office

Berger M (1983) Arzt und Patient als Partner in einem Behandlungsteam. Euromed 1: 26–8

Berger M, Chantelau E, Cüppers H, Gösseringer G, Jörgens V, Sonnenberg G, Wasser K (1981) Neuer Schulungskurs. Diabetes-Journal 31: 287

Berger M, Jörgens V, Mühlhauser I, Zimmermann H (1983) Die Bedeutung der Diabetikerschulung in der Therapie des Typ-I-Diabetes. Dtsch Med Wochenschr 108: 424–30

Berger M, Mühlhauser I, Jörgens V (1983) Die Evaluation der Diabetiker-Edukation. Fortschr Med 101: 212–5

Berger W (1984) Kantonsspital Basel, persönliche Mitteilung.

Berger W, Grimm JJ (1998) Betreuung schwangerer Diabetikerinnen aus internistischer Sicht. Gynäkologe 31: 31–7

Berger W, Keller U, Vorsteher D (1981) Verlauf und Therapie des Coma diabeticum. Internist 22: 219 (zit nach Pristauz, 1984)

Berger W, Sonnenberg GE (1980) Blutzuckertagesprofile und Hämoglobin A_1 bzw A_{1c} zur Überwachung der Diabetesbehandlung. Schweiz Med Wochenschr 110: 485–91

Bergman M, Migake C, Felig P (1989) Misdiagnosis of gestational diabetes and hypoglycemia using portable blood glucose meters (Letter). Arch Intern Med 149: 2602–3

Bergman M, Seaton TB, Auerhahn CC, et al (1986) The incidence of gestational hypoglycemia in insulin-dependent and non-insulin-dependent diabetic women. New York State J Med 86: 174–7

Bergqvist N (1954) The gonadal function in female diabetics. Acta Endocrinol 15 [Suppl 19]: 1–20

Bergua M, Sole J, Marion G, et al (1987) Prevalence of islet-cell antibodies, insulin antibodies and hyperglycemia in 2291 school children. Diabetologia 30: 724–6

Berk MA, Mimouni F, Miodovnik M, Hertzberg V, Valuck J (1989) Macrosomia in infants of insulin-dependent diabetic mothers. Pediatrics 83: 1029–34

Berk MA, Miodovnik M, Mimouni E (1988) Impact of pregnancy on compli-cations of insulin-dependent diabetes mellitus. Am J Perinatol 5: 359–67

Berkowitz GS, Lapinski RH, Wein R, Lee D (1992) Race/ethnicity and other risk factors for gestational diabetes. Am J Epidemiol 135: 965–73

Berkowitz GS, Roman SH, Lapinski RH, Alvarez M (1992) Maternal characteristics, neonatal outcome, and the time of diagnosis of gestational diabetes. Am J Obstet Gynecol 167: 976–82

Berkus MD, Langer O (1993) Glucose tolerance test: degree of glucose abnormality correlates with neonatal outcome. Obstet Gynecol 81: 344–8

Berkus MD, Langer O (1995) Glucose tolerance test periodicity: the effect of glucose loading. Obstet Gynecol 85: 423–7

Berkus MD, Langer O, Piper JM, Luther MF (1995) Efficiency of lower threshold criteria for the diagnosis of gestational diabetes. Obstet Gynecol 86: 892–6

Berkus MD, Stern MP, Mitchell BD, Abashawl A, Langer O (1990) Relationships between glucose levels and insulin secretion during a glucose challenge test. Am J Obstet Gynecol 163: 1818–22

Berkus MD, Stern MP, Mitchell BD, Newton ER, Langer O (1990) Does fasting intervall affect the glucose challenge test? Am J Obstet Gynecol 163: 1812–7

Berkus MD, Xenakis EMJ, Langer O (1992) Glucose tolerance test periodicity as a descriptor of glucose tolerance abnormality. Obstet Gynecol 79: 931–5

Berland Y, Dussol B (1990) Pregnancy and diabetic nephropathy. Diabete Metab 16: 137–43

Berle P (1995) Die Inzidenz von Geburtsverletzungen Neugeborener in Abhängigkeit des Geburtsgewichtes. Eine Analyse in der Hessischen Perinatalerhebung. Geburtsh u Frauenheilk 55: 23–7

Bernaschek G, Dadak Ch, Kratochwil A (1980) Frühzeitige Diagnose fetaler Mißbildungen durch Ultraschall. Geburtsh u Frauenheilk 40: 868

Berne C, Wibell L, Lindmark G (1985) Ten year experience of insulin treat-ment in gestational diabetes. Acta Paediatr Scand 74 [Suppl 320]: 85–93

Bernstein IM, Catalano PM (1991) Ultrasonographic estimation of fetal body composition for children of diabetic mothers. Invest Radiol 26: 722–6

Bernstein IM, Catalano PM (1992) Influence of fetal fat on the ultrasound estimation of fetal weight in diabetic mothers. Obstet Gynecol 79: 561–3

Bernstein IM, Goran MI, Copeland KC (1997) Maternal insulin sensitivity and cord blood peptides: relationships to neonatal size at birth. Obstet Gynecol 90: 780–3

Berntorp K, Trell E, Thorell J, Hood B (1983) Relation between plasma Insulin and blood glucose in a cross sectional population study of the oral glucose tolerance test. Acta Endocrinol 102: 549–56

Bertelsen J, Christiansen C, Thomsen C, Poulsen PL, Vestergaard S, Steinov A, Rasmussen LH, Rasmussen O, Hermansen K (1993) Effect of meal frequency on blood glucose, insulin, and free fatty acids in NIDDM subjects. Diabetes Care 16: 3–7

Bertoli A, de Pirro R, Fusco A, Greco AV, Magnatta R, Lauro R (1980) Differences in insulin receptors between men and menstruating women and influences of sex hormones on insulin binding during the menstrual cycle. J Clin Endocrinol Metab 50: 246

Bevier W, Jovanovic-Peterson L, Formby B, Peterson CM (1994) Maternal hyperglycemia is not the only cause of macrosomia: lessons learned from the nonobese diabetic mouse. Am J Perinatol 11: 51–6

Beydoun SN, Cuenca VG, Evans LP, et al (1972) Maternal nutrition. I. The urinary urea nitrogen/total nitrogen ratio as an index of protein nutrition. Am J Obstet Gynecol 114: 198–203

Bhaumick B, Danilkewich AD, Bala RM (1988) Altered placental insulin and insulin-like growth factor-I receptors in diabetes. Life Sci 42: 1603–14

Bhowmick SK, Lewandowski C (1989) Prolonged hyperinsulinism and hypoglycaemia in an asphyxiated small for gestation infant Case management and literature review. Clin Pediatr (Phila) 28: 575–8

Bibergeil H (1978) Ergebnisse und Konsequenzen für das Kind der diabetischen Mutter. In: Irsigler K, Regal H, Brändle J (Hrsg) Diabetes Probleme in der Schwangerschaft. München, Urban und Schwarzenberg (zit nach Burkart, 1989b)

Bibergeil H, Godel E, Amendt P (1975) Diabetes and pregnancy: early and late prognosis of children of diabetic mothers. In: Camerini-Davalos RA, Cole HS (eds) Early Diabetes in Early Life. New York, Academic Press, pp 427–34

Bienstock JL, Blakemore KJ, Wang E, Dale Presser BA, Misra D, Pressman EK (1997) Managed care does not lower costs but may result in poorer outcomes for patients with gestational diabetes. Am J Obstet Gynecol 177: 1035–7

Biesenbach G, Grafinger P, Kaiser W, Panuschka S, Stöger H, Stuby U, Zazgornik J (1988) Erfolgreiche Risikoschwangerschaft nach Nierentransplantation mit Cyclosporin als Immunsuppressivum. Schweiz Med Wochenschr 118: 939

Biesenbach G, Janko O, Stoeger H, Zazgornik J (1994) Increases in serum lipids during pregnancy in type-I diabetic women with nephropathy. Diabetic Med 11: 262–7

Biesenbach G, Zazgornik J, Stöger H, Grafinger P, Hubmann R, Kaiser W, Janko O, Stuby U (1994) Abnormal increases in urinary albumin excretion during pregnancy in IDDM women with pre-existing microalbuminuria. Diabetologia 37: 905–10

Bihoreau MT, Ktorza A, Kinebanyan MF, Picon L (1986) Impaired glucose homeostasis in adult rats from hyperglycemic mothers. Diabetes 35: 979–84

Bilbao JR, Calvo B, Urrutia I, Linares A, Castaño L (1997) Anti-insulin activity in normal newborn cord-blood serum. Diabetes 46: 713–6

Bingley PJ, Bonifacio E, Gale EAM (1993) Can we really predict IDDM? Diabetes 42: 213–20

Bingley PJ, Bonifazio E, Shattock M, Gillmor HA, Sawtell PA, Dunger DB, Scott RDM, Bottazzo GF, Gale EAM (1993) Can islet cell antibodies predict IDDM in the general population? Diabetes Care 16: 45–50

Bingley PJ, Christie MR, Bonifacio E, et al (1994) Combined analysis of autoantibodies improves prediction of IDDM in islet cell antibody-positive relatives. Diabetes 43: 1304–10

Bingley PJ, Gale EAM (1989) Rising incidence of IDDM in Europe. Diabetes Care 12: 289–95

Bird JA, Spencer JAD, Mould T, Symonds ME (1996) Endocrine and metabolic adaptation following caesarean section or vaginal delivery. Arch Dis Child 74: F132–4

Birmingham Diabetes Survey Working Party (1976) Ten year follow-up report of the Birmingham diabetes survey of 1961. Br Med J 2: 35–7

Bishop EH (1964) Pelvic scoring for elective induction. Obstet Gynecol 24: 266

Bishop JS, Larner J (1967) Rapid activation inactivation of liver uridine diphosphate glucose-glycogen transferase and phosphorylase by insulin and glucagon in vivo. J Biol Chem 242: 1354–5

Bissonnette JA, Black JA, Wickham WK, Acott KM (1981) Glucose uptake into plasma membrane vesicles form the maternal surface of human placenta. J Membrane Biol 58: 75–80

Bitman J, Hamosh M, Hamos P, Lutes V, Neville MC, Seacat J, Wood DL (1989) Milk composition and volume during the onset of lactation in diabetic mother. Am J Clin Nutr 50: 1364–9

Bix H, (1933) Über Beziehungen zwischen mütterlichem Diabetes und Riesenkindern. Med Klin 20: 50 (zit nach Heisig N, 1975)

Björk O, Persson B (1982) Placental changes in relation to the degree of metabolic control in diabetes mellitus. Placenta 3: 367–78

Björk O, Persson B (1984) Villous structure in different parts of the cotyledon in placentas of insulin-dependent diabetic women A morphometric study. Acta Obstet Gynecol Scand 63: 37–43

Bjorklund AO, Adamson UK, Lins PE, Westgren LM (1998) Diminished insulin clearance during late pregnancy in patients with type 1 diabetes mellitus. Clin Sci 95: 317–23

Black VD, Lubchenco LO (1982) Neonatal polycythemia and hyperviscosity. Pediatr Clin N Am 29: 1137

Blank A, Grave GD, Metzger BE (1995) Effects of gestational diabetes on perinatal morbidity reassessed. Diabetes Care 18: 127–9

Blechner JN, Stenger VG, Prystowsky H (1975) Blood flow to the human uterus during maternal metabolic acidosis. Am J Obstet Gynecol 121: 789–94

Blecker OP, Kloostermann GJ, Breur W, Mieras DJ (1977) The volumetric growth of the human placenta: a longitudinal ultrasonic study. Am J Obstet Gynecol 127: 657–61

Bleich D, Polak M, Eisenbarth GS, Jackson R (1993) Decreased risk of type I diabetes in offspring of mothers who acquire diabetes during adrenarchy. Diabetes 42: 1433–9

Blethen SL, White NH, Santiago JV, Daughaday WH (1981) Plasma somatomedins, endogenous insulin secretion, and growth in transient neonatal diabetes mellitus. J Clin Endocrinol Metab 52: 144–7

Blohmé G, Nyström L, Arnqvist HJ, Lithner F, Littorin B, Olson PO, Scherstén B, Wibell L, Östman J (1992) Male predominance of type 1 (insulin-dependent) diabetes mellitus in young adults: results from a 5-year prospective nationwide study of the 15–34-year age group in Sweden. Diabetologia 35: 56–62

Blom L, Dahlquist G, Nyström L, Sandström A, Wall S (1989) The Swedish Childhood Diabetes Study-Social and perinatal determinants for diabetes in childhood. Diabetologia 32: 7–13

Blom L, Persson LA, Dahlquist G (1992) A high linear growth is associated with an increased risk of childhood diabetes mellitus. Diabetologia 35: 528–33

Bloom SR, Johnston DI (1972) Failure of glucagon release in infants of diabetic mothers. Br Med J 4: 453–4

Bloomgarden ZT (2000) American Diabetes Association 60th Scientific Sessions, 2000. Diabetes Care 23: 1699–702

Blouin D, Murray MAF, Beard RW (1976) The effect of oral ritodrine on maternal and fetal carbohydrate metabolism. Br J Obstet Gynaecol 83: 711–5

Boado RJ, Pardridge WM (1993) Glucose deprivation causes posttranscriptional enhancement of brain capillary endothelial glucose transporter gene expression via GLUT-1 mRNA stabilization. J Neurochem 60: 2290–6

Boberg C, Gillmer MDG, Brunner EJ, et al (1980) Obesity in pregnancy: the effect of dietary advice. Diabetes Care 3: 476

Bochner CJ, Medearis AL, Williams J, Castro L, Hobel CJ, Wade ME (1987) Early third-trimester ultrasound screening in gestational diabetes to determine the risk of macrosomia and labor dystocia at term. Am J Obstet Gynecol 157: 703–8

Bock T, Pedersen CR, Vølund A, Pallesen CS, Buschard K (1994) Perinatal determinants among children who later develop IDDM. Diabetes Care 17: 1154–7

Bocking A, Adamson L, Cousin A, et al (1982) Effects of intravenous glucose injections on human fetal breathing movements and gross fetal body movements at 38 and 40 weeks' gestational age. Am J Obstet Gynecol 142: 606–11

Bodansky HJ, Staines A, Stephenson C, Haigh D, Cartwright R (1992) Evidence for an environmental effect in the aetiology of insulin-dependent diabetes in a transmigratory population. Br Med J 305: 1020–2

Boddy K, Dawes GS (1975) Fetal breathing. Br Med Bull 31: 3–7

Bodner J, Ebenbichler CF, Lechleitner M, Ritsch A, Sandhofer A, Gander R, Wolf HJ, Huter O, Patsch JR (1998) Leptin – eine Zwischenbilanz. Wien Klin Wochenschr 110: 212–9

Boehm BO, Manfras B, Seissler J, et al (1991) Epidemiology and immunogenetic background of islet cell antibody-positive nondiabetic schoolchildren Ulm-Frankfurt population study. Diabetes 40: 1435–9

Bogardus C, Ravussin E, Robbins DC, et al (1984) Effects of physical training and diet therapy on carbohydrate metabolism in patients with glucose intolerance and noninsulin dependent diabetes mellitus. Diabetes 33: 311–8

Bognár ZJ, Than GN, Csaba IF, Szabó DG (1981) Placental protein 12 levels of maternal fetal sera, amniotic fluid. IRCS Med Sci 9: 1088

Bognetti E, Riva MC, Bonfanti R, Meschi F, Viscardi M, Chiumello G (1998) Growth changes in children and adolescents with short-term diabetes. Diabetes Care 21: 1226–9

Bohn H, Kraus W (1980) Isolierung und Charakterisierung eines neuen plazentaspezifischen Proteins (PP_{12}). Arch Gynaekol 229: 279–91

Bojestig M, Arnqvist HJ, Hermansson G, Karlberg BE, Ludvigsson J (1994) Declining incidence of nephropathy in insulin-dependent diabetes mellitus. N Engl J Med 330: 15–8

Bolli GB, De Feo P, Compagnucci P, Cartechini MG, Angeletti G, Santeusanio F, Brunetti P, Gerich JE (1983) Abnormal glucose counterregulation in insulin-dependent diabetes mellitus: interaction of anti-insulin antibodies and impaired glucagon and epinephrine secretions. Diabetes 32: 134–41

Bolli GB, Fanelli CG (1995) Unawareness of hypoglycemia. N Engl J Med 333: 1771–2

Bolli GB, Gerich JE (1984) The „dawn phenomenon" – a common occurrence in both non-insulin-dependent and insulin-dependent diabetes mellitus. N Engl J Med 310: 746–50

Bonifacio E, Bingley BJ, Dean BM, Shattock M, Dunger D, Gale EAM, Bottazzo GF (1990) Quantification of islet-cell antibodies and prediction of insulin-dependent diabetes. Lancet 335: 147–9

Bonifacio E, Genovese S, Braghi S, et al (1995) Islet autoantibody markers in IDDM: risk assessment strategies yielding high sensitivity. Diabetologia 38: 816–22

Bonnar J, Sabra A (1982) Comparative data on the effects of low-dose oral contraceptives on coagulation. Update on triphasic oral contraception. San Francisco California Excerpta Medica 1983

Borch-Johnsen K (1999) Improving prognosis of type 1 diabetes Diabetes Care 22 [Suppl 2]: B1–B3

Borch-Johnsen K, Kreiner S (1987) Proteinuria: value as a predictor of cardiovascular mortality in insulin dependent diabetes mellitus. Br Med J 294: 1651–4

Borch-Johnsen K, Mandrup-Poulsen T, Zachau-Christiansen B, et al (1984) Relation between breast feeding and incidence rates of insulin-dependent diabetes mellitus. Lancet ii: 1083–6

Borch-Johnsen K, Norgaard K, Hommel E, Mathiesen ER, Jensen JS, Deckert T Parving H (1992) Is diabetic nephropathy an inherited complication? Kidney Int 41: 719–22

Borg WP, Borg MA, Shulman GI (1994) Local ventromedial hypothalamus glucopenia triggers counterregulatory hormone release. Diabetes 43 [Suppl 1]: 12A

Borg WP, During MJ, Sherwin RS, Borg MA, Brines ML, Shulman GI (1994) Ventromedial hypothalamic lesions in rats suppress counterregulatory responses to hypoglycemia. J Clin Invest 93: 1677–82

Bornet FRJ, Costagliola D, Rizkalla SW, Blayo A, Fontvieille A-M, Haardt M-J, Letanoux M, Tchobroutsky G, Slama G (1987) Insulinemic and glycemic indexes of six starchrich foods taken alone and in a mixed meal by type 2 diabetics. Am J Clin Nutr 45: 588–95

Boroditsky RS, Reyes FI, Winter JSD, Faiman C (1975) Serum human chorionic gonadotropin and progesteron patterns in the last trimester of pregnancy. Am J Obstet Gynecol 122: 238–41

Bosi E, Becker F, Bonifacio E, Wagner R, Collins P, Gale EAM, Bottazzo GF (1991) Progression to type I diabetes in autoimmune endocrine patients with islet cell antibodies. Diabetes 40: 977–84

Bottazzo GF, Dean BM, Gorsuch AN, Cudworth AG, Doniack D (1980) Complement-fixing islet-cell antibodies in type I diabetes: possible monitors of active β-cell damage. Lancet i: 668–72

Bottazzo GF, Florin-Christensen A, Doniach D (1974) Islet cell antibodies in diabetes mellitus with autoimmune polyendocrine deficiencies. Lancet ii: 1279–83

Bouchardat C (1875) De le glycosorie ou diabete mere. Paris, Baillere (zit nach Heisig N, 1975)

Boucher BJ (1995) Strategies for reduction in the prevalence of NIDDM; the case for a population-based approach to the development of policies to deal with environmental factors in its aetiology. Diabetologia 38: 1125–9

Bougneres PF (1987) Stable isotope tracers and the determination of fuel fluxes in newborn infants. Biol Neonate 52 [Suppl 1]: 87–96

Bougnères P-F, Artavia-Loria E, Henry S, Basdevant A, Castaño L (1989) Increased basal glucose production and utilization in children with recent obesity versus adults with long term obesity. Diabetes 38: 477–83

Boulton M, Gregor Z, McLeod D, Charteris D, Jarvis-Evans J, Moriarty P, Khaliq A, Foreman D, Allamby D, Bardsley B (1997) Intravitreal growth factors in proliferative diabetic retinopathy: correlation with neovascular activity and glycaemic management. Br J Obstet Gynaecol 81: 228–33

Bousquet-Rouaud R, Castex F, Costalat G, Bastide M, Hedon B, Bouanani M, Jouvert S, Mirouze J (1993) Factors involved in catheter obstruction during long-term peritoneal insulin infusion. Diabetes Care 16: 801–5

Bouwens L, Lu WG, De Krijger R (1997) Proliferation and differentiation in the human fetal endocrine pancreas. Diabetologia 40: 398–404

Bower C, Stanley F, Connell AF, Gent CR, Massey MS (1992) Birth defects in the infants of aboriginal and non-aboriginal mothers with diabetes in Western Australia. Med J Aust 156: 520–24

Bowes SB, Hennessy TR, Umpleby AM, Benn JJ, Jackson NC, Boroujerdi MA, Sönksen PH, Lowy C (1996) Measurement of glucose metabolism and insulin secretion during normal pregnancy and pregnancy complicated by gestational diabetes. Diabetologia 39: 976–83

Bowie MD, Mulligan PB, Schwartz R (1963) Intravenous glucose tolerance in the normal newborn infant: the effect of a double dose of glucose and insulin. Pediatrics 31: 590–8

Boyd JD (1959) Implantation of ova. In: Eckstein P (ed) Memoirs of the Society for Endocrinology. London, Cambridge University Press, pp 26–34

Boyd ME, Usher RH, McLean FH (1983) Fetal macrosomia: prediction, risks, proposed management. Obstet Gynecol 61: 715–22

Boyd PA, Scott A, Keeling JW (1986) Quantitative structural studies on placenta from pregnancies complicated by diabetes mellitus. Br J Obstet Gynaecol 93: 31–5

Boyko E (2000) Proportion of type 2 diabetes cases resulting from impaired fetal growth. Diabetes Care 23: 1260–4

Boyko EJ, Alderman BW, Keane EM, Baron AE (1990) Effects of childbearing on glucose tolerance and NIDDM prevalence. Diabetes Care 13: 848–54

Boyle PJ, Kempers SF, O'Connor AM, Nagy RJ (1995) Brain glucose uptake and unawareness of hypoglycemia in patients with insulin-dependent diabetes mellitus. N Engl J Med 333: 1726–31

Boyle PJ, Nagy RJ, O'Connor AM, Kempers SF, Yeo RA, Qualls C (1994) Adaptation in brain glucose uptake following recurrent hypoglycemia. Proc Natl Acad Sci USA 91: 9352–6

Bozzetti B, Ferrari M, Marconi A, Ferrazzi E, Pardi G, Malkowski EL, Battaglia C (1988) The relationship of maternal and fetal glucose concentrations in the human from midgestation until term. Metabolism 37: 358–63

Brace RA, Wolf EJ (1989) Normal amniotic fluid volume changes throughout pregnancy. Am J Obstet Gynecol 161: 382–8

Bracero L, Shulman H, Fleischer A, Farmakides G, Rochelson B (1987) Umbilical artery velocity in diabetes and pregnancy. Obstet Gynecol 68: 654–8

Bracero LA, Baxi LV, Rey HR, Yeh MN (1985) Use of ultrasound in ante-natal diagnosis of large-for-gestational age infants in diabetic gravid patients. Am J Obstet Gynecol 152: 43–7

Bracero LA, Jovanovic L, Rochelson B, Baumann W, Farmakides G (1989) Significance of umbilical and uterine artery velocimetry in the well controlled pregnant diabetic. J Reprod Med Obstet Gynecol 34: 273–6

Bradley RJ, Brudenell JM, Nicolaides KM (1988) Chronic fetal hypoxia in diabetic pregnancy. Brit Med J 296: 790

Bradley RJ, Nicolaides KH, Brudenell JM (1991) Fetal acidosis and hyperlacticaemia diagnosed by cordocentesis in pregnancies complicated by maternal diabetes mellitus. Diab Med 8: 464–8

Bradley-Watson PJ (1989) Pregnancy after aortofemoral bypass grafting in a diabetic patient. Am J Obstet Gynecol 161: 200–1

Brähler HJ, Dallenbach-Hellweg G (1963) Die Langerhanschen Inseln bei fetaler Erytroblastose. Virch Arch Path Anat 336: 544

Braillon P, Lapillonne A, Giraud S, Salle BS, Cochat B (1998) Precision of body composition measurements by dual energy X-ray absorbtiometry. Appl Radiat Isot 49: 501–2

Brambell, FWR (1979) The transmission of passive immunity from mother to young. Amsterdam, Elsevier/North-Holland

Branchtein L, Schmidt MI, Matos MCG, Yamashita T, Pousada JMDC, Duncan BB for the Brazilian Gestational Diabetes Study Group (2000) Short stature and gestational diabetes in Brazil. Diabetologia 43: 848–51

Branchtein L, Schmidt MI, Mengue SS, Reichelt AJ, Matos MCG, Duncan BB (1997) Waist circumference and waist-to-hip ratio are related to gestational glucose tolerance. Diabetes Care 20: 509–11

Brans YW, Huff RW, Shannon DL, Hunter MA (1982) Maternal diabetes and neonatal macrosomia: I. Postpartum maternal hemoglobin A1c levels and neonatal hypoglycemia. Pediatrics 70: 576–81

Brans YW, Shannon DL, Hunter MA (1983) Maternal diabetes and neonatal macrosomia. II. Neonatal and anthropometric measurements. Early Human Dev 8: 297

Bratteby LE, Garby L (1960) Studies on erythrokinetics in infancy. XIII. The mean life span and the life span frequency function of red blood cells formed during fetal life. Acta Paediatr Scand 57: 311–20

Braunstein GD, Mills JL, Reed GF, Jovanovic LG, Holmes LB, Aarons J, Simpson JL, NICHD-Diabetes. In Early Pregnancy Study Group JLM (1989) Comparison of serum placental protein hormone levels in diabetic and normal pregnancy. J Clin Endocrinol Metab 68: 3–8

Braunstein GD, Ziel FH, Allen A, Van de Velde R, Wade ME (1976) Prenatal diagnosis of placental steroid sulfatase deficiency. Am J Obstet Gynecol 126: 716–9

Braveman P, Showstack J, Browner W, Selby J, Teutsch S, Sepe S (1988) Evaluating outcomes of pregnancy in diabetic women. Diabetes Care 11: 2281–7

Bray GA (1998) Obesity: a time bomb to be defused. Lancet 352: 160–161

Brazy JE, Crenshaw MC, Brumley GW (1978) Amniotic fluid cortisol in normal and diabetic pregnant women and its relation to respiratory disease in the neonate. Am J Obstet Gynecol 132: 567–70

Brelje TC, Scharp DW, Lacy PE, Ogren L, Talamantes F, Robertson M, Friesen HG, Sorenson RL (1993) Effect of homologous placental lactogens, prolactins, and growth hormones on islet B-cell division and insulin secretion in rat, mouse, and human islets: implication for placental lactogen regulation of islet function during pregnancy. Endocrinology 132: 879–87

Bremme K, Eneroth P, Hagenfeld L, Hellgren M (1982) Changes in maternal serum aldosterone, potassium and prolactin levels during β-receptor agonist treatment in third trimester pregnancies. Horm metab Res 14: 198–204

Brenner BM, Chertow GM (1994) Congenital oligonephropathy and etiology of adult hypertension and progressive renal injury. Am J Kidney Dis 23: 171–5

Brenner WE, Edelmann DA, Hendricks CH (1976) A standard of fetal growth for the United States of America. Am J Obstet Gynecol 126: 555–64

Brezinka C (1997) Schwangerschaft in Österreich. In: Baier H, Wiehn ER (Hrsg) Konstanzer Schriften zur Sozialwissenschaft. Konstanz, Hartung -Gorre Verlag, pp 35–37

Briend A (1985) Do maternal energy reserves limit fetal growth? Lancet i: 38–40

Briese V, Glockner E (1991) Placental function test, clinical and biochemical parameters in diabetic pregnancy complicated by retinopathy. Zentralbl Gynäkol 113: 1033–41

Briese V, Glockner E, Than GN, Szabo DG, Strache R-R (1989) Placental protein 12 (PP 12), a decidual protein, in pregnancy complicated by diabetes with retinopathy. Arch Gynecol Obstet 246: 35 8

Briese V, Müller H (1992) Diabetes und Schwangerschaft – optimales Management. Zentralbl Gynäkol 114: 115–20

Briese V, Müller H (1995) Diabetes mellitus – Epidemiologische Studie zu Fertilität, Kontrazeption und Sterilität. Geburtsh u Frauenheilk 55: 270–4

Briese V, Müller H, Stiete H (1995) Cholesterol, HDL-Cholesterol, Triglyzeride und b-Lipoprotein in der diabetischen Schwangerschaft. Zentralbl Gynäkol 117: 17–22

Briese V, Szabo DG, Glockner E, Strache R-R, Heinke P, Hopp H, Buettner H-H (1990) Circulating levels of placental protein 10 (PP 10) in diabetic pregnancy complicated by retinopathy. Exp Clin Endocrinol 95: 345–52

Briggs MH, Briggs M (1982) Comparative metabolic effects of oral contra-ceptives containing levonorgestrel or desogestrel. San Francisco California Excerpta Medica 1983

Brinchmann-Hansen O, Dahl-Jorgensen K, Hansen KF, Sandvik L (1985) Effects of intensified insulin treatment on various lesions of diabetic retinopathy. J Am Ophthalmol 100: 644–53

Brockerhoff P, Brand M, Ludwig B (1981) Untersuchungen zur Häufigkeit perinataler Hirnblutungen und deren Abhängigkeit vom Geburtsverlauf mit Hilfe der cranialen Computertomographie. Geburtsh u Frauenheilk 41: 597–600

Bromley B, Estroff JA, Sanders SP, Parad R, Roberts D, Frigoletto FD, et al (1992) Fetal echocardiography: accuracy and limitations in a population at high and low risk for heart defects. Am J Obstet Gynecol 166: 1473–81

Brooks KE, Rawal N, Henderson AR (1986) Laboratory assessment of three new monitors of blood glucose: AccuChek II, Glucometer II and Glucoscan 2000. Clin Chem 32: 2195–200

Brown CK, Khardaria U (1990) Use of Metodopramide, dopendone and cisapride in the management of diabetic gastroparesis. Clin Pharm 9: 357–65

Brown G, Brown R, Hey E (1978) Fetal hyperinsulinism in the rhesus iso-immunization. Am J Obstet Gynecol 131: 682–6

Brown R, Chapman K, Kotoletsev Y, et al (1996) Cloning and production of antisera to human placental 11β-hydroxysteroid dehydrogenase type 2. Biochem J 313: 1007–17

Brown RJK, Wallis PG (1963) Hypoglycaemia in the newborn infant. Lancet i: 1278–82

Brown ZA, Mills JL, Metzger BE, Knopp RH, Simpson JL, Jovanovic-Peterson L, Scheer K, Van Allen MI, Aarons JH, Reed GF, National Institute of Child Health and Human Development Diabetes in Early Pregnancy Study (1992) Early sonographic evaluation for fetal growth delay and congenital malformations in pregnancies complicated by insulin-requiring diabetes. Diabetes Care 15: 613–9

Bruce C, Bumby J, Mangnall D, Frase RB (1992) Evidence that the insulin resistance of pregnancy may not involve a post-receptor defect in human adipocytes. Diabetes Res Clin Pract 16: 75–84

Bruce SL, Petrie RH, Yen SY (1978) The suspicious contraction stress test. Obstet Gynecol 51: 415

Bruining GJ, Molenaar JL, Grobbee DE, et al (1989) Ten-year follow-up study of islet-cell antibodies and childhood diabetes. Lancet i: 1100–3

Bruinse HW, Vermeulin-Meiners C, Wit JM (1988) Fetal treatment for thyrotoxicosis in non-thyrotoxic pregnant women. Fetal Ther 3: 152–7

Brumfield CG, Huddleston JF (1984) The management of diabetic Ketoacidosis in pregnancy. Clin Obstet Gynecol 27: 50–9

Brunner GA, Ellmerer M, Sendlhofer G, Witte A, Trajanoski Z, Schaup L, Quehenberger F, Wach P, Krejs GJ, Pieber TR (1998) Validation of home blood glucose meters with respect to clinical and analytical approaches. Diabetes Care 21: 585–90

Brunner H, Schmut O, Faschinger Chr (1982) HbA1 als Parameter für die Progression der diabetischen Retinopathie. Klin Monatsbl Augenheilkd 181: 326–8

Bruno A, Innocenti M, Pasquino M, Pugliese F, Zola P (1976) Preliminary observations in the behaviour of immunglobulins in diabetics treated by different Methods. Minerva Med 67: 3255–60

Bruno G, Bargero G, Vuolo A, Pagano G (1992) A population-based prevalence survey of known diabetes mellitus in Northern Italy based upon multiple independent sources of ascertainment. Diabetologia 35: 851–6

Brustman L, Langer O, Engel S, Anyaegbunam A, Mazze R (1987) Verified self-monitored blood glucose data versus glycosylated hemoglobin and glycosylated serum protein as a means of predicting short- and long-term metabolic control in gestational diabetes. Am J Obstet Gynecol 157: 699–703

Bryce FC, Bodansky HJ, Redmand S, Buchan PC (1991) A survey of UK diabetic pregnancy management. Diabetic Med 8: 382–4

Buchanan T, Kjos S, Montoro M, Wu P, Madrilejo N, Gonzalez M, Nunez V (1992) Use of fetal ultrasound to select gestational diabetic pregnancies for insulin treatment. University of Southern California Los Angeles, USA Abstractband, Second International Graz Symposium on Gestational Diabetes. Puch, Austria, Medizinisch-wissenschaftliche Abteilung Milupa Information-Service, p 51

Buchanan TA (1991) Glucose metabolism during pregnancy: normal physiology and implications for diabetes mellitus. Israel J Med Sci 27: 432–41

Buchanan TA, Denno KM, Sipos GF, Sadler TW (1994) Diabetic teratogenesis. In vitro evidence for a multifactorial etiology with little contribution from glucose per se. Diabetes 43: 656–60

Buchanan TA, Freinkel N, Lewis NJ, et al (1985) Fuel-mediated teratogenesis. Use of D-mannose to modify organogenesis in the rat embryo in vivo. J Clin Invest 75: 1927–34

Buchanan TA, Kitzmiller JL (1994) Metabolic interactions of diabetes and pregnancy. Annu Rev Med 45: 245–60

Buchanan TA, Kjos SL (1999) Gestational Diabetes: risk or myth? J Clin Endocrinol Metab 84: 1854–7

Buchanan TA, Kjos SL, Montoro MN, Wu PYK, Madrilejo NG, Gonzalez M, Nunez V, Pantoja PM, Xiang A (1994) Use of fetal ultrasound to select metabolic therapy for pregnancies complicated by mild gestational diabetes. Diabetes Care 17: 275–83

Buchanan TA, Metzger BE, Freinkel N (1990) Accelerated starvation in late pregnancy: a comparison between obese women with and without gestational diabetes. Am J Obstet Gynecol 162: 1015–20

Buchanan TA, Metzger BE, Freinkel N, Bergman RN (1990) Insulin sensitivity and B-cell responsiveness to glucose during late pregnancy in lean and moderately obese women with normal glucose tolerance or mild gestational diabetes. Am J Obstet Gynecol 162: 1008–14

Buchanan TA, Sadler TW, Denno K, Sipos G (1993) Diabetic teratogenesis: evidence for multifactorial causality with little contribution from glucose per se. University of Southern California, Los Angeles, and University of North Caroline, Chapel Hill, USA Diabetic Pregnancy Study Group, 25th Annual Meeting

Buchanan TA, Schemmer JK, Freinkel N (1986) Embryotoxic effects of brief maternal insulin-hypoglycemia during organogenesis in the rat. J Clin Invest 78: 643–9

Buchanan TA, Sipos GF (1989) Lack of teratogenic effect of brief maternal insulin-induced hypoglycemia in rats during late neurulation. Diabetes 38: 1063–6

Buchanan TA, Unterman TG, Metzger BE (1985) The medical management of diabetes in pregnancy. Clin Perinatol 12: 625–50

Buchanan TA, Xiang AH, Kjos SL, Trigo E, Lee WP, Peters RK (1999) Antepartum predictors of the development of type 2 diabetes in Latino women 11–26 months after pregnancies complicated by gestational diabetes. Diabetes 48: 2430–6

Buelke-Sam J, Byrd RA, Hoyt JA, Zimmermann JL (1994) A reproductive and developmental toxicity study in CD rats of LY275585 (Lys[B28], Pro[B29])-human insulin. J Amer College Tox 13: 247–60

Bung P, Artal R (1991) Sport und körperliche Aktivität als neuer Therapieansatz beim Gestationsdiabetes. Perinatal Medizin 3: 76–80

Burden AC, Samanta AK, Blandford R, Jones GR (1985) Postnatal glucose tolerance tests in the gestational diabetic. Practical Diabetes 2: 37

Burgeois F, Duffer J (1990) Outpatient obstetric management of women with type 1 diabetes. Am J Obstet Gynecol 163: 1065–73

Burgeois FJ, Harbert GM, Paulsen EP, Thiagarajah S (1986) Glycosylated serum protein levels as a screening and diagnostic test for gestational diabetes mellitus. Am J Obstet Gynecol 155: 493–6

Burkart W (1989) Menarche, Zyklus und Fertilität der Diabetikerin. Geburtsh u Frauenheilk 49: 149–54

Burkart W (1998) Kontrazeption bei Diabetes mellitus. Gynäkologe 31: 85–90

Burkart W, Cerkel U, Hanker JP, Schneider HPG (1988) Prevention of Placental insufficiency syndrome in diabetic pregnancies. In: Weiss PAM, Coustan, DR (eds) Gestational Diabetes. Wien New York, Springer, pp 87–92

Burkart W, Dame WR, Ruppin E, Schneider HPG (1985) Die Bedeutung von Hormonen im Fruchtwasser. I. Insulin und C-Peptid. Geburtsh u Frauenheilk 44: 781–6

Burkart W, Dominik HC, Schneider HPG (1986) Erfolg der intensiven Therapie des Diabetes mellitus in der Schwangerschaft. In: Dudenhausen JW, Saling, E (Hrsg) Perinatale Medizin. Stuttgart, Thieme (zit nach Burkart, 1989b)

Burkart W, Hanker JP, Schneider HPG (1988) Complications and fetal out-come in diabetic pregnancy. Intensified conventional versus insulin pump therapy. Gynecol Obstet Invest 26: 104–12

Burkart W, Holzgreve W, Dame WR, Schneider HPG (1986) Antenatal assessment of fetal outcome in pregnant diabetics. J Perinat Med 14: 293–7

Burkart WC (1989) Geburtshilfliche und gynäkologische Aspekte des Diabetes Mellitus. Habilitationsschrift zur Erlangung der venia legendi für das Fach Frauenheilkunde und Geburtshilfe. Westfälische Wilhelms-Universität zu Münster, pp 1–198

Burke BJ, Sheriff RJ, Savage PE, Dixon HG (1979) Diabetic twin pregnancy: an unequal result. Lancet 1: 1372–73

Burke CW, Roult F (1970) Increased exposure of tissues to cortisol in late pregnacy. Br Med J 1: 657–9

Burke G, Smart B, Crowley P, et al (1990) Is intrauterine growth retardation with normal umbilical artery blood flow a benign condition? Br Med J 300: 1044–5

Burland WJ (1964) Diabetes mellitus syndrome in the newborn infant. J Pediat 65: 122–3

Burmucic R (1982) Erfahrungen mit der laparoskopischen Tubensterilisation. Wien Klin Wochenschr 94: 77–80

Burmucic R, Kowatsch A (1984) Behandlungsergebnisse nach einmaliger lokaler Applikation von Clotrimazol 500 mg bei Vaginalmykosen in der Schwangerschaft. Wien Med Wochenschr 134: 15–8

Burnol AF, Leturque A, Ferre P, Kande J, Girard J (1986) Increased insulin sensitivity and responsiveness during lactation in rats. Am J Physiol 251: E537–41

Burrin JM, Alberti KGMM (1990) What is blood glucose: can it be measured? Diabetic Medicine 7: 199–206

Burrow GN (1990) Thyroid status in normal pregnancy. J Clin Endocrinol Metab 71: 274–5

Burrow GN, Fisher DA, Larsen PR (1994) Maternal and fetal thyroid function. N Engl J Med 331: 1072–8

Burrow GN, Hazlett BE, Phillips MJ (1982) A case of diabetes mellitus. N Engl J Med 306: 340–3

Bursell S-E, Clermont AC, Aiello LP, Aiello LM, Schlossman DK, Feener EP, Laffel L, King GL (1999) High-dose vitamin E supplementation normalizes retinal blood flow and creatinin clearance in patients with type 1 diabetes. Diabetes Care 22: 1245–51

Burstein R, Berns AW, Hirata Y, Blumenthal HT (1963) A comparative histo- and immunopathological study of the placenta in diabetes mellitus and in erythroblastosis fetalis. Am J Obstet Gynecol 86: 66–76

Burstein R, Soule SD, Blumenthal T (1957) Histogenesis of pathological processes in placentas of metabolic diseases in pregnancy. Am J Obstet Gynecol 74: 96–104

Burt RL, Davidson IWF (1974) Insulin halfe-live and utilization in normal pregnancy. Obstet Gynecol 43:161

Burt RL (1955) Peripheral utilisation of glucose in pregnancy. II. preeclampsia. Obstet Gynecol 6: 51–4

Burwell CS (1957) In: Villee CA (ed) Gestation Transaction of the Third Conference. New York, The Josiah Macy Jr Foundation, p 139 (zit nach MacNaughton, 1969)

Buschard K, Buch I, Mølsted-Pedersen L, Hougaard P, Kühl C (1987) Increased incidence of true type I diabetes acquired during pregnancy. Brit Med J 294: 275–9

Buschard K, Hougaard P, Mølsted-Pedersen L, Kuehl C (1990) Type 1 (insulin-dependent) diabetes mellitus diagnosed during pregnancy: a clinical and prognostic study. Diabetologia 33: 31–5

Buschard K, Jørgensen M, Aaen K, Bock T, Josefsen K (1990) Prevention of diabetes mellitus in BB rats by neonatal stimulation of beta cells. Lancet 335: 134–5

Buschard K, Kuehl C, Mølsted-Pedersen L, Lund E, Palmer J, Bottazzo GF (1989) Investigations in children who were in utero at onset of insulin-dependent diabetes in their mothers. Lancet i 8642: 811–4

Buse GB, Roberts WJ, Buse J (1962) The role of the human placenta in the transfer and metabolism of insulin. J Clin Invest 41: 29–41 (zit nach MacNaughton, 1969)

Butkiewicz EK, Leibson CL, O'Brien PC, Palumbo PJ, Rizza RA (1995) Insulin therapy for diabetic ketoacidosis. Bolus injection versus continuous insulin infusion. Diabetes Care 18: 1187–90

Butte NF, Hsu HW, Thotathuchery M, Wong WW, Khoury J, Reeds P (1999) Protein metabolism in insulin treated gestational diabetes. Diabetes Care 22: 806–11

Bybee DE, Metzger BE, Freinkel N, Dooley SL (1990) Amniotic fluid prolactin in the third trimester of pregnancies complicated by gestational or pregestational diabetes mellitus. Metabolism 39: 714–8

Cagliero E, Forsberg H, Sala R, Lorenzi M, Eriksson UJ (1993) Maternal diabetes induces increased expression of extracellular matrix components in rat embryos. Diabetes 42: 975–80

Cahill GF (1981) Insulin-dependent diabetes mellitus: the initial lesion. N Engl J Med 304: 1454–64

Calandra C, Abell DA, Beischer NA (1981) Maternal obesity in pregnancy. Obstet Gynecol 57: 8–12

California Department of Health Services (1991) Maternal and Child Health Branch. Status Report of the Sweet Success California Diabetes and Pregnancy Program 1986–1989 March 31: 1991

Calles-Escadon J, Jaspan J, Robbins D (1989) Postprandial oscilliatory patterns of blood glucose and insulin: abnormal diurnal insulin secretion patterns and glucose homeostasis independent of obesity. Diabetes Care 12: 709–14

Calne RY, Brons IGM, Williams PF, et al (1988) Successful pregnancy after paratopic segmental pancreas and kidney transplantation. Br Med J 296: 1709

Calori G, Gallus G, Garancini P, Repetto F, Micossi P (1990) Identification of the cohort type 1 diabetes presenting in Lombardy in 1983–84: a validated assessment. Diab Med 7: 595–9

Caluwaerts S, Pijnenborg R, Luyten C, Van Assche FA (2000) Growth characteristics of diabetic rat ectoplacental cones in vivo and in vitro. Diabetologia 43: 939–45

Cameron WI, Moffit PS, Williams DRR (1986) Diabetes mellitus in the Australian Aborigines of Bourke, New South Wales. Diabetes Res Clin Pract 2: 307–14

Campbell DM, MacGillivray I (1975) The effect of a low caloric diet or a thiazide diuretic on the incidence of pre-eclampsia and on birth weight. Br J Obstet Gynaecol 82: 572–7

Campbell DM, Sutherland HW, Pearson DWM (1994) Maternal glucose response to a standardized test meal throughout pregnancy and postnatally. Am J Obstet Gynecol 171: 143–6

Campbell DM, Sutherland HW, Tuttle S, (1989) Standardized test meal in human pregnancy. In: Sutherland HW, Stowerd JM, Pearson DWM (eds) Carbohydrate metabolism in pregnancy and the newborn IV. Berlin, Springer, pp 257–66

Campbell GD (1961) Possible teratogenic effect of tolbutamide in pregnancy. Lancet i: 891

Campbell LV, Barth R, Gosper J (1989) Unsatisfactory nutritional parameters in established non-insulin-dependent diabetes mellitus. Med J Austr 151: 146–50

Campbell LV, Marmot PE, Dyer JA, Borkman M, Storlien LH (1994) The high-monounsaturated fat diet as a practical alternative for NIDDM. Diabetes Care 17: 177–82

Campbell P, Bolli G, Cryer P, Gerich J (1985) Pathogenesis of the dawn phenomenon in patients with insulin-dependent diabetes mellitus. N Engl J Med 312: 1473–9

Campbell RK (1988) Medications and treatment of diabetes. Clinical Diabetes 6: 109–18

Campbell S, Diaz-Recasens J, Cohen-Overbeek T, Pearce JMF, Wilson K, Teague M (1983) New Doppler technique for assessing uteroplacental blood flow. Lancet i: 675–7

Camus-Bablon F, Cohen RM, Berk MA, Perisutti G, Hunter K, Frohman LA (1990) Alterations in circulating human chorionic gonadotropin free α-subunit in insulin-dependent diabetic pregnancy: correlation with maternal characteristics. J Clin Endocrinol Metab 71: 46–52

Canick JA, Panizza DS, Palomaki GE (1990) Prenatal screening for Down syndrome using AFP, uE3: and hCG: effect of maternal race, insulin-dependent diabetes and twin pregnancy. Am J Hum Genetics 47: A270

Cano A, Barcelo F, Fuente T, Martinez P, Parrilla JJ, Abad L (1986) Relationship of maternal glycosylated hemoglobin and fetal beta-cell activity with birth weight. Gynecol Obstet Invest 22: 91–6

Cao A, Furbetta M, Galanello R, et al (1981) Prevention of homozygous β-thallasemia by carrier screening and prenatal diagnosis in Sardinia. Am J Hum Genet 33: 592–605

Caplan RH, Pagliara AS, Beguin EA, Smiley CA, Bina-Frymark M, Goettl KA, Hartigan JM, Tankersley JC, Peck TM (1982) Constant intravenous insulin infusion during labor and delivery in diabetes mellitus. Diabetes Care 5: 6–10

Cararach V, Carmona F, Monleón FJ, Andreu J (1993) Pregnancy after renal transplantation: 25 years experience in Spain. Br J Obstet Gynaecol 100: 122–5

Cardell BS (1953) Hypertrophy and hyperplasia of the pancreatic islets in newborn infants. J Pathol Bacteriol 66: 335–46

Caritis SN, Toig G, Heddinger LA, Ashmead G (1984) A double blind study comparing ritodrine and terbutaline in the treatment of preterm labor. Am J Obstet Gynecol 150: 7–14

Carlson DE, Platt LD, Medearis AL, Horenstein J (1990) Quantifiable polyhydramnios: diagnosis and management. Obstet Gynecol 75: 989–93

Carlson AJ, Drennan FM (1911) The control of pancreatic diabetes in pregnancy by the passage of the internal secretion of the pancreas of the fetus to the blood of the mother. Am J Physiol 28: 39 (zit nach MacNaughton, 1969)

Carlsson S, Persson P-G, Alvarsson M, Efendic S, Norman A, Svanström L, Östenson C-G, Grill V (1999) Low birth weight, family history of diabetes, and glucose intolerance in Swedish middle-aged men. Diabetes Care 22: 1043–7

Carpenter MW, Canick JA, Star J, Carr SR, Burke ME, Shahinian K (1996) Fetal hyperinsulinism at 14–20 weeks and subsequent gestational diabetes Obstet Gynecol 87: 89–93

Carpenter MW, Canick JA, Star JA, Shellum C, Somers M (1999) A high-sensitivity assay for amniotic fluid insulin at 14–20 weeks' gestation. Obstet Gynecol 94: 778–82

Carpenter MW, Coustan DR (1982) Criteria for screening tests for gestational diabetes. Am J Obstet Gynecol 144: 768–73

Carpenter MW, Coustan DR, Widness JA, Gruppuso PA, Malone M, Rotondo LM (1988) Postpartum testing for antecedent gestational diabetes. Am J Obstet Gynecol 159: 1238–31

Carr D (1995) Devising a protocol for managing diabetic ketoacidosis in adults. Practical Diabetes International 12: 164–8

Carr S, Coustan DR, Martelly P, Brosco F, Rotondo L (1989) Precision of reflectance meters in screening for gestational diabetes. Obstet Gynecol 73: 727–31

Carr SR, Coustan DR (1992) What's the latest in glucose monitors. Contemporary OB/GYN, 1–6

Carr SR, Slocum J, Tefft L, Haydon B, Carpenter M (1995) Precision of office-based blood glucose meters in screening for gestational diabetes. Am J Obstet Gynecol 173: 1267–72

Carroll KF, Nestel PL (1973) Diurnal variation in glucose tolerance and in insulin secretion in man. Diabetes 22: 333–48

Carson BS, Philipps AF, Simmons MA, Battaglia FC, Meschia G (1980) Effects of a sustained insulin infusion upon glucose uptake and oxygenation of the ovine fetus. Pediatric Res 14: 147–52

Carstensen LL, Frost-Larsen K, Fugleberg S, Nerup J (1982) Does pregnancy influence the prognosis of uncomplicated insulin-dependent diabetes mellitus? Diabetes Care 5: 1–5

Carstensen M, Leichtweiss HP, Molsen G, Schröder H (1977) Evidence for a specific transport of D-hexose across the human term placenta in vitro. Arch Gynäk 222: 197–8

Carter Center of Emory University (1985) Closing the Gap: the problem of diabetes mellitus in the United States. Diabetes Care 8: 391–406

Carter PE, Lloyd DJ, Duffy P (1988) The use of glucagon in the management of hypoglycaemia in the small for gestational age infant A report of 25 cases. Arch Dis Child 63: 1264–7

Caruso A, Disimone N, Ronsisvalle E, Fulghesu AM, Lanzone A, Mancuso S (1994) Insulin secretion in patients with gestational diabetes: relationship with pregnancy outcome. Hormone Res 41: 5–6

Caruso A, Ferrazzani S, De Carolis S, Lucchese A, Lanzone A, Paradisi G (1999) Carbohydrate metabolism in gestational diabetes: effect of chronic hypertension. Obstet Gynecol 94: 556–61

Casele HL, Dooley SL, Metzger BE (1996) Metabolic response to meal eating and extended overnight fast in twin gestation. Am J Obstet Gynecol 175: 917–21

Casey BM, Lucas MJ, McIntire DD, Leveno KJ (1997) Pregnancy outcomes in women with gestational diabetes compared with the general obstetric population. Obstet Gynecol 90: 869–73

Casey JI (1981) Host defense abnormalities in diabetic patients. In: Rifkin H, Raskin P (eds) Bowie, Maryland, Robert J Brady Company, pp 213–23

Caspary WF, Creutzfelder W (1971) Analysis of the inhibitory effect of bigua-nides on glucose absorption Inhibition of active sugar transport. Diabetologia 7: 379–85

Casper DJ, Benjamin F (1970) Immunoreactive insulin in amniotic fluid. Obstet Gynecol 35: 389–93

Cassady G, Blake M, Bailey P, Younger B, Sumners J (1977) Amniotic fluid glucose in pregnancies complicated by diabetes. Am J Obstet Gynecol 127: 21–5

Cassady G, Hinkley C, Bailey P, Blake M, Younger B (1975) Amniotic fluid creatinin in pregnancies complicated by diabetes. Am J Obstet Gynecol 122:13–20

Cassano PA, Rosner B, Vokonas PS, Weiss ST (1992) Obesity and body fat distribution in relation to the incidence of non-insulin-dependent diabetes mellitus: a prospective cohort study of men in the Normative Aging Study. Am J Epidemiol 136: 1474–86

Cassar J, Kohner EM, Hamilton AM, Gordon H, Joplin GF (1978) Diabetic retinopathy and pregnancy. Diabetologia 15: 105–11

Castillo MJ, Scheen AJ, Lefebvre PJ (1995) Amylin/islet amyloid polypeptide: biochemistry, physiology and pathophysiology. Diabetes Metab 21: 3–25

Castracane VD, Jovanovic L, Mills JL (1985) Effect of normoglycemia before conception on early pregnancy hormone profiles. Diabetes Care 8: 473–6

Castro LA, Baltzer U, Hillebrand G, et al (1986) Pregnancy in juvenile diabetes mellitus under cyclosporin treatment after combined kidney and pancreas transplantation. Transplant Proc 18: 1780–1

Catalano PM, Bernstein IM, Wolfe RR, Srikanta S, Tyzbir E, Sims EAH (1986) Subclinical abnormalities of glucose metabolism in subjects with previous gestational diabetes. Am J Obstet Gynecol 155: 1255–62

Catalano PM, Drago NM, Amini SB (1998) Longitudinal changes in pancreatic β-cell function and metabolic clearance rate of insulin in pregnant women with normal and abnormal glucose tolerance. Diabetes Care 21: 403–8

Catalano PM, Drago NM, Amini SB (1995) Factors affecting fetal growth and body composition. Am J Obstet Gynecol 172: 1459–63

Catalano PM, Drago NM, Amini SB (1995) Maternal carbohydrate metabolism and its relationship to fetal growth and body composition. Am J Obstet Gynecol 172: 1464–70

Catalano PM, Huston L, Amini SB, Kalhan SC (1999) Longitudinal changes in glucose metabolism during pregnancy in obese women with normal glucose tolerance and gestational diabetes mellitus. Am J Obstet Gynecol 180: 903–16

Catalano PM, Thomas AJ, Avallone DA, Amini SB (1995) Anthropometric estimation of neonatal body composition. Am J Obstet Gynecol 173: 1176–81

Catalano PM, Thomas AJ, Huston LP, Fung CM (1998) Effect of maternal metabolism on fetal growth and body composition. Diabetes Care 21 [Suppl 2) B85–90

Catalano PM, Tyzbir ED, Allen SR, McBean JH, McAuliffe TL (1992) Evaluation of fetal growth by estimation of neonatal body composition. Obstet Gynecol 79: 46–50

Catalano PM, Tyzbir ED, Roman NM, Amini SB, Sims EAH (1991) Longitudinal changes in insulin release and insulin resistance in nonobese pregnant women. Am J Obstet Gynecol 165: 1667–72

Catalano PM, Tyzbir ED, Sims EAH (1990) Incidence and significance of islet cell antibodies in women with previous gestational diabetes. Diabetes Care 13: 478–82

Catalano PM, Tyzbir ED, Wolfe RR, Calles J, Roman MM, Amini SB, Sims EAH (1993) Carbohydrate metabolism during pregnancy in control subjects and women with gestational diabetes. Am J Physiol 264: E60–7

Catalano PM, Tyzbir ED, Wolfe RR, Roman NM, Amini SB, Sims EAH (1992) Longitudinal changes in basal hepatic glucose production and suppression during insulin infusion in normal pregnant women. Am J Obstet Gynecol 167: 913–9

Catalano PM, Vargo KM, Bernstein IM, Amini SB (1991) Incidence and risk factors associated with abnormal postpartum glucose tolerance in women with gestational diabetes. Am J Obstet Gynecol 165: 914–9

Cathro DM, Forsyth CC (1965) Excretion of corticosteroids by infants of diabetic and prediabetic mothers. Arch Dis Child 40: 583 (zit nach MacNaughton, 1969)

Caufriez A, Frankenne F, Hennen G, Copinschi G (1993) Regulation of maternal IGF-1 by placental GH in normal and abnormal human pregnancies. Am J Physiol (Endocrinol Metab 28) E572–77

Cederholm J, Wibell L (1991) Impaired glucose tolerance: influence by environmental and hereditary factors. Diabète Métabol 17: 295–9

Cefalu WT, Prather KL, Chester DL, Wheeler CJ, Biswas M, Pernoll ML (1990) Total serum glycosylated proteins in detection and monitoring of gestational diabetes. Diabetes Care 13: 872–5

Centers for Disease Control (1989) MMWR 38: 264–6

Cerasi E, Grill V (1977) Die Rolle des zyklischen AMP bei der Kontrolle der Insulinsekretion. Münch Med Wochenschr 119: 1229–36

Cerutti F, Balboni R, Dianzani I, Guidoni C, Vigo A (1984) Insulin-dependent diabetes mellitus and maternal age. Diabetes Care 7: 103–4

Cetin I, Marconi AM, Bozzetti P, et al (1988) Umbilical amino acid concentration in appropriate and small for gestational age infants: a biochemical difference present in utero. Am J Obstet Gynecol 158: 120–6

Chalew SA, Mersey JH, Kowarski AA (1990) Evidence for elevated glucose threshold in patients with impaired glucose tolerance and symptoms of hypoglycemia during oGTT. Diabetes Care 13: 507–12

Challier JC, Hauguel S, Desmaizieres V (1986) Effect of insulin on glucose uptake and metabolism in the human placenta. J Clin Endocrinol Metab 62: 803–7

Chalmers RJG (1992) Retinoid therapy – a real hazard for the developing embryo. Br J Obstet Gynaecol 99: 276–8

Chamberlain PF, Manning FA, Morrison I, Harman CR, Lange IR (1984) Ultrasound evaluation of amniotic fluid volume. I. The relationship of marginal and decreased amniotic fluid volumes to prenatal outcome. Am J Obstet Gynecol 150: 245–9

Chan AYW, Cockram CS, Swaminathan R (1990) Effect of delay in separating plasma for glucose measurement upon the interpretation of oral glucose tolerance tests. Ann Clin Biochem 27: 73–4

Chan TC, Schwartz JJ, Garcia RE, et al (1985) Elevation of human fetal plasma low density lipoproteins with poor maternal diabetic control. Fed Proc 44: No 8442

Chandra RK (1992) Nutrition and immunoregulation: significance for host resistance to tumors and infectious diseases in humans and rodents. J Nutr 122 [Suppl 3]: 754–7

Chang A, Wood C (1976) Fetal acid-base balance. I. Interpendence of maternal and fetal pCO2 and bicarbonat concentration. Am J Obstet Gynecol 125: 61–4

Charles D, Jacoby HE (1966) Preliminary data on the use of sodium amino-hippurate to determin amniotic fluid volumes. Am J Obstet Gynecol 95: 266–9

Charles D, Jacoby HE, Burgess F (1965) Amniotic fluid volumes in the second half of pregnancy. Am J Obstet Gynecol 93: 1042–7

Charles MA, Fontbonne A, Thibult N, Warnet J-M, Rosselin GE, Eschwege E (1991) Risk factors for NIDDM in white population: Paris prospective study. Diabetes 40: 796–9

Charles MA, Pettitt DJ, Saad MF, Nelson RG, Bennett PH, Knowler WC (1993) Development of impaired glucose tolerance with or without weight gain. Diabetes Care 16: 593–6

Charterl NC, Clabaut MT, Boismare FA, Schrub JC (1990) Uteroplacental hemodynamic disturbances in establishment of fetal growth retardation in streptozotocin-induced diabetic rats. Diabetes 39: 743–6

Chaturvedi N, Stephenson JM, Fuller JH (1995) The relationship between pregnancy and long-term maternal complications in the EURO-DIAB IDDM Complications Study. Diabetic Med 12: 494–9

Chauhan SP, Sullivan CA, Magann EF, Perry KG, Roberts WE, Morrison JC (1994) Estimate of birth weight among post-term pregnancy: clinical versus sonographic. J Matern Fetal Med 3: 208–11

Cheek DB, Maddison TG, Malinik M, Coldbeck JH (1961) Further observations on the corrected bromide space of the neonate and investigation of water and electrolyte status in infants born of diabetic mothers. Pediatrics, Springfield 28: 861 (zit nach MacNaughton, 1969)

Chen W, Palav A, Tricomi V (1972) Screening for diabetes in a prenatal clinic. Obstet Gynecol 40: 567–72

Cheney C, Shragg P, Hollingsworth D (1985) Demonstration of heterogeneity in gestational diabetes by a 400 Kcal breakfast meal tolerance test. Obstet Gynecol 65: 17–23

Cheng L-C, Salmon YM (1993) Are the WHO (1980) criteria for the 75 g oral glucose tolerance test appropriate for pregnant women? Br J Obstet Gynaecol 100: 645–8

Chern MM, Anderson VE, Barbosa J (1982) Empirical risk for insulin-dependent diabetes (IDD) in sibs. Further definition of genetic heterogeneity. Diabetes 31: 1115–8

Chertow BS, Baranetsky NG, Sivitz WI, et al (1988) The effects of human Insulin on antibody formation in pregnant diabetics and their newborns. Obstet Gynecol 72: 724–8

Chew EY, Mills JL, Metzger BE, Remaley NA, Jovanovic-Peterson L, Knopp RH, Conley M, Rand L, Simpson JL, Holmes LB, Aarons JH, National Institute of Child Health and Human Development Diabetes in Early Pregnancy Study (1995) Metabolic control and progression of retinopathy. Diabetes Care 18: 631–7

Chez RA, Mintz DH, Horger EO, Hutchinson DL (1970) Factors affecting the response to insulin in normal subhuman pregnant primate. J Clin Invest 49: 1517–26

Chiasson JL, Ducros F, Poliquin-Hamet M, Lopez D, Lecavalier L, Hamet P (1984) Continuous subcutaneous insulin infusion (Mill-Hill Infusor) versus multiple injections (Medi-Jector) in the treatment of insulin-dependent diabetes mellitus and the effect of metabolic control on microangiopathy. Diabetes Care 7: 331–7

Chinard S, Danesino V, Hartman WF, Huggett ASG, Paul W, Reynolds SRM (1956) The transmission of hexoses across the placenta in the human and rhesus monkey. J Physiol 132: 289–92

Chou P, Chen H-H, Hsiau K-J (1992) Community-based epidemiological study on diabetes in Pu-Li, Taiwan. Diabetes Care 15: 81–9

Christau B, Kromann H, Ortved Andersen O, et al (1979) Incidence of insulin-dependent diabetes mellitus (0–29 years at onset) in Denmark. Acta Med Scand [Suppl 624]: 54–60

Christau B, Kromann H, Ortved-Andersen O, et al (1977) Incidence, seasonal and geographical patterns of juvenile-onset insulin-dependent diabetes mellitus in Denmark. Diabetologia 13: 281–4

Christensen HB (1998) Prolonged elimination of tolbutamide in premature newborn with hyperinsulinemic hypoglycaemia. Eur J Endocrinol 138: 698–701

Christensen HN, Streicher JA (1948) Association between rapid growth and elevated cell concentration of amino acids. I. In fetal tissues. J Biol Chem 175: 95–100

Christie MR (1996) Islet cell autoantigenes in type 1 diabetes. Eur J Clin Invest 26: 827–38

Christie MR, Brown TJ, Cassidy D (1992) Binding of antibodies in sera from type I (insulin dependent) diabetic patients to glutamate decarboxylase from rat tissues: evidence for antigenetic and non-antigenetic forms of the enzyme. Diabetologia 35: 380–4

Christie MR, Genovese S, Cassidy D, Bosi E, Brown TJ, Lai M, Bonifacio E, Bottazzo GF (1994) Antibodies to islet 37k antigen, but not to glutamate decarboxylase, discriminate rapid progression to IDDM in endocrine autoimmunity. Diabetes 43: 1254–9

Christie MR, Hollands JA, Brown TJ, Michelsen BK, Delovitch TL (1993) Detection of pancreatic islet 64:000 Mr autoantigens distinct from glutamate decarboxylase. J Clin Invest 92: 240–8

Christie MR, Vohra G, Champagne P, Daneman D, Delovitch TL (1990) Distinct antibody specificities to a 64-kD islet cell antigen in type I diabetes as revealed by trypsin treatment. J Exp Med 172: 789–95

Chu SY, Edney-Parker H (1989) Evaluation of the reliability of bedside glucose monitoring. Lab Med 20: 93–5

Chung CS, Myrianthopoulos NC (1968) Racial and parental factors in major congenital malformations. Am J Human Genet 20: 44–9

Chung CS, Myrianthopoulos NC (1975) Factors affecting risks of congenital malformations. II. Effect of maternal diabetes. Birth Defects Orig Artic Ser 11: 23–37

Churchill JA, Berendes HW, Nemore J (1969) Neuropsychological deficits in children of diabetic mothers A report from the collaborative study of cerebral palsy. Am J Obstet Gynecol 105: 257–68

Cimbala MA, Lamera WH, Nelson K, Nonahan JE, Yoo-Warren H, Hanson RW (1982) Rapid change in the concentration of Phosphoenolpyruvate carboxykinase mRNA in rat liver and kidney. J Biol Chem 257: 7629–36

Cioffi F, Vintzileos A, Amorosa I Lai Y, Lake M (1995) Association of insulin and glucose with blood pressure during pregnancy. Am J Obstet Gynecol 172: 378

Clapp JF (1980) Acute exercise stress in the pregnant ewe. Am J Obstet Gynecol 136: 489–94

Clapp JF (1985) Fetal heart rate response to running in mid pregnancy and late pregnancy. Am J Obstet Gynecol 153: 251–2

Clapp JF (1989) Utero-placental blood flow and fetal growth. In: Sharp F, Milner RDG, Fraser RB (eds) Fetal Growth Ashton-under-Lyne. England, Royal College of Obstetricians and Gynaecologists, Peacock Press, pp 235–44

Clapp JF, Capeless EL (1991) The changing glycemic response to exercise during pregnancy. Am J Obstet Gynecol 165: 1678–83

Clapp JF, Dickstein S (1984) Endurance exercise and pregnancy outcome. Med Sci Sports Exerc 16: 556–62

Clapp WM, Butterfield J, O'Brien D (1962) Body water compartments in the premature infant, with special reference to the effects of the respiratory distress syndrome and of maternal diabetes and toxaemia. Pediatrics, Springfield 29: 883 (zit nach MacNaughton, 1969)

Clarc WL, Cox D, Gonder-Frederick LA, Carter W, Pohl S (1987) Evaluating clinical systems for self-monitoring of blood glucose. Diabetes Care 10: 622–8

Clark Jr, CM, Qiu C, Amerman B, Porter B, Fineberg N, Aldasouqi S, Golichowski A (1997) Gestational diabetes: should it be added to the syndrome of insulin resistance? Diabetes Care 20: 867–71

Clark A, Cooper GJ, Lewis CE, Morris JF, Willis AC, Reid KB, Turner RC (1987) Islet amyloid formed from diabetes-associated peptide may be pathogenic in type-2 diabetes. Lancet ii: 231–4

Clark SL, Sabey P, Jolley K (1989) Nonstress testing with acoustic stimulation and amniotic fluid assessment: 5973 tests without unexpected fetal death. Am J Obstet Gynecol 160: 694–7

Clarke WL, Cox D, Gonder Frederick CA, Carter W, Pohl SL (1987) Evaluating clinical accuracy of systems for self-monitoring of blood glucose. Diabetes Care 10: 622–8

Clarke WL, Vance ML, Rogol AD (1993) Growth and the child with diabetes mellitus. Diabetes Care 16 [Suppl 3]: 101–6

Clausen JO, Borch-Johnsen K, Pedersen O (1997) Relation between birthweight and the insulin sensitivity index in a population sample of 331 young, healthy Caucasians. Am J Epidemiol 146: 23–31

Clavero-Nunez JA, Botella-Llusia J (1963) Ergebnisse der Messungen der Gesamtoberfläche normaler und krankhafter Plazenten. Arch Gynäk 198: 56–60

Clavert A, Wolff-Quenot MJ, Buck B (1972) Etude de l'action embryo-pathique du glucose en injection intraamniotique. C R Soc Biol (Paris) 166: 1789–92

Clemens AH, Chang DH (1977) Continuous blood glucose analysis and feedback control dynamics for glucose controlled insulin infusion (artificial beta cell). L'Expansion Scientifique Francaise Publisher

Clemens AH, Chang PH, Kerner W, Myers RW, Pfeiffer EF (1976) Development of an electrochemical blood glucose analyzer and new control algorithms for a glucose controlled insulin infusion system (artificial beta cell) Diabetes, Excerpta Medica International Congress Series 413: 841

Clements JA, Platzker ACG, Tiermey DF, Hobel CJ, Creasy RK, Margolis AJ, Thibeault DW, Tooley WH, Ott W (1972) Assessment of the risk of the respiratory distress syndrome by a rapid test for surfactant in amniotic fluid. N Engl J Med 286: 1077–81

Clements R, Keane N, Kirk K, Boskell B (1981) Comparison of various methods for rapid glucose estimation. Diabetes Care 4: 392–5

Cnattingius S, Bergström R, Lipworth L, Kramer MS (1998) Prepregnancy weight and the risk of adverse pregnancy outcome. N Engl J Med 338: 147–52

Cochran WJ, Klish WJ, Wong WW, Klein PD (1986) Total body conductivity used to determine body composition in infants. Pediatr Res 20: 561–4

Cocilovo G, Tomasi F, Guerra S, Zampini A, Cocurullo A (1990) Risk factors associated with persistence of glucose intolerance one year after gestational diabetes. Diabete Metabol 16: 187–91

Cockburn J, Ounsted M, Moar VA, Redman CWG (1982) Final report of study on hypertension during pregnancy: the effects of specific treatment on the growth and development of the children. Lancet i: 647–51

Cockroft DL (1984) Abnormalities induced in cultured rat embryos by hyperglycemia. Br J Exp Pathol 65: 625– 36

Cockroft DL, Coppola PT (1977) Teratogenic effects of excess glucose on headfold rat embryos in culture. Teratology 16: 141–6

Coelingh HJT (1977) Recurrence of gestational diabetes mellitus. Eur J Obstet Gynecol Reprod Biol 7: 359–63

Coen RW, Porreco R, Cousins L, Sandler JA (1980) Postpartum glycosylated hemoglobin levels in mothers of large-for-gestational age infants. Am J Obstet Gynecol 136: 380–2

Coetzee EJ, Jackson WPU (1979) Diabetes newly diagnosed during pregnancy. S Afr Med J 56: 467–75

Coetzee EJ, Jackson WPU (1980) Pregnancy in established non-insulin-dependent diabetics. S Afr Med J 58: 795–802

Coetzee EJ, Jackson WPU (1986) The management of non-insulin-dependent diabetes during pregnancy. Diabetes Res Clin Pract 1: 281–7

Coetzee EJ, Jackson WPU, Berman PA (1980) Ketonuria in pregnancy – with special reference to calorie-restricted food intake in obese diabetics. Diabetes 29: 177–81

Cohen AW, Liston RM, Menuti MT (1982) Glycemic control in pregnant diabetic women using a continuous subcutaneous insulin infusion pump. J Reprod Med 27: 651–4

Cohen C, Wylie-Rosett J, Shamoon H (1990) Insulin response and glycemic effects of meals in non-insulin-dependent diabetes. Am J Clin Nutr 52: 519–23

Cohlen BJ, Stigter RH, Derks JB, Mulder EJH, Visser GHA (1993) Fetal, placental and uterine haemodynamics after betamethason administration. Proc Soc Study Fetal Physiol, A-32

Cohn C (1964) Feeding patterns and some aspects of cholesterol matabolism. Fed Proc 23: 76–81

Cohn HE, Cohen WR, Piasecki GJ, Jackson BT (1992) The effect of hyperglycemia on acid-base and sympathoadrenal responses in the hypoxemic fetal monkey. J Devel Physiol 17: 299–304

Coiro V, Volpi R, Capretti L, Speroni G, Castelli A, Chiodera P (1991) Luteinizing hormone responses to gonatotropin-releasing hormone and naloxone in menstruating women with type-I diabetes of different duration. Fertil Steril 55: 712–6

Collier GR, Wolever TMS, Wong GS, et al (1986) Prediction of glycemic response to mixed meals in non-insulin-dependent diabetic subjects. Am J Clin Nutr 44: 349

Collins E, Leonard JE (1984) Hyperinsulinism in asphyxiated and small-for-dates infants with hypoglycaemia. Lancet ii: 311–7

Collins JE, Leonard JV, Teale D, et al (1990) Hyperinsulinaemic hypoglycaemia in small for dates babies. Arch Dis Child 65: 1118–20

Collins UR, Dowse GK, Toelupe PM, Imo TT, Aloiana FL, Spark RA, Zimmet PZ (1994) Increasing prevalence of NIDDM in the Pacific island population of Western Samoa over a 13-year period. Diabetes Care 17: 288–96

Collins VR, Dowse GK, Zimmet PZ(1991) Evidence against association between parity and NIDDM from five population groups. Diabetes Care 14: 975–81

Colman PG, McNair P, Mrgetts H, Schmidli RS, Werther GA, Alford FP, Ward GM, Tait BD, Honeyman MC, Harrison LC (1998) The Melbourne pre-diabetes study: prediction of type 1 diabetes mellitus using antibody and metabolic testing. MJA 169: 81–4

Colman PG, Steele C, Couper JJ, Beresford SJ, Powell T, Kewming K, Pollard A, Gellert S, Tait B, Honeyman M, Harrison LC (2000) Islet autoimmunity in infants with a type 1 diabetic relative is common but is frequently restricted to one autoantibody. Diabetologia 43: 203–9

Colman PG, Stewart V, Bappsci JK, Koschmann M, Alford F, Ward G, Deam D, Harrison LC (1992) Comparison of two commonly used standard IVGTTs. Diabetes Care 15: 1053–5

Combs CA, Gunderson E, Kitzmiller JL, Gavin LA, Main EK (1992) Relationship of fetal macrosomia to maternal postprandial glucose control during pregnancy. Diabetes Care 15: 1271–7

Combs CA, Jaekle RK, Rosenn B, Pope M, Miodovnik M, Siddiqi TA (1993) Sonographic estimate of fetal weight based on a model of fetal volume. Obstet Gynecol 82: 365–70

Combs CA, Kitzmiller JL (1991) Diabetic nephropathy and pregnancy. Clin Obstet Gynecol 324: 505–15

Combs CA, Kitzmiller JL (1991) Spontaneous abortion and congenital malformations in diabetes. Baillere's Clin Obstet Gynecol 5: 315–31

Combs CA, Rosenn B, Kitzmiller JL, Khoury JC, Wheeler BC, Miodovnik M (1993) Early pregnancy proteinuria in diabetes related to pre-eclampsia. Obstet Gynecol 82: 802–7

Comess LJ, Bennett PH, Man MB, Burch TA, Miller M (1969) Congenital anomalies and diabetes in the Pima Indians of Arizona. Diabetes 18: 471–7

Committee on Dietary Allowances of the Food and Nutrition Board (1980) Recommended Dietary Allowances. 9th ed. Washington D.C. U.S. Govt. Printing Office (Natl Res Counc Natl Acad Sci)

Comtois R, Desjarlais F, Nguyen M, Beauregard H (1989) Clinical usefulness of estimation of serum fructosamine concentration as a screening test for gestational diabetes. Am J Obstet Gynecol 160: 651–4

Connell FA, Vadheim C, Emanuel I (1985) Diabetes in pregnancy: a population-based study of incidence, referral for care, and perinatal mortality. Am J Obstet Gynecol 151: 598–603

Conover CA, Divertie GD, Lee PDK (1993) Cortisol increases plasma insulin-like growth factor binding protein-1 in humans. Acta Endocrinol (Copenh.) 128: 140–3

Consensus Development Panel of the American Diabetes Association (1987) Consensus statement on self-monitoring of blood glucose. Diabetes Care 13: 41–6

Considine RV, Sinha MK, Heiman ML, Kriauciunas A, Stephens TW, Nyce MR, et al (1996) Serum immunoreactive-leptin concentrations in normal-weight and obese humans. N Engl J Med 334: 292–5

Contreras-Soto J, Forsbach G, Vazquez-Rosales J, Alvarez Garcia C, Garcia G (1991) Noninsulin-dependent diabetes mellitus and pregnancy in Mexico. Int J Gynecol Obstet 34: 205–10

Conway DL, Langer O (1998) Elective delivery of infants with macrosomia in diabetic women: reduced shoulder dystokia versus increased cesarean deliveries. Am J Obstet Gynecol 178: 922–5

Cook JTE, Levy JC, Page RCL, Shaw JAG, Hattersley AT, Turner RC (1993) Association of low birth weight with β cell function in the adult first degree relatives of non-insulin-dependent diabetic subjects. BMJ 306: 302–6

Cook JTE, Shields DC, Page RCL, et al (1994) Segregation analysis of NIDDM in Caucasian families. Diabetologia 37: 1231–40

Cooper A, Granat M, Sharf M (1979) Glucose tolerance during Pregnancy. Obstet Gynecol 53: 495–9

Cooper MJ, Enderlein MA, Tarnoff H, Rogé CL (1992) Asymetric septal hypertrophy in infants of diabetic mothers. Am J Dis Child 146: 226–9

Corcoy R, Gascon N, de Leiva A, Ordoñez-Llanos J (2000) Usual delay in sample processing can modify gestational diabetes screening. Diabetes Care 23: 429

Corcoy R, Pascual E, Pau E, Adelantado JM, de Leiva A (1995) Gestational diabetes screening in multiple pregnancies (Abstract). Diabetologia 38 [Suppl 1]: A36

Cordero L, Landon MB (1993) Infant of the diabetic mother. Clin Perinatol 20: 635–47

Cordero L, Treuer SH, Landon MB, Gabbe SG (1998) Management of infants of diabetic mothers. Arch Pediatr Adolesc Med 152: 249–54

Cordero L, Yea SY, Grunt JA, Anderson GG (1970) Hypertonic glucose infusion during labor: maternal-fetal blood glucose relationships. Am J Obstet Gynecol 107: 295–302

Cornblath M, Odell GB, Levin EY (1959) Symptomatic neonatal hypoglycemia associated with toxemia of pregnancy. J Pediat 55: 545

Cornblath M, Schwartz R, Aybsley-Green A, Lloyd J (1990) Hypoglycaemia in infancy: the need for a rational definition. Pediatrics 85: 834–7

Cornblath M, Wybregt SH, Baens GS (1963) Studies of carbohydrate metabolism in the newborn infant. VII. Tests of carbohydrate tolerance in premature infants. Pediatrics 32: 1007

Corwin RS (1979) Pregnancy complicated by diabetes mellitus in private practice: a review of ten years. Am J Obstet Gynecol 134: 156–61

Costrini NV, Kalkhoff RK (1971) Relative effects of pregnancy, estradiol and progesterone on plasma insulin and pancreatic islet insulin secretion. J Clin Invest 50: 992–9

Cotton DB, Standley PR, Kruger M, Mason BA, Sowers JR (1995) Insulin resistance and ponderosity in women developing hypertension in pregnancy. Am J Obstet Gynecol 172: 386

Cotton DB, Strassner HT, Lipson LG, Goldstein DA (1981) The effects of terbutaline on acid base, serum electrolytes, and glucose homeostasis during the management of preterm labor. Am J Obstet Gynecol 141: 617–24

Couch SC, Pihilipson EH, Bendel RB, et al (1998) Elevated lipoprotein lipids and gestational hormones in women with diet-treated gestational diabetes mellitus compared to healthy pregnant controls. J Diabetes Complications 12: 1–9

Coulsten M, Hollenbeck CB, Liu GC, Williams RA, Starich GH, Mazza-ferri EL, Reaven GM (1984) Effects of source of dietary carbohydrates on plasma glucose, insulin and gastric inhibitory polypeptide responses to test meals in subjects with non insulin dependent diabetes mellitus. Am J Clin Nutr 40: 965–70

Coulston AM, Hollenbeck CB, Swislocki ALM, Reaven GM (1989) Persistence of high triglyceridemic effect of low-fat, high carbohydrate diets in NIDDM patients. Diabetes Care 12: 94–101

Court DJ, Mann SL, Stone PR, Goldsbury SM, Dixon McIvor D, Baker JR (1985) Comparison of glucose polymer and glucose for screening and tolerance tests in pregnancy. Obstet Gynecol 66: 491–99

Cousins L (1983) Congenital anomalies among infants of diabetic mothers. Etiology, prevention, prenatal diagnosis. Am J Obstet Gynecol 147: 333–8

Cousins L (1991) Etiology and prevention of congenital anomalies among infants of overt diabetic women. Clin Obstet Gynecol 34: 481

Cousins L (1991) The California Diabetes and Pregnancy Program: a statewide collaborative programme for the pre-conception and prenatal care of diabetic women. Balleire's Clin Obstet Gynaecol 5: 443–59

Cousins L, Baxi L, Chez R, Coustan D, Gabbe S, Harris J, Landon M, Sacks D, Singh S (1991) Screening recommendations for gestational diabetes mellitus. Am J Obstet Gynecol 165: 493–6

Cousins L, Dattel B, Hollingsworth D, Hulbert D, Zettner A (1985) Screening for carbohydrate intolerance in pregnancy: a comparison of two tests and reassessment of a common approach. Am J Obstet Gynecol 153: 381–5

Cousins L, Dattel J, Hollingsworth DR, Zettner A (1984) Glycosilated hemoglobin as a screening test for carbohydrate intolerance in pregnancy. Am J Obstet Gynecol 150: 455–60

Cousins L, Rigg L, Hollingsworth D, Brink G, Aurand J, Yen SS (1980) The 24–hour excursion and diurnal rhythm of glucose, insulin and C-peptide in normal pregnancy. Am J Obstet Gynecol 136: 483–8

Cousins L, Yen SSC, Meis P, et al (1986) Circadian rhythm and diurnal excursion of plasma cortisol in diabetic pregnant women. Am J Obstet Gynecol 155: 1176–81

Cousins LM (1987) Pregnancy complications among diabetic women: review 1965–1985. Obstet Gynecol Surv 52: 140

Coustan DR (1991) Diagnosis of gestational diabetes. What are our objectives? Diabetes 40 [Suppl 2]: 14–7

Coustan DR (1983) Diabetic Ketoacidosis. In: Berkowitz RL (ed) Critical care of the obstetric patient. New York, Edinburgh, London, Melbourne, Churchill Livingstone, pp 411–29

Coustan DR (1988) Pregnancy in diabetic women. N Engl J Med 319: 1663–5

Coustan DR (1988) The use of prophylactic insulin in women with gestational diabetes. In: Weiss PAM, Coustan DR (eds) Gestational Diabetes. Wien New York, Springer, pp 134–41

Coustan DR (1993) Gestational diabetes. Diabetes Care 16 [Suppl 3]: 8–15

Coustan DR (1996) Screening and testing for gestational diabetes mellitus. Obstet Gynecol Clin North Am 23: 125–36

Coustan DR, Carpenter MW, O'Sullivan PS, Carr SR (1993) Gestational diabetes: predictors of subsequent disordered glucose metabolism. Am J Obstet Gynecol 168: 1139–45

Coustan DR, Imarah J (1984) Prophylactic insulin treatment of gestational diabetes reduces the incidence of macrosomia, operative delivery, and birth trauma. Am J Obstet Gynecol 150: 836–42

Coustan DR, Lewis SB (1978) Insulin therapy for Gestational Diabetes. Obstet Gynecol 51: 306–10

Coustan DR, Nelson C, Carpenter MW, Carr SR, Rotondo L, Widness JA (1989) Maternal age and screening for gestational diabetes: a population based study. Obstet Gynecol 73: 557–61

Coustan DR, Reece EA, Sherwin RS, Rudolf MCJ, Bates SE, Sockin SM, Holford T, Tamborlane V (1986) Vergleich der Insulinpumpenbehandlung mit der intensivierten konventionellen Insulintherapie bei diabetischen Schwangeren. J Am Med Assoc 255: 631–6

Coustan DR, Widness JA, Carpenter MW, et al (1986) Should the fifty-gram, one-hour plasma glucose screening test for gestational diabetes be administered in the fasting or fed state? Am J Obstet Gynecol 154: 1031–5

Coustan DR, Widness JA, Carpenter MW, Rotondo L, Pratt DC (1987) The „breakfast tolerance test". Screening for gestational diabetes with a standardized mixed nutrient meal. Am J Obstet Gynecol 157: 1113–7

Cowett RA, Susa JB, Kahn CB, Giletti B, Oh W, Schwartz R (1983) Glucose kinetics in nondiabetic and diabetic women during the third trimester of pregnancy. Am J Obstet Gynecol 146: 773–80

Cowett RM, Carr SR, Ogburn Jr, PL (1993) Lipid tolerance testing in pregnancy. Diabetes Care 16: 51–6

Cowett RM, Schwartz R (1982) The infant of the diabetic mother. Pediatr Clin North Am 29: 1213–31

Cowett RM, Susa JB, Giletti B, Oh W, Schwartz R (1983) Glucose kinetics in infants of diabetic mothers. Am J Obstet Gynecol 146: 781–6

Craig WY, Palomaki GE, Haddow JE (1989) Cigarette smoking and serum lipid and lipoprotein concentrations: an analysis of published data. Br Med J 298: 784–8

Craighead JE (1985) Viral diabetes. In: Volk BW, Arquilla ER (eds) The diabetic pancreas, 2nd edn. New York London, Plenum Medical Book Company, pp 439–66

Crall FV, Roberts WC (1978) The extramural and intramural coronary arteries in juvenile diabetes mellitus. Analysis of nine necropsy patients aged 19 to 38 years with onset of diabetes before age 15 years. Am J Med 64: 221–30

Cramer HI (1942) The influence of menstruation on carbohydrate tolerance in diabetes mellitus. Can Med Assoc J 47: 51–5

Crandall BF, Howard J, Lebherz TB, Rubinstein L, Sample WF, Sati D (1980) Follow-up of 2000 second-trimester amniocentesis. Obstet Gynecol 56: 625–8

Crandell SS, Fisher DJ, Morriss FH (1985) Effects of ovine maternal hyperglycemia on fetal regional blood flows and metabolism. Am J Physiol 249: E454–60

Crane SS, Avallone DA, Thomas AJ, Catalano P (1996) Sonographic estimation of fetal body composition with gestational diabetes mellitus at term. Obstet Gynecol 88: 849–54

Crapo P, Scarlett J, Kolterman OG (1982) Comparison of the metabolic response to fructose and sucrose sweetened foods. Am J Clin Nutr 36: 256–61

Crapo PA, Reaven RD, Olefsky J, Alto P (1976) Plasma glucose and insulin responses to orally administered simple and complex carbohydrates. Diabetes 25: 741–7

Cremer HD, Aign W, Elmadfa I, Muskat E, Schäfer H (1983) Die große Nährwert-Tabelle. Die Kalorien/Joule und Nährstoffgehalte unserer Lebensmittel. München, Gräfe und Unzer

Croft P, Hannaford P (1981) Risk factor for acute myocardial infarction in women: evidence from the Royal College of General Practitioners oral contraception study. Br Med J 298: 265–98

Crombach G, Hammerschmidt C, Günther W, Schmitz-Röckerath B, Bolte A (1992) First experiences with the determination of insulin and C-peptide in the amniotic floid of normal women and patients with gestational diabetes. Department für Geburtshilfe und Gynäkologie, Universität Köln, BRD Abstractband, Second International Graz Symposium on Gestational Diabetes. Puch, Austria, Medizinisch-wissenschaftliche Abteilung. Milupa Information-Service, p 51

Crombach G, Hammerschmidt C, Schmitz-Röckerath B, Herrmann F, Seibolds M, Mies R, et al (1996) Relationship between amniotic fluid insulin and maternal blood glucose concentrations in patients with carbohydrate intolerance during pregnancy. J Perinat Med 24: 77–84

Crombach G, Linnenkamp J, Müller C, Wolff F (1989) Insulin-und C-Peptidkonzentrationen im Fruchtwasser bei normalen und diabetischen Schwangeren. Arch Gynecol Obstet 245: 284–5

Crombach G, Reihs T, Tutschek B (1998) Pränatale Diagnostik beim maternalen Typ-I-Diabetes. Gynäkologe 31: 47–57

Crooij MG, Westhuis M, Shoemaker J, Eralto N (1982) Ultrasonographic measurement of the yolk sac. Br J Obstet Gynecol 89: 931–5

Croom CS, Banias BB, Ramos-Santos E, Devoe LD, Bezhadian A, Hiet AK (1992) Do semiquantitative amniotic indexes reflect actual volume? Am J Obstet Gynecol 167: 995–9

Crosignani PG, Trojsi L, Attanasio AEM, Lombroso Finzi GC (1974) Value of hCG and hCS measurement in clinical practice. Obstet Gynecol 44: 673–81

Crowly P (1980) Nonquantitative estimation of amniotic fluid volume in suspected prolonged pregnancy. J Perinat Med 8: 249–51

Cruikshank DP, Linyear AS (1987) Term stillbirth: causes and potential for prevention in Virginia. Obstet Gynecol 69: 841–4

Cruikshank DP, Pitkin RM, Reynolds WA, et al (1980) Altered maternal calcium homeostasis in diabetic pregnancy. J Clin Endocrinol Metab 50: 264–7

Cruikshank DP, Pitkin RM, Varner MW, Williams GA, Hargis GK (1983) Calcium metabolism in diabetic mother, fetus, and newborn infant. Am J Obstet Gynecol 145: 1010–6

Cryer PE (1992) Iatrogenic hypoglycemia as a cause of hypoglycemia-associated autonomic failure in IDDM: a vicious cycle. Diabetes 41: 255–60

Csaba I, Domino E, Angyal I, Szilagyi A (1986) Serienuntersuchungen zur frühen Erkennung der Kohlenhydratstoffwechselstörung in der Schwangerschaft. In: Weiss PAM (ed) Kohlenhydratstoffwechselstörungen und Schwangerschaft / Disturbance of carbohydrate metabolism during pregnancy. Wien München Bern, Wilhelm Maudrich, p 70

Csakany GM, Baranjyi E, Simon J, Olah J, Meszros J, Gati I (1990) Early prediction of fetal macrosomia in diabetes mellitus. J Perinat Med 18: 297–303

Cser A, Milner RDG (1975) Glucose stimulated insulin release from human foetal islets grown in tissue culture for 10 days. J Endocrinol 65: 57 P

Cuckle HS, Wald NJ (1990) Screening for Down syndrome. In: Lilford RJ (ed) Prenatal Diagnosis and Prognosis. Butterworths, pp 67–92

Cummins M, Norrish M (1980) Follow-up of children of diabetic mothers. Arch Dis Child 55: 259–64

Cundy T, Ducker L, Wrathall K, Morrison J (1998) Agreement between old and new diagnostic criteria in postpartum testing of women with gestational diabetes. Diabetes Care 21: 1579–80

Cundy T, Gamble G, Manuel A, Townend K, Roberts A (1993) Determinants of birth weight in women with established and gestational diabetes. Aust NZ J Obstet Gynaecol 33: 249–54

Cunnigham KM, Daly J, Horowitz M, Read NW (1991) Gastrointestinal adaption to diets of differing fat composition in human volunteers. Gut 32: 383–6

Cunningham FG, MacDonald PC, Gant NF, Leveno KJ, Gilstrap LC, Hankins GDV, et al (1997) Williams obstetrics 20th ed Stamford, Connecticut: Appleton & Lange

Cunningham GF, Lindheimer MD (1992) Hypertension in pregnancy. N Engl J Med 326: 927–32

Cunningham KM, Horowitz M, Read NW (1991) The effect of short-term dietary supplementation with glucose on gastric emptying in humans. Brit J Nutr 65: 15–9

Cunningham MD, Desai NS, Thompson SA, Green JM (1978) Amniotic fluid phosphatidylglycerol in diabetic pregnancies. Am J Obstet Gynecol 131: 719–24

Curet LB, Olson RW (1980) Oxytocin challenge tests and urinary estriols in the management of high risk pregnancies. Obstet Gynecol 55: 296

Curet LB, Olson RW, Schneider JM, Zachmann RD (1979) Effect of diabetes mellitus on amniotic fluid lecithin/sphingomyelin ratio and respiratory distress syndrome. Am J Obstet Gynecol 135: 10–3

Curhan GC, Willet WC, Rimm EB, Spiegelman D, Ascherio AL, Stampfer MJ (1996) Birth weight and adult hypertension, diabetes mellitus and obesity in US men. Circulation 94: 3246–50

Czekelius P, Rollmann J (1986) Is there a point to the determination of glycosylated hemoglobins in the case of newborn macrosomia? Z Geburtsh Perinatol 190: 220–4

Czekelius P, Rollmann J (1988) Glycosylated haemoglobins and neonatal macrosomia. In: Weiss PAM, Coustan, DR (eds) Gestational Diabetes. Wien New York, Springer, pp 115–122

Dabelea D, Pettitt DJ, Hanson RL, Imperatore G, Bennett PH, Knowler WC (1999) Birth weight, type 2 diabetes, and insulin resistance in Pima Indian children and young adults. Diabetes Care 22: 944–50

Dacus J, Schulz K, Averill A, Sibai B (1989) Comparison of capillary Accu-chek blood glucose values to laboratory values. Am J Perinatol 6: 334–6

Dadak C, Kefalides A, Sinzinger H, Weber G (1982) Reduced umbilical artery prostacyclin formation in complicated pregnancies. Am J Obstet Gynecol 144: 792–5

Dahl-Jørgensen K, Brinchmann-Hansen O, Hanssen KF, Sandvik L, Aagenaes Ø, Aker Diabetes Group (1985) Rapid tightening of blood glucose control leads to transient deterioration of retinopathy in insulin-dependent diabetes mellitus: the Oslo study. Br Med J 290: 811–5

Dahlquist G (1991) Epidemiological studies of childhood insulin-dependent diabetes. Acta Paediatr Scand 80: 583–8

Dahlquist G, Bennich SS, Kallen B (1996) Intrauterine growth pattern and risk of childhood onset insulin dependent (type 1) diabetes: population based case-control study. BMJ 313: 1174–7

Dahlquist G, Blom L, Holmgren G, Hägglöf B, Larsson Y, Sterky G, Wall S (1985) The epidemiology of diabetes in Swedish children 0–14 years – a six year prospective study. Diabetologia 28: 801–8

Dahlquist G, Blom L, Tuvemo T, Nystrøm L, Sandstrøm A, Wall S (1989) The Swedish Childhood Diabetes Study. Results from a nine year case register and one year case-referent study indicating that Type I (insulin-dependent) diabetes mellitus is associated with both Type II (non-insulin-dependent) diabetes mellitus and autoimmune disorders. Diabetologia 32: 2–6

Dahlquist G, Frisk G, Ivarsson SA, Svanberg L, Forsgren M, Diderholm H (1995) Indications that maternal coxsackie B virus infection during pregnancy is a risk factor for childhood IDDM. Diabetologia 38: 1371–1373

Dahlquist G, Gustavsson KH, Holmgren G, et al (1982) The incidence of diabetes mellitus in Swedish children 0–14 years of age: a prospective study 1977–1980. Acta Paediatr Scand 71: 7–14

Dahlquist G, Ivarsson S, Lindberg B, Forsgren M (1995) Maternal enteroviral infection during pregnancy as a risk factor for childhood IDDM. Diabetes 44: 408–13

Dahlquist G, Källén B (1992) Maternal-child blood group incompatibility and other perinatal events increase the risk for early-onset Type I (insulin-dependent) diabetes mellitus. Diabetologia 35: 671–5

Dahlquist G, Patterson c, Soltesz G (1999) Perinatal risk factors for childhood type 1 diabetes in Europe. Diabetes Care 22: 1698–1702

Dahlquist G, Sandberg S, Källen B (1996) Intrauterine growth pattern and risk of childhood onset insulin dependent (type 1) diabetes: population based case-control study. BMJ 313: 1174–7

Dahlquist G, Savilahti E, Landin-Olsson M (1992) An increased level of antibodies to β-lactoglobulin is a risk determinant for early-onset Type 1 (insulin-dependent) diabetes mellitus independent of islet cell antibodies and early introduction of cow's milk. Diabetologia 35: 980–4

Dahlstrom H, Irrhman K (1960) Clinical and physiological study of pregnancy in material from Northern Sweden. V. The results of work testing during and after pregnancy. Acta Soc Med (Upsala) 65: 305–14

Dale E, Gerlach DH, Whilhite AL (1979) Menstrual dysfunction on distance runners. Obstet Gynecol 54: 47–53

Damm P (1998) Pathogenese des Gestationsdiabetes und Langzeitrisiken für die mütterliche Gesundheit. Gynäkologe 31: 144–53

Damm P, Handberg A, Kühl C, Beck-Nielsen H, Mølsted-Pedersen L (1993) Insulin receptor binding and tyrosine-kinase activity in skeletal muscle from normal pregnant women and women with gestational diabetes. Obstet Gynecol 82: 251–9

Damm P, Kühl C, Bertelsen A, Mølsted-Pedersen L (1992) Predictive factors for the development of diabetes in women with previous gestational diabetes mellitus. Am J Obstet Gynecol 167: 607–16

Damm P, Kühl C, Buschard K, Jakobsen BK, Svejgaard A, Sodoyez-Goffaux F, Shattok M, Bottazzo GF, Mølsted-Pedersen L (1994) Prevalence and predictive value of islet cell antibodies and insulin autoantibodies in women with gestational diabetes. Diabet Med 11: 558–63

Damm P, Kühl C, Hornnes P, Mølsted-Pedersen L (1995) A longitudinal study of plasma insulin and glucagon in women with previous gestational diabetes. Diabetes Care 18: 654–65

Damm P, Mølsted-Pedersen L (1989) Significant decrease in congenital malformations in newborn infants of an unselected population of diabetic women. Am J Obstet Gynecol 161: 1163–7

Damm P, Vestergaard H, Kühl C, Pedersen O (1996) Impaired insulin-stimulated nonoxidative glucose metabolism in glucose-tolerant women with previous gestational diabetes. Am J Obstet Gynecol 174: 722–9

Damm PD, Mølsted-Pedersen LMP, Kühl C (1989) High incidence of diabetes mellitus and impaired glucose tolerance in women with previous gestational diabetes (Abstract). Diabetologia 32: 479A

Dandona P, Besterman HS, Freedman DB, Boag F, Taylo4 AM, Beckett AG (1984) Macrosomia despite well-controlled diabetic pregnancy. Lancet i: 737

Daneman D, Fishman L, Clarson C, Martin JM (1987) Dietary triggers of insulin-dependent diabetes in the BB rat. Diabetes Res 5: 93–7

Dankmeijer HF (1981) Diabetes mellitus. A guide for the general practitioner. Hrsg Boehringer Ingelheim GmbH

Danne TH, Weber B, Hartmann R, Enders I, Burger W, Hovener G (1994) Long-term glycemic control has a nonlinear association to the frequency of background retinopathy in adolescents with diabetes. Diabetes Care 17: 1390–6

Dantzer V, Leiser R, Kaufmann P, Luckhardt M (1988) Comparative morphological aspects of placental vaskularization. Trophoblast Research 3: 235–60

Daschkewitsch OV (1964) Pathologische Veränderungen der Plazenta bei Diabetes. Arch Path 26: 71–76

Dashe JS, Nathan L, McIntire DD, Leveno KJ (2000) Correlation between amniotic fuid glucose concentration and amniotic fluid volume in pregnancy complicated by diabetes. Am J Obstet Gynecol 182: 901–4

Datta S, Brown Jr, WU, Ostheimer GW, Weiss JB, Alper MH (1981) Epidural anesthesia for cesarean section in diabetic parturients: maternal and neonatal acid-base status and bupivacaine concentration. Anesth Analg 60: 574

Datta S, Kitzmiller JL, Naulty JS, Ostheimer GW, Weiss JB (1982) Acid-base status of diabetic mothers and their infants following spinal anesthesia for cesarean section. Anesth Analg 61: 662

Dauncey MJ, Gandy G, Gairdner D (1977) Assessment of total body fat from skin fold thikness measurements. Arch Dis Child 52: 223–7

Davidson JK, Alogna M, Goldsmith M, Borden J (1981) Assessment of programme effectiveness at Gady Memorial Hospital – Atlanta. In: Steiner GA, Lawrence OP (eds) Educating Diabetic Patients. New York, Springer, pp 329–48

Davies DM, Welborn TA (1980) Glycosylated haemoglobin in pregnancy. Aust NZ J Obstet Gynecol 20: 147–50

Davies MJ, Metcalfe J, Gray IP, Day JL, Hales CN (1993) Insulin deficiency rather than hyperinsulinaemia in newly diagnosed type 2 diabetes mellitus. Diabetic Med 10: 305–12

Davis J, Lacy PE (1957) Observations of the failure of insulin to pass from the fetus to the mother in the rabbit. Am J Obstet Gynecol 74: 514 (zit nach MacNaughton, 1969)

Davis R, Woelk G, Mueller BA, Daling J (1995) The role of previous birth weight on risk for macrosomia in a subsequent birth. Epidemiology 6: 607–11

Davis SN, Fowler S, Costa F (2000) Hypoglycemic counterregulatory responses differ between men and women with type 1 diabetes. Diabetes 49: 65–72

Davison JM (1985) The effect of pregnancy on renal function in kidney allograft recipients. Kidney Int 27: 74–9

Davison JM (1987) Pregnancy in renal allograft recipients: prognosis and management. Clin Obsteet Gynaecol (Bailliere) 1: 1027–45

Davison JM (1988) The Kidney in Pregnancy. XII. World Congress on Obstetrics and Gynecology, Rio de Janeiro

Davison JM (1991) Dialysis, transplantation, and pregnancy. Am J Kidney Dis 17: 127–32

Davison JM, Lindheimer D (1982) Pregnancy in renal transplant patients. J Reprod Med 27: 613–21

Daweke H, Hüter KA (1970) Diabetes und Gravidität. Verh d Dtsch Ges f inn Med 76: 341–59

Daweke H, Hüter KA, Sachsse B, Gleiss J, Jahnke K, Gries FA, Werners PH, Irtel V, Brenndorff A, Idel H, Becker K (1970) Diabetes und Schwangerschaft. DMW 95: 1747–55

Dawes GS (1994) Dexamethasone and fetal heart rate variation. Br J Obstet Gynaecol 101: 675–9

Dawodu AH, Russell G, Dinwiddie R, Thom H, Sutherland HW, Stowers JM (1983) Blood glucose concentration in heavy-for-date infants. J Perinat Med 11: 155–61

Day RE, Insley J (1976) Maternal diabetes mellitus and congenital malformations. Arch Dis Child 51: 935–8

DCCT Research Group (1991) Epidemiology of severe hypoglycemia in the Diabetes Control and Complications Trial. Am J Med 90: 450–9

DCCT Research Group (1993) The effect of intensive treatment of diabetes on the development and progression of long-term complications in insulin-dependent diabetes mellitus. N Engl J Med 329: 977–86

De Aizpurua HJ, Wilson Y, Harrison LC (1992) Glutmic acid decarboxylase autoantibodies in preclinical insulin-dependent diabetes. Proc Natl Acad Sci USA 89: 9841–5

De Chiara TM, Efstratiadis A, Robertson EJ (1990) A growth deficiency phenotype in heterozygous mice carrying an insulin-like growth factor II gene disrupted by targeting. Nature 345: 78–80

de Kloet ER, Reul JMH, Sutano W (1990) Corticosteroids and the brain. J Steroid Biochem Mol Biol 37: 387–94

de Kloet ER, Rosenfeld P, van Eekelen JAM, Sutano W, Levine S (1988) Stress, glucocorticoids and development. In: Boer GJ, Feenstra MGP, Mirmiran M, Swaab DF, van Haaren F (eds) Progress in Brain Research. Amsterdam, Elsevier Science Publishers BV, pp 101–20

De Leacy EA, Cowley DM (1989) Evidence that the oral glucose tolerance test does not provide a uniform stimulus to pancreatic islets in pregnancy. Clin Chem 35: 1482–5

de Lonlay-Debeney P, Poggi-Travert F, Fournet J-C, Sempoux C, Vici CD, Brunelle F, Touati G, Rahier J, Junien C, Nihoul-Fekete C, Robert J-J, Saudubray J-M (1999) Clinical features of 52 neonates with hyperinsulinism. N Engl J Med 340: 1169–75

De Pablo F, Girbau M, Gomez JA, Hernandez E, Roth J (1985) Insulin antibodies retard and insulin accelerates growth and differentiation in early embryos. Diabetes 34: 1063–67

de Pirro R, Fisco A, Bertoli A, Greco AV, Lauro R (1978) Insulin receptors during the menstrual cycles in normal women. J Clin Endocrinol Metab 47: 1387

De Prins F, Van Assche A, Milner R:DG (1983) C-peptide levels in Amniotic fluid in experimental fetal growth retardation. Biol Neonate 43: 181–5

De Valk HW, Hardus PLJL, Van Rijn HJM, Erkelens DW (1999) Plasma magnesium concentration and progression of retinopathy. Diabetes Care 22: 864–5

De Veciana M, Major CA, Morgan MA, Asrat T, Toohey JS, Lien JM, Evans AT (1995) Postprandial versus preprandial blood glucose monitoring in women with gestational diabetes mellitus requiring insulin therapy. N Engl J Med 333: 1237–41

De Villiers TJ, MacFarlane CM, Tsakalakos N, Taljaard JJF (1964) Neonatal pancreatic function in infants born to mothers with gestational and overt diabetes. SA Med J 66: 690–3

Deans HE, Smith FW, Lloyd DJ, Law AN, Sutherland HW (1989) Fetal fat measurement by magnetic resonance imaging. Br J Radiol 62: 603–7

Dechamps I, Hors J, Clerget-Darpoux F, Gardais E, Robert J-J, Marcel-li-Barge A, Hors J (1990) Excess of maternal HLA-DR3: 4 positive type I (insulin-dependent) diabetic patients. Diabetologia 33: 425–30

Deckert T, Feldt-Rasmussen B, Borch Johnsen (1989) Albuminuria reflects widespread vascular damage to steno hypothesis. Diabetologia 32: 219–26

Deckert T, Feldt-Rasmussen B, Borch-Johnsen K, Kverneland A, Thomsen OF (1986) Clinical assessment and prognosis of complications of diabetes. Transplant Proc 28: 1636–8

Deckert T, Lørup B (1976) Regulation of brittle diabetes by a pre-planned insulin infusion programme. Diabetologia 12: 573–9

Deerochanawong C, Putiyanun C, Wongsuryat M, Serirat S, Jinayon P (1996) Comparison of National Diabetes Data Group and World Health Organization criteria for detecting gestational diabetes mellitus. Diabetologia 39: 1070–3

DeFronzo RA, Bonadonna RC, Ferrannini E (1992) Pathogenesis of NIDDM: a balanced overview. Diabetes Care 15: 318–68

DeFronzo RA, Golay A, Thorin D, Dusmer M, Jeqier E, Felber JP (1983) Glucose disposal, insulin secretion, and insulin resistance in obesity and diabetes mellitus. 2nd International Symposium on Insulin Receptors, Rome, August 31–September 3: Abstracts of Reports, p 98

Defronzo RA, Simson DC (1984) Oral sulfonylurea. Agents suppress hepatic glucose production in non-insulin-dependent diabetic individuals. Diabetes Care 7 [Suppl 1]: 72–80

Degnbøl B, Green A (1978) Diabetes mellitus among first and second-degree relatives of early onset diabetes. Ann Hum Genet 42: 25–47

DeHertogh R (1991) Monitoring the severity of metabolic disturbances and effectiveness of management of gestational diabetes mellitus. Diabetes 40 [Suppl 2]: 157–60

DeHertogh R, Thomas K, Bietlot Y, Vanderheyden I, Ferin J (1975) Plasma levels of unconjugated estrone, estradiol, and estriol and of hCS throughout pregnancy in normal women. J Clin Endocrinol Metab 40: 93–101

DeHertogh R, Thomas K, Vanderheyden I (1976) Quantitative determination of sex hormone-binding globulin capacity in the plasma of normal and diabetic pregnancies. J Clin Endocrinol Metab 42: 773–7

Del Prato S, Leonetti F, Simonson DC, Sheehan P, Matsuda M, DeFronzo RA (1994) Effect of sustained physiologic hyperinsulinaemia and hyperglycaemia on insulin secretion and insulin sensitivity in man. Diabetologia 37: 1025–35

Delaney-Black V, Camp BW, Lubchenco LO, et al (1989) Neonatal hyperviscosity association with lower achievment and IQ scores at school age. Pediatrics 83: 662–7

Delaney-Black V, Lubchenco LO, Koops BL, et al (1985) Neonatal hyperviscosity: randomized study of effect of partial plasma exchange transfusion on long-term outcome. Pediatrics 75: 1048–53

Delitala G, Masala A, Alagna S, Devilla L (1976) Effect of Metoclopramide on serum prolactin levels in humans. Clin Endocrinol 5: 731–4

Demarini S, Mimouni F, Tsang RC, Khouri J, Hertzberg V (1994) Impact of metabolic control of diabetes during pregnancy on neonatal hypocalcemia: a randomized study. Obstet Gynecol 83: 918–22

Demers LM, Gabbe SG, Villee CA, Greep RO (1972) The effect of insulin on human placental glycogenesis. Endocrinology 81: 270–5

Dempe A, Michaelis D, Heinke P, Franke D, Seitz W, Barthel D, Bauch K (1978) Häufigkeit des Gestationsdiabetes sowie der Veränderung der Insulinsekretion bei Schwangeren. 1. Mitteilung: Untersuchungen von diabetesverdächtigen Schwangeren mittels des Glukoseinfusionstests (GIT). Zbl Gynäkol 100: 1559–65

Deorari AK, Saxena A, Singh M, Shrivastava S (1989) Echocardiographic assessment of infants born to diabetic mothers. Arch Dis Childh 64: 721–4

DePrins F, VanAssche A, Milner RDG (1983) C-peptide levels in amniotic fluid in experimental fetal growth retardation. Biol Neonate 43: 181

Derks JB, Mulder EJH, Visser GHA (1995) The effects of maternal betamethasone administration on the fetus. Br J Obstet Gynaecol 102: 40–6

Desjarlais R, Comtois R, Beauregard H, Nguyen M, Letellier G (1989) Technical and clinical evaluation of fructosamine determination in serum. Clin Biochem 22: 329–35

Desmedt EJ, Henry OA, Beischer NA (1990) Polyhydramnios and associated maternal and fetal complications in singleton pregnancies. Br J Obstet Gynaecol 97: 1115–22

Desoye G (1988) The human placenta in gestational diabetes. In: Weiss PAM, Coustan, DR (eds) Gestational Diabetes. Wien New York, Springer, pp 72–86

Desoye G, Hofmann HMH, Weiss PAM (1992) Insulin binding to trophoblast plasma membranes and placental glycogen content in well-controlled gestational diabetic women treated with diet or insulin, in well-controlled overt diabetic patients and in healthy control subjects. Diabetologia 35: 45–55

Desoye G, Hofmann HMH, Weiss PAM (1986) Insulin regulates by its receptor the placental concentration of glycogen and N-acetyl-neuraminic acid. Placenta 7: 463–4

Desoye G, Hofmann HMH, Weiss PAM (1986) The affinity of the placental insulin receptor is modulated by the membrane lipid composition. IIIrd Intern Symp. Insulin Receptors Insulin Action. Abstracts of Reports, p 109

Desoye G, Schweditsch MO, Pfeiffer KP, Zechner R, Kostner GM (1987) Correlation of hormones with lipid and lipoprotein levels during normal pregnancy and postpartum. J Clin Endocrinol Metab 64: 704–12

Desoye G, Shafrir E (1996) The human placenta in diabetic pregnancy. Diabetes Reviews 4: 70–89

Desoye G, Weiss PAM (1987) Influence of the lipid environment on insulin binding to placental membranes from normal and diabetic mothers. Troph Res 2: 29–44

Deter RL, Hadlock FP (1985) Use of ultrasound in the detection of macrosomia: a review. JCU 13: 519–24

Deuchar E (1978) Experimental evidence relating fetal anomalies to diabetes. In: Sutherland HW, Stowers JM (eds) Carbohydrate metabolism in pregnancy and the newborn. Berlin Heidelberg New York, Springer, pp 247–63

Deutsche Diabetesgesellschaft, Arbeitsgemeinschaft Diabetes und Schwangerschaft (1993) Diabetes in der Schwangerschaft. Der Frauenarzt 34: 13–4

Deutsche Diabetesgesellschaft, Arbeitsgruppe Diabetes und Schwangerschaft (1997) Betreuung der schwangeren Typ-1 Diabetikerin. Diabetologie-Informationen 8

Deutsche Gesellschaft für Ernährung (1975) Empfehlungen für die Nährstoffzufuhr. 3. Auflage, Frankfurt/Main, Umschau Verlag

Deutsche Mutterschaftsrichtlinien (1986) Bundesanzeiger 60 (IV), 29–37

Devaskar SU, Devaskar UP, Schroeder E, deMello D, Fiedorek Jr, FT, Mueckler M (1994) Expression of genes involved in placental glucose uptake and transport in nonobese diabetic mouse pregnancy. Am J Obstet Gynecol 171: 1316–23

Devaskar SU, Muekler MM (1992) The mammalian glucose transporters. Pediatr Res 31: 1–13

Devoe LD, Castillo FA, Searle N, Searle J (1987) Clinical significance of fetal tachypnea during antepartum biophysical testing. Obstet Gynecol 67: 187–90

Devoe LD, Searle N, Castillo RA, Searle J (1987) Fetal biophysical testing: the effects of prolonged maternal fasting and the oral glucose tolerance test. J Reprod Med 32: 563–8

Devoe LD, Youssef AA, Castillo RA, Croom CS (1994) Fetal biophysical activities in third-trimester pregnancies complicated by diabetes mellitus. Am J Obstet Gynecol 171: 298–303

Di Mario U, Falluca F, Gargiulo P, Tiberti C, Scardetellato A, Arduini P, Pachi A, Andreani D (1984) Insulin-anti-insulin complexes in diabetic women and their neonates Diabetologia 27: 83–6

Di-Pietro DL, Gutierrez-Correa J, Thaidigsman JH (1967) Glucose metabolism by human placental villi. Biochem J 103: 246–50

Diabetes Control and Complications Trial Research Group (1993) The effect of intensive treatment of diabetes on the development and progression of long-term complications in insulin-dependent diabetes mellitus. N Engl J Med 329: 977–86

Diabetes Control and Complications Trial Research Group (1995) Resource utilization and costs of care in the diabetes control and complications trial. Diabetes Care 18: 1468–78

Diabetes Control and Complications Trial Research Group (1996) Pregnancy outcomes in the Diabetes Control and Complications Trial. Am J Obstet Gynecol 174: 1343–53

Diabetic epidemiology research international group (1988) Geographic patterns of childhood insulin-dependent diabetes mellitus. Diabetes 37: 1113–9

Diabetic epidemiology research international group (1990) Secular trends in incidence of childhood insulin-dependent diabetes (IDDM) in ten countries. Diabetes 39: 858–64

Diamant YZ (1991) The human Plazenta in diabetes mellitus. Isr J Med Sci 27: 493–7

Diamant YZ, Kissilevitz R (1983) Metabolic changes in human placental tissue in diabetes mellitus. Troph Res 1: 209–22

Diamant YZ, Kissilevitz R, Shafrir E (1984) Changes in activity of enzymes related to glycolysis, gluconeogenesis and lipogenesis in placentae from diabetic women. Placenta 5: 55–60

Diamant YZ, Mayorak N, Neumann S, Shafrir E (1975) Enzymes of glucose and fatty acid metabolism in early and term human placenta. Am J Obstet Gynecol 121: 58–61

Diamant YZ, Metzger BE, Freinkel N, Shafrir E (1982) Placental lipid and glycogen content in human and experimental diabetes mellitus. Am J Obstet Gynecol 145: 5

Diamond MP, Colston Wentz A, Cherrington AD (1988) Alterations in carbohydrate metabolism as they apply to reproductive endocrinology. Fertil Steril 50: 387–97

Diamond MP, Entman SS, Salyer SL, Vaughn WK, Boehm F (1986) Increased risk of endometritis and wound infection after cesarean section in insulin-dependent diabetic women

Diamond MP, Pettway ZY, Logan J, Moley K, Vaughn W, DeCherney AH (1991) Dose-response effects of glucose, insulin, and glucagon on mouse pre-embryo development. Metabolism 40: 566–70

Diamond MP, Reece A, Caprio S, Jones TW, Amiel S, DeGennaro N, Laudano A, Addabbo M, Sherwin RS, Tamborlane WV (1992) Impairment of counterregulatory hormone responses to hypoglycemia in pregnant women with insulin-dependent diabetes mellitus. Am J Obstet Gynecol 166: 70–7

Diamond MP, Salyer SL, Vaughn W, Boehm FH, Entman SS (1983) Infectious morbidity following caesarean section: an increased occurrence in diabetic pregnancies. Diabetologia 25: A150

Diamond MP, Salyer SL, Vaughn W, Cotton RB, Entman SS, Boehm FH (1984) Continuing neonatal morbidity in infants of women with class A diabetes. Southern Med J 77: 1386–8

Diamond MP, Salyer SL, Vaughn WK, Cotton R, Boehm FH (1987) Reassessment of Wheite's classifikation and Pedersen's prognostically bad signs of diabetic pregnancies in insulin-dependent pregnancies. Am J Obstet Gynecol 156: 599–604

Diamond MP, Simonson DC, DeFronzo RA (1989) Menstrual cyclicity has profound effect on glucose homeostasis. Fertil Steril 52: 204–8

Diamond MP, Vaughan WK, Salyer SL (1985) Efficiancy of outpatient management of insulin-dependent diabetic pregnancies. J Perinatol 5: 23–7

Diamond MP, Vaughan WK, Salyer SL, et al (1985) Antepartum fetal monitoring in insulin-dependent diabetic pregnancies. Am J Obstet Gynecol 153: 528–33

Diamond T, Kormas N (1997) Possible adverse fetal effect of insulin LisPro. N Engl J Med 337: 1009

Diani F, Venanzi S, Zanconato G, Murari S, Moscatelli C, Turinetto A (1997) Fetal macrosomia and management of delivery. Clin Exp Obstet Gynecol 24: 212–4

Diaz-Sanchez V, Bonilla C, Reyes A, Valero A, Domenzain M, Perez-Palacios G (1987) Local anesthesia and minilaparotomy: a safe precedure for tubal occlusion in women with severe health problems. Contraception 36: 211–5

Dib R, Laoufi AA, Marzouk AM (1995) Remission of diabetes during pregnancy. Diabetes Care 18: 96–9

Dibble CM, Kochenour NK, Worley RJ, Tyler FH, Swartz M (1982) Effect of pregnancy on diabetic retinopathy. Obstet Gynecol 59: 699–704

Dicker D, Ben-Rafael Z, Ashkenazi J, Feldberg D (1992) In vitro fertilization and embryo transfer in well-controlled insulin-dependent diabetics. Fertil Steril 58: 430–2

Dicker D, Feldberg D, Karp M, et al (1987) Preconceptional diabetes control in insulin-dependent diabetes mellitus patients with continuous subcutaneous insulin infusion therapy. J Perinat Med 15: 161–7

Dicker D, Feldberg D, Peleg D, Karp M, Goldman JA (1986) Pregnancy complicated by diabetic nephropathy. J Perinat Med 14: 299–307

Dicker D, Feldberg D, Samuel N, Yeshaya A, Karp M, Goldman JA (1988) Spontaneous abortion in patients with insulin-dependent diabetes mellitus: the effect of preconceptional diabetic control. Am J Obstet Gynecol 158: 1161–4

Dicker D, Feldberg D, Yeshaya A, Peleg D, Karp M, Goldman J (1988) Fetal surveillance in insulin-dependent diabetic pregnancy: predictive value of biophysical profile. Am J Obstet Gynecol 159: 800–4

Diedrich K, Lehmann F, Krebs D (1981) Die antepartale Beurteilung der Lungenreife in der Risikoschwangerschaft. Geburtsh u Frauenheilk 41: 107–13

Diehl AK, Stern MP (1989) Special health problems of Mexican Americans: obesity, gallbladder disease, diabetes mellitus, and cardiovascular disease. Adv Intern Med 34: 73–96

Dietrich ML, Dolnicek TF, Rayburn WF (1987) Gestational diabetes screening in a private, midwestern American population. Am J Obstet Gynecol 156: 1403–8

Dietze GJ, Rett K, Wicklmayr M, Mehnert H (1990) ACE-Hemmer und Glukosestoffwechsel. WMW 1: 35–9

Dildy III GA, Lira N, Moise Jr, KJ, Riddle GD, Deter RL (1992) Amniotic fluid volume assessment: comparison of ultrasonographic estimates versus direct measurements with a dyedilution technique in human pregnancy. Am J Obstet Gynecol 167: 986–94

Dillon AE, Menard MK, Rust P, Newman RB, VanDorsten JP (1997) Glucometer analysis of one-hour glucose challenge samples. Am J Obstet Gynecol 177: 1120–3

Distiller LA, Sagel J, Morley JE, Joffe BI, Seftel HC (1975) Pituitary responsiveness to luteinizing hormone releasing hormone in insulin-dependent diabetes mellitus. Diabetes 24: 378 (zit nach Burkart, 1989)

Distler W, Gabbe SG, Freeman R, Mestman J, Goebelsmann U (1978) Estriol in Pregnancy. V. Unconjugated and total plasma estriol in the management of pregnant diabetic patients. Am J Obstet Gynecol 130: 424–31

Dittmar F, Penning W (1964) Der Einfluß des Diabetes mellitus auf die Fertilität der Frau. Z Geburtsh Gynäk [Suppl 162]: 159 (zit nach Burkart, 1989b)

Ditzel J, Nielsen NU, Kjaergaard JJ (1979) Hemoglobin A1C and red cell oxygen release capacity in relation to early retinal changes in newly discovered overt and chemical diabetes. Metabolism 28 [Suppl 1]: 440–7

Dix D, Cohen P, Barzegar S, Striefler M (1981) The oral glucose tolerance test: a comparison of the time points of limit values, normal dispersion, and reproducibility. Acta Diabetol Lat 18: 21–7

Dixit PK, Lowe IP, Heggestad CB, Lazarow A (1964) Insulin content of micro dissected foetal islets obtained from diabetic and normal rats. Diabetes 13: 71 (zit nach MacNaughton, 1969)

Djursing H, Nyholm HC, Hagen C, Carstensen E, Mølsted-Pedersen L (1982) Clinical and hormonal characteristics in women with anovulation and insulin-treated diabetes mellitus. Am J Obstet Gynecol 143: 876 (zit nach Burkart, 1989b)

Dobs AS, Dempsey MA, Ladenson PW, Polk BF (1988) Endocrine disorders in men infected with human immunodeficiency virus. Am J Med 84: 611–6

Doery JCG, Edis K, Healy D, Bishop S, Tippett C (1989) Very high prevalence of gestational diabetes in Vietnamese and Cambodian women (Letter). Med J Aust 151: 111

Dollet J-M, Beck B Max J-P (1987) Protein-energy malnutrition in pregnant rats improves the adaptation of the endocrine pancreas im malnourished offspring and induces insulin resistance after rehabilitation. Br J Nutr 58: 415–25

Doménech P, Pastor X, Cruz O, Botet F, Jiménez R, Aguilar JL (1988) Fetal hemoglobin in the infant of gestational diabetic mothers (IGDM). In: Weiss PAM, Coustan, DR (eds) Gestational Diabetes. Wien New York, Springer, pp 167–70

Dominick HCh, Bachmann KD (1979) Die Hypoglykämie des Neugeborenen. Geburtsh u Frauenheilk 39: 564–67

Dooley SL, Depp R, Socol ML, et al (1984) Urinary estriols in diabetic pregnancy: a reappraisal. Obstet Gynecol 64: 469–75

Dooley SL, Metzger BE, Cho N (1991) Gestational diabetes: influence of race on disease prevalence and perinatal outcome in an U.S. population. Diabetes 40 [Suppl 2]: 25–9

Dooley SL, Metzger BE, Cho N, Liu K (1991) The influence of demographic and phenotypic heterogeneity on the prevalence of gestational diabetes mellitus. Int J Gynecol Obstet 35: 13–8

Dooley SL, Metzger BE, Depp R, Freinkel N, Phelps RL (1982) The effect of gestational age on amniotic fluid glucose in pregnancy complicated by diabetes mellitus. Am J Obstet Gynecol 142: 492–6

Dor N, Mosberg H, Stern W, Jagani N, Schulman H (1984) Complications in fetal macrosomia. NY state J Med 84: 302–5

Dorflinger LJ (1985) Relative potency of progestins used in oral contraceptives. Contraception 31: 557–70

Döring G, Baur S, Frank P, Freundl G, Sottong U (1986) Ergebnisse einer repräsentativen Umfrage zum Familienplanungsverhalten in der Bundesrepublik Deutschland. Geburtsh u Frauenheilk 46: 892–7

Dörner G (1989) Hormone-dependent brain development and neuroendocrine prophylaxis. Exp Clin Endocrinol 94: 4–22

Dörner G, Köhler E, Friedrichs J, Götz F, Rohde W, Kürschner U (1990) Increased cell-mediated cytotoxicity against beta-cells in streptozotocin-treated offspring of mother animals with gestational hyperglycemia. Exp Clin Endocrinol 95: 4–10

Dörner G, Mohnike A (1976) Further evidence for a predominantly maternal transmission of maturity-onset type diabetes. Endocrinologie 68: 121–4

Dörner G, Plagemann A, Reinagl H (1987) Familial diabetes aggregation in type 2 diabetes: gestational diabetes as apparent risk factor for increased diabetes susceptibility in the offspring. Exp Clin Endocrinol 89: 84–90

Dörner G, Plagemann A, Ruckert JC, et al (1988) Teratogenetic maternofoetal transmission and prevention of diabetes susceptibility. Exp Clin Endocrinol 91: 247–58

Dörner G, Steindel E, Kohlhoff R, et al (1985) Further evidence for a preventive therapy of insulin-dependent diabetes mellitus in the offspring avoiding maternal hyperglycaemia during pregnancy. Exp Clin Endocrinol 86: 129–40

Dörner G, Steindel E, thoelke H, Sehliak V (1984) Evidence for decreasing prevalence of diabetes mellitus in childhood apparently produced by prevention of hyperinsulinism in the foetus and newborn. Exp Clin Endocrinol 84: 134–42

Dornhorst A (1994) Implications of gestational diabetes for the health of the mother. Br J Obstet Gynaecol 101: 286–90

Dornhorst A, Bignall PC, Anyaoku V, Elkeles RS, Johnston DG, Beard RW (1990) Abnormalities of glucose tolerance following gestational diabetes. QJ Med New Ser 284: 1219–28

Dornhorst A, Frost G (1997) The potential for dietary intervention postpartum in women with gestational diabetes. Diabetes Care 20: 1635–7

Dornhorst A, Girling JC (1995) Management of gestational diabetes mellitus. N Engl J Med 333: 1281–3

Dornhorst A, Paterson CM, Nicholls JSD, et al (1992) High prevalence of gestational diabetes in women from ethnic minority groups. Diabetic Med 9: 820–25

Dosch H-M, Martin JM, Robinson BH, Åkerblom HK, Karjalainen J (1993) An immunological basis for disproportionate diabetes risks in children with a Type I diabetic mother or father. Diabetes Care 16: 949–51

Dotta F, Gargiulo P, Tiberti C, et al (1987) Humoral and cellular immune abnormalities in neonates of diabetic mothers: Any pathological role? Exp Clin Endocrinol 89: 333–9

Dowey JA (1999) The problems of dental disease for the diabetic patient. Pract Diab Internat 16: 185–6

Dowse DG, Gareeboo H, Zimmet PZ, Alberti KGMM, Tuomilehto J, Fareed D, Brissonnette LG, Finch CF (1990) High prevalence of NIDDM and impaired glucose tolerance in Indian, Creole, and Chinese Mauritians. Diabetes 39: 390–6

Dowse GK, Gareeboo H, Alberti KGMM, et al (1995) Changes in population cholesterol concentrations and other cardiovascular risk factor levels after five years of the noncommunicable disease intervention programme in Mauritius. BMJ 311: 1255–9

Dowse GK, Zimmet PZ, Gareeboo H, Alberti KGMM, Tuomilehto J, Finch CF, Chilson P, Tulsidas H (1991) Abdominal obesity and risk factors for NIDDM and impaired glucose tolerance in Indian, Creole, and Chinese Mauritians. Diabetes Care 14: 271–82

Dowse GK, Zimmet PZ, King H(1991) Realtionship between prevalence of impaired glucose tolerance and NIDDM in a population. Diabetes Care 14: 968–74

Dozio N, Beretta A, Belloni C, Castigliono M, Rosa S, Bosi E, Bonifacio E (1997) Low prevalence of islet autoantibodies in patients with gestational diabetes mellitus. Diabetes Care 20: 81–3

Dozio N, Beretta A, Castiglioni M, Rosa S, Scavini M, Belloni C, Poloniato A (1996) Insulin antibodies do not preclude optimization of metabolic control in women with IDDM during pregnancy. Diabetes Care 19: 979–82

Draisey TF, Gagneja GL, Thibert RJ (1977) Pulmonary surfactant and amniotic fluid insulin. Obstet Gynecol 50: 197–9

Drash A (1973) Chemical diabetes mellitus in the child. Metabolism 22: 255–65

Drash AM (1990) What do epidemiologic observations tell us about the etiology of insulin-dependent diabetes mellitus? Schw Med Wochenschr 120: 39–45

Drazancic A, Kuvacic J (1974) Amniotic fluid glucose concentration. Am J Obstet Gynecol 120: 40–8

Drew FL (1961) The epidemiology of secondary amenorrhea. J Chron Dis 14: 396 (zit nach Burkart, 1989b)

Drew JH, Abell DA, Beischer NA (1978) Congenital malformation, abnormal glucose tolerance and estriol excretion in pregnancy. Obstet Gynecol 51:129–32

Drexel H, Bichler A, Sailer S, Breier C, Lisch H, Braunsteiner H, Patsch JR (1988) Prevention of perinatal morbidity by tight metabolic control in gestational diabetes mellitus. Diabetes Care 11: 761–8

Driscoll SG (1965) The pathology of pregnancy complicated by diabetes mellitus. Med Clin N Amer 49: 1053–67

Driscoll SG, Bernischke K, Curtis GW (1960) Neonatal deaths among infants of diabetic mothers: post-mortem findings in ninety-five infants. Am J Dis Child 100: 818–35

Driscoll SG, Steinke J (1967) Pancreatic insulin content in severe erythroblastosis fetalis. Pediatrics 39: 448–50

Drop SLS, Kortleve DJ, Guyda HJ (1984) Isolation of a somatomedin-binding protein from preterm amniotic fluid: development of a rdioimmunoassay. J Clin Endocrinol Metab 59: 899–907

Drop SLS, Kortleve DJ, Guyda HJ, Posner BI (1984) Immunoassay of a somatomedin binding protein from human amniotic fluid: levels in fetal, neonatal and adult sera. J Clin Endocrinol Metab 59: 908–15

Drucker RF, Willians DR, Price CP (1983) Quality assessment of blood glucose monitors in use outside the hospital laboratory. J Clin Pathol 36: 948–53

Drugan A, Johnson MP, Isada NB, Holzgreve W, Zador IE, Dombrowski MP, Sokol RJ, Hallak M, Evans MI (1992) The smaller than expected first-trimester fetus is at increased risk for chromosome anomalies. Am J Obstet Gynecol 167: 1525–8

Drury MI (1986) Management of the pregnant diabetic patient – are the pundits right? Diabetol 29: 10–12

Drury MI (1989) „They give birth astride of a grave". Diabetic Med 6: 291–8

Drury MI, Greene A, Stronge JM (1977) Pregnancy complicated by clinical diabetes mellitus. A study of 600 pregnancies. Obset Gynecol 49: 519–22

Drury MI, Stronge JM, Foley ME, McDonald DW (1983) Pregnancy in the diabetic patient: timing and mode of delivery. Obstet Gynecol 62: 279–82

Drykoningen CEM, Mulder ALM, Vaandrager GJ, LaPorte RE, Bruining GJ (1992) The incidence of male childhood Type 1 (insulin-dependent) diabetes mellitus is rising rapidly in the Netherlands. Diabetologia 35: 139–42

Dubreuil G, Anderodias J (1920) Ilots de Langerhans geants chez un nouveaune issue de mere glucosurique. CR Seanc Soc Biol Pams 24: 1940–1

Duckworth WC, Kitabchi AE, Heinemann M (1972) Direct measurement of plasma proinsulin in normal and diabetic subjects. Am J Med 53: 418–27

Dudley DK, Black DM (1985) Reliability of lecithin/sphyngomyelin ratios in diabetic pregnancy. Obstet Gynecol 66: 521–4

Duell PB, Oram JF, Bierman EL (1991) Nonenzymatic glycosilation of HDL and impaired HDL receptor mediated cholesterol efflux. Diabetes 40: 377–84

Duffus GM, MacGillivray I, Dennis KJ (1971) The relationship between baby weight and changes in maternal weight, total body water, plasma volume, electrolytes and proteins and urinary oestriol excretion. J Obstet Gynaecol Br Commonw 78: 97–104

Duffy T, Phillips N, Pellegrin F (1973) Review of glucose tolerance-a problem in methodology. Am J Med Sci 265: 117–33

Duffy TJ, Ray R (1984) Oral contraceptive use: prospective follow-up of women with suspected glucose intolerance. Contraception 30: 197–208

Duftus G, MacGilliway I (1968) The incidence of preeclamptic toxaemia in smokers and non-smokers. Lancet i: 994–8

Duggan CJ, Boyce ES, Caterson RJ, Mahony JF (1986) Pregnancy in a renal transplant recipient taking cyclosporine-A. Aust N Z J Med 16: 813–5

Dunaif A, Segal KR, Futterweit W, Dobrjansky A (1989) Profound peripheral insulin resistance, independent of obesity, in polycystic ovary syndrome. Diabetes 38: 1165–74

Duncan JM (1883) On puerperal diabetes. Trans Obstet Soc Lond 24: 256–85

Dunn PJ, Cole RA, Soeldner JS (1979) Temporal relationship of glycosylated haemoglobin concentrations to glucose control in diabetics. Diabetologia 17: 213–20

Dunn PM (1979) Low birthweight Incidence, aetiology and prevention Hugh Philpott (ed) Proceedings of the seventh group of the Royal College of Obstetricians and Gynecologists, pp 228–32

Dunn SM, Bryson JM, Hoskins PL, Alford JB, Handelsman DJ, Turtle JR (1984) Development of the diabetes knowledge (DKN) scales Forms DKNA, DKNB, and DKNC. Diabetes Care 7: 36–41

Dupuis A, Jones RL, Peterson CM (1980) Psychological effects of blood glucose selfmonitoring in diabetic patients. Diabetes 21: 581

Duran-Garcia S, Nieto JG, Cabello AM (1979) Effect of gestational diabetes on insulin receptors in human placenta. Diabetologia 16: 87–91

D'Ercole AJ (1991) The insulin-like growth factor and fetal growth. In: Spencer EM (ed) Modern concepts of insulin-like growth factors. New York, Elsevier, pp 9–23

D'Ercole AJ, Applewhite GT, Underwood LE (1980) Evidence that somatomedin is synthesized by multiple tissues in the fetus. Develop Biol 75: 315–28

D'Agostino AN, Bahn RC (1963) A histopathology study of the pancreas of infants of diabetic mothers. Diabetes 121: 327–31

Eastman RC, Silverman R, Harris M, et al (1993) Lessening the burden of diabetes: intervention strategies. Diabetic Care 16: 1095–1102

Ebrahim G (1979) Influence of maternal nutrition on pregnancy outcome. Maternity services in the developing world. what the community needs. In: Hugh Philpott (ed)

Proceedings of the seventh group of the Royal College of Obstetricians and Gynecologists, pp 228–32
Economides DL, Crook D, Nicolaides KH (1990) Hypertriglyceridaemia and hypoxaemia in small for gestational age fetuses. Am J Obstet Gynecol 162: 382–6
Economides DL, Nicolaides KH (1989) Blood glucose and oxygen tension levels in small-for-gestational-age fetuses. Am J Obstet Gynecol 160: 385–9
Economides DL, Proudler A, Nicolarides KH (1989) Plasma insulin in appropriate and small-for-gestational-age fetuses. Am J Obstet Gynecol 160: 1091–4
Edelberg SC, Dierker L, Kalhan S, Rosen MG (1987) Decreased fetal movements with sustained maternal hyperglycemia using the glucose clamp technique. Am J Obstet Gynecol 156: 1101–5
Eden RD, Seifert LS, Kodak LD, Trofatter KF, Killam AP, Gall SA (1988) A modified biophysical profile for antenatal surveillance. Obstet Gynecol 71: 365–9
Edge JA, Dunger DB, Matthews DR, Gilbert JP, Smith CP (1990) Increased overnight growth hormone concentrations in diabetic compared with normal adolescents. J Clin Endocrinol Metab 71: 1356–62
Editorial (1980) Haemoglobin A1 and diabetes: a reappraisal. Brit Med J 281: 1304–5
Edlinger B (1986) System einer direkten Vergleichsmöglichkeit von Kohlenhydratinduzierten Blutglukosespiegeln in Hinblick auf die Resorptionsdynamik verschiedener Kohlenhydrate bei verschiedenen Personen. Inaugurationsdissertation an der Naturwissenschaftlichen Fakultät der Karl-Franzens-Universität Graz, pp 1–127
Efendic S, Hanson U, Persson B, Wajngot A, Luft R (1987) Glucose tolerance, insulin release, and insulin sensitivity in normal weight women with previous gestational diabetes mellitus. Diabetes 36: 413–19
Efendic S, Östenseon CG (1993) Hormonal responses and future treatment of non-insulin-dependent diabetes mellitus (NIDDM). J Intern Med 234: 127–38
Ehrmann DA, Barnes RB, Rosenfield RL, Cavaghan MK, Imperial J (1999) Prevalence of impaired glucose tolerance and diabetes in women with polycystic ovary syndrome. Diabetes Care 22: 141–46
Ekbom P, Damm P, Nørgaard K, Clausen P, Feldt-Rasmussen U, Feldt-Rasmussen B, Nielsen LH, Mølsted-Pedersen L, Mathiesen ER (2000) Urinary albumin excretion and 24–hour blood pressure as predictors of pre-eclampsia in type 1 diabetes. Diabetes Care 23: 752–4
El Madany AA, Jallad KB, Radi FA, Elhamdan H, O'deh HM (1990) Shoulder dystocia: Anticipation and outcome. Int J Gynecol Obstet 34: 7–12
El-Ghomari H (1998) Consensus on diabetes treatment during Ramadan. Pract Diabetes Internat 15 [Suppl]: S8–S9
El-Hashimy M, Angelico MC, Martin BC, Krolewski AS, Warram JH (1995) Factors modifying the risk of IDDM in offspring of an IDDM parent. Diabetes 44: 295–9
Elamin A, Omer MIA, Zein K, Tuvemo T (1992) Epidemiology of childhood Type I diabetes in Sudan, 1987–1990. Diabetes Care 15: 1556–9
Elias E, Gibson GJ, Greenwood LF, Hunt JN, Tripp JH (1986) The slowing of gastric emptying by monosaccharides and disaccharides in test meals. J Physiol (Lond) 194: 317–26
Elixhauser A (1989) The cost-effectiveness of preventive care for diabetes mellitus. Diabetes Spectrum 2: 349–53
Elixhauser A, Kitzmiller JL, Weschler JM (1996) Short-term cost benefit of pre-conception care for diabetes. Diabetes Care 19: 384
Elixhauser A, Weschler JM, Kitzmiller JL, Bennett Jr, HW, Coustan DR, Gabbe SG, Herman WH, Kaufman RC, Ogata ES, Marks JS, Sepe SJ (1992) Financial implications of implementing standards of care for diabetes and pregnancy. Diabetes Care 15 [Suppl 1]: 22–8
Elixhauser A, Weschler JM, Kitzmiller JL, Marks JS, Bennert Jr, HW, Coustan DR, Gabbe SG, Herman WH, Kaufmann RC, Ogata ES, Sepe SJ (1993) Cost-benefit analysis of preconception care for women with established diabetes mellitus. Diabetes Care 16: 1146–57

Eller DP, Stramm SL, Newman RB (1992) The effect of maternal intravenous glucose administration on fetal activity. Am J Obstet Gynecol 167: 1071–4

Ellington SKL (1987) Development of rat embryos cultured in glucose-deficient media. Diabetes 36: 1372–8

Elliott BD, Langer O, Schenker S, Johnson RF (1991) Insignificant transfer of glyburide occurs across the human placenta. Am J Obstet Gynecol 165: 807–12

Elliott BD, Langer O, Schuessling F (1997) Human placental glucose uptake and transport are not altered by the oral antihyperglycemic agent metformin. Am J Obstet Gynecol 176: 527–30

Elliott BD, Schenker S, Langer O, Johnson R, Prihoda T (1994) Comparative placental transport of oral hypoglycemic agents in humans: a model of human placental drug transfer. Am J Obstet Gynecol 171: 653–60

Elliott JP (1983) Magnesium sulfate as a tocolytic agent. Am J Obstet Gynecol 147: 277–84

Elliott JP, Garite TJ, Freeman RK, Mc Quown DS, Patel JM (1982) Ultrasonic prediction of fetal macrosomia in diabetic patients. Obstet Gynecol 60: 159–62

Elliott RB, Chase HP (1991) Prevention or delay of type 1 (insulin-dependent) diabetes. Diabetologia 34: 362–5

Elliott RB, Martin JM (1984) Dietary protein: a trigger of insulin-dependent diabetes in the BB rat? Diabetologia 26: 297–9

Elmallah KO, Narchi H, Kulaylat NA, Shaban MS (1997) Gestational and pre-gestational diabetes: comparison of maternal and fetal characteristics and outcome. Int J Gynaecol Obstet 58: 203–9

Elman KD, Welch RA, Frank RN, Goyert GL, Sokol RJ (1990) Diabetic retinopathy in pregnancy: a review. Obstet Gynecol 75: 119–27

Elsas LJ, Longo N (1992) Glucose transporters. Annu Rev Med 43: 377–93

Elseweidy MM, Fadel HE (1984) Glycosylated hemoglobin and plasma protein in newborn of normal and diabetic women. Pediatr Res 18: 767–9

Emanuel I, Filakti H, Alberman E, Evans SJW (1992) Intergenerational studies of human birthweight from the 1958 birth cohort: evidence for a multigenerational effect. Br J Obstet Gynaecol 99: 67–74

Emerson k (1975) Maternal energy as a guide to diet in pregnancy. In: Camerinie-Davalos RA, Cole HS (eds) Early diabetes in early life. New York, Academic Press, p 435

Emerson K, Poindexter EL, Kothari M (1975) Changes in total body composition during normal and diabetic pregnancy. Obstet Gynecol 45: 505–11

Emmrich P, Birke R, Gödel E (1975) Beitrag zur Morphologie der myometrialen und dezidualen Arterien bei normalen Schwangerschaften, EPH-Gestosen und mütterlichem Diabetes mellitus. Pathol u Microbiol 43: 38–61

Emmrich P, Gödel E (1972) Morphologie der Plazenta bei mütterlichem Diabetes mellitus. Zbl Gynäk 94: 881–7

Emmrich P, Gödel E, Amendt P, Müller G (1975) Schwangerschaft bei Diabetikerinnen mit diabetischer Angiolopathie. Zbl Gynäkol 97: 875 (zit nach Burkart, 1989b)

Emmrich P, Gödel E, Dempe A (1978) Morphologie der Plazenta bei prämanifestem mütterlichen Diabetes mellitus. Z Geburtsh Perinat 182: 79–85

Endean DH, Smith GJ (1961) Use of tolbutamide in pregnant diabetics. J Michigan State Med Soc 60: 1436–8

Enders RH, Judol RM, Donohue TM, Smith CH (1976) Placental amino acid uptake. III. Transport systems for neutral amino acids. Am J Physiol 230: 706–10

Endler M, Derfler K, Schaller A, Novotny C (1987) Schwangerschaft und Geburt nach Nierentransplantation unter Cyclosporin A. Geburtsh u Frauenheilk 47: 660–3

Endler M, Derfler K, Schaller A, Novotny C (1989) Schwangerschaft und Geburt nach Nierentransplantation unter Cyclosporin A. Geburtsh u Frauenheilk 49: 155

Engelgau MK, Herman WH, Smith PJ, et al (1995) The epidemiology of diabetes and pregnancy in the U.S., 1988. Diabetes Care 18: 1029–33

Engelhardt W (1974) Hydramnion und Glukosetoleranz. Geburtsh u Frauenheilk 34: 851–6

Engleson G, Zetterquist P (1957) Congenital diabetes mellitus and neonatal pseudodiabetes mellitus. Arch Dis Child 32: 193–6

Entrekin K, Work B, Owen J (1998) Does a high carbohydrate preparatory diet affect the 3-hour OGTT in pregnancy? J Matern Fetal Med 7: 68–71

Enzi G, Inelmen EM, Caretta F, Villani F, Zanardo V, DeBiasi F (1980) Development of adipose tissue in newborns of gestational diabetic and insulin-dependent diabetic mothers. Diabetes 29: 100–4

Eriksson KF, Lindgarde F (1991) Prevention of type 2 (non-insulin-dependent) diabetes mellitus by diet and physical exercise: the 6 year Malmö feasibility study. Diabetologia 34: 891–8

Eriksson J, Franssila-Kallunki A, Ekstrand A, Saloranta C, Widen E, Schalin C, Groop L (1989) Early metabolic defects in persons at increased risk for noninuslin-dependent diabetes mellitus. N Engl J Med 321: 337–43

Eriksson J, Lindström J, Valle T, et al on behalf of the Finnish Diabetes Prevention Study Group (1999) Prevention of type II diabetes in subjects with impaired glucose tolerance: the Diabetes Prevention Study (DPS) in Finland. Study design and 1-year interim report on the feasibility of the lifestyle intervention. Diabetologia 42: 793–801

Eriksson J, Nakazato M, Miyazato M, Shiomi K, Matsukura S, Groop L (1992) Islet amyloid polypeptide plasma concentrations in individuals at increased risk of developing type II (non-insulin-dependent) diabetes mellitus. Diabetologia 35: 291–3

Eriksson RSM, Thunberg L, Eriksson UJ (1989) Effects of interrupted insulin treatment on fetal outcome of pregnant diabetic rats. Diabetes 38: 764–72

Eriksson UJ (1984) Diabetes in pregnancy: retarded fetal growth, congenital malformations and fetomaternal concentrations of zinc, copper, and manganese in the rat. J Nutr 114: 477–86

Eriksson UJ (1988) Experimental studies of congenital malformations in diabetic pregnancy. In: Jovanovic L (ed) Controvesies in Diabetes and Pregnancy. New York Berlin Heidelberg London Paris Tokyo, Springer, pp 3–29

Eriksson UJ (1988) Importance of genetic predisposition and maternal environment for the occurence of congenital malformations in offspring of diabetic rats. Teratology 37: 365–74

Eriksson UJ (1996) Lifelong consequences of metabolic adaptations in utero? Diabetologia 39: 1123–5

Eriksson UJ, Andersson A, Efendic S, Elde R, Hellerström C (1980) Diabetes in pregnancy: effects on the foetal and newborn rat with particular regard to body weight, serum insulin concentration, and pancreatic contents of insulin, glucagon, and somatostatin. Acta Endocrinol (Copenh) 94: 354–64

Eriksson UJ, Borg LAH (1991) Protection by free oxygen radical scavenging enzymes against glucose-induced embryonic malformations in vitro. Diabetologia 34: 325–31

Eriksson UJ, Borg LAH (1993) Diabetes and embryonic malformations: role of substrate-induced free-oxygen radical production for dysmorphogenesis in cultured rat embryos. Diabetes 42: 411–9

Eriksson UJ, Borg LAH, Forsberg H (1996) Can fetal loss be prevented? The biochemical basis of diabetic embryopathy. Diabetes Rev 4: 49–69

Eriksson UJ, Dahlström E, Hellerström C (1983) Diabetes in pregnancy; skeletal malformations in the offspring of diabetic rats after intermittend withdrawal of insulin in early gestation. Diabetes 32: 1141–5

Eriksson UJ, Swenne I (1993) Diabetes in pregnancy: fetal macrosomia, hyperinsulinism, and islet hyperplasia in the offspring of rats subjected to temporary protein-energy malnutrition early in life. Pediatr Res 34: 791–5

Erkkola RU, Pirhonen JP, Kivijärvi AK (1992) Flow velocity waveforms in uterine and umbilical arteries during submaximal bicycle exercise in normal pregnancy. Obstet Gynecol 79: 611–5

Erlich HA, Bugawan TL, Scharf S, Nepom GT, Tait B, Griffith RL (1990) HLA-DQβ sequence polymorphism and genetic susceptibility to IDDM. Diabetes 39: 96–103

Eschwége E, Fontbonne A, Simon D, et al (1990) Oral contraceptives, insulin resistance and ischemic vascular disease. Int J Gynecol Obstet 31: 263–9

Espinosa de los Monteros A, Parra A, Carino N, Ramirez A (1993) The reproducibility of the 50–g, 1–hour glucose screen for diabetes in pregnancy. Obstet Gynecol 82: 515–8

Espinosa De Los Monteros AM, Driscoll SG, Steinke J (1970) Insulin release from isolated human fetal pancreatic islets. Science 168: 1111–12

Essbach H (1961) Paidopathologie. Leipzig, Georg Thieme

Essex NI, Pyke DA, Watkins PJ, Brundenell JM, GamSU HR (1973) Diabetic pregnancy. Br Med J 4: 89–93

Euler U V, Larsson Y, Persson B (1964) Glucose tolerance in the neonatal period and during the first six months of life. Arch Dis Child 39: 393

Everett WD (1989) Screening for gestational diabetes: an analysis of health benefits and costs. Am J Prev Med 1: 38–43

Everhart JE, Pettitt DJ, Bennett PH, Knowler WC (1992) Duration of obesity increases the incidence of NIDDM. Diabetes 41: 235–40

Exon PD, Dixon K, Malins JM (1974) Insulin antibodies in diabetic pregnancy. Lancet ii: 126–8

Faber JJ, Thornburg KL (1983) Placental physiology structure and function of fetomaternal exchange. New York, Raven Press

Fabre J, Balant LP, Dayer PG, Fox HM, Vernet AT (1987) The kidney in maturity onset diabetes mellitus: a clinical study of 510 patients. Kidney Int 21: 730–8

Facchini FS, Hollembeck CB, Jeppesen J, Ida Chen YD, Reaven GM (1992) Insulin resistance and cigarette smoking. Lancet 339: 1228–30

Fachnie JD, Whitehouse FW, McGrath Z (1988) Vomiting during oGTT in the third trimester of pregnancy (letter). Diabetes Care 11: 818

Fadel HE, Hammond SD (1982) Diabetes mellitus and pregnancy: management and results. J Reprod Med 2: 56–66

Fadel HE, Hammond SD, Huff TA, Harp RJ (1979) Glycosylated hemo-globins in normal pregnancy and gestational diabetes mellitus. Obstet Gynecol 54: 322–6

Fadel HE, Saad SA, Davis H, Nelson GH (1988) Fetal lung maturity in diabetic pregnancies: relation among amniotic fluid insulin, prolactin, and lecithin. Am J Obstet Gynecol 159: 457–63

Fadel HE, Saad SA, Nelson GH, Davis HC (1986) Effect of maternal-fetal disorders on lung maturation. I. Diabetes mellitus. Am J Obstet Gynecol 155: 544–53

Fagen C, King JD, Erik M (1995) Nutrition management in women with gestational diabetes mellitus: a review by ADA's Diabetes Care and Education Diabetic Practice Groupe. J Am Dietet Assoc 95: 460–6

Faguer B, Fontbonne A, Basdevant A, et al (1986) The contraceptive methods used by the female diabetic patients. Contracept Fertil Sex 14: 327–32

Faich GA, Fishbein HA, Ellis SE (1983) Epidemiology of diabetic acidosis, a population-based study. Am J Epidemiol 117: 551–8

Fairlie FM, Sibai BM (1992) Hypertensive diseases in pregnancy. In: Reece EA, Hobbins JC, Mahoney MJ, Petrie RH (eds) Medicine of the Fetus and Mother. Philadelphia, Lippincott, pp 938–9

Fajans S (1987) Maturity onset diabetes in young black americans. N Engl J Med 317: 380–1

Fajans SS (1990) Scope and heterogenous nature of MODY. Diabetes Care 13: 49–64

Fajans SS, Conn JW (1965) Prediabetes, subclinical diabetes, and latent clinical diabetes: interpretation, diagnosis and treatment. In: Leibel DS, Wrenshall GS (eds) On the Nature and Treatment of Diabetes. Amsterdam, Excerpta Med (Int Congr Ser 84), pp 641–56

Fajans SS, Floyd JC, Tattersall RB, Williamson JR, Pek S, Taylor CI (1976) The various faces of diabetes in the young: changing concepts. Arch Intern Med 136: 194–202

Falk C, Falk S, Strobel E (1989) Übergewichtige Neugeborenen – Häufigkeit, Ursachen und klinische Bedeutung. Geburtsh u Frauenheilk 49: 536–41

Fall CHD, Osmond C, Barker DJP, et al (1995) Fetal and infant growth and cardiovascular risk factors in women. BMJ 310: 428–31

Fallucca F, Gargiulo P, Troili F, et al (1985) Amniotic fluid insulin, C-peptide concentrations, and fetal morbidity in infants of diabetic mothers. Am J Obstet Gynecol 153: 534–40

Fallucca F, Maldonato A, Iavicoli M, Di Rollo G, Di Biase N, Napoli A, De Vecchis P, Sciullo E, Gerlini G, Pachi A (1989) Influence of maternal metabolic control and insulin antibodies on neonatal complications and B cell function in infants of diabetic mothers. Diabetes Res Clin Pract 7: 277–84

Fallucca F, Sciullo E, Napoli A, et al (1996) Amniotic fluid insulin and C peptide levels in diabetic and nondiabetic women during early pregnancy. J Clin Endocrinol Metab 81: 137–9

Fallucca F, Tiberti C, Torresi P, Napoli A, Cardellini G, Sciullo E, Dotta F, Falorni A, Lernmark A, Di Mario U (1995) Presence of anti-GAD65 autoantibodies in women with gestational diabetes mellitus (Abstract). Autoimmunity 21: A283

Falorni A, Fracassini F, Massi-Benedetti F, Amici A (1972) Glucose metabolism, plasma insulin, and growth hormone secretion in newborn infants with erythroblastosis fetalis compared with normal newborns and those born to diabetic mothers. Pediatrics 49: 682–93

Famuyiwa OO, Amadin RA, Adelusi BO (1988) Oral glucose tolerance test in healthy pregnant Nigerian women. Diabetes Care 11: 412–5

Fanelli C, Pampanelli S, Epifano L, et al (1993) Long-term recovery from unawareness, deficient counterregulation and lack of cognitive dysfunction during hypoglycemia, following institution of rational, intensive insulin therapy in IDDM. Diabetologia 37: 1265–76

Fanelli CG, Epifano L, Rambotti AM, et al (1993) Meticulous prevention of hypoglycemia normalizes the glycemic thresholds and magnitude of most of neuroendocrine responses to, symptoms of, and cognitive function during hypoglycemia in intensively treated patients with short term IDDM. Diabetes 42: 1683–9

Fang VS, Zimo DA, Byyny R (1977) Pituitary response to Metoclopramide in the rat. J Endocr 74: 155–6

Farid NR, Anderson J (1973) Immunoglobuline and complement in diabetes mellitus. Lancet ii: 92

Farlay TMM, Rosenberg MJ, Rowe PJ, Chen JH, Meirik O (1992) Intrauterine devices and pelvic inflammatory disease: an international perspective. Lancet 339: 785–8

Farmer G, Hamilton-Nicol DR, Sutherland HW, Ross IS, Russell G, Pearson DWM (1992) The ranges of insulin response and glucose tolerance in lean, normal and obese women during pregnancy. Am J Obstet Gynecol 167: 772–7

Farquhar JW (1963) Neonatal hypoglycemia. Lancet ii: 941

Farquhar JW (1969) Prognosis for babies born to diabetic mothers in Edinburgh. Arch Dis Child 44: 36–40

Farquhar JW (1969) The infant of the diabetic mother. Postgrad Med J 45: 806–11

Farrell J, Forrest JM, Storey GNB, et al (1986) Gestational diabetes-infant malformations and subsequent maternal glucose tolerance. Aust New Zealand J Obstet Gynaecol 26: 11–6

Fasching P, Kainz Ch, Damjncic P, Endler M, Schneider B, Kurzemann S, Vierhapper H, Waldhäusl W (1992) Überwachung des täglichen Insulinbedarfes – ein wichtiger Verlaufsparameter in der Spätschwangerschaft bei diabetischen Müttern? Geburtsh u Frauenheilk 52: 596–601

Faulk WP, Galbraith RM, Keane M (1980) Immunological consideration of the fetoplacental unit in maternal diabetes. In: Irvine J (ed) Immunology of Diabetes. Edinburgh, Teviot, pp 309–17

Faulk WP, Jarret R, Keane M, Johnson PM, Boackle RJ (1980) Immunological studies of human placenta: complement components in immature and mature chorionic villi. Clinic Exp Immunol 40: 299–305

Fazel A, Koutoubi Z, Sorg TB, Mehrotra B (1996) Influence of sample temperature on reflectance photometry and electrochemical glucometer measurements. Diabetes Care 19: 771–4

Federspil G, De Palo C, Zaccaria M, Vettor R, De Palo E, Ragazzi E, Scandellari C (1984) Diurnal variations of glucose matabolism and its pancreatic regulation. In: Melschionda N (ed) Recent advances in obesity and diabetes research. New York, Raven, pp 251–8

Fee BA, Weil WB (1963) Body composition of infants of diabetic mothers by direct ananlysis. Ann NY Acad Sci 110: 869–97

Feig DS, Chen E, Naylor CD (1998) Self-perceived health status of women three to five years after the diagnosis of gestational diabetes: a survey of cases and matched controls. Am J Obstet Gynecol 178: 386–93

Feige A, Kellermann W, Mitzkat HJ, Lehmann V (1979) Glukosekinetik im Fruchtwasser sub partu während intravenöser Glukoseinfusion an die Mutter. Z Geburtsh Perinat 183: 45–50

Feige A, Künzel W, Mitzkat HJ (1977) Fetal and maternal blood glucose, insulin and acid base observations following maternal glucose infusion. J Perinat Med 5: 84–93

Feige A, Mitzkat H-J, Jakobitz K (1984) Untersuchungen zum Einfluß der Schwangerschaft auf den Kohlenhydrat- und Fettstoffwechsel der Mutter – Teil I: Die Kinetik einzelner Parameter des Kohlenhydrat- und Fettstoffwechsels sowie verschiedener Hormone in Abhängigkeit vom Schwangerschaftsalter. Z Geburtsh u Perinat 188: 136–42

Feige A, Mitzkat H-J, Zick R, Jakobitz K (1984) Untersuchungen zum Einfluß der Schwangerschaft auf den Kohlenhydrat- und Fettstoffwechsel der Mutter – Teil II: Änderungen im Lipid- und Kohlenhydratmetabolismus sowie hormonale Veränderungen nach intravenöser Glucosegabe. Z Geburtsh u Perinat 188: 167–73

Feige A, Nössner U (1985) Das Verhalten des glykosilierten Hämoglobins (HbA_1) in normaler und pathologischer Schwangerschaft. Z Geburtsh u Perinat 189: 13–6

Felber J-P, Ferrannini E, Golay A, Meyer HU, Theibaud D, Curchod B, Maeder E, Jaquier E, DeFronzo RA (1987) Role of lipid oxidation in pathogenesis of insulin resistance of obesity and type II diabetes. Diabetes 36: 1341–50

Felber JP, Golay A, Jéquier E (1983) Insulin resistance in obesity, a metabolic problem? 2nd International Symposium on Insulin Receptors, Rome, August 31–September 3: Abstracts of Reports, p 96

Feldberg D, Dicker D, Samuel N, et al (1988) Intrapartum management of insulin-dependent diabetes mellitus (IDDM) gestants. A comparative study of constant intravenous insulin infusion and continuous subcutaneous insulin infusion pump (CSIIP). Acta Obstet Gynecol Scand 67: 333–8

Feldman F, Rubin H, Nawabi I, Abbondante AM, Posner NA, Stefanyshyn NI (1984) Glycosylated fetal hemoglobin: correlation with hyperglycemia and birth weight in infants of diabetic mothers. Diabetes 33: 81–5

Felig P, Coustan DR (1982) Diabetes mellitus. In: Burrow GN, Ferris TF (eds) Medical complications during pregnancy. Philadelphia, WB Saunders, pp 36–61

Felig P, Lynch V (1970) Starvation in human pregnancy: hypoglycemia, hypoinsulinemia and hyperketonemia. Science 170: 990–2

Fellinger Chr, Hofmann Jr, H, Unterweger G (1986) Einfluß der normoglykämischen Stoffwechsellage in der Schwangerschaft auf den Verlauf der diabetischen Retinopathie. Klin Monatsbl Augenheilkd 189: 367–8

Fenichel P, Hieronimus S, Brucker F, Mehouas C, Benoit B, Greck T, Mira R, Gillet JY, Harter M (1989) The role of IGF in foetal growth. Evaluation based on foetal macrosomia in diabetic and non-diabetic mothers. Contracept Fertil Sex 17: 415–17

Ferencz C, Rubin JD, McCarter RJ, Clark EB (1990) Maternal diabetes and cardiovaskular malformations: predominance of double outlet right ventricle and truncus arteriosus. Teratology 41: 319–26

Fernandez-Soto L, Gonzalez A, Lobon JA, et al (1997) Thyroid peroxydase autoantibodies predict poor metabolic control and need for thyroid treatment in pregnant IDDM women. Diabetes Care 20: 1524–8

Ferner H, Stoechenius Jr, W (1950) Die Cytogenese des Inselsystems beim Menschen. Z Zellforsch mikrosk Anat 35: 147 (zit nach MacNaughton, 1969)

Ferrannini E, Buzzigoli G, Bonadonna R, et al (1987) Insulin resistance in essential hypertension. N Engl J Med 317: 350–7

Ferrannini E, Haffner SM, Mitchell BD, Stern MP (1991) Hyperinsulinaemia: the key feature of a cardiovascular and metabolic syndrome. Diabetologia 34: 416–22

Ferreira SRG, Franco LJ, Vivolo MA, Negrato CA, Simoes ACP, Ventureli CR (1993) Population-based incidence of IDDM in the state of Sao Paulo, Brazil. Diabetes Care 16: 701–6

Ferriere M, Lachkar H, Richard JL, Bringer J, Orzelti A, Mirouze J (1985) Captopril and insulin sensitivity. Ann Intern Med 102: 134–45

Ferris AM, Dalidowitz CK, Ingardia CM, et al (1988) Lactation outcome in insulin-dependent diabetic women. J Am Diet Assoc 88: 317–22

Ferris AM, Neubauer SH, Bendel RB, Green KW, Ingardia CJ, Reece EA (1993) Perinatal lactation protocol and outcome in mothers with and without IDDM. Am J Clin Nutr 58: 43–8

Ferris TF, Stein JH, Kauffman J (1972) Uterine blood flow and uterine renin secretion. J Clin Invest 51: 2827–33

Ferroni KM, Gross TL, Sokol RJ, Chik L (1984) What affects fetal pulmonary maturation during diabetic pregnancy? Am J Obstet Gynecol 150: 270–4

Ferrucci JT, Wittenberg J, Stone LB, Dreyfuss JR (1976) Hypotonic cholangiography with glucagon. Radiology 118: 466–7

Feskens EJ, Kromhout D (1989) Cardiovascular risk factors and the 25-years incidence of diabetes mellitus in middle-aged men. Am J Epidemiol 130: 1101–8

Feskens EJM, Tuomilehto J, Stengard JH, Pekkanen J, Nissinen A, Kromhout D (1995) Hypertension and overweight associated with hyperinsulinemia and glucose tolerance: a longitudinal study of the Finnish and Dutch cohorts of the Seven Countries Study. Diabetologica 38: 839–847

FIGO News (1987) Guidlines for the use of fetal monitoring. Int J Gynaecol Obstet 25: 159–67

Figueroa R, Omar HA, Tejani M, Wolin MS (1993) Gestational diabetes alters human placental vascular responses to changes in oxygen tension. Am J Obstet Gynecol 168: 1616–22

Finegan J-AK, Quarrington BJ, Hughes HE, et al (1990) Child outcome following midtrimester amniocentesis: development, behaviour, and physical status at age 4 years. Br J Obstet Gynaecol 97: 32–40

Finegan JK, Quarrington BJ, Hughes HE, et al (1984) Midtrimester amniocentesis: obstetric outcome and neonatal neurobehavioral status. Am J Obstet Gynecol 150: 989–99

Finegan JK, Quarrington BJ, Hughes HE, et al (1985) Infant outcome following midtrimester amniocentesis: development and physical status at age six months. Br J Obstet Gynaecol 92: 1015–23

Finley BE, Norton S (1991) Effects of hyperglycemia on mitochondrial morphology in the region of the anterior neuropore in the explanted rat embryo model: evidence for a modified Reid hypothesis as a mechanism for diabetic teratogenesis. Am J Obstet Gynecol 165: 1661–6

Fiorotto M (1989) Application of the TOBEC measurement for determining fat and fat-free mass of the human infant. In: Klish WJ, Kretchmer N (eds) Body composition measurements in infants and children: report of the 98th Ross Conference on Pediatric Research. Columbus, OH, Ross Laboratories, p 57–66

Fischbein S (1977) Intra-pair similarity in physical growth of monozygotic and of dizygotic twins during puberty. Ann Hum Biol 4: 417–30

Fischer M (1984) Serum-Immunglobuline bei diabetischen und gesunden Schwangeren und deren Neugeborenen. Zbl Gynäkol 106: 1375–80

Fischer U, Horkey Z (1966) Vorläufige Untersuchungen zum Glykogengehalt sowie Sauerstoff- und Glukoseverbrauch der Plazenta in vitro bei Diabetes mellitus. Zentralbl Gynaekol 88: 1427–34

Fischl F, Binstorfer E, Reinold E (1981) Neugeborene über 4000 Gramm. Wien Med Wochenschr 131: 471

Fisher, DA (1983) Maternal-fetal thyroid function in pregnancy. Clin Perinatol 10: 615–26

Fisher PM, Hamilton PM, Sutherland HW, Stowers JM (1974) The effect of pregnancy on intravenous glucose tolerance. J Obstet Gynaecol Br Commonw 81: 285–90

Fitzsimmons J, Davidson S (1990) Ascertainment bias in diabetic outcome data. Am J Obstet Gynecol 163: 682

Flamm BL, Goings JR, Liu Y, Wolde-Tsadik G (1994) Elective repeat cesarean delivery versus trial of labor: a prospective multi-center study. Obstet Gynecol 83: 927–32

Flechner SM, Katz AR, Rogers AJ, van Buren C, Kahan BD (1985) The presence of cyclosporine in body tissue and fluids during pregnancy. Am J Kidney Dis 5: 60–71

Fletcher J, Suter REN (1969) The transport of iron by the human placenta. Clin Sci 36: 209–20

Flood TM, Brink SJ, Gleason RE (1982) Increased incidence of type I diabetes in children of older mothers. Diabetes Care 5: 571–3

Flores L, Levy I, Aguilera E, Martinez S, Gomis R, Esmatjes E (1999) Usefulness of ambulatory blood pressure monitoring in pregnant women with type 1 diabetes. Diabetes Care 22: 1507–11

Flynn MD, Cundy TF, Watkins PJ (1988) Antepartum pituitary necrosis in diabetes mellitus. Diabetic Med 5: 295–7

Fogt EJ, Dodd LM, Jennings JM, Clemens AH (1978) Development and evaluation of a glucose analyzer for a glucose-controlled insulin infusion system (Biostator). Clin Chem 24: 1366–72

Foley ME, Collins R, Stronge JM, Drury MI, MacDonald O (1981) Blood viscosity in umbilical cord blood from babies of diabetic mothers. J Obstet Gynecol 2: 93–6

Foley MR, Landon MB, Gabbe SG, O'Dorisio TM, Waxman M, Leard R, Iams JD (1993) Effect of prolonged oral terbutalin therapy on glucose tolerance in pregnancy. Am J Obstet Gynecol 168: 100–5

Fonseca VA, Menon RK, O'Brien PMS, Fernando ON, Stephen R, Dandona P (1987) Diabetic pregnancy managed with intraperitoneal insulin. Diabetic Med 4: 74–6

Fontbonne A, Basdevant A, Fageur B, Thomassin M, Buchsenschutz D (1987) Contraceptive practice in 209 diabetic women regularly attending a specialized diabetic clinik. Diabete Metab 13: 411–5

Food and Nutrition Board (1980) Recommended Allowances. Washington D.C., Nat Academy of Sciences

Forest J-C, Garrido-Russo M, Lemay A, Carrier R, Dube J-L (1983) Reference values for the oral glucose tolerance test at each trimester of pregnancy. Am J Clin Pathol 80: 828–31

Forrest JM, Menser MA, Burgess JA (1971) High frequency of diabetes mellitus in young adults with congenital rubella. Lancet i: 332–4

Forsbach G, Contreras-Soto JJ, Fong G, Flores G, Moreno O (1988) Prevalence of gestational Diabetes and macrosomic newborns in a Mexican population. Diabetes Care 11: 235–8

Förster H, Haslbeck M, Mehnert H (1972) Metabolic studies following the oral ingestion of different doses of glucose. Diabetes 21: 1102–8

Foss MC, Aoki TT (1993) Restoration of fuel homeostasis in IDDM Patients during pregnancy by an open-loop insulin infusion system. Diabetes Care 16: 103–9

Fowden AL (1989) The role of insulin in fetal growth. J Dev Physiol 12: 173–82

Fox H (1966) Thrombosis in foetal arteries in the human placenta. J Obstet Gynaec Brit Cwlth 73: 961–5

Fox H (1967) Abnormalities of the foetal stem arteries in the human placenta. J Obstet Gynaec Brit Cwlth 74: 734–8

Fox H (1967) The incidence and significance of Hofbauer-cells in the mature human placenta. J Path Bact 93: 710–7

Fox H (1968) Villous immaturity in the term placenta. Obstet Gynecol 31: 9–12

Fox H (1969) Pathology of the placenta in maternal diabetes mellitus. Obstet Gynecol 34: 792–8

Fox H (1978) Diabetes mellitus Pathology of the Placenta. London, WB Saunders, pp 223–5

Fox H (1978) The pathology of the human placenta Major problems in pathology Vol 7. London, Saunders, pp 1–37

Fox HE, Hohler CW, Steinbrecher M (1982) Human fetal breathing movements after cabohydrate ingestion in fasting and nonfasting subjects. Am J Obstet Gynecol 144: 213–7

Franco LJ, Albuquerque RH, Almeida L, Braga CD, Forti AC, Lessa I, Lima LP, Malerbi D, Modesto J, Pimazoni Netto A, Milech A, Ohana W, Oliveira JEP, Schmidt MI (1988) Multicentric study on the prevalence of diabetes mellitus in Brazil (Abstract). Diabetes Res Clin Pract 5 [Suppl 1]: S346

Francois R, Picaud JJ, Ruitton-Ugliengo A, David L, Cartal MJ, Bauer D (1974) The newborn of diabetic mothers: observations on 154 cases, 1958–1972. Biol Neonate 24: 1–31

Frantz T, Lindback T, Skjaeraasen J, Graven S (1975) Phospholipids in amniotic fluid. II. Lecithin fatty acid patterns related to gestation, maternal disease and fetal outcome. Acta Obstet Gynec Scand 54: 33–9

Fränz J (1986) Arzneimittel in der Schwangerschaft. In: Kleinbrecht J, Fränz J, Windorfer A (Hrsg) Arzneimittel in der Schwangerschaft und Stillzeit. Stuttgart, Wissenschaftliche Verlagsgesellschaft mbH, p 26

Fraser R (1995) Diabetic control in pregnancy and intrauterine growth of the fetus. Br J Obstet Gynaecol 102: 275–7

Fraser RB (1981) The effect of pregnancy on the normal range of the oral glucose tolerance in Africans. East Afr Med J 58: 90–4

Fraser RB (1994) Diabetes in pregnancy. Arch Dis Child 71: F224–30

Fraser RB, Ford FA, Lawrence GF (1988) Insulin sensitivity in third trimester pregnancy: a randomized study of dietary effects. Br J Obstet Gynaecol 95: 223–9

Fraser RB, Ford FA, Milner RDG (1983) A controlled trial of a high dietary fibre intake in pregnancy – effects on plasma glucose and insulin levels. Diabetologia 25: 238–41

Frati AC, Iniestra F, Ariza CR (1996) Acute effect of cigarette smoking on glucose tolerance and other cardiovascular risk factors. Diabetes Care 19: 112–8

Frayn KN, Whyte PL, Benson HA, Earl DJ, Smith HA (1989) Changes in forearm blood flow at elevated ambient temperature and their role in the apparent impairment of glucose tolerance. Clin Sci 76: 323–8

Fredholm BB, Lunell NO, Persson B, Wagner W (1978) Actions of salbu-tamol in late pregnancy: plasma cyclic AMP, insulin and C-peptide, carbohydrate and lipid metabolites in diabetic and nondiabetic women. Diabetologia 14: 235–42

Freeman ML, Graves WL, Thompson RL (1970) Indigent negro and Caucasian birth weight-gestational age tables. Pediatrics 46: 9–15

Freeman RK, Dorchester W, Anderson G, Garite ThJ (1985) The significance of a previous stillbirth. Am J Obstet Gynec 151: 7–13

Freeman RK, Goebelsman U, Nochimson D, Cetrulo C (1976) An evaluation of the significance of a positive oxytocin challenge test. Obstet Gynecol 47: 8

Freinkel N (1980) The Benting lecture 1980: of pregnancy and progeny. Diabetes 29: 1023–35

Freinkel N (1965) Effects of the conceptus on maternal metabolism during pregnancy. In: Leibel BS, Wrenshall GA (eds) On the Nature and Treatment of Diabetes. Amsterdam, Excerpta Medica, p 679

Freinkel N (1981) Pregnant thoughts about metabolic control and diabetes. N Engl J Med 304: 1357–9

Freinkel N (1985) Summary and recommendations of the Second International Workshop-Conference on Gestational Diabetes Mellitus Diabetes 34 (Suppl 2]: 123–6

Freinkel, N (1988) Diabetic embryopathy and fuel-mediated organ teratogenesis: lessons from animal models. Horm Metab Res 20: 463

Freinkel N (1989) Fuel-mediated teratogenesis: an exercise in „acquired" genetics. In: Larkins RG, Zimmet PZ (eds) Diabetes 1988. Proceedings of the 13th congress of the International Diabetes Federation. Amsterdam, Exerpta Medica, p 831–40

Freinkel N, Cockroft DL, Lewis NJ, et al (1986) The 1986 McCollum Award Lecture. Fuel-mediated teratogenesis during early organogenesis: the effects of increased concentrations of glucose, ketones, or somatomedin inhibitor during rat embryo culture. Am J Clin Nutr 44: 986–95

Freinkel N, Gabbe SG, Hadden DR, et al (1985) Summary and recommendations of the Second International Workshop-Conference on Gestational Diabetes Mellitus. Diabetes 34: 123–6

Freinkel N, Hoet JJ (1986) Guest editors' introduction: steering a future course for pregnancies complicated by diabetes. IDF Bulletin (zit nach Hoet, 1988)

Freinkel N, Lewis NJ, Akazawa S, Roth SI, Gorman L (1984) The honey-bee syndrome-implications of the teratogenicity of mannose in rat-embryo culture. N Engl J Med 310: 223

Freinkel N, Lewis NJ, Johnson R, Swenne I, Bone A, Hellerström C (1984) Differential effects of age versus glycemic stimulation on the maturation of insulin stimulus-secretion coupling during culture of fetal rat islets. Diabetes 33: 1028–38

Freinkel N, Metzger BE (1979) Pregnancy as a tissue culture experience: the critical implications of maternal metabolism for fetal development. In: pregnancy metabolism, diabetes and the fetus. Ciba Foundation Symposium 63 (New Series). Amsterdam, Excerpta Medica, pp 3–23

Freinkel N, Metzger BE, Phelps RL, Dooley SL, Ogata ES, Radvany RM (1985) Heterogeneity of maternal age, weight, insulin secretion, HLA antigens, and islet cell antibodies and the impact of maternal metabolism on pancreatic B-cell and somatic development in the offspring. Diabetes 34 [Suppl 2]: 1–7

Freinkel N, Metzger RL, Phelps RL, et al (1986) Gestational diabetes mellitus: a syndrome with phenotypic and genotypic heterogeneity. Horm Metab Res 18: 427

French LR, Boen JR, Martinez AM, Bushhouse SA, Sprafka JM, Goetz FC (1990) Population-based study of impaired glucose tolerance and type II diabetes in Wadena, Minnesota. Diabetes 39: 1131–7

Fretts RC, Boyd ME, Usher RH, Usher HA (1992) The changing Pattern of fetal death, 1961–1988. Obstet Gynecol 79: 35–9

Freundl G, Baur S, Bremme M, Frank-Hermann P, Godehardt E, Kunert J, Sottong U (1991) Hat sich das Familienplanungsverhalten in der BRD seit 1985 verändert? Geburtsh u Frauenheilk 51: 127–34

Friedman JE, Ishizuka T, Shao J, Huston L, Highman T, Catalano P (1999) Impaired glucose transport and insulin receptor tyrosine phosphorylation in skeletal muscle from obese women with gestational diabetes. Diabetes 48: 1807–14

Friedman S, Rabinerson D, Bar J, Erman A, Hod M, Kaplan B, Boner G, Ovadia J (1995) Microalbuminuria following gestational diabetes. Acta Obstet Gynecol Scand 74: 356–60

Friedmann W, Cramer B, Vogel M, Ruprecht J (1984) Immunhistochemische Lokalisation von humanem Choriongonatotropin (HCG) und humanem plazentarem

Laktogen (hPL) in Plazenten verschiedener Altersstufen. Z Geburtsh u Perinat 188: 123–8
Froelich LA, Fujikura T (1966) Significance of a single umbilical artery. Am J Obstet Gynecol 94: 274–6
From GLA, Driscoll SG, Steinke J (1969) Serum insulin in newborn infants with erythroblastosis fetalis. Pediatrics 44: 549
Frost D, Beischer W (2000) Telemedicine in the management of pregnancy in type 1 diabetic women. Diabetes Care 23: 863–4
Frost RA, Tseng L (1991) Insulin-like growth factor binding protein-1 is phosphorylated by cultured human endometrial cells and multiple protein kinases in vitro. J Biol Chem 266: 1882–8
Fryre BE (1957) The differentiation of the endocrine pancreas in foetuses of alloxan diabetic and insulin-treated rats. J Morph 101: 325 (zit nach MacNaughton, 1969)
Füchtenbusch M, Ferber K, Standl E, Ziegler A-G (1997) Prediction of type 1 diabetes postpartum in patients with gestational diabetes mellitus by combined islet cell autoantibody screening. A prospective multicenter study. Diabetes 46: 1459–67
Füchtenbusch M, Ziegler A-G (1998) Wertigkeit einer Antikörperdiagnostik bei Schwangeren mit Gestationsdiabetes zur Prädiktion des manifesten Typ-I-Diabetes postpartum. Gynäkologe 31: 25–30
Fuhrmann, K (1978) Kriterien zur Terminisierung der diabetischen Schwangerschaft aus kardiotokographischer und ultraschalldiagnostischer Sicht. In: Irsigler K, Regal H, Brändle J (Hrsg) Diabetes-Probleme in der Schwangerschaft. München Wien Baltimore, Urban & Schwarzenberg, pp 137–45
Fuhrmann K (1982) Gestationsdiabetes-Endokrinmetabolische Veränderungen, Diagnostik, Reproduzierbarkeit und prädisponierende Faktoren. Inaugural-Dissertation Ernst-Moritz-Arndt Universität Greifswald
Fuhrmann K (1982) Diabetic contol and outcome in the pregnant patient. Diabetes management in the 80's: Peterson CM (ed) New York Praeger Publishers CBS Educational and Professional Publishing, pp 66–79
Fuhrmann K (1986) Gestational diabetes-significance of risk factors and results of a follow-up study. In: Weiss PAM (ed) Kohlenhydratstoffwechselstörungen und Schwangerschaft / Disturbance of carbohydrate metabolism during pregnancy. Wien München Bern, Wilhelm Maudrich, p 47
Fuhrmann K (1988) Gestational diabetes, significance of risk factors and results of a follow-up study 8 years after delivery. In: Weiss PAM, Coustan DR (eds) Gestational Diabetes. Wien New York, Springer, pp 93–8
Fuhrmann K, Keilacker H (1983) Insulinantikörper im Fruchtwasser (Persönliche Mitteilung)
Fuhrmann K, Kohlhoff R, Reiher H, Seeger WJ, Semmler K (1977) Erfahrungen mit der zentralisierten Betreuung schwangerer Diabetikerinnen – Ergebnisse des Behandlungszeitraumes 1976. Zbl Gynäkol 99: 1537–40
Fuhrmann K, Reiher H, Semmler K, Fischer F, Glockner E (1983) Prevention of congenital malformation in infants of insulin-dependent diabetic mothers. Diabetes Care 6: 219–23
Fuhrmann K, Reiher H, Semmler K, Glockner E (1984) The effect of intensified conventional insulin therapy before and during pregnancy on the malformation rate in offspring of diabetic mothers. Exp Clin Endocrinol 83: 173–7
Fuhrmann K, Semmler K, Reiher H (1980) Das Verhalten des hPL (Humanes plazentares Laktogen) unter Glukoseinfusionsbehandlung in der Spätschwangerschaft. Zbl Gynäkol 102: 1031–4
Fujimoto I, Fujii T (1974) Changes in the cholesterol level in the tissues of streptozotocininduced diabetic mother rats and their infants during the early postpartum period. Endocrinol Jpn 21: 101–8
Fujimoto WY, Williams RH, Teague J (1972) Insulin release from cultured fetal human pancreas. Endocrinology 91: 1133–6

Fukuda M, Tanaka A, Tahara Y, Ikegami H, Yamamoto Y, Kumahara Y, Shima K (1988) Correlation between minimal secretory capacity of pancreatic β-cells and stability of diabetic control.

Fuller JH, Shipley MJ, Rose G, Jarrett RJ, Keen H (1980) Coronary heart disease risk and impaired glucose tolerance. The Whitehall Study. Lancet i: 1373–6

Fung HY, Wong SP, Rogers M (1996) The influence of glucose tolerance tests on subsequent carbohydrate metabolism in pregnancy. Acta Obstet Gynecol Scand 75: 347–51

Funk B, Kessler U, Eisenmenger W, Hansmann A, Kolb HJ, Kiess W (1992) Expression of the insulin-like growth factor-II/mannose-6–phosphate receptor in multiple human tissues during fetal life and early infancy. J Clin Endocrinol Metab 75: 424–31

Gabbe SG (1977) Congenital malformations in infants of diabetic mothers. Obstet Gynecol Surv 32: 125–32

Gabbe SG (1985) Management of diabetes mellitus in Pregnancy. Am J Obstet Gynecol 153: 824–8

Gabbe SG (1986) Gestational diabetes mellitus. N Engl J Med 315: 1025–6

Gabbe SG (1992) A story of two miracles: the impact of the discovery of insulin on pregnancy in women with diabetes mellitus. Obstet Gynecol 79: 295–9

Gabbe SG, Cohen AW, Herman GO, Schwartz S (1982) Effect of dietary fiber on the oral glucose tolerance test in pregnancy. Am J Obstet Gynecol 143: 514–7

Gabbe SG, Demers LM, Greep RO, Villee CA (1972) Placental glycogen metabolism in diabetes mellitus. Diabetes 21: 1185–91

Gabbe SG, Demers LM, Greep RO, Villee CA (1972) The effect of hypoxia on placental glycogen metabolism. Am J Obstet Gynecol 114: 540–5

Gabbe SG, Dizerega GS, Mestman JH (1976) Remission of diabetes mellitus during pregnancy. Am J Obstet Gynecol 125: 264–5

Gabbe SG, Lowensohn RJ, Mestman JH, Freeman RK, Goebelsmann U (1977) Lecithin/Sphingomyelin ratio in pregnancies complicated by diabetes mellitus. Am J Obstet Gynecol 128: 757–60

Gabbe SG, Mestman JH, Freeman RK, Anderson GV, Lowensohn RI (1977) Management and outcome of class A diabetes mellitus. Am J Obstet Gynecol 127: 465–9

Gabbe SG, Mestman JH, Freeman RK, Goebelsmann UT,Lowensohn RJ, Nochimson D, Cetrulo C, Quilligan EJ (1977) Management and outcome of pregnancy in diabetes mellitus, class B to R. Am J Obstet Gynecol 129: 723–32

Gabbe SG, Mestman JH, Hibbard LT (1976) Maternal mortality in diabetes mellitus. An 18–year survey. Obstet Gynecol 48: 549–51

Gabbe SG, Quilligan EJ (1977) Fetal carbohydrate metabolism: lts clinical importance. Am J Obstet Gynecol 127: 92–103

Galbraith GMP, Galbraith RM, Paulsen EP (1981) Placental immunopathology in gestational diabetes. Placenta [Suppl 3]: 183–92

Galbraith RM (1979) Immunological aspects of diabetes mellitus: diabetes and pregnancy. Boca Raton, CRC Press, pp 65–74

Galbraith RM, Faulk WP (1979) Immunologic considerations of the maternofetal relationship in diabetes mellitus. In: Merkatz IR, Adam PAJ (eds) The diabetic pregnancy: a perinatal perspective. New York, Grune and Stratton, pp 111–21

Galbraith RM, Fox H, Hsi B, Galbraith GMP, Bray RS, Faulk WP (1980) The human maternal-fetal relationship in malaria. II. Histological, ultrastructural and immunopathological studies of the placenta. Trans Royal Soc Trop Med Hyg 74: 61–65

Gale EAM, Kurtz AB, Tattersall RB (1980) In search of the Somogyi effect. Lancet ii: 279–82

Galimberti DM, Fernandez C, Joao M, Aparicio NJ (1994) Circadian variation of blood glucose response to an oral glucose load in pregnancy. Int J Gynecol Obstet 46 [Suppl 2]: 131

Gallacher SJ, MacCuish AC, Lunan CB, Paterson KR (1994) Management through pregnancy of a patient with an implantable programmable insulin infusion pump. Pract Diabetes 11: 192–4

Gamlen TR, Ayusley-Green A, Irvine WJ, McCallum CJ (1977) Immunological studies in the neonate of a mother with Adisons disease and diabetes mellitus. Clin Exp Immunol 28: 192–5

Gamsu HR (1978) Neonatal morbidity in infants of diabetic mothers. J R Soc Med 71: 211

Ganda OP, Day JL, Soeldner JS, connon JJ, Gleason RE (1978) Reproducibility and comparative analysis of repeated intravenous and oral glucose tolerance tests. Diabetes 27: 715–25

Gandhi JA, Zhang XY, Maidman JE (1995) Fetal cardiac hypertrophy and cardiac function in diabetic pregnancies. Am J Obstet Gynecol 173: 1132–6

Garg A (1994) High-monounsaturated fat diet for diabetic patients. Is it time to change the current dietary recommendations? Diabetes Care 17: 242–6

Garg A, Bonanome A, Grundy SM, Zhang Z-J, Unger RH (1988) Comparison of a high-carbohydrate diet with a high-monounsaturated fat diet in patients with non-insulin-dependent diabetes mellitus. N Engl J Med 319: 829–34

Garg A, Grundy SM, Unger RH (1992) Comparison of effects of high- and low-cabohydrate diets on plasma lipoproteins and insulin sensivity in patients with mild NIDDM. Diabetes 41: 1278–85

Garner P (1995) Type 1 diabetes mellitus and pregnancy. Lancet 346: 157–61

Garner P, D'Alton M, Dudley D, Huard P, Hardie M (1990) Preeclampsia in diabetic pregnancies. Am J Obstet Gynecol 163: 505–8

Garnham EA, Beck F, Clark CA, Stanistreet M (1983) Effects of glucose on rat embryos in culture. Diabetologia 25: 291–5

Garofano A, Czernichow P, Bréant B (1997) In utero undernutrition impairs rat beta-cell development. Diabetologia 40: 1231–4

Garofano A, Czernichow P, Bréant B (1998) Beta-cell mass and proliferation following late fetal and early postnatal malnutrition in the rat. Diabetologia 41: 1114–20

Garoff L (1976) Prediction of fetal outcome by urinary estriol, maternal serum placental lactogen and alpha-fetoprotein in diabetes and hepatosis of pregnancy. Obstet Gynecol 48: 659

Garrard J, Joynes JO, Mullen L, McNeil L, Mensing C, Fest C, Etzwiler DD (1987) Psychometric study of patient knowledge test. Diabetes Care 10: 500–9

Garvey WT, Maianu L, Zhu JH, Hancock JA, Golichowski AM (1993) Multiple defects in the adipocyte glucose transport system cause cellular insulin resistence in gestational diabetes. Heterogeneity in the number and a novel abnormality in subcellular localization of GLUT-4 glucose transporters. Diabetes 42: 1773–85

Gaspard UJ (1987) Metabolic effects of oral contraceptives. Am J Obstet Gynecol 157: 1029–41

Gast MJ, Rigg LA (1985) Class H diabetes and pregnancy. Obstet Gynecol 66 [Suppl]: 5S–7S

Gaudier FL, Hauth JC, Poist M, deLacee Corbett Cliver SP (1992) Recurrence of gestational diabetes mellitus. Obstet Gynecol 80: 755–8

Gauguier D, Bihoreau MT, Picon L, Ktorza A, Berthault MF (1990) Inheritance of diabetes mellitus as consequence of gestational hyperglycemia in rats. Diabetes 39: 734–9

Gauguier D, Nelson I, Bernard C, Cohen D, Froguel P (1994) Higher maternal than paternal inheritance of diabetes in GK rats. Diabetes 43: 220–4

Gautier JF, Bigard AX, Douce P, Duvallet A, Cathelinau G (1996) Influence of simulated altitude on the performance of five blood glucose meters. Diabetes Care 19: 430–3

Gavard A, Dorman JS, LaPorte RE, et al (1992) Sex differences in secundary attack rate of IDDM to siblings of probands through older ages. Diabetes Care 15: 559–61

Gavard JA, Dorman JS, LaPorte RE (1989) An increased secondary attack rate of insulin-dependent diabetes mellitus (IDDM) for children of diabetic fathers. Am J Epidemiol 130: 822–23

Geary M, Pringle PJ, Persaud M, Wilshin J, Hindmarsh PC, Rodeck CH, Brook CGD (1999) Leptin concentrations in maternal serum and cord blood: relationship to maternal anthropometry and fetal growth. Br J Obstet Gynaecol 106: 1054–60

Geiger H, Hoffmann P (1970) Quantitative immunologische Bestimmung von 16 verschiedenen Serumproteinen bei 260 normalen, 0–15 Jahre alten Kindern. Z Kinderheilk 109: 22–40

Geirsson RT (1986) Intrauterine volume in pregnancy. Acta Obstet Gynecol Scand 136 [Suppl]: 1–7

Geirsson RT, Ogston SA, Patel NB, Christie AD (1985) Growth of total intrauterine, intraamniotic and placental volume in normal singleton pregnancy measured by ultrasound. Br J Obstet Gynaecol 92: 46

Gellis SS, Hsia DY-Y (1959) The infant of the diabetic mother. J Dis Child 97: 1–6

Gelman SR, Spellacy WN, Wood S, Birk SA, Buhi WC (1980) Fetal movements and ultrasound: effect of maternal intravenous glucose injection. Am J Obstet Gynecol 157: 459–61

Gemer O, Segal S, Segal O, Zohav E, Sassoon E (1993) Acanthosis nigricans and hyperandrogenism in a pregnancy complicated by diabetes. Obstet Gynecol 81: 810–1

Georgieff MK, Landon MB, Mills MM, Hedlund BE, Faassen AE, Schmidt RL, Ophoven JJ, Widness JA (1990) Abnormal iron distribution in infants of diabetic mothers: spectrum and maternal antecedents. J Pediatr 117: 455–61

Gerich JE (1978) Somatostatin modulation of glucagon secretion and its importance in human glucose homeostasis. Metabolism 27 [Suppl 1]: 1283–90

Gerich JE, Langlois M, Noacco C, Karam J, Forsham P (1973) Lack of glucagon response to hypoglycemia in diabetes: evidence for an intrinsic pancreatic alpha cell defect. Science 182: 171–3

Gerich JE, Mokan M, Veneman T, Korytkowski M, Mitrakou A (1991) Hypoglycemia unawareness. Endocr Rev 12: 356–71

Gerke E, Meyer-Schwinkerath G (1982) Proliferative diabetische Retinopathie und Schwangerschaft. Klin Monatsbl Augenheilkd 181: 170–3

Gerlini G, Arachi S, Gori MG, et al (1986) Developmental aspects of the offspring of diabetic mothers. Acta Endocrinol 11 [Suppl 277]: 150–5

Gerö L, Baranyi E, Bekefi D, Dimeny E, Szalay J, Tamas G (1982) Investigation of serum C-peptide concentrations in pregnant women and in newborns of diabetic mothers. Horm Metab Res 14: 516–20

Gerrard JM, Stuart MJ, Rao GHR, et al (1980) Alteration in the balance of prostaglandin and thromboxane synthesis in diabetic rats. J Lab Clin Med 95: 950–8

Gerson A, Johnson A, Wallace D, Bottalico J, Weiner S, Bolognese RJ (1988) Umbilical arterial systolic/diastolic values in normal twin gestation. Obstet Gynecol 72: 205–7

Gerstein HC (1993) Incidence of postpartum thyroid dysfunction in patients with type-I diabetes mellitus. Ann Intern Med 118: 419–23

Gespard UJ (1987) Metabolic effect of oral contraceptives. Am J Obstet Gynecol 157: 1029–41

Gestation and Diabetes in France Study Group (1991) Multicenter survey of diabetic pregnancy in France. Diabetes Care 14: 994–1000

Gewolb IH, Barrett C, Warshaw JB (1983) Placental growth and glycogen metabolism in streptozotocin diabetic rats. Pediatr Res 17: 587–91

Gherman RB, Goodwin TM, Ouzounian JG, Miller DA, Paul RH (1997) Brachial plexus palsy associated with cesarean section: an in utero injury? Am J Obstet Gynecol 177: 1162–4

Ghosh G, Pildes RS, Richton S, Ajayi O (1990) Maternal and cord serum glycosylated protein in neonatal macrosomia. Obstet Gyncol 75: 79–83

Giampietro O, Ferdeghini M, Scatena P (1984) Human placental lactogen (hPL) deficiency in a normal pregnancy. Postgr Med J 60: 689–90

Gianani R, Pugliese A, Bonner-Weir S, Shiffrin AJ, Soeldner JS, Erlich H, Awdeh Z, Alper CA, Jackson RA, Eisenbarth GS (1992) Prognostically significant heterogeneity of cytoplasmatic islet cell antibodies in relatives of patients with type 1 diabetes. Diabetes 41: 347–53

Gibbon C, Smith T, Egger P, Phillips DIW (1997) Early infection and subsequent insulin dependent diabetes. Arch Dis Child 77: 384–5

Gibson JM, Westwood M, Lauszus FF, Klebe JG, Flyvbjerg A, White A (1999) Phosphorylated insulin-like growth factor binding protein 1 is increased in pregnant diabetic subjects. Diabetes 48: 321–6

Gibson M, Schiff I, Tulchinsky D, Ryan KJ (1980) Characterization of hyperandrogenism with insulin-resistant diabetes type A. Fertil Steril 33: 501–5

Gibson T, Jarrett RJ (1972) Diurnal variation in insulin sensitivity. Lancett i: 947–8

Giedion A, Haeflinger H, Dangel P (1973) Acute pulmonary X-ray changes in hyaline membrane disease treated with artificial ventilation and positive endex-spiratory pressure (PEEP). Pediat Radiol 1: 154–8

Gilbert JAL, Dunlop DM (1949) Diabetic fertility, maternal mortality, and foetal loss rate. BMJ 1: 48–51

Gillberg C, Rasmussen P, Wahlstrom J (1982) Long-term follow-up of children born after amniocentesis. Clin Genet 21: 69–73

Gillmer MDG, Beard RW, Brooke FM, Oakley NW (1975) Carbohydrate metabolism in pregnancy. I. diurnal plasma glucose profile in normal and diabetic women. Br Med J 3: 399–404

Gillmer MDG, Holmes SM, Moore MP, Walters BNJ, Hockaday TD, Barringer BM, Jackson MC (1984) Diabetes in pregnancy: obstetric management. In: Sutherland HW, Stowers JM (eds) Carbohydrate metabolism in pregnancy and the newborn. Edinburgh, Churchill Livingstone, pp 102–18

Gillmer MDG, Mazibuko D (1979) Pyridoxine treatment of chemical diabetes in pregnancy. Am J Obstet Gynecol 133: 499–502

Gillmer MDG, Oakley NW, Beard RW, Nithyananthan R, Cawston M (1980) Screening for diabetes during pregnancy. Br J Obstet Gynecol 87: 377–82

Ginsberg-Fellner F, Witt ME, Franklin BH, et al (1985) Triad of markers for identifying children at high risk of developing insulin-dependent diabetes mellitus. J Am Med Assoc 254: 1469–72

Ginsburg J, Jeacock MN (1966) Some aspects of human carbohydrate metabolism in human diabetes. J Obstet Gynaec Brit Cwlth 73: 452–9

Giordano B, Rosenbloom A (1977) Regional Services for children and youth with diabetes. Pediatrics 60: 492–8

Giordano BP, Trash W, Hollenbaugh L, Dube WP (1989) Performance of seven blood glucose testing systems at high altitude. Diabetes Educ 15: 444–8

Girard J (1988) Carbohydrate metabolism during fetal development. In: Künzel W, Jensen A (eds) The endocrine control of the fetus. Berlin Heidelberg New York London Paris Tokyo, Springer, pp 323–32

Girouard J, Forest J-C, Masse J, Leroux M, Bradburn NC, Ostrom Joynes J, Baum J (2000) Multicenter evaluation of the Glucometer Elite XL Meter, an instrument specifically designed for use with neonates. Diabetes Care 23: 1149–53

Giudice LC, Farrell EM, Pham H, Lamson G, Rosenfeld RG (1990) Insulin-like growth factor binding proteins in maternal serum throughout gestation and in the puerperium: effects of pregnancy-associated serum protease activity. J Clin Endocrinol Metab 71: 806–16

Gjessing HJ, Matzen LE, Faber OK, Froland A (1989) Fasting plasma C-peptide, glucagon-stimulated plasma C-peptide, and urinary C-peptide in relation to clinical type of diabetes. Diabetologia 32: 305–11

Glaser B, Kesavan P, Hayman M, et al (1998) Familial hyperinsulinism caused by an activating glucokinase mutation. N Engl J Med 338: 226–30

Glaser B, Leibovich G, Nesher R, Hartling SG, Binder C, Cerasi E (1988) Improved betacell function after intensive insulin treatment in severe non-insulin-dependent diabetes. Acta Endocrinol 118: 365–73

Glasgow ACA, Harley JMG, Montgomery DAD (1979) Congenital malformations in infants of diabetic mothers. Ulster Med J 48: 109–17

Glatthaar C, Welborn TA, Stenhouse NS, Garcia-Webb P (1985) Diabetes and impaired glucose tolerance: a prevalence estimate based on the Busselton 1981 Survey. Med J Aust 143: 436–40

Gleicher N (1986) Pregnancy and autoimmunity. Acta haemat 76: 68–77

Gloria-Bottini F, Lucarini N, Borgiani P, Amante A, Gerlini G, La Torre M, Bottini E (1994) Evidence of selection of PGM-1 polymorphism in diabetic pregnancy. Hum Biol 66: 1049–58

Gluck L, Kulovich MV, Borer RC (1973) Lecithin/sphingomyelin ratios in amniotic fluid in normal and abnormal pregnancy. Am J Obstet Gynecol 115: 539–46

Gluck L, Kulovich MV, Borer RC, Brenner PH, Anderson GG, Spella-cy WN (1971) Diagnosis of the respiratory distress syndrome by amniocentesis. Am J Obstet Gynecol 109: 440–5

Glueck CJ, Fallat RW, Scheel D (1975) Effects of estrogen compounds on triglyceride kinetics. Metabolism 24: 537–45

Goday A, Castell C, Treserras R, et al (1992) Incidence of type 1 (insulin-dependent) diabetes mellitus in Catalonia, Spain. Diabetologia 35: 267–71

Gödel E, Emmrich P (1976) Morphologie der Plazenta und Qualität der metabolischen Kontrolle während der Schwangerschaft bei Diabetes mellitus. Zbl Gynäkol 98: 1307

Godine JE, Hurxthal Nathan DM (1986) Bedside capillary glucose measurement by staff nurses in a general hospital. Am J Med 80: 803–6

Godslan IF, Crook D, Wynn V (1990) Low-dose oral contraceptives and carbohydrate metabolism. Am J Obstet Gynecol 163: 348–53

Godsland IF, Crook D, Sipson R, et al (1990) The effects of different formulations of oral contraceptive agents on lipid and carbohydrate metabolism. N Engl J Med 323: 1375–81

Golan A, Wexler S, Amit A, Gordon D, David MP (1989) Asymptomatic bacteriuria in normal and high-risk pregnancy. Eur J Obstet Gynecol Reprod Biol 33: 101–8

Golay A, Coulston AM, Hollenbeck CB, Kaiser LL, Würsch P, Reaven GM (1986) Comparison of metabolic effects of white beans processed into two different physical forms. Diabetes Care 9: 260–6

Gold AE, Reilly C, WAlker JD (1998) Transient Improvement in glycemic control. The impact of pregnancy in women with IDDM. Diabetes Care 21: 374–8

Gold AE, Reilly R, Little J, Walker JD (1998) The effect of glycemic control in the preconception period and early pregnancy on birth weight in women with IDDM. Diabetes Care 21: 535–8

Goldberg JD, Franklin B, Lasser D, Jonsay DL, Hausknecht RU, Ginsberg-Fellner F, Berkowitz RL (1986) Gestational diabetes: Impact of home glucose monitoring on neonatal birth weight. Am J Obstet Gynecol 154: 546–50

Golde DW, Bersche N, Cline MJ (1979) Hormonal effects on erythroid stem cells. In: Stamatoyannopoulos G, Niehuis AW (eds) Cellular and molecular regualation of haemoglobin switching. New York, Grune & Stratton, pp 305–21

Golde S, Platt L (1985) Antepartum testing in diabetes. Clin Obstet Gynecol 28: 516–27

Golde SH, Montoro M, Good-Anderson B, et al (1984) The role of nonstress test, fetal biophysical profile and contraction stress test in the outpatient management of insulin-requiring diabetic pregnancies. Am J Obstet Gynecol 148: 269–73

Golditch IM, Kirkman K (1978) The large fetus Management and outcome. Obstet Gynecol 52: 26

Goldkrand JW, Slattery DS (1979) Patterns of pulmonary maturation in nor-mal and abnormal pregnancy. Obstet Gynecol 53: 348–53

Goldman AS, Baker L, Piddington R, Marx B, Herold R, Egler J (1985) Hyperglycemia-induced teratogenesis is mediated by a functional deficiency of arachidonic acid. Proc Natl Acad Sci USA 82: 8227–31

Goldman AS, Kay ED, Goto MP (1989) Prevention of diabetic embryopathy by prostaglandins and lipokinin, a biological activator of phospholipase A2. Teratology 39: 455

Goldman JA (1978) Intravenous glucose tolerance after 18 months on progestogen or combination-type oral contraceptive. Israel J Med Sci 14: 324–7

Goldman JA, Dicker D, Feldberg D, Yeshaya A, Karp M (1988) Preconceptional diabetes counseling in gestational diabetes. In: Weiss PAM, Coustan DR (eds) Gestational Diabetes. Wien New York, Springer, pp 129–33

Goldman M, Kitzmiller J, Abrams B, Cowan R, Laros R (1991) Obstetric complications with GDM. Effects of maternal weight. Diabetes 40 [Suppl 2]: 79–82

Goldmann JA, Dicker D, Feldberg D, Yeshaya A, Samuel N, Karp M (1986) Pregnancy outcome in patients with insulin-dependent diabetes mellitus with preconceptional diabetic control: a comparative study. Am J Obstet Gynecol 155: 293–7

Goldstein AJ, Cronk DA, Garite T, Amlie RN (1978) Perinatal outcome in the diabetic pregnancy. A retrospective analysis. J Reprod Med 20: 61–6

Goldstein AJ, Elliott J, Lederman S, Worcester B, Russell P, Linzey EM (1983) Economic effects of selfmonitoring of blood glucose concentrations by women with insulin dependent diabetes during pregnancy. J Reprod Med 126: 449–50

Goldstein I, Lockwood CJ, Reece A, Hobbins JC (1988) Sonographic assessment of the distal femoral and proximal tibial ossification centers in the prediction of pulmonic maturity in normal women and women with diabetes. Am J Obstet Gynecol 159: 72–6

Goldstein I, Reece EA, Pilu G, Bovicelli L, Hobbins JC (1987) Cerebellar measurements with ultrasonography in the evaluation of fetal growth and development. Am J Obstet Gynecol 156: 1065–9

Goldstein R, Levy E, Shafrir E (1985) Increased maternal-fetal transport of fat in diabetes assessed by polyunsaturated fatty acid content in fetal lipids. Biol Neonate 47: 343–9

Goldstein RB, Filly RA (1988) Sonographic estimation of amniotic fluid volume. Subjective assessment versus pocket measurements. J Ultrasound Med 7: 363–9

Golob EK, Rishi S, Becker KL, Moore C (1970) Streptozotocin diabetes in pregnant and nonpregnant rats. Metabolism 19: 1014–9

Gomez KJ, Dowdy K, Allen G, et al (1988) Evaluation of ultrasound diagnosis of fetal anomalies in women with pregestational diabetes: University of Florida experience. Am J Obstet Gynecol 159: 584–6

Gonen O, Rosen DJ, Dolfin Z, et al (1997) Induction of labor versus expectant management in macrosomia: a randomized study. Obstet Gynecol 89: 913–7

Gonen R, Spiegel D, Abend M (1996) Is macrosomia predictable, and are shoulder dystocia and birth trauma preventable? Obstet Gynecol 88: 526–9

Gonet A (1961) Correction de diabète expérimental du rat par le greffe pancréatique foetale. Acta Endocr (Kbh) [Suppl 62] (zit nach MacNaughton, 1969)

Gonik B, Hollyer VL, Allen R (1991) Shoulder dystocia recognition: differences in neonatal risks for injury. Am J Perinatol 8: 31–4

Gonik B, Stringer CA, Held B (1983) An alternate maneuver for management of shoulder dystocia. Am J Obstet Gynecol 145: 882–4

Goodman JDS (1980) The effect of intravenous glucose on human fetal breathing measured by doppler ultrasound. Br J Obstet Gynaecol 87: 1080–3

Goodner CM, Freinkel N (1961) Carbohydrate metabolism in pregnancy. IV. Studies on the permeability of the rat placenta to I^{131} insulin. Diabetes 10: 383–92

Goonewardene A, Toghill PJ (1977) Insulin requirements in pregnant diabetics with premature labor controlled by ritodrine. Br Med J I: 880

Gordon HH (1962) The infants of diabetic mothers. Am J Med Sci 244: 129–44

Gordon M, Landon MB, Samuels P, Hissrich S, Gabbe SG (1996) Perinatal outcome and long-term follow-up associated with modern management of diabetic nephropathy. Obstet Gynecol 87: 401–9

Gordon M, Rich H, Deutschberger J, Green M (1973) The emmediate and long-term outcome of obstetric birth trauma. Am J Obstet Gynecol 117: 51–6

Gordon MC, Zimmerman PD, Landon MB, Gabbe SG, Kniss DA (1995) Insulin and glucose modulate glucose transporter messenger ribonucleic acid expression and glucose uptake in trophoblast isolated from first-trimester chorionic villi. Am J Obstet Gynecol 173: 1089–97

Gorsuch AN, Lister J, Dean BM, Spencer KM, McNally JM, Bottazzo GF (1981) Evidence for a long prediabetic period in type I (insulin-dependent) diabetes mellitus. Lancet ii: 1363–5

Gorsuch AN, Spencer KM, Lister J, et al (1981) Evidence for a long prediabetic period in type 1 (insulin-dependent) diabetes mellitus. Lancet ii: 1363–5

Gosden C, Steel J, Ross A, Springbett A (1982) Intauterine contraceptive devices in diabetic women. Lancet i: 530–5

Gossain VV, Sherma NK, Michelakis AM, Rovner DR (1983) Effects of oral contraceptives on plasma glucose, insulin, and glucagon levels. Am J Obstet Gynecol 147: 618–23

Goto MP, Goldman AS, Uhing MR (1992) PGE2 prevents anomalies induced by hyperglycemia or diabetic serum in mouse embryos. Diabetes 41: 1644–50

Gottschalk ME, Schatz DA, Clare-Salzler M, Kaufman DL, Ting GSP, Geffner ME (1992) Permanent diabetes without serological evidence of autoimmunity after transient neonatal diabetes. Diabetes Care 15: 1273–6

Grabner W, Matzkies F, Prestele H, Rose A, Daniel M, Phillip J, Fischer K (1975) Untersuchungen zur circadianen Rhythmik der Glukosetoleranz. Klin Wochenschr 53: 773–8

Gräfenstein K, Duchna W (1981) Zur Abhängigkeit des HbA_1 (Glykohämoglobin) von Lebensalter, Schwangerschaft und Glukosetoleranz. Z Ges Inn Med 36: 920–3

Granat M, Sharf M, Cooper A (1979) Glucose intolerance during pregnancy. Obstet Gynecol 53: 157–61

Grandjean H, Sarramon MF, De Monzon J, Reme JM, Pontonier G (1980) Detection of gestational diabetes by means of ultrasonic diagnosis of excessive fetal growth. Am J Obstet Gynecol 138: 790–2

Granner D, Andreone T, Sasaki K, Beale E (1983) Inhibition of transcription of the phosphoenolpyruvate caboxykinase gene by insulin. Nature 305: 549–51

Grant PT Oats JN, Beischer NA (1986) The long-term follow-up of women with gestational diabetes. Aust New Zealand J Obstet Gynaecol 26: 17–22

Grasso S, Distefano G, Messina A, Vigo R, Reitano G (1975) Effect of glucose priming on insulin response in the premature infant. Diabetes 24: 291–4

Grasso S, Palumbo G, Messina A, Mazzone D, Rutano G (1975) Human maternal and fetal serum insulin and growth hormone response to glucose and leucine. In: Camerini-Dávalos RA, Cole MS (eds) Early Diabetes in Early Life. New York, Academic Press, pp 537–40

Grasso S, Roversi GD (1987) Overseized infants of diabetic mothers: cause and prevention. J Perinat Med 15: 73–82

Grasso S, Saporito N, Messina A, Reitano G (1968) Serum insulin response to glucose and amino acids in the premature infant. Lancet ii: 755

Greco AV, Rebuzzi AG, Bellati U, et al (1980) Fetal origin of amniotic fluid insulin in the human mother. Clin Endocrinol (Oxf) 12: 67–70

Green A, Andersen PK (1983) Epidemiological studies of diabetes mellitus in Denmark: 3. Clinical characteristics and incidence of diabetes among males aged 0 to 19 years. Diabetologia 25: 226–30

Green JR, Pawson IG, Schumacher LB, Perry J, Kretchmer N (1990) Glucose tolerance in pregnancy: ethnic variation and influence of body habitus Am J Obstet Gynecol 163: 86–92

Green JR, Schumacher LB, Pawson IG, Partridge JC, Ketchmer N (1991) Influence of maternal body habitus and glucose intolerance on birth weight. Obstet Gynecol 78: 235–40

Green JR, Soohoo SL (1989) Factors associated with rectal injury in spontaneous deliveries. Obstet Gynecol 73: 732–8

Greenberg LR, Moore TR, Murphy H (1995) Gestational diabetes: antenatal variables as predictors of postpartum glucose intolerance. Obstet Gynecol 86: 97–101

Greene MF (1989) Congenital malformation. In: Hare JW (ed) Diabetes complicating pregnancy: the Joslin Clinic method. New York, Alan R Liss, pp 147–61

Greene MF (1997) Screening for gestational diabetes mellitus. N Engl J Med 337: 1625–6

Greene MF, Allred EN, Leviton A (1995) Maternal metabolic control and risk of microcephaly among infants of diabetic mothers. Diabetes Care 18: 166–9

Greene MF, Benacerraf BR (1991) Prenatal diagnosis in diabetic gravidas: utility of ultrasound and maternal serum alpha-fetoprotein screening. Obstet Gynecol 77: 520–4

Greene MF, Hare JW, Cloherty JP, Benacerraf BR, Soeldner JS (1989) First-trimester hemoglobin A1 and risk for major malformation and spontaneous abortion in diabetic pregnancy. Teratology 39: 225–31

Greene MF, Hare JW, Krache M, Phillippe M, Barss VA, Saltzman DH, Nadels A, Younger MD, Heffner L, Scherl JE (1989) Prematurity among insulin-requiring diabetic gravid women. Am J Obstet Gynecol 161: 106–11

Greene MF, Haddow JE, Palomaki GE, Knight GJ (1988) Maternal serum alpha-fetoprotein levels in diabetic pregnancies. Lancet ii: 345–6

Greer IA, Haddad NG, Dawes J, Johnston TA, Johnstone FD, Steel JM (1989) Increased neutrophil activation in diabetic pregnancy and in nonpregnant diabetic women. Obstet Gynecol 74: 878–81

Gregory KD, Kjos SL, Peters RK (1993) Cost of non-insulin-dependent diabetes in women with a history of gestational diabetes: implications for prevention. Obstet Gynecol 81: 782–6

Gregory R, Tattersall RB (1992) Are diabetic pre-pregnancy clinics worth while? Lancet 340: 656–8

Grenfell A, Bewick M, Brudenell JM, et al (1986) Diabetic pregnancy following renal transplantation. Diabetic Med 3: 177–80

Grenfell A, Brudenell JM, Doddridge MC, Watkins PJ (1986) Pregnancy in diabetic women who have proteinuria. QJ Med 59: 379–86

Greyson J (1993) Quality control in patient self-monitoring of blood glucose. Diabetes Care 16: 1306–8

Gribble RK, Meier PR, Berg RL (1995) The value of urine screening for glucose at each prenatal visit. Obstet Gynecol 86: 405–10

Griffiths RD, Rodgers DV, Moses RG (1993) Patients' attitudes toward screening for gestational diabetes mellitus in the Illawarra Area, Australia. Diabetes Care 16: 306–8

Grill V, Lake W, Freinkel N (1981) Generalized diminution in the response to nutrients as insulin-releasing agents during the early neonatal period in the rat. Diabetes 30: 56–63

Grillo TAI, Shima K (1966) Insulin content and enzyme histochemistry of the human fetal pancreatic islet. J Endocrinol 36: 151–8

Grinspoon SK, Bilezikian JP (1992) HIV disease and the endocrine system. N Engl J Med 327: 1360–5

Grischke E, Kaufmann M, Dreihorn K, Linderkamp O, Kubli F (1989) Erfolgreiche Schwangerschaft bei Nierentransplantation und Cyclosporin A. Geburtsh u Frauenheilk 46: 176–79

Groop LC, Bottazzo GF, Doniach D (1986) Islet cell antibodies identify latent type I diabetes in patients aged 35–75 years at diagnosis. Diabetes 35: 237–41

Groop LC, Miettinen A, Groop P-H, Meri S, Koskimies S, Bottazzo GF (1988) organspecific autoimmunity and HLA-DR antigens as markers for b-cell destruction in patients with type II diabetes. Diabetes 37: 99–103

Gross I (1990) Regulation of fetal lung maturation. Am J Physiol 259: L334–7

Gross T, Sokol RJ, King KC (1980) Obesity in Pregnancy: risks and outcome. Obstet Gynecol 56: 446–50

Gross TL, Sokol RJ, Williams T, Thompson K (1987) Shoulder dystocia: a fetal-physician risk. Am J Obstet Gynecol 156: 1408–18

Gruenwald P (1966) Growth of the human fetus. I. Normal growth and its variation. Am J Obstet Gynecol 94: 1112–9

Gruenwald P (1966) Growth of the human fetus. II. Abnormal growth in twins and infants of mothers and diabetes hypertension, or isoimmunisation. Am J Obstet Gynecol 94: 1120–32

Gruenwald P, Minh HN (1960) Evaluation of body and organ weights in perinatal pathology. I. Normal standards derived from autopsies. Am J Clin Pathol 34: 247–53

Grunewald C, Divon L, Lunell NO (1996) Doppler velocimetry in last trimester pregnancy complicated by insulin-dependent diabetes mellitus. Acta Obstet Gynaecol Scand 75: 804–8

Gruppuso PA, Migliori R, Susa JB, Schwartz R (1981) Chronic maternal hyperinsulinemia and hypoglycemia. A model for experimental intrauterine growth retardation. Biol Neonate 40: 113–20

Gudmundsson S, Marsal K (1988) Umbilical and uteroplacental blood flow velocity waveforms in pregnancies with fetal growth retardation. Eur J Obstet Gynecol Reprod Biol 27: 187–96

Guevara-Aguirre J (1996) Insulin-like growth factor I – An important intrauterine growth factor. N Engl J Med 335: 1389–91

Gugliucci CL, O'Sullivan MJ, Opperman W, Gordon M, Stone ML (1976) Intensive care of the pregnant diabetic. Am J Obstet Gynecol 125: 435

Guibaud S, Bonnet M, Khalil F, Combet A, Houlon JM, Dumont M (1978) Glucose concentration in amniotic fluid from anencephalic pregnancies (letter). Lancet i: 661

Guilén AM, Amador V, Gómez ED, Vivó PV, De Acosta OM (1978) Unsere Erfahrungen mit der prähypoglykämisierenden Insulinbehandlung bei der Betreuung der schwangeren Diabetikerin. Zbl Gynäkol 100: 1481–90

Guillausseau PJ, Charles M-A, Paolaggi F, Timsit J, Chanson P, Peynet J, Godard V, Eschwege E, Rousselet F, Lubetzki J (1990) Comparison of HbA1 and Fructosamine in diagnosis of glucose-tolerance abnormalities. Diabetes Care 13: 898–900

Guimaraes MS, Jenssen H, Hanssen K, Stray-Pedersen B, Jrensen OH (1991) Umbilical artery flow velocity waveforms in diabetic pregnancy. Int J Fetomat Med 4: 23–6

Gulli G, Ferrannini E, Stern M, Haffner S, DeFronzo RA (1992) The metabolic profile of NIDDM is fully established in glucose-tolerant offspring of two Mexican-American NIDDM parents. Diabetes 41: 1575–86

Günther H, Frei U, Niesert St (1989) Schwangerschaften nach Nierentransplantation und unter Immunsuppression mit Cyclosporin A. Geburtsh u Frauenheilk 49: 155–9

Gutgesell HP, Mullins CE, Gilette PC, Speer M, Rudolph AJ, McNamara DG (1976) Transient hypertrophic subaortic stenosis in infants of diabetic mothers. J Pediatr 89: 120–4

Gutgesell HP, Speer ME, Rosenberg HS (1980) Characterization of the cardiomyopathy in infants of diabetic mothers. Circulation 61: 441–50

Guthrie RA, Guthrie DW, Murthy DY, Jackson RL, Lang J (1973) Standardization of the oral glucose tolerance tetst and the criteria for diagnosis of chemical diabetes in children. Metabolism 22: 275–82

Guttorm E (1975) Practical screening for diabetes mellitus in pregnant women. In: Sutherland HW, Stowers JM (eds) Carbohydrate Metabolism in Pregnancy and the Newborn. Edinburgh, Churchill Livingstone, pp 142–52

Gyves MT, Rodman HM, Little AB, Fanaroff AA, Merkatz IR (1977) A modern approach to management of pregnant diabetics. A two-year analysis of perinatal outcome Am J Obstet Gynecol 128: 606–16

Gyves MT, Schulman PK, Merkatz IR (1980) Results of individualized intervention in gestational diabetes. Diabetes Care 3: 495–501

Haas J, Rosegger H, Haim M (1987) Intrauterines Wachstum-Normalkurven zum Gestationsalter. Z Geburtsh u Perinat 191: 91–5

Habicht JP, Lechtig A, Yarbrough CH, Klein RE (1974) Maternal nutrition, birthweight and infant mortality. Size at Birth, Ciba Foundation Symposium. Associated Sci Publ, pp 354–77

Hackett GA, Cohen-Overbeek T, Campbell S (1992) The effect of exercise on uteroplacental Doppler waveforms in normal and complicated pregnancies. Obstet Gynecol 79: 919–23

Hadawi GL, Kihlström I, Eriksson UJ (1986) Diabetes in pregnancy: enhanced placental transport of glucose and neutral amino acids from manifest diabetic rats to their fetus (Abstract). Diabetologia 29: 545A

Haddad NG, Johnstone FD, Chambers SE (1988) Umbilical artery Doppler waveform in pregnancies with uncomplicated intrauterine growth retardation. Gynecol Obstet Invest 26: 206–10

Haddad NG, Johnstone FD, Chambers SE, et al (1988) Umbilical artery Doppler flow velocity waveform analysis and the outcome of hypertensive pregnancies. J Obstet Gynecol 9: 9–13

Hadden DR (1979) Asymptomatic diabetes in pregnancy. In: Sutherland HW, Stowers JM (eds) Carbohydrate metabolism in pregnancy and the newborn. Berlin, Springer, pp 407–24

Hadden DR (1980) Screening for abnormalities of carbohydrate metabolism in pregnancy 1966–1977. The Belfast experience. Diabetes Care 3: 440–6

Hadden DR (1985) Geographic, ethnic and racial variation in the incidence of gestational diabetes mellitus. Diabetes 34 [Suppl 2]: 8–12

Hadden DR (1999) How to improve prognosis in type 1 diabetic pregnancy. Diabetes Care 22 [Suppl 2]: B104–8

Hadden DR, Byrne E, Trotter I, Harley JMG, McClure G, McAuley RR (1984) Physical and psychological health of children of type 1 (insulin-dependent) diabetic mothers. Diabetologia 26: 250–4

Hadden DR, Traub AI, Harley JMG (1988) Diabetes-related perinatal mortality and congenital fetal abnormality: a problem of adult. Diabetic Med 5: 321–3

Hadlock FP, Harrist RB, Carpenter RJ, Deter RL, Park SK (1984) Sonographic estimation of fetal weight. The value of femur length in addition to head and abdomen measurements. Radiology 150: 535–40

Hadlock FP, Harrist RB, Fearneyhough TC, Deter RL, Park SK, Rossavik IK (1985) Use of femur lenght/abdominal circumference ratio in detecting the macrosomic fetus. Radiology 154: 503–5

Hadlock FP, Harrist RB, Sharman RS, Deter RL, Park SK (1985) Estimation of fetal weight with the use of head, body, and femur measurements – a prospective study. Am J Obstet Gynecol 151: 333–7

Haenel AF, Fässli C, Herrmann U (1990) Routinemäßige Messung des größten Fruchtwasserdepots im 3. Trimenon: prognostische Bedeutung. Gynäkol Rundsch 30: 144–52

Haeusler MCH, Konstantiniuk P, Dorfer M, Weiss PAM (1998) Amniotic fluid insulin testing in gestational diabetes: safety and acceptance of amniocentesis. Am J Obstet Gynecol 179: 917–20

Hafez ESE (1964) Uterine and placental enzymes. Acta Endocrinol 46: 217–29

Haffner SM, Stern MP, Hazuda HP, Mitchell BD, Patterson JK (1988) Increased insulin concentrations in nondiabetic offspring of diabetic patients. N Engl J Med 319: 1297–301

Haffner SM, Stern MP, Hazuda HP, Mitchell BD, Patterson JK (1990) Cardiovascular risk factors in confirmed prediabetic individuals. Does the clock for coronary heart disease start ticking before the onset of clinical diabetes? J Am Med Assoc 263: 2893–8

Haffner SM, Stern MP, Hazuda HP, Rosenthal M, Knapp JA, Malina RM (1986) Role of obesity and fat distribution in non-insulin-dependent diabetes mellitus in Mexican-Americans and non-Hispanic whites. Diabetes Care 9: 153–61

Haffner SM, Stern MP, Mitchell BD, Hazuda HP, Patterson JK (1990) Incidence of type II diabetes in Mexican Americans predicted by fasting insulin and glucose levels, obesity and body fat distribution. Diabetes 39: 283–88

Hagay Z, Reece EA (1992) Diabetes mellitus in pregnancy and periconceptional genetic counselling. Am J Perinatol 9: 87–93

Hagbard L (1958) The „pre-diabetic" period from an obstetric point of view. Acta Obstet Gynaecol Scand 37: 497–517

Hagbard L (1961) Pregnancy and diabetes mellitus. CC Thomas, Springfield, 111 (zit nach Burkart, 1989b)

Hagen E, Link JC, Arias FA (1993) A comparison of the accuracy of the TDx-FLM assay, lecithin-sphingomyelin ratio, and phosphaditylglycerol in the prediction of neonatal respiratory distress syndrome. Obstet Gynecol 82: 1004–8

Hagopian WA, Sanjeevi CB, Kockum I, et al (1995) Glutamate decarboxylase-, insulin-, and islet cell-antibodies and HLA typing to detect diabetes in a general population-based study of Swedish children. J Clin Invest 95: 1505–11

Hahn T, Barth S, Weiss U, Mosgoeller W, Desoye G (1998) Sustained hyperglyceamia in vitro down-regulates the GLUT1 glucose transport system of cultured human term placental trophoblast: a mechanism to protect fetal development? FASEB J 12: 1221–31

Hahn T, Hahn D, Blaschitz A, Korgun ET, Desoye G, Dohr G (2000) Hyperglycaemia-induced subcellular redistribution of GLUT1 glucose transporters in cultured human term placental trophoblast cells. Diabetologia 43: 173–80

Halaas JL, Gajiwala KS, Maffei M, Cohen SL, Chait BT, Rabinowitz D, et al (1995) Weight-reducing effects of the plasma protein encoded by the obese gene. Science 269: 543–6

Hales CN, Barker DJP (1992) Type 2 (non-insulin-dependent) diabetes mellitus: the thrifty phenotype hypothesis. Diabetologia 35: 595–601

Hales CN, Barker DJP, Clark PMS, Cox LJ, Fall C, Osmond C, Winter PD (1991) Fetal and infant growth and impaired glucose tolerance at age 64 years. Br Med J 303: 1019–22

Hales CN, Desai M, Ozanne SE (1997) The thrifty phenotype hypothesis: how does it look after 5 years? Diabet Med 14: 189–95

Hall K, Hansson U, Lundin G, Luthman M, Persson B, Povoa G, Stangenberg M, Ofverholm U (1986) Serum levels of somatomedins and somatomedin binding protein in pregnant women with type 1 or gestational diabetes and their infants. J Clin Endocrinol Metab 63: 1300–5

Hall MH, Carr-Hill R (1982) Impact of sex ratio on onset and mangement of labour. BMJ 285: 401–3

Hall R, Rhodes P, Newman R (1978) Glucose disappearance in infants of diabetic mothers. Relationship to lowest neonatal blood glucose and amniotic fluid insulin. Early Hum Dev 1: 257–64

Hallman, M (1981) Nachweis und Ausschluß fetaler Entwicklungsstörungen mittels Ultraschallscreening und gezielter Untersuchung – ein Mehrstufenkonzept. Ultraschall 2: 206

Hallman M, Teramo K (1979) Amniotic fluid phospholipid profile as a predictor of fetal maturity in diabetic pregnancies. Obstet Gynecol 54:703–7

Halpren EW, Soifer NE, Haenel LC, et al (1988) Ketoacidosis secondary to oral ritodrine use in a gestational diabetic patient: report of a case. J Am Osteopath Assoc 88: 241–4

Halushka PV, Mayfield R, Colwell JA (1985) Insulin and arachidonic acid metabolism in diabetes mellitus. Metabolism 34 [Suppl 1]: 32–6

Halushka PV, Rogers RC, Loadholt CB, Colwell JA (1981) Increased platelet thromboxane synthesis in diabetes mellitus. J Lab Clin Med 97: 87–96

Hamilton BS, Paglia D, Kwan AYM, Deitel M (1995) Increased obese mRNA expression in omental fat cells from massively obese humans. Nature Medicine 1: 953–6

Hamman RF, Marshall JA, Baxter J, Kahn LB, Mayer EJ, Orleans M, Murphy JR, Lezotte DC (1989) Methods and prevalence of non-insulin-dependent diabetes mellitus in a biethnic Colorado population. The San Luis Valley Diabetes Study. Am J Epidemiol 129: 295–311

Han VKM, D'Ercole AJ, Lund PK (1987) Cellular localization of somatomedin (insulin-like growth factor) messenger RNA in the human fetus. Science 236: 193–7

Han VKM, Hill DJ, Strain AJ, et al (1987) Identification of somatomedin/insulin-like growth factor immunoreactive cells in the human fetus. Pediatr Res 22: 245–9

Han VKM, Lund PK, Lee DC, D'Ercole AJ (1988) Expression of somatomedin/insulin-like growth factor messenger ribonucleic acids in the human fetus: identification, characterization, and tissue distribution. J Clin Endocrinol Metab 66: 422–9

Hanna AK, Minuk HL, Albisser AM, Marliss EB, Leibel BS, Zinman B (1980) A portable system for continuous intravenous insulin delivery: characteristics and results in diabetic patients. Diabetes Care 3: 1–8

Hannaford PC, Kay CR (1989) oral contraceptives and diabetes mellitus. Br Med J 299: 1315–6

Hanneken A, de Juan E, Lutty GA, Fox GM, Schiffer S, Hjelmeland LM (1991) Altered distribution of basic fibroblast growth factor in diabetic retinopathy. Arch Opthalmol 109: 1005–11

Hans M, Ditzel J (1991) The influence of maternal weight, smoking, vascular complications and glucose regulation on the birth weight of infants of Type I diabetic women. Eur J Obstet Gynecol Rep Biol 39: 175–9

Hansmann M (1976) Ultraschallbiometrie im II. und III. Trimester der Schwangerschaft. Gynäkologe 9: 135–55

Hansmann, M (1981) Nachweis und Ausschluß fetaler Entwicklungsstörungen mittels Ultraschallscreening und gezielter Untersuchung – ein Mehrstufenkonzept. Ultraschall 2: 206–20

Hanson U, Hagenfeldt L, Hagenfeldt K (1983) Glycosylated hemoglobins in normal pregnancy: sequential change and relation to birth weight. Obstet Gynecol 62: 741

Hanson U, Persson B (1993) Outcome of type 1 diabetic pregnancies in Sweden. Epidemiology of hypertension/preeclampsia. Medical Center Orebro, Sweden. Diabetic Pregnancy Study Group, 25th Annual Meeting

Hanson U, Persson B (1993) Outcome of pregnancy complicated by type 1 insulin-dependent diabetes in Sweden: acute pregnancy complications, neonatal mortality and morbidity. Am J Perinatol 10: 330–3

Hanson U, Persson B, Enochsson E, Lennerhagen P, Lindgren F, Lundström V, Lunell N-O, Nilsson BA, Nilsson L, Stangenberg M, Thalme B, Tillinger K-G, Öfverholm U (1984) Self-monitoring of blood glucose by diabetic women during the third trimester of pregnancy. Am J Obstet Gynecol 150: 817–21

Hanson U, Persson B, Hartling SG, Binder C (1996) Increased molar proinsulin-to-insulin ratio in women with previous gestational diabetes does not predict later impairment of glucose tolerance. Diabetes Care 19: 17–20

Hanson U, Persson P, Thunell S (1990) Relationship between haemoglobin A1C in early type 1 (insulin-dependent) diabetic pregnancy and the occurence of spontaneous abortion and fetal malformation in Sweden. Diabetologia 33: 100–4

Hanssen KR (1994) How tight must blood glucose control be to prevent diabetic nephropathy? Nephrol Dial Transplant 9: 226–7

Hanssens M, Keirse MJNC, Vankelecom F, Assche FAV (1991) Fetal and neonatal effects of treatment with angiotensin-converting enzyme inhibitors in pregnancy. Obstet Gynecol 78: 128–33

Haour F, Bertrand J (1974) Insulin receptors in the plasma membranes of human placenta. J Clin Endocrinol Metab 38: 334–7

Harder T, Plagemann A (2000) A role for gestational diabetes in the excess maternal Transmission of type 2 diabetes? Diabetes Care 23: 431–2

Hardie L, Tryhurn P, Abramovich D, Fowler P (1997) Circulating leptin in women: a longitudinal study in the menstrual cycle and during pregnancy. Clin Endocrinol 47: 101–6

Harding PE, Oakley NW, Wynn V (1973) Reproducibility of glucose tolerance data in normal and mildly diabetic subjects. Clin Endocrinol 2: 387–95

Hardy AE (1981) Birth injuries of the brachial plexus: incidence and prognosis. J Bone Joint Surg Br 63: 98–101

Hardy HA (1986) Pregnancy in renal transplant recipients: a review. Obstet Gynecol Survey 41: 264–71

Hare JF, Green MF (1991) Classifikation of diabetes in pregnancy. Satellite Symposium to 14th IDF Congress, Newport, Rhode Island (persönliche Mitteilung)

Hare JW (1991) Insulin management of Type I and Type II diabetes in pregnancy. Clin Obstet Gynecol 34: 494

Hare JW (1991) Levels of glycemia as management goals. Diabetes 40 [Suppl 2]: 193

Hare JW, White P (1977) Pregnancy in diabetes complicated by vascular disease. Diabetes 26: 953–5

Hare JW, White P (1980) Gestational diabetes and the White classification. Diabetes Care 3: 394 [zit nach: John W Hare (eds) Diabetes complicating Pregnancy. New York, Alan R Liss, Inc (1989), p 37]

Harkness LJ, Ashwood ER, Parsons S, Lenke RR (1991) Comparison of the accuracy of glucose reflectance meters in pregnant insulin-dependent diabetics. Obstet Gynecol 77: 181–5

Harlass FE, Brady K, Read JA (1991) Reproducibility of the oral glucose tolerance test in pregnancy. Am J Obstet Gynecol 164: 564–8

Harlow BL, Frigoletto FD, Cramer DW, Evans JK, Bain RP, Ewigman B, McNellis D, the Radius Study Group (1995) Epidemiologic predictors of cesarean section in nulliparous patients at low risk. Am J Obstet Gynecol 172: 156–62

Harris BA (1984) Shoulder dystocia. Clin Obstet Gynecol 27: 106–11

Harris HF (1989) A case of diabetes mellitus quickly following mumps. Boston Med Surg J 140: 465–9

Harris M (1989) Screening for undiagnosed non-insulin-dependent diabetes. In: Alberti KGMM, Mazze RS (eds) Frontiers of Diabetic Research: current Trends in Non-Insulin-Dependent Diabetes Mellitus. Amsterdam, The Netherlands, Elsevier Science Publishers BV, pp 119–31

Harris MI (1988) Gestational diabetes may represent discovery of preexisting glucose intolerance. Diabetes Care 11: 402–11

Harris MI (1989) Impaired glucose tolerance in the U.S.population. Diabetes Care 12: 464–74

Harris MI, Flegal KM, Cowie CC, Eberhardt MS, Goldstein DE, Little RR, Wiedmeyer H-M, Byrd-Holt DD (1998) Prevalence of diabetes, impaired fasting glucose, and impaired glucose tolerance in U.S. adults. Diabetes Care 21: 518–24

Harris MI, Hadden WC, Knowler WC, Bennett PH (1987) Prevalence of diabetes and impaired glucose tolerance and plasma glucose levels in the US population aged 20–74 yr. Diabetes 36: 523–34

Harris MI, Klein R, Welborn TA, Knuiman MW (1992) Onset of NIDDM occurs at least 4–7 yr before clinical diagnosis. Diabetes Care 15: 815–9

Harris MI, Robbins DC (1994) Prevalence of adult-onset IDDM in the U.S. population. Diabetes Care 17: 1337–40

Harris SB, Caulfield LE, Sugamori ME, Whalen EA, Henning B (1997) The epidemiology of diabetes in pregnant native Canadians: a risk profile. Diabetes Care 20: 1422–5

Harrison LC, Billington T, Clark S, Nichols R, East I, Martin FIR (1977) Decreased binding of insulin by receptors on placental membranes from diabetic mothers. J Clin Endocrinol Metab 44: 206–9

Harrison LC, Itin A (1980) Purification of the insulin receptor from human placenta by chromatography on immobilized wheat germ lectin and receptor antibodies. J Biol Chem 255: 12065–72

Hartling SG, Lindgren F, Dahlqvist G, Persson B, Binder C (1989) Elevated proinsulin in healthy siblings of IDDM patients independent of HLA identity. Diabetes 38: 1271–4

Hartmann CG (1957) In: Villee CA (ed) Gestation. Transaction of the Third Conference. New York, The Josiah Macy Jr Foundation, p 139 (zit nach MacNaughton, 1969)

Hasegawa T, Hasegawa Y, Takada M, Tsuchiya Y (1995) The free form of insulin-like growth factor 1 increases in circulation during normal human pregnancy. J Clin Endocrinol Metab 80: 3284–6

Hashimoto B, Filly RA, Belden C, Callen PW, Laros RK (1987) Objective method of diagnosing oligohydramnios in postterm pregnancies. J Ultrasound Med 6: 81–4

Hashimoto M, Akazawa S, Akazawa M, Akashi M (1990) Effects of hyperglycemia on sorbitol and myo-inositol contents of cultured embryos: treatment with aldose reductase inhibitor and myo-inositol supplementation. Diabetologia 33: 597–602

Hassink SG, de Lancey E, Sheslow DV, Opentanoue I, Considine RV, Caro JF, et al (1997) Placental leptin: an important new growth factor in intrauterine and neonatal development? Pediatrics 100: e1–e6

Hassink SG, Sheslow DV, de Lancey E, Opentanove I, Considine RV, Caro JF (1996) Serum leptin in children with obesity: relationship to gender and development. Pediatrics 98: 201–3

Hasslacher Ch (1985) Stadien-Diagnostik der diabetischen Nephropathie. Ärztl Lab 31: 231–4

Hasslacher Ch, Stech W, Wahl P, Ritz E (1985) Blood pressure and metabolic control as risk factors for nephropathy in Type I (insulin-dependent) diabetes. Diabetologia 28: 6–11

Hatjis CG, Meis PJ (1985) Total parenteral nutrition in pregnancy. Obstet Gynecol 66: 585–8

Hauguel S, Desmaizieres V, Challier JC (1986) Glucose uptake, utilization, and transfer by the human plazenta as functions of maternal glucose concentration. Pediatr Res 20: 269–73

Hauguel-De Mouzon S, Leturque A, Alsat E, Loizeau M, Evain-Brion D, Girard J (1994) Developmental expression of Glut1 glucose transporter and *c-fos* genes in human placental cells. Placenta 15: 35–46

Haukkamaa M, Nilsson CG, Lukkainen T (1980) Screening, management, and outcome of pregnancy in diabetic mothers. Obstet Gynecol 55: 596–602

Haust MD (1981) Maternal diabetes mellitus – Effects on the fetus and placenta. Monographs in Pathology 22: 201–85

Havlin C, Parvin C, Cryer P (1991) The accuracy of blood glucose monitoring devices. Clin Diabetes 9: 92–3

Hawdon JM, Aynsley-Green A, Alberti KGMM, Ward Platt MP (1993) The role of pancreatic insulin secretion in neonatal glucoregulation. I. Healthy term and preterm infants. Arch Dis Child 68: 274–9

Hawdon JM, Aynsley-Green A, Bartlett K, Ward Platt MP (1993) The role of pancreatic insulin secretion in neonatal glucoregulation. II. Infants with disordered blood glucose homeostasis. Arch Dis Child 68: 280–85

Hawdon JM, Aynsley-Green A, Ward Platt MP (1993) Neonatal blood glucose concentrations: metabolic effects of intravenous glucagon and intragastric medium chain triglyceride. Arch Dis Child 68: 255–61

Hawdon JM, Weddell A, Aynsley-Green A, Ward Platt MP (1993) Hormonal and metabolic response to Hypoglycaemia in small for gestational age infants. Arch Dis Child 68: 269–73

Hawkins T, Gala RR, Dunbar JC (1993) The effect of neonatal sex hormone manipulation on the incidence of diabetes in nonobese diabetic mice. Proc Soc Exp Biol Med 202: 201–5

Haworth JC (1965) Carbohydrate metabolism in the fetus and the newborn. Metabolism of developing fetus and newborn. Ped Clin N Amer 12: 573–84

Haworth JC, Coodin FJ, Finkel KC, Weidman ML (1963) Hypoglycemia associated with symptoms in the newborn period. Canad Med Ass J 88: 23–8

Hawthorne G, Snodgrass A, Tunbridge M (1994) Outcome of diabetic pregnancy and glucose intolerance in pregnancy: an audit of fetal loss in Newcastle General Hospital 1977–1990. Diabetes Res Clin Pract 25: 183–90

Hawthorne K (2000) Evidence-based knowledge and its implications. Diabetes Voice 45: 13

Hay Jr, WW (1984) Fetal and neonatal glucose homeostasis and their relation to the small for gestational age infant. Semin Perinatol 8: 101–16

Hay Jr, WW (1991) The placenta: not just a conduit for maternal fuels. Diabetes 40 [Suppl 2]: 44–50

Hay Jr, WW, Meznarich HK (1990) Effect of maternal glucose concentration on uteroplacental glucose consumption and transfer in pregnant sheep. Proc Soc Exp Biol Med 190: 63–9

Hay W, Digiacomo JE, Meznarich HK, Hirst K, Zerbe G (1989) Effects of glucose and insulin on fetal glucose oxidation and oxygen consumption. Am J Physiol 256: E704–13

Hay WW Jr, Sparks JW, Wilkening RB, Battaglia FC, Meschia G (1984) Fetal glucose uptake and utilization as functions of maternal glucose concentration. Am J Physiol 246: E 237–42

Hay WW, Sparks JW, Wilkening RB, Battaglia FC, Meschia G (1983) Partition of maternal glucose production between conceptus and maternal tissues in sheep. Am J Physiol 245: E347–50

Haynes RC (1990) Adrenocorticotropic hormone, adrenocortical steroids and their synthetic analogs, inhibitors of adrenal steroid biosynthesis. In: Goodman Gillman A, Rall TW, Nies AS, Taylor P (eds) The Pharmalogical Basis of Therapeutics. New York, Pergamon Press, pp 1431–62

Hayslett JP, Reece EA (1987) Effect of diabetic nephropathy on pregnancy. Am J Kidney Dis 9: 344–9

Hazeltine FG (1967) Hypoglycemia and Rherytthroblastosis fetalis. Pediatrics 39: 696–9

Health Insurance Association of America: Source Book of Health Insurance Data (1989) Washington, DC, HIAA

Heaton DA, Millward BA, Gray IP, et al (1988) Increased proinsulin levels as an early indicator of B-cell dysfunction in non diabetic twins of type 1 (insulin-dependent) diabetic patients. Diabetologia 31: 182–4

Heding LG, Ludvigsson J, Kasperska-Czyzykowa T (1981) B-cell secretion in non-diabetics and insulin-dependent diabetes. Acta Med Scand [Suppl] 656: 5–9

Heding LG, Persson B, Stangenberg M (1980) β-cell function in newborn infants of diabetic mothers. Diabetologia 19: 427–32

Heijkenskjold F (1958) Lipoid content of placentae from normal and diabetic mothers. Acta Obstet Gynaec Scand 37: 386–91

Heijkenskjold F, Gemzell CA (1957) Glycogen content in the placenta of diabetic mothers. Acta Paediatr 46: 74–80

Heise T, Weyer C, Serwas A, Heinrichs S, Osinga J, Roach P, Woodworth J, Gudat U, Heinemann L (1998) Time-action profiles of novel premixed preparations of insulin Lispro and NPL insulin. Diabetes Care 21: 800–3

Heisig N (1975) Diabetes und Schwangerschaft. Stuttgart, Thieme

Helgason T, Danielsen R, Thorsson AV (1992) Incidence and prevalence of type I (insulin-dependent) diabetes mellitus in Icelandic children 1970–1989. Diabetologia 35: 880–3

Helgason T, Jonasson MR (1981) Evidence for a food additive as a cause of ketosis-prone diabetes. Lancet ii: 716–20

Heller SR, Lowe JM, Johnson IR, et al (1984) Seven years experience of home management in pregnancy in women with insulin-dependent diabetes. Diabetic Med 1: 199

Hellerstrom C, Swenne I, Anderson A (1988) Islet cell replication and diabetes. In: Lefebvre PJ, Pipeleers DG (eds) The Pathology of the Endocrine Pancreas in Diabetes. Heidelberg, Springer, pp 141–170

Hellesen HB, Vikane E, Lie RT, Irgens LM (1996) Maternal diabetes: falling perinatal mortality but still increased fetal growth. Tidsskr Nor Laegeforen 116: 3656–69

Hellman LM, Kobayashi M, Tolles JE, Cromb E (1970) Ultrasonic studies on the volumetric growth of human placenta. Am J Obstet Gynecol 108: 740

Helmrich SP, Ragland DR, Leung RW, Paffenbarger RS (1991) Physical activity and reduced occurrence of non-insulin dependent diabetes mellitus. N Engl J Med 325: 147–52

Helms RB (1992) Implications of population growth on prevalence of diabetes: a look at the future. Diabetes Care 15 [Suppl 1]: 6–9

Hemachandra A, Ellis D, Lloyd CE, Orchard TJ (1995) The influence of pregnancy on IDDM complications. Diabetes Care 18: 950–4

Henderson CE, Egre H, Turk R, Aning V, Szilagyi G, Divon MY (1993) Amniorhexix lowers the incidence of positive cultures for group B streptococci. Am J Obstet Gynecol 168: 624–5

Henquin JC, Tamagawa T, Nenquin M, Cogneau M (1983) Glucose modulates Mg^{2+} fluxes in pancreatic islet cellls. Nature 301: 73–4

Henrichs HR, Lehmann P, Vorberg E (1991) An improved Fructosaminassay for monitoring blood glucose control. Diabetes Med 8: 580–4

Henriques CU, Damm P, Tabor A, Goldstein H, Mølsted-Pedersen L (1991) Incidence of fetal chromosome abnormalities in insulin-dependent diabetic women. Acta Obstet Gynaecol Scand 70: 295–7

Henriques CU, Damm P, Tabor A, Pedersen JF, Mølsted-Pedersen L (1993) Decreased alpha-fetoprotein in amniotic fluid and maternal serum in diabetic pregnancy. Obstet Gynecol 82: 960–4

Henry OA, Beischer NA (1991) Long-term implications of gestational diabetes for the mother. In: Oats JN (ed) Bailliere's Clinical Obstetrics and Gynaecology. London, Bailliere Tindall, pp 461–83

Hepp KD, Renner K, Mehnert H (1980) Control of insulin-dependent diabetes with portable miniaturized infusion systems. Diabetes Care 3: 309–13

Hepp KD, Willms B (1992) Diagnostik und Therapie des Gestationsdiabetes. Richtlinien der Deutschen Diabetes-Gesellschaft. Diabetes und Stoffwechsel 1: 245–6

Herbert WNP, Chapman JF, Schnoor MM (1993) Role of the TDx-FLM assay in fetal lung maturity. Am J Obstet Gynecol 168: 808–12

Herman G, Raimondi B (1988) Glucose tolerance, fetal growth, and pregnancy complications in normal women. Am J Perinatol 5: 168–71

Herman WH (1995) The long-term impact of intensive insulin therapy: an economic ananlysis. IDF Bulletin 40: 20–2

Herman WH, Dasbach EJ, Songer TJ, Thompson DE, Crofford OB (1994) Assessing the impact of intensive insulin therapy on the health care system. Diabetes Reviews 2: 384–8

Herrera E, Lasuncion MA, Gomez-Coronado D, Aranda P, Lopez-Luna P, Mair I (1988) Role of lipoprotein lipase activity on lipoprotein metabolism and the fate of circulating triglycerides in pregnancy. Am J Obstet Gynecol 158: 1575–83

Herrera E, Palacin M, Martin A, Lasuncion MA (1985) Relationship between maternal and fetal fuels and placental glucose transfer in rats with maternal diabetes of varying severity. Diabetes 34 [Suppl 2]: 42–6

Hertz RH, King KC, Kalhan SC (1984) Management of third-trimester diabetic pregnancies with the use of continuous subcutaneous insulin infusion therapy: a pilot study. Am J Obstet Gynecol 149: 256–60

Herzstein J, Dolger H (1946) The fetal mortality in women during the prediabetic period. Am J Obstet Gynecol 51: 420–2

Heyl W, Schröder W, Kitschke HJ (1995) Determination of postpartum fructosamine for assessment of gestational diabetes-a suitable method? Zentralbl Gynäkol 117: 269–73

Hill DE (1982) Fetal effects of insulin. Obstet Gynecol Annu 11: 133–49

Hill DJ (1990) Relative abundance and molecular size of immunoreactive insulin-like growth factors I and II in human fetal tissues. Early Hum Dev 21: 49–58

Hill DJ, Clemmons DR (1992) Similar distribution of insulin-like growth factor binding proteins-1: -2: -3 in human fetal tissues. Growth Factors 6: 315–26

Hill DJ, Clemmons DR, Wilson S, Han VKM, Strain AJ, Milner RDG (1989) Immunological distribution of one form of insulin-like growth factor (IGF)-binding protein and IGF peptides in human fetal tissues. J Mol Endocrinol 2: 31–8

Hill DJ, Flyvbjerg A, Arany E, Lauszus FF, Klebe JG (1997) Increased levels of serum fibroblast growth factor-2 in diabetic pregnant women with retinopathy. J Clin Endocrinol Metab 82: 1452–7

Hill DJ, Frazer A, Swenne I, Wirdnam PK, Milner DG (1987) Somatomedin-C in human fetal pancreas. Cellular localization and release during organ culture. Diabetes 36: 465–71

Hill DJ, Milner RDG (1980) Increased somatomedin and cartilage metabolic activity in rabbit fetuses injected with insulin in utero. Diabetologia 19: 143–7

Hill DJ, Tevaarwerk GJ, Caddell C, et al (1995) Fibroblast growth factor 2 is elevated in term maternal and cord serum and amniotic fluid in pregnancies complicated by diabets: relationship to fetal and placental size. J Clin Endocrinol Metab 80: 2626–32

Hill LM, Guzick D, Boyles D, Merolillo C, Ballone A, Gmiter PAM (1992) Subcutaneous tissue thickness cannot be used to distinguish abnormalities of fetal growth. Obstet Gynecol 80: 268–71

Hill LM, Guzick D, Fries J, Hixson J, Rivello D (1990) The transverse cerebellar diameter in estimating gestational age in the large for gestational age fetus. Obstet Gynecol 75: 981–5

Hill RS, Rhoten WB (1983) Differential effects of microtubule-altering agents on β-cells during development. Am J Physiol 245: E391–400

Hill WC, Katz M, Kitzmiller JL, Burr E (1984) Tocolysis for the insulin-dependent diabetic woman. Am J Obstet Gynecol 148: 1148–50

Hillebrand B, Hofmeister G, Schoetzau A, Nehnert H, Lohe KJ (1990) Diabetes und Schwangerschaft-Bedeutung der Normoglykämie für Mutter und Kind. Akt Endokr Stoffw 11: 35–40

Hillebrand B, Schoetzau A, Mehnert H (1990) Risikoprofil der Gestationsdiabetikerin und ihrer Neugeborenen aus der Sicht des Diabeteszentrums. Akt Endokr Stoffw 11: 109

Hinchliffe SA, Lynch MRJ, Sargent PH, Howard CV, van Velzen D (1992) The effect of intrauterine growth retardation on the development of renal nephrons. Br J Obstet Gynaecol 99: 296–301

Hinckers HJ (1978) Kindesgeschlecht und Glukosetoleranz: Untersuchungen mittels des kontinuierlich registrierten i.v. Glukosetoleranztests (i.v.-Glukogramm). Gynäkologe 11: 99–102

Hirabayashi Y, Yoshizawa Y, Ogawa T, Inoue S (1986) Aplication of an artificial endocrine pancreas in the anesthetic management of insulin dependent diabetic women. JPN J Anesthesiol 35: 816–9

Hirata GI, Medearis AL, Horenstein J, Bear MB, Platt LD (1990) Ultrasonographic estimation of fetal weight in the clinically macrosomic fetus. Am J Obstet Gynecol 162: 228–42

Hirota K, Strauss L (1964) Electronmicroscope observations on the human placenta in maternal diabetes. Fed Proc 23: 575

Hjøllund E, Pedersen O, Espersen T, Klebe J (1986) Impaired insulin receptor binding and postbinding defects of adipocytes from normal and diabetic pregnant women. Diabetes 35: 598–603

Ho LT, Chang ZY, Wang JT, Li SH, Liu YF, Chen Y-DI, Reaven GM (1989) Insulin insensitivity in offspring of parents with type 2 diabetes mellitus. Diabetes Educ 7: 31–4

Hobbins JC, Grannum PAT, Berkowitz RL, Silverman R, Mahoney MJ (1979) Ultrasound in the diagnosis of congenital anomalies. Am J Obstet Gynecol 134: 331–45

Hochberg Z, Perlman R, Benderli A, Brandes JM (1982) The effect of glucose 2–deoxy-D-glucose and insulin on estradiaol secretion by cultured human trophoblast. Biochem Biophys Res Commun 108: 102–9

Hod M, Merlob P, Friedman S, Rusecki Y, Schoenfeld A, Ovada J (1991) Prevalence of congenital anomalies and neonatal complications in the offspring of diabetic mothers in Israel. Isr J Med Sci 27: 498–502

Hod M, Merlob P, Friedmann S, Schonfeld A, Ovadia J (1991) Gestational diabetes mellitus. A survey of perinatal complications in the 1980's. Diabetes 40 [Suppl 2]: 74–8

Hod M, Rabinerson D, Kaplan B, et al (1996) Perinatal complications following gestational diabetes mellitus: how „sweet" is ill? Acta Obstet Gynaecol Scand 75: 809–15

Hoddinott S, Dornan J, Bear JC, Farid NR (1982) Immunoglobulin levels, immunodeficiency and HLA in type I (insulin-dependent) diabetes mellitus. Diabetologia 23: 326–9

Hoegsberg B, Gruppuso PA, Coustan DR (1993) Hyperinsulinemia in macrosomic infants of nondiabetic mothers. Diabetes Care 16: 32–6

Hoet JJ (1977) Diabetes und Schwangerschaft. Münch Med Wochenschr 119: 659–61

Hoet JJ (1988) The world scope of gestational diabetes. In: Weiss PAM, Coustan DR (eds) Gestational Diabetes. Wien New York, Springer, pp 59–66

Hoet JJ (1991) Influence of dietary changes on the development of the fetal pancreas-consequences later in life. Isr J Med Sci 27: 423–4

Hoet JJ (1992) The epidemiology of gestational diabetes mellitus: environmental factors. 2nd International Graz Symposium on Gestational Diabetes

Hoet JJ, Persson B, Van Assche FA (1985) Diabetes and pregnancy. In: Shearman RS (ed) Clinical Reproductive Endocrinology. Edinburgh, Churchill Livingstone, pp 229–327

Hoet JJ, Remacle C (1987) Organisation of the pancreatic islets with special reference to diabetes. In: De Groot LJ, Rubenstein AH (eds) Endocrinology. The Pancreatic Islets (2nd Edition) Florida, Grune Stratton Inc

Hoet JJ, Reusens B, Remacle C (1998) Bedeutung der intrauterinen Ernährung für die Entwicklung von Diabetes mellitus im späteren Leben. Gynäkologe 31: 133–9

Hoet JJ, Reusens-Billen B (1986) Relationship of pancreatic morphologic changes to the onset of diabetes. In: Krall LP (ed) Worldbook of diabetes in practice, Vol 2. Amsterdam New York Oxford, Elsevier Science Publishers, pp 33–7

Hoffbauer H, Arabin B, Pachaly J (1980) Über die sonographische Messung multipler fetaler Körperparameter. Ultraschall 1: 84–100

Hoffman L, Mandel TE, Carter WM, Koulmanda M, Martin FIR (1982) Insulin secretion by fetal human pancreas in organ culture. Diabetologia 23: 426–30

Hofmann H, Porta S, Edlinger B, Weiss PAM, Dobnig H, Slawitsch P, Hagmüller K (1989) Interindividual comparability of blood glucose alterations after meals of complex carbohydrates. Exp Pathol 40: 179–84

Hofmann HMH (1990) Fructosamin in relation to maternofetal glucose and insulin homeostasis in gestational diabetes. Arch Gynecol Obstet 247: 173–185

Hofmann HMH (1990) Maternal serum fructosamin and maternofetal glucose and insulin homeostasis in normal pregnancy. Arch Gynecol Obstet 248: 1–11

Hofmann HMH, Weiss PAM, Haas JG (1986) Continuous insulin delivery systems for the pregnant diabetic patient. Acta Diabetol Lat 23: 201–14

Hofmann HMH, Weiss PAM, Kainer F (1988) Insulin treatment of gestational diabetes. The basal bolus concept. In: Weiss PAM, Coustan DR (eds) Gestational Diabetes. Wien New York, Springer, pp 142–52

Hofmann HMH, Weiss PAM, Pürstner P, Haas J, Gmoser G, Tamussino K, Schmon B (1990) Serum fructosamine and amniotic insulin levels in patients with gestational diabetes and healthy control subjects. Am J Obstet Gynecol 162: 1174–7

Hohenauer L (1980) Intrauterine Wachstumskurven für den Deutschen Sprachraum. Z Geburtsh u Perinat 184: 167–79

Holcberg G, Miodovnik M, Rosenn B, Kossenjans W, Myatt L (1995) Interaction of angiotensin-II and brain natriuretic peptide in the placentas of normal and diabetic women. Obstet Gynecol 85: 428–32

Holden KP, Jovanovic L, Druzin ML, Peterson CM (1984) Increased fetal activity with low maternal glucose levels in pregnancies complicated by diabetes. Am J Perinatol 1: 161–4

Holing EV, Beyer CS, Brown ZA, Connell FA (1998) Why don't women with diabetes plan their pregnancies? Diabetes Care 21: 889–95

Holing EV, Shaw Beyer C, Brown ZA, Connell FA (1998) Why don't women with diabetes plan their pregnancies? Diabetes Care 21: 889–95

Holl RW, Heinze E, Seifert M, Grabert M, Teller WM (1994) Longitudinal analysis of somatic development in paediatric patients with IDDM: genetic influences on height and weight. Diabetologia 37: 925–9

Holl RW, Siegler B, Scherbaum WA, Heinze E (1993) The serum growth hormone-binding protein is reduced in young patients with insulin-dependent diabetes mellitus. J Clin Endocrinol Metab 76: 165–7

Hollander P (1988) Gestational diabetes: ensuring optimal outcome for mother and child. Postgrad Med 83: 48–61

Holländer HJ (1976) Das Ultraschallbild des Feten im zweiten und dritten Trimester der Schwangerschaft. Gynäkologe 9: 123–32

Hollenbeck CB, Coulston AM, Reaven GM (1986) Glycemic effects of carbohydrates. Diabetes Care 9: 641–7

Hollenbeck CB, Coulston AM, Reaven GM (1988) Comparison of plasma glucose and insulin responses to mixed meals of high-, intermediate-, and low-glycemic potential. Diabetes Care 11: 323–9

Hollingsworth DR (1983) Alterations of maternal metabolism in normal and diabetic pregnancies: differences in insulin-dependent and gestational diabetes. Am J Obstet Gynecol 146: 417–29

Hollingsworth DR (1984) Types of carbohydrate intolerance in pregnant women. In: Hollingsworth DR (ed) Pregnancy, Diabetes and Birth. Baltimore, Williams & Wilkins, pp 2–16

Hollingsworth DR, Cousins L (1981) Diabetes in pregnancy: a new perspective. In: A Milunsky, E Friedman, L Gluck (eds) Advances in Perinatal Medicine, Vol 2. New York, NY Plenum Press

Hollingsworth DR, Grundy SM (1982) Pregnancy-associated hypertriglyceridemia in normal and diabetic women. Differences in insulin-dependent, non-insulin-dependent, and gestational diabetes. Diabetes 31: 1092–7

Hollingsworth DR, Jones OW, Resnik R (1984) Expanded care in the obstetrics for the 1980s: preconception and early postconception counseling. Am J Obstet Gynecol 149: 811–4

Holly JMP (1991) The physiological role of IGFBP-1. Acta Endocrinol (Copenh) 124: 55–62

Holly JMP, Biddlecombe RA, Dunger DB, Edge JA, Amiel SA, Howell R, Chard T, Rees LH, Wass JAH (1988) Circadian variation of GH-independent IGF binding protein in diabetes mellitus and its relationship to insulin: a new role for insulin? Clin Endocrinol 29: 667–75

Holtrop PC (1993) The frequency of hypoglycemia in full-term large and small for gestational age newborns. Am J Perinatol 10: 150–4

Holzman IR, Philipps AF, Battaglia FC (1979) Glucose metabolism, lactate and ammonia production by the human placenta in vitro. Pediatr Res 13: 117–20

Homko CJ, Khandelwal M (1996) Glucose monitoring and insulin therapy during pregnancy. Obstet Gynecol Clin North Am 23: 47–74

Homko CJ, Sivan E, Nyirjesy P, Reece EA (1995) The interrelationship between ethnicity and gestational diabetes in fetal macrosomia. Diabetes Care 18: 1442–5

Hommel G, Muck BR (1977) Ein diskriminanzanalytischer Ansatz zur Beurteilung der Glukosetoleranz Schwangerer anhand von Seruminsulin-Verlaufsbeobachtungen. Arch Gynäk 223: 315–21

Hommes MJT, Romijn JA, Endert E, et al (1991) Insulin sensitivity and insulin clearance in human immunodeficiency virus-infected men. Metabolism 40: 651–6

Honeyman MC, Coulson BS, Stone NL, Gellert SA, Goldwater PN, Steele CE, Couper JJ, Tait BD, Colman PG, Harrison LC (2000) Association between rotavirus infection and pancreatic islet autoimmunity in children at risk of developing type 1 diabetes. Diabetes 49: 1319–24

Hong PL, Benjamin F, Deutsch S (1989) First prenatal visit glucose screening. Am J Perinatol 6: 433–6

Hoogland HJ, De Haan J, Martin CB (1980) Placental size during early pregnancy and fetal outcome: a preliminary report of a sequential ultrasonographic study. Am J Obstet Gynecol 138: 441

Hopp H (1990) Diabetes mellitus und Frühgeburt. Z Klin Med 45: 1229–32

Hopp H (1990) Die Bedeutung der Ätiopathogenese-Forschung für Diagnostik, Prophylaxe und Therapie bei Koinzidenz von Diabetes und Schwangerschaft. Z Klin Med 45: 2275–9

Hopp H, Glöckner E, Vollert W, Ruhnke M (1992) Indications for and results of insulin therapy for gestational diabetes. Freie Universität Berlin und Institut für Diabetesforschung Karlsburg, BRD. Abstractband, Second International Graz Symposium on Gestational Diabetes. Puch, Austria, Medizinisch-wissenschaftliche Abteilung. Milupa Information-Service, p 51

Hopp H, Leis R (1990) Diabetes und Schwangerschaft. Z Klin Med 45: 2089–96

Hopp H, Vollert W, Ebert A, Weitzel H, Glöckner E, Jährig D (1995) Diabetische Retinopathie und Nephropathie – Komplikationen während Schwangerschaft und Geburt. Geburtsh u Frauenheilk 55: 275–9

Hopp H, Vollert W, Ragosch V, et al (1996) Indication and results of insulin therapy for gestational diabetes mellitus. J Perinat Med 24: 521–30

Hopp H, Vollert W, Ragosch V, Pritze W, Ebert A, Entezami M, Weitzel H (1995) Vermeidung kindlicher Risiken durch ein generelles Gestationsdiabetes-Screening, intensivierte Diagnostik und konsequente Therapie. Geburtsh u Frauenheilk 55: 28–31

Hopwood HG (1986) Shoulder dystocia: fifteen years experience in a community hospital. Am J Obstet Gynecol 158: 614–8

Horii K, Watanabe G, Ingalls TH (1966) Experimental diabetes in pregnant mice: prevention of congenital malformations in offspring by insulin. Diabetes 15: 194–204

Horky Z (1964) Beitrag zur Funktionsbedeutung der Hofbauer-Zellen (Beobachtungen in der Plazenta bei Diabetes mellitus). Zbl Gynäk 86: 1621–6

Horky Z (1964) Das Plazentagewicht bei Diabetes mellitus. Zbl Gynäk 86: 769–72

Horky Z (1965) Der Insulinverbrauch bei diabetischen Frauen während der Schwangerschaft und bei der Geburt. Zbl Gynäk 87: 672–8

Horky Z (1965) Die Reifungsstörung der Plazenta bei Diabetes mellitus. Zbl Gynäk 87: 1555–64

Hörmann G (1958) Zur Systematik einer Pathologie der menschlichen Plazenta. Arch Gynäk 191: 297–344

Hörmann G, Lemtis H (1965) Die menschliche Plazenta. In: Schwalm Döderlein (Hrsg) Klinik der Frauenheilkunde und Geburtshilfe, Bd 3. München Berlin, Urban & Schwarzenberg

Hornnes PJ (1985) On the decrease of glucose tolerance in pregnacy. A review. Diabete Metabol 11: 310–5

Hornnes PJ, Kühl C (1980) Plasma insulin and glucagon responses to isoglycemic stimulation in normal pregnancy and post partum. Obstet Gynecol 55: 425–7

Hornnes PJ, Kühl C (1983) Endocrine pancreatic sensitivity to glucose in woman with gestational diabetes. Obstet Gynecol 62: 305–8

Hornnes PJ, Kühl C, Lauritzen KB (1981) Gastrointestinal insulinotropic hormones in normal and gestational-diabetic pregnancy: response to oral glucose. Diabetes 30: 504–9

Horowitz M, Cunningham KM, Wishart JM, Jones KL, Read NW (1996) The effect of short-term dietary supplementation with glucose on gastric emptying of glucose and fructose and oral glucose tolerance in normal subjects. Diabetologia 39: 481–6

Horowitz M, Edelbroek MAL, Wishart JM, Straathof JW (1993) Relationship between oral glucose tolerance and gastric emptying in normal healthy subjects. Diabetologia 36: 857–62

Horowitz M, Fraser R (1994) Disordered gastric motor function in diabetes mellitus. Diabetologia 37: 543–51

Horská S, Rázová M, Vondrácek J (1980) Amino acids in the amniotic fluid of diabetic mothers. Biol Neonate 37: 204–8

Horton WE Jr, Sadler TW, Hunter ES (1985) Effects of hyperketonemia on mouse embryonic and fetal glucose metabolism in vitro. Teratology 31: 227–33

Horton WE, Sadler TW (1983) Effects of maternal diabetes on early embryo-genesis. Alterations in morphogenesis produced by the ketone body, B-Hydroxybutyrate. Diabetes 32: 610–6

Horvat M, MacLean H, Goldberg L, Crock GW (1980) Diabetic retinopathy in pregnancy: a 12–year prospective study. Br J Ophthalmol 64: 398

Hoskins PJ, Leslie RDG, Pyke DA (1985) Height at diagnosis of diabetes in children: a study in identical twins. Br Med J 290: 278–80

Hosoya N, Hagerman D, Villee C (1960) Stimulation of fatty acid synthesis by estradiol in vitro. Biochem J 76: 297–301

Hossenlop P, Seurin D, Segovia B, Portolan G, Binoux M (1987) Heterogeneity of insulin-like growth factor binding proteins between structure and affinity. Eur J Biochem 170: 133–42

Hotamisligil GS, Spiegelman BM (1994) Perspectives in diabetes. Tumor necrosis factor α: a key component of the obesity-diabetes link. Diabetes 43: 1271–8

Hotston S, Carty H (1983) Lumbosacral agenesis: a report of three new cases and a review of literature. Br J Radiol 55: 629–33

Houghton DJ, Shackleton P, Obiekwe BC, Charol T (1984) Relationship of maternal and fetal levels of human placental lactogen to the weight and sex of the fetus. Placenta 5: 455–8

House EL, Burton C, Cooper H, Anderson E (1958) The implantation of neonatal pancreas into the cheek pouch of the Alloxan diabetic hamster (zit nach MacNaughton, 1969)

Houssay BA, Foglia VG, Rodrigeuz RR (1954) Production or prevention of some types of experimental diabetes by oestrogens or corticosteroids. Acta Endocrinol 17: 146–64

Howard JA, Crandall BF (1979) Amniocentesis follow-up: infant development evaluation. Obstet Gynecol 53: 599–601

Howell RJS, Perry LA, Choglay NS, Bohn H, Chard T (1985) Placental protein 12 (pp 12) a new test for the prediction of the small-for-gestational-age infant. Br J Obstet Gynaecol 92: 1141–4

Hramiak IM (1986) Teaching strategies in diabetic patients. Diabetes Care 9: 674–5

Hsiang Mei Liu Potter EL (1962) Development of the human pancreas. Arch Path 74: 439 (zit nach MacNaughton, 1969)

Hua F, Shui-Xian S, Zhau-Wen Ch, Jia-Jun W, Ting-Ting Y, LaPorte RE, Tajima N (1994) Shanghai, China, has the lowest confirmed incicence of childhood diabetes in the world. Diabetes Care 17: 1206–8

Hubert C, Mondon F, Cedard L (1981) Distribution, quantification and biological activity of messenger RNA coding for human chorionic somatomammotropin during normal pregnancy. Mol Cell Endocrin 24: 339–55

Hubinont C, Fisk NM, Nicolini U, Rodeck CH (1989) Fetal hyperinsulinism in anencephaly. Am J Obstet Gynecol 161: 306–7

Huddleston JF, Cramer MK, Vroon DH (1993) A rationale for omitting two-hour postprandial glucose determinations in gestational diabetes. Am J Obstet Gynecol 169: 257–64

Huell D, Elphick MC (1978) Evidence for fatty acid transfer across the human placenta. In: Blarol WB (ed) Pregnancy, Metabolism Diabetes and Fetus. Ciba Foundation Series 63, pp 75–86

Hughes AB (1987) Fetal heart rate changes during diabetic ketosis. Acta Obstet Gynecol Scand 66: 71–3

Hughes PF, Agarwal M, Newman P, Morrison J (1995) An evaluation of fructosamine estimation in screening for gestational diabetes mellitus. Diabet Med 12: 708–12

Hui SL, Epstein E, Johnston Jr, CC (1985) A prospective study of bone mass in patients with type I diabetes. J Clin Endocrinol Metab 60: 74–80

Hull D (1975) Storage and supply of fatty acids before and after birth. Brit Med Bull 31: 32–36

Hulstaert CE, Torringa JL, Koudstall J, Hardonk MJ, Molenaar I (1973) The characteristic distribution of alkaline phosphatase in the full term human placenta. Gynecol Invest 4: 23–30

Hultquist GT (1950) Diabetes and pregnancy. An animal study. Acta Pathol Microbiol Scand 27: 695–719

Hultquist GT, Olding L (1975) Pancreatic islet fibrosis in young infants of diabetic mothers. Lancet ii: 1015–6

Hume RF, Bowie JD, McCoy C, et al (1990) Fetal umbilical artery Doppler response to graded maternal aerobic exercise and subsequent maternal mean arterial blood pressure: predictive value for pregnancy-induced hypertension. Am J Obstet Gynecol 163: 826–9

Hummel M, Füchtenbusch M, Schenker M, Ziegler AG (2000) No major association of breast-feeding, vaccinations, and childhood viral deseases with early islet autoimmunity in the German BABYDIAB study. Diabetes Care 23: 969–74

Humphrey JL, Childs MT, Montes A, Knopp RH (1980) Lipid metabolism in pregnancy. VII. Kinetics of chylomicron triglyceride removal in fed pregnant rat. Am J Physiol 239: E81–E87

Hung CT, Fan SM, Lin WH, Wang FF, Lin BJ(1991) The epidemiology of gestational diabetes in Taipei. Diabetes 40 [Suppl 1]: 136A

Hunter DJ, Burrows RF, Mohide PT, Whyte RK (1993) Influence of maternal insulin-dependent diabetes mellitus on neonatal morbidity. Can Med Assoc J 149: 47–52

Huse DM, Oster G, Killen AR, Lacey MJ, Colditz GA (1989) The economic costs of non-insulin dependent diabetes mellitus. J Am Med Assoc 262: 2708–13

Hutchinson JH, Keay AJ, Kerr MM (1962) Congenital temporary diabetes mellitus. Br Med J 1962: 436–40

Hüter KA (1968) Latenter und manifester Diabetes. Gynäkologe 1: 60 (zit nach Burkart, 1989b)

Hutter O, Drexel H, Brezinka C, Soelder E, Koelle D, Patsch JR (1992) Low sensitivity of serum fructosamine as a screening parameter for gestational diabetes mellitus. Gynecol Obstet Invest 34: 20–3

Hütter W, Grab D, Ehmann I, Stoz F, Wolf A (1993) Die Wertigkeit dopplersonographischer Untersuchungen bei insulinpflichtigen Diabetikerinnen. Z Geburtsh u Perinat 197: 38–42

Hüttner U, Kainer F, Weiss PAM, Haas J (1997) Fetale Ultraschallbiometrie und Fruchtwasserinsulinkonzentration bei diabetischen Schwangeren. Gynäkol Geburtshilfliche Rundsch 37: 21–4

Hytten F (1985) Blood volume changes in normal pregnancy. Clin Haematol 14: 601–12

Hytten FE (1982) Körpermasse und Körpergewicht Erwachsener. In: Wissenschaftliche Tabellen Geigy (1982) Teilband Somatometrie und Biochemie, 8. Aufl, Ciba Geigy Basel

Ilan J, Pierce DR, Hochberg AA, Folman R, Gyves MT (1984) Increased rates of polypeptide chain elongation in placental explants from human diabetics. Proc Natl Acad Sci USA 81: 1366–70

Ilic S, Jovanovic L, Meuic J, Pettitt D, Ohanessian J, Bastyr EJ (1999) Treatment satisfaction with insulin therapy contributes to glucose control in gestational diabetes mellitus (GDM). Diabetes 48 [Suppl 1]: A53

Illsley NP, Sellers MC, Wright RL (1998) Glycaemic regulation of glucose transporter expression and activity in the human placenta. Placenta 19: 517–24

Illsley NP, Wootton R, Penfold P, Hall S, Duffy S (1986) Lactate transfer across the perfused human placenta. 7: 209–20

Inaba N, Renk T, Bohn H (1980) Immunohistochemical location of placental proteins $PP_{8;\,9;\,10;\,11;\,12}$ in human term placenta. Arch Gynaekol 230: 109–21

Infante-Rivard C, Fernandez A, Gauthier R, David M, Rivard GE (1993) Fetal loss associated with caffein intake before and during pregnancy. J Am Med Assoc 270: 2940–3

Ingalls TH, Cewley FJ, Prindle RA (1952) Experimental production of congenital anomalies. N Engl J Med 247: 758–64

Ingemarsson I, Westgren M, Lindberg C, Ahrén B, Lundquist I, Carlsson C (1981) Single injection of terbutaline in term labor: placental transfer and effects on maternal and fetal carbohydrate metabolism. Am J Obstet Gynecol 139: 697–701

Inoue K, Hisatomi A, Umeda F, Nawata H (1991) Release of amylin from perfused rat pancreas in response to glucose, arginine, β-hydroxybutyrate, and gliclazide. Diabetes 40: 1005–9

Insler V, Lunenfeld B (1991) Pathophysology of polycystic ovarian disease: new insights. Human Reproduction 6: 1025–9

Institute of Medicine, Food and Nutrition Board, National Academy of Sciences, Subcommittee on Nutritional Status and Weight Gain During Pregnancy (1990) Nutrition During Pregnancy, Washington, National Academy Press

Irsigler K (1978) Was ist eine gute Diabeteseinstellung? In: Irsigler K et al (Hrsg) Diabetes Probleme in der Schwangerschaft. München Wien Baltimore, Urban und Schwarzenberg, pp 53–66

Irsigler K, Bali Ch, Artner J (1982) Home monitoring and open-loop systems in pregnancy. In: Peterson CM (ed) Diabetes Management in the '80s. Praeger Publishers, pp 268–79

Irsigler K, Bali-Taubald C (1980) Self-monitored blood glucose: the essential biofeedback signal in the diabetic patient's effort to achieve normoglycemia. Diabetes Care 3: 163–70

Irsigler K, Grabner E, Regal H (1982) Metabolische Wirkungen eines Dreistufenkontrazeptivums. Amsterdam Exford Princeton, Excerpta Medica, pp 65–76

Irsigler K, Kissler U, Krassnitzky O (1971) Stoffwechselwirkung von Hexoprenalin. Wien Klin Wochenschr 83: 75–80

Irsigler K, Kritz H (1980) Alternate routes of insulin delivery. Diabetes Care 3: 219–28

Irsigler K, Kritz H (1983) Neue Wege in der Diabetestherapie. Extern tragbare und implantable Insulindosiergeräte. Int Welt 6: 37–50

Irsigler K, Leodolter S, Rosenkranz A, Bali C, Kritz H, Rost I, Fuchs G, Marcovich M, Fuernkranz H (1986) Different approaches toward normoglycemia in pregnancy: the Vienna experience. In: Jovanovic L, Peterson CM, Fuhrmann K (eds) Diabetes and Pregnancy. New York, Praeger, pp 263–90

Irsigler K, Weiss PAM, Leodolter S, Bali C, Rost I, Pilz I, Hofmann HMH, Chwatal K, Willinger C, Schmid B, Kirisits M (1986) Impacts of glucose tolerance in pregnancy on neonatal pathology Resulsts of a prospective Study Graz-Vienna. In: Weiss PAM (ed) Kohlenhydratstoffwechselstörungen und Schwangerschaft / Disturbance of carbohydrate metabolism during pregnancy. Wien München Bern, Wilhelm Maudrich, p 85

Irvine WJ, Clarke BF, Scarth L, et al (1970) Thyroid and gastric autoimmunity in patients with diabetes mellitus. Lancet i: 163

Isaacs JD, Magann EF, Martin RW, Chauhan SP, Morrison JC (1994) Obstetric challenges of massive obesity complicating pregnancy. J Perinatol 14: 10–4

Islam AHMW, Yamashita S, Kotani K, et al (1995) Fasting plasma insulin level is an important risk factor for the development of complications in Japanese obese children – results from a cross-sectional and longitudinal study. Metabolism 44: 478–85

Isles TE, Dickson M, Farquhar JW (1968) Glucose tolerance and plasma insulin in newborn infants of normal and diabetic mothers. Pediatr Res 2: 198–208

Iwamoto HS, Rudolph AM, Keol LC, Heymann MA (1976) Hemodynamic response of the sheep fetus to vasopressin infusion. Circ Res 44: 430–6

Iyer PW (1980) A teaching plan for pregnant diabetics. Diabetes Educ 6: 19–21

Jackson BT, Cohn HE, Morrison SH, Baker RM, Piasecki GJ (1993) Hypoxia-induced sympathetic inhibition of the fetal plasma insulin response to hyperglycemia. Diabetes 42: 1621–25

Jackson JG, Bressler R (1981) Clinical pharmacology of sulfonylurea hypoglycemic agents. Drugs 22: 211–45

Jackson RL (1984) Growth and maturation of children with insulin-dependent diabetes mellitus. Pediatr Clin North Am 31: 545–67

Jackson RL, Guthrie RA, Murthy DYN (1973) Oral glucose tolerance test and their reliability. Metabolism 22: 237–44

Jackson WPU (1952) Studies in prediabetes. BMJ 2: 690–6

Jackson WPU, Campbell GD, Notelowitz M, Blumsohn D (1962) Tolbutamide and Chlorpropamide during pregnancy in human diabetics. Diabetes 11 [Suppl]: 98–101

Jackson WPU, Woolf N (1958) Maternal prediabetes as a cause of unexplained stillbirth. Diabetes 7: 446–54

Jacobs BL (1985) Overview of the activity of brain monoaminergic neurons across the sleep-wake cycle. In: Wauquier A, Monti JM, Gaillard JM, Radilovacki M (eds) Sleep: Neurotransmitters and Neuromodulators. New York, Raven Press, pp 1–14

Jacobson J, Cousins L (1989) A population-based study of maternal and perinatal outcome in patients with gestational diabetes. Am J Obstet Gynecol 161: 981–6

Jacomo KH, Benedetti WL, Sala MA, Alvarez H (1976) Pathology of the trophoblast and fetal vessels of the placenta in maternal diabetes mellitus. Acta Diabet Lat 13: 216–35

Jahn G, Pohl W, Plachter B, v Hintzenstern J (1988) Kongenitale Cytomegalovirus-Infektion mit letalem Ausgang. Dtsch Med Wochenschr 113: 424

Jahr H, Reiher H, Ziegler M, Schmidt S, Hahn H-J (1981) Secretion and biosynthesis of (pro)insulin by pancreatic islets isolated from fetuses of normal and diabetic women. Diabete Metab (Paris) 7: 71–5

Jährig D, Stiete S, Jonas C (1993) Offspring of diabetic mothers. Problems of morbidity. Diabète Métabol 19: 207–12

Jain SK (1999) Should high-dose vitamin E supplementation be recommendet to diabetic patients? Diabetes Care 22: 1242–4

James PJSt, Younger MD, Hamilton BD, Waisbren SE (1993) Unplanned pregnancies in young women with diabetes. Diabetes Care 16: 1572–8

Jang H, Cho N, Jung H, Han I, Min H, Metzger B (1995) Short stature in Korean women: a contribution to the multifactorial predisposition to gestational diabetes mellitus (GDM). (Abstract) Diabetes 44: 94A

Jang HC, Cho MH, Min YK, Han IK, Jung KB, Metzger BE (1997) Increased macrosomia and perinatal morbidity independent of maternal obesity and advanced age in Korean women with GDM. Diabetes Care 20: 1582–8

Jansen RPS (1982) Spontaneous abortion incidence in the treatment of infertility. Am J Obstet Gynecol 143: 451–73

Jansson T, Wennergren M, Illsley NP (1993) Glucose transporter protein expression in human placenta throughout gestation and in intrauterine growth retardation. J Clin Endocrinol Metab 77: 1554–62

Jansson T, Wennergren M, Powell TL (1999) Placental glucose transport and GLUT1 expression in insulin-dependent diabetes. Am J Obstet Gynecol 180: 163–8

Janz NK, Herman WH, Becker MP, Charron-Prochownik D, Shayna VL, Lesnick TG, Jacober SJ, Fachnie JD, Kruger DF, Sanfield JA, Rosenblatt SI, Lorenz RP (1995) Diabetes and pregnancy Factors associated with seeking pre-conception care. Diabetes Care 18: 157–65

Japan IDDM Epidemiologic Study Group (1993) Lack of regional variation in IDDM risk in Japan. Diabetes Care 16: 796–800

Jarrett RJ (1993) Gestational diabetes: a non-entity? Br Med J 306: 37–8

Jarrett RJ, Baker IA, Keen H, Oakly NW (1972) Diurnal variation in oral glucose tolerance, blood sugar, and plasma insulin levels in the morning, afternoon and evening. Br Med J 1: 199–201

Jarrett RJ, Graver HJ (1968) Changes in oral glucose tolerance during the menstrual cycle. Br Med J 2: 528–9

Jarrett RJ, Keen H (1970) Further observations on the diurnal variation in oral glucose tolerance. Br Med J 4: 334–7

Jarrett RJ, Keen H, McCartney P (1984) The Whitehall study: ten-year follow-up report on men with impaired glucose tolerance with reference to worsening to diabetes and predictors of death. Diabetic Med 1: 279–83

Jazayeri A, Hefron JA, Phillips R, Spellacy WN (1999) Macrosomia prediction using ultrasound fetal abdominal circumference of 35 centimeters or more. Obstet Gynecol 93: 523–6

Jeffery P, Martin FIR, Heath P, Dahlenburg GW, Mountain KR, Evans JH (1977) Pregnancy in diabetic women. Med J Aust 2: 41–5

Jehle PM, Fussgaenger RD, Kunze U, Dolderer M, Warchol W, Koop I (1996) The human insulin analog insulin lispro improves insulin binding on circulating monocytes of intensively treated insulin dependent diabetes mellitus patients. J Clin Endocrinol Metab 81: 2319–27

Jehle PM, Fussgaenger RD, Seibold A, Luttke B, Bohm BO (1996) Pharmacodynamics of insulin lispro in 2 patients with type II diabetes mellitus. Int J Clin Pharmacol Ther 34: 498–503

Jelliffe DB (1966) In: Wissenschaftliche Tabellen Geigy (1982) Teilband Somatometrie und Biochemie, 8. Aufl. Ciba Geigy Basel

Jeng C-J, Jou T-J, Wang K-G, Yang Y-C, Lee Y-N, Lan C-C (1990) Amniotic fluid index measurement with the four-quadrant technique during pregnancy. J Reprod Med 35: 674–7

Jenkins DJA, Ghafari H, Wolever TMS, Taylor RH, Jenkins AL, Parker HM, Fielden H, Bowling AC (1980) Relationship between rate of digestion of foods and postprandial glycemia. Diabetologia 22: 450

Jenkins DJA, Jenkins AL (1995) Nutrition principles and diabetes. A role for „lente carbohydrate"? Diabetes Care 18: 1491–8

Jenkins DJA, Khan A, Jenkins AL, Illingworth R, Pappu AS, Wolever TMS, Vuksan V, Buckley G, Rao AV, Cunnane SC, Brighenti F, Hawkins M, Abdolell M, Corey PA, Patten R, Josse RG (1995) The effect of nibbling versus gorging on cardiovascular risk factors: serum uric acid and blood lipids. Metabolism 44: 549–55

Jenkins DJA, Ocana A, Jenkins A, Wolever TMS, Vuksan V, Katzman L, Hollands M, Greenberg G, Corey P, Patten R, Wong G, Josse RG (1992) Metabolic advantages of spreading the nurtrient load: effects of increased meal frequency in non-insulin-dependent diabetes. Am J Clin Nutr 55: 461–7

Jenkins DJA, Thomas DM, Wolever TMS, Rodney MS, Taylor RH (1981) Glycemic index for foods: a physiological basis for carbohydrate exchange. Am J Clin Nutr 34: 362–6

Jenkins DJA, Wolever TMS, Jenkins AL (1988) Starchy foods and glycemic index. Diabetes Care 11: 149–59

Jenkins DJA, Wolever TMS, Leeds AR, Gassull MA, Haisman P, Dilawarie JB, Goff DV, Metz GL, Alberti KGMM (1978) Dietary fibres, fibre analogues and glucose tolerance: Importance of viscosity. Br Med J 1: 1392–94

Jenkins DJA, Wolever TMS, Ocana AM, Vuksan V, Cunnane SC, Jenkins MJA (1990) Metabolic effects of reducing rate of glucose ingestion by single bolus versus continuous sipping. Diabetes 39: 775–81

Jenkins DJA, Wolever TMS, Vuksan V, Brighenti F, Cunnane SC, Rao AV, Jenkins AL, Buckley G, Patten R, Singer W, Corey P, Josse RF (1989) „Nibbling versus gorging": metabolic advantages of increased meal frequency. N Engl J Med 321: 929–34

Jervell J, Magnus P, Moe N, Bakketeig LS, Halse J (1994) Results of pregnancies of Norwegian women with type 1 diabetes from 1967 until 1990. Norsk Epidemiolog 4: 34–7

Jervell J, Moe N, Skjaeraasen J, Blystad W, Egge K (1979) Diabetes mellitus and pregnancy: Mangement and results at Rikshospitalet, Oslo 1970–1977. Diabetologia 16: 151–5

Joensson B (1983) Diabetes – the cost of illness and the cost of control. An estimate for Sweden 1978. Acta Med Scand 671: 19–27

Johansson B-L, Borg K, Fernqvist-Forbes E, Odergren T, Remahl S, Wahren J (1996) C-peptide improves autonomic nerve function in IDDM patients. Diabetologia 39: 687–95

Johnson JB (1982) It is not only what we say. Diabetes Care 5: 343–5

Johnson JD, Duham T, Wogenrich FJ, Greenberg RE, Loftfield RB, Skipper BJ (1990) Fetal hyperinsulinemia and protein turnover in fetal rat tissues. Diabetes 39: 541–8

Johnson JM, Lange IR, Harman CR, Torchia MG, Manning FA (1988) Biophysical profile scoring in the management of the diabetic pregnancy. Obstet Gynecol 72: 841–6

Johnson JWC, Longmate JA, Frentzen B (1992) Excessive maternal weight and pregnancy outcome. Am J Obstet Gynecol 167: 353–72

Johnson LW, Smith LH (1985) Glucose transport across the basal plasma membrane of human placental syncytiotrophoblast. Biochim Biophys Acta 815: 44–50

Johnson M, Harrison HE, Raftery AT, Elder JB (1979) Vascular prostacyclin may be reduced in diabetes in man. Lancet i: 325–6

Johnson SB, Pollak T, Silverstein JH, Rosenbloom AL, Spillar R, McCallum M, Harkavey J (1982) Cognitive and behavioral knowledge about insulin-dependent diabetes among children and parents. Pediatrics 69: 708–13

Johnston C, Ward WK, Beard JC, McKnight B, Porte Jr D (1990) Islet function and insulin sensitivity in nondiabetic offspring of conjugal type 2 diabetic patients. Diabetic Med 7: 119–25

Johnston GP (1984) Pregnancy and diabetic retinopathy. Am J Ophthalmol 90: 519–24

Johnstone FD, Haddad NG, Hoskins P, et al (1988) Umbilical artery Doppler flow velocity waveform: the outcome of pregnancies with absent end diastolic flow. Eur J Obstet Gynecol Reprod Biol 28: 171–8

Johnstone FD, Nasrat AA, Prescott RJ (1990) The effect of established and gestational diabetes on pregnancy outcome. Br J Obstet Gynaecol 97: 1009–15

Johnstone FD, Steel J, Whitehouse DB, Drago GA, Greer IA, Prescott RJ (1994) Lack of association between maternal phosphoglucomutase-1 phenotype and fetal macrosomia in diabetic pregnancy. Br J Obstet Gynaecol 101: 239–45

Johnstone FD, Steel JM, Haddad NG, Hoskins PR, Greer IA, Chambers S (1992) Doppler umbilical artery flow velocity waveforms in diabetic pregnancy. Br J Obstet Gynaecol 99: 135–40

Jonannathan SN, Connel WF, Bevridge JMR (1964) Effect of gormandizing and semicontinuous eating of equicaloric amounts of formula-type high-fat diets on plasma cholesterol and triglyceride levels in human volunteer subjects. Am J Clin Nutr 15: 90–3

Joner G, Brinchmann-Hansen O, Torres CG, Hanssen KF (1992) A nationwide cross-sectional study of retinopathy and microalbuminuria in young Norwegian type 1 insulin-dependent diabetic patients. Diabetologia 35: 1049–54

Joner G, Søvik O (1989) Increasing incidence of diabetes mellitus in Norwegian children 0–14 years of age 1973–1982. Diabetologia 32: 79–83

Jones CJP, Fox H (1976) An ultrastructural study of distribution of acid and alkaline phosphatase in placentae from normal and complicated pregnancies. J Pathol 118: 143–51

Jones CJP, Fox H (1976) Placental changes in gestational diabetes. An ultrastructural study. Obstet Gynecol 48: 274–80

Jones CP, Fox H (1976) An ultrastructural and ultrahistochemical study of the placenta of the diabetic woman. J Pathol 119: 91–9

Jones CT, Ralph TP (1985) Metabolism during fetal life: a functional assessment of metabolic development. Physiol Rev 65: 357–430

Jones CT, Ritchie JWK, Walker D (1983) The effects of hypoxia on glucose turnover in fetal sheep. J Devel Physiol 5: 223–35

Jones ER, Forrest JD (1989) Contraceptive failure in the United States: revised estimates from the 1982 National Survey of Family Growth. Fam Plann Perspect 21: 103–9

Jones GC, Hope MJ, Walker JD (1996) Glycated Haemoglobin assays: locally-derived ranges for adult and pregnant diabetic patients (Abstract). Diabet Med 13 [Suppl 3] S59

Jones JI, D'Ercole AJ, Camacho-Hubner C, Clemmons DR (1991) Phosphorylation of insulin-like growth factor (IGF)-binding protein 1 in cell culture and in vivo: effects of affinity for IGF-I. Proc Natl Acad Sci USA 88: 7481–5

Jones KP, Wild RA (1994) Contraception for patients with psychiatric or medical disorders. Am J Obstet Gynecol 170: 1575–80

Jones ME, Swerdlow AJ, Gill LE, Goldacre MJ (1998) Pre-natal and early life ris factors for childhood onset diabetes mellitus: a record linkage study. Int Epidemiol 27: 444–9

Jones PJH, Leitch CA, Pederson RA (1993) Meal frequency effects of plasma hormone concentrations and cholesterol synthesis in humans. Am J Clin Nutr 57: 868–74

Jones TB, Price RR, Gibbs SJ (1981) Volumetric determination of placental and uterine growth relationships from B-mode ultrasound by serial area-volume determinations. Invest Radiol 16: 101

Jongbloet PH, van Soestbergen M, van der Veen EA (1988) Month-of-birth distribution of diabetes and ovopathy: a new aetological view. Diabetes Res 9: 51–8

Joosten KF, Schellekens AP, Waelkens JJ, Wulffraat NM (1991) Erroneous diagnosis of neonatal hypoglycemia due to incorrect preservation of blood samples. Ned Tijdschr Geneeskd 135: 1691–4

Jorgensen KR, Deckert T, Pedersen LM, Pedersen J (1966) Insulin, insulin antibody and glucose in plasma of newborn infants of diabetic women. Acta Endocrinol (Kbh) 52: 154–67

Josefsberg Z, Vilunski E, Hanukuglu A, Bialk O, Brown M, Karp M, Laton Z (1976) Glucose and insulin responses to an oral glucose load in normal children and adolescents in Israel. Isr J Med Sci 12: 189–94

Josimovich JB, Knobil E (1961) Placental transfer of I^{131} insulin in the rhesus monkey. Am J Physiol 200: 471 (zit nach MacNaughton, 1969)

Josimovich JB, Kosor B, Boccella L, Minitz DH, Hutchinson DL (1970) Placental lactogen in maternal serum as an index of fetal health. Obstet Gynecol 36: 244

Joslin EP (1915) Pregnancy and diabetes mellitus. Boston Med Surg J 23: 841 (zit nach Burkart, 1989)

Joslin EP (1924) Treatment of diabetes mellitus, 3. Aufl. London 1924 (zit nach Heisig N, 1975)

Joslin EP, Root HP, White P (1925) The growth development and prognosis of diabetic children. J Am Med Assoc 85: 420–22

Jovanovic L, Braun CB, Druzin ML, Peterson CM (1982) The Management of diabetes and pregnancy. In: Peterson CM (eds) Diabetes Management in the 80's. New York, Praeger, pp 248–66

Jovanovic L, Dawood Y, Landes R, Saxena BB (1978) The hormonal profile in early threatened abortion. Am J Obstet Gynecol 130: 274–8

Jovanovic L, Druzin ML, Peterson CM (1981) Effect of euglycemia on the outcome of pregnancy in insulin-dependent diabetic women as compared to normal controls. Am J Med Genet 71: 921–7

Jovanovic L, Ilic S, Pettitt DJ, Hugo K, Gutierrez M, Bowsher RR, Bastyr EJ (1999) Metabolic and immunologic effects of insulin Lispro in gestational diabetes. Diabetes Care 22: 1422–7

Jovanovic L, Ilic SS, Gutierrez M, Bastyri EJ (1998) Insulin Lispro (LP) improves postprandial glucose (PPG) without increased immunogenicity or hypoglycemia in gestational diabetic women (GDM). Diabetes 47 [Suppl 1]: A49

Jovanovic L, Metzger BE, Knopp RH, Conley MR, Park E, Lee YJ, Sipson JL, Holmes L, Aarons JH, Mills JL, The NICHD-Diabetes in Early Pregnancy Study Group (DIEP) (1998) The diabetes in early pregnancy study. β-hydroxybutyrate levels in type 1 diabetic pregnancy compared with normal pregnancy. Diabetes Care 21: 1978–84

Jovanovic L, Peterson CM (1982) Optimal insulin delivery for the pregnant diabetic patient. Diabetes Care 5 [Suppl 1]: 24–37

Jovanovic L, Peterson CM (1985) Screening for gestational diabetes. Optimum timing and criteria for retesting. Diabetes 34 [Suppl 2]: 21–23

Jovanovic L, Peterson CM (1987) Optimizing blood glucose monitoring in the management of gestational diabetic women. In: Weiss PAM (ed) Kohlenhydratstoffwechselstörungen und Schwangerschaft / Disturbance of carbohydrate metabolism during pregnancy. Wien München Bern, Wilhelm Maudrich, pp 171–4

Jovanovic L, Peterson CM, Board PJ, Dyer CR (1987) Arm ergometry is a safe form of training for pregnant women. Clin Res 35: 289

Jovanovic L, Peterson CM, Saxena BB, Dawood Y, Saudek CD (1980) Feasibility of maintaining normal glucose profiles in insulin-dependent pregnant diabetic women. Am J Med 68: 105–12

Jovanovic R, Jovanovic L (1984) Obstetric management when normoglycemia is maintained in diabetic pregnant women with vascular compromise. Am J Obstet Gynecol 149: 617–23

Jovanovic-Peterson L, Durac EP, Peterson CM (1989) Randomized trial of diet versus diet plus cardiovascular conditioning on glucose levels in gestational diabetes mellitus. Am J Obstet Gynecol 161: 415–19

Jovanovic-Peterson L, Kitzmiller JL, Peterson CM (1992) Randomized trial of human versus animal species insulin in pregnant women: improved glycemic control, not fewer antibodies to insulin, influences birth weight. Am J Obstet Gynecol 167: 1325–30

Jovanovic-Peterson L, Peterson CM (1990) Dietary manipulation as a primary treatment strategy for pregnancies complicated by diabetes. J Am Coll Nutr 9: 320–5

Jovanovic-Peterson L, Peterson CM (1991) New strategies for the treatment of gestational diabetes. Israel J Med Sci 27: 510–5

Jovanovic-Peterson L, Peterson CM (1996) Vitamin and mineral deficiencies which may predispose to glucose intolerance of pregnancy. Amer Coll Nutr 15: 14–20

Jovanovic-Peterson L, Peterson CM, Dudley JD, Kilo C, Ellis B (1988) Identifying sources of error in self-monitoring of blood glucose. Diabetes Care 11: 791–4

Jovanovic-Peterson L, Peterson CM, Reed GF, Metzger BE, Mills JL, Knopp RH, Aarons JH (1991) Maternal postprandial glucose levels and infant birth weight: the diabetes in early pregnancy study. The National institute of child health and human development-diabetes in early pregnancy study. Am J Obstet Gynecol 164: 103–11

Jovanovic-Peterson L, Sparks S, Palmer JP, Peterson CM (1993) Jet-injected insulin is associated with decreased antibody production and postprandial glucose variability when compared with needle-injected insulin in gestational diabetic women. Diabetes Care 16: 1479–84

Jowett NI, Samanta AK, Burden AC (1987) Screening for diabetes in pregnancy: is a random blood glucose enough? Diabetic Med 4: 160–3

Julier C, Hyer RN, Davies J, Merlin F, Soularue P, Briant L, Catheli-Neau G, Deschamps I, Rotter JI, Froguel P, Boitard C, Bell JI, Lathrop GM (1991) Insulin-IGF2 region on chromosome 11p encodes a gene implicated in HLA-DR4–dependent diabetes susceptibility. Nature (Lond) 354: 155–59

June CJ, Thompson CB, Kennedy MB, Nims J, Thomas ED (1985) Profound hypomagnesemia and renal magnesium wasting associated with the use of cyclosporine for marrow transplantation. Transplant 39: 620–4

Juutinen J, Hartikainen A-L, Bloigu R, Tapanainen JS (2000) A retrospective study on 435 women with gestational diabetes. Fasting plasma glucose is not sensitive enough for screening but predicts a need for insulin treatment. Diabetes Care 23: 1858–9

Kaaja R, Sjoeberg L, Hellsted T, et al (1996) Long-term effects of pregnancy on diabetic complications. Diabet Med 13: 165–9

Kaaja R, Tikkanen MJ, Viinikka L, Ylikorkala O (1995) Serum lipoproteins, insulin, and urinary prostanoid metabolites in normal and hypertensive pregnant women. Obstet Gynecol 85: 353–6

Kaapa P, Knip M, Viinikka L, Ylikorkala O (1985) Plasma six-keto prostaglandin F(1α) and endocrine pancreatic function in the newborn infant of the diabetic mother. Biol Neonate Foetal Neonatal Res 48: 65–9

Kaapa P, Knip M, Viinikka L, Ylikorkala O (1986) Increased platelet thromboxane B2 production in newborn infants of diabetic mothers. Prostaglandins Leuktrienes Med 21: 299–304

Kacerovsky-Bielesz G, Hohenecker J, Schindler H, Willms B (1985) Patientenschulung – eine wichtige Teiltherapie in der Behandlung von Diabetikern. Öst Ärzteztg 40: 42–50

Kahn RC (1982) Insulin receptors and syndroms of insulin resistance. Diabetes Care 5 [Suppl 1]: 98–101

Kainer F, Peters K, Homm C (1992) Dopplerblutflußmessung bei insulinpflichtigen Diabetikerinnen. In: Fendel H, Funk A, Jung H (Hrsg) Pränatale Dopplerdiagnostik. Darmstadt, Steinkopff

Kainer F, Rollet H, Hofmann HMH, Weiss PAM, Haas JG (1987) Orale Glukosebelastung (oGTT) mit 50 g, 1 g/kg Körpergewicht und 100 g Pilot-Studie. In: Weiss PAM (ed) Kohlenhydratstoffwechselstörungen und Schwangerschaft / Disturbance of carbohydrate metabolism during pregnancy. Wien München Bern, Wilhelm Maudrich, pp 57–8

Kainer F, Weiss PAM, Hüttner B, Haas J, Reles M (1997) Levels of amniotic fluid insulin and profiles of maternal blood glucose in pregnant women with diabetes type-I. Early Hum Dev 49: 97–105

Kaiser IH, Goodlin RC (1985) Alterations in pH, gases and haemoglobin in blood and electrolytes in plasma of fetuses of diabetic mothers. Pediatrics 22: 1097–109

Kalhan S, Schwartz R, Adam P (1975) Placental barrier to human insulin J125 in insulin-dependent diabetic mothers. J Clin Endocrinol Metab 40: 139–42

Kalhan SC, D'Angelo LJ, Savin SRM, Adam PAJ (1979) Glucose production in pregnant women at term gestation. J Clin Invest 63: 388–94

Kalhan SC, Hertz RH, Rossi KQ, Savin SM (1991) Glucose-alanine relationship in diabetes in human pregnancy. Metabolism 40: 629–33

Kalhan SC, Savin SM, Adam PAJ (1977) Attenuated glucose production rate in newborn infants of insulin dependent diabetic mothers. N Engl J Med 296: 375–6

Kalkhoff RK (1982) Metabolic effects of progesterone. Am J Obstet Gynecol 142: 735–8

Kalkhoff RK (1985) Therapeutic results of insulin therapy in gestational diabetes mellitus. Diabetes 34 [Suppl 2]: 97–100

Kalkhoff RK (1991) Impact of maternal fuels and nutritional state on fetal growth. Diabetes 40 [Suppl 2]: 61–5

Kalkhoff RK, Kandaraki E, Morrow PG, Mitchel TH, Kelber S, Borkof HI (1988) Relationship between neonatal birthweight and maternal plasma amino acid profiles in lean and obese non diabetic women and in Type I diabetic women. Metabolism 37: 234–9

Kalkhoff RK, Kissebah AH, Kim H-J (1978) Carbohydrate and lipid metabolism during normal pregnancy: relationship to gestational hormone action. Semin Perinatol 2: 291–307

Kalkhoff RK, Richardson BL, Beck P (1969) Relative effects of pregnancy, human placental lactogen and prednisolone on carbohydrate tolerance in normal and subclinical diabetic subjects. Diabetes 18: 153–63

Kalter H (1987) Diabetes and spontaneous abortion: a historical review. Obstet Gynecol 156: 1243–53

Kaplan JS, Iqbal S, England BG, Zawacki CM, Herman WH (1999) Is pregnancy in diabetic women associated with folate deficiency? Diabetes Care 22: 1017–21
Kaplan SA (1984) The insulin receptor. J Pediatr 104: 327–36
Karch D, Potthoff S, Petrich Ch (1977) Mütterlicher Diabetes und Gehirnentwicklung des Neugeborenen. Mschr Kinderheilk 125: 386–7
Karcher R, Ingram R, Kiechle F, Sykes E (1992) Evaluation of the HemoCue B-glucose photometer for intensive care applications. Poster, Clin Chem 38: No 6
Kariniemi V, Forrs M, Sieberg R, Ammala P (1983) Reduced short-term variability of fetal heart rate in association with maternal hyperglycemia during pregnancy in insulin-dependent diabetic women. Am J Obstet Gynecol 147: 793–4
Karitzky D (1979/80) Die postnatale Entwicklung des humoralen Abwehrsystems. Pädiat Prax 22: 101–6
Karjalainen J, Knip M, Mustonen A, Ilonen J, Åkerblom HK (1986) Relation between insulin antibody and complement-fixing islet cell antibody at clinical diagnosis of IDDM. Diabetes 35: 620–2
Karjalainen J, Martin JM, Knip M, Ilonen J, Robinson BH, Savilahti E, Akerblom HK, Dosch HM (1992) Evidence for BSA peptide as candidate trigger of type 1 diabetes. N Engl J Med 327: 302–7
Karjalainen J, Salmela P, Ilonen J, Surcel HM, Knip A (1989) A comparison of childhood and adult type I diabetes mellitus. N Engl J Med 320: 881–6
Karjalainen J, Vähäsalo P, Knip M, Tuomilehto-Wolf E, Virtala E, Åkerblom HK, the Childhood Diabetes in Finland Study Group (1996) Islet cell autoimmunity and progression to insulin-dependent diabetes mellitus in genetically high- and low-risk siblings of diabetic children. Eur J Clin Invest 26: 640–9
Karjalainen JK (1990) Islet-cell antibodies as predictive markers for IDDM in children with high background incidence of disease. Diabetes 39: 144–50
Karlberg P, Niklasson A, Ericson A, Fryer JB, Hunt RG, Lawrence CJ, Munford AG (1985) A methodology for evaluating size at birth. Acta Paediatr Scand Suppl 319: 26–37
Karlsen AE, Hagopian WA, Petersen JS, Boel E, Dyrberg T, Grubin CE, Michelsen BK, Madsen OD, Lernmark Å (1992) Recombinant glutamic acid decarboxylase (representing the single isoform expressed in human islets) detects IDDM-associated 64:000-M_r autoantibodies. Diabetes 41: 1355–9
Karlsson K, Kjellmer J (1972) The outcome of diabetic pregnancies in relation to the mother's blood sugar level. Am J Obstet Gynecol 112: 213–20
Karp W, Sprecher H, Roberson A (1973) Human placental phospholipid synthesis. Biol Neonate 22: 398–405
Karter AJ, Rowell S, Ackerson LM, Mitchell BD, Ferrara A, Selby JV, Newman B (1999) Excess transmission of type 2 diabetes. Diabetes Care 22: 938–43
Karvonen M, Toumilehto J, Libman I, LaPorte R for the World Health Organization DIAMOND Project Group (1993) A review of the recent epidemiological data on the worldwide incidence of type 1 (insulin-dependent) diabetes mellitus. Diabetologia 36: 883–92
Kaspar L, Lageder H, Kritz H, Regal H, Fischer M, Irsigler K (1978) Phosphatbilanz beim Coma diabeticum mit und ohne Phosphat-Substitution. Intensivmed 15: 225–30
Kasperska-Czyzyk T, Jedynasty K, Bowsher RR, Holloway DL, Stradowska I, Stepien K, Nowaczyk R, Szymczak W, Czyzyk A (1996) Difference in the influence of maternal and paternal NIDDM on pancreatic beta-cell activity and blood lipids in normoglycaemic non-diabetic adult offspring. Diabetologia 39: 831–7
Kassem SA, Ariel I, Thornton PS, Scheimberg I, Glaser B (2000) β-cell proliferation and apoptosis in the developing normal human pancreas and in hyperinsulinism of infancy. Diabetes 49: 1325–33
Kastler B, Gangi A, Mathelin C, Germain P, Arhan JM, Treisser A, Dietemann JL, Wackenheim A (1993) Fetal shoulder measurements with MRI. J Comp Assist Tomog 17: 777–80

Katsura Y, Okano T, Noritake M, Kosano H, Nishigori H, Kado S, Matsuoka T (1998) Hepatocyte growth factor in vitreous fluid of patients with proliferative diabetic retinopathy and other retinal disorders. Diabetes Care 21: 1759–63

Katz AI, Davison JM, Hayslett JP, Sinson E, Lindheimer MD (1980) Pregnancy in women with kidney disease. Kidney Int 18: 192–206

Katz LD, Glickman MG, Rapoport S, Ferrannini E, DeFronzo RA (1983) Splanchnic and peripheral disposal of oral glucose in man. Diabetes 32: 675–9

Katzeff HL, Savage PJ, Barclay-White B, Nagulesparan M, Bennett PH (1985) C-peptide measurement in the differentiation of type I (insulin dependent) diabetes mellitus. Diabetologia 28: 264–8

Kaufman DL, Erlander MG, Clare-Salzer M, Atkinson MA, Maclaren NK, Tobin AJ (1992) Autoimmunity of two forms of glutamate decarboxylase in insulin-dependent diabetes mellitus. J Clin Invest 89: 283–92

Kaufman HW (1989) Screening for gestational diabetes mellitus. Am Fam Phys 40: 109–11

Kaufmann P (1981) Functional anatomy of the non-primate placenta. Placenta 1: 13–28

Kaufmann RC, Amankwah KJ, Woodrum J (1991) Development of diabetes in previous gestational diabetics. Diabetes 40 [Suppl 1]: 137A

Kaufmann RC, McBride P, Amankwah KS, Huffman DG (1992) The effect of minor degrees of glucose intolerance on the incidence of neonatal macrosomia. Obstet Gynecol 80: 97–101

Kaufmann RC, Schleyhahn FT, Huffman DG, Amankwah KS (1995) Gestational diabetes diagnostic criteria: long-term maternal follow-up. Am J Obstet Gynecol 172: 621–5

Kauma S, Hayes N, Weatherford S (1997) The differential expression of hepatocyte growth factor and Met in human placenta. J Clin Endocrinol Metab 82: 949–54

Kauppila A, Tuimala R, Ylikorkala O, Haapalathi J, Karppanen H, Vinikka L (1978) Effects of ritodrine and isoxsuprine with and without dexamethason during late pregnancy. Obstet Gynecol 51: 288–92

Kautsky-Willer A, Thomaseth K, Ludvik B, Nowotny P, Rabensteiner D, Waldhäusl W, Pacini G, Prager R (1997) Elevated islet amyloid pancreatic polypeptide and proinsulin in lean gestational diabetes. Diabetes 46: 607–14

Kautzky-Willer A, Prager R, Waldhäusl W, Pacini G, Thomaseth K, Wagner OF, Ulm M, Streli C, Ludvik B (1997) Pronounced insulin resistance and inadequate β-cell secretion characterize lean gestational diabetes during and after pregnancy. Diabetes Care 20: 1717–23

Kawano k, Hirashima T, Mori S, Saitoh Y, Kurosumi M, Natori T (1991) New inbred strain of Long-Evans Tokushima lean rats with IDDM without lympho-penia. Diabetes 40: 1375–81

Kawazu S, Kanazwa Y, Hayashi M, Ikeuchi M, Nakai T, Kosaka K (1980) Monolayer culture of human fetal and adult pancreas. Static and dynamic studies of insulin release in vitro. Horm Metab Res 12: 354–60

Keegan Jr, KA, Paul RH, Broussard PM, McCart D, Smith MA (1980) Antepartum fetal heart rate testing. V. The nonstress test – an out patient approach. Am J Obstet Gynecol 136: 81

Keen H (1982) Problems in the definition of diabetes mellitus and its subtypes. In: Köbberling J, Tattersall R (eds) The genetics of diabetes mellitus. London, Academic Press, pp 1–11

Keen H, Jarrett RJ, Alberti KGMM (1979) Diabetes mellitus: a new look at diagnostic criteria. Diabetologia 16: 283–5

Keen H, Jarrett RJ, McCartney P (1982) The ten-year follow-up of the Bedford survey (1962–72) glucose tolerance and diabetes. Diabetologia 22: 73–8

Keidan SE (1955) Transient diabetes in infancy. Arch Dis Child 30: 291–6

Keller JD, Lopez-Zeno JA, Dooley SL, Socol ML (1991) Shoulder dystocia and birth trauma in gestational diabetes: a five-year experience. Am J Obstet Gynecol 165: 928–30

Keller JD, Metzger BE, Dooley SL, Tamura RK, Sabbagha RE, Freinkel N (1990) Infants of diabetic mothers with accelerated fetal growth by ultrasonography: are they all alike? Am J Obstet Gynecol 163: 893–7

Keller RJ, Eisenbarth GS, Jackson RA (1993) Insulin prophylaxis in individuals at risk of Type 1 diabetes. Lancett 341: 927–8

Kellogg B, Gilman J (1983) Follow-up of 373 children born after second trimester amniocentesis. Pediatric Nursing 9: 95–7

Kelly HA, Byrne GC (1992) Incidence of IDDM in Western Australia in children aged 0–14 yr from 1985 to 1989. Diabetes Care 15: 515–17

Kemball ML, McIver C, Milner RDG, Nourse CH, Schiff D, Tirman JR (1970) Neonatal hypoglycemia in infants of diabetic mothers given sulfonylurea drugs in pregnancy. Arch Dis Child 45: 696–701

Kerenyi ZS, Stella P, Bosnyak Zs, Tabak AGy, Tamas Gy (1999) Association between central adiposity and multimetabolic syndrome in a special cohort of women with prior gestational diabetes. Diabetes Care 22: 876–7

Kerényi ZS, Tamás Gy (1993) Diabetes in Pregnancy: epidemiology, classification, treatment and outcome. In: Williams R, Papoz L, Fuller J (eds) Diabetes in Europe. John Libbey, pp 95–108

Kerényi ZS, Tamás Gy, Piwernetz K (1993) Pregnancy complicated by diabetes: baseline data. Diab Nutr Metab 6: 365–8

Kerner W, Beischer W, Pfeiffer EF (1981) Comparison of diurnal blood glucose levels in juvenile diabetics under feed back-controlled preprogrammed insulin infusion. In: Irsigler K, et al (eds) New Approaches to Insulin Therapy. Falcon House, Lancester, MTP Press, pp 101–2

Kervran A, Guillaume M, Jost A (1978) The endocrine pancreas of the foetus from diabetic pregnant rat. Diabetologia 15: 387–93

Kervran A, Randon J (1980) Development of insulin release by fetal rat pancreas in vitro: effects of glucose, amino acids, and theophylline. Diabetes 29: 673–8

Key C, Giuffrida R, Moore TR (1987) Predictive value of early pregnancy glycohemoglobin in insulin-treated diabetic patients. Am J Obstet Gynecol 156: 1096–1100

Khan N, Couper JJ (1994) Low-birth-weight infants show earlier onset of IDDM. Diabetes Care 17: 653–6

Khine ML, Winklestein A, Copel JA (1999) Selective screening for gestational diabetes mellitus in adolescent pregnancies. Obstet Gynecol 93: 738–42

Khoury MJ, Cordero JF, Erickson JD(1989) Clinical epidemiologic assess-ment of patterns of birth defects associated with human teratogens: application to diabetic embryopathy. Pedriatics 84: 658–65

Khoury MJ, Marks JS, McCarthy BJ, Zaro SM (1985) Factors affecting the sex differential in neonate mortality: the role of respiratory distress syndrome. Am J Obstet Gynecol 151: 777

Khwaja SS, Uduman SA, Al-Sibai H, Al-Suleiman SA (1986) The overseized infant. A study of 86 cases. Aust NZ J Obstet Gynaecol 26: 22–5

Kiefer EC, Martin JA, Herman WH (1999) Impact of maternal nativity on the prevalence of diabetes during pregnancy among U.S. ethnic groups. Diabetes Care 22: 729–35

Kiefer EC, Nolan GH, Carman WJ, Sanborn CZ, Guzman R, Ventura A (1999) Glucose tolerance during pregnancy and birth weight in a Hispanic population. Obstet, Gynecol 94: 741–6

Kilby MD, Neary RH, Mackness MI, Durrington PN (1998) Fetal and maternal lipoprotein metabolism in human pregnancy complicated by type 1 diabetes mellitus. J Clin Endocrinol Metab 83: 1736–41

Kim H-J, Kalkhoff RK (1975) Sex steroid influence on triglyceride metabolism. J Clin Invest 56: 888–96

Kim JM, Runge W, Wells LT, Lazarow A (1960) Pancreatic islets and blood sugars in prenatal and postnatal offspring from diabetic rats. beta granulation and glycogen infiltration. Anat Rec 138: 239 (zit nach MacNaughton, 1969)

Kim JN, Runge W, Wells LJ, Lazarow A (1960) Effects of experimental diabetes on the offspring of the rat Fetal growth, birth weight, gestation period and fetal mortality. Diabetes 9: 396–404

Kim YS, Jatoi I, Kim Y (1980) Neonatal macrosomia in maternal diabetes. Diabetologia 18: 407–9

Kim YS, Yoon Y-J, Jatoi I, Kim Y (1981) Fetal macrosomia in experimental maternal diabetes. Am J Obstet Gynecol 139: 27–32

Kimmerle R, Chantelau EA (1991) Transplacental passage of insulin (letter). N Engl J Med 324: 198

Kimmerle R, Heinemann L, Berger M (1995) Intrauterine devices are safe and effective contraceptives for type I diabetic women. Diabetes Care 18: 1506–7

Kimmerle R, Heinemann L, Delecki A, Berger M (1992) Severe hypoglycemia, incidence and predisposing factors in 85 pregnancies of type I diabetic women. Diabetes Care 15: 1034–7

Kimmerle R, Schmitt G, Berger M (1994) Empfängnisverhütung bei Typ-I-Diabetikerinnen: eine Erhebung bei 808 Frauen im fertilen Alter. Geburtsh u Frauenheilk 54: 691–6

Kimmerle R, Weiss R, Berger M, Kurz KH (1993) Effectiveness, safety and acceptability of a copper intrauterine device (CU Safe 300) in type I diabetic women. Diabetes Care 16: 1227–30

Kimmerle R, Zaß R-P, Cupisti S, Somville T, Bender R, Pawlowski B, Berger M (1995) Pregnancies in women with diabetic nephropathy: long-term outcome for mother and child. Diabetologia 38: 227–35

King H (1998) Epidemiology of glucose intolerance and gestational diabetes in women of childbearing age. Diabetes Care 21 [Suppl 2]: B9–B13

King H, Aubert RE, Herman WH (1998) Global burden of diabetes, 1995–2025 Diabetes Care 21: 1414–31

King H, Finch C, Collins A, Koki G, King LF, Heywood P, Zimmet P (1989) Glucose tolerance in Papua New Guinea: ethnic differences, association with environmental factors and the possible emergence of glucose intolerance in a highland community. Med J Aust 151: 204–10

King H, Heywood P, Zimmet P, Alpers M, Collins V, Collins A, King LF, Raper LR (1984) Glucose tolerance in a highland population in Papua New Guinea. Diabetes Res 1: 45–51

King H, Rewers M, WHO Ad Hoc Diabetes Reporting Group (1993) Global estimates for prevalence of Diabetes mellitus and impaired glucose tolerance in adults. Diabetes Care 16: 157–77

King H, Taylor R, Kotelka G, Nemaia H, Zimmet P, Bennett PH, Raper LR (1986) Glucose tolerance in Polynesia: population based surveys in Rarotonga and Niue. Med J Aust 145: 505–10

King H, Taylor R, Zimmet P, Pargeter K, Raper LR, Beriki T, Tekanene J (1984) Non-insulin-dependent diabetes (NIDDM) in a newly independent Pacific nation: the Republic of Kiribati. Diabetes Care 7: 409–15

King JC (1975) Protein metabolism in pregnancy. Clin Perinatol 2: 243–54

King KC, Adam PAJ, Clemente GA, Schwartz R (1969) Infants of diabetic mothers: attenuated glucose uptake without hyperinsulinemia during continuous glucose infusion. Pediatrics 44: 381–92

Kirk JS, Riggs TW, Comstock CH, Lee W, Yang S, Weinhouse E (1994) Prenatal screening for cardiac anomalies: the value of routine addition of the aortic root to the four chamber view. Obstet Gynecol 84: 427–31

Kirkham P, Watkins A (1995) Comparison of two reflectance photometers in the assessment of neonatal hypoglycemia. Arch Dis Child 73: F170–3

Kirsch DM, Baumgarten M, Deufel T, Rinninger F, Kemmler W, Häring HU (1983) Catecholamine-induced insulin resistance of glucose transport in isolated rat adipocytes. Biochem J 216: 737–45

Kitabchi AE (1970) The biological and immunological properties of pork and beef insulin, proinsulin, and connecting peptides. J Clin Invest 49: 979–87

Kitabchi AE (1977) Proinsulin and C-peptide: a review. Metabolism 26: 547–87

Kitschke HJ, Pahnke VG, Schippling K (1984) Fruchtwasser-Insulin- und HbA1–Bestimmungen bei Schwangerschaften mit Diabetes mellitus. Berichte Gynäkologie Geburtshilfe 120: 515–6

Kitzmiller JL (1982) Diabetic ketoacidosis and pregnancy. OB/GYN 20 (1): 141

Kitzmiller JL (1993) Sweet success with diabetes: the development of insulin therapy and glycemic control for pregnancy. Diabetes Care 16 [Suppl 3]: 107–21

Kitzmiller JL, Brown ER, Philippe M, Stark AR, Acker D, Kaldany A, Singh S, Hare JW (1981) Diabetic nephropathy and perinatal outcome. Am J Obstet Gynecol 141: 741–51

Kitzmiller JL, Buchanan TA, Kjos S, Combs CA, Ratner RE (1996) Pre-Conception care of diabetes, congenital malformations, and spontaneous abortions. Diabetes Care 19: 514–41

Kitzmiller JL, Cloherty JP, Younger MD, Tabatabaii A, Rothchild SB, Sosenko J, Epstein MF, Singh S, Neff RK (1978) Diabetic pregnancy and perinatal morbidity. Am J Obstet Gynecol 131: 560–80

Kitzmiller JL, Gavin LA, Gin GD, Jovanovic-Peterson L, Main EK, Zigrang WD (1991) Preconception care of diabetes Glycemic control prevents congenital anomalies. J AM MED ASSOC 265: 731–6

Kitzmiller JL, Hoed LA, Gunderson EP, Theiss TS, Ceresa CL, Kitzmiller AM (1988) Macrosomia and birth traumain infants of diet treated gestational diabetic women. In: Weiss PAM, Coustan, DR (eds) Gestational Diabetes. Wien New York, Springer, pp 160–6

Kitzmiller JL, Main E, Ward B, Theiss T, Peterson DL (1999) Insulin Lispro and the development of proliferative diabetic retinopathy during pregnancy. Diabetes Care 22: 874–6

Kitzmiller JL, Tanenberg RJ, Aoki TT, Tabatabaii A, Gleason R, Jewett JF, Hare JW, Soeldner JS (1980) Pancreatic alpha cell response to alanine during and after normal and diabetic pregnancies. Obstet Gynecol 56: 440–5

Kivinen S, Ylikorkala O, Puukka M (1979) Prolactin response to thyreotropin-releasing hormone in normal and complicated late pregnancies. Obstet Gynecol 54: 695–8

Kjaer K, Hagen C, Sando SH, Eshoj O (1992) Contraception in women with IDDM An epidemiological study. Diabetes Care 15: 1585–90

Kjaer K, Hagen C, Sando SH, Eshoj O (1992) Epidemiology of menarche and menstrual disturbances in an unselected group of women with insulin-dependent diabetes mellitus compared with controls. J Clin Endocrinol Metab 75: 524–9

Kjaer K, Hagen C, Sandø SH, Eshøj O (1992) Infertility and pregnancy outcome in an unselected group of women with insulin-dependent diabetes mellitus. Am J Obstet Gynecol 166: 1412–8

Kjaergaard JJ, Ditzel J (1979) Hemoglobin A_{1c} as an index of long term blood glucose regulation in diabetic pregnancy. Diabetes 28: 694–6

Kjos SL, Ballagh SA, La Cour M, Xiang A, Mishell Jr, DR (1994) The copper T380A intrauterine device in women with type II diabetes mellitus. Obstet Gynecol 84: 1006–9

Kjos SL, Buchanan TA, Greenspoon JS, Montoro M Bernstein GS, Mestman JH (1990) Gestational diabetes mellitus: the prevalence of glucose intolerance and diabetes mellitus in the first two months post partum. Am J Obstet Gynecol 163: 93–8

Kjos SL, Henry OA, Montoro M, Buchanan TA, Mestman JH (1993) Insulin-requiring diabetes in pregnancy: a randomized trial of active induction of labor and expectant management. Am J Obstet Gynecol 169: 611–5

Kjos SL, Leung A, Henry OA, Victor MR, Paul RH, Medearis AL (1995) Antepartum surveillance in diabetic pregnancies: predictors of fetal distress in labor. Am J Obstet Gynecol 173: 1532–9

Kjos SL, Peters RK, Xiang A, et al (1998) Hormonal choices after gestational diabetes Subsequent pregnancy, contraception and hormone replacement. Diabetes Care 21 [Suppl 2]: B50–7

Kjos SL, Peters RK, Xiang A, Henry OA, Montoro M, Buchanan TA (1995) Predicting future diabetes in Latino women with gestational diabetes. Diabetes 44: 586–91

Kjos SL, Peters RK, Xiang A, Thomas D, Schafer U, Buchanan TA (1998) Oral contraception and the risk of type 2 diabetes in Latino women with prior gestational diabetes. J Am Med Assoc 280: 533–8

Klebanoff MA, Mednik BR, Schulsinger C, Secher NJ, Shiono PH (1998) Father's effect on infant birth weight. Am J Obstet Gynecol 178: 1022–6

Klebanoff MA, Meirik O, Berendes HW (1989) Second-generation consequences of small-for-dates birth. Pediatrics 84: 343–7

Klebanoff MA, Yip R (1987) Influence of maternal birth weight on rate of fetal growth and duration of gestation. J Pediatr 111: 287–92

Klebe JG, Espersen T, Allen J (1986) Diabetes mellitus and pregnancy. Acta Obstet Gynecol Scand 65: 235 (zit nach Burkart, 1989b)

Klee G, Furlow B, Shellum C, Smith T (1995) Development of an automated immunochemiluminometric insulin assay for the access immunoassay system (Abstract) Clin Chem 41: S34

Klein BEK, Moss SE, Klein R (1990) Effect of pregnancy on progression of diabetic retinopathy. Diabetes Care 13: 34–40

Klein BEK, Moss SE, Klein R (1990) Oral contraceptives in women with diabetes. Diabetes Care 13: 895–8

Klein R, Barrett-Conor E, Blunt BA, Wingard DL (1991) Visual impairment and retinopathy in people with normal glucose tolerance, impaired glucose tolerance and newly diagnosed NIDDM. Diabetes Care 14: 914–8

Klein SA, Young BK, Wilson SJ, Katz M (1981) Continuous fetal monitoring following third trimester amniocentesis. Obstet Gynecol 58: 444

Kleinberger, G (1981) Parenterale Ernährung bei Diabetes mellitus. In: Lochs H, et al (Hrsg) Aktuelle Probleme der klinischen Ernährung, Bd 5. München, Zuckerschwerdt, pp 98–108

Kleine U (1967) Studies on lipid metabolism of villi of mature human placenta. Clin Chim Acta 17: 95–8

Kleinman CS (1988) Diabetes and the fetal heart: application of fetal echocardiography. In: Reece EA, Coustan DR (eds) Diabetes mellitus in pregnancy: principles and practice. New York, Churchill Livingstone, pp 363–74

Klenka HM, Scager J (1984) Hyperinsulinism in asphyxiated and small for dates infants with hypoglycaemia. Lancett ii: 975

Kliegman RM, Gross T (1985) Perinatal problems of the obese mother and her infant. Obstet Gynecol 66: 299–305

Klintmalm G, Althoff P, Appleby G, Segerbrandt E (1984) Renal function in a newborn baby delivered of a renal transplant patient taking cyclosporine. Transplantation 38: 198–9

Klip A, Tsakiridis T, Marette A, Ortiz PA (1994) Regulation of expression of glucose transporters by glucose: a review of studies in vivo and in cell cultures. FASEB J 8: 43–53

Klish WJ (1989) The gold standard. In: Klish WJ, Kretchmer N (eds) Body composition measurements in infants and children: report of the 98th Ross Conference on Pediatric Research. Columbus, OH, Ross Laboratories, pp 4–7

Kloos K (1965) Kritische Bemerkungen zu Problemen der Plazentapathologie. 4. Karlsburger Symposium über Diabetesfragen (zit nach Emmrich und Gödel, 1972)

Kloos K, Vogel M (1968) Plazentationsstörungen Histologische Untersuchungen über Plazentareifungssörungen am Routinematerial. Virch Arch path Anat 343: 245–57

Kloosterman GJ (1970) On intrauterine growth, the significance of prenatal care. Int J Gynecol Obstet 8: 895

Knight G, Worth RC, Ward JD (1983) Macrosomy despite a well-controlled diabetic pregnancy. Lancett ii: 1431

Knights S, Davis WS, Coleman KJ, Moses RG (1999) Are women with gestational diabetes more likely to have been bottle-fed? Diabetes Care 22: 1747

Knights S, Lucas E, Moses R (2000) Gestational diabetes alters the male bias for cesarean section. Diabetes Care 23: 425–6

Knip M, Åkerblom HK (1981) Plasma C-peptide and insulin in neonates, Infants and children. J Pediatr 99: 103–5

Knip M, Karjalainen J, Åkerblom HK, The Childhood Diabetes in Finland Study Group (1998) Islet cell antibodies are less predictive of IDDM among unaffected children in the general population than in sibs of children with diabetes. Diabetes Care 21: 1670–3

Kniss DA, Shubert PJ, Zimmerman PD, Landon MB, Gabbe SG (1994) Insulinlike growth factors: their regulation of glucose and amino acid transport in placental trophoblast isolated from first-trimester chorionic villi. J Reprod Med 39: 249–56

Knobil E, Josimovich JB (1959) Placental transfer of thyreotropic hormone, thyroxine, triiodthyronine and insulin in the rat. Ann NY Acad Sci 75: 895 (zit nach MacNaughton, 1969)

Knock GA, McCarthy AL, Lowy C, Poston L (1997) Association of gestational diabetes with abnormal maternal vascular endothelial function. Br J Obstet Gynaecol 104: 229–34

Knopp J (1955) Morphologie reifer Chorionzotten bei behandelter Lues und bei Diabetes mellitus. Verh Dtsch Ges Path 39: 158–160

Knopp RH, Bergelin RO, Wahl PW, Walden CE (1985) Relationships of infant birth size to maternal lipoproteins, apoproteins, fuels, hormones, clinical chemistries, and body weight at 36 weeks gestation. Diabetes 34 [Suppl 2]: 71–7

Knopp RH, Bonet B, Magee MS, Benedetti TJ, Walden CE (1992) Prediction of infant birth weight by GDM screening test: importance of plasma triglyceride. Diabetes Care 15: 1605–13

Knopp RH, Chapman M, Bergelin R, Wahl PW, Warth MR, Irvine S (1980) Relationships of lipoprotein lipids to mild fasting hyperglycemia and diabetes in pregnancy. Diabetes Care 3: 416–420

Knopp RH, Magee MA, Walden CE, Bonet B, Benedetti TJ (1992) Prediction of infant birth weight by GDM screening: importance of plasma triglyceride. Diabetes Care 15: 1605–13

Knopp RH, Montes A, Childs M, Li JR, Mabuchi H (1981) Metabolic adjustments in normal and diabetic pregnancy. Clin Obstet Gynecol 24: 21–48

Knopp RH, Montes A, Warth MR (1978) Carbohydrate and lipid metabolism Laboratory Indices of Nutritional Status in Pregnancy. Washington, DC, National Academy of Sciences, pp 35–42

Knopp RH, Warth MR, Carrol CJ (1973) Lipid metabolism in pregnancy. I. Changes in lipoprotein triglyceride and cholesterol in normal pregnancy and the effects of diabetes mellitus. J Reprod Med 10: 95–101

Knowler WC, Bennett PH, Hamman RF, Miller M (1978) Diabetes incidence and prevalence in Pima Indians: a 19–fold greater incidence than in Rochester, Minnesota. Am J Epidemiol 108: 497–505

Knowler WC, Pettitt DJ, Saad MF, Charles MA, Nelson RG, Howard BV, Bogardus C, Bennett PH (1991) Obesity in the Pima Indians: its magnitude and relationship with diabetes. Am J Clin Nutr 53 [Suppl 6]: 1543S-51S

Knowler WC, Pettitt DJ, Savage PJ, Bennett PH (1981) Diabetes incidence in Pima Indians: contributions of obesity and parental diabetes. Am J Epidem 113: 144–56

Ko KW, Yang SW, Cho NH (1994) The incidence of IDDM in Seoul from 1985 to 1988. Diabetes Care 17: 1473–5

Kobayashi T, Nakanishi K, Okubo M, Murase T, Kosaka K (1996) GAD antibodies seldom disappear in slowly progressive IDDM. Diabetes Care 19: 1031

Köbberling J, Brüggeboes B (1980) Prevalence of diabetes among children of insulin-dependent diabetic mothers. Diabetologia 18: 459–62

Koerber K, Männle T, Leitzmann C (1981) Grundlagen einer vernünftigen Ernährungsweise, 3. Aufl. Heidelberg, KF Haug Verlag, p 32

Kofinas AD, Meis PJ, Rose JC (1988) Gestational diabetes reverses the circadian variation of plasma insulin response to intravenous glucose. Am J Obstet Gynecol 159: 607–11

Kofinas AD, Penry M, Swain M (1991) Uteroplazental Doppler flow velocity waveform analysis correlates poorly with glycemic control in diabetic pregnant women. Am J Perinatol 8: 273–7

Kohlhoff R (1982) Zur perinatalen Morbidität von Kindern diabetischer Mütter. Eine Analyse des Krankengutes von 1960–1980. Pädiat Grenzgeb 21: 259–67

Kohlhoff R (1983) Kardiomegalie mit Herzrhythmusstörungen bei einem Neugeborenen mit diabetogener Fetopathie. Zbl Gynäkol 105: 1388–93

Kohlhoff R, Dörner G (1990) Perinatal hyperinsulinsim and perinatal obesity as risk factors for hyperinsulinaemia in later life. Exp Clin Endocrinol 96: 105–8

Kohlhoff R, Roth P (1986) Untersuchungen der Glukosetoleranz (1:75 g/kg-oGTT) bei Nachkommen diabetischer Mütter im 1.–3. Lebensjahr. Kinderärztliche Praxis 54: 613–20

Kohlhoff R, Roth P (1987) Die Bedeutung der neonatalen Insulinsekretion für die Entstehung von Kohlenhydrattoleranzstörungen innerhalb der ersten drei Lebensjahre. Kinderärztl Praxis 55: 485–92

Koivisto U, Martinez-Valdez H, Bilan P, Burdett E, Ramlal T, Klip A (1991) Differential regulation of the GLUT-1 and GLUT-4 glucose transport systems by glucose and insulin in L6 muscle cells in culture. J Biol Chem 266: 2616–21

Kolb H, Elliot RB (1994) Increasing incidence of IDDM as a consequence of improved hygiene. Diabetologia 37: 729–31

Koller O (1953) Diabetes and pregnancy. Acta Obstet Gynaecol Scand 32: 80–103

Komrover GM (1954) Blood sugar levels in babies born of diabetic mothers. Arch Dis Child 29: 28–33

Kong M-F, King P, Macdonald IA, Blackshaw PE, Perkins AC, Armstrong E, Buchanan KD, Tattersall RB (1998) Effect of euglycaemic hyperinsulinaemia on gastric emptying and gastrointestinal hormone responses in normal subjects. Diabetologia 41: 474–81

Kono T (1983) Actions of insulin on glucose transport and cAMP phosphodiesterase in fat cells Involvement of two distinct molecular mechanisms. Rec Progr Horm Res 39: 519–55

Koranyi L, Bourey RE, James D, Mueckler M, Fiedorek Jr, FT, Permutt MA (1991) Glucose transporter gene expression in rat brain: pretranslational changes associated with chronic insulin-induced hypoglycemia, fasting and diabetes. Mol Cell Neurosci 2: 244–52

Kosdrinky T, Dannehl K, Gries F (1988) New approach to technical and clinical evaluation of devices for self-monitoring of blood glucose. Diabetes Care 11: 619–29

Koskinen T, Kuoppala T, Tuimala R (1986) Amniotic fluid 25–hydroxyvitamin D concentrations in normal and complicated pregnancy. Eur J Obstet Gynecol Reprod Biol 21: 1–5

Kostraba JN, Cruickshanks KJ, Lawler-Heavner J, Jobim LF, Rewers MJ, Gay EC, Chase HP, Klingensmith G, Hamman RF (1993) Early exposure to cow's milk and solid foods in infancy, genetic predisposition and risk of IDDM. Diabetes 42: 288–94

Kostraba JN, Dorman JS, LaPorte RE, Scott FW, Steenkiste AR, Gloninger M, Drash AL (1992) Early infant diet and risk of IDDM in blacks and whites. Diabetes Care 15: 626–31

Koukkou E, Watts GF, Lowy C (1996) Serum lipid, lipoprotein and apolipoprotein changes in gestational diabetes mellitus: a cross sectional and prospective study. J Clin Pathol 49: 634–7

Kousta E, Lawrence NJ, Penny A, Millauer BA, Robinson S, Dornhorst A, De Swiet M, Grenfell A, Mather HM, Johnston DG, McCarthy MI (1999) Implications of new diagnostic criteria for abnormal glucose homeostasis in women with previous gestational diabetes. Diabetes Care 22: 933–7

Kraayenbrink AA, Gans ROB, vanGeijn HP, Dekker GA (1996) Insulin resistance and preeclampsia. Am J Obstet Gynecol 174: 450

Kraegen EW (1981) The necessity and feasibility of normalizing plasma insulin levels in diabetics using insulin delivery systems. In: Irsigler K, et al (eds) New Approaches to Insulin Therapy. Falcon House, Lancester, MTP Press, pp 249–56

Kraegen EW, Chisholm DJ, Zelenka GS (1981) Plasma insulin responses to varying profiles of open-loop subcutaneous insulin infusion in man. In: Irsigler K, et al (eds) New Approaches to Insulin Therapy. Falcon House, Lancester, MTP Press, pp 25–30

Kraemer-Hansen H, Goepel E, Ulmer HU, Bitzan M, Press C, Kopp A, Henne-Bruns D, Kremer B (1990) Schwangerschaften nach Organtransplantaten. Geburtsh u Frauenheilk 50: 798–805

Kraft JR (1975) Detection of diabetes mellitus in situ (occult diabetes). Lab Med 6: 10–22

Kramer MS (1987) Determinants of low birth weight: methodological assessment and meta-analysis. Bull World Health Organ 65: 663–737

Kramer R, Boyle P, Qualls C, Curet L (1996) Altered insulin pulsatility and diminished insulin sensitivity are cofactors in the pathogenesis of GDM (Abstract). J Soc Gynecol Invest 3 [Suppl]: 296A

Krapp M, Gembruch U, Diedrich K (1995) Das biophysikalische Profil des Feten. Der Frauenarzt 36: 1053–62

Kraus B, Konrad Th (1981) Diabetes und Schwangerschaft. Gynäk Rdsch 21 [Suppl 2]: 138–46

Krauss RM, Burkman Jr, RT (1992) The metabolic impact of oral contraceptives. Am J Obstet Gynecol 167: 1177–84

Krestele K, Franetzki M, Kresse H (1980) Development of program-controlled portable insulin delivery devices. Diabetes Care 3: 362–8

Kreth HW (1981) Die Infektabwehr des neugeborenen und jungen Säuglings. Monatsschr Kinderheilk 129: 260–2

Krew MA, Kehl RJ, Thomas A, Catalano PM (1994) Relation of amniotic fluid C-peptide levels to neonatal body composition. Obstet Gynecol 84: 96–100

Krezowski PA, Nuttall FQ, Gannon MC, Billington CJ, Parker S (1987) Insulin and glucose responses to various starch-containing foods in Type II diabetic subjects. Diabetes Care 10: 205–12

Kritz H (1983) Critical literature review of insulin pump studies on diabetic retinopathy. In: Irsigler K, Kritz H, Lovett R (eds) Diabetes Treatment with implantable insulin infusion systems. München Wien Baltimore, Urban und Schwarzenberg, pp 139–46

Kritz H, Hagmüller G, Kaspar L, Irsigler K (1981) Alternative routs of insu-lin delivery in long term treatment with open loop systems. In: Irsigler K, et al (eds) New Approaches to Insulin Therapy. Falcon House, Lancester, MTP Press

Kritz-Silverstein D, Barrett-Conor E, Wingard DL (1989) The effect of parity on the later development of non-insulin-dependent diabetes mellitus or impaired glucose tolerance. N Engl J Med 321: 1214–9

Kronsbein P, Mühlhauser I, Jörgens V, Scholz V, Berger M (1983) Moderne Behandlung des Typ-I-Diabetes mellitus. Teil 2: Die Bedeutung der Diabetes-Schulung. MTA-Journal 5

Ktorza A, Bihoreau MT, Nurjhan N, Picon L, Girard J (1984) Insulin and glucagon during the perinatal period: secretion and metabolic effects on the liver. Biol Neonate 48: 204–20

Kuberski TT, Bennett PH (1980) Diabetes mellitus as an emerging public health problem on Guam. Diabetes Care 3: 235–41

Kubilis P, Rosenbloom A (1980) Accurate home glucose monitoring without a meter. Diabetes Care 3: 640–1

Kucera J (1971) Rate and type of congenital anomalies among offspring of diabetic women. J Reprod Med 7: 61–70

Kühl C (1975) Glucose metabolism during and after pregnancy in normal and gestational diabetic women. I. Influence of normal pregnancy on serum glucose and insulin concentration during basal fasting conditions and after a challenge with glucose. Acta Endocrinol (Kbh) 79: 709–19

Kühl C (1991) Insulin secretion and insulin resistance in pregnancy and GDM. Implications for diagnosis and management. Diabetes 40 [Suppl 2]: 18–24

Kühl C, Andersen G, Hertel J, Mølsted-Pedersen L (1982) Metabolic events in infants of diabetic mothers during the first 24 hours after birth. Acta Paediatr Scand 71: 19–25

Kühl C, Andersen O (1986) Pathophysiological background for gestational diabetes. In: Weiss PAM (Hrsg) Kohlenhydratstoffwechselstörungen und Schwangerschaft. Wien München Bern, Wilhelm Maudrich, pp 3–6

Kühl C, Andersen O (1988) Pathophysiological background for gestational diabetes. In: Weiss PAM, Coustan, DR (eds) Gestational Diabetes. Wien New York, Springer, pp 67–71

Kühl C, Hornnes PJ, Anderson O (1985) Etiology and pathophysiology of gestational diabetes mellitus. Diabetes 34 [Suppl 2]: 66–70

Kühl C, Møller-Jensen B, Pedersen JF, Mølsted-Pedersen L (1983) Influence of intensified pre- and postconceptional metabolic control on early fetal growth delay in diabetic pregnancy. Diabetologia 25: 173–7

Kuhn DC, Botti JJ, Cherouny PH, Demers LM (1990) Eicosanoid production and transfer in the placenta of the diabetic pregnancy. Prostaglandins 40: 205–15

Kuhn DC, Crawford MA, Stuart MJ, Botti JJ, Demers LM (1990) Alteration in transfer and lipid distribution of arachidonic acid in placentas of diabetic pregnancies. Diabetes 39: 914–8

Kulovich MV, Gluck L (1979) The lung profile. II. Complicated pregnancy. Am J Obstet Gynecol 135: 64–70

Kumar D, Gemayel NS, Deapen D, Kapadia D, Yamashita PH, Lee M, Dwyer JH, Roy-Burman P, Bray GA, Mack TM (1993) North-American twins with IDDM. Genetic, etiological, and clinical significance of disease concordance according to age, zygosity, and the interval after diagnosis in first twin. Diabetes 42: 1351–63

Kumar R, Cohen WR, Silva P, Epstein FH (1979) Elevated 1:25–dihydroxy-vitamin D plasma levels in normal human pregnancy and lactation. J Clin Invest 63: 342–4

Kunika K, Itakura M, Yamashita K (1991) Correction of fructosamine value for serum albumin and globulin concentrations. Diabetes Res Clin Pract 13: 37–44

Kuoppala T (1988) Alterations in vitamin D metabolites and minerals in diabetic pregnancy. Gynecol Obstet Invest 25: 99–105

Kurishita M, Nakashima K, Kozu H (1992) Glycated hemoglobin of fractionated erythrocytes, glycated albumin, and plasma fructosamine during pregnancy. Am J Obstet Gynecol 167: 1372–8

Kurishita M, Nakashima K, Kozu H (1994) A retrospective study of glucose metabolism in mothers of large babies. Diabetes Care 17: 649–52

Kusin JA, Kardjati S, Houtkooper JM, Renqvist UH (1992) Energy supplementation during pregnancy and postnatal growth. Lancet 340: 623–6

Kuss E (1976) Biochemie und praepartale Diagnostik der Lungenreifung. J Clin Chem Clin Biochem 14: 505

Kyvik KO, Green A, Mortensen K (1992) Brest feeding and the development of type I diabetes mellitus. Diabetic Med 9: 233–5

La Rosa JC (1988) The varying effects of progestins on lipid levels and cardiovascular disease. Am J Obstet Gynecol 158: 1621–9

Laakso M, Pyorala K (1985) Age of onset and type of diabetes. Diabetes Care 8: 114–7

Laakso M, Sarlund H, Pyorala K (1987) Clinical characteristics in the discrimination between patients with low or high C-peptide level among middle-aged insulin treated diabetics. Diabetes Res 4: 95–9

Laatikainen L, Larinkari J, Teramo K, Raivo KO (1980) Occurence and prognostic significance of retinopathy in diabetic pregnancy. Metab Pediatr Ophthalmol 4: 191–5

Laatikainen L, Teramo K, Hieta-Heikurainen H, Koivisto V, Pelkonen R (1987) A controlled study of the influence of continuous subcutaneous insulin infusion treatment on diabetic retinopathy during pregnancy. Acta Med Scand 221: 367–76

Lachnit-Fixson U (1982) Development and clinical evaluation of triphasic oral contraception. San Francisco California Excerpta Medica 1983

Lacroix S, Ekoe JM, Assal JPh, Leuenberger PM (1982) Problemes de lecture de tests colorimétriques urinaires chez les diabétiques. Klin Monatsbl Augenheilkd 120: 407–9

Laga EM, Driscoll SG, Munro HN (1973) Quantitative studies of human placenta. I. Morphometry. Biol Neonate 23: 231–59

Lagrew DC, Pircon RA, Mageotte M, Freeman RK, Dorchester W (1992) How frequently should the amniotic fluid index be repeated? Am J Obstet Gynecol 167: 1129–33

Lagrew DC, Pircon RA, Towers CV, Dorchester W, Freeman RK (1993) Antepartum fetal surveillance in patients with diabetes: when to start? Am J Obstet Gynecol 168: 1820–6

Lahtela JT, Knip M, Paul R, Antonen J, Salmi J (1997) Severe antibody-mediated human insulin resistance: successful treatment with the insulin analog Lispro. Diabetes Care 20: 71–3

Laivuori H, Kaaja R, Turpeinen U, Vinikka L Ylikorkala O (1999) Plasma homocysteine levels elevated and inversely related to insulin sensitivity in pre-eclampsia. Obstet Gynecol 93: 489–93

Lakowski R, Aspinall P, Kinnear P (1972) Association between color vision losses and diabetes mellitus. Ophthalmic Res 4: 145–59

Lam KSL, Li DF, Lauder IJ, Lee CP, Kung AWC, Ma JTC (1991) Prediction of persistent carbohydrate intolerance in patients with gestational diabetes. Diabetes Res Clin Pract 12: 181–6

Lambert AE, Orci L, Kanazawa Y, Renold AE (1969) Biosynthesis and release of insulin in organ cultures of fetal rat pancreas. Acta Diabetologica Lat 6 [Suppl 1]: 505–37

Lammer EJ (1989) Isoretinoin-induced birth defects. Teratology 40: 273

Lan MS, Lu J, Goto Y, Notkins AL (1994) Molecular cloning and identification of a receptor-type protein tyrosine phosphatase, IA-2: from human insulinoma. DNA Cell Biol 13: 505–14

Lander TH, Dexel TH, Kraus B, Standl E, Melmert H (1982) Zum Einfluß einer Schwangerschaft auf die diabetische Retinopathie bei Typ-I-Diabetikerinnen. Akt Endocr Stoffw 2: 80

Landgraf RM, Landgraf-Leurs MC, Weissmann A, Horl R, von Werder K, Scriba PC (1977) Prolactin: a diabetogenic hormone. Diabetologia 13: 99–104

Landin-Olson M, Nilsson KO, Lernmark A, Sundkvist G (1990) Islet cell antibodies and fasting C-peptide predict insulin requirement at diagnosis of diabetes mellitus. Diabetologia 33: 561–8

Landin-Olson M, Palmer JP, Lernmark Å, Blom L, Sundquist G, Nyström L, Dahlquist G (1992) Predictive value of islet cell and insulin autoantibodies for type 1 (insulin-dependent) diabetes mellitus in a population-based study of newly diagnosed diabetic and matched control children. Diabetologia 35: 1168–73

Landin-Olsson M, Karlsson A, Dahlquist G, Blom L, Lernmark A, Sundkvist G (1989) Islet cell and other organ-specific autoantibodies in all children developing type I diabetes mellitus in Sweden during one year and in matched control children. Diabetologia 32: 387–95

Landon MB (1991) Diabetes mellitus and other endocrine diseases. In: Gabbe SG, Niebyl JR, Simpson JL (eds) Obstetrics: normal and problem pregnancies. New York, Churchill Livingstone, pp 1097–136

Landon MB, Cembrowski GS, Gabbe SG (1986) Capillary blood glucose screening for gestational diabetes: a preliminary investigation. Am J Obstet Gynecol 155: 717–21

Landon MB, Gabbe SG (1985) Antepartum fetal surveillance in gestational diabetes mellitus. Diabetes 34 [Suppl 2]: 50–4

Landon MB, Gabbe SG (1991) Fetal surveillance in the pregnancy complicated by diabetes mellitus. Clin Obstet Gynecol 34: 335–43

Landon MB, Gabbe SG, Bruner JP, Ludmir J (1989) Doppler umbilical artery velocimetry in pregnancy complicated by insulin-dependent diabetes mellitus. Obstet Gynecol 73: 961–5

Landon MB, Gabbe SG, Piana R, Mennuti MT, Main EK (1987) Neonatal morbidity in pregnancy complicated by diabetes mellitus: predictive value of maternal glycemic profiles. Am J Obstet Gynecol 156: 1089–95

Landon MB, Gabbe SG, Sachs L (1990) Management of diabetes mellitus and pregnancy: a survey of obstetricians and maternalfetal specialists. Obstet Gynecol 75: 635–40

Landon MB, Langer O, Gabbe SG, Schick C, Brustman L (1992) Fetal surveillance in pregnancies complicated by insulin-dependent diabetes mellitus. Am J Obstet Gynecol 167: 617–21

Landon MB, Mintz MC, Gabbe SG (1989) Sonographic evaluation of fetal abdominal growth: predictor of the large-for-gestational-age infant in pregnancies complicated by diabetes mellitus. Am J Obstet Gynecol 160: 115–21

Landon MB, Sonek J, Foy P, Hamilton L, Gabbe S (1991) Sonographic measurement of fetal humeral soft tissue thikness in pregnancy complicated by GDM. Diabetes 40 [Suppl 2]: 66–70

Landy HJ, Gòmez-Marín O, O'Sullivan MJ (1996) Diagnosing gestational diabetes mellitus: use of a glucose screen without administering the glucose tolerance test. Obstet Gynecol 87: 395–400

Lanes R, Reckert B, Fort P, Lifshitz F (1985) Impaired somatomedin generation test in children with insulin-dependent diabetes mellitus. Diabetes 34: 156–60

Lang N, Bellmann O, Hinckers HJ, Schlebusch H (1978) Diagnostik und klinische Bedeutung des Gestationsdiabetes. Gynäkologe 11: 78–87

Lang U (1989) Die Betreuung der schwangeren Diabetikerin. Gynäkologe 22: 174–84

Lang U, Künzel W (1989) Diabetes mellitus in pregnancy. Management and outcome of diabetic pregnancies in the state of Hesse, F.R.G. a 5 year-survey. J Obstet Gynecol Reprod Biol 33: 115–29

Lang U, Künzel W (1990) Maternale Blutglukose als Screening für Kohlenhydrattoleranzstörungen in der Schwangerschaft. Gynäkologe 23: 303–6

Lange J, Tiller R, Kremss B (1979) Klinische Erfahrungen bei der Betreuung und Entbindung von Schwangeren mit insulinpflichtigem Diabetes mellitus. Zbl Gynäkol 101: 902–7

Langer N, Langer O (1994) Emotional adjustment to diagnosis and intensified treatment of gestational Diabetes. Obstet Gynecol 84: 329–34

Langer O (1988) Scientific rationale for management of diabetes in pregnancy, Recent approaches with innovative computer-based technology. Diabetes Care 11 [Suppl 1]: 67–72

Langer O (1996) Is normoglycemia the correct threshold to prevent complications in the pregnant diabetic patient? Diabetes Rev 4: 2–10

Langer O, Anyaegbunam A, Brustman L, Divon MY (1989) Management of women with one abnormal oral glucose tolerance test value reduces adverse outcome in pregnancy. Am J Obstet Gynecol 161: 593–9

Langer O, Anyaegbunam A, Brustman L, Guidetti D, Levy J, Mazze R (1988) Pregestational diabetes: Insulin requirements throughout pregnancy. Am J Obstet Gynecol 159: 616–21

Langer O, Anyaegbunam A, Brustmann L, Guidetti D, Mazze RS (1987) Gestational diabetes: Insulin requirements in pregnancy. Am J Obstet Gynecol 157: 669–75

Langer O, Berkus M, Brustman L, Anyaegbunam A, Mazze R (1991) Rationale for insulin management in gestational diabetes mellitus. Diabetes 40 [Suppl 2]: 186–90

Langer O, Berkus MD, Huff RW, Samueloff A (1991) Shoulder dystocia: should the fetus weighing ≥4000 gm be delivered by cesarean section? Am J Obstet Gynecol 165: 831–7

Langer O, Brustman L, Anyaegbunam A, Mazze R (1987) The significance of one abnormal glucose tolerance test value on adverse outcome in pregnancy. Am J Obstet Gynecol 157: 758–63

Langer O, Cohen WR (1984) Persistent fetal bradycardia during maternal hypoglycemia. Am J Obstet Gynecol 149: 688–90

Langer O, Conway DL, Berkus MD, Xenakis EM-J, Gonzales O (2000) A comparison of glyburide and insulin in women with gestational diabetes mellitus. N Engl J Med 343: 1134–8

Langer O, Damus K, Maimann M, Divon M, Levy J, Bauman W (1986) A link between relative hypoglycemia, hypoinsulinemia during oral glucose tolerance tests and intrauterine growth retardation. Am J Obstet Gynecol 155: 711–6

Langer O, Hod M (1996) Management of gestational diabetes mellitus. Obstet Gynecol Clin North Am 23: 137–59

Langer O, Levy J, Brustman L, Anyaegbunam A, Merkatz R, Divon M (1989) Glycemic control in gestational diabetes mellitus-how tight is tight enough: small for gestational age versus large for gestational age? Am J Obstet Gynecol 161: 646–53

Langer O, Lozlowski S, Brustman L (1991) Abnormal growth patterns in diabetes in pregnancy: a longitudinal study. Isr J Med Sci 27: 516–23

Langer O, Mazze R (1988) The relationship between large for gestational age infants and glycemic control in women with gestational diabetes. Am J Obstet Gynecol 159: 1478–83

Langer O, Mazze RS (1986) Diabetes in pregnancy: evaluating self-monitoring perfomance and glycemic control with memory-based reflectance meters. Am J Obstet Gynecol 155: 635–7

Langer O, Mazze RS (1987) The relationship between glycosylated haemoglobin and verified self-monitored blood glucose among pregnant and non-pregnant women with diabetes. Practical Diabetes 4: 32–3

Langer O, Rodriguez DA, Xenàkis EMJ, McFarland MB, Berkus MD, Arredondo F (1994) Intensified versus conventional management of gestational diabetes. Am J Obstet Gynecol 170: 1036–47

Langhoff-Roos J, Lindmark G, Gustavson K-H, Gebre-Medhin M, Meirik O (1987) Relative effect of parental birth weight on infant birth weight at term. Clin Genetics 32: 240–8

Lapolla A, Betterle C, Sanzari M, Zanchetta R, Pfeifer E, Businaro A, et al (1996) An immunological and genetic study of patients with gestational diabetes mellitus. Acta Diabetol 33: 139–44

LaPorte RE, Fishbein HA, Drash AL, et al (1981) The Pittsburgh insulin-dependent diabetes mellitus (IDDM) registry. The incidence of insulin-dependent diabetes mellitus in Allegheny county, Pensylvania (1965–1976). Diabetes 30: 279–84

LaPorte RE, Tajima N, Akerblom HK, Berlin N, Brosseau J, Christy M, Drash AL, Fishbein H, Green A, Hamman R, Harris M, King H, Laron Z, Neil A (1985) Geographic differences in the risk of insulin-dependent diabetes mellitus: the importance of registries. Diabetes Care 8 [Suppl 1]: 101–7

LaPorte RE, Tajima N, Dorman JS, et al (1986) Difference between blacks and whites in the epidemiology of insulin-dependent diabetes mellitus in Allegheny County, Pennsylvania. Am J Epidemiol 123: 592–603

Larenas G, Arias G, Espinoza O, Charles M, Landaeta O, Villanueva S, Espinoza A (1985) Prevalence of diabetes mellitus in an indigenous (Mapuche) community in the IX region of Chile. Rev Med Chile 113: 1121–5

Laron Z, Karp M, Modan M (1985) The incidence of insulin-dependent diabetes mellitus in Israeli children and adolescents 0 – 20 years of age: a retrospective study, 1975 – 1980. Diabetes Care 8 [Suppl 1]: 24–9

Larsen CE, Serdula MK, Sullivan KM (1990) Macrosomia: influence of maternal overweight among a low-income population. Am J Obstet Gynecol 162: 490–4

Larsson G, Spjuth J, Ranstam J, et al (1986) Prognostic significance of birth of large infant for subsequent development of maternal non-insulin-dependent diabetes mellitus. A prospective study over 20–27 years. Diabetes Care 9: 359–64

Larsson Y, Sterky G (1960) Possible teratogenic effect of tolbutamide in a pregnant prediabetic. Lancet i: 1424–5

Lasuncion MA, Lorenzo J, Palacin M, Herrera E (1987) Maternal factors modulating nutrient transfer to fetus. Biol Neonate 51: 86–93

Lau RJ, Scott JR (1985) Pregnancy following renal transplantation. Clin Obstet Gynecol 28: 339–50

Laube H, Raptis S, Pfeiffer EF (1973) Der Einfluß von Ernährungsfaktoren auf die Entstehung von Fettsucht und Hyperinsulinismus. Deutsche Med Wochenschr 98: 1256–9

Laupacis A, Feeny D, Detsky AS, Tugwell PX (1992) How attractive does a new technology have to be to warrant adoption and utilization? Tentative guidelines for using clinical and economic evaluations. Can Med Assoc J 146: 473–81

Laureti E, De Galateo A, Giorgino F (1982) Ricerche quantitative sul tenore di idrossiprolina, di lipidi e di esosi in placente normali e diabetiche del 3 mese di gravidanza. Boll Soc It Biol Sper 58: 701–7

Laurini RN, Visser GHA, Van Ballegooie E, Schoots CJF (1987) Morphological findings in placentae of insulin-dependent diabetic patients treated with continuous subcutaneous insulin infusion (CSII). Placenta 8: 153–65

Lauritzen T, Frost-Larsen K, Larsen HW, Deckert T, Steno Study Group (1983) Effect of one year of near normal blood glucose levels on retinopathy in insulin-dependent diabetics. Lancet i: 200–4

Lautala P, Puukka R, Knip M, et al (1988) Postnatal decrease in insulin binding to erythrocytes in infants of diabetic mothers. J Clin Endocrinol Metab 66: 696–701

Lavin Jr, JP (1985) Screening of high-risk and general populations for gestational diabetes. Clinical application and cost analysis. Diabetes 34 [Suppl 2]: 24–7

Lavin Jr, JP, Lovelace DR, Miodovnik M, Knpwles HC, Barden TP (1983) Clinical experience with one hundred seven diabetic pregnancies. Am J Obstet Gynecol 147: 742–52

Lavin JP, Barden TP, Miodovnik M (1981) Clinical experience with a screening program for gestational diabetes. Am J Obstet Gynecol 141: 491–4

Lavin JP, Gimmon Z, Miodovnik M, Meyenfeldt M, Fischer JE (1982) Total parenteral nutrition in a pregnant insulin requiring diabetic. Obstet Gynecol 59: 660–4

Law CM, Gordon GS, Shiell AW, Barker DJ, Hales CN (1995) Thinnes at birth and glucose tolerance in seven-year-old children. Diabet Med 12: 24–9

Lawler-Heavener J, Cruikshank KJ, Hay WW, Gay EC, Hamman RF (1994) Birth size and risk of insulin dependent diabetes mellitus (IDDM). Diabetes Res Clin Pract 24: 153–9

Lawless M, Vessey MP (1982) Intrauterine device use by diabetic women. Br J Fam Plann 7: 110–1

Lawrence AM, Contopoulos AN (1960) Reproductive performance in the alloxan diabetic female rat. Acta Endocrinol (Kbh) 33: 175–84

Lawrence GF, Brown VA, Prsons RJ, Cooke ID (1982) Fetomaternal consequences in high-dose glucose infusion during labour. Br J Obstet Gynaecol 89: 27–32

Lawrence PA, Cheely J (1980) Determination of diabetic patients' knowledge and management skills as determined during outpatient visits. Diabetes Care 3: 214–8

Lawrence PA, Dowe MC, Perry EK, Strong S, Samsa GP (1989) Accuracy of nurses in performing capillary blood glucose monitoring. Diabetes Care 12: 298–9

Lawrence RD, Oakley WG (1942) Pregnancy and diabetes. Q J Med 11: 45–75

Laws A, Stefanick ML, Reaven GM (1989) Insulin resistance and hypertriglyceridemia in nondiabetic relatives of patients with noninsulin-dependent diabetes mellitus. J Clin Endocrinol Metab 69: 343–7

Lazarow A, Kim JN, Wells LJ (1960) Birth weight and fetal mortality in pregnant subdiabetic rats. Diabetes 9: 114–7

Lazer S, Yigal B, Mosme M, Leventhal H, Insler V (1986) Complications associated with the macrosomic fetus. J Reprod Med 31: 501–5
Le Dune MA (1972) Response to glucagon in small for dates hypoglycaemic newborn infants. Arch Dis Child 47: 754–9
Le Stunff C, Bougnères P (1994) Early changes in postprandial insulin secretion, not in insulin sensitivity, characterize juvenile obesity. Diabetes 43: 696–702
Lea RG, Mc Intyre S, Smith W, Baird JD (1993) The effects of diabetes on periimplantatio phase decidual trophoblast interaction: studies on the pregnant diabetes prone BB/ Edinburgh rat. Metabolic Unit. University Department of Medicine, Western General Hospital, Edinburgh, Scotland. Diabetic Pregnancy Study Group, 25th Annual Meeting
Lea RG, McCracken JE, McIntyre SS, Smith W, Baird JD (1996) disturbed development of the preimplantation embryo in the insulin-dependent diabetic BB/E rat. Diabetes 45: 1463–70
Leahy JL (1990) Natural history of β-cell dysfunction in NIDDM. Diabetes Care 13: 992–1010
Lean ME, Pearson DW, Sutherland HW (1990) Insulin management during labour and delivery in mothers with diabetes. Diabetic Med 7: 162–4
Lebovitz HE (1984) Cellular loci of sulfonylurea actions. Diabetes Care 7 [Suppl 1]: 67–71
Lechtig A, Klein RE (1981) Prenatal nutrition and birthweight: is there a causal association? In: Dobbing J (Hrsg) Maternal nutrition in pregnancy. Eating for two? London New York Toronto Sidney San Francisco, Academic Press
Lechtig A, Yarbrough C, Delgado H, Marborell R, Klein R, Behar M (1975) Effect of moderate maternal malnutrition of the placenta. Am J Obstet Gynecol 123: 191–201
Lecorche N (1886) Du Diabete sucre chez la femme. Gynecol (Zit nach Heisig N, 1975)
Lederman SA (1983) Variability of water content of lean tissue of pregnant and nonpregnant rats and ists effect on body fat estimation. Am J Clin Nutr 37: 663–8
Lederman SA, Paxton A, Heymsfield SB, Wang J, Thornton J, Pierson RN (1999) Maternal body fat and water during pregnancy: do they raise infant birth weight? Am J Obstet Gynecol 180: 235–40
Ledermann HM (1995) Maturity-onset diabetes of the young (MODY) at least ten times more common in Europe than previously assumed? Letter. Diabetologia 38: 1482
Lee A, Ader M, Bray GA, Bergman RN (1992) Diurnal variation in glucose tolerance. Cyclic suppression of insulin action and insulin secretion in normal-weight, but not obese, subjects. Diabetes 41: 750–9
Lee CY (1987) Shoulder dystocia. Clin Obstet Gynecol 30: 77–82
Lee ET, Anderson PS, Bryan J, Bahr C, Coniglione T, Cleves M (1985) Diabetes, parental diabetes, and obesity in Oklahoma Indians. Diabetes Care 8: 107–113
Lee PDK, Conover CA, Powell DR (1993) Regulation and function of insulin-like growth factor binding protein-1. Proc Soc Exp Biol Med 204: 4–29
Legido A, Sarria A, Bueno M, et al (1987) Relationship of body fat distribution to metabolic complications in obese prepubertal girls. Clin Pediatr 26: 310–5
Legras B, Audiau C, Clerc C, et al (1985) The value of amniotic fluid phosphatidylglycerol estimation in diabetic pregnancies. J Gynecol Obstet Biol Reprod 14: 587–9
Leikin E, Jenkins JH, Graves WL (1987) Prophylactic insulin in gestational diabetes. Obstet Gynecol 70: 587–92
Leikin EL, Jenkins P, Pomerantz GA, Klein L (1987) Abnormal glucose screening test in pregnancy: a risk factor for fetal macrosomia. Obstet Gynecol 69: 570–73
Leiper JM, Fineberg SE, Luman CB, MacCuish AC (1984) Insulin antibodies in the maternal and foetal circulation of pregnant diabetic women treated with human insulin of recombinant DNA origin. Diabetes Res 1: 75–81
Lemons JA, Vargas P, Delaney JJ (1981) Infant of the diabetic mother: review of 225 cases. Obstet Gynecol 57: 187–92
Lemtis H (1970) Physiology of the placenta. Fortschr Geburtsh u Gynäkol 54: 1–52

Lenz S, Kühl C, Hornnes PJ, Hagen C (1981) Influence of lactation on oral glucose tolerance in the puerperium. Acta Endocrinol (Copenh) 98: 428–31

Lenz S, Kühl C, Wang P, Mølsted-Pedersen L, Ørskov H, Faber OK (1979) The effect of ritodrine on carbohydrate and lipid metabolism in normal and diabetic pregnant women. Acta Endocrinol 92: 669–79

Lenzen S, Bailey CJ (1984) Thyroid hormones, gonadal and adrenocortical steroids and the function of the islets of Langerhans. Endocrine Reviews 5: 411–34

Leodolter S (1977) Neue Gesichtspunkte zur Erfassung und Behandlung der Placentainsuffizienz. Beilage zur Wien Klin Wochenschr 89: H9

Leon DA, Koupilova I, Lithel HO, Berglund L, Mohsen R, Vågerö D, Lithell U-B, McKeigue PM (1996) Failure to release growth potential in utero and adult obesity in relation to blood pressure in 50 year old Swedish men. BMJ 312: 401–6

Leonard M, Chessall M, Manning D (1997) The use of a Hemocue blood glucose analyser in a neonatal unit. Ann Clin Biochem 34: 287–90

Leridon, H (1976) Facts and artifacts in the study of intrauterine mortality: a reconsideration from pregnancy histories. Popul Stud 30: 319–36

Leslie RDG, John PN, Pyke DA, White JM (1978) Hemoglobin A1 in diabetic pregnancy. Lancett ii: 958–9

Leslie RDG, Lo S, Millward A, Honour J, Pyke DA (1991) decreased growth velocity before IDDM onset. Diabetes 40: 211–6

Leslie RDG, Mackay JD (1978) Intravenous insulin infusion in diabetic emergencies. Br Med J II: 1343–4

Leslie RDG, Pyke DA, John PN. White JM (1978) Haemoglobin A1 in diabetic pregnancy. Lancet ii: 958–9

Leslie RDG, Volkman HP, Poncher M, Hanning I, Orsknow H, Alberti KGMM (1986) Metabolic abnormalities in children of noninsulin-dependent diabetics. Br Med J 293: 840–42

Leturque A, Haugel S, Kandle J, Girand J (1987) Glucose utilization by the placenta of anesthetized rats: effect on insulin, glucose, and ketone bodies. Pediatr Res 22: 483–7

Lev-Ran A (1999) Thrifty genotype: how applicable is it to obesity and type 2 diabetes? Diabetes Reviews 7: 1–22

Lev-Ran A, Goldman JA (1977) Brittle diabetes in pregnancy. Diabetes 26: 926–30

Leveno KJ, Hauth JC, Gilstrap JC, Whalley PJ (1979) Appraisal of "rigid" blood glucose control during pregnancy in the overtly diabetic women. Am J Obstet Gynecol 135: 853–62

Leveno KJ, Williams ML, DePalma RT, Whalley PJ (1983) Perinatal outcome in the absence of antepartum fetal heart rate acceleration. Obstet Gynecol 61: 347

Lever JCW (1933) Zit nach Heisig N (1975)

Levin M, Boisseau VC, Avioli LV (1976) Effects of diabetes mellitus on bone mass in juvenile and adult onset diabetes. N Engl J Med 294: 241–5

Levine AB, Lockwood CJ, Brown B, Lapinski R, Berkowitz RL (1992) Sonographic diagnosis of the large for gestational age fetus at term: does it make a difference? Obstet Gynecol 79: 55–8

Levine BS, Coburn JW (1984) Magnesium, the mimic/antagonist of calcium. N Engl J Med 310: 1253–5

Levitz M, Selinger M (1970) Plasma estriol levels in Class D diabetes of pregnancy. Am J Obstet Gynecol 105: 82

Levy-Marchal C, Patterson C, Green A on the behalf of the EURODIAB ACE Study Group (1995) Variation by age group and seasonality at diagnosis of childhood Type 1 diabetes in Europe. Diabetologia 38: 823–30

Lévy-Marchal C, Tichet J, Fajardy I, Gu XF, Dubois F, Czernichow P (1992) Islet cell antibodies in normal French schoolchildren. Diabetologia 35: 577–82

Lewis DF, Raymond RC, Perkins MB, Brooks GG, Heymann AR (1995) Recurrence rate of shoulder dysticia. Am J Obstet Gynecol 172: 1369–71

Lewis EJ, Hunsicker LG, Bain RP, Rohde R (1993) The effect of angiotensin-converting-enzyme inhibition on diabetic nephropathy. N Engl J Med 329: 1456–62

Lewis GF, McNally C, Blackman JD, Polonsky KS, Barron WM (1993) Prior feeding alters the response to the 50-g glucose challenge test in pregnancy. Diabetes Care 16: 1551–6

Lewis GJ, Lamont CAR (1983) Successful pregnancy in a renal transplant recipient taking cyclosporin A. Br Med J 286: 603

Lewis NJ, Akazawa S, Freinkel N (1983) Teratogenesis from β-hydroxybuty-rate during organogenesis in rat embryo culture and enhancement by subteratogenic glucose. Diabetes 32 [Suppl]: 11A

Lewis SB, Murray WK, Wallin JD, Coustan DR, Daane TA, Trewday DR, Navins JP (1976) Improved glucose control in nonhospitalized pregnant diabetic patients. Obstet Gynecol 48: 260–7

Lewis SB, Wallin JD, Kuzuya H, Coustan DR, Danne TA, Rubenstein AH (1976) Circadian variation of serum glucose, C.peptide immunoreactivity and free insulin in normal and insulin treated diabetic pregnant subjects. Diabetologia 12: 343

Lewitt MS, Baxter RC (1989) Regulation of growthhormone-independent insulin-like growth factor-binding protein (BP 28) in cultured human fetal liver explants. J Clin Endocrinol Metab 69: 246–52

Li DFH, Wang ZQ, Wong VCW, Ma HK (1988) Assessment of the glucose tolerance test in unselected pregnancy using 75 g glucose load. Int J Gynaecol Obstet 27: 7–10

Li DFH, Wong VCW, O'Hoy KMKY, et al (1987) Is treatment needed for mild impairment of glucose tolerance in pregnancy? A randomised control trial. Br J Obstet Gynaecol 94: 851–4

Li DFH, Wong VCW, O'Hoy KM, Ma HK (1987) Evaluation of the WHO criteria for 75 g oral glucose tolerance test in pregnancy. Br J Obstet Gynaecol 94: 847–50

Liappis N, Schlebusch H, Hildebrand G (1981) Normalwerte der IgA-, IgG-, IgM-, Alpha$_1$-Antitrypsin-, C_3-Komplement-, C_4-Komplement-, Coeruloplasmin-, Haptoglobin- und Transferrin-Konzentrationen im Serum von gesunden, reifen Neugeborenen und Vergleich zu Erwachsenen. Methode: kinetische Nephelometrie. Klin Pädiat 193: 88–90

Liban E, Salzberger M (1976) A prospective clinicopathological study of 1:108 cases of antenatal fetal death. Israel J Med Sci 12: 34–44

Libman I, Songer T, LaPorte R (1993) How many people in the U.S. have IDDM? Diabetes Care 16: 841–2

Lichtenegger W, Zeichen E (1982) Prostaglandine zur Geburtseinleitung. Wien Klin Wochenschr 94: 564–6

Lichtig LK, Knauf RA, Bartoletti A, Wozniak LM, Gregg RH, Muldoon J, Ellis WC (1989) Revising diagnosis-related groups for neonates. Pediatrics 84: 49–61

Lidegaard O (1993) Oral contraception and risk of a cerebral thromboembolic attack: results of a case-control study. Br Med J 306: 956–63

Lidegaard Ø (1995) Oral contraceptives, pregnancy and the risk of cerebral thromboembolism: the influence of diabetes, hypertension, migraine and previous thrombotic disease. Br J Obstet Gynaecol 102: 153–9

Liebhart M (1971) The electron-microscopic pattern of placental villi in diabetes of the mother. Acta Med Polonica 12: 133–37

Lienhard GE, Slot JW, James DE, Mueckler MM (1992) How cells absorb glucose. Sci Am 266: 86–91

Lillioja S, Mott DM, Zawadzki JK, et al (1988) In vivo insulin action is a familial characteristic in non-diabetic Pima Indians. Diabetes 36: 1329–35

Lin CC, Moawad AH, River P, Blix P, Abraham M, Rubenstein AH (1981) Amniotic fluid C-peptide as an index for intrauterine fetal growth. Am J Obstet Gynecol 139: 390–6

Lin CC, River Ph, Moawad AH, Lowensohn RJ, Blix PM, Abraham M, Rubenstein AH (1981) Prenatal assessment of fetal outcome by amniotic fluid C-peptide levels in pregnant diabetic women. Am J Obstet Gynecol 141: 671–6

Lin HC, Doty JE, Reedy TJ, Meyer JH (1989) Inhibition of gastric emptying by glucose depends on length of intestine exposed to nutrient. Am J Physiol 256: G404–11
Lin HC, Doty JE, Reedy TJ, Meyer JH (1990) Inhibitiion of gastric emptying by acids depends on pH, titratable acidity and length of intestine exposed to acid. Am J Physiol 259: G1025–30
Lin HC, Doty JE, Reedy TJ, Meyer JH (1990) Inhibition of gastric emptying by sodium oleate depends on length of intestine exposed to nutrient. Am J Physiol 259: G1131–7
Lin TM, Halbert SP, Spellacy WN (1978) Pregnancy-associated plasma protein B (PaPP-B) in normal and abnormal pregnancies at term. Br J Obstet Gynaecol 85: 652–6
LinC-C, River J, River P, Blix PM, Moawad AH (1986) Good diabetic control early in pregnancy and favorable fetal outcome. Obstet Gynecol 67: 51–6
Linarelli LG, Bobik C, Bobik J, Drach AL, Rubin HM (1974) The effect of glucagon on adenosine-3',5'-monophosphate (cyclic AMP), glucose, insulin and growth hormone in full term newborn children. J Clin Endocrinol Metab 39: 411–7
Lind T (1983) Diabetes Pregnancy Study Group, 14th Annual Meeing, Leuven
Lind T (1989) A prospective multicentre study to determine the influence of pregnancy upon the 75-g oral glucose tolerance test (oGTT) The Diabetic Pregnancy Study Group of the European Association for the Study of Diabetes. In: Sutherland HW, Stowers JM, Pearson DWM (eds) Carbohydrate Metabolism in Pregnancy and the Newborn. London Berlin Heidelberg New York Paris Tokyo, Springer, pp 209–26
Lind T, Anderson J (1984) Does random blood glucose sampling outdate testing for glykosuria in the detection of diabetes during pregnancy? Br Med J 289: 1569–71
Lind T, Billewicz WZ, Brown CA (1973) A serial study of changes occurring in the oral glucose tolerance test during pregnancy. J Obstet Gynaecol Br Commonw 80: 1033–9
Lind T, Cheyne GA (1979) Effect of normal pregnancy upon the glycosylated haemoglobins. Br J Obstet Gynaecol 86: 210–5
Lind T, Harris VG (1976) Changes in the oral glucose tolerance test during the puerperium. Br J Obstet Gynaecol 83: 460–3
Lind T, Hytten FE (1972) The excretion of glucose during normal pregnancy. J Obstet Gynaecol Br Commonw 79: 961–5
Lind T, Phillips PR, and the Diabetic pregnancy study group of the European Association for the Study of Diabetes (1991) Influence of pregnancy on the 75-g OGTT. A prospective multicenter study. Diabetes 40 [Suppl 2]: 8–13
Lindell A (1956) Prolonged pregnancy. Acta Obstet Gynaecol Scand 35: 136–43
Lindenbaum C, Ludmir J, Teplick FB, Cohen AW, Samuels P (1992) Maternal glucose intolerance and subcutaneous terbutaline pump. Am J Obstet Gynecol 166: 925–8
Lindgren FA, Hartling SG, Dahlquist GG, Binder C, Efendic S, Persson BE (1991) Glucose-induced insulin response is reduced and proinsulin response increased in healthy siblings of type 1 diabetic patients. Diabetic Med 8: 638–43
Lindgren FA, Hartling SG, Persson BE, Röder ME, Snellman K, Binder C, Dahlquist G (1993) Proinsulin levels in newborn of type 1 (insulin-dependent) diabetic children and their mothers. Diabetologia 36: 560–3
Lindsay MK, Graves W, Klein L (1989) The relationship of one abnormal glucose tolerance tetst value and pregnancy complications. Obstet Gynecol 73: 103–6
Lindsay RS, Lindsay RM, Waddell BJ, Seckl JR (1996) Prenatal glucocorticoid exposure leads to offspring hyperglycemia in the rat: studies with the 11 β-hydroxysteroid dehydrogenase inhibitor carbenoxolone. Diabetologia 39: 1299–1305
LIndtmann MD, Katz AI (1992) Pregnancy in the renal transplant patient. Am J Kidney Dis 19: 173–6
Ling PR, Bistrian BR, Blackburn GL, Istfan N (1989) Effect of continuous feeding on maternal protein metabolism and fetal growth in the rat. Am J Physiol 256: E852–62
Linn T, Loewk E, Schneider K, Federlin K (1993) Spontaneous glucose intolerance in the progeny of low dose streptozotocin-induced diabetic mice. Diabetologia 36: 1245–51

Lips JP, Jongsma HW, Crevels J, Eskes TKAB (1988) Chronic hyperglycemia and insulin concentrations in fetal lambs. Am J Obstet Gynecol 159: 247–51

Lipscomb KR, Gregory K, Shaw K (1995) The outcome of macrosomic infants weighing at least 4500 grams: Los Angeles County + University of Southern California Experience. Obstet Gynecol 85: 558–64

Lipshitz J, Vinik AI (1978) The effects of hexoprenaline, a β2–sympathomimetic drug, on maternal glucose, insulin, glucagon, and free fatty acid levels. Am J Obstet Gynecol 130: 761–4

Lister M (1965) The ultrastructure of the placenta in abnormal pregnancies, 1. in cases of maternal diabetes. J Obstet Gynaec Br Cwlth 72: 203–14

Lithell H, McKeigue P, Berglund L, Mohsen R, Lithell U, Leon D (1996) Relation of size at birth to non-insulin dependent diabetes and insulin concentration in men aged 50–60 years. BMJ 312: 406–10

Little RR, England JD, Wiedmeyer H-M, McKenzie EM, Pettitt DJ, Knowler WC, Goldstein DE (1988) Relationship of glycosylated hemoglobin to oral glucose tolerance. Diabetes 37: 60–4

Liu JP, Baker J, Perkins AS, Robertson EJ, Efstratiadis A (1993) Mice carrying null mutations of the genes encoding insulin-like growth factor I (Igf-1) and type I IGF receptor (Igflr). Cell 75: 59–72

Liu KS, Wang CV, Mills N, Gyves M, Ilan J (1985) Insulin related genes expressed in human placenta from normal and diabetic pregnancies. Proc Natl Acad Sci USA 82: 3858–70

Livingston EG, Herbert WNP, Hage ML, Chapman JF, Stubbs TM, Diabetes and Fetal Maturity Study Group (1995) Use of the TDx-FLM assay in evaluating fetal lung maturity in an insulin-dependent diabetic population. Obstet Gynecol 86: 826–9

Livingston RC, Bachmann-Carter K, Frank C, Mason WB (1993) Diabetes mellitus in Tohono O'odham pregnancies. Diabetes Care 16 [Suppl 1]: 318–21

Lob B (1906) Zit nach Heisig N (1975)

LoBue C, Goodlin RC (1978) Treatment of fetal distress during diabetic ketoacidosis. J Reprod Med 20: 101–8

Loch EG, Kaiser E, Christl H (1976) Auswirkungen der Minigestagenpille (Exlutona) auf Kohlenhydrat- und Fettstoffwechsel. Med Klin 71: 1684–7

Lock DR, Bar-Eyal A, Voet H, Madar Z (1988) Glycemic indices of various foods given to pregnant diabetic subjects. Obstet Gynecol 71: 180–3

Löe H (1993) Periodontal disease. The sixth complication of diabetes mellitus. Diabetes Care 16 [Suppl 1]: 329–34

Logothetopoulos J, Valiquette N, MacGregor D, Hsia T (1987) Adoptive transfer of insulinitis and diabetes in neonates of diabetes-prone and -resistant rats. Diabetes 36: 1116–23

Lomas J, Anderson GM, Domnick-Pierre K, Vayda E, Enkin MW, Hannah WJ (1989) Do practice guidlines guide practice? The effect of a consensus statement on the practice of physicians. N Engl J Med 321: 1306–11

Lombrail P, Cathelineau G, Gervais P, Thibult N (1984) Abnormal color vision and reliable self-monitoring of blood glucose. Diabetes Care 7: 318–21

Long S, Duffin J (1986) The neuronal determinants of respiratory rhythm. Prog Neurobiol 27: 101–82

Long SD, O'Brien K, MacDonald Jr, KG, Leggett-Frazier N, Swanson MS, Pories WS, Caro JF (1994) Weight loss in severely obese subjects prevents the progression of impaired glucose tolerance to type II diabetes. Diabetes Care 17: 372–5

Longo LD, Yuen P, Gusseck DJ (1973) Anaerobic, glycogen-dependent transport of amino acids by the placenta. Nature 243: 531–3

Lönnrot M, Korpela K, Knip M, Ilonen J, Simell O, Korhonen S, Savola K, Muona P, Simell T, Koskela P, Hyöty H (2000) Enterovirus infection as a risk factor for β-cell autoimmunity in a prospectively observed birth cohort. The Finnish Diabetes Prediction and Prevention Study. Diabetes 49: 1314–8

Lorber D (1990) Gestational Diabetes. The hidden Epidemic. The female Patient 15: 15–25

Lorenz U, Rütgers H, Mösch R, Kubli F (1973) Veränderungen der Gesamtlipid- und Gesamtproteinkonzentration im Fruchtwasser in Abhängigkeit vom Gestationsalter. Gynäk Rdsch [Suppl 1]: 112–4

Lorenz U, Rüttgers H, Fux G, Kubli F (1974) Fetal pulmonary surfactant induction by bromhexine metabolite VIII. Am J Obstet Gynecol 119: 1126

Lorenzen T, Pociot F, Hougaard P, Nerup J (1994) Longterm risk of IDDM in first-degree relatives of patients with IDDM. Diabetologia 37: 321–7

Lorenzen T, Pociot F, Johannesen J, et al (1999) A population-based survey of frequencies of self-reported spontaneous and induced abortions in Danish women with type 1 diabetes mellitus. Danish IDDM Epidemiology and Genetics Group. Diabetic Med 16: 472–6

Lorenzen T, Pociot F, Stilgren L, et al and the Danish IDDM Epidemiology and Genetics Group (1998) Predictors of IDDM recurrence risk in offspring of Danish IDDM patients. Diabetologia 41: 666–73

Lorini R, Vanelli M, The Prediabetic Study Group of the Italian Society for Pediatric Endocrinology and Diabetology (1996) Normal values of first-phase insulin response to intravenous glucose in healthy Italian children and adolescents. Diabetologia 39: 370–1

Lotgering FK, Gilbert RD, Longo LD (1983) Exercise responses in pregnant sheep: oxygen consumption, uterine blood flow and blood volume. J Appl Physiol 55: 834–41

Love EJ, Kinch RAH (1965) Factors influencing the birth weight in normal pregnancy. Am J Obstet Gynecol 91: 342–9

Love EJ, Kinch RAH, Stevenson JAF (1960) Effect on alloxan-induced diabetes on the pregnancy of rats. Am J Obstet Gynecol 80: 536–41

Lowe TW, Weinreb J, Santos-Ramos R, et al (1985) Magnetic resonance imaging in human pregnancy. Obstet Gynecol 66: 629–33

Löwenberg E, Jiménez L, Matinez M, Pommier M (1981) Effects of ambroxol (NA 872) on biochemical fetal lung maturity and prevention of the respiratory distress syndrome. Prog Resp Res 15: 240

Lowensohn RJ, Gabbe SG (1979) The value of lecithin/sphingomyelin ratios in diabetes: a critical review. Am J Obstet Gynecol 134:702–4

Lowy C, Beard RW, Goldschmidt J (1986) Congenital malformations in babies of diabetic mothers. Diabetic Med 3: 458–62

Lubchenco LO, Hansemann L, Dressler M, Boyd E (1963) Intrauterine Growth as estimated from liveborn birth weight data at 24 to 42 weeks of gestation. Pediatrics 32: 793–800

Lubchenco LO, Hansman C, Boyd E (1966) Intrauterine growth in length and head circumference as estimated from live births at gestational ages from 26 to 42 weeks. Pediatrics 37: 403–8

Lubchenko LO, Bard H (1971) Incidence of hypoglycemia in newborn infants classified by birth weight and gestational age. Pediatrics 47: 831–8

Lucas A, Morley R, Cole TJ (1988) Adverse neurodevelopmental outcome of moderate neonatal hypoglycaemia. BMJ 297: 1304–8

Lucas MJ, Leveno KJ, Williams ML, Raskin P, Whalley PJ (1989) Early pregnancy glycosylated hemoglobin, severity of diabetes, and fetal malformations. Am J Obstet Gynecol 161: 426–31

Lucas MJ, Lowe TW, Bowe L, McIntire DD (1993) Class A_1 gestational diabetes: a meaningful diagnosis? Obstet Gynecol 82: 260–5

Lumey LH (1992) Decreased birthweights in infants after maternal in utero exposure to the Dutch famine of 1944–1945. Pediatr Perinat Epidemiol 6: 240–53

Lumey LH, Stam GA, Ravelli ACJ, Stein ZA (1992) Birth weight, birth cohort, and adult weight among women born during the Dutch famine of 1944–1945. Am J Epidemiol 136: 951–2

Lundgren H, Bengtsson C, Blohme G, Lapidus L, Waldenstrom J (1990) Fasting serum insulin concentrations and early insulin response as risk determinants for developing diabetes. Diabetic Med 7: 407–13

Lundgren H, Bengtsson C, Blohme G, Lapidus L, Sjöström L (1989) Adiposity and adipose tissue distribution in relation to incidence of diabetes in women: results from a prospective population study in Gothenburg, Sweden. Int J Obes 13: 413–23

Lunell NO (1986) Obstetric complications in diabetic pregnancy. Acta Endocrinol Copenh [Suppl] 277: 117

Lunell NO, Joelson I, Larson A, Persson B (1977) The immediate effect of a B-adrenergic agonist (salbutamol) on carbohydrate and lipid metabolism during the third trimester of pregnancy. Acta Obstet Gynecol Scand 56: 475–8

Lunell NO, Persson B, Devarajan LV, et al (1988) Urinary C-peptide in the neonate correlates to both maternal glucose tolerance and to fetal size at birth. Am J Perinatol 5: 144–5

Lunetta M, Leonardi R, Sudano L, Mughini L (1986) Antigenicity of semisynthetic human insulin in newly diagnosed type 1 diabetic patients: difference between short and intermediate acting preparations. Diabete Metab 12: 83–4

Lupo VR, Stys SJ (1988) Recurrence of gestational diabetes in subsequent pregnancies. In: Weiss PAM, Coustan DR (eds) Gestational Diabetes. Wien New York, Springer, pp 123–8

Lurie S, Danon D (1992) Life span of erythrocytes in late pregnancy. Obstet Gynecol 80: 123–6

Lurie S, Matzke A, Weissman A, Gotlibe Z, Friedman A (1992) Outcome of pregnancy in class A1 and A2 gestational diabetic patients delivered beyond 40 Weeks' gestation. Am J Perinatol 9: 484–8

Luskey KL (1992) Possible links between amylin and diabetes. Amylin is released into the blood stream along with insulin. Diabetes Care 41: 297–9

Lutterman JA, Benraad TJ, van't Laar A (1981) The relationship between insulin secretion and metabolic stability in type I (insulin-dependent) diabetes. Diabetologia 21: 99–102

Luyckx AS, Massi-Benedetti F, Falorni A, Lefebvre PJ (1972) Presence of pancreatic glucagon in the portal plasma of human neonates. Differences in the insulin and glucagon responses to glucose between normal infants and infants from diabetic mothers. Diabetologia 8: 296–300

Mac Laren N, Horne G, Spillar R, Barbour H, Harrson D, Duncan J (1990) The feasibility of using ICA to predict IDDM in US school children. Diabetes 39 [Suppl 1]: 122

Macafee CAJ, Beischer NA (1974) The relative Value of the standard indications for performing a glucose tolerance test in pregnancy. Med J Aust 1: 911–4

MacDonald HN, Good W, Schwarz K, Stone J (1971) Oral glucose tolerance in the early puerperium. J Obstet Gynaecol Br Commonw 78: 489–97

Mace S, Hirschfeld S, Riggs T, Fanaroff AA, Merkatz IR, Franklin W (1979) Echocardiographic abnormalities in infants of diabetic mothers. J Pediatr 95: 1013–9

MacFarlane CM, Tsakalakos N, Taljaard JJF (1985) Acetylated fetal Haemoglobin in neonates born to mothers with established and gestational diabetes. S Afr Med J 68: 571–4

MacFarlane CM, Tsakalakos N, Taljaard JJF (1985) Value of glycosylated haemoglobin determination in diabetic pregnancy. S Afr Med J 68: 310–12

Machicao F, Urumow T, Wieland OH (1983) Evidence for phosphorylation of actin by the insulin-receptor-associated protein kinase from human placenta. FEBS Lett 163: 76–80

Machicao F, Wieland OH (1984) Evidence that the insulin-receptor-associated protein kinase acts as a phosphatidylinositol kinase. FEBS Lett 175: 113–6

MacIntyre I (1967) Magnesium metabolism. Adv Intern Med 13: 143–54

Macleod AF, Smith SA, Sonksen PH, Lowy C (1990) The problem of autonomic neuropathy in diabetic pregnancy. Diabetic Med 7: 80–2

MacNair P, Madsbod S, Christiansen C, Faber OK, Transbol I, Binder C (1978) Osteopenia in insulin-treated diabetes mellitus. Diabetologia 15: 87–90

MacNaughton MC (1969) Endocrinology of the foetus. In: Klopper A, Diczfalusy E (eds) Foetus and Placenta. Oxford Edinburgh, Blackwell Scientific Publications, pp 557–602

MacNeill S, Dodds L, Hamilton DC, Armson BA, VandenHof M (2001) Rates and risk factors for recurrence of gestational diabetes. Diabetes Care 24: 659–62

Madan R, Mohan N (1986) Diabetes in maternal and child health, the Asian experience. IDF Bulletin 31: 60–2 (Zit nach Hoet, 1988)

Madsbad S (1990) Classification of diabetes in older adults. Diabetes Care 13 [Suppl 2]: 93–6

Madsbad S, Krarup T, McNair P, Christiansen C, Faber OK, Transbol J, Binder C (1981) Practical clinical value of the C-peptide response to glucagon stimulation in the choice of treatment in diabetes mellitus. Acta Med Scand 210: 153–6

Madsen H (1986) Fetal oxygenation in diabetic pregnancy: with special reference to maternal blood oxygen affinity and its effectors. Dan Med Bull 33: 64–74

Madson H, Ditzel J (1991) The influence of maternal weight, smoking, vascular complications and glucose regulation on the birth weight of infants of type 1 diabetic women. Eur J Obstet Gynecol Reprod Biol 39: 175–9

Magann EF, Nolan TE, Hess LW, Martin RW, Witworth NS, Morrison JC (1992) Measurement of amniotic fluid volume: accuracy of ultrasonography techniques. Am J Obstet Gynecol 167: 1533–7

Magee LA, Conover B, Schick B, Sage S, cook L, Ranan-Williams L, Koren G (1994) Exposure to calcium channel blockers in human pregnancy: a prospective, controlled, multicenter cohort study. Teratology 49: 372–6

Magee MS, Knopp RH, Benedetti TJ (1990) Metabolic effects of 1200-kcal diet in obese pregnant women with gestational diabetes. Diabetes 39: 234–40

Magee MS, Walden CE, Benedetti TJ, Knopp RH (1993) Influence of diagnostic criteria on the incidence of gestational diabetes and perinatal morbidity. J Am Med Assoc 269: 609–15

Main DM, Main EK, Strong SE, Gabbe SG (1984) The effect of oral ritodrine therapy on glucose tolerance in pregnancy. Am J Obstet Gynecol 152: 1031–3

Main EK, Main DM, Gabbe SG (1987) Chronic oral terbutaline tocolytic therapy is associated with maternal glucose intolerance. Am J Obstet Gynecol 157: 644–7

Maislos M, Harman-Bohem I, Weitzman S (1992) Diabetic ketoacidosis, A rare complication of gestational diabetes. Diabetes Care 15: 968–70

Maitland JE, Caterson ID, Gauci RE, Spaliviero JA, Turtle JR (1985) Organ culture of human foetal pancreas: conditions which affect basal and stimulated insulin release. Acta Endocrinol 108: 377–85

Maitland JE, Parry DG, Turtle JR (1980) Perifusion and culture of human fetal pancreas. Diabetes 29 [Suppl 1]: 57–63

Major CA, de Veciana M, Weeks J, Morgan MA (1998) Recurrence of gestational diabetes: who is at risk? Am J Obstet Gynecol 179: 1038–42

Major CA, Henry MJ, De Veciana M, Morgan MA (1998) The effects of carbohydrate restriction in patients with diet-controlled gestational diabetes. Obstet Gynecol 91: 600–4

Malaisse WJ, Malaisse-Lagae F, Picard C, Flament-Durand J (1969) Effects of pregnancy and chorionic growth hormone upon insulin secretion. Endocrinology 84: 41–4

Malassine A, Goldstein S, Alsat E, Merger Ch, Cedard L (1984) Ultrastructural lokalization of low density lipoprotein binding sites on the surface of the syncytial microvillous membranes of the human placenta. IRCS Med Sci 12: 166–7

Malerbi DA, Franco LJ, The Brazilian Cooperative Group on the Study of Diabetes Prevalence (1992) Multicenter study of the prevalence of diabetes mellitus and impaired glucose tolerance in the urban Brazilian population aged 30–69 yr. Diabetes Care 15: 1509–16

Malins JM, FitzGerald MG (1965) Childbearing prior to recognition of diabetes: recollected birth weights and stillbirth rate in babies born to parents who develop diabetes. Diabetes 14: 175–8

Mamsen A, Ljungstrom B, Klebe JG (1990) Screening of women with potential diabetes with fasting plasma glucose and oral glucose tolerance test. Zentralbl Gynäkol 112: 1469–75

Man EB, Reid WA, Hellegers AE, Jones WS (1969) Thyroid function in human pregnancy. 3. Serum thyroxine-binding prealbumin (TBPA) and thyroid binding globulin (TBG) of pregnant women aged 14 through to 43 years. Am J Obstet Gynecol 103: 338–47

Mann JI, Vessey MP, Thorogood M, Doll R (1975) Myocardial infarction in young women with special reference to oral contraceptive practice. Br Med J 2: 241–5

Manners DJ (1974) The structure and metabolism of starch. Essays Biochem 10: 37

Manning FA (1991) The biophysical profile. In: Spencer JAD (ed) Fetal Monitoring. Oxford Med Publ, p 73

Manning FA, Heaman M, Boyer D, Carter LJ (1981) Intrauterine fetal tachypnea. Obstet Gynecol 58: 398–400

Manning FA, Menticoglou S, Harmann CR, Morrison I, Lange IR (1987) Antepartum fetal risk assessment: the role of the biophysical profile score. Bialliére's Clin Obstet Gynaec 1: 55–72

Manning FA, Morrison I, Lange IR (1985) Fetal assessment based on biophysical profile scanning: experience in 12 620 referred high risk pregnancies. 1. Perinatal mortality by frequency and aetiology. Am J Obstet Gynecol 151: 343–50

Manning FA, Platt LD, Sipos L (1979) Fetal movements in human pregnancies in the third trimester. Obstet Gynecol 54: 699–702

Manning FA, Platt LD, Sipos L (1980) Antepartum fetal evaluation: development of a fetal biophysical profile. Am J Obstet Gynecol 136: 787–95

Manning FA, Platt LD, Sipos L, Keegan KA (1979) Fetal breathing movements and the nonstress test in high-risk pregnancies. Am J Obstet Gynecol 135: 511

Manske CL, Thomas W, Wang Y, Wilson RF (1993) Screening diabetic transplant candidates for coronary artery disease: identification of a low risk subgroup. Kidney Int 44: 617–21

Manson JE, Rimm EB, Colditz GA, et al (1992) Parity and incidence of non-insulin-dependent diabetes mellitus. Am J Med 93: 13

Manson JE, Rimm EB, Stampfer MJ, et al (1991) Physical activity and incidence of non-insulin dependent diabetes mellitus in women. Lancet i: 774–8

Manson JE, Willett WC, Stampfer MJ, et al (1995) Body weight and mortality among women. N Engl J Med 333: 677–85

Maresh M, Beard RW (1989) Screening and management of gestational diabetes mellitus. In: Sutherland HW, Stowers JM, Pearson DWM (eds) Carbohydrate metabolism in Pregnancy and the Newborn IV. London, Springer, pp 201–8

Maresh M, Beard RW, Bray CS, Elkeles RS, Wadswoth J (1989) Factors predisposing to and outcome of gestational diabetes. Obstet Gynecol 74: 342–6

Maresh M, Gillmer MDG, Beard RW, Alderson CS, Bloxham BA, Elkeles RS (1985) The effect of diet and insulin on metabolic profiles of women with gestational diabetes mellitus. Diabetes 34 [Suppl 2]: 88–93

Marko ME, Starr JI, Rubenstein AH (1977) Circulating proinsulin in patients with maturity onset diabetes. Am J Med 63: 865–9

Markowitz H, Gubler CJ, Mahoney JP, Cartwright GE, Wintrobe MM (1955) Studies on copper metabolism XIV. Copper, ceruloplasmin and oxydase activity in sera of normal human subjects, pregnant women and patients with infection, hepatolenticular degeneration and the nephrotic syndrome. J Clin Invest 34: 1498–508

Marks JB (1991) Endocrine manifestations of human immunodeficiency virus (HIV) infection. Am J Med Sci 302: 110–7

Marks JB (1994) HIV and carbohydrate metabolism. Int Diabetes Monitor 6: 3–7

Marquette GP, Klein VR, Repke JT, Niebyl JR (1985) Cost effective criteria for glucose Screening. Obstet Gynecol 66: 181–4

Marquette GP, Dillard T, Bietla S, et al (1985) The accuracy of visual and meter determination of blood glucose with the use of Chemstrip bG. Am J Obstet Gynecol 153: 883–4

Marrero DG, Moore P, Langefeld CD, Golichowski A, Clark CM (1992) Care of Diabetic pregnant women by primary-care physicians. Diabetes Care 15: 101–7

Marshall RE (1990) Infant of the diabetic mother: a neonatologist's view. Clinical Diabetes 8: 49–57

Marshall RN, Underwood LE, Volna SJ, Foushee DB, Van Wyk JJ (1974) Characterisation of the insulin and somatomedin-C receptor in human placental cell membrane. J Clin Endocrinol Metab 39: 283–92

Marticainen A, Saukkonen T, Kulmala PK, Reijonen H, Ilonen J, Teramo K, Koskela P, Knip M, Åkerblom HK (1996) Disease-associated antibodies in offspring of mothers with IDDM. Diabetes 45: 1706–10

Martin AO, Dempsey LM, Minogue J, Liu K, Keller J, Tamura R, Freinkel N (1990) Maternal serum alpha-fetoprotein levels in pregnancies complicated by diabetes: Implications for screening programs. Am J Obstet Gynecol 163: 1209–16

Martin AO, Simpson JL, Ober C, Freinkel N (1985) Frequency of diabetes mellitus in mothers of probands with gestational diabetes: possible maternal influence on the predisposition to gestational diabetes. Am J Obstet Gynecol 151: 471–5

Martin BC, Warram JH, Krolewski AS, Bergman RN, Soeldner JS, Kahn CR (1992) Role of glucose and insulin resistance in development of type 2 diabetes mellitus: results of a 25-year follow-up study. Lancet 340: 925–9

Martin FIR (1976) Absolute neonatal insulin levels in children of insulin-requiring diabetic patients. Am J Obstet Gynecol 153: 71–2

Martin FR, Dahlenburg GW, Russel J, Jeffery P (1975) Neonatal hypoglycemia in infants of insulin-dependent diabetic mothers. Arch Dis Child 50: 472–6

Martin JN, Blake PG, Perry KG, McCaul JF, Hess LW, Martin RW (1991) The natural history of HELLP syndrome: patterns of disease progression and regression. Am J Obstet Gynecol 164: 1500–13

Martin TR, Allen AC, Stinson D (1979) Overt diabetes in pregnancy. Am J Obstet Gynecol 133: 275–80

Martinez-Frias ML (1994) Epidemiological analysis of outcomes of pregnancy in diabetic mothers: identification of the most characteristic and most frequent congenital anomalies. Am J Med Genet 51: 108–13

Martinez-Frias ML, Bermejo E, Rodriguez-Pinilla E, et al (1998) Epidemiological analysis of outcomes of pregnancy in gestational diabetic mothers. Am J Med Genet 78: 140–5

Mashini IS, Fadel HE, Nelson GH, Hadi HA (1985) Indications for and timing of delivery in diabetic pregnancies. Am J Obstet Gynecol 153: 759–66

Massion C, O'Connor PJ, Gorab R, Crabtree BF, Nakamura RM, Coulehan JL (1987) Screening for gestational diabetes in a high risk population. J Fam Pract 25: 569–76

Masuzaki H, Ogawa Y, Sagwa N, Hosoda K, Matsumoto T, Mise H, et al (1997) Nonadipose tissue production of leptin. Leptin as a novel placenta-derived hormone in humans. Nature Medicine 9: 1029–33

Mather HM, Keen H (1985) The Southall diabetes survey: prevalence of known diabetes in Asians and Europeans. Br Med J 291: 1081–4

Mather HM, Nisbet JA, Burton GH, Paten GJ, Bland JM, Bailey PA, Pilkongton TRE (1979) Hypomagnesaemia in diabetes. Clin Chim Acta 95: 235–42

Matsuda G, Schroeder WA, Jones RT, Weliky N (1960) Is there an "embryonic" or "primitive" human hemoglobin? Blood 16: 984–96

Matsuda J Yokota I, Iida M, Murakami T, Naito E, Ito M, et al (1997) Serum leptin concentration in cord blood: relationship to birth weight and gender. J Clin Endocrinol Metab 82: 1642–4

Matthews DR, Brown E, Watson A, et al (1987) Pensized digital 30-second blood glucose meter. Lancet i: 778–9

Matzkies F, Danz U, Baumann M, Dorguth B (1982) Tagespläne zur diätetischen Behandlung des Diabetes mellitus. Fortschr Med 100: 266–70

Mauricio D, Corcoy RM, Codina M, Balsells M, Puig-Domingo M, Pou JM, De Leiva A (1992) Islet cell antibodies identify a subset of gestational diabetic women with higher risk of developing diabetes mellitus shortly after pregnancy. Diabetes Nutr Metab 5: 237–41

Mauricio D, Morales J, Corcoy R, Puig-Domingo M, Pou JM, de Leiva A (1996) Immunology of gestational diabetes: heterogeneity of islet cell antibodies. Diabetes Rev 4: 36–48

Mayer EJ, Hammar RF, Gay EC, Le Zotte DC, Savitz DA, Klingensmith GJ (1988) Reduced risk for IDDM among breastfed children. Diabetes 37: 1625–32

Mayhew TM (1992) The structural basis of oxygen diffusion in the human placenta. In: Egginton S, Ross HF (eds) Oxygen transport in biological systems: modelling of pathways from environment to cell. Society for Experimental Biology Seminar Series, Vol 51. Cambridge, Cambridge University Press, pp 79–101

Mayhew TM, Jackson MR, Haas JD (1990) Oxygen diffusive conductances of human placentae from term pregnancies at low and high altitudes. Placenta 11: 493–503

Mayhew TM, Sørensen FB, Klebe JG, Jackson MR (1993) Oxygen diffusive conductance in placentae from control and diabetic women. Diabetologia 36: 955–60

Maze RS, Shamoon H, Pasmantier R, et al (1984) Reliability of blood glucose monitoring by patients with diabetes mellitus. Am J Med 77: 211–7

Mazze R, Lucido D, Langer O, Hartmann K, Rodbard D (1987) Ambulatory glucose profile: representation of verified self-monitored blood glucose data. Diabetes Care 10: 111–7

Mazze RS, Krogh CL (1992) Gestational diabetes mellitus: now is the time for detection and treatment. Mayo Clin Proc 67: 995–1002

Mazzella M, Cotellessa M, Bonassi S, Mulas R (1994) Incidence of type I diabetes in the Liguria Region, Italy. Diabetes Care 17: 1193–6

Mc Gowan A, Jordan M, MacGregor J (1975) Skinfold thikness in neonates. Biol Neonate 25: 66–84

McCall AL, Fixman LB, Fleming N, Tornheim K, Chick W, Ruderman NB (1986) Chronic hypoglycemia increases brain glucose transport. Am J Physiol 251: E442–7

McCall AL, Millington WR, Wurtman RJ (1982) Metabolic fuel and amino acid transport into the brain in experimental diabetes mellitus. Proc Natl Acad Sci USA 79: 5406–10

McCance DR, Coulter D, Smye M, Kennedy L (1987) Effect of fluctuations in albumin on serum fructosamine assay. Diabet Med 4: 434–6

McCance DR, Pettitt DJ, Hanson RL, Jacobsson LT, Knowler WC, Bennett PH (1994) Birth weight and non-insulin dependent diabetes: thrifty genotype, thrifty phenotype, or surviving small baby genotype? BMJ 308: 942–5

McCance DR, Pettitt DJ, Hanson RL, Jacobsson LTH, Bennett PH, Knowler WC (1994) Glucose, insulin concentrations and obesity in childhood and adolescence as predictors of NIDDM. Diabetologia 37: 617–23

McCance DR, Traub AI, Harley JMG, Hadden DR, Kennedy L (1989) Urinary albumin excretion in diabetic pregnancy. Diabetologia 32: 236–9

McCarter RJ, Kessler II, Comstock GW (1987) Is diabetes mellitus a tera-togen or a coteratogen? Am J Epidemiol 125: 195–205

McCarthy MI, Hitman GA, Shields DC, et al (1994) Family studies of non-insulin-dependent diabetes mellitus in South Indians. Diabetologia 37: 1221–30

McCarthy SM, Filly RA, Stark DD, et al (1985) Magnetic resonance imaging of fetal anomalies in utero: early experience. Am J Roentgenol 145: 677–82

McCathy AL, Woolfson RG, Raju SK, Poston L (1993) Abnormal endothelial cell function of resistance arteries from women with pre-eclampsia. Am J Obstet Gynecol 168: 1323–30

McClain PE, Metcoff J, Crosby WM, Costiloe JP (1978) Relationship of maternal amino acid profiles at 25 weeks of gestation to fetal growth. Am J Clin Nutr 31: 401–7

McDonald GW, Fisher GF, Burnham C (1965) Reproducibility of the oral glucose tolerance test. Diabetes 14: 473–80

McDonald TJ, Myers DA, Nathanielsz PW (1992) Distribution of the type II glucocorticoid receptor in selected areas of the brain of fetal sheep at 120 days of gestation. Proc Soc Study Fetal Physiol C-7

McFarland KF, Case CA (1985) The relationship of maternal age on gestational diabetes. Diabetes Care 8: 598–600

McFarland KF, Hemaya, E (1985) Neonatal mortality in infants of diabetic mothers. Diabetes Care 8: 333–6

McFarland KF, Murtiashaw M, Baynes JW (1984) Clinical value of glycosylated serum protein and glycosylated hemoglobin levels in the diagnosis of gestational diabetes mellitus. Obstet Gynecol 64: 516–8

McFarland LV, Raskin M, Daling JR, Benedetti TJ (1986) Erb/Duchenne's palsy: a consequence of fetal macrosomia and method of delivery. Obstet Gynecol 68: 784–8

McFarland M, Hod M, Piper JM, Xenakis EM-J, Langer O (1995) Are labor abnormalities more common in shoulder dystocia? Am J Obstet Gynecol 173: 1211–4

McFarland MB (1999) Dietary therapy for gestational diabetes: how long is enough? Obstet Gynecol 93: 978–82

McFarland MB, Langer O, Conway DL, Berkus MD (1999) Dietary therapy for gestational diabetes: how long is long enough? Obstet Gynecol 93: 978–82

McGowan A, Jordan M, MacGregor J (1975) Skinfold thikness in neonates. Biol Neonate 25: 66–84

McKeigue PM, Leon DA, Berglund L, Mohsen R, Lithell HO (1994) Relationship of birthweight and ponderal index to non-insulin-dependent diabetes and insulin response to glucose challenge in men aged 50–60 years. (Abstract) Diabet Med 11: 17

McKeigue PM, Shah B, Marmot MG (1991) Relation of central obesity and insulin resistance with high diabetes prevalence and cardiovascular risk in South Asians. Lancet 337: 382–6

McKinney PA, Parslow R, Gurney KA, Law GR, Bodansky HJ, Williams R (1997) Antenatal risk factors for childhood diabetes mellitus: a case control study of medical record data in Yorkshire, UK. Diabetologia 40: 933–9

McKinney PA, Parslow R, Gurney KA, Law GR, Bodansky HJ, Williams R (1999) Perinatal and neonatal determinants of childhood type 1 diabetes. A case-control study in Yorkshire, U.K. Diabetes Care 22: 928–32

McLaren RA, Puckett JL, Chauhan SP (1995) Estimators of birth weight in pregnant women requiring insulin: a comparison of seven sonographic models. Obstet Gynecol 85: 565–9

McLarty DG, Swai ABM, Kitange HM, Masuki G, Mtinangi HM, Kilima PM, Makene WJ, Chuwa LM, Alberti KGMM (1989) Prevalence of diabetes and impaired glucose tolerance in rural Tanzania. Lancet i: 871–4

McLellan JAS, Barrow BA, Levy JC, Hammersley MS, Hattersley AT, Gillmer MDG, Turner RC (1995) Prevalence of diabetes mellitus and impaired glucose tolerance in parents of women with gestational diabetes. Diabetologia 38: 693–8

McMahan MJ, Mimouni F, Miodovnik M, Hull WM, Whitsett JA (1987) Surfactant associated protein (SAP-35) in amniotic fluid from diabetic and nondiabetic pregnancies. Obstet Gynecol 70: 94–8

McManus RM, Ryan EA (1992) Insulin requirements in insulin-dependent and insulin-requiring GDM women during final month of pregnancy. Diabetes Care 15: 1325–7

McMurray J, Fraser DM (1986). Captopril, enalapril and blood glucose. Lancet i: 1035

McPhillips JB, Barrett-Conner E, Wingard DL (1990) Cardiovascular disease risk factors prior to the diagnosis of impaired glucose tolerance and non-insulin-dependent diabetes mellitus in a community of older adults. Am J Epidemiol 131: 443–53

Mehnert H (1979) Diätbehandlung des Diabetes mellitus. Monatskurse für die ärztliche Fortbildung 29: 257–62
Mehnert H, Standl E (1975) Ärztlicher Rat für Diabetiker. Stuttgart, G Thieme
Mehta S, Nuamah I, Kalhan S (1991) Altered diastolic function in asymptomatic infants in mothers with gestational diabetes. Diabetes 40 [Suppl 2]: 56–60
Meis PM, Rose JC, Swain M, Nelson LH (1985) Gestational age alters fetal breathing response to intravenuous insulin and intravenuous glucose administration. Am J Obstet Gynecol 151: 438–40
Mejean L, Rohr R, Azouazou G, Marcocchi N, Debry G (1983) Effet d'un jeune de trente-six heures sur les réponses glycémiques et insulinémiques au stimulus glucosé chez le sujet normal. Pathologie Biologie 32: 705–9
Melga P, Mansi C, Ciuchi E, Giusti R, Sciaba L, Prando R (1997) Chronic administration of levosulpiride and glycemic control in IDDM patients with gastroparesis. Diabetes Care 20: 55–8
Mello G, Parretti E, Mecacci F, et al (1997) Risk factors for fetal macrosomia: the importance of a positive oral glucose challenge test. Eur J Endocrinol 137: 27–33
Melton LJ, Ochi JW, Palumbo PJ, Chu CP (1983) Sources of disparity in the spectrum of diabetes mellitus at incidence and prevalence. Diabetes Care 6: 427–31
Melton LJ, Palumbo PJ, Chu CP (1983) Incidence of diabetes mellitus by clinical type. Diabetes Care 6: 75–81
Mendenhall HW, O'Leary JA, Phillips KO (1980) The nonstress test: the value of a single acceleration in evaluation the fetus at risk. Am J Obstet Gynecol 136: 87
Meng W (1983) Schilddrüse. In: Kyank H, Beller FK (Hrsg) Erkrankungen während der Schwangerschaft, 4. neubearbeitete Auflage. Stuttgart New York, Georg Thieme, pp 36–51
Menon RK, Cohen RM, Sperling MA, Cutfield WS, Mimouni F, Khoury JC (1990) Transplacental passage of insulin in pregnant women with insulin dependent diabetes mellitus. Its role in fetal macrosomia. N Engl J Med 323: 309–15
Menser MA, Forrest JM, Bransby RD (1978) Rubella infection and diabetes mellitus. Lancet i: 57–60
Merimee T (1997) The interface between diabetic retinopathy, diabetes management, and insulin-like growth factors (Editorial). J Clin Endocrinol Metab 82: 2806–8
Merimee TJ, Zapf J, Froesch ER (1983) Insulin-like growth factors. Studies in diabetics with and without retinopathy. N Engl J Med 309: 527–30
Merkatz JR, Duchon MA, Yamashita TS, Houser HB (1980) A pilot community based screening program for gestational diabetes. Diabetes Care 3: 453–7
Meschia G, Battaglia FC, Hay WW, Sparks JW (1980) Utilization of substrates by the ovine placenta in vivo. Federation Proc 39: 245–9
Mestman JH (1988) Follow-op studies in women with gestational diabetes mellitus. The experience at Los Angeles Country University of Southern California Medical Center. In: Weiss PAM, Coustan DR (eds) Gestational Diabetes. Wien New York, Springer, pp 191–8
Mestman JH, Anderson CV, Barton P (1971) Carbohydrate metabolism in pregnancy. Am J Obstet Gynecol 198: 41–5
Mestman JH, Anderson GV, Guadalupe V (1972) Follow-up study of 360 subjects with abnormal carbohydrate metabolism during pregnancy. Obstet Gynecol 39: 421–5
Mestman JH, Schmidt-Sarosi C (1993) Diabetes mellitus and fertility control: contraception management issues. Am J Obstet Gynecol 168: 2012–20
Metcalfe MA, Baum JD (1992) Family characteristics and insulin-dependent diabetes. Arch Dis Child 67: 731–6
Metzger BE (1991) Biphasic effects of maternal metabolism on fetal growth: quintessential expression of fuel mediated metabolism. Diabetes 40 [Suppl 2]: 99–105
Metzger BE, The Organizing Committee (1991) Summary and recommendations of the third international workshop-conference on gestational diabetes. Diabetes 40 [Suppl 2]: 197–201

Metzger BE, Bybee DE, Freinkel N, Phelps RL, Radvany RM, Vaisrub N (1985) Gestational diabetes mellitus: correlation between the phenotypic and genotypic characteristics of the mother and abnormal glucose tolerance during the first year postpartum. Diabetes 34 [Suppl 2]: 111–15

Metzger BE, Cho NH, Roston SM, Radvany R (1993) Prepregnancy weight and antepartum insulin secretion predict glucose tolerance five years after gestational diabetes mellitus. Diabetes Care 16: 1598–1605

Metzger BE, Cho NM (1995) Epidemiology and genetics. Diabetes mellitus and pregnancy: priciples and practice, 2nd ed. New York, Churchill Livingstone, pp 11–26

Metzger BE, Coustan DR (1998) Summary and recommendations of the Fourth International Workshop-Conference on Gestational Diabetes Mellitus. The Organizing Committee. Diabetes Care 21 [Suppl 2]: B161–7

Metzger BE, Freinkel N (1987) Accelerated starvation in pregnancy: implications for dietayry treatment of Obesity and gestational diabetes mellitus. Biol Neonate Foetal Neonatal Res 51: 78–85

Metzger BE, Phelps RL, Freinkel N, Navickas IA (1980) Effects of gestational diabetes on diurnal profiles of plasma glucose, lipids, and individual amino acids. Diabetes Care 3: 402–9

Metzger BE, Ravnikar V, Vileisis RA, Freinkel N (1982) "Accelerated starvation" and the skipped breakfast in late normal pregnancy. Lancet i: 588–92

Metzger BE, Silverman BL, Freinkel N, Dooley SL, Ogata ES, Green OC (1990) Amniotic fluid insulin as a predictor of obesity. Arch Dis Child 65 [Suppl 10]: 1050–2

Metzger BE, Unger RH, Freinkel N (1977) Carbohydrate metabolism in pregnancy. XIV. Relationships between circulating glucagon, insulin, glucose and amino acids in response to a "mixed meal" in late pregnancy. Metabolism 26: 151–6

Meyer WJ, Carbone J, Gauthier DW, et al (1996) Early gestational glucose screening and gestational diabetes. J Reprod Med 41: 675–9

Meyers-Seifer CH, Vohr B (1996) Lipid levels in former gestational diabetic mothers. Diabetes Care 19: 1351–6

Michael CA (1980) Early fetal lung maturation associated with labetalol therapy. Singapore J Obstet Gynecol 11: 2

Michaelis D, Jutzi E, Vogt L (1993) Epidemiology of insulin-treated diabetes mellitus in the East-German population: differences in long-term trends between incidence and prevalence rates. Diabete Metab (Paris) 19: 110–5

Michalková DM, Cernay J, Danková A, Rusnák M, Fandáková K, Slovak Childhood Diabetes Epidemiology Study Group (1995) Incidence and prevalence of childhood diabetes in Slovakia (1985–1992). Diabetes Care 18: 315–20

Mickal A, Begneaud WP, Weese WH (1966) Glukose tolerance and excessively large infants: a twelve year follow-up study. Am J Obstet Gynecol 94: 62–4

Micossi P, Cristallo M, Librenti MC, Petrella G, Galimberti G, Melandri M, Monti L, Spotti D, Scavini M, Di Carlo V, Pozza G (1986) Free insulin profiles after intraperitoneal, intramuscular, and subcutaneous insulin administration. Diabetes Care 9: 575–8

Miller DI, Wishinsky H, Thompson G (1962) Transfer of tolbutamid across the human plazenta. Diabetes 11 [Suppl]: 93–7

Miller E, Hare JW, Cloherty JP, Dunn PJ, Gleason RE, Soeldner JS, Kitzmiller JL (1981) Elevated maternal hemoglobin A1C in early pregnancy and major congenital anomalies in infants of diabetic mothers. N Engl J Med 304: 1331–4

Miller EC (1980) Zum Problem der Gewichtsbestimmung des Feten durch Ultraschallbiometrie. Zbl Gynäkol 102: 272–81

Miller EC (1981) Insulinbedarf der Diabetikerin in der Schwangerschaft, unter der Geburt und im Wochenbett. Geburtsh u Frauenheilk 41: 362–5

Miller EC, Skiba H, Klapholz H (1978) The effect of maternal blood sugar levels on fetal activity. Obstet Gynecol 52: 662–5

Miller EC, Steinhoff R (1982) Diabetesscreening in der Schwangerschaft. Geburtsh u Frauenheilk 42: 583–9

Miller HC (1945) The effect of the prediabetic state on the survival of the fetus and the birth weight of the newborn infant. N Engl J Med 233: 376–8

Miller HC (1946) Effect of diabetic and prediabetic pregnancy on fetuses and newborn infants. Pediatrics 19: 445–52

Miller HC, Hurwitz D, Kuder K (1944) Fetal and neonatal mortality in pregnancies complicated by diabetes mellitus. J Am Med Assoc 124: 271–5

Miller HC, Wilson HM (1943) Macrosomia, cardiac hypertrophy, erythroblastosis, and hypoplasia of the islands of Langerhans in infants of diabetic mothers. J Pediatr 23: 251–66

Miller JF, Williamson E, Glue J, Gordon YB, Grudzinskas JG, sykes A (1980) Fetal loss after implantation: a prospective study. Lancet ii: 554–6

Miller JM Jr, Horger EO (1985) Antepartum fetal heart rate testing in diabetic pregnancy. J Reprod Med 30: 515–8

Miller JV, Goldstein J (1972) More efficient care of diabetic patients in a county-hospital setting. N Engl J Med 86: 1388–91

Mills JL (1982) Malformations in infants of diabetic mothers. Teratology 25: 385–94

Mills JL, Baker L, Goldman AS (1979) Malformations in infants of diabetic mothers occur before the seventh gestational week. Implications for treatment. Diabetes 28: 292–3

Mills JL, Knopp RH, Simpson JL, Jovanovic-Peterson L, Metzger BE, Holmes LB, Aarons JH, Brown Z, Reed GF, Reed GF, Bieber FR, van Allen M, Ober C, Peterson CM, Withiam MJ, Duckles A, Mueller-Heubach E, Polk F (1988) Lack of relation of increased malformation rates in infants of diabetic mothers to glycemic control during organo-genesis. N Engl J Med 318: 671–6

Mills JL, Simpson JL, Driscoll SG, Jovanovic-Peterson L, Van Allen M, Aarons JH, Metzger B, Bieber FR, Knopp RH, Holmes LB, Peterson CM, Withiam-Wilson M, Brown Z, Ober C, Harley E, Macpherson TA, Duckles A, Mueller-Heubach E, National Institute of Child Health and Human Development Diabetes in Early Pregnancy Study (1988) Incidence of spontaneous abortions among normal women and insulin-dependent diabetic women whose pregnancies were identified within 21 days of conception. N Engl J Med 319: 1617–23

Mills NC, Gyves MT, Ilan J (1985) Comparisons of human placental lactogen mRNA levels from placentas of diabetics and normal term. Mol Cell Endocrinol 38: 61–9

Millward BA, Alviggi L, Hoskins PJ, et al (1986) Immune changes associated with insulin-dependent diabetes may remit without causing the disease: a study in identical twins. Br J Med 292: 793–6

Milner RDG, Ashworth MA, Barson AJ (1971) Insulin release from human foetal pancreas in vitro. Horm Metab Res 3: 353–4

Milner RDG, Ashworth MA, Barson AJ (1972) Insulin release from human foetal pancreas in response to glucose, leucine and arginine. J Endocrinol 52: 497–505

Milner RDG, Hales CN (1965) Effect of intravenous glucose on concentration of insulin in maternal and umbilical cord plasma. Br Med J i: 284 (Zit nach MacNaughton, 1969)

Milner RDG, Hill DJ (1984) Fetal growth control: the role of insulin and related peptides. Clin Endocrinol 21: 415–33

Milner RDG, Wright AD (1967) Plasma glucose non-esterified fatty acids, insulin and growth hormone response to glucagon in the newborn. Clin Sci 32: 249

Milunsky A, Alpert E (1976) Prenatal diagnosis of neural tube defects. II. Analysis of false positive and false negative alpha-fetoprotein results. Obstet Gynecol 48: 6–12

Milunsky A, Alpert E, Kitzmiller JL, Younger MD, Neff RK (1982) Prenatal diagnosis of neural tube defects. VIII The importance of serum alpha-fetoprotein screening in diabetic pregnant women. Am J Obstet Gynecol 142: 1030–2

Milunsky A, Sapirstein VS (1982) Prenatal diagnosis of open neural tube defects using the amniotic fluid acetylcholinesterase assay. Obstet Gynecol 59: 1–5

Mimouni F, Loughead J, Miodovnik M, Khoury J, Tsang RC (1990) Early neonatal predictors of neonatal hypocalcemia in infants of diabetic mothers: an epidemiologic study. Am J Perinatol 7: 203–6

Mimouni F, Miodovnik M, Siddiqi TA, Berk MA, Wittekind C, Tsang RC (1988) High spontaneous premature labor rate in insulin-dependent diabetic pregnant women: an association with poor glycemic control and urogenital infection. Obstet Gynecol 72: 175–80

Mimouni F, Miodovnik M, Siddiqi TA, Butler JB, Holroyde J, Tsang RC (1986) Neonatal polycythemia in infants of insulin-dependent diabetic mothers. Obstet Gynecol 68: 370–2

Mimouni F, Miodovnik M, Siddiqi TA, Khoury, J, Tsang RC (1988) Perinatal asphyxia in infants of insulin-dependent diabetic mothers. J Pediatr 113: 345–53

Mimouni F, Miodovnik M, Tsang RC, Callahan J, Shaul P (1987) Decreased amniotic fluid magnesium concentration in diabetic pregnancy. Obstet Gynecol 69: 12–4

Mimouni F, Miodovnik M, Tsang RC, Holroyde J, Dignan PS, Siddiqui TA (1987) Decreased maternal serum magnesium concentration and adverse fetal outcome in insulin-dependent diabetic women. Obstet Gynecol 70: 85–8

Mimouni F, Miodovnik M, Witsett JA, Holroyde JG, Siddiqi TA, Tsang RC (1987) Respiratory distress syndrome in infants of diabetic mothers in the 1980s: no direct adverse effect of maternal diabetes with modern management. Obstet Gynecol 69: 191–5

Mimouni F, Steichen JJ, Tsang RC, Hertzberg V, Miodovnik M (1988) Decreased bone mineral content in infants of diabetic mothers. Am J Perinatol 5: 339–43

Mimouni F, Tsang RC (1988) Pregnancy outcome in insulin-dependent diabetes: temporal rlationships with metabolic control during specific pregnancy periods. Am J Perinatol 5: 334–8

Mintz D, Skyler J, Chez R (1978) Diabetes mellitus and pregnancy. Diabetes Care 1: 49

Mintz DH, Chez RA, Horger EO (1969) Fetal insulin and growth hormone metabolism in the subhuman primate. J Clin Invest 48: 176–86

Mintz MC, Landon MB, Gabbe SG, Marinelli DL, Ludmir J, Grumbach K, Arger PH, Coleman BG (1989) Shoulder soft tissue width as a predictor of macrosomia in diabetic pregnancies. Am J Perinatol 2: 240A

Miodovnik M, Lavin JP, Knowles HC, Holroyde J, Stys SJ (1984) Spontaneous abortion among insulin-dependent diabetic women. Am J Obstet Gynecol 150: 372–6

Miodovnik M, Mimouni F, Dignan PSJ, et al (1988) Major malformations in infants of IDDM women: vasculopathy and early first-trimester poor glycemic control. Diabetes Care 11: 713–8

Miodovnik M, Mimouni F, Hertzberg VS, et al (1988) Serum unconjugated estriols in insulin-dependent diabetic pregnancies: Normative data and clinical relevance. Am J Perinatol 5: 327–33

Miodovnik M, Mimouni F, Siddiqi TA, Khoury J, Berk MA (1990) Spontaneous abortions in repeat diabetic pregnancies: a relationship with glycemic control. Obstet Gynecol 75: 75–8

Miodovnik M, Mimouni F, Tsang R (1987) Management of the insulin dependent diabetic during labor and delivery. Am J Perinatol 4: 106–14

Miodovnik M, Mimouni F, Tsang RC, Ammar E, Kaplan L, Siddiqi TA (1986) Glycemic control and spontaneous abortion in insulin-dependent diabetic women. Obstet Gynecol 68: 366–9

Miodovnik M, Rosenn BM, Khoury JC, Grigsby JL, Siddiqi TA (1996) Does pregnancy increase the risk for development and progression of diabetic nephropathy? Am J Obstet Gynecol 174: 1180–91

Miodovnik M, Skillman C, Holroyde JC, Butler JB, Wendel JS, Siddiqi TA (1985) Elevated maternal glycohemoglobin in early pregnancy and spontaneous abortion among insulin-dependent diabetic women. Am J Obstet Gynecol 153: 439–42

Miranda JA, Mozas J, Rojas R, Esteva G, Muñoz C, Herruzo AJ (1994) Strict glycemic control in women with pregestational insulin-dependent diabetes mellitus. Int J Gynecol Obstet 47: 223–7

Mishell DR (1989) Contraception. N Engl J Med 320: 77–87

Mitchell SC, Sellmann AH, Westphal MC, Park J (1971) Etiologic correlates in a study of congenital heart disease in 56:109 births. Am J Cardiol 28: 653–7

Mitchell ML, Hermos RJ, Larson CA, Palomaki GE, Haddow JE (2000) Prevalence of GAD Autoantibodies in women with gestational diabetes (letter). Diabetes Care 23: 1705–6

Mitrakou A, Kelley D, Mokan M, Veneman T, Pangburn T, Reilly J, Gerich J (1992) Role of reduced suppression of glucose production and diminished early insulin release in impaired glucose tolerance. N Engl J Med 326: 22–9

Mitrakou A, Ryan C, Veneman T, et al (1991) Hierarchy of glycemic thresholds for counterregulatory hormone secretion, symptoms, and cerebral dysfunction. Am J Physiol 260: E67–74

Moawad AH, Lee KS, Fisher DE, Ferguson R, Phillipe M (1990) A model for the prospective analysis of perinatal deaths in a perinatal network. Am J Obstet Gynecol 162: 15–22

Modanlou HD, Dorchester WL, Thorosian A, Freeman RK (1980) Makro-somia – maternal, fetal-, and neonatal implications. Obstet Gynecol 55: 420–4

Modanlou HD, Komatsu G, Dorchester W, Freeman RK, Bosu SK (1982) Large-for-gestational-age neonates: anthropometric reasons for shoulder dystocia. Obstet Gynecol 60: 417–23

Mohan V, Ramachandran A, Snehalatha C, Rema M, Bharani G, Viswanathan M (1985) High prevalence of maturity-onset diabetes of young (MODY) among Indians. Diabetes Care 8: 371–4

Moles KW, McMullen JK (1982) Insulin resistance and hypomagnesaemia: case report. Br Med J 285: 262

Moll W (1981) Physiologie der maternen plazentaren Durchblutung. In: Becker V, Schiebler Th, Kubli F (Hrsg) Die Plazenta des Menschen. Stuttgart New York, G Thieme

Molnar GD, Taylor WF, Ho MM (1972) Day to day variation of continuously monitored glycemia. A further measure of diabetic instability. Diabetologia 8: 342–8

Molnar GD, Taylor WF, Langworthy A (1974) On measuring the adequacy of diabetes regulation: comparison of continuously monitored blood glucose patterns with values at selected time points. Diabetologia 10: 139–43

Moloney JBM, Drury MI (1982) The effect of pregnancy on the natural course of diabetic retinopathy. Am J Ophthalmol 93: 745–56

Mølsted-Pedersen Kühl C (1986) Obstetrical management in diabetic pregnancy: the Copenhagen experience. Diabetologia 29: 13–6

Mølsted-Pedersen L (1968) Glucose tolerance in newly born children of diabetic mothers. Acta Paediatr Scand 57: 460–1

Mølsted-Pedersen L (1980) Pregnancy and diabetes – a survey. Acta Endocrinol 94 [Suppl 238]: 13–9

Mølsted-Pedersen L (1985) Pregnancy and diabetes. In: Alberti KGMM, Krall L (eds) Diabetes annual 1. Amsterdam, Elsevier, pp 238–45

Mølsted-Pedersen L, Damm P, Buschard K (1989) Diabetes diagnosed during pregnancy: follow-up studies. In: Sutherland HW, Stowers JM, Pearson DWM (eds) Carbohydrate metabolism in pregnancy and the newborn. London Berlin Heidelberg New York Paris Tokyo, Springer, pp 277–86

Mølsted-Pedersen L, Kühl C (1986) Obstetrical management in diabetic pregnancy: the Copenhagen experience. Diabetol 29: 13 (Zit nach Burkart, 1989b)

Mølsted-Pedersen L, Pedersen JF (1985) Congenital malformations in diabetic pregnancies. Clinical viewpoints. Acta Paediatr Scand 74 [Suppl 320]: 79–84

Mølsted-Pedersen L, Skouby SV, Damm P (1991) Preconception counseling and contraception after gestational diabetes. Diabetes 40 [Suppl 2]: 147–50

Mølsted-Pedersen L, Tygstrup I, Pedersen J (1964) Congenital malformations in newborn infants of diabetic women. Lancet i: 1124–6

Mølsted-Pedersen L, Wagner L, Klebe JG, Pedersen J (1972) Aspects of carbohydrate metabolism in newborn infants of diabetic mothers. IV. Neonatal changes in plasma free fatty acid concentration. Acta Endocrinol 71: 338–45

Montelongo A, Lasunción MA, Pallardo LF, Herrera E (1992) Longitudinal study of plasma lipoproteins and hormones during pregnancy in normal and diabetic women. Diabetes 41: 1651–9

Montgomery D, Young M (1982) The uptake of naturally occurring amino acids by plasma membrane of the human placenta. Placenta 3: 13–20

Montoro MN, Myers VP, Mestman JH, Xu Y, Anderson BG, Golde SH (1993) Outcome of pregnancy in diabetic ketoacidosis. Am J Perinatol 10: 17–20

Moodley J, Pegararo R, Fairbrother P, Kambaran SR, van Middelkoop A (1978) Comparison of amniotic fluid optical density on foam stability test in predicting fetal lung maturity. Obstet Gynecol 51: 490–3

Moore DCP, Stanisstreet M, Clarke CA, et al (1987) Effect on rat embryos of in vitro culture in sera from human diabetic patients. Diabetes Res 5: 139–43

Moore P, Kolterman O, Weyant J, Olefsky JM (1981) Insulin binding in human pregnancy: comparison to the postpartum, luteal, and follicular phase. J Clin Endocrinol Metab 52: 937

Moore TR (1990) Superiority of the four-quadrant sum over the single-deepest-pocket technique in ultrasonagraphic identification of abnormal amniotic fluid volumes. Am J Obstet Gynecol 163: 762–7

Moore TR (1994) Diabetes in pregnancy. In: Creasy RK, Resnik R (eds) Maternal fetal medicine: principles and practice, 3rd ed. Philadelphia, Saunders, pp 934–77

Moore TR (1997) Fetal growth in diabetic pregnancy. Clin Obstet Gynecol 40: 771–86

Moore TR, Cayle JE (1990) The amniotic fluid index in normal human pregnancy. Am J Obstet Gynecol 162: 1168–73

Moran A, Jacobs Jr, DR, Steinberger J, Hong C-P, Prineas R, Luepker R (1999) Insulin resistance during puberty Results from clamp studies in 357 children. Diabetes 48: 2039–44

Moran TH, McHugh PR (1981) Distinctions among three sugars in their effects on gastric emptying and satiety. Am J Physiol 241: R25–R30

Mordes D, Kreutner K, Metzger W, Colwell JA (1982) Dangers of intravenous ritodrine in diabetic patients. J Am Med Assoc 248: 973

Morell B, Walter H, Porr O, Sturzenegger J, Froesch ER (1981) Preliminary results in four patients treated during a 4-month period with a portable intravenous insulin infusion apparatus. In: Irsigler K, et al (eds) New Approaches to Insulin Therapy. Falcon House, Lancester, MTP Press, pp 41–6

Morgensen CE, Christensen CK (1984) Predicting diabetic nephropathy in insulin-dependent patients. N Engl J Med 311: 89–93

Morgensen CE, Christensen CK, Vittinghus E (1983) The stages in diabetic renal disease with emphasis on the stage of incipient diabetic nephropathy. Diabetes 32: 64–78

Morreale de Escobar G, Obregon MJ, Escobar del Rey F (1987) Fetal and maternal thyroid hormones. Horm Res 26: 12–27

Morris MA, Grandis AS, Litton J (1986) Glycosylated hemoglobin: a sensitive Indicator of gestational diabetes. Obstet Gynecol 68: 357–61

Morris MA, Grandis AS, Litton JC (1986) Longitudinal assessment of glycosylated blood protein concentrations in normal pregnancy and gestational diabetes. Diabetes Care 9: 107–10

Morris MA, Selzer C, Litton J (1988) Gestational diabetes: early childhood outcome. Diabetes 37 [Suppl 1]: 112A

Morrison J, Olsen J (1985) Weight-specific Stillbirths and associateed causes of death: an analysis of 765 stillbirths. Am J Obstet Gynecol 152: 975–80

Morrison JC, Whybrew WD, Bucovaz ET (1978) The L/S ratio and shake test in normal and abnormal pregnancies. Obstet Gynecol 52: 410–4

Morriss FH (1981) Placental factors conditioning fetal nutrition and growth. Am J Clin Nutr 34: 760–8

Morriss FH, Makotoski EL, Meschia G, Battaglia FC (1975) The glucose/oxygen quotient of the term human fetus. Biol Neonate 25: 44–52

Morrow RJ, Ritchie JW, Bull SB (1989) Fetal and maternal hemodynamic responses to exercise in pregnancy assessed by Doppler ultrasonography. Am J Obstet Gynecol 160: 138–40

Mortensen HB, Mølsted-Pedersen L, Kühl C, Backer B (1985) A screening procedure for diabetes in pregnancy. Diabete Metabol 11: 249–53

Moses RG (1995) Is it time to modyfy the glucose tolerance test for the diagnosis of gestational diabetes? (letter). Diabetes Care 18: 886

Moses RG (1996) The recurrence rate of gestational diabetes in subsequent pregnancies. Diabetes Care 19: 1348–50

Moses RG, Calvert D (1995) Pregnancy outcome in women without gestational diabetes mellitus related to the maternal glucose level. Diabetes Care 18: 1527–33

Moses RG, Colagiuri S (1997) The extent of undiagnosed gestational diabetes mellitus in New South Wales. Med J Aust 167: 14–6

Moses RG, Knights SJ, Lucas EM, Moses M, Russell KG, Coleman KJ, Davis WS (2000) Gestational diabetes: is a higher cesarean section rate inevitable? Diabetes Care 23: 15–17

Moses RG, Moses J, Davis WS (1998) Gestational diabetes: do lean young Caucasian women need to be tested? Diabetes Care 21: 1803–6

Moses RG, Moses M, Russell KG, Schier GM (1998) The 75-g glucose tolerance test in pregnancy. Diabetes Care 21: 1807–11

Moses RG, Shand JL, Tapsell LC (1997) The recurrence of gestational diabetes: could dietary differences in fat intake be an explanation? Diabetes Care 20: 1647–50

Most RS, Gross AM, Davidson PC, Richardson P (1986) The accuracy of glucose monitoring by diabetic individuals in their home setting. The Diabetes Educ 12: 24–7

Motala AA, Omar MAK, Gouws E (1993) High risk of progression to NIDDM in South-African Indians with impaired glucose tolerance. Diabetes 42: 556–63

Muck BR, Hommel G (1977) Plasma insulin response following intrevenous glucose in gestational diabetes. Arch Gynäk 223: 259–68

Mueller-Heubach E, Caritis SN, Edelstone DJ, Turner JH (1978) Lecithin/sphingomyelin ratio in amniotic fluid and its value for the prediction of neonatal respiratory distress syndrome in pregnant diabetic women. Am J Obstet Gynecol 130: 28–34

Mühlhauser I, Jörgens V (1983) Die Evaluation der Diabetiker-Edukation. Fortschr Med 101: 212

Mühlhauser I, Overmann H, Bender R, Bott U, Jörgens V, Trautner Ch, Siegrist J, Berger M (1998) Social status and the quality of care for adult people with type 1 (insulin-dependent) diabetes mellitus-a population-based study. Diabetologia 41: 1139–50

Mühlhauser I, Schernthaner G (1982) Diabetikerschulung mit dem Ziel der Selbsttherapie – Grundlage jeder erfolgreichen Diabetesbehandlung. Öst Ärzteztg 37: 263

Mulder EJH, Derks JB, Zonneveld MF, Bruinse HW, Visser GHA (1994) Transient reduction in fetal activity and heart rate variation after maternal betamethasone administration. Early Hum Dev 36: 49–60

Mulder EJH, Visser GHA (1991) Growth and motor development in fetuses of women with type-I diabetes. Early growth patterns. Early Hum Dev 25: 91–106

Mulder EJH, Visser GHA, Bekedam DJ, Prechtl HFR (1987) Emergence of behavioral states of type-1-diabetic women. Early Hum Dev 15: 231–51

Mulder EJH, Visser GHA, Morssink LP, De Vries JIP (1991) Growth and motor development in fetuses of women with type-I diabetes. III. First trimester quantity of fetal movement patterns. Early Hum Dev 25: 117–33

Müller-Holve W, Garbe U, Kohlmann H, Martin K (1981) Ultraschall-Basis-Untersuchungen (U.B.U.) in der Schwangerschaft. Geburtsh u Frauenheilk 41: 607–14

Müller-Tyl E, Salzer H (1978) Einfluß von Dexamethason und Ambroxol auf die Reifung der fetalen Lunge. Atemwegs- u Lungenkrkh 4 [Suppl 1]: 42

Munger BL (1958) A light and electron microscope study of cellular differentiation in the pancreatic islets of the mouse. Am J Anat 103: 275 (Zit nach MacNaughton, 1969)

Munoz E, Seltzer V, DietzekA, Pace B, Goldstein J, Wise L (1988) The identifier concept: clinical parameters to stratify hospital patient costs with Gynecology diagnosis-related groups. Am J Obstet Gynecol 158: 1176–82

Munro HN (1980) Placental protein and peptide hormone synthesis: impact of maternal nutrition. Feder Proc 39: 255–60

Munro HN, Pilistine SJ, Fant ME (1983) The placenta in nutrition. Ann Rev Nutr 3: 97–124

Muntoni S, Songini M, Sardinian Collaborative Group for Epidemiology of IDDM (1992) High incidence rate of IDDM in Sardinia. Diabetes Care 15: 1317–22

Murao F, Takamori H, Hata K, Hata T, Kitao M (1987) Fetal liver measurements by ultrasonography. Int J Gynecol Obstet 25: 381–5

Murata K, Toyoda N, Ichio T, Ida M, Sugiyama Y (1989) Cord transferrin and ferritin values for erythropoiesis in newborn infants of diabetic mothers. Endocrinol Jpn 36: 827–32

Murphy J, Peters J, Morris P, Hayes TM, Pearson JF (1984) Conservative management of pregnancy in diabetic women. Br Med J 288: 1203–5

Murphy NJ, Bulkow LR, Schraer CD, Lanier AP (1993) Prevalence of diabetes mellitus in pregnancy among Yup'ik Eskimos, 1987–1988. Diabetes Care 16: 315–7

Murphy NJ, Meyer BA, O'Kell RT, Hogard ME (1994) Screening for gestational diabetes mellitus with a reflectance photometer: accuracy and precision of the single-operator model. Obstet Gynecol 83: 1038–43

Murray JE, Reid DE, Harrison JH, Merrill JP (1963) Successful pregnancies after human renal transplantation. N Engl J Med 269: 341–45

Mustard JF, Packham MA (1984) Platelets and diabetes mellitus. N Engl J Med 311: 665–7

Myers RE (1977) Experimental models of perinatal brain damage: relevance to human pathology. In: Gluck L (ed) Intrauterine asphyxia and the developing fetal brain. Chicago: Year Book, Medical Publishers, pp 37–97

Myles TD, Strassner HT (1992) Four-quadrant assessment of amniotic fluid volume: distribution's role in predicting fetal outcome. Obstet Gynecol 80: 769–74

Mylvaganam R, Stowers JM, Steel JM, Walace J, McHendry JC, Wright AD (1983) Insulinimmunogenicity in pregnancy: maternal and fetal studies. Diabetologia 24: 19–25

Nachtigall L, Bassett M, Hogsander U, Levitz M (1968) Plasma estriol levels in normal and abnormal pregnancies: an index of fetal welfare. Am J Obstet Gynecol 101: 638

Nadler HL, Simpson JL (1979) Maternal serum alpha-fetoprotein screening: promise not yet fulfilled. Am J Obstet Gynecol 135: 1–2

Naeye R (1979) Discussion on congenital syphilis. In: Philpott H (ed) Maternity services in the developing world; what the community needs. Proceedings of the seventh group of the Royal College of Obstetricians and Gynecologists, pp 33–4

Naeye R (1990) Maternal body weight and pregnancy outcome. Am J Clin Nutr 52: 273–9

Naeye RL (1965) Infants of diabetic mothers: a quantitative morphologic study. Pediatrics 35: 980–8

Naeye RL (1979) Weight gain and the outcome of pregnancy. Am J Obstet Gynecol 135: 3–9

Naeye RL, Blanc W, Paul C (1973) Effects of maternal malnutrition on the human fetus. Pediatr 52: 494–504

Naeye RL, Chez RA (1981) Effects of maternal acetonuria and low pregnancy weight gain on children's psychomotor development. Am J Obstet Gynecol 139: 189–93

Naftolin F, Diamond MP, Pinter E, et al (1987) A hypothesis concerning the general basis of organogenetic congenital malformations. Am J Obstet Gynecol 157: 1–4

Nagay DA (1990) Can shoulder dystocia be prevented? (Letter). Am J Obstet Gynecol 163: 1095

Nahum GG, Huffacker BJ (1993) Racial differences in oral glucose screening test results: establishing race-specific criteria for abnormality in pregnancy. Obstet Gynecol 81: 517–22

Nahum GG, Huffaker BJ (1990) Correlation between first- and early third-trimester glucose screening test results. Obstet Gynecol 76: 709–13

Naidoo L, Jailal I, Moodley J, Desai R (1985) Intravenous glucose tolerance tests in women with twin pregnancy. Obstet Gynecol 66: 500–2

Najemnik C, Kritz H, Irsigler K (1981) Wien Lainz (Persönliche Mitteilung)

Nasrat AA, Augensen K, Abushal M, Shalhoub JT (1994) The outcome of pregnancy following untreated impaired glucose tolerance. Internat J Gynecol Obstet 47: 1–6

Nasrat H, Fageeh W, Abalkhail B, Uamani T, Ardawi MS (1996) Determinants of pregnancy outcome in patients with gestational diabetes. Int J Gynaecol Obstet 53: 117–23

Nasrat H, Warda A, Ardawi M, Jamal H, Al-Amodi S (1990) Pregnancy in Saudi Arabian non-insulin dependent diabetics. J Obstet Gynaecol 10: 357–62

Nasrat HA, Ajabnoor MA, Ardawi MS (1991) Fructosamine as a screening test for gestational diabetes mellitus. Int J Gynaecol Obstet 34: 27–33

Nasrat HA, Sabbagh SA, Salleh M, Ardawi M (1990) New criteria for inter-pretation of the 75 g oral glucose tolerance test in pregnancy. Metab Clin Exp 39: 51–7

Natale R, Nasello C, Turliuk R (1984) The relationship between movements and accelerations in fetal heart rate at twenty-four to thirty-two weeks' gestation. Am J Obstet Gynecol 148: 591–5

Natale R, Patrick Richardson B (1978) Effects of maternal venous plasma glucose concentrations on fetal breathing movements. Am J Obstet Gynecol 132: 36–41

Natale R, Richardson B, Patrick J (1981) Effect of intravenous glucose infusion on human fetal breathing activity. Obstet Gynecol 59: 320–4

Nathan DM, Singer DE, Hurxthal K, Goodson JD (1984) The clinical information value of the glykosylated hemoglobin assay. N Engl J Med 310: 341–6

National Diabetes Data Group (1979) Classification and diagnosis of diabetes mellitus and other categories of glucose intolerance. Diabetes 28: 1039–57

National Steering Committee for Quality Assurance in Capillary Blood Glucose Monitoring: proposed strategies for reducing user error in capillary blood glucose monitoring. Diabetes Care 16: 493–8

Natrass M, Todd PG, Hinks L, Lloyd B, Alberti KGMM (1977) Comparative effects of phenformin, metformin, and glibenclamide on metabolic rhytms in maturity-onset diabetics. Diabetologia 13: 145–52

Naunyn B (1906) Der Diabetes mellitus, 2. Aufl. Wien, Holder (Zit nach Heisig N, 1975)

Navarrete VN, Paniagua HE, Alger CR, Manzo PB (1970) The significance of metabolic adjustment before a new pregnancy. Am J Obstet Gynecol 107: 250–3

Navarrete VN, Rojas CE, Alger CR, Paniagua HE (1970) Subsequent diabetes in mothers delivered of a malformed infant. Lancet ii: 993–4

Naylor CD (1989) Diagnosing gestational diabetes mellitus. Is the gold standard valid? Diabetes Care 12: 565–72

Naylor CD, Sermer M, Chen E, Farine D (for the Toronto Trihospital Gestational Diabetes Project Investigators) (1997) Selective screening for gestational diabetes mellitus. N Engl J Med 337: 1591–6

Naylor CD, Sermer M, Chen E, Sykora K for the Toronto Trihospital Gestational Investigators (1996) Caesarean delivery in relation to birthweight and gestational glucose tolerance: pathophysiology or practice style? J Am Med Assoc 275: 1165–70

Neave C (1984) Congenital malformation in offspring of diabetics. Perspect Pediatr Pathol 8: 213–22

Neely RDG, Kiwanuka JB, Hadden DR (1991) Influence of sample type on the interpretation of the oral glucose tolerance test for gestational diabetes mellitus. Diabetic Med 8: 129–34

Neiger R (1992) Fetal macrosomia in the diabetic patient. Clin Obstet Gynecol 35: 138–50

Neiger R, Coustan DR (1991) Are the current ACOG glucose tolerance test criteria sensitive enough? Obstet Gynecol 78: 1117–20

Neiger R, Coustan DR (1991) The role of repeat glucose tolerance test in the diagnosis of gestational diabetes. Am J Obstet Gynecol 165: 787–90

Neldam S (1980) Fetal movements as an indicator of fetal well being. Lancet i: 1222–3

Neligan GA, Robson E, Watson J (1963) Hypoglycaemia in the newborn. A sequal of intrauterine malnutrition. Lancet i: 1282–4

Nelson DM, Barrows HJ, Clapp DH, Ortman-Nabi J, Whitehurst RM (1985) Glycosylated serum protein levels in diabetic and nondiabetic pregnant patients: an indicator of shortterm glycemic control in the diabetic patient. Am J Obstet Gynecol 151: 1042–7

Nelson DM, Smith RM, Jarrett L (1978) Nonuniform distribution and grouping of insulin receptors on the surface of human placental syncytial trophoblast. Diabetes 27: 530–8

Nelson RL (1986) Diabetes and pregnancy: control can make a difference. Mayo Clin Proc 61: 825–9

Nelson RL (1988) Oral glucose tolerance tests. Mayo Clin Proc 63: 262–9

Nerup J, Bendixen G, Binder C (1970) Autoimmunity in diabetes mellitus. Lancet ii: 610

Nerup J, Lernmark Å (1981) Autoimmunity in insulin-dependent diabetes mellitus. Am J Med 70: 135–141

Nesbitt REL, Rice PA, Rourke JE (1973) In vitro perfusion studies of the human placenta. III: The relationship between glucose utilization rates and concentration. Gynec Invest 4: 243–53

Nesler ChL, Sinclair SH, Schwartz SS, Gabbe SG (1985) Diabetic nephropathy in pregnancy. Clin Obstet Gynecol 288: 528–35

Nestler JE, Barlascini CO, Clore JN, Blackard WG (1988) Absorption characteristic of breakfast determines insulin sensitivity and carbohydrate tolerance for lunch. Diabetes Care 17: 755–60

Nettles A (1993) User error in blood glucose monitoring. Diabetes Care 16: 946–8

Neu A, Kehrer M, Hub R, Ranke MB (1997) Incidence of IDDM in German children aged 0–14 years. A 6-year population-based study (1987–1993). Diabetes Care 20: 530–3

Neubauer SH, Ferris AM, Chase CG, Fanelli J, Thompson CA, Lammi-Keefe CJ, Clark RM, Jensen RG, Bendel RB, Green KW (1993) Delayed lactogenesis in women with IDDM. Am J Clin Nutr 58: 54–60

Neufeld N, Melmed S (1981) 3:5-Dimethyl-3-Isopropyl-L-Thyronin therapy in diabetic pregnancy. J Clin Invest 68: 1605–9

Neufeld ND, Corbo LM (1986) Insulin-receptor development in normal and diabetic pregnancies. Role of membrane fluidity. Diabetes 35: 1020–6

Neufeld ND, Scott M, Kaplan SA (1980) Ontogeny of the mammalian receptor. Dev Biol 78: 151–60

Newman B, Selby JV, King MC, Slemenda C, Fabsitz R, Friedman GD (1987) Concordance for type 2 (non-insulin-dependent) diabetes mellitus in male twins. Diabetologia 30: 763–768

Newman RL, Tutera G (1976) The glucose-insulin ratio in amniotic fluid. Obstet Gynecol 47: 599–601

Ney D, Hollingsworth DR, Cousins L (1982) Decreased insulin requirement and improved control of diabetes in Pregnant women given a high carbohydrate, high-fiber, low fat diet. Diabetes Care 5: 529

Nicholls JDS, Dornhorst A, Johnston DG, et al (1991) The underdiagnosis of gestational diabetes using the recommendations of the DPSG (Abstract). Twenty-third Meeting of the Diabetic Study Group

Nicolini U, Hubinont C, Santolaya J, Fisk NM, Coe AM, Rodeck ChH (1989) Maternal-fetal glucose gradient in normal pregnancies and in pregnancies complicated by alloimmunization and fetal growth retardation. Am J Obstet Gynecol 161: 924–7

Niederau CM, Potthoff S, Reinauer H (1981) Hyperglykämie als Risikofaktor in der Schwangerschaft. Z Geburtsh u Perinat 185: 137–40

Nielsen GL, Nielsen PH (1990) Results of oral glucose tolerance test performed following birth of a baby with birthweight above 4500 g. Acta Obstet Gynecol Scand 69: 501–4

Nielsen GL, Nielsen PH (1993) Outcome of 328 pregnancies in 205 women with insulin-dependent diabetes mellitus in the country of Northern Jutland from 1976 to 1990. Eur J Obstet Gynecol Reprod Biol 50: 33–8

Nielsen GL, Sorensen HT, Nielsen PH, et al (1997) Glycosylated hemoglobin as predictor of adverse fetal outcome in type 1 diabetic pregnancies. Acta Diabetol 34: 217–22

Nielsen HC, Zinman HM, Torday JS (1982) Dihydrotestosterone inhibits fetal rabbit pulmonary surfactant production. J Clin Invest 69: 611

Nielsen JV (1999) Diabetes in the Arab world: prevalence and risk factors. Pract Diab Internat 16: 82–6

Niesen M (1978) Die Betreuung der Neugeborenen diabetischer Mütter. Gynäkologe 11: 92–8

Nissley P, Lopaczynski W (1991) Insulin-like growth factor receptors. Growth Factors 5: 29–36

Niswander KR, Singer J, Westphal M, Weiss W (1969) Weight gain during pregnancy and prepregnancy weight. Obstet Gynecol 33: 482–91

Njenga E, Lind T, Taylor R (1992) Five-year audit of peripartum blood glucose control in type-I diabetic patients. Diabetic Med 9: 567–70

Nochimson DJ, Turbeville J, Terry JE, Petric RH, Lundy LE (1978) The nonstress test. Obstet Gynecol 51: 419

Nocon JJ, Mckenzie DK, Thomas LJ (1993) Shoulder dystocia: an analysis of risks and obstetric maneuvers. Am J Obstet Gynecol 168: 1732–9

Nogee L, McMahan M, Whitsett JA (1988) Hyaline membrane disease and surfactant protein, SAP-35: in diabetes in pregnancy. Am J Perinatol 5: 374–7

Noguchi A, Eren M, Tsang RC (1980) Parathyroide hormone in hypocalcemic and normocalcemic infants of diabetic mothers. J Pediatr 97: 112–7

Nolan CJ, Proietto J (1992) The foeto-placental glucose steal phenomenon causes insulin resistance in pregnancy. Abstractband, Second International Graz Symposium on Gestational Diabetes. Puch, Austria, Medizinisch-wissenschaftliche Abteilung, Milupa Information-Service, p 51

Nolan CJ, Proietto J (1994) The feto-placental glucose steal phenomenon is a major cause of maternal metabolic adaptation during late pregnancy. Diabetologia 37: 976–84

Nolan CJ, Proietto J (1996) The set point for maternal glucose homeostasis is lowered during late pregnancy in the rat: the role of the islet beta-cell an liver. Diabetologia 39: 785–92

Nolan CJ, Riley SF, Sheedy MT, Walstab JE, Beischer NA (1995) Maternal serum triglyceride, glucose tolerance, and neonatal birth weight ratio in pregnancy. A study within a racially heterogeneous population. Diabetes Care 18: 1550–6

Norbiato G, Bevilacqua M, Meroni R, Raggi U, Dagani R, Scorza D, Frigeni G, Vago T (1984) Effects of potassium supplementation on insulin binding and insulin action in human obesity: protein-modified fast and refeeding. Eur J Clin Invest 14: 414–9

Nordic Medico-Statistical Committee (NOMESCO) 1993) Births and infant mortality in the Nordic countries. Copenhagen NOMESCO, p 39

Nordlander E, Hanson U, Persson B (1989) Factors influencing neonatal morbidity in gestational diabetic pregnancy. Br J Obstet Gynaecol 96: 671–8

Nordlander E, Hanson U, Stangenberg M, Persson B (1989) Twenty-four hour excretion of urinary C-peptide in gestational diabetic women before and after treatment with diet or diet and insulin. Diabetes Res 10: 25–30

Nordlander E, Hansson U, Persson B, Stangenberg M (1987) Pancreatic B-cell function during normal pregnancy. Diabetes Res 6: 133–6

North AF, Mazumdar S, Logrillo VM (1977) Birth weight, gestational age, and perinatal deaths in 5:471 infants of diabetic mothers. J Pediatr 90: 444–7

North DS, Steiner JF, Woodhouses. KM, Maddy JA (1987) Home monitors of blood glucose: comparison of precision and accuracy. Diabetes Care 10: 360–6

Notelovitz M, James S (1976) Plasma insulin response following oral and intravenous glucose in pregnant diabetic women. Obstet Gynecol 48: 268–73

Notsu K, Oka N, Note S, Nabeya N, Kuno S, Sakurami T (1985) Islet cell antibodies in Japanese population and in subjects with type I (insulin-dependent) diabetes. Diabetologia 28: 660–2

Nyberg DA, Shepard T, Mack LA, et al (1988) Significance of a single umbilical artery in fetuses with central nervous system malformations. J Ultrasound Med 7: 265–73

Nylander Rivrud G, Moen M, Moe N, et al (1988) Mutagenicity testing of amniotic fluid from diabetic women with special reference to their smoking habits. Gynecol Obstet Invest 26: 113–7

Nylund L, Brismar T, Lunell NO, et al (1985) Nerve conduction in diabetic pregnancy. Diabetes Res Clin Pract 1: 121–3

Nylund L, Lunell NO, Lewnder R, Persson B, Sarby B, Thornström S (1982) Uteroplacental blood flow in diabetic pregnancy: measurements with indium ^{113}m and a computer-linked gamma camera. Am J Obstet Gynecol 144: 298

Nylund L, Lunell NO, Persson B, et al (1988) Smoking exerts a ketogenic influence in diabetic pregnancy. Gynecol Obstet Invest 25: 35–7

Nyström L, Dahlquist G, Rewers M, Wall S (1990) The Swedish childhood diabetes study. A analysis of the temporal variation in diabetes incidence 1978–1987. Int J Epidemiol 19: 141–6

Oakden B, Lowry R, Waffarn F (1986) The comparative accuracy of capillary blood glucose screening tests in a neonatal intensive care unit. J Perinatol 6: 127–9

Oakley N (1982) Contraception and diabetes. Br J Fam Plann 8: 55–8

Oakley NW, Beard RW, Turner RC (1972) Effect of sustained maternal hyperglycemia on the fetus in normal and diabetic pregnancies. Br Med J 1: 466–9

Oakley WG (1953) Prognosis in diabetic pregnancy. Br Med J 1: 1403–15

Oakley WG, Peel J (1968) In: Oakley WG, Pike DA, Taylor KW (eds) Clinical diabetes and its biochemical basis. Oxford, Blackwell Scientific Publications, p 643

Oats JN, Abell DA, Beischer NA, Broomhall GR (1980) Maternal glucose tolerance during pregnancy with excessive size infants. Obstet Gynecol 55: 184

Oats JN, Beischer NA (1990) The persistence of abnormal glucose tolerance test after delivery. Obstet Gynecol 75: 397–401

Oats JN, Beischer NA, Grant PT (1988) The emergence of diabetes and impaired glucose tolerance in women who had gestational diabetes. In: Weiss PAM, Coustan DR (eds) Gestational Diabetes . Wien New York, Springer, pp 199–207

Obenshain SS, Adam PAJ, King KC, Teramo K, Raivio KO, Räihä N, Schwartz R (1970) Human fetal insulin response to sustained maternal hyperglycemia. N Engl J Med 283: 566–70

Ober C, Wason CJ, Andrew K, Dooley S (1987) Restriction fragment length polymorphisms of the insulin gene hypervariable region in gestational onset diabetes mellitus. Am J Obstet Gynecol 157: 1364–8

Oberhoffer R, Högel J, Stoz F, Kohne E, Lang D (1997) Cardiac and extracardiac complications in infants of diabetic mothers and their relation to parameters of carbohydrate metabolism. Eur J Pediatr 156: 262

Obladen M, Merritt TA, Gluck L (1979) Acceleration of pulmonary surfactant maturation in stressed pregnancies: a study of neonatal lung effluent. Am J Obstet Gynecol 135: 1079–85

Oehler G, Knecht M, Bleyl H, Matthes KJ (1984) Insulin und C-Peptid bei chronischen Leberkrankheiten während oraler Glukosebelastung. Deutsche Med Wochenschr 109: 253–7

Oehninger S, Hofmann GE, Kreiner D, Acosta AA, Muasher SJ (1990) Gonadotropin stimulation for in vitro fertilization and embryo transfer in insulin-dependent diabetics: follicular response, oocyte quality, embryo development, and follicular environment. Fertil Steril 53: 741–3

Ofergeld H (1908) Zuckerkrankheit und Schwangerschaft in ihren Wechselbeziehungen. Arch Gynäk 86: 160 (Zit nach Heisig N, 1975)

Ogata ES, Freinkel N, Metzger BE, et al (1980) Perinatal islet function in gestational diabetes: assessment by cord plasma C-peptide and amniotic fluid insulin. Diabetes Care 3: 425–9

Ogata ES, Sabbagha R, Metzger BE, Phelps RL, Depp R, Freinkel N (1980) Serial ultrasonography to assess evolving fetal macrosomia. Studies in 23 pregnant diabetic women. J Am Med Assoc 243: 2405–8

Ogawa A, Harris V, McCorkle SK, Unger RH, Luskey KL (1989) Amylin secretion from the rat pancreas and its selective loss after streptozotocin treatment. J Clin Invest 85: 973–6

Ogburn PL, Kitzmiller JL, Hare JW (1986) Pregnancy following transplantation in class T diabetes mellitus. J Am Med Assoc 255: 911–5

Ogueh O, Khastgir G, Studd J, Jones J, Alaghband-Zadeh J, Johnson MR (1998) Maternal and fetal plasma levels of markers of bone metabolism in gestational diabetic pregnancies. Early Human Development 53: 155–61

Ohel G, Haddad S, Linder N (1994) Fetal urine production after induction of labor with prostaglandin E2. Am J Obstet Gynecol 171: 1242–3

Ohmura T, Ueda K, Kiyohara Y, Kato I, Iwamoto H, Nakayama K, Nomiyama K, Ohmori S, Yoshitake T, Shinkawu A (1993) Prevalence of type 2 (non-insulin-dependent) diabetes and impaired glucose tolerance in the Japanese population: the Hisayama Study. Diabetologia 36: 1198–203

Ohrt V (1984) The influence of pregnancy of diabetic retinopathy with special regard to the reversible changes shown in 100 pregancies. Acta Ophthalmol 62: 601–16

Oimomi M, Masuta S, Sakai M, Ohara T, Hata F, Baba S (1989) Influence of serum protein levels on serum fructosamin levels. Jpn J Med 28: 312–5

Ojomo EO, Coustan DR (1990) Absence of evidence of pulmonary maturity at amniocentesis in term infants of diabetic mothers. Am J Obstet Gynecol 163: 954–7

Okonofua FE, Amole FA, Ayangade SO, Nimalaraj T (1988) Criteria for the oral glucose tolerance test in pregnant and non-pregnant Nigerian women. Int J Gynaecol Obstet 27: 85–9

Okudara Y (1966) Ultrastructure of the human placenta in maternal diabetes mellitus. Lab Invest 15: 910–26

Okudara Y, Hirota K, Cohen S, Strauss S (1966) Ultrastructure of the human placenta in maternal diabetes mellitus. Lab Invest 15: 910

Olefsky JM, Kolterman OG (1981) Mechanism of insulin resistance in obesity and non-insulin-dependent (type II) diabetes. J Am Med 70: 151–68

Olesen HA, Sørensen S, Hansen PK, Mølsted-Pedersen L (1984) Haemoglobin A1c in pregnant diabetic patients at delivery and haemoglobin F1 in cord blood from their newborns. Scand J Clin Lab Invest 144: 329–34

Oliveira JEP, Milech A, Franco LJ, The Cooperative Group for the Study of Diabetes Prevalence in Rio De Janeiro (1996) The prevalence of diabetes in Rio De Janeiro, Brazil. Diabetes Care 19: 663–6

Ollerton RL, Playle R, Ahmed K, Dunstan FD, Luzio SD, Owens DR (1999) Day-to-day variability of fasting plasma glucose in newly diagnosed type 2 diabetic subjects. Diabetes Care 22: 394–8

Olmos P, A'Hern R, Heaton DA, Leslie RD (1988) The significance of concordance rate for type I (insulin-dependent) diabetes in identical twins. Diabetologia 31: 747–50

Olofsson P, Liedholm H, Sartor G, Sjöberg NO, Svenningsen NW, Ursing D (1984) Diabetes in pregnancy, a 21 year Swedish material. Acta Obstet Gynecol Scand, 65 (Zit nach Burkart, 1989b)

Olofsson P, Montan S, Sartor G, Sjoberg N-O (1986) Effects of β1-adrenoceptor blockade in the treatment of hypertension during pregnancy in diabetic women. Acta Med Scand 220: 321–8

Olofsson P, Sjoberg N-O, Solum T (1986) Fetal surveillance in diabetic pregnancy. II. The nonstress test versus the oxytocin challenge test. Acta Obstet Gynecol Scand 65: 357–60

Omar MAK, Seedat MA, Dyer RB, Rajput MC, Motala AA, Joubert SM (1985) The prevalence of diabetes mellitus in a large group of South African Indians. South Afr Med J 67: 924–6

Omori Y, Minei S, Sito M, Hirata Y (1982) Insulin-receptor autoantibody detected by the human placental membrane method: six patients with insulin-receptor autoantibody in Japan. Tohoku J Exp Med 138: 319–28

Omori Y, Minei S, Testuo T, Nemoto K, Shimizu M, Sanaka M (1994) Current status of pregnancy in diabetic women: a comparison of pregnancy in IDDM and NIDDM mothers. Diabetes Res Clin Pract 24 [Suppl]: S273–8

Opitz JM (1993) Blastogenesis and the "primary field" in human development. Birth Defects Orig Artic Ser 29: 3–37

Oppenheimer EH, Esterly JR (1965) Thrombosis in the newborn: comparison between diabetic and nondiabetic mothers. J Pediatr 67: 549

Ornoy A, Ratzon N, Greenbaum C, Peretz E, Soriano D, Dulitzky M (1998) Neurobehaviour of school age children born to diabetic mothers. Arch Dis Child Fetal Neonatal Ed 79: F94–9

Ornoy A, Zusman I (1991) Embryotoxic effects of diabetes on preimplantation embryos. Israel J Med Sci 27: 487–92

Osei K (1990) Increased basal glucose production and utilization in nondiabetic first-degree relatives of patients with NIDDM. Diabetes 39: 597–601

Osei K, Cottrell DA, Orabella MM (1991) Insulin sensitivity, glucose effectiveness, and body fat distribution pattern in nondiabetic offspring of patients with NIDDM. Diabetes Care 14: 890–6

Osei K, Gaillard TR, Schuster DP (1998) History of gestational diabetes leads to distinct metabolic alterations in nondiabetic African American women with a parental history of type 2 diabetes. Diabetes Care 21: 1250–7

Osei K, Holland GC (1987) Altered C-Peptide/insulin molar ratios and glucose turnover rates after stimulation in nondiabetic offspring of type II diabetic patients. Metab Clin Exp 36: 122–7

Osler M (1960) Bodywater of newborn infants of diabetic mothers. Acta Endocrin (Kbh) 34: 261 (Zit nach MacNaughton, 1969)

Osler M, Pederson J (1960) The body composition of newborn infants of diabetic mothers. Pediatrics 26: 985–92

Osmond DTD, Nolan CJ, King RG, Brennecke SP, Gude NM (2000) Effects of gestational diabetes on human placental glucose uptake, transfer, and utilisation. Diabetologia 43: 576–82

Oster-Jorgensen E, Pedersen SA, Larsen ML (1990) The influence of induced hyperglycaemia on gastric emptying in healthy humans. Scand J Clin Lab Invest 50: 831–6

Ostermann H, van de Loo J (1986) Factors of the hemostatic system in diabetic patients. Haemostasis 16: 386–416

Ostertag H, Lorenz WJ, Heep J, Krause O, Doll J (1975) Eine Methode zur quantitativen Bestimmung der uteroplazentaren Durchblutung. Radiobiol Radiother 16: 815–23

Ostlund E, Hanson U (1991) Antenatal non-stress test in complicated and uncomplicated pregnancies in type-I diabetic women. Eur J Obstet Gynecol Reprod Biol 39: 13–8

Östman J, Arnqvist H, Blohme G, et al (1986) Epidemiology of diabetes mellitus in Sweden. Acta Med Skand 220: 437–45

Ostrea JR, EM, Bassel M, Fleury BA, Bartos A, Jesurun A (1983) Influence of free fatty acids and glucose infusion on serum bilirubin and bilirubin binding to albumin: clinical implications. J Pediatr 102: 426–32

Ostrom KM, Ferris AM (1993) Prolactin concentrations in serum and milk of mothers with and without IDDM. Am J Clin Nutr 58: 49–53

Otani H, Tanaka O, Tatewaki R, Naora H, Yoneyama T (1991) Diabetic environment and genetic predisposition as causes of congenital malformations in NOD mouse embryos. Diabetes 40: 1245–50

Otonkoski T, Andersson S, Knip M, Simell O (1988) Maturation of insulin response to glucose during human fetal and neonatal development. Diabetes 37: 286–91

Ott WJ (1995) The accuracy of antenatal fetal echocardiography screening in high- and low-risk patients. Am J Obstet Gynecol 172: 1741–9

Ott WJ, Doyle S (1982) Normal ultrasonic fetal weight curve. Obstet Gynecol 59: 603–6

Otto H (1992) Statement of the German Diabetes in Pregnancy Working Party (GDPWP) of the German Diabetes Association. Graz, 2nd International Graz Symposium on Gestational Diabetes

Otto H, Bleyer G, Pennartz M, Sabin G, Schauberger G, Spaethe K (1973) Kohlenhydrataustausch nach biologischen Äquivalenten. In: Otto H, Spaethe R (eds) Diätetik bei Diabetes Mellitus. Bern, Huber, pp 41–50

Ounsted M, Ounsted C (1973) On fetal growth rate (its variation and their consequences). Suffolk, England, Lavenham Press, pp 1–26

Owen J, Andrews WW (1994) Wound complications after cesarean sections. Clin Obstet Gynecol 37: 842–55

Owen J, Phelan ST, Landon MB, Gabbe SG (1995) Gestational diabetes survey. Am J Obstet Gynecol 172: 615–20

Owens DR, Jones MK, Birtewell AJ, Jones IR, Hayes TM, Heding LG (1983) The clinical pharmacology of human insulin (Novo) in normal subjects. Diabetes Care 6 [Suppl 1]: 13–6

Owerbach D, Carnegie S, Rich C, et al (1987) Gestational diabetes mellitus is associated with HLA-DQβ chain endonuclease fragments. Diabetes Res 6: 109–12

O'Brien ME, Gilson G (1987) Detection and management of gestational diabetes in an out-of-hospital birth center. J Nurse Midwifery 32: 79–84

O'Driscoll K, Foley M (1983) Correlation of decrease in perinatal mortality and increase in cesarean section rates. Obstet Gynecol 61: 1–5

O'Leary JA (1992) Shoulder dysticia and birth injury. New York, McGraw-Hill, pp 11–40

O'Leary JA, Leonetti HB (1990) Shoulder dystocia: prevention and treatment. Am J Obstet Gynecol 162: 5–9

O'Neil GJ, Davies JJ, Sio J (1978) Palmitic/stearic ratio of amniotic fluid in diabetic and nondiabetic pregnancies and its relationship to development of respiratory distress syndrome. Am J Obstet Gynecol 132: 519–23

O'Rahilly SP, Rudenski AS, Burnett MA, Nugent Z, Hosker JP, Darling P, Turner RC (1986) Beta-cell dysfunction rather than insulin insensitivity is the primary defect in familial type 2 diabetes. Lancet i: 360–4

O'Shaughnessy R, Russ J, Zuspan FP (1979) Glycosylated hemoglobins and diabetes mellitus in pregnancy. Am J Obstet Gynecol 135: 783–90

O'Sullivan JB (1982) Body weight and subsequent diabetes mellitus. J Am Med Assoc 248: 249–52

O'Sullivan JB (1984) Subsequent morbidity among gestational diabetic women. In: Sutherland HW, Stowers JM (eds) Carbohydrate metabolism in pregnancy and the newborn. Edinburgh, Churchill Livingstone, pp 174–80

O'Sullivan JB (1989) The Boston gestational diabetes studies: review and perspectives. In: Sutherland HW, Stowers JM, Pearson DWM (eds) Carbohydrate metabolism in Pregnancy and the Newborn IV. London, Springer, pp 287–94

O'Sullivan JB (1991) Diabetes mellitus after GDM. Diabetes 40 [Suppl 2]: 131–5

O'Sullivan JB, Charles D, Mahan C, Dandrow R (1973) Gestational diabetes and perinatal mortality rate. Am J Obstet Gynecol 116: 901–4

O'Sullivan JB, Gellis SS, Dandrow RV, Tenney BO (1966) The potential diabetic and her treatment in pregnancy. Obstet Gynecol 27: 683–9

O'Sullivan JB, Hurwitz D (1966) Spontaneous remission in early diabetes. Arch Intern Med 117: 769–74

O'Sullivan JB, Mahan CM (1964) Criteria for the oral glucose tolerance test in pregnancy. Diabetes 13: 278–85

O'Sullivan JB, Mahan CM (1968) Prospective study of 352 young patients with chemical diabetes. N Engl J Med 278: 1038–41

O'Sullivan JB, Mahan CM, Charles D, Dandrow RV (1973) Screening criteria for high-risk gestational diabetic patients. Am J Obstet Gynecol 116: 895–900

O'Sullivan JB, Mahan CM, Charles D, et al (1973) Gestational diabetes and perinatal mortality rate. Am J Obstet Gynecol 116: 901–4

O'Sullivan Mahan CM, Charles D, Dandrow RV (1974) Medical treatment of the gestational diabetic. Obstet Gynecol 43: 817–21

Pacora, P (1992) Mean glucose of oral glucose tolerance test in pregnancy as index of obstetric and perinatal outcome. Persönliche Mitteilung

Pacora P, Calderón JN, Baanante DM (1992) Test de 50 gramos en la prediccion del pronostico materno-fetal. Ginecologia y Obstetrica 38: 66–72

Pacora P, Nunez J, Moreno D (1992) Nuevo criterio para la prueba de tolerancia oral en el embarazo: criterio de San Bartolome. Ginecologia y Obstetricia XXXVIII, 73–82

Pacora P, Nunez J, Moreno D (1992) Test de 50 gramos en la prediccion del pronostico materno-fetal. Ginecologia y Obstetricia XXXVIII, 66–72

Padgett D, Mumford E, Hynes M, Carter R (1988) Metaanalysis of the effects of educational and psychosocial interventions on the management of diabetes mellitus. J Clin Epidemiol 4: 1007–30

PaganoG, Cassader M, Massobrio M, et al (1980) Insulin binding to human adipocytes during late pregnancy in healthy, obese and diabetic state. Horm Metab Res 12: 177–81

Page RCL, Kirk BA, Fay T, Wilcox M (1995) Is macrosomia associated with poor glycemic control in diabetic pregnancy? Diabet Med 13: 170–4

Page RCL, Walravens EKN, Levy JC, Stratton IM, Turner RC (1993) Prevalence and pathophysiology of impaired glucose tolerance in three different high risk Caucasian groups. Metabolism 42: 932–8

Paisey RB, Savage P, Marstand I, Cooke P (1985) Long-term high fibre, low fat diet in gestational diabetes. Diabetic Med 2: 286–7

Pajszczyk-Kieszkiewicz T (1972) The aromatising capacity of human placenta perfused in vitro relating to the different experimental conditions. III. The aromatising capacity of placentas from diabetic individuals. Endocrinol Pol 23: 464–72

Pallardo F, Herranz L, Garcia-Ingelmo T, Grande C, Martin-Vaquero P, Jañez M, Gonzalez A (1999) Early postpartum metabolic assessment in women with prior gestational diabetes. Diabetes Care 22: 1053–8

Palmer JP (1987) Insulin autoantibodies, their role in the pathogenesis of IDDM. Diabetes Metab Rev 3: 1005–15

Palmer JP, Asplin CM, Clemons P, Lyen K, Tatpati O, Raghu PK, Paquette TL (1983) Insulin antibodies in insulin-dependent diabetes before insulin treatment. Science 222: 1337–9

Pampfer S, De Hertogh R (1996) Preimplantation embryopathy associated with maternal diabetes. Diabetes Rev 4: 90–113

Pan X, Li G, Hu Y, et al (1997) Effect of diet and exercise in preventing NIDDM in people with impaired glucose tolerance: the Da Quing IGT and Diabetes Study. Diabetes Care 20: 537–44

Pannier EM, Irwin JC, Giudice LC (1994) Insulin-like growth factor-binding proteins in the human fetus: tissue-specific protein secretion, immunologic characterization and gene expression. Am J Obstet Gynecol 171: 746–52

Panzram G, Adolph W (1981) Heterogeneity of maturity onset diabetes (MODY). Lancet ii: 986

Panzram G, Adolph W (1983) Ergebnisse einer Populationsstudie über den nichtinsulinabhängigen Diabetes mellitus im Kindes- und Jugendalter. Schweiz Med Wochenschr 113: 779–84

Pardridge WM (1983) Brain metabolism: a perspective from the blood-brain barrier. Physiol Rev 63: 1481–535

Pardridge WM, Boado RJ, Farrell CR (1990) Brain-type glucose transporter (GLUT-1) is selectively localized to the blood-brain barrier: studies with quantitative Western blotting and in situ hybridization. J Biol Chem 265: 1835–40

Parent MA, Khadraoui S (1979) Serum igm of neonates in a rural population in a developing country. Child Health 25: 143–5

Parfitt V, Clark JDA, Turner GM, Hartog M (1992) Maternal postprandial blood glucose levels influence infant birth weight in diabetic pregnancy. Diab Res 19: 133–5

Parfitt VJ, Clark JDA, Turner GM, Hartog M (1993) Use of fructosamin and glycated haemoglobin to verify self blood glucose monitoring data in diabetic pregnancy. Diabetes Med 10: 162–6

Paris-Bockel D, Comte F, Jeanmougin P, Keller B, Schlienger JL (1983) Le test de tolérance au petit dejeuner: application au dépistage du diabete gestationnel. Sem Hop Paris 59: 2167–72

Parker JR, CR, Hauth JC, Hankins GDV, et al (1989) Endocrine maturation and lung function in premature neonates of women with diabetes. Am J Obstet Gynecol 160: 657–62

Parks DG, Ziel HK (1978) Macrosomia. A proposed indication for primary cesarean section. Obstet Gynecol 52: 407–9

Parmley TH, Seeds AE (1970) Fetal skin permeability to isotopic water (THO) in early pregnancy. Am J Obstet Gynecol 118: 128–31

Partridge (1895) Medical Record New York (Zit nach Heisig N, 1975)

Parving HH, Andersen AR, Smidt UM, Hommel E, Mathiesen ER, Svendsen PA (1987) Effect of antihypertensive treatment on kidney function in diabetic nephropathy. Br Med J 294: 1443–7

Passmore R, Schlossman H (1938) The effect of large doses of insulin on the foetal sheep and goat. J Physiol 92: 459 (Zit nach MacNaughton, 1969)

Pastor X, Doménech P, Jorba JM, Martínez-Gutierrez A, Figueras J, Jiménez R, Casamitjana R (1988) Somatometric study in the infant of gestational diabetic mother. In: Weiss PAM, Coustan, DR (eds) Gestational Diabetes. Wien New York, Springer, pp 171–5

Pastore MR, Bazzigaluppi E, Bonfanti R, Dozio R, Sergi A, Balini A, Belloni C, Meschi F, Bonifacio E, Bosi E (1998) Two-step islet autoantibody screening for risk assessment of type 1 diabetes in relatives. Diabetes Care 21: 1445–50

Paterson P, Page D, Taft P, Phillips L, Wood C (1968) Study of fetal and maternal insulin levels during labor. J Obstet Gynaecol Br Cwlth 75: 917–21

Paterson P, Phillips L, Wood C (1967) Relationship between maternal and fetal blood glucose during labor. Am J Obstet Gynecol 98: 938–45

Patrick J, Campbell K, Carmichael L, et al (1980) Patterns of human fetal breathing during the last 10 weeks of pregnancy. Obstet Gynecol 56: 24–30

Patrick J, Natale R, Richardson B (1978) Patterns of human fetal breathing activity at 34 to 35 weeks' gestational age. Am J Obstet Gynecol 132: 507–13

Patterson CC, Smith PG, Webb J, et al (1988) Geographical variation in the incidence of diabetes mellitus in Scottish children during the period 1977–1983. Diab Med 5: 160–5

Patterson CC, Thorogood M, Smith PG, Heasman MA, Clarke JA, Mann JI (1983) Epidemiology of type I (insulin-dependent) diabetes in Scotland 1968–1976: evidence of an increasing incidence. Diabetologia 24: 238–43

Patterson CC, Waugh NR, Carson DJ, Cole SK, Hadden DR (1994) A case control investigation of perinatal risk factors for childhood IDDM in Northern Ireland and Scotland. Diabetes Care 17: 376–381

Paulozzi LJ, Norman JE, McMahon P, Connell FA (1984) Outcomes of a diabetes education program. Public Health Reports 99: 575–9

Pav J, Praque MD, Jexokova Z, Skrha F (1962) Insulin antibodies. Lancett ii: 221–2

Peacock I, Hunter JC, Walford S, Allison SP, Davison J, Clarke P, Symonds EM, Tattersall RB (1979) Self-monitoring of blood glucose in diabetic pregnancy. Br Med J 2: 1333

Peacock J, Tattersall RB, Taylor A, Douglas CA, Reeves WG (1983) Effects of new insulins on insulin and C-peptide antibodies, insulin dose and diabetic control. Lancet i: 149–51

Peavy DE, Taylor JM, Jefferson LS (1978) Correlation of albumin production rates and albumin mRNA levels in livers of normal, diabetic, and insulin-treated diabetic rats. Proc Natl Acad Sci USA 75: 5879–83

Pecchio O, Maule S, Migliardi M, Trento M, Veglio M (2000) Effects of exposure at an altitude of 3:000 m on performance of glucose meters. Diabetes Care 23: 129–31

Peck RW, Price DE, Lang GD, MacVicar J, Hearnshaw JR (1991) Birthweight of babies born to mothers with type 1 diabetes is related to blood glucose control in the first trimester? Diabet Med 8: 258–62

Pedersen J (1954) Weight and length at birth of infants of diabetic mothers. Acta Endocrinol 16: 330–42

Pedersen J (1954) Fetal mortality in diabetics in relation to management during the latter part of pregnancy. Acta Endocrinol 15: 282–94

Pedersen J (1954) Glucose content of the amniotic fluid in diabetic pregnancies. Acta endocrinol 15: 342–50

Pedersen J (1977) The Pregnant Diabetes and Her Newborn. Problems and Management, 2nd ed. Baltimore, Williams & Wilkins, 211–20

Pedersen J (1978) 1. Lainzer Diabetes Symposium: Diabetesprobleme in der Schwangerschaft. Persönliche Mitteilung

Pedersen J, Mølsted-Pedersen L (1965) Prognosis of the outcome of pregnancies in diabetics. A new classification. Acta Endocrinol (KbH) 50: 70–8

Pedersen J, Mølsted-Pedersen L (1979) Early growth retardation in diabetic pregnancy. Br Med J 1: 18–9

Pedersen JE, Mølsted Pedersen L (1981) Early fetal growth delay detected by ultrasound marks increased risks of congenital malformation in diabetic pregnancy. Br Med J 283: 269–71

Pedersen JF, Mølsted-Pedersen L (1985) The possibility of an early growth delay in White's Class A diabetic pregnancy. Diabetes 34 [Suppl 2]: 47–9

Pedersen JF, Mølsted-Pedersen L (1992) Sonographic estimation of fetal weight in diabetic pregnancy. Br J Obstet Gynaecol 99: 475–8

Pedersen JF, Mølsted-Pedersen L (1998) Frühe intrauterine Wachstumsverzögerung bei diabetischen Schwangerschaften. Gynäkologe 31: 140–3

Pedersen JF, Mølsted-Pedersen L, Lebech PE (1986) Is the early growth delay in the diabetic pregnancy accompanied by a delay in placental development? Acta Obstet Gynecol Scand 65: 675–7

Pedersen JF, Mølsted-Pedersen L, Mortensen HB (1984) Fetal growth delay and maternal hemoglobin A1C in early diabetic Pregnancy. Obstet Gynecol 64: 351–2

Pedersen O, Hjøllund E, Lindskov HO, Beck-Nielsen H, Jensen J (1982) Circadian profiles of insulin receptors in insulin-dependent diabetics in usual and poor metabolic control. Am J Physiol 242: E 127–36

Pedersen J, Mølsted-Pedersen L (1979) Congenital malformations: the possible role of diabetes care outside pregnancy. Pregnancy Metabolism, Diabetes and the Fetus. Ciba Foundation Symposium 63 (new series). New York, Excerpta Medica, pp 265–71

Peel J (1972) A historical review of diabetes and pregnancy. J Obstet Gynaecol Br Commonw 79: 385–95

Peevy KJ, Landaw SA, Gross SJ (1980) Hyperbilirubinemia in infants of diabetic mothers. Pediatrics 66: 417–9

Pegorier JP, Chatelain F, Thumelin S, Girard J (1998) Role of long-chain fatty acids in the postnatal induction of genes coding for liver mitochondrial beta-oxydative enzymes. Biochem Soc Trans 26: 113–20

Peleg D, Hasnin J, Shalev E (1997) Fractured clavicle and Erb's palsy unrelated to birth trauma. Am J Obstet Gynecol 177: 1038–40

Pelleymounter MA, Cullen MJ, Baker MB, Hecht R, Winters D, Boone T, et al (1995) Effects of the ob gene product on body weight regulation in ob/ob mice. Science 269: 540–3

Pendergrass M, Fazioni E, DeFronzo RA (1995) Non-insulin-dependent diabetes mellitus and gestational diabetes mellitus: same disease, another name? Diabetes Rev 3: 566–83

Penn I, Makowski EL, Harris P (1980) Parenthood following renal and hepatic transplantation. Transplantation 30: 397

Penn I, Makowski EL, Harris P (1980) Parenthood following renal transplantation. Kidney Int 18: 221

Perelman AH, Johnson RL, Clemons RD, Finberg HJ, Clewell WH, Trujillo L (1990) Intrauterine diagnosis and treatment of fetal goitrous hypothyroidism. J Clin Endocrinol Metab 71: 618–21

Perkins SL, Doelle H, Escares E, Forsythe J, Pronovost C, Taylor-Clapp S (1998) Laboratory and clinical evaluation of two glucose meters for neonatal intensive care unit. Clin Biochem 31: 67–71

Perlow JH, Morgan MA, Montgomery D, Towers CV, Porto M (1992) Perinatal outcome in pregnancy complicated by massive obesity. Am J Obstet Gynecol 167: 958–62

Perrine SP, Greene MF, Faller DV (1985) Delay in the fetal globin switch in infants of diabetic mothers. N Engl J Med 312: 334–8

Perrine SP, Greene MF, Lee PDK, Cohen RA, Faller DV (1986) Insulin stimulates cord blood erythroid progenitor growth: evidence for a aetiological role in neonatal polycythaemia. Br J Haematol 64: 503–11

Perrot LJ, Williamson S, Jimenez JF (1987) The caudal regression syndrome in infants of diabetic mothers. Ann Clin Lab Sci 17: 211–20

Persson B (1986) Longterm morbidity in infants of diabetic mothers. Acta Endocrinol [Suppl] 277: 156–8

Persson B, Gentz J, Lunell NO (1978) Diabetes in Pregnancy. In: Scorpelli EM, Cosmi EV (eds) Reviews in Perinatal Medicine. New York, Raven Press, pp 1–55

Persson B, Hanson U (1993) Insulin dependent diabetes in pregnancy: impact of maternal blood glucose control on the offspring. J Paediatr Child Health 29: 20–3

Persson B, Hanson U (1996) Fetal size at birth in relation to quality of blood glucose control in pregnancies complicated by pregestational diabetes mellitus. Br J Obstet Gynaecol 103: 427–33

Persson B, Hanson U (1998) Neonatal morbidities in gestational diabetes mellitus. Diabetes Care 21 [Suppl 2]: B79–84

Persson B, Hanson U, Hartling SG, Binder C (1991) Followup of women with previous GDM: insulin, C-peptide, and proinsulin responses to oral glucose load. Diabetes 40 [Suppl 2]: 136–41

Persson B, Hanson U, Marcus C (1995) Gestational diabetes and paradoxical fetal macrosomia. Early Human Development 41: 203–13

Persson B, Heding LG, Lunell NO, Pschera H, Stangenberg M, Wagner J (1982) Fetal beta cell funktion in diabetic pregnancy. Amniotic fluid concentrations of proinsulin, insulin, and C-peptide during the last trimester of pregnancy. Am J Obstet Gynecol 144: 455–9

Persson B, Lunell NO (1975) Metabolic control in diabetic pregnancy. Variations in plasma concentrations of glucose, free fatty acids, glycerol, ketone bodies, insulin and human chorionic somatomammotropin during the last trimester. Am J Obstet Gynecol 122: 737–45

Persson B, Pschera H, Lunell N-O, et al (1986) Amino acid concentrations in maternal plasma and aminotic fluid in relation to fetal insulin secretion during the last trimester of pregnancy in gestational and type 1 diabetic women and women with small-for-gestational-age infants. Am J Perinatol 3: 98–103

Persson B, Stangenberg M, Hansson U, Nordlander E (1985) Gestational diabetes mellitus. Comparative evaluation of two treatment regimens, diet versus insulin and diet. Diabetes 34 [Suppl 2]: 101–5

Perucchini D, Fischeer U, Spinas GA, Huch R, Huch A, Lehmann R (1999) Using fasting plasma glucose concentrations to screen for gestational diabetes mellitus: prospective population based study. BMJ 319: 812–5

Peters RK, Kjos SL, Xiang A, Buchanan TA (1996) Longterm diabetogenic effect of a single pregnancy in women with prior gestational diabetes. Lancet 347: 227–30

Petersen JS, Dyrberg T, Damm P, Kühl C, Mølsted-Pedersen L, Buschard K (1996) GAD65 autoantibodies in women with gestational or insulin-dependent diabetes mellitus diagnosed during pregnancy. Diabetologia 39: 1329–33

Petersen K, Skouby SO, Vedel P, Haaber AB (1995) Hormonal contraception in women with IDDM. Influence on glycometabolic control and lipoprotein metabolism. Diabetes Catre 18: 800–6

Petersen KR, Skouby SO, Sidelmann J, Mølsted-Pedersen L, Jespersen J (1994) Effects of contraceptive steroids on cardiovascular risk factors in women with insulin-dependent diabetes mellitus. Am J Obstet Gynecol 171: 400–5

Petersen MB (1989) Status at 4–5 years in 90 Children of insulin dependent diabetic mothers. In: Sutherland HW, Stowers JM, Pearson DWM (eds) Carbohydrate metabolism in pregnancy and the newborn. London Berlin Heidelberg New York Paris Tokyo, Springer, pp 353–61

Petersen MB, Pedersen SA, Greisen G, Pedersen JF, Mølsted-Pedersen L (1988) Early Growth delay in diabetic pregnancy: relation to psychomotor development at age 4. Br Med J 296: 598–600

Peterson CM, Jovanovic L (1988) Glucosylated proteins in normal and diabetic pregnancy. In: Weiss PAM, Coustan DR (eds) Gestational Diabetes. Wien New York, Springer, pp 107–15

Peterson CM, Jovanovic L, Jones RL (1982) The role of self blood glucose monitoring and glucose control in preventing diabetes sequelae. Diabetes 3: 73–99

Peterson CM, Jovanovic-Peterson L, Mills JL, Conley MR, Knopp RH, Reed GF, Aarons JH, Holmes IB, Brown Z, Van-Allen M (1992) The Diabetes in Early Pregnancy Study: changes in cholesterol, triglycerides, body weight, and blood pressure. The National Institute of Child Health and Human Development – the Diabetes in Early Pregnancy Study. Am J Obstet Gynecol 166: 513–8

Petraglia F, De Vita D, Gallinelli A, Aguzzoli L, Genazzani AR, Romero R, Woodruff TK (1995) Abnormal concentration of maternal serum activin-A in gestational diseases. J Clin Endocrinol Metab 80: 558–61

Petropoulos EA (1973) Maternal and fetal factors affecting the growth and function of the rat placenta. Acta Endocrinol 72 [Suppl 176]: 9–69

Pettit BR, King GS, Blau K (1977) Low glucose concentrations in amniotic fluid from anencephalic pregnancies (letter). Lancet ii: 1288

Pettitt DJ, Aleck KA, Baird HR, Carraher MJ, Bennett PH, Knowler WC (1988) Congenital susceptibility to NIDDM. Role of intrauterine environment. Diabetes 37: 622–8

Pettitt DJ, Baird HR, Aleck KA, Bennett PH, Knowler WC (1983) Excessive obesity in offspring of Pima Indian women with diabetes during pregnancy. N Engl J Med 308: 242–5

Pettitt DJ, Baird HR, Alek KA, Knowler WC (1982) Diabetes mellitus in children following maternal diabetes during gestation. Diabetes 32 [Suppl 2]: 66A

Pettitt DJ, Bennett PH (1988) Longterm outcome of infants of diabetic mothers. In: Reece EA, Coustan DR (eds) Diabetes Mellitus in Pregnancy: principles and Practice. New York, Churchill Livingstone, pp 559–71

Pettitt DJ, Bennett PH, Hanson RL, Venkat Narayan KM, Knowler WC (1994) Comparison of World Health Organization and National Diabetes Data Group procedures to detect abnormalities of glucose tolerance during pregnancy. Diabetes Care 17: 1264–8

Pettitt DJ, Bennett PH, Knowler WC, Baird HR, Aleck KA (1985) Gestational diabetes mellitus and impaired glucose tolerance during pregnancy: long-term effects on obesity and glucose tolerance in the offspring. Diabetes 34 [Suppl 2]: 119–22

Pettitt DJ, Bennett PH, Saad MF, Charles MA, Nelson RG, Knowler WC (1991) Abnormal glucose tolerance during pregnancy in Pima Indian women: long term effects on offspring. Diabetes 40 [Suppl 2]: 126–30

Pettitt DJ, Knowler WC (1988) Diabetes and obesity in Pima Indians: a cross generation vicious cycle. J Obesity Weight Regul 7: 61–75

Pettitt DJ, Knowler WC (1998) Longterm effects of the intrauterine environment, birth weight and brest-feeding in Pima Indians. Diabetes Care 21 [Suppl 2]: B138–41

Pettitt DJ, Knowler WC, Baird HR, Bennett PH (1980) Gestational diabetes: infant and maternal complications of pregnancy in relation to third-trimester glucose tolerance in Pima Indians. Diabetes Care 3: 458–64

Pettitt DJ, Knowler WC, Bennett PH, et al (1987) Obesity in offspring of diabetic Pima Indian women despite normal birth weight. Diabetes Care 10: 76–80

Pettitt DJ, Moli PP, Knowler WC, Mott DM, Nelson RG, Saad MF, Bennett PH, BA Kottke BA (1993) Insulinemia in children at low and high risk of NIDDM. Diabetes Care 16: 608–615

Pettitt DJ, Narayan RL, Hanson RL, et al (1993) World Health Organization and National Data Group criteria during pregnancy (Abstract). Diabetologia 36 [Suppl 1]: 207

Pettitt DJ, Nelson RG, Saad MF, Bennett PH, Knowler WC (1993) Diabetes and obesity in the offspring of Pima Indian women with diabetes during pregnancy. Diabetes Care 16 [Suppl 1]: 310–4

Pettitt DJ, Saad MF, Bennett PH, Nelson RG, Knowler WC (1990) Familial predisposition to renal disease in two generations of Pima Indians with type 2 (non-insulin-dependent) diabetes mellitus. Diabetologia 33: 438–43

Pfeifer MA, Halton JB, Judzewitsch RG, Beard JC, Best JD, Ward WK, Porte D (1984) Acute and chronic effects of sulfonylurea drugs in pancreatic islet function in man. Diabetes Care 7 [Suppl 1]: 25–34

Pfeiffer A, Spranger J, Meyer-Schwickerath R, Schatz H (1997) Growth factor alterations in advanced diabetic retinopathy: a possible role of blood retina barrier breakdown. Diabetes 46 [Suppl 2]: S26–30

Pfeiffer EF, Thum Ch, Beischer W, Clemens AH (1974) The artificial beta-cell. A continuous control of blood sugar by external regulation of insulin infusion (Glucose controlled insulin infusion system). Horm Metab Res 6: 339–42

Phelan JP, Ahn MO, Smith CV, Rutherford SE, Anderson E (1987) Amniotic fluid index measurements. J Reprod Med 32: 601–4

Phelan JP, Smith CV, Broussard P, Small M (1987) Amniotic fluid volume assessment with the four-quadrant technique at 36–42 weeks' gestation. J Reprod Med 32: 540–2

Phelps RL, Freinkel N, Rubenstein AH, Kuzuya H, Metzger B, Boehm JJ, Mølsted-Pedersen L (1978) Carbohydrate metabolism in pregnancy. XV. Plasma C-peptide during intravenous glucose tolerance in neonates from normal and insulin-treated diabetic mothers. J Clin Endocrinol Metab 46: 61–8

Phelps RL, Honig GR, Green D, Metzger BE, Frederiksen MC, Freinkel N (1983) Biphasic changes in hemoglobin A1C concentrations during normal human pregnancy. Am J Obstet Gynecol 147: 651–3

Phelps RL, Metzger GE, Freinkel N (1981) Carbohydrate metabolism in pregnancy. XVIII. Diurnal profiles of plasma glucose, insulin, free fatty acids, triglycerides, cholesterol and insdividual amino acids in late normal pregnancy. Am J Obstet Gynecol 140: 730–6

Phelps RL, Sakol P, Metzger BE, Jampol LM, Freinekel N (1986) Changes in diabetic retinopathy during pregnancy: correlations with regulation of hyperglycemia. Arch Ophthalmol 104: 1806–10

Phibbs CS, Phibbs RH, Pomerance JJ, Williams RL (1986) Alternative to diagnosis related groups for neonatal intensive care. Pediatrics 78: 829–36

Philipps AF, Dubin JW, Matty PJ, Raye JR (1982) Arterial hypoxemia and hyperinsulinemia in the chronically hyperglycemic fetal lamb. Pediatr Res 16: 653–8

Philipps AF, Dubin JW, Rayr JR (1981) Effect of endogenous insulin release on fetal alanine concentration and uptake. Am J Obstet Gynecol 139: 22–6

Philipps AF, Rosenkrantz TS, Raye J (1985) Consequences of perturbations of fetal fuels in ovine pregnancy. Diabetes 34 [Suppl 2]: 32–5

Philipson E, Kalhan S, Rosen M, Edelberg S, Williams T, Riha M (1985) Gestational diabetes mellitus. Is further improvement necessary? Diabetes 34 [Suppl 2]: 55–60

Philipson EH, Rossi KQ, Isaac RM, Kalhan SC (1992) Glucose, Insulin, gastric inhibitory polypeptide, and pancreatic polypeptide responses to polycose during pregnancy. Obstet Gynecol 79: 592–6

Philipson EH, Super DM (1989) Gestational diabetes mellitus: does it recur in subsequent pregnancy? Am J Obstet Gynecol 160: 1324–31

Phillipou G (1991) Relationship between normal oral glucose tolerance test in women at risk for gestational diabetes and large for gestational age infants. Diabetes Care 14: 1092–4

Phillips AF, Porte PJ, Stabiusky S, Rosenkrantz TS, Raye JR (1984) Effects of chronic fetal hyperglycemia upon oxygen consumption in the ovine uterus and conceptus. J Clin Invest 74: 279–86

Phillips AF, Rosenkrantz TS, Porte PJ, Raye JR (1985) The effect of chronic fetal hyperglycemia on substrate uptake by the ovine fetus and conceptus. Pediatr Res 19: 659–66

Phillips AF, Widness JA, Garcia JF, raye JR, Schwartz R (1982) Erythropoetin elevation in the chronically hyperglycemic fetal lamb. Proc Soc Exp Biol Med 170: 42–7

Phillips DIW (1996) Insulin resistance as a programmed response to fetal undernutrition. Diabetologia 39: 1119–22

Phillips DIW, Barker D, Hales C, Hirst S, Osmond C (1994) Thinnes at birth and insulin resistance in adult life. Diabetologia 37: 150–4

Phillips L, Lumley J, Paterson P, Wood C (1968) Fetal hypoglycemia. Am J Obstet Gynecol 102: 371

Phillips WT, Schwartz JG, Blumhardt R, McMahan CA (1991) Linear gastric emptying of hyperosmolar glucose solutions. J Nucl Med 32: 377–81

Phillipson EH, Kalhan SC, Edelberg SC, Williams TG (1985) Maternal obesity as a risk factor in gestational diabetes. Am J Perinatol 2: 268–70

Phipps K, Barker DJ, Hales CN, Fall CH, Osmond C, Clark PM (1993) Fetal growth and impaired glucose tolerance in men and women. Diabetologia 36: 225–8

Piacquadio K, Hollingsworth DR, Murphy H (1991) Effects of inutero exposure to oral hypoglycemic drugs. Lancet 338: 866–9

Pickrell MP, Sawers R, Michael J (1988) Pregnacy after renal transplantation: severe intrauterine growth retardation during treatment with cyclosporine. Br Med J 296: 825

Pickup JC, Keen H, Viberti GC, White MC, Kohner M, Parsons JA, Alberti KGMM (1980) Continuous subcutaneous insulin infusion in the treatment of diabetes mellitus. Diabetes Care 3: 290–300

Picon L (1967) Effect of insulin on growth and biochemical composition of the rat fetus. Endocrinology 81: 1419–21

Pielet B, Sabbagha R, MacGregor S (1987) Ultrasonic prediction of birth weight in preterm fetuses: which formula is best? Am J Obstet Gynecol 157: 1411–4

Piepmeier EH, Hammett-Stabler C, Price ME, Kemper GB, Davis MG (1995) Atmospheric pressure effects on glucose monitoring devices (Letter). Diabetes Care 18: 423–4

Pietropaolo M, Huttun JC, Eisenbarth GS (1997) Protein tyrosine phosphatase-like proteins: link with IDDM. Diabetes Care 20: 208–14

Pihkala J, Hakala T, Voutilainen P, Raivia K (1989) Uudet suomalaiset sikion kasuukayrat. Duodecim 105: 1540–6

Pijpers L, Wladimiroff JW, McGhie J (1984) Effect of shortterm maternal exercise on maternal and fetal cardiovascular dynamics. Br J Obstet Gynaecol 91: 1081–6

Pilcher CC, Dickens K, Elliott RB (1991) ICA only develop in early childhood: proceedings of the 11th International Immunology Diabetes Wokshop. Diabetes Res Clin Pract 14 [Suppl 1]: S82

Pildes RS (1973) Infants of diabetic mothers. N Engl J Med 289: 902–4

Pinget M, Krummel Y, Gandar R, Dorner M (1979) Incidence de la maladie diabétique sur l 'âge de survenue des premiers règles. Nouv Presse Méd 44: 3664 (Zit nach Burkart, 1989b)

Pinter E, Reece EA, Lerant CZ, Garcia-Segura M, Hobbins JC, Mahoney MJ, Naftolin F (1986) Arachidonic acid prevents hyperglycemia-associated yolc sac damage and embryopathy. Am J Obstet Gynecol 155: 691–702

Pinter E, Reece EA, Leranth CZ (1986) Yolk sac failure in embryopathy due to hyperglycemia. An ultrastructural analysis of the yolk sac differentiation associated with embryopathy in rat conceptus under hyperglycemic conditions. Teratology 33: 73–84

Piper JM, Langer O (1993) Does maternal diabetes delay fetal pulmonary maturity? Am J Obstet Gynecol 168: 783–6

Pirttiaho HI, Hartikainen Sorri A-L, Kaapa P, et al (1987) Maternal residual beta-cell function and outcome of diabetic pregnancy. J Perinat Med 15: 83–9

Pirttiaho HI, Hartikainen-Sorri AL, Kaila JM, Puukka R (1986) Residual B-cell function and glycaemic control in diabetic pregnancy. Horm Metab Res 18: 250–52

Pitkin RM, Plank CJ, Filer Jr, LJ (1971) Fetal and placental composition in experimental maternal diabetes. Proc Soc Exp Biol Med 138: 163–6

Pitkin RM, Reynolds WA, Williams GA, et al (1979) Calcium metabolism in pregnancy: a longitudinal study. Am J Obstet Gynecol 133: 781

Pitkin RM, Van Orden DE (1974) Fetal effects of maternal streptozotocin-diabetes. Endocrinology 94: 1247–53

Pitteloud N, Binz K, Caulfield A, Philippe J (1998) Ketoazidosis during gestational diabetes. Diabetes Care 21: 1031–2

Plagemann A, Harder T, Kohlhoff R, Rohde W, Dörner G (1997) Glucose tolerance and insulin secretion in children of mothers with pregestational IDDM or gestational diabetes. Diabetologia 40: 1097–1100

Plagemann A, Heidrich I, Götz F, Rohde W, Dörner G (1992) Lifelong enhanced diabetes susceptibility and obesity after Temporary intrahypothalamic hyperinsulinism during brain organization. Exp Clin Endocrinol 99: 91–5

Plagemann A, Heidrich I, Götz F, Rohde W, Dörner G (1992) Obesity and enhanced diabetes and cardiovascular risk in adult rats due to early postnatal overfeeding. Exp Clin Endocrinol 99: 154–8

Plagemann A, Heidrich I, Rohde W, Götz F, Dörner G (1992) Hyperinsulinism during differentiation of the hypothalamus is a diabetogenic and obesity risk factor in rats. Neuroendocrinol Letters 14: 373–8

Plante LA (1998) Small size at birth and later diabetic pregnancy. Obstet Gynecol 92: 781–4

PLATT BS, HEARD CRC (1958) Biochemical evidences of protein malnutrition. Proc Nutr Soc 17: 11–9

Plehwe WE, Maitland JE, Williams PF, et al (1985) Familial hyperinsulinemia complicated by extreme insulin resistance during pregnancy: a probable postrezeptordefect. Clin Endocrinol Metab 61: 68–77

Plotz EJ, Lang N, Hansmann M, Hinckers HJ, Garstka G, Niesen M, Bellmann O (1978) Diabetes mellitus und Schwangerschaft. Gynäkologe 11: 67–77

Podar T, Onkamo P, Forsen T, Karvonen M, Tuomilehto-Wolf E, Tuomilehto J, The DiMe Study Group (1999) Neonatal anthropometric measurements and risks of childhood-onset type 1 diabetes. Diabetes Care 22: 2092–4

Podratz KC (1978) Alcoholic ketoazidosis in pregnancy. Obstet Gynecol 52 [Suppl 1]: 54s–57s

Poicot F, Nørgaard K, Hobolth N, Andersen O, Nerup J, The Danish Study Group of Diabetes in Childhood (1993) A nationwide population-based study of the familial aggregation of type I (insulin-dependent) diabetes mellitus in Denmark. Diabetologia 36: 870–5

Policy Statement (1985) Self-monitoring of blood glucose. American Diabetes Association. Diabetes Care 8: 515

Politzer WM (1955) Glucose tolerance test: a comparison of results in the African and European. S Afr J Lab Clin Med 1: 270

Pollack RN, Pollack-Hauer G, Divon MY (1992) Macrosomia in postdates pregnancies: the accuracy of ultrasonographic screening. Am J Obstet Gynecol 167: 7–11

Pollak A, Brehm R (1981) Glykosiliertes Hämoglobin bei Müttern von übergewichtigen Neugeborenen. Gynäk Rdsch 21 [Suppl 2]: 164–67

Polonsky KS, Rubenstein AH (1984) C-Peptid as a measure of the secretion and hepatic extraction of insulin. Diabetes 33: 486–94

Polonsky KS, Sturis J, Bell GI (1996) Non-insulin-dependent diabetes mellitus-a genetically programmed failure of the beta cell to compensate for insulin resistance. N Engl J Med 334: 777–83

Pombar X, Strassner HT, Fenner PC (1995) Pregnancy in a woman with class H diabetes mellitus and previous coronary bypass graft: a case report and review of the literature. Obstet Gynecol 85: 825–9

Poonai APV, Tang K, Poonai PV (1975) Relation between glucose, insulin, and growth hormone in the fetus during labor and delivery. Obstet Gynecol 45: 155–8

Popjack G, Beeckmans M (1950) Are phospholipids transmitted through the placenta? Biochem J 46: 99–103

Poretzky L, Piper B (1994) Insulinresistance, hypersecretion of LH, and a dual-defect hypothesis for the pathogenesis of polycystic ovary syndrome. Obstet Gynecol 84: 613–21

Porr O, Morell B, Froesch ER (1981) Die Einstellung des juvenilen Diabetikers mit dem Insulindosiergerät: Indikation und Nutzen. Schweiz Med Wochenschr 111: 1131

Porte D Jr, Kahn SE (1989) Perspectives in diabetes. Hyperproinsulinemia and amyloid in Niddm. Clues to etiology of islet β-cell dysfunction? Diabetes 38: 1333–6

Position Statement (1989) Screening for diabetes. Diabetes Care 12: 588–90

Position Statement (1991) Gestational Diabetes. Diabetes Care 14 [Suppl 2]: 5–6

Posner BI (1973) Insulin metabolizing enzyme activities in human placental tissue. Diabetes 22: 552–63

Posner BI (1974) Insulin receptors in human and animal placental tissue. Diabetes 23: 209–17

Posner BI (1975) Insulin placental interactions. In: Camerini Davalos RA, Cole HS (eds) Early Diabetes in Early Life. New York, Academic Press, pp 257

Post RH (1962) Early menarchial age of diabetic women. Diabetes 11: 287 (Zit nach Burkart, 1989b)

Potau N, Rivdor E, Ballabriga A (1981) Insulin receptors in human placenta in relation to fetal weight and gestational age. Pediatr Res 15: 798–802

Potter EL, Seckel HP, Stryker WA (1941) Hypertrophy and hyperplasia of the islet of Langerhans of the fetus and of the newborn. Arch Path 31: 467 (Zit nach Scheibenreither S, Thalhammer O, 1966)

Potter JM, Reckless JPD, Cullen DR (1982) Diurnal variations in blood intermediary metabolites in mild gestational diabetic patients and the effect of a carbohydrate restricted diet. Diabetologia 19: 68–72

Potter MF, Nestel PJ (1979) The hyperlipidemia of pregnancy in normal and complicated pregnancies. Am J Obstet Gynecol 133: 165–70

Poulsen P, Vaag AA, Moller Jensen D, Beck-Nielsen H (1997) Low birthweight is associated with NIDDM in discordant monozygotic and dizygotic twin pairs. Diabetologia 40: 439–46

Pozzilli P, Buzzetti R, Dotta F, Andreani D (1992) Acute onset of seeming IDDM in an AIDS patient (letter). Diabetes Care 15: 1824–5

Prager R, Olefsky J M (1987) Hyperinsulinemia does not compensate for peripheral insulin resistance in obesity. Diabetes 36: 327–34

Prager R, Schernthaner G, Kostner G, Mühlhauser I, Meisinger V (1982) Hypomagnesiämie bei Diabetes mellitus. Korrelationsanalysen mit Stoffwechselkontrollgrad, Lipidstatus und Thrombozytenfunktion. Akt Endokrin Stoffw 3: 140–1

Prager R, Wallace P, Olefsky JM (1987) Direct and indirect effects of insulin to inhibit hepatic glucose output in obese subjects. Diabetes 36: 607–11

Presta E, Wang J, Harrison GG, Bjorntorp P, Harker WH, Van Italie TB (1983) Measurement of total body electrical cunductivity: a new method for estimation of body composition. Am J Clin Nutr 37: 735–9

Price JH, Hadden DR, Archer DB, Harley JMG (1984) Diabetic retinopathy in pregnancy. Br J Obstet Gynaecol 91: 11–7

Prieto JC, Cifnentes J, Serrano-Rios M (1976) hCS regulation during pregnancy. Obstet Gynecol 48: 297–301

Prince GA, Jenson AB, Billups LC, Notkins AL (1978) Infection of human pancreatic beta cell cultures with mumps virus. Nature 271: 158–61

Pristautz H (1984) Coma diabeticum. WMW 13: 333–6

Puavilai G, Drobny EC, Domont LA, Baumann G (1982) Insulin receptors and insulin resistance in human pregnancy: evidence for a postreceptor defect in insulin action. J Clin Endocrinol Metab 54: 247–53

Purdy LP, Hantsch CE, Molitch ME, Metzger BE, Phelps R, Dooley SL, Hou SH (1996) Effect of pregnancy on renal function in patients with moderate-to-severe diabetic renal insufficiency. Diabetes Care 19: 1067–74

Purdy LP, Metzger BE (1996) Influences of the intrauterine metabolic environment on adult disease: what may we infer from size at birth? Diabetologia 39: 1126–30

Quaas L, Siebers JW, Klosa W, Hillemans HG (1986) Die Überwachung der Schwangerschaft bei Diabetes mellitus. Geburtsh u Frauenheilk 46: 631–6

Quatraro A, Consoli G, Magno M, Ceriello A, Giugliano D (1989) Pregnancy as an environmental factor precipitating IDDM. Diabetes Care 12: 438–40

Quatraro A, Roca P, Donzella C, Acampora R, Marfella R, Giuliano D (1995) Acetyl-L-carnitine for symptomatic diabetic neuropathy (Letter). Diabetologia 38: 123

Queenan JT, Thompson W, Whitefield CR, Shah SI (1972) Amniotic fluid volumes in normal Pregnancies. Am J Obstet Gynecol 114: 34–8

Rabin DU, Pleasic SM, Shapiro JA, et al (1994) Islet cell antigen 512 is a diabetes-specific islet autoantigen related to protein tyrosine phosphatases. J Immunol 152: 3183–8

Rabinowitz SG (1981) Infection in the diabetic patient. In: Rifkin H, Raskin P (eds) Bowie, Maryland, Robert J. Brady Company, pp 213–17

Rachootin P, Olsen J (1981) Social selection in seeking medical care for reduced fecundity among women in Denmark. J Epidemiol Community Health 35: 262–4

Rachootin P, Olsen J (1982) Prevalence and socioeconomic correlates of subfecundity and spontaneous abortion in Denmark. Int J Epidemiol 11: 245–9

Radberg T, Gustafson A, Skryten A, Karlsson K (1982) Oral contraception in diabetic women. A cross over study on serum and high density lipoprotein (HDL) lipids and diabetic control during progestogen and combined estrogen/-progestogen contraception. Metab Res 14: 61–5

Radberg T, Gustafson Å, Skryten A, Karlsson K (1981) Oral contraception in diabetic women: diabetes control and high density lipoprotein lipids during low dosage progestogen, combined oestrogen/progestogen and non-hormonal contraception. Acta Endocrinol 98: 246–51

Radder JK, Terpstra J (1975) The incidence of diabetes mellitus in the offspring of diabetic couples. Investigation based on the oral glucose tolerance test. Diabetologia 11: 135–8

Radon PA, McMahon MJ, Meyer WR (1999) Impaired glucose tolerance in pregnant women with polycystic ovary syndrome. Obstet Gynecol 94: 194–7

Raeven GM (1988) Banting lecture 1988. Role of insulin resistance in human disease. Diabetes 37: 1595–607

Raivio KO, Österlund K (1969) Hypoglycemia and hyperinsulinemia associated with erythroblastosis fetalis. Pediatrics 43: 217–25

Rakoczi I, Tihynyi K, Gero G, Czeh I, Rozsa I, Gati I (1988) Release of prostacyclin (PGI_2) from Trophoblast in tissue culture: the effect of glucose concentration. Acta Physiol Hung 71: 545–9

Ramachandran A, Snehalata C, Dharmaraj D, Viswanathan M (1992) Prevalence of glucose intolerance in Asian Indians. Urbanrural difference and significance of upper body adiposity. Diabetes Care 15: 1348–55

Ramachandran A, Snehalata C, Joseph A, Viswanathan V, Viswanathan M (1993) Maternal age and birth order of young IDDM patients: a study from Southern India. Diabetes Care 16: 636–7

Ramachandran A, Susheela L, Mohan V, Kuzhali DAS, Viswanathan M (1989) Decreased insulin binding in Asian Indian women with gestational diabetes mellitus. Acta Diabetol Lat 26: 123–31

Raman S, Urquhart R, Yusof M (1992) Clinical versus ultrasound estimation of fetal weight. Aust NZ J Obstet Gynecol 32: 196–9

Ramos E, Gaudier FL, Hearing LR, Del Valle GO, Jenkins S, Briones D (1997) Group B streptococcus colonization in pregnant diabetic women. Obstet Gynecol 89: 257–60

Ramos-Arroyo MA, Rodriguez-Pinilla E, Cordero JF (1992) Maternal diabetes: the risk for specific birth defects. Eur J Epidemiol 8: 503–8

Ramsey EM, Donner MW (1980) Placental Vasculature and Circulation. V. Comparative Placentation. Stuttgart, Thieme, pp 85–88

Ranade AY, Merchant RH, Bajaj RT, Joshi NC (1989) Infants of diabetic mothers: an analysis of 50 cases. Indian Pediatr 26: 366–70

Rankin JGH, Phernetton TM (1976) Circulatory responses of the nearterm sheep fetus to prostaglandin E_2. Am J Physiol D231: 760–5

Rankin JGH, Phernetton TM (1976) Effect of norepinephrin on the ovine umbilical circulation. Proc Soc Exp Biol Med 152: 312–7

Rasanen J, Kirkinen P (1987) Growth and function of human fetal heart in normal, hypertensive and diabetic pregnancy. Acta Obstet Gynaecol Scand 66: 349–53

Rasche B, Mietens C, Legerlotz C (1978) Serumkonzentrationen der Immunglobuline IgG, IgA und IgM bei Kindern verschiedener Altersstufen mit Erkrankungen verschiedener Ätiologien. Klin Pädiat 190: 184–9

Rashbass P, Ellington SKL (1988) Development of rat embryos cultured in serum from rats with streptozotocin-induced diabetes. Teratology 37: 51–61

Rasmussen H, Zawalich KC, Ganesan S, Calle R, Zawalich WS (1990) Physiology and pathophysiology of insulin secretion. Diabetes Care 13: 655–66

Rasmussen MJ, Firth R, Foley M, Stronge JM (1992) The timing of delivery in diabetic pregnancy: a 10-year review. Aust N Z J Obstet Gynaecol 32: 313–7

Rasmussen OW, Thomsen C, Hansen KW, Vesterlund M, Winther E, Hermansen K (1993) Effect on blood pressure, glucose and lipid levels of a high-monounsaturated fat diet compared with a high-carbohydrate diet in non-insulin-dependent diabetic (NIDDM) subjects. Diabetes Care 16: 1565–71

Rassam AG, McLeod J, Burge MR, Schade DS (1998) Use of the HemoCue blood glucose analyzer in research studies. Diabetes Care 21: 1369–70

Rassam AG, Zeise TM, Burge MR, Schade ES (1999) Optimal administration of lispro insulin in hyperglycemic type 1 diabetes. Diabetes Care 22: 133–6

Rastogi GK, Letarte J, Fraser TR (1970) Immunoreactive insulin content of 103 pancreases from foetuses of healthy mothers. Diabetologia 6: 445–6

Ratanasopa V, Schindler AE, Lee TY, Herrmann WL (1967) Measurement of estriol in plasma by gasliquid chromatography. Its significance in the treatment of high-risk pregnancies. Am J Obstet Gynecol 99: 295–302

Rathgen GH (1980) 8. Kohlenhydratstoffwechsel. In: Friedberg V, Rathgen GH (Hrsg) Physiologie der Schwangerschaft. Stuttgart New York, G Thieme, pp 125–53

Ravelli G-P, Stein ZA, Susser MW (1976) Obesity in young men after famine exposure in utero and early infancy. N Engl J Med 295: 349–53
Rayburn W (1985) Changes in insulin therapy during pregnancy. Am J Perinatol 2: 271–5
Rayburn W, Piehl E, Jacober S, et al (1986) Severe Hypoglycemia during pregnancy: its frequency and predisposing factors in diabetic women. Int J Gynecol Obstet 24: 263–8
Rayburn W, Piehl E, Sanfield J, Compton A (1987) Reversing severe hypoglycemia during pregnancy with glucagon therapy. Am J Perinatol 4: 259–61
Rayfield EJ, Ault MJ, Keusch GT, Brothers MJ, Nechemias C, Smith H (1982) Infection and diabetes: the case for glucose control. Am J Med 72: 439–50
Reaven GM (1980) How high the carbohydrate? Diabetologia 19: 409–13
Reaven GM (1988) Role of insulin resistance in human disease. Diabetes 37: 1595–607
Reddy V, Belovady B, Sukantia SG (1963) Partition of urinary nitrogen in marasmus. Ind J Med Res 51: 952–7
Reece EA, Coustan DR, Hayslett JP, Holford T, Coulehan J, O'Connor T, Hobbins JC (1988) Diabetic nephropathy: pregnancy performance and fetomaternal outcome. Am J Obstet Gynecol 159: 56–66
Reece EA, Davis N, Mahoney MJ, Baumgarten A (1987) Maternal serum alpha-fetoprotein in diabetic pregnancy: correlation with blood glucose control. Lancet ii: 275
Reece EA, Egan JFX, Coustan DR, Tamborlane W, Bates SE, Terrance RN, O'Neill TM, Fitzpatrick JG (1986) Coronary artery disease in diabetic pregnancies. Am J Obstet Gynecol 154: 150–1
Reece EA, Gabrielli S, Abdalla M, et al (1989) Diagnosis of gestational diabetes by use of a glucose polymer. Am J Obstet Gynecol 160: 383–4
Reece EA, Hagay Z, Roberts AB, DeGennaro N, Homko CJ, Connolly-Diamond M, Sherwin R, Tamborlane WV, Diamond MP (1995) Fetal doppler and behavioral responses during hypoglycemia induced with the insulin clamp technique in pregnant diabetic women. Am J Obstet Gynecol 172: 151–5
Reece EA, Hobbins JC (1986) Diabetic embryopathy: pathogenesis, prenatal diagnosis and prevention. Obstet Gynecol Surv 41: 325–35
Reece EA, Holford T, Tuck S, et al (1987) Screening for gestational diabetes: one-hour carbohydrate tolerance test performed by a virtually tasteless polymer of glucose. Am J Obstet Gynecol 156: 132–4
Reece EA, Homko C, Wiznitzer A (1994) Metabolic changes in diabetic and nondiabetic subjects during pregnancy. Obstet Gynecol Surv 49: 64–71
Reece EA, Homko CJ (1993) Diabetes-related complications of pregnancy. J Natl Med Assoc 85: 537–45
Reece EA, Homko CJ, Hagay Z (1996) Prenatal diagnosis and prevention of diabetic embryopathy. Obstet Gynecol Clin North Am 23: 11–28
Reece EA, Homko CJ, Wu Y-K, Wiznitzer A (1993) Metabolic fuel mixtures and diabetic embryopathy. Clin Perinatol 20: 1–16
Reece EA, Smikle C, O'Conor TZ, Holford T, Nelson-Robinson L, Degennaro N, Hobbins JC (1990) A longitudinal study comparing growth in diabetic pregnancies with growth in normal gestations. I. The fetal weight. Obstet Gynecol Survey 45: 160–4
Reece EA, Winn HN, Hayslett JP, Coulehan J, Wan M, Hobbins JC (1990) Does pregnancy alter the rate of progression of diabetic nephropathy? Am J Perinatol 7: 193–7
Reece EA, Winn HN, Smikle C, Holford T, Nelson-Robinson L, DeGennaro N, Hobbins JC (1990) Sonographic assessment of growth of the fetal head in diabetic pregnancies compared with normal gestations. Am J Perinatol 7: 18–22
Reece EA, Wiznitzer A, Homko CJ, Hagay Z, Wu YK (1996) Synchronization of the factors critical for diabetic teratogenesis: an in vitro model. Am J Obstet Gynecol 174: 1284–8
Reece EA, Wiznitzer A, Le E, Homko CJ, Behrman H, Spencer EM (1994) The relation between human fetal growth and fetal blood levels of insulin-like growth factors I and II, their binding proteins and receptors. Obstet Gynecol 84: 88–95

Reeves M, Forhan S, Skyler J, Peterson C (1981) Comparisons of methods for blood glucose monitoring. Diabetes Care 4: 404–6

Reeves WG, Barr D, Douglas CA, Gelsthorpe K, Hanning I, Skene A, Wells L, Wilson RM, Tattersall RB (1984) Factors governing the human immune response to injected insulin. Diabetologia 26: 266–71

Regal H, Zdolsek I, Irsigler K (1989) Vergleich von Richtigkeit und Präzision bei 7 Reflektometern zur Blutzuckerselbstkontrolle. WMW 139: 56–61

Regenstein AC, Belluomini J, Katz M (1993) Terbutaline tocolysis and glucose intolerance. Obstet Gynecol 81: 739–42

Registration Committee of the European Dialysis and Transplant Association (1980) Successful pregnancies in women treated by dialysis and kidney transplantation. Br J Obstet Gynaecol 87: 839

Reichelt AJ, Spichler ER, Branchtein L, Nucci LB, Franco LJ, Schmidt MI, for The Brazilian Study of Gestational Diabetes (EBDG) Working Group (1998) Fasting plasma glucose is a useful test for the detection of gestational diabetes. Diabetes Care 21: 1246–9

Reid M, Hadden D, Harley JMG, Halliday HL, McClure BG (1984) Fetal malformations in diabetes with high haemoglobin A1c in early pregnancy. Br Med J 289: 1001

Reiher H, Fuhrmann K, Noack S, Woltanski KP, Jutzi E, Hahn v Dorsche H, Hahn HJ (1983) Age-dependent insulin secretion of the endocrine pancreas in vitro from fetuses of diabetic and nondiabetic patients. Diabetes Care 6: 446–51

Reiher H, Fuhrmann K, Semmler K, Jutzi E, Besch W, Hahn H-J (1984) Der Einfluß des Kohlenhydratstoffwechsels während der Schwangerschaft insulinabhängiger Diabetikerinnen auf das Neugeborene. Zbl Gynäkol 106: 524–9

Reiher H, Fuhrmann K, Woltanski KP, Hahn HJ (1982) Untersuchungen am humanen fetalen Pankreas-Methodenkritik zur Gewebegewinnung. Zbl Gynäkol 104: 213–20

Reiher H, Somville T (1998) Betreuung der Schwangeren Diabetikerin aus geburtshilflicher Sicht. Gynäkologe 31: 38–46

Reiher H, Woltanski KP, Hahn HJ (1981)Effect of glucose on human fetal pancreatic tissue in vitro. Acta Biol Med Germ 40: 61–3

Reiser S, Handler HB, Gardner EB, Hallfrisch JG, Michaelis OE, Prather ES (1979) Isocaloric exchange of dietary starch and sucrose in humans. Effect on fasting blood insulin, glucose and glucagon and on insulin and glucose response to a sucrose load. Am J Clin Nutr 32: 2206–11

Reller MD, Kaplan S (1988) Hypertrophic cardiomyopathy in infants of diabetic mothers: an update. Am J Perinatol 5: 353–8

Reller MD, Tsang RC, Meyer RA, Braun CP (1985) Relationship of prospective diabetes control in pregnancy to neonatal cardiorespiratory function. Pediatrics 106: 86–90

Remsberg K, McKeown RE, McFarland KF, Irwin LS (1999) Diabetes in pregnancy and cesarean delivery. Diabetes Care 22: 1561–7

Renard E, Baldet P, Picot M-C, Jaques-Apostol D, Lauton D, Costalat G, Bringer J, Jaffiol C (1995) Catheter complications associated with implantable systems for peritoneal insulin delivery. Diabetes Care 18: 300–6

Report of the Collaborative Acetylcholinesterase Study (1981) Amniotic fluid acetylcholinesterase electrophoresis as a secondary test in the diagnosis of anencephaly and open spina bifida in early pregnancy. Lancet i: 321–4

Report of the Medical Research Council by their Working Party on Amniocentesis: an assessment of the hazards of amniocentesis. Br J Obstet Gynaecol 85 [Suppl 2)

Report of U.K. Collaborative Study on Alpha-fetoprotein in Relation to Neural-Tube Defects (1977) Maternal serum-alpha-fetoprotein measurement in antenatal screening for anencephaly and spina bifida in early pregnancy. Lancet ii: 1323–32

Resnick LM, Altura BT, Gupta RK, Laragh JH, Alderman MH, Altura BM (1993) Intracellular and extracellular magnesium depletion in type 2 (non-insulin-dependent) diabetes mellitus. Diabetologia 36: 767–70

Resnik R (1980) Management of shoulder girdle dystocia. Clin Obstet Gynecol 23: 559–64

Reunanen A, Åkerblom HK, Käär ML (1982) Prevalence and ten year (1970–79) incidence of insulin-dependent diabetes mellitus in children and adolescent in Finland. Acta Paediatr Scand 71: 893–9

Reusens-Billen B, Remacle C, Daniline J, Hoet JJ (1984) Cell proliferation in pancreatic islets of rat fetuses and neonates from normal and diabetic mothers. An in vitro and in vivo study. Horm Metab Res 16: 565–71

Rewers M, Bugawan TL, Norris JM, Blair A, Beaty B, Hoffman M, McDuffie Jr, RS, Hamman RF, Klingensmith G, Eisenbarth GS, Erlich HA (1996) Newborn screening for HLA markers associated with IDDM: diabetes autoimmunity study in the young (DAISY). Diabetologia 39: 807–12

Rewers MJ, Grudziak A, Orzegowska E, Zygmunt A, Machczynski M, Stone RA, Walczak M, Norris J, Jozwiak M (1989) The risk of development of type 1 (insulin-dependent) diabetes in childhood depends on maternal age and birth weight (Abstract). Diabetologia 32: 532A

Rey E (1997) Usefulness of a breakfast test in the management of women with gestational diabetes. Obstet Gynecol 89: 981–8

Rey E, Monier D, Lemonnier MC (1996) Carbohydrate intolerance in pregnancy: incidence and neonatal outcomes. Clin Invest Med 19: 406–15

Reycroft Hollingsworth D, Moore TR (1987) Postprandial walking exercise in pregnant insulin-dependent (type 1) diabetic women: reduction of plasma lipid levels but absence of a significant effect on glycemic control. Am J Obstet Gynecol 157: 1359–63

Rhoten WB (1980) Insulin secretory dynamics during development of rat pancreas. Am J Physiol 239: E57–63

Rice PA, Rourke JE, Nesbitt REL (1976) In vitro perfusion studies of the human placenta. IV. Some characteristics of the glucose transport system in the human placenta. Gynecol Invest 7: 213–21

Richards ID (1969) Congenital malformations and environmental influences in pregnancy. Br J Prev Soc Med 23: 218–25

Richter R, Wiest W (1978) Tokolyse mit Berücksichtigung der Nebenwirkungen. Gynäkologe 11: 29–38

Riddle MC, Karl DM (1996) A1c is our best outcome measure: let's use it. Clinical Diabetes, 79–82

Rigaud D, Bedig G, Merrouche M, Valpillat M, Bonfils S, Apfelbaum M (1988) Delayed gastric emptying in anorexia nervosa is improved by completion of a renutrition program. Dig Dis Sci 33: 919–25

Rigg LA, Becker SG (1991) ^{125}I Insulin receptor binding characteristics on umbilical cord blood erythrocytes from normal and diabetic pregnancies. Am J Perinatol 8: 209–13

Riley LE, Tuomala RE, Heeren T, Greene MF (1996) Low risk of post-cesarean section infection in insulin-requiring diabetic women. Diabetes Care 19: 597–600

Riley WJ, MacLaren NK, Krischer J, Spillar RP, Silverstein J, Schatz DA, Schwartz S, Malone J, Shah S, Vadheim C, Rotter JI (1990) A prospective study of the development of diabetes in relatives of patients with insulin-dependent diabetes. N Engl J Med 323: 1167–72

Rimm EB, Manson JE, Stampfer MJ, Colditz GA, Willet WL, Rosner B, Hennekens CH, Speizer FE (1993) Cigarette smoking and the risk of diabetes in women. Am J Public Health 83: 211–4

Rimm EB, Manson JE, Stampfer MJ, Colditz GA, Willett WC, Rosner B, Hennekens CH, Speizer FE (1992) Oral contraceptive use and the risk of Type 2 (non-insulin-dependent) diabetes mellitus in a large prospective study of women. Diabetologia 35: 967–72

Rinderknecht E, Humbel RE (1976) Polypeptides with nonsuppressible insulin-like and cell-growth promoting activities in human serum: isolation, chemical characterization, and some biological properties of forms I and II. Proc Natl Acad Sci USA 73: 2365

Ringe JD, Kuhlencordt F, Kruse HP (1976) Bone mineral determinations on long term diabetics. Am J Roentgenol 126: 1300–1

Riphagen FE, Lehert Ph (1989) A survey of contraception in five European countries. J Biosoc Sci 21: 23–46

Rishi S, Golob E, Becker KL (1969) Streptozotocin diabetes in pregnant rats. Fed Proc 28: 708

Rissanen J, Markkanen A, Kärkäinen P, Pihlajamäki J, Kekäläinen P, Mykänen L, Kuusisto J, Karhapää P, Niskanen L, Laakso M (2000) Sulfonylurea receptor 1 gene variants are associated with gestational diabetes and type 2 diabetes but not with altered secretion of insulin. Diabetes Care 23: 70–3

Ritz E (1995) Perspectives of health-care expenditure for diabetic patients with endstage renal disease. IDF Bulletin 40: 23–5

Rizvi J, Gillmer MDG, Oakley NW, Beard RW (1980) Evaluation of plasma glucose control in pregnancy complicated by chemical diabetes. Br J Obstet Gnaecol 87: 383–7

Rizzo G, Arduini D (1991) Fetal cardiac function in intrauterine growth retardation. Am J Obstet Gynecol 165: 876–82

Rizzo G, Arduini D, Romanini C (1991) Fetal cardiac function in fetuses of type I diabetic mothers. Am J Obstet Gynecol 164: 837–43

Rizzo G, Arduini D, Romanini C (1992) Accelerated cardiac growth and abnormal cardiac flow in fetuses of type I diabetic mothers. Obstet Gynecol 80: 369–76

Rizzo G, Arduini D, Romanini C, Mancuso S (1988) Doppler echocardiographic assessment of atrioventricular velocity waveforms in normal and small for gestational age fetuses. Br J Obstet Gynaecol 95: 65–9

Rizzo T, Freinkel N, Metzger B E, Hatcher R, Burns W, Barglow P (1988) Fuel mediated behavioral teratogenesis: correlations between maternal metabolism in diabetic pregnancies and Brazelton tests in the newborn (Abstract). Diabetes 37 [Suppl 1]: 86A

Rizzo T, Freinkel N, Metzger BE, Hatcher R, Burns WJ, Barglow P (1990) Correlations between antepartum maternal metabolism and newborn behavior. Am J Obstet Gynecol 163: 1458–64

Rizzo T, Metzger BE, Burns WJ, Burns K (1991) Correlations between antepartum maternal metabolism and intelligence of offspring. N Engl J Med 325: 911–6

Rizzo T, Nikkel LJ, Jakus MR, Metzger GE (1994) Neuropsychological development in offspring of diabetic mothers. In: Tejani N (ed) Obstetrical events and developmental sequelae, 2nd ed. Boca Raton, Florida, CRC, pp 95–106

Rizzo TA, Dooley SL, Metzger BE, et al (1995) Prenatal and perinatal influences on long-term psychomotor development in offspring of diabetic mothers. Am J Obstet Gynecol 173: 1753–8

Rizzo TA, Ogata ES, Dooley SL, Metzger BE, Cho NH (1994) Perinatal complications and cognitive development in 2- to 5-year-old children of diabetic mothers. Am J Obstet Gynecol 171: 706–13

Rizzo G, Arduini D, Capponi A, Romanini C (1995) Cardiac and venous blood flow in fetuses of insulin-dependent diabetic mothers: evidence of abnormal hemodynamics in early gestation. Am J Obstet Gynecol 173: 1775–81

Robb SA, Hytten FE (1976) Placental glycogen. Br J Obstet Gynaecol 83: 43–53

Robbers H, Traumann KJ (1980) Diätbuch für Zuckerkranke. Stuttgart, G Thieme

Robert J-J, Deschamps I, Chevenne D, Roger M, Mogenet A, Boitard Ch (1991) Relationship between first-phase insulin secretion and age, HLA, islet cell antibody status, and development of type I diabetes in 220 juvenile first-degree relatives of diabetic patients. Diabetes Care 14: 718–23

Robert MF, Neff RK, Hubbell JP, Taeusch HW, Avery ME (1975) Association between maternal diabetes and the respiratory-distress syndrom in the newborn. N Engl J Med 294: 357–60

Roberts AB, Baker JR (1986) Serum fructosamine: a screening test for diabetes in pregnancy. Am J Obstet Gynecol 154: 1027–30

Roberts AB, Baker JR (1987) Relationship between fetal growth and maternal fructosamine in diabetic pregnancy. Obstet Gynecol 70: 242–6
Roberts AB, Baker JR, James AG, Henley P (1988) Fructosamine in the management of gestational diabetes. Am J Obstet Gynecol 159: 66–71
Roberts AB, Baker JR, Metcalf P, Mullard C (1990) Fructosamin compared with a glucose load as a screening test for gestational diabetes. Obstet Gynecol 76: 773–5
Roberts AB, Mitchell J, Murphy C, Koya H, Cundy T (1994) Fetal liver length in diabetic pregnancy. Am J Obstet Gynecol 170: 1308–12
Roberts AB, Mitchell JM, Pattison NS (1989) Fetal liver length in normal and isoimmunized pregnancies. Am J Obstet Gynecol 161: 42–6
Roberts AB, Pattison NS (1990) Pregnancy in women with diabetes mellitus, twenty years experience: 1968–1987. NZ Med J 103: 211–3
Roberts AB, Stubbs SM, Mooney R, et al (1980) Fetal activity in pregnancies complicated by maternal diabetes mellitus. Br J Obstet Gynaecol 87: 485
Roberts JM, Redman CWG (1993) Preeclampsia: more than pregnancy-induced hypertension. Lancet 341: 1447–51
Roberts RN, Henriksen JE, Hadden DR (1998) Insulin sensitivity in pre-eclampsia. Br J Obstet Gynaecol 105: 1095–1100
Roberts RN, Traub AI, Kennedy AL, Hadden DR (1998) Glycosilated haemoglobin and hypertension arising in pregnacy. Br J Obstet Gynaecol 105: 1122–4
Roberts RN, Traub AI, Thompson W, Hadden DR (1993) Insulin resistance in pregnancy-induced hypertension. Dept of Obstetrics & Gynaecology, Queen's University Belfast and Sir George E. Clark Metabolic Unit, Royal Victoria Hospital, Belfast, Northern Ireland. Diabetic Pregnancy Study Group, 25th Annual Meeting
Robertson AF, Sprecher H (1968) A review of human placental lipid metabolism and transport. Acta Paediatr Scand [Suppl]: 183: 1–16
Robertson JG (1969) Management of patients with Rh isoimmunization based onamniotic fluid examination. Am J Obstet Gynecol 103: 713–21
Robertson WB (1979) Uteroplacental blood supply in maternal diabetes In: Sutherland HW, Stowers JM (eds) Carbohydrate metabolism in pregnancy and the newborn. Berlin Heidelberg New York, Springer
Robiland JE, Weitzman RE, Burmenster L, Smith FG (1981) Development aspects of renal response to hypoxemia in the lamb fetus. Circ Res 48: 128–38
Robillard JE, Sessions C, Kennedy RL, Smith FG (1978) Metabolic effects of constant hypertonic glucose infusion in well oxygenated fetuses. Am J Obstet Gynecol 130: 199
Robinson GS, Aiello LP (1998) Angiogenic factors in diabetic ocular disease: mechanism of today, therapies for tomorrow. Intl Opthalmol Clin 38: 89–102
Robinson J, Tennes K, Robinson A (1975) Amniocentesis: its impact on mothers and infants, a 1 year follow-up study. Clin Genet 8: 97–106
Robinson S, Walton RJ, Clark PM, Barker DJP, Hales CN, Osmond C (1992) The relation of fetal growth to plasma glucose in young men. Diabetologia 35: 444–6
Robson EB (1955) Birth weight in cousins. Ann Hum Genet 19: 262–8
Rodgers BD, Rodgers DE (1991) Clinical variables associated with diabetic ketoacidosis during pregnancy. J Reprod Med 36: 797–800
Rodman HM, Singerman LJ, Aiello LM (1980) Diabetic retinopathy: effects of pregnancy and laser therapy (Abstract). Diabetes 29: 1A
Rodman HM, Singerman LJ, Aiello LM, Merkatz IR (1979) Diabetic retinopathy and its relationship to pregnancy. In: Merkatz ER, Adams PAJ (eds) The diabetic pregnancy: a perinatal perspective. New York, Grune & Stratton
Roll U, Christie MR, Füchtenbusch M, Payton MA, Hawkes J, Ziegler A-G (1996) Perinatal autoimmunity in offspring of diabetic parents. The German multicenter BABY-DIAB study: detection of humoral immune responses to islet antigens in early childhood. Diabetes 45: 967–73
Romem Y, Loven A, Agam G, Leiberman JR (1993) The temporal relationship between maternal blood and amniotic fluid glucose levels. Am J Obstet Gynecol 168: 611–4

Romero R, Chervenak FA, Berkowitz RL, Hobbins JC (1982) Intrauterine fetal tachypnea. Am J Obstet Gynecol 144: 356–7

Rosal TP, Saxena BB, Landesman R (1975) Application of a radioreceptor assay of HCG in the diagnosis of early abortion. Fertil Steril 26: 1105–12

Rosanelli K, Lichtenegger W, Weiss PAM (1982) Über die Wirkung der Tokolyse durch beta-Mimetika auf den Foet und das Neugeborene. Z Geburtsh u Perinat 186: 93–6

Roseman JM, Go RP, Perkins LL, et al (1991) Gestational diabetes mellitus amongst African-American women. Diabetes Metabolism Reviews 7: 93–104

Rosenbauer J, Herzig P, von Kries R, Neu A, Giani G (1999) Temporal, seasonal, and geographical incidence patterns of Type 1 diabetes mellitus in children under 5 years of age in Germany. Diabetologia 42: 1055–9

Rosenbaum M, Leibel RL, Hirsch J (1997) Obesity. N Engl J Med 337: 396–407

Rosenbloom AL, Lezotte DC, Weber FT, Gudat J, Heller DR, Weber ML, Klein S, Kennedy BB (1977) Diminution of bone mass in childhood diabetes. Diabetes 26: 1052–5

Rosenbloom AL, Wheeler L, Bianchi R, Chin FT, Tiwary CM, Grgic A (1975) Age-adjusted analysis of insulin responses during normal and abnormal glucose tolerance tests in children and adolescents. Diabetes 24: 820–8

Rosenkranz A, Sedlak W, Ogris E (1979) Kohlenhydratstoffwechseluntersuchungen bei Kindern diabetischer Mütter. Wien Klin Wochenschr 91: 563–5

Rosenn B, Miodovnik M, Combs CA, Khoury J, Siddiqi TA (1994) Glycemic thresholds for spontaneous abortion and congenital malformations in insulin-dependent diabetes mellitus. Obstet Gynecol 84: 515–20

Rosenn B, Miodovnik M, Combs CA, Khoury J, Siddiqui TA (1991) Preconception management of insulin-dependent diabetes: improvement of pregnancy outcome. Obstet Gynecol 77: 846–9

Rosenn B, Miodovnik M, Combs CA, Williams T, Wittekind C, Siddiqi TA (1991) Human vs animal insulin in the management of insulin-dependent diabetes: lack of effect on fetal growth. Obstet Gynecol 78: 590–3

Rosenn B, Miodovnik M, Kranias G, Khoury J, Combs CA, Mimouni F, Siddiqi TA, Lipman MJ (1992) Progression of diabetic retinopathy in pregnancy: association with hypertension in pregnancy. Am J Obstet Gynecol 166: 1214–8

Rosenn B, Miodovnik M, Mimouni F, Khoury JC, Siddiqi TA (1991) Patient experience in a diabetic program project improves subsequent pregnancy outcome. Obstet Gynecol 77: 87–91

Rosenn B, Miodovnik M, Siddiqi TA (1994) Recurrent hypoglycemia: a risk factor for macrosomia in IDDM pregnancies. Am J Obstet Gynecol 170: 296

Rosenn B, Miodovnik M, St John Dignan P, Siddiqi TA, Khoury J, Mimouni F (1990) Minor congenital malformations in infants of insulin-dependent diabetic women: association with poor glycemic control. Obstet Gynecol 76: 745–9

Rosenn BM, Miodovnik M, Holcberg G, Khoury JC, Siddiqi TA (1995) Hypoglycemia: the price of intensive insulin therapy for pregnant women with insulin dependent diabetes mellitus. Obstet Gynecol 85: 417–22

Rosenn BM, Miodovnik M, Khoury JC, Siddiqi TA (1996) Counterregulatory hormonal responses to hypoglycemia during pregnancy. Obstet Gynecol 87: 568–74

Rosenn BM, Miodovnik M, Khoury JC, Siddiqi TA (1997) Deficient counterregulation: a possible risk factor for excessive fetal growth in IDDM pregnancies. Diabetes Care 20: 872–4

Ross OA, Spector S (1952) Produktion of congenital abnormalities in mice by alloxan. Am J Dis Child 84: 647–8

Ross WB, Richards T, Williams GL, Salaman JM (1988) Transplantation. Cyclosporine and pregnancy. Transplantation 45: 1142

Rossavik IK, Torjusen GO, Deter RL, Reiter AA (1986) Efficacy of mathematical methods for ultrasound examinations in diabetic pregnancies. Am J Obstet Gynecol 155: 638–44

Rossi G, Lapaczewski P, Diamond MP, Jacob RJ, Shulman GI, Sherwin RS (1993) Inhibitory effect of pregnancy on counterregulatory hormone responses to hypoglycemia in Awake rat. Diabetes 42: 1440–5

Rossing P, Tarnow L, Nielsen FS, Hansen BV, Brenner BM, Parving H-H (1995) Low birth weight. A risk factor for development of diabetic nephropathy? Diabetes 44: 1405–7

Rossing P, Tarnow L, Nielsen FS, Boelskifte S, Brenner BM, Parving H-H (1995) Short stature and diabetic nephropathy. Br Med J 310: 296–7

Rosso, P (1980) Placental growth, development, and function in relation to maternal nutrition. Federation Proc 39: 250–4

Rost I, Freude G, Bali Ch, Kritz H, Irsigler K, Leodolter S (1982) Frühgeburtlichkeit bei schwangeren Diabetikerinnen. Gynäk Rdsch 22 [Suppl 1]: 180–5

Roth B, Kribs A, Kribs M, Solbach GH (1990) Pregnancy with Addison's disease and diabetes mellitus. Z Geburtshilfe Perinatol 194: 95–7

Roth JB, Thorp JA, Palmer SM, Brath PC, Walsh SW, Crandell SS (1990) Response of placental vasculature to high glucose levels in the isolated human placental cotyledon. Am J Obstet Gynecol 163: 1828–30

Rottem S, Bronshtein M, Thaler I, et al (1989) First trimester transvaginal sonographic diagnosis of foetal anomalies. Lancet ii: 444–5

Rouse KA, Montague W, Mac Vicar J (1985) Carbohydrate metabolism during pregnancy in groups of women with differing perinatal mortality rates. J Obstet Gynecol 6: 24–7

Roux JF, Green R (1968) Lipid metabolism by the human placenta. Obstet Gynecol 29: 446–64

Roversi GD (1985) Intensive treatment of diabetes during pregnancy. Diabetes Care 8: 522–3

Roversi GD, Cannusio V, Gargiulo M, Candiani CB (1973) The intensive care of perinatal risk in pregnant diabetics (136 cases) a new therapeutic scheme for the best control of maternal disease. J Perinat Med 1: 114

Roversi GD, Canussio V, Spennacchio M (1975) Recognition and significance of mternogenic fetal acidosis during intensive monitoring of labor. J Perinat Med 3: 53–

Roversi GD, Gargiulo M, Nicolini U, Ferrazzi E, Pedretti E, Gruft L, Tronconi G (1980) Maximal tolerated insulin therapy in gestational diabetes. Diabetes Care 3: 489–94

Roversi GD, Gargiulo M, Nicolini U, Pedretti E, Marini A, Barbarani V, Peneff P (1979) A new approach to the treatment of diabetic pregnant women. Report of 479 cases seen from 1963 to 1975. Am J Obstet Gynecol 135: 567–76

Rowland TW, Hubbell JP, Nadas AS (1973) Congenital heart disease in infants of diabetic mothers. J Pediatr 83: 815–7

Rowley MJ, Mackay IR, Chen Q-Y, Knowles WJ, Zimmet PZ (1992) Antibodies to glutamic acid decarboxylase discriminate major types of diabetes mellitus. Diabetes 41: 548–51

Roy AC, Loke DFM, Saha N, Viegas OAC, Tay JJSH, Ratnam SS (1994) Interrelationships of serum paranoxonase, serum lipids and apolipoprotein in normal pregnancy. Gynecol Obstet Invest 38: 10–3

Roy SK, Gosh BP, Bhattacharjee SK (1971) Changes in oral glucose tolerance during normal menstrual cycle. J Ind Med Assoc 57: 201–4

Rubin A (1958) The influence of diabetes mellitus in men upon reproduction. Am J Obstet Gynecol 76: 25–9

Rubin RJ, Altman WM, Mendelson DN (1994) Health care expenditures for people with diabetes mellitus, 1992. J Clin Endocrinol Metab 78: 809A–809F

Rubin RR, Peyrot M (1992) Psychosocial problems and interventions in diabetes. Diabetes Care 15: 1640–57

Rudge M, Calderon I, Ramos M, Peracoli J, Pim A (1997) Hypertensive disorders in pregnant women with diabetes mellitus. Gynecol Obstet Invest 44: 11–5

Rudnicki PM, Mølsted-Pedersen L (1997) Effect of 1:25-dihydroxycholecalciferol on glucose metabolism in gestational diabetes mellitus. Diabetologia 40: 40–4

Rudolf MCJ, Sherwin RS (1983) Maternal ketosis and its effects on the fetus. Clin Endocrin Metabol 12: 413–28

Ruge S, Anderson T (1985) Obstetric risks in obesity. Analysis of the literatur. Obstet Gynecol Survey 40: 57–60

Ruggiero L, Spirito A, Bond A, Coustan D, McGarvey S (1990) Impact of social support and stress on compliance in women with gestational diabetes. Diabetes Care 13: 441–3

Rule AH, Sliogeris V, Farber M, Britton G, Vandervoorde J (1981) Relation of glucose to alpha-fetoprotein in amniotic fluid. Obstet Gynecol 57: 310–12

Runnebaum B, Rabe T (1987) New progestogens in oral contraceptives. Am J Obstet Gynecol 157: 1059–63

Runyan JW (1975) The Memphis chronic disease program comparisons in outcome and the nurse's extended role. J Am Med Assoc 231: 264–7

Rushforth NB, Bennett PH, Steinberg AG, Miller M (1975) Comparison of the value of the two- and one-hour glucose levels of the oral GTT in the diagnosis of diabetes in Pima Indians. Diabetes 24: 538–46

Russell G, Farmer G, Lloyd DJ, Pearson DWM, Ross IS, Stowers JM, Sutherland HW, Visser GHA, van Ballegooie E, Sluiter WJ, Verhaaren HA, Craen M, De Gomme P, Rubens R, Parewijck W, Derom R (1984) Macrosomy despite well-controlled diabetic pregnancy. Lancet i: 283–5

Russell JC, Cooper CM, Ketchum CH, et al (1989) Multicenter evaluation of TDx test for assessing fetal lung maturity. Clin Chem 35: 1005–10

Russell-Briefel R, Ezzati TM, Perlman JA, Murphy RS (1987) Impaired glucose tolerance in women using oral contraceptives: United States. 1976–1980. J Chronic Dis 40: 3–11

Rust OA, Bofill JA, Andrew ME, et al (1996) Lowering the threshold for the diagnosis of gestational diabetes. Am J Obstet Gynecol 175: 961–5

Rutanen E-M, Bohn H, Seppälä M (1982) Radioimmunoassay of placental protein 12: levels in amniotic fluid, cord blood, and serum of healthy adults, pregnant women, and in patients with trophoblastic disease. Am J Obstet Gynecol 144: 460–3

Rutanen EM, Wahlstrom T, Koistinen R, Sipponen P, Jalanko H, Seppala M (1984) Placental protein (PP12) in primary liver cancer and cirrhosis. Tumor Biol 5: 95–102

Rutherford SE, Smith CV, Phelan JP, Kawakami K, Ahn MO (1987) Four-quadrant assessment of amniotic fluid volume. Interobserver and intraobserver variation. J Reprod Med 32: 587–9

Ruzycki SM, Kelley LK, Smith CH (1977) Placental amino acid uptake. IV. Transport by microvillous membrane vesicles. Am J Physiol 234: C27–C35

Ryan EA (1995) Impaired glucose tolerance of pregnancy by WHO and NDDG criteria. Letter, Diabetes Care 18: 1076–7

Ryan EA, Enns L (1988) Role of gestational hormones in the induction of insulin resistance. J Clin Endocrin Metabol 76: 341–47

Ryan EA, Imes S, Liu D, McManus R, Finegood DT, Polonsky KS, Sturis J (1995) Defects in insulin secretion and action in woman with a history of gestational diabetes. Diabetes 44: 506–12

Ryan EA, O'Sullivan MJ, Skyler JS (1985) Insulin action during pregnancy: studies with the euglycemic clamp technique. Diabetes 34: 380–9

Ryan EA, Stark R, Crockford PM, Suthijumroon A (1987) Assessment of value of glycosylated albumin and protein in detection of gestational diabetes. Diabetes Care 10: 213–6

Saad MF, Kahn SE, Nelson RG, Pettitt DJ, Knowles WC, Schwartz MW, Kowalyk S, Bennett PH, Porte Jr, D (1990) Disproportionally elevated proinsulin im Pima Indians with noninsulin-dependent diabetes mellitus. J Clin Endocrinol Metab 70: 1247–53

Saad MF, Knowler WC, Pettitt DJ, Nelson RG, Charles MA, Bennett PH (1991) A two-step model for development of non-insulin-dependent diabetes. Am J Med 90: 229–35

Saad SA, Fadel HE, Fahmy K, et al (1987) The reliability and clinical use of a rapid phosphatidylglycerol assay in normal and diabetic pregnancies. Am J Obstet Gynecol 157: 1516–20

Sabbah E, Kulama P, Veijola R, et al (1996) Glutamic acid decarboxylase antibodies in relation to other autoantibodies and genetic risk markers in children with newly diagnosed insulin-dependent diabetes. J Clin Endocrinol Metab 81: 2455–9

Sacerdote A, Bleiker SJ (1982) Oral contraceptives abolish luteal phase exacerbation of hyperglycemia in type I diabetes. Diabetes Care 5: 651–2

Sacks DA (1993) Fetal macrosomia and gestational diabetes: what's the problem? Obstet Gynecol 81: 775–81

Sacks DA, Abu-Fadil S, Greenspoon JS, Fotheringham N (1989) Do the current standards for glucose tolerance testing in pregnancy represent a valid conversion of O'Sullivan's original criteria?. Am J Obstet Gynecol 161: 638–41

Sacks DA, Abu-Fadil S, Greenspoon JS, Fotheringham N (1989) How reliable is the fifty-gram, one-hour glucose screening test?. Am J Obstet Gynecol: 161: 642–5

Sacks DA, Abu-Fadil S, Karten GJ, Forsythe AB, Hackett JR (1987) Screening for gestational diabetes with the one-hour 50-g glucose test. Obstet Gynecol 70: 89–93

Sacks DA, Greenspoon JS, Abu-Fadil S, Henry HM, Wolde-Tsadik G, Yao JFF (1995) Toward universal criteria for gestational diabetes: the 75-gram glucose tolerance test in pregnancy. Am J Obstet Gynecol 172: 607–14

Sadler TW (1980) Effects of maternal diabetes on early embryogenesis: I. The teratogenic potential of diabetic serum. Teratology 21: 339–47

Sadler TW (1980) Effects of maternal diabetes on early embryogenesis: II. Hyperglycemia-induced exencephaly. Teratology 21: 349–56

Sadler TW, Horton WE (1983) Effects of maternal diabetes on early embryogenesis. The role of insulin and insulin therapy. Diabetes 32: 1070–4

Sadler TW, Hunter ES, Wynn RE, Phillips LS (1989) Evidence for multifactorial origin of diabetes-induced embryopathies. Diabetes 38: 70–4

Sadovsky Y, Christensen MW, Scheerer L, Crombleholme WR (1992) Cord-containing amniotic fluid pocket: a useful measurement in the management of oligohydramnios. Obstet Gynecol 80: 775–7

Sagoskin AW (1985) Remission of diabetes mellitus in pregnancy. Obstet Gynecol 66: 280–2

Saintonge J, Corté R (1983) Intrauterine growth retardation and diabetic pregnancy: two types of fetal malnutrition. Am J Obstet Gynecol 146: 194–8

Sakurai T, Takagi H, Hosoya N (1969) Metabolic pathways of glucose in human placenta. Changes with gestation and with added 17-beta-estradiol. Am J Obstet Gynecol 105: 1044–54

Salardi S, Tonioli S, Tassoni P, Tellarini M, Mazzanti I, Cacciari E (1987) Growth and growth factors in diabetes mellitus. Arch Dis Child 62: 57–62

Salem HT, Seppala M, Ranta T, Bohn H, Chard T (1981) The effects of protamine on serum levels of placental protein 5 (PP5) in normal and abnormal pregnancy: a possible relation to coagulation abnormalities. Br J Obstet Gynaecol 88: 367–70

Salerno M-C, Argenziano A, Di Maio S, Gasparini N, Formicola S, De Filippo G, Tenore A (1997) Pubertal growth, sexual maturation, and final hight in children with IDDM. Diabetes Care 20: 721–4

Salle B, David J, Glorieux F, Delvin EE, Louis JJ, Troney G (1982) Hypocalcemia in infants of diabetic mothers. Acta Pediatr Scand 71: 573–7

Saltzman DH, Barbieri RL, Frigoletto Jr, FD (1986) Decreased fetal cord prolactin concentration in diabetic pregnancies. Am J Obstet Gynecol 154: 1035–8

Salvesen DR, Brudenell JM, Nicolaides KH (1992) Fetal polycythemia and thrombocytopenia in pregnancies complicated by maternal diabetes mellitus. Am J Obstet Gynecol 166: 1287–92

Salvesen DR, Brudenell JM, Proudler AJ, Crook D, Nicolaides KH (1993) Fetal pancreatic β-cell function in pregnancies complicated by maternal diabetes mellitus: relationship to fetal acidemia and macrosomia. Am J Obstet Gynecol 168: 1363–9

Salvesen DR, Brudenell JM, Snijders RJM, Ireland RM, Nicolaides KH (1993) Fetal plasma erythropoietin in pregnancies complicated by maternal diabetes mellitus. Am J Obstet Gynecol 168: 88–94

Salvesen DR, Freeman J, Nicolaides KH (1993) Prediction of fetal acidemia in pregnancies complicated by maternal diabetes mellitus by biophysical profile scoring and fetal heart rate monitoring. Br J Obstet Gynaecol 100: 227–33

Salvesen DR, Higueras MT, Brudenell JM, Drury PL, Nicolaides KH (1992) Doppler velocimetry and fetal heart rate studies in nephropathic diabetics. Am J Obstet Gynecol 167: 1297–303

Salvesen DR, Higueras MT, Mansur CA, Freeman J, Brudenell JM, Nicolaides KH (1993) Placental and fetal Doppler velocimetry in pregnancies complicated by maternal diabetes mellitus. Am J Obstet Gynecol 168: 645–52

Salzberger M, Liban, E (1975) Diabetes and antenatal fetal death. Isr J Med Sci 11: 623–8

Salzberger M, Sharon A, Liban E (1975) Significance of the oral glucose tolerance test performed on the third day after delivery for the diagnosis of diabetes in pregnancy. Isr J Med Sci 11: 629–31

Samaan NA, Vassilopoulou-Sellin R, Schultz PN, Rivera ME, Held B (1985) Nonsuppressible insulin-like activity and somatomedin C levels in normal pregnant women, in pregnant women with gestational diabetes, and in umbilical cord blood of mature and premature infants. Am J Obstet Gynecol 153: 457–61

Samanta A, Burden ML, Burden AC, Jones GR (1989) Glucose tolerance during pregnancy in Asian women. Diabetes Res Clin Pract 7: 127–35

Sanchez V, Calvo JR, Goberna R (1990) Glycogenolytic effect of pancreastatin in the rat. Biosci Rep 10: 87–91

Sanchez V, Lucas M, Calvo JR, Goberna R (1992) Glycogenolytic effect of pancreastatin in isolated rat hepatocytes is mediated by a cyclic-AMP-independent Ca^{2+}-dependent mechanism. Biochem J 284: 659–62

Sanchez-Margalet V, Lobon JA, Gonzalez A, Escobar-Jiminez F, Goberna R (1998) Increased plasma pancreastatin-like levels in gestational diabetes. Diabetes Care 21: 1951–5

Sandberg EC (1985) The Zavanelli maneuver: a potentially revolutionary method for the resolution of shoulder dystocia. Am J Obstet Gynecol 152: 479–84

Sandmire MF, O'Hallion TJ (1988) Shoulder dystocia: its incidence and associated risk factors. Int J Gynaecol Obstet 26: 65–73

Santiago JV, Clarke WL, Arias F (1978) Studies with a pancreatic beta cell simulator in the third trimester of pregnancies complicated by diabetes. Am J Obstet Gynecol 132: 455–63

Santiago JV, McAlista WH, Ratzau SK, Busoman Y, Haymond MW, Schackleford G, Weldon W (1977) Decreased cortical thickness and osteopenia in children with diabetes mellitus. J Clin Endocrinol Metab 45: 845–8

Santiago JV, Sargeant DT, White N (1981) The syndrome of excessive degradation of subcutaneously injected insulin: treatment with aprotinin. In: Irsigler K, et al (eds) New Approaches to Insulin Therapy. Falcon House, Lancester, MTP Press, pp 145–50

Santini DL, Ales KL (1990) The impact of universal screening for gestational glucose intolerance on outcome of pregnancy. Surg Gynecol Obstet 170: 427–36

Santos RF, McCance RA, Randle PJ (1955) Insulin activity of cord plasma. Nature 176: 115 (Zit nach MacNaughton, 1969)

Sarles MD, Adamsons K (1978) Diabetes: New management concepts. Perinatal Care 2: 13–40

Sartor G, Scherstén B, Carlström S, Melander A, Nordén Å, Persson G (1980) Ten-year follow-up of subjects with impaired glucose tolerance: prevention of diabetes by tolbutamide and diet regulation. Diabetes 29: 41–9

Sauer H, Bigalke C (1978) Genetische Aspekte des Diabetes mellitus. Gynäkologe 11: 103–9

Savage PJ, Bennett PH, Senter G, Miller M (1979) High prevalence of diabetes in young Pima Indians. Diabetes 28: 937–42

Savas MM, Manning FA, Morrison I, Harman CR (1992) Must macrosomic fetuses be delivered by a cesarean section? A review of outcome for 786 babies >4500 g. Aust NZ J Obstet Gynaecol 32: 100–3

Savilahti E, Akerblom HK, Taino V-M, Koskimies S (1988) Children with newly diagnosed insulin-dependent diabetes mellitus have increased levels of cow's milk antibodies. Diabetes Res 7: 137–40

Savilahti E, Saukkonen TT, Virtala ET, Tuomilehto J, Åkerblom HK, The Childhood Diabetes in Finland Study Group (1993) Increased levels of cow's milk and β-lactoglobulin antibodies in young children with newly diagnosed IDDM. Diabetes Care 16: 984–8

Savola K, Bonifacio E, Sabbah E, and the Childhood Diabetes in Finland Study Group (1998) IA-2 antibodies – a sensitive marker of IDDM with clinical onset in childhood and adolescence. Diabetologia 41: 424–9

Savola K, Sabbah E, Kulmala P, Vähäsalo P, Ilonen J, Knip M (1998) Autoantibodies associated with type 1 diabetes mellitus persist after diagnosis in children. Diabetologia 41: 1293–7

Sawicki PT, Karschny L, Stolpe V, Wolf E, Berger M (1991) Color discrimination and accuracy of blood glucose self-monitoring in Type I diabetic patients. Diabetes Care 14: 135–7

Scavini M, Galli L, Reich S, Eaton RP, Charles MA, Dunn FL, The Implantable Insulin Pump Trial (1997) Catheter survival during long-term insulin therapy with an implanted programmable pump. Diabetes Care 20: 610–3

Schade DS, Eaton RP (1979) Prevention of diabetic ketoacidosis. J Am Med Assoc 242: 2455–61

Schade DS, Eaton RP, Friedman N, Spencer W (1979) The intravenous, intraperitoneal, and subcutaneous routes of insulin delivery in diabetic man. Diabetes 28: 1069–72

Schade DS, Eaton RP, Spencer W (1981) The advantages of the peritoneal route of insulin delivery. In: Irsigler K, et al (eds) New Approaches to Insulin Therapy. Falcon House, Lancester, MTP Press, pp 31–9

Schaefer UM, Songster G, Xiang A, Berkowitz K, Buchanan TA, Kjos SL (1997) Congenital malformations in offspring of women with hyperglycemia first detected during pregnancy. Am J Obstet Gynecol 177: 1165–71

Schaefer UM, Songster G, Xiang A, Berkowitz K, Buchanan TA, Kjos SL (1997) Congenital malformations in offspring of women with hyperglycemia first detected during pregnancy. Am J Obstet Gynecol 177: 1165–71

Schaefer-Graf UM, Buchanan TA, Xiang A, Songster G, Montoro M, Kjos SL (2000) Patterns of congenital anomalies and relationship to initial maternal fasting glucose levels in pregnancies complicated by type 2 and gestational diabetes. Am J Obstet Gynecol 182: 313–20

Schaeffer LD, Wilder ML, Williams RH (1973) Secretion and content of insulin and glucagon in human fetal pancreas slices in vitro. Proc Soc Exp Biol Med 143: 314–9

Schäfer U, Dupak J, Dudenhausen J, Vetter K (1993) Postpartale Diagnose des Gestationsdiabetes bei makrosomen Neugeborenen – Vergleich zweier Untersuchungsmethoden. Z Geburtsh u Perinat 197: 257–61

Schäfer U, Dupak J, Heinze T, Dudenhausen JW, Vetter K (1996) Glukosetoleranz in der Schwangerschaft und Fruchtwasserinsulin bei der Geburt. Geburtsh u Frauenheilk 56: 414–7

Schäfer U, Vogel M, Unger M, Dupak J, Vetter K (1997) Zottenreifungsstörungen der Plazenta beim Gestationsdiabetes – in Abhängigkeit von mütterlichen und fetalen Parametern des Glukosestoffwechsels. Geburtsh u Frauenheilk 57: 241–5

Schäfer-Graf UM, Xiang A, Buchanan TA, Berkowitz K, Kjos SL, Vetter K (1998) Risikofaktoren für einen postpartal persistierenden Diabetes nach Schwangerschaften mit Gestationsdiabetes. Geburtsh u Frauenheilk 58: 640–6

Scharla SH, Lempert UG, Ziegler R (1994) Diagnostische Bedeutung der Messung von Insulin-like growth factor (IGF)-Bindungsproteinen (IGFBPs). Klin Lab 40: 327–32

Schatz D, Krischer J, Horne G, Riley W, Spillar R, Silverstein J, Winter W, Muir A, Derovanesian D, Shah S, Malone J, MacLaren N (1994) Islet cell antibodies predict insulin-dependent diabetes in United States school age children as powerful as in unaffected relatives. J Clin Invest 93: 2403–7

Schatz DA, Kowa H, Winter WE, Riley WE (1989) Natural history of incidental hyperglycemia and glycosuria of childhood. J Pediatr 115: 676–80

Schatz H (1977) Biosynthese von Insulin. Dtsch Med Wochenschr 102: 734–40

Schauf B, Lang U, Künzel W (1997) Belastungs-CTG und Doppleruntersuchung bei schwangerschaftsinduziertem Hypertonus, intrauteriner Wachstumsretardierung, Oligohydramnion und Diabetes mellitus Typ-1. Gynäkologe 30: 667–9

Schectman G, McKinney WP, Pleuss J, Hoffman RG (1990) Dietary intake of Americans reporting adherence to a low cholesterol diet (NHANES II). Am J Public Health 80: 698–703

Schedewie HK, Odell WD, Fisher DA, et al (1979) Parathormone and perinatal calcium homeostasis. Pediatr Res 13: 1–6

Scheffler RM, Feuchtbaum LB, Phibbs CS (1992) Prevention: the cost-effectiveness of the Clifornia Diabetes and Pregnancy Program. Am J Public Health 82: 168–75

Scheibenreiter S, Thalhammer O (1966) Kindlicher Diabetes mellitus infolge fetaler Inselschädigung? Dtsch Med Wochenschr 91: 216–9

Scheibenreiter S, Thalhammer O, Esser I (1968) Über die Glukoseutilisation von pränatalen Dystrophikern und normalen Neugeborenen sowie solchen mit diabetogener Fetalkrankheit. Z Kinderheilk 103: 253–61

Schernthaner G (1980) Neue Aspekte in der Pathogenese und im Krankheitsverlauf des Typ-I-Diabetes mellitus. Wien Klin Wochenschr 92 [Suppl 114]: 3–36

Schernthaner G (1983) Diabetikerschulung und Diabetes-Selbstkontrolle. Labor Aktuell 2: Boehringer Mannheim

Schernthaner G, Borkenstein M, Fink M, Mayr WR, Menzel J, Schober E (1983) Immunogenicity of human insulin (Novo) or pork monocomponent insulin in HLA-DR-typed insulin-dependent diabetic individuals. Diabetes Care 6 [Suppl 1]: 43–8

Schernthaner G, Ludwig H (1982) Pathophysiologie, Pathogenese und Klassifizierung des heterogenen Syndroms Diabetes mellitus. Aktuelles aus Diagnostik und Therapie. Behring Institut, pp 9–18

Schernthaner G, Müller mm, Prager R, Mühlhauser I (1980) Die klinische Bedeutung des Glykohämoglobins (HbA1). Wien Klin Wochenschr 92: [Suppl 115]: 1–11

Schiff D, Aranda JV, Stern L (1970) Neonatal thrombocytopenia and congenital malformations associated with administration of tolbutamide to the mother. J Pediatr 27: 457–8

Schiff E, Ben-Baruch G, Kushnir O, Mashiacj S (1990) Standardized measurement of amniotic fluid volume by correlation of sonography with dye dilution technique. Obstet Gynecol 76: 44–6

Schiffrin A, Belmonte MM (1982) Comparison between continuous subcutaneous insulin infusion and multiple injections of insulin. Diabetes 31: 255

Schifrin BS (1977) Antepartum fetal heart rate monitoring. In: Gluck L (ed) Intrauterine Asphyxia and the Developing Fetal Brain. Chikago, Year Book Medical Publishers

Schilthuis MS, Aarnoudse SG (1980) Fetal death associated with severe ritodrine induced ketoacidosis. Lancet I: 1145

Schindler AE, Meyfort J (1979) Übergewichtigkeit von Mutter und Kind und Glukosetoleranztest im Wochenbett. Geburtsh u Frauenheilk 39: 593–8

Schlebusch H, Sorger M, Niesen M, Paffenholz I (1997) HemoCue-B-Glucose: eine Alternative zur naßchemischen Blutzuckerbestimmung. J Lab Med 21: 135–41

Schlebusch H, Sorger M, Paffenholz I, Harnack H, Geilenkeuser WJ (1994) Glucometer Elite – ein neues Gerät für die Blutzucker-Selbstkontrolle des Diabetikers. Lab Med 18: 455–60

Schlebusch H, Sorger M, Voll A, Paffenholz I (1991) Netzunabhängige Kleingeräte zur Blutzuckerbestimmung im Krankenhaus – Präzision, Richtigkeit, Hämatokrit- und Temperatureinfluß. Lab Med 15: 535–40

Schlichtkrull J (1977) The absorption of Insulin. Acta Paediatr Scand [Suppl] 270: 97–102

Schlichtkrull J, Munk o, Jersild M (1965) The M-value, an index of blood-sugar control in diabetics. Acta Med Scand 177: 95–102

Schlossmann H (1933) Der Stoffaustausch zwischen Mutter und Frucht durch die Plazenta. München, JF Bergmann (Zit nach MacNaughton, 1969)

Schlossmann H (1938) Carbohydrate metabolism of foetal dog under influence of insulin. J Physiol 92: 219 (Zit nach MacNaughton, 1969)

Schmid CH, Steiner TH, Froesch ER (1983) Insulin-like growth factors stimulate synthesis of nucleic acid and glycogen in cultured calvaria cells. Calcif Tissue Int 35: 578–85

Schmidt MI, Duncan BB, Canani LH, Karohl C, Chambless L (1992) Association of waist-to-hip ratio with diabetes mellitus: strength and possible modifiers. Diabetes Care 15: 912–4

Schmidt MI, Hadji-Georgopoulos A, Rendell M, Margolis S, Kowarski A (1981) The dawn phenomenon, an early morning glucose rise: implications for diabetic intraday blood glucose variation. Diabetes Care 4: 579–85

Schmidt MI, Matos MC, Branchtein L, Reichelt AJ, Mengue SS, Iochida LC, Duncan BB (1994) Variation in glucose tolerance with ambient temperature. Lancet 344: 1054–5

Schmidt PL, Thorneycroft IH, Goebelsmann U (1980) Fetal distress following a reactive nonstress test. Am J Obstet Gynecol 136: 960–2

Schmitz A, Væth M, Morgensen CE (1994) Systolic blood pressure relates to the rate of progression of albuminuria in NIDDM. Diabetologia 37: 1251–8

Schmitz O, Klebe J, Møller J (1985) In vivo insulin action in type 1 (insulin-dependent) diabetic pregnant women as assessed by the insulin clamp technique. J Clin Endocrinol Metab 61: 877–81

Schmon B, Desoye G, Friedl H, Hofmann H, Weiss PAM, Hagmüller K (1993) Insulin receptor bindin to erythrocytes in the first half of pregnancy is increased in healthy pregnant women as compared with non-pregnant or gestational diabetic women. Clin Chim Acta 221: 33–46

Schmon B, Hartmann M, Jones CJ, Desoye G (1991) Insulin and glucose do not affect the glycogen content in isolated and cultured trophoblast cells of human term placenta. J Clin Endocrinol Metab 73: 888–93

Schneider H (1985) Schwangerschaft und Ernährung. Geburtsh u Frauenheilk 45: 135–9

Schneider H, Bellmann O (1998) Gestationsdiabetes. Gynäkologe 31: 129–32

Schneider H, Challier JC, Dancis J (1981) Transfer and metabolism of glucose and lactate in the human placenta studied by a perfusion system in vitro. Placenta [Suppl 2]: 129–38

Schneider H, Dancis J (1974) Amino acid transport in placenta slices. Am J Obstet Gynecol 120: 1092–7

Schneider JM, Curet LB, Olson RW, Shay G (1980) Ambulatory care of the pregnant diabetic. Obstet Gynecol 56: 144–9

Schneider JM, Huddleston JF, Curet LB, Menzel DL (1980) Pregnancy complicating ambulatory patient management of diabetes. Diabetes Care 3: 77–81

Schnell O, Gerlach E, Hillebrand B, Walter H, Standl E (1994) A case of diabetic pregnancy controlled with a percutaneous access device for intraperitoneal insulin infusion. Diabetes Care 17: 1354–5

Schober E, Frisch H (1988) Incidence of childhood diabetes in Austria 1979–84. Acta Pediatr Scand 77: 299–302

Schoenfeld A, Hod M, Friedman S, Ovadia J, Merlob P (1991) The fetus of the diabetic mother. growth, malformations and methods of surveillance by ultra-sonography-the Beilison Medical Center experience. Isr J Med Sci 27: 532–40

Schoetzau A, Hillebrand B (1990) Neonatale Morbidität von Kindern diabetischer Mütter. Z Geburtsh u Perinat 194: 58–64

Schranz AG (1986) Zit nach Hoet JJ (1988)

Schranz AG (1989) Abnormal glucose tolerance in Maltese: a population based longitudinal study of the natural history of NIDDM and IGT in Malta. Diabetes Res Clin Pract 7: 7–16

Schreyer P, Caspi E, Snir E, et al (1981) Metabolic effects of intramuscular and oral administration of ritodrine in pregnancy. Obstet Gynecol 57: 730–3

Schrezenmeir J (1984) Diabetes unter Diät und oraler Medikation. Jahrestreffen der Deutschen Diabetesgesellschaft, München

Schröder W (1992) Glukosurie in der Schwangerschaft. Speculum 10: 13–6

Schroeder WA, Cua JT, Matsuda G, Fenninger WD (1962) Hemoglobin F1: an acetyl-containing hemoglobin. Biochim Biophys Acta 63: 532–4

Schubring C, Kiess W, Englaro P, Rascher W, Dotsch J, Hamitsch S, et al (1997) Levels of leptin in maternal serum, amniotic fluid, and arterial and venous cord blood: relation to neonatal and placental weight. J Clin Endocrinol Metab 82: 1480–3

Schwartz HC, Widness J, Thompson D, Tsuboi KK, Oh W, Schwartz R (1980) Glykosilation and acetylation of hemoglobin in infants of normal and diabetic mothers. Biol Neonate 38: 71–5

Schwartz JG, Phillips WT, Aghebat-Khairy B (1990) Revision of the oral glucose tolerance test: a pilot study. Clin Chem 36: 125–8

Schwartz JG, Phillips WT, Blumhardt MR, Langer O (1994) Use of a more physiologic oral glucose solution during screening for gestational diabetes mellitus. Am J Obstet Gynecol 171: 685–91

Schwartz JG, Phillips WT, Langer O (1992) Use of a more physiologic oral glucose solution during testing for gestational diabetes mellitus. Am J Clin Pathol 97: 831–5

Schwartz ML, Ray WN, Lubarsky SL (1999) The diagnosis and classification of gestational diabetes mellitus: is it time to change our tune? Am J Obstet Gynecol 180: 1560–71

Schwartz NS, Clutter WE, Shah SD, Cryer PE (1987) Glycemic threshold for activation of glucose counterregulatory systems are higher than the threshold for symptoms. J Clin Invest 79: 777–81

Schwartz R (1990) Hyperinsulinemia and macrosomia. N Engl J Med 323: 340–2

Schwartz R, Bowie MD, Mulligan PB (1962) Insulin-secreting capacity in newborn infants of normal and diabetic women. Lancet ii: 641

Schwartz R, Gruppuso PA, Petzold K, Brambilla D, Hiilesmaa V, Teramo KA (1994) Hyperinsulinemia and macrosomia in the fetus of the diabetic mother. Diabetes Care 17: 640–8

Schwartz R, Susa J (1980) Fetal macrosomia-animal models. Diabetes Care 3: 430–2

Schwartz R, Teramo KA (1999) What is the significance of macrosomia? Diabetes Care 22: 1201–5

Schwartz R, Widness JA, Oh W, Thompson D, Schwartz HC (1979) Glycohemoglobin in diabetic pregnant women and their newborns. In: Stern JS (ed) Intensive Care of the Newborn II. New York, Masson, pp 241–9

Schwarz RH, Fields GA, Kyle GC (1969) Timing of delivery in the pregnant diabetic patient. Obstet Gynecol 34: 787–91

Schwingl PJ (1996) Oral contraceptives, pregnancy and the risk of cerebral thromboembolism: the influence of diabetes, hypertension, migraine and previous thrombotic disease. Letter, Br J Obstet Gynaecol 103: 93–4

Schwingshandl J, Rosegger H, Haas J, Hofmann HMH, Weiss PAM (1989) Kinder insulinpflichtiger Diabetikerinnen. Monatsschr Kinderheilkd 137: 93–7

Scoggin WA (1976) Fetal membrane dynamics. Am J Obstet Gynecol 124: 825–31

Scott FW (1990) Cow milk and insulin-dependent diabetes mellitus: is there a relationship? Am J Clin Nutr 51: 489–91

Scragg R, Baker J, Metcalf P, Dryson E (1991) Prevalence of diabetes mellitus and impaired glucose tolerance in a New Zealand multiracial workforce. N Z Med J 104: 395–7

Scryten A, Johnson P, Samsi G, Gustafson A (1976) Studies in diabetic pregnancy. II. Serum lipids. Acta Obstet Gnaecol Scand 55: 211–5

Seaquist ER, Goetz FC, Rich S, Barbosa J (1989) Familial clustering of diabetic kidney disease: evidence for genetic susceptibility to diabetic nephropathy. N Engl J Med 320: 1161–5

Sebastiani L, Visalli N, Adorisio E, Suppa MA, Buzzetti R, De Cicco AL, Giovannini C, Comerci MD, Negri M, Pozzilli P (1996) A 5-year (1989–1993) prospective study of the incidence of IDDM in Rome and the Lazio Region in the age-group 0–14. Diabetes Care 19: 70–3

Second international workshop-conference on gestational diabetes mellitus (1985) Summary and recommendations. Diabetes 34 [Suppl 2]: 123–6

Seeds AE (1978) Maternal-fetal acid-base relationships and fetal scalp-blood analysis. Clin Obstet Gynecol 21: 579–87

Seeds AE, Eichhorst BC, Stolee, A (1977) Factors determining human chorion laeve permeability in vitro. Am J Obstet Gynecol 128: 13–21

Seeds AE, Leung LS, Tabor MW, Russell PT (1979) Changes in amniotic fluid glucose, beta-hydroxy-butyrate, glycerol, and lactate concentration in diabetic pregnancy. Am J Obstet Gynecol 135: 887–95

Seelbach-Göbel B, Bussen S, Rehn M (1995) Surveillance of pregnant diabetics – comparison between outpatient and inpatient management. Arch Gynecol Obstet 256: 89–97

Seidman DS, Ever-Hadani P, Stevenson DK, Slater PE, Harlap S, Gale R (1988) Birth order and birth weight reexamined. Obstet Gynecol 72: 158–62

Seigworth GR (1966) Shoulder dystocia – Review of 5 years experience. Obstet Gynecol 28: 764–7

Seissler J, de Sonnaville JJJ, Morgenthaler NG, Steinbrenner H, Glawe D, Khoo-Morgenthaler UY, Lan MS, Notkins AL, Heine RJ, Scherbaum WA (1998) Immunological heterogeneity in type 1 diabetes: presence of distinct autoantibody patterns in patients with acute onset and slowly progressive disease. Diabetologia 41: 891–7

Selam JL, Giraud P, Mirouze J, Saeidi S, Hedon B, Slingeneyer A, Lapinski H, Humeau C (1985) Continuous peritoneal insulin infusion with portable pumps: factors affecting the operating life of the chronic catheter. Diabetes Care 8: 34–8

Selam JL, Mirouze J, Slingeneyer A, Hedon B, Millet P, Chaptal PA, Orgetti A (1983) Two year's experience of ambulatory peritoneal insulin infusion. In: Irsigler K, Kritz H, Lovett R (eds) Diabetes treatment with implantable insulin infusion systems. München Wien Baltimore, Urban und Schwarzenberg, pp 132–6

Selby JV, Fitz-Simmons SC, Newman JM, Katz PP, Sepe S, Showstack J (1990) The natural history and epidemiology of diabetic nephropathy. Implications for prevention and control. J Am Med Assoc 263: 1954–60

Selby PL, OakleyCE (1991) Women's problems and diabetes. Diabetic Med 7: 290–3

Selenkow HA, Varma K, Younger D, White P, Emerson K (1971) Patterns of serum immunoreactive human placental lactogen (IR-hPL) and chorionic gonafdotropin (IR-hCG) in diabetic pregnancy. Diabetes 20: 696–706

Seller MJ (1964) The effect of glucose and insulin on the pregnant rat and foetus. J Physiol 172: 353 (Zit nach MacNaughton, 1969)

Semmler K, Emmerich P, Fuhrmann K, Gödel E (1982) Reifungsstörungen der Plazenta in Relation zur Qualität der metabolischen Kontrolle während der Schwangerschaft beim insulinpflichtigen und Gestationsdiabetes. Zbl Gynäkol 104: 1494–1502

Semmler K, Emmerich P, Kirsch G, Fuhrmann K, Heinke P (1985) Über den Zusammenhang von uteroplazentarer Durchblutung und morphologischen Befunden an den myometrialen und dezidualen Arterien in der diabetischen Schwangerschaft. Zbl Gynäkol 107: 329–38

Semmler K, Emmrich P (1989) Morphologie der Plazenta in Relation zur Glykämielage in der Schwangerschaft beim Diabetes mellitus. Z Geburtsh Perinatol 193: 124–8

Semmler K, Fuhrmann K, Issel EP, Prenzlau P (1978) Die Wertigkeit der Ultraschallfetometrie zur Beurteilung des Schwangerschaftsverlaufes bei Diabetes mellitus. Zbl Gynäkol 100: 788–98

Semmler K, Kirsch G, Zöllner P, Fuhrmann K, Jutzi E (1985) Die Messung der uteroplazentaren Durchblutung mit ^{113}m In in der diabetischen Schwangerschaft. Zbl Gynäkol 107: 793–802

Semmler K, Semmler S, Steindel E, Lambeck M, Minkwitz H-G (1990) Die Früherfassung des Gestationsdiabetes – ein Faktor zur Senkung der perinatalen Mortalität und Morbidität. Zentralbl Gynäkol 112: 697–705

Seneze J (1990) Pregnancy after aortofemoral bypass grafting in a diabetic patient. Rev Fr Gynecol Obstet 85: 262

Sensi S (1974) Some aspects of circadian variation of carbohydrate metabolism and related hormones in man. Chronobiologia 1: 396–9

Sermer M, Naylor CD, Gare DJ, Kenshole AB, Ritchie JWK, Farine D, Cohen HR, McArthur K, Holzapfel S, Biringer A, Chen E (1995) Impact of increasing cabohydrate intolerance on maternal-fetal outcomes in 3637 women without gestational diabetes. Am J Obstet Gynecol 173: 146–56

Sermer M, Naylor CD, Gare DJ, Kenshole AB, Ritchie JWK, Farine D, Cohen HR, McArthur K, Holzapfel S, Biringer A, Chen EL, Cadesky KI, Greenblatt EM, Leyland NA, Morris HS, Bloom JA, Abells YB for the Toronto Tri-Hospital Gestational Diabetes Investigators (1994) Impact of time since last meal on the gestational glucose challenge Test. Am J Obstet Gynecol 171: 607–16

Serup L (1986) Influence of pregnancy on diabetic retinopathy. Acta Endocrinol 277 [Suppl]: 122–4

Service FJ, Molnar GD, Rosevear JW, Ackerman E, Gatewood LC, Taylor WF (1970) Mean amplitude of glycemic excursions, a measure of diabetic instability. Diabetes 19: 644–55

Service FJ, Nelson RL (1980) Characteristics of glycemic stability. Diabetes Care 3: 58–62

Service FJ, O'Brien PC, Rizza RA (1987) Measurements of glucose control. Diabetes Care 10: 225–37

Shafrir E, Barash V (1991) Placental glycogen metabolism in diabetic pregnancy. Isr J Med Sci 27: 449–61

Shah BD, Cohen AW, May C, Gabbe SG (1982) Comparison of glycohemoglobin determination and the one-hour oral glucose screen in the identification of gestational diabetes. Am J Obstet Gynecol 144: 774–7

Shah MPK, Farquhar JW (1975) Children of diabetic mothers. Subsequent weight. In: Camerini-Davalos RA, Cole HS (eds) Early Diabetes in Early Life. New York, Academic Press, pp 587–93

Shah S, Malone J, Simpson N (1989) A randomized trial of intensive insulin therapy in newly diagnosed insulin-dependent diabetes mellitus. N Engl J Med 320: 550–4

Shaltout AA, Qabazard MA, Abdella NA, LaPorte RE, Al Arouj MA, Ben Nekhi A, Moussa MA, Al Khawari MA and the Kuwait Study Group of Diabetes in Childhood (1995) High incidence of childhood-onset IDDM in Kuwait. Diabetes Care 18: 923–7

Shankar TP, Solomon SS, Duckworth WC, Himmelstein S, Gray S, Jerkins T, Bobal MA, Iyer RS (1983) Studies of glucose intolerance in cirrhosis of the liver. J Lab Clin Med 102: 459–69

Shankaran S, Cohen SN, Linver M, Zonia S (1988) Medical care costs of high-risk infants after neonatal intensive care: a controlled study. Pediatrics 81: 372–8

Shannon K, Davis J, KitzmillerJL, Fulcher SA, Koenig HM (1986) Erythropoiesis in infants of diabetic mothers. Pediatr Res 20: 161–5

Shao J, Catalano PM, Yamashita H, Ruyter I, Smith S, Youngren J (2000) Decreased insulin receptor tyrosine kinase activity and plasma cell membrane glycoprotein-1 overexpression in skeletal muscle from obese women with gestational diabetes mellitus (GDM). Diabetes 49: 603–10

Sharp CL, Butterfield WJH, Keen H (1964) Diabetes survey in Bedfort, 1962. Proc R Soc Med 57: 193–204

Shaul PW, Mimouni F, Tsang RC, Specker BL (1987) The role of magnesium in neonatal calcium homeostasis: effects of magnesium infusion on calcitropic hormones and calciaum. Pediatr Res 22: 319–23

Shaw JE, Zimmet PZ, De Courten M, Dowse GK, Chitson P, Gareeboo H, Hemraj F, Fareed D, Tuomilehto J, Alberti KGMM (1999) Impaired fasting glucose or impaired glucose tolerance. Diabetes Care 22: 399–402

Shaw JTE, Purdie DM, Neil HAW, Levy JC, Turner RC (1999) The relative risks of hyperglycaemia, obesity and dyslipidaemia in the relatives of patients with type II diabetes mellitus. Diabetologia 42: 24–27

Sheehan EA, Beck F, Clark CA, Stanistreet M (1985) Effects of betahydroxybutyrate on rat embryos grown in culture. Experientia 41: 273–5

Sheehan EA, Stanisstreet M, Clarke CA, Beck F, Hipkin LJ (1986) Culture of rat embryos in sera from human diabetics. IRCS Med Sci 14: 543–4

Sheehan PW, Rowland TW, Shal BL (1986) Maternal diabetic control and hypertrophic cardiomyopathy in infants of diabetic mothers. Clin Pediatr 25: 266–71

Sheilds LE, Gan EA, Murphy HF, Sahn DJ, Moore TR (1993) The prognostic value of hemoglobin A1c in predicting fetal heart disease in diabetic pregnancies. Obstet Gynecol 81: 954–7

Sheldon J, Coleman T (1974) Remission of diabetes mellitus during pregnancy. Br Med J 1: 55–7

Shelley HJ (1979) Transfer of carbohydrate. In: Chamberlain G, Wilkinson AW (eds) Placental Transfer. London, Pitman, pp 118–41

Shelley HJ, Bassett JM, Milner RDG (1975) Control of cabohydrate metabolism in the fetus and newborn. Br Med Bull 31: 37–43

Shelley HJ, Neligan GA (1966) Neonatal hypoglycaemia. Br Med Bull 22: 34–9

Shelley-Jones DC, Beischer NA, Sheedy MT, Walstab JE (1992) Excessive birth weight and maternal glucose tolerance: a 19 year review. Aust NZ J Obstet Gynaecol 32: 318–24

Shelley-Jones DC, Wein P, Nolan C, Beischer NA (1993) Why do Asian-born women have a higher incidence of gestational diabetes? An Analysis of racial differences in body habitus, lipid metabolism and the serum insulin response to an oral glucose load. Aust NZ J Obstet Gynaecol 33: 114–8

Shen SJ, Wang CY, Nelson KK, Jansen M, Ilan J (1986) Expression of insulin-like growth factor II in human placentas from normal and diabetic pregnancies. Proc Natl Acad Sci USA 83: 9179–82

Shepard MJ, Richards VA, Berkowitz RL, Warsof SL, Hobbins JC (1982) An evaluation of two equations for predicting fetal weight by ultrasound. Am J Obstet Gynecol 142: 47–54

Shepherd JH, Bennett MJ, Laurence D, Moore F, Sims CD (1981) Prostaglandin vaginal suppositories: a simple and safe approach to the induction af labor. Obstet Gynecol 58: 596–600

Sher G, Statland BE, Freer DE (1980) Clinical evaluation of the quantitative foam stability index test. Obstet Gynecol 55: 617–20

Sherwin RS, Tamborlane WV, Ahern J (1987) Lessons from glucose monitoring at night. Diabetes Care 10: 249–51

Sherwood LM, Burstein Y, Schechter I (1979) Primary structure of the NHZ-terminal extra piece of the precursor to human placental lactogen. Proc Natl Acad Sci USA 76: 3819–23

Shields LE, Gan EA, Murphy HF, Sahn DJ, Moore TR (1993) The prognostic value of HbA1c in predicting fetal heart disease in diabetic pregnancies. Obstet Gynecol 81: 954–7

Shimasaki S, Ling N (1991) Identification and molecular characterization of insulin-like growth factor binding proteins (IGFBP-1: -2: -3: -4: -5 and -6). Prog Growth Factor Res 3: 243–66

Shin YK, Collea JV, Kim YD (1996) The effect of glucagon on spontaneous contractility of isolated pregnant uterine muscle. Obstet Gynecol 88: 867–71

Shohat T, Vadheim CM, Bickal J, Rich S, Rotter JI (1989) Later-born sibblings are at increased risk for type I diabetes. Diabetes 38 [Suppl 2]: 162A

Sibai BM, Grossman RA, Grossman HG (1984) Effects of diuretics on plasma volume in pregnancies with long-term hypertension. Am J Obstet Gynecol 150: 831–5

Sibai BM, Lipshitz J, Schneider JM, Anderson GD, Morrison JC, Dilts jr, PV (1980) Sinusoidal fetal heart rate pattern. Obstet Gynecol 55: 637

Sicrée RA, Hoet JJ, Zimmet P, King HOM, Coventry JS (1986) The association of non insulin dependent diabetes with parity and stillbirth occurence amongst five Pacific populations. Diabetes Res Clin Pract 2: 113–22

Siddiqi TA, Miodovnik M, Mimouni F, Clark EA, Khouri JC, Tsang RC (1989) Biphasic intrauterine growth in insulin-dependent diabetic pregnancies. J Am Coll Nutr 8: 225–34

Siddiqui T, Rosen B, Mimouni F, Khoury J, Miodovnik M (1991) Hypertension during pregnancy in insulin-dependent diabetic women. Obstet Gynecol 77: 514–9

Sigaard-Andersen O (1963) Blood acid-base alignment nomogramm. Scand J Clin Lab Invest 15: 211

Silberbauer K, Schernthaner G, Sinzinger H, Piza-Katzer H, Winter M (1979) Decreased vascular prostacyclin in juvenile onset diabetes. N Engl J Med 300: 366–7

Silfen SL, Wapner RJ, Gabbe SG (1980) Maternal outcome in class H diabetes mellitus. Obstet Gynecol 55: 749–51

Sills IN, Rapaport R (1994) New-onset IDDM presenting with diabetic ketoacidosis in a pregnant adoleszent. Diabetes Care 17: 904–5

Silverman BL, Cho NH, Metzger BE (1993) Impaired glucose tolerance (IGT) in adolescent offspring of diabetic mothers (ODM) does diabetes beget diabetes? (Abstract). Diabetes 42 [Suppl 1]: 87A

Silverman BL, Cho NH, Richards GE, Metzger BE (1993) Fetal hyperinsulinism in offspring of diabetic mothers: a strong predictor of impaired glucose tolerance (IGT) in adolescence (Abstract). Pediatr Res 33: 196A

Silverman BL, Metzger BE, Cho NH, Loeb CA (1995) Impaired glucose tolerance in adolescent offspring of diabetic mothers: relationship to fetal hyperinsulinism. Diabetes Care 18: 611–7

Silverman BL, Purdy LP, Metzger BE (1996) The intrauterine environment: implications for the offspring of diabetic mothers. Diabetes Rev 4: 21–35

Silverman BL, Rizzo T, Green OC, Cho N, Winter RJ, Ogata ES, Richards GE, Metzger BE (1991) Long-term prospective evaluation of offspring of diabetic mothers. Diabetes 40 [Suppl 2]: 121–5

Silverman W, Anderson DH (1956) A controlled chemical trial of effects of water mist on obstructive respiratory signs, death rate and necrobsy findings among premature infants. Pediatrics 17: 1–12

Silverstein JH, Varga House D, Schatz DA, Kubilis P, Rosenbloom A (1995) Accuracy of self-monitoring blood glucose meters in a high humidity, high temperature summer camp setting. Diabetes Care 18: 1200–1

Simán CM, Borg LAH, Eriksson UJ (1995) Vitamin E treatment blocks dysmorphogenesis in embryos of diabetic rats, Diabetologia 38 [Suppl 1]: A22

Simmons D (1994) Differences in umbilical cord insulin and birth weight in non-diabetic pregnancies of women from different ethnic groups in New Zealand. Diabetologia 37: 930–6

Simmons D (1995) Interrelation between umbilical cord serum sex hormones, sex hormone-binding globulin, insulin-like growth factor I and insulin in neonates from normal pregnancies and pregnancies complicated by diabetes. J Clin Endocrinol Metab 80: 2217–21

Simmons D, Brier BH (2000) Do Polynesians have obesity-driven fuel-mediated teratogenesis? Diabetes Care 23: 1855–7

Simmons D, Gatland B, Leakehe L, Fleming C (1996) Ethnic differences in diabetes dare in a multiethnic community. Diabetes Res Clin Pract 34 [Suppl]: S89–S93

Simmons D, Powell MJ (1993) Metabolic and clinical characteristics of South Asians and Europeans in Conventry. Diabetic Med 10: 751–8
Simmons D, Scott DJ, Conroy C, Ansell D (1993) Criteria for gestational diabetes: a cautionary tale. N Z Med J 965: 439–30
Simmons D, Williams DRR, Power MJ (1991) The Coventry diabetes study: prevalence of diabetes and impaired glucose tolerance in Europids and Asians. Q J Med 81: 1021–30
Simmons MA, Battaglia FC, Meschia G (1979) Placental transfer of glucose. Dev Physiol 1: 227–43
Simó R, Hernández C, Genescá J, Jardí R, Mesa J (1996) High prevalence of hepatitis C virus infection in diabetic patients. Diabetes Care 19: 998–1000
Simonson DC, Tamborlane WV, DeFronzo RA, Sherwin RS (1985) Intensive insulin therapy reduces counterregulatory hormone responses to hypoglycemia in patients with type I diabetes. Ann Intern Med 103: 184–90
Simpson HCR, Lousley S, Geekie M, Simpson RW, Carter RD, Hockaday TDR, Mann JJ (1981) A high carbohydrate leguminous fibre diet improves all aspects of diabetic control. Lancet i: 1–5
Simpson JL, Elias S, Martin AO, Palmer MS, Ogata ES, Radvany RAY (1983) Diabetes in pregnancy, Northwestern University series (1977–1981) I. Prospective study of anomalies in offspring of mothers with diabetes mellitus. Am J Obstet Gynecol 146: 263–70
Simpson NE (1968) Diabetes in the families of diabetics. Can Med Assoc J 98: 427–32
Simpson NE (1969) Heritabilities of liability to diabetes when sex and age at onset are considered. Ann Hum Genet 32: 283–303
Simpson NE, Dallaire L, Miller JR, et al (1976) Prenatal diagnosis of genetic disease in Canada: report of collaborative study. CMAJ 115: 739–46
Sinaniotis CA, Dackalopoulon E, Lapatsanis P, Poxiadis S (1975) Diabetes mellitus after mumps vaccination. Arch Dis Child 30: 749–50
Sing MM, Anthony F (1979) The relation between pregnancy specific beta I glycoprotein (SPI) levels and abnormal glucose tolerance in pregnancy. Br J Obstet Gynaecol 66: 458–62
Singer DB (1984) The placenta in pregnancies complicated by diabetes mellitus. Persp Pediatr Path 8: 199–212
Singer DB, Liu CT, Widness JA, Ellis RA (1981) Placental morphometric studies in diabetic pregnancies. Placenta [Suppl 3]: 193–202
Singh B, Jackson DMA, Wills R, et al (1992) Delayed diagnosis in non-insulin-dependent diabetes. Diabetic Med 304: 1154–5
Singh EJ, Mejia A, Zuspan FP (1974) Studies of human amniotic fluid phospholipids in normal, diabetic, and drug-abuse pregnancies. Am J Obstet Gynecol 199: 623–9
Singh MM (1976) Carbohydrate metabolism in pre-eclampsia. Br J Obstet Gynaecol 83: 124–31
Sinha MK, Ohannesian JP, Heimann ML (1996) Nocturnal rise of leptin in lean, obese, and non-insulin-dependent diabetes mellitus subjects. J Endocrinol Invest 97: 1344–7
Sivan E, Chen X, Homko CJ, Reece EA, Boden G (1997) Longitudinal study of carbohydrate metabolism in healthy obese pregnant women. Diabetes Care 20: 1470–5
Sivan E, Feldman B, Dolitzki M, Nevo N, Dekel N, Karasik A (1995) Glyburide crosses the placenta in vivo in pregnant rats. Diabetologia 38: 753–6
Sivan E, Homko CJ, Chen X, Reece EA, Boden G (1999) Effect of Insulin on fat metabolism during and after normal pregnancy. Diabetes 48: 834–8
Sivan E, Lin WM, Homko CJ, Reece EA, Boden G (1997) Leptin is present in human cord blood. Diabetes 46: 917–9
Sivan E, Reece A, Wu Y-K, Homko CJ, Polansky M, Borenstein M (1996) Dietary vitamin E prophylaxis and diabetic embryopathy: morphologic and biochemical analysis. Am J Obstet Gynecol 175: 793–9
Sjörgen A, Floren CH, Nilsson A (1988) Magnesium, potassium and zinc deficiency in subjects with type I and type II diabetics. Acta Diabetol Lat 22: 185–90

Skarfos ET, Selinus KI, Lithell HO (1991) Risk factors for developing non-insulin dependent diabetes: a 10 year follow-up of men in Uppsala. Br Med J 303: 755–9

Sketelj A, Berginc-Sormaz G (1986) Glucose load as a screening test for gestational diabetes-A pilot study. In: Weiss PAM (ed) Kohlenhydratstoffwechselstörungen und Schwangerschaft / Disturbance of carbohydrate metabolism during pregnancy. Wien München Bern, Wilhelm Maudrich, pp 76–80

Skipper E (1933) Diabetes mellitus and pregnancy. A clinical and analytical study. Quart J Med 26: 353 (Zit nach Heisig N, 1975)

Skouby SO, Andersen O (1988) Oral contraceptives in women with previous gestational diabetes: influence on glucose matabolism. In: Weiss PAM, Coustan DR (eds) Gestational Diabetes. Wien New York, Springer, pp 185–90

Skouby SO, Kühl C, Hornnes PJ, Andersen AN (1986) Prolactin and glucose tolerance in normal and gestational diabetic pregnancy. Obstet Gynecol 67: 17–20

Skouby SO, Kühl C, Mølsted-Pedersen L, et al (1985) Triphasic oral contraception: metabolic effects in normal women and those with previous gestational diabetes. Am J Obstet Gynecol 153: 495–500

Skouby SO, Molsted-Pedersen L, Kosonen A (1984) Consequences of intrauterine contraception in diabetic women. Fertil Steril 42: 568–72

Skouby SO, Mølsted-Pedersen L, Kühl C (1982) Low dose oral contra-ception in women with previous gestational diabetes. Obstet Gynecol 59: 325–8

Skouby SO, Mølsted-Pedersen L, Kühl C, Bennet P (1986) Oral contraceptives in diabetic women: metabolic effects of four compounds with different estrogen/progestogen profiles. Fertil Steril 46: 858–64

Skyler JS, O'Sullivan MJ, Robertson EG (1980) Blood glucose control during pregnancy. Diabetes Care 3: 69

Small M, Cameron A, Lunan CB, MacCuish AC (1987) Macrosomia in pregnancy complicated by insulin-dependent diabetes mellitus. Diabetes Care 10: 594–9

Smigaj D, Roman-Drago NM, Amini SB, Caritis SN, Kalhan SC, Catalano PM (1998) The effect of terbutaline on maternal glucose matabolism and energy expenditure in pregnancy. Am J Obstet Gynecol 178: 1041–7

Smith A, Wilson JE (1991) Disposition of mitochondrially bound hexokinase at the membrane surface, deduced from reactivity with monoclonal antibodies recognizing epitopes of defined location. Arch Biochem Biophys 287: 359–66

Smith BT, Girond CJP, Robert M, Avery ME (1975) Insulin antagonism of cortisol action of lecithin synthesis by cultured fetal lung cells. J Pediat 87: 953

Smith CA (1959) The Physiology of the Newborn Infant. Illinois, Charles C Thomas, p 391 (Zit nach MacNaughton, 1969)

Smith CH, Adcock EW, Teasdale F, Mesehina G, Battaglia FC (1973) Placental amino acid uptake. Tissue preparation, kinetics and the preincubation effect. Am J Physiol 224: 558–64

Smith CH, Nelson DM, King BF, Donohue TM, Ruzycki SM, Kelley LK (1977) Characterization of a microvillous membrane preparation from human placental syncytiotrophoblast: a morphologic biochemical and physiologic study. Am J Obstet Gynecol 128: 190–6

Smith CJ, Wejksnora PJ, Warner JR, Rubin CS, Rosen OM (1979) Insulin-stimulated protein phosphorylation in 3T3-L I preadipocytes. Proc Natl Acad Sci USA 76: 2725–9

Smith CP, Archibald HR, Thomas JM, et al (1988) Basal and stimulated insulin levels rise with advancing puberty. Clin Endoctinol 28: 7–14

Smith GCS, Smith MFS, McNay MB, Fleming JEE (1997) The relation between fetal abdominal circumference and birthweight: findings in 3512 pregnancies. Br J Obstet Gynaecol 104: 186–90

Smith LEH, Kopchick JJ, Chen W, Knapp J, Kinose F, Daley D, Foley E, Smith RG, Schaeffer JM (1997) Essential role of growth hormone in ischemia-induced retinal neovascularization. Science 276: 1706–9

Smith NC, Brush MG (1978) Preparation and characterization of human syncytiotrophoblast plasma membrane. Med Biol 56: 272–6

Smith RS, Comstock CH, Lorenz RP, Kirk JS, Lee W (1997) Maternal diabetes mellitus: which views are essential for fetal echocardiography? Obstet Gynecol 90: 575–9

Smith SK, Thompson D (1977) The effect of intravenous salbutamol upon plasma and urinary potassium during premature labour. Br J Obstet Gynaecol 84: 344–7

Smith SW, Kent C, Abramovich DR, et al (1985) Nuclear magnetic resonance imaging- a new look at the foetus. Br J Obstet Gynaecol 92: 1024–33

Smoak IW (1992) Teratogenic effects of chlorpropamide in mouse embryos in vitro. (Abstract) Teratology 45: 474

Smoak IW, Sadler TW (1990) Embryopathic effects of short-term exposure to hypoglycemia in mouse embryos in vitro. Am J Obstet Gynecol 163: 619–24

Smout AJPM (1986) Bedeutung der gestörten Magenentleerung. Z Gastroenterologie 24 [Suppl 2]: 45–54

Smythe AR, Sakakini J (1981) Maternal metabolic alterations secondary to terbutaline therapy for premature labor. Obstet Gynecol 57: 566–70

Snehalata C, Mohan V, Ramachandran A, Jayashree R, Viswanathan M (1984) Pancreatic beta cell funktion in offspring of conjugal diabetic parents. Assessment by IRI and C-peptide ratio. Horm Metab Res [Suppl] 16: 142–4

Snoeck A, Remacle C, Reusens B, Hoet JJ (1990) Effect of a low protein diet during pregnancy on the fetal rat endocrine pancreas. Biol Neonate 57: 107–18

Snorgaard O, Hartling SG, Binder C (1990) Proinsulin and C-peptide at onset and during 12 months cyclosporin treatment of type 1 (insulin-dependent) diabetes mellitus. Diabetologia 33: 36–42

Snow P, O'Dea K (1981) Factors affecting the rate of hydrolysis of starch in food. Am J Clin Nutr 34: 2721

Sobel JD (1985) Epidemiology and pathogenesis of recurrent vulvovaginal candidiasis. Am J Obstet Gynecol 152: 924–35

Socol ML, Dooley SL, Ney JA, Minogue JP, Millard DD, Ogata ES (1991) Absence of hyperinuslinemia in isoimmunized fetuses treated with intravascular transfusion. Am J Obstet Gynecol 165: 1737–40

Sodoyez-Goffaux F, Sodoyez J-C (1976)Effects of intermittent hyperglycemia in pregnant rats on the functional development of the pancreatic B cells of their offspring. Diabetologia 12: 73–6

Sodoyez-Goffaux F, Sodoyez JC, Devos CJ (1979) Insulin secretion and metabolism during the perinatal period in the rat. Evidence for a Placental role in fetal hyperinsulinism. J Klin Invest 63: 1095–1102

Soeldner JS, Tuttleman M, Srikanta S, Ganda OP, Eisenbarth GS (1985) Insulin-dependent diabetes mellitus and initiation of autoimmunity: islet cell autoantibodies, insulin autoantibodies and beta-cell failure. N Engl J Med 313: 893–4

Sokol RJ, Hall PW (1977) Fetal renal tubular function during late pregnancy and diabetes mellitus. Am J Obstet Gynecol 129: 208–10

Soler NG, Malins JM (1978) Diabetic pregnancy. Management of diabetes on the day of delivery. Diabetologia 15: 441–6

Soler NG, Nicholson H (1979) Diabetes and thyroid disease during pregnancy. Obstet Gynecol 54: 318–21

Soler NG, Nicholson HO, Malins JM (1975) Serial determinations of human placental lactogen in the management of diabetic pregnancy. Lancet ii: 54: 198–9

Soler NG, Soler SM, Malins JM (1978) Neonatal morbidity among infants of diabetic mothers. Diabetes Care 1: 340–3

Soler NG, Walsh CH Malins JM (1976) Congenital malformations in infants of diabetic mothers. Q J Med 45: 303–13

Solimena M, Folli F, Aparisi G, Pozza G, De Camilli P (1990) Autoantibodies to GABA-ergic neurons and pancreatic beta cells in stiffman syndrome. N Engl J Med 322: 1555–60

Solomon CG, Graves SW, Green MF, Seely EW (1994) Glucose intolerance as a predictor of hypertension in pregnancy. Hypertens 23: 717–21

Solomon CG, Willett WC, Carey VJ, et al (1997) A prospective study of pregravid determinants of gestational diabetes mellitus. J Am Med Assoc 278: 1078–83

Solomon CG, Willett WC, Rich-Edwards J, Hunter DJ, Stampfer MJ, Colditz GA, Manson JE (1996) Variability in diagnostic evaluation and criteria for gestational diabetes. Diabetes Care 19: 12–6

Solomon F (1959) Embryomegaly and increased fetal mortality in pregnant rats with mild aloxan diabetes. Diabetes 8: 45–50

Soltesz G, Jeges S, Dalquist G, and the Hungarian Diabetes Epidemiology Study Group (1994) Non-genetic determinants for type 1 (insulin dependent) diabetes mellitus in childhood. Acta Paediatr 83: 730–5

Somville T (1990) Diabetes und Schwangerschaft. Zschr Geburtsh Perinatol 194: 51–7

Sonek YD, Gabbe SG, Mandau MB, et al (1990) Antenatal diagnosis of sacral agenesis syndrome in a pregnancy complicated by diabetes mellitus. Am J Obstet Gynecol 162: 806–8

Sonnenberg GE, Kemmer FW, Cüppers H-J, Berger M (1983) Subcutaneous use of regular human insulin (Novo) Pharmacokinetics and continuous insulin infusion therapy. Diabetes Care 6 [Suppl 1]: 35–9

Sood AK, Yancey M, Richards D (1995) Prediction of fetal macrosomia using humeral soft tissue thikness. Obstet Gynecol 85: 937–40

Soothill JF, Hayward AR, Woods CBS (1983) Paediatric Immunology. Oxford, UK, Blackwell

Soothill PW, Nicolaides KH, Campbell S (1987) Perinatal asphyxia, hyper-lacticemia, hypoglycemia and erythroblastosis in growth retarded fetuses. Br J Obstet Gynaecol 294: 1051–3

Sorensen KE (1982) Intraobserver reproducibility of fetal echocardiographic measurements. J Cardiovasc Ultrason 4: 239–42

Sosenko IR, Kitzmiller JL, Loo SW, Blix P, Rubenstein AH, Gabbay KH (1979) The infant of the diabetic mother. Correlation of increased cord C-peptide levels with macrosomia and hypoglycemia. N Engl J Med 301: 859–62

Sosenko JM, Kitzmiller JL, Fluckinger R, Loo SWH, Younger DM, Gabbay KH (1982) Umbilical cord glycosylated hemoglobin in infants of diabetic mothers: relationship to neonatal hypoglycemia, macrosomia, and cord serum C-peptide. Diabetes Care 5: 566–70

Soubrane G, Canivet J, Coscas G (1985) Influence of pregnancy on the evolution of background retinopathy. Int Ophthalmol Clin 8: 249–55

Sowers JR, Saleh AA, Sokol RJ (1995) Hyperinsulinaemia and insulin resistance are associated with pre-eclampsia in African-Americans. Am J Hypertens 8: 1–4

Sparks JW (1984) Human intrauterine growth and nutrient accretion. Semin Perinatol 8: 74–93

Sparks JW, Girard JR, Battaglia FC (1980) An estimate of the requirements of the human fetus. Biol Neonate 38: 113–9

Sparks JW, Hay WW Jr, Meschia G, Battaglia FC (1983) Partition of maternal nutriens to the placenta and fetus in the sheep. Eur J Gynec Reprod Biol 14: 331–40

Speich M, Murat A, Auget JL, Bousquet B, Arnaud P (1992) Magnesium, total calcium, phosphorus, copper and zinc in plasma and erythrocytes of venous cord blood from infants of diabetic mothers: comparison with a reference group by logistic discriminant analysis. Clin Chem 38: 2002–7

Spellacy WN (1976) Carbohydrate metabolism in male infertility and female fertility-contol patients. Fertil Steril 27: 1132–41

Spellacy WN (1982) Carbohydrate metabolism during treatment with estrogen, progestogen, and low-dose oral contraceptives. Am J Obstet Gynecol 142: 732–4

Spellacy WN, Buhi WC (1976) Glucagon, insulin and glucose levels in maternal and umbilical cord plasma with studies of placental transfer. Obstet Gynecol 47: 291–4

Spellacy WN, Buhi WC, Birk SA (1970) Human growth hormone and placental lactogen levels in midpregnancy and late post partum. Obstet Gynecol 36: 238–43

Spellacy WN, Buhi WC, Birk SA (1977) Vitamin B_6 treatment of gestational diabetes mellitus. Am J Obstet Gynecol 127: 599–602

Spellacy WN, Buhi WC, Birk SA (1980) Carbohydrate metabolism in women with a twin pregnancy. Obstet Gynecol 55: 688–91

Spellacy WN, Buhi WC, Birk SA, McCreary SA (1974) Distribution of human placental lactogen in the last half of normal and complicated pregnancies. Am J Obstet Gynecol 120: 214

Spellacy WN, Buhi WC, Bradley B, Holsinger KK (1973) Maternal, fetal and amniotic fluid levels of glucose, insulin and growth hormone. Obstet Gynecol 41: 323–31

Spellacy WN, Carlson KL, Birk SA (1967) The fetus and the placenta as a source of insulin during pregnancy. Obstet Gynec 29: 74–8

Spellacy WN, Cruz AC, Buhi WC, Birk SA (1978) The acute effects of ritodrine infusion on maternal metabolism: measurements of levels of glucose, insulin, glucagon, triglycerides, cholesterol, placental lactogen, and chorionic gonadotropin. Am J Obstet Gynecol 131: 637–42

Spellacy WN, Ellingson AB, Kotlik A, Tsibris JCM (1988) Prospective study of carbohydrate metabolism in women using a triphasic oral contraceptive containing norethindrone and ethinylestradiol for 3 months. Am J Obstet Gynecol 159: 877–9

Spellacy WN, Gall SA, Carlson KL (1967) Carbohydrate metabolism of the normal term newborn: plasma insulin and blood glucose levels during an intravenous glucose tolerance test. Obstet Gynecol 30: 580–3

Spellacy WN, Goetz FC (1963) Plasma insulin in normal late pregnancy. N Engl J Med 268: 988–91

Spellacy WN, Goetz FC, Greenberg BZ, Ells J (1964) The human placental gradient for plasma insulin and blood glucose. Am J Obstet Gynecol 90: 753–7

Spellacy WN, Goetz FC, Greenberg BZ, Ells J (1965) Plasma insulin in normal "early" pregnancy. Obstet Gynecol 25: 862–5

Spellacy WN, Goetz FC, Greenberg BZ, Ells J (1965) Plasma insulin in normal midpregnancy. Am J Obstet Gynecol 92: 11–5

Spellacy WN, Miller S, Winegar A, Peterson PQ (1985) Makrosomia – maternal characteristics and infant complications. Obstet Gynecol 66: 158–61

Spencer GSG, Hill DJ, Garsson GJ, MacDonald AA, Colenbizander B (1983) Somatomedin activity and growth hormone levels in body fluids of the fetal pig: effect of chronic hyperinsulinemia. J Endocrinol 28: 1058–63

Spergel G, Levy LJ, Goldner MG (1971) Glucose intolerance in the progeny of rats treated with single subdiabetogenic dose of alloxan. Metabolism 20: 401–13

Sperling MA (1992) Diabetes mellitus. In: Behrman RE (ed) Nelson's Textbook of Paediatrics, 14th ed. Philadelphia, PA, Saunders, p 391

Sperling MA, Christensen RA, Ganguli S, Anand R (1980) Adrenergic modulation of pancreatic hormone secretion in utero: studies in fetal sheep. Pediatr Res 14: 203–8

Spinas GA, Snorgaard O, Hartling SG, Oberholzer M, Berger W (1992) Elevated proinsulin levels related to islet cell antibodies in first-degree relatives of IDDM patients. Diabetes Care 15: 632–7

Spirito A, Ruggiero L, Bond A, Rotondo L, Coustan DR (1990) Screening measure to assess knowledge of diabetes in pregnancy. Diabetes Care 13: 712–8

Spirito A, Williams C, Ruggiero L, Bond A, McGarvey ST, Coustan D (1989) Psychological impact of the diagnosis of gestational diabetes. Obstet Gynecol 73: 562–6

Spitzer D, Weitgasser R, Steiner H, Graf A, Sailer S, Staudach A (1994) HELLP-Syndrom und Manifestation eines Typ-I-Diabetes mellitus in der Schwangerschaft. Geburtsh u Frauenheilk 54: 702–4

Spona J, Janisch H (1970) Serum placental lactogen (hPL) as index of placental function. Acta Endocrinol 68: 401–12

Spong CY, Beall M, Rodrigues D, Ross MG (1995) An objective definition of shoulder dystocia: prolonged head-to-body delivery intervals and/or the use of ancillary obstetric maneuvers. Obstet Gynecol 86: 433–6

Spörri S, Hänggi W, Braghetti A, Vock P, Schneider H (1997) pelvimetry by magnetic resonance imaging as diagnostic tool to evaluate dystocia. Obstet Gynecol 89: 902–8

Srikanta S, Ganda OP, Eisenbarth GS, Soeldner JS (1983) Islet cell antibodies and β-cell function in monocygotic triplets and twins initially discordant for type I diabetes mellitus. N Engl J Med 308: 322–5

Srikanta S, Ganda OP, Rabizadeh A, Soeldner JS, Eisenbarth GS (1985) First-degree relatives of patients with type I diabetes mellitus. Islet-cell antibodies and abnormal insulin secretion. N Engl J Med 313: 461–4

Srikanta S, Ricker AT, McCulloch DK, Soeldner JS, Eisenbarth GS, Palmer JP (1986) Autoimmunity to insulin, beta-cell dysfunction, and development of insulin-dependent diabetes mellitus. Diabetes 35: 139–42

Srikanta S, Ganda OP, Gleason RE, Jackson RA, Soeldner JS, Eisenbarth GS (1984) Pre-Type I Diabetes. Linear loss of beta cell response to intravenous glucose. Diabetes 33: 717–20

Srinivasan P, Ponniah V, Kasthuri M (1985) Oral glucose tolerance test in unselected pregnant indian women. Diabetes Care 8: 619–20

Stadel BV (1981) Oral contraceptives and cardiovascular disease. N Engl J Med 305: 612–8

Staines A, Bodansky HJ, Lilley HEB, Stephenson C, McNally RJQ, Cartwright RA (1993) The epidemiology of diabetes mellitus in the United Kingdom: The Yorkshire Regional Diabetes Register. Diabetologia 36: 1282–7

Stamler EF, Cruz ML, Mimouni F, Rosenn B, Siddiqui T, Koury J, Miodovnik M (1990) High infectious morbidity in pregnant women with insulin-dependent diabetes: an understated complication. Am J Obstet Gynecol 163: 1217–21

Stange L, Stangenberg M, Carlstrom K, Persson B (1985) Surveillance of the diabetic pregnancy with antepartum fetal nonstress testing and urinary estriol excretion. Gynecol Obstet Invest 20: 141–8

Stangenberg M (1984) Diabetes Pregnancy Study Group, 15th Annual Meeing, Belfast

Stangenberg M, Persson B, Vaclavinkova V (1982) Amniotic fluid volumes and concentrations of C-peptide in diabetic pregnancies. Br J Obstet Gynaecol 89: 536–42

Stanley CA, Baker L (1999) The causes of neonatal hypoglycemia. N Engl J Med 340: 1200–1

Stanley CA, Lieu YK, Hsu BYL, et al (1998) Hyperinsulinism and hyperammonemia in infants with regulatory mutations of the glutamate dehydrogenase gene. N Engl J Med 338: 1352–7

Stanley K, Magides A, Arnot M, Bruce C, Reilly C, McFee A, Fraser R (1995) Delayed gastric emptying as a factor in delayed postprandial glycaemic response in pregnancy. Br J Obstet Gynaecol 102: 288–91

Stanley KP, Fraser RB, Milner M, Bruce C (1992) Cord insulin and C-peptide-distribution in an unselected population. Br J Obstet Gynaecol 99: 512–5

Star J, Canick J, Palomaki G, Carpenter M, Saller D, Sung C, et al (1997) The relationship between second-trimester amniotic fluid insulin and glucose levels and subsequent gestational diabetes. Prenat Diagn 17: 149–54

Star J, Canik JA, Saller Jr, DN, et al (1992) Elevated second trimester amniotic fluid glucose and insulin levels and the subsequent development of gestational diabetes. Diabetes 41 [Suppl]: 132A

Stark DD, McCarthy SM, Filly RA, et al (1985) Intrauterine growth retardation: evaluation by magnetic resonance. Radiology 155: 425–7

Stäubli M, Mieth D, Bader P, Largiader F, Binswanger U (1976) Konnatale Zytomegalie des Kindes einer nierentransplantierten Mutter. Dtsch Med Wochenschr 101: 414

Staudach A, Terinde R (1985) Plazenta. In: Hansmann M, Hackelöer B-J, Staudach A (Hrsg) Ultraschalldiagnostik in Geburtshilfe und Gynäkologie. Berlin Heidelberg New York, Springer, pp 309–27

Steegers EAP, Buunk G, Binkhors RA, Jongsma HW, Wijn PFF, Hein PR (1988) The influence of maternal exercise on the uteroplacental vascular bed resistance and the fetal heart rate during normal pregnancy. Eur J Obstet Gynecol Reprod Biol 27: 21–6

Steel JM (1985) Prepregnancy counseling and contraception in the insulin-dependent diabetic patient. Clin Obstet Gynecol 28: 553–7

Steel JM, Duncan LJ (1978) Serious complications of oral contraception in insulin-dependent diabetics. Contraception 17: 291–5

Steel JM, Duncan LJ (1980) Contraception for the insulin-dependent diabetic women: the view from one clinic. Diabetes Care 3: 557–560

Steel JM, Duncan LJP (1978) The effects of oral contraceptives on insulin requirement in diabetics. Br J Fam Plann 3: 77–8

Steel JM, Gray RS, Clarke BF (1979) Obstetric history of diabetics: its relevance to the aetiology of diabetes. Br Med J 1: 1303–5

Steel JM, Home PD, Young RJ, Johnstone FD, Frier BM (1987) Observations on the metabolic basis for altered insulin dose distribution in diabetic pregnancy. Diabetes Res Clin Pract 3: 1–7

Steel JM, Johnstone FD, Hepburn DA, Smith AF (1990) Can prepregnancy care of diabetic women reduce the risk of abnormal babies? Br Med J 301: 1070–4

Steel JM, Johnstone FD, Hume R, Mao J-H (1994) Insulin requirements during pregnancy in women with type 1 diabetes. Obstet Gynecol 83: 253–8

Steel JM, Johnstone FD, Smith AF, Duncan LJP (1982) Five years' experience of a "prepregnancy" clinic for insulin-dependent diabetics. Br Med J 285: 353–6

Steel JM, Parboosing J, Cole RA, Duncan LJP (1980) Prepregnancy counseling, a logical prelude to the management of the pregnant diabetic. Diabetes Care 3: 371–3

Steel RB, Mosley JD, Smith CH (1979) Insulin and placenta: degradation and stabilization, binding to microvillous membrane receptors, and aminoacid uptake. Am J Obstet Gynecol 135: 522–29

Steel JM, Wu PS, Johnstone FD, Muir BB, Sweeting VM, Hillier SG (1995) Does early growth delay occur in diabetic pregnancy? Br J Obstet Gynaecol 102: 224–7

Steele EJ (1988) Observations on offspring of mice made diabetic with streptozotocin. Diabetes 37: 1035–43

Stefan Y, Grasso S, Perrelet A, Orci L (1983) A quantitative immunofluo-rescent study of the endocrine cell populations in the developing human pancreas. Diabetes 32: 293–301

Steffens MW, Chavers BM, Bilous RW, Mauer SM (1989) The predictive value of microalbuminuria. Am J Kidney Dis 13: 25–8

Stehbens JA, Baker GL, Kitchel M (1977) Outcome at ages 1: 3: and 5 years of children born to diabetic women. Am J Obstet Gynecol 127: 408–13

Steige H, Hanson E, Lisko L, Burritt MF (1992) Evaluation of the HemoCue blood glucose system. Poster, Clin Chem 38: No 6

Stein I, Leventhal MC (1935) Amenorrhea associated with bilateral polydystic ovaries. Am J Obstet Gynecol 29: 181–93

Steiner DF (1978) On the role of the proinsulin C-peptide. Diabetes 27: 145–8

Steinetz BG, Whitaker PG, Edwards JR (1992) Maternal relaxin concentration in diabetic pregnancy. Lancet 340: 752–5

Steinfeld JD, Samuels P, Bulley MA, Cohen AW, Goodman DBP, Senior MB (1992) The utility of the TDx test in the assessment of fetal lung maturity. Obstet Gynecol 79: 460–4

Steinhart JR, Sugarman JR, Connell FA (1997) Gestational diabetes is a herald of NIDDM in Navajo women. Diabetes Care 20: 943–7

Steinhart JR, Sugarman JR, Connell FA (1997) Gestational diabetes is a herald of NIDDM in Navajo women. high rate of abnormal glucose tolerance after GDM. Diabetes Care 20: 943–7

Steinke J, Gries FA, Driscoll SG (1967) In vitro studies of insulin inactivation with reference to erythroblastosis fetalis. Blood 30: 359

Steldinger R, Weber B (1981) Ambulante Intensivüberwachung insulinbedürftiger schwangerer Frauen. Gynäk Rdsch 21 [Suppl 2]: 153–8

Steldinger R, Weber B (1981) Dauerketose und Kindesentwicklung. Kasuistik einer Gestationsdiabetikerin mit Atkins-Diät während der Schwangerschaft. Gynäk Rdsch 21 [Suppl 2]: 165–7

Steldinger R, Weber B, Kneer J, Hättig H (1988) The impact of diet induced ketosis during pregnancy on the offspring. In: Weiss PAM, Coustan DR (eds) Gestational Diabetes. Wien New York, Springer, pp 176–84

Stenninger E, Schollin J, Aman J (1991) Neonatal macrosomia and hypoglycemia in children of mothers with insulin-treated gestational diabetes mellitus. Acta Paediatr Scand 80: 1014–8

Stéphan F, Réville, Ph (1977) Diabetes und Östrogene-Gestagene. Münch Med Wochenschr 119: 663–70

Stephens JW, Page OC, Hare RL (1963) Diabetes and pregnancy: a report of experiences in 119 pregnancies over a period of ten years. Diabetes 12: 213–9

Stephens TW, Basinsky M, Bristow BK, Bue-Valleskey JM, Burgett SG, Craft L, et al (1995) The role of neuropeptide Y in the antiobesity action of the obese gene product. Nature 377: 530–2

Stephenson JM, Schernthaner G (1989) Dawn phenomenon and Somogyi effect in IDDM. Diabetes Care 12: 245–51

Stern L, Ramus A, Leduc J (1968) Urinary catecholamine secretion in infants of diabetic mothers. Pediatrics 42: 598–605

Stern MP (1991) Kelly West Lecture. Primary prevention of type II diabetes mellitus. Diabetes Care 14: 399–410

Stern MP, Rosenthal M, Haffner SM, Hazuda HP, Franco LJ (1984) Sex differences in the effects of sociocultural status on diabetes and cardiovascular risk factors in Mexican Americans: the San Antonio Heart Study. Am J Epidemiol 120: 834–51

Stern R (1989) When a uniquely effective drug is teratogenic: the case of isotretinoin. N Engl J Med 320: 1007–9

Sterne J, Junien JN (1981) Pharmacological mechanism of the antidiabetic and antilipidic effects and clinical consequences. In: Van der Kuy A, Hulst SG (eds) Biguanide therapy today. International Congress and Symposium Series, London, Royal Soc of Med 48: 3–13

Stevenson DK, Hopper AO, Cohen RS, Bucalo LR, Kerner JA, Sunshine P (1982) Macrosomia: causes and consequences. J Pediatr 100: 515–20

Stewart MO, Whittaker PG, Persson B, Hanson U, Lind T (1989) A longitudinal study of circulating progesterone, oestradiol, hCG and hPL during pregnancy in type I diabetic mothers. Br J Obstet Gynaecol 96: 415–23

Stoffel M, Bell KL, Blackburn CL, Powell KL, Seo TS, Takeda J, Vionnet N, Xiang K-S, Gidh-Jain M, Pilkis SJ, Ober C, Bell GI (1993) Identification of glucokinase mutations in subjects with gestational diabetes mellitus. Diabetes 42: 937–40

Stoll C, Alembik Y, Dott B, Roth PM, DeGeeter B (1993) Evaluation of prenatal diagnosis of congenital heart disease. Prenat Diagn 13: 453–61

Stowers JM, Sutherland HW (1975) The use of sulphonylureas, biguanides and insulin in pregnancy. In: Sutherland HW, Stowers JM (eds) Carbohydrate Metabolism in Pregnancy and the Newborn. Edinburgh, Scottland: Churchill Livingstone, pp 205–20

Stowers JM, Sutherland HW, Kerridge DF (1985) Long range implications for the mother. The Aberdeen experience. Diabetes 34 [Suppl]: 106–10

Stoz F (1998) Diagnostik und Therapie des Gestationsdiabetes – aktueller Stand. Gynäkologe 31: 7–11

Stoz F, Keckstein S, Ehmann I, Paulus W (1992) Implications and benefits of general screening for gestational Diabetes. Geburtshilflich Gynäkologische Abteilung Universität Ulm. Ulm, BRD. Abstractband, Second International Graz Symposium on

Gestational Diabetes. Puch, Austria, Medizinisch-wissenschaftliche Abteilung. Milupa Information-Service, p 67

Stoz F, Schuhmann RA, Schmid A (1987) Morphometric investigations of terminal villi of diabetic placentas in relation to the White classification of diabetes. J Perinat Med 15: 193–8

Strandquist B (1932) Infantile glucosuria simulating diabetes. Acta Paed (Uppsala) 13: 421–8

Straus DS (1984) Growth stimulatory action of insulin in vitro and in vivo. Endocrine Rev 5: 356–69

Strauss KW (1991) Endocrine complications of the acquired immunodeficiency syndrome. Arch Intern Med 151: 1441–4

Stuart MJ, Elrad H, Graeber JE, et al (1979) Increased synthesis of prostaglandin endoperoxides and platelet hyperfunction in infants of mothers with diabetes mellitus. J Lab Clin Med 94: 12–7

Stuart MJ, Sunderji SG, Walenga RW, Setty BNY (1985) Abnormalities in vascular arachidonic acid metabolism in the infant of the diabetic mother. BMJ 290: 1700–2

Stubbs SM, Doddrige MC, John P, Steel JM, Wright AD (1987) Haemoglobin A1 and congenital malformations. Diabetic Med 4: 156–9

Styrud J, Eriksson UJ (1992) Development of rat embryos in culture media containing different concentrations of normal and diabetic rat serum. Teratology 46: 473–83

Sugarman JR, Gilbert TJ, Weiss NS (1992) Prevalence of diabetes and impaired glucose tolerance among Navajo Indians. Diabetes Care 15: 114–20

Suhonen L, Hiilesmaa V, Teramo K (2000) Glycaemic control during early pregnancy and fetal malformations in women with type 1 diabetes mellitus. Diabetologia 43: 79–82

Suhonen L, Stenman UH, Koivisto V, Teramo K (1989) Correlation of HbA1c, glycated serum proteins and albumin, and fructosamin with the 24-h glucose profile of insulin-dependent pregnant diabetics. Clin Chem 35: 922–5

Suhonen L, Teramo K (1993) Hypertension and pre-eclampsia in women with gestational glucose intolerance. Acta Obstet Gynecol Scand 72: 269–72

Suikkari A-M, Koivisto VA, Koistenen R, Seppälä M, Yki-Järvinien H (1989) Dose response characteristics for suppression of low molecular weight insulin-like growth factor binding protein by insulin. J Clin Endocrinol Metab 68: 135–40

Sukkari A-M, Koivisto VA, Rutanen E-M, Yki-Järvinen H, Karonen S-L, Seppälä M (1988) Insulin regulates the serum levels of low molecular weight IGF binding protein. J Clin Endocrinol Metab 66: 266–72

Sulik KK, Alles AJ (1991) Teratogenicity of the retinoids. In: Saurat J-H (ed) Retinoids Ten Years On. Basel, Karger, pp 282–95

Sultz HA, Hars BA, Zielezny M, Schlesinger ER (1975) Is mumps virus an etiologic factor in juvenile diabetes mellitus? J Pediatr 86: 654–6

Summary and Recommendation of the Third International Workshop-Conference on Gestational Diabetes Mellitus (1991) Diabetes 40 [Suppl]: 197–210

Summary and recommendations of the Second International Workshop-Conference on Gestational Diabetes Mellitus (1985) Diabetes 34 [Suppl 2]: 123–6

Super DM, Edelberg SC, Philipson EH, Hertz RH, Kalhan SC (1991) Diagnosis of gestational diabetes in early pregnancy. Diabetes Care 14: 288–94

Susa JB (1988) Effect of diabetes on fetal growth. In: Reece EA, Coustan DR (eds) Diabetes Mellitus in Pregnancy, Principles and Practice. New York, Churchill Livingstone, pp 105–21

Susa JB, Gruppuso PA, Widness JA, Domenech M, Clemons GK, Sehgal P, Schwartz R (1984) Chronic hyperinsulinaemia in the rhesus monkey. Effects of physiologic hyperinsulinaemia on fetal substrates, hormones and hepatic enzymes. Am J Obstet Gynecol 150: 415–20

Susa JB, McCormick KL, Widness JA, et al (1979) Chronic hyperinsulinemia in the fetal rhesus monkey. Effects on fetal growth and composition. Diabetes 28: 1058–63

Susa JB, Naeve C, Sehgal P, Singer DB, Zeller WP, Schwartz R (1984) Chronic hyperinsulinemia in the rhesus monkey. Effects of physiologic hyperinsulinemia on fetal growth and composition. Diabetes 33: 656–60

Susa JB, Sehgal P, Schwartz R (1993) Rhesus monkeys made exogenously hyperinsulinemic in utero as fetuses, display abnormal glucose homeostasis as pregnant adults and have macrosomic fetuses (Abstract). Diabetes 42 [Suppl 1]: 86A

Susa JB, Widness JA, Hintz R, Liu F, Sehgal P, Schwartz R (1984) Somatomedins and insulin in diabetic pregnancies: effects of fetal macrosomia in the human an Rhesus monkey. J Clin Endocrinol Metab 58: 1099–105

Sutherland HW (1986) Methods of fetal monitoring and assessment of placental function in diabetic pregnancy. Acta Endocrinol 112 [Suppl 277]: 90–100

Sutherland HW, Campbell-Brown BM, Fisher P, Treharne IAL (1978) Heavy for dates babies. In: Sutherland HW, Stowers JM (eds) Carbohydrate Metabolism in Pregnancy and the Newborn. Berlin, Springer, pp 188–207

Sutherland HW, Pearson DWM, Lean MEJ, Campbell DM (1989) Breakfast tolerance test in Pregnancy. In: Sutherland HW, Stowerd JM, Pearson DWM (eds) Carbohydrate metabolism in pregnancy and the newborn IV. Berlin, Springer, pp 267–75

Sutherland HW, Pritchard CW (1987) Increased incidence of spontaneous abortion in pregnancies complicated by maternal diabetes mellitus. Am J Obstet Gynecol 156: 135–8

Sutter-Dub M-T, Dazey B, Vergnaud M-T, Madec A-M (1981) Progesterone and insulin-resistance in the pregnant rat. I. In vivo and in vitro studies. Diabete Metab 7: 97–104

Suzuki N, Svensson K, Eriksson UJ (1996) Effects of increased glucose concentration and antioxidants on rat cranial neural crest cell development in vitro. Diabetologia 39: 401–11

Svec F, Nastasi K, Hilton C, Weihang B, Srinivasan SR, Berenson GS (1992) Black-white contrasts in insulin levels during pubertal development. Diabetes 41: 313–7

Svejgaard A, Jakobsen BK, Platz P, Ryder LP, Nerup J, Christy M, Borch-Johnsen K, Parving HH, Deckert T, Mølsted-Pedersen L, Kohl C, Buschard K, Green A (1986) HLA associations in insulin-dependent diabetes: search for heterogeneity in different groups of patients from a homogeneous population. Tissue Antigens 28: 237–44

Swai AB, Kitange HM, Masuki G, et al (1992) Is diabetes mellitus related to undernutrition in rural Tanzania? BMJ 305: 1057–62

Swai ABM, McLarty D, Sherrif DG, Chuwa LM, Maro E, Lukmanji Z, Kermali W, Makene W, Alberti KGMM (1990) Diabetes and impaired glucose tolerance in an Asian community in Tanzania. Diabetes Res Clin Pract 8: 227–34

Sweetnam WP, Sykes SGW (1962) Congenital diabetes mellitus. Br Med J 1962: 671–2

Swenne I, Crace CJ, Milner RDG (1987) Persistent impairment of insulin secretory response to glucose in adult rats after limited period of protein-calorie malnutrition early in life. Diabetes 36: 454–8

Swinn RA, Warcham NJ, Gregory R, Curling V, Clark PM, Dalton KJ, Edwards OM, O'Rahilly S (1995) Excessive secretion of insulin precursors characterizes and predicts gestational diabetes. Diabetes 44: 911–5

Sybulski S (1969) In vitro estrogen biosynthesis from testosterone by homogenates of placentas from normal pregnancies and pregnancies complicated by intrauterine fetal malnutrition. Am J Obstet Gynecol 105: 1055–62

Sybulski S, Maughan GB (1971) Use of streptozotocin as diabetic agent in pregnant rats. Endocrinology 89: 1537–40

Syversen U, Opsjøn SL, Stridsberg M, Sandvik AK, Dimaline R, Tingulstad S, Antzen KJ, Brenna E, Waldum HL (1996) Chromogranin A and pankreastatin-like immunoreactivity in normal pregnancies. Clin Endocrinol Metab 81: 4470–5

Szabo AJ, De Lellis R, Grimaldi RD (1973) Triglyceride synthesis by the human placenta. I. Incorporation of labeled palmitate into placental triglycerides. Am J Obstet Gynecol 115: 257–62

Szabo AJ, Grimaldi RD (1970) The effect of insulin on glucose metabolism of the incubated human placenta. Am J Obstet Gynecol 106: 75–8

Szabo M, Toth T, Toth Z, et al (1986) Fetal malformation and serum alpha-fetoprotein concentration of diabetic mothers. Zentralbl Gynäkol 108: 1228–36

Szpunar WE, Blair Jr, AJ, McCann DS (1977) Plasma androgen concentrations in diabetic women. Diabetes 26: 1125–9

Szybinski Z, Zukowski W, Rita R, Sieradzki J, Turska-Karbowska I, Gizler M (1989) Diabetes mellitus in the urban population of Wroclaw. Abstracts of the II Scientific Congress of the Polish Diabetological Association. Krakow, Polish Diabetological Association

Tabor A, Philip J, Madsen M, Bang J, Obel EB, Norgaard-Pedersen B (1986) Randomized controlled trial of genetic amniocentesis in 4606 low-risk women. Lancet i: 1287–93

Tabsh KMA, Brinkman CR, Bashore RA (1982) Lecithin: sphingomyelin ratio in pregnancies complicated by insulin-dependent diabetes mellitus. Obstet Gynecol 59: 353–8

Taghizadeh A, Reynolds EOR (1976) Pathogenesis of broncho-pulmonary dysplasia following hyaline mambrane disease. Am J Pathol 82: 241

Tai MM (1994) A mathematical model for the determination of total area under glucose tolerance and other metabolic curves. Diabetes Care 17: 152–4

Taino V-M, Savilahti E, Arjomaa P, Salmenperä L, Perheentupa J, Siimes MA (1988) Plasma antibodies to cow's milk are increased by early weaning and consumption of unmodified milk, but production of plasma IgA and IgM cow's milk antibodies is stimulated even during exclusive breast feeding. Acta Paediatr Scand 77: 807–11

Tait BD (1990) Genetic susceptibility to Type I diabetes: a review. J Autoimmun 1: 3–11

Tajima N, La Porte RE, Hibi J, Kitagawa T, Fujita H, Drash AL (1985) A comparison of the epidemiology of Youth-onset insulin-dependent diabetes mellitus between Japan and the United States (Allegheny County, Pennsylvania). Diabetes Care 8 [Suppl 1]: 17–28

Takakura Y, Kuentzel SL, Raub TJ, Davies A, Baldwin SA, Borchart RT (1991) Hexose uptake in primary cultures of bovine brain microvessel endothelial cells. I. Basic characteristics and effects of D-glucose and insulin. Biochim Biophys Acta 1070: 1–10

Takano K, Hall K, Fryklund L, Holmgren A, Sievertsson H, Uthne K (1975) The binding of insulin and somatomedin A to human placental membranes. Acta Endocrinol 60: 14–31

Takata K, Hirano K (1977) Mechanism of glucose transport across the human and rat placental barrier-a review. Microsc Res Tech 38: 145–52

Takata K, Kasahara T, Kasahara M, Ezaki O, Hirano H (1992) Localization of erythrocyte/HepG2-type glucose transporter (GLUT1) in human placental villi. Cell Tissue Res 267: 407–12

Takeuchi T, Nishii O, Okamura T, Yaginuma T, Kawana T (1993) Free testosterone and abortion in early pregnancy. Int J Gynecol Obstet 43: 151–6

Tallarigo L, Giampietro O, Penno G, Miccoli R, Gregori G, Navalesi R (1986) Relation of glucose tolerance to complications of pregnancy in nondiabetic women. N Engl J Med 315: 989–92

Tam W-H, Rogers MS, Yip S-K, Lau TK, Leung TY (2000) Which screening test is the best for gestational impaired glucose tolerance and gestational diabetes mellitus? (Letter). Diabetes Care 23: 1432

Tamas JR, Gy, Baranyi E, Petranyi JR, Gy, Dimeny E, Banyal Z, Kerenyi Z (1981) Improvement of metabolic control: criteria for normoglycaemia in diabetic pregnancy. In: Irsigler K, et al (eds) New Approaches to Insulin Therapy. Falcon House, Lancester, MTP Press, pp 455–62

Tamas G, Demeter J, Baranyi E, et al (1985) Persönliche Mitteilung

Tamás GY, Baranyi É, Hadden DR, Kerényi Zs, de Leiva A, Mølsted-Pedersen L, Tomaziz M, Weiss PAM (1992) Guidlines on pregnancy outcome. In: Krans HMJ, Porta M, Keen H (eds) Diabetes Care and Research in Europe: the St. Vincent Declaration Action Programme, Implementation document. WHO Regional Office for Europe, Copenhagen, International Diabetes Federation, pp 49–41

Tamborlane WV, Puklin JE, Bergman M, Verdonk C, Rudolf MC, Felig P, Genel M, Sherwing R (1982) Longterm improvement of metabolic control with the insulin pump does not reverse diabetic microangiopathy. Diabetes Care 5 [Suppl 1]: 58–64

Tamura RK, Sabbagha RE, Depp R, Dooley SL, Socol ML (1986) Diabetic macrosomia: accuracy of third trimester ultrasound. Obstet Gynecol 67: 828–32

Tamura RK, Sabbagha RE, Dooley SL, Vaisrub N, Socol ML, Depp R (1985) Real time ultrasound estimations of weight in fetuses of diabetic gravid women. Am J Obstet Gynecol 153: 57–60

Tamussino K, Weiss PAM, Hofmann HMH, Kainer F (1992) Obstetrically relevant limits of oral glucose tolerance testing. Geburtshilflich Gynäkologische Universitätsklinik Graz, Graz, Österreich. Abstractband, Second International Graz Symposium on Gestational Diabetes. Puch, Austria, Medizinisch-wissenschaftliche Abteilung. Milupa Information-Service, p 69–70

Tan KL (1973) Brachial palsy. Br J Obstet Gynaecol 80: 60–2

Tanigawa Kawaguchi M, Tanaka O, Kato Y (1991) Skeletal malformations in rat offspring. Longterm effect of maternal insulin induced hypoglycemia during organogenesis. Diabetes 40: 1115–21

Tanner JM (1962) Growth at Adolescence, 2nd ed. Oxford, UK, Blackwell

Tanner JM (1970) Standards for birth weight or intra-uterine growth. Pediatrics 46: 1–6

Taplin SH, Thompson RS, Conrad DA (1988) Cost-justification analysis of prenatal maternal serum alpha-feto protein screening. Med Care 26: 1185–202

Tarn AC, Dean BM, Schwarz G, Thomas JM, Ingram DI, Bottazzo GF, Gall EAM (1988) Predicting insulin dependent diabetes. Lancet i: 845–50

Tarrò S (1979) Ultraschallzeichen der intrauterinen Stoffwechselstörung. Zbl Gynäkol 101: 41–9

Taskinen MB (1992) Quantitative and qualitative lipoprotein abnormalities in diabetes mellitus. Diabetes 41 [Suppl 2]: 12–7

Tate PF, Clements CA, Walter JE (1992) Accuracy of home blood glucose monitors. Diabetes Care 15: 536–8

Tatemoto K, Efendic S, Mutt V, Makk G, Feistner GJ, Barchas JC (1986) Pancreastatin, a novel pancreatic peptide that inhibits insulin secretion. Nature 324: 476–8

Tattersall RB (1974) Mild familial diabetes with dominant inheritance. Q J Med 43: 339–57

Tattersall RB, Fajans SS (1975) A difference between the inheritance of classic juvenile-onset and maturity-onset type diabetes of young people. Diabetes 24: 44–53

Tattersall RB, Pyke DA (1972) Diabetes in identical twins. Lancet ii: 1120–1125

Taubert HD, Kuhl H (1981) Kontrazeption mit Hormonen. Stuttgart New York, Thieme, pp 276–9

Taylor R (1991) Insulin action. Clin Endocrinol 34: 159–71

Taylor ES, Hagerman DD, Betz G, Williams KL, Grey PA (1970) Estriol concentrations in blood during pregnancy. Am J Obstet Gynecol 108: 868

Taylor I, Duthie HL, Cumberland DC, Smallwood R (1975) Glucagon and the colon. Gut 16: 973–8

Taylor KG, Wright AD, Carter TJN, Valente AJ, Betts SA, Matthews KA (1981) High-density Lipoprotein Choesterol and Apolipoprotein A-I levels at diagnosis in patients with non-insulin-dependent diabetes. Diabetologia 20: 535–9

Taylor R, Bennett P, LeGonidec G, Lacoste J, Combe D, Joffres M, Uili R, Charpin M, Zimmet PZ (1983) The prevalence of diabetes mellitus in a traditional-living Polynesian population: the Wallis Island survey. Diabetes Care 6: 334–40

Tchobroutsky C, Amiel-Tison C, Cedard L, Eschwege E, Rouvillois JL, Tchobroutsky G (1978) The lecithin/sphingomyelin ratio in 132 insulindependent diabetic pregnancies. Am J Obstet Gynecol 130: 754–60

Tchobroutsky C, Breat GL, Rambaud DC, Henrion R (1985) Correlation between fetal defects and early growth delay observed by ultrasound. Lancet i: 706–7

Tchobroutsky C, Vray MM, Altman J-J (1991) Risk/benefit ratio of changing late obstetrical strategies in the management of insulin-dependent diabetic pregnancies: a comparison between 1971–77 and 1978–85 periods in 389 pregnancies. Diabete et Metabolisme 17: 287–94

Tchobroutsky G, Heard I, Tchobroutsky C, Eschwege E (1980) Amniotic fluid C-peptide in normal and insulin-dependent diabetic pregnancies. Diabetologia 18: 289–92

Teasdale F (1981) Histomorphometry of the placenta of the diabetic woman: class A diabetes mellitus. Placenta 2: 241–52

Teasdale F (1983) Histomorphometry of the human placenta in class B diabetes mellitus. Placenta 4: 1–12

Teasdale F (1985) Histomorphometry of the human placenta in class C diabetes mellitus. Placenta 6: 69–82

Teichmann AT (1991) Kontrazeption. Stuttgart, wissenschaftliche Verlagsgesellschaft

Teller WM, Cornblath M, Engelhardt W, Gutberlet RL, Heisig N, Meny R, Mintz DH, Mueller-Heubach E, Riegel K (1976) Probleme des Diabetes mellitus in der Schwangerschaft und während der Neugeborenenperiode: ein internationales schriftliches Rundtischgespräch. Pädiatr Prax 17: 439–59

Temple LK, Gardner RJ, Mackay DJG, Barber JCK, Robinson DO, Shield JPH (2000) Transient neonatal diabetes. Widening the understanding of the etiopathogenesis of diabetes. Diabetes 49: 1359–66

Templeton A, Fraser C, Thompson B (1990) The epidemiology of infertility in Aberdeen. BMJ 301: 148–52

TenBerge BS, Assen FJJ (1957) Diabetes und Schwangerschaft. Arch Gynaecol 189: 189 (Zit nach Burkart, 1989b)

ter Braak EW, Woodworth JR, Bianchi R, Cerimele B, Erkelens DW, Hijssen JH, Kurtz D (1996) Injection site effects on the pharmacokinetics and glucodynamics of insulin lispro and regular insulin. Diabetes Care 19: 1437–40

Teramo K (1998) Sikiön makrosomia on yhä äidin diabeteksen suuri ongelma. Duodecim 114: 73–9

Teramo K, Ammala P, Ylinen K, et al (1983) Pathologic fetal heart rate: association with poor metabolic control in diabetic pregnancies. Obstet Gynecol 61: 559–65

Terinde R, Driedger E, Müller JEA, Kozlowsky P, Schadewaldt J (1982) Extremitätenwachstum, Gestationsalter-Schätzung und Mißbildungsdiagnostik durch Ultraschall-Vermessung fetaler Knochen im II. Trimenon. Z Geburtsh u Perinat 186: 125–32

Teutsch SM, Herman WH, Dwyer DM, Lane JM (1984) Mortality among diabetic patients using continuous subcutaneous insulin-infusion pumps. N Engl J Med 310: 361–8

Thadepalli H, Appleman MD, Maidman JE, Arce JJ, Davidson Jr, EC (1977) Antimicrobial effect of amniotic fluid against anaerobic bacteria. Am J Obstet Gynecol 127: 250–4

Thai AC, Yeo PPB, Lun KC, Hughes K, Wang KW, Sothy SP, Lui KF, Ng Wy cheah JS, Phoon WO, Lim P (1987) Changing prevalence of diabetes mellitus in Singapore over a ten year period. In: Vannasaeng S, Nitianant W, Chandraprasert S (eds) Epidemiology of diabetes mellitus: proceedings of the international symposium on epidemiology of diabetes mellitus. Bangkok, Crystal House Press, pp 63–7

Thalme B, Edström K (1974) Intravenous glucose tolerance test and its relation to a scoring system for the degree of diabetic fetopathy in newborn infants. J Perinat Med 2: 233–42

Thalme B, Edström K, Broberger U, Engström L, Kretzschmar G (1975) Acid-base and electrolyte balance in infants of diabetic mothers. Acta Obstet Gynec Scand 54: 129–34

Than GN, Csaba IF, Szabó DG, Arany AA, Bognár ZJ, Bohn H (1984) Serum levels of placenta-specific tissue protein 12 (PP_{12}) in pregnancies complicated by pre-eclampsia, diabetes or twins. Arch Gynecol 236: 41–5

Than GN, Csaba IF, Szabó DG, Bodnár ZJ, Arany A, Bohn H (1983) Levels of placenta-specific tissue protein 12 (PP_{12}) in serum during normal pregnancy and in patients with trophoblastic tumor. Arch Gynaekol 234: 39–46

The Diabetes Control and Complications Trial Research Group (2000) Effect of pregnacy on microvascular complications in the Diabetes Control and Complications Trial. Diabetes Care 23: 1084–91

The DECODE-study group on behalf of the Diabetes Epidemiology Group (1999) Is fasting glucose sufficient to define diabetes? Epidemiological data from 20 European studies. Diabetologia 42: 647–54

The Expert Committee on the Diagnosis and Classification of Diabetes Mellitus (1997) Report of the Expert Committee on the Diagnosis and Classification of Diabetes Mellitus. Diabetes Care 20: 1183–97

The Kroc Collaborative Study Group (1984) Blood glucose control and the evolution of diabetic retinopathy and albuminuria: a preliminary multicenter trial. N Engl J Med 311: 365–72

The National Steering Committee for Quality Assurance in Capillary Blood Glucose Monitoring (1993)Proposed strategies for reducing user error in capillary blood glucose monitoring. Diabetes Care 16: 493–8

The NICHD National Registry for Amniocentesis Study Group (1976) Midtrimester amniocentesis for prenatal diagnosis. J Am Med Assoc 236: 1471–6

The UK Prospective Diabetes Study (1999) Diabetes News XX/1: 1–8

Third International Workshop Conference on Gestational Diabetes Mellitus (1991) Summary of recommendations of the third international workshop conference on gestational diabetes. Diabetes 40 [Suppl]: 197–201

Thomas CR, Eriksson GL, Eriksson UJ (1990) Effects of maternal diabetes on placental transfer of glucose in rats. Diabetes 39: 276–82

Thomas DJB, Dove AF, Alberti KGMM (1977) Metabolic effects of salbutamol infusion during premature labour. Br J Obstet Gynaecol 84: 497–9

Thomas DJB, Gill B, Brown P, Stubbs WA (1977) Salbutamol-induced diabetic ketoacidosis. Br Med J II, 438

Thomas F, Balkau B, Vauzelle-Kervrodan F, Papoz L, Codiab-Inserm-Zeneca Study Group (1994) Maternal effect and familial aggregation in NIDDM: the Codiab Study. Diabetes 43: 63–6

Thomas G, Martin-Perez J, Siegman M, Otto AM (1982) The effect of serum, EGF, PGF2Alpha and insulin on 56 phosphorylation and the initiation of protein and DNA synthesis. Cell 30: 235–42

Thompson AM, Billewicz WZ, Hytten FE (1968) The assessment of fetal growth. J Obstet Gynaecol Br Cwlth 77: 903–16

Thompson D, Howarth F, Levy S (1978) Color blindness, a hazard to diabetics. Lancet i: 44

Thompson D, Howarth F, Taylor H, Levy I, Birch J (1979) Defective color vision in diabetes: a hazard to management. Br Med J 1: 859–60

Thompson DJ, Porter KB, Gunnells DJ, Wagner PC, Spinnato JA (1990) Prophylactic Insulin in the management of gestational diabetes. Obstet Gynecol 75: 960–4

Thompson DM, Dansereau J, Creed M, Ridell L (1994) Tight glucose control results in normal perinatal outcome in 150 patients with gestational diabetes. Obstet Gynecol 83: 362–6

Thompson W, Lappin TRJ, Elder GE (1971) Liquor volume by direct spectro-photometric determination of injected PAH. J Obstet Gynaecol Br Commonw 78: 341–4

Thomsen K, Lieschke G (1958) Untersuchungen zur Plazentamorphologie bei Diabetes mellitus. Acta endocr (Kbh) 29: 602–14

Thomson AM, Billewicz WZ, Hytten FE (1968) The assessment of fetal growth. J Obstet Gynaec Br Cwlth 75: 903–16

Thon A, Heinze E, Feilen KD, et al (1992) Development of height and weight in children with diabetes mellitus: report on two prospective multicentre studies, one cross-sectional, one longitudinal. Eur J Pediatr 151: 258–62

Thorell JI (1970) Plasma insulin levels in normal human fetuses. Acta Endocrinol (Kbh) 63: 134

Thorpe-Beeston JG, Nicolaides KH, Felton CV, Butler J, McGregor AM (1991) Maturation of the secretion of thyroid hormone and thyroid stimulating hormone in the fetus. N Engl J Med 324: 532–6

Thorsson AV, Hintz RL (1977) Insulin receptors in the newborn: increase in receptor affinity and number. N Engl J Med 297: 908–12

Thurnau GR, Tamura RK, Sabbagha RE, et al (1983) A simple estimated fetal weight equation based on real-time ultrasound measurements of fetuses less than thirty-four weeks' gestation. Am J Obstet Gynecol 145: 557–61

Tiitinen A, Ylinen K (1986) Circulating levels of protein 10 (PP 10) in diabetic pregnancy. Acta Obstet Gynecol Scand 65: 709–11

Tillil H, Köbberling J (1987) Age-corrected empirical genetic risk estimates for first-degree relatives of IDDM patients. Diabetes 36: 93–9

Timor-Tritsch IE, Farine D, Rosen MG (1988) A close look at early embryonic development with the high-frequency transvaginal transducer. Am J Obstet Gynecol 159: 676–9

Tindall H, Vinall PS, Stickland M, Wales JK (1986) Improved results for diabetic pregnancies after pre-pregnancy counseling. Pract Diabetes 3: 250–2

Todd JA, Aitman TJ, Cornall RJ, Ghosh S, Hall JR, Hearne CM, Knight AM, Love JM, McAleer MA, Prins JB, Rodriguez N, Lathrop M, Pressey A, De Larato NH, Peterson LB, Wicker LF (1991) Genetic analysis of autoimmune Type I diabetes mellitus in mice. Nature (Lond) 351: 542–47

Todd JA, Bell JI, McDevitt HO (1987) HLA-DQβ gene contributes to susceptibility and resistance to insulin-dependent diabetes mellitus. Nature 329: 599–604

Toeller M, Gries FA, Kuschak D, Potthoff S (1981) Stoffwechselrisiko bei Kindern von Diabetikerinnen. Arch Gynecol 232: 548–9

Tomky D (1989) Self-Testing. Diabetes Forecast 42: 45–51

Tomoda S, Ogita S (1996) Poor glycemic control in patients with a normal glucose tolerance test (Abstract). J Soc Gynecol Invest 3 [Suppl]: 297A

Torjesen PA, Birkeland KI, Anderssen SA, Hjermann I, Holme I, Urdal P (1997) Lifestyle changes may reverse development of the insulin resistance syndrome. The Oslo Diet and Exercise Study: a randomized trial. Diabetes Care 20: 26–31

Tosi LL, Detsky AS, Roye DP, Mroden ML (1987) When does mass screening for open neural tube defects in low-risk pregnancies result in cost savings? CMAJ 136: 255–65

Toth EL, Ryan EA (1988) Lack of metabolic effects of a triphasic formulation containing norethindrone in normal women studied prospectively. Contraception 37: 549–54

Towler DA, Havlin CE, Craft S, Cryer PE (1993) Mechanism of awareness of hypoglycemia: perception of neurogenic (predominantly cholinergic) rather than neuroglycopenic symptoms. Diabetes 42: 1791–8

Towner D, Kjos SL, Leung B, Montoro MM, Xiang A, Mestman JH, Buchanan TA (1995) Congenital malformations in pregnancies complicated by non-insulin-dependent diabetes mellitus increased risk from poor maternal metabolic control but not from exposure to sulfonylurea drugs. Diabetes Care 18: 1446–51

Toyoda N (1982) Insulin receptors on erythrocytes in normal and obese pregnant women during the follicular and luteal phases. Am J Obstet Gynecol 144: 679–82

Trajanoski Z, Brunner GA, Gferer RJ, Wach P, Pieber TR (1996) Accuracy of home blood glucose meters during hypoglycemia. Diabetes Care 19: 1412–5

Traub AL, Harley JM, Cooper TK, Maguiness SM (1987) Is centralized hospital care necessary for all insulin-dependent pregnant diabetics? Br J Obstet Gynaecol 94: 957–62

Travers JP, Exell L, Huang B, Town E, Lammiman MJ, Pratten MK, Beck F (1992) Insulin and insulinlike growth factors in embryonic development. Diabetes 41: 318–24

Travers JP, Pratten MK, Beck F (1989) Effects of low insulin levels on rat embryonic growth and development. Diabetes 38: 773–8

Travis LB, Hürter B (1980) Einführungskurs für Kinder und Jugendliche mit Diabetes mellitus. Bund diabetischer Kinder (Gerhards u Co OHG). Frankfurt a M

Trocino RA, Akazawa S, Ishibashi M, Matsumoto K, Matuso H, Yamamoto H, Goto S, Urata Y, Kondo T, Nagataki S (1995) Significance of glutathione depletion and oxidative stress in early embryogenesis in glucose-induced rat embryo culture. Diabetes 44: 992–8

Troxler RG, Trabal JF, Malcom CL (1975) Interpretation of an abnormal oral glucose tolerance test encountered during multiphasic laboratory screening. Aviat Space Environ Med 46: 729–35

Trudeau JD, Dutz JP, Arany E, Hill DJ, Fieldus WE, Finegood DT (2000) Perspectives in Diabetes. Neonatal β-cell apoptosis. A trigger for autoimmune diabetes? Diabetes 49: 1–7

Trudinger BJ, Giles WB, Cook CM, Bombardieri J, Collius L (1985) Fetal umbilical artery flow velocity waveforms and placental resistance: clinical significance. Br J Obstet Gynaecol 92: 23–30

Truman P, Ford HL (1984) The brush border membrane of the human term placenta. Biochim Biophys Acta 779: 139–60

Tsai MY, Shultz EK, Nelson JA (1984) Amniotic fluid phosphatidylglycerol in diabetic and control pregnant patients at different gestational lenghts. Am J Obstet Gynecol 149: 388–92

Tsai MY, Shultz EK, Williams PP, et al (1987) Assay of disaturated phosphatidylcholin in amniotic fluid as a test of fetal lung maturity: experience with 2000 analyses. Clin Chem 33: 1648–51

Tsakalakos N, MacFarlane CM, Taljaard JJF (1985) Evidence of hypoxaemia and distribution of minor haemoglobin components in the cord blood of neonates born to diabetic mothers. S Afr Med J 67: 628–32

Tsang RC, Ballard J, Braun C (1981) The infant of diabetic mothers: today and tomorrow. Clin Obstet Gynecol 24: 125–47

Tsang RC, Chen IW, Friedman MA, et al (1975) Parathyroid function in infants of diabetic mothers. J Pediatr 86: 399–404

Tsang RC, Kleinman LI, Sutherland JM, Light IJ (1972) Hypocalcemia in infants of diabetic mothers. J Pediatr 80: 384–95

Tuch BE, Jones A, Turtle JR (1985) Maturation of the response of human fetal pancreatic explants to glucose. Diabetologia 28: 28–31

Tuch BE, Williams PE, Handelsman D, Dunlop M, Grigoriou S, Turtle JR (1987) Effect of phorbol and glucose on insulin secretion from the human fetal pancreas. Life Sci 40: 1405–10

Tulchinsky D, Hobel CJ, Yeager E, Marshall JR (1972) Plasma estrone, estradiol, estriol, progesterone and 17-hydroxyprogesterone in human pregnancy. 1. Normal pregnancy. Am J Obstet Gynecol 112: 1095–100

Tuomilehto J, Lounamaa R, Tuomilehto-Wolf E, Reunanen A, Virtala E, Kaprio EA, Åkerblom HK, and the Childhood Diabetes in Finland (DiMe) Study Group (1992) Epidemiology of childhood diabetes mellitus in Finland- background of a nationwide study of type 1 (insulin-dependent) diabetes mellitus. Diabetologia 35: 70–6

Tuomilehto J, Podar T, Tuomilchto-Wolf E, Virtala E (1995) Evidence for importance of gender and birth cohort for risk of IDDM in offspring of IDDM parents. Diabetologia 38: 975–82

Tuomilehto J, Rewers M, Reunanen A, et al (1991) Increasing trend in type I (insulin-dependent) diabetes mellitus in childhood in Finland. Analysis of age, calendar time and birth cohort effects during 1965 to 1984. Diabetologia 34: 282–7

Tuomilehto J, Virtala E, Karvonen M, Lounamaa R, Pitkäniemi J, Reunanen A, Tuomilehto-Wolf E, Toivanen L (1995) Increase in incidence of insulin-dependent diabetes mellitus among children in Finland. Int J Epidemiol 24: 984–92

Turner R, Stratton I, Horton V, Manley S, Zimmet P, Mackay IR, Shattock M, Bottazzo GF, Holman R, for UK Prospective Diabetes Study (UKPDS) Group (1997) UKPDS 25: autoantibodies to islet-cell cytoplasm and glutamic acid decarboxylase for prediction of insulin requirement in type 2 diabetes. Lancet 350: 188–93

Turner RC, Harris E, Bloom SR, Uren C (1977) Reation of fasting plasma glucoseconcentration to plasma insulin and glucagon concentrations. Studies in latent diabetics and women who have produced large-for-dates babies. Diabetes 26: 166–71

Turtle JR, Kipnis DM (1967) The lipolytic action of human placental lactogen on isolated fat cells. Biochim Biophys Acta 144: 583–93

Tyden G, Brattström Ch, Björkman U, Landgraf R, Baltzer J, Hillebrand G, Land W, Calne R, Brons IGM, Sqifflet JP, Ghysen J, Alexandre GPJ (1989) Pregnancy after combined pancreas-kidney transplantation. Diabetes 38: 43–5

Tyrell S, Howel D, Bark M, Allibone E, Lilford RJ (1988) Should maternal α-fetoprotein estimation be carried out in centers where ultrasound screening is routine? Am J Obstet Gynecol 158: 1092–9

Tyrrel SN (1988) Doppler studies in diabetic pregnancy. Br Med J 296: 428

Tyson JE, Hock Rh (1976) Gestational and pregestational diabetes: an approach to therapy. Am J Obstet Gynecol 125: 1009–27

Tyson JE, Huang P, Guyda H, Friesen HG (1972) Studies of prolactin secretion in human pregnancy. Am J Obstet Gynecol 113: 14–20

Tzingounis VA, Loutradis DCh, Agrapidis ChD, Trouvas DX (1985) Maternal and fetal serum and amniotic fluid cortisol and insulin levels in gestational diabetes. IRCS Med Sci 13: 582–3

U.S. Congress, Office of Technology Assessment (1987) Neonatal intensive care for low birthweight infants: cost and effectiveness. Washington, DC, US Congress, Office of Technology Assessment, (OTA-HCS-38)

U.S. Renal Data System (1989) Annual data report. Bethesda, Maryland, National Institute of Diabetes and Digestive and Kidney disease

UK Prospective Diabetes Study (UKPDS Group) IV (1988) Characteristics of newly-presenting type 2 diabetic patients: male preponderance and obesity at different ages. Diabet Med 5: 154–9

Ulbig MW, Kampik A, Hamilton AMP (1993) Diabetische Retinopathie-Epidemiologie, Risikofaktoren und Stadieneinteilung. Ophthalmologe 90: 395–414

Uncu G, Ozan H, Cengiz C (1995) The comparison of 50 grams glucose challenge test, HbA1c and fructosamine levels in diagnosis of gestational diabetes mellitus. Clin Exp Obstet Gynecol 22: 230–4

Underwood LE, D' Ercole AJ (1984) Insulin and insulin-like growth factors/somatomedins in fetal and neonatal development. Clin Endocrinol Metab 13: 69–89

Unger RH, Aquilar-Parada E, Muller WA, Eisentraut AM (1970) Studies of pancreatic alpha cell function in normal and diabetic subjects. J Clin Invest 49: 837–48

Unterman T, Goewert RR, Baumann G, Freinkel N (1986) Insulin receptors in embryo and extraembryonic membranes of early somite rat conceptus. Diabetes 35: 1193–9

Urban G, Baumgarten K, Baumung H, Beck A, Fröhlich H, Gruber W, Seidl A (1972) Die Beeinflussung des Glukosetoleranztestes bei normalen Schwangerschaften mit Ritodrine und Th 1165 a. Proceedings of the International Symposium on the Treatment of Foetal Risks, Baden

Urdl W (1987) Significance of Somatomedin-C in the pathogenesis of polycystic ovarian disease. Acta Endocrinol Cph 114 [Suppl 238]: 168

Urdl W (1988) Polycystic ovarian disease: endocrinological parameters with specific reference to growth hormone and Somatomedine-C. Arch Gynecol Obstet 243: 13–36

Urdl W, Desoye G (1990) Growth factors, carbohydrate and lipid metabolism in the polycystic ovarian syndrome. In: Boutaleb Y, Gzouli A (eds) Recent Develop. Fertil. Steril. Parthenon Publ, pp 151–4

Urdl W, Desoye G, Schmon B, Hofmann HMH, Ralph G (1991) Interactions between insulin and insulin-like growth factor I in the pathogenesis of polycystic ovarian disease. Ann NYAS 626: 177–85

Uriu-Hare JY, Stern JS, Reaven GM, Keen CL (1985) The effect of maternal diabetes on trace element status and fetal development in rat. Diabetes 34: 1031–40

Usher R, McLean F (1969) Intrauterine growth of live-born Caucasian infants at sea level: standards obtained from measurements in 7 dimensions of infants born between 25 and 44 weeks of gestation. J Pediatr 74: 901–10

Usher RH, Allen AC, Mc Lean FH (1971) Risk of respiratory distress syndrome related to gestational age, route of delivery and maternal diabetes. Am J Obstet Gynecol 111: 826–32

Ustvedt HJ, Olsen E (1977) Incidence of diabetes mellitus in Oslo, Norway, 1956–65. Br J Prev Soc Med 31: 251–257

Utiger RD (1991) Recognition of thyroid disease in the fetus. N Engl J Med 324: 559–61

Uusitalo U, Feskens EJM, Tuomilehto J, et al (1996) Fall in total cholesterol concentration over five years in association with changes in fatty acid composition of cooking oil in Mauritius: cross sectional survey. BMJ 313: 1044–6

Vaag A, Henriksen JE, Beck-Nielsen H (1992) Decreased insulin activation of glycogen synthetase in skeletal muscles in young nonobese Caucasian first-degree relatives of patients with non-insulin-dependent diabetes mellitus. J Clin Invest 89: 782–8

Vaandrager GJ, Bruining GJ, Veenhof FJ, et al (1984) Incidence of childhood diabetes in the Netherlands: a decrease from north to south over north-western Europe? Diabetologia 27: 203–6

Vaarala O, Knip M, Paronen J, Hämäläinen A-M, Muona P, Väätäinen M, Ilonen. J, Simell O, Åkerblom HK (1999) Cow's milk formula feeding induces primary immunization to insulin in infants at genetic risk for type 1 diabetes. Diabetes 48: 1389–94

Vaarala O, Saukkonen T, Savilahti E, Klemola T, Åkerblom HK (1995) Development of immune response to cow's milk proteins in infants receiving cow's milk or hydrolyzed formula. J Allergy Clin Immunol 96: 917–23

Vaccaro O, Iovino V, Rivellese AA, Riccardi G (1996) Does impaired glucose tolerance predict hypertension? A prospective analysis. Diabetologia 39: 70–6

Vadheim CM, Rotter JL, MacLaren NK, Riley WJ, Anderson CE (1986) Preferential transmission of diabetic alleles within the HLA gene complex. N Engl J Med 315: 1314–8

Vahlquist A, Johnson A, Nygren KG (1979) Vitamin A transporting plasma proteins and female sex hormones. Am J Clin Nutr 32: 1433–8

Valdez R, Athens MA, Thompson GH, Bradshaw BS, Stern MP (1994) Birthweight and adult health outcomes in a biethnic population in the USA. Diabetologia 37: 624–31

Vallerand AL, Frim J, Kavanagh MF (1988) Plasma glucose and insulin responses to oral and intravenous glucose in cold-exposed humans. J Appl Physiol 65: 2395–99

Valway S, Freeman W, Kaufman S, Welty T, Helgerson SD, Gohdes D (1993) Prevalence of diagnosed diabetes among American Indians and Alaska Natives, 1987: estimates from a national outpatient data-base. Diabetes Care 16 [Suppl 1]: 271–6

Van Allen MI, Jackson JC, Knopp RH, Cone R (1989) In utero thrombosis and neonatal gangrene in an infant of diabetic mother. Am J Med Genet 33: 323–7

Van Assche FA (1968) A morphological study of the Langerhans islets of the fetal pancreas in late pregnancy. Biol Neonate 12: 331–42

Van Assche FA (1970) The foetal endocrine pancreas. A quantitative morphological approach. Thesis, University of Leuven

Van Assche FA, Aerts L (1975) Morphologic and ultrastructural modifications in the endocrine pancreas of pregnant rats, In: Camerini Davlos (ed) Early Diabetes in Early Life. New York, Academic Press, pp 333–41

Van Assche FA, Aerts L (1979) The fetal endocrine pancreas. In: Keller PJ (ed) Contributions io Gynecology and Obstetrics. Basel, Karger, pp 44–57

Van Assche FA, Aerts L (1985) Long term effect of diabetes and pregnancy in the rat. Diabetes 34 [Suppl 2]: 116–8

Van Assche FA, Aerts L, De Prins F (1983) Degranulation of the insulin-producing betacells in an infant of a diabetic mother. Case report. Br J Obstet Gynaecol 90: 182–5

Van Assche FA, Aerts L, Gepts W (1982) The different celltypes in the endocrine pancreas (human). Diabetologia 16: 151

Van Assche FA, Aerts L, Holemans K (1991) Metabolic alterations in adulthood after intrauterine development in mothers with mild diabetes. Diabetes 40 [Suppl 2]: 106–8

Van Assche FA, Aerts L, Holemans K (1994) Fetal growth retardation is associated with a reduced function of insulin producing B cells and may explain insulin resistance in later life. (Abstract) Am J Obstet Gynecol 170: 315

Van Assche FA, Aerts L, Holemans K, Vercruysse L (1994) The endocrine pancreas in nonimmune hydrops fetalis. Am J Obstet Gynecol 171: 236–8

Van Assche FA, Aerts L, Verhaeghe J (1988) Fetal consequences of maternal Diabetes. In: Weiss PAM, Coustan DR (eds) Gestational Diabetes. Wien New York, Springer, pp 153–9

Van Assche FA, DePrins LA, Aerts L, Verjans L (1977) The endocrine Pancreas in small-for-dates infants. Br J Obstet Gynaecol 84: 751–3

Van Assche FA, Gepts W, Aerts L (1976) The fetal endocrine pancreas in diabetes (human). Diabetologia 12: 423

Van Assche FA, Gepts W, de Gasparo M, Renaer M (1970) The endocrine pancreas in erythroblastosis fetalis. Biol Neonate 15: 176–85

Van Assche FA, Spitz B (1998) Beziehung zwischen Präeklampsie und Diabetes in der Schwangerschaft. Gynäkologe 31: 162–4

Van Assche FA, Spitz B, Hanssens M, Van Geet C, Arnout J, Vermylen J (1993) Increased thromboxane formation in diabetic pregnancy as a possible contributor to pre-eclampsia. Am J Obstet Gynecol 168: 84–7

Van Ballegooie E, Hooymans JMM, Timmerman Z, et al (1984) Rapid deteroriation of diabetic retinopathy during treatments with continuous subcutaneous insulin infusion. Diabetes Care 7: 236–42

Van Beek C (1939) Ned T Geneesk 83: 5973 (Zit nach Scheibenreither S, Thalhammer O 1966)

Van Bel F, Van De Bor M, Walther FJ (1991) Cerebral blood flow velocity and cardiac output in infants of insulin dependent diabetic mothers. Acta Paediatr Scand 80: 905–10

van Beusekom CM, Zeegers TA, Martini IA, Velvis HJ, Visser GH, van Doormaal JJ, Muskiet FA (1993) Milk of patients with tightly controlled IDDM has normal macronutrient and fatty acid composition. Am J Clin Nutr 57: 938–43

Van der Auwera B, Van Waeyenberge C, Schuit F, Heimberg H, Vandewalle C, Gorus F, Flament J, and the Belgian Diabetes Registry (1995) DRB1*0403 protects against IDDM in caucasians with the high risk heterozygous DQA1*0301-DQB1*0302/DQA1*0501-DQB1*0201 genotype. Diabetes 44: 527–30

van der Vange N, Kloosterboer HJ, Haspels AA (1987) Effect of seven low-dose combined oral contraceptive preparations on carbohydrate metabolism. Am J Obstet Gynecol 156: 918–22

Van Dieijen-Visser MP, Salemans T, Van Wersch JWJ, Schellekens LA, Brombacker PJ (1986) Glycosylated serum proteins and glycosylated hemoglobin in normal pregnancy. Ann Clin Biochem 23: 661–6

Van Haeften TW (1989) Clinical significance of insulin antibodies in insulin-treated diabetic patients. Diabetes Care 12: 641–8

van Kreel BK, van Dijk JP, Pijnenburg AMCM (1982) Placental transfer and metabolism of purines and nucleotides in the pregnant guinea pig. Placenta 3: 127–36

van Leusden H, Villee OA (1965) The de novo synthesis of sterols and steroids from acetate by a preparation of human term placentas. Steroids 6: 31–45

Van Lierde M, Buysschaert M, De Hertogh R (1982) Administration intravenieuse de Ritodrine chez le diabetique insulino dependante enceinte repercussions metaboliques. J Gynecol Obstet Biol Reprod 11: 869–75

Vanroelen WF, Van Gaal LF, Van Rooy PE, De Leeuw IH (1985) Serum and erythrocyte magnesium levels in type I and type II diabetics. Acta Diabetol Lat 22: 185–90

Vardi P, Crisa L, Jackson RA, et al (1991) Predictive value of intravenous glucose tolerance test insulin secretion less than or greater than the first percentile in islet cell antibody positive relatives of type 1 (insulin-dependent) diabetic patients. Diabetologia 34: 93–102

Varner MW (1983) Efficacy of home glucose monitoring in diabetic pregnancy. Am J Med 75: 592

Veille JC, Sivakoff M, Hanson R, Fanaroff AA (1992) Interventricular septal thickness in fetuses of diabetic mothers. Obstet Gynecol 79: 51–4

Veille JC, Sivakoff M, Nemeth M (1990) Evaluation of the human fetal cardiac size and function. Am J Perinatol 7: 54–9

Vejtorp M, Pedersen J, Klebe JC, Lund E (1977) Low concentrations of plasma aminoacids in newborn babies of diabetic mothers. Acta Paediatr Scand 66: 53–8

Velazquez FR, Bartholomew D (1996) Effect of small sample volume on five glucose monitoring systems. Diabetes Care 19: 903–4

Velcovsky HG, Federlin KF (1982) Insulin-specific IgG and IgE antibody response in type I diabetic subjects exclusively treated with human insulin (recombinant DNA). Diabetes Care 5 [Suppl 2]: 126–8

Vendrell J, Nubiola A, Goday A, et al (1987) HIV and the pancreas (letter). Lancett ii: 1212

Venkat Narayan KM, Pettitt DJ (1996) Glycosylated hemoglobin in pregnancy. Diabetes Care 19: 1455

Venkataramanan R, Boneru B, Wang CCP, Burckhart GJ, Caritis SN, Starzl TE (1988) Cyclosporine and its metabolites in mother and baby. Transplantation 46: 468

Ventura SJ, Martin JA, Curtin SC, Mathews TJ (1998) Report of Final Natality Statistics, 1996. Monthly Vital Statistics Report 46 (11) [Suppl] Hyattsville, MD, National Center for Health Statistics

Verge CF, Eisenbarth GS (1996) Natural history of autoimmunity in type 1 diabetes mellitus. In: LeRoith D, Taylor SI, Olefsky JM (eds) Diabetes mellitus: a Fundamental and Clinical Text. Philadelphia, Lippincott-Raven, pp 287–97

Verge CF, Gianani R, Kawasaki E, Yu L, Pietropaolo M, Jackson RA, Chase HP, Eisenbarth GS (1996) Prediction of type I diabetes in first-degree relatives using a combination of insulin, GAD, and ICA512bdc/IA-2 autoantibodies. Diabetes 45: 926–33

Verge CF, Howard NJ, Irwig L, Sipson JM, Mackerras D, Silink M (1994) Environmental factors in childhood IDDM. Diabetes Care 17: 1381–9

Verge CF, Howard NJ, Rowly MJ, Mackay IR, Zimmet PZ, Egan M, Hulinska H, Hulinsky I, Silvestrini RA, Kamath S, Sharp A, Arundel T, Silink M (1994) Anti-glutamate decarboxylase and other antibodies at the onset of childhood IDDM: a population-based study. Diabetologia 37: 1113–20

Verge CF, Silink M, Howard NJ (1994) The incidence of childhood IDDM in New South Wales, Australia. Diabetes Care 17: 693–6

Verhaaren HA, Craen M, de Gomme P, et al (1984) Macrosomy despite well-controlled pregnancy. Lancet i: 285

Verhaeghe J, Van Bree R, Van Herck E, Laureys J, Boullon R, Van Assche FA (1993) C-peptide, insulin-like growth factor I and II, and insulin-like groth factor binding protein-1 in umbilical cord serum: correlations with birth weight. Am J Obstet Gynecol 169: 89–97

Vermes I, Zeyen JM, Roon EV, Brandts H (1989) The role of serum fructosamine as a screening test for gestational diabetes mellitus. Horm Metab Res 21: 73–6

Verriest G (1963) Further studies on acquired deficiency of color discrimination. J Opt Soc Am 53: 185–95

Verrillo A, de Teresa A, La Rocca S, Giarrusso PC (1985) Prevalence of diabetes mellitus and impaired glucose tolerance in a rural area of Italy. Diabetes Res 2: 301–6

Verrillo A, de Teresa A, Nunziata V, Rucco E (1983) Epidemiology of diabetes mellitus in an Italian rural community. Diabete Metab 9: 9–13

Vessey M, Huggins G, Lawless M, McPherson K, Yeates D (1983) Tubal sterilization: findings in a large prospective study. Br J Obstet Gynaecol 90: 203–9

Vessy MP, Lawless M, Yeates D (1982)Efficacy of different contraceptive methods. Lancet ii: 842

Vessy MP, Lawless M, Yeates D (1984) Oral contraceptives and stroke: findings in a large prospective study. Br Med J 289: 530–1

Viana M, Herrera E, Bonet B (1996) Teratogenic effects of diabetes mellitus in the rat. Prevention with vitamin E. Diabetologia 39: 1047–54

Viberti G, Jarret R, Mahmud U, Hill R, Argyropoulos K, Keen H (1982) Microalbuminuria as a predictor of clinical nephropathy in insulin-dependent diabetes mellitus. Lancet i: 1430–2

Villar-Palasi C, Larner J (1961) Insulin treatment and increased UDPG-glycogen transglucosylase activity in muscle. Arch Biochem Biophys 84: 436–42

Villee CA (1953) The metabolism of human placenta in vitro. J Biol Chem 205: 113–23

Vinik AI, Jenkins DJA (1988) Dietary fiber in management of diabetes. Diabetes Care 11: 160–73

Vintzileos AM, Campbell WA, Rodis JF, Koefoed-Bors R, Nochimson DJ (1987) Fetal weight estimation formulas with head, abdominal, femur, and thigh circumference measurement. Am J Obstet Gynecol 157: 410–7

Vintzileos AM, Campbell WA, Storlazzi E, Mirochnick MH, Escoto DT, Nochimson DJ (1986) Fetal liver ultrasound measurements in isoimmunized pregnancies. Obstet Gynecol 68: 162–7

Vintzileos AM, Thompson JP (1980) Glycohemoglobin determinations in normal pregnancy and insulin-dependent diabetics. Obstet Gynecol 56: 435–9

Violaris K, Bitzos E, Rudolph N (1986) Increased blood viscosity and tachypnoea in infants of diabetic mothers. Arch Dis Child 61: 910–2

Virtanen SM, Saukkonen T, Savilahti E, Ylönen K, Räsänen L, Aro A, Knip M, Tuomilehto J, Åkerblom HK and the Childhood Diabetes in Finland Study Group (1994) Diet, Cow's milk protein antibodies and the risk of IDDM in Finnish children. Diabetologia 37: 381–7

Virtanen SM, Räsänen L, Aro A, Lindström J, Sippola H, Lounamaa R, Toivanen L, Tuomilehto J, Åkerblom HK, the Childhood Diabetes in Finland Study Group (1991) Infant feeding in Finnish children less than 7 yr of age with newly diagnosed IDDM. Diabetes Care 14: 415–7

Virtanen SM, Räsänen L, Aro A, Ylönen K, Lounamaa R, Tuomilehto J, Åkerblom HK, The Childhood Diabetes in Finland Study Group (1992) Feeding in infancy and the risk of type 1 diabetes mellitus in Finnish children. Diabet Med 9: 815–9

Virtanen SM, Räsänen L, Aro A, Ylönen K, Lounamaa R, Tuomilehto J, Åkerblom HK, the Childhood Diabetes in Finland Study Group (1992) Feeding in infancy and the risk of Type I diabetes mellitus in Finland. Diabetic Med 9: 815–19

Visser GHA, Bekedam DJ, Mulder EJH, Van Balegooie E (1985) Delayed emergence of fetal behaviour in type-I diabetic women. Early Hum Dev 12: 167–72

Vogel M (1967) Plakopathia diabetika. Virch Arch Path Anat 343: 51–63

Vogel M (1968) Epikritische und prognostische Plazentadiagnostik. Münch Med Wochenschr 110: 1182–8

Vohr BR, Lipsitt LP, Oh W (1980) Somatic growth of children of diabetic mothers with reference to birth size. J Pediatr 97: 196–9

Vohr BR, McGarvey ST (1997) Growth patterns of large-for-gestational-age infants of gestational diabetic mothers and control mothers at age 1 year. Diabetes Care 20: 1066–72

Vohr BR, McGarvey ST, Garcia Coll C (1995) Effects of maternal gestational diabetes and adiposity on neonatal adiposity and blood pressure. Diabetes Care 18: 467–75

Vohr BR, McGarvey ST, Tucker R (1999) Effects of maternal gestational diabetes on offspring adiposity at 4–7 years of age. Diabetes Care 22: 1284–91

Voigt R, Stoll W, Hempel E (1982) Zur Überprüfung der aktuellen uteroplazentaren Durchblutung mit der Placentadurchströmungsmessung bei normalen Schwangerschaften. Z Geburtsh u Perinat 186: 111–113

Von Ferber L, Salzsieder E, Hauner H, Thoelke H, Köster I, Jutzi E, Michaelis D, Fischer U (1993) Diabetes prevalence from health insurance data: evaluation of estimates by comparison with a population, based diabetes register. Diabete Metab 19: 89–95

Von Itallie TB (1985) Health implications of overweight and obesity in the United States. Ann Int Med 103: 983–92

von Kries R, Kimmerle R, Schmidt JE, Hachmeister A, Böhm O, Wolf HG (1997) Pregnancy outcomes in mothers with pregestational diabetes: a population-based study in North Rhine (Germany) from 1988 to 1993. Eur J Pediatr 156: 963–7

von Mühlendahl KE, Herkenhoff H (1995) Long-term course of neonatal diabetes. N Engl J Med 333: 704–8

von Noorden C, Isaac S (1927) Die Zuckerkrankheit. Berlin (Zit nach Heisig N, 1975)

Von Walter J, Fiederer M, Hillebrand B, Schoetzau A, Lohe K, Mehnert H, Emmrich P (1992) Hypertrophic cardiomyopathy in newborns of diabetic mothers. Kinderklinik der Technischen Universität München, III. Medizinische Abteilung und Forschergruppe Diabetes Krankenhaus Schwabing, Geburtsh Gynäkol Abteilung Krankenhaus Schwabing. München, BRD. Abstractband, Second International Graz Symposium on Gestational Diabetes. Puch, Austria, Medizinisch-wissenschaftliche Abteilung. Milupa Information-Service, p 73

Vorherr H (1982) Factors influencing fetal growth. Am J Obstet Gynecol 142: 577–88

Voss EM, Cembrowski GS (1992) Analytical performance of the HemoCue B-glucose analyzer usindg whole blood samples. Poster, Clin Chem 38: No 6

Vytiska-Binstorfer E, Brehm R, Huber JC, Reinold E (1987) Schwangerschaftsverlauf insulinpflichtiger Diabetikerinnen in den Jahren 1978–85 an der I. Universitäts-Frauenklinik Wien. Z Geburtsh Perinatol 191: 55–9

Wadsworth EJK, Shield JPH, Hunt LP, Baum JD (1997) A case control study of environmental factors associated with diabetes in the under 5s. Diabet Med 14: 390–6

Wagener DK, LaPorte RE, Orchard TJ, Cavender T, Kuller LH, Drash AL (1983) The Pittsburgh Diabetes Mellitus Study 3: an increased prevalence with older maternal age. Diabetologia 25: 82–5

Wagener DK, Sacks JM, LaPorte RE, MacGregor JM (1982) The Pittsburgh study of insulin-dependent diabetes mellitus. Risk for diabetes among relatives of IDDM. Diabetes 31: 136–44

Wald A, Van Thiel DH, Hoechstetter L, et al (1981) Effect of pregnancy on gastrointestinal transit. Dig Dis Sci 27: 1015

Wald NJ, Cuckle H, Boreham J, Stirrat GM, Turnbull AC (1979) Maternal serum alphafetoprotein and diabetes mellitus. Br J Obstet Gynaecol 86: 101–5

Wald NJ, Cuckle HS, Densem JW, Stone RB (1992) Maternal serum unconjugated oestriol and human chorionic gonadotrophin levels in pregnancies with insulin-dependent diabetes: implications for screening for Down's syndrome. Br J Obstet Gynaecol 99: 51–3

Wald NJ, Terzian E, Vickers PA (1983) congenital talipes and hip malformation in relation to amniocentesis: a case-control study. Lancet ii: 246–9

Waldhäusl W, Francesconi M, Bratusch-Marrein P, Korn A, Nowotny P (1981) Calculation of insulin requirement for insulin dependent diabetics treated with open-loop. In: Irsigler K, et al (eds) New Approaches to Insulin Therapy. Falcon House, Lancester, MTP Press, pp 137–44

Waldhäusl WK, Bratusch-Marrein P, Kruse V, Jensen I, Novotny P, Vierhapper H (1985) Effect of insulin antibodies on insulin pharmacokinetics and glucose utilization in insulin-dependent diabetic patients. Diabetes 34: 166–73

Waldhäusl WK, Kleinberger G (1980) Die Therapie des ketoazidotischen und hyperosmolaren Coma diabeticum. Pharmakotherapie 3: 129 (Zit nach Pristauz, 1984)

Walford S, Gale EA, Allison SD, Tattersall RN (1978) Self-monitoring of blood glucose: improvement of diabetic control. Lancet i: 732–5

Walker DG, Lea MA, Rossiter G, Addison MEB (1964) Glucose metabolism in the placenta. Arch Biochem Biophys 120: 646–53

Walker EA (1991) The clinical utility of capillary blood glucose monitoring in the 1990's. Conn Med 55: 637–40

Wallace EM, Crossley JA, Ritoe SC, Groome NP, Aitken DA (1997) Maternal serum inhibin-A in pregnancies complicated by insulin dependent diabetes mellitus. Br J Obstet Gynaecol 104: 946–8

Waller DK, Mills JL, Simpson JL, Cunningham GC, Conley MR, Lassman MR, Rhoads GG (1994) Are obese women at higher risk for producing malformed offspring? Am J Obstet Gynecol 170: 541–8

Walsh CH, Malins JM (1977) Menstruation and control of diabetes. Br Med J 2: 177–9

Walsh SW, Parisi VM (1989) The role of prostanoids and thromboxane in the regulation of placental blood flow. In: Rosenfeld C (ed) The Uterine Circulation. Ithaca New York, Perinatology Press, pp 273–98

Walters WAW, Boura ALA (1991) Regulation of fetal vascular tone in human placenta. Reprod Fertil Dev 3: 475–81

Walther F, Siassi B, King J, Wu PY-K (1985) Cardiac output in infants of insulin-dependent diabetic mothers. J Pediatr 107: 109–14

Wang HS, Chard T (1992) Chromatographic characterisation of insulin-like growth factor-binding proteins in human pregnancy serum. J Endocrinol 133: 149–59

Wang, T (1980) Amniotic epithelium in diabetes mellitus. Light and electron microscopic examination. Virch Arch A 387: 185–91

Wang Y, Storlien LH, Jenkins AB, et al (2000) Dietary variables and glucose tolerance in pregnancy. Diabetes Care 23: 460–4

Wangel AG, Kontiainen S, Scheinin T, Schlenzka A, Wangel D, Mäenpää J (1992) Anti-endothelial cell antibodies in insulin-dependent diabetes mellitus. Clin Exp Immunol 88: 410–3

Warburton D, Fraser FC (1964) Spontaneous abortion risks in man. data from reproductive histories collected in a medical genetics unit. Am J Hum Genet 16: 1–25

Ward KP, Galloway WH, Auchterlonie JA (1979) Congenital cytomegalovirus infection and diabetes. Lancet i: 497

Ward SC, Woods DR, Gilstrap LC, Hauth JC (1984) Pregnancy and acute optic disc edema of juvenile-onset diabetes. Obstet Gynecol 64: 816–8

Ward WK, Johnston CLW, Beard JC, Benedetti TJ, Halter JB, Porte Jr, D (1985) Insulin resistance and impaired insulin secretion in subjects with histories of gestational diabetes mellitus. Diabetes 34: 861–9

Ward WK, Johnston CLW, Beard JC, Benedetti TJ, Porte D (1985) Abnormalities of Islet β-cell function, insulin action, and fat distribution in women with histories of gestational diabetes: relationship to obesity. J Clin Endocrinol Metab 61: 1039–45

Ward WK, LaCava EC, Paquette TL, Beard JC, Wallum BJ, Porte Jr, D (1987) Disproportionate elevation of immunoreactive proinsulin in type 2 (non-insulin-dependent) diabetes mellitus and in experimental insulin resistance. Diabetologia 30: 698–702

Wareham NJ, Swinn R, Fineman MS, Koda JE, Taylor K, Williams DEM, O'Rahilly S (1998) Gestational diabetes mellitus is associated with an increase in the total concentration of amylin molecules. Diabetes Care 21: 668

Warner DC, McCandless RR, De Nino LA, Cornell JE, Pugh JA, Marsh GM (1996) Costs of diabetes in Texas. Diabetes Care 19: 1416–9

Warner RA, Cornblath M (1969) Infants of gestational diabetic mothers. Am J Dis Child 117: 65–8

Warram JH, Krolewski AS, Gottlieb MS, Kahn CR (1984) Differences in risk of insulin-dependent diabetes in offspring of diabetic mothers and diabetic fathers. N Engl J Med 311: 149–52

Warram JH, Krolewsky AS, Kahn CR (1988) Determinants IDDM and perinatal mortality in children of diabetic mothers. Diabetes 37: 1328–34

Warram JH, Martin BC, Krolewski AS (1991) Risk of IDDM in children of diabetic mothers decreases with increasing maternal age at pregnancy. Diabetes 40: 1679–84

Warren MP, Brooks-Gunn J, Hamilton LH, Warren LF, Hamilton WG (1986) Scoliosis and fractures in young ballet dancers. N Engl J Med 314: 1348 (Zit nach Burkart, 1989b)

Warsof SL, Gohari P, Berkowitz RL, Hobbins JC (1977) The estimation of fetal weight by computer-assisted analysis. Am J Obstet Gynecol 128: 881–92

Warth MR, Arky RA, Knopp RH (1975) Lipid metabolism in pregnancy. J Clin Endocrin Metab 41: 649–59

Warth MR, Knopp RH (1977) Lipid metabolism in pregnancy. V. Interactions of diabetes, body weight, age and high carbohydrate diet. Diabetes 26: 1056–62

Wasserman L, Schlesinger H, Abramovici A, Goldman JA, Allalouf D (1980) Glycosaminoglycan patterns in diabetic and toxemic term placentas. Am J Obstet Gynecol 138: 769–73

Watanabe G, Ingalls TH (1963) Congenital malformation in the offspring of alloxan-diabetic mice. Diabetes 12: 66–72

Watson A, Coffey L, Keogh B, McCann SR (1983) Severe hypomagnesaemia and hypocalcaemia following gentamycin therapy. Irish Med J 76: 381–3

Watson DC, Bradley LM, Scott LP (1986) Costs and results of cardiac operations in infants less than 4 months old. J Thorac Cardiovasc Surg 91: 667–73

Watson WJ (1989) Serial changes in the 50-g oral glucose test in pregnancy: implications for screening. Obstet Gynecol 74: 40–3

Watson WJ (1990) Screening for glycosuria during pregnancy. South Med J 83: 156–8

Watson WJ, Soisson AP, Harlass FE (1988) Estimated weight of the term fetus: accuracy of ultrasound vs, clinical examination. J Reprod Med 33: 369–71

Wax JR, Costigan C, Callan NA, Gegor C, Johnson TRB (1993) Effect of fetal movement on the amniotic fluid index. Am J Obstet Gynecol 168: 188–9

Way GL, Wolfe RR, Eshaghpour E, Bender RL, Jaffee RB, Ruttenberg HD (1979) The natural history of hypertrophic cardiomyopathy in infants of diabetic mothers. J Pediatr 95: 1020–5

Weber B, Tech J, Schmidt H, Oberdisse U (1978) Antibody formation and insulin requirements in diabetic children during treatment with purified commercial pork insulins. Europ J Ped 128: 89–102

Weber HS, Copel JS, Reece EA, Green J, Kleinman CS (1991) Cardiac growth in fetuses of diabetic mothers with good metabolic control. J Pediatr 118: 103–7

Wechter DJ, Kaufmann RC, Amankwah KS, Rightmire DA, Eardley SP, Verhulst S, Zinzilieta M, Young J, Teich J, Singleton JA, et al (1991) Prevention of neonatal makrosomia in gestational diabetes by the use of intensive dietary therapy and home glucose monitoring. Am J Perinatol 8: 131–4

Wecker P, Schifferdecker E, Braun BE, Schatz H (1993) Schnelle Blutglukosebestimmung unter Verwendung eines Mikroküvetten-Systems. Diab u Stoffw 2: 363–5

Weeks JW, Major CA, deVeciana M, Morgan MA (1994) Gestational diabetes: does the presence of risk factors influence perinatal outcome? Am J Obstet Gynecol 171: 1003–7

Weeks JW, Pitman T, Spinnato JA (1995) Fetal macrosomia: does antenatal prediction affect delivery route and birth outcome? Am J Obstet Gynecol 173: 1215–9

Weerasiri T, Riley SF, Sheedy MT, Walstab JE, Wein P (1993) Amniotic fluid insulin values in women with gestational diabetes as a predictor of emerging diabetes mellitus. Aust NZ J Obstet Gynaecol 33: 358–61

Weiderman WC, Marcuz L (1996) Gestational diabetes: a triage of care for rural perinatal providers. Am J Obstet Gynecol 174: 1719–24

Weidinger H, Mohr D, Haller K, Hiltmann WD, Vogel M (1976) Zeitlicher Verlauf der Blutglukose des immunoreaktiven Insulins und der Kaliumionen bei Neugeborenen nach langzeitiger und akuter Gabe von Partusisten mit und ohne Isoptin. Z Geburtsh Perinat 180: 258–65

Wein P, Warwik MM, Beischer NA (1992) Gestational diabetes in twin pregnancy: prevalence and long-term implications. Aust N Z J Obstet Gynaecol 32: 325–7

Weiner CP, Faustich M, Burns J, Fraser M, Whitaker L, Klugman M (1986) The relationship between capillary and venous glucose concentration during pregnancy. Am J Obstet Gynecol 155: 61–4

Weiner CP, Faustich MW, Burns J, et al (1987) Diagnosis of gestational diabetes by cpillary blood samples and a portable reflectance meter: derivation of threshold values and prospective validation. Am J Obstet Gynecol 156: 1085–9

Weiner CP, Fraser MM, Burns JM, Schnorr D, Herrig J, Whitaker LA (1986) Cost efficacy of routine screening for diabetes in pregnancy: 1-h versus 2-h specimen. Diabetes Care 9: 255–9

Weiner CP, Sabbagha RE, Vaisrub N, et al (1985) Ultrasonic fetal weight prediction: role of head circumference and femur length. Obstet Gynecol 65: 812

Weiner CP, Williamson RA (1989) Evaluation of severe growth retardation using cordocentesis: hematologic and metabolic alterations by etiology. Obstet Gynecol 73: 225–9

Weiner Z, Zloczower M, Lerner A, Zimmer E, Itskovitz-Eldor J (1999) Cardiac compliance in fetuses of diabetic women. Obstet Gynecol 93: 948–51

Weinstein, L (1982) Syndrome of hemolysis, elevated liver enzymes, and low platelet count: a severe consequence of hypertension in pregnancy. Am J Obstet Gynecol 142: 159–67

Weinstein MD, Stason WB (1977) Foundations of cost-effectiveness analysis for health and medical practices. N Engl J Med 296. 716–21

Weinstock RS, Kopecky RT, Jones DB, Sunderji S (1988) Rapid development of nephrotic syndrom, hypertension and hemolytic anemia early in pregnancy in patients with IDDM. Diabetes Care 11: 416–21

Weiss PAM (1973) Zur Gestationszeitbestimmung mittels Ultraschalls. Geburtsh u Frauenheilk 33: 447–51

Weiss PAM (1979) Die Überwachung des Ungeborenen bei Diabetes mellitus an Hand von Fruchtwasserinsulinwerten. Wien Klin Wochenschr 91: 293–304

Weiss PAM (1988) Gestational diabetes: a survey and the Graz approach to diagnosis and therapy. In: Weiss PAM, Coustan DR (eds) Gestational Diabetes. Wien New York, Springer, pp 1–55

Weiss PAM (1992) Der Gestationsdiabetes. medwelt 43: 682–9

Weiss PAM (1993) Kongressbericht: Zweites Internationales Grazer Symposium über Gestationsdiabetes. Gynäkol Geburtsh Rundsch 516: 54–7

Weiss PAM (1994) Sectio caesarea und assoziierte Fragen. Wien New York, Springer

Weiss PAM (1996) Diabetes in pregnancy: lessons from the fetus. In: Dornhorst A, Hadden DR (eds) Diabetes and Pregnancy: an International Approach to Diagnosis and Management. Chichester New York Brisbane Toronto Singapore, John Wiley & Sons Ltd, pp 221–40

Weiss PAM (1998) Der orale Glukosetoleranztest (oGTT) in der Schwangerschaft: Nichtdiabetogene Einflüsse und Methodenvergleich. Gynäkologe 31: 12–24

Weiss PAM (1998) Klinische Bedeutung des Geburtsgewichts bei Diabetes mellitus. Gynäkologe 31: 58–67

Weiss PAM, Haeusler M, Kainer F, Pürstner P, Haas J (1998) Towards universal criteria for gestational diabetes: relationships between seventy-five and one hundred gram glucose loads and between capillary and venous glucose concentrations. Am J Obstet Gynecol 178: 830–5

Weiss PAM, Haeusler M, Tamussino K, Haas J (2000) Can glucose tolerance test predict fetal hyperinsulinism? Br J Obstet Gynaecol 107: 1480–5

Weiss PAM, Hofmann H (1984) Intensified conventional insulin therapy for the pregnant diabetic patient. Obstet Gynecol 64: 629–37

Weiss PAM, Hofmann H (1985) Diabetes mellitus und Schwangerschaft. In: Burghardt E (Hrsg) Spezielle Gynäkologie und Geburtshilfe. Wien New York, Springer, pp 296–311

Weiss PAM, Hofmann H (1986) Indikation zur Insulintherapie bei Gestationsdiabetes. In: Weiss PAM (ed) Kohlenhydratstoffwechselstörungen und Schwangerschaft / Disturbance of carbohydrate metabolism during pregnancy. Wien München Bern, Wilhelm Maudrich, pp 95–99

Weiss PAM, Hofmann H (1990) Monitoring pregnancy in diabetes: amniotic fluid. Diab Nutr Metab 3 [Suppl 2]: 31–5

Weiss PAM, Hofmann H, Pürstner P, Winter R, Lichtenegger W (1984) The fetal insulin balance: gestational diabetes and postpartal screening. Obstet Gynecol 64: 65–8

Weiss PAM, Hofmann H, Winter R, Pürstner P (1984) Gestational diabetes and screening during pregnancy. Obstet Gynecol 63: 776–80

Weiss PAM, Hofmann H, Winter R, Pürstner P, Lichtenegger W (1985) Amniotic fluid glucose values in normal and abnormal pregnancies. Obstet Gynecol 65: 333–9

Weiss PAM, Hofmann HMH (1987) Indikation zur Insulintherapie bei Gestationsdiabetes. In: Weiss PAM (ed) Kohlenhydratstoffwechselstörungen und Schwangerschaft / Disturbance of carbohydrate metabolism during pregnancy. Wien München Bern, Wilhelm Maudrich, pp 95–9

Weiss PAM, Hofmann HMH, Kainer F, Haas JG (1988) Fetal outcome in gestational diabetes with elevated amniotic fluid insulin levels. Dietary versus insulin treatment. Diabetes Res Clin Pract 5: 1–7

Weiss PAM, Hofmann HMH, Winter R, Pürstner P, Haas J (1986) Diagnosis and treatment of gestational diabetics according to amniotic fluid insulin levels. Arch Gynecol 239: 81–91

Weiss PAM, Kainer F, Haas J (1998) Cord blood insulin to assess the quality of treatment in diabetic pregnancies. Early Human Development 51: 187–195

Weiss PAM, Kainer F, Haeusler M, Pürstner P, Haas J (1998) Amniotic fluid insulin levels in nondiabetic pregnant women: an update. Arch Gynecol Obstet 262: 81–6

Weiss PAM, Kainer F, Haeusler MCH, Pürstner P, Urasch R (1994) Schnellmethode zum Diabetesscreening in der Schwangerschaft. Geburtsh u Frauenheilk 54: 697–701

Weiss PAM, Kainer F, Pürstner P, Zehetleitner G, Hüttner U, Haas J (1998) Anti-insulin antibodies and birth weight in pregnancies complicated by diabetes. Early Human Development 53: 145–154

Weiss PAM, Pürstner P, Lichtenegger W, Winter R (1978) Alpha-fetoprotein content of amniotic fluid in normal and abnormal pregnancies. Obstet Gynecol 51: 582–5

Weiss PAM, Pürstner P, Winter R, Lichtenegger W (1984) Insulin levels in amniotic fluid of normal and abnormal pregnancies. Obstet Gynecol 63: 371–5

Weiss PAM, Scholz HS, Haas J, Tamussino K, Seissler J, Borkenstein M (2000) Long-term follow-up of infants of mothers with type-1 diabetes: evidence for hereditary and non-hereditary transmission of diabetes and precursors. Diabetes Care 23: 905–11

Weiss PAM, Scholz HS, Haas J, Tamussino KF (2001) Effect of fetal hyperinsulinism on oral glucose tolerance test results in patients with gestational diabetes mellitus. Am J Obstet Gynecol 184: 470–5

Weiss PAM, Walcher W, Scholz HS (1999) Der vernachlässigte Gestationsdiabetes: Risiken und Folgen. Geburtsh u Frauenheilk 59: 535–44

Weiss PAM, Walcher W, Scholz HS (2000) Besonderheiten der Insulintherapie bei Gestationsdiabetes (GDM). Geburtsh Frauenheilk 60: 366–79

Weiss PAM, Winter R, Pürstner P (1978) Insulin levels in amniotic fluid. Management of pregnancy in diabetes. Obstet Gynecol 51: 393–8

Weiss RR, Duchin S, Evans MI, Finkelstein F, Mann LI (1974) Amniotic fluid uric acid and creatinine as measures of fetal maturity. Obstet Gynecol 44: 208–14

Weitzman S, Harman-Bohem I, Maislos M (1990) Gestational Diabetes and risk of developing IDDM. Diabetes Care 13: 186

Wellmann F, Volk BW (1977) The islets of infants of diabetic mothers. In: Volk BW (ed) New York, Plenum Press, pp 365–80

Wennstrom KD, Weiner CP, Williamson RA, Grant SS (1990) Prenatal diagnosis of fetal hyperthyroidism using funipuncture. Obstet Gynecol 76: 513–7

Wentzel P, Thunberg L, Eriksson UJ (1997) Teratogenic effect of diabetic serum is prevented by supplementation of superoxide dismutase and N-acetylcysteine in rat embryo culture. Diabetologia 40: 7–14

Werner Ch, Schneiderhan W (1972) Placentamorphologie und Placentafunktion in Abhängigkeit von der diabetischen Stoffwechselführung. Geburtsh u Frauenheilk 32: 959–966

West KMW (1975) Substantial differences in the diagnostic criteria used by diabetes experts. Diabetes 24: 641–4

West TET, Lowy C (1977) Control of blood glucose during labor in diabetic women with combined glucose and low dose insulin infusion. Br Med J 1: 1252–4

Westermark P, Wernstedt C, Wilander E, Sletten K (1986) A novel peptide in the calcitonin gene related peptide family as an amyloid fibril protein in the endocrine pancreas. Biochem Biophys Res Commun 140: 827–31

Westgren M, Carlsson C, Lindholm T, Thysell H, Ingemarsson I (1982) Continuous maternal glucose measurements and fetal glucose and insulin levels after administration of terbutaline in term labor. Acta Obstet Gynecol Scand 108 [Suppl]: 63–5

Westlund K, Nicolaysen JM (1972) Ten-year mortality and morbidity related to serum cholesterol. Scan J Clin Lab Invest 127 [Suppl 30]: 3.24

Westwood M, Gibson JM, Davies AJ, Young RJ, White A (1994) The phosphorylation pattern of insulin-like growth factor binding protein-1 in normal plasma is different from that in amniotic fluid and changes during pregnancy. J Clin Endocrinol Metab 79: 1735–41

Westwood M, Gibson JM, Williams AC, Clayton PE, Hamberg O, Flyvbjerg A, White A (1995) Hormonal regulation of circulating insulin-like growth factor binding protein-1 phosphorylation status. J Clin Endocrinol Metab 80: 3520–7

Wheatley T, Clark JDA, Edwards OM, Jordan K (1986) Retinal haemorrhages and papilloedema due to benign intracranial hypertension in a pregnant diabetic. Diabetic Med 3: 482–4

Wheeler FC, Gollmar CW, Deeb LC (1982) Diabetes and pregnancy in South Carolina: prevalence, perinatal mortality, and neonatal morbidity in 1978. Diabetes Care 5: 561–65

Whichelow MJ, Stuge RA, Keen H, Jarrett RT, Stimmler L, Grainger S (1974) Diurnal variation in response to intravenous glucose. Br Med J 1: 488–91

White K, Gracey M, Schumacher L, Spargo R, Kretchmer N (1990) Hyperinsulinaemia and impaired glucose tolerance in young Australian aborigines. Lancet i: 735

White NH, Skor DA, Cryer PhE, Levandosky LA, Bier DM, Santiago JV (1983) Identification of type I diabetic patients at increased risk for hypoglycemia during intensive therapy. N Engl J Med 308: 485–91

White P (1949) Pregnancy complicating diabetes. J Med 7: 609–16

White P (1959) Pregnancy complicating diabetes. In: Joslin EP, et al (eds) The treatment of diabetes mellitus. Philadelphia, Lea & Febiger, p 690

White P (1960) The Banting memorial lecture 1960. Childhood diabetes. Its course, and influence on the second and third generations. Diabetes 9: 345–55

White P (1974) Diabetes mellitus in Pregnancy. Clin Perinat 1: 331–47

White P (1978) Classifikation of obstetric diabetes. Am J Obstet Gynecol 130: 228–30

White P, Koshy P, Duckers J (1953) The management of pregnancy complicating diabetes and of children of diabetic mothers. Med Clin North Am 39: 1481–96

Whitehouse FW, Whitehouse IJ, Smith J, Hohl RD (1979) Teaching the person with diabetes: experience with a follow-up session. Diabetes Care 2: 35–8

Whitelaw A (1977) Subcutaneous fat in newborn infants of diabetic mothers: an indication of quality of diabetic control. Lancet i: 15–8

Whitsett JA (1980) Specializations in plasma membranes of the human placenta. J Pediatrics 96: 600–4

Whitsett JA, Brownscheidle CM (1979) Aspects of placental structure and function in maternal diabetes. In: Merkatz IR, Adam PJ (eds) The Diabetic Pregnancy. A perinatal perspective. Grune & Stratton, Inc

Whitsett JH, Lessard JL (1978) Characteristics of the microvillous brush border of human placenta: insulin receptor localization in brush border membranes. Endocrinol 103: 1458–68

Whittaker PG, Stewart MO, Taylor A, Howell RJ, Lind T (1990) Insulin-like growth factor 1 and its binding protein 1 during normal and diabetic pregnancies. Obstet Gynecol 76: 223–9

Whittle MJ, Anderson D, Lowensohn RJ, Mestman JH, Paul RH, Goebelsman U (1979) Estriol in pregnancy. VI. Eperience with unconjugated plasma estriol assays and antepartum fetal heart rate testing in diabetic pregnancies. Am J Obstet Gynecol 135: 764–72

WHO Diamond Project Group (1990) WHO multinational project for childhood diabetes. Diabetes Care 13: 1062–8

WHO Expert Committee on Diabetes Mellitus, Second Report (1980) Technical Report Series 646: 7–80

Wicks ACB, Jones JJ (1973) Insulinopenic diabetes in Africa. Br Med J 1: 773–6

Widdas WF (1952) Inability of diffusion to account for placental glucose transfer in the sheep and consideration of the kinetics of a possible Carrier transfer. J Physiol 118: 23–39

Widdowson EM, Spray CM (1951) Chemical development in utero. Arch Dis Child 26: 205–14

Widdowson PS (1997) Obesity in diabetes and the impact of leptin. Diabetes Reviews International 6: 2–5

Widmaier G (1970) Zur Ultrastruktur menschlicher Plazentazotten beim Diabetes mellitus. Arch Gynäk 208: 396–409

Widness JA, Clemons GK, Garcia JF, Oh W, Schwartz R (1984) Increased immunoreactive erythropoietin in cord serum after labor. Am J Obstet Gynecol 148: 194–7

Widness JA, Cowett RM, Coustan DR, Carpenter MW, Oh W (1985) Neonatal morbidities in infants of mothers with glucose intolerance in pregnancy. Diabetes 34 [Suppl 2]: 61–5

Widness JA, Goldman AS, Susa JB, Oh W, Schwartz R (1983) Impermeability of the rat placenta to insulin during organogenesis. Teratology 28: 327–32

Widness JA, Schwartz HC, Kahn C, Oh W, Schwartz R (1980) Glycohemoglobin in diabetic pregnancy: a sequential study. Am J Obstet Gynecol 136: 1024–9

Widness JA, Schwartz HC, Thompson D, Kahn CB, Oh W, Schwartz R (1978) Haemoglobin A1c (glycohaemoglobin) in diabetic pregnancy: an indicator of glucose control and fetal size. Obstet Gynecol 85: 812–7

Widness JA, Susa JB, Garcia JF, et al (1981) Increased erythropoiesis and elevated erythropoietin in infants born to diabetic mothers and in hyperinsulinemic Rhesus fetuses. J Clin Invest 67: 637–42

Widness JA, Teramo KA, Clemons GK, et al (1986) Temporal response of immunoreactive erythropoietin to acute hypoxemia in fetal sheep. Pediatr Res 20: 15–9

Widness JA, Teramo KA, Clemons GK, et al (1990) Direct relationship of antepartum glucose control and fetal erythropoietin in human type I (insulin-dependent) diabetic pregnancy. Diabetologia 33: 378–83

Wiese J (1977) Intrauterin contraception in diabetic women. Fertil Steril 28: 422–5

Wigton TR, Sabbagha RE, Tamura RK, Cohen L, Minogue JP, Strasburger JF (1993) Sonographic diagnosis of congenital heart disease: comparison between the four-chamber view and multiple cardiac views. Obstet Gynecol 82: 219–24

Wilcox AJ (1981) Birth weight, gestation, and the fetal growth curve. Am J Obstet Gynecol 139: 863–67

Wildom B, Diamond MP, Simonson DC (1992) Alterations in glucose metabolism during menstrual cycle in women with IDDM. Diabetes Care 15: 213–20

Wilkerson HLC, Remein QR (1957) Studies of abnormal carbohydrate metabolism in pregnancy: the significance of impaired glucose tolerance. Diabetes 6: 324–9

Wilkin T, Armitage M, Casey C, Pyke DA, Hoskins PJ, Rodier M, Diaz J-L, Leslie RDG (1985) Value of insulin autoantibodies as serum markers for insulin-dependent diabetes mellitus. Lancet i: 480–2

Wilkin T, Hoskins PJ, Armitage M, Rodier M, Casey C, Diaz J-L, Pyke DA, Leslie RDG (1985) Value of insulin autoantibodies as serum markers for insulin-dependent diabetes mellitus. Lancet i: 480–2

Willet W, Hennekens CH, Castelli W, Rosner B, Evans D, Taylor J, Kass EH (1983) Effects of cigarette smoking on fasting triglycerides, total cholesterol, and HDL-cholesterol in women. Am Heart J 105: 417–21

Willhoite MB, Bennert Jr, HW, Palomaki GE, Zaremba MM, Herman WH, Williams JR, Spear NH (1993) The impact of preconception counseling on pregnancy outcome. The experience of the Maine Diabetes in Pregnancy Program. Diabetes Care 16: 450–5

Williams CB, Iqbal S, Zawacki CM, Yu D, Brown MB, Herman WH (1999) Effect of selective screening for gestational diabetes. Diabetes Care 22: 418–421

Williams DRR, Moffitt PS, Fisher JS, Bashir HV (1987) Diabetes and glucose tolerance in New South Wales coastal Aborigines: possible effects of non-Aboriginal genetic admixture. Diabetologia 30: 72–7

Williams DRR, Wareham NJ, Brown DC, et al (1995) Undiagnosed glucose intolerance in the community: the Isle of Ely Diabetes Project. Diabet Med 12: 30–5

Williams LB, Pratt WF (1990) Wanted and unwanted childbearing in the United States: 1973–88: data from the National Survey of Family Growth. Adv Data Vital Health Stat 189: 1–5

Williams PF, Turtle JR (1979) Purification of the insulin receptor from human placental membranes. Biochim Biophys Acta 579: 367–74

Williams PR, Sperling MA, Racasa Z (1979) Blunting of spontaneous and alanin-stimulated glucagon secretion in newborn infants of diabetic mothers. Am J Obstet Gynecol 133: 51–6

Williams, R (1995) The cost of diabetes from a service delivery perspective. IDF Bulletin 40: 154–8

Williams RL, Creasy RK, Cunnigham GC, Hawes WE, Norris FD, Tashiro M (1982) Fetal growth and perinatal viability in California. Obstet Gynecol 59: 624–32

Willis J, Watson JA, Hales CN, Phillips DIW (1995) Fetal growth and insulin secretion in young men (letter). Diabet Med 12 [Suppl 2]: S22

Willman SP, Leveno KJ, Guzick DS, Williams ML, Whalley PJ (1986) Glucose threshold for macrosomia in pregnancy complicated by diabetes. Am J Obstet Gynecol 154: 470–5

Willms B, Talaulicar M, Franetzki M (1981) Treatment of brittle diabetics with portable insulin infusion systems. In: Irsigler K, et al (eds) New Approaches to Insulin Therapy. Falcon House, Lancester, MTP Press, pp 79–84

Wilson BM, Van der Minne P, Deverill J, Heller SR, Getsthope K, Reevers WG, Tattersall RB (1985) Insulin dependence: problems with the classification of 100 consecutive patients. Diabetic Med 2: 167–72

Wilson JC (1989) A prospective New Zealand study of fertility after removal of copper intrauterine contraceptive devices for contraception and because of complications-a four year study. Am J Obstet Gynecol 160: 391–6

Wilson PW, McGee DL, Kannel WB (1981) Obesity, very low density lipoproteins and glucose intolerance over fourteen years: the Franingham study. Am J Epidemiol 114: 697–704

Wilson W, Ary DV, Biglan A, Glasgow RE, Toobert DJ, Campbell DR (1986) Psychosocial predictors of self-care behaviors (compliance) and in glycemic control in non-insulin-dependent diabetes mellitus. Diabetes Care 9: 614–22

Wing RR (1989) Behavioral strategies for weight reduction in obese type II diabetic patients. Diabetes Care 12: 139–44

Wing RR, Venditti E, Jakioio JM, Polley BA, Lang W (1998) Lifestyle intervention in overweight individuals with a family history of diabetes. Diabetes Care 21: 350–9

Winick M, Noble A (1967) Cellular growth in human placenta. II: Diabetes mellitus. J Pediatr 71: 216–9

Winocour PH, Taylor RJ (1989) Early alterations of renal function in insulin-dependent diabetic pregnancies and their importance in predicting pre-eclamptic toxaemia. Diabetes Res 10: 159–64

Winter R (1981) Die Diagnose angeborener fetaler Mißbildungen mittels Ultraschall. Ultraschall 2: 235–43

Winter R (1983) Präpartale Diagnose fetaler Mißbildungen aus der Sicht des Geburtshelfers. Wien Klin Wochenschr 95: 67–78

Winter R, Hofmann H (1985) Pränatale Diagnose genetischer Defekte. In: Burghardt E (Hrsg) Spezielle Gynäkologie und Geburtshilfe. Wien, New York, Springer, pp 296–311

Winter R, Urdl W, Weiss PAM (1977) Der Einfluß der prophylaktischen Tokolyse auf die Mehrlingsschwangerschaft. VIII. Akademische Tagung deutschsprechender Hochschullehrer in der Gynäkologie und Geburtshilfe. Kongreßband

Winter WE, MacLaren NK, Riley WJ, Clarke DW, Kappy MS, Spillar RP (1987) Maturity-onset diabetes of youth in Black Americans. N Engl J Med 316: 285–91

Wirdnam PK, Milner RDG (1981) Quantitation of the B and A cell fraction in human pancreas from early fetal life to puberty. Early Hum Dev 5: 299–309

Wise JE, Kolb EL, Sauder SE (1992) Effect of glycemic control on growth velocity in children with IDDM. Diabetes Care 15: 826–30

Wiske PS, Wentworth SM, Norton Jr, JA, Epstein S, Johnston CC (1982) Evaluation of bone mass and growth in young diabetics. Metabolism 31: 848–54

Wisniewski L, Jezuita J, Bogoniowska Z, Grzes A (1983) Insulin and human growth hormone in the amniotic fluid in normal pregnancy and in cases of foetal central nervous system anomalies. Z Geburtsh u Perinat 187: 151–2

Wissenschaftliche Tabellen Geigy (1982) Teilband Somatometrie und Biochemie, 8. Aufl. Ciba Geigy Basel

Wittmann BK, Ross AG (1985) Die Bedeutung der fetalen Bewegungsstudien für die Schwangerschaftsvorsorge. In: Hansmann M, Hackelöer B-J, Staudach A (Hrsg) Ultraschalldiagnostik in Geburtshilfe und Gynäkologie. Berlin Heidelberg New York, Springer, pp 340–3

Witztum JL, Mahoney EM, Branks MJ, Fisher M, Elam R, Steinberg D (1982) Nonenzymatic glycosilation of low-density lipoprotein alters its biological activity. Diabetes 31: 283–91

Wiznitzer A, Ayalon N, Hershkovitz R, Khamaisi M, Reece EA, Trischler H, Bashan N (1999) Lipoic acid prevention of neural tube defects in offspring of rats with streptozocin-induced diabetes. Am J Obstet Gynecol 180: 188–93

Wladimiroff JW, Bloemsma CA, Wallenburg HCS (1978) Ultrasonic diagnosis of the large-for-dates infant. Obstet Gynecol 52: 285–8

Woekener JP, Pitkin RM (1987) Urinary urea-nitrogen ratio as an index of protein nutrition in diabetic pregnancy. Obstet Gynecol 51: 573–6

Wojcikowski CZ, Maier V, Dominiak K, Fussgänger R, Pfeiffer EF (1983) Effects of synthetic rat C-peptide in normal and diabetic rats. Diabetologia 25: 288–90

Wolever TMS, Jenkins DJA (1986) The use of the glycemic index in predicting the blood glucose response to mixed meals. Am J Clin Nutr 43: 167

Wolever TMS, Jenkins DJA, Kalumsky J, Giordano C, Giudici S, Jenkins AL, Thompson LU, Wong GS, Josse RG (1986) Glycemic response to pasta: effect of surface area, degree of cooking, and protein enrichment. Diabetes Care 9: 401–4

Wolever TMS, Nuttall FQ, Lee R, Wong GS, Josse RG, Csima A, Jenkins DJA (1985) Prediction of the relative Blood glucose response of mixed meals using the white bread glycemic index. Diabetes Care 8: 418–28

Wolf H (1960) Blutzucker bei Neugeborenen. Klin Wochenschr 38: 87–9

Wolf H, Oosting H, Treffers PE (1987) Placental volume measurement by ultrasonography: evaluation of the method. Am J Obstet Gynecol 156: 1191–4

Wolf H, Oosting H, Treffers PE (1989) Second-trimester placental volume measurement by ultrasound: prediction of fetal outcome. Am J Obstet Gynecol 160: 121–6

Wolf HJ, Ebenbichler C-F, Huter O, Bodner J, Lechleitner M, Föger B, Patsch JR, Desoye G (2000) Fetal leptin and insulin levels only correlate in large-for-gestational age infants. European J Endocrinol 142: 623–9

Wolfe HM, Zador IE, Gross TL, Martier SS, Sokol RJ (1991) The clinical utility of body mass index in pregnancy. Am J Obstet Gynecol 164: 1306–10

Wolfe RR (1992) Assessment of body composition. In: Wolfe RR (ed) Radioactive and stable isotope tracers in biomedicine: principles and practice of kinetic analysis. New York, Wiley-Liss, pp 189–97

Wolff C, Verlohren H-J, Arlt P, Lemme H (1985) Die Betreuung von Gestationsdiabetikerinnen – Ergebnisse und Probleme. Zbl Gynäkol 107: 467–77

Wolff C, Verlohren HJ, Arlt P, Mechmedowa F, Kripylo C, Wetzler Ch (1987) Schicksal von Gestationsdiabetikerinnen – Klassifikation des Gestationsdiabetes nach Abschluß der Gestation (pg Klassifikation). Zentralbl Gynäkol 109: 88–97

Wolff F, Jung C, Bolte A (1981) Ist der postpartale Glukosetoleranztest bei Müttern makrosomer Neugeborener sinnvoll? Gynäk Rdsch 21 [Suppl 2]: 160–2

Wolff F, Schlensker KH, Breuker KH, Wienand P, Vlaho M, Bolte A (1984) Risiken der Schwangerschaft nach Nierentransplantation. Dtsch Med Wochenschr 109: 1721–25

Wolff K, Carlström K, Fyhrquist F, Hemsen A, Lunell N-O, Nisell H (1997) Plasma endothelin in normal and diabetic pregnancy. Diabetes Care 20: 653–6

Woo J, Swaminathan R, Cockram C, Pang CP, Mak YT, Au SY, Vallance-Owen J (1987) The prevalence of diabetes mellitus and assessment of methods of detection among a community of elderly Chinese in Hong Kong. Diabetologia 30: 863–8

Woo JSK, Wan MCW (1986) An evaluation of fetal weight prediction using a simple equation containing the fetal femur length. J Ultrasound Med 5: 453

Wood GP, Sherline DM (1975) Amniotic fluid glucose: a maternal, fetal and neonatal correlation. Am J Obstet Gynecol 122: 151–4

Wood SL, Sauve R, Ross S, Brant R, Love EJ (2000) Prediabetes and perinatal mortality. Diabetes Care 23: 1752–4

Wood WG, Weatherall DJ (1983) Developmental genetics of the human haemoglobins. Biochem J 215: 1–10

Woods CE (1943) A principle of physics as applicable to shoulder delivery. Am J Obstet Gynecol 45: 796–804

Woods KA, Camacho-Hübner C, Savage MO, Clark AJL (1996) Intrauterine growth retardation and postnatal growth failure associated with deletion of the insulin-like growth factor I gene. N Engl J Med 335: 1363–7

Woodworth JR, Howey DC, Bowsher RR (1994) Establishment of time action profiles for regular and NPH insulin using pharmacodynamic modeling. Diabetes Care 17: 64–9

Woolf H, Jackson WPU (1957) Maternal prediabetes and the foetal pancreas. J Path Bact 74: 223 (Zit nach MacNaughton, 1969)

World Health Organisation (Europe) and International Diabetes Federation (Europe) (1992) In: Krans HMJ (ed) Diabetes Care and research in Europe: the St. Vincent Declaration action programme implementation document. Copenhagen, WHO Office for Europe, Diabetic medicine

World Health Organization (1994) Prevention of diabetes mellitus. Geneva, World Health Organisation. Tech Rep Ser no 844

World Health Organization, Special Program of Research, Training in Human Reproduction (1990) Task force on the safety and efficacy of fertility regulating methods: the TCU 380A, TCU 220C, Multiload 250 and Nova T IUDs at 3: 5: 7 years of use: results from three randomized multicenter trials. Contraception 42: 141–58

World Health Organization: Diabetes mellitus (1985) Report of a WHO Study Group. Geneva, World Health Organisation. Tech Rep Ser No 727

Worm M (1957) Zur Erhaltung des kindlichen Lebens in Schwangerschaft und Geburt bei der zuckerkranken Frau. Arch Gynaecol 189: 185 (Zit nach Burkart, 1989b)

Wright AD, Nicholson HO, Pollock A, Taylor KG, Betts S (1983) Spontaneous abortion and diabetes mellitus. Postgrad Med J 59: 295–8

Wylie-Rosett J (1998) Efficacy of diet and exercise in reducing body weight and conversion to overt diabetes. Diabetes Care 21: 334–5

Wynn V (1982) Effect of duration of low-dose oral contraceptive administration on carbohydrate metabolism. Am J Obstet Gynecol 142: 739–46

Wynn V, Doar JWH (1966) Some effects of oral contraceptives on carbohydrate metabolism. Lancet ii: 715–9

Wyse LJ, Jones M, Mandel F (1994) Relationship of glycosilated hemoglobin, fetal macrosomia and birthweight macrosomia. Am J Perinat 11: 260–2

Wysocki, T (1988) SMBG: has the promise been fulfilled? Diabetes Spectrum 1: 83–7

Xiang AH, Peters RK, Trigo E, Kjos SL, Lee WP, Buchanan TA (1999) Multiple metabolic defects during late pregnancy in women at high risk for type 2 diabetes. Diabetes 48: 848–54

Yajnik CS, Fall CH, Vaida U, et al (1995) Fetal growth and glucose and insulin metabolism in four-year-old Indian children. Diabet Med 12: 330–6

Yaman C, Arzt W, Tulzer G, Tews G (1996) Das Symptom Polyhydramnion: analyse von 56 Fällen. Geburtsh u Frauenheilk 56: 287–90

Yamasaki Y, Ueda N, Nao K, Sekiya M, Kawamori R, Shichiri M, Kamada T (1989) Direct measurement of whole blood glucose by a needle-type sensor. Clin Chem Acta 180: 93–8

Yang SL, Kleinmann AM, Rosenberg EB, Wei P (1971) The effect of labor and mode of delivery on immunoglobulin concentrations in the neonate. Am J Obstet Gynecol 109: 78–81

Yang X, Borg LAH, Eriksson UJ (1995) Altered mitochondrial morphology of rat embryos in diabetic pregnancy. Anat Rec 241: 255–67

Yarbrough DE, Barrett-Connor E, Kritzsilverstein D, Wingard DL (1998) Birth weight, adult weight, and girth as predictors of the metabolic syndrome in postmenopausal women. Diabetes Care 21: 1652–8

Yasuhi I, Hogan JW, Canick J, Sosa MB, Carpenter MW (2001) Midpregnancy serum C-peptide concentration and subsequent pregnancy-induced hypertension. Diabetes Care 24: 743–7

Yatscoff RW, Mehta A, Dean H (1985) Cord blood glycosylated (glycated) hemoglobin: correlation with maternal glycosylated (glycated) hemoglobin and birthweight. Am J Obstet Gynecol 152: 861–6

Yeast JD, Porreco RP, Ginsberg HN (1978) The use of continuous insulin infusion for the peripartum management of pregnant diabetic women. Am J Obstet Gynecol 131: 861–4

Yen SSC (1964) Abnormal carbohydrate metabolism and pregnancy. Am J Obstet Gynecol 40: 468–73

Yen SSC (1973) Endocrine regulation of metabolic homeostasis during pregnancy. Clin Obstet Gynecol 16: 130

Yki-Järvinen H, Koivisto VA (1984) Insulin sensitivity in newly diagnosed type 1 diabetics after ketoacidosis and after three months of insulin therapy. J Clin Endocrinol Metab 59: 371–8

Yki-Jarvunen H, Koivisto VA (1983) Effects of body composition on insulin sensitivity. Diabetes 32: 965–9

Ylinen K (1987) High maternal levels of hemoglobin A1c associated with delayed fetal lung maturation in insulin-dependent diabetic pregnancies. Acta Obstet Gynecol Scand 66: 263–6

Ylinen K, Aula P, Stenman U-H, Kesäniemi-Kuokkanen T, Teramo K (1984) Risk of minor and major fetal malformations in diabetics with high haemoglobin A_{1c} values in early pregnancy. Br Med J 289: 345–6

Ylinen K, Hekali R, Teramo K (1981) Haemoglobin A1c during pregnancy of insulin-dependent diabetics and healthy controls. J Obstet Gynecol 1: 223–8

Yoo T, Chao J (1989) Screening for gestational diabetes mellitus. Use and accuracy of capillary blood glucose measured by a reflectance meter. J Family Pract 29: 41–4

Yoshioke T, Roux JF (1972) In vitro metabolism of palmitic acid in human fetal tissue. Pediatr Res 6:675–81

Young DC, Toofanian A, Leveno KJ (1983) Potassium and glucose concentrations without treatment during ritodrine tocolysis. Am J Obstet Gynecol 145: 105–6

Young JB, Cohen WR, Rappaport EB, Landsberg L (1979) High plasma norepinephrine concentrations at birth in infants of diabetic mothers. Diabetes 28: 697–9

Younoszai MK, Haworth JC (1969) Chemical composition of the placenta in normal preterm, term and intrauterine growth-retarded infants. Am J Obstet Gynecol 103: 262–4

Yssing M (1975) Long-term prognosis of children born to mothers diabetic when pregnant. In: Camerini-Davalos RA, Cole HS (eds) Early Diabetes in Early Life. New York, Academic Press, pp 575–86

Yudilevich DL, Sweiry JH (1985) Transport of amino acids in the placenta. Biochim Biophys Acta 822: 169–201

Zahn V, Zach HP, Sigmund R (1978) Über die Möglichkeit der pränatalen Behandlung des Atemnotsyndroms bei Frühgeburten mit Ambrexol. Atemwegs u Lungenkrkh 4 [Suppl 1]: 35

Zanini B, Paul RH, Huey JR (1980) Intrapartum fetal heart rate: correlation with scalp pH in the preterm fetus. Am J Obstet Gynecol 136: 43–7

Zapf J, Froesch ER (1986) Insulin-like growth factor/somatomedin: structure, secretion, biological action, and physiological role. Horm Res 24: 121–30

Zapf J, Walter H, Froesch ER (1981) Radioimmunological determination of insulin-like growth factor I and II in normal subjects and in patients with growth hormone disorders and extrapancreatic tumor hypoglycemia. J Clin Invest 68: 1321–30

Zazzo JF, Pichon F, Regnier B (1987) HIV and the pancreas (letter). Lancet ii: 1212–3

Zeller K, Whittaker E, Sullivan L, Raskin P, Jacobson HR (1991) Effect of restricting dietary protein on the progression of renal failure in patients with insulin-dependent diabetes mellitus. N Engl J Med 324: 78–84

Zetterstrom R, Alberg B (1955) Infants of diabetic mothers. Acta Paediat Stockh 44: 1 (Zit nach MacNaughton, 1969)

Zhang J, Bowes WA (1995) Birth-weight-for-gestational-age patterns by race, sex, and parity in the United States population. Obstet Gynecol 86: 200–8

Zhang S, Folsom AR, Flack JM, Liu K (1995) Body fat distribution before pregnancy and gestational diabetes: findings from coronary artery risk development in young adults (CARDIA) Study. BMJ 311: 1139–40

Zhang Y, Proenca R, Maffei M, Barone M, Leopold L, Friedman JM (1994) Positional cloning of the mouse obese gene and its human homologue. Nature 372: 425–32

Zhong S, Dunbar JC, Jen KLC (1994) Postnatal development in rat offspring delivered of dams with gestational hyperglycemia. Am J Obstet Gynecol 171: 753–63

Zhong S, Jen KLC (1989) Repeated pregnancy without lactation: effects on glucose homeostasis and in vitro lipogenesis in rats. Diabetes [Suppl 2]: 240A

Zhou J, Bondy CA (1993) Placental glucose transporter gene expression and metabolism in the rat. J Clin Invest 91: 845–52

Zhu L, Nakabayashi M, Takeda Y (1997) Statistical analysis of perinatal outcomes in pregnancy complicated with diabetes mellitus. J Obstet Gynaecol Res 23: 555–63

Ziboh VA, Maruta H, Lord J, Cagle WD, Lucky W (1979) Increased biosynthesis of thromboxane A_2 by diabetic platelets. Eur J Clin Invest 9: 223–8

Ziegenhagen DJ, Crombach G, Dieckmann M, Zehnter E, Wienand P, Baldamus CA (1988) Schwangerschaft unter Cyclosporin Medikation nach Nierentransplantation. Dtsch Med Wochenschr 113: 260

Ziegler A-G, Hillebrand B, Rabl W, Mayrhofer M, Hummel M, Mollenhauer U, Vordemann J, Lenz A, Standl E (1993) On the appearence of islet associated autoimmunity in offspring of diabetic mothers: a prospective study from birth. Diabetologia 36: 402–8

Ziegler A-G, Hummel M, Schenker M, Bonifacio E (1999) Autoantibody appearance and risk for development of childhood diabetes in offspring of parents with type 1 diabetes. The 2-year analysis of German BABYDIAB Study. Diabetes 48: 460–8

Zierath JR, Galuska D, Johansson B-L, Wallberg-Henriksson H (1991) Effect of human C-peptide on glucose transport in vitro incubated human skeletal muscle. Diabetologia 34: 899–901

Zierath JR, Handberg A, Tally M, Wallberg-Henriksson H (1996) C-peptide stimulates glucose transport in isolated human skeletal muscle independent of insulin receptor and tyrosine kinase activation. Diabetologia 39: 306–13

Zilker Th, Paterek K, Ermler R, Bottermann P (1977) Untersuchungen zur Frage einer Autoregulation der Insulinsekretion. Klin Wochenschr 55: 475–9

Zimmer DM, Golichowski AM, Karn CA, Brechtel G, Baron AD, Denne SC (1996) Glucose and amino acid turnover in untreated gestational diabetes. Diabetes Care 19: 591–6

Zimmet P (1982) Type 2 (non-insulin-dependent) diabetes – an epidemiological overview. Diabetologia 22: 399–411

Zimmet P, Canteloube d, Genelle B, LeGonidec G, Couzigou P, Peghini m, Charpin M, Bennett P, Kuberski T, Kleiber N, Taylor R (1982) The prevalence of diabetes mellitus and impaired glucose tolerance in Melanesians and part-Polynesians in rural New Caledonia and Ouvea (Loyalty Islands). Diabetologia 23: 393–8

Zimmet P, Dowse G, Finch C, Serjeantson S, King H (1990) The epidemiology and natural history of NIDDM – lessons from the South Pacific. Diabetes Metab Rev 6: 91–124

Zimmet P, Faaiuso S, Ainuu J, Whitehouse S, Milne B, DeBoer W (1981) The prevalence of diabetes in the rural and urban Polynesian population of Western Samoa. Diabetes 30: 45–51

Zimmet P, Seluka A, Collins J Currie P, Wicking J, DeBoer W (1977) Diabetes mellitus in an urbanized, isolated Polynesian population. Diabetes 26: 1101–8

Zimmet P, Taylor R, Ram P, King H, Sloman G, Raper LR, Hunt D (1983) Prevalence of diabetes and impaired glucose tolerance in the biracial (Melanesian and Indian) population of Fiji: a rural-urban comparison. Am J Epidemiol 118: 673–88

Zimmet P, Turner R, McCarty D, Rowley M, MacKay I (1999) Crucial points at diagnosis. Type 2 diabetes or slow type 1 diabetes. Diabetes Care 22 [Suppl 2]: B59–B64

Zimmet PZ (1999) Diabetes epidemiology as a tool to trigger diabetes research and care. Diabetologia 42: 499–518

Zimmet PZ, Collins VR, Dowse GK, Knight LT (1992) Hyperinsulinemia in youth is a predictor of type 2 (non-insulin-dependent) diabetes mellitus. Diabetologia 35: 534–541

Zimmet PZ, Well JR, Rome R, Stimmler L, Jarrett JR (1974) Diurnal variation in glucose tolerance and associated changes in plasma insulin, growth hormone, and esterified fatty acids. Br Med J 1: 485–8

Zinmann B, Tildesley H, Chiasson J-L, Tsui E, Strack T (1997) Insulin Lispro in CSII. Results of a double-blind crossover study. Diabetes 46: 440–3

Zlatnik FJ, Varner MW, Hauser KS (1979) Human placental lactogen: a predictor of perinatal outcome? Obstet Gynecol 54: 205

Zobel G, Rosegger H, Hofmann H, Weiss PAM (1984) Intrauterine growth retardation in intensively controlled insulin dependent diabetic women. unpublished data

Zoupas C (1995) Gestational diabetes mellitus. Diabetes Rev Internat 4: 5–7

Zoupas C, Mastrantonakis E, Diakakis I, et al (1984) The importance of insulin administration in gestational diabetes. Acta Endocrinol 265: 26–8

Zucker P, Simon G (1968) Prolonged symptomatic neonatal hypoglycemia associated with maternal chlorpropamide therapy. Pediatrics 42: 824–25

Zuppinger K, Wiesmann U, Siegrist HP, Schäfer T, Sandru L, Schwarz HP, Herschkowitz N (1981) Effect of glucose deprivation on sulfatide synthesis and oligodendrocytes in cultured brain cells of newborn mice. Pediatr Res 15: 319–25

Zusman I, Yaffe P, Ornoy A (1989) Effects of human diabetic serum on the in vitro development of mouse preimplantation embryos. Teratology 39: 581–9

Zusman I, Yffe P, Raz I, Bar-On H, Ornoy A (1989) Effects of human diabetic serum on the in vitro development of early somite rat embryos. Teratology 39: 85–92

Sachverzeichnis

SpringerMedizin

Michael A. Frölich

Geburtshilfliche Anästhesie und Intensivmedizin

2000. XIV, 262 Seiten. 59 Abbildungen.
Broschiert **EUR 38,–**, sFr 59,–
ISBN 3-211-83172-X

Die medizinische Betreuung von Schwangeren inklusive Risikoschwangerschaften wurde durch Weiterentwicklungen in den Bereichen der Wehenanalgesie und der Anästhesie für geburtshilflich operative Eingriffe wesentlich verbessert. Dieses Handbuch stellt die verschiedenen Behandlungsmöglichkeiten unter Berücksichtigung der Vor- und Nachteile objektiv dar. Gleichzeitig geben die dargestellten Behandlungsrichtlinien Anhaltspunkte für die klinische Praxis. Die klinische Abhandlung wird ergänzt durch Richtlinien zur Organisation geburtshilflich-anästhesiologischer Maßnahmen, der Identifizierung von Risikopatientinnen, dem Komplikationsmanagement und der anästhesiologischen Nachbetreuung.
In kompakter Form vermittelt dieses Buch die Erweiterung der therapeutischen Möglichkeiten der geburtshilflichen Anästhesie und Intensivmedizin. Für eine schnelle Suche werden wichtige Fakten in jedem Kapitel deutlich hervorgehoben. Hintergrundinformationen und Literaturhinweise bieten sich für das weitere intensivere Studium der Materie an – eine praxisorientierte Einführung für Anästhesisten, Anästhesiepflegepersonal, Geburtshelfer und Hebammen, die die neuesten Erkenntnisse der Wehenanalgesie und Anästhesie berücksichtigt.

A-1201 Wien, Sachsenplatz 4–6, P.O. Box 89, Fax +43.1.330 24 26, e-mail: books@springer.at, Internet: **www.springer.at**
D-69126 Heidelberg, Haberstraße 7, Fax +49.6221.345-229, e-mail: orders@springer.de
USA, Secaucus, NJ 07096-2485, P.O. Box 2485, Fax +1.201.348-4505, e-mail: orders@springer-ny.com
Eastern Book Service, Japan, Tokyo 113, 3–13, Hongo 3-chome, Bunkyo-ku, Fax +81.3.38 18 08 64, e-mail: orders@svt-ebs.co.jp

SpringerMedizin

Siegfried Zabransky (Hrsg.)

Screening auf angeborene endokrine und metabole Störungen

Methoden, Anwendung und Auswertung

2001. XI, 404 Seiten. 50 zum Teil farbige Abbildungen.
Gebunden **EUR 49,80**, sFr 77,50
ISBN 3-211-83571-7

Ein Screening auf angeborene endokrine und metabole Störungen ermöglicht die Früherkennung von Krankheiten wie Hypothyreose, AGS (adrenogenitales Syndrom), Phenylketonurie, Galaktosämie, Biotinidasemangel, Cystische Fibrose oder Homocystinurie. Je nach Land und politischen Bestimmungen unterscheiden sich jedoch die routinemäßig durchgeführten Untersuchungen. Dieses Handbuch beschreibt praxisbezogen die biochemischen Grundlagen, die Grundsätze der Labor- und Bestätigungsdiagnostik sowie Therapiemöglichkeiten zu insgesamt zwölf Krankheiten. Darüber hinaus werden präanalytische Fragen, wie Zeitpunkt und Art der Blutentnahme oder mögliche Störfaktoren, umfassend behandelt.
Der allgemeine Teil geht auf ethische und psychosoziale Aspekte des Screenings ein. Ein Verzeichnis der Screeningzentren und jener Labors, die für die Bestätigungsdiagnostik Dienste anbieten, sowie ein Adressenverzeichnis von Elterngruppen und Informationsquellen im Internet komplettieren dieses Buch.

A-1201 Wien, Sachsenplatz 4–6, P.O. Box 89, Fax +43.1.330 24 26, e-mail: books@springer.at, Internet: **www.springer.at**
D-69126 Heidelberg, Haberstraße 7, Fax +49.6221.345-229, e-mail: orders@springer.de
USA, Secaucus, NJ 07096-2485, P.O. Box 2485, Fax +1.201.348-4505, e-mail: orders@springer-ny.com
Eastern Book Service, Japan, Tokyo 113, 3–13, Hongo 3-chome, Bunkyo-ku, Fax +81.3.38 18 08 64, e-mail: orders@svt-ebs.co.jp

SpringerMedizin

Marianne Springer-Kremser,
Marianne Ringler, Anselm Eder (Hrsg.)

Patient Frau

Psychosomatik im weiblichen Lebenszyklus

Zweite, neu bearbeitete Auflage.
2001. X, 244 Seiten. 21 Abbildungen.
Broschiert **EUR 34,80**, sFr 54,–
ISBN 3-211-83638-1

Das Buch bietet eine umfassende Darstellung der theoretischen Grundlagen zur weiblichen Psychologie in Verbindung mit den in der Frauenheilkunde relevanten Lebensphasen (Menarche, Adoleszenz, Schwangerschaft, Geburt, Menopause und hohes Alter) und Sexualität. Ausgehend von Problemen einzelner Lebensphasen wird die Vernetztheit zwischen dem weiblichen Körper und seelischen Strukturen aufgerollt und den Einflüssen der sozialen Systeme nachgespürt. Viele Bereiche des weiblichen Lebenszyklus, welche nicht den Idealanforderungen entsprechen, werden oft pathologisiert und Frauen damit zu Patientinnen gemacht. Nicht jede Abweichung von der Norm bedeutet zwingend Pathologie. Die Autoren zeigen die große Bandbreite normaler Reaktionen und weisen auf Auslöser hin, die den Zusammenbruch der üblichen Bewältigungsstrategien signalisieren.

A-1201 Wien, Sachsenplatz 4–6, P.O. Box 89, Fax +43.1.330 24 26, e-mail: books@springer.at, Internet: **www.springer.at**
D-69126 Heidelberg, Haberstraße 7, Fax +49.6221.345-229, e-mail: orders@springer.de
USA, Secaucus, NJ 07096-2485, P.O. Box 2485, Fax +1.201.348-4505, e-mail: orders@springer-ny.com
Eastern Book Service, Japan, Tokyo 113, 3–13, Hongo 3-chome, Bunkyo-ku, Fax +81.3.38 18 08 64, e-mail: orders@svt-ebs.co.jp

Springer-Verlag und Umwelt

Als internationaler wissenschaftlicher Verlag sind wir uns unserer besonderen Verpflichtung der Umwelt gegenüber bewußt und beziehen umweltorientierte Grundsätze in Unternehmensentscheidungen mit ein.

Von unseren Geschäftspartnern (Druckereien, Papierfabriken, Verpackungsherstellern usw.) verlangen wir, daß sie sowohl beim Herstellungsprozeß selbst als auch beim Einsatz der zur Verwendung kommenden Materialien ökologische Gesichtspunkte berücksichtigen.

Das für dieses Buch verwendete Papier ist aus chlorfrei hergestelltem Zellstoff gefertigt und im pH-Wert neutral.

MIX
Papier aus verantwortungsvollen Quellen
Paper from responsible sources
FSC® C105338

If you have any concerns about our products,
you can contact us on
ProductSafety@springernature.com

In case Publisher is established outside the EU,
the EU authorized representative is:
Springer Nature Customer Service Center GmbH
Europaplatz 3, 69115 Heidelberg, Germany

Printed by Libri Plureos GmbH
in Hamburg, Germany